T0215497

Elettrodinamica classica

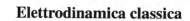

Kurt Lechner

Elettrodinamica classica

Teoria e applicazioni

 Springer

Kurt Lechner
Dipartimento di Fisica e Astronomia
"Galileo Galilei"
Università degli Studi di Padova

UNITEXT- Collana di Fisica e Astronomia
ISSN versione cartacea: 2038-5730   ISSN elettronico: 2038-5765

ISBN 978-88-470-5210-9   ISBN 978-88-470-5211-6 (eBook)
DOI 10.1007/978-88-470-5211-6

Springer Milan Dordrecht Heidelberg London New York

© Springer-Verlag Italia 2014

Layout di copertina: Simona Colombo, Milano
Impaginazione: CompoMat S.r.l., Configni (RI)
Stampa: Grafiche Porpora, Segrate (MI)

Springer-Verlag Italia S.r.l., Via Decembrio 28, I-20137 Milano
Springer fa parte di Springer Science + Business Media (www.springer.com)

Prefazione

In base alle conoscenze teoriche e sperimentali acquisite a tutt'oggi sul comportamento della materia a livello microscopico, la totalità dei fenomeni fisici microscopici può essere spiegata assumendo che tutta la materia sia costituita da particelle elementari soggette a quattro tipi di interazioni fondamentali: gravitazionale, elettromagnetica, debole, forte. Tali interazioni non avvengono in modo *diretto*, essendo mediate a loro volta da un particolare tipo di particelle elementari chiamate *bosoni intermedi*.

L'interazione gravitazionale è quella nota da più tempo, mentre l'interazione elettromagnetica è quella studiata e compresa più a fondo, avendo trovato una solida formulazione teorica nell'*Elettrodinamica Quantistica* ancora a metà del secolo scorso. La quasi totalità dei fenomeni fisici quotidiani – dalla stabilità della materia alla globalità dei fenomeni luminosi – è, infatti, riconducibile a questa teoria. Le interazioni deboli e forti, che a differenza di quelle elettromagnetica e gravitazionale si manifestano solo a distanze microscopiche, hanno trovato una formulazione analoga nell'ambito del *Modello Standard* delle particelle elementari – che include la stessa Elettrodinamica Quantistica – mentre l'interazione gravitazionale appare tuttora in conflitto con le leggi della fisica quantistica, malgrado i recenti progressi maturati nell'ambito delle *teorie di superstringa*.

Nonostante il ruolo comune di mediatrici dell'azione reciproca tra i costituenti elementari della natura, ciascuna interazione fondamentale è contrassegnata da proprietà esclusive che comportano fenomeni fisici peculiari. Così l'interazione forte, mediata da particelle chiamate *gluoni*, è la sola a dar luogo al fenomeno del *confinamento*, che imprigiona i quark e gli stessi gluoni all'interno dei nucleoni, mentre l'interazione debole è l'unica a essere mediata da particelle *massive*, le $W^{\pm}$ e la Z^0. D'altro canto l'interazione elettromagnetica è l'unica a essere mediata da particelle – i *fotoni* – le quali, non essendo dotate di carica elettrica, non sono soggette a loro volta a un'interazione elettromagnetica reciproca. E infine, l'interazione gravitazionale è l'unica a esercitarsi tra *tutte* le particelle elementari, compresi i bosoni intermedi, e a essere mediata da particelle di spin *due* – i *gravitoni* – mentre le rimanenti tre interazioni sono mediate da particelle di spin *uno*.

Di fronte a queste importanti distinzioni appare alquanto sorprendente che le quattro interazioni fondamentali siano rette da un'impalcatura teorica *comune*, che ne determina fortemente la struttura generale – impalcatura matematicamente solida ed elegante nella forma, le cui profonde origini fisiche sono in parte ancora da scoprire. Tra i pilastri principali di questa impalcatura unificante ricordiamo i seguenti: tutte le interazioni fondamentali soddisfano il *principio di relatività einsteiniana* e ammettono una formulazione *covariante a vista*, con conseguente conservazione del quadrimomento e del momento angolare quadridimensionale totali. Inoltre ciascuna interazione si trasmette attraverso lo scambio di una o più particelle bosoniche – i bosoni intermedi nominati sopra – che sono rappresentate da campi vettoriali o tensoriali la cui dinamica è controllata da una *invarianza di gauge* locale. Il *teorema di Nöther* associa poi a ciascuna invarianza, e quindi a ciascun bosone intermedio, una *grandezza fisica conservata*. Infine il pilastro forse più misterioso, ma non per questo meno fondante, è rappresentato dal fatto che la dinamica di tutte e quattro le interazioni fondamentali discenda da un *principio variazionale*.

Il presente testo è un trattato di Elettrodinamica *classica* ed è stato costruito sulla base degli argomenti svolti nel corso *Campi Elettromagnetici* da me tenuto negli anni accademici 2004/05–2010/11 per la Laurea Magistrale in Fisica, presso l'Università degli Studi di Padova. Nella sua stesura ha avuto preminenza l'intento di enucleare gli aspetti che accomunano l'Elettrodinamica alle altre interazioni fondamentali, tra cui i pilastri sopra menzionati, e di mettere in evidenza, ove possibile, analogie e differenze. La rinuncia più pesante dovuta a questa impostazione consiste nell'aver trascurato quasi completamente l'importante argomento dei campi elettromagnetici nella materia.

L'Elettrodinamica classica viene presentata come una teoria basata su un sistema di postulati – essenzialmente il *principio di relatività einsteiniana* e le *equazioni di Maxwell e di Lorentz* – da cui l'intera e ricca fenomenologia delle interazioni elettromagnetiche può essere derivata in modo stringente. Conseguentemente si è dedicata particolare attenzione alle proprietà di consistenza interna, oltre che fisica, di questa teoria. In linea con questa impostazione si evidenziano fin dall'inizio le tracce lasciate dalle *divergenze* che accompagnano inevitabilmente l'Elettrodinamica classica di particelle cariche *puntiformi*, rendendola così – in ultima analisi – una teoria internamente *inconsistente*. Le inconsistenze interne dell'Elettrodinamica classica come teoria fondamentale sono codificate nella cosiddetta *reazione di radiazione*, fenomeno di importanza fisica basilare che viola *esplicitamente* l'invarianza sotto *inversione temporale*. Questa simmetria discreta dell'Elettrodinamica, e la sua "evoluzione" da una simmetria *intatta* a una simmetria violata *spontaneamente* prima ed *esplicitamente* poi, attraverserà dunque la nostra esposizione della teoria come un filo rosso.

Le inconsistenze interne dell'Elettrodinamica sono in apparente contraddizione con il fatto che da un punto di vista sperimentale questa teoria descriva tutti i fenomeni elettromagnetici classici con estrema precisione. A questa contraddizione è stata riservata particolare attenzione e si presenta una sua soluzione *pragmatica* nei Capitoli 14 e 15, la soluzione definitiva potendo essere trovata solo nell'ambito dell'Elettrodinamica Quantistica. Infine, sempre per un motivo di consistenza interna, onde poter formulare le equazioni di Maxwell in modo matematicamente rigoroso è risultato indispensabile ambientarle nello spazio delle *distribuzioni*.

In generale ogni argomento teorico viene illustrato con una serie di esempi fisicamente rilevanti e svolti in dettaglio, così come l'introduzione di ogni nuovo strumento matematico viene motivata e accompagnata da esemplificazioni pratiche. Similmente la soluzione dei problemi proposti a conclusione di ogni capitolo dovrebbe comportare una migliore comprensione di alcuni argomenti trattati nel testo, pur non condizionando la comprensione dei capitoli successivi.

Organizzazione del materiale. A grandi linee gli argomenti del testo sono suddivisi in tre parti. La Parte I (Capitoli 1–4) espone le basi concettuali e matematiche su cui si fonda l'Elettrodinamica di un sistema di particelle cariche puntiformi. Questa parte iniziale presenta in particolare gli strumenti matematici necessari per una formulazione precisa della teoria, vale a dire la *teoria delle distribuzioni*, strumento indispensabile per una trattazione corretta delle singolarità dovute alla natura puntiforme delle particelle cariche, e il *calcolo tensoriale*, sede naturale di una qualsiasi teoria relativistica. Nel Capitolo 2 si introducono le equazioni fondamentali dell'Elettrodinamica – le equazioni di Maxwell e di Lorentz – si esegue una loro analisi strutturale e si analizzano le leggi di conservazione da esse implicate. Conclude la prima parte la presentazione del metodo variazionale nei Capitoli 3 e 4. Questo metodo viene introdotto come approccio alternativo per la formulazione di una generica teoria di campo, che ne codifica la dinamica in modo conciso ed elegante, e come presupposto fondamentale per la validità del teorema di Nöther. Lo stretto nesso esistente in generale tra questo teorema e il metodo variazionale viene poi esemplificato in dettaglio nel caso dell'Elettrodinamica di particelle puntiformi.

La Parte II (Capitoli 5–13) è dedicata alla derivazione delle previsioni fenomenologiche dell'Elettrodinamica e inizia con la deduzione di una serie di soluzioni esatte delle equazioni di Maxwell. Questa parte comprende in particolare uno studio dettagliato delle proprietà del campo elettromagnetico nel vuoto, una trattazione sistematica dei campi elettromagnetici generati da una particella carica in moto arbitrario – i fondamentali *campi di Liénard-Wiechert* – e un'analisi approfondita del fenomeno dell'irraggiamento, sia nel limite non relativistico che in quello ultrarelativistico. Così si analizzano in dettaglio la distribuzione angolare e spettrale della radiazione emessa in alcuni sistemi fenomenologicamente rilevanti quali le antenne, gli acceleratori ultrarelativistici, le collisioni tra particelle cariche, l'atomo di idrogeno *classico* e la *diffusione Thomson*. In questa parte vengono inoltre presentati per esteso alcuni argomenti che raramente ricevono trattazione sistematica nei libri di testo: il problema del campo elettromagnetico creato da una particella carica priva di massa, il confronto tra la radiazione elettromagnetica e quella gravitazionale, la deduzione delle variegate sfaccettature della *radiazione di sincrotrone* e una spiegazione teorica particolareggiata dell'*effetto Čerenkov*.

La Parte III (Capitoli 14–19) verte su argomenti di natura più speculativa o legati a sviluppi più recenti della fisica teorica delle particelle elementari. Il Capitolo 14 è dedicato alla *reazione di radiazione* e affronta con cura il problema delle divergenze ultraviolette che affiorano inevitabilmente nell'equazione di Lorentz. Lo scopo di questo capitolo è duplice. Da un lato si vogliono evidenziare le motivazioni concettuali che costringono a sostituire l'equazione di Lorentz – un *dogma* dell'Elettrodinamica classica – con l'*equazione di Lorentz-Dirac*, equazione che viola esplicitamente l'invarianza per inversione temporale. Dall'altro si vuole illustrare come proprio a causa di questa sostituzione l'Elettrodinamica soffra di un'inconsistenza interna incurabile, che si presenta in vesti diverse a seconda del punto di vista *pragmatico* di volta in volta considerato e che, come accennato sopra, in ultima analisi può essere sanata solamente nell'ambito di una teoria quantistica. Il capitolo successivo è dedicato al secondo problema "classico" dell'Elettrodinamica, ovvero quello dell'energia *infinita* del campo elettromagnetico generato da una particella *puntiforme*. Sorprendentemente questo problema, che minava la stessa legge di conservazione dell'energia, è stato risolto in modo definitivo solo una trentina di anni fa. Nel Capitolo 15 si presenta la soluzione di questo problema in una veste moderna – nell'ambito della teoria delle distribuzioni – chiarendo il legame inestricabile esistente tra l'equazione di Lorentz-Dirac e la conservazione del quadrimomento totale. Il Capitolo 16 è dedicato ai campi elettromagnetici *massivi*. L'importanza di questi campi risiede nel fatto che a livello quantistico essi descrivono particelle *massive* di spin *uno* – una specie di fotoni con massa diversa da zero – quali i mediatori $W^\pm$ e Z^0 delle interazioni deboli. Sebbene diversi aspetti caratteristici di queste particelle, come la loro vita media finita, siano di natura genuinamente quantistica, l'analisi classica è comunque in grado di rivelare alcune fondamentali differenze che intercorrono tra l'interazione elettromagnetica vera e propria e quella mediata da campi massivi. Il Capitolo 17 costituisce un'introduzione all'Elettrodinamica di oggetti carichi *estesi* in volumi p-dimensionali, le cosiddette *p-brane*. La più semplice p-brana non banale è una *stringa*, corrispondente a $p = 1$, mentre la particella corrisponde a $p = 0$. La scelta di questo argomento è motivata dal fatto che le p-brane costituiscano le eccitazioni elementari delle recenti *teorie di superstringa* – teorie candidate a unificare la *Relatività Generale* con la *Meccanica Quantistica* e con le altre interazioni fondamentali. Scopo del capitolo è mostrare come i paradigmi fondanti dell'Elettrodinamica delle particelle, quali l'invarianza relativistica, le equazioni di Maxwell e di Lorentz e le principali leggi di conservazione, si estendano in modo naturale all'Elettrodinamica degli oggetti estesi. In particolare nel linguaggio delle *forme differenziali*, a cui è dedicata la prima parte del capitolo, la generalizzazione delle equazioni di Maxwell dalle particelle alle p-brane risulta immediata. I due capitoli finali del testo sono dedicati ai *monopoli magnetici*. Nel Capitolo 18 si mostra come l'Elettrodinamica *classica* – pur essendo basata su un sistema di postulati molto rigidi – sia perfettamente compatibile con l'esistenza in natura di questo *esotico* tipo di particella. Nel Capitolo 19 si illustra, invece, come l'Elettrodinamica *quantistica* dei monopoli magnetici fornisca una soluzione al problema "antico" della *quantizzazione della carica elettrica*, rappresentato dal dato osservativo che tutte le cariche elettriche presenti in natura siano multiple intere di una carica fondamentale.

Prerequisiti. Si suppone che il lettore di questo testo possegga conoscenze di base di elettromagnetismo classico e di cinematica relativistica, quali le equazioni di

Maxwell e le trasformazioni di Lorentz speciali. È utile, ma non indispensabile, un minimo di familiarità con le equazioni di Maxwell in forma *covariante a vista* e in generale con i *tensori* quadridimensionali. L'origine fisica e gli elementi fondamentali del calcolo tensoriale sono comunque esposti in dettaglio nel Capitolo 1. Possono risultare utili nozioni elementari della teoria delle distribuzioni, quali il concetto della distribuzione-δ di Dirac. Le proprietà principali delle distribuzioni utilizzate nel testo sono comunque riportate in maniera autoconsistente nel Capitolo 2. Infine è utile, ma di nuovo non indispensabile, conoscere il metodo variazionale relativo a un sistema lagrangiano con un numero finito di gradi di libertà.

Ringraziamenti. L'autore ringrazia l'amico e collega Pieralberto Marchetti per le preziose conversazioni nel corso della stesura del testo.

Padova, settembre 2013   *Kurt Lechner*

Indice

Parte I

Fondamenti teorici

1

I fondamenti della Relatività Ristretta

Nella scoperta della *Relatività Ristretta* l'Elettrodinamica, rappresentando una teoria relativistica per eccellenza, ha giocato un ruolo fondamentale. Il *principio di relatività einsteiniana*, che afferma che tutte le leggi della fisica devono avere la stessa forma in tutti i sistemi di riferimento inerziali, è emerso con forza da questa teoria ed è andato consolidandosi sempre di più, man mano che le nostre conoscenze del mondo microscopico sono diventate più complete: tutte le interazioni fondamentali rispettano infatti tale principio. Il modo più semplice ed elegante per implementarlo – difatti l'unico di un'utilità concreta – è rappresentato dal paradigma della *covarianza a vista* nell'ambito del *calcolo tensoriale*. Questo paradigma è stato applicato con successo a tutte le teorie di carattere fondamentale, come le teorie che descrivono le quattro interazioni fondamentali e le più speculative *teorie di superstringa*, e mantiene la sua piena efficacia anche in teoria quantistica. La nostra esposizione dell'Elettrodinamica classica si baserà dunque a ragione su questo paradigma.

Nella costruzione di una teoria fisica è di essenziale importanza porre in evidenza le assunzioni *aprioristiche* su cui la teoria si fonda, per poter distinguere le conseguenze di tali assunzioni dalle conseguenze di eventuali ipotesi aggiuntive, formulate strada facendo. Per questo motivo nella Sezione 1.1 ritracciamo innanzitutto il percorso logico che ha portato dai postulati della Relatività al paradigma della covarianza a vista e al calcolo tensoriale. Esporremo gli elementi principali del calcolo tensoriale con un certo grado di completezza, poiché ne faremo ampio uso nel testo. Nella parte finale del capitolo analizzeremo in dettaglio la struttura del *gruppo di Poincaré*, vale a dire dell'insieme delle trasformazioni di coordinate che collegano un generico sistema di riferimento inerziale a un altro. In una teoria relativistica questo gruppo di simmetria è infatti intimamente legato alle principali leggi di conservazione – attraverso il *teorema di Nöther*. Questo legame, di importanza fondamentale per tutta la fisica, verrà poi indagato approfonditamente nel Capitolo 3.

Lechner K.: Elettrodinamica classica
DOI 10.1007/978-88-470-5211-6_1, © Springer-Verlag Italia 2013

1.1 Postulati della Relatività

Meccanica Newtoniana e la *Relatività Ristretta* si basano su alcune assunzioni aprioristiche *comuni*, riguardanti in particolare le proprietà dello spazio e del tempo, mentre si distinguono in modo fondamentale nei *principi di relatività* su cui ciascuna teoria si basa. Le assunzioni comuni riguardanti il continuo spazio-temporale sono l'omogeneità del tempo e l'omogeneità e l'isotropia dello spazio. Un altro elemento in comune è rappresentato dal fatto che le leggi fisiche di entrambe le teorie sono formulate rispetto a una classe particolare di sistemi di riferimento – i *sistemi di riferimento inerziali* – e che entrambe implementano l'equivalenza fisica di questi sistemi di riferimento attraverso un *principio di relatività*. Il principio di *relatività galileiana* della Meccanica Newtoniana prevede che le leggi della meccanica mantengano la stessa forma sotto le trasformazioni di Galileo

$$\mathbf{x}' = \mathbf{x} - \mathbf{v}t, \qquad t' = t.$$

Il principio di *relatività einsteiniana* richiede, invece, che *tutte* le leggi della fisica abbiano la stessa forma in tutti i sistemi di riferimento inerziali, non facendo nessuna ipotesi *aprioristica* sul modo in cui si trasformano le coordinate spazio-temporali. In particolare la Relatività Ristretta rinuncia al paradigma dell'assolutezza degli intervalli spaziali e temporali della Meccanica Newtoniana, sostituendolo con il postulato della costanza della velocità della luce. In definitiva i *postulati della fisica relativistica* sono:

1) lo spazio è isotropo e omogeneo e il tempo è omogeneo;
2) la velocità della luce è la stessa in tutti i sistemi di riferimento inerziali;
3) tutte le leggi della fisica hanno la stessa forma in tutti i sistemi di riferimento inerziali.

Per rendere operativi questi postulati, in particolare il postulato 3) che pone forti restrizioni sulla forma delle leggi fisiche ammesse, è necessario determinare preliminarmente le leggi di trasformazione delle coordinate spazio-temporali tra un sistema di riferimento inerziale e un altro. Difatti, come faremo vedere nella Sezione 1.2, la forma di queste leggi di trasformazione è determinata in modo univoco dai postulati 1) e 2). Prima di proseguire specifichiamo le notazioni e le convenzioni che adotteremo in questo testo.

Notazioni. Indicheremo le coordinate spazio-temporali *controvarianti* di un *evento* $\{t, \mathbf{x}\}$ con indici greci $\mu, \nu, \rho, \ldots$ che assumono i valori $0, 1, 2, 3$. Più precisamente porremo

$$x^{\mu} = (x^0, x^1, x^2, x^3), \quad x^0 = ct.$$

Di seguito per semplificare la notazione il più delle volte porremo la velocità della luce uguale all'unità: $c = 1$. Le coordinate spaziali $\mathbf{x}$ dell'evento verranno invece indicate con indici latini $i, j, k, \ldots$ che assumono i valori $1, 2, 3$, ovvero porremo

$$x^i = (x^1, x^2, x^3).$$

Avremo pertanto $x^\mu = (x^0, x^i) \equiv (x^0, \mathbf{x})$. Scrivendo invece "$x$" con nessun indice in generale ci riferiremo alla coordinata quadridimensionale x^μ. Un campo scalare nello spazio-tempo quadridimensionale, ad esempio, verrà indicato con il simbolo $\Phi(x)$.

La *metrica di Minkowski* e la sua inversa, indicate rispettivamente con $\eta^{\mu\nu}$ e $\eta_{\mu\nu}$, sono matrici diagonali 4×4 definite da

$$diag(\eta^{\mu\nu}) = (1, -1, -1, -1) = diag(\eta_{\mu\nu}), \qquad \eta^{\mu\nu}\eta_{\nu\rho} = \delta^\mu_\rho.$$

Adotteremo la convenzione di Einstein della *somma sugli indici muti*, che sottintende il simbolo di sommatoria per ogni indice che compare due volte nella stessa espressione. Con l'espressione $\eta^{\mu\nu}\eta_{\nu\rho}$ di cui sopra, ad esempio, si intende la sommatoria

$$\eta^{\mu\nu}\eta_{\nu\rho} \equiv \sum_{\nu=0}^{3} \eta^{\mu\nu}\eta_{\nu\rho}.$$

Convenzioni analoghe valgono per espressioni contenenti sommatorie multiple. Tramite la metrica inversa di Minkowski si definiscono le coordinate spazio-temporali *covarianti* di un evento – con l'indice in basso –

$$x_\mu \equiv \eta_{\mu\nu}x^\nu = (x^0, -x^1, -x^2 - x^3).$$

Abbiamo quindi $x_\mu = (x_0, x_i) = (x^0, -\mathbf{x})$, ovvero $x_0 = x^0$ e $x_i = -x^i$. Vale inoltre la *formula di inversione*

$$x^\mu = \eta^{\mu\nu}x_\nu.$$

Si dice che la metrica di Minkowski permette di *abbassare* e *alzare* gli indici.

1.2 Trasformazioni di Lorentz e di Poincaré

Come abbiamo anticipato, al contrario dei postulati della Meccanica Newtoniana i postulati della Relatività non specificano *a priori* la forma delle trasformazioni delle coordinate da un sistema di riferimento a un altro: sono piuttosto i postulati stessi a determinare la forma di tali trasformazioni, che risulteranno essere le *trasformazioni di Poincaré*. In questa sezione presentiamo la derivazione di queste trasformazioni a partire dai postulati, illustrando in tal modo l'estrema economia degli ultimi assieme alla solidità delle prime.

1.2.1 Linearità delle trasformazioni

Innanzitutto dimostriamo che dal postulato 1) discende che le trasformazioni da un sistema di riferimento inerziale a un altro sono necessariamente *lineari*. Consideriamo un sistema di riferimento inerziale K con coordinate x^μ. Le coordinate x'^μ di un altro sistema di riferimento inerziale K' saranno allora legate alle coordinate di K attraverso una mappa invertibile $f^\mu : \mathbb{R}^4 \to \mathbb{R}^4$, tale che $x'^\mu(x) = f^\mu(x)$. Consideriamo ora due eventi generici le cui coordinate in K siano rispettivamente x^μ e y^μ. In K' le coordinate di questi eventi sono allora $x'^\mu = f^\mu(x)$ e $y'^\mu = f^\mu(y)$. Secondo il postulato 1) non esistono istanti e posizioni privilegiati e di conseguenza un cambiamento dell'origine dello spazio e del tempo in K, ovvero la traslazione $x^\mu \to x^\mu + b^\mu$, $y^\mu \to y^\mu + b^\mu$, con b^μ vettore costante arbitrario, non può cambiare le "distanze" temporali e spaziali tra i due eventi in K'. Deve dunque valere

$$x'^\mu - y'^\mu = f^\mu(x) - f^\mu(y) = f^\mu(x + b) - f^\mu(y + b), \tag{1.1}$$

per ogni b^μ. Supponendo che f^μ sia una mappa differenziabile e derivando la (1.1) rispetto a x^ν si trova

$$\frac{\partial f^\mu(x)}{\partial x^\nu} = \frac{\partial f^\mu(x + b)}{\partial x^\nu},$$

per ogni b^μ. Ne segue che le derivate parziali delle funzioni $f^\mu(x)$ sono indipendenti da x:

$$\frac{\partial f^\mu(x)}{\partial x^\nu} \equiv \Lambda^\mu{}_\nu = \text{costante}.$$

Integrando queste relazioni si trova che le coordinate di K' sono legate a quelle di K da una generica trasformazione *lineare non omogenea*

$$x'^\mu = \Lambda^\mu{}_\nu x^\nu + a^\mu. \tag{1.2}$$

I quattro parametri costanti a^μ corrispondono ad arbitrarie *traslazioni* dello spazio e del tempo, che sono effettivamente operazioni che possono connettere un sistema di riferimento inerziale a un altro. D'altronde per un'arbitraria matrice $\Lambda^\mu{}_\nu$ la (1.2) in generale non corrisponde a una trasformazione che connette due sistemi di riferimento inerziali. Scegliendo, ad esempio, $a^\mu = 0$ e $\Lambda^\mu{}_\nu = k\,\delta^\mu{}_\nu$ si ottiene la *trasformazione di scala* $x'^\mu = kx^\mu$ e, come vedremo, se due sistemi di riferimento sono legati da una trasformazione di questo tipo uno solo dei due può risultare inerziale.

Prima di passare alla determinazione delle matrici $\Lambda^\mu{}_\nu$ permesse deriviamo la legge di trasformazione delle coordinate covarianti x_μ. Moltiplicando la (1.2) per $\eta_{\rho\mu}$ otteniamo

$$x'_\rho = \eta_{\rho\mu} x'^\mu = \eta_{\rho\mu}\Lambda^\mu{}_\nu x^\nu + \eta_{\rho\mu}a^\mu = \eta_{\rho\mu}\Lambda^\mu{}_\nu \eta^{\nu\sigma} x_\sigma + \eta_{\rho\mu}a^\mu,$$

ovvero

$$x'_\rho = \widetilde{\Lambda}_\rho{}^\sigma x_\sigma + a_\rho, \quad \text{dove} \quad \widetilde{\Lambda}_\rho{}^\sigma \equiv \eta_{\rho\mu}\Lambda^\mu{}_\nu \eta^{\nu\sigma}, \quad a_\rho \equiv \eta_{\rho\mu}a^\mu. \tag{1.3}$$

1.2.2 Invarianza dell'intervallo

Per individuare le matrici $\Lambda^\mu{}_\nu$ corrispondenti a trasformazioni tra sistemi di riferimento inerziali è necessario ricorrere al postulato 2) e dimostrare un importante teorema. Definiamo innanzitutto come *intervallo* tra gli eventi x^μ e $x^\mu + dx^\mu$, con dx^μ distanze finite o infinitesime, la quantità positiva o negativa

$$ds^2 \equiv dx^\mu dx^\nu \eta_{\mu\nu} = dt^2 - |d\mathbf{x}|^2.$$

Vale allora il seguente fondamentale teorema.

Teorema dell'invarianza dell'intervallo. L'intervallo tra due eventi è indipendente dal sistema di riferimento:

$$ds'^2 = ds^2. \tag{1.4}$$

Dimostrazione. Iniziamo la dimostrazione considerando due eventi qualsiasi che in un sistema inerziale K distano dx^μ. In base alla (1.2) le distanze tra gli stessi due eventi in un altro sistema inerziale K' sono allora date da $dx'^\mu = \Lambda^\mu{}_\alpha dx^\alpha$. L'intervallo ds'^2 tra i due eventi in K' vale allora

$$ds'^2 = dx'^\mu dx'^\nu \eta_{\mu\nu} = \Lambda^\mu{}_\alpha dx^\alpha \Lambda^\nu{}_\beta dx^\beta \eta_{\mu\nu} \equiv G_{\alpha\beta} dx^\alpha dx^\beta, \tag{1.5}$$

dove abbiamo introdotto la matrice simmetrica

$$G_{\alpha\beta} \equiv \Lambda^\mu{}_\alpha \Lambda^\nu{}_\beta \eta_{\mu\nu},$$

che risulta *indipendente* dagli eventi considerati. Osserviamo ora che due eventi generici distanti $dx^\mu = (dt, d\mathbf{x})$ possono essere collegati da un raggio di luce se e solo se vale $v = |d\mathbf{x}/dt| = 1$, ovvero se e solo se $ds^2 = 0$. Visto che per il postulato 2) la velocità della luce è la stessa in tutti i sistemi di riferimento segue che

$$ds'^2 = 0 \quad \Leftrightarrow \quad ds^2 = 0 \quad \Leftrightarrow \quad dt = \pm|d\mathbf{x}|.$$

Concludiamo che la forma quadratica ds'^2 in (1.5), considerata come polinomio del secondo ordine in dt, possiede gli zeri $dt = \pm|d\mathbf{x}|$. Vale quindi la decomposizione

$$ds'^2 = G_{00}(dt - |d\mathbf{x}|)(dt + |d\mathbf{x}|) = G_{00} ds^2, \tag{1.6}$$

dove il coefficiente G_{00} può dipendere solo dalla velocità relativa $\mathbf{v}$ di K' rispetto a K. In particolare per l'invarianza per rotazioni – postulato 1) – G_{00} può dipendere solo dal modulo di questa velocità. La (1.6) si scrive pertanto

$$ds'^2 = G_{00}(|\mathbf{v}|)\, ds^2. \tag{1.7}$$

Se invertiamo ora i ruoli di K e K', nella (1.7) dobbiamo effettuare le sostituzioni $\mathbf{v} \to -\mathbf{v}$, $s \to s'$, $s' \to s$, ottenendo dunque

$$ds^2 = G_{00}(|\mathbf{v}|)\, ds'^2.$$

Combinando questa relazione con la (1.7) si deduce che $G_{00}(|\mathbf{v}|) = \pm 1$ e, visto che $G_{00}(0) = 1$, per continuità deve valere $G_{00}(|\mathbf{v}|) = 1$. Segue quindi la (1.4). $\square$

Il teorema dell'invarianza dell'intervallo impone alla matrice $\Lambda^\mu{}_\nu$ forti restrizioni. Dalla relazione (1.5) segue infatti che per ogni distanza dx^μ deve valere

$$ds'^2 = dx^\alpha dx^\beta (\Lambda^\mu{}_\alpha \Lambda^\nu{}_\beta \eta_{\mu\nu}) = ds^2 = dx^\alpha dx^\beta \eta_{\alpha\beta}.$$

Questo è possibile se e solo se $\Lambda^\mu{}_\nu$ soddisfa i vincoli

$$\Lambda^\mu{}_\alpha \Lambda^\nu{}_\beta \eta_{\mu\nu} = \eta_{\alpha\beta}. \tag{1.8}$$

Gruppo di Lorentz. Le matrici $\Lambda^\mu{}_\nu \equiv \Lambda$ che compaiono nelle trasformazioni (1.2) tra due sistemi di riferimento inerziali non sono dunque arbitrarie ma devono soddisfare le condizioni supplementari (1.8), che in notazione matriciale assumono la forma

$$\Lambda^T \eta \Lambda = \eta \quad \leftrightarrow \quad \Lambda^\mu{}_\alpha \Lambda^\nu{}_\beta \eta_{\mu\nu} = \eta_{\alpha\beta}. \tag{1.9}$$

Moltiplicando questa relazione a sinistra per $\Lambda \eta$ e a destra per $\Lambda^{-1}\eta$ la si può porre nella forma equivalente

$$\Lambda \eta \Lambda^T = \eta \quad \leftrightarrow \quad \Lambda^\alpha{}_\mu \Lambda^\beta{}_\nu \eta^{\mu\nu} = \eta^{\alpha\beta}. \tag{1.10}$$

L'insieme di queste matrici forma un *gruppo* che viene chiamato *gruppo di Lorentz* e denotato con il simbolo

$$O(1,3) \equiv \{\Lambda, \text{matrici reali } 4 \times 4 / \Lambda^T \eta \Lambda = \eta\}, \tag{1.11}$$

si veda il Problema 1.9. La lettera O comunemente indica che si tratta di matrici (pseudo)ortogonali e la sigla $(1,3)$ si riferisce al fatto che la metrica η ha come diagonale $(1,-1,-1,-1)$. Prendendo il determinante di ambo i membri del vincolo (1.9) si ottiene

$$(det\Lambda)(-1)(det\Lambda) = -1 \quad \Leftrightarrow \quad (det\Lambda)^2 = 1.$$

Il determinante di una matrice appartenente al gruppo di Lorentz può quindi assumere soltanto i valori

$$det\Lambda = \pm 1. \tag{1.12}$$

Segue in particolare che ogni elemento di $O(1,3)$ ammette inverso, proprietà essenziale di un gruppo.

Gruppo di Poincaré. Due generici sistemi di riferimento inerziali sono dunque collegati da una trasformazione lineare non omogenea del tipo (1.2)

$$x' = \Lambda x + a, \tag{1.13}$$

dove Λ è un elemento del gruppo di Lorentz. L'insieme di queste trasformazioni forma a sua volta un gruppo $\mathcal{P}$ che viene chiamato *gruppo di Poincaré.* Un elemento di questo gruppo è una coppia (Λ, a), più precisamente

$$\mathcal{P} \equiv \{(\Lambda, a)/\Lambda \in O(1,3),\ a \in \mathbb{R}^4\}. \tag{1.14}$$

La legge di composizione tra gli elementi di $\mathcal{P}$ si ottiene iterando la trasformazione (1.13):

$$(\Lambda_1, a_1) \circ (\Lambda_2, a_2) = (\Lambda_1 \Lambda_2, \Lambda_1 a_2 + a_1).$$

Il gruppo di Lorentz è isomorfo al sottogruppo di $\mathcal{P}$ formato dagli elementi $(\Lambda, 0)$ e gli elementi di $\mathcal{P}$ della forma $(1, a)$ costituiscono il sottogruppo delle *traslazioni.* Le trasformazioni di coordinate (1.13) vengono chiamate *trasformazioni di Poincaré* e le trasformazioni corrispondenti ad $a = 0$ vengono chiamate *trasformazioni di Lorentz.*

In senso stretto quello che abbiamo dimostrato finora è che una trasformazione che collega due sistemi di riferimento inerziali è necessariamente una trasformazione di Poincaré. Dovremmo ancora convincerci del contrario, ovvero che ogni trasformazione di Poincaré corrisponde *realmente* al passaggio da un sistema di riferimento inerziale a un altro. In realtà questo problema riguarda solo le trasformazioni di Lorentz in quanto le traslazioni hanno un significato fisico immediato. Affronteremo questo problema nella Sezione 1.4.

1.3 Leggi fisiche covarianti a vista

Una volta determinata la forma delle trasformazioni delle coordinate tra due sistemi di riferimento inerziali possiamo procedere all'implementazione del postulato 3), vale a dire alla messa a punto di una strategia per formulare leggi fisiche che rispettino il principio di relatività einsteiniana. Come primo passo dobbiamo allora individuare le modalità con cui si trasformano in generale le grandezze fisiche nel passaggio da un sistema di riferimento a un altro. Affronteremo questo problema traendo spunto dalla Meccanica Newtoniana, formulata in un sistema di assi cartesiani, in cui il ruolo delle trasformazioni di Lorentz è giocato dalle *rotazioni* spaziali.

Rotazioni e tensori tridimensionali. Le rotazioni degli assi cartesiani sono rappresentate da matrici ortogonali 3×3 di determinante unitario, formanti il gruppo

$$SO(3) \equiv \{R,\ \text{matrici reali } 3 \times 3 / R^T R = 1,\ det R = 1\}.$$

Il simbolo "S" in generale si riferisce al fatto che il determinante delle matrici vale 1. Sotto una rotazione le coordinate $\mathbf{x}$ si trasformano secondo la legge

$$x'^i = R^i{}_j\, x^j, \tag{1.15}$$

mentre il tempo resta invariante, $t' = t$. Consideriamo ora l'equazione di Newton $\mathbf{F} = m\mathbf{a}$ in un sistema cartesiano K e una rotazione R che collega K a un altro sistema cartesiano K'. Essendo $\mathbf{a} = d^2\mathbf{x}/dt^2$, sia l'accelerazione che la forza – entrambi vettori – si trasformano allo stesso modo di $\mathbf{x}$. Moltiplicando entrambi i membri dell'equazione di Newton per la matrice di rotazione si ottiene allora

$$F^i = ma^i \quad \Rightarrow \quad R^j{}_i F^i = m\, R^j{}_i\, a^i \quad \leftrightarrow \quad F'^j = ma'^j, \tag{1.16}$$

sicché in K' essa ha la stessa forma che in K. In ultima analisi questa proprietà discende dal fatto che l'equazione di Newton uguaglia un *vettore* a un altro *vettore* – oggetto geometrico che sotto rotazioni si trasforma in un ben determinato modo, ovvero secondo la (1.15). Vista la semplicità dell'argomento si suole dire che l'equazione di Newton è *covariante a vista* sotto rotazioni, nel senso che essa ha la stessa forma in tutti i sistemi cartesiani in modo *palese*.

In modo analogo tutte le equazioni fondamentali della Meccanica Newtoniana risultano covarianti a vista sotto rotazioni. Come esempi ulteriori citiamo il *teorema del momento angolare*

$$\frac{d\mathbf{L}}{dt} = \mathbf{r} \times \mathbf{F} \quad \leftrightarrow \quad \frac{dL^i}{dt} = \varepsilon^{ijk} r^j F^k, \tag{1.17}$$

dove $\mathbf{L} \equiv \mathbf{r} \times m\mathbf{v}$ ed ε^{ijk} denota il *tensore di Levi-Civita* tridimensionale definito da

$$\varepsilon^{ijk} = \begin{cases} 1, & \text{se } ijk \text{ è una permutazione pari di 1,2,3,} \\ -1, & \text{se } ijk \text{ è una permutazione dispari di 1,2,3,} \\ 0, & \text{se almeno due indici sono uguali,} \end{cases} \tag{1.18}$$

e la *formula del momento angolare di un corpo rigido*

$$\mathcal{L}^i = I^{ij}\, \omega^j, \tag{1.19}$$

dove ω è il vettore velocità angolare e I^{ij} il *tensore d'inerzia* con due indici

$$I^{ij} \equiv \sum_n m_n \left(r_n^i r_n^j - r_n^2\, \delta^{ij} \right). \tag{1.20}$$

Le componenti di questo tensore si trasformano secondo la legge

$$I'^{ij} = R^i{}_m R^j{}_n\, I^{mn}, \tag{1.21}$$

mentre i vettori $\mathbf{r}$, $\mathbf{v}$, ω e $\mathbf{L}$ si trasformano allo stesso modo di $\mathbf{x}$, si veda il Problema 1.8. Come si vede, il tensore d'inerzia si trasforma come se fosse il prodotto di due vettori, caratteristica che lo qualifica come un *tensore di rango due*. Procedendo in modo analogo alla (1.16) e sfruttando la proprietà (1.21) e il fatto che $R \in SO(3)$ si dimostra facilmente che le equazioni (1.17) e (1.19) assumono in K' rispettivamente la forma

$$\frac{dL'^i}{dt} = \varepsilon^{ijk} r'^j F'^k, \qquad \mathcal{L}'^i = I'^{ij} \omega'^j, \tag{1.22}$$

si veda il Problema 1.8. Queste equazioni risultano dunque covarianti a vista.

Trasformazioni di Poincaré e tensori quadridimensionali. Dall'analisi appena svolta vediamo che le grandezze fisiche della Meccanica Newtoniana risultano raggruppate in vettori e tensori tridimensionali che si trasformano *linearmente* sotto rotazioni e che nelle loro leggi di trasformazione a ogni indice è associata una matrice R, si vedano le (1.15) e (1.21).

Come vedremo nella Sezione 1.4, le rotazioni costituiscono un sottogruppo del gruppo di Lorentz e risulta allora naturale assumere che in una teoria relativistica allo stesso modo le grandezze fisiche siano raggruppate in *multipletti* che si trasformano *linearmente* sotto il gruppo di Lorentz. Nel linguaggio della teoria dei gruppi questa circostanza si esprime dicendo che ciascun multipletto è *sede di una rappresentazione*, riducibile o irriducibile, del gruppo di Lorentz. Da un risultato fondamentale della teoria delle rappresentazioni dei gruppi segue allora che questi multipletti devono costituire necessariamente *tensori quadridimensionali di rango* (m, n). Per definizione un tensore quadridimensionale $T^m{}_n$ di rango (m, n) è un oggetto dotato di m indici controvarianti e n indici covarianti,

$$T^m{}_n \equiv T^{\mu_1 \cdots \mu_m}{}_{\nu_1 \cdots \nu_n}, \tag{1.23}$$

essendo contraddistinto da una peculiare legge di trasformazione sotto l'azione del gruppo di Poincaré (1.14), che specificheremo tra breve. Tensori di rango $(0,0)$ si chiamano *scalari*, tensori di rango $(1,0)$ e $(0,1)$ si chiamano rispettivamente *vettori controvarianti* e *vettori covarianti* e tensori di rango $(2, 0)$, $(0, 2)$ e $(1, 1)$ si chiamano *tensori doppi*.

Più in generale considereremo *campi tensoriali* $T^{\mu_1 \cdots \mu_m}{}_{\nu_1 \cdots \nu_n}(x)$ di rango (m, n), che rispetto ai tensori presentano anche una dipendenza dalla coordinata spazio-temporale x. Per definizione un campo tensoriale di rango (m, n) sotto una trasformazione di Poincaré $x' = \Lambda x + a$ si trasforma secondo la legge

$$T'^{\mu_1 \cdots \mu_m}{}_{\nu_1 \cdots \nu_n}(x') = \Lambda^{\mu_1}{}_{\alpha_1} \cdots \Lambda^{\mu_m}{}_{\alpha_m} \widetilde{\Lambda}_{\nu_1}{}^{\beta_1} \cdots \widetilde{\Lambda}_{\nu_n}{}^{\beta_n} T^{\alpha_1 \cdots \alpha_m}{}_{\beta_1 \cdots \beta_n}(x), \tag{1.24}$$

che rappresenta una generalizzazione naturale delle leggi (1.15) e (1.21). La matrice $\widetilde{\Lambda}$ che compare in (1.24) è stata definita in (1.3)

$$\widetilde{\Lambda} = \eta \Lambda \eta. \tag{1.25}$$

Si noti in particolare che sotto traslazioni un campo tensoriale resta invariante. Per definizione la legge di trasformazione del *tensore* (1.23) si ottiene dalla (1.24) omettendo la dipendenza dalle coordinate spazio-temporali. In seguito per semplicità useremo il termine *tensore* sia per un campo tensoriale che per un tensore, poiché sarà chiaro dal contesto di che tipo di oggetto si tratta.

Una volta accettato che le osservabili fisiche di una teoria relativistica si devono raggruppare in tensori quadridimensionali, l'implementazione del postulato 3) – il principio di relatività einsteiniana – avviene in analogia con la Meccanica Newtoniana. Così come le leggi di quest'ultima, uguagliando vettori tridimensionali a vettori tridimensionali, risultano automaticamente invarianti in forma sotto rotazioni spaziali, così le leggi della fisica relativistica hanno automaticamente la stessa forma in tutti i sistemi di riferimento inerziali se sono scritte nel formalismo quadritensoriale, vale a dire se uguagliano *quadritensori* a *quadritensori*. Più precisamente, se $S^m{}_n$ e $T^m{}_n$ sono due tensori dello stesso rango, schematicamente vale l'implicazione

$$S^m{}_n(x) = T^m{}_n(x) \ \text{ in } \ K \ \Rightarrow \ S'^m{}_n(x') = T'^m{}_n(x') \ \text{ in } \ K'. \qquad (1.26)$$

Infatti, grazie alla (1.24) l'equazione in K' si ottiene da quella in K moltiplicando quest'ultima per un'opportuna serie di matrici Λ e $\widetilde{\Lambda}$. Analogamente a quanto accade in Meccanica Newtoniana una legge fisica scritta nella forma quadritensoriale (1.26) risulta dunque *covariante a vista* sotto trasformazioni di Poincaré e corrispondentemente soddisfa il principio di relatività einsteiniana in modo *palese*.

Il paradigma della covarianza a vista rappresenta il metodo più diretto ed efficace per implementare il terzo postulato in una qualsivoglia teoria relativistica. Difatti questo paradigma risulta equivalente al postulato stesso nella misura in cui non sono note leggi fisiche che abbiano la stessa forma in tutti i sistemi di riferimento inerziali, ma non possano essere poste in forma covariante a vista. Dato il largo uso che ne faremo in questo testo, nel prossimo paragrafo introduciamo gli elementi fondamentali del *calcolo tensoriale*.

1.3.1 Calcolo tensoriale

In questo paragrafo introduciamo le principali operazioni che si possono eseguire nello spazio dei tensori, ovvero le operazioni che a partire da tensori danno luogo ancora a tensori. Come è ovvio aspettarsi, nelle derivazioni il vincolo (1.9) giocherà un ruolo fondamentale. Moltiplicandolo a destra per η e ricordando la definizione (1.25) questo vincolo può essere posto nella forma equivalente

$$\Lambda^T \widetilde{\Lambda} = 1 = \widetilde{\Lambda}\,\Lambda^T \quad \leftrightarrow \quad \Lambda^\alpha{}_\mu \widetilde{\Lambda}_\alpha{}^\nu = \delta^\nu_\mu = \widetilde{\Lambda}_\mu{}^\alpha \Lambda^\nu{}_\alpha. \qquad (1.27)$$

Abbassamento e innalzamento degli indici. Un tensore di rango (m, n) può essere trasformato in un tensore di rango $(m \pm k, n \mp k)$ alzando o abbassando k indici attraverso la metrica di Minkowski. Il tensore nuovo genericamente viene indicato con lo stesso simbolo del tensore di partenza. Partendo ad esempio da un tensore $T^{\mu\nu}{}_\rho$ di rango $(2, 1)$ e abbassando $k = 2$ indici, il tensore risultante è di rango

$(0, 3)$ e porremo

$$T_{\alpha\beta\rho} \equiv \eta_{\alpha\mu}\eta_{\beta\nu}T^{\mu\nu}{}_{\rho}.$$

Un tensore di rango (m, n) è dunque a tutti gli effetti equivalente a un tensore di rango $(m \pm k, n \mp k)$, motivo per cui come rango di un tensore si definisce spesso l'intero $m + n$. A titolo illustrativo dimostriamo che se $T^{\mu}{}_{\nu}$ è un tensore di rango $(1, 1)$, l'oggetto $T_{\mu\nu} \equiv \eta_{\mu\alpha}T^{\alpha}{}_{\nu}$ è effettivamente un tensore di rango $(0, 2)$ in quanto si trasforma come tale:

$$T'_{\mu\nu} = \eta_{\mu\alpha}T'^{\alpha}{}_{\nu} = \eta_{\mu\alpha}\Lambda^{\alpha}{}_{\beta}\widetilde{\Lambda}_{\nu}{}^{\rho}T^{\beta}{}_{\rho} = \eta_{\mu\alpha}\Lambda^{\alpha}{}_{\beta}\widetilde{\Lambda}_{\nu}{}^{\rho}\eta^{\beta\gamma}T_{\gamma\rho}$$
$$= (\eta_{\mu\alpha}\Lambda^{\alpha}{}_{\beta}\eta^{\beta\gamma})\,\widetilde{\Lambda}_{\nu}{}^{\rho}T_{\gamma\rho} = \widetilde{\Lambda}_{\mu}{}^{\gamma}\widetilde{\Lambda}_{\nu}{}^{\rho}T_{\gamma\rho},$$

dove nell'ultimo passaggio abbiamo usato la definizione (1.25).

Prodotti tra tensori. Il prodotto tra un tensore $T^{m}{}_{n}$ di rango (m, n) e un tensore $S^{k}{}_{l}$ di rango (k, l) è un tensore di rango $(m + k, n + l)$. Questa proprietà discende direttamente dalla (1.24).

Prodotto scalare e contrazione degli indici. Dati un vettore controvariante T^{μ} e un vettore covariante U_{ν}, *contraendo* i loro indici si può formare il *prodotto scalare* $T^{\mu}U_{\mu}$, che risulta essere uno *scalare* sotto trasformazioni di Lorentz. Ricorrendo alla (1.27) si trova infatti

$$T'^{\mu}U'_{\mu} = \Lambda^{\mu}{}_{\nu}T^{\nu}\widetilde{\Lambda}_{\mu}{}^{\rho}U_{\rho} = (\Lambda^{\mu}{}_{\nu}\widetilde{\Lambda}_{\mu}{}^{\rho})T^{\nu}U_{\rho} = \delta^{\rho}_{\nu}T^{\nu}U_{\rho} = T^{\nu}U_{\nu}.$$

Indicheremo il *quadrato* di un vettore (covariante o controvariante) con $V^2 \equiv V^{\mu}V_{\mu}$. Diremo che un vettore è di tipo *tempo, luce* o *spazio*, se vale rispettivamente $V^2 > 0$, $V^2 = 0$, $V^2 < 0$.

Più in generale a partire da un tensore di rango (m, n), contraendo k indici covarianti con k indici controvarianti si ottiene un tensore di rango $(m - k, n - k)$. Partendo ad esempio da un tensore $T^{\mu\nu}{}_{\rho}$ di rango $(2, 1)$, contraendo il secondo con il terzo indice si ottiene il vettore controvariante

$$W^{\mu} \equiv T^{\mu\nu}{}_{\nu}. \tag{1.28}$$

Usando le (1.27) si verifica infatti facilmente che vale $W'^{\mu} = \Lambda^{\mu}{}_{\nu}W^{\nu}$.

Derivata di un campo tensoriale. La derivata parziale di un campo tensoriale di rango (m, n) è un campo tensoriale di rango $(m, n + 1)$. Indicando le derivate parziali con il simbolo abbreviato

$$\partial_{\mu} \equiv \frac{\partial}{\partial x^{\mu}}$$

scriveremo la derivata di un campo tensoriale $T^{m}{}_{n}$ come

$$\partial_{\mu}T^{\mu_1\cdots\mu_m}{}_{\nu_1\cdots\nu_n}(x).$$

Per dimostrare che questo oggetto costituisce un tensore di rango $(m, n + 1)$ dobbiamo far vedere che l'operatore ∂_{μ} corrisponde a un vettore *covariante*, vale a dire che si trasforma secondo la legge

$$\partial'_\mu = \tilde{\Lambda}_\mu{}^\nu \partial_\nu. \tag{1.29}$$

Sfruttando le relazioni (1.2) e (1.27) troviamo infatti

$$\partial_\nu = \frac{\partial x'^\alpha}{\partial x^\nu} \partial'_\alpha = \Lambda^\alpha{}_\nu \partial'_\alpha \quad \Rightarrow \quad \tilde{\Lambda}_\mu{}^\nu \partial_\nu = \tilde{\Lambda}_\mu{}^\nu \Lambda^\alpha{}_\nu \partial'_\alpha = \delta^\alpha_\mu \partial'_\alpha = \partial'_\mu.$$

Simmetrie. Un tensore doppio $S^{\mu\nu}$ si dice *simmetrico* se $S^{\mu\nu} = S^{\nu\mu}$ e un tensore doppio $A^{\mu\nu}$ si dice *antisimmetrico* se $A^{\mu\nu} = -A^{\nu\mu}$, proprietà che si preservano sotto trasformazioni di Lorentz. La contrazione doppia del prodotto tra un tensore simmetrico e uno antisimmetrico è nulla:

$$A^{\mu\nu} S_{\mu\nu} = 0. \tag{1.30}$$

Vale infatti

$$\Phi \equiv A^{\mu\nu} S_{\mu\nu} = -A^{\nu\mu} S_{\mu\nu} = -A^{\nu\mu} S_{\nu\mu} = -\Phi \quad \Rightarrow \quad \Phi = 0.$$

Si definiscono rispettivamente *parte simmetrica* e *parte antisimmetrica* di un generico tensore doppio $T^{\mu\nu}$ i tensori

$$T^{(\mu\nu)} \equiv \frac{1}{2} (T^{\mu\nu} + T^{\nu\mu}), \quad T^{[\mu\nu]} \equiv \frac{1}{2} (T^{\mu\nu} - T^{\nu\mu}), \tag{1.31}$$

il primo essendo un tensore simmetrico e il secondo un tensore antisimmetrico. Vale la decomposizione

$$T^{\mu\nu} = T^{(\mu\nu)} + T^{[\mu\nu]}.$$

Per la contrazione doppia tra un generico tensore $T^{\mu\nu}$ e un tensore simmetrico o antisimmetrico valgono le identità

$$T^{\mu\nu} S_{\mu\nu} = T^{\nu\mu} S_{\mu\nu} = T^{(\mu\nu)} S_{\mu\nu}, \quad T^{\mu\nu} A_{\mu\nu} = -T^{\nu\mu} A_{\mu\nu} = T^{[\mu\nu]} A_{\mu\nu}, \tag{1.32}$$

le dimostrazioni essendo lasciate per esercizio.

Tensori completamente simmetrici. Un tensore di rango $(n, 0)$ $A^{\mu_1 \cdots \mu_n}$ si dice completamente (anti)simmetrico se è (anti)simmetrico nello scambio di qualsiasi coppia di indici, proprietà che si preservano sotto trasformazioni di Lorentz. La contrazione doppia tra un tensore completamente simmetrico (antisimmetrico) di rango $(n, 0)$ e un tensore di rango $(0, 2)$ antisimmetrico (simmetrico) è nulla, proprietà che generalizzano la (1.30). Si definisce *parte completamente antisimmetrica* di un tensore $T^{\mu_1 \cdots \mu_n}$ di rango $(n, 0)$ il tensore dello stesso rango

$$T^{[\mu_1 \cdots \mu_n]} \equiv \frac{1}{n!} (T^{\mu_1 \mu_2 \cdots \mu_n} - T^{\mu_2 \mu_1 \cdots \mu_n} + \cdots),$$

dove fra parentesi compaiono $n!$ termini corrispondenti alle $n!$ permutazioni degli indici $\mu_1 \cdots \mu_n$, ciascun termine essendo moltiplicato per il segno $(-)^p$, dove p è l'ordine della permutazione. Per costruzione $T^{[\mu_1 \cdots \mu_n]}$ è un tensore completamente antisimmetrico ed è nullo se $T^{\mu_1 \cdots \mu_n}$ è simmetrico anche in una sola coppia di indici. Infine, se $A^{\mu_1 \cdots \mu_n}$ è un tensore completamente antisimmetrico e $T^{\mu_1 \cdots \mu_n}$ un tensore qualsiasi vale

$$T^{\mu_1 \cdots \mu_n} A_{\mu_1 \cdots \mu_n} = T^{[\mu_1 \cdots \mu_n]} A_{\mu_1 \cdots \mu_n}, \tag{1.33}$$

relazione che generalizza la seconda formula in (1.32). Proprietà speculari valgono per la *parte completamente simmetrica* di un tensore di rango $(n, 0)$

$$T^{(\mu_1 \cdots \mu_n)} \equiv \frac{1}{n!} \left(T^{\mu_1 \mu_2 \cdots \mu_n} + T^{\mu_2 \mu_1 \cdots \mu_n} + \cdots \right).$$

Tensori invarianti. Un tensore $T^m{}_n$ si dice *invariante* se per ogni $\Lambda \in O(1, 3)$ vale

$$T'^m{}_n = T^m{}_n.$$

Il gruppo di Lorentz ammette i tensori invarianti *fondamentali*

$$\eta^{\alpha\beta}, \qquad \eta_{\alpha\beta}, \qquad \varepsilon^{\alpha\beta\gamma\delta},$$

dove $\varepsilon^{\alpha\beta\gamma\delta}$ denota il *tensore di Levi-Civita* quadridimensionale – tensore completamente antisimmetrico – definito da

$$\varepsilon^{\alpha\beta\gamma\delta} \equiv \begin{cases} 1, & \text{se } \alpha, \beta, \gamma, \delta \text{ è una permutazione pari di } 0, 1, 2, 3, \\ -1, & \text{se } \alpha, \beta, \gamma, \delta \text{ è una permutazione dispari di } 0, 1, 2, 3, \\ 0, & \text{se almeno due indici sono uguali.} \end{cases} \tag{1.34}$$

L'invarianza della metrica di Minkowski e della sua inversa discende direttamente dai vincoli (1.9) e (1.10). Per $\eta^{\mu\nu}$ si ottiene ad esempio

$$\eta'^{\alpha\beta} \equiv \Lambda^\alpha{}_\mu \Lambda^\beta{}_\nu \eta^{\mu\nu} = \eta^{\alpha\beta}.$$

L'invarianza del tensore di Levi-Civita discende invece dall'*identità del determinante*

$$\Lambda^\alpha{}_\mu \Lambda^\beta{}_\nu \Lambda^\gamma{}_\rho \Lambda^\delta{}_\sigma \, \varepsilon^{\mu\nu\rho\sigma} = (det\Lambda) \, \varepsilon^{\alpha\beta\gamma\delta}, \tag{1.35}$$

valida per un'arbitraria matrice Λ 4×4. Secondo la (1.12) in generale si ha $det\Lambda = \pm 1$, sicché il tensore di Levi-Civita in realtà è invariante solamente sotto trasformazioni di Lorentz per cui $det\Lambda = 1$; torneremo su questo aspetto nel Paragrafo 1.4.3. Il tensore di Levi-Civita soddisfa inoltre le identità algebriche (si veda il Problema 1.3)

$$\varepsilon^{\mu\nu\rho\sigma}\varepsilon_{\alpha\beta\gamma\delta} = -4!\,\delta^{\mu}_{[\alpha}\delta^{\nu}_{\beta}\delta^{\rho}_{\gamma}\delta^{\sigma}_{\delta]},\quad \varepsilon^{\mu\nu\rho\sigma}\varepsilon_{\alpha\beta\gamma\sigma} = -3!\,\delta^{\mu}_{[\alpha}\delta^{\nu}_{\beta}\delta^{\rho}_{\gamma]}, \tag{1.36}$$

$$\varepsilon^{\mu\nu\rho\sigma}\varepsilon_{\alpha\beta\rho\sigma} = -2!2!\,\delta^{\mu}_{[\alpha}\delta^{\nu}_{\beta]},\quad \varepsilon^{\mu\nu\rho\sigma}\varepsilon_{\alpha\nu\rho\sigma} = -3!\,\delta^{\mu}_{\alpha},\quad \varepsilon^{\mu\nu\rho\sigma}\varepsilon_{\mu\nu\rho\sigma} = -4! \tag{1.37}$$

La forma di un *generico* tensore invariante è fortemente vincolata dal seguente teorema, che si dimostra nell'ambito della *teoria dei gruppi*.

Teorema. Un tensore $T^m{}_n$ invariante sotto il gruppo di Lorentz è necessariamente una combinazione algebrica dei tensori $\eta^{\alpha\beta}$, $\eta_{\alpha\beta}$ e $\varepsilon^{\alpha\beta\gamma\delta}$.

Illustriamo il teorema con qualche esempio.

a) Non esistono tensori invarianti di rango totale $m + n$ *dispari*. Infatti, essendo la metrica di Minkowski e il tensore di Levi-Civita tensori di rango pari, qualsiasi loro combinazione algebrica è un tensore di rango pari. In particolare non esistono né vettori né tensori di rango totale tre invarianti.
b) Un tensore doppio $T^{\mu\nu}$ invariante è necessariamente della forma $T^{\mu\nu} = a\,\eta^{\mu\nu}$ con a costante. $\eta^{\mu\nu}$ è infatti l'unica combinazione algebrica di rango $(2,0)$ che si possa formare con $\eta^{\alpha\beta}$, $\eta_{\alpha\beta}$ e $\varepsilon^{\alpha\beta\gamma\delta}$. Analogamente un tensore doppio $T^{\mu}{}_{\nu}$ invariante è necessariamente della forma $T^{\mu}{}_{\nu} = a\,\delta^{\mu}_{\nu}$; si noti che il simbolo di Kronecker può essere scritto come $\delta^{\mu}_{\nu} = \eta^{\mu\alpha}\eta_{\alpha\nu}$.
c) La forma generale di un tensore invariante $T^{\alpha\beta\gamma\delta}$ di rango $(4,0)$ è

$$T^{\alpha\beta\gamma\delta} = a_1\,\varepsilon^{\alpha\beta\gamma\delta} + a_2\,\eta^{\alpha\beta}\eta^{\gamma\delta} + a_3\,\eta^{\alpha\gamma}\eta^{\beta\delta} + a_4\,\eta^{\alpha\delta}\eta^{\beta\gamma},$$

dove a_1, a_2, a_3 e a_4 sono costanti. Se inoltre è noto, ad esempio, che $T^{\alpha\beta\gamma\delta}$ è antisimmetrico in α e β deve essere $a_2 = 0$ e $a_4 = -a_3$; se invece è noto che $T^{\alpha\beta\gamma\delta}$ è simmetrico in α e β deve valere $a_1 = 0$ e $a_4 = a_3$.

1.4 Struttura del gruppo di Lorentz

In questa sezione analizziamo la struttura del gruppo di Lorentz $O(1,3)$, che è formato da tutte le matrici Λ soddisfacenti il vincolo (1.9). Da una parte vogliamo trovare una parametrizzazione esplicita per una generica matrice Λ soggetta a questo vincolo e dall'altra vogliamo individuare le operazioni fisiche associate a ciascuna Λ, colleganti due sistemi di riferimento, questione lasciata aperta nel Paragrafo 1.2.2. Come vedremo, a questo scopo sarà particolarmente utile eseguire un'analisi dettagliata delle trasformazioni di Lorentz prossime all'identità.

1.4.1 Gruppo di Lorentz proprio

Incominciamo l'analisi del gruppo di Lorentz osservando che il vincolo (1.9) implica le condizioni

$$|det\Lambda| = 1 \quad e \quad |\Lambda^0{}_0| \geq 1.$$

La prima condizione è stata derivata in precedenza, si veda la (1.12), e la seconda si deriva ponendo nella (1.9) $\alpha = \beta = 0$:

$$1 = (\Lambda^0{}_0)^2 - \Lambda^i{}_0 \Lambda^i{}_0 \quad \Rightarrow \quad (\Lambda^0{}_0)^2 = 1 + |\mathbf{L}|^2, \quad dove \quad L^i \equiv \Lambda^i{}_0. \quad (1.38)$$

Segue che $|\Lambda^0{}_0| \geq 1$. Se $\Lambda \in O(1,3)$ si ha dunque $\Lambda^0{}_0 \geq 1$ oppure $\Lambda^0{}_0 \leq -1$, e $det\Lambda = 1$ oppure $det\Lambda = -1$. Il gruppo di Lorentz (1.11) si scinde quindi in quattro sottoinsiemi disgiunti tra di loro,

$$O(1,3) = SO(1,3)_c \cup \Sigma_1 \cup \Sigma_2 \cup \Sigma_3, \quad (1.39)$$

definiti da

$$SO(1,3)_c = \{\Lambda \in O(1,3)/det\Lambda = 1, \Lambda^0{}_0 \geq 1\}, \quad (1.40)$$

$$\Sigma_1 = \{\Lambda \in O(1,3)/det\Lambda = -1, \Lambda^0{}_0 \geq 1\}, \quad (1.41)$$

$$\Sigma_2 = \{\Lambda \in O(1,3)/det\Lambda = -1, \Lambda^0{}_0 \leq -1\}, \quad (1.42)$$

$$\Sigma_3 = \{\Lambda \in O(1,3)/det\Lambda = 1, \Lambda^0{}_0 \leq -1\}. \quad (1.43)$$

Di questi sottoinsiemi solo $SO(1,3)_c$ costituisce un *sottogruppo* di $O(1,3)$, che viene chiamato *gruppo di Lorentz proprio*. Come menzionato in precedenza, il simbolo "S" si riferisce al fatto che il determinante delle matrici vale 1 e il pedice "c" segnala che il gruppo di Lorentz proprio risulta *connesso* con continuità alla matrice identità, al contrario di $O(1,3)$. Nel Paragrafo 1.4.3 vedremo che ciascun sottoinsieme Σ_i ($i = 1, 2, 3$) può essere ottenuto moltiplicando tutti gli elementi di $SO(1,3)_c$ per un elemento fissato Λ_i di Σ_i. Per questo motivo di seguito analizzeremo il gruppo di Lorentz proprio, rimandando l'analisi degli insiemi Σ_i al Paragrafo 1.4.3.

Conosciamo già due classi importanti di elementi di $SO(1,3)_c$. La prima è costituita dalle *rotazioni* spaziali, corrispondenti alle matrici Λ con elementi

$$\Lambda^0{}_0 = 1, \quad \Lambda^i{}_j = R^i{}_j, \quad \Lambda^0{}_i = 0 = \Lambda^i{}_0,$$

dove le matrici di rotazione R soddisfano le relazioni $R^T R = \mathbf{1}$ e $detR = 1$, ovvero $R \in SO(3)$. Si verifica infatti facilmente che le matrici Λ così definite soddisfano il vincolo (1.9). Ricordiamo che una generica rotazione dipende da tre parametri indipendenti, che possono essere identificati, ad esempio, con i tre angoli di Eulero.

Una seconda classe importante di elementi di $SO(1,3)_c$ è costituita dalle *trasformazioni di Lorentz speciali*, corrispondenti al moto rettilineo uniforme di un sistema di riferimento rispetto a un altro. Se il moto relativo avviene lungo l'asse x con velocità v, le coordinate dei due sistemi di riferimento sono legate dalle note trasformazioni

$$t' = \gamma(t - vx), \quad x' = \gamma(x - vt), \quad y' = y, \quad z' = z, \tag{1.44}$$

dove $\gamma \equiv 1/\sqrt{1 - v^2}$, corrispondenti alla matrice

$$\Lambda = \begin{pmatrix} \gamma & -v\gamma & 0 & 0 \\ -v\gamma & \gamma & 0 & 0 \\ 0 & 0 & 1 & 0 \\ 0 & 0 & 0 & 1 \end{pmatrix}. \tag{1.45}$$

Di nuovo si verifica facilmente che vale $\Lambda^T \eta \Lambda = \eta$. In generale possiamo eseguire una trasformazione di Lorentz speciale con velocità $\mathbf{v}$ arbitraria e la matrice Λ
corrispondente dipenderà dunque da tre parametri indipendenti, vale a dire dalle tre
componenti della velocità.

Le operazioni descritte – rotazioni spaziali e trasformazioni di Lorentz speciali –
coinvolgono complessivamente 6 parametri e sono palesemente connesse con continuità all'identità. Ci aspettiamo pertanto che i 16 elementi di una generica matrice
$\Lambda \in SO(1,3)_c$ possano esprimersi in termini di 6 parametri indipendenti. In altre
parole, il *gruppo di Lie* $SO(1,3)_c$ dovrebbe avere dimensione 6. Per verificare la
correttezza di questa previsione riscriviamo il vincolo (1.9) nella forma

$$H \equiv \Lambda^T \eta \Lambda - \eta = 0, \tag{1.46}$$

che equivale a un sistema di 16 equazioni nelle 16 incognite $\Lambda^\mu{}_\nu$. Tuttavia, per
costruzione H è una matrice 4×4 *simmetrica* e di conseguenza solo 10 di queste
equazioni sono linearmente indipendenti. La generica soluzione Λ del sistema (1.46)
si esprime pertanto effettivamente in termini di $16 - 10 = 6$ parametri indipendenti.

1.4.2 Trasformazioni di Lorentz proprie finite e infinitesime

Per individuare una possibile scelta di questi sei parametri consideriamo una generica trasformazione di Lorentz prossima all'identità

$$\Lambda^\mu{}_\nu = \delta^\mu{}_\nu + \Omega^\mu{}_\nu, \qquad |\Omega^\mu{}_\nu| \ll 1, \ \forall\, \mu, \forall\, \nu.$$

Imponendo il vincolo (1.46), equivalente al vincolo (1.9), otteniamo la relazione

$$\left(\delta^\alpha{}_\mu + \Omega^\alpha{}_\mu\right) \eta_{\alpha\beta} \left(\delta^\beta{}_\nu + \Omega^\beta{}_\nu\right) - \eta_{\mu\nu} = 0.$$

Considerando solo i termini lineari in $\Omega^\mu{}_\nu$ ricaviamo che questa matrice deve
soddisfare a sua volta il vincolo

$$\eta_{\nu\alpha}\Omega^\alpha{}_\mu + \eta_{\mu\beta}\Omega^\beta{}_\nu = 0. \tag{1.47}$$

Definendo la matrice

$$\omega_{\mu\nu} \equiv \eta_{\mu\beta}\Omega^{\beta}{}_{\nu}, \quad \text{che equivale a porre} \quad \Omega^{\mu}{}_{\nu} = \eta^{\mu\alpha}\omega_{\alpha\nu}, \tag{1.48}$$

la (1.47) si muta in

$$\omega_{\mu\nu} = -\omega_{\nu\mu}. \tag{1.49}$$

La matrice $\omega_{\mu\nu}$ deve dunque essere antisimmetrica e come tale ha sei elementi indipendenti. In accordo con la conclusione del paragrafo precedente troviamo quindi che una generica trasformazione di Lorentz prossima all'identità, ovvero *infinitesima*, dipende da sei parametri arbitrari potendo essere scritta come

$$\Lambda^{\mu}{}_{\nu} = \delta^{\mu}{}_{\nu} + \eta^{\mu\alpha}\omega_{\alpha\nu}. \tag{1.50}$$

A questo punto siamo anche in grado di dare l'espressione di un generico elemento Λ *finito* di $SO(1,3)_c$. Vale infatti il seguente teorema.

Teorema. Un generico elemento $\Lambda \in SO(1,3)_c$ può essere espresso come

$$\Lambda = e^{\Omega}, \tag{1.51}$$

dove la matrice Ω soddisfa il vincolo (1.47) oppure, equivalentemente, la matrice $\omega \equiv \eta\Omega$ è antisimmetrica.

Dimostrazione. Di seguito ci limitiamo a dimostrare che, se Ω soddisfa la (1.47), le matrici della forma (1.51) appartengono al gruppo di Lorentz proprio. Per fare questo occorre innanzitutto dimostrare che queste matrici appartengono al gruppo di Lorentz, ovvero che soddisfano il vincolo $\Lambda^T\eta\,\Lambda = \eta$. A questo scopo conviene riscrivere la (1.47) in notazione matriciale,

$$\eta\Omega = -\Omega^T\eta \quad \leftrightarrow \quad \Omega^T = -\eta\Omega\eta,$$

e sfruttare l'identità (si ricordi che $\eta^2 = 1$)

$$e^{-\eta\Omega\eta} = \sum_{N=0}^{\infty} \frac{(-)^N}{N!}(\eta\,\Omega\,\eta)^N = \sum_{N=0}^{\infty} \frac{(-)^N}{N!}\,\eta\,\Omega^N\eta$$

$$= \eta\left(\sum_{N=0}^{\infty} \frac{(-)^N}{N!}\,\Omega^N\right)\eta = \eta\,e^{-\Omega}\,\eta.$$

Si ha allora

$$\Lambda^T\eta\Lambda = e^{\Omega^T}\eta\,e^{\Omega} = e^{-\eta\Omega\eta}\eta\,e^{\Omega} = \left(\eta\,e^{-\Omega}\,\eta\right)\eta\,e^{\Omega} = \eta,$$

sicché $\Lambda \in O(1,3)$. Dato che l'esponenziale di una matrice è una funzione *continua* dei suoi elementi, l'insieme di matrici $\{\Lambda = e^{\Omega}\}$ è connesso con continuità alla matrice identità e – visto che queste matrici fanno parte del gruppo di Lorentz – esse appartengono a $SO(1,3)_c$. □

Per concludere analizziamo il significato fisico dei sei parametri $\omega_{\mu\nu}$. A ciascuno di questi parametri dovrebbe infatti corrispondere una delle sei operazioni individuate nel paragrafo precedente, che collegano un sistema di riferimento inerziale a un altro. Consideriamo dunque una generica trasformazione di Lorentz infinitesima (1.50) da un sistema K a un sistema K'. Grazie al vincolo (1.49) possiamo porre in tutta generalità

$$\omega_{00} = 0, \tag{1.52}$$

$$\omega_{i0} = V^i = -\omega_{0i}, \tag{1.53}$$

$$\omega_{ij} = \varphi\,\varepsilon^{ijk}u^k, \quad |\mathbf{u}| = 1. \tag{1.54}$$

Per analizzare il significato delle sei grandezze $\mathbf{V}$, $\mathbf{u}$ e φ esplicitiamo le trasformazioni infinitesime delle coordinate indotte dalla matrice (1.50)

$$x'^{\mu} = \Lambda^{\mu}{}_{\nu}x^{\nu} = x^{\mu} + \eta^{\mu\alpha}\omega_{\alpha\nu}x^{\nu},$$

che equivalgono a

$$t' = t + \eta^{00}\omega_{0i}\,x^i = t - \mathbf{V}\cdot\mathbf{x}, \tag{1.55}$$

$$x'^i = x^i + \eta^{ij}(\omega_{j\,0}t + \omega_{j\,k}x^k) = x^i - V^i t + \varphi(\mathbf{u} \times \mathbf{x})^i. \tag{1.56}$$

Per $\mathbf{V} = 0$ queste trasformazioni si riducono a una rotazione spaziale infinitesima di un angolo φ attorno al versore $\mathbf{u}$, mentre per $\varphi = 0$ si riducono a una trasformazione di Lorentz speciale infinitesima[1] con velocità relativa $\mathbf{V}$, si vedano le (1.44). In accordo con l'analisi generale del paragrafo precedente gli assi di K' risultano quindi ruotati rispetto a quelli di K di un angolo infinitesimo φ attorno a una direzione $\mathbf{u}$ e K' si trova in moto rettilineo uniforme rispetto a K con velocità infinitesima $\mathbf{V}$.

Trasformazioni di Lorentz speciali finite. Infine mostriamo in che modo la trasformazione di Lorentz propria *finita* (1.45) può essere ottenuta dalla formula generale (1.51). Dato che la (1.45) è una trasformazione speciale lungo l'asse x, nella parametrizzazione generale (1.52)-(1.54) dobbiamo porre $\varphi = 0$ e $\mathbf{V} = (V(v), 0, 0)$, dove $\mathbf{v} = (v, 0, 0)$ è la velocità *finita* di K' rispetto a K. Inoltre dovrà essere $V(v) = v + o(v^2)$. Gli elementi non nulli di $\omega_{\mu\nu}$ sono dunque

$$\omega_{10} = V(v) = -\omega_{01}$$

e dalle (1.48) si ottengono allora gli elementi non nulli di Ω

$$\Omega^0{}_1 = -V(v) = \Omega^1{}_0. \tag{1.57}$$

---

[1] Nelle equazioni (1.55) e (1.56) i fattori $1/\sqrt{1 - V^2}$ sono assenti perché queste leggi di trasformazione sono valide solo al primo ordine in $\omega_{\mu\nu}$, ovvero in $\mathbf{V}$ e φ.

Il calcolo di e^{Ω} può essere eseguito sviluppando l'esponenziale in serie di Taylor, si veda il Problema 1.7, e risulta

$$e^{\Omega} = \begin{pmatrix} \cosh V(v) & -\operatorname{senh} V(v) & 0 & 0 \\ -\operatorname{senh} V(v) & \cosh V(v) & 0 & 0 \\ 0 & 0 & 1 & 0 \\ 0 & 0 & 0 & 1 \end{pmatrix}. \tag{1.58}$$

Questa matrice uguaglia effettivamente la matrice (1.45) se poniamo $\operatorname{tgh} V(v) = v/c$, ovvero

$$V(v) = \operatorname{arctgh}\left(\frac{v}{c}\right),$$

avendo ripristinato la velocità della luce.

Data la particolare forma della matrice (1.58) si riconosce che una trasformazione di Lorentz speciale lungo l'asse x con velocità v può essere interpretata come una *rotazione iperbolica* nel piano (ct, x) di un "angolo" $\operatorname{arctgh}(v/c)$.

1.4.3 Parità, inversione temporale e pseudotensori

Rimangono da analizzare i tre sottoinsiemi Σ_i del gruppo di Lorentz introdotti nelle (1.41)-(1.43). Come abbiamo anticipato questi sottoinsiemi si possono ottenere moltiplicando tutti gli elementi di $SO(1,3)_c$ per una fissata matrice $\Lambda_i \in \Sigma_i$. Una scelta conveniente è, si veda il Problema 1.10,

$$\Lambda_1 = \mathcal{P}, \qquad \Lambda_2 = \mathcal{T}, \qquad \Lambda_3 = -\mathbf{1}, \tag{1.59}$$

dove $\mathcal{P}$ è la matrice associata all'operazione di *parità*, con elementi

$$\mathcal{P}^0{}_0 = 1, \quad \mathcal{P}^i{}_j = -\delta^i{}_j, \quad \mathcal{P}^0{}_i = 0 = \mathcal{P}^i{}_0, \tag{1.60}$$

e $\mathcal{T}$ è la matrice associata all'operazione di *inversione temporale*, con elementi

$$\mathcal{T}^0{}_0 = -1, \quad \mathcal{T}^i{}_j = \delta^i{}_j, \quad \mathcal{T}^0{}_i = 0 = \mathcal{T}^i{}_0. \tag{1.61}$$

Dato che $\Lambda_3 = \mathcal{PT}$ è sufficiente analizzare il significato delle operazioni di parità e di inversione temporale. A volte ci si riferisce a questi particolari elementi del gruppo di Lorentz come *simmetrie discrete*.

Parità. La trasformazione di parità $x'^{\mu} = \mathcal{P}^{\mu}{}_{\nu} x^{\nu}$ riflette tutti e tre gli assi cartesiani[2] e lascia il tempo invariato: $t' = t$, $\mathbf{x}' = -\mathbf{x}$. Sotto parità la metrica di Minkowski

---

[2] Una trasformazione che riflette *due* assi, diciamo gli assi x e y, corrisponde a una rotazione di $180°$ attorno all'asse z e appartiene dunque a $SO(1,3)_c$. La riflessione di un solo asse è invece un'operazione che appartiene a Σ_1 e può essere pensata come composta da $\mathcal{P}$ e da una rotazione di $180°$ attorno allo stesso asse, operazione che appartiene a $SO(1,3)_c$.

$\eta^{\mu\nu}$ resta invariata – semplicemente perché $\mathcal{P} \in O(1,3)$. Al contrario, in virtù dell'identità (1.35) e della relazione $det\mathcal{P} = -1$, il tensore di Levi-Civita sotto parità cambia di segno:

$$\mathcal{P}^\alpha{}_\mu \mathcal{P}^\beta{}_\nu \mathcal{P}^\gamma{}_\rho \mathcal{P}^\delta{}_\sigma \, \varepsilon^{\mu\nu\rho\sigma} = -\varepsilon^{\alpha\beta\gamma\delta}. \tag{1.62}$$

Corrispondentemente il tensore di Levi-Civita costituisce uno *pseudotensore* invariante. In generale si chiama *pseudotensore sotto parità* un oggetto $T^m{}_n$ che sotto $SO(1,3)_c$ si trasforma come in (1.24), mentre sotto parità si trasforma come in (1.24) modulo un segno "$-$":

$$T'^{\mu_1\cdots\mu_m}{}_{\nu_1\cdots\nu_n}(\mathcal{P}x) = -\mathcal{P}^{\mu_1}{}_{\alpha_1}\cdots\mathcal{P}^{\mu_m}{}_{\alpha_m}\widetilde{\mathcal{P}}_{\nu_1}{}^{\beta_1}\cdots\widetilde{\mathcal{P}}_{\nu_n}{}^{\beta_n}T^{\alpha_1\cdots\alpha_m}{}_{\beta_1\cdots\beta_n}(x). \tag{1.63}$$

In questo caso si ha $\widetilde{\mathcal{P}} \equiv \eta\mathcal{P}\eta = \mathcal{P}$, si veda la (1.25). Si noti che a seguito della (1.63) il *prodotto* tra due pseudotensori è un *tensore*. A partire dallo pseudotensore di Levi-Civita si possono costruire altri pseudotensori. Se $F^{\alpha\beta}$ è ad esempio un tensore, $\varepsilon^{\alpha\beta\gamma\delta}F_{\gamma\delta}$ è uno pseudotensore ed $\varepsilon^{\alpha\beta\gamma\delta}F_{\alpha\beta}F_{\gamma\delta}$ è uno pseudoscalare. Infatti, visto che sotto parità $F^{\alpha\beta}$ si trasforma secondo $F'^{\alpha\beta} = \mathcal{P}^\alpha{}_\mu\mathcal{P}^\beta{}_\nu F^{\mu\nu}$, valgono le leggi di trasformazione

$$\begin{aligned}(\varepsilon^{\alpha\beta\gamma\delta}F_{\gamma\delta})' &\equiv \varepsilon^{\alpha\beta\gamma\delta}F'_{\gamma\delta} = -\mathcal{P}^\alpha{}_\rho\mathcal{P}^\beta{}_\sigma(\varepsilon^{\rho\sigma\gamma\delta}F_{\gamma\delta}), \\ (\varepsilon^{\alpha\beta\gamma\delta}F_{\alpha\beta}F_{\gamma\delta})' &\equiv \varepsilon^{\alpha\beta\gamma\delta}F'_{\alpha\beta}F'_{\gamma\delta} = -\varepsilon^{\alpha\beta\gamma\delta}F_{\alpha\beta}F_{\gamma\delta},\end{aligned} \tag{1.64}$$

dove abbiamo omesso di indicare gli argomenti spazio-temporali.

È evidente che sono invarianti sotto il gruppo di Lorentz completo $O(1,3)$ non solo leggi fisiche che uguagliano tensori a tensori, ma anche leggi che uguagliano pseudotensori a pseudotensori, mentre leggi che uguagliano un tensore a uno pseudotensore violano la parità e sono invarianti solo sotto il gruppo di Lorentz proprio $SO(1,3)_c$. Sorge allora in modo naturale la domanda se le leggi della fisica siano, o debbano, essere invarianti sotto il gruppo di Lorentz completo o solo sotto il gruppo di Lorentz proprio. In risposta a questa domanda osserviamo che secondo le conoscenze attuali le leggi che governano le interazioni elettromagnetiche, gravitazionali e forti rispettano effettivamente il gruppo di Lorentz completo mentre – come fu scoperto sperimentalmente da Chien-Shiung Wu nel 1957 analizzando le caratteristiche del *decadimento beta* – le leggi che governano *le interazioni deboli violano invece l'invarianza sotto parità*.

Inversione temporale. La trasformazione di inversione temporale $x'^\mu = \mathcal{T}^\mu{}_\nu x^\nu$ riflette l'asse del tempo e lascia le coordinate spaziali invariate: $t' = -t$, $\mathbf{x}' = \mathbf{x}$. Per questa operazione valgono considerazioni analoghe a quelle svolte poc'anzi per la parità. In particolare, visto che anche $det\mathcal{T} = -1$, sotto inversione temporale il tensore di Levi-Civita cambia di segno,

$$\mathcal{T}^\alpha{}_\mu \mathcal{T}^\beta{}_\nu \mathcal{T}^\gamma{}_\rho \mathcal{T}^\delta{}_\sigma \, \varepsilon^{\mu\nu\rho\sigma} = -\varepsilon^{\alpha\beta\gamma\delta},$$

e costituisce pertanto uno pseudotensore anche sotto tale trasformazione. Per definizione uno *pseudotensore sotto inversione temporale* sotto $SO(1,3)_c$ si trasforma come in (1.24), mentre sotto inversione temporale si trasforma come in (1.63) previa la sostituzione $\mathcal{P} \to \mathcal{T}$.

Leggi della fisica che uguagliano un tensore a uno pseudotensore sotto inversione temporale, violerebbero quindi l'invarianza per inversione temporale. Dagli esperimenti condotti nel 1964 da J. Cronin e V. Fitch sui decadimenti dei *mesoni K* neutri sappiamo, in effetti, che anche questa simmetria discreta è violata dalle interazioni deboli, mentre è preservata dalle altre interazioni fondamentali. Senza entrare nei dettagli di questi esperimenti osserviamo che la violazione in natura dell'invarianza per inversione temporale ha importanti risvolti fisici, il più eclatante forse essendo che questa violazione risulta indispensabile per spiegare l'*asimmetria* tra materia e antimateria del nostro universo.

Per prevenire una possibile confusione anticipiamo che la violazione *spontanea* dell'invarianza per inversione temporale che riscontreremo in Elettrodinamica nel Paragrafo 6.2.3 non riguarda affatto le *equazioni* fondamentali dell'Elettrodinamica – che sono invarianti – ma le loro *soluzioni*.

1.5 Problemi

1.1. Usando le tecniche introdotte nella Sezione 1.4 si esprima una generica matrice R appartenente al gruppo

$$SO(3) \equiv \{R, \text{ matrici reali } 3 \times 3 / R^T R = 1, \, det R = 1\}$$

in termini di tre parametri indipendenti.

1.2. Si dimostri che l'oggetto W^μ definito in (1.28) costituisce un vettore controvariante.

1.3. Si dimostri che il tensore di Levi-Civita soddisfa le identità algebriche tra tensori invarianti (1.36) e (1.37).
Suggerimento. Si verifichi prima l'ultima identità in (1.37) e si sfrutti poi il teorema sui tensori invarianti enunciato dopo le (1.37).

1.4. Si verifichino le relazioni (1.32).

1.5. Si dimostri che la matrice Λ data in (1.45) soddisfa il vincolo (1.9).

1.6. Dato un generico tensore $T^{\mu\nu\rho}$ di rango $(3,0)$ si dimostri che vale la doppia implicazione

$$T^{[\mu\nu\rho]} = 0 \quad \Leftrightarrow \quad \varepsilon_{\mu\nu\rho\sigma} T^{\mu\nu\rho} = 0.$$

1.7. Si consideri la matrice $\Omega^\mu{}_\nu$ corrispondente alle (1.57)

$$\Omega = \begin{pmatrix} 0 & -V(v) & 0 & 0 \\ -V(v) & 0 & 0 & 0 \\ 0 & 0 & 0 & 0 \\ 0 & 0 & 0 & 0 \end{pmatrix}.$$

Si dimostri che l'esponenziale e^Ω equivale alla (1.58).
Suggerimento. Si sviluppi l'esponenziale in serie di Taylor e si noti che la matrice

$$M \equiv \begin{pmatrix} 0 & 1 \\ 1 & 0 \end{pmatrix}$$

soddisfa per ogni intero positivo n le identità algebriche

$$M^{2n} = \begin{pmatrix} 1 & 0 \\ 0 & 1 \end{pmatrix}, \quad M^{2n+1} = M.$$

1.8. Si consideri una generica matrice di rotazione $R \in SO(3)$, si veda il problema 1.1.

a) Si verifichi che sotto una rotazione il tensore d'inerzia (1.20) si trasforma come indicato nella (1.21).
   Suggerimento. La relazione $R^T R = \mathbf{1}$ è equivalente a $R^i{}_k R^j{}_k = \delta^{ij}$.
b) Si dimostri che sotto una rotazione il momento angolare (1.19) di un corpo rigido si trasforma secondo $\mathcal{L}'^i = R^i{}_j \mathcal{L}^j$.
c) Si dimostri che sotto una rotazione il momento angolare di una particella $L^i = m\varepsilon^{ijk}r^j v^k$ si trasforma secondo $L'^i = R^i{}_j L^j$.
   Suggerimento. Si sfrutti l'identità del determinante

$$\varepsilon^{jnl} R^i{}_j R^m{}_n R^k{}_l = (detR)\,\varepsilon^{imk},$$

   valida per un'arbitraria matrice R 3×3.
d) Si verifichi che il teorema del momento angolare (1.17) sotto una rotazione si muta nella prima equazione in (1.22).

1.9. Si verifichi che l'insieme di matrici $O(1,3)$ definito in (1.11) costituisce un gruppo – il gruppo di Lorentz – dimostrando in particolare che:

a) se $\Lambda \in O(1,3)$ anche $\Lambda^{-1} \in O(1,3)$;
b) se $\Lambda_1 \in O(1,3)$ e $\Lambda_2 \in O(1,3)$ anche $\Lambda_1\Lambda_2 \in O(1,3)$.

1.10. Si considerino i tre sottoinsiemi disgiunti Σ_i del gruppo di Lorentz dati nelle (1.41)-(1.43). Si dimostri che un elemento $\Lambda \in \Sigma_i$ può essere scritto in modo univoco come $\Lambda = \Lambda_i\Lambda_0$, dove le matrici Λ_i sono date in (1.59) e Λ_0 è un elemento di $SO(1,3)_c$, procedendo come segue.

a) Si osservi che prese due matrici B_1 e B_2 soddisfacenti $det B_r = 1$ $(r = 1, 2)$, si ha $det(B_1 B_2) = 1$. Proprietà analoghe valgono se $det B_r = \pm 1$.

b) Si dimostri che prese due matrici B_1 e B_2 appartenenti a $O(1,3)$ e soddisfacenti la disuguaglianza $(B_r)^0{}_0 \geq 1$ $(r = 1, 2)$, la matrice $C \equiv B_1 B_2$ soddisfa ancora la disuguaglianza $C^0{}_0 \geq 1$. Proprietà analoghe valgono se una delle due matrici, o tutte e due, soddisfano invece la disuguaglianza $(B_r)^0{}_0 \leq -1$.

Suggerimento. Si sfrutti la relazione generale (1.38).

c) Per dimostrare l'asserto principale è sufficiente dimostrare che se $\Lambda \in \Sigma_i$, la matrice $\Lambda_0 \equiv \Lambda_i^{-1} \Lambda = \Lambda_i \Lambda$ appartiene a $SO(1,3)_c$.

2

Le equazioni fondamentali dell'Elettrodinamica

In questo capitolo presentiamo le equazioni fondamentali che governano la dinamica di un sistema di particelle cariche in interazione con il campo elettromagnetico, ovvero le equazioni di Maxwell e di Lorentz, illustrandone il ruolo e analizzandone le caratteristiche generali. Per quanto detto nel capitolo precedente scriveremo queste equazioni in forma covariante a vista. Evidenzieremo la loro natura distribuzionale e deriveremo le principali leggi di conservazione da esse implicate. Una parte sostanziale del testo sarà poi dedicata a un'analisi approfondita delle soluzioni e delle conseguenze fisiche di queste equazioni. Iniziamo il capitolo con la descrizione della cinematica di una particella relativistica.

2.1 Cinematica di una particella relativistica

Linee di universo causali. In Meccanica Newtoniana la legge oraria di una particella è rappresentata dalla curva tridimensionale $\mathbf{y}(t) \equiv (x(t), y(t), z(t))$[1]. In una teoria relativistica, per ottemperare al paradigma della covarianza a vista, conviene invece introdurre la traiettoria quadridimensionale γ della particella – chiamata *linea di universo* – che è rappresentata dalle quattro funzioni di un generico parametro λ

$$y^{\mu}(\lambda) = (y^0(\lambda), \mathbf{y}(\lambda)).$$

Supporremo che queste quattro funzioni siano sufficientemente regolari, in particolare di classe C^2. Perché una linea di universo sia fisicamente accettabile è necessario che, definito il *vettore tangente*

$$U^{\mu} = \frac{dy^{\mu}}{d\lambda},$$

---

[1] La legge oraria di una particella comunemente viene indicata con il simbolo $\mathbf{x}(t)$. Noi preferiamo la notazione $\mathbf{y}(t)$ – al posto di $\mathbf{x}(t)$ – per evitare la confusione con il generico punto $x^{\mu} = (t, \mathbf{x})$ in cui si valuta il campo elettromagnetico.

Lechner K.: Elettrodinamica classica
DOI 10.1007/978-88-470-5211-6_2, © Springer-Verlag Italia 2013

per ogni λ siano soddisfatte le condizioni

1) $U^2 \geq 0$;
2) $U^0 > 0$.

Una linea di universo soddisfacente la condizione 1) si dice *causale* e, come faremo vedere in (2.1), per una tale linea la velocità della particella è sempre inferiore o uguale alla velocità della luce. La condizione 2) assicura che $y^0(\lambda)$ – il tempo – è una funzione monotona *crescente* di λ, proprietà il cui significato verrà chiarito tra breve. Una linea di universo soddisfacente la condizione 2) si dice *diretta nel futuro*. Se questa condizione viene sostituita con la richiesta $U^0 < 0$, la linea di universo si dice invece *diretta nel passato*. Dato un generico quadrivettore U^μ si chiama *cono luce* l'ipersuperficie descritta dall'equazione $U^2 = 0$. Da un punto di vista geometrico la condizione 1) seleziona dunque per ogni λ l'*interno* del cono luce, mentre l'aggiunta della condizione 2) ne delimita la metà *in avanti*, ovvero il *cono luce futuro*. D'ora in poi supporremo che la linea di universo percorsa da una qualsiasi particella relativistica sia causale e diretta nel futuro, ovvero che il vettore tangente U^μ appartenga per ogni λ all'interno del cono luce futuro.

Dato che $y^0(\lambda)$ è una funzione monotona crescente, questa funzione può essere invertita per determinare λ in funzione del tempo

$$y^0(\lambda) = t \quad \Rightarrow \quad \lambda(t).$$

La legge oraria $\mathbf{y}(t)$ si ottiene allora eliminando dalla linea di universo spaziale $\mathbf{y}(\lambda)$ il parametro λ in favore del tempo e per semplicità porremo

$$\mathbf{y}(\lambda(t)) \equiv \mathbf{y}(t).$$

Di seguito denoteremo velocità e accelerazione tridimensionali, come di consueto, con

$$\mathbf{v} = \frac{d\mathbf{y}}{dt}, \qquad \mathbf{a} = \frac{d\mathbf{v}}{dt}.$$

Esplicitando la condizione di causalità 1) si ottiene infine la disuguaglianza

$$U^2 = \frac{dy^\mu}{d\lambda}\frac{dy_\mu}{d\lambda} = \left(\frac{dt}{d\lambda}\right)^2 \frac{dy^\mu}{dt}\frac{dy_\mu}{dt} = \left(\frac{dt}{d\lambda}\right)^2 (1 - v^2) \geq 0, \qquad (2.1)$$

esprimente il fatto che la velocità di una particella non possa superare la velocità della luce.

Invarianza per riparametrizzazione. Rispetto alla Meccanica Newtoniana potrebbe sembrare che la linea di universo relativistica introduca nella dinamica della particella un quarto grado di libertà: la funzione $y^0(\lambda)$. Questo grado di libertà risulta tuttavia *spurio*, ovvero inosservabile, in quanto riflette solo l'arbitrarietà della scelta del parametro λ. Due linee di universo $y_1^\mu(\lambda)$ e $y_2^\mu(\lambda)$ risultano infatti fisicamente equivalenti se sono collegabili attraverso una ridefinizione del parametro, vale a dire se esiste una funzione $f : \mathbb{R} \to \mathbb{R}$, invertibile e di classe C^2 insieme alla sua inversa, tale che

$$y_1^\mu(f(\lambda)) = y_2^\mu(\lambda). \tag{2.2}$$

Si dice che le linee di universo sono collegate da una *riparametrizzazione*. L'equivalenza fisica di tali linee di universo segue dal fatto che grazie alle relazioni (2.2) le leggi orarie associate siano le stesse:

$$\mathbf{y}_1(t) = \mathbf{y}_2(t).$$

Nella descrizione della dinamica di una particella potremo dunque usare la linea di universo, al posto della legge oraria, purché le equazioni del moto siano *invarianti per riparametrizzazione*. Si noti che la stessa legge oraria $\mathbf{y}(t)$ – una grandezza osservabile – è invariante per riparametrizzazione, mentre le funzioni $\mathbf{y}(\lambda)$ e $y^0(\lambda)$ non lo sono.

Se tutte le leggi fisiche sono invarianti per riparametrizzazione possiamo scegliere come parametro quello che più ci conviene. Una scelta che adotteremo di frequente è la componente $\mu = 0$ della linea di universo, ovvero il tempo $\lambda = y^0(\lambda) \equiv t$. In questo caso la linea di universo sarà parametrizzata semplicemente da

$$y^\mu(t) = (t, \mathbf{y}(t)).$$

Un'altra scelta spesso conveniente è il cosiddetto *tempo proprio* s, che ha il pregio di essere simultaneamente invariante per trasformazioni di Lorentz e per riparametrizzazione. Formalmente esso è dato dall'espressione simbolica

$$ds = \sqrt{dy^\mu \, dy_\mu}, \tag{2.3}$$

che rappresenta una notazione abbreviata per

$$s(\lambda) = \int_0^\lambda \sqrt{\frac{dy^\mu}{d\lambda'} \frac{dy_\mu}{d\lambda'}} \, d\lambda'. \tag{2.4}$$

L'invarianza di Lorentz di s è manifesta e la sua invarianza per riparametrizzazione segue dal fatto che nella (2.4) i fattori $d\lambda'$ formalmente si cancellino. Si noti inoltre che, grazie alla condizione 1) di causalità, il radicando nella (2.4) è mai negativo. Il tempo proprio permette poi di definire la derivata invariante

$$\frac{d}{ds} \equiv \frac{1}{\sqrt{\frac{dy^\mu}{d\lambda} \frac{dy_\mu}{d\lambda}}} \frac{d}{d\lambda}. \tag{2.5}$$

Grazie all'invarianza per riparametrizzazione di s, nelle (2.3)-(2.5) possiamo usare come parametro il tempo ottenendo le espressioni

$$ds = \sqrt{1 - v^2} \, dt, \quad s(t) = \int_0^t \sqrt{1 - v^2(t')} \, dt', \quad \frac{d}{ds} = \frac{1}{\sqrt{1 - v^2(t)}} \frac{d}{dt}. \tag{2.6}$$

Quadrivelocità, quadriaccelerazione e *quadrimomento* di una particella di massa m sono definiti rispettivamente da

$$u^\mu = \frac{dy^\mu}{ds} = \left(\frac{1}{\sqrt{1-v^2}}, \frac{\mathbf{v}}{\sqrt{1-v^2}}\right), \quad w^\mu = \frac{du^\mu}{ds}, \quad p^\mu = mu^\mu. \qquad (2.7)$$

Per costruzione questi oggetti costituiscono quadrivettori e soddisfano le identità

$$u^\mu u_\mu = 1, \qquad u^\mu w_\mu = 0, \qquad p^2 \equiv p^\mu p_\mu = m^2. \qquad (2.8)$$

La prima segue direttamente dalla (2.3), la seconda si ottiene derivando la prima rispetto a s e la terza è equivalente alla prima. Dalle relazioni (2.7) per la *quantità di moto relativistica* $\mathbf{p}$ e l'*energia relativistica* ε della particella discendono inoltre le note espressioni

$$\mathbf{p} = m\mathbf{u} = \frac{m\mathbf{v}}{\sqrt{1-v^2}}, \qquad \varepsilon \equiv p^0 = mu^0 = \frac{m}{\sqrt{1-v^2}}, \qquad \mathbf{v} = \frac{\mathbf{p}}{\varepsilon}. \qquad (2.9)$$

Infine osserviamo che per ogni istante t fissato esiste un sistema di riferimento inerziale K – detto *sistema a riposo istantaneo* – in cui la particella in quell'istante possiede velocità nulla. In questo istante in K si hanno le semplici espressioni

$$u^\mu = (1,0,0,0), \qquad p^\mu = (m,0,0,0), \qquad w^\mu = (0,\mathbf{a}).$$

2.2 Elettrodinamica di particelle puntiformi

Introduciamo ora il sistema fisico che è il principale oggetto di studio di questo testo: *un sistema di N particelle cariche interagenti con il campo elettromagnetico*. Le variabili cinematiche indipendenti che lo descrivono sono le $4N$ funzioni $y_r^\mu(\lambda_r)$ $(r = 1, \ldots, N)$, che parametrizzano le N linee di universo γ_r percorse dalle particelle, e il *tensore di Maxwell* $F^{\mu\nu}(x)$ antisimmetrico,

$$F^{\mu\nu} = -F^{\nu\mu},$$

che rappresenta il campo elettromagnetico. Questo tensore è infatti legato ai campi elettrico e magnetico $\mathbf{E}$ e $\mathbf{B}$ dalle relazioni

$$F^{00} = 0, \qquad\qquad\qquad\qquad\qquad (2.10)$$

$$F^{i0} = -F^{0i} = E^i, \qquad\qquad\qquad\qquad (2.11)$$

$$F^{ij} = -\varepsilon^{ijk} B^k \quad \leftrightarrow \quad B^i = -\frac{1}{2}\varepsilon^{ijk} F^{jk}. \qquad (2.12)$$

I due scalari relativistici indipendenti che si possono formare con le componenti di $F^{\mu\nu}$ sono

$$\varepsilon^{\mu\nu\rho\sigma} F_{\mu\nu} F_{\rho\sigma} = -8\,\mathbf{E}\cdot\mathbf{B}, \qquad F^{\mu\nu} F_{\mu\nu} = 2(B^2 - E^2), \qquad (2.13)$$

la verifica di queste relazioni essendo lasciata per esercizio. Indicando con m_r la massa della particella r-esima, per ciascuna particella possiamo poi introdurre le quantità cinematiche definite nella sezione precedente: il tempo proprio s_r, la quadrivelocità u_r^μ, la quadriaccelerazione w_r^μ, il quadrimomento $p_r^\mu = m_r u_r^\mu$, la legge oraria $\mathbf{y}_r(t)$, la velocità $\mathbf{v}_r$, l'accelerazione $\mathbf{a}_r$ e l'energia e la quantità di moto relativistiche ε_r e $\mathbf{p}_r$.

Quadricorrente. Indicando la carica elettrica della particella r-esima con e_r definiamo la *quadricorrente* del sistema come

$$j^\mu(x) = \sum_r e_r \int_{\gamma_r} \delta^4(x - y_r)\, dy_r^\mu \equiv \sum_r e_r \int \frac{dy_r^\mu}{d\lambda_r}\, \delta^4(x - y_r(\lambda_r))\, d\lambda_r, \qquad (2.14)$$

dove il simbolo $\delta^4(\cdot)$ indica la distribuzione-δ quadridimensionale, si veda il Paragrafo 2.3.1. Le proprietà generali dell'espressione (2.14) verranno analizzate in dettaglio nel Paragrafo 2.3.2. Ci limitiamo ad anticipare che j^μ è un *quadrivettore*, che è *invariante per riparametrizzazione* e che è *conservata*, ovvero soddisfa l'*equazione di continuità*

$$\partial_\mu j^\mu = 0. \qquad (2.15)$$

Nel Paragrafo 2.3.2 faremo inoltre vedere che le componenti temporale e spaziali del quadrivettore (2.14) si scrivono come

$$j^0(t, \mathbf{x}) = \sum_r e_r\, \delta^3(\mathbf{x} - \mathbf{y}_r(t)), \qquad (2.16)$$

$$\mathbf{j}(t, \mathbf{x}) = \sum_r e_r \mathbf{v}_r(t)\, \delta^3(\mathbf{x} - \mathbf{y}_r(t)). \qquad (2.17)$$

Dalle note proprietà formali della distribuzione-δ tridimensionale, ovvero $\delta^3(\mathbf{x}) = 0$ per $\mathbf{x} \neq 0$ e $\int_{\mathbb{R}^3} \delta^3(\mathbf{x})\, d^3x = 1$, si desume che $j^0 \equiv \rho$ rappresenta la densità di carica del sistema di particelle e che $\mathbf{j}$ rappresenta la consueta densità di corrente tridimensionale.

Facciamo notare fin d'ora che la corrente (2.14) non può essere considerata come un *campo* vettoriale in senso stretto, poiché le sue componenti, coinvolgendo la distribuzione-δ, non sono *funzioni*, bensì elementi di $\mathcal{S}'(\mathbb{R}^4)$, vale a dire *distribuzioni*. In realtà j^μ rappresenta dunque un *campo vettoriale a valori nelle distribuzioni*. Il significato preciso e le conseguenze fisiche di questa peculiarità verranno discussi in dettaglio nella Sezione 2.3, dove introdurremo gli elementi essenziali della teoria delle distribuzioni e analizzeremo la natura distribuzionale delle equazioni di Maxwell.

2.2.1 Equazioni fondamentali

Presentiamo ora le *equazioni fondamentali dell'Elettrodinamica*, in forma covariante a vista:

$$\frac{dp_r^\mu}{ds_r} = e_r F^{\mu\nu}(y_r)u_{r\nu}, \qquad (r = 1, \cdots, N), \tag{2.18}$$

$$\varepsilon^{\mu\nu\rho\sigma}\partial_\nu F_{\rho\sigma} = 0, \tag{2.19}$$

$$\partial_\mu F^{\mu\nu} = j^\nu. \tag{2.20}$$

Chiameremo queste equazioni rispettivamente *equazione di Lorentz, identità di Bianchi* ed *equazione di Maxwell*[2]. Scopo di queste equazioni è determinare in modo univoco i campi $F^{\mu\nu}(x)$ e le linee di universo $y_r^\mu(\lambda_r)$, una volta assegnate certe condizioni iniziali: conformemente al determinismo newtoniano il sistema di equazioni differenziali (2.18)-(2.20) dovrebbe infatti dare luogo a un ben determinato *problema di Cauchy*. Per le coordinate y_r^μ il problema di Cauchy verrà specificato nel Paragrafo 2.2.3, mentre quello relativo al tensore di Maxwell sarà formulato nel Paragrafo 5.1.3.

Prima di procedere riscriviamo le equazioni fondamentali nella più consueta notazione tridimensionale:

$$\frac{d\mathbf{p}_r}{dt} = e_r(\mathbf{E} + \mathbf{v}_r \times \mathbf{B}), \qquad \frac{d\varepsilon_r}{dt} = e_r\mathbf{v}_r\cdot\mathbf{E}, \tag{2.21}$$

$$\frac{\partial\mathbf{B}}{\partial t} + \boldsymbol{\nabla}\times\mathbf{E} = 0, \qquad \boldsymbol{\nabla}\cdot\mathbf{B} = 0, \tag{2.22}$$

$$-\frac{\partial\mathbf{E}}{\partial t} + \boldsymbol{\nabla}\times\mathbf{B} = \mathbf{j}, \qquad \boldsymbol{\nabla}\cdot\mathbf{E} = \rho. \tag{2.23}$$

Di seguito verifichiamo che queste equazioni sono in effetti equivalenti al sistema (2.18)-(2.20). Nel fare questo ricorreremo ripetutamente alle relazioni (2.6) e (2.7) e alle posizioni (2.10)-(2.12).

Equazione di Lorentz. Omettendo l'indice r e ponendo nella (2.18) $\mu = i$ otteniamo l'equazione

$$\frac{dp^i}{ds} = \frac{1}{\sqrt{1-v^2}}\frac{dp^i}{dt} = eF^{i\nu}u_\nu = e\left(F^{i0}u_0 + F^{ij}u_j\right) = \frac{e\left(E^i + \varepsilon^{ijk}B^k v^j\right)}{\sqrt{1-v^2}}, \tag{2.24}$$

che equivale alla prima delle (2.21). Ponendo nella (2.18) $\mu = 0$ otteniamo invece

$$\frac{dp^0}{ds} = \frac{1}{\sqrt{1-v^2}}\frac{d\varepsilon}{dt} = eF^{0\nu}u_\nu = eF^{0i}u_i = \frac{eE^i v^i}{\sqrt{1-v^2}}, \tag{2.25}$$

che equivale alla seconda delle (2.21).

---

[2] In genere con la dicitura *equazioni di Maxwell* ci si riferisce al sistema di equazioni (2.19) e (2.20), ovvero al sistema (2.22) e (2.23). In questo capitolo optiamo per la terminologia differenziata sopraindicata, per i ruoli distinti che queste equazioni in realtà rivestono.

Identità di Bianchi. Ponendo nella (2.19) $\mu = i$ otteniamo

$$\varepsilon^{i\nu\rho\sigma}\partial_\nu F_{\rho\sigma} = \varepsilon^{i0jk}\partial_0 F_{jk} + \varepsilon^{ij0k}\partial_j F_{0k} + \varepsilon^{ijk0}\partial_j F_{k0}$$
$$= -\varepsilon^{ijk}\partial_0 F^{jk} + 2\,\varepsilon^{ijk}\partial_j F^{k0} = 2(\partial_0 B^i + \varepsilon^{ijk}\partial_j E^k) = 0,$$

che è la prima delle (2.22). Ponendo nella (2.19) $\mu = 0$ otteniamo invece

$$\varepsilon^{0\nu\rho\sigma}\partial_\nu F_{\rho\sigma} = \varepsilon^{0ijk}\partial_i F_{jk} = \varepsilon^{ijk}\partial_i F_{jk} = -2\partial_i B^i = 0,$$

che è la seconda delle (2.22).

Equazione di Maxwell. Ponendo nella (2.20) $\mu = i$ otteniamo

$$j^i = \partial_\mu F^{\mu i} = \partial_0 F^{0i} + \partial_j F^{ji} = -\partial_0 E^i + \varepsilon^{ijk}\partial_j B^k,$$

che è la prima delle (2.23). Ponendo invece nella (2.20) $\mu = 0$ otteniamo infine

$$\partial_\mu F^{\mu 0} = \partial_i F^{i0} = \partial_i E^i = j^0 = \rho,$$

che è la seconda delle (2.23).

2.2.2 Parità e inversione temporale

Il sistema di equazioni (2.18)-(2.20) è manifestamente invariante sotto il gruppo di Lorentz *proprio*. Per stabilire la sua invarianza sotto il gruppo di Lorentz completo $O(1,3)$ resta da verificare la sua invarianza sotto le simmetrie discrete, ovvero sotto la parità $\mathcal{P}$ e sotto l'inversione temporale $\mathcal{T}$ (si veda il Paragrafo 1.4.3 e in particolare le definizioni (1.60) e (1.61)). Per fare questo dobbiamo prima stabilire in che modo si trasformano sotto queste simmetrie le variabili fondamentali.

Le coordinate x^μ e le linee di universo $y^\mu(\lambda)$ sono ovviamente vettori sia sotto $\mathcal{P}$ che sotto $\mathcal{T}$. Il tempo proprio $ds = \sqrt{1 - v^2}\, dt$ è invece uno scalare sotto $\mathcal{P}$ e uno pseudoscalare sotto $\mathcal{T}$, ovvero cambia di segno se si manda t in $-t$. Conseguentemente la quadrivelocità $u^\mu = dy^\mu/ds$ è un vettore sotto $\mathcal{P}$ e uno pseudovettore sotto $\mathcal{T}$, vale a dire valgono le leggi di trasformazione

$$\mathcal{P}: \ u'^\mu = \mathcal{P}^\mu{}_\nu u^\nu, \qquad \mathcal{T}: \ u'^\mu = -\mathcal{T}^\mu{}_\nu u^\nu. \tag{2.26}$$

La quadriaccelerazione $w^\mu = d^2 y^\mu/ds^2$ e la derivata del quadrimomento $dp^\mu/ds = m w^\mu$ coinvolgendo due derivate sono invece vettori sia sotto $\mathcal{P}$ che sotto $\mathcal{T}$. La quadricorrente j^μ, alla stessa stregua di u^μ, costituisce un vettore sotto $\mathcal{P}$ e uno pseudovettore sotto $\mathcal{T}$, ovvero valgono le leggi di trasformazione

$$\mathcal{P}: \ j'^\mu = \mathcal{P}^\mu{}_\nu j^\nu, \qquad \mathcal{T}: \ j'^\mu = -\mathcal{T}^\mu{}_\nu j^\nu, \tag{2.27}$$

in cui per semplicità abbiamo omesso di indicare esplicitamente la dipendenza dalle coordinate spazio-temporali. Per verificare le (2.27) conviene riscriverle in notazione tridimensionale,

$$\mathcal{P}: \begin{cases} j'^0 = j^0, \\ \mathbf{j}' = -\mathbf{j}, \end{cases} \qquad \mathcal{T}: \begin{cases} j'^0 = j^0, \\ \mathbf{j}' = -\mathbf{j}, \end{cases} \tag{2.28}$$

e osservare che in questa forma seguono direttamente dalle espressioni (2.16) e (2.17).

Le leggi di trasformazione di $F^{\mu\nu}$ devono ora essere determinate in modo tale che le equazioni (2.18)-(2.20) mantengano la stessa forma sia sotto $\mathcal{P}$ che sotto $\mathcal{T}$, se possibile. L'identità di Bianchi (2.19) non ci dà nessuna indicazione in questo senso, poiché risulta comunque invariante. Al contrario, dato che l'operatore ∂_μ è un vettore sia sotto $\mathcal{P}$ che sotto $\mathcal{T}$ e visto che j^μ è un vettore sotto $\mathcal{P}$ e uno pseudotensore sotto $\mathcal{T}$, l'invarianza dell'equazione di Maxwell (2.20) ci impone di considerare $F^{\mu\nu}$ come un *tensore sotto* $\mathcal{P}$ e come uno *pseudotensore sotto* $\mathcal{T}$. In questo modo entrambi i membri di questa equazione si trasformano, infatti, allo stesso modo – vettoriale sotto $\mathcal{P}$ e pseudovettoriale sotto $\mathcal{T}$. Infine, queste assegnazioni non banali fanno sì che anche l'equazione di Lorentz (2.18) sia invariante sotto il gruppo di Lorentz completo: entrambi i suoi membri sono infatti vettori sia sotto $\mathcal{P}$ che sotto $\mathcal{T}$. Il membro di destra è in particolare un prodotto tra due oggetti che sono tensori sotto $\mathcal{P}$ e pseudotensori sotto $\mathcal{T}$.

In definitiva, *le equazioni fondamentali dell'Elettrodinamica sono invarianti sotto il gruppo di Lorentz completo* purché si assegnino al tensore di Maxwell le leggi di trasformazione

$$\mathcal{P}: \ F'^{\alpha\beta} = \mathcal{P}^\alpha{}_\mu \mathcal{P}^\beta{}_\nu F^{\mu\nu}, \qquad \mathcal{T}: \ F'^{\alpha\beta} = -\mathcal{T}^\alpha{}_\mu \mathcal{T}^\beta{}_\nu F^{\mu\nu}. \tag{2.29}$$

In base alle posizioni (2.10)-(2.12) da queste leggi di trasformazione si deducono quelle per i campi elettrico e magnetico (si veda il Problema 2.15)

$$\mathcal{P}: \begin{cases} \mathbf{E}' = -\mathbf{E}, \\ \mathbf{B}' = \mathbf{B}, \end{cases} \qquad \mathcal{T}: \begin{cases} \mathbf{E}' = \mathbf{E}, \\ \mathbf{B}' = -\mathbf{B}. \end{cases} \tag{2.30}$$

Tenendo conto delle ovvie trasformazioni di $\mathbf{v}_r$, $\mathbf{p}_r$ e ε_r si verifica facilmente che sotto le trasformazioni (2.28) e (2.30) le equazioni (2.21)-(2.23) sono in effetti invarianti, come è ovvio che sia.

Una conseguenza fondamentale dell'invarianza sotto inversione temporale delle equazioni dell'Elettrodinamica è rappresentata dal fatto che, se la configurazione

$$\Sigma = \{\mathbf{y}_r(t),\ \mathbf{E}(t, \mathbf{x}),\ \mathbf{B}(t, \mathbf{x})\} \tag{2.31}$$

soddisfa le equazioni (2.18)-(2.20), allora queste equazioni sono soddisfatte anche dalla configurazione

$$\Sigma^* = \{\mathbf{y}_r(-t),\ \mathbf{E}(-t,\mathbf{x}),\ -\mathbf{B}(-t,\mathbf{x})\}. \tag{2.32}$$

Questa peculiarità dell'Elettrodinamica ha importanti – e per certi versi inaspettate – conseguenze fisiche, che analizzeremo in dettaglio nei Paragrafi 5.4.2 e 6.2.3. Nei tre paragrafi a seguire studieremo invece le caratteristiche generali delle equazioni (2.18)-(2.20), considerandole una alla volta.

2.2.3 Equazione di Lorentz

Per non appesantire la notazione tralasciamo l'indice r e riscriviamo l'equazione di Lorentz (2.18) nella forma equivalente

$$H^\mu \equiv \frac{dp^\mu}{ds} - eF^{\mu\nu}(y)u_\nu = 0, \tag{2.33}$$

in cui il campo elettromagnetico è valutato lungo la linea di universo $y^\mu \equiv y^\mu(\lambda)$ della particella. Noto il campo $F^{\mu\nu}(x)$ le (2.33) costituiscono dunque quattro equazioni differenziali del secondo ordine nelle quattro funzioni incognite $y^\mu(\lambda)$. D'altra parte, poiché la variabile λ compare solo attraverso il tempo proprio s, queste equazioni sono manifestamente invarianti sotto riparametrizzazione. Corrispondentemente esse determinano le funzioni $y^\mu(\lambda)$ solo a meno di una riparametrizzazione, conformemente a quanto richiesto nella Sezione 2.1.

Problema di Cauchy. Affrontiamo ora il problema di Cauchy relativo all'equazione (2.33), ovvero il *problema alle condizioni iniziali*. Questa equazione rappresenta l'equazione del moto della particella e – secondo il determinismo newtoniano – dovrebbe determinare la legge oraria $\mathbf{y}(t)$ in modo consistente e univoco, una volta assegnate le condizioni iniziali $\mathbf{y}(0)$ e $\mathbf{v}(0) = \dot{\mathbf{y}}(0)$. Di seguito vogliamo verificare la correttezza di questa ipotesi. Per farlo conviene sfruttare l'invarianza sotto riparametrizzazione per scegliere come parametro il tempo, $\lambda = t$, sicché la linea di universo assume la forma

$$y^\mu(t) = (t,\mathbf{y}(t)).$$

Con questa scelta le funzioni incognite sono solo le tre componenti della legge oraria $\mathbf{y}(t)$, che devono comunque soddisfare le quattro equazioni (2.33). Tuttavia, solo tre di queste equazioni sono funzionalmente indipendenti. Per farlo vedere notiamo che il quadrivettore H^μ definito in (2.33) soddisfa identicamente il vincolo

$$u_\mu H^\mu = u_\mu\left(\frac{dp^\mu}{ds} - eF^{\mu\nu}u_\nu\right) = 0 \quad \leftrightarrow \quad u^0 H^0 - \mathbf{u}\cdot\mathbf{H} = 0. \tag{2.34}$$

Infatti, lo scalare $u_\mu u_\nu F^{\mu\nu}$ si annulla per motivi di simmetria, si veda la (1.30), e grazie alle (2.8) vale identicamente $u_\mu(dp^\mu/ds) = m w^\mu u_\mu = 0$. Ne segue che

$$H^0 = \frac{\mathbf{u}\cdot\mathbf{H}}{u^0} = \mathbf{v}\cdot\mathbf{H}.$$

L'equazione $H^0 = 0$, ovvero la *legge della potenza* (si veda la (2.25))

$$\frac{d\varepsilon}{dt} = e\,\mathbf{v}\cdot\mathbf{E}, \tag{2.35}$$

è quindi automaticamente soddisfatta una volta imposta l'equazione $\mathbf{H} = 0$, ovvero l'equazione di Lorentz *tridimensionale* (si veda la (2.24))

$$\frac{d\mathbf{p}}{dt} = e\,(\mathbf{E} + \mathbf{v}\times\mathbf{B}). \tag{2.36}$$

L'equazione (2.36) assume a tutti gli effetti il ruolo di *equazione di Newton* della particella e la legge della potenza è dunque conseguenza dell'equazione di Newton – esattamente come accade in fisica non relativistica. Questa implicazione si può verificare anche in modo diretto derivando l'identità $p^\mu p_\mu = m^2$, ovvero $\varepsilon^2 = |\mathbf{p}|^2 + m^2$, rispetto al tempo e sfruttando le (2.9):

$$\varepsilon\frac{d\varepsilon}{dt} = \mathbf{p}\cdot\frac{d\mathbf{p}}{dt} \quad\Rightarrow\quad \frac{d\varepsilon}{dt} = \frac{\mathbf{p}}{\varepsilon}\cdot\frac{d\mathbf{p}}{dt} = \mathbf{v}\cdot\frac{d\mathbf{p}}{dt}.$$

Inserendo nell'ultima relazione la (2.36) si ottiene infatti la (2.35). Puntualizziamo che il significato preciso dell'equazione indipendente (2.36) è

$$\frac{d}{dt}\left(\frac{m\mathbf{v}(t)}{\sqrt{1-v(t)^2}}\right) = e\big(\mathbf{E}(t,\mathbf{y}(t)) + \mathbf{v}(t)\times\mathbf{B}(t,\mathbf{y}(t))\big). \tag{2.37}$$

Per concludere facciamo notare che questo sistema di equazioni differenziali può essere posto nella *forma normale* $\ddot{\mathbf{y}} = \mathbf{f}(\mathbf{y},\dot{\mathbf{y}},t)$, ovvero (si veda il Problema 2.10)

$$m\mathbf{a} = e\sqrt{1-v^2}\,\big(\mathbf{E} - (\mathbf{v}\cdot\mathbf{E})\mathbf{v} + \mathbf{v}\times\mathbf{B}\big), \tag{2.38}$$

che richiama la struttura dell'equazione di Newton non relativistica. Noti i campi $\mathbf{E}(x)$ e $\mathbf{B}(x)$, e assegnate le condizioni iniziali $\mathbf{y}(0)$ e $\mathbf{v}(0)$, questo sistema ammette pertanto una soluzione $\mathbf{y}(t)$ *unica*, come volevamo dimostrare. Nota $\mathbf{y}(t)$ le relazioni (2.6) permettono poi di determinare $s(t)$ e di ricostruire infine la linea di universo $y^\mu(s)$.

2.2.4 Identità di Bianchi

In notazione tridimensionale l'identità di Bianchi (2.19) corrisponde alle quattro equazioni (2.22). In forma covariante a vista essa può essere presentata nei tre modi equivalenti

$$\varepsilon^{\mu\nu\rho\sigma}\partial_\nu F_{\rho\sigma} = 0, \tag{2.39}$$

$$\partial_{[\mu} F_{\nu\rho]} = 0, \tag{2.40}$$

$$\partial_\mu F_{\nu\rho} + \partial_\nu F_{\rho\mu} + \partial_\rho F_{\mu\nu} = 0, \tag{2.41}$$

la verifica essendo lasciata per esercizio, si veda il Problema 2.2. Nella terminologia comunemente in uso queste equazioni costituiscono metà delle equazioni di Maxwell, più precisamente la metà che vincola la forma del campo elettromagnetico non comportando nessun legame con la distribuzione di carica. Il termine *identità* è legato al fatto che l'equazione (2.39) ammette una classe canonica di soluzioni che la soddisfano *identicamente*. Queste soluzioni si costruiscono introducendo un arbitrario campo vettoriale $A_\mu \equiv A_\mu(x)$, detto *potenziale vettore* o anche *campo di gauge*, e ponendo

$$F_{\mu\nu} = \partial_\mu A_\nu - \partial_\nu A_\mu. \tag{2.42}$$

Sostituendo questa espressione nella (2.39) si trova infatti

$$\varepsilon^{\mu\nu\rho\sigma}\partial_\nu F_{\rho\sigma} = \varepsilon^{\mu\nu\rho\sigma}(\partial_\nu\partial_\rho A_\sigma - \partial_\nu\partial_\sigma A_\rho) = 0, \tag{2.43}$$

la conclusione derivando dal fatto che in entrambi i termini si contrae una coppia di indici simmetrici – quelli delle derivate – con una coppia di indici antisimmetrici – quelli del tensore di Levi-Civita.

Sfruttando i metodi della *Geometria Differenziale* si può tuttavia dimostrare un risultato molto più stringente: per ogni campo tensoriale antisimmetrico $F_{\mu\nu}$ soddisfacente l'equazione (2.39) esiste un campo vettoriale A_μ, tale che $F_{\mu\nu}$ possa essere scritto come nella (2.42). Il relativo teorema va sotto il nome di *lemma di Poincaré*, si veda il Paragrafo 17.1.1, ed è valido purché lo spazio-tempo considerato sia "topologicamente banale", un esempio importante di spazi di questo tipo essendo proprio $\mathbb{R}^4$. Torneremo sugli aspetti matematici di questo importante lemma nel Capitolo 17, dove ne daremo una formulazione rigorosa nell'ambito più appropriato, ovvero quello delle *forme differenziali*.

Trasformazioni di gauge. La conclusione dell'analisi appena svolta – forse sorprendente – è che la (2.42) costituisce la *soluzione generale* dell'identità di Bianchi. Tuttavia, potenziali vettori diversi possono dare luogo allo stesso tensore di Maxwell. Dato un arbitrario campo scalare $\Lambda \equiv \Lambda(x)$ si può infatti definire un nuovo potenziale vettore ponendo

$$A'_\mu = A_\mu + \partial_\mu \Lambda \tag{2.44}$$

e, grazie alla commutatività delle derivate parziali, il tensore di Maxwell $F'_{\mu\nu}$ ad esso associato uguaglia quello di partenza:

$$F'_{\mu\nu} = \partial_\mu A'_\nu - \partial_\nu A'_\mu = F_{\mu\nu} + \partial_\mu\partial_\nu\Lambda - \partial_\nu\partial_\mu\Lambda = F_{\mu\nu}.$$

Le trasformazioni (2.44) vengono chiamate *trasformazioni di gauge* e lasciano dunque il tensore di Maxwell invariante. In conclusione, l'identità di Bianchi ammette una soluzione generale in termini di un potenziale vettore, ma quest'ultimo è determinato solo modulo trasformazioni di gauge. Schematicamente abbiamo dunque

$$\varepsilon^{\mu\nu\rho\sigma}\partial_\nu F_{\rho\sigma} = 0 \quad \Leftrightarrow \quad F_{\mu\nu} = \partial_\mu A_\nu - \partial_\nu A_\mu, \quad \text{con } A_\mu \approx A_\mu + \partial_\mu\Lambda. \quad (2.45)$$

La nostra strategia per affrontare il sistema di equazioni (2.18)-(2.20) consisterà – nella maggior parte dei casi – nel risolvere l'identità di Bianchi in termini di un potenziale vettore A^μ e di sostituire poi l'espressione (2.42) nell'equazione di Maxwell (2.20). Resteranno così da risolvere le equazioni (2.18) e (2.20), rispettivamente nelle incognite $y_r^\mu(\lambda_r)$ e $A^\mu(x)$.

Notazione tridimensionale. Ponendo come di consueto $A^\mu = (A^0, \mathbf{A})$, in notazione tridimensionale le equazioni (2.42) corrispondono alle note relazioni

$$\mathbf{E} = -\nabla A^0 - \frac{\partial \mathbf{A}}{\partial t}, \qquad \mathbf{B} = \nabla \times \mathbf{A}. \quad (2.46)$$

Si ha infatti:

$$E^i = F^{i0} = \partial^i A^0 - \partial^0 A^i = -\partial_i A^0 - \partial_0 A^i,$$
$$B^i = -\varepsilon^{ijk}F^{jk} = -\varepsilon^{ijk}(\partial^j A^k - \partial^k A^j) = \varepsilon^{ijk}(\partial_j A^k - \partial_k A^j) = (\nabla \times \mathbf{A})^i.$$

Dalla prima relazione in (2.46) si desume che il campo $A^0(t, \mathbf{x})$ rappresenta una generalizzazione del potenziale elettrostatico. Infine la trasformazione di gauge (2.44) in notazione tridimensionale equivale a

$$A'^0 = A^0 + \frac{\partial\Lambda}{\partial t}, \qquad \mathbf{A}' = \mathbf{A} - \nabla\Lambda.$$

Parità e inversione temporale. Nel Paragrafo 2.2.2 abbiamo visto che il tensore di Maxwell è un tensore sotto parità e uno *pseudotensore* sotto inversione temporale, si vedano le leggi di trasformazione (2.29). Vista la relazione (2.42) e dato che l'operatore ∂_μ è un vettore sia sotto $\mathcal{P}$ che sotto $\mathcal{T}$, ne segue che A^μ è un vettore sotto $\mathcal{P}$ e uno *pseudovettore* sotto $\mathcal{T}$. Sotto queste simmetrie discrete il potenziale vettore si trasforma dunque secondo

$$\mathcal{P}: \ A'^\mu = \mathcal{P}^\mu_{\ \nu}A^\nu, \qquad \mathcal{T}: \ A'^\mu = -\mathcal{T}^\mu_{\ \nu}A^\nu. \quad (2.47)$$

In base alle definizioni (1.60) e (1.61) per A^0 e $\mathbf{A}$ si ottengono allora le leggi di trasformazione

$$\mathcal{P}: \begin{cases} A'^0 = A^0, \\ \mathbf{A}' = -\mathbf{A}, \end{cases} \qquad \mathcal{T}: \begin{cases} A'^0 = A^0, \\ \mathbf{A}' = -\mathbf{A}. \end{cases} \quad (2.48)$$

2.2.5 Equazione di Maxwell

L'equazione di Maxwell

$$\partial_\mu F^{\mu\nu} = j^\nu, \tag{2.49}$$

legando $F^{\mu\nu}$ alla quadricorrente j^μ, rappresenta la vera e propria *equazione del moto* del campo elettromagnetico dal momento che specifica la modalità secondo cui una generica distribuzione di carica genera un campo elettromagnetico. In particolare questa equazione è consistente con l'equazione di continuità $\partial_\nu j^\nu = 0$. Considerando la quadridivergenza di ambo i membri della (2.49), ovvero contraendola con ∂_ν, entrambi i membri si annullano infatti: quello di destra grazie all'equazione di continuità e quello di sinistra grazie all'antisimmetria del tensore di Maxwell, poiché la relazione generale (1.30) comporta l'identità

$$\partial_\nu \partial_\mu F^{\mu\nu} = 0.$$

Come abbiamo osservato nel paragrafo precedente, una volta risolta l'identità di Bianchi secondo la (2.42) l'equazione di Maxwell diventa un'equazione per il potenziale vettore. Essa corrisponderebbe dunque a quattro equazioni differenziali alle derivate parziali nelle quattro funzioni incognite A_μ. Tuttavia questo conteggio è solo parzialmente significativo. In primo luogo le componenti del potenziale vettore non sono tutte *fisiche* in quanto sono soggette alle trasformazioni di gauge (2.44): potenziali vettori diversi possono dunque corrispondere agli stessi campi elettrici e magnetici, ma sono solo questi ultimi a poter essere osservati sperimentalmente. Non è dunque corretto considerare le quattro componenti del potenziale vettore come variabili fisiche indipendenti. In secondo luogo le quattro componenti dell'equazione di Maxwell non sono funzionalmente indipendenti. Per vederlo definiamo il quadrivettore

$$G^\nu \equiv \partial_\mu F^{\mu\nu} - j^\nu$$

e scriviamo la (2.49) nella forma $G^\nu = 0$. Dalle identità ricordate poc'anzi segue allora che G^ν soddisfa identicamente il vincolo

$$\partial_\nu G^\nu = 0 \quad \leftrightarrow \quad \partial_0 G^0 = -\boldsymbol{\nabla} \cdot \mathbf{G}. \tag{2.50}$$

La componente temporale dell'equazione di Maxwell è quindi legata alle sue componenti spaziali. Questo vincolo tuttavia non è di tipo algebrico – non coinvolge direttamente le equazioni del moto ma le loro derivate – e pertanto non è immediato individuare un insieme di equazioni differenziali funzionalmente indipendenti. La formulazione del *problema di Cauchy* per il campo elettromagnetico risulta quindi più complessa della formulazione dell'analogo problema per l'equazione di Lorentz e per questo motivo la rinviamo al Paragrafo 5.1.3, dove avremo a disposizione mezzi matematici più appropriati.

Gradi di libertà del campo elettromagnetico. In termini qualitativi i *gradi di libertà* di un sistema fisico denotano le variabili *indipendenti* necessarie per descriverne la dinamica in modo completo. In particolare si richiede che le equazioni del moto del sistema determinino il loro valore a un istante t arbitrario, una volta assegnati certi dati iniziali, ad esempio all'istante $t = 0$. È dunque evidente che esiste uno stretto legame tra i gradi di libertà di un sistema e il relativo problema di Cauchy. Daremo una definizione precisa del concetto di *grado di libertà* in una generica teoria di campo nella Sezione 5.1. Di seguito eseguiamo un'analisi preliminare dei gradi di libertà del campo elettromagnetico, senza ricorrere al potenziale vettore.

Consideriamo l'equazione di Maxwell e l'identità di Bianchi nella consueta notazione tridimensionale, si vedano le (2.22) e (2.23),

$$-\frac{\partial \mathbf{E}}{\partial t} + \nabla \times \mathbf{B} = \mathbf{j}, \qquad (2.51)$$

$$\frac{\partial \mathbf{B}}{\partial t} + \nabla \times \mathbf{E} = 0, \qquad (2.52)$$

$$\nabla \cdot \mathbf{E} = \rho, \qquad (2.53)$$

$$\nabla \cdot \mathbf{B} = 0. \qquad (2.54)$$

Le equazioni vettoriali (2.51) e (2.52) costituiscono sei equazioni nelle sei funzioni incognite $\mathbf{E}(t, \mathbf{x})$ e $\mathbf{B}(t, \mathbf{x})$ e coinvolgono le derivate prime rispetto al *tempo* di $\mathbf{E}$ e $\mathbf{B}$. Queste equazioni rappresentano dunque equazioni *dinamiche*, che ammettono soluzione unica una volta note le sei condizioni iniziali $\mathbf{E}(0, \mathbf{x})$ e $\mathbf{B}(0, \mathbf{x})$ per ogni $\mathbf{x}$. Al contrario le equazioni scalari (2.53) e (2.54) – non contenendo derivate rispetto al tempo – costituiscono *vincoli* piuttosto che equazioni dinamiche. In particolare i dati iniziali $\mathbf{E}(0, \mathbf{x})$ e $\mathbf{B}(0, \mathbf{x})$ non possono essere assegnati in modo arbitrario, poiché tali equazioni – valutate a $t = 0$ – generano tra questi dati i due vincoli

$$\nabla \cdot \mathbf{E}(0, \mathbf{x}) = \rho(0, \mathbf{x}), \qquad (2.55)$$

$$\nabla \cdot \mathbf{B}(0, \mathbf{x}) = 0. \qquad (2.56)$$

All'istante iniziale $t = 0$ possiamo quindi assegnare in modo arbitrario solo $6 - 2 = 4$ componenti del campo elettromagnetico, in quanto allo stesso istante le rimanenti 2 sono determinate in termini delle prime 4 dalle relazioni (2.55) e (2.56). Infine si può dimostrare che, se le equazioni (2.51) e (2.52) sono soddisfatte per ogni t e le equazioni (2.53) e (2.54) per $t = 0$, allora queste ultime sono automaticamente soddisfatte per ogni t, si veda il Problema 2.11. Ci aspettiamo pertanto che il campo elettromagnetico corrisponda non a sei, ma a *quattro gradi di libertà del primo ordine*, previsione che confermeremo nel Paragrafo 5.1.3.

Sulle soluzioni delle equazioni fondamentali. Il sistema (2.18)-(2.20) costituisce un sistema di equazioni differenziali non lineari fortemente accoppiate che – eccetto casi rarissimi – non è risolubile analiticamente: la forma dei campi determina il moto delle particelle secondo le equazioni (2.18) e i campi, a loro volta, sono determinati dal moto delle particelle secondo le equazioni (2.19) e (2.20). Nondimeno in molte situazioni fisiche il problema si riduce in pratica a una delle seguenti due situazioni, in cui le equazioni risultano di fatto disaccoppiate.

1) È assegnato un campo elettromagnetico *esterno* $F^{\mu\nu}$ soddisfacente in una certa regione dello spazio le equazioni (2.19) e (2.20) con $j^\mu = 0$. Ne sono esempi il campo elettrico costante tra le paratie di un condensatore, il campo magnetico tra le espansioni di un ferromagnete e i campi elettrico e magnetico associati a un'onda elettromagnetica. Si chiede di determinare il moto di una particella carica sottoposta a un tale campo. Questo problema si riconduce alla soluzione della sola equazione (2.18) nell'incognita $y^\mu(\lambda)$, ovvero alla soluzione della (2.37) nell'incognita $\mathbf{y}(t)$.

2) È assegnata la linea di universo di una particella carica, oppure di più particelle cariche, e si chiede di determinare il campo elettromagnetico creato da questo sistema di cariche in moto. Questo problema riguarda esclusivamente le equazioni (2.19) e (2.20), che possono essere risolte in tutta generalità in termini del *quadripotenziale di Liénard-Wiechert*, si veda il Capitolo 7.

In entrambe queste situazioni occorre tuttavia tenere presente che la dinamica reale del sistema è governata dall'intero *sistema* di equazioni (2.18)-(2.20) e che le procedure descritte in 1) e 2) rappresentano solo *schematizzazioni* delle situazioni fisiche in questione, la cui validità deve essere esaminata caso per caso. Nella schematizzazione 1) abbiamo in particolare trascurato il campo che la particella accelerata esercita su se stessa e nella schematizzazione 2) abbiamo trascurato i campi che le cariche esercitano l'una sull'altra, modificandone il moto preassegnato.

In astratto la strategia da seguire per risolvere il sistema delle equazioni fondamentali dell'Elettrodinamica, e che in linea di principio seguiremo anche noi in questo testo, è la seguente. Si assegnano alle particelle cariche generiche linee di universo y_r^μ. Risolta l'identità di Bianchi in termini di un potenziale vettore A^μ, si trova la soluzione esatta dell'equazione di Maxwell per A^μ – e quindi per $F^{\mu\nu}$ – in termini delle y_r^μ. Successivamente si sostituisce il campo $F^{\mu\nu}$ risultante nelle equazioni di Lorentz (2.18), che diventano così equazioni chiuse, bensì complicate, nelle incognite y_r^μ. Risolte queste ultime si sostituiscono le y_r^μ risultanti in $F^{\mu\nu}$, ottenendo infine il campo elettromagnetico come funzione di x.

Autointerazione e divergenze. Come abbiamo anticipato sopra, raramente questo programma può essere portato a termine in modo analitico, per via delle difficoltà *tecniche* coinvolte. A parte queste ultime, nel corso dell'attuazione di questo programma incontreremo però anche una difficoltà di tipo *concettuale*, con conseguenze ben più drammatiche: vedremo infatti che le quantità $F^{\mu\nu}(y_r)$ che compaiono nelle equazioni di Lorentz (2.18) sono *divergenti*, a causa dell'*autointerazione* delle particelle cariche. In ultima analisi tali equazioni sono dunque prive di senso e conseguentemente la consistenza interna dell'Elettrodinamica classica – come teoria che descrive la dinamica di cariche e campi in modo deterministico – risulta irrimediabilmente compromessa. A questo problema di fondo dell'Elettrodinamica dedicheremo gran parte dei Capitoli 14 e 15, in cui esamineremo gli effetti dell'autointerazione di una particella carica in maniera approfondita. D'altra parte questo problema non inficia, almeno non direttamente, la generazione e la propagazione dei campi elettromagnetici – fenomeni che tratteremo nei capitoli centrali del testo.

Cariche attive e passive. Per il momento abbiamo tacitamente assunto che le cariche elettriche delle particelle costituiscano un insieme arbitrario di costanti $\{e_r\}$. Siamo confortati in questa ipotesi dal fatto che in base alle analisi svolte finora il sistema di equazioni (2.18)-(2.20) risulti consistente per qualsiasi valore delle cariche. In realtà in queste equazioni le cariche elettriche appaiono in due posizioni diverse: nel membro di destra delle equazioni di Lorentz e nella corrente dell'equazione di Maxwell. D'altronde *a priori* non sussiste nessun motivo per cui le cariche che compaiono in queste due posizioni debbano essere identiche. Potremmo infatti introdurre nelle equazioni di Lorentz un insieme di cariche *passive* $\{e_r\}$ e nella definizione della corrente (2.14) un insieme, *a priori* diverso, di cariche *attive* $\{e_r^*\}$ e le equazioni fondamentali manterrebbero tutte le buone proprietà discusse finora. Resta allora da capire cosa ci ha indotto a identificare fin dall'inizio le cariche passive con quelle attive. Un'indicazione importante in tal senso emerge da un'analisi *non relativistica* delle equazioni fondamentali.

Consideriamo in questo limite due particelle con cariche rispettivamente (e_1, e_1^*) e (e_2, e_2^*) e chiamiamo $\mathbf{r}$ il raggio vettore che congiunge la particella 1 con la particella 2. L'equazione di Maxwell (2.53) – in cui compaiono le cariche attive e_r^* – fornisce allora per il campo elettrico quasi-statico $\mathbf{E}_2$ ($\mathbf{E}_1$) creato dalla particella 1 (2) nel punto in cui si trova la particella 2 (1) le espressioni

$$\mathbf{E}_2 = \frac{e_1^*}{4\pi} \frac{\mathbf{r}}{r^3}, \qquad \mathbf{E}_1 = -\frac{e_2^*}{4\pi} \frac{\mathbf{r}}{r^3}.$$

D'altra parte nel limite non relativistico i campi magnetici sono trascurabili: $\mathbf{B}_1 = 0 = \mathbf{B}_2$. Le equazioni di Lorentz in (2.21) – in cui compaiono invece le cariche passive e_r – diventano allora

$$\frac{d\mathbf{p}_1}{dt} = e_1 \mathbf{E}_1 = -\frac{e_1 e_2^*}{4\pi} \frac{\mathbf{r}}{r^3} \equiv \mathbf{F}_{21}, \qquad \frac{d\mathbf{p}_2}{dt} = e_2 \mathbf{E}_2 = \frac{e_2 e_1^*}{4\pi} \frac{\mathbf{r}}{r^3} \equiv \mathbf{F}_{12}, \quad (2.57)$$

dove $\mathbf{F}_{12}$ ($\mathbf{F}_{12}$) è la forza esercitata dalla particella 1 (2) sulla particella 2 (1). Il principio di azione e reazione $\mathbf{F}_{12} = -\mathbf{F}_{21}$, ovvero la terza legge di Newton – un postulato fondamentale della Meccanica Newtoniana – vale quindi soltanto se

$$\frac{e_1}{e_1^*} = \frac{e_2}{e_2^*}.$$

Ripetendo il ragionamento per un'arbitraria coppia di particelle si desume che il rapporto e_r/e_r^* deve essere una costante universale, indipendente dalla particella. Riscalando il campo elettrico possiamo poi porre questa costante uguale all'unità, ottenendo in tal modo

$$e_r = e_r^*, \quad \forall r.$$

A livello non relativistico l'identificazione tra cariche attive e passive è dunque intimamente legata al principio di azione e reazione. Ma sempre a livello non relativistico questo principio è a sua volta equivalente alla conservazione della quantità di moto totale. Dalle equazioni (2.57), valide per un sistema isolato, segue infatti

$$\frac{d}{dt}(\mathbf{p}_1 + \mathbf{p}_2) = \mathbf{F}_{21} + \mathbf{F}_{12} = 0.$$

In una teoria *relativistica*, d'altro canto, la quantità di moto si combina con l'energia per formare un quadrivettore, il *quadrimomento*. Ci aspettiamo dunque che a livello relativistico l'identificazione tra le carica $\{e_r\}$ e $\{e_r^*\}$ venga imposta dalla conservazione del quadrimomento totale, previsione che confermeremo nella Sezione 2.4.

2.3 Natura distribuzionale del campo elettromagnetico

Come abbiamo rimarcato nella Sezione 2.2, le componenti della quadricorrente j^μ definita in (2.14) non sono *funzioni*, bensì *distribuzioni* con supporto le linee di universo delle particelle. Dalla forma dell'equazione di Maxwell (2.20) segue allora che le componenti di $F^{\mu\nu}$ non possono essere funzioni derivabili lungo le linee di universo, perché in tal caso le componenti del quadrivettore $\partial_\mu F^{\mu\nu}$ sarebbero *funzioni* e pertanto non potrebbero uguagliare le componenti di j^ν. Giungiamo così alle seguenti conclusioni: a) il tensore $F^{\mu\nu}$ è necessariamente *singolare* lungo le linee di universo[3] e – come vedremo – in generale diverge come $1/r^2$, se r è la distanza da una particella; b) l'equazione di Maxwell (2.20) non può essere considerata come equazione differenziale nello spazio delle funzioni. Nei paragrafi a seguire vedremo, invece, che essa è perfettamente ben definita se riguardata come equazione differenziale nello *spazio delle distribuzioni*, vale a dire in $\mathcal{S}'(\mathbb{R}^4)$.

In questa nuova ottica le componenti di $F^{\mu\nu}$ vanno dunque considerate come elementi di $\mathcal{S}'(\mathbb{R}^4)$ e corrispondentemente le derivate che compaiono nella (2.20) devono essere considerate come derivate nel senso delle distribuzioni. Per consistenza anche l'identità di Bianchi (2.19) deve allora essere riguardata come equazione differenziale in $\mathcal{S}'(\mathbb{R}^4)$. Puntualizziamo che questa reinterpretazione delle equazioni di Maxwell come equazioni distribuzionali è resa possibile dal fatto che esse sono *lineari* in $F^{\mu\nu}$.

Una volta dato un significato matematico preciso alle equazioni di Maxwell e Bianchi possiamo chiederci se a questo punto anche l'equazione di Lorentz risulti ben definita. La risposta a questa domanda è tuttavia negativa, come abbiamo anticipato nel Paragrafo 2.2.5. Il motivo è che la grandezza $F^{\mu\nu}(y_r)$ che compare nelle equazioni (2.18) rappresenta la distribuzione $F^{\mu\nu}$ valutata in un punto di una traiettoria e in generale il valore di una distribuzione in un punto non è una quantità ben definita. Nel caso in questione $F^{\mu\nu}$ diverge come $1/r^2$ quando ci si avvicina a una

---

[3] Il ruolo dell'equazione (2.20), in ultima analisi, è unicamente quello di quantificare le singolarità di $F^{\mu\nu}$ lungo le linee di universo, visto che nel loro complemento $\mathcal{C}$ la corrente si annulla. In $\mathcal{C}$ vale infatti banalmente $\partial_\mu F^{\mu\nu} = 0$.

traiettoria e $F^{\mu\nu}(y_r)$ è quindi una grandezza infinita. L'equazione di Lorentz resta dunque mal definita.

2.3.1 Elementi di teoria delle distribuzioni

In questo paragrafo ricordiamo alcuni elementi operativi della teoria delle *distribuzioni temperate* – in seguito chiamate semplicemente *distribuzioni* – in uno spazio di dimensione D arbitraria. Forniremo le nozioni e i risultati principali, per lo più senza dimostrazioni.

Distribuzioni e funzioni di test. Lo spazio di Schwartz $\mathcal{S} \equiv \mathcal{S}(\mathbb{R}^D)$ delle *funzioni di test* è definito come lo spazio vettoriale delle funzioni $\varphi : \mathbb{R}^D \to \mathbb{C}$ di classe C^∞, che all'infinito decrescono insieme a tutte le loro derivate più rapidamente dell'inverso di qualsiasi potenza delle coordinate. In altre parole, $\varphi \in \mathcal{S}$ se e solo se sono finite tutte le *seminorme*

$$||\varphi||_{\mathcal{P},\mathcal{Q}} \equiv \sup_{x\in\mathbb{R}^D} \left| \mathcal{P}(x)\mathcal{Q}(\partial)\varphi(x) \right|, \tag{2.58}$$

dove $\mathcal{P}$ indica un generico monomio nelle x^μ e $\mathcal{Q}$ un generico monomio nelle derivate parziali ∂_μ[4]. Si dota poi lo spazio vettoriale $\mathcal{S}$ della *topologia indotta* dalle seminorme (2.58). Per ulteriori dettagli su questo spazio e la sua topologia rimandiamo a un testo di *Analisi Funzionale*.

Lo *spazio delle distribuzioni* $\mathcal{S}' \equiv \mathcal{S}'(\mathbb{R}^D)$ è definito come l'insieme dei funzionali F *lineari e continui* su $\mathcal{S}$

$$F : \mathcal{S} \to \mathbb{C},$$
$$\varphi \to F(\varphi).$$

Una generica distribuzione $F \in \mathcal{S}'$ è completamente determinata dai valori complessi $F(\varphi)$ che assume quando viene applicata a una generica funzione di test $\varphi \in \mathcal{S}$. Di seguito ricordiamo un teorema di grande utilità pratica quando si tratta di stabilire se un dato funzionale lineare su $\mathcal{S}$ costituisce una distribuzione.

Teorema. Un funzionale lineare F su $\mathcal{S}$ è continuo, ovvero appartiene a $\mathcal{S}'$, se e solo se può essere maggiorato da una somma *finita* di seminorme di φ, vale a dire se esiste un insieme finito di costanti positive $C_{\mathcal{P},\mathcal{Q}}$ indipendenti da φ tali che

$$|F(\varphi)| \leq \sum_{\mathcal{P},\mathcal{Q}} C_{\mathcal{P},\mathcal{Q}} \, ||\varphi||_{\mathcal{P},\mathcal{Q}}, \qquad \forall\, \varphi \in \mathcal{S}. \tag{2.59}$$

Un'importante classe di distribuzioni è quella costituita dalle *distribuzioni regolari*, ovvero dalle distribuzioni che sono rappresentate da *funzioni*. Si dice che una

---

[4] Gli indici greci μ, ν ecc. in questo paragrafo assumono i valori $1, \cdots, D$, oppure, equivalentemente, $0, 1, \cdots, D-1$.

distribuzione F è rappresentata dalla funzione $f : \mathbb{R}^D \to \mathbb{C}$, quando si ha

$$F(\varphi) = \int f(x)\, \varphi(x)\, d^D x, \qquad \forall\, \varphi \in \mathcal{S}. \tag{2.60}$$

Sfruttando il teorema di cui sopra è allora facile dimostrare che rappresentano distribuzioni regolari in particolare tutte le funzioni *limitate* e tutte le funzioni con singolarità *integrabili* che divergono all'infinito al massimo come qualche potenza di x, si veda il Problema 2.4.

Notazione simbolica. In generale le distribuzioni non si possono moltiplicare o dividere tra di loro e inoltre il valore di una distribuzione F in un punto x in generale non è una quantità ben definita. Tuttavia certe proprietà delle distribuzioni risultano più trasparenti se si ricorre alla cosiddetta *notazione simbolica*, che consiste nell'introdurre *formalmente* una funzione $F(x)$ tale che

$$F(\varphi) = \int F(x)\, \varphi(x)\, d^D x.$$

Questo modo di scrivere mima l'espressione rigorosa (2.60), valida per le distribuzioni regolari, e risulta comoda in molti contesti.

Le operazioni che presentiamo di seguito si riferiscono a distribuzioni F applicate a funzioni di test $\varphi \in \mathcal{S}$, ma in molti casi queste operazioni mantengono la loro validità anche quando le distribuzioni vengono applicate a funzioni meno regolari di quelle di $\mathcal{S}$.

Successioni di distribuzioni. Per definizione una successione di distribuzioni $F_n \in \mathcal{S}'$ converge nella *topologia debole* di $\mathcal{S}'$ a una distribuzione F,

$$\mathcal{S}' - \lim_{n \to \infty} F_n = F,$$

se e solo se per ogni $\varphi \in \mathcal{S}$ si hanno i limiti ordinari

$$\lim_{n \to \infty} F_n(\varphi) = F(\varphi). \tag{2.61}$$

Derivate di distribuzioni. Ogni elemento $F \in \mathcal{S}'$ ammette derivata parziale rispetto a ogni coordinata x^μ e le derivate parziali $\partial_\mu F$ appartengono ancora a $\mathcal{S}'$. Esse sono definite da

$$(\partial_\mu F)(\varphi) = -F(\partial_\mu \varphi), \qquad \forall\, \varphi \in \mathcal{S}. \tag{2.62}$$

Dalla definizione segue l'importante proprietà che le derivate nel senso delle distribuzioni *commutano sempre*:

$$\partial_\mu \partial_\nu F = \partial_\nu \partial_\mu F. \tag{2.63}$$

Vale infatti

$$(\partial_\mu \partial_\nu F)(\varphi) = -(\partial_\nu F)(\partial_\mu \varphi) = F(\partial_\nu \partial_\mu \varphi) = F(\partial_\mu \partial_\nu \varphi) = (\partial_\nu \partial_\mu F)(\varphi),$$

dove abbiamo sfruttato il fatto che le derivate parziali applicate a funzioni di S commutino. Visto che l'uguaglianza trovata vale per ogni φ segue la (2.63). Si dimostra inoltre che le derivate costituiscono operazioni *continue* in S' – altra proprietà di importanza fondamentale, perché permette di *scambiare le operazioni di limite con quelle di derivata*.

La valutazione esplicita della derivata di una distribuzione F è facilitata, se in un sottoinsieme B di $\mathbb{R}^D$ essa è rappresentata da una funzione $f : \mathbb{R}^D \to \mathbb{C}$ di classe C^∞. In questo caso per $x \in B$ la derivata di f può essere calcolata semplicemente nel senso delle funzioni e il calcolo della derivata di F si riduce allora essenzialmente alla determinazione di $\partial_\mu F$ nel sottoinsieme $\mathbb{R}^D \setminus B$, che è il luogo dove F è singolare. Questa strategia si rivelerà particolarmente efficace, poiché le singolarità delle distribuzioni con cui avremo a che fare in pratica costituiranno sempre insiemi di misura nulla.

Regola di Leibnitz. Una funzione $f : \mathbb{R}^D \to \mathbb{C}$ si dice *polinomialmente limitata* se esiste un polinomio positivo $\mathcal{P}(x)$, tale che valga $|f(x)| \leq \mathcal{P}(x)$ per ogni $x \in \mathbb{R}^D$. Si indichi con $O_M(\mathbb{R}^D) \equiv O_M$ l'insieme delle funzioni $f : \mathbb{R}^D \to \mathbb{C}$ di classe C^∞, polinomialmente limitate insieme a tutte le loro derivate. Si dimostra allora che se $f \in O_M$ e $F \in S'$, il prodotto fF appartiene a S' e vale la regola di Leibnitz

$$\partial_\mu (fF) = (\partial_\mu f)F + f \partial_\mu F. \tag{2.64}$$

Convoluzione. La convoluzione $F * \varphi$ tra una distribuzione F e una funzione di test φ è una distribuzione *regolare* che in notazione simbolica si scrive

$$(F * \varphi)(x) = \int F(y)\, \varphi(x - y)\, d^D y. \tag{2.65}$$

La funzione $f(x) \equiv (F * \varphi)(x)$ che la rappresenta appartiene a O_M. Per le sue derivate si ha

$$\partial_\mu (F * \varphi) = \partial_\mu F * \varphi = F * \partial_\mu \varphi \tag{2.66}$$

e, se anche $F \in S$, vale inoltre $F * \varphi = \varphi * F$.

Distribuzione-δ unidimensionale. La *distribuzione-δ* con supporto in $a \in \mathbb{R}$ è l'elemento δ_a di $S'(\mathbb{R})$ definito da $\delta_a(\varphi) = \varphi(a)$, $\forall\, \varphi \in S(\mathbb{R})$. A questa distribuzione si associa una funzione simbolica $\delta(x - a)$ tale che

$$\delta_a(\varphi) \equiv \int \delta(x - a)\varphi(x)\, dx = \varphi(a). \tag{2.67}$$

La relazione (2.67) viene utilizzata ogniqualvolta si deve eseguire un integrale su una distribuzione-δ. La regola è pertanto la seguente: si elimina la distribuzione-δ assieme al simbolo dell'integrale e si valuta il fattore moltiplicativo $\varphi(x)$ nel punto in cui è supportata la distribuzione-δ. Di seguito, ricorrendo per lo più alla notazione simbolica, elenchiamo alcune importanti proprietà di questa distribuzione, che si verificano facilmente applicando ambo i membri a una funzione di test.

Cominciamo con l'espressione della derivata n-esima della distribuzione-δ, per cui la (2.62) fornisce

$$\left(\frac{d^n \delta_a}{dx^n}\right)(\varphi) \equiv \int \left(\frac{d^n}{dx^n}\,\delta(x-a)\right)\varphi(x)\,dx = (-)^n \frac{d^n \varphi}{dx^n}(a).$$

Per ogni $f \in O_M$ si ha poi

$$f(x)\delta(x-a) = f(a)\delta(x-a). \tag{2.68}$$

Questa relazione comporta alcune semplici identità, come ad esempio

$$x\,\delta(x) = 0, \quad x^2 \frac{d}{dx}\,\delta(x) = 0, \quad x\frac{d}{dx}\,\delta(x) = -\delta(x),$$

che si dimostrano applicando ambo i membri a una funzione di test. Allo stesso modo si dimostra la relazione

$$\frac{dH(x)}{dx} = \delta(x), \tag{2.69}$$

in cui $H(x)$ denota la *funzione di Heaviside*:

$$H(x) = \begin{cases} 1, & \text{per } x \geq 1, \\ 0, & \text{per } x < 1, \end{cases} \tag{2.70}$$

Data una funzione reale $f : \mathbb{R} \to \mathbb{R}$, sotto certe condizioni resta definita anche l'espressione $\delta(f(x))$. Più precisamente, se f è derivabile e ha un numero finito di zeri $\{x_n\}$ tali che le derivate prime $f'(x_n)$ sono tutte diverse da zero, si definisce

$$\delta(f(x)) = \sum_n \frac{\delta(x-x_n)}{|f'(x_n)|}. \tag{2.71}$$

L'origine di questa definizione diventa evidente se si applicano entrambi i membri a una funzione di test e se nell'integrale risultante a primo membro si esegue formalmente il cambiamento di variabile $x \to y = f(x)$. Un caso che incontreremo di frequente corrisponde alla funzione $f(x) = x^2 - a^2$, con $a \neq 0$, per cui la (2.71) fornisce

$$\delta(x^2 - a^2) = \frac{1}{2|a|}\left(\delta(x-a) + \delta(x+a)\right). \tag{2.72}$$

Se si considera invece la funzione $f(x) = c(x-a)$, con $c \neq 0$, la (2.71) fornisce

$$\delta(c(x-a)) = \frac{1}{|c|}\,\delta(x-a).$$

Dalla definizione della convoluzione (2.65) segue infine l'identità, valida per ogni $\varphi \in \mathcal{S}$,

$$\delta * \varphi = \varphi. \tag{2.73}$$

Distribuzione-δ D-dimensionale. Il concetto di distribuzione-δ si generalizza naturalmente a uno spazio di dimensione arbitraria. Dato un vettore $a^\mu \in \mathbb{R}^D$ la distribuzione δ_a supportata in $x^\mu = a^\mu$ è l'elemento di $\mathcal{S}'(\mathbb{R}^D)$ definito da $\delta_a(\varphi) = \varphi(a), \forall \varphi \in \mathcal{S}(\mathbb{R}^D)$. Essa è rappresentata dalla funzione simbolica

$$\delta^D(x - a) = \delta(x^0 - a^0)\delta(x^1 - a^1)\cdots\delta(x^{D-1} - a^{D-1}) \tag{2.74}$$

e in quattro dimensioni useremo anche la notazione abbreviata

$$\delta^4(x - a) = \delta(x^0 - a^0)\,\delta^3(\mathbf{x} - \mathbf{a}). \tag{2.75}$$

In notazione simbolica abbiamo dunque

$$\delta_a(\varphi) = \int \delta^D(x - a)\varphi(x)\,d^D x = \varphi(a).$$

Per le derivate della distribuzione-δ si ottiene

$$(\partial_\mu \delta_a)(\varphi) = -\delta_a(\partial_\mu \varphi) = -\partial_\mu \varphi(a),$$

uguaglianza che in notazione simbolica si scrive

$$\int \partial_\mu \delta^D(x - a)\varphi(x)\,d^D x = -\partial_\mu \varphi(a).$$

Per ogni $f \in O_M$ vale poi

$$f(x)\,\delta^D(x - a) = f(a)\,\delta^D(x - a).$$

Da questa relazione seguono le identità

$$x^\mu \delta^D(x) = 0, \quad x^\mu x^\nu \partial_\rho \delta^D(x) = 0, \quad x^\mu \partial_\nu \delta^D(x) = -\delta_\nu^\mu\,\delta^D(x).$$

Se $C^\mu{}_\nu$ è una qualsiasi matrice reale $D \times D$ invertibile si ha inoltre

$$\delta^D(C(x - a)) = \frac{\delta^D(x - a)}{|\det C|}. \tag{2.76}$$

Distribuzioni con supporto in un punto. Terminiamo l'elenco delle proprietà della distribuzione-δ enunciando un teorema che vincola fortemente la forma di una distribuzione che è *diversa da zero* solo in un insieme finito di punti, vale a dire il cui *supporto* è costituito da un insieme finito di punti.

Teorema. Una distribuzione $F \in \mathcal{S}'(\mathbb{R}^D)$ il cui supporto è costituito dal punto $x^\mu = a^\mu$ è necessariamente una combinazione lineare *finita* della distribuzione $\delta^D(x - a)$

e delle sue derivate, vale a dire

$$F = c\delta^D(x - a) + c^\mu \partial_\mu \delta^D(x - a) + \cdots + c^{\mu_1 \cdots \mu_n} \partial_{\mu_1} \cdots \partial_{\mu_n} \delta^D(x - a), \quad (2.77)$$

dove $c^{\mu_1 \cdots \mu_k}$ sono coefficienti costanti.

Se il supporto di una distribuzione è costituito da N punti, essa è data da una somma di N espressioni del tipo (2.77). Questo teorema risulterà molto utile nella soluzione di equazioni algebriche per distribuzioni.

Parte principale. La funzione di una variabile reale $f(x) = 1/x$ non definisce una distribuzione a causa della singolarità non integrabile presente in $x = 0$. Tuttavia in $\mathcal{S}'(\mathbb{R})$ si può definire una distribuzione che costituisce una *regolarizzazione* di tale funzione, che viene chiamata *parte principale semplice* di $1/x$ e indicata con il simbolo $\mathcal{P}\frac{1}{x}$. È definita da

$$\left(\mathcal{P}\frac{1}{x}\right)(\varphi) = \int_0^\infty \frac{\varphi(x) - \varphi(-x)}{x} \, dx. \quad (2.78)$$

È facile vedere che per una funzione di test $\varphi(x)$ che si annulla nello zero la (2.78) si riduce all'espressione attesa

$$\left(\mathcal{P}\frac{1}{x}\right)(\varphi) = \int_{-\infty}^\infty \frac{\varphi(x)}{x} \, dx.$$

In seguito incontreremo anche una distribuzione di $\mathcal{S}'(\mathbb{R})$ chiamata *parte principale composta*, che è definita per ogni numero reale a diverso da zero da

$$\mathcal{P}\frac{1}{x^2 - a^2} \equiv \frac{1}{2a} \left(\mathcal{P}\frac{1}{x - a} - \mathcal{P}\frac{1}{x + a}\right), \quad (2.79)$$

dove a secondo membro compaiono le parti principali semplici traslate di $\pm a$. Si noti che formalmente il membro di destra della (2.79) si ottiene da quello di sinistra attraverso una scomposizione in fratti semplici.

Trasformata di Fourier. La *trasformata di Fourier* costituisce una biiezione di $\mathcal{S}$ in se stesso e si estende naturalmente a una biiezione di $\mathcal{S}'$ in se stesso. Indicheremo la trasformata di Fourier di un generico elemento $\varphi \in \mathcal{S}$ con $\widehat{\varphi}$ e analogamente quella di un generico elemento $F \in \mathcal{S}'$ con $\widehat{F}$. In uno spazio-tempo D-dimensionale, con metrica di Minkowski, la trasformata di Fourier di una funzione di test $\varphi(x)$ è definita da

$$\widehat{\varphi}(k) = \frac{1}{(2\pi)^{D/2}} \int e^{-ik \cdot x} \, \varphi(x) \, d^D x, \quad (2.80)$$

dove si sono introdotte le D *variabili duali* $k \equiv k^\mu$ e si è posto[5]

$$k \cdot x = k^0 x^0 - k^1 x^1 - \cdots - k^{D-1} x^{D-1}.$$

A partire dalla (2.80) si dimostra poi che vale la *formula di inversione*

$$\varphi(x) = \frac{1}{(2\pi)^{D/2}} \int e^{ik \cdot x} \, \widehat{\varphi}(k) \, d^D k,$$

che definisce l'*antitrasformata di Fourier*. Come si vede, l'antitrasformata di una funzione si calcola semplicemente eseguendone la trasformata e invertendo poi il segno dell'argomento. Da queste relazioni segue inoltre che il *quadrato* della trasformata di Fourier equivale all'operazione di *parità*

$$\widehat{\widehat{\varphi}}(x) = \varphi(-x). \tag{2.81}$$

Una volta definita la trasformata di Fourier di una funzione di test la trasformata di Fourier di una distribuzione F è definita univocamente dalla relazione

$$\widehat{F}(\varphi) \equiv F(\widehat{\varphi}), \quad \forall \varphi \in \mathcal{S}.$$

Dalla definizione segue facilmente che in notazione simbolica si ha

$$\widehat{F}(k) = \frac{1}{(2\pi)^2} \int e^{-ik \cdot x} F(x) \, d^4 x, \qquad F(x) = \frac{1}{(2\pi)^2} \int e^{ik \cdot x} \widehat{F}(k) \, d^4 k.$$

Insistiamo, tuttavia, sul fatto che questi integrali siano da intendersi come tali solo se la distribuzione F è sufficientemente regolare.

Ricordiamo qualche trasformata di Fourier notevole. La trasformata di Fourier della derivata di una distribuzione e quella di una distribuzione moltiplicata per una coordinata sono date da

$$\widehat{\partial_\mu F}(k) = ik_\mu \widehat{F}(k), \qquad \widehat{x^\mu F}(k) = i\frac{\partial}{\partial k_\mu} \widehat{F}(k), \tag{2.82}$$

con ovvie estensioni alla trasformata di Fourier di un generico polinomio in x e ∂ applicato a F. Ricordiamo inoltre le trasformate della distribuzione $\delta^D(x)$, delle sue derivate e della distribuzione costante

$$\widehat{\delta^D}(k) = \frac{1}{(2\pi)^{D/2}}, \qquad \widehat{\partial_\mu \delta^D}(k) = \frac{ik_\mu}{(2\pi)^{D/2}}, \qquad \widehat{(1)}(k) = (2\pi)^{D/2} \delta^D(k), \tag{2.83}$$

nonché, per $D = 1$, le trasformate della parte principale semplice e della funzione

---

[5] Per quanto riguarda le variabili spaziali $(x^1, \cdots, x^{D-1})$ la funzione $\widehat{\varphi}(k)$ in (2.80) corrisponde, in realtà, all'*antitrasformata* di Fourier. In uno spazio-tempo di Minkowski tale scelta ha il pregio di preservare la covarianza a vista. Se $\varphi(x)$ è, ad esempio, un campo scalare e k^μ viene considerato come un quadrivettore, allora anche $\widehat{\varphi}(k)$ è un campo scalare, si veda la Sezione 5.2.

segno $\varepsilon(x) \equiv H(x) - H(-x)$

$$\widehat{\left(\mathcal{P}\frac{1}{x}\right)}(k) = -i\sqrt{\frac{\pi}{2}}\,\varepsilon(k), \qquad \widehat{\varepsilon}(k) = -i\sqrt{\frac{2}{\pi}}\,\mathcal{P}\frac{1}{k}. \tag{2.84}$$

Si noti come queste formule rispettino l'identità (2.81). Infine facciamo notare che la terza relazione in (2.83) comporta l'identità simbolica, di uso frequente in fisica teorica,

$$\int e^{-ik\cdot x}\,d^D x = (2\pi)^D\,\delta^D(k). \tag{2.85}$$

Il significato rigoroso di questa relazione formale è rappresentato dal limite distribuzionale, si veda il Problema 2.14,

$$\mathcal{S}' - \lim_{L\to\infty}\int_{|x^\mu|<L} e^{-ik\cdot x}\,d^D x = (2\pi)^D\delta^D(k). \tag{2.86}$$

Trasformata di Fourier della convoluzione. Esiste un'espressione molto semplice per la trasformata di Fourier della convoluzione $F * \varphi$ tra un elemento F di $\mathcal{S}'$ e un elemento φ di $\mathcal{S}$. In uno spazio a D dimensioni in notazione simbolica vale infatti

$$\widehat{F * \varphi}\,(k) = (2\pi)^{D/2}\widehat{F}(k)\,\widehat{\varphi}(k). \tag{2.87}$$

2.3.2 Equazioni di Maxwell nello spazio delle distribuzioni

Una volta assodato che le equazioni per il campo elettromagnetico (2.19) e (2.20) devono essere formulate nello spazio delle distribuzioni, è opportuno riesaminarle brevemente in questo nuovo ambito.

Conservazione e covarianza della quadricorrente. Come passo preliminare analizziamo le proprietà della quadricorrente di un sistema di particelle puntiformi (2.14)

$$j^\mu(x) = \sum_r e_r \int \frac{dy_r^\mu}{d\lambda_r}\,\delta^4(x - y_r(\lambda_r))\,d\lambda_r, \tag{2.88}$$

intesa ora come *campo vettoriale a valori nelle distribuzioni*. Con ciò intendiamo che ciascuna delle quattro componenti di j^μ è una distribuzione. Presa una funzione di test $\varphi(x)$ l'espressione simbolica (2.88) dà infatti luogo ai funzionali lineari

$$j^\mu(\varphi) = \int j^\mu(x)\,\varphi(x)\,d^4 x = \sum_r e_r \int \frac{dy_r^\mu}{d\lambda_r}\,\varphi(y_r(\lambda_r))\,d\lambda_r. \tag{2.89}$$

La dimostrazione che per ciascuno dei quattro valori di μ questa espressione definisce effettivamente una distribuzione in $\mathcal{S}'(\mathbb{R}^4)$ è lasciata per esercizio, si veda il Problema 2.13.

Innanzitutto dimostriamo che la corrente è un quadrivettore. Per fare questo assegniamo alle funzioni di test un carattere quadriscalare, ovvero richiediamo che sotto la trasformazione di Poincaré $x' = \Lambda x + a$ si abbia $\varphi'(x') = \varphi(x)$. Si tratta allora di dimostrare che vale

$$j'^{\mu}(\varphi') = \Lambda^{\mu}{}_{\nu} j^{\nu}(\varphi). \tag{2.90}$$

Nel sistema trasformato la (2.89) diventa

$$j'^{\mu}(\varphi') = \sum_{r} e_r \int \frac{dy_r'^{\mu}}{d\lambda_r} \, \varphi'(y_r'(\lambda_r)) \, d\lambda_r.$$

Viste le leggi di trasformazione $y_r'^{\mu} = \Lambda^{\mu}{}_{\nu} y_r^{\nu} + a^{\mu}$, $dy_r'^{\mu} = \Lambda^{\mu}{}_{\nu} dy_r^{\nu}$ e $\varphi'(y_r'(\lambda_r)) = \varphi(y_r(\lambda_r))$ segue immediatamente la (2.90).

Dimostriamo ora che la corrente è conservata nel senso delle distribuzioni, ovvero che per un'arbitraria funzione di test vale $(\partial_\mu j^\mu)(\varphi) = 0$. Ricordando la definizione della derivata di una distribuzione (2.62) e usando la (2.89), con la sostituzione $\varphi \to \partial_\mu \varphi$, si ottiene

$$(\partial_\mu j^\mu)(\varphi) = -j^\mu(\partial_\mu \varphi) = -\sum_{r} e_r \int \frac{dy_r^\mu}{d\lambda_r} \, \partial_\mu \varphi(y_r(\lambda_r)) \, d\lambda_r$$

$$= -\sum_{r} e_r \int \frac{d\varphi(y_r(\lambda_r))}{d\lambda_r} \, d\lambda_r = -\sum_{r} e_r \big(\varphi(y_r(\infty)) - \varphi(y_r(-\infty))\big) = 0.$$

$$\tag{2.91}$$

La conclusione discende dal fatto che per $\lambda_r \to \pm\infty$ si ha che $y_r^0(\lambda_r) \to \pm\infty$ e che le funzioni di test si annullino all'infinito in tutte le direzioni.

Illustriamo ora l'uso della distribuzione-δ come funzione simbolica derivando le espressioni (2.16) e (2.17) a partire dalla (2.88). Esplicitiamo l'integrale r-esimo della (2.88) scegliendo come variabile di integrazione la coordinata temporale della particella r-esima, ovvero ponendo $\lambda_r = y_r^0$. In base alla (2.75) risulta allora

$$j^\mu(t, \mathbf{x}) = \sum_{r} e_r \int_{\gamma_r} \frac{dy_r^\mu(y_r^0)}{dy_r^0} \, \delta^4\big(x - y_r(y_r^0)\big) \, dy_r^0 \tag{2.92}$$

$$= \sum_{r} e_r \int_{\gamma_r} \frac{dy_r^\mu(y_r^0)}{dy_r^0} \, \delta\big(t - y_r^0\big) \, \delta^3\big(\mathbf{x} - \mathbf{y}_r(y_r^0)\big) \, dy_r^0. \tag{2.93}$$

Possiamo ora eseguire l'integrale della distribuzione $\delta(t - y_r^0)$ in dy_r^0 considerando il resto dell'integrando come una "funzione di test", che va dunque valutata in $y_r^0 = t$, si veda la (2.67). Otteniamo pertanto

$$j^\mu(t, \mathbf{x}) = \sum_{r} e_r \frac{dy_r^\mu(t)}{dt} \, \delta^3(\mathbf{x} - \mathbf{y}_r(t)), \tag{2.94}$$

dove è sottinteso che $y_r^0(t) = t$. Scrivendo le componenti temporale e spaziali della (2.94) otteniamo infine per la densità di carica e la densità di corrente tridimensionale le espressioni anticipate nelle (2.16) e (2.17)

$$j^0(t, \mathbf{x}) = \sum_r e_r \, \delta^3(\mathbf{x} - \mathbf{y}_r(t)), \qquad (2.95)$$

$$\mathbf{j}(t, \mathbf{x}) = \sum_r e_r \mathbf{v}_r(t) \, \delta^3(\mathbf{x} - \mathbf{y}_r(t)). \qquad (2.96)$$

Identità di Bianchi. Passiamo ora alla rianalisi dell'identità di Bianchi e dell'equazione di Maxwell. In base alle considerazioni fatte nell'introduzione alla Sezione 2.3 assumiamo dunque che il tensore di Maxwell $F^{\mu\nu}$ sia un campo tensoriale a valori nelle distribuzioni e che le derivate $\partial_\nu F_{\rho\sigma}$ che compaiono nelle equazioni (2.19) e (2.20) siano intese nel senso delle distribuzioni.

Per quanto riguarda l'identità di Bianchi si presenta allora il problema se l'espressione $F_{\mu\nu} = \partial_\mu A_\nu - \partial_\nu A_\mu$ sia ancora soluzione della (2.19), ovverosia se il calcolo formale eseguito in (2.43) sia ancora valido. Se vogliamo dare senso a questa domanda dobbiamo, innanzitutto, considerare anche A^μ come un campo vettoriale a valori nelle distribuzioni. A questo punto la correttezza del calcolo eseguito in (2.43) – indipendentemente dalla presenza o assenza di singolarità in A^μ, purché di carattere distribuzionale – è garantita dal fatto che le derivate parziali nel senso delle distribuzioni commutino, ovvero

$$\partial_\nu \partial_\rho A_\sigma = \partial_\rho \partial_\nu A_\sigma.$$

Concludiamo quindi che l'espressione $F_{\mu\nu} = \partial_\mu A_\nu - \partial_\nu A_\mu$ soddisfa l'identità di Bianchi anche *nel senso delle distribuzioni*.

Nel Capitolo 17 vedremo che vale anche la proprietà inversa, ovvero che ogni soluzione dell'identità di Bianchi in $S'(\mathbb{R}^4)$ può essere scritta nella forma (2.42), con A^μ un opportuno campo vettoriale a valori nelle distribuzioni. Si dimostra inoltre che, dati due potenziali A'_μ e A_μ che danno luogo allo stesso campo elettromagnetico $F_{\mu\nu}$, esiste sempre una distribuzione scalare Λ tale che $A'_\mu = A_\mu + \partial_\mu\Lambda$. Si conferma in tal modo che anche nel senso delle distribuzioni la soluzione generale dell'identità di Bianchi è data dalla (2.45).

Equazione di Maxwell. Grazie al fatto che la corrente (2.88) per costruzione è un campo a valori nelle distribuzioni e che – per ipotesi – anche $F^{\mu\nu}$ è tale, l'equazione di Maxwell (2.20) è un'equazione differenziale alle derivate parziali ben definita nello spazio delle distribuzioni. Visto che in S' vale $\partial_\mu j^\mu = 0$, la consistenza di questa equazione impone di nuovo il vincolo $\partial_\mu \partial_\nu F^{\mu\nu} = 0$ – vincolo che in S' è identicamente soddisfatto in virtù del fatto che le derivate distribuzionali commutino. Infine, una volta risolta l'identità di Bianchi in termini di un potenziale vettore A^μ secondo la (2.45), l'equazione di Maxwell si riduce a un'equazione differenziale distribuzionale per A^μ.

2.3.3 Campo elettromagnetico della particella statica

La necessità di considerare le equazioni che governano la dinamica del campo elettromagnetico nello spazio delle distribuzioni emerge molto chiaramente dal semplice esempio di una particella statica. Per questo motivo analizzeremo ora in dettaglio questo caso.

A una particella statica posta nell'origine corrisponde la linea di universo $y^0(t) = t$, $\mathbf{y}(t) = 0$, sicché $\mathbf{v}(t) = 0$. Secondo le (2.95) e (2.96) le restano allora associate la densità di carica e la corrente spaziale

$$j^0(t, \mathbf{x}) = \rho(t, \mathbf{x}) = e\delta^3(\mathbf{x}), \qquad \mathbf{j}(t, \mathbf{x}) = 0.$$

In questo caso il campo magnetico è nullo, $\mathbf{B} = 0$, e il campo elettrico è statico. L'equazione di Maxwell e l'identità di Bianchi si riducono allora alle *equazioni dell'Elettrostatica*

$$\nabla \cdot \mathbf{E} = e\delta^3(\mathbf{x}), \qquad \nabla \times \mathbf{E} = 0, \tag{2.97}$$

si vedano le (2.51)-(2.54). Come è noto, la soluzione di questo sistema di equazioni dovrebbe essere data dal campo coulombiano

$$\mathbf{E}(t, \mathbf{x}) = \frac{e\mathbf{x}}{4\pi r^3}, \qquad r = |\mathbf{x}|, \tag{2.98}$$

affermazione che di seguito rianalizzeremo criticamente.

Come passaggio preliminare determiniamo le derivate di $\mathbf{E}$ nel senso delle *funzioni*. In virtù del fatto che $\partial_i\, r = x^i/r$, per $\mathbf{x} \neq 0$ otteniamo

$$\partial_i E^j = \frac{e}{4\pi r^3}\left(\delta^{ij} - 3\,\frac{x^i x^j}{r^2}\right). \tag{2.99}$$

L'identità di Bianchi sembrerebbe quindi soddisfatta in quanto si avrebbe $\partial_i E^j - \partial_j E^i = 0$, mentre l'equazione di Maxwell sembrerebbe violata poiché si avrebbe $\partial_i E^i = 0$. L'errore sta evidentemente nell'aver considerato sia E^j sia l'operatore ∂_i nel senso delle funzioni.

Equazioni dell'Elettrostatica nello spazio delle distribuzioni. Rianalizziamo dunque le soluzioni del sistema (2.97) nello spazio di distribuzioni $\mathcal{S}' \equiv \mathcal{S}'(\mathbb{R}^3)$, appropriato al caso statico. Come prima cosa dobbiamo domandarci se le componenti E^i del campo elettrico (2.98) appartengano effettivamente a $\mathcal{S}'$. La risposta è affermativa in quanto $\mathbf{E}$ ha una singolarità *integrabile* in $\mathbf{x} = 0$ e all'infinito è limitato da una costante, si veda il Problema 2.4. Le derivate $\partial_i E^j$ sono quindi ben definite in $\mathcal{S}'$, ma devono essere calcolate nel senso delle distribuzioni, ovvero ricorrendo alla

(2.62). Scegliendo una funzione di test $\varphi \equiv \varphi(\mathbf{x})$ otteniamo

$$(\partial_i E^j)(\varphi) = -E^j(\partial_i \varphi) = -\frac{e}{4\pi} \int \frac{x^j}{r^3} \, \partial_i \varphi \, d^3 x = -\frac{e}{4\pi} \lim_{\varepsilon \to 0} \int_{r > \varepsilon} \frac{x^j}{r^3} \, \partial_i \varphi \, d^3 x$$

$$= -\frac{e}{4\pi} \lim_{\varepsilon \to 0} \int_{r > \varepsilon} \left(\partial_i \left(\frac{x^j}{r^3} \, \varphi \right) - \partial_i \left(\frac{x^j}{r^3} \right) \varphi \right) d^3 x$$

$$= \frac{e}{4\pi} \lim_{\varepsilon \to 0} \left(\int_{r > \varepsilon} \frac{1}{r^3} \left(\delta^{ij} - 3 \frac{x^i x^j}{r^2} \right) \varphi \, d^3 x + \int_{r = \varepsilon} n^i n^j \, \varphi \, d\Omega \right)$$

$$= \frac{e}{4\pi} \int \frac{1}{r^3} \left(\delta^{ij} - 3 \frac{x^i x^j}{r^2} \right) \varphi \, d^3 x + \frac{e}{3} \delta^{ij} \, \varphi(0,0,0).$$

$$(2.100)$$

Spieghiamo ora i diversi passaggi. L'integrando della prima riga è integrabile in modulo secondo Lebesgue e di conseguenza possiamo eseguire l'integrale introducendo una successione invadente qualsiasi. Abbiamo usato la successione invadente $V_\varepsilon = \mathbb{R}^3 \backslash S_\varepsilon$, dove S_ε è la palla di raggio ε centrata nell'origine. Grazie al fatto che in V_ε l'integrando è di classe C^∞ vi possiamo usare il calcolo differenziale ordinario. Nella seconda riga abbiamo così usato la regola di Leibnitz e nella terza il teorema di Gauss. Il bordo di V_ε è costituito dalla sfera all'infinito, che non dà contributo al flusso perché φ svanisce all'infinito più rapidamente dell'inverso di qualsiasi potenza, e dalla sfera di raggio ε centrata nell'origine. Per valutare l'integrale su questa sfera abbiamo usato coordinate polari $\mathbf{x} \leftrightarrow (r, \Omega)$, con $\Omega = (\phi, \vartheta)$ e $d\Omega \equiv sen\vartheta \, d\vartheta \, d\phi$, e introdotto il versore radiale uscente $n^i = x^i/r = x^i/\varepsilon$. L'elemento di superficie diventa allora $d\Sigma^i = n^i \varepsilon^2 d\Omega$. Infine abbiamo utilizzato l'integrale sugli angoli, si veda il Problema 2.6,

$$\int n^i n^j \, d\Omega = \frac{4\pi}{3} \delta^{ij}.$$

Riscrivendo la (2.100) in notazione simbolica otteniamo per le derivate distribuzionali del campo elettrico, in definitiva, l'espressione

$$\partial_i E^j = \frac{e}{4\pi r^3} \left(\delta^{ij} - 3 \frac{x^i x^j}{r^2} \right) + \frac{e}{3} \delta^{ij} \delta^3(\mathbf{x}).$$

$$(2.101)$$

Confrontandola con la (2.99) vediamo che il calcolo *naif* dà il risultato corretto nella regione $\mathbf{x} \neq 0$, mentre non è in grado di rivelare la presenza della distribuzione-δ supportata in $\mathbf{x} = 0$, dove il campo elettrico è in effetti singolare[6]. L'espressione (2.101) soddisfa ora entrambe le equazioni del sistema (2.97), la prima essendo in

---

[6] Il secondo e il terzo termine del membro di destra della (2.101) per $r \to 0$ divergono entrambi come $1/r^3$ e pertanto non sono funzioni integrabili in un intorno di $r = 0$: presi separatamente non costituiscono quindi affatto distribuzioni. È solo la particolare combinazione che compare nella (2.101), con coefficiente relativo -3, a essere un elemento di $\mathcal{S}'$.

particolare equivalente all'identità in $\mathcal{S}'$

$$\nabla \cdot \frac{\mathbf{x}}{r^3} = 4\pi\delta^3(\mathbf{x}).\qquad(2.102)$$

Infine possiamo rileggere i nostri risultati in termini di un potenziale elettrostatico A^0. La soluzione generale dell'identità di Bianchi $\nabla \times \mathbf{E} = 0$ è infatti della forma

$$\mathbf{E} = -\nabla A^0,\qquad(2.103)$$

con A^0 campo scalare. Con lo stesso procedimento con cui poc'anzi abbiamo dimostrato la (2.101) si verifica facilmente che la (2.103) è soddisfatta nel senso delle distribuzioni, se si sceglie per il potenziale elettrostatico la nota espressione

$$A^0 = \frac{e}{4\pi r},\qquad(2.104)$$

appartenente anch'essa a $\mathcal{S}'$. In questo modo l'equazione di Maxwell $\nabla \cdot \mathbf{E} = e\delta^3(\mathbf{x})$ si muta nell'equazione di Poisson $-\nabla^2 A^0 = e\delta^3(\mathbf{x})$, che alla luce della (2.104) comporta l'importante identità distribuzionale, di uso frequente in fisica teorica,

$$\nabla^2 \frac{1}{r} = -4\pi\delta^3(\mathbf{x}).\qquad(2.105)$$

Inconsistenza dell'equazione di Lorentz. Una volta risolte l'equazione di Maxwell e l'identità di Bianchi possiamo affrontare la soluzione dell'equazione di Lorentz, le cui componenti indipendenti sono date dalla (2.37). Visto che in questo caso $\mathbf{v}(t) = \mathbf{y}(t) = 0$, il membro di sinistra di questa equazione è identicamente nullo, mentre il suo membro di destra si riduce a $e\,\mathbf{E}(t, 0, 0, 0)$, espressione formale che, a causa dell'andamento singolare del campo elettrico (2.98) in $\mathbf{x} = 0$, è *divergente*. Tocchiamo, quindi, con mano un fenomeno che abbiamo anticipato diverse volte e che approfondiremo ulteriormente nel Capitolo 14: la forza esercitata dal campo elettromagnetico prodotto dalla particella sulla particella stessa – la *forza di autointerazione* – è di intensità infinita e conseguentemente l'equazione di Lorentz è inconsistente.

In realtà nel caso statico, qui in esame, esiste una ben nota soluzione *pragmatica* a questo problema: in accordo con l'esperienza normalmente si pone infatti la quantità $\mathbf{E}(t, 0, 0, 0)$ – di per sé divergente – uguale a zero, in quanto si osserva che una particella isolata non subisce alcuna forza. Vedremo, tuttavia, che per una particella dinamica questa semplice prescrizione violerebbe la legge di conservazione del quadrimomento totale e pertanto nel caso generale non è lecita[7].

Energia infinita del campo elettromagnetico. Concludiamo l'analisi della particella statica con un commento riguardante la conservazione dell'energia, anticipando l'espressione della densità di energia w_{em} del campo elettromagnetico (si veda la

---

[7] Nel caso generale porre $\mathbf{E}(t, 0, 0, 0)$ uguale a zero equivarrebbe, inoltre, a eliminare *tout court* il fenomeno basilare dell'*irraggiamento*.

(2.117))

$$w_{em} = \frac{1}{2}\left(E^2 + B^2\right).$$

Con la (2.98) e con $\mathbf{B} = 0$ per l'energia totale del campo elettromagnetico di una particella statica otterremmo allora la "costante" divergente

$$\varepsilon_{em} = \int w_{em} \, d^3x = \frac{1}{2}\left(\frac{e}{4\pi}\right)^2 \int \frac{d^3x}{r^4},$$

la divergenza essendo causata di nuovo dall'andamento singolare dell'campo elettrico in $\mathbf{x} = 0$. D'altra parte nel caso in esame l'energia della particella $\varepsilon_p = m/\sqrt{1-v^2} = m$ è costante e finita e, se si vuole che l'energia totale $\varepsilon_{em} + \varepsilon_p$ sia conservata, anche l'energia del campo elettromagnetico dovrebbe essere una costante *finita*. Nel Capitolo 15 vedremo che nel caso di una particella statica l'unico valore di ε_{em} che sia compatibile con l'invarianza relativistica è $\varepsilon_{em} = 0$. Tuttavia, vedremo anche che nel caso di una particella in moto arbitrario, questa semplice prescrizione violerebbe nuovamente la legge di conservazione del quadrimomento totale, nonché l'invarianza relativistica.

Sia il problema dell'energia infinita del campo elettromagnetico sia quello della forza di autointerazione infinita scaturiscono dall'andamento singolare del campo elettrico nella posizione della particella e si intuisce facilmente che la causa di queste divergenze *ultraviolette*, vale a dire divergenze dovute alle leggi che governano la fisica a piccole distanze, è proprio la natura *puntiforme* delle particelle cariche. Mentre il secondo problema, in ultima analisi, è tuttora irrisolto (si veda il Capitolo 14), il primo ha trovato una soluzione definitiva – anche se solo di recente [1] – nell'ambito della teoria delle distribuzioni. La presenteremo in una forma fisicamente più trasparente nel Capitolo 15.

Singolarità del campo elettrico e della distribuzione di carica. Illustriamo il nesso esistente tra singolarità del campo elettrostatico e singolarità della distribuzione di carica riportando i seguenti esempi noti.

1) Particella puntiforme:

$$\mathbf{E} = \frac{e}{4\pi}\frac{\mathbf{x}}{|\mathbf{x}|^3}, \qquad \rho = e\delta(x)\delta(y)\delta(z).$$

2) Distribuzione lineare di carica:

$$\mathbf{E} = \frac{\lambda}{2\pi}\frac{(x,y,0)}{x^2+y^2}, \qquad \rho = \lambda\delta(x)\delta(y).$$

3) Distribuzione piana di carica:

$$\mathbf{E} = \frac{\sigma}{2}\left(\varepsilon(x),0,0\right), \qquad \rho = \sigma\delta(x).$$

Si ricordi che $\varepsilon(\,\cdot\,)$ indica la funzione *segno*. Si vede che una distribuzione di carica più regolare al finito comporta un andamento meno singolare del campo nelle vicinanze delle cariche, mentre una distribuzione di carica più estesa comporta un andamento più violento del campo all'infinito. Si noti come in tutti e tre i casi siano soddisfatte le equazioni distribuzionali dell'Elettrostatica $\nabla \cdot \mathbf{E} = \rho$ e $\nabla \times \mathbf{E} = 0$, le dimostrazioni essendo lasciate per esercizio.

2.4 Costanti del moto

Tra le varie leggi della natura un ruolo particolare spetta alle leggi di conservazione. Tali leggi asseriscono che durante l'evoluzione temporale di un sistema certe grandezze osservabili, chiamate *costanti del moto*, non variano. Esempi ne sono l'energia, la quantità di moto e il momento angolare totali in un sistema isolato. Sussiste un legame molto stretto tra le leggi di conservazione e le simmetrie continue di un sistema fisico, che viene concretizzato dal *teorema di Nöther*. L'importanza concettuale di questo teorema, che oltre a stabilire l'esistenza di costanti del moto ne fornisce anche la forma esplicita, risiede nella sua generalità: esso è valido in qualsiasi teoria le cui equazioni del moto discendano da un *principio variazionale*, prototipo di una tale teoria essendo proprio l'Elettrodinamica.

In questa sezione individueremo le principali costanti del moto dell'Elettrodinamica in modo *euristico* – senza ricorrere a tale teorema – utilizzando invece nozioni di elettromagnetismo di base. Questa strada alternativa risulta percorribile, perché le equazioni del moto dell'Elettrodinamica sono relativamente semplici. Nel Capitolo 4 verificheremo poi che le costanti del moto ottenute in tal modo sono in accordo con quelle previste dal teorema di Nöther.

2.4.1 Conservazione e invarianza della carica elettrica

Come prototipo di una legge di conservazione *locale*, che sia cioè basata su un'equazione di continuità per un'opportuna quadricorrente j^μ, consideriamo la conservazione della carica elettrica. Se la materia carica è costituita da particelle puntiformi la corrente è data dalla (2.14); se la carica è invece distribuita con continuità – come in un sistema macroscopico – la corrente avrà una forma generica. Per quello che segue la forma particolare della corrente sarà irrilevante, in quanto assumeremo soltanto che

1) j^μ sia un campo vettoriale;
2) j^μ soddisfi l'equazione di continuità $\partial_\mu j^\mu = 0$;
3) $\lim_{|\mathbf{x}| \to \infty} \big(|\mathbf{x}|^3 j^\mu(t, \mathbf{x}) \big) = 0$.

Con la proprietà 3) richiediamo che per ogni t fissato la corrente decada all'infinito spaziale più rapidamente di $1/|\mathbf{x}|^3$, proprietà certamente posseduta dalle espressioni (2.95) e (2.96). Assumendo che j^μ soddisfi queste richieste di seguito vogliamo dimostrare che esiste una carica totale Q *conservata* nonché *invariante* sotto trasformazioni di Lorentz.

La costruzione di Q segue una procedura standard che consiste nell'integrare l'equazione di continuità su un volume V

$$\int_V \partial_0 j^0 d^3 x = -\int_V \nabla \cdot \mathbf{j} \, d^3 x. \qquad (2.106)$$

Applicando al membro di destra il teorema di Gauss e definendo la carica contenuta in un volume V come $Q_V = \int_V j^0 d^3 x$ si ottiene l'equazione di conservazione locale

$$\frac{dQ_V}{dt} = -\int_{\partial V} \mathbf{j} \cdot d\boldsymbol{\Sigma}. \qquad (2.107)$$

La derivata della carica contenuta in V uguaglia, dunque, l'opposto del flusso della corrente spaziale attraverso il bordo di V. Se nella (2.107) estendiamo ora il volume V a tutto $\mathbb{R}^3$, grazie alla proprietà 3) l'integrale $\int j^0 d^3 x$ su tutto lo spazio converge e il flusso della corrente all'infinito spaziale $\int_{\partial V} \mathbf{j} \cdot d\boldsymbol{\Sigma}$ tende a zero[8]. Ne segue che la carica totale si conserva:

$$\frac{dQ}{dt} = 0, \qquad Q \equiv \int j^0 \, d^3 x. \qquad (2.108)$$

Invarianza relativistica della carica totale. Che Q sia uno scalare sotto trasformazioni di Lorentz – proprietà certamente non posseduta dalla carica in un volume finito Q_V – è meno ovvio. Per dimostrarlo valutiamo la carica totale – indipendente dal tempo – all'istante $t = 0$, riscrivendola come

$$\begin{aligned} Q &= \int j^0(0, \mathbf{x}) \, d^3 x = \int j^0(x) \, \delta(t) \, d^4 x \\ &= \int j^0(x) \, \partial_0 H(t) \, d^4 x = \int j^\mu(x) \, \partial_\mu H(t) \, d^4 x. \end{aligned} \qquad (2.109)$$

Abbiamo introdotto la funzione di Heaviside $H(t)$ e sfruttato l'identità distribuzionale (2.69). Consideriamo ora la carica totale Q' in un altro sistema di riferimento inerziale, legato al primo da una trasformazione di Lorentz propria $x'^\mu = \Lambda^\mu{}_\nu x^\nu$. In particolare vale allora $\Lambda^0{}_0 \geq 1$. Con lo stesso procedimento di cui sopra troviamo

$$Q' = \int j'^\mu(x') \, \partial'_\mu H(t') \, d^4 x'.$$

---

[8] Se V si estende a tutto lo spazio come ∂V possiamo scegliere una sfera di raggio r e fare tendere r all'infinito. Passando a coordinate polari abbiamo allora $d\boldsymbol{\Sigma} = \mathbf{n} \, r^2 d\Omega$, dove $\mathbf{n}$ è il versore normale alla sfera e $d\Omega$ l'angolo solido, sicché risulta $\lim_{r \to \infty} \int_{\partial V} \mathbf{j} \cdot d\boldsymbol{\Sigma} = \int \mathbf{n} \cdot (\lim_{r \to \infty} r^2 \mathbf{j}) \, d\Omega$. L'ultimo integrale si annulla poiché grazie alla proprietà 3) il limite tra parentesi è zero.

Sfruttando le trasformazioni di Lorentz

$$j'^{\mu}(x') = \Lambda^{\mu}{}_{\nu} j^{\nu}(x),$$
$$\partial'_{\mu} = \widetilde{\Lambda}_{\mu}{}^{\nu} \partial_{\nu},$$
$$d^4 x' = |det\Lambda|\, d^4 x = d^4 x$$

otteniamo allora

$$Q' = \int j^{\mu}(x)\, \partial_{\mu} H(t')\, d^4 x,$$

dove l'istante t' è dato da

$$t' = \Lambda^0{}_0\, t + \Lambda^0{}_i\, x^i. \tag{2.110}$$

Valutiamo infine la differenza

$$Q' - Q = \int j^{\mu}(x)\, \partial_{\mu}\big(H(t') - H(t)\big) d^4 x = \int \partial_{\mu}\big(j^{\mu}(x)\,(H(t') - H(t))\big) d^4 x, \tag{2.111}$$

dove nell'ultimo passaggio abbiamo sfruttato l'equazione di continuità. Dividiamo ora la quadridivergenza in parte spaziale e parte temporale, applicando alla prima il teorema di Gauss tridimensionale e alla seconda il teorema fondamentale del calcolo in t. Supponendo di poter scambiare gli ordini di integrazione otteniamo

$$Q' - Q = \int dt \int_{\Gamma_{\infty}} (H(t') - H(t))\, \mathbf{j}(\mathbf{x}) \cdot d\boldsymbol{\Sigma} + \int d^3 x \left[j^0(x)(H(t') - H(t)) \right]_{t=-\infty}^{t=+\infty}.$$

Nel primo integrale Γ_{∞} è una superficie sferica posta all'infinito spaziale, sulla quale $\mathbf{j}$ si annulla più rapidamente di $1/|\mathbf{x}|^3$; l'integrale del flusso è quindi zero. Nel secondo integrale dobbiamo valutare la differenza $H(t') - H(t)$ nei limiti di $t \to \pm\infty$ per $\mathbf{x}$ fissato. Grazie al fatto che $\Lambda^0{}_0 \geq 1$, dalla (2.110) vediamo che se $t \to +\infty$ anche $t' \to +\infty$, sicché in questo limite entrambe le funzioni di Heaviside tendono a 1, mentre se $t \to -\infty$ anche $t' \to -\infty$, sicché in tal caso entrambe le funzioni di Heaviside tendono a zero. Anche il secondo integrale è quindi nullo e otteniamo

$$Q' = Q,$$

come volevamo dimostrare.

2.4.2 Tensore energia-impulso e conservazione del quadrimomento

Nel Paragrafo 2.4.3 mostreremo come la conservazione dell'energia e della quantità di moto – cardini di qualsiasi teoria fisica fondamentale – si realizzano in Elettrodinamica, quali conseguenze delle equazioni (2.18)-(2.20). Nel presente paragrafo, prima di considerare tale caso particolare, impostiamo il problema della realizzazione di queste leggi di conservazione in una teoria relativistica generica.

In una teoria relativistica l'energia costituisce la quarta componente di un qua-drivettore, vale a dire del quadrimomento. Visto che in una tale teoria una trasfor-mazione di Lorentz mescola energia e quantità di moto, è naturale aspettarsi che la conservazione della prima non possa avvenire senza la contemporanea conserva-zione della seconda. In realtà stiamo quindi cercando quattro costanti del moto rag-gruppate nel quadrimomento P^ν, la cui componente temporale $P^0 = \varepsilon$ rappresenti l'energia totale del sistema.

In analogia con la carica elettrica ipotizziamo anche per il quadrimomento leggi di conservazione *locali*, ovvero supponiamo che a ciascuna delle quattro compo-nenti del quadrimomento P^ν sia associata una corrente conservata $j^{\mu(\nu)}(x)$. Queste correnti formano complessivamente un tensore doppio, indicato comunemente con il simbolo

$$T^{\mu\nu} \equiv j^{\mu(\nu)}, \tag{2.112}$$

che viene chiamato *tensore energia-impulso*. Postuliamo allora che in una teoria relativistica la conservazione del quadrimomento sia conseguenza dell'esistenza di un tensore energia-impulso tale che

1) $T^{\mu\nu}$ sia un campo tensoriale;
2) $T^{\mu\nu}$ soddisfi l'equazione di continuità $\partial_\mu T^{\mu\nu} = 0$;
3) $\lim_{|\mathbf{x}|\to\infty}\big(|\mathbf{x}|^3 T^{\mu\nu}(t, \mathbf{x})\big) = 0$.

La proprietà 1) assicura, in particolare, la covarianza relativistica dell'equazione di continuità. Procediamo ora come nel caso della corrente elettrica per dedurre l'esistenza di quantità conservate. Integrando l'equazione di continuità su un volume finito V otteniamo

$$\frac{d}{dt}\int_V T^{0\nu} d^3x = -\int_V \partial_i T^{i\nu} d^3x. \tag{2.113}$$

In base all'identificazione (2.112) le componenti $T^{0\nu}$ corrispondono alla *densità di quadrimomento* e il quadrimomento contenuto in un volume V è pertanto dato da

$$P_V^\nu = \int_V T^{0\nu} d^3x. \tag{2.114}$$

Dalla relazione (2.113) si desume allora che le quantità $T^{i\nu}$ sono da interpretarsi come *densità di corrente di quadrimomento*. Applicando al membro di destra della (2.113) il teorema di Gauss otteniamo, infatti, le equazioni di flusso

$$\frac{dP_V^\nu}{dt} = -\int_{\partial V} T^{i\nu} d\Sigma^i. \tag{2.115}$$

Scrivendo in particolare le componenti $\nu = 0$ delle equazioni (2.114) e (2.115), che riguardano l'energia $\varepsilon_V \equiv P_V^0$ contenuta nel volume V, otteniamo

$$\varepsilon_V = \int_V T^{00} d^3x, \qquad \frac{d\varepsilon_V}{dt} = -\int_{\partial V} T^{i0} d\Sigma^i.$$

La componente T^{00} rappresenta dunque la *densità di energia* e il vettore tridimensionale T^{i0} rappresenta il *flusso di energia* – grandezze fisiche che in seguito giocheranno un ruolo fondamentale. Interpretazioni analoghe valgono per le componenti $T^{\mu j}$ che riguardano la quantità di moto. Il vettore tridimensionale T^{0j} rappresenta la densità di quantità di moto e il tensore tridimensionale T^{ij} – detto anche *tensore degli sforzi di Maxwell* – rappresenta il flusso della quantità di moto.

Se infine nella (2.115) estendiamo il volume a tutto lo spazio, in virtù della proprietà 3) troviamo che il quadrimomento totale è conservato:

$$P^\nu = \int T^{0\nu} d^3x, \qquad \frac{dP^\nu}{dt} = 0. \qquad (2.116)$$

Covarianza del quadrimomento totale. Come nel caso della carica elettrica, il quadrimomento P^ν_V contenuto in un volume finito V in generale dipende dal tempo e non ha proprietà ben definite sotto trasformazioni di Lorentz. Il quadrimomento totale P^ν costituisce invece un *quadrivettore*. La dimostrazione si basa sulle proprietà 1)–3) e segue da vicino quella dell'invarianza della carica elettrica del paragrafo precedente. Eseguendo nella (2.116) le stesse operazioni che hanno portato alla (2.109) si ottiene facilmente

$$P^\nu = \int T^{\mu\nu}(x)\, \partial_\mu H(t)\, d^4x, \qquad P'^\nu = \int T'^{\mu\nu}(x')\, \partial'_\mu H(t')\, d^4x'.$$

Considerando che i tensori energia-impulso nei due riferimenti sono legati dalla relazione

$$T'^{\mu\nu}(x') = \Lambda^\mu{}_\alpha \Lambda^\nu{}_\beta T^{\alpha\beta}(x),$$

segue che

$$P'^\nu = \Lambda^\nu{}_\beta \int T^{\mu\beta}(x)\, \partial_\mu H(t')\, d^4x.$$

Valutiamo allora la differenza

$$P'^\nu - \Lambda^\nu{}_\beta P^\beta = \Lambda^\nu{}_\beta \int T^{\mu\beta}(x)\, \partial_\mu (H(t') - H(t))\, d^4x$$

$$= \Lambda^\nu{}_\beta \int \partial_\mu \big(T^{\mu\beta}(x)\, (H(t') - H(t))\big)\, d^4x,$$

dove nell'ultimo passaggio abbiamo sfruttato l'equazione di continuità. L'integrale ottenuto è della stessa forma dell'integrale (nullo) che compare nell'equazione (2.111) e pertanto anch'esso è zero. Vale dunque

$$P'^\nu = \Lambda^\nu{}_\beta P^\beta,$$

come volevamo dimostrare.

2.4.3 Tensore energia-impulso in Elettrodinamica

In questo paragrafo diamo una dimostrazione costruttiva dell'esistenza in Elettrodinamica di un tensore energia-impulso $T^{\mu\nu}$, avente le proprietà 1)–3) postulate
nel paragrafo precedente. Deriveremo dapprima in maniera euristica la forma della
densità di energia T^{00}, dopodiché useremo l'invarianza di Lorentz per ricostruire
l'intero tensore.

Iniziamo ricordando la nota formula per la densità di energia del campo elettromagnetico

$$T^{00}_{em} = \frac{1}{2}\left(E^2 + B^2\right). \tag{2.117}$$

Ovviamente l'energia totale conservata non potrà essere data dal solo integrale di
T^{00}_{em}, poiché il campo elettromagnetico scambia energia con le particelle cariche.
Per quantificare questo scambio calcoliamo la derivata temporale di T^{00}_{em}, usando le
equazioni di Maxwell nella forma (2.51)-(2.54):

$$\frac{\partial T^{00}_{em}}{\partial t} = \mathbf{E}\cdot\frac{\partial \mathbf{E}}{\partial t} + \mathbf{B}\cdot\frac{\partial \mathbf{B}}{\partial t} = \mathbf{E}\cdot(\boldsymbol{\nabla}\times\mathbf{B} - \mathbf{j}) - \mathbf{B}\cdot\boldsymbol{\nabla}\times\mathbf{E}$$
$$= -\mathbf{j}\cdot\mathbf{E} - \boldsymbol{\nabla}\cdot(\mathbf{E}\times\mathbf{B}).$$

Integriamo ora questa equazione su tutto lo spazio. Applicando all'ultimo termine
il teorema di Gauss e assumendo che $\mathbf{E}$ e $\mathbf{B}$ decrescano all'infinito spaziale abbastanza rapidamente, vediamo che esso non dà contributo. Ricordando la forma della
corrente (2.96) e della legge della potenza in (2.21) otteniamo allora

$$\frac{d}{dt}\int T^{00}_{em}\,d^3x = -\int \mathbf{j}\cdot\mathbf{E}\,d^3x = -\sum_r e_r\mathbf{v}_r\cdot\int\mathbf{E}(t,\mathbf{x})\,\delta^3(\mathbf{x}-\mathbf{y}_r(t))\,d^3x$$
$$= -\sum_r e_r\mathbf{v}_r\cdot\mathbf{E}(t,\mathbf{y}_r(t)) = -\frac{d}{dt}\left(\sum_r \varepsilon_r\right),$$

dove $\varepsilon_r = m_r/\sqrt{1-v_r^2}$. Questa relazione ci dice che si conserva l'energia totale
del sistema, avente la forma

$$\varepsilon = \int T^{00}_{em}\,d^3x + \sum_r \varepsilon_r = \int\left(\frac{1}{2}\left(E^2+B^2\right) + \sum_r \varepsilon_r\,\delta^3(\mathbf{x}-\mathbf{y}_r(t))\right)d^3x.$$

Questa formula suggerisce per la densità totale di energia l'espressione

$$T^{00} = \frac{1}{2}\left(E^2+B^2\right) + \sum_r \varepsilon_r\,\delta^3(\mathbf{x}-\mathbf{y}_r(t)).$$

Viene allora naturale assumere che il tensore energia-impulso totale possa essere
scritto come somma di due contributi

$$T^{\mu\nu} = T^{\mu\nu}_{em} + T^{\mu\nu}_p \tag{2.118}$$

– uno relativo al campo elettromagnetico e l'altro relativo alle particelle – soggetti alle condizioni

$$T_{em}^{00} = \frac{1}{2}\,(E^2 + B^2), \qquad T_p^{00} = \sum_r \varepsilon_r\,\delta^3(\mathbf{x} - \mathbf{y}_r(t)).$$ (2.119)

Con queste posizioni cerchiamo ora di determinare i due tensori separatamente, sfruttando il fatto che sotto trasformazioni di Lorentz entrambi si debbano trasformare in modo covariante.

Iniziamo con la determinazione di $T_{em}^{\mu\nu}$. La componente T_{em}^{00} è bilineare in $\mathbf{E}$ e $\mathbf{B}$ e, visto che che questi campi costituiscono le componenti del tensore $F^{\mu\nu}$, sotto trasformazioni di Lorentz essi si mescolano in modo lineare. Sotto trasformazioni Lorentz anche le componenti di $T_{em}^{\mu\nu}$ si trasformano in modo lineare e di conseguenza $T_{em}^{\mu\nu}$ deve essere *bilineare* in $F^{\mu\nu}$. La covarianza di Lorentz[9] impone pertanto la struttura generale

$$T_{em}^{\mu\nu} = a F^\mu{}_\alpha F^{\alpha\nu} + b\eta^{\mu\nu} F^{\alpha\beta} F_{\alpha\beta} + c F^{\mu\nu} F^\alpha{}_\alpha,$$ (2.120)

dove a, b e c sono costanti arbitrarie. L'ultimo termine è identicamente nullo grazie all'antisimmetria di $F^{\alpha\beta}$, in quanto $F^\alpha{}_\alpha = F^{\alpha\beta}\eta_{\alpha\beta} = 0$. Per determinare a e b calcoliamo T_{em}^{00} dall'*ansatz* (2.120), servendoci della (2.13), e confrontiamo il risultato con la (2.119)

$$\begin{aligned}
T_{em}^{00} &= a F^0{}_\alpha F^{\alpha 0} + 2b\eta^{00}(B^2 - E^2) \\
&= a F^0{}_i F^{i0} + 2b(B^2 - E^2) = (a - 2b)E^2 + 2bB^2.
\end{aligned}$$

Il confronto fornisce i valori $a = 1$ e $b = 1/4$ e ne segue che il tensore energia-impulso del campo elettromagnetico ha la forma

$$T_{em}^{\mu\nu} = F^\mu{}_\alpha F^{\alpha\nu} + \frac{1}{4}\,\eta^{\mu\nu} F^{\alpha\beta} F_{\alpha\beta}.$$ (2.121)

Per determinare $T_p^{\mu\nu}$ riscriviamo la componente T_p^{00} della (2.119) nella forma

$$T_p^{00} = \sum_r \int \varepsilon_r\,\delta^4(x - y_r)\,dy_r^0 = \sum_r m_r \int u_r^0 u_r^0\,\delta^4(x - y_r)\,ds_r,$$

avendo sfruttato le relazioni $\varepsilon_r = m_r u_r^0$ e $dy_r^0 = u_r^0 ds_r$. Questa forma suggerisce di definire il tensore energia-impulso delle particelle come

$$T_p^{\mu\nu} = \sum_r m_r \int u_r^\mu u_r^\nu\,\delta^4(x - y_r)\,ds_r,$$ (2.122)

---

[9] *A priori* in $T_{em}^{\mu\nu}$ potrebbero essere presenti anche termini che coinvolgono il tensore di Levi-Civita, come ad esempio $\widetilde{T}_{em}^{\mu\nu} = \eta^{\mu\nu}\varepsilon^{\alpha\beta\gamma\delta} F_{\alpha\beta} F_{\gamma\delta} = -8\eta^{\mu\nu}\mathbf{E}\cdot\mathbf{B}$. Tuttavia, dovendo $T_{em}^{\mu\nu}$ essere un tensore ed essendo $\widetilde{T}_{em}^{\mu\nu}$ uno *pseudotensore*, si veda il Paragrafo 1.4.3, un tale termine violerebbe l'invarianza dell'Elettrodinamica sotto parità e inversione temporale.

espressione che è un manifestamente covariante sotto trasformazioni di Lorentz e riproduce la corretta componente T_p^{00}. È sottinteso che nella (2.122) l'integrale curvilineo è esteso all'intera linea di universo di ciascuna particella, come nella definizione della quadricorrente (2.14). Eseguendo nella (2.122) l'integrale sulla distribuzione $\delta(t - y_r^0)$ – si vedano le (2.92)-(2.94) – possiamo riscrivere $T_p^{\mu\nu}$ in una forma non covariante che sarà utile in seguito

$$T_p^{\mu\nu} = \sum_r \frac{p_r^\mu p_r^\nu}{\varepsilon_r}\, \delta^3(\mathbf{x} - \mathbf{y}_r(t)). \tag{2.123}$$

Si noti che i tensori dati nelle (2.121) e (2.122) sono *simmetrici* in μ e ν e pertanto lo è anche il tensore energia-impulso totale:

$$T^{\mu\nu} = T^{\nu\mu}.$$

Questa proprietà, che al momento sembra accidentale, giocherà un ruolo importante in seguito.

Equazione di continuità. Puntualizziamo che le espressioni di $T_p^{\mu\nu}$ e $T_{em}^{\mu\nu}$ individuate sopra sono state ricavate in maniera *euristica*. La leggittimazione definitiva di tali espressioni deriva dal fatto che il tensore energia-impulso totale $T^{\mu\nu}$ definito nella (2.118) è conservato purché:

a) $F^{\mu\nu}$ soddisfi l'identità di Bianchi e l'equazione di Maxwell;
b) le coordinate y_r^μ delle particelle soddisfino l'equazione di Lorentz.

Per dimostrare questo calcoliamo separatamente la quadridivergenza dei due tensori, iniziando dal tensore elettromagnetico:

$$\begin{aligned}
\partial_\mu T_{em}^{\mu\nu} &= \partial_\mu F^{\mu\alpha} F_\alpha{}^\nu + F^{\mu\alpha}\partial_\mu F_\alpha{}^\nu + \frac{1}{2}\, F_{\alpha\beta}\, \partial^\nu F^{\alpha\beta} \\
&= -F^{\nu\alpha} j_\alpha + \frac{1}{2}\, F_{\alpha\beta}\big(\partial^\alpha F^{\beta\nu} - \partial^\beta F^{\alpha\nu}\big) + \frac{1}{2}\, F_{\alpha\beta}\partial^\nu F^{\alpha\beta} \\
&= -F^{\nu\alpha} j_\alpha + \frac{1}{2}\, F_{\alpha\beta}\big(\partial^\alpha F^{\beta\nu} + \partial^\beta F^{\nu\alpha} + \partial^\nu F^{\alpha\beta}\big) \\
&= -\sum_r e_r \int F^{\nu\alpha}(y_r) u_{r\alpha}\, \delta^4(x - y_r)\, ds_r.
\end{aligned} \tag{2.124}$$

Nella seconda riga abbiamo usato l'equazione di Maxwell (2.20), nella terza l'identità di Bianchi nella forma (2.41) e nell'ultima la definizione della quadricorrente.

Per determinare la quadridivergenza del tensore energia-impulso delle particelle procediamo in modo analogo al calcolo (2.91) della quadridivergenza della corrente. Tuttavia, per non appesantire la notazione questa volta ricorriamo alla notazione simbolica. Per rendersi conto che i passaggi eseguiti siano corretti è sufficiente applicare i risultati intermedi a una funzione di test $\varphi \in \mathcal{S}(\mathbb{R}^4)$:

$$\partial_\mu T_p^{\mu\nu} = \sum_r \int p_r^\nu u_r^\mu \partial_\mu \delta^4(x - y_r)\, ds_r = -\sum_r \int p_r^\nu \frac{d}{ds_r} \delta^4(x - y_r)\, ds_r$$

$$= \sum_r \int \frac{dp_r^\nu}{ds_r} \delta^4(x - y_r)\, ds_r - \sum_r p_r^\nu \delta^4(x - y_r)\Big|_{s_r=-\infty}^{s_r=+\infty}$$

$$= \sum_r \int \frac{dp_r^\nu}{ds_r} \delta^4(x - y_r)\, ds_r.$$

(2.125)

Sommando questo risultato alla (2.124) in virtù delle equazioni di Lorentz (2.18) otteniamo

$$\partial_\mu T^{\mu\nu} = \sum_r \int \left(\frac{dp_r^\nu}{ds_r} - e_r F^{\nu\alpha}(y_r) u_{r\alpha} \right) \delta^4(x - y_r)\, ds_r = 0. \qquad (2.126)$$

Le formule (2.118), (2.121) e (2.122) individuano dunque un tensore energia-impulso dotato delle proprietà 1) e 2) postulate nel paragrafo precedente. Sotto ipotesi molto generali si può dimostrare che $T^{\mu\nu}$ soddisfa altresì la proprietà 3) riguardante il suo andamento asintotico. Il contributo $T_p^{\mu\nu}$ soddisfa questa proprietà in modo ovvio. Per quanto riguarda $T_{em}^{\mu\nu}$ vedremo che anche questo tensore la soddisfa, purché nel limite di $t \to -\infty$ le accelerazioni delle particelle cariche si annullino con sufficiente rapidità, in particolare se le particelle sono sottoposte ad accelerazione per un tempo finito. Nel Capitolo 6 faremo infatti vedere che in questo caso il campo elettromagnetico ha l'andamento asintotico tipico di un campo coulombiano

$$F^{\mu\nu} \sim \frac{1}{|\mathbf{x}|^2}, \quad \text{per} \quad |\mathbf{x}| \to \infty.$$

Essendo $T_{em}^{\mu\nu}$ quadratico in $F^{\mu\nu}$, nel limite di $|\mathbf{x}| \to \infty$ decresce dunque come

$$T_{em}^{\mu\nu} \sim \frac{1}{|\mathbf{x}|^4},$$

cosicché si ha effettivamente $\lim_{|\mathbf{x}|\to\infty} \left(|\mathbf{x}|^3 T_{em}^{\mu\nu} \right) = 0$.

Cariche attive a passive. Prima di procedere facciamo notare che nella dimostrazione dell'equazione di continuità di cui sopra abbiamo sottinteso l'identificazione tra cariche attive e passive discussa alla fine del Paragrafo 2.2.5, ovvero abbiamo posto $e_r = e_r^*$. Ricordiamo che $\{e_r^*\}$ sono le cariche che compaiono *a priori* nella corrente, mentre $\{e_r\}$ sono le cariche che compaiono nelle equazioni di Lorentz. Mantenendo le espressioni (2.121) e (2.122) e ripetendo la dimostrazione di cui sopra senza ricorrere a tale identificazione, al posto della (2.126) otterremmo

$$\partial_\mu T^{\mu\nu} = \sum_r \int \left(\frac{dp_r^\nu}{ds_r} - e_r^* F^{\nu\alpha}(y_r) u_{r\alpha} \right) \delta^4(x - y_r)\, ds_r$$

$$= \sum_r \left(e_r - e_r^* \right) \int F^{\nu\alpha}(y_r)\, \delta^4(x - y_r)\, dy_{r\alpha},$$

dove abbiamo usato le (2.18). L'equazione di continuità sarà quindi violata, a meno che non si abbia $e_r = e_r^*$. Concludiamo, dunque, che a livello relativistico l'identificazione tra cariche attive e passive è imposta dalla *conservazione del quadrimomento totale* del sistema, come anticipato nel Paragrafo 2.2.5.

Significato delle componenti di $T^{\mu\nu}$. Analizziamo ora brevemente il significato delle singole componenti di $T^{\mu\nu}$, iniziando di nuovo dal contributo elettromagnetico. In base alle (2.10)-(2.12) calcoli elementari forniscono le espressioni

$$T_{em}^{00} = \frac{1}{2} \left(E^2 + B^2 \right), \tag{2.127}$$

$$T_{em}^{i0} = T_{em}^{0i} = (\mathbf{E} \times \mathbf{B})^i, \tag{2.128}$$

$$T_{em}^{ij} = \frac{1}{2} \left(E^2 + B^2 \right) \delta^{ij} - E^i E^j - B^i B^j. \tag{2.129}$$

Riotteniamo ovviamente la densità di energia T_{em}^{00} dalla quale eravamo partiti. Nelle componenti spazio-tempo riconosciamo il *vettore di Poynting* S^i, che notoriamente rappresenta il flusso di energia del campo elettromagnetico:

$$T_{em}^{i0} = S^i, \qquad \mathbf{S} = \mathbf{E} \times \mathbf{B}. \tag{2.130}$$

Vediamo inoltre che il vettore di Poynting uguaglia anche la *densità di quantità di moto* T_{em}^{0i}. Le componenti T_{em}^{ij} formano invece un tensore tridimensionale simmetrico – il *tensore degli sforzi* di Maxwell – che rappresenta il flusso della quantità di moto. Infine osserviamo che il tensore energia-impulso (2.121) del campo elettromagnetico è un tensore a traccia nulla:

$$T_{em}^{\mu\nu} \eta_{\mu\nu} = 0. \tag{2.131}$$

Passando al tensore energia-impulso $T_p^{\mu\nu}$ delle particelle, dalla (2.123) si vede che la densità di quadrimomento ha la forma attesa ($p_r^0 = \varepsilon_r$)

$$T_p^{0\mu} = \sum_r p_r^\mu\, \delta^3(\mathbf{x} - \mathbf{y}_r(t)). \tag{2.132}$$

Infatti, il quadrimomento delle particelle che a un dato istante si trovano all'interno di un volume V è dato da

$$\int_V T_p^{0\mu}\, d^3x = \sum_r p_r^\mu \int_V \delta^3(\mathbf{x} - \mathbf{y}_r(t))\, d^3x = \sum_{r \in V} p_r^\mu,$$

dove la somma si estende a tutte le particelle contenute in V.

Concludiamo questo paragrafo riprendendo il bilancio del quadrimomento riferito a un volume V. Secondo la (2.115) il quadrimomento che abbandona nell'unità di tempo il volume V è dato da

$$\frac{dP_V^\mu}{dt} = - \int_{\partial V} T^{i\mu} d\Sigma^i.$$

L'integrale a secondo membro è un integrale di superficie e riceve contributi – a priori – sia da $T_{em}^{i\mu}$ che da $T_p^{i\mu}$. Tuttavia, dato che all'istante considerato le particelle si trovano o all'interno o all'esterno di V, il termine $T_p^{i\mu}$ non contribuisce e si ottiene

$$\frac{dP_V^\mu}{dt} = - \int_{\partial V} T_{em}^{i\mu} d\Sigma^i. \tag{2.133}$$

In altre parole, la variazione del quadrimomento totale contenuto in V, che risulta dalla somma del quadrimomento delle particelle e di quello del campo elettromagnetico, è determinata dal solo flusso del campo elettromagnetico. In particolare, ponendo nella (2.133) $\mu = 0$ per l'energia *irradiata* nell'unità di tempo dal volume V otteniamo

$$\frac{d\varepsilon_V}{dt} = - \int_{\partial V} T_{em}^{i0} d\Sigma^i = - \int_{\partial V} \mathbf{S} \cdot d\boldsymbol{\Sigma}. \tag{2.134}$$

Questa importante relazione sarà la formula cardine per l'analisi energetica di tutti i fenomeni di irraggiamento, si veda il Capitolo 8.

2.4.4 Conservazione del momento angolare quadridimensionale

In questo paragrafo analizziamo il problema della conservazione del *momento angolare quadridimensionale* in una generica teoria relativistica. Daremo una dimostrazione *costruttiva* dell'esistenza di un momento angolare quadridimensionale conservato in qualsiasi teoria relativistica, che sia dotata di un tensore energia-impulso $T^{\mu\nu}$ *conservato* e *simmetrico*. Esemplificheremo poi la costruzione nel caso particolare dell'Elettrodinamica.

Sappiamo che in un sistema isolato di particelle neutre non relativistiche, oltre all'energia e alla quantità di moto si conserva anche il momento angolare tridimensionale

$$\mathbf{L} = \sum_r \mathbf{y}_r \times \mathbf{p}_r, \tag{2.135}$$

dove $\mathbf{p}_r = m_r \mathbf{v}_r$ è la quantità di moto non relativistica della particella r-esima. È naturale aspettarsi che in una teoria relativistica questa legge di conservazione vettoriale, opportunamente generalizzata, acquisisca carattere quadridimensionale. Tuttavia, il tentativo più naturale di estendere il momento angolare a un quadrivettore fallisce, poiché il prodotto esterno tra due vettori non ammette un'estensione quadri*vettoriale*. Possiamo comunque sfruttare il fatto che in tre dimensioni ogni vettore sia equivalente a un tensore doppio antisimmetrico e riscrivere la (2.135) come

$$L^{ij} \equiv \varepsilon^{ijk} L^k = \sum_r \left(y_r^i p_r^j - y_r^j p_r^i \right). \tag{2.136}$$

In quanto tensore antisimmetrico questa espressione ammette ora un'estensione naturale in termini del quadritensore doppio antisimmetrico

$$L_p^{\alpha\beta} = \sum_r \left(y_r^\alpha p_r^\beta - y_r^\beta p_r^\alpha \right), \qquad L_p^{\alpha\beta} = -L_p^{\beta\alpha}, \tag{2.137}$$

in cui p_r^α indica il quadrimomento *relativistico* della particella r-esima. Si verifica immediatamente che per un sistema di particelle neutre – per cui $dp_r^\alpha/dt = 0$ – le quantità (2.137) risultano effettivamente conservate:

$$\frac{dL_p^{\alpha\beta}}{dt} = \sum_r \left(\frac{dy_r^\alpha}{dt} p_r^\beta - \frac{dy_r^\beta}{dt} p_r^\alpha \right) = \sum_r \frac{1}{\varepsilon_r} \left(p_r^\alpha p_r^\beta - p_r^\beta p_r^\alpha \right) = 0,$$

dove si sono usate le relazioni

$$\frac{dy_r^\alpha}{dt} = \frac{u_r^\alpha}{u_r^0} = \frac{p_r^\alpha}{\varepsilon_r}.$$

Costruzione generale. L'esempio appena esaminato ci porta a concludere che il momento angolare quadridimensionale di un generico sistema relativistico sia rappresentato da un tensore *antisimmetrico* $L^{\alpha\beta}$, che raggruppa dunque *sei* quantità conservate. Come per la carica elettrica e il quadrimomento assumiamo anche per il momento angolare leggi di conservazione locali, ipotizzando l'esistenza di una *densità di corrente di momento angolare* $M^{\mu\alpha\beta}(x)$ tale che

1) $M^{\mu\alpha\beta}$ sia un campo tensoriale di rango tre;
2) $M^{\mu\alpha\beta} = -M^{\mu\beta\alpha}$;
3) $\partial_\mu M^{\mu\alpha\beta} = 0$.

Non imponiamo nessuna condizione sull'andamento asintotico di questo tensore a grandi distanze, poiché tale andamento sarà determinato da quello di $T^{\mu\nu}$. Le richieste 1) e 2) sono infatti automaticamente soddisfatte se postuliamo che $M^{\mu\alpha\beta}$ abbia la *forma standard*

$$M^{\mu\alpha\beta} = x^\alpha T^{\mu\beta} - x^\beta T^{\mu\alpha}. \tag{2.138}$$

Questa scelta è motivata in particolare dal fatto che, come vedremo tra breve, per un sistema di particelle neutre la (2.138) implichi l'espressione (2.137). Per verificare la proprietà 3) valutiamo la quadridivergenza di $M^{\mu\alpha\beta}$ assumendo che il tensore energia-impulso soddisfi l'equazione di continuità, $\partial_\mu T^{\mu\nu} = 0$,

$$\partial_\mu M^{\mu\alpha\beta} = \delta_\mu^\alpha T^{\mu\beta} + x^\alpha \partial_\mu T^{\mu\beta} - \delta_\mu^\beta T^{\mu\alpha} - x^\beta \partial_\mu T^{\mu\alpha} = T^{\alpha\beta} - T^{\beta\alpha}. \tag{2.139}$$

Vediamo dunque che se quest'ultimo è anche *simmetrico*[10],

$$T^{\alpha\beta} = T^{\beta\alpha},$$

$M^{\mu\alpha\beta}$ soddisfa effettivamente l'equazione di continuità

$$\partial_\mu M^{\mu\alpha\beta} = 0.$$

Procedendo al solito modo, e assumendo opportuni andamenti asintotici dei campi all'infinito[11], si deduce allora l'esistenza delle sei quantità conservate

$$L^{\alpha\beta} = \int M^{0\alpha\beta} d^3x = \int \left(x^\alpha T^{0\beta} - x^\beta T^{0\alpha}\right) d^3x, \qquad L^{\alpha\beta} = -L^{\beta\alpha}. \quad (2.140)$$

Con i consueti passaggi si dimostra infine che sotto trasformazioni di Lorentz $L^{\alpha\beta}$ si comporta come un *tensore* di rango due.

Per concludere facciamo vedere, come anticipato sopra, che per un sistema di particelle neutre la (2.140) restituisce la (2.137). In questo caso il tensore energia-impulso si riduce al contributo $T_p^{\mu\nu}$ dato in (2.122), le cui componenti $T_p^{0\nu}$ sono state valutate nella (2.132). Inserendo queste ultime nell'espressione generale (2.140) otteniamo

$$
\begin{aligned}
L^{\alpha\beta} &= \int \left(x^\alpha \sum_r p_r^\beta \, \delta^3(\mathbf{x} - \mathbf{y}_r(t)) - x^\beta \sum_r p_r^\alpha \, \delta^3(\mathbf{x} - \mathbf{y}_r(t))\right) d^3x \\
&= \sum_r \left(\left(\int x^\alpha \delta^3(\mathbf{x} - \mathbf{y}_r(t)) \, d^3x\right) p_r^\beta - \left(\int x^\beta \delta^3(\mathbf{x} - \mathbf{y}_r(t)) \, d^3x\right) p_r^\alpha\right) \\
&= \sum_r \left(y_r^\alpha p_r^\beta - y_r^\beta p_r^\alpha\right), \quad c.v.d.
\end{aligned}
$$

Invarianza per traslazioni. In realtà il campo $M^{\mu\alpha\beta}$ si comporta come tensore solo sotto trasformazioni di Lorentz, mentre sotto le traslazioni $x^\mu \to x'^\mu = x^\mu + a^\mu$ si trasforma in modo anomalo:

$$M'^{\mu\alpha\beta}(x') = x'^\alpha T'^{\mu\beta}(x') - x'^\beta T'^{\mu\alpha}(x') = M^{\mu\alpha\beta}(x) + a^\alpha T^{\mu\beta}(x) - a^\beta T^{\mu\alpha}(x).$$

Ricordiamo, per l'appunto, che sotto traslazioni un tensore dovrebbe invece rimanere invariante. Analogamente il momento angolare totale (2.140) si trasforma secondo (si veda la (2.116))

$$L'^{\alpha\beta} = L^{\alpha\beta} + a^\alpha P^\beta - a^\beta P^\alpha. \quad (2.141)$$

---

[10] Nella Sezione 3.4 faremo vedere che in tutte le teorie relativistiche fondate su un *principio variazionale* esiste un tensore energia-impulso conservato e *simmetrico*.

[11] Visto che a grandi distanze $T^{\mu\nu}$ decade come $1/r^4$, in base alla (2.138) il tensore $M^{\mu\alpha\beta}$ decade solo come $1/r^3$. Si può tuttavia vedere che in Elettrodinamica, e in tutte le teorie fondamentali, gli integrali (2.140) convergono comunque per via dei peculiari comportamenti dei campi costituenti a grandi distanze.

Queste anomalie si curano facilmente osservando che la densità di momento angolare (2.138) è stata determinata considerando implicitamente come *polo Q* l'origine, con coordinate $x_Q^\mu = (0,0,0,0)$. Per un polo Q generico la definizione (2.138) deve essere sostituita con

$$M_Q^{\mu\alpha\beta} = (x^\alpha - x_Q^\alpha)T^{\mu\beta} - (x^\beta - x_Q^\beta)T^{\mu\alpha},$$

che soddisfa le proprietà 1)–3) di cui sopra ed è, in particolare, invariante per traslazioni.

Momento angolare spaziale. Determiniamo ora la forma esplicita delle costanti del moto $L^{\alpha\beta}$ nel caso dell'Elettrodinamica. Analizziamo separatamente le componenti L^{ij}, o meglio il vettore $L^i = \frac{1}{2}\varepsilon^{ijk}L^{jk}$ che corrisponde al momento angolare spaziale, e le tre nuove costanti del moto L^{0i}, che vengono chiamate *boost*. Iniziando dal momento angolare spaziale, dalle equazioni (2.140), (2.130) e (2.132) ricaviamo l'espressione

$$L^i = \frac{1}{2}\varepsilon^{ijk}L^{jk} = \varepsilon^{ijk}\int x^j\, T^{0k}d^3x = \varepsilon^{ijk}\int x^j\left(S^k + \sum_r p_r^k\,\delta^3(\mathbf{x}-\mathbf{y}_r)\right)d^3x,$$

ovvero

$$\mathbf{L} = \int(\mathbf{x}\times\mathbf{S})\,d^3x + \sum_r \mathbf{y}_r\times\mathbf{p}_r \equiv \mathbf{L}_{em} + \mathbf{L}_p. \qquad (2.142)$$

Il momento angolare spaziale totale è quindi composto da un contributo $\mathbf{L}_p$ che dipende solo dalle particelle e da un contributo $\mathbf{L}_{em}$ che dipende solo dal campo elettromagnetico. $\mathbf{L}_p$ si riduce all'espressione non relativistica (2.135) se si trascurano i fattori $1/\sqrt{1-v_r^2}$. Similmente anche $\mathbf{L}_{em}$ ha una forma non inaspettata, visto che il vettore di Poynting $\mathbf{S} = \mathbf{E}\times\mathbf{B}$, oltre a uguagliare il flusso di energia, uguaglia anche la densità di quantità di moto del campo elettromagnetico.

Significato dei boost e moto del centro di massa. Invece di limitarci al caso dell'Elettrodinamica analizziamo le componenti $L^{0i} \equiv K^i$ del tensore (2.140) in una teoria relativistica generica. Per queste costanti del moto ricaviamo le espressioni

$$K^i = t\int T^{0i}d^3x - \int x^i T^{00}d^3x, \qquad (2.143)$$

dove nelle quantità $P^i = \int T^{0i}d^3x$ riconosciamo la quantità di moto totale conservata del sistema, si veda la (2.116). Per dare un'interpretazione al secondo termine di K^i definiamo la posizione del *centro di massa di un sistema relativistico* come

$$\mathbf{x}_{cm}(t) \equiv \frac{\int \mathbf{x}\,T^{00}d^3x}{\int T^{00}d^3x}, \qquad (2.144)$$

dove $\varepsilon = \int T^{00}d^3x$ è l'energia totale conservata del sistema. Si noti che *formalmente* questa definizione si ottiene dalla definizione non relativistica del centro di massa, sostituendo la densità di massa con la densità di energia relativistica T^{00}. Il vettore di boost si scrive dunque

$$\mathbf{K} = t\mathbf{P} - \varepsilon\mathbf{x}_{cm}(t)$$

ed essendo indipendente dal tempo possiamo valutarlo a $t = 0$, ottenendo $\mathbf{K} = -\varepsilon\mathbf{x}_{cm}(0)$. Ne segue che

$$\mathbf{x}_{cm}(t) = \mathbf{x}_{cm}(0) + \frac{\mathbf{P}}{\varepsilon}\, t.$$

Concludiamo quindi che la conservazione di L^{0i} è equivalente al fatto che il centro di massa del sistema si muove di moto rettilineo uniforme, con velocità

$$\mathbf{v}_{cm} = \frac{\mathbf{P}}{\varepsilon}.$$

Se assumiamo inoltre che il vettore P^μ sia di tipo tempo, ovvero che soddisfi la disuguaglianza $P^\mu P_\mu = \varepsilon^2 - |\mathbf{P}|^2 > 0$, possiamo assimilare l'intero sistema a una "particella" di massa $M = \sqrt{\varepsilon^2 - |\mathbf{P}|^2}$, quadrimomento $P^\mu = (\varepsilon, \mathbf{P})$ e velocità $v_{cm} < 1$. In questo caso esiste un sistema di riferimento inerziale privilegiato – il *sistema del centro di massa* – in cui il centro di massa è a riposo e $P^\mu = (M, 0, 0, 0)$.

Occorre, tuttavia, tenere presente che il concetto di centro di massa di un sistema, per come l'abbiamo definito in (2.144), non è un concetto relativisticamente invariante in quanto le sue coordinate $(t, \mathbf{x}_{cm}(t))$ sotto trasformazioni di Lorentz non si trasformano come un quadrivettore: in altre parole, il centro di massa di un sistema è rappresentato da punti diversi in sistemi di riferimento diversi.

In definitiva dalle equazioni fondamentali dell'Elettrodinamica siamo riusciti a dedurre l'esistenza delle dieci quantità conservate P^μ e $L^{\alpha\beta}$ – tante quanti sono i parametri a^μ e $\omega^{\alpha\beta}$ che descrivono il gruppo di Poincaré. Abbiamo poi riscontrato la presenza di un'ulteriore legge di conservazione – quella della carica elettrica – in concomitanza con un'ulteriore simmetria a un parametro: l'invarianza di gauge. Come abbiamo menzionato in precedenza, tali *coincidenze* sono da ricondursi a un legame profondo esistente in natura tra principi di simmetria e leggi di conservazione, legame che da un punto di vista teorico viene concretizzato dal *teorema di Nöther*. Nei due capitoli a seguire rianalizzeremo le leggi di conservazione derivate in questa sezione *a mano* – basandoci essenzialmente su argomentazioni di tipo euristico – alla luce di questo efficace ancorché misterioso teorema.

2.5 Problemi

2.1. Sfruttando l'identità $w^\mu u_\mu = 0$ si dimostri che il quadrato della quadriaccelerazione $w^2 \equiv w^\mu w_\mu$ soddisfa la disuguaglianza

$$w^2 \leq 0.$$

Si verifichi che in termini di velocità e accelerazione tridimensionali si ha

$$w^2 = -\frac{a^2 - \frac{(\mathbf{a} \times \mathbf{v})^2}{c^2}}{c^4 \left(1 - \frac{v^2}{c^2}\right)^3}, \qquad (2.145)$$

dove si è ripristinata la velocità della luce.

Suggerimento. Si consideri il sistema di riferimento a riposo della particella.

2.2. Si dimostri che l'identità di Bianchi può essere scritta equivalentemente nelle forme (2.39), (2.40) o (2.41).

Suggerimento. Possono risultare utili le identità (1.33), (1.36) e (1.37).

2.3. Si trovino tutte le soluzioni per $F \in \mathcal{S}'(\mathbb{R})$ dell'equazione

$$\left(x^2 - a^2\right) F(x) = 0, \quad a > 0, \qquad (2.146)$$

e si dimostri che ogni soluzione può essere posta nella forma

$$F(x) = f(x)\,\delta(x^2 - a^2)$$

per un'opportuna funzione continua f.

Traccia della soluzione. Dall'equazione (2.146) segue che F può essere "diversa da zero" solo per $x = \pm a$, ovvero che il supporto di F è l'insieme $\{-a, a\}$, che è un insieme di punti. Dal teorema sulle distribuzioni con supporto in punti riportato nel Paragrafo 2.3.1 segue allora che F è una combinazione lineare *finita* delle distribuzioni $\delta(x \pm a)$ e delle loro derivate, si veda la (2.77). L'espressione

$$F_0 \equiv c_1\,\delta(x - a) + c_2\,\delta(x + a),$$

con c_1 e c_2 costanti arbitrarie, è certamente soluzione della (2.146) grazie all'identità (2.68). Al contrario, per quanto riguarda le derivate prime notiamo che, derivando l'identità $(x^2 - a^2)\,\delta(x \pm a) = 0$, si ottiene

$$(x^2 - a^2)\delta'(x \pm a) = -2x\delta(x \pm a) = \pm 2a\,\delta(x \pm a) \neq 0.$$

Le derivate prime non sono dunque soluzioni della (2.146) e allo stesso modo si dimostra che nemmeno le derivate successive lo sono. F_0 è quindi la soluzione generale della (2.146). Per porla nella forma richiesta dal problema è sufficiente ricordare l'identità (2.72) e moltiplicarla per una generica funzione continua f:

$$F_1 \equiv f(x)\,\delta(x^2 - a^2) = \frac{1}{2a}\left(f(a)\,\delta(x - a) + f(-a)\,\delta(x + a)\right).$$

Dato che le costanti $f(a)$ e $f(-a)$ possono assumere qualsiasi valore, F_0 può dunque essere posta sempre nella forma F_1.

2.4. Si dimostri che una funzione $f: \mathbb{R}^D \to \mathbb{C}$ definisce una distribuzione regolare

$F \in \mathcal{S}'(\mathbb{R}^D)$ data da

$$F(\varphi) = \int f(x)\,\varphi(x)\,d^D x, \qquad (2.147)$$

se f è a) integrabile in modulo su una qualsiasi palla di $\mathbb{R}^D$ – in particolare se possiede un numero finito di singolarità integrabili – e b) se è asintoticamente polinomialmente limitata[12].

Suggerimento. Occorre dimostrare che vale la (2.59) per opportuni monomi $\mathcal{P}$ e $\mathcal{Q}$. A questo scopo è utile suddividere il dominio di integrazione nella (2.147) in una palla sufficientemente grande e nel suo complemento in $\mathbb{R}^D$ e sfruttare le proprietà asintotiche (2.58) di φ.

2.5. Teorema di Birkhoff. Si dimostri il *teorema di Birkhoff* enunciato come segue. Sia data una generica quadricorrente a simmetria sferica (in generale non statica)

$$j^0(t,\mathbf{x}) = \rho(t,r), \quad \mathbf{j}(t,\mathbf{x}) = \frac{\mathbf{x}}{r}\,j(t,r), \quad r = |\mathbf{x}|,$$

a supporto spaziale compatto,

$$j^\mu(t,\mathbf{x}) = 0, \quad \text{per} \quad r > R, \quad \forall t.$$

Allora il campo elettromagnetico nel vuoto, ovvero nella regione $r > R$, è *statico*, essendo dato da

$$\mathbf{E} = \frac{Q\mathbf{x}}{4\pi r^3}, \qquad \mathbf{B} = 0,$$

dove $Q \equiv \int \rho(t,r)\,d^3x$ è la carica totale conservata del sistema. Si concluda in particolare che una distribuzione di carica a simmetria sferica – seppure costituita da cariche accelerate – non può irradiare onde elettromagnetiche, poiché il campo generato è indipendente dal tempo.

Suggerimento. La simmetria sferica impone ai campi la forma $\mathbf{E} = \mathbf{x}f(t,r)$, $\mathbf{B} = \mathbf{x}g(t,r)$.

2.6. Integrali invarianti in tre dimensioni. Si definisca il tensore doppio tridimensionale

$$H^{ij} = \int n^i n^j \, d\Omega, \qquad (2.148)$$

dove $d\Omega = \text{sen}\vartheta\, d\vartheta\, d\varphi$ è l'elemento di angolo solido in tre dimensioni soddisfacente $\int d\Omega = 4\pi$, $n^i = x^i/r$ e $r = |\mathbf{x}|$. L'integrando nella (2.148) dipende quindi solo dagli angoli.

a) Si dimostri che l'espressione (2.148) può essere riscritta come

$$H^{ij} = \int \delta(r-1)\, x^i x^j \, d^3x. \qquad (2.149)$$

---

[12] Una funzione f si dice *asintoticamente polinomialmente limitata* se esiste un numero $L > 0$ e un polinomio positivo $\mathcal{P}$, tali che per ogni x soggetto a $r \equiv \sqrt{(x^1)^2 + \cdots + (x^D)^2} > L$ valga $|f(x)| \le \mathcal{P}(x)$.

b) Si dimostri che H^{ij} è un tensore invariante sotto $SO(3)$, ovvero

$$R^i{}_m R^j{}_n H^{mn} = H^{ij}, \quad \forall\, R \in SO(3).$$

Suggerimento. Si esegua nella (2.149) il cambiamento di variabile $x^i = R^i{}_k y^k$.

c) Sapendo che gli unici tensori invarianti sotto $SO(3)$ indipendenti sono δ^{ij} e ε^{ijk}, si concluda che $H^{ij} = C\delta^{ij}$, per qualche costante C. Si determini C contraendo la (2.148) con δ^{ij}.

d) Seguendo questa linea di ragionamento si stabilisca la tabella di integrali invarianti:

$$\int d\Omega = 4\pi,$$

$$\int n^i \, d\Omega = 0,$$

$$\int n^i n^j \, d\Omega = \frac{4\pi}{3}\,\delta^{ij},$$

$$\int n^i n^j n^k \, d\Omega = 0,$$

$$\int n^i n^j n^k n^l \, d\Omega = \frac{4\pi}{15}\left(\delta^{ij}\delta^{kl} + \delta^{ik}\delta^{jl} + \delta^{il}\delta^{jk}\right).$$

2.7. Una particella di carica e e massa m si trova in presenza di un campo elettromagnetico costante e uniforme $F^{\mu\nu}$. La quadrivelocità iniziale della particella per $s = 0$ sia $u^\mu(0)$, con $u^2(0) = 1$.

a) Si dimostri che in questo caso l'equazione di Lorentz è equivalente all'equazione del primo ordine

$$\frac{dy^\mu}{ds} = u^\mu(s) = \left[e^{sA}\right]^\mu{}_\nu u^\nu(0),$$

per un'opportuna matrice costante $A \equiv A^\mu{}_\nu$.

b) Si verifichi esplicitamente che vale $u^2(s) = 1$, $\forall\, s$.
Suggerimento. Si noti che $e^{sA} \in SO(1,3)_c$, $\forall\, s$.

c) Si dimostri che lo scalare $w^2 = w^\mu(s)w_\mu(s)$ è indipendente da s e lo si esprima in termini di $F^{\mu\nu}$ e $u^\mu(0)$.

d) Si può dimostrare che, escluso il caso in cui $E = B$ e simultaneamente $\mathbf{E} \perp \mathbf{B} = 0$, esiste sempre un sistema di riferimento inerziale in cui i campi elettrico e magnetico sono paralleli e diretti lungo l'asse x: $\mathbf{E} = (E,0,0)$, $\mathbf{B} = (B,0,0)$. Si dimostri che in questo sistema di riferimento la matrice A è diagonale a blocchi.

e) Sfruttando questa struttura di A si valuti l'espressione e^{sA} sviluppando l'esponenziale in serie di Taylor e risommandolo in termini delle funzioni *sen*, *cos*, *cosh* e *senh*.

f) Ponendo $\mathbf{B} = 0$ e scegliendo la velocità iniziale $\mathbf{v}_0 = (0, v_0, 0)$, ovvero

$$u^\mu(0) = \frac{1}{\sqrt{1 - v_0^2}}\,(1, 0, v_0, 0),$$

si determinino $u^\mu(s)$ e $y^\mu(s)$ per ogni s e quindi la legge oraria $\mathbf{y}(t)$.

2.8. Si consideri un sistema di N particelle cariche non relativistiche ($v_r \ll 1$) generanti il campo elettromagnetico

$$\mathbf{E} = -\boldsymbol{\nabla}A^0, \qquad A^0(t,\mathbf{x}) = \sum_{r=1}^N \frac{e_r}{4\pi|\mathbf{x} - \mathbf{y}_r(t)|}, \qquad \mathbf{B} = 0.$$

a) Utilizzando l'equazione di Maxwell $\boldsymbol{\nabla} \cdot \mathbf{E} = \rho$ si dimostri che l'energia totale del campo elettromagnetico $\varepsilon_{em} = \frac{1}{2}\int d^3x\big(E^2 + B^2\big)$ *formalmente* può essere riscritta come somma delle energie potenziali relative delle cariche:

$$\varepsilon_{em} = \frac{1}{2}\int A^0\rho\,d^3x = \frac{1}{2}\sum_{r,s=1}^N \frac{e_r e_s}{4\pi|\mathbf{y}_r(t) - \mathbf{y}_s(t)|}. \tag{2.150}$$

b) Si sottragga da questa espressione la parte divergente dovuta all'autointerazione di ciascuna carica – corrispondente a $r = s$ – e si scriva l'energia totale del sistema campo + particelle aggiungendo l'energia cinetica non relativistica delle ultime. Si dimostri che l'energia totale ottenuta in tal modo è conservata. Si noti che, mentre l'espressione originale di ε_{em} è sempre positiva – qualsiasi siano i segni delle cariche – ciò non è più vero per l'espressione (2.150) dopo la sottrazione dei contributi divergenti.

2.9. Si determini la soluzione generale $y^\mu(\lambda)$ dell'equazione del moto della particella libera

$$\frac{d^2 y^\mu}{ds^2} = 0$$

parametrizzando la linea di universo con un parametro λ generico, si veda la (2.5). Si verifichi che la soluzione generale è determinata solo modulo una riparametrizzazione.

2.10. Si verifichi che l'equazione (2.36) può essere posta nella forma dell'equazione di Newton

$$m\mathbf{a} = \mathbf{F}(\mathbf{y},\mathbf{v},t),$$

con $\mathbf{F}(\mathbf{y},\mathbf{v},t)$ data nella (2.38).
Suggerimento. Si moltiplichi l'equazione (2.36) scalarmente per $\mathbf{v}$ per determinare il prodotto scalare $\mathbf{v}\cdot\mathbf{a}$.

2.11. Si dimostri che se un campo elettromagnetico $F^{\mu\nu}$ soddisfa le equazioni di Maxwell (2.51) e (2.52) per ogni t e le equazioni (2.53) e (2.54) per $t = 0$, allora soddisfa automaticamente le equazioni (2.53) e (2.54) per ogni t.
Suggerimento. Si valuti la divergenza spaziale delle equazioni (2.51) e (2.52).

2.12. Si verifichi che le componenti del tensore tridimensionale

$$\frac{1}{r^3}\left(\delta^{ij} - 3\frac{x^i x^j}{r^2}\right),$$

che compare nel secondo membro della (2.101), appartengono a $\mathcal{S}'(\mathbb{R}^3)$.

2.13. Si dimostri che i quattro funzionali lineari $j^\mu(\varphi)$ dati nella (2.89) definiscono ciascuno un elemento di $\mathcal{S}'(\mathbb{R}^4)$.
Suggerimento. Si parametrizzino le linee di universo con il tempo.

2.14. Si dimostri che vale il limite distribuzionale in $\mathcal{S}'(\mathbb{R})$

$$\mathcal{S}' - \lim_{L \to \infty} \int_{-L}^{L} e^{-ikx} dk = 2\pi\delta(x),$$

facendo vedere che per ogni $\varphi \in \mathcal{S}(\mathbb{R})$ si ha

$$\lim_{L \to \infty} \int_{-\infty}^{\infty} dx\, \varphi(x) \int_{-L}^{L} e^{-ikx} dk = 2\pi\varphi(0).$$

Suggerimento. Si ricordi il valore dell'integrale definito $\int_{-\infty}^{\infty} \frac{sen y}{y}\, dy = \pi$.

2.15. Si derivino le leggi di trasformazione (2.30) di **E** e **B** sotto parità e inversione temporale, a partire dalle (2.29) e dalle definizioni (1.60) e (1.61).

3

Il metodo variazionale in teoria di campo

Le equazioni fondamentali dell'Elettrodinamica sono invarianti sotto trasformazioni di Poincaré e assicurano la conservazione del quadrimomento e del momento angolare quadridimensionale. A prima vista questi due aspetti – invarianza relativistica e presenza di leggi di conservazione – non sembrano avere niente a che fare l'uno con l'altro. Il *teorema di Nöther*, che li lega fra loro, in effetti si basa pesantemente su un paradigma fondamentale della fisica teorica che non abbiamo ancora introdotto: il *metodo variazionale*. Le equazioni dell'Elettrodinamica godono infatti di una proprietà che a questo punto della trattazione risulta ancora velata: esse possono essere derivate con il metodo variazionale. Solo sfruttando questa caratteristica peculiare riusciremo, dunque, a dimostrare il legame tra simmetrie e leggi di conservazione di cui sopra.

In generale il metodo variazionale permette di riformulare la dinamica di una teoria in modo compatto ed elegante, fornendone una descrizione fisicamente equivalente. L'importanza che questo metodo riveste in fisica è evidenziata dal fatto che tutte le teorie fondamentali, dalla *Meccanica Newtoniana* al *Modello Standard* delle particelle elementari, alla *Relatività Generale* e alla più speculativa *Teoria delle Stringhe*, siano deducibili da un principio variazionale: in assenza di un tale principio la consistenza interna – classica e quantistica – di queste teorie sarebbe difficilmente controllabile e non sarebbero garantite le principali leggi di conservazione. In questo capitolo forniremo le basi del metodo variazionale e stabiliremo il suo nesso con il teorema di Nöther. Successivamente nel Capitolo 4 lo applicheremo per riderivare le equazioni fondamentali e le leggi di conservazione dell'Elettrodinamica.

L'azione. Lo strumento matematico principale del metodo variazionale è il *principio di minima azione*. Questo principio si basa sull'assegnazione di una funzione delle variabili dinamiche del sistema – la *lagrangiana L* – dalla quale per integrazione si ottiene il funzionale $I = \int L \, dt$, chiamato *azione*. Il pregio concettuale del metodo consiste nell'estrema economia impiegata nella costruzione di una teoria fisica: assegnata la sola funzione L il principio di minima azione determina la dinamica del sistema in modo univoco. Secondo questo principio le configurazioni che sod-

Lechner K.: Elettrodinamica classica
DOI 10.1007/978-88-470-5211-6_3, © Springer-Verlag Italia 2013

disfano le equazioni del moto sono, infatti, esattamente quelle che rendono l'azione stazionaria, $\delta I = 0$, sotto variazioni arbitrarie delle variabili dinamiche. In presenza di simmetrie il teorema di Nöther fornisce poi la forma esplicita delle costanti del moto in termini di L.

Invarianza relativistica. In una teoria relativistica il metodo variazionale è in realtà soggetto a un'ulteriore condizione: l'azione deve essere invariante sotto trasformazioni di Poincaré, ovvero deve essere un *quadriscalare*:

$$I' = I.$$

In questo caso le equazioni del moto che ne derivano soddisfano automaticamente il principio di *relatività einsteiniana*. Infatti, se con K e K' indichiamo due sistemi di riferimento inerziali arbitrari, schematicamente abbiamo

Eq. del moto in K $\leftrightarrow$ $\delta I = 0$ $\leftrightarrow$ $\delta I' = 0$ $\leftrightarrow$ Eq. del moto in K'.

Se l'azione è uno scalare, le equazioni del moto hanno dunque automaticamente la stessa forma in tutti i sistemi di riferimento.

Quantizzazione. Il metodo variazionale gioca un ruolo fondamentale in fisica teorica per una ragione ulteriore: costituisce il punto di partenza imprescindibile per la *quantizzazione* di una qualsivoglia teoria. L'*hamiltoniana* – su cui si basa la quantizzazione canonica di una teoria – discende infatti dalla lagrangiana tramite la trasformata di Legendre. In una teoria relativistica, tuttavia, la quantizzazione canonica non costituisce una procedura covariante *a vista*, semplicemente perché l'hamiltoniana – essendo la quarta componente di un quadrivettore – non è uno scalare. Esiste nondimeno un metodo di quantizzazione alternativo, basato sull'*integrale funzionale di Feynman*[1], che poggia direttamente sull'*azione* e ha il pregio di mantenere la teoria quantistica covariante a vista – purché l'azione sia un invariante relativistico. Se una teoria è dunque formulata in termini di un principio variazionale, l'invarianza relativistica classica si trasferisce automaticamente alla corrispondente teoria quantistica.

Località e campi. Concludiamo queste note introduttive soffermandoci su una caratteristica peculiare delle teorie *relativistiche*: la *località* dell'interazione. In fisica non relativistica le particelle interagiscono attraverso forze che esercitano una *azione a distanza*. Una particella di carica e_2, ad esempio, esercita su una particella di carica e_1 la forza

$$\mathbf{F} = \frac{e_1 e_2}{4\pi} \frac{\mathbf{y}_1 - \mathbf{y}_2}{|\mathbf{y}_1 - \mathbf{y}_2|^3},$$

che viene trasmessa in maniera *istantanea*: se a un dato istante la carica e_2 si sposta, la carica e_1 ne subisce l'effetto allo stesso istante. Un'interazione *non locale* di questo tipo corrisponde a un segnale che si propaga con velocità infinita ed è quindi in conflitto con i principi della Relatività Ristretta.

---

[1] Per un cenno al metodo di quantizzazione di Feynman si veda la Sezione 19.6.

Viceversa in una teoria relativistica le particelle non interagiscono tra di loro in modo diretto bensì attraverso *campi*, e l'interazione tra campi e particelle è una *azione a contatto*, ossia *locale*. La forza di Lorentz subita da una particella carica relativistica

$$eF^{\mu\nu}(y)u_\nu$$

dipende, infatti, solo dal valore del campo nel punto y^μ, dove essa si trova, e non dai valori del campo in punti diversi o dalle posizioni delle altre particelle. L'interazione elettromagnetica tra particelle cariche si propaga quindi con la velocità di propagazione del campo elettromagnetico, ovvero con la velocità della luce. In una teoria relativistica sono, dunque, i campi a implementare la località dell'interazione e questi ultimi vanno considerati a tutti gli effetti come *gradi di libertà* dinamici indipendenti, alla stessa stregua delle coordinate delle particelle: mentre in fisica non relativistica il concetto di campo è solo *utile*, in una teoria relativistica risulta addirittura *indispensabile*.

Per confronto facciamo notare che a livello *quantistico* la località si realizza nel fatto che l'interazione tra particelle cariche avviene attraverso l'emissione e l'assorbimento dei *quanti* del campo elettromagnetico – i fotoni – che viaggiano a loro volta con la velocità della luce. Corrispondentemente nella schematizzazione dei *grafici di Feynman* dell'Elettrodinamica Quantistica l'interazione tra fotoni e cariche avviene *localmente* in un cosiddetto *vertice*, che rappresenta il punto spazio-temporale in cui simbolicamente avvengono l'emissione e l'assorbimento.

In definitiva la formulazione di una teoria fisica tramite il metodo variazionale avviene secondo lo schema generale:

1) si individua l'espressione dell'azione;
2) si derivano le equazioni del moto tramite il principio di minima azione;
3) si sfrutta il teorema di Nöther per derivare le leggi di conservazione.

Per quanto detto sopra, in ambito relativistico – e in particolare in Elettrodinamica – genericamente avremo a che fare con un sistema di particelle puntiformi in interazione con un sistema di campi. Un sistema fisico i cui gradi di libertà consistano di soli campi viene chiamato *teoria di campo*. In generale dovremo quindi implementare il metodo variazionale per un sistema di particelle in interazione con una teoria di campo. In questo capitolo presentiamo il metodo variazionale per una generica teoria di campo che, come vedremo, può essere considerata come un sistema lagrangiano con un numero *infinito* di gradi di libertà. Per questo motivo nella Sezione 3.1 ricorderemo dapprima come si applica il metodo alla *Meccanica Newtoniana*, vale a dire a un sistema lagrangiano con un numero *finito* di gradi di libertà.

3.1 Principio di minima azione in meccanica

Consideriamo un sistema meccanico a N gradi di libertà, conservativo e olonomo, descritto dalle coordinate lagrangiane $q_n(t)$ con $n = 1, \cdots, N$. Indicheremo le coordinate collettivamente con $q = (q_1, \cdots, q_N)$ e le loro derivate prime con $\dot{q} =$

$(\dot{q}_1, \cdots, \dot{q}_N)$ avendo posto

$$\dot{q}_n = \frac{dq_n}{dt}.$$

Esiste allora una funzione di $2N$ variabili – la lagrangiana $L(q, \dot{q})$ – tale che le equazioni del moto del sistema meccanico sottostante siano equivalenti alle *equazioni di Lagrange*

$$\frac{d}{dt}\frac{\partial L}{\partial \dot{q}_n} - \frac{\partial L}{\partial q_n} = 0, \qquad n = 1, \cdots, N. \tag{3.1}$$

Assumiamo che le funzioni $q(t)$ e $L(q, \dot{q})$ siano sufficientemente regolari di modo tale che, in particolare, le equazioni (3.1) siano ben definite. Ricordiamo il sistema lagrangiano prototipico descrivente M particelle non relativistiche con coordinate cartesiane $\mathbf{y}_i(t)$, $i = 1, \cdots, M$, nel qual caso le coordinate lagrangiane sono date da $q = (\mathbf{y}_1, \cdots, \mathbf{y}_M) \equiv \mathbf{y}$ e si ha $N = 3M$. Se indichiamo il potenziale di interazione con $V(\mathbf{y})$ e l'energia cinetica non relativistica con $T(\dot{\mathbf{y}}) = \frac{1}{2}\sum_i m_i\, \dot{\mathbf{y}}_i \cdot \dot{\mathbf{y}}_i$, la lagrangiana del sistema è data da

$$L(\mathbf{y}, \dot{\mathbf{y}}) = T(\dot{\mathbf{y}}) - V(\mathbf{y})$$

e le equazioni (3.1) assumono la nota forma

$$m_i\ddot{\mathbf{y}}_i = -\boldsymbol{\nabla}_i V(\mathbf{y}).$$

Tornando al caso generale, fissando due estremi temporali t_1 e t_2 possiamo associare alla lagrangiana L il funzionale delle leggi orarie $q(t)$, detto *azione*,

$$I[q] = \int_{t_1}^{t_2} L(q(t), \dot{q}(t))\, dt. \tag{3.2}$$

Siamo ora in grado di enunciare il *principio di minima azione*, noto anche come *principio di Hamilton*.

Principio di minima azione. Le leggi orarie $q(t)$ soddisfano le equazioni di Lagrange (3.1) nell'intervallo (t_1, t_2), se e solo se rendono stazionaria l'azione $I[q]$ per variazioni $\delta q = (\delta q_1, \cdots, \delta q_N)$ arbitrarie, purché nulle agli estremi, vale a dire soggette alle condizioni

$$\delta q_n(t_1) = 0 = \delta q_n(t_2), \qquad \forall\, n.$$

Prima di dimostrare il principio chiariamo la terminologia usata nell'enunciato. Specifichiamo innanzitutto che le $\delta q_n(t)$ indicano N funzioni reali del tempo con le stesse proprietà di regolarità delle $q_n(t)$. Introduciamo poi il concetto di *variazione dell'azione*, δI, attorno a una configurazione q per delle variazioni δq assegnate, ponendo[2]

$$\delta I \equiv \frac{d}{d\alpha} I[q + \alpha \delta q]\Big|_{\alpha=0}, \tag{3.3}$$

---

[2] δI è un funzionale delle $2N$ funzioni q e δq e andrebbe quindi indicato con $\delta I[q, \delta q]$.

dove α è un parametro reale. Visto che l'azione (3.2) è data dall'integrale di una funzione regolare L delle q e $\dot{q}$ la definizione (3.3) è equivalente a

$$\delta I = \lim_{\alpha \to 0} \frac{I[q + \alpha\delta q] - I[q]}{\alpha} = \Big(I[q + \delta q] - I[q] \Big)_{lin}, \qquad (3.4)$$

dove con l'ultima espressione intendiamo la quantità $I[q + \delta q] - I[q]$ arrestata al termine lineare in δq. In pratica per calcolare δI procederemo sempre come indicato in (3.4) e per non appesantire la notazione ometteremo il pedice lin. Si dice, infine, che la configurazione q rende stazionaria l'azione I per delle variazioni δq date, se vale $\delta I = 0$.

Passiamo ora a dimostrare il principio di minima azione. Calcoliamo la variazione δI per variazioni δq arbitrarie usando la (3.4)

$$\delta I = I[q + \delta q] - I[q] = \int_{t_1}^{t_2} \Big(L(q + \delta q, \dot{q} + \dot{\delta q}) - L(q, \dot{q}) \Big) dt$$

$$= \int_{t_1}^{t_2} \sum_n \left(\frac{\partial L}{\partial q_n} \delta q_n + \frac{\partial L}{\partial \dot{q}_n} \frac{d\delta q_n}{dt} \right) dt$$

$$= \int_{t_1}^{t_2} \sum_n \left(\frac{\partial L}{\partial q_n} \delta q_n + \frac{d}{dt} \left(\frac{\partial L}{\partial \dot{q}_n} \delta q_n \right) - \frac{d}{dt} \frac{\partial L}{\partial \dot{q}_n} \delta q_n \right) dt$$

$$= \int_{t_1}^{t_2} \sum_n \left(\frac{\partial L}{\partial q_n} - \frac{d}{dt} \frac{\partial L}{\partial \dot{q}_n} \right) \delta q_n \, dt + \sum_n \frac{\partial L}{\partial \dot{q}_n} \delta q_n \Big|_{t_1}^{t_2}.$$

Visto che vale $\delta q_n(t_1) = 0 = \delta q_n(t_2)$ l'ultima sommatoria è nulla. Concludiamo quindi che $\delta I = 0$ per variazioni δq_n arbitrarie nell'intervallo (t_1, t_2), se e solo se in questo intervallo le $q_n(t)$ soddisfano le equazioni di Lagrange (3.1).

3.2 Principio di minima azione in teoria di campo

Una *teoria di campo* classica è descritta da N funzioni dello spazio-tempo $\varphi_r(t, \mathbf{x}) \equiv \varphi_r(x)$, $r = 1, \cdots, N$, chiamate *campi lagrangiani*, che indicheremo collettivamente con il simbolo $\varphi = (\varphi_1, \cdots, \varphi_N)$. Tali campi descrivono il sistema da un punto di vista cinematico in modo completo, nel senso che ogni grandezza fisica osservabile può esprimersi in termini dei φ_r, seppure in generale i campi stessi non siano necessariamente osservabili. Nel caso dell'Elettrodinamica, ad esempio, i campi lagrangiani non sono i campi elettrico e magnetico, bensì le quattro componenti del quadripotenziale A_0, A_1, A_2, e A_3: non essendo gauge-invarianti tali campi non sono, infatti, osservabili.

Ponendo

$$\varphi_r(t, \mathbf{x}) \equiv q_{r,\mathbf{x}}(t)$$

e pensando la coppia $(r, \mathbf{x})$ come un indice n, possiamo considerare l'insieme dei campi come un sistema lagrangiano con un numero *infinito* di gradi di libertà. Anche in una teoria di campo cercheremo dunque di derivare la dinamica del sistema attraverso un principio di minima azione, a partire da un'azione $I[\varphi]$ che sarà ora un funzionale dei campi. In questo caso partiremo da una *densità lagrangiana* $\mathcal{L}$ – in seguito chiamata semplicemente *lagrangiana* – che in analogia con il caso finito dimensionale dovrà essere funzione dei campi φ e delle loro derivate $\dot{\varphi} = \partial_0\varphi$. Tuttavia, se vogliamo che l'azione sia un invariante relativistico $\mathcal{L}$ dovrà dipendere necessariamente da tutte le derivate parziali $\partial_\mu\varphi$:

$$\mathcal{L} \equiv \mathcal{L}(\varphi(x), \partial\varphi(x)).$$

La lagrangiana $L(t)$ – propriamente detta – sarà allora ottenuta sommando su tutti i gradi di libertà, ossia integrando la densità lagrangiana sulle coordinate spaziali $\mathbf{x}$

$$L(t) = \int \mathcal{L}(\varphi(x), \partial\varphi(x))\, d^3x.$$

Definiamo infine l'azione della teoria di campo come

$$I[\varphi] = \int_{t_1}^{t_2} L(t)\, dt = \int_{t_1}^{t_2} \mathcal{L}(\varphi(x), \partial\varphi(x))\, d^4x. \tag{3.5}$$

Vogliamo ora formulare un principio variazionale relativo all'azione (3.5), analogo al principio di minima azione per un sistema a finiti gradi di libertà. Come in quel caso supporremo che le funzioni $\varphi(x)$ e $\mathcal{L}(\varphi, \partial\varphi)$ siano sufficientemente regolari, di modo tale che le operazioni formali che eseguiremo siano lecite. Oltre a ciò imporremo a φ e $\mathcal{L}$ opportune condizioni asintotiche; innanzitutto richiederemo che all'infinito spaziale i campi e le loro derivate si annullino con sufficiente rapidità. In particolare varrà dunque

$$\lim_{|\mathbf{x}|\to\infty} \varphi_r(t, \mathbf{x}) = 0. \tag{3.6}$$

Supporremo inoltre che $\mathcal{L}$ nel limite di $\varphi \to 0$ si annulli con sufficiente rapidità, di modo tale che nella definizione dell'azione (3.5) l'integrale in d^3x su tutto $\mathbb{R}^3$ esista finito.

Le equazioni analoghe alle (3.1) per la lagrangiana $\mathcal{L}$ sono allora le *equazioni di Eulero-Lagrange*

$$\partial_\mu \frac{\partial\mathcal{L}}{\partial(\partial_\mu\varphi_r)} - \frac{\partial\mathcal{L}}{\partial\varphi_r} = 0, \qquad r = 1, \cdots, N, \tag{3.7}$$

equazioni che sono da considerarsi come le *equazioni del moto* dei campi. Possiamo ora enunciare il *principio di minima azione* per la teoria di campo descritta dalla lagrangiana $\mathcal{L}$.

Principio di minima azione in teoria di campo. I campi $\varphi_r(x)$ soddisfano le equazioni di Eulero-Lagrange (3.7) nell'intervallo temporale (t_1, t_2), se e solo se rendono stazionaria l'azione $I[\varphi]$ sotto variazioni $\delta\varphi_r(x)$ arbitrarie, purché nulle agli estremi, vale a dire soggette alle condizioni $\delta\varphi_r(t_1,\mathbf{x}) = 0 = \delta\varphi_r(t_2,\mathbf{x})$ per ogni $\mathbf{x}$ e per ogni r.

Come nel caso di un sistema a finiti gradi di libertà si dice che i campi φ rendono il funzionale I stazionario rispetto a variazioni $\delta\varphi$, se la variazione dell'azione

$$\delta I \equiv \frac{d}{d\alpha} I[\varphi + \alpha\,\delta\varphi]\Big|_{\alpha=0} = \lim_{\alpha\to 0} \frac{I[\varphi + \alpha\delta\varphi] - I[\varphi]}{\alpha} = \Big(I[\varphi + \delta\varphi] - I[\varphi]\Big)_{lin}$$

si annulla. È sottinteso che le variazioni $\delta\varphi_r(x)$ che prendiamo in considerazione abbiano le stesse proprietà di regolarità e le stesse proprietà asintotiche dei campi $\varphi_r(x)$.

Per dimostrare il principio calcoliamo la variazione dell'azione (3.5), sottintendendo la linearizzazione nelle variazioni $\delta\varphi_r$,

$$\delta I = I[\varphi + \delta\varphi] - I[\varphi] = \int_{t_1}^{t_2} \Big(\mathcal{L}(\varphi + \delta\varphi, \partial\varphi + \partial\delta\varphi) - \mathcal{L}(\varphi, \partial\varphi)\Big)d^4x$$

$$= \int_{t_1}^{t_2} \sum_r \left(\frac{\partial\mathcal{L}}{\partial\varphi_r}\delta\varphi_r + \frac{\partial\mathcal{L}}{\partial(\partial_\mu\varphi_r)}\partial_\mu\delta\varphi_r \right)d^4x.$$

Usando la regola di Leibnitz otteniamo

$$\delta I = \int_{t_1}^{t_2} \sum_r \left(\frac{\partial\mathcal{L}}{\partial\varphi_r} - \partial_\mu\frac{\partial\mathcal{L}}{\partial(\partial_\mu\varphi_r)} \right)\delta\varphi_r\,d^4x + \int_{t_1}^{t_2} \sum_r \partial_\mu\left(\frac{\partial\mathcal{L}}{\partial(\partial_\mu\varphi_r)}\delta\varphi_r \right)d^4x.$$

$$(3.8)$$

Il secondo integrale – il cui integrando è una quadridivergenza – si annulla. Per farlo vedere applichiamo il teorema fondamentale del calcolo alla derivata temporale e il teorema di Gauss alla divergenza spaziale, con una superficie sferica Γ_∞ posta all'infinito spaziale:

$$\int_{t_1}^{t_2} \sum_r \partial_\mu\left(\frac{\partial\mathcal{L}}{\partial(\partial_\mu\varphi_r)}\delta\varphi_r \right)d^4x = \sum_r \int \frac{\partial\mathcal{L}}{\partial\dot\varphi_r}\delta\varphi_r\Big|_{t_1}^{t_2} d^3x$$

$$+ \sum_r \int_{t_1}^{t_2} \left(\int_{\Gamma_\infty} \frac{\partial\mathcal{L}}{\partial(\partial_i\varphi_r)}\delta\varphi_r\,d\Sigma^i \right)dt.$$

Il primo termine a secondo membro è nullo poiché le variazioni $\delta\varphi_r$ si annullano sia a $t = t_1$ che a $t = t_2$. Il secondo termine si annulla, invece, grazie al fatto che all'infinito spaziale tutti i campi svaniscono. La variazione (3.8) si riduce pertanto al primo integrale e segue che $\delta I = 0$ per qualsiasi scelta delle $\delta\varphi_r$, se e solo se i campi soddisfano le equazioni di Eulero-Lagrange nell'intervallo (t_1, t_2).

3.2.1 Ipersuperfici nello spazio-tempo di Minkowski

In questo paragrafo introduciamo alcune nozioni riguardanti le ipersuperfici in quattro dimensioni, di cui ci serviremo in seguito.

Parametrizzazioni di ipersuperfici. Per definizione un'ipersuperficie Γ nello spazio quadridimensionale di Minkowski è un sottoinsieme – per essere più precisi una *sottovarietà* – di $\mathbb{R}^4$ di dimensione tre. In forma *parametrica* un'ipersuperficie è descritta da quattro funzioni di tre parametri

$$y^\mu(\lambda), \tag{3.9}$$

dove λ indica la terna $\{\lambda^a\}$, con $a = 1, 2, 3$. Alternativamente un'ipersuperficie può essere rappresentata in forma *implicita* in termini di un'unica funzione scalare $f(x)$, attraverso la relazione

$$x^\mu \in \Gamma \quad \Leftrightarrow \quad f(x) = 0. \tag{3.10}$$

Possiamo passare da una rappresentazione all'altra invertendo, ad esempio, le coordinate spaziali $\mathbf{y}(\lambda)$ della (3.9) per determinare i parametri λ in funzione delle coordinate spaziali $\mathbf{x}$, ovvero invertendo le funzioni $\mathbf{x} = \mathbf{y}(\lambda) \rightarrow \lambda(\mathbf{x})$, e ponendo poi

$$f(x) = f(x^0, \mathbf{x}) \equiv x^0 - y^0(\lambda(\mathbf{x})).$$

Vale infatti identicamente

$$f(y(\lambda)) = 0. \tag{3.11}$$

Useremo una rappresentazione o l'altra a seconda della convenienza.

Iperpiani. Una classe importante di ipersuperfici è costituita dagli *iperpiani*, che in forma implicita sono descritti da una funzione del tipo

$$f(x) = M_\mu(x^\mu - x_*^\mu) = 0, \tag{3.12}$$

dove M_μ e x_*^μ sono vettori costanti. L'iperpiano corrispondente alla funzione (3.12) passa per il punto x_*^μ ed è ortogonale al vettore M_μ.

Vettori tangenti e normali. Per un generico punto $P \equiv y^\mu(\lambda) \in \Gamma$ si definisce *spazio tangente* in P lo spazio vettoriale tridimensionale generato dai tre vettori di base

$$U_a^\mu \equiv \frac{\partial y^\mu(\lambda)}{\partial \lambda^a}, \qquad a = 1, 2, 3. \tag{3.13}$$

Un generico vettore U^μ tangente a Γ in P può quindi essere scritto come combinazione lineare dei vettori di base:

$$U^\mu = \sum_{a=1}^{3} c^a U_a^\mu.$$

Avendo lo spazio-tempo dimensione quattro in tal modo in P resta definito un vettore $N_\mu(\lambda)$ *normale* a Γ – unico a parte la normalizzazione – caratterizzato dal fatto di essere ortogonale a tutti i vettori tangenti

$$N_\mu U_a^\mu = 0, \quad \forall a. \tag{3.14}$$

Se l'ipersuperficie è data nella forma implicita (3.10) differenziando l'identità (3.11) rispetto a λ^a si ottiene

$$0 = \frac{\partial f}{\partial x^\mu}\frac{\partial y^\mu}{\partial \lambda^a} = \frac{\partial f}{\partial y^\mu}U_a^\mu, \quad \forall a,$$

sicché per N_μ si ricava la semplice espressione

$$N_\mu = \frac{\partial f}{\partial x^\mu}. \tag{3.15}$$

A questo punto siamo in grado di definire i tre tipi di ipersuperficie che ci interesseranno in seguito.

Definizione. Un'ipersuperficie Γ si dice di tipo *spazio*, *tempo* o *nullo* se in ogni punto di Γ il vettore N_μ è rispettivamente di tipo *tempo*, *spazio* o *nullo*, ovvero

$$N^2 > 0, \qquad N^2 < 0, \qquad N^2 = 0,$$

proprietà che sono invarianti sotto trasformazioni di Lorentz.

Ipersuperfici di tipo spazio. Per un'ipersuperficie di tipo spazio abbiamo $N^2 > 0$ e di conseguenza i vettori tangenti sono tutti di tipo spazio. Per vederlo è sufficiente sfruttare il fatto che, se $N^2 > 0$, per ogni punto $P \in \Gamma$ fissato esiste un sistema di riferimento inerziale in cui N_μ ha la forma $N_\mu = (N_0, 0, 0, 0)$. Visto che un generico vettore tangente U^μ deve soddisfare il vincolo $N_\mu U^\mu = 0$ segue che $U^0 = 0$. Pertanto in tale riferimento vale

$$U^2 < 0, \tag{3.16}$$

disuguaglianza che vale dunque in ogni riferimento.

Si può inoltre far vedere che un'ipersuperficie Γ è di tipo spazio, se e solo se per ogni coppia di punti x_1 e x_2 appartenenti a Γ vale $(x_1 - x_2)^2 < 0$. Questa caratterizzazione alternativa si verifica facilmente nel caso degli iperpiani (3.12), per cui la (3.15) fornisce il vettore normale costante

$$N_\mu = \frac{\partial f}{\partial x^\mu} = M_\mu.$$

Infatti, se i punti x_1 e x_2 appartengono a Γ, dalle condizioni (3.12) segue che $M_\mu(x_1^\mu - x_*^\mu) = 0 = M_\mu(x_2^\mu - x_*^\mu)$, sicché $(x_1^\mu - x_2^\mu)M_\mu = 0$. Se $N^2 = M^2 > 0$, con lo stesso ragionamento che ha portato alla (3.16) si conclude allora che la distanza tra i due punti è di tipo spazio:

$$(x_1 - x_2)^2 < 0.$$

È facile convincersi che vale anche il viceversa. Scegliendo come M_μ il vettore di tipo tempo $M_\mu = (1, 0, 0, 0)$ si ottengono gli iperpiani a tempo costante

$$f(x) = M_\mu(x^\mu - x_*^\mu) = t - t_* = 0,$$

che sono le particolari ipersuperfici di tipo spazio che abbiamo usato per delimitare l'integrale dell'azione (3.5). La forma parametrica (3.9) di questi iperpiani è

$$y^0(\lambda) = t_*, \qquad \mathbf{y}(\lambda) = \lambda. \tag{3.17}$$

Ipersuperfici di tipo tempo. Per un'ipersuperficie di tipo tempo abbiamo $N^2 < 0$ e in questo caso i vettori tangenti possono essere di tipo spazio, tempo o nullo. Se consideriamo, ad esempio, l'iperpiano di tipo tempo rappresentato dalla funzione $f(x) = z - z_* = 0$, corrispondente a $M_\mu = (0, 0, 0, 1) = N_\mu$, in base alle condizioni (3.14) il generico vettore tangente ha la forma $U^\mu = (U^0, U^x, U^y, 0)$. Il prodotto scalare $U^\mu U_\mu = U^{02} - U^{x2} - U^{y2}$ può quindi essere positivo, negativo o nullo. Un'altra ipersuperficie di tipo tempo è rappresentata dalla funzione

$$f(x) = \frac{1}{2}(\mathbf{x}^2 - R^2) = 0, \qquad N_\mu = \frac{\partial f}{\partial x^\mu} = (0, \mathbf{x}), \qquad N^2 = -|\mathbf{x}|^2 < 0,$$

e descrive la sfera di raggio R al variare del tempo. Nel limite di $R \to \infty$ questa ipersuperficie tende a una *ipersuperficie di tipo tempo situata all'infinito spaziale*, un tipo di ipersuperficie che incontreremo tra breve.

Teorema di Gauss in quattro dimensioni. Si consideri l'integrale della quadridivergenza di un campo vettoriale $W^\mu(x)$ su un volume quadridimensionale V, con bordo l'ipersuperficie $\Gamma \equiv \partial V$. Si esprima Γ nella forma parametrica (3.9) e si definiscano i vettori tangenti secondo la (3.13). Vale allora l'uguaglianza

$$\int_V \partial_\mu W^\mu d^4x = \int_\Gamma W^\mu d\Sigma_\mu, \tag{3.18}$$

dove l'*elemento di ipersuperficie tridimensionale* è definito da

$$d\Sigma_\mu = \frac{1}{3!}\,\varepsilon_{\mu\alpha\beta\gamma}\,\varepsilon^{abc} U_a^\gamma U_b^\beta U_c^\alpha d^3\lambda = \varepsilon_{\mu\alpha\beta\gamma} U_1^\gamma U_2^\beta U_3^\alpha d^3\lambda,$$

ε^{abc} essendo il tensore di Levi-Civita tridimensionale (1.18).

Per la dimostrazione del teorema rimandiamo a un testo di *Analisi Matematica*. Di seguito vogliamo invece dare un'interpretazione geometrica del membro di destra della (3.18). Grazie all'antisimmetria del tensore di Levi-Civita vale identicamente

$$U_a^\mu \left(\varepsilon_{\mu\alpha\beta\gamma} \, U_1^\gamma U_2^\beta U_3^\alpha \right) = 0, \quad \forall \, a.$$

Ne segue che un vettore normale è dato da

$$N_\mu \equiv \varepsilon_{\mu\alpha\beta\gamma} \, U_1^\gamma U_2^\beta U_3^\alpha = \frac{1}{3!} \, \varepsilon_{\mu\alpha\beta\gamma} \, \varepsilon^{abc} \, U_a^\gamma U_b^\beta U_c^\alpha. \tag{3.19}$$

Vale quindi

$$d\Sigma_\mu = N_\mu d^3\lambda,$$

sicché il teorema di Gauss assume la forma

$$\int_V \partial_\mu W^\mu d^4 x = \int_\Gamma W^\mu N_\mu \, d^3\lambda.$$

Escludendo il caso di un'ipersuperficie di tipo nullo ($N^2 = 0$) possiamo porre $d\Sigma_\mu$ in una forma simile all'elemento di superficie bidimensionale – ovvero $d\boldsymbol{\Sigma} = \mathbf{n} \, d\Sigma$, con $\mathbf{n}$ versore normale alla superficie – poiché in tal caso il vettore N_μ può essere *normalizzato*. Prendendo il quadrato della (3.19), usando la seconda relazione in (1.36) e l'identità del determinante (1.35) adattata al caso tridimensionale, si ottiene infatti l'identità

$$N^2 = N_\mu N^\mu = -det \, g_{ab},$$

dove $det \, g_{ab}$ indica il determinante della *metrica indotta* su Γ

$$g_{ab} \equiv U_a^\mu U_b^\nu \eta_{\mu\nu}. \tag{3.20}$$

Possiamo allora introdurre un "versore" normale

$$n_\mu \equiv \frac{N_\mu}{\sqrt{|N^2|}} = \frac{N_\mu}{\sqrt{g}}, \qquad g \equiv |det \, g_{ab}| \, ,$$

obbediente alle relazioni

$$n^2 = 1, \quad \text{se } \Gamma \text{ è di tipo spazio}; \qquad n^2 = -1, \quad \text{se } \Gamma \text{ è di tipo tempo.}$$

In definitiva il teorema di Gauss assume la forma consueta

$$\int_V \partial_\mu W^\mu d^4 x = \int_\Gamma W^\mu n_\mu \sqrt{g} \, d^3\lambda, \tag{3.21}$$

in cui $\sqrt{g} \, d^3\lambda$ rappresenta il volume dell'elemento infinitesimo di ipersuperficie[3].

Illustriamo l'uso della (3.21) supponendo che una falda di Γ sia costituita dall'iperpiano Π di tipo spazio $t = t_*$, parametrizzato come in (3.17). Per questa falda le

---

[3] Per ulteriori dettagli sulla geometria delle ipersuperfici, le proprietà della metrica indotta e l'elemento di volume si veda il Paragrafo 17.3.2.

(3.13) forniscono i vettori tangenti

$$U_a^0 = 0, \qquad U_a^i = \delta_a^i,$$

sicché in base alle (3.19) e (3.20) si ottiene

$$N_\mu = (1,0,0,0), \qquad g_{ab} = -\delta_{ab}, \qquad n_\mu = N_\mu, \qquad N^2 = g = 1.$$

Il contributo di Π all'integrale (3.21) si riduce quindi al risultato atteso

$$\int_\Pi W^\mu n_\mu \sqrt{g}\, d^3\lambda = \int W^0(t_*, \lambda)\, d^3\lambda.$$

3.2.2 Invarianza relativistica

Finora non abbiamo fatto nessuna ipotesi sulle proprietà di invarianza della teoria di campo considerata. In questo paragrafo analizziamo alcuni aspetti importanti del principio di minima azione, nel caso particolare di una teoria di campo *relativistica*.

Principio di minima azione e covarianza a vista. In una teoria di campo relativistica ci aspettiamo che le equazioni del moto siano covarianti a vista. Notiamo, in proposito, che se i campi sono organizzati in multipletti *tensoriali* ed $\mathcal{L}$ è un *quadriscalare*, allora le equazioni di Eulero-Lagrange (3.7) sono automaticamente covarianti a vista. In una teoria relativistica richiederemo dunque che la lagrangiana sia invariante sotto le trasformazioni di Poincaré $x' = \Lambda x + a$, ovvero che valga identicamente

$$\mathcal{L}(\varphi'(x'), \partial'\varphi'(x')) = \mathcal{L}(\varphi(x), \partial\varphi(x)). \tag{3.22}$$

In tal caso possiamo chiederci se l'azione sia uno scalare, come richiesto nell'introduzione a questo capitolo. In realtà dalla scrittura (3.5) emerge un'ostruzione immediata all'invarianza di I: mentre la misura dell'integrale è invariante,

$$d^4x' = |det\Lambda|d^4x = d^4x,$$

la regione di integrazione non lo è affatto, dal momento che la variabile temporale è integrata su un intervallo finito. Tuttavia non è difficile ovviare a questo problema: è sufficiente sostituire nella (3.5) gli iperpiani $t = t_1$ e $t = t_2$, che delimitano la regione di integrazione quadridimensionale, con due generiche *ipersuperfici di tipo spazio* Γ_1 e Γ_2 non intersecantesi e infinitamente estese. Un iperpiano a tempo costante è in effetti una particolare ipersuperficie di tipo spazio, che in seguito a una trasformazione di Poincaré non è più un iperpiano a tempo costante pur restando un iperpiano di tipo spazio. Consideriamo dunque l'azione generalizzata

$$I[\varphi] = \int_{\Gamma_1}^{\Gamma_2} \mathcal{L}(\varphi(x), \partial\varphi(x))\, d^4x. \tag{3.23}$$

Grazie alla (3.22) questa azione è ora un invariante relativistico:

$$I' = \int_{\Gamma_1'}^{\Gamma_2'} \mathcal{L}(\varphi'(x'), \partial'\varphi'(x'))\, d^4x' = \int_{\Gamma_1}^{\Gamma_2} \mathcal{L}(\varphi(x), \partial\varphi(x))\, d^4x = I.$$

Possiamo ora formulare un principio di minima azione *covariante a vista* richiedendo che l'azione (3.23) sia stazionaria per variazioni $\delta\varphi_r$ arbitrarie, purché nulle sulle ipersuperfici Γ_1 e Γ_2,

$$\delta\varphi_r|_{\Gamma_1} = 0 = \delta\varphi_r|_{\Gamma_2}. \tag{3.24}$$

Infine, la versione relativisticamente invariante della condizione asintotica (3.6) è

$$\lim_{x^2 \to -\infty} \varphi_r(x) = 0. \tag{3.25}$$

È evidente che il principio di minima azione basato sull'azione (3.23) fornisce come equazioni del moto ancora le equazioni di Eulero-Lagrange (3.7).

Lagrangiane equivalenti e quadridivergenze. Data una lagrangiana $\mathcal{L}$ le equazioni (3.7) sono ovviamente univocamente determinate, ma spesso si deve affrontare il problema inverso: dato un insieme di equazioni del moto dei campi si cerca una lagrangiana da cui esse discendano. È chiaro che per un sistema arbitrario di equazioni del moto – seppure covarianti sotto trasformazioni di Poincaré – non esiste nessuna lagrangiana tale che esse possano essere poste nella forma (3.7). D'altra parte se una tale lagrangiana esiste – come per tutte le teorie fisiche *fondamentali* – essa non è univocamente determinata. È evidente, ad esempio, che le lagrangiane $\mathcal{L}$ e $\widehat{\mathcal{L}} = a\mathcal{L} + b$, con a e b costanti reali, danno luogo alle stesse equazioni di Eulero-Lagrange.

Un'indeterminazione meno ovvia è rappresentata dal fatto che le lagrangiane sono definite a meno di *quadridivergenze*. Le lagrangiane $\mathcal{L}$ e

$$\widehat{\mathcal{L}} = \mathcal{L} + \partial_\mu \mathcal{C}^\mu(\varphi),$$

dove $\mathcal{C}^\mu(\varphi)$ sono quattro funzioni arbitrarie dei campi con le stesse proprietà di regolarità di $\mathcal{L}$, danno infatti luogo alle medesime equazioni di Eulero-Lagrange. Per farlo vedere calcoliamo la differenza tra le azioni associate alle due lagrangiane, applicando il teorema di Gauss quadridimensionale,

$$\widehat{I} - I = \int_{\Gamma_1}^{\Gamma_2} \widehat{\mathcal{L}}\, d^4x - \int_{\Gamma_1}^{\Gamma_2} \mathcal{L}\, d^4x = \int_{\Gamma_1}^{\Gamma_2} \partial_\mu \mathcal{C}^\mu d^4x = \int_{\partial V} \mathcal{C}^\mu d\Sigma_\mu.$$

V indica il volume di integrazione quadridimensionale, il cui bordo ∂V è composto da Γ_1 e Γ_2 e da un'ipersuperficie Γ_∞ di tipo tempo situata all'infinito spaziale. Si ha allora

$$\widehat{I} - I = \int_{\Gamma_2} \mathcal{C}^\mu d\Sigma_\mu - \int_{\Gamma_1} \mathcal{C}^\mu d\Sigma_\mu + \int_{\Gamma_\infty} \mathcal{C}^\mu d\Sigma_\mu.$$

L'integrale su Γ_∞ è nullo grazie alla condizione asintotica (3.25). I primi due integrali sono diversi da zero ma coinvolgono solo i valori di $\varphi_r(x)$ su Γ_1 e Γ_2. Grazie alle condizioni (3.24) abbiamo quindi $\delta(\widehat{I} - I) = 0$, ovvero

$$\delta\widehat{I} = \delta I.$$

Le azioni $\widehat{I}$ e I danno pertanto luogo alle medesime equazioni di Eulero-Lagrange. In definitiva, lagrangiane che differiscono per una quadridivergenza sono *fisicamente equivalenti*, motivo per cui d'ora in poi le identificheremo a tutti gli effetti.

Località. Concludiamo questo paragrafo introducendo un'ulteriore restrizione alle lagrangiane ammesse per una teoria relativistica di campo. Alla richiesta di invarianza relativistica aggiungiamo, infatti, quella della *località* – analoga alla richiesta dell'*azione a contatto* tra particelle e campi discussa nell'introduzione a questo capitolo. Nel caso di una teoria di campo la località impone che la lagrangiana sia formata da una somma finita di prodotti dei campi e delle loro derivate *valutati nello stesso punto x* dello spazio-tempo.

Illustriamo questa richiesta per una teoria di campo descritta da due campi scalari $\varphi_1(x) \equiv A(x)$ e $\varphi_2(x) \equiv B(x)$. In tal caso ammetteremo ad esempio la lagrangiana

$$\mathcal{L}_1 = \frac{1}{2}\,\partial_\mu A(x)\partial^\mu A(x) + \frac{1}{2}\,\partial_\mu B(x)\partial^\mu B(x) - gA^2(x)B^2(x),$$

mentre non ammetteremo la lagrangiana

$$\mathcal{L}_2 = \frac{1}{2}\,\partial_\mu A(x)\partial^\mu A(x) + \frac{1}{2}\,\partial_\mu B(x)\partial^\mu B(x) - g_N\!\int\! A^2(x)\big((x-y)^2\big)^N B^2(y)\,d^4y \tag{3.26}$$

pur essendo entrambe invarianti sotto trasformazioni di Poincaré. Nella (3.26) g_N è una *costante di accoppiamento*, N un intero positivo e $(x-y)^2 \equiv (x^\mu - y^\mu)(x_\mu - y_\mu)$. In $\mathcal{L}_1$ il campo $A(x)$ si trova a contatto con il campo $B(x)$ valutato nello stesso punto x, mentre in $\mathcal{L}_2$ il campo $A(x)$ si trova a contatto con il campo $B(y)$ per qualsiasi valore di y. Nelle equazioni di Eulero-Lagrange relative a $\mathcal{L}_2$ il "moto" del campo A nel punto x viene quindi influenzato dai valori del campo B in tutti i punti dello spazio-tempo. Questa lagrangiana genera, dunque, una dinamica caratterizzata da una *azione a distanza* e come tale non è fisicamente accettabile. Ribadiamo, comunque, che $\mathcal{L}_2$ è uno scalare sotto trasformazioni di Poincaré e dà pertanto luogo a equazioni del moto relativisticamente invarianti.

Sussiste tuttavia un ulteriore motivo che ci porta a rigettare lagrangiane come quella data in (3.26). Tali lagrangiane non possono, infatti, avere carattere *fondamentale*: l'intero N che vi compare è arbitrario e potremmo sostituire il termine $g_N((x-y)^2)^N$ con un'arbitraria funzione $f(x,y)$ invariante sotto trasformazioni di Poincaré. Non è difficile dimostrare che sotto opportune ipotesi di regolarità, sviluppata in serie di Taylor una tale funzione avrebbe la forma generale

$$f(x,y) = \sum_{N=0}^{\infty} g_N \big((x-y)^2\big)^N \tag{3.27}$$

e dipenderebbe dunque da un numero *infinito* di costanti di accoppiamento. Una tale teoria non avrebbe comunque più alcun potere predittivo, perché occorrerebbe un numero infinito di misure per determinare i valori delle costanti g_N. Lagrangiane della forma $\mathcal{L}_2$, con eventualmente la sostituzione $g_N\left((x-y)^2\right)^N \to f(x,y)$, vengono tuttavia impiegate frequentemente per descrivere la dinamica di *teorie efficaci*, vale a dire di teorie di validità limitata, che riproducono correttamente i risultati sperimentali solo in particolari regimi fisici, ad esempio a basse o ad alte energie.

Consistenza quantistica. Non tutte le lagrangiane con le caratteristiche imposte finora danno luogo a una dinamica consistente anche a livello quantistico. Secondo il paradigma delle *teorie di campo quantistiche* le lagrangiane classiche $\mathcal{L}$ che danno luogo – ad esempio via quantizzazione canonica – a teorie quantistiche consistenti devono essere:

1) invarianti sotto trasformazioni di Poincaré;
2) espressioni locali dei campi;
3) polinomi nei campi e nelle loro derivate di ordine massimo *quattro*.

Queste restrizioni limitano molto la forma delle lagrangiane permesse e, insieme ad altre richieste di invarianza, spesso permettono di determinarle in modo univoco. Esempi ne sono le lagrangiane *fondamentali* che descrivono le interazioni elettromagnetiche, deboli e forti. Al contrario, la lagrangiana che descrive l'interazione gravitazionale nell'ambito della *Relatività Generale* soddisfa le richieste 1) e 2), ma non la richiesta 3): a causa di una complicata autointerazione del campo gravitazionale tale lagrangiana risulta infatti *non polinomiale* nel campo. È questo il motivo per cui – stando alle conoscenze acquisite fino ad ora – l'interazione gravitazionale appare a tutt'oggi in conflitto con le leggi della *Meccanica Quantistica*.

3.2.3 Lagrangiana dell'equazione di Maxwell

In questo paragrafo illustriamo il metodo variazionale derivando le equazioni che governano la dinamica del campo elettromagnetico da un principio di minima azione. In linea di principio si tratta dunque di interpretare le equazioni (2.19) e (2.20) come equazioni di Eulero-Lagrange relative a un'opportuna lagrangiana.

La prima questione da affrontare riguarda la scelta dei campi lagrangiani φ_r. Visto che le (2.19) e (2.20) corrispondono a otto equazioni dovremmo introdurre altrettanti campi lagrangiani. La scelta naturale $\varphi_r \equiv F^{\mu\nu}$ – che tra l'altro avrebbe il pregio di introdurre solo campi osservabili – è pertanto preclusa, perché il tensore di Maxwell corrisponde non a otto, ma solo a sei campi indipendenti, ovvero **E** e **B**. Questa strada risulta quindi impraticabile e dobbiamo cercarne un'altra, si veda in particolare il Problema 3.9.

Una strategia alternativa consiste nel procedere come anticipato nel Paragrafo 2.2.4. Possiamo risolvere l'identità di Bianchi attraverso la posizione

$$F_{\mu\nu} \equiv \partial_\mu A_\nu - \partial_\nu A_\mu$$

e considerare come campi lagrangiani le quattro componenti del quadripotenziale

$$\varphi_r = A_\mu, \tag{3.28}$$

con l'identificazione $r \equiv \mu = 0, 1, 2, 3$. Secondo questa strategia il principio di minima azione dovrebbe dare luogo alle equazioni di Maxwell

$$\partial_\mu F^{\mu\nu} - j^\nu = 0. \tag{3.29}$$

Di seguito assumeremo che la corrente j^μ soddisfi l'equazione di continuità $\partial_\mu j^\mu = 0$ e non dipenda da A^μ. Si noti che la scelta dei campi lagrangiani (3.28) è ora consistente con il fatto che le equazioni (3.29) sono quattro. Il problema si riduce ora a trovare una lagrangiana $\mathcal{L}(A, \partial A)$ tale che le equazioni di Eulero-Lagrange a essa associate

$$\partial_\mu \frac{\partial \mathcal{L}}{\partial (\partial_\mu A_\nu)} - \frac{\partial \mathcal{L}}{\partial A_\nu} = 0 \tag{3.30}$$

equivalgano alle (3.29).

La lagrangiana che cerchiamo dovrà essere certamente un invariante relativistico. Dato che le equazioni (3.29), coinvolgendo solo $F^{\mu\nu}$, sono gauge-invarianti, essa dovrà essere altresì invariante sotto le trasformazioni di gauge

$$A'_\mu = A_\mu + \partial_\mu \Lambda,$$

modulo *quadridivergenze*. Per individuare $\mathcal{L}$ procediamo in modo euristico sfruttando la struttura della (3.29). Il primo termine di questa equazione è lineare in A^μ, mentre il secondo ne è indipendente. Corrispondentemente la lagrangiana dovrà contenere un termine $\mathcal{L}_1$ quadratico in A^μ e un termine $\mathcal{L}_2$ lineare in A^μ. Considerata poi la forma particolare dei due termini della (3.29) $\mathcal{L}_1$ dovrà contenere due derivate, mentre $\mathcal{L}_2$ dovrà esserne privo.

Determiniamo dapprima $\mathcal{L}_1$, che deve essere costruito con le derivate del quadripotenziale. L'invarianza di gauge impone allora che $\mathcal{L}_1$ dipenda da A^μ solo attraverso il campo gauge-invariante $F^{\mu\nu}$ e pertanto deve essere quadratico in quest'ultimo. In effetti esistono solo due invarianti quadratici indipendenti, ovvero

$$F^{\mu\nu} F_{\mu\nu} \quad \text{e} \quad \varepsilon^{\mu\nu\rho\sigma} F_{\mu\nu} F_{\rho\sigma}.$$

Grazie all'identità di Bianchi il secondo invariante equivale, tuttavia, a una quadridivergenza:

$$\varepsilon^{\mu\nu\rho\sigma} F_{\mu\nu} F_{\rho\sigma} = 2\,\varepsilon^{\mu\nu\rho\sigma} \partial_\mu A_\nu F_{\rho\sigma} = 2\partial_\mu (\varepsilon^{\mu\nu\rho\sigma} A_\nu F_{\rho\sigma}) - 2A_\nu (\varepsilon^{\mu\nu\rho\sigma} \partial_\mu F_{\rho\sigma})$$
$$= 2\partial_\mu (\varepsilon^{\mu\nu\rho\sigma} A_\nu F_{\rho\sigma}).$$

L'invariante $\varepsilon^{\mu\nu\rho\sigma}F_{\mu\nu}F_{\rho\sigma}$ dà quindi un contributo irrilevante alla lagrangiana[4]. $\mathcal{L}_1$ deve dunque essere proporzionale a $F^{\mu\nu}F_{\mu\nu}$.

Determiniamo ora $\mathcal{L}_2$. Questo termine deve essere lineare in A^μ e coinvolgere la corrente j_μ. L'unico scalare lineare in A^μ che possiamo formare con questi due quadrivettori è $\mathcal{L}_2 \propto A_\mu j^\mu$. Verifichiamone l'invarianza di gauge tenendo conto dell'equazione di continuità della corrente

$$A'_\mu j^\mu = A_\mu j^\mu + \partial_\mu \Lambda j^\mu = A_\mu j^\mu + \partial_\mu(\Lambda j^\mu) - \Lambda\,\partial_\mu j^\mu = A_\mu j^\mu + \partial_\mu(\Lambda j^\mu).$$

$\mathcal{L}_2$ è quindi effettivamente gauge invariante, modulo una quadridivergenza.

Per ottenere l'equazione di Maxwell con i coefficienti corretti poniamo

$$\mathcal{L} = \mathcal{L}_1 + \mathcal{L}_2, \qquad \mathcal{L}_1 = -\frac{1}{4}\,F^{\mu\nu}F_{\mu\nu}, \qquad \mathcal{L}_2 = -j^\nu A_\nu. \tag{3.31}$$

Con questa scelta di $\mathcal{L}$ possiamo infatti verificare che le equazioni (3.30) equivalgono proprio all'equazione di Maxwell (3.29). Alla derivata $\partial\mathcal{L}/\partial A_\nu$ contribuisce solo $\mathcal{L}_2$ e risulta

$$\frac{\partial\mathcal{L}}{\partial A_\nu} = -j^\nu.$$

Viceversa alla derivata $\partial\mathcal{L}/\partial(\partial_\mu A_\nu)$ contribuisce solo $\mathcal{L}_1$. Per determinarla è conveniente calcolare la variazione di $\mathcal{L}_1$ per una variazione infinitesima di ∂A

$$\delta\mathcal{L}_1 = -\frac{1}{2}\,F^{\mu\nu}\delta F_{\mu\nu} = -\frac{1}{2}\,F^{\mu\nu}(\delta\partial_\mu A_\nu - \delta\partial_\nu A_\mu) = -F^{\mu\nu}\delta(\partial_\mu A_\nu),$$

da cui

$$\frac{\partial\mathcal{L}}{\partial(\partial_\mu A_\nu)} = -F^{\mu\nu}. \tag{3.32}$$

L'equazione (3.30) si riduce quindi a

$$\partial_\mu \frac{\partial\mathcal{L}}{\partial(\partial_\mu A_\nu)} - \frac{\partial\mathcal{L}}{\partial A_\nu} = -\partial_\mu F^{\mu\nu} + j^\nu = 0, \tag{3.33}$$

ossia all'equazione di Maxwell.

Potenziale vettore e quantizzazione. L'equazione di Maxwell e l'identità di Bianchi sono state formulate senza nessun riferimento al potenziale vettore e – come vedremo nel Paragrafo 5.4.1 – queste equazioni possono essere altresì risolte senza mai un introdurre un potenziale. A livello classico il potenziale vettore costituisce dunque un ausilio *utile*, sebbene concettualmente *dispensabile*. Al contrario, se vogliamo far discendere le equazioni del campo elettromagnetico da un principio va-

---

[4] L'invariante $\mathcal{L}_0 = \varepsilon^{\mu\nu\rho\sigma}F_{\mu\nu}F_{\rho\sigma} = -8\mathbf{E}\cdot\mathbf{B}$ in realtà è uno *pseudoscalare* – in quanto sotto parità e inversione temporale cambia di segno, si veda la (1.64) – mentre gli altri termini della lagrangiana sono *scalari*. $\mathcal{L}_0$ violerebbe quindi l'invarianza dell'Elettrodinamica sotto il gruppo di Lorentz completo $O(1,3)$.

riazionale, come abbiamo appena visto l'introduzione del potenziale vettore risulta *indispensabile*.

D'altra parte il principio variazionale costituisce a sua volta il punto di partenza imprescindibile per la quantizzazione di una qualsiasi teoria. Concludiamo quindi che, mentre a livello classico l'uso del potenziale vettore è opzionale, in teoria quantistica la sua presenza come campo fondamentale è *inevitabile*. In Elettrodinamica Quantistica questa circostanza comporterà una serie di problemi, di soluzione non banale, legati al fatto che il potenziale vettore – pur diventando formalmente un operatore *autoaggiunto* – non essendo gauge-invariante non può rappresentare un'osservabile fisica.

Nella descrizione della dinamica delle altre interazioni fondamentali il potenziale vettore deve, invece, essere introdotto già a livello *classico*. Il motivo è che i mediatori di queste interazioni – le particelle $W^\pm$, Z^0, i gluoni e i gravitoni – al contrario del fotone che media l'interazione elettromagnetica, sono "carichi" e quindi soggetti a un'interazione reciproca. E si può vedere che le equazioni del moto che descrivono questa interazione a livello classico coinvolgono necessariamente i relativi potenziali vettore, si veda la discussione nel paragrafo a seguire.

3.2.4 Mediatori delle interazioni deboli e forti

Nel caso particolare di $j^\mu = 0$ la lagrangiana (3.31) dà luogo all'equazione $\partial_\mu F^{\mu\nu} = 0$, descrivente la dinamica del campo elettromagnetico nel vuoto, ossia in assenza di cariche. La lagrangiana

$$\mathcal{L}_1 = -\frac{1}{4} F^{\mu\nu} F_{\mu\nu} \tag{3.34}$$

descrive dunque un campo di gauge *libero*. Come abbiamo visto poc'anzi, la struttura di questa lagrangiana è determinata essenzialmente da principi di simmetria, nella fattispecie le invarianze di Lorentz e di gauge. Non stupisce allora che anche la propagazione libera dei mediatori delle interazioni deboli e forti, che sono soggette agli stessi principi fondamentali, sia descritta da lagrangiane analoghe. Ai mediatori delle interazioni deboli Z^0 e $W^\pm$ si associano rispettivamente il campo di gauge reale Z^0_μ e i campi di gauge complessi $W^\pm_\mu = (W^\mu_1 \pm i W^\mu_2)$, con i corrispondenti tensori di Maxwell

$$F^0_{\mu\nu} = \partial_\mu Z^0_\nu - \partial_\nu Z^0_\mu, \qquad F^\pm_{\mu\nu} = \partial_\mu W^\pm_\nu - \partial_\nu W^\pm_\mu.$$

Analogamente agli otto mediatori delle interazioni forti si associano i campi di gauge *gluonici* A^I_μ ($I = 1, \cdots, 8$) con i relativi tensori di Maxwell

$$F^I_{\mu\nu} = \partial_\mu A^I_\nu - \partial_\nu A^I_\mu.$$

La lagrangiana che descrive la propagazione *libera* di tutti questi campi è allora data da

$$\mathcal{L}_0 = -\frac{1}{4}\left(F^{\mu\nu}F_{\mu\nu} + F^{0\mu\nu}F^0{}_{\mu\nu} + F^{+\mu\nu}F^-{}_{\mu\nu} + \sum_{I=1}^{8} F^{I\mu\nu}F^I{}_{\mu\nu}\right). \qquad (3.35)$$

Questa lagrangiana è invariante sotto trasformazioni di Lorentz, sotto trasformazioni di gauge di A^μ e sotto le trasformazioni di gauge dei mediatori delle interazioni deboli e forti

$$W_\mu^\pm \to W_\mu^\pm + \partial_\mu \Lambda^\pm, \qquad Z_\mu^0 \to Z_\mu^0 + \partial_\mu \Lambda^0, \qquad A_\mu^I \to A_\mu^I + \partial_\mu \Lambda^I. \qquad (3.36)$$

Mediatori massivi e invarianza di gauge. Nella Sezione 5.3 vedremo che l'equazione di Maxwell nel vuoto $\partial_\mu F^{\mu\nu} = 0$ è risolta da una sovrapposizione di onde elettromagnetiche, propagantisi con la velocità della luce. Corrispondentemente i mediatori associati – i fotoni – hanno massa nulla. Secondo la lagrangiana $\mathcal{L}_0$, che assegna a tutti i campi di gauge la stessa dinamica, tutti i mediatori avrebbero dunque massa nulla. Tuttavia, mentre i fotoni e i gluoni sono effettivamente particelle prive di massa, i mediatori delle interazioni deboli sono in realtà *massivi*. La lagrangiana $\mathcal{L}_0$ deve quindi essere modificata con l'aggiunta di un termine $\mathcal{L}_m$, dipendente da $W_\mu^\pm$ e Z_μ^0, che tenga conto delle masse m_W e m_Z di queste particelle. Come vedremo nel Capitolo 16, questo termine è dato dal polinomio del secondo ordine Lorentz-invariante

$$\mathcal{L}_m = \frac{1}{2\hbar^2}\left(m_W^2 W_\mu^+ W^{-\mu} + m_Z^2 Z_\mu^0 Z^{0\mu}\right), \qquad (3.37)$$

in cui la presenza della costante di Planck $\hbar$ è suggerita da un'analisi dimensionale.

D'altro canto si verifica immediatamente che il polinomio (3.37) non è invariante sotto le trasformazioni di gauge (3.36): la lagrangiana totale $\mathcal{L}_0 + \mathcal{L}_m$ viola quindi queste fondamentali simmetrie. Questo conflitto tra l'invarianza di gauge e il fatto che i mediatori W_μ e Z^0 siano massivi ha ostacolato a lungo la costruzione di una teoria di campo *quantistica* consistente delle interazioni deboli. Il problema è stato superato soltanto quando si è scoperto che la violazione dell'invarianza di gauge non inficia la consistenza interna di una teoria, purché essa avvenga in modo *spontaneo*, ovvero attraverso la *condensazione* di un *campo di Higgs*. Nel Capitolo 16, dedicato interamente ai campi vettoriali massivi, analizzeremo in dettaglio gli effetti del termine $\mathcal{L}_m$ sulla dinamica *classica* di questi campi, alcuni dei quali hanno nondimeno una diretta controparte quantistica.

Mediatori interagenti. La lagrangiana $\mathcal{L}_0 + \mathcal{L}_m$ per costruzione descrive la propagazione *libera* dei campi di gauge coinvolti. D'altra parte, come abbiamo osservato alla fine del paragrafo precedente, al contrario dei fotoni le particelle $W^\pm$ e Z^0 e i gluoni sono soggetti a un'*interazione* reciproca. Si può vedere che per tenere conto di tale interazione alla lagrangiana $\mathcal{L}_0 + \mathcal{L}_m$ occorre aggiungere termini *cubici* e *quartici* nei potenziali $W_\mu^\pm$, Z_μ^0 e A_μ^I, mentre non compaiono termini di questo tipo per il potenziale elettromagnetico A_μ: essendo il fotone privo sia di carica che di massa, in assenza di particelle cariche la sua dinamica è descritta dalla semplice lagrangiana quadratica (3.34). Per maggiori dettagli su questi argomenti rimandiamo a un testo di fisica delle particelle elementari [2, 3].

3.3 Teorema di Nöther

Il teorema di Nöther in generale afferma che a ogni gruppo a un parametro di simmetrie di un sistema fisico corrisponde una legge di conservazione. La conservazione dell'energia, ad esempio, è legata all'invarianza per traslazioni temporali e la conservazione del momento angolare all'invarianza per rotazioni spaziali. È importante sottolineare che nel contesto del teorema di Nöther la richiesta di *invarianza* si riferisce a una circostanza ben precisa. In primo luogo si potrebbe intendere l'invarianza delle equazioni del moto descriventi la dinamica del sistema. Tuttavia, come abbiamo avuto modo di osservare in precedenza, questa condizione risulta troppo debole, in quanto l'invarianza delle equazioni del moto non garantisce affatto l'esistenza di costanti del moto. Il teorema di Nöther si basa infatti su ipotesi più restrittive, ossia richiede che:

- le equazioni del moto discendano da un principio variazionale;
- l'azione sia invariante sotto il gruppo di simmetrie.

Come abbiamo visto, in teoria di campo l'azione I è data a sua volta dall'integrale di una lagrangiana $\mathcal{L}$

$$I = \int \mathcal{L} \, d^4x.$$

Per le teorie che prenderemo in considerazione l'invarianza dell'azione sarà sempre conseguenza dell'invarianza di $\mathcal{L}$ – modulo eventualmente quadridivergenze – e dell'invarianza separata della misura d^4x. Nel caso particolare delle *simmetrie interne*, per cui per definizione le coordinate spazio-temporali non cambiano, $x' = x$, vale banalmente $d^4x' = d^4x$. Similmente per le trasformazioni di Poincaré $x' = \Lambda x + a$ si ha $d^4x' = |det \, \Lambda| d^4x = d^4x$.

Conservazione locale. Un aspetto peculiare del teorema di Nöther in *teoria di campo* è rappresentato dal fatto che comporti leggi di conservazione *locali*. Una legge di conservazione si dice locale se si conserva non solo la "carica" totale, ma se la sua conservazione è conseguenza di un'*equazione di continuità*. In teoria di campo per ogni gruppo di simmetria a un parametro il teorema di Nöther implica, infatti, l'esistenza di una quadricorrente J^μ a quadridivergenza nulla: $\partial_\mu J^\mu = 0$. Conseguentemente – si vedano le equazioni (2.106) e (2.107) – la variazione della carica $Q_V \equiv \int_V J^0 \, d^3x$ contenuta nel volume V è necessariamente accompagnata da un *flusso* **J** di carica attraverso il suo bordo ∂V:

$$\frac{dQ_V}{dt} = -\int_{\partial V} \mathbf{J} \cdot d\mathbf{\Sigma}. \tag{3.38}$$

In teoria di campo non è pertanto possibile che la carica scompaia in un punto e compaia *simultaneamente* in un altro punto, senza *fluire* da un punto all'altro. Estendendo nella (3.38) il volume V a tutto lo spazio si ricava infine che la carica *totale* $Q \equiv \int J^0 \, d^3x$ è indipendente dal tempo.

Le simmetrie interne, come ad esempio le trasformazioni di gauge, *non* coinvolgono trasformazioni dello spazio-tempo e in tal caso la dimostrazione del teorema di Nöther è alquanto semplice, si veda il Problema 3.10. Viceversa, il gruppo di Poincaré origina proprio da trasformazioni dello spazio-tempo e per questo gruppo di simmetrie la dimostrazione del teorema è più complicata. Nondimeno, viste l'importanza concettuale e la rilevanza fenomenologica che esso ricopre in fisica, in questa sezione dimostreremo il teorema di Nöther per il gruppo di Poincaré in una generica teoria di campo relativistica: vedremo che al sottogruppo a quattro parametri delle traslazioni corrispondono quattro cariche conservate che si identificano con il quadrimomento totale P^μ, e che al sottogruppo a sei parametri di Lorentz corrispondono altrettante cariche conservate che si identificano con il momento angolare totale quadridimensionale $L^{\alpha\beta}$.

3.3.1 Trasformazioni di Poincaré infinitesime

Nella dimostrazione del teorema di Nöther sfrutteremo segnatamente l'invarianza della lagrangiana sotto trasformazioni di Poincaré *infinitesime*. In particolare ci serviranno le espressioni esplicite delle variazioni infinitesime dei campi, ossia delle variazioni dei campi valutate *al primo ordine* nei parametri $\omega^{\mu\nu}$ e a^μ (si vedano le (3.39) e (3.40)). Il presente paragrafo, di carattere preliminare, è dedicato alla determinazione di queste variazioni.

Finora abbiamo indicato la N-upla di campi lagrangiani genericamente con $\varphi = (\varphi_1, \cdots, \varphi_N)$. In una teoria relativistica tali campi si devono raggruppare in *multipletti* che costituiscono tensori sotto trasformazioni di Poincaré, ovvero campi scalari $\Phi(x)$, campi vettoriali $A^\mu(x)$, campi tensoriali di rango due $B^{\mu\nu}(x)$ e via dicendo. Ovviamente possono essere presenti anche più campi dello stesso rango. L'indice r dell'insieme $\{\varphi_r\}_{r=1}^N$ indicherà dunque tutte le componenti di tutti i multipletti.

Iniziamo ricordando la forma di una generica trasformazione di Poincaré

$$x'^\mu = \Lambda^\mu{}_\nu x^\nu + a^\mu, \tag{3.39}$$

in cui assumeremo che Λ appartenga al gruppo di Lorentz proprio. Vale allora, si veda il Paragrafo 1.4.2,

$$\Lambda^\mu{}_\nu = \left(e^\omega\right)^\mu{}_\nu, \qquad \omega^{\mu\nu} = -\omega^{\nu\mu}. \tag{3.40}$$

Sotto una tale trasformazione i diversi campi si trasformano a seconda del loro rango tensoriale

$$\Phi'(x') = \Phi(x), \quad A'^{\mu}(x') = \Lambda^{\mu}{}_{\nu}A^{\nu}(x), \quad B'^{\mu\nu}(x') = \Lambda^{\mu}{}_{\alpha}\Lambda^{\nu}{}_{\beta}B^{\alpha\beta}(x) \quad \text{ecc.}$$
(3.41)

Vista la linearità di queste trasformazioni nei campi $\varphi_r(x)$ possiamo indicarle complessivamente con

$$\varphi'_r(x') = \mathcal{M}_r{}^s\varphi_s(x),$$
(3.42)

dove $\mathcal{M}_r{}^s$ è una matrice $N \times N$ dipendente dai sei parametri $\omega^{\mu\nu}$ e indipendente da x, ed è sottintesa la sommatoria su s.

Variazioni totali e variazioni in forma. Di seguito utilizzeremo due tipi di variazioni dei campi, le variazioni *totali* $\bar{\delta}\varphi_r$ e le variazioni *in forma* $\delta\varphi_r$, definite rispettivamente da

$$\bar{\delta}\varphi_r \equiv \varphi'_r(x') - \varphi_r(x),$$
(3.43)

$$\delta\varphi_r \equiv \varphi'_r(x) - \varphi_r(x).$$
(3.44)

Passiamo ora alla valutazione di queste variazioni sotto trasformazioni di Poincaré infinitesime[5], ovvero alla determinazione di $\bar{\delta}\varphi_r$ e $\delta\varphi_r$ al primo ordine in $\omega^{\mu\nu}$ e a^{μ}. Per definizione le trasformazioni di Poincaré infinitesime sono composte dalle trasformazioni di Lorentz infinitesime, si veda la (3.40),

$$\Lambda^{\mu}{}_{\nu} = \delta^{\mu}{}_{\nu} + \omega^{\mu}{}_{\nu}$$
(3.45)

e da traslazioni infinitesime. La (3.39) fornisce allora le trasformazioni infinitesime delle coordinate

$$\delta x^{\mu} = x'^{\mu} - x^{\mu} = (\delta^{\mu}{}_{\nu} + \omega^{\mu}{}_{\nu})x^{\nu} + a^{\mu} - x^{\mu} = \omega^{\mu}{}_{\nu}x^{\nu} + a^{\mu}.$$
(3.46)

Dalle leggi di trasformazione (3.41) – usando le relazioni (3.43) e (3.45) e considerando solo i termini del primo ordine in $\omega^{\mu\nu}$ – troviamo le variazioni totali infinitesime dei campi

$$\bar{\delta}\Phi = \Phi'(x') - \Phi(x) = 0,$$
(3.47)

$$\bar{\delta}A^{\mu} = A'^{\mu}(x') - A^{\mu}(x) = (\delta^{\mu}{}_{\nu} + \omega^{\mu}{}_{\nu})A^{\nu}(x) - A^{\mu}(x) = \omega^{\mu}{}_{\nu}A^{\nu}(x),$$
(3.48)

$$\bar{\delta}B^{\mu\nu} = B'^{\mu\nu}(x') - B^{\mu\nu}(x) = (\delta^{\mu}{}_{\alpha} + \omega^{\mu}{}_{\alpha})(\delta^{\nu}{}_{\beta} + \omega^{\nu}{}_{\beta})B^{\alpha\beta}(x) - B^{\mu\nu}(x)$$
$$= \omega^{\mu}{}_{\alpha}B^{\alpha\nu}(x) + \omega^{\nu}{}_{\beta}B^{\mu\beta}(x).$$
(3.49)

Per costruzione le variazioni infinitesime $\bar{\delta}\varphi_r$ sono dunque lineari nei parametri $\omega^{\mu\nu}$ nonché nei campi stessi, si veda anche la (3.42). Vale dunque la parametrizzazione

---

[5] Per non appesantire la notazione usiamo il simbolo δ sia per le variazioni finite che per le variazioni infinitesime.

generale

$$\overline{\delta}\varphi_r = \frac{1}{2}\,\omega_{\alpha\beta}\Sigma^{\alpha\beta}{}_r{}^s\,\varphi_s,\tag{3.50}$$

in cui le quantità $\Sigma^{\alpha\beta}{}_r{}^s$ sono antisimmetriche[6] in α e β,

$$\Sigma^{\alpha\beta}{}_r{}^s = -\Sigma^{\beta\alpha}{}_r{}^s,$$

e la sommatoria su s è sottintesa. Le espressioni esplicite di queste quantità si leggono facilmente dalle variazioni dei campi (3.47)-(3.49). Per un campo scalare Φ, ad esempio, si ha semplicemente $\Sigma^{\alpha\beta}{}_1{}^1 = 0$, mentre per un campo vettoriale $A_\mu \equiv \varphi_r$ la (3.48) fornisce

$$\Sigma^{\alpha\beta}{}_r{}^s = \delta_r^\alpha\eta^{\beta s} - \delta_r^\beta\eta^{\alpha s}.\tag{3.51}$$

Passiamo ora alla determinazione delle variazioni in forma infinitesime. Aggiungendo e togliendo nella definizione (3.44) lo stesso termine, e usando le relazioni (3.46) e (3.50), otteniamo

$$\delta\varphi_r = \varphi_r'(x) - \varphi_r'(x') + \varphi_r'(x') - \varphi_r(x) = \varphi_r'(x) - \varphi_r'(x+\delta x) + \overline{\delta}\varphi_r\tag{3.52}$$

$$= -\delta x^\nu \partial_\nu \varphi_r' + \overline{\delta}\varphi_r = -\delta x^\nu \partial_\nu \varphi_r + \overline{\delta}\varphi_r\tag{3.53}$$

$$= -\delta x^\nu \partial_\nu \varphi_r + \tfrac{1}{2}\,\omega_{\alpha\beta}\Sigma^{\alpha\beta}{}_r{}^s\,\varphi_s,\tag{3.54}$$

avendo considerato solo i termini del primo ordine in $\omega^{\mu\nu}$ e a^μ. In particolare nella riga (3.53) abbiamo sfruttato il fatto che la differenza fra $\varphi_r'(x)$ e $\varphi_r(x)$ è del primo ordine in $\omega^{\mu\nu}$ e a^μ.

3.3.2 Teorema di Nöther per il gruppo di Poincaré

In teoria di campo il teorema di Nöther riferito al gruppo di Poincaré si enuncia come segue.

Teorema di Nöther. Sia data una teoria di campo la cui dinamica discenda dall'azione $I = \int d^4x\,\mathcal{L}$ per un'opportuna lagrangiana $\mathcal{L}$. In tal caso se $\mathcal{L}$ è invariante per traslazioni si conserva localmente il quadrimomento, il *tensore energia-impulso canonico* essendo dato dalla (3.60), mentre se $\mathcal{L}$ è invariante per trasformazioni di Lorentz si conserva localmente il momento angolare quadridimensionale, il *tensore densità di momento angolare canonico* essendo dato dalla (3.61). Queste leggi di conservazione sono valide purché i campi soddisfino le equazioni di Eulero-Lagrange (3.7).

Per comprendere meglio il significato dell'invarianza per traslazioni di $\mathcal{L}$ consideriamo una classe di lagrangiane leggermente più generali di quelle considerate

---

[6] Nell'espressione (3.50) gli indici α e β di $\Sigma^{\alpha\beta}{}_r{}^s$ sono contratti con la coppia antisimmetrica di $\omega_{\alpha\beta}$. Di conseguenza comunque solo la parte antisimmetrica in α e β di $\Sigma^{\alpha\beta}{}_r{}^s$ contribuisce alla somma $\omega_{\alpha\beta}\Sigma^{\alpha\beta}{}_r{}^s$.

finora, ovvero lagrangiane del tipo

$$\mathcal{L}(\varphi(x), \partial\varphi(x), x). \tag{3.55}$$

Ammettiamo dunque che $\mathcal{L}$ esibisca anche una generica dipendenza *esplicita* da x. Ricordiamo che sotto una generica traslazione $x' = x + a$ i campi sono invarianti, ovvero $\varphi'_r(x') = \varphi_r(x)$. Per la lagrangiana traslata otteniamo allora

$$\mathcal{L}(\varphi'(x'), \partial'\varphi'(x'), x') = \mathcal{L}(\varphi(x), \partial\varphi(x), x + a).$$

Tale lagrangiana uguaglia dunque la lagrangiana originale $\mathcal{L}(\varphi(x), \partial\varphi(x), x)$ solo se $\mathcal{L}$ non dipende esplicitamente da x. Concludiamo pertanto che una lagrangiana è invariante per traslazioni, se e solo se non dipende esplicitamente da x.

Dimostrazione. Il primo passo nella dimostrazione del teorema di Nöther consiste nel valutare la variazione della lagrangiana sotto un'arbitraria trasformazione *finita* di Poincaré (si vedano le (3.39) e (3.41))

$$\Delta\mathcal{L} \equiv \mathcal{L}(\varphi'(x'), \partial'\varphi'(x'), x') - \mathcal{L}(\varphi(x), \partial\varphi(x), x).$$

Per ogni x fissato questa espressione è una funzione dei parametri $\omega^{\mu\nu}$ e a^μ e come tale può essere sviluppata in serie di Taylor attorno ai valori $\omega^{\mu\nu} = a^\mu = 0$. Dato che $\Delta\mathcal{L}$ si annulla banalmente per valori nulli dei parametri, otteniamo lo sviluppo

$$\Delta\mathcal{L} = \delta\mathcal{L} + o\big(\omega^{\mu\nu}, a^\mu\big)^2,$$

in cui $\delta\mathcal{L}$ – la variazione *infinitesima* della lagrangiana – indica i termini di $\Delta\mathcal{L}$ lineari in $\omega^{\mu\nu}$ e a^μ. Se $\mathcal{L}$ è invariante sotto trasformazioni di Poincaré vale identicamente $\Delta\mathcal{L} = 0$. In tal caso il teorema sull'identità delle serie di potenze implica che

$$\delta\mathcal{L} = 0, \quad \forall\omega^{\mu\nu}, \ \forall a^\mu.$$

Sfruttando quest'ultima identità – e assumendo la validità delle equazioni di Eulero-Lagrange – potremo allora concludere che certi tensori hanno quadridivergenza nulla.

Secondo questa strategia dobbiamo dunque valutare la variazione infinitesima $\delta\mathcal{L}$. A questo scopo è conveniente aggiungere e sottrarre da $\Delta\mathcal{L}$ lo stesso termine e valutare poi l'espressione risultante tenendo solo i termini lineari nei parametri:

$$\delta\mathcal{L} = [\mathcal{L}(\varphi'(x'), \partial'\varphi'(x'), x') - \mathcal{L}(\varphi'(x), \partial\varphi'(x), x)]_{lin}$$

$$+ [\mathcal{L}(\varphi'(x), \partial\varphi'(x), x) - \mathcal{L}(\varphi(x), \partial\varphi(x), x)]_{lin}. \tag{3.56}$$

I due termini della prima riga differiscono tra di loro per la sostituzione $x \to x' = x + \delta x$, mentre i due termini della seconda riga differiscono per la sostituzione $\varphi_r \to \varphi'_r = \varphi_r + \delta\varphi_r$, dove $\delta\varphi_r$ indica la variazione in forma (3.44). Definendo i *momenti coniugati*

$$\Pi^{\mu r} = \frac{\partial \mathcal{L}}{\partial(\partial_\mu \varphi_r)}, \qquad (3.57)$$

e notando che dalla (3.46) segue che $\partial_\mu \delta x^\mu = \eta_{\mu\nu}\omega^{\mu\nu} = 0$, possiamo allora riscrivere le due parentesi quadre della (3.56) come

$$\delta\mathcal{L} = \delta x^\mu \partial_\mu \mathcal{L} + \delta\varphi_r \frac{\partial \mathcal{L}}{\partial \varphi_r} + \partial_\mu \delta\varphi_r \Pi^{\mu r}$$

$$= \partial_\mu(\delta x^\mu \mathcal{L}) + \delta\varphi_r \left(\frac{\partial \mathcal{L}}{\partial \varphi_r} - \partial_\mu \Pi^{\mu r} \right) + \partial_\mu(\delta\varphi_r \Pi^{\mu r})$$

$$= \partial_\mu(\delta x^\mu \mathcal{L} + \delta\varphi_r \Pi^{\mu r}) + \delta\varphi_r \left(\frac{\partial \mathcal{L}}{\partial \varphi_r} - \partial_\mu \Pi^{\mu r} \right). \qquad (3.58)$$

Nell'espressione (3.58) sottintendiamo la sommatoria su r, così come sottintendiamo che $\mathcal{L} \equiv \mathcal{L}(\varphi(x), \partial\varphi(x), x)$ e che tutti i campi siano valutati in x. Possiamo valutare il primo termine della (3.58) usando per la variazione in forma dei campi la (3.54)

$$\delta x^\mu \mathcal{L} + \delta\varphi_r \Pi^{\mu r} = \delta x_\nu (\eta^{\mu\nu} \mathcal{L} - \Pi^{\mu r} \partial^\nu \varphi_r) + \frac{1}{2}\, \Pi^{\mu r} \omega_{\alpha\beta} \Sigma^{\alpha\beta}{}_r{}^s\, \varphi_s. \qquad (3.59)$$

Definiamo ora il *tensore energia-impulso canonico*

$$\widetilde{T}^{\mu\nu} = \Pi^{\mu r} \partial^\nu \varphi_r - \eta^{\mu\nu} \mathcal{L} \qquad (3.60)$$

e il *tensore densità di momento angolare canonico*

$$\widetilde{M}^{\mu\alpha\beta} = x^\alpha \widetilde{T}^{\mu\beta} - x^\beta \widetilde{T}^{\mu\alpha} + \Pi^{\mu r} \Sigma^{\alpha\beta}{}_r{}^s\, \varphi_s, \qquad \widetilde{M}^{\mu\alpha\beta} = -\widetilde{M}^{\mu\beta\alpha}. \qquad (3.61)$$

Usando queste definizioni e la (3.46) possiamo porre l'espressione (3.59) nella forma

$$\delta x^\mu \mathcal{L} + \delta\varphi_r \Pi^{\mu r} = -(a_\nu + \omega_{\nu\rho}\, x^\rho)\widetilde{T}^{\mu\nu} + \frac{1}{2}\, \Pi^{\mu r} \omega_{\alpha\beta} \Sigma^{\alpha\beta}{}_r{}^s\, \varphi_s$$

$$= -a_\nu \widetilde{T}^{\mu\nu} + \frac{1}{2}\, \omega_{\alpha\beta} \widetilde{M}^{\mu\alpha\beta}.$$

Per la variazione infinitesima di $\mathcal{L}$ sotto una generica trasformazione di Poincaré otteniamo in definitiva

$$\delta\mathcal{L} = -a_\nu \partial_\mu \widetilde{T}^{\mu\nu} + \frac{1}{2}\, \omega_{\alpha\beta} \partial_\mu \widetilde{M}^{\mu\alpha\beta} + \delta\varphi_r \left(\frac{\partial \mathcal{L}}{\partial \varphi_r} - \partial_\mu \Pi^{\mu r} \right). \qquad (3.62)$$

Supponiamo ora, ad esempio, che la lagrangiana sia invariante per il sottogruppo a un parametro del gruppo di Poincaré costituito dalle traslazioni del tempo

$$t' = t + a^0, \qquad \mathbf{x}' = \mathbf{x}.$$

Come visto sopra, ciò equivale all'assunzione che $\mathcal{L}$ non dipenda esplicitamente da t. In questo caso abbiamo

$$\delta\mathcal{L} = 0, \quad \forall\, a^0 \in \mathbb{R}, \quad a^i = 0, \quad \omega^{\mu\nu} = 0.$$

Se imponiamo inoltre che i campi soddisfino le equazioni di Eulero-Lagrange (3.7), che nella presente notazione si scrivono

$$\partial_\mu \Pi^{\mu r} - \frac{\partial\mathcal{L}}{\partial\varphi_r} = 0, \tag{3.63}$$

dalla (3.62) si ricava $a_0\, \partial_\mu \widetilde{T}^{\mu 0} = 0$, $\forall\, a_0 \in \mathbb{R}$, ovvero

$$\partial_\mu \widetilde{T}^{\mu 0} = 0.$$

Abbiamo quindi ottenuto l'equazione di continuità dell'energia. In particolare dalla definizione (3.60) otteniamo per l'energia totale l'espressione esplicita, si veda la (3.57),

$$\varepsilon = \int \widetilde{T}^{00}\, d^3x = \int \left(\frac{\partial\mathcal{L}}{\partial\dot{\varphi}_r}\, \dot{\varphi}_r - \mathcal{L} \right) d^3x.$$

Si noti come questa formula ricordi da vicino l'espressione analoga dell'energia in meccanica classica

$$E = \sum_n \frac{\partial L}{\partial\dot{q}_n}\, \dot{q}_n - L.$$

Allo stesso modo dalla (3.62) si deduce che a ciascuno dei dieci parametri $\{a^\mu, \omega^{\alpha\beta}\}$ corrisponde una corrente a quadridivergenza nulla e una grandezza localmente conservata, se la lagrangiana è invariante sotto il corrispondente gruppo a un parametro: ad a^0 (traslazioni del tempo) corrisponde la conservazione locale dell'energia, ad a^1 (traslazioni lungo l'asse x) quella della componente x della quantità di moto, a ω^{12} (rotazioni attorno all'asse z) quella della componente z del momento angolare, a ω^{01} (trasformazioni di Lorentz speciali lungo l'asse x) quella della componente x del boost e via dicendo. In particolare, se la lagrangiana è invariante sotto l'intero gruppo delle traslazioni si conserva localmente il quadrimomento, mentre se è invariante sotto l'intero gruppo di Lorentz si conserva localmente il momento angolare quadridimensionale.

Infine se $\mathcal{L}$ è invariante sotto l'intero gruppo di Poincaré, e i campi soddisfano le equazioni di Eulero-Lagrange (3.63), dall'identità (3.62) si ottiene

$$-a_\nu \partial_\mu \widetilde{T}^{\mu\nu} + \frac{1}{2}\, \omega_{\alpha\beta}\partial_\mu \widetilde{M}^{\mu\alpha\beta} = 0, \quad \forall\, a_\nu, \quad \forall\, \omega_{\alpha\beta}.$$

Seguono dunque le dieci equazioni di continuità

$$\partial_\mu \widetilde{T}^{\mu\nu} = 0, \qquad \partial_\mu \widetilde{M}^{\mu\alpha\beta} = 0,$$

da cui si ricavano le dieci costanti del moto

$$\widetilde{P}^\mu = \int \widetilde{T}^{0\mu} d^3 x, \qquad \widetilde{L}^{\alpha\beta} = \int \widetilde{M}^{0\alpha\beta} d^3 x, \qquad (3.64)$$

ovvero il quadrimomento e il momento angolare quadridimensionale totali. Il teorema risulta pertanto dimostrato. □

Per enfatizzare la portata di questo teorema ricordiamo che le teorie che descrivono le quattro interazioni fondamentali soddisfano il principio di relatività einsteiniana e sono formulate in termini di un principio variazionale: per queste teorie il teorema di Nöther assicura pertanto *automaticamente* la conservazione del quadrimomento e del momento angolare quadridimensionale.

Sulle densità di corrente canoniche. Concludiamo il paragrafo commentando brevemente la struttura delle correnti canoniche (3.60) e (3.61). Innanzitutto notiamo che il tensore energia-impulso canonico in generale non è simmetrico: $\widetilde{T}^{\mu\nu} \neq \widetilde{T}^{\nu\mu}$. In *Relatività Ristretta* questa circostanza di per sé non costituisce alcun problema. Viceversa si può vedere che l'esistenza di un tensore energia-impulso *simmetrico* è una condizione imprescindibile, se si vuole accoppiare un qualsiasi sistema fisico alla gravità secondo i postulati della *Relatività Generale*[7].

In secondo luogo notiamo che l'espressione (3.61) della densità di momento angolare canonico non è *standard*, nel senso che non è della semplice forma $\mathcal{M}^{\mu\alpha\beta} \equiv x^\alpha \widetilde{T}^{\mu\beta} - x^\beta \widetilde{T}^{\mu\alpha}$. D'altra parte il tensore $\mathcal{M}^{\mu\alpha\beta}$ non potrebbe essere identificato con la densità di momento angolare del sistema, semplicemente perché non soddisfa l'equazione di continuità. In realtà le anomalie riguardanti $\widetilde{T}^{\mu\nu}$ e $\widetilde{M}^{\mu\alpha\beta}$ appena menzionate sono legate fra loro: la divergenza di $\mathcal{M}^{\mu\alpha\beta}$ uguaglia, infatti, proprio la parte antisimmetrica del tensore energia-impulso canonico

$$\partial_\mu \mathcal{M}^{\mu\alpha\beta} = \partial_\mu \big(x^\alpha \widetilde{T}^{\mu\beta} - x^\beta \widetilde{T}^{\mu\alpha}\big) = \partial_\mu x^\alpha \widetilde{T}^{\mu\beta} - \partial_\mu x^\beta \widetilde{T}^{\mu\alpha} = \widetilde{T}^{\alpha\beta} - \widetilde{T}^{\beta\alpha}.$$

Facciamo comunque notare che $\widetilde{M}^{\mu\alpha\beta}$ si riduce a $\mathcal{M}^{\mu\alpha\beta}$ se le quantità $\Sigma^{\alpha\beta}{}_r{}^s$ che compaiono nella (3.61) sono tutte nulle. Tuttavia, come abbiamo visto nel Paragrafo 3.3.1, ciò succede soltanto se i campi della teoria sono tutti campi *scalari*. In quest'ultimo caso, d'altro canto, non è difficile dimostrare che $\widetilde{T}^{\mu\nu}$ è sempre simmetrico – si veda il Problema 3.6 – sicché entrambe le anomalie rientrano.

In conclusione, per quanto riguarda la densità di momento angolare canonica l'anomalia evidenziata non costituisce un problema di carattere *concettuale*, ma solo di *naturalezza*. Viceversa, qualora non fosse possibile trovare un tensore energia-impulso simmetrico, dovremmo concludere che la teoria di campo in questione è incompatibile con l'interazione gravitazionale. Questo problema verrà risolto in tutta generalità nella Sezione 3.4.

---

[7] Le equazioni di Einstein uguagliano un opportuno tensore doppio *simmetrico* – formato con la metrica $g_{\mu\nu}(x)$ e le sue derivate – al tensore energia-impulso. Tali equazioni sarebbero pertanto inconsistenti, se quest'ultimo non fosse simmetrico.

3.3.3 Tensore energia-impulso canonico del campo
  elettromagnetico

Esemplifichiamo l'espressione del tensore energia-impulso canonico (3.60) nel caso semplice del campo di Maxwell libero ($j^\mu = 0$). La dinamica di questo campo è governata dalla lagrangiana (3.31)

$$\mathcal{L}_1 = -\frac{1}{4} F^{\mu\nu} F_{\mu\nu}, \tag{3.65}$$

con l'identificazione $\varphi_r \equiv A_\alpha$. I momenti coniugati sono stati determinati in (3.32)

$$\Pi^{\mu\alpha} = \frac{\partial \mathcal{L}_1}{\partial(\partial_\mu A_\alpha)} = -F^{\mu\alpha}. \tag{3.66}$$

Dalla (3.60) segue allora l'espressione

$$\tilde{T}_{em}^{\mu\nu} = \Pi^{\mu\alpha} \partial^\nu A_\alpha - \eta^{\mu\nu} \mathcal{L}_1 = -F^{\mu\alpha} \partial^\nu A_\alpha + \frac{1}{4} \eta^{\mu\nu} F^{\alpha\beta} F_{\alpha\beta}. \tag{3.67}$$

Come si vede questo tensore è affetto da due *patologie*: non è né simmetrico né gauge-invariante. Inoltre il tensore $\tilde{T}_{em}^{\mu\nu}$ pare in disaccordo con il tensore $T_{em}^{\mu\nu}$ in (2.121), ricavato in maniera euristica. Affronteremo questi problemi nel Paragrafo 3.4.1.

3.4 Tensore energia-impulso simmetrico

In questa sezione faremo vedere che in una teoria di campo invariante sotto l'*intero* gruppo di Poincaré – e discendente da un principio variazionale – è sempre possibile costruire un tensore energia-impulso *simmetrico*, la costruzione essendo canonica.

La costruzione si basa sul fatto che il tensore energia-impulso di una teoria, in realtà, non è definito univocamente. Consideriamo infatti un generico tensore di rango tre $\phi^{\rho\mu\nu}$ che sia antisimmetrico nei primi due indici

$$\phi^{\rho\mu\nu} = -\phi^{\mu\rho\nu}.$$

A partire da un generico tensore energia-impulso $\tilde{T}^{\mu\nu}$ possiamo allora definire un nuovo tensore energia-impulso ponendo

$$T^{\mu\nu} = \tilde{T}^{\mu\nu} + \partial_\rho \phi^{\rho\mu\nu}. \tag{3.68}$$

Se $\tilde{T}^{\mu\nu}$ soddisfa l'equazione di continuità $\partial_\mu \tilde{T}^{\mu\nu} = 0$, il tensore $T^{\mu\nu}$ gode infatti delle proprietà:

1) $\partial_\mu T^{\mu\nu} = 0$;
2) $P^\nu \equiv \int T^{0\nu} d^3x = \int \tilde{T}^{0\nu} d^3x \equiv \tilde{P}^\nu.$

Anche il tensore $T^{\mu\nu}$ soddisfa dunque l'equazione di continuità e – per di più – dà luogo allo stesso quadrimomento totale di $\widetilde{T}^{\mu\nu}$. Per dimostrare la proprietà 1) è sufficiente notare che

$$\partial_\mu T^{\mu\nu} = \partial_\mu \widetilde{T}^{\mu\nu} + \partial_\mu \partial_\rho \phi^{\rho\mu\nu} = 0.$$

Il termine $\partial_\mu \partial_\rho \phi^{\rho\mu\nu}$ si annulla, infatti, perché una coppia di indici antisimmetrici contrae una coppia di indici simmetrici. Per dimostrare la proprietà 2) calcoliamo la differenza

$$P^\nu - \widetilde{P}^\nu = \int (T^{0\nu} - \widetilde{T}^{0\nu}) d^3x = \int \partial_\rho \phi^{\rho 0\nu} d^3x$$

$$= \int \partial_i \phi^{i0\nu} d^3x = \int_{\Gamma_\infty} \phi^{i0\nu} d\Sigma^i = 0.$$

Nella seconda riga abbiamo sfruttato il fatto che $\phi^{00\nu} = 0$, come conseguenza dell'antisimmetria di $\phi^{\rho\mu\nu}$ nei primi due indici. Nell'ultimo passaggio abbiamo applicato il teorema di Gauss, con Γ_∞ superficie sferica posta all'infinito spaziale, e abbiamo supposto che all'infinito $\phi^{\rho\mu\nu}$ decada più rapidamente di $1/r^2$. La proprietà 2) assicura in particolare che l'hamiltoniana del sistema – rappresentata dalla componente P^0 – non dipenda dal tensore energia-impulso che si considera. $T^{\mu\nu}$ può dunque essere considerato come tensore energia-impulso del sistema – alla stessa stregua di $\widetilde{T}^{\mu\nu}$. Sfruttando questa libertà di scelta dimostreremo ora il seguente teorema.

Teorema. Si consideri una teoria di campo la cui dinamica discenda da una lagrangiana $\mathcal{L}$ invariante sotto trasformazioni di Poincaré. Allora il tensore energia-impulso $T^{\mu\nu}$ (3.68) risulta *simmetrico*, se per $\widetilde{T}^{\mu\nu}$ si sceglie l'espressione (3.60) e per $\phi^{\rho\mu\nu}$ il tensore definito dalle equazioni (3.72) e (3.69).

Dimostrazione. Dato che per ipotesi la lagrangiana è invariante sotto trasformazioni dell'intero gruppo di Poincaré possiamo servirci del teorema di Nöther e ricorrere ai tensori $\widetilde{T}^{\mu\nu}$ e $\widetilde{M}^{\mu\alpha\beta}$ – a quadridivergenza nulla – definiti in (3.60) e (3.61). Riprendiamo in particolare l'espressione per la densità di momento angolare

$$\widetilde{M}^{\mu\alpha\beta} = x^\alpha \widetilde{T}^{\mu\beta} - x^\beta \widetilde{T}^{\mu\alpha} + V^{\mu\alpha\beta}, \qquad V^{\mu\alpha\beta} \equiv \Pi^{\mu r} \Sigma^{\alpha\beta}{}_r{}^s \varphi_s, \qquad (3.69)$$

dove abbiamo introdotto il tensore $V^{\mu\alpha\beta}$, antisimmetrico negli ultimi due indici:

$$V^{\mu\alpha\beta} = -V^{\mu\beta\alpha}.$$

Sfruttando il fatto che sia $\widetilde{M}^{\mu\alpha\beta}$ sia $\widetilde{T}^{\mu\nu}$ soddisfano l'equazione di continuità, otteniamo l'equazione

$$0 = \partial_\mu \widetilde{M}^{\mu\alpha\beta} = \partial_\mu x^\alpha \widetilde{T}^{\mu\beta} - \partial_\mu x^\beta \widetilde{T}^{\mu\alpha} + \partial_\mu V^{\mu\alpha\beta} = \widetilde{T}^{\alpha\beta} - \widetilde{T}^{\beta\alpha} + \partial_\mu V^{\mu\alpha\beta},$$
$$(3.70)$$

ovvero, cambiando di nome agli indici,

$$\partial_\rho V^{\rho\mu\nu} = \widetilde{T}^{\nu\mu} - \widetilde{T}^{\mu\nu}. \tag{3.71}$$

Il tensore $\partial_\rho V^{\rho\mu\nu}$ uguaglia dunque proprio la parte antisimmetrica di $\widetilde{T}^{\nu\mu}$. Tuttavia non possiamo identificare il tensore $V^{\rho\mu\nu}$ direttamente con $\phi^{\rho\mu\nu}$, perché il primo non è antisimmetrico in ρ e μ. Il tensore

$$\phi^{\rho\mu\nu} \equiv \frac{1}{2}\left(V^{\rho\mu\nu} - V^{\mu\rho\nu} - V^{\nu\rho\mu}\right) \tag{3.72}$$

soddisfa invece le relazioni

$$\phi^{\rho\mu\nu} = -\phi^{\mu\rho\nu}, \tag{3.73}$$

$$\partial_\rho\phi^{\rho\mu\nu} = \frac{1}{2}\left(\widetilde{T}^{\nu\mu} - \widetilde{T}^{\mu\nu}\right) - \frac{1}{2}\partial_\rho(V^{\mu\rho\nu} + V^{\nu\rho\mu}). \tag{3.74}$$

La proprietà (3.73) – che assicura che $\phi^{\rho\mu\nu}$ dà luogo a una modifica consistente di $\widetilde{T}^{\mu\nu}$ – discende dalla definizione (3.72) e dall'antisimmetria di $V^{\nu\rho\mu}$ negli indici ρ e μ. La proprietà (3.74) segue invece delle equazioni (3.71) e (3.72):

$$\partial_\rho\phi^{\rho\mu\nu} = \frac{1}{2}\left(\partial_\rho V^{\rho\mu\nu} - \partial_\rho V^{\mu\rho\nu} - \partial_\rho V^{\nu\rho\mu}\right)$$

$$= \frac{1}{2}\left(\widetilde{T}^{\nu\mu} - \widetilde{T}^{\mu\nu}\right) - \frac{1}{2}\partial_\rho(V^{\mu\rho\nu} + V^{\nu\rho\mu}).$$

Possiamo ora determinare il tensore (3.68) usando la relazione (3.74)

$$T^{\mu\nu} = \widetilde{T}^{\mu\nu} + \partial_\rho\phi^{\rho\mu\nu} = \frac{1}{2}\left(\widetilde{T}^{\nu\mu} + \widetilde{T}^{\mu\nu}\right) - \frac{1}{2}\partial_\rho\left(V^{\mu\rho\nu} + V^{\nu\rho\mu}\right). \tag{3.75}$$

Questa espressione è manifestamente simmetrica in μ e ν e il teorema è pertanto dimostrato. $\quad\square$

Sfruttando l'antisimmetria di $V^{\mu\nu\rho}$ negli ultimi due indici, e usando la convenzione (1.31) sulla simmetrizzazione degli indici, possiamo riscrivere la (3.75) nella forma manifestamente simmetrica

$$T^{\mu\nu} = \widetilde{T}^{(\mu\nu)} + \partial_\rho V^{(\mu\nu)\rho}, \qquad \partial_\mu T^{\mu\nu} = 0. \tag{3.76}$$

Il tensore $T^{\mu\nu}$ è dunque simmetrico e a quadridivergenza nulla e dà luogo allo stesso quadrimomento totale del tensore energia-impulso canonico. Si noti comunque che il quadrimomento P_V^μ, contenuto in un volume finito V, dipende dal tensore energia-impulso che si considera. Questo quadrimomento, tuttavia, non possiede carattere tensoriale, ovvero P_V^μ non è un *quadrivettore*.

Dalla dimostrazione appena svolta traiamo in particolare la seguente conclusione: l'esistenza di un tensore energia-impulso *conservato* richiede solamente l'invarianza per traslazioni di una teoria, mentre l'esistenza di un tensore energia-impulso *conservato* e *simmetrico* richiede inoltre che la teoria sia invariante sotto trasformazioni di Lorentz. La costruzione del tensore $\phi^{\rho\mu\nu}$ si basa, infatti, in maniera cruciale sull'equazione di continuità $\partial_\mu \widetilde{M}^{\mu\alpha\beta} = 0$ – si vedano le equazioni (3.70)-(3.72) – valida grazie all'invarianza di Lorentz.

Gruppo di Poincaré e Relatività Generale. Concludiamo questo paragrafo con una considerazione sul *doppio* ruolo dell'invarianza di Poincaré nell'interazione gravitazionale. In primo luogo menzioniamo il fatto che qualsiasi teoria che sia invariante sotto il gruppo di Poincaré, nell'ambito della Relatività Generale (in base al *principio di equivalenza*) ammette un cosiddetto *accoppiamento minimale* consistente con il campo gravitazionale. In secondo luogo ricordiamo che la consistenza delle equazioni di Einstein, che governano la dinamica del campo gravitazionale, necessita del tensore energia-impulso *simmetrico* (3.76) – la cui esistenza è assicurata a sua volta dall'invarianza di Poincaré. Vediamo, dunque, che la consistenza dell'interazione gravitazionale di un sistema fisico – benché coinvolga un gruppo di simmetria più ampio del gruppo di Poincaré, ovvero il gruppo dei diffeomorfismi[8] – è garantita in ultima analisi dall'*invarianza di Poincaré del sistema in assenza di interazione gravitazionale*. L'importanza di questa invarianza consiste anche in questo: oltre a garantire la covarianza delle equazioni del moto e la validità delle principali leggi di conservazione, essa assicura la consistenza interna della *Relatività Generale*.

3.4.1 Tensore energia-impulso simmetrico del campo elettromagnetico

A titolo di esempio determiniamo il tensore energia-impulso simmetrico per il campo di Maxwell libero. La lagrangiana di questo sistema è data dalla (3.65) e le le equazioni di Eulero-Lagrange associate equivalgono all'equazione di Maxwell nel vuoto

$$\partial_\mu F^{\mu\nu} = 0. \tag{3.77}$$

Il tensore energia-impulso canonico associato a questa lagrangiana è stato determinato nella (3.67)

$$\widetilde{T}_{em}^{\mu\nu} = -F^{\mu\alpha}\partial^\nu A_\alpha + \frac{1}{4}\eta^{\mu\nu}F^{\alpha\beta}F_{\alpha\beta}.$$

Denotando i campi di gauge indistintamente con A_r o A_α ricordiamo anche la forma dei momenti coniugati (3.66) e delle matrici $\Sigma^{\alpha\beta}{}_r{}^s$ (3.51) relative a un campo vettoriale

$$\Pi^{\mu r} = -F^{\mu r}, \qquad \Sigma^{\alpha\beta}{}_r{}^s = \delta_r^\alpha \eta^{\beta s} - \delta_r^\beta \eta^{\alpha s}.$$

Calcoliamo dapprima il tensore $V^{\mu\alpha\beta}$ – antisimmetrico in α e β –

$$V^{\mu\alpha\beta} = \Pi^{\mu r}\Sigma^{\alpha\beta}{}_r{}^s A_s = -F^{\mu\alpha}A^\beta + F^{\mu\beta}A^\alpha. \tag{3.78}$$

---

[8] Un *diffeomorfismo* è una generica trasformazione di coordinate $x^\mu \to x'^\mu(x)$ che sia invertibile e di classe C^∞ insieme alla sua inversa. I diffeomorfismi costituiscono dunque una generalizzazione delle trasformazioni di Poincaré $x'^\mu(x) = \Lambda^\mu{}_\nu x^\nu + a^\mu$.

Per il tensore $\phi^{\rho\mu\nu}$ (3.72) – antisimmetrico in ρ e μ – si ottiene allora la semplice espressione (si veda il Problema 3.7)

$$\phi^{\rho\mu\nu} = -F^{\rho\mu} A^{\nu}. \tag{3.79}$$

Per la sua divergenza otteniamo infine

$$\partial_\rho \phi^{\rho\mu\nu} = -\partial_\rho F^{\rho\mu} A^\nu - F^{\rho\mu} \partial_\rho A^\nu = F^{\mu\alpha} \partial_\alpha A^\nu,$$

dove abbiamo utilizzato l'equazione di Eulero-Lagrange (3.77). Per il nuovo tensore energia-impulso otteniamo in definitiva l'espressione

$$T_{em}^{\mu\nu} = \widetilde{T}_{em}^{\mu\nu} + \partial_\rho \phi^{\rho\mu\nu} = F^{\mu\alpha}(\partial_\alpha A^\nu - \partial^\nu A_\alpha) + \frac{1}{4}\,\eta^{\mu\nu} F^{\alpha\beta} F_{\alpha\beta}$$

$$= F^{\mu\alpha} F_\alpha{}^\nu + \frac{1}{4}\,\eta^{\mu\nu} F^{\alpha\beta} F_{\alpha\beta},$$

che è gauge-invariante e simmetrica, nonché in perfetto accordo con la (2.121).

3.5 Densità di momento angolare standard

Concludiamo questo capitolo dimostrando il seguente teorema.

Teorema. Sia data una teoria di campo discendente da una lagrangiana $\mathcal{L}$ invariante sotto trasformazioni di Poincaré. In tal caso la densità di momento angolare *standard*

$$M^{\mu\alpha\beta} \equiv x^\alpha T^{\mu\beta} - x^\beta T^{\mu\alpha}, \tag{3.80}$$

in cui $T^{\mu\nu}$ è il tensore energia-impulso *simmetrico* (3.76), dà luogo allo stesso momento angolare quadridimensionale totale della densità di momento angolare canonica $\widetilde{M}^{\mu\alpha\beta}$ (3.61).

Si osservi che, grazie alla simmetria di $T^{\mu\nu}$, il tensore $M^{\mu\alpha\beta}$ soddisfa automaticamente l'equazione di continuità $\partial_\mu M^{\mu\alpha\beta} = 0$, si veda la derivazione (2.139). La dimostrazione del teorema segue una strategia molto simile a quella usata nella Sezione 3.4 per dimostrare l'esistenza di un tensore energia-impulso simmetrico: sfrutteremo il fatto che la densità di momento angolare è determinata a meno della quadridivergenza di un tensore $\Lambda^{\mu\nu\alpha\beta}$, con opportune proprietà di antisimmetria. Più precisamente supporremo che tale tensore sia antisimmetrico nella prima coppia di indici, oltre che nella seconda

$$\Lambda^{\mu\nu\alpha\beta} = -\Lambda^{\nu\mu\alpha\beta} = -\Lambda^{\mu\nu\beta\alpha}. \tag{3.81}$$

Se $\mathcal{L}$ è Lorentz-invariante il teorema di Nöther assicura l'esistenza del tensore $\widetilde{M}^{\mu\alpha\beta}$ (3.61) – soddisfacente $\partial_\mu \widetilde{M}^{\mu\alpha\beta} = 0$ – e possiamo definire la nuova densità di momento angolare

$$M^{\mu\alpha\beta} \equiv \widetilde{M}^{\mu\alpha\beta} + \partial_\rho \Lambda^{\rho\mu\alpha\beta}. \tag{3.82}$$

Questo tensore gode infatti delle proprietà:

1) $M^{\mu\alpha\beta} = -M^{\mu\beta\alpha}$;

2) $\partial_\mu M^{\mu\alpha\beta} = 0$;

3) $L^{\alpha\beta} \equiv \int M^{0\alpha\beta} d^3x = \int \widetilde{M}^{0\alpha\beta} d^3x \equiv \widetilde{L}^{\alpha\beta}$.

La proprietà 1) segue dall'antisimmetria di $\Lambda^{\rho\mu\alpha\beta}$ nella seconda coppia di indici. La proprietà 2) si dimostra valutando la quadridivergenza

$$\partial_\mu M^{\mu\alpha\beta} = \partial_\mu \widetilde{M}^{\mu\alpha\beta} + \partial_\mu\partial_\rho \Lambda^{\rho\mu\alpha\beta} = 0.$$

Il termine $\partial_\mu\partial_\rho\Lambda^{\rho\mu\alpha\beta}$ si annulla, infatti, poiché una coppia di indici simmetrici contrae una coppia di indici antisimmetrici. Per dimostrare la proprietà 3) valutiamo la differenza

$$L^{\alpha\beta} - \widetilde{L}^{\alpha\beta} = \int \left(M^{0\alpha\beta} - \widetilde{M}^{0\alpha\beta} \right) d^3x = \int \partial_\rho \Lambda^{\rho 0\alpha\beta} d^3x$$

$$= \int \partial_i \Lambda^{i0\alpha\beta} d^3x = \int_{\Gamma_\infty} \Lambda^{i0\alpha\beta} d\Sigma^i = 0.$$

Abbiamo sfruttato il fatto che $\Lambda^{00\alpha\beta} = 0$ – grazie all'antisimmetria di $\Lambda^{\rho\mu\alpha\beta}$ nella prima coppia di indici – e abbiamo supposto che $\Lambda^{\rho\mu\alpha\beta}$ si annulli all'infinito spaziale con sufficiente rapidità. In conclusione, il tensore (3.82) è conservato e dà luogo allo stesso momento angolare totale di $\widetilde{M}^{\mu\alpha\beta}$.

Dimostrazione. Per dimostrare il teorema è ora sufficiente individuare un tensore $\Lambda^{\rho\mu\alpha\beta}$ con le proprietà di antisimmetria richieste, tale che il membro di destra della (3.82) si riduca al membro di destra della (3.80). Iniziamo ricordando la definizione della densità di momento angolare canonica

$$\widetilde{M}^{\mu\alpha\beta} = x^\alpha \widetilde{T}^{\mu\beta} - x^\beta \widetilde{T}^{\mu\alpha} + V^{\mu\alpha\beta}, \qquad V^{\mu\alpha\beta} \equiv \Pi^{\mu r} \Sigma^{\alpha\beta}{}_r{}^s \varphi_s \qquad (3.83)$$

e la relazione tra il tensore energia-impulso canonico e quello simmetrico

$$T^{\mu\nu} = \widetilde{T}^{\mu\nu} + \partial_\rho \phi^{\rho\mu\nu}, \qquad \phi^{\rho\mu\nu} \equiv \frac{1}{2}\left(V^{\rho\mu\nu} - V^{\mu\rho\nu} - V^{\nu\rho\mu} \right). \qquad (3.84)$$

Sostituendo nella (3.83) $\widetilde{T}^{\mu\nu}$ con $T^{\mu\nu} - \partial_\rho\phi^{\rho\mu\nu}$ otteniamo

$$\begin{aligned}
\widetilde{M}^{\mu\alpha\beta} &= x^\alpha T^{\mu\beta} - x^\beta T^{\mu\alpha} - x^\alpha \partial_\rho\phi^{\rho\mu\beta} + x^\beta \partial_\rho\phi^{\rho\mu\alpha} + V^{\mu\alpha\beta} \\
&= x^\alpha T^{\mu\beta} - x^\beta T^{\mu\alpha} - \partial_\rho \left(x^\alpha \phi^{\rho\mu\beta} - x^\beta \phi^{\rho\mu\alpha} \right) + \phi^{\alpha\mu\beta} - \phi^{\beta\mu\alpha} + V^{\mu\alpha\beta} \\
&= x^\alpha T^{\mu\beta} - x^\beta T^{\mu\alpha} - \partial_\rho \left(x^\alpha \phi^{\rho\mu\beta} - x^\beta \phi^{\rho\mu\alpha} \right).
\end{aligned}$$

$$(3.85)$$

Nell'ultimo passaggio abbiamo usato la definizione di $\phi^{\rho\mu\nu}$ (3.84), che comporta l'identità

$$\phi^{\alpha\mu\beta} - \phi^{\beta\mu\alpha} = -V^{\mu\alpha\beta}.$$

Ponendo

$$\Lambda^{\rho\mu\alpha\beta} \equiv x^\alpha \phi^{\rho\mu\beta} - x^\beta \phi^{\rho\mu\alpha} \tag{3.86}$$

la (3.85) si scrive in definitiva

$$\widetilde{M}^{\mu\alpha\beta} + \partial_\rho \Lambda^{\rho\mu\alpha\beta} = x^\alpha T^{\mu\beta} - x^\beta T^{\mu\alpha}.$$

Visto che il tensore $\Lambda^{\rho\mu\alpha\beta}$ in (3.86) per costruzione soddisfa le relazioni (3.81) il teorema è pertanto dimostrato.   □

3.6 Problemi

3.1. Si consideri un campo scalare reale φ, descrivente una particella neutra di spin zero e massa m, con lagrangiana

$$\mathcal{L} = \frac{1}{2}\left(\partial_\mu\varphi\partial^\mu\varphi - m^2\varphi^2\right) - \frac{\lambda}{4!}\varphi^4,$$

dove m e λ sono costanti reali.

a) Si scrivano le equazioni di Eulero-Lagrange relative alla lagrangiana $\mathcal{L}$.
b) Si verifichi esplicitamente che tali equazioni sono equivalenti alla richiesta di stazionarietà dell'azione $I = \int_{t_1}^{t_2} \mathcal{L}\, d^4x$ per variazioni generiche del campo φ, purché nulle in $t = t_1$ e $t = t_2$.

3.2. Si consideri un campo scalare complesso $\Phi = \varphi_1 + i\varphi_2$, descrivente una particella carica di spin zero e massa m, con lagrangiana

$$\mathcal{L} = \partial_\mu\Phi^*\partial^\mu\Phi - m^2\Phi^*\Phi - \frac{\lambda}{4}\left(\Phi^*\Phi\right)^2,$$

dove m e λ sono costanti reali.

a) Si scrivano le equazioni di Eulero-Lagrange relative alla lagrangiana $\mathcal{L}$.
   Suggerimento. Si considerino Φ e Φ^* come campi indipendenti.
b) Si dica per quali valori di λ e m le equazioni del moto di φ_1 e φ_2 risultano disaccoppiate tra di loro.

3.3. Si consideri la lagrangiana $\mathcal{L}$ (3.31) e l'azione associata

$$I = \int_{t_1}^{t_2} \mathcal{L}\, d^4x.$$

a) Si determini la variazione di I per variazioni arbitrarie di A_μ.
b) Si verifichi che la variazione di I è nulla per variazioni arbitrarie di A_μ, purché nulle in $t = t_1$ e $t = t_2$, se e solo se A_μ soddisfa l'equazione di Maxwell (3.29).

3.4. Si consideri la lagrangiana del campo scalare reale del Problema 3.1.

a) Si derivi la forma del tensore energia-impulso canonico analizzandone le proprietà di simmetria.

b) Si scriva l'espressione esplicita della densità di energia e dell'energia totale. Per quali valori di λ l'energia è definita positiva?

3.5. Si verifichi esplicitamente che il tensore energia-impulso canonico del campo di Maxwell libero dato in (3.67) ha quadridivergenza nulla.

3.6. Si dimostri che in una teoria di campo di soli campi scalari il tensore energia-impulso canonico (3.60) è simmetrico.

Suggerimento. Per l'invarianza di Lorentz la lagrangiana può dipendere da $\partial_\mu \varphi_r$ solo attraverso la matrice $M_{rs} = \partial_\mu \varphi_r \partial^\mu \varphi_s$, simmetrica in r ed s.

3.7. Si verifichi che per un campo di Maxwell libero il tensore $\phi^{\rho\mu\nu}$ ha la forma (3.79).

Suggerimento. Occorre inserire la (3.78) nell'espressione generale (3.72).

3.8. Si determini la densità di momento angolare canonico $\widetilde{M}^{\mu\alpha\beta}$ per un campo di Maxwell libero. Si verifichi che il tensore $\widetilde{M}^{\mu\alpha\beta} + \partial_\rho \Lambda^{\rho\mu\alpha\beta}$, con $\Lambda^{\rho\mu\alpha\beta}$ dato in (3.86), uguaglia l'espressione standard $x^\alpha T_{em}^{\mu\beta} - x^\beta T_{em}^{\mu\alpha}$.

3.9. Si consideri una teoria di campo descritta dai sei campi lagrangiani $\varphi \equiv \{\mathbf{E}, \mathbf{B}\}$ con lagrangiana

$$\mathcal{L} = \mathbf{E} \cdot \frac{\partial \mathbf{B}}{\partial t} + \frac{1}{2} \left(\mathbf{E} \cdot \boldsymbol{\nabla} \times \mathbf{E} + \mathbf{B} \cdot \boldsymbol{\nabla} \times \mathbf{B} \right) - \mathbf{j} \cdot \mathbf{B},$$

$\mathbf{j}$ essendo un campo esterno indipendente da $\mathbf{E}$ e $\mathbf{B}$. Si confrontino le equazioni di Eulero-Lagrange relative a $\mathcal{L}$ con le equazioni di Maxwell (2.51)-(2.54).

3.10. *Teorema di Nöther per simmetrie interne.* Si consideri la lagrangiana $\mathcal{L}$ del campo complesso del Problema 3.2.

a) Si verifichi che $\mathcal{L}$ è invariante sotto il gruppo a un parametro di trasformazioni di gauge *globali*

$$\Phi'(x) = e^{i\Lambda}\Phi(x), \quad \Phi^{*\prime}(x) = e^{-i\Lambda}\Phi^*(x), \quad \Lambda \in \mathbb{R},$$

dove Λ è indipendente da x. L'insieme delle fasi $\{e^{i\Lambda}, \Lambda \in \mathbb{R}\}$ forma un gruppo *unitario* che viene indicato comunemente con $U(1)$.

b) Si verifichi che sotto una generica variazione infinitesima $\Phi \to \Phi + \delta\Phi$ si ha

$$\delta\mathcal{L} = \left(\frac{\partial \mathcal{L}}{\partial \Phi} - \partial_\mu \frac{\partial \mathcal{L}}{\partial(\partial_\mu \Phi)} \right)\delta\Phi + \partial_\mu \left(\frac{\partial \mathcal{L}}{\partial(\partial_\mu \Phi)}\delta\Phi \right) + c.c.$$

c) Si dimostri il teorema di Nöther relativo al gruppo di simmetria di cui al quesito a) e si determini la corrente conservata J^μ associata.

Suggerimento. La trasformazione infinitesima del campo ha la forma $\delta\Phi = \Phi' - \Phi = i\Lambda\Phi$.

d) Si verifichi esplicitamente che la corrente J^μ soddisfa l'equazione di continuità, purché il campo Φ soddisfi le equazioni di Eulero-Lagrange determinate nel Problema 3.2.

4

Il metodo variazionale in Elettrodinamica

In questo capitolo applichiamo il metodo variazionale all'Elettrodinamica. Questo sistema fisico costituisce una *teoria di campo* – descritta dal campo lagrangiano $A_\mu(x)$ – interagente con un sistema di particelle cariche descritte dalle linee di universo $y_r^\mu(\lambda_r)$. Prima di considerare il sistema accoppiato stabiliamo la forma dell'azione di una particella relativistica libera.

4.1 Azione della particella libera

Per definizione l'azione di una particella relativistica libera deve dare luogo all'equazione del moto

$$\frac{dp^\mu}{ds} = 0, \tag{4.1}$$

dove $p^\mu = mu^\mu$. In sostanza si tratta, dunque, di trovare la generalizzazione relativistica dell'azione newtoniana della particella libera

$$I_0[\mathbf{y}] = \int_{t_a}^{t_b} \left(\frac{1}{2}\,mv^2\right)dt, \qquad \mathbf{v} = \frac{d\mathbf{y}}{dt}, \tag{4.2}$$

le cui coordinate lagrangiane sono le leggi orarie $\mathbf{y}(t)$. Il primo passo nella formulazione di un principio variazionale consiste nell'identificazione delle coordinate lagrangiane. Siccome stiamo cercando un'azione relativistica le coordinate lagrangiane appropriate non sono le $\mathbf{y}(t)$, ma piuttosto le quattro funzioni $y^\mu(\lambda)$ che parametrizzano la linea di universo. Visto poi che l'equazione (4.1) che vogliamo derivare è invariante sia sotto trasformazioni di Poincaré che sotto le riparametrizzazioni $y^\mu(\lambda) \to y^\mu(\lambda(\lambda'))$, tale dovrà essere l'azione $I[y]$ che stiamo cercando.

Come primo passo nella covariantizzazione di I_0 sostituiamo la misura dt con la misura ds, invariante sia sotto trasformazioni di Poincaré che sotto riparametrizza-

Lechner K.: Elettrodinamica classica
DOI 10.1007/978-88-470-5211-6_4, © Springer-Verlag Italia 2013

zioni

$$ds = \sqrt{\frac{dy^\mu}{d\lambda}\frac{dy_\mu}{d\lambda}}\,d\lambda.$$

Si noti che nel limite non relativistico ds si riduce in effetti a $c\,dt$, dove abbiamo ripristinato la velocità della luce. L'azione che stiamo cercando dovrà dunque avere la forma

$$I[y] = \int_a^b l(y,\dot{y})\,ds$$

per un'opportuna lagrangiana invariante l. In questa espressione a e b indicano gli estremi del tratto di linea di universo considerato e abbiamo introdotto la notazione

$$\dot{y}^\mu = \frac{dy^\mu}{d\lambda},$$

che sarà adottata solo in questo capitolo. Al contrario delle "velocità" $\dot{y}^\mu$ le coordinate y^μ non sono invarianti sotto traslazioni e di conseguenza l può dipendere solo dalle prime. D'altro canto l'unico quadriscalare indipendente che possiamo formare con $\dot{y}^\mu$ è il quadrato $\dot{y}^\mu\dot{y}_\mu$ – che tuttavia non è invariante per riparametrizzazione. Di conseguenza l non può dipendere nemmeno da $\dot{y}^\mu$ e pertanto deve essere una costante. L'azione relativistica ha dunque la forma

$$I[y] = l\int_a^b ds, \tag{4.3}$$

che da un punto di vista geometrico corrisponde alla *lunghezza* del tratto della linea di universo compreso tra a e b.

Per determinare, infine, la costante l imponiamo che nel limite non relativistico $v \ll c$ l'espressione (4.3) si riduca all'azione I_0 (4.2). A questo scopo eseguiamo lo sviluppo non relativistico dell'elemento di linea

$$ds = \sqrt{c^2 - v^2}\,dt = \left(1 - \frac{v^2}{2c^2} + o\left(\frac{v}{c}\right)^4\right)c\,dt$$

e lo inseriamo nella (4.3) arrestandoci al termine di ordine v^2/c^2

$$I[y] = lc(t_b - t_a) - \frac{l}{2c}\int_{t_a}^{t_b} v^2 dt.$$

Il primo termine è indipendente dalle variabili dinamiche ed è dunque irrilevante. Il secondo si riduce effettivamente a I_0 se poniamo $l = -mc$. Per l'azione relativistica di una particella libera otteniamo quindi l'espressione

$$I[y] = -mc\int_a^b ds = -mc\int_a^b \sqrt{\frac{dy^\mu}{d\lambda}\frac{dy_\mu}{d\lambda}}\,d\lambda. \tag{4.4}$$

Di seguito poniamo la velocità della luce di nuovo uguale a uno.

Derivazione dell'equazione del moto. Determiniamo ora le linee di universo che rendono stazionaria l'azione (4.4) per variazioni arbitrarie delle coordinate[1]

$$\delta y^\mu(\lambda) = y'^\mu(\lambda) - y^\mu(\lambda),$$

purché nulle ai bordi

$$\delta y^\mu(a) = 0 = \delta y^\mu(b). \tag{4.5}$$

Non è difficile dimostrare che le linee di universo in questione sono esattamente quelle che soddisfano le equazioni (4.1). Per farlo vedere calcoliamo la variazione dell'azione (4.4) per variazioni generiche delle coordinate. Otteniamo

$$\delta I = -m \int_a^b \frac{1}{2\sqrt{\frac{dy^\mu}{d\lambda}\frac{dy_\mu}{d\lambda}}} \delta\left(\frac{dy^\mu}{d\lambda}\frac{dy_\mu}{d\lambda}\right) d\lambda = -m \int_a^b \left(\frac{dy^\mu}{d\lambda}\frac{d\,\delta y_\mu}{d\lambda}\right) ds, \tag{4.6}$$

dove abbiamo usato l'identità

$$\sqrt{\frac{dy^\mu}{d\lambda}\frac{dy_\mu}{d\lambda}} = \frac{ds}{d\lambda}.$$

Usandola nuovamente, e ricordando la definizione $p^\mu = m\,dy^\mu/ds$, possiamo riscrivere la (4.6) come

$$\delta I = -\int_a^b p^\mu \frac{d\delta y_\mu}{ds}\, ds.$$

Integrando per parti otteniamo infine

$$\delta I = -p^\mu \delta y_\mu \Big|_a^b + \int_a^b \frac{dp^\mu}{ds}\, \delta y_\mu\, ds.$$

Grazie alle condizioni al bordo (4.5) il primo termine si annulla. Richiedendo che l'azione sia stazionaria per variazioni δy^μ altrimenti arbitrarie ricaviamo quindi le condizioni di stazionarietà cercate

$$\frac{dp^\mu}{ds} = 0.$$

4.2 Azione dell'Elettrodinamica

Consideriamo ora un sistema di particelle cariche in interazione con il campo elettromagnetico. Se introduciamo come di consueto un potenziale vettore A_μ

---

[1] In alternativa l'azione (4.4) potrebbe essere considerata come funzionale delle coordinate lagrangiane $\mathbf{y}(t)$, al posto delle $y^\mu(\lambda)$. In tal caso si otterrebbero equazioni del moto fisicamente equivalenti, che tuttavia non sarebbero *covarianti a vista*. Nel caso della particella libera, ad esempio, dall'azione (4.4) seguirebbe l'equazione $d\mathbf{p}/dt = 0$, al posto di $dp^\mu/ds = 0$.

ponendo

$$F_{\mu\nu} = \partial_\mu A_\nu - \partial_\nu A_\mu,$$

le equazioni del moto del sistema sono l'equazione di Maxwell (2.20) per il potenziale vettore e le equazioni di Lorentz (2.18) per le particelle. In questa sezione vogliamo riderivare queste equazioni da un principio variazionale.

Punto di partenza deve essere un'azione $I[A, y]$ – funzionale del campo elettromagnetico $A_\mu(x)$ e delle linee di universo $y \equiv \{y_r^\mu(\lambda_r)\}_{r=1}^N$ delle particelle – che sia invariante sotto trasformazioni di Poincaré. Nel Paragrafo 3.2.3 abbiamo derivato l'equazione di Maxwell dalla lagrangiana (3.31) e conosciamo, inoltre, l'azione (4.4) di una particella libera. Per l'azione del sistema accoppiato viene allora naturale ipotizzare l'espressione

$$I[A, y] = -\frac{1}{4} \int_{\Sigma_a}^{\Sigma_b} F^{\mu\nu} F_{\mu\nu}\, d^4x - \int_{\Sigma_a}^{\Sigma_b} A_\mu j^\mu\, d^4x - \sum_r m_r \int_{a_r}^{b_r} ds_r \equiv I_1 + I_2 + I_3. \tag{4.7}$$

In questa espressione gli integrali quadridimensionali sono eseguiti tra due ipersuperfici di tipo spazio Σ_a e Σ_b non intersecanti e a_r e b_r sono rispettivamente i punti di intersezione della linea di universo r-esima con Σ_a e Σ_b[2]. Interpretiamo I_1 come il termine descrivente la propagazione libera del campo elettromagnetico, I_3 come il termine descrivente il moto libero delle cariche e I_2 come il termine descrivente l'interazione tra campo e cariche. La giustificazione ultima dell'azione (4.7) deriva ovviamente dal fatto che essa dà luogo alle equazioni del moto desiderate, come faremo vedere di seguito.

Per impostare il problema variazionale è conveniente porre l'azione in una forma diversa. Inserendo la definizione della corrente riscriviamo il termine di interazione come

$$I_2 = -\int_{\Sigma_a}^{\Sigma_b} A_\mu(x) \sum_r e_r \int \delta^4(x - y_r)\, dy_r^\mu\, d^4x = -\sum_r e_r \int_{a_r}^{b_r} A_\mu(y_r)\, dy_r^\mu. \tag{4.8}$$

Come nella Sezione 4.1 introduciamo per le derivate delle coordinate lagrangiane la notazione abbreviata

$$\dot{y}_r^\mu = \frac{dy_r^\mu}{d\lambda_r}.$$

In base alle relazioni (4.4) e (4.8) otteniamo allora

$$I_2 + I_3 = -\sum_r \int_{a_r}^{b_r} \left(m_r\, ds_r + e_r A_\mu(y_r)\, dy_r^\mu \right) \tag{4.9}$$

$$= -\sum_r \int_{a_r}^{b_r} \left(m_r \sqrt{\dot{y}_r^\mu \dot{y}_{r\mu}} + e_r A_\mu(y_r)\, \dot{y}_r^\mu \right) d\lambda_r \tag{4.10}$$

$$= \sum_r \int_{a_r}^{b_r} L_r(y_r, \dot{y}_r)\, d\lambda_r, \tag{4.11}$$

---

[2] La linea di universo γ_r interseca le ipersuperfici Σ_a e Σ_b al massimo una volta, poiché la prima è di tipo tempo e le seconde sono di tipo spazio.

avendo introdotto le lagrangiane di particella singola

$$L_r(y_r, \dot{y}_r) = -m_r \sqrt{\dot{y}_r^\nu \dot{y}_{r\nu}} - e_r A_\nu(y_r)\, \dot{y}_r^\nu. \qquad (4.12)$$

Dalle formule riportate si vede infine che l'azione (4.7) può essere posta nella forma

$$I[A, y] = \int_{\Sigma_a}^{\Sigma_b} \mathcal{L}\, d^4x,$$

se si definisce la lagrangiana

$$\mathcal{L} = -\frac{1}{4} F^{\mu\nu} F_{\mu\nu} - A_\mu j^\mu - \sum_r m_r \int \delta^4(x - y_r)\, ds_r \qquad (4.13)$$

$$\equiv \mathcal{L}_1 + \mathcal{L}_2 + \mathcal{L}_3 = \mathcal{L}_1 + \sum_r \int L_r\, \delta^4(x - y_r)\, d\lambda_r. \qquad (4.14)$$

Problema variazionale. Secondo il principio di minima azione cerchiamo ora le configurazioni di campi e particelle che rendono stazionaria l'azione $I[A, y]$ per variazioni δA^μ e δy_r^μ arbitrarie, purché soddisfacenti

$$\delta A^\mu|_{\Sigma_a} = 0 = \delta A^\mu|_{\Sigma_b}, \qquad \delta y_r^\mu(a_r) = 0 = \delta y_r^\mu(b_r).$$

Consideriamo separatamente variazioni dei campi e variazioni delle linee di universo. Dal momento che I_3 è indipendente da A_μ, per quanto riguarda le variazioni dei campi il problema si riduce a considerare l'azione $I_1 + I_2 = \int d^4x\, (\mathcal{L}_1 + \mathcal{L}_2)$. Sappiamo, tuttavia, che le configurazioni dei campi che rendono questa azione stazionaria sono quelle che soddisfano le equazioni di Eulero-Lagrange relative alla lagrangiana $\mathcal{L}_1 + \mathcal{L}_2$. D'altra parte queste ultime sono state derivate nel Paragrafo 3.2.3 e viste coincidere con l'equazione di Maxwell, si veda la (3.33).

Equazione di Lorentz. Resta da imporre la stazionarietà dell'azione per variazioni delle linee di universo. Dal momento che I_1 è indipendente dalle coordinate y_r^μ, in questo caso è sufficiente considerare l'azione $I_2 + I_3$. Valutando la variazione di $I_2 + I_3$ – sfruttando le tecniche usate nella sezione precedente – si trova effettivamente che le condizioni di stazionarietà coincidono proprio con le equazioni di Lorentz, si veda il Problema 4.1.

Di seguito proponiamo una dimostrazione alternativa di questo risultato, basata sul metodo lagrangiano per un sistema a un numero finito di gradi di libertà, descritto nella Sezione 3.1. A tale scopo consideriamo l'azione $I_2 + I_3$ nella forma (4.11). Questa azione si può scrivere come una somma di N termini

$$I_2 + I_3 = \sum_r I[y_r], \qquad I[y_r] = \int_{a_r}^{b_r} L_r(y_r, \dot{y}_r)\, d\lambda_r,$$

tale che il termine r-esimo dipenda solo dalle coordinate y_r^μ. L'azione $I_2 + I_3$ sarà pertanto stazionaria se ciascuna azione $I[y_r]$ è stazionaria per variazioni arbitrarie delle y_r^μ con le solite condizioni agli estremi. D'altra parte $I[y_r]$ è l'integrale della lagrangiana ordinaria (4.12). Dalla Sezione 3.1 sappiamo allora che le condizioni di stazionarietà di questa azione sono equivalenti alle equazioni di Lagrange relative a L_r

$$\frac{d}{d\lambda_r}\frac{\partial L_r}{\partial \dot{y}_r^\mu} - \frac{\partial L_r}{\partial y_r^\mu} = 0.$$

Valutiamo ora esplicitamente i due termini di queste equazioni, tralasciando per semplicità l'indice r. Dalla (4.12) segue immediatamente

$$\frac{\partial L}{\partial y^\mu} = -e\,\partial_\mu A_\nu \dot{y}^\nu.$$

Similmente otteniamo

$$\frac{\partial L}{\partial \dot{y}^\mu} = -\frac{m\dot{y}_\mu}{\sqrt{\dot{y}^\nu \dot{y}_\nu}} - eA_\mu = -p_\mu - eA_\mu, \qquad (4.15)$$

dove abbiamo introdotto il quadrimomento $p_\mu = m\,dy^\mu/ds$ della particella e sfruttato la relazione $\sqrt{\dot{y}^\nu \dot{y}_\nu} = ds/d\lambda$. Infine dobbiamo valutare la derivata

$$\frac{d}{d\lambda}\frac{\partial L}{\partial \dot{y}^\mu} = -\frac{dp_\mu}{d\lambda} - e\,\dot{y}^\nu \partial_\nu A_\mu.$$

Le equazioni di Lagrange diventano in definitiva

$$\frac{d}{d\lambda}\frac{\partial L}{\partial \dot{y}^\mu} - \frac{\partial L}{\partial y^\mu} = -\frac{dp_\mu}{d\lambda} + e\dot{y}^\nu(\partial_\mu A_\nu - \partial_\nu A_\mu) = -\frac{ds}{d\lambda}\left(\frac{dp_\mu}{ds} - eF_{\mu\nu}u^\nu\right) = 0, \quad (4.16)$$

da cui segue l'equazione di Lorentz.

Invarianza per parità e inversione temporale. Nel Paragrafo 2.2.2 abbiamo visto che le equazioni fondamentali dell'Elettrodinamica sono invarianti sotto il gruppo di Lorentz completo $O(1,3)$ e tale deve pertanto anche essere l'azione da cui esse discendono. Sotto il gruppo di Lorentz *proprio* $SO(1,3)_c$ l'azione (4.7) è invariante in modo manifesto. Resta allora da verificare la sua invarianza sotto le simmetrie discrete $\mathcal{P}$ e $\mathcal{T}$, si veda il Paragrafo 1.4.3. Iniziamo la verifica osservando che, mentre il tempo proprio $ds = \sqrt{1-v^2}\,dt$ è scalare sotto $\mathcal{P}$ e *pseudoscalare* sotto $\mathcal{T}$, l'integrale $\int ds$ è invece invariante sia sotto $\mathcal{P}$ che sotto $\mathcal{T}$. Inoltre, in base alle leggi di trasformazione (2.27), (2.29) e (2.47), sotto parità A^μ, $F^{\mu\nu}$ e j^μ si trasformano come tensori e l'azione è quindi manifestamente invariante sotto $\mathcal{P}$. Sotto inversione temporale, d'altra parte, A^μ, $F^{\mu\nu}$ e j^μ si trasformano come *pseudotensori*. Tuttavia, visto che nella (4.7) questi tensori appaiono moltiplicati fra loro – e prodotti tra pseudotensori sono tensori – l'azione risulta parimenti invariante sotto $\mathcal{T}$.

4.3 Teorema di Nöther

Nella Sezione 4.2 abbiamo derivato le equazioni fondamentali dell'Elettrodinamica da un'azione relativisticamente invariante. Conseguentemente ricorrendo al teorema di Nöther possiamo ricavare le espressioni delle correnti conservate $T^{\mu\nu}$ e $M^{\mu\alpha\beta}$, sfruttando l'invarianza dell'azione rispettivamente sotto traslazioni e sotto trasformazioni di Lorentz. La dimostrazione del teorema segue essenzialmente lo schema adottato nel Capitolo 3 per un sistema di soli campi. Tuttavia, per via della presenza delle particelle da un punto di vista tecnico essa sarà leggermente più complicata.

Seguendo la strategia della Sezione 3.3 impostiamo la dimostrazione a partire non dall'azione, bensì dalla lagrangiana (4.14) del sistema

$$\mathcal{L} = \mathcal{L}_1 + \sum_r \int L_r \, \delta^4(x - y_r) \, d\lambda_r, \qquad (4.17)$$

dove

$$\mathcal{L}_1 = -\frac{1}{4} \, F^{\mu\nu} F_{\mu\nu}, \qquad L_r = -m_r \sqrt{\dot{y}_r^\nu \dot{y}_{r\nu}} - e_r A_\nu(y_r) \, \dot{y}_r^\nu.$$

Per brevità indicheremo le dipendenze funzionali della lagrangiana (4.17) con $\mathcal{L}(A(x), y_r, x)$, omettendo di indicare esplicitamente la dipendenza dalle derivate $\partial_\nu A^\mu$ e $\dot{y}_r^\mu$. Formalmente questa lagrangiana esibisce anche una dipendenza esplicita dalla coordinata x – indicata dal suo terzo argomento – attraverso le funzioni simboliche $\delta^4(x - y_r)$. Nondimeno, come vedremo fra poco, in questo caso l'invarianza per traslazioni viene preservata.

Per le trasformazioni di Poincaré adottiamo le notazioni del Paragrafo 3.3.1. Per trasformazioni finite abbiamo

$$x'^\mu = \Lambda^\mu{}_\nu x^\nu + a^\mu, \qquad y_r'^\mu = \Lambda^\mu{}_\nu y_r^\nu + a^\mu, \qquad A'^\mu(x') = \Lambda^\mu{}_\nu A^\nu(x),$$

sicché per trasformazioni infinitesime $\Lambda^\mu{}_\nu = \delta^\mu{}_\nu + \omega^\mu{}_\nu$ otteniamo

$$\delta x^\mu = x'^\mu - x^\mu = a^\mu + \omega^\mu{}_\nu x^\nu, \qquad \delta y_r^\mu = y_r'^\mu - y_r^\mu = a^\mu + \omega^\mu{}_\nu y_r^\nu. \quad (4.18)$$

La trasformazione infinitesima in forma di A^μ si ricava dalle relazioni (3.48) e (3.53)

$$\delta A_\mu \equiv A'_\mu(x) - A_\mu(x) = -\delta x^\nu \partial_\nu A_\mu + \overline{\delta} A_\mu = -\delta x^\nu \partial_\nu A_\mu + \omega_\mu{}^\nu A_\nu. \quad (4.19)$$

L'invarianza di $\mathcal{L}$ sotto trasformazioni di Poincaré è allora espressa dall'identità

$$\Delta \mathcal{L} \equiv \mathcal{L}(A'(x'), y_r', x') - \mathcal{L}(A(x), y_r, x) = 0. \qquad (4.20)$$

Gli unici elementi della lagrangiana (4.17) la cui invarianza deve essere controllata esplicitamente sono le distribuzioni-δ

$$\delta^4(x' - y_r') = \delta^4(\Lambda x + a - (\Lambda y_r + a)) = \delta^4(\Lambda(x - y_r)) = \frac{\delta^4(x - y_r)}{|det \Lambda|} = \delta^4(x - y_r).$$

Ciò significa in particolare che le trasformazioni delle distribuzioni-δ in seguito potranno essere ignorate.

In analogia con il caso di una teoria con soli campi manipoliamo ora l'identità (4.20) scrivendo

$$\Delta\mathcal{L} = \big(\mathcal{L}(A'(x'), y'_r, x') - \mathcal{L}(A'(x), y_r, x)\big) + \big(\mathcal{L}(A'(x), y_r, x) - \mathcal{L}(A(x), y_r, x)\big).$$

I due termini nella prima parentesi tonda differiscono per le variazioni (4.18) di x e y_r, mentre i due termini nella seconda parentesi differiscono per la trasformazione in forma di A^μ (4.19). Nella prima parentesi per $\mathcal{L}$ conviene usare l'espressione (4.17), mentre nella seconda è più conveniente ricorrere all'espressione equivalente (4.13). Per la variazione *infinitesima* di $\mathcal{L}$ otteniamo in tal modo

$$\delta\mathcal{L} = \left(\delta x^\mu \partial_\mu \mathcal{L}_1 + \sum_r \int \delta L_r\, \delta^4(x - y_r)\, d\lambda_r\right) + \left(\frac{\partial\mathcal{L}}{\partial A_\nu}\delta A_\nu + \Pi^{\mu\nu}\partial_\mu\delta A_\nu\right), \quad (4.21)$$

dove δL_r indica la variazione di L_r per le variazioni δy_r in (4.18), e abbiamo introdotto i consueti momenti coniugati $\Pi^{\mu\nu} = \partial\mathcal{L}/\partial(\partial_\mu A_\nu) = -F^{\mu\nu}$. Usando la (4.13) possiamo riscrivere l'espressione nella seconda parentesi come

$$\frac{\partial\mathcal{L}}{\partial A_\nu}\delta A_\nu + \Pi^{\mu\nu}\partial_\mu\delta A_\nu = \partial_\mu(\Pi^{\mu\nu}\delta A_\nu) + \left(\frac{\partial\mathcal{L}}{\partial A_\nu} - \partial_\mu\Pi^{\mu\nu}\right)\delta A_\nu,$$

$$= \partial_\mu(\Pi^{\mu\nu}\delta A_\nu) + (\partial_\mu F^{\mu\nu} - j^\nu)\delta A_\nu,$$

dove nell'ultimo termine riconosciamo l'equazione di Maxwell. In modo analogo possiamo manipolare δL_r facendo comparire le equazioni di Lorentz

$$\delta L_r = \delta y_r^\nu \frac{\partial L_r}{\partial y_r^\nu} + \delta\dot{y}_r^\nu \frac{\partial L_r}{\partial\dot{y}_r^\nu} = \frac{d}{d\lambda_r}\left(\delta y_r^\nu \frac{\partial L_r}{\partial\dot{y}_r^\nu}\right) + \delta y_r^\nu\left(\frac{\partial L_r}{\partial y_r^\nu} - \frac{d}{d\lambda_r}\frac{\partial L_r}{\partial\dot{y}_r^\nu}\right)$$

$$= \frac{d}{d\lambda_r}\left(\delta y_r^\nu \frac{\partial L_r}{\partial\dot{y}_r^\nu}\right) + \frac{ds_r}{d\lambda_r}\left(\frac{dp_{r\nu}}{ds_r} - F_{\nu\mu}u_r^\mu\right)\delta y_r^\nu,$$

$$(4.22)$$

dove nell'ultimo passaggio abbiamo usato l'identità (4.16). Visto il modo in cui δL_r compare nella (4.21) il primo termine dell'espressione (4.22) contribuisce a $\delta\mathcal{L}$ con

$$\sum_r \int \frac{d}{d\lambda_r}\left(\delta y_r^\nu \frac{\partial L_r}{\partial\dot{y}_r^\nu}\right)\delta^4(x - y_r)\, d\lambda_r = -\sum_r \int \delta y_r^\nu \frac{\partial L_r}{\partial\dot{y}_r^\nu} \frac{d}{d\lambda_r}\delta^4(x - y_r)\, d\lambda_r$$

$$+ \sum_r \left(\delta y_r^\nu \frac{\partial L_r}{\partial\dot{y}_r^\nu}\delta^4(x - y_r)\right)\bigg|_{\lambda_r=-\infty}^{\lambda_r=+\infty}.$$

$$(4.23)$$

Per ogni x fissato per $\lambda_r \to \pm\infty$ la funzione simbolica $\delta^4(x - y_r)$ si annulla, cosicché il termine nella seconda riga è zero. Per quanto riguarda invece il termine nella prima riga notiamo che

$$\frac{d}{d\lambda_r}\,\delta^4(x - y_r) = -\dot{y}_r^\mu \partial_\mu \delta^4(x - y_r) = -\partial_\mu\big(\dot{y}_r^\mu \delta^4(x - y_r)\big).$$

L'espressione (4.23) si muta pertanto nella quadridivergenza

$$\sum_r \int \frac{d}{d\lambda_r}\left(\delta y_r^\nu \frac{\partial L_r}{\partial \dot{y}_r^\nu}\right)\delta^4(x - y_r)\,d\lambda_r = \partial_\mu \sum_r \left(\int \dot{y}_r^\mu\, \delta y_r^\nu \frac{\partial L_r}{\partial \dot{y}_r^\nu}\,\delta^4(x - y_r)\,d\lambda_r\right).$$

Inserendo questi risultati nella variazione (4.21), e notando che $\partial_\mu \delta x^\mu = 0$, otteniamo in definitiva

$$\delta \mathcal{L} = \partial_\mu\left(\delta x^\mu \mathcal{L}_1 + \Pi^{\mu\nu}\delta A_\nu + \sum_r \int \dot{y}_r^\mu\, \delta y_r^\nu \frac{\partial L_r}{\partial \dot{y}_r^\nu}\,\delta^4(x - y_r)\,d\lambda_r\right)$$
$$+ (\partial_\mu F^{\mu\nu} - j^\nu)\delta A_\nu + \sum_r \int \left(\frac{dp_{r\nu}}{ds_r} - F_{\nu\mu}u_r^\mu\right)\delta y_r^\nu\, \delta^4(x - y_r)\,ds_r.$$

$$(4.24)$$

La formula ottenuta ha la struttura prevista dal teorema di Nöther: uguaglia la variazione della lagrangiana alla quadridivergenza di un certo quadrivettore – dato nella prima riga di (4.24) – modulo termini proporzionali alle equazioni del moto. Ci resta solo da esplicitare la forma di questo quadrivettore, inserendovi le espressioni (4.15), (4.18) e (4.19). Per i primi due termini otteniamo

$$\delta x^\mu \mathcal{L}_1 + \Pi^{\mu\nu}\delta A_\nu = \delta x_\nu(\eta^{\mu\nu}\mathcal{L}_1 - \Pi^{\mu\alpha}\partial^\nu A_\alpha) + \Pi^{\mu\nu}\omega_{\nu\rho}A^\rho$$
$$= -\delta x_\nu \widetilde{T}_{em}^{\mu\nu} - F^{\mu\nu}\omega_{\nu\rho}A^\rho,$$

$$(4.25)$$

dove abbiamo ritrovato il tensore energia-impulso canonico $\widetilde{T}_{em}^{\mu\nu}$ del campo elettromagnetico (3.67). Nel terzo termine della (4.24) per le proprietà della distribuzione-δ possiamo sostituire δy_r^ν con δx^ν. Usando l'equazione (4.15) – e parametrizzando l'integrale con il tempo proprio ds_r – possiamo riscrivere questo termine come

$$\sum_r \int \dot{y}_r^\mu\, \delta y_r^\nu \frac{\partial L_r}{\partial \dot{y}_r^\nu}\,\delta^4(x - y_r)\,d\lambda_r$$
$$= -\delta x_\nu \sum_r \int u_r^\mu\big(p_r^\nu + e_r A^\nu(y_r)\big)\,\delta^4(x - y_r)\,ds_r = -\delta x_\nu\big(T_p^{\mu\nu} + j^\mu A^\nu\big),$$

dove abbiamo ritrovato il tensore energia-impulso $T_p^{\mu\nu}$ delle particelle (2.122). Sommando questa espressione all'espressione (4.25), ed esplicitando le variazioni $\delta x_\nu = a_\nu + \omega_{\nu\beta}x^\beta$, possiamo riscrivere il quadrivettore che compare nella (4.24) come

$$\delta x^\mu \mathcal{L}_1 + \Pi^{\mu\nu}\delta A_\nu + \sum_r \int \dot{y}_r^\mu \, \delta y_r^\nu \, \frac{\partial L_r}{\partial \dot{y}_r^\nu} \, \delta^4(x - y_r) \, d\lambda_r$$

$$= -\delta x_\nu \left(T_p^{\mu\nu} + \widetilde{T}_{em}^{\mu\nu} + j^\mu A^\nu \right) - F^{\mu\nu}\omega_{\nu\rho}A^\rho = -a_\nu \widetilde{T}^{\mu\nu} + \frac{1}{2}\,\omega_{\alpha\beta}\widetilde{M}^{\mu\alpha\beta},$$

avendo definito i tensori energia-impulso e densità di momento angolare *canonici* dell'Elettrodinamica

$$\widetilde{T}^{\mu\nu} = T_p^{\mu\nu} + \widetilde{T}_{em}^{\mu\nu} + j^\mu A^\nu, \qquad\qquad (4.26)$$

$$\widetilde{M}^{\mu\alpha\beta} = x^\alpha \widetilde{T}^{\mu\beta} - x^\beta \widetilde{T}^{\mu\alpha} - F^{\mu\alpha}A^\beta + F^{\mu\beta}A^\alpha. \qquad\qquad (4.27)$$

In definitiva la variazione infinitesima (4.21) può dunque essere posta nella forma

$$\delta\mathcal{L} = -a_\nu \partial_\mu \widetilde{T}^{\mu\nu} + \frac{1}{2}\,\omega_{\alpha\beta}\partial_\mu \widetilde{M}^{\mu\alpha\beta}$$

$$+(\partial_\mu F^{\mu\nu} - j^\nu)\,\delta A_\nu + \sum_r \int \left(\frac{dp_{r\nu}}{ds_r} - F_{\nu\mu}u_r^\mu \right)\delta y_r^\nu \, \delta^4(x - y_r)\,ds_r,$$

da confrontare con l'analoga identità (3.62) per una teoria di soli campi. Dato che la lagrangiana è invariante per l'intero gruppo di Poincaré vale identicamente $\delta\mathcal{L} = 0$. Concludiamo quindi che, se i campi e le particelle soddisfano le rispettive equazioni del moto, i tensori $\widetilde{T}^{\mu\nu}$ e $\widetilde{M}^{\mu\alpha\beta}$ risultano conservati

$$\partial_\mu \widetilde{T}^{\mu\nu} = 0 = \partial_\mu \widetilde{M}^{\mu\alpha\beta}. \qquad\qquad (4.28)$$

Tensore energia-impulso simmetrico. Constatiamo di nuovo che le correnti ottenute non hanno la forma trovata nei Paragrafi 2.4.3 e 2.4.4. In particolare $\widetilde{T}^{\mu\nu}$ è simmetrico e $\widetilde{M}^{\mu\alpha\beta}$ non ha la forma standard. Inoltre entrambi i tensori, dipendendo esplicitamente dal potenziale vettore A^μ, non sono gauge-invarianti. In particolare nella (4.26) il termine di *interferenza* $j^\mu A^\nu$ non è di facile interpretazione. Nondimeno anche in questo caso possiamo applicare la strategia generale per la simmetrizzazione del tensore energia-impulso sviluppata nella Sezione 3.4. Poniamo

$$T^{\mu\nu} = \widetilde{T}^{\mu\nu} + \partial_\rho \phi^{\rho\mu\nu}, \qquad \phi^{\rho\mu\nu} = -\phi^{\mu\rho\nu}, \qquad\qquad (4.29)$$

dove il tensore $\phi^{\rho\mu\nu}$ è legato al tensore $V^{\mu\alpha\beta}$ tramite la (3.72). Quest'ultimo si può determinare confrontando la (4.27) con l'espressione generale (3.69) e risulta

$$V^{\mu\alpha\beta} = -F^{\mu\alpha}A^\beta + F^{\mu\beta}A^\alpha,$$

come nel caso del campo di Maxwell libero (si veda la (3.78)). Il tensore $\phi^{\rho\mu\nu}$ coincide dunque con l'espressione (3.79) relativa a tale campo

$$\phi^{\rho\mu\nu} = -F^{\rho\mu}A^{\nu}.$$

In presenza di particelle la divergenza di questo tensore contiene, tuttavia, un contributo proporzionale alla corrente. Risulta infatti

$$\partial_{\rho}\phi^{\rho\mu\nu} = -\partial_{\rho}F^{\rho\mu}A^{\nu} - F^{\rho\mu}\partial_{\rho}A^{\nu} = -j^{\mu}A^{\nu} - F^{\alpha\mu}\partial_{\alpha}A^{\nu}.$$

Aggiungendo questa espressione alla (4.26) si vede che il termine di interferenza $j^{\mu}A^{\nu}$ si cancella e che si ricombina il tensore energia-impulso *simmetrico* $T_{em}^{\mu\nu}$ del campo elettromagnetico. A conti fatti la (4.29) fornisce infatti

$$T^{\mu\nu} = T_{em}^{\mu\nu} + T_p^{\mu\nu},$$

a conferma delle posizioni (2.121) e (2.122) del Capitolo 2.

Momento angolare standard. Analogamente, secondo la prescrizione generale basata sulle relazioni (3.82) e (3.86), possiamo costruire una densità di momento angolare standard ponendo

$$M^{\mu\alpha\beta} = \widetilde{M}^{\mu\alpha\beta} + \partial_{\rho}\Lambda^{\rho\mu\alpha\beta}, \qquad \Lambda^{\rho\mu\alpha\beta} = x^{\alpha}\phi^{\rho\mu\beta} - x^{\beta}\phi^{\rho\mu\alpha}.$$

Nel caso in questione – sfruttando la (4.29) – otteniamo

$$\partial_{\rho}\Lambda^{\rho\mu\alpha\beta} = \phi^{\alpha\mu\beta} + x^{\alpha}\partial_{\rho}\phi^{\rho\mu\beta} - (\alpha \leftrightarrow \beta) = F^{\mu\alpha}A^{\beta} + x^{\alpha}(T^{\mu\beta} - \widetilde{T}^{\mu\beta}) - (\alpha \leftrightarrow \beta).$$

Aggiungendo questo termine all'espressione (4.27) troviamo

$$M^{\mu\alpha\beta} = x^{\alpha}T^{\mu\beta} - x^{\beta}T^{\mu\alpha},$$

in accordo con la previsione euristica (2.138).

Abbiamo dunque ritrovato le note espressioni del tensore energia-impulso e della densità di momento angolare dell'Elettrodinamica. Più dei risultati – già noti appunto – è importante il metodo *sistematico* con cui li abbiamo derivati, rappresentato dal teorema di Nöther. Nella Sezione 3.3 abbiamo dato una dimostrazione generale di questo teorema per una teoria di soli campi. In questa sezione lo abbiamo dimostrato in un contesto fisico molto diverso, in cui alcuni gradi di libertà non sono distribuiti nello spazio con continuità, come i campi, presentandosi invece come *difetti* puntiformi, ossia come particelle. In questo capitolo difatti abbiamo illustrato una circostanza molto generale, ovvero che *il teorema di Nöther vale a tutti i livelli*: vale in fisica classica e in fisica quantistica; vale in teorie i cui gradi di libertà sono descritti da campi, particelle, stringhe e, più in generale, da membrane di qualsiasi estensione spaziale; vale in Meccanica Newtoniana e in Relatività Ristretta, così come vale in Relatività Generale e in *Teoria di Superstringa*.

4.4 Invarianza di gauge e conservazione della carica elettrica

Finora abbiamo discusso il teorema di Nöther relativo al gruppo di Poincaré, con conseguente conservazione del quadrimomento e del momento angolare quadridimensionale. In Elettrodinamica esiste tuttavia un'ulteriore grandezza conservata localmente, ovvero la *carica elettrica*, e secondo il teorema di Nöther anche a tale legge di conservazione dovrebbe allora essere associato un gruppo a un parametro di simmetrie. In effetti in Elettrodinamica è presente un'altra simmetria fondamentale – l'*invarianza di gauge* – che potrebbe dunque essere legata alla conservazione della carica elettrica.

Per analizzare questa ipotesi notiamo che le trasformazioni di gauge costituiscono effettivamente un gruppo a un parametro Λ. Posto

$$A'_{1\mu} = A_\mu + \partial_\mu \Lambda_1$$

abbiamo infatti

$$A'_{2\mu} = A'_{1\mu} + \partial_\mu \Lambda_2 = A_\mu + \partial_\mu (\Lambda_1 + \Lambda_2).$$

Esploriamo allora la variazione della lagrangiana (4.13) sotto una generica trasformazione di gauge $\delta A_\mu = A'_\mu - A_\mu = \partial_\mu \Lambda$. Otteniamo

$$\delta \mathcal{L} = -\partial_\mu \Lambda j^\mu = -\partial_\mu (\Lambda j^\mu) + \Lambda \partial_\mu j^\mu \cong \Lambda \partial_\mu j^\mu,$$

dove abbiamo sfruttato il fatto che le lagrangiane sono definite modulo quadridivergenze. Avremmo, dunque, trovato proprio il legame previsto dal teorema di Nöther, ovvero che l'invarianza della lagrangiana comporta la conservazione locale della carica elettrica

$$\delta \mathcal{L} = 0 \quad \Rightarrow \quad \partial_\mu j^\mu = 0. \tag{4.30}$$

Tuttavia il nesso appena evidenziato non segue proprio le linee del teorema di Nöther per come l'abbiamo presentato nella sezione precedente. Il primo motivo è che il parametro $\Lambda(x)$ non è un parametro *globale*, ovvero costante, come previsto invece dal teorema di Nöther. Al contrario, se Λ è costante una trasformazione di gauge si riduce banalmente alla trasformazione identica. In secondo luogo nella derivazione (4.30) le equazioni del moto dell'Elettrodinamica non hanno giocato nessun ruolo, mentre erano essenziali nella dimostrazione delle leggi di conservazione (4.28). Corrispondentemente sappiamo che la corrente (2.14) è conservata *identicamente*, indipendentemente dalla validità o meno delle equazioni del moto.

Si può intuire che questa asimmetria nella realizzazione delle leggi di conservazione associate al gruppo di Poincaré e alle trasformazioni di gauge – propria all'Elettrodinamica *classica* – è dovuta al fatto che in questa teoria le particelle cariche vengono schematizzate come difetti puntiformi. In realtà in tale ambito la stessa legge di conservazione della carica si banalizza, riducendosi semplicemente al conteggio delle particelle contenute in un dato volume. Infatti, integrando la (2.95) su un volume V, per la carica $Q_V(t)$ contenuta all'istante t in V otteniamo semplicemente

$$Q_V(t) = \int_V j^0(t, \mathbf{x}) \, d^3x = \sum_r e_r \int_V \delta^3(\mathbf{x} - \mathbf{y}_r(t)) \, d^3x = \sum_{r \in V} e_r,$$

dove la somma su r si estende a tutte le particelle che all'istante t si trovano all'interno di V.

Viceversa si può vedere che quando le particelle cariche vengono rappresentate da *campi* – alla stessa stregua del campo elettromagnetico – allora anche la conservazione della carica elettrica segue lo schema *à la Nöther*, ovvero discende da una simmetria continua *globale* e necessita delle equazioni del moto, come illustrato nel Problema 3.10. In *Elettrodinamica Quantistica*, in particolare, la conservazione della carica elettrica avviene esattamente secondo questo schema.

4.5 Problemi

4.1. Si deducano le equazioni di Lorentz (2.18) imponendo che l'azione (4.10) sia stazionaria sotto variazioni arbitrarie delle coordinate $\delta y_r^\mu(\lambda_r)$, purché nulle in $\lambda_r = a_r$ e $\lambda_r = b_r$.

4.2. Lagrangiana di un sistema di cariche non relativistiche. Si consideri un sistema di cariche non relativistiche – $v_r \ll c$ – in presenza di un campo elettromagnetico esterno $F_{\mu\nu} = \partial_\mu A_\nu - \partial_\nu A_\mu$.

a) Eseguendo il limite non relativistico dell'azione (4.9) – e trascurando l'interazione reciproca delle cariche – si verifichi che la lagrangiana del sistema è data da

$$L(\mathbf{y}_r, \mathbf{v}_r, t) = \sum_r \left(\frac{1}{2} m_r v_r^2 - e_r \left(A^0(t, \mathbf{y}_r) - \frac{1}{c} \mathbf{v}_r \cdot \mathbf{A}(t, \mathbf{y}_r) \right) \right) + o\left(\frac{1}{c^2} \right).$$

b) Si determini la lagrangiana non relativistica del sistema tenendo conto dell'interazione reciproca tra le cariche.

Risposta. La lagrangiana cercata è

$$L^*(\mathbf{y}_r, \mathbf{v}_r, t) = L(\mathbf{y}_r, \mathbf{v}_r, t) - \frac{1}{4\pi} \sum_{r<s} \frac{e_r e_s}{|\mathbf{y}_r - \mathbf{y}_s|}.$$

Parte II

Applicazioni

5

Le onde elettromagnetiche

In questo capitolo avviamo la ricerca di soluzioni esatte delle equazioni di Maxwell
e l'analisi delle loro proprietà. La prima classe di soluzioni che analizzeremo sono
le onde piane, che costituiscono un particolare insieme completo di soluzioni delle
equazioni di Maxwell nel *vuoto*, ovvero in assenza di sorgenti cariche:

$$j^\mu = 0.$$

La rilevanza fenomenologica di queste soluzioni è evidente. Basti pensare che l'e-
nergia fornita dal Sole viaggi interamente a cavallo di onde elettromagnetiche e che
qualsiasi segnale che si propaga sulla superficie terrestre via *etere* sia costituito da
tali onde. Inoltre la quasi totalità dell'informazione che acquisiamo sull'universo
giunge sulla Terra tramite segnali luminosi emessi da oggetti cosmici, segnali costituiti da onde elettromagnetiche che si propagano nello spazio vuoto su enormi scale
di distanze.

L'universo stesso è pervaso dalla cosiddetta *radiazione cosmica di fondo* – con
ottima approssimazione isotropa e omogenea – caratterizzata da uno spettro in frequenza di *corpo nero* di una temperatura di $2.73\,^\circ K$. Tale radiazione è messaggera
di un'epoca primordiale in cui la materia dell'universo era costituita prevalentemente da particelle cariche dissociate e da radiazione, in equilibrio termico tra di loro.
Tale equilibrio veniva sostenuto dalle collisioni tra le particelle cariche, mediate appunto dal campo elettromagnetico. Dopo la ricombinazione delle particelle cariche
in atomi *neutri*, all'epoca dell'*ultimo scattering*, il campo elettromagnetico si disac-
coppiò dalle cariche e si manifesta oggi come *radiazione di fondo* – apparentemente
priva di sorgenti[1].

Come menzionato sopra, in questo capitolo studieremo le proprietà delle onde
elettromagnetiche in quanto base completa di soluzioni delle equazioni di Maxwell
nel vuoto. Nei capitoli a seguire ci occuperemo, invece, delle soluzioni delle equazioni di Maxwell in presenza di sorgenti. In particolare determineremo il campo

---

[1] Come indica la stessa *formula di Planck* per lo spettro di corpo nero, una trattazione corretta del campo
elettromagnetico nel vuoto associato alla radiazione di fondo in realtà richiede un'analisi *quantistica*.
Osserviamo in proposito che in media in un cm^3 dell'universo si trovano circa 400 fotoni.

Lechner K.: Elettrodinamica classica
DOI 10.1007/978-88-470-5211-6_5, © Springer-Verlag Italia 2013

elettromagnetico generato da un'arbitraria distribuzione di carica confinata a una regione spaziale limitata. Lontano da questa regione il campo soddisfa nondimeno le equazioni di Maxwell nel vuoto e potrà, quindi, essere analizzato a sua volta in termini di onde elettromagnetiche.

Prima di poter affrontare tali argomenti dobbiamo tuttavia stabilire il contenuto cinematico del campo elettromagnetico, ossia dobbiamo individuare le variabili *indipendenti* che descrivono il suo stato in ogni istante. In altre parole dobbiamo individuare i *gradi di libertà fisici* coinvolti nell'evoluzione temporale del campo elettromagnetico, perché solo allora saremo in grado di impostare correttamente il relativo *problema di Cauchy*. Nel caso in questione tale problema consiste, appunto, nell'assegnazione di un insieme completo di dati iniziali, che attraverso le equazioni di Maxwell determinino il campo elettromagnetico in ogni istante.

5.1 Gradi di libertà del campo elettromagnetico

Il concetto di *grado di libertà* in teoria di campo costituisce una generalizzazione dell'analogo concetto in Meccanica Newtoniana, prototipo di un sistema lagrangiano con un numero finito di gradi di libertà. Prima di affrontare questo argomento in teoria di campo, e analizzare successivamente i gradi di libertà del campo elettromagnetico, ricordiamo brevemente il significato di questo importante concetto nell'ambito della meccanica.

5.1.1 Gradi di libertà in Meccanica Newtoniana

Nell'ambito della Meccanica Newtoniana il concetto di grado di libertà si riferisce al numero di variabili lagrangiane che descrivono un sistema fisico. Una particella che si muove nello spazio tridimensionale, ad esempio, è caratterizzata da tre gradi di libertà, in quanto la sua posizione è specificata in ogni istante dalle tre coordinate $\mathbf{y}(t) = (x(t), y(t), z(t))$. Possiamo comunque analizzare il sistema da un punto di vista differente domandandoci: quanti dati iniziali, diciamo all'istante $t = 0$, dobbiamo assegnare per poter predire la posizione della particella in ogni istante? La risposta – sei e non tre – è strettamente legata alla *dinamica* del sistema, vale a dire all'equazione di Newton

$$m\ddot{\mathbf{y}} = \mathbf{F}(\mathbf{y}, \dot{\mathbf{y}}, t).$$

Tale equazione corrisponde a un sistema di tre equazioni differenziali del *secondo* ordine e ammette, infatti, soluzione unica una volta imposti i dati iniziali $\mathbf{y}(0)$ e $\dot{\mathbf{y}}(0)$.

Una maniera equivalente di descrivere la dinamica del sistema è offerta dal formalismo *hamiltoniano*, nel quale la posizione $\mathbf{y}(t)$ e la velocità $\mathbf{v}(t)$ sono considerate come variabili indipendenti. Corrispondentemente si impongono le sei equazioni differenziali del *primo* ordine

$$ m\dot{\mathbf{v}} = \mathbf{F}(\mathbf{y}, \mathbf{v}, t), \qquad \dot{\mathbf{y}} = \mathbf{v}, $$

che ammettono soluzione unica note le condizioni iniziali $\mathbf{y}(0)$ e $\mathbf{v}(0)$. Nel formalismo hamiltoniano il sistema appare dunque come un sistema a *sei* gradi di libertà.

Ci si rende così conto che l'affermazione frequente "una particella corrisponde a tre gradi di libertà" in realtà sottintenda "tre gradi di libertà del *secondo* ordine". Equivalentemente potremo, infatti, affermare che una particella corrisponde a sei gradi di libertà del *primo* ordine. La preferenza – comune in fisica – per la prima convenzione deriva principalmente dal peculiare legame esistente tra i gradi di libertà di un campo classico e le particelle ad esso associate a livello quantistico, si veda il prossimo paragrafo. D'ora in poi con il termine *grado di libertà* sottintenderemo sempre *grado di libertà del secondo ordine*.

5.1.2 Gradi di libertà in teoria di campo

In teoria di campo le variabili fondamentali sono i campi e da un punto di vista meccanico ogni campo corrisponde a un sistema con un numero infinito di gradi di libertà. Mantenendo l'analogia con la meccanica – ma adattando la prospettiva – diamo la seguente definizione.

Definizione. Si dice che un campo $\varphi(t, \mathbf{x})$ corrisponde a un grado di libertà se le equazioni del moto che governano la sua dinamica sono tali che, noti $\varphi(0, \mathbf{x})$ e $\partial_0 \varphi(0, \mathbf{x})$ per ogni $\mathbf{x}$, esse determinano il campo $\varphi(t, \mathbf{x})$ per ogni t e per ogni $\mathbf{x}$.

Come prototipo di un'equazione di questo tipo consideriamo l'equazione alle derivate parziali per un campo scalare

$$ \Box \varphi = P(\varphi), \tag{5.1} $$

dove

$$ \Box \equiv \partial_\mu \partial^\mu = \partial_0^2 - \nabla^2 $$

è l'operatore *d'Alembertiano* – completamento relativistico dell'operatore *laplaciano* – e $P(\varphi)$ è un polinomio in φ. L'equazione (5.1) è del secondo ordine nelle derivate temporali e ci aspettiamo dunque che essa conferisca a φ *un* grado di libertà. Per confermare questa previsione fissiamo i dati iniziali

$$ \varphi(0, \mathbf{x}) \quad \text{e} \quad \partial_0 \varphi(0, \mathbf{x}) \tag{5.2} $$

e cerchiamo di determinare $\varphi(t, \mathbf{x})$ imponendo l'equazione (5.1). Se assumiamo che la soluzione sia una funzione analitica in t possiamo svilupparla in serie di Taylor

$$\varphi(t, \mathbf{x}) = \sum_{n=0}^{\infty} \frac{\partial_0^n \varphi(0, \mathbf{x})}{n!} \, t^n \qquad (5.3)$$

e cercare di determinare i coefficienti usando la (5.1). I coefficienti relativi a $n = 0$ e $n = 1$ corrispondono ai dati iniziali. Il coefficiente relativo a $n = 2$ si ricava valutando la (5.1) in $t = 0$

$$\partial_0^2 \varphi(0, \mathbf{x}) = \nabla^2 \varphi(0, \mathbf{x}) + P(\varphi(0, \mathbf{x})).$$

Il coefficiente relativo a $n = 3$ si ottiene derivando la (5.1) rispetto al tempo e valutandola in $t = 0$:

$$\partial_0^3 \varphi(0, \mathbf{x}) = \nabla^2 \partial_0 \varphi(0, \mathbf{x}) + P'(\varphi(0, \mathbf{x})) \, \partial_0 \varphi(0, \mathbf{x}), \quad P'(\varphi) = \frac{dP(\varphi)}{d\varphi}.$$

Si noti che il membro di destra di equazione è determinato dai dati iniziali (5.2). Derivando ripetutamente la (5.1) rispetto al tempo si ottengono così tutte le derivate $\partial_0^n \varphi(0, \mathbf{x})$ in termini delle derivate spaziali dei dati iniziali $\varphi(0, \mathbf{x})$ e $\partial_0 \varphi(0, \mathbf{x})$ e la serie (5.3) è quindi univocamente determinata. Viceversa non è difficile dimostrare che la serie, ottenuta in tal modo, soddisfa effettivamente l'equazione (5.1).

La dimostrazione di cui sopra si generalizza facilmente ai casi in cui P è un arbitrario polinomio in φ e $\partial_\mu \varphi$ e il secondo membro della (5.1) contiene un termine addizionale noto $j(x)$, indipendente da φ.

Gradi di libertà e particelle. Il numero di gradi di libertà di una teoria di campo classica ha un riscontro diretto nella corrispondente teoria di campo *quantistica*. In generale una teoria di campo quantistica descrive un ben determinato numero di particelle, che possono tuttavia comparire in diverse *varianti*. L'*Elettrodinamica Quantistica*, ad esempio, descrive un elettrone con spin $\pm\hbar/2$, la sua antiparticella – il positrone – con spin $\pm\hbar/2$ e un fotone con spin $\pm\hbar$. Complessivamente tali particelle compaiono dunque in sei varianti. Un risultato fondamentale riguardante il numero N di gradi di libertà di una teoria di campo classica è che la corrispondente teoria di campo quantistica descrive particelle che compaiono complessivamente in N varianti.

5.1.3 Problema di Cauchy per le equazioni di Maxwell

In questo paragrafo formuliamo il problema di Cauchy relativo alle equazioni di Maxwell e in questo frangente stabiliremo quanti, e quali, sono i gradi di libertà associati al campo elettromagnetico. A questo scopo conviene adottare la strategia delineata nel Paragrafo 2.2.4, che consiste nel risolvere l'identità di Bianchi in termini di un potenziale vettore A^μ secondo la (2.45). In questo modo il sistema di equazioni da risolvere si scrive schematicamente

$$\partial_\mu F^{\mu\nu} = j^\nu, \qquad F^{\mu\nu} \equiv \partial^\mu A^\nu - \partial^\nu A^\mu, \qquad A^\mu \approx A^\mu + \partial^\mu \Lambda. \qquad (5.4)$$

Ricordiamo che l'ultima relazione segnala che A^μ è definito modulo una *trasformazione di gauge*.

Condizioni asintotiche. Prima di procedere specifichiamo la classe di correnti e di potenziali vettori che consideriamo *fisicamente* accettabili. Innanzitutto assumeremo che la corrente j^μ sia nota e, ovviamente, a quadridivergenza nulla. Supporremo inoltre che a ogni t fissato essa sia a supporto spaziale compatto, come accade per qualsiasi distribuzione di carica realizzabile in natura. Più precisamente richiederemo che sia

$$j^\mu(t, \mathbf{x}) = 0, \quad \text{per} \quad |\mathbf{x}| > l, \qquad (5.5)$$

dove il raggio l può dipendere da t, come accade ad esempio nel caso di una carica che compie un moto illimitato. Corrispondentemente accetteremo come soluzioni *fisiche* delle equazioni di Maxwell solo i potenziali vettore che per ogni t fissato si annullano all'infinito spaziale

$$\lim_{|\mathbf{x}| \to \infty} A^\mu(t, \mathbf{x}) = 0. \qquad (5.6)$$

Nel caso particolare di un campo elettromagnetico nel *vuoto* in realtà non sembra esserci nessun legame tra la condizione (5.6) e la posizione delle cariche, semplicemente perché le cariche sono assenti. Un campo elettromagnetico nel vuoto costituisce tuttavia la schematizzazione matematica di un processo fisico reale: un tale campo sarà infatti stato generato in un passato remoto da cariche confinate a una regione limitata, sicché è ragionevole assumere che anche in questo caso il potenziale all'infinito si annulli.

D'altra parte la condizione (5.6) esclude anche una serie di soluzioni *idealizzate* la cui realizzazione fisica richiederebbe un'energia infinita, che vengono nondimeno considerate di frequente perché possono essere studiate analiticamente. Fra queste vi sono i campi elettromagnetici costanti e uniformi $F^{\mu\nu}(x) = \mathcal{F}^{\mu\nu}$, con potenziale vettore

$$A^\mu(x) = -\frac{1}{2}\, \mathcal{F}^{\mu\nu} x_\nu, \qquad \mathcal{F}^{\mu\nu} = \partial^\mu A^\nu(x) - \partial^\nu A^\mu(x),$$

i campi prodotti da fili e piani infiniti uniformemente carichi, oppure percorsi da correnti costanti, e le stesse *onde piane*, poiché infinitamente estese.

Torniamo ora all'equazione di Maxwell in (5.4), esplicitandola in termini del potenziale vettore

$$\partial_\mu(\partial^\mu A^\nu - \partial^\nu A^\mu) = \Box A^\nu - \partial^\nu(\partial_\mu A^\mu) = j^\nu. \qquad (5.7)$$

Data la presenza delle derivate temporali seconde, di primo acchito questo sistema di equazioni sembra assegnare ad A^μ *quattro* gradi di libertà. Tuttavia, come abbiamo accennato nel Paragrafo 2.2.5, questa conclusione risulta errata per diversi motivi.

Un vincolo. Il primo motivo è rappresentato dal fatto che le quattro componenti dell'equazione (5.7) non siano funzionalmente indipendenti. Definito il quadrivettore

$$G^\nu \equiv \partial_\mu F^{\mu\nu} - j^\nu = \Box A^\nu - \partial^\nu(\partial_\mu A^\mu) - j^\nu \qquad (5.8)$$

vale infatti identicamente

$$\partial_\nu G^\nu = 0, \quad \text{ovvero} \quad \partial_0 G^0 = -\boldsymbol{\nabla} \cdot \mathbf{G}. \qquad (5.9)$$

Ciò significa che le quattro equazioni di Maxwell

$$G^\nu = 0$$

sono equivalenti al sistema

$$\begin{aligned} \mathbf{G}(t, \mathbf{x}) &= 0, \quad \forall t, \\ G^0(0, \mathbf{x}) &= 0. \end{aligned} \qquad (5.10)$$

Infatti, una volta imposta l'equazione $\mathbf{G}(t, \mathbf{x}) = 0$ per ogni t, l'identità (5.9) assicura che $\partial_0 G^0(t, \mathbf{x}) = 0$ per ogni t. La funzione $G^0(t, \mathbf{x})$ è quindi indipendente dal tempo e pertanto è sufficiente imporre il suo annullamento all'istante $t = 0$. In tal modo la componente temporale dell'equazione (5.7) si riduce a un *vincolo* sui dati iniziali e non va, dunque, considerata come una vera e propria *equazione del moto*.

Invarianza di gauge e gauge-fixing. Il secondo motivo per cui il conteggio dei gradi di libertà di cui sopra è errato è rappresentato dal fatto che il potenziale vettore è definito modulo trasformazioni di gauge: i potenziali A^μ e $A^\mu + \partial^\mu \Lambda$ danno infatti luogo allo stesso campo elettromagnetico $F^{\mu\nu}$ e sono dunque fisicamente equivalenti. È quindi necessario selezionare tra tutti i potenziali vettore associati a un dato $F^{\mu\nu}$ un unico rappresentante, ovvero, come si suole dire, effettuare un *gauge-fixing*. Esistono infiniti modi diversi di fissare la gauge, tutti fisicamente equivalenti, e la scelta più conveniente da attuare di volta in volta dipende dal particolare fenomeno che si vuole studiare. Noi optiamo per la *gauge di Lorenz*[2]

$$\partial_\mu A^\mu = 0 \qquad (5.11)$$

per il suo pregio di essere Lorentz-invariante[3]. Per verificare la consistenza di questa scelta dobbiamo far vedere che a partire da un potenziale vettore A^μ arbitrario è sempre possibile eseguire una trasformazione di gauge $A^\mu \to A^\mu + \partial^\mu \Lambda$, tale che il nuovo potenziale vettore abbia quadridivergenza nulla

$$\partial_\mu(A^\mu + \partial^\mu \Lambda) = 0.$$

---

[2] La condizione di gauge-fixing (5.11) è stata introdotta dal fisico danese Ludvig Valentin Lorenz (1829-1891), da non confondere con il fisico olandese Hendrik Antoon Lorentz (1853-1928).

[3] Esempi di gauge-fixing non covarianti usati talvolta in letteratura sono la *gauge di Coulomb* $\boldsymbol{\nabla} \cdot \mathbf{A} = 0$, la *gauge di Weyl* $A^0 = 0$ e, più in generale, la gauge $n_\mu A^\mu = 0$ con n_μ vettore costante.

Come si vede è sufficiente scegliere un'arbitraria funzione di gauge Λ tale che

$$\Box \Lambda = -\partial_\mu A^\mu,$$

equazione che sappiamo ammettere infinite soluzioni, si veda il Paragrafo 5.1.2. Nella gauge di Lorenz (5.11) l'equazione di Maxwell $G^\mu = 0$, si veda la (5.8), si semplifica riducendosi a

$$G^\mu = \Box A^\mu - j^\mu = 0. \tag{5.12}$$

Useremo questa forma per le componenti **G** dell'equazione, mentre, per i nostri scopi, per la componente G^0 sarà più conveniente ricorrere all'espressione originale (5.8)

$$G^0 = \Box A^0 - \partial^0(\partial_0 A^0 + \partial_i A^i) - j^0 = -\nabla^2 A^0 - \partial_i(\partial^0 A^i) - j^0 = 0. \tag{5.13}$$

Si noti che questa equazione non contiene derivate temporali *seconde*: come abbiamo visto poc'anzi l'equazione $G^0 = 0$ va interpretata come vincolo, piuttosto che come equazione dinamica.

Invarianza di gauge residua. È facile rendersi conto che la gauge di Lorenz non determina il potenziale vettore univocamente. Assumendo che A^μ soddisfi il vincolo $\partial_\mu A^\mu = 0$ e volendo preservare questa condizione, possiamo infatti ancora eseguire trasformazioni di gauge $A^\mu \to A^\mu + \partial^\mu \Lambda$, purché si abbia $\partial_\mu(A^\mu + \partial^\mu \Lambda) = 0$. La funzione di gauge deve quindi soddisfare l'equazione $\Box \Lambda = 0$. La gauge di Lorenz ammette dunque l'invarianza di gauge *residua*

$$A'^\mu = A^\mu + \partial^\mu \Lambda, \qquad \Box \Lambda = 0. \tag{5.14}$$

Anche il gauge-fixing dell'invarianza residua può essere eseguito in infiniti modi equivalenti. Nel contesto attuale optiamo per le condizioni

$$A^3(0, \mathbf{x}) = 0 = \partial_0 A^3(0, \mathbf{x}), \tag{5.15}$$

che si possono, infatti, realizzare eseguendo un'opportuna trasformazione di gauge residua. Per farlo vedere ricordiamo dal Paragrafo 5.1.2 che la soluzione dell'equazione $\Box \Lambda = 0$ è completamente determinata dalle condizioni iniziali

$$\Lambda(0, \mathbf{x}) = \Phi_1(\mathbf{x}), \qquad \partial_0 \Lambda(0, \mathbf{x}) = \Phi_2(\mathbf{x}),$$

dove $\Phi_1(\mathbf{x})$ e $\Phi_2(\mathbf{x})$ sono funzioni arbitrarie. Per una trasformazione di gauge abbiamo

$$A'^3 = A^3 + \partial^3 \Lambda \tag{5.16}$$

ed è facile vedere che si possono scegliere i campi $\Phi_1(\mathbf{x})$ e $\Phi_2(\mathbf{x})$ tali che il potenziale gauge-trasformato A'^μ soddisfi le condizioni (5.15):

$$A'^3(0, \mathbf{x}) = A^3(0, \mathbf{x}) + \partial^3 \Lambda(0, \mathbf{x}) = A^3(0, \mathbf{x}) - \partial_3 \Phi_1(\mathbf{x}) = 0, \tag{5.17}$$

$$\partial_0 A'^3(0, \mathbf{x}) = \partial_0 A^3(0, \mathbf{x}) + \partial^3 \partial_0 \Lambda(0, \mathbf{x}) = \partial_0 A^3(0, \mathbf{x}) - \partial_3 \Phi_2(\mathbf{x}) = 0. \tag{5.18}$$

È infatti sufficiente scegliere per $\Phi_1(\mathbf{x})$ e $\Phi_2(\mathbf{x})$ delle primitive rispetto alla coordinata x^3 rispettivamente di $A^3(0, \mathbf{x})$ e $\partial_0 A^3(0, \mathbf{x})$. Infine, dall'analisi appena svolta è evidente che le condizioni (5.11) e (5.15) fissano l'invarianza di gauge in modo *completo*.

Unicità della soluzione. In base alle condizioni di gauge-fixing (5.11) e (5.15) ci siamo ricondotti al sistema di equazioni, si vedano le (5.12) e (5.13),

$$\Box \mathbf{A} = \mathbf{j}, \tag{5.19}$$
$$\nabla^2 A^0 = -\partial_i(\partial^0 A^i) - j^0, \quad \text{per} \quad t = 0, \tag{5.20}$$
$$\partial_\mu A^\mu = 0, \tag{5.21}$$
$$A^3(0, \mathbf{x}) = 0 = \partial_0 A^3(0, \mathbf{x}). \tag{5.22}$$

Possiamo ora far vedere che questo sistema ammette soluzione $A^\mu(x)$ unica, una volta assegnate le condizioni iniziali *fisiche*

$$A^1(0, \mathbf{x}), \qquad \partial_0 A^1(0, \mathbf{x}), \qquad A^2(0, \mathbf{x}), \qquad \partial_0 A^2(0, \mathbf{x}). \tag{5.23}$$

Iniziamo osservando che in base alle condizioni iniziali (5.22) e (5.23) le tre equazioni (5.19) determinano $\mathbf{A}(t, \mathbf{x})$ per ogni t. Noto $\mathbf{A}(t, \mathbf{x})$ l'equazione (5.20) determina allora in modo univoco $A^0(0, \mathbf{x})$, poiché – come faremo vedere nella Sezione 6.1 – nello spazio delle funzioni che svaniscono per $|\mathbf{x}| \to \infty$ l'operatore ∇^2 ammette inverso unico. Noti $A^0(0, \mathbf{x})$ e $\mathbf{A}(t, \mathbf{x})$ la condizione (5.21) determina infine $A^0(t, \mathbf{x})$ per ogni t:

$$\partial_0 A^0 = -\boldsymbol{\nabla} \cdot \mathbf{A} \quad \Rightarrow \quad A^0(t, \mathbf{x}) = A^0(0, \mathbf{x}) - \int_0^t \boldsymbol{\nabla} \cdot \mathbf{A}(t', \mathbf{x}) \, dt'.$$

In conclusione, una volta assegnate le quattro condizioni iniziali fisiche (5.23) le equazioni di Maxwell determinano i campi $A^\mu(x)$ in modo univoco. Con il gauge-fixing scelto da noi i campi fisici sono rappresentati dalle componenti A^1 e A^2. È comunque ovvio che una scelta diversa del gauge-fixing porta ad assegnazioni diverse. Quello che resta, nondimeno, invariato è il numero di condizioni iniziali – quattro – che si possono imporre in modo arbitrario, si veda il Problema 5.3. Resta poi il problema – di carattere puramente tecnico – di come si possano derivare i dati (5.23) a partire dai dati iniziali osservabili sperimentalmente, ovvero i campi elettrico e magnetico all'istante iniziale $\mathbf{E}(0, \mathbf{x})$ e $\mathbf{B}(0, \mathbf{x})^4$. Difatti, noti questi ultimi e imposte le condizioni di gauge-fixing (5.21) e (5.22), la determinazione dei dati (5.23) è un semplice esercizio.

Gradi di libertà del campo elettromagnetico. Dalla struttura dei dati iniziali indipendenti (5.23) concludiamo che il campo elettromagnetico corrisponde a *due* gradi di libertà, e non a quattro. Dalla nostra trattazione si evince che il meccanismo che

---

4 I sei dati iniziali $\mathbf{E}(0, \mathbf{x})$ e $\mathbf{B}(0, \mathbf{x})$ in realtà sono soggetti ai due vincoli $\boldsymbol{\nabla} \cdot \mathbf{E}(0, \mathbf{x}) = j^0(0, \mathbf{x})$ e $\boldsymbol{\nabla} \cdot \mathbf{B}(0, \mathbf{x}) = 0$, cosicché complessivamente corrispondono a quattro campi indipendenti, tanti quanti sono i campi in (5.23).

elimina da A^μ due gradi di libertà è essenzialmente il seguente: un grado di libertà viene eliminato dalla gauge di Lorenz e l'altro dall'invarianza di gauge residua, in concomitanza con il fatto che la componente temporale dell'equazione di Maxwell (5.7) in realtà sia un vincolo. Come abbiamo menzionato poc'anzi, quali siano le componenti di A^μ che appaiono come *fisiche* dipende dalla scelta del gauge-fixing. In particolare sotto una trasformazione di Lorentz queste componenti non restano invariate. Infatti, mentre la gauge (5.11) è invariante sotto trasformazioni di Lorentz, le condizioni (5.15) non lo sono affatto. Questa circostanza non viola, tuttavia, l'invarianza relativistica poiché, come abbiamo visto, in qualsiasi sistema di riferimento inerziale le condizioni (5.15) possono essere ripristinate eseguendo un'opportuna trasformazione di gauge. Infine facciamo notare come il conteggio dei gradi di libertà appena eseguito sia in accordo con i risultati dell'analisi preliminare del Paragrafo 2.2.5, in cui avevamo trovato *quattro gradi di libertà del primo ordine*.

Il fatto che i gradi di libertà del campo elettromagnetico siano due ha importanti conseguenze fisiche. Una è che a livello classico, come vedremo tra breve, le onde elettromagnetiche siano caratterizzate da due vettori di polarizzazione indipendenti e un'altra è che i fotoni, che compongono tali onde a livello quantistico, compaiano in due *varianti* diverse, contrassegnate da *spin* ed *elicità* opposti.

5.2 Equazione delle onde

Consideriamo un campo scalare reale $\varphi(x)$ con lagrangiana

$$\mathcal{L} = \frac{1}{2}\,\partial_\mu\varphi\,\partial^\mu\varphi. \tag{5.24}$$

L'equazione di Eulero-Lagrange associata

$$\partial_\mu \frac{\partial\mathcal{L}}{\partial(\partial_\mu\varphi)} - \frac{\partial\mathcal{L}}{\partial\varphi} = \partial_\mu\partial^\mu\varphi = \Box\,\varphi = 0 \tag{5.25}$$

viene chiamata *equazione delle onde*. Questa equazione riveste un ruolo importante in fisica – e in particolar modo in Elettrodinamica – motivo per cui questa sezione è dedicata a un'analisi dettagliata della sua soluzione generale. Riscontreremo, nello specifico, che la soluzione delle equazioni di Maxwell nel vuoto sarà molto facilitata dalla conoscenza della soluzione generale dell'equazione (5.25).

In analogia con l'andamento asintotico (5.6) del potenziale elettromagnetico considereremo solo soluzioni che soddisfano la condizione asintotica

$$\lim_{|\mathbf{x}|\to\infty} \varphi(t,\mathbf{x}) = 0. \tag{5.26}$$

Dalla lagrangiana (5.24) possiamo derivare il tensore energia-impulso associato a φ, si veda la (3.60),

$$T^{\mu\nu} = \frac{\partial \mathcal{L}}{\partial(\partial_\mu \varphi)} \partial^\nu \varphi - \eta^{\mu\nu} \mathcal{L} = \partial^\mu \varphi \partial^\nu \varphi - \frac{1}{2} \eta^{\mu\nu} \partial^\alpha \varphi \partial_\alpha \varphi, \qquad (5.27)$$

la cui conoscenza sarà essenziale per l'analisi energetica delle soluzioni dell'equazione delle onde. Ricordiamo che, essendo φ campo scalare, il tensore energia-impulso canonico $\widetilde{T}^{\mu\nu}$ uguaglia il tensore energia-impulso simmetrico $T^{\mu\nu}$, si veda il Paragrafo 3.3.2.

Equazione delle onde in trasformata di Fourier. Assumendo che eventuali singolarità di $\varphi(x)$ siano di tipo distribuzionale, ovvero assumendo che φ appartenga allo spazio delle distribuzioni $\mathcal{S}' \equiv \mathcal{S}'(\mathbb{R}^4)$, un metodo efficace per risolvere l'equazione delle onde è fornito dalla *trasformata di Fourier*: tale trasformata costituisce, infatti, una biiezione di $\mathcal{S}'$ in se stesso, si veda il Paragrafo 2.3.1. In notazione simbolica la trasformata di Fourier e la sua inversa – l'antitrasformata – sono date da

$$\widehat{\varphi}(k) = \frac{1}{(2\pi)^2} \int e^{-ik\cdot x} \varphi(x) \, d^4x, \qquad \varphi(x) = \frac{1}{(2\pi)^2} \int e^{ik\cdot x} \widehat{\varphi}(k) \, d^4k, \qquad (5.28)$$

dove abbiamo introdotto la *variabile duale* $k \equiv k^\mu$ e posto $k \cdot x = k^\mu x^\nu \eta_{\mu\nu}$. Tra le proprietà della trasformata di Fourier ci serviremo in particolare delle seguenti.

1) La trasformata di un campo *reale* $\varphi(x)$ soddisfa l'identità

$$\widehat{\varphi}^*(k) = \widehat{\varphi}(-k). \qquad (5.29)$$

Per provarla è sufficiente considerare il complesso coniugato della prima relazione in (5.28) e sfruttare il fatto che $\varphi^*(x) = \varphi(x)$.

2) Se consideriamo k^μ come un quadrivettore, ovvero se postuliamo che trasformi secondo

$$k'^\mu = \Lambda^\mu{}_\nu k^\nu,$$

essendo $\varphi(x)$ un campo scalare, $\varphi'(x') = \varphi(x)$, anche la trasformata $\widehat{\varphi}(k)$ è un campo scalare

$$\widehat{\varphi}'(k') = \widehat{\varphi}(k).$$

Per dimostrare questo è sufficiente notare che per definizione si ha

$$\widehat{\varphi}'(k') = \frac{1}{(2\pi)^2} \int e^{-ik'\cdot x'} \varphi'(x') \, d^4x'$$

e usare le relazioni $k' \cdot x' = k \cdot x$ e $d^4x' = d^4x$.

3) La trasformata di Fourier di una derivata multipla di φ è data da

$$[\widehat{P(\partial_\mu)\varphi}](k) = P(ik_\mu) \widehat{\varphi}(k), \qquad (5.30)$$

dove $P(\partial_\mu)$ è un arbitrario polinomio nelle derivate parziali. Questa proprietà si dimostra applicando ripetutamente la prima identità in (2.82).

Sfruttando la (5.30) è immediato eseguire la trasformata di $\Box\,\varphi$

$$\widehat{\Box\varphi}(k) = \widehat{\partial_\mu\partial^\mu\varphi}(k) = (ik_\mu)(ik^\mu)\,\widehat{\varphi}(k) = -k^2\widehat{\varphi}(k).$$

Visto che la trasformata di Fourier costituisce una biiezione di $\mathcal{S}'$ in se stesso, l'equazione delle onde si muta pertanto nell'equazione *equivalente*

$$k^2\widehat{\varphi}(k) = \left(\left(k^0\right)^2 - |\mathbf{k}|^2\right)\widehat{\varphi}(k) = 0. \tag{5.31}$$

In seguito indicheremo la *frequenza* $|\mathbf{k}|$ con

$$\omega \equiv |\mathbf{k}|.$$

La trasformata di Fourier ha dunque mutato l'equazione differenziale alle derivate parziali (5.25) in un'equazione *algebrica* nello spazio delle distribuzioni, di facile risoluzione. Dalla (5.31) segue in particolare che la distribuzione $\widehat{\varphi}(k)$ ha come supporto solamente il *cono luce*

$$k^0 = \pm|\mathbf{k}|,$$

sicché non può essere rappresentata da una *funzione*. Le soluzioni della (5.31) cadono in due classi, che analizzeremo ora separatamente.

Soluzioni di tipo I. Iniziamo lo studio delle soluzioni dell'equazione (5.31) analizzandole nella regione del cono luce che non contiene l'origine, ovvero nella regione $\mathbf{k} \neq 0$. In questo caso per $\mathbf{k}$ fissato $\widehat{\varphi}(k)$ può essere considerato come distribuzione nella sola variabile k^0. Le soluzioni – di tipo I – della (5.31) possono allora essere derivate direttamente dalla soluzione del Problema 2.3, ovvero sono della forma

$$\widehat{\varphi}_I(k) = \delta(k^2)f(k) = \delta\left(\left(k^0\right)^2 - \omega^2\right)f(k), \tag{5.32}$$

dove $f(k)$ è una funzione complessa di k^μ. La condizione (5.29) impone poi il vincolo

$$f^*(k) = f(-k). \tag{5.33}$$

Inoltre, dato che $\widehat{\varphi}(k)$ è un campo scalare e $\delta(k^2)$ è Lorentz-invariante, anche $f(k)$ deve essere un campo scalare. Infine, usando l'identità distribuzionale (2.72) la soluzione (5.32) può essere riscritta come

$$\begin{aligned}
\widehat{\varphi}_I(k) &= \frac{1}{2\omega}\left(\delta(k^0 - \omega) + \delta(k^0 + \omega)\right)f(k^0, \mathbf{k}) \\
&= \frac{1}{2\omega}\left(\delta(k^0 - \omega)f(\omega, \mathbf{k}) + \delta(k^0 + \omega)f(-\omega, \mathbf{k})\right) \\
&= \frac{1}{2\omega}\left(\delta(k^0 - \omega)\,\varepsilon(\mathbf{k}) + \delta(k^0 + \omega)\,\varepsilon^*(-\mathbf{k})\right),
\end{aligned} \tag{5.34}$$

dove nell'ultimo passaggio abbiamo introdotto la funzione complessa di tre variabili

$$\varepsilon(\mathbf{k}) \equiv f(\omega, \mathbf{k})$$

e usato la condizione (5.33).

Soluzioni di tipo II. Conformemente alla sua derivazione la soluzione (5.34) è ben posta solo nella regione $\omega = |\mathbf{k}| \neq 0$, che esclude dal cono luce l'origine quadri-dimensionale $k^{\mu} = 0$. Potrebbero quindi esistere ulteriori soluzioni della (5.31), supportate nel punto $k^{\mu} = 0$. Dal teorema sulle distribuzioni supportate in un punto, si veda il Paragrafo 2.3.1, sappiamo che queste soluzioni sono necessariamente combinazioni lineari finite della $\delta^4(k)$ e delle sue derivate

$$\widehat{\varphi}_{II}(k) = \sum_{n=1}^{N} C^{\mu_1 \cdots \mu_n} \partial_{\mu_1} \cdots \partial_{\mu_n} \delta^4(k), \tag{5.35}$$

dove $C^{\mu_1 \cdots \mu_n}$ sono arbitrari tensori costanti completamente simmetrici. Eseguendo l'antitrasformata di questa espressione – usando nuovamente la (5.30) e tenendo conto che la trasformata di $\delta^4(k)$ vale $1/(2\pi)^2$ – si ottiene il polinomio[5]

$$\varphi_{II}(x) = \frac{1}{(2\pi)^2} \sum_{n=1}^{N} (-i)^n C^{\mu_1 \cdots \mu_n} x_{\mu_1} \cdots x_{\mu_n}. \tag{5.36}$$

Questa espressione soddisfa l'equazione delle onde $\Box \, \varphi_{II} = 0$ se e solo se i tensori $C^{\mu_1 \cdots \mu_n}$ sono a traccia nulla

$$C_{\nu}{}^{\nu \mu_3 \cdots \mu_n} = 0. \tag{5.37}$$

Esistono in effetti infiniti tensori che soddisfano queste condizioni. Per $n = 2$, ad esempio, nel qual caso φ_{II} è un polinomio del secondo ordine, la soluzione generale della (5.37) è della forma

$$C^{\mu\nu} = H^{\mu\nu} - \frac{1}{4} \eta^{\mu\nu} H^{\rho}{}_{\rho},$$

dove $H^{\mu\nu}$ è un'arbitraria matrice simmetrica. In conclusione, le funzioni φ_{II} specificate dalle relazioni (5.36) e (5.37) costituiscono una seconda classe di soluzioni dell'equazione delle onde. Tuttavia, essendo polinomi in x^{μ}, queste funzioni non svaniscono all'infinito spaziale e quindi non le ammettiamo come soluzioni *fisiche*.

Ritornando, dunque, alle soluzioni di tipo I (5.34) ne dobbiamo eseguire l'antitrasformata secondo la regola (5.28). Effettuando nell'integrale che coinvolge $\varepsilon^*(-\mathbf{k})$ il cambiamento di variabili $\mathbf{k} \to -\mathbf{k}$, troviamo che la *soluzione generale*

---

[5] Si ricordi che l'antitrasformata di Fourier di una funzione si può calcolare eseguendone la trasformata e cambiando poi di segno alla variabile.

dell'equazione delle onde può essere espressa come

$$\varphi(x) = \frac{1}{(2\pi)^2} \int \frac{d^3k}{2\omega} \int dk^0 \, e^{i(k^0 x^0 - \mathbf{k}\cdot\mathbf{x})} \left(\delta(k^0 - \omega) \, \varepsilon(\mathbf{k}) + \delta(k^0 + \omega) \, \varepsilon^*(-\mathbf{k}) \right)$$

$$= \frac{1}{(2\pi)^2} \int \frac{d^3k}{2\omega} \left(e^{ik\cdot x} \varepsilon(\mathbf{k}) + c.c. \right). \tag{5.38}$$

È sottinteso che la variabile k^0 che compare nell'esponenziale $e^{ik\cdot x}$ dell'integrale (5.38) è definita come $k^0 \equiv +\omega$.

Dato che una funzione complessa può essere sempre scritta come

$$\varepsilon(\mathbf{k}) = \varepsilon_1(\mathbf{k}) + i\,\varepsilon_2(\mathbf{k}),$$

la soluzione generale (5.38) dell'equazione delle onde è univocamente determinata da *due* funzioni reali di tre variabili, ovvero da $\varepsilon_1(\mathbf{k})$ e $\varepsilon_2(\mathbf{k})$. Questo risultato è in accordo con il fatto che un campo scalare $\varphi(x)$ che soddisfa tale equazione corrisponde a *un* grado di libertà, essendo pure univocamente determinato dalle due funzioni reali di tre variabili $\varphi(0, \mathbf{x})$ e $\partial_0\varphi(0, \mathbf{x})$. In particolare, come vedremo nel Paragrafo 5.2.2, le funzioni $\varepsilon_1(\mathbf{k})$ e $\varepsilon_2(\mathbf{k})$ si possono determinare esplicitamente in termini dei dati iniziali $\varphi(0, \mathbf{x})$ e $\partial_0\varphi(0, \mathbf{x})$ e viceversa.

5.2.1 Onde elementari

La soluzione generale (5.38) può essere considerata come una sovrapposizione continua di infinite *onde elementari* di *vettore d'onda* k^μ fissato, definite da

$$\varphi_{el}(x) = \varepsilon(\mathbf{k})e^{ik\cdot x} + c.c., \qquad k^0 = \omega. \tag{5.39}$$

Esaminiamo ora le principali proprietà di queste onde.

- Le funzioni φ_{el} rappresentano onde che si propagano con la *velocità della luce* nella direzione di $\mathbf{k}$. Scegliendo $\mathbf{x} \parallel \mathbf{k}$ la *fase* può infatti essere scritta come

$$k\cdot x = \omega t - \mathbf{k}\cdot\mathbf{x} = \omega(t - |\mathbf{x}|).$$

- Le funzioni φ_{el} costituiscono onde *piane*, i cui *piani delle fasi* sono i piani ortogonali a $\mathbf{k}$. Per t fissato, su un tale piano la funzione $\varphi_{el}(t, \mathbf{x})$ assume infatti lo stesso valore.
- Le funzioni φ_{el} sono onde *monocromatiche*, ovvero posseggono una frequenza ω fissata. Il *periodo* e la *lunghezza d'onda* sono dati rispettivamente da $T = 2\pi/\omega$ e $\lambda = 2\pi/\omega$.
- Le funzioni φ_{el} rappresentano onde *scalari*. Con ciò intendiamo che il *tensore di polarizzazione* ε, che ne identifica l'*ampiezza*, è uno scalare sotto trasformazioni di Lorentz.

- Il *contenuto energetico* dell'onda elementare è codificato dal tensore energia-impulso (5.27). Per valutarlo calcoliamo le derivate

$$\partial_\mu \varphi_{el} = ik_\mu \varepsilon(\mathbf{k})e^{ik \cdot x} + c.c. \tag{5.40}$$

Possiamo riscriverle in modo più compatto introducendo il "vettore" di tipo nullo

$$n^\mu \equiv \frac{k^\mu}{\omega}, \quad n^0 = 1, \quad \mathbf{n} = \frac{\mathbf{k}}{\omega}, \quad n_\mu n^\mu = 0, \tag{5.41}$$

dove il versore $\mathbf{n}$ individua la direzione di propagazione dell'onda. Le equazioni (5.40) si mutano allora nelle *relazioni delle onde*, si veda il Paragrafo 5.3.1,

$$\partial_\mu \varphi_{el} = n_\mu \dot{\varphi}_{el}. \tag{5.42}$$

Segue in particolare che $\partial^\alpha \varphi_{el} \partial_\alpha \varphi_{el} = 0$. Sostituendo le (5.42) nella (5.27) otteniamo in definitiva

$$T^{\mu\nu} = n^\mu n^\nu \dot{\varphi}_{el}^2 = n^\mu n^\nu \omega^2 \big(2|\varepsilon|^2 - \varepsilon^2 e^{2ik \cdot x} - \varepsilon^{*2} e^{-2ik \cdot x}\big). \tag{5.43}$$

Mediando il tensore energia-impulso su scale temporali grandi rispetto al periodo e su scale spaziali grandi rispetto alla lunghezza d'onda, gli esponenziali oscillanti si mediano a zero e si ottiene la semplice espressione

$$\langle T^{\mu\nu} \rangle = 2n^\mu n^\nu \omega^2 |\varepsilon|^2.$$

La densità di energia dell'onda vale quindi in media $\langle T^{00} \rangle = 2\omega^2 |\varepsilon|^2$ ed è proporzionale al quadrato dell'ampiezza, mentre il flusso di energia vale in media $\langle T^{0i} \rangle = 2\omega^2 |\varepsilon|^2 n^i$ ed è diretto lungo la direzione di propagazione. Infine possiamo valutare il quadrimomento P^μ contenuto in un volume V piccolo, ma grande rispetto alla lunghezza d'onda,

$$P^0 = \langle T^{00} \rangle V = 2\omega^2 |\varepsilon|^2 V, \qquad P^i = \langle T^{0i} \rangle V = 2\omega^2 |\varepsilon|^2 V n^i. \tag{5.44}$$

Se ipotizziamo che a questo volume si possa associare una particella, da queste espressioni segue che la massa M di questa particella sarebbe zero:

$$M^2 \equiv P^\mu P_\mu = \big(2\omega^2 |\varepsilon|^2 V\big)^2 \big(1 - |\mathbf{n}|^2\big) = 0.$$

Questa osservazione è in accordo con il fatto che in teoria *quantistica* di campo un campo scalare reale soddisfacente l'equazione $\Box \varphi = 0$ descrive effettivamente una particella – neutra e di spin zero – di massa *nulla*.

5.2.2 Problema alle condizioni iniziali

In generale con il termine *problema alle condizioni iniziali*, o *problema di Cauchy*, ci si riferisce al problema di determinare la soluzione di un'equazione differenziale, o di un sistema di equazioni differenziali, una volta assegnate opportune condizioni al bordo.

In questo paragrafo vogliamo trovare la forma esplicita della soluzione dell'equazione delle onde $\Box \varphi = 0$, una volta assegnati i dati iniziali

$$\varphi(0, \mathbf{x}) \equiv f(\mathbf{x}), \tag{5.45}$$

$$\partial_0 \varphi(0, \mathbf{x}) \equiv h(\mathbf{x}). \tag{5.46}$$

Vista la forma della soluzione generale (5.38) si tratta dunque di determinare la funzione complessa $\varepsilon(\mathbf{k})$ che vi compare, in termini delle funzioni reali $f(\mathbf{x})$ e $h(\mathbf{x})$. A questo scopo è conveniente sviluppare queste ultime in trasformata di Fourier

$$f(\mathbf{x}) = \frac{1}{(2\pi)^{3/2}} \int d^3k\, e^{-i\mathbf{k}\cdot\mathbf{x}}\, \widehat{f}(\mathbf{k}), \quad h(\mathbf{x}) = \frac{1}{(2\pi)^{3/2}} \int d^3k\, e^{-i\mathbf{k}\cdot\mathbf{x}}\, \widehat{h}(\mathbf{k}) \tag{5.47}$$

e confrontarle con la (5.38) e la sua derivata temporale valutate a $t = 0$:

$$f(\mathbf{x}) = \varphi(0, \mathbf{x}) = \frac{1}{(2\pi)^2} \int \frac{d^3k}{2\omega} \left(e^{-i\mathbf{k}\cdot\mathbf{x}}\, \varepsilon(\mathbf{k}) + c.c. \right), \tag{5.48}$$

$$h(\mathbf{x}) = \partial_0 \varphi(0, \mathbf{x}) = \frac{1}{(2\pi)^2} \int \frac{d^3k}{2\omega} \left(i\omega\, e^{-i\mathbf{k}\cdot\mathbf{x}}\, \varepsilon(\mathbf{k}) + c.c. \right). \tag{5.49}$$

Dal confronto si ricavano le equazioni

$$\widehat{f}(\mathbf{k}) = \frac{1}{\sqrt{2\pi}} \frac{1}{2\omega} \left(\varepsilon(\mathbf{k}) + \varepsilon^*(-\mathbf{k}) \right),$$

$$\widehat{h}(\mathbf{k}) = \frac{1}{\sqrt{2\pi}} \frac{i}{2} \left(\varepsilon(\mathbf{k}) - \varepsilon^*(-\mathbf{k}) \right),$$

che forniscono la relazione cercata

$$\varepsilon(\mathbf{k}) = \sqrt{(2\pi)} \left(\omega \widehat{f}(\mathbf{k}) - i \widehat{h}(\mathbf{k}) \right).$$

Sostituendola nella (5.38) otteniamo

$$\varphi(x) = \frac{1}{(2\pi)^{3/2}} \int \frac{d^3k}{2\omega} \left(e^{ik\cdot x} \left(\omega \widehat{f}(\mathbf{k}) - i \widehat{h}(\mathbf{k}) \right) + c.c. \right). \tag{5.50}$$

Come ultimo passaggio dobbiamo invertire le trasformate (5.47) ed esprimere $\widehat{f}(\mathbf{k})$ e $\widehat{h}(\mathbf{k})$ in termini delle funzioni note $f(\mathbf{x}) = \varphi(0, \mathbf{x})$ e $h(\mathbf{x}) = \partial_0 \varphi(0, \mathbf{x})$. Sostituendo le espressioni che ne derivano nella (5.50) si trova la formula risolutiva cercata (si veda il Problema 5.1)

$$\varphi(t, \mathbf{x}) = \int \left(D(t, \mathbf{x} - \mathbf{y}) \, \partial_0 \varphi(0, \mathbf{y}) + \partial_0 D(t, \mathbf{x} - \mathbf{y}) \, \varphi(0, \mathbf{y}) \right) d^3 y. \qquad (5.51)$$

Kernel antisimmetrico. Nella (5.51) abbiamo introdotto il *kernel antisimmetrico* $D(x)$ – distribuzione in $\mathcal{S}'(\mathbb{R}^4)$ – definito in notazione *simbolica* da ($k^0 \equiv \omega$)

$$D(t, \mathbf{x}) = \frac{1}{(2\pi)^3} \int \frac{d^3 k}{2\omega i} \left(e^{ik \cdot x} - e^{-ik \cdot x} \right) = \frac{1}{(2\pi)^3} \int d^3 k \, \frac{sen(\omega t)}{\omega} \, e^{ik \cdot \mathbf{x}}. \qquad (5.52)$$

Le trasformate di Fourier tridimensionali che compaiono in queste formule sono infatti da intendersi nel senso delle distribuzioni. Eseguendole esplicitamente si trova (si veda il Problema 5.9)

$$D(t, \mathbf{x}) = \frac{1}{4\pi r} \left(\delta(t - r) - \delta(t + r) \right) = \frac{1}{2\pi} \, \varepsilon(t) \, \delta(x^2), \qquad (5.53)$$

dove $\varepsilon(\cdot)$ indica la funzione *segno* e $r = |\mathbf{x}|$. Dalle formule riportate si deduce facilmente che questo kernel soddisfa le proprietà

$$\Box D = 0, \qquad (5.54)$$

$$D(0, \mathbf{x}) = 0, \qquad (5.55)$$

$$\partial_0 D(0, \mathbf{x}) = \delta^3(\mathbf{x}), \qquad (5.56)$$

$$D(-t, \mathbf{x}) = -D(t, \mathbf{x}). \qquad (5.57)$$

Per dimostrare, ad esempio, che $D(x)$ soddisfa l'equazione delle onde (5.54) conviene usare la prima formula in (5.52), portare le derivate sotto il segno di integrale e sfruttare che $k^2 = 0$. Per dimostrare la (5.56) conviene invece applicare la derivata temporale alla seconda formula in (5.52)

$$\partial_0 D(t, \mathbf{x}) = \frac{1}{(2\pi)^3} \int d^3 k \, cos(\omega t) \, e^{ik \cdot \mathbf{x}}$$

e valutarla in $t = 0$, ricordando l'identità formale (2.85). La proprietà (5.57), che segue direttamente dalla seconda formula in (5.52), è quella che identifica $D(x)$ come kernel *antisimmetrico*.

Usando le proprietà di cui sopra è immediato verificare esplicitamente che l'espressione (5.51) soddisfa l'equazione delle onde con le corrette condizioni iniziali. La (5.54) implica intanto che la (5.51) soddisfa l'equazione delle onde. Dalle (5.55) e (5.56) segue poi che la (5.51) valutata in $t = 0$ restituisce $\varphi(0, \mathbf{x})$. Derivando infine la (5.51) rispetto al tempo e ponendo $t = 0$ otteniamo

$$\partial_0 \varphi(0, \mathbf{x}) = \int \left(\partial_0 D(0, \mathbf{x} - \mathbf{y}) \, \partial_0 \varphi(0, \mathbf{y}) + \partial_0^2 D(0, \mathbf{x} - \mathbf{y}) \, \varphi(0, \mathbf{y}) \right) d^3 y.$$

Grazie alla (5.56) l'integrale del primo termine si riduce proprio a $\partial_0\varphi(0,\mathbf{x})$. L'integrale del secondo si annulla invece, poiché la (5.54) valutata in $t = 0$ comporta che

$$\partial_0^2 D(0,\mathbf{x}) = \nabla^2 D(0,\mathbf{x}) = 0,$$

dove nel passaggio finale abbiamo usato la (5.55).

5.2.3 Formula risolutiva manifestamente invariante

In questo paragrafo presentiamo una versione manifestamente invariante sotto trasformazioni di Lorentz della formula risolutiva (5.51), assegnando i dati iniziali di φ su un'arbitraria ipersuperficie di tipo spazio Γ.

Iniziamo facendo vedere che il kernel antisimmetrico (5.53) è invariante sotto trasformazioni di Lorentz *proprie*

$$D(\Lambda x) = D(x), \quad \forall\, \Lambda \in SO(1,3)_c. \tag{5.58}$$

Il fattore $\delta(x^2)$ è invariante in modo manifesto. Resta allora da far vedere che $\varepsilon(t)$ – il segno di t – ristretto al cono luce $x^2 = 0$ è invariante sotto $SO(1,3)_c$. Questa proprietà segue dal seguente teorema.

Teorema. Dato un evento $x^\mu = (t,\mathbf{x})$ di tipo tempo o nullo, ovvero soddisfacente la disuguaglianza

$$x^2 = t^2 - |\mathbf{x}|^2 \geq 0 \quad \leftrightarrow \quad |t| \geq |\mathbf{x}|, \tag{5.59}$$

il segno di t è invariante sotto trasformazioni di Lorentz *proprie*.

Dimostrazione. Iniziamo la dimostrazione ricordando che se $\Lambda \in SO(1,3)_c$ allora $\Lambda^0{}_0 \geq 1$. In particolare la condizione $\Lambda^\mu{}_\alpha \Lambda^\nu{}_\beta \eta^{\alpha\beta} = \eta^{\mu\nu}$ per $\mu = \nu = 0$ fornisce la relazione

$$(\Lambda^0{}_0)^2 = 1 + |\mathbf{L}|^2, \quad L^i \equiv \Lambda^0{}_i. \tag{5.60}$$

Per il tempo trasformato otteniamo allora

$$t' = \Lambda^0{}_0 t + \Lambda^0{}_i x^i = \Lambda^0{}_0 t + \mathbf{L}\cdot\mathbf{x} = \Lambda^0{}_0 t\left(1 + \frac{\mathbf{L}\cdot\mathbf{x}}{\Lambda^0{}_0 t}\right). \tag{5.61}$$

Usando le relazioni (5.59) e (5.60) otteniamo la disuguaglianza

$$\left|\frac{\mathbf{L}\cdot\mathbf{x}}{\Lambda^0{}_0 t}\right| \leq \frac{|\mathbf{L}|\cdot|\mathbf{x}|}{|t|\sqrt{1+|\mathbf{L}|^2}} \leq \frac{|\mathbf{L}|}{\sqrt{1+|\mathbf{L}|^2}} < 1, \quad \text{da cui} \quad 1 + \frac{\mathbf{L}\cdot\mathbf{x}}{\Lambda^0{}_0 t} > 0.$$

Dato che $\Lambda^0{}_0$ è positivo dalla (5.61) segue allora che t' e t hanno lo stesso segno.$\square$

Invarianza relativistica dei coni luce. Con l'analisi appena svolta abbiamo in particolare dimostrato che il *cono luce futuro* L_+ e il *cono luce passato* L_-, ovvero gli insiemi di quadrivettori

$$L_+ \equiv \{V^\mu \in \mathbb{R}^4 / V^2 \geq 0,\ V^0 > 0\}, \quad L_- \equiv \{V^\mu \in \mathbb{R}^4 / V^2 \geq 0,\ V^0 < 0\}$$

sono invarianti sotto trasformazioni di Lorentz *proprie*. Faremo ampio uso di questo importante risultato nel Capitolo 6.

Grazie alla (5.58) siamo ora in grado di covariantizzare la (5.51), generalizzandola al caso in cui i dati iniziali di φ siano assegnati su un'arbitraria ipersuperficie di tipo spazio Γ, si veda il Paragrafo 3.2.1. Una tale ipersuperficie in forma parametrica è descritta dalle quattro funzioni di tre variabili $y^\mu(\lambda)$, $\lambda = (\lambda^1, \lambda^2, \lambda^3)$, ed è caratterizzata da un vettore normale $n_\mu(\lambda)$ di tipo tempo, normalizzato secondo $n_\mu(\lambda) n^\mu(\lambda) = 1$. Se assegnamo su questa ipersuperficie i valori di φ e della sua derivata normale $n^\mu \partial_\mu \varphi$,

$$\varphi(y(\lambda)) \equiv f(\lambda), \quad n^\mu(\lambda) \partial_\mu \varphi(y(\lambda)) \equiv h(\lambda), \tag{5.62}$$

la versione covariante della (5.51) si scrive[6]

$$\varphi(x) = \int_\Gamma \left(D(x-y)\, \partial^\mu \varphi(y) + \partial^\mu D(x-y)\, \varphi(y) \right) d\Sigma_\mu, \quad y^\mu \equiv y^\mu(\lambda), \tag{5.63}$$

dove l'elemento di ipersuperficie è dato da $d\Sigma_\mu = n_\mu(\lambda) \sqrt{g(\lambda)}\, d^3\lambda$, si veda il Paragrafo 3.2.1. Notiamo innanzitutto che la (5.63) è certamente una soluzione dell'equazione delle onde, poiché il kernel antisimmetrico soddisfa l'equazione $\Box\, D(x) = 0$. Sfruttando, in particolare, le versioni covarianti delle identità (5.55) e (5.56)

$$D(x) = 0, \quad \text{per} \quad x^2 < 0,$$

$$\partial_\mu D(y(\lambda') - y(\lambda)) = n_\mu(\lambda)\, \frac{\delta^3(\lambda' - \lambda)}{\sqrt{g(\lambda)}},$$

si può inoltre dimostrare che la (5.63) soddisfa le condizioni iniziali (5.62).

Indipendenza della formula risolutiva da Γ. Sfruttando l'unicità della soluzione di seguito diamo una dimostrazione indiretta di quanto abbiamo appena affermato, facendo vedere che le espressioni (5.63) e (5.51) sono in realtà coincidenti. Per fare questo notiamo innanzitutto che, scelta come Γ l'ipersuperficie di tipo spazio $t = 0$, la (5.63) si riduce alla (5.51). La verifica è immediata, essendo in questo caso

$$y^\mu(\lambda) = (0, \lambda^1, \lambda^2, \lambda^3), \quad n^\mu(\lambda) = (1, 0, 0, 0), \quad g(\lambda) = 1.$$

A questo punto per concludere che la (5.63) coincide con la (5.51) è sufficiente dimostrare che la (5.63) è indipendente dall'ipersuperficie di tipo spazio Γ scelta.

---

[6] Per motivi notazionali che saranno chiari tra breve, si veda la (5.64), nell'integrale (5.63) abbiamo preferito non rendere esplicita la presenza delle funzioni $f(\lambda)$ e $h(\lambda)$.

Per dimostrare questo introduciamo il campo vettoriale nelle due variabili x e y

$$W^\mu(x,y) \equiv D(x-y)\,\partial^\mu\varphi(y) + \partial^\mu D(x-y)\,\varphi(y) \qquad (5.64)$$

e supponiamo che φ soddisfi l'equazione delle onde. Questo campo è allora a quadridivergenza nulla. Tralasciando di scrivere gli argomenti abbiamo infatti

$$\frac{\partial}{\partial y^\mu}\,W^\mu(x,y) = -\partial_\mu D\partial^\mu\varphi + D\Box\,\varphi - \Box\,D\varphi + \partial_\mu D\partial^\mu\varphi = D\Box\,\varphi - \Box\,D\varphi = 0,$$

essendo $\Box\,\varphi = 0 = \Box\,D$. Integriamo ora l'equazione $\partial_\mu W^\mu = 0$ su un volume quadridimensionale V, il cui bordo sia composto da due arbitrarie ipersuperfici di tipo spazio Γ_1 e Γ_2 non intersecantesi, parametrizzate rispettivamente da $y_1^\mu(\lambda)$ e $y_2^\mu(\lambda)$, e da un'ipersuperficie di tipo tempo Γ_∞ posta all'infinito spaziale:

$$\int_V \partial_\mu W^\mu(x,y)\,d^4y = 0.$$

Applicando il teorema di Gauss otteniamo allora l'equazione

$$\int_{\Gamma_2} W^\mu(x,y_2)\,d\Sigma_\mu - \int_{\Gamma_1} W^\mu(x,y_1)\,d\Sigma_\mu + \int_{\Gamma_\infty} W^\mu(x,y_\infty)\,d\Sigma_\mu = 0.$$

Se all'infinito spaziale φ si annulla con sufficiente rapidità, il terzo integrale si annulla e concludiamo che

$$\int_{\Gamma_2} W^\mu(x,y_2)\,d\Sigma_\mu = \int_{\Gamma_1} W^\mu(x,y_1)\,d\Sigma_\mu.$$

Data la definizione di W^μ abbiamo quindi dimostrato che l'espressione (5.63) è indipendente da Γ e che uguaglia pertanto la (5.51).

5.3 Soluzione generale delle equazioni di Maxwell nel vuoto

In questa sezione determiniamo la soluzione generale delle equazioni di Maxwell in assenza di sorgenti

$$\partial_\mu F^{\mu\nu} = 0, \qquad F^{\mu\nu} \equiv \partial^\mu A^\nu - \partial^\nu A^\mu, \qquad A^\mu \approx A^\mu + \partial^\mu\Lambda. \qquad (5.65)$$

Un campo elettromagnetico che soddisfa questa equazione viene chiamato *campo libero* o anche *campo di radiazione*. Stiamo dunque cercando la forma di un generico campo di radiazione. Visto che il sistema (5.65) è lineare nei campi, e dato che consideriamo sia $F^{\mu\nu}$ che A^μ come distribuzioni, la tecnica di soluzione più appropriata è ancora quella della *trasformata di Fourier*.

Per affrontare la soluzione del sistema (5.65) dobbiamo innanzitutto fissare una condizione di gauge. Come abbiamo esemplificato nel Paragrafo 5.1.3 è conveniente imporre la *gauge di Lorenz* $\partial_\mu A^\mu = 0$, poiché preserva l'invarianza di Lorentz. Ci riserviamo di fissare la gauge residua in un secondo momento. Secondo le equazioni (5.12) e (5.14) del Paragrafo 5.1.3 – particolarizzate al caso $j^\mu = 0$ – dobbiamo allora risolvere il sistema di equazioni differenziali

$$\Box A^\mu = 0, \tag{5.66}$$

$$\partial_\mu A^\mu = 0, \tag{5.67}$$

$$A^\mu \approx A^\mu + \partial^\mu \Lambda, \qquad \Box \Lambda = 0. \tag{5.68}$$

Le trasformate di Fourier del potenziale vettore e del parametro di gauge sono definite nel modo standard

$$\widehat{A}^\mu(k) = \frac{1}{(2\pi)^2} \int e^{-ik\cdot x} A^\mu(x)\, d^4x, \qquad \widehat{\Lambda}(k) = \frac{1}{(2\pi)^2} \int e^{-ik\cdot x} \Lambda(x)\, d^4x.$$

L'unica differenza sostanziale tra $\widehat{A}^\mu(k)$ e la trasformata di Fourier di un campo scalare $\widehat{\varphi}(k)$ è rappresentata dal fatto che sotto trasformazioni di Lorentz $\widehat{A}^\mu(k)$ si trasformi come un campo *quadrivettoriale* (si veda il Problema 5.2)

$$\widehat{A}'^\mu(k') = \Lambda^\mu{}_\nu \widehat{A}^\nu(k).$$

Eseguendo la trasformata di Fourier del sistema (5.66)-(5.68) si ottiene il sistema di equazioni algebriche

$$k^2 \widehat{A}^\mu(k) = 0, \tag{5.69}$$

$$k_\mu \widehat{A}^\mu(k) = 0, \tag{5.70}$$

$$\widehat{A}^\mu(k) \approx \widehat{A}^\mu(k) + ik^\mu \widehat{\Lambda}(k), \qquad k^2 \widehat{\Lambda}(k) = 0. \tag{5.71}$$

La soluzione generale dell'equazione (5.69) si determina come nel caso delle onde scalari – si vedano le (5.32) e (5.34) – con l'unica differenza che la funzione *peso* è ora un quadrivettore $f^\mu(k)$:

$$\widehat{A}^\mu(k) = \delta(k^2) f^\mu(k) = \frac{1}{2\omega} \left(\delta(k^0 - \omega)\, \varepsilon^\mu(\mathbf{k}) + \delta(k^0 + \omega)\, \varepsilon^{*\mu}(-\mathbf{k}) \right). \tag{5.72}$$

Abbiamo posto

$$\varepsilon^\mu(\mathbf{k}) \equiv f^\mu(\omega, \mathbf{k})$$

e introdotto la frequenza $\omega \equiv |\mathbf{k}|$. Al contrario del caso delle onde scalari, in cui $\varepsilon(\mathbf{k})$ era un quadriscalare, $\varepsilon^\mu(\mathbf{k})$ è un *quadrivettore*, che viene chiamato *vettore di polarizzazione*. L'equazione (5.70) impone a questo vettore la *condizione di trasversalità*

$$k_\mu \varepsilon^\mu = 0, \qquad k^0 \equiv \omega. \tag{5.73}$$

La soluzione generale dell'equazione $k^2 \widehat{\Lambda}(k) = 0$ in (5.71) si scrive

$$\widehat{\Lambda}(k) = \frac{1}{2\omega i} \left(\delta(k^0 - \omega)\lambda(\mathbf{k}) - \delta(k^0 + \omega)\lambda^*(-\mathbf{k}) \right),$$

in cui per ragioni notazionali abbiamo fattorizzato una i. La relazione di equivalenza in (5.71) asserisce allora che i vettori di polarizzazione, oltre a essere soggetti al vincolo (5.73), sono definiti modulo la *trasformazione di gauge residua*

$$\varepsilon^\mu \to \varepsilon^\mu + k^\mu \lambda. \tag{5.74}$$

Grazie alle equazioni $k^2 = 0 = k_\mu \varepsilon^\mu$ si verifica facilmente che questa trasformazione preserva la gauge di Lorenz (5.73)

$$k_\mu(\varepsilon^\mu + k^\mu \lambda) = 0.$$

Si evince così che delle quattro componenti complesse del vettore di polarizzazione solo *due* hanno valenza fisica: una viene eliminata dalla gauge di Lorenz (5.73) e l'altra dalla trasformazione di gauge residua (5.74). Questo conteggio riflette ovviamente il fatto che nel campo elettromagnetico si propagano due gradi di libertà fisici.

Eseguendo l'antitrasformata della (5.72) si trova il potenziale vettore, soluzione generale del sistema (5.66)-(5.68),

$$A^\mu(x) = \frac{1}{(2\pi)^2} \int \frac{d^3 k}{2\omega} \left(e^{ik\cdot x}\varepsilon^\mu(\mathbf{k}) + c.c. \right). \tag{5.75}$$

Per il campo elettromagnetico – *soluzione generale delle equazioni di Maxwell nel vuoto* – si trova allora l'espressione

$$F^{\mu\nu} = \partial^\mu A^\nu - \partial^\nu A^\mu = \frac{1}{(2\pi)^2} \int \frac{d^3 k}{2\omega} \left(ie^{ik\cdot x}(k^\mu\varepsilon^\nu - k^\nu\varepsilon^\mu) + c.c. \right). \tag{5.76}$$

Introducendo per la variabile di integrazione $\mathbf{k}$ le coordinate polari $(\omega, \varphi, \vartheta)$, con $d^3 k = \omega^2 d\omega\, d\Omega$, possiamo riscrivere la (5.76) come

$$F^{\mu\nu}(t, \mathbf{x}) = \frac{i}{2(2\pi)^2} \int_0^\infty d\omega\, \omega\, e^{i\omega t} \int d\Omega \left(e^{-i\mathbf{k}\cdot\mathbf{x}} (k^\mu\varepsilon^\nu - k^\nu\varepsilon^\mu) \right) + c.c., \tag{5.77}$$

espressione che può essere posta a sua volta nella forma

$$F^{\mu\nu}(t, \mathbf{x}) = \frac{1}{\sqrt{2\pi}} \int_{-\infty}^\infty e^{i\omega t} F^{\mu\nu}(\omega, \mathbf{x})\, d\omega. \tag{5.78}$$

Si vede quindi che la trasformata di Fourier di $F^{\mu\nu}(x)$ nella sola variabile temporale – ovvero la quantità $F^{\mu\nu}(\omega, \mathbf{x})$ – rappresenta il *peso* con cui una frequenza ω compare nella sovrapposizione di onde elementari che compongono un generico campo di radiazione. Sfrutteremo questa proprietà quando analizzeremo il contenuto energetico della radiazione *frequenza per frequenza*, ovvero quando affronteremo l'*analisi spettrale*, si veda il Capitolo 11.

5.3.1 Onde elettromagnetiche elementari

Dalla soluzione generale delle equazioni di Maxwell nel vuoto (5.75) vediamo che il potenziale vettore risulta sovrapposizione di *onde elettromagnetiche elementari*, di vettore d'onda k^μ fissato soggetto al vincolo $k^2 = 0$, date da

$$A_{el}^\mu(x) = \varepsilon^\mu e^{ik\cdot x} + c.c., \quad k^0 = \omega, \quad k_\mu \varepsilon^\mu = 0, \quad \varepsilon^\mu \approx \varepsilon^\mu + k^\mu \lambda. \quad (5.79)$$

Dalla Sezione 5.2 sappiamo che queste onde sono *piane* e *monocromatiche* e che si propagano con la *velocità della luce*. Queste onde non sono tuttavia *scalari*, in quanto il tensore di polarizzazione ε^μ è un *quadrivettore*.

Relazioni delle onde. Per dedurre le caratteristiche addizionali derivanti dalla natura vettoriale di queste onde – le proprietà *1)-5)* riportate di seguito – conviene trovare prima un'espressione compatta per le derivate di A_{el}^μ. Per non appesantire la notazione d'ora in poi al posto di A_{el}^μ scriveremo A^μ. Derivando la (5.79) troviamo

$$\partial_\mu A^\nu = i k_\mu \varepsilon^\nu e^{ik\cdot x} + c.c. \quad (5.80)$$

Come nel caso delle onde scalari introduciamo il vettore nullo

$$n^\mu \equiv \frac{k^\mu}{\omega}, \quad n^0 = 1, \quad \mathbf{n} = \frac{\mathbf{k}}{\omega}, \quad (5.81)$$

dove il versore $\mathbf{n}$ indica la direzione di propagazione dell'onda. Dalle equazioni (5.79)-(5.81) seguono allora le *relazioni delle onde*

$$\partial_\mu A^\nu = n_\mu \dot{A}^\nu, \quad n_\mu \dot{A}^\mu = 0, \quad n^\mu n_\mu = 0. \quad (5.82)$$

Si noti che queste relazioni vengono preservate dalle trasformazioni di gauge residue (5.74), che per un'onda elementare equivalgono alla sostituzione

$$A^\mu \to A^\mu + n^\mu \varphi, \quad (5.83)$$

con φ un'arbitraria onda elementare scalare. Baseremo la dimostrazione delle proprietà *1)*, *2)* e *5)* a seguire sulle relazioni delle onde (5.82) – e non sulle formule esplicite (5.79) – per un motivo che sarà chiarito alla fine del paragrafo.

1) Onde trasverse. Le onde elementari sono polarizzate trasversalmente, ovvero i campi elettrico e magnetico sono ortogonali alla direzione di propagazione dell'onda

$$\mathbf{n} \cdot \mathbf{E} = 0 = \mathbf{n} \cdot \mathbf{B}. \quad (5.84)$$

Per dimostrare le (5.84) determiniamo il campo elettromagnetico di un'onda elementare usando la prima relazione in (5.82)

$$F^{\mu\nu} = \partial^\mu A^\nu - \partial^\nu A^\mu = n^\mu \dot{A}^\nu - n^\nu \dot{A}^\mu \quad (5.85)$$

e scriviamo la relazione $n_\mu \dot{A}^\mu = 0$ nella forma

$$\dot{A}^0 = \mathbf{n} \cdot \dot{\mathbf{A}}. \tag{5.86}$$

Otteniamo allora

$$E^i = F^{i0} = n^i \dot{A}^0 - \dot{A}^i = (\mathbf{n} \cdot \dot{\mathbf{A}}) \, n^i - \dot{A}^i, \tag{5.87}$$

$$B^i = -\frac{1}{2}\, \varepsilon^{ijk} F^{jk} = -\varepsilon^{ijk} n^j \dot{A}^k. \tag{5.88}$$

Seguono allora le equazioni (5.84).

2) Relazioni tra **E** *e* **B**. I campi elettrico e magnetico sono uguali in modulo e ortogonali fra loro

$$|\mathbf{E}| = |\mathbf{B}|, \qquad \mathbf{E} \cdot \mathbf{B} = 0. \tag{5.89}$$

Per dimostrare queste equazioni conviene ricordare la forma degli invarianti quadratici

$$\varepsilon^{\alpha\beta\gamma\delta} F_{\alpha\beta} F_{\gamma\delta} = -8\, \mathbf{E} \cdot \mathbf{B}, \qquad F^{\alpha\beta} F_{\alpha\beta} = 2\big(B^2 - E^2\big).$$

Inserendovi le espressioni (5.85) si trova che entrambi gli invarianti sono nulli: il primo per l'antisimmetria del tensore di Levi-Civita e il secondo per le relazioni delle onde. Seguono allora le (5.89). Possiamo riassumere le proprietà *1)* e *2)* nelle formule

$$\mathbf{B} = \mathbf{n} \times \mathbf{E}, \qquad \mathbf{n} \cdot \mathbf{E} = 0. \tag{5.90}$$

Il campo magnetico è dunque determinato univocamente dal campo elettrico.

3) Due stati di polarizzazione fisici. Come accennato nel paragrafo precedente, per ogni **k** fissato esistono due stati di polarizzazione fisici linearmente indipendenti. Per analizzarli prendiamo come asse z la direzione di propagazione dell'onda, sicché il vettore d'onda assume la forma

$$k^\mu = (\omega, 0, 0, \omega).$$

La condizione $k_\mu \varepsilon^\mu = \omega(\varepsilon^0 - \varepsilon^3) = 0$ pone allora $\varepsilon^\mu = (\varepsilon^0, \varepsilon^1, \varepsilon^2, \varepsilon^0)$. Il vettore di polarizzazione può quindi essere considerato come sovrapposizione dello stato *longitudinale* non fisico

$$\varepsilon_L^\mu = (\varepsilon^0, 0, 0, \varepsilon^0)$$

e dei due stati *trasversi* fisici

$$\varepsilon_T^\mu = (0, \varepsilon^1, \varepsilon^2, 0). \tag{5.91}$$

Questa terminologia è giustificata dal fatto che sotto una trasformazione di gauge residua (5.74) gli stati trasversi sono invarianti, mentre lo stato longitudinale cambia secondo

$$\varepsilon'^\mu = \varepsilon^\mu + \lambda k^\mu = (\varepsilon^0 + \lambda\omega, \varepsilon^1, \varepsilon^2, \varepsilon^0 + \lambda\omega) = \varepsilon_T^\mu + \left(1 + \frac{\lambda\omega}{\varepsilon^0}\right)\varepsilon_L^\mu. \tag{5.92}$$

In particolare possiamo eliminare ε_L^μ fissando opportunamente l'invarianza di gauge residua, ossia ponendo $\lambda = -\varepsilon^0/\omega$. Si noti che questa scelta equivale a imporre la condizione $\varepsilon'^0 = 0$. La presenza *virtuale* dello stato longitudinale può tuttavia essere sfruttata per controllare la correttezza dei calcoli che si eseguono. Le grandezze *osservabili* non possono, infatti, risentire della presenza dello stato longitudinale e pertanto devono essere invarianti sotto trasformazioni di gauge residue. A titolo di esempio verifichiamo l'invarianza dei campi elettrico e magnetico (5.87) e (5.88), che certamente costituiscono grandezze osservabili. Eseguendo le trasformazioni (5.83), ovvero $\mathbf{A} \to \mathbf{A} + \varphi\,\mathbf{n}$, si trova infatti

$$E^i \to E^i + (\mathbf{n}\cdot\dot{\varphi}\,\mathbf{n})\,n^i - \dot{\varphi}\,n^i = E^i,$$

$$B^i \to B^i - \varepsilon^{ijk}n^j n^k \dot{\varphi} = B^i.$$

4) Polarizzazione lineare, circolare ed ellittica. Inserendo la (5.79) nella (5.87) troviamo che il campo elettrico di un'onda elementare ha la forma generale

$$\mathbf{E} = \boldsymbol{\mathcal{E}}\,e^{ik\cdot x} + \boldsymbol{\mathcal{E}}^*e^{-ik\cdot x} = cos(k\cdot x)\mathbf{V}_1 + sen(k\cdot x)\mathbf{V}_2, \qquad (5.93)$$

dove $\boldsymbol{\mathcal{E}} \equiv \frac{1}{2}\left(\mathbf{V}_1 - i\mathbf{V}_2\right)$ è un arbitrario vettore complesso ortogonale a $\mathbf{n}$ e $\mathbf{V}_1$ e $\mathbf{V}_2$ sono arbitrari vettori reali, ortogonali a $\mathbf{n}$ anch'essi. Le espressioni di $\mathbf{E}$ (5.93) dipendono dunque da quattro parametri reali arbitrari, che sono in corrispondenza biunivoca con le due polarizzazioni fisiche complesse del potenziale A^μ (5.79). Le proprietà di *polarizzazione* di un'onda elementare sono legate ai vincoli a cui è soggetto il vettore complesso $\boldsymbol{\mathcal{E}}$ oppure, equivalentemente, alle relazioni esistenti tra i vettori $\mathbf{V}_1$ e $\mathbf{V}_2$.

Un'onda si dice polarizzata *linearmente* se $\mathbf{E}$ ha direzione costante nel tempo, quindi se

$$\mathbf{V}_1 \parallel \mathbf{V}_2 \qquad \Leftrightarrow \qquad \boldsymbol{\mathcal{E}} = e^{i\gamma}\mathbf{V}, \quad \text{con } \gamma \text{ e } \mathbf{V} \text{ reali.} \qquad (5.94)$$

Un'onda si dice invece polarizzata *circolarmente* se per ogni $\mathbf{x}$ fissato al variare di t la punta di $\mathbf{E}$ percorre una circonferenza, quindi se

$$\mathbf{V}_1 \perp \mathbf{V}_2, \quad |\mathbf{V}_1| = |\mathbf{V}_2| \qquad \Leftrightarrow \qquad \mathbf{n} \times \boldsymbol{\mathcal{E}} = \pm i\,\boldsymbol{\mathcal{E}}. \qquad (5.95)$$

Se si prende come asse z la direzione di $\mathbf{n}$, questa condizione equivale a $\mathcal{E}^x = \pm i\,\mathcal{E}^y$, si veda il Problema 5.5. Una polarizzazione circolare si dice *oraria* (*antioraria*) se $\mathbf{E}$ percorre la circonferenza in senso orario (antiorario), ossia se il vettore $\mathbf{V}_2 \times \mathbf{V}_1$ è parallelo (antiparallelo) a $\mathbf{n}$.

Infine se $\boldsymbol{\mathcal{E}}$ è un vettore generico, l'onda si dice polarizzata *ellitticamente*. In realtà in questo caso l'onda non possiede nessuna particolare proprietà di polarizzazione. Per concludere notiamo che se introduciamo le grandezze

$$\mathbf{W}_1 = cos\alpha\mathbf{V}_1 - sen\alpha\mathbf{V}_2, \quad \mathbf{W}_2 = sen\alpha\mathbf{V}_1 + cos\alpha\mathbf{V}_2, \quad tg\,2\alpha = \frac{2\mathbf{V}_1\cdot\mathbf{V}_2}{V_2^2 - V_1^2},$$

le espressioni (5.93) possono essere poste nella forma equivalente

$$\mathbf{E} = \cos(k \cdot x + \alpha)\mathbf{W}_1 + sen(k \cdot x + \alpha)\mathbf{W}_2, \qquad \mathbf{W}_1 \cdot \mathbf{W}_2 = 0. \qquad (5.96)$$

In questa rappresentazione l'onda è polarizzata linearmente se si annulla $\mathbf{W}_1$ o $\mathbf{W}_2$, mentre è polarizzata circolarmente se i moduli di questi vettori sono uguali: $W_1 = W_2$. Dalla (5.96) si vede inoltre che la punta del campo elettrico in generale descrive un'ellisse, da cui la terminologia *polarizzazione ellittica*. Se dirigiamo l'asse x lungo $\mathbf{W}_1$ e l'asse y lungo $\mathbf{W}_2$, dalle (5.96) segue infatti che le componenti di $\mathbf{E}$ soddisfano l'equazione dell'ellisse

$$\frac{(E^x)^2}{W_1^2} + \frac{(E^y)^2}{W_2^2} = 1.$$

5) Energia e quantità di moto. Il contenuto in quadrimomento di un generico campo elettromagnetico è espresso dal tensore energia-impulso (2.121)

$$T_{em}^{\mu\nu} = F^{\mu}{}_{\alpha}F^{\alpha\nu} + \frac{1}{4}\,\eta^{\mu\nu}F^{\alpha\beta}F_{\alpha\beta}.$$

Nel caso delle onde elementari, usando le (5.85) e le relazioni delle onde e tenendo conto che l'invariante $F^{\alpha\beta}F_{\alpha\beta}$ si annulla, otteniamo la semplice espressione

$$T_{em}^{\mu\nu} = (n^{\mu}\dot{A}_{\alpha} - n_{\alpha}\dot{A}^{\mu})(n^{\alpha}\dot{A}^{\nu} - n^{\nu}\dot{A}^{\alpha}) = -n^{\mu}n^{\nu}(\dot{A}^{\alpha}\dot{A}_{\alpha}). \qquad (5.97)$$

Vediamo ora qualche caratteristica di questo tensore. Essendo il tensore-energia impulso una quantità osservabile, l'espressione (5.97) deve essere innanzitutto invariante sotto le trasformazioni di gauge residue (5.83) – proprietà che si verifica facilmente usando nuovamente le relazioni delle onde. Eliminando dalla (5.97) la componente A^0 tramite la (5.86) otteniamo poi un'espressione che coinvolge solo le componenti spaziali del potenziale vettore

$$T_{em}^{\mu\nu} = n^{\mu}n^{\nu}\left(|\dot{\mathbf{A}}|^2 - (\mathbf{n}\cdot\dot{\mathbf{A}})^2\right). \qquad (5.98)$$

Se scegliamo come asse z la direzione di propagazione dell'onda abbiamo $\mathbf{n} = (0, 0, 1)$ e la (5.98) si riduce ulteriormente a

$$T_{em}^{\mu\nu} = n^{\mu}n^{\nu}\left((\dot{A}_1)^2 + (\dot{A}_2)^2\right), \qquad (5.99)$$

espressione che coinvolge solo le due componenti trasverse (fisiche) A^1 e A^2 e non la componente longitudinale (non fisica) A^3. Si noti, in proposito, che l'invarianza di gauge residua (5.83) garantisce che il tensore energia-impulso è invariante sotto le trasformazioni

$$A^1 \to A^1, \qquad A^2 \to A^2, \qquad A^3 \to A^3 + \varphi,$$

assicurando in tal modo la sua indipendenza da A^3. Confrontando infine la (5.99) con la prima espressione in (5.43), e ripetendo l'analisi svolta dopo tale formula, si deduce che in teoria quantistica di campo a ciascuna delle due componenti fisiche resta associata una particella priva di massa, ovvero un fotone *trasverso*. Torneremo sul significato fisico di queste due componenti nel Paragrafo 5.3.3 in connessione con l'*elicità*.

In base alla (5.87) il tensore energia-impulso (5.98) può essere posto anche nella forma

$$T_{em}^{\mu\nu} = n^{\mu}n^{\nu}E^2 = \frac{1}{2}\,n^{\mu}n^{\nu}\big(E^2 + B^2\big). \tag{5.100}$$

D'altra parte grazie alle equazioni (5.90) il vettore di Poynting di un'onda elementare assume la forma

$$\mathbf{S} = \mathbf{E} \times \mathbf{B} = \mathbf{E} \times (\mathbf{n} \times \mathbf{E}) = E^2\mathbf{n}. \tag{5.101}$$

Le (5.100) riproducono dunque le espressioni generali $T_{em}^{00} = \frac{1}{2}\,(E^2 + B^2)$ e $T_{em}^{0i} = S^i$. Si noti in particolare che il flusso di energia e la densità di quantità di moto di un'onda elementare – rappresentati entrambi dal vettore $\mathbf{S}$ – sono diretti lungo la direzione di propagazione dell'onda, come c'era da aspettarsi. Infine si definisce come *intensità* $\mathcal{P}$ dell'onda l'energia che attraversa nell'unità di tempo l'unità di superficie, posta ortogonalmente alla direzione di propagazione. Risulta dunque

$$\mathcal{P} = \mathbf{n}{\cdot}\mathbf{S} = E^2. \tag{5.102}$$

Campo nella zona delle onde. Concludiamo questo paragrafo con il *caveat* che le proprietà *1)-5)* valgono per le onde elementari (5.79), ma non per un arbitrario campo di radiazione (5.76) – sovrapposizione generica di onde elementari. Vedremo, tuttavia, che le relazioni delle onde (5.82) sono valide anche per un generico campo elettromagnetico nella cosiddetta *zona delle onde*, ovvero a grandi distanze dalle cariche che lo creano. Dato che nella dimostrazione delle proprietà *1)*, *2)* e *5)* abbiamo utilizzato solo tali relazioni, queste proprietà saranno valide anche per un generico campo elettromagnetico nella zona delle onde. Ci riferiamo in particolare alle formule (5.87), (5.90) e (5.100), che danno il campo elettrico, il campo magnetico e il tensore energia-impulso in termini delle sole componenti spaziali del potenziale vettore:

$$\mathbf{E} = \mathbf{n} \times (\mathbf{n} \times \dot{\mathbf{A}}) = -\dot{\mathbf{A}} + (\mathbf{n}{\cdot}\dot{\mathbf{A}})\mathbf{n}, \tag{5.103}$$

$$\mathbf{B} = \mathbf{n} \times \mathbf{E}, \quad \mathbf{n}{\cdot}\mathbf{E} = 0, \tag{5.104}$$

$$T_{em}^{\mu\nu} = n^{\mu}n^{\nu}E^2. \tag{5.105}$$

Insistiamo su questo punto, perché vedremo che l'analisi energetica del fenomeno dell'*irraggiamento* non richiede la conoscenza del campo elettromagnetico esatto, ma soltanto quella del suo andamento asintotico nella zona delle onde. In questa zona potremo dunque usare le formule molto semplici (5.103)-(5.105) e in tal modo l'analisi energetica verrà notevolmente semplificata.

5.3.2 Onde gravitazionali elementari

Nel Paragrafo 5.3.3 analizzeremo una proprietà caratteristica delle onde elementari che viene chiamata *elicità*. Per illustrare il significato di questo concetto metteremo a confronto onde scalari, elettromagnetiche e gravitazionali. Per questo motivo in questo paragrafo anticipiamo dal Capitolo 9, in particolare dalla Sezione 9.3, alcuni risultati riguardanti le ultime.

Secondo la *Relatività Generale* da un lato il potenziale gravitazionale generato dai gravi è descritto da un tensore doppio simmetrico $H_{\mu\nu}(x)$ e dall'altro la *curvatura* dello spazio-tempo è descritta da un tensore simmetrico $g_{\mu\nu}(x)$ – la *metrica* – che subentra alla metrica di Minkowski $\eta_{\mu\nu}$. In particolare in uno spazio-tempo curvo l'intervallo tra due eventi distanti dx^μ è dato da

$$ds^2 = dx^\mu dx^\nu g_{\mu\nu}(x).$$

La teoria stabilisce poi che i due campi introdotti sono legati dalla relazione

$$g_{\mu\nu}(x) = \eta_{\mu\nu} + H_{\mu\nu}(x) - \frac{1}{2}\,\eta_{\mu\nu} H_\rho{}^\rho(x). \tag{5.106}$$

Il campo $H_{\mu\nu}(x)$ descrive quindi lo scostamento della metrica $g_{\mu\nu}(x)$ dello spazio-tempo curvo dalla metrica $\eta_{\mu\nu}$ dello spazio-tempo piatto. Nel Capitolo 9 vedremo che nell'approssimazione di potenziali gravitazionali *deboli*, ovvero soggetti alla limitazione

$$|H_{\mu\nu}(x)| \ll 1, \quad \forall\,\mu,\nu,$$

la soluzione generale delle *equazioni di Einstein* nel vuoto è una sovrapposizione di *onde gravitazionali elementari* piane, monocromatiche e propagantisi con la velocità della luce, aventi la forma

$$H^{\mu\nu}(x) = \varepsilon^{\mu\nu} e^{ik\cdot x} + c.c., \quad k^2 = 0, \quad k^0 = \omega. \tag{5.107}$$

Come al solito abbiamo introdotto la frequenza $\omega = |\mathbf{k}|$. Le onde (5.107) sono caratterizzate da un *tensore di polarizzazione* complesso $\varepsilon^{\mu\nu}$ simmetrico, soggetto rispettivamente alle condizioni di *gauge-fixing* e di *invarianza di gauge residua*

$$k_\mu \varepsilon^{\mu\nu} = 0, \qquad \varepsilon^{\mu\nu} \approx \varepsilon^{\mu\nu} + \lambda^\mu k^\nu + \lambda^\nu k^\mu - \eta^{\mu\nu} \lambda_\rho k^\rho. \tag{5.108}$$

In questo caso le trasformazioni di gauge residue – associate ai *diffeomorfismi*, si veda la Nota 8 nella Sezione 3.4 – coinvolgono i *quattro* parametri di gauge complessi λ^μ. È immediato verificare che le trasformazioni di gauge residue preservano la condizione di gauge-fixing. Grazie al vincolo $k^2 = 0$ vale infatti

$$k_\mu \varepsilon'^{\mu\nu} = k_\mu(\varepsilon^{\mu\nu} + \lambda^\mu k^\nu + \lambda^\nu k^\mu - \eta^{\mu\nu}\lambda_\rho k^\rho) = k_\mu \varepsilon^{\mu\nu} = 0.$$

Due stati di polarizzazione fisici. Il tensore simmetrico $\varepsilon^{\mu\nu}$ è caratterizzato da dieci componenti indipendenti, che sono tuttavia soggette a quattro condizioni di gauge-fixing e a quattro trasformazioni di gauge residue. Le onde gravitazionali (5.107) sono quindi caratterizzate da $10 - 4 - 4 = 2$ stati di polarizzazione fisici. Per determinarle esplicitamente dobbiamo fissare l'invarianza di gauge residua, come nel caso delle onde elettromagnetiche (si veda la (5.92)). In questo caso conviene imporre le quattro condizioni

$$\varepsilon^{0i} = 0, \qquad \varepsilon^{jj} = 0. \tag{5.109}$$

Per dimostrare la consistenza di queste condizioni eseguiamo una trasformazione di gauge residua (5.108) e cerchiamo di risolvere il sistema di quattro equazioni nelle quattro incognite λ^{μ}

$$\varepsilon'^{0i} = \varepsilon^{0i} + \lambda^i \omega + \lambda^0 k^i = 0,$$
$$\varepsilon'^{jj} = \varepsilon^{jj} + 2\lambda^j k^j + 3(\lambda^0 \omega - \lambda^j k^j) = \varepsilon^{jj} + 3\lambda^0 \omega - \lambda^j k^j = 0.$$

Svolgendo i calcoli si trova in effetti che il sistema ammette la soluzione unica

$$\lambda^0 = -\frac{1}{4\omega}\left(\varepsilon^{jj} + \frac{k^i}{\omega}\varepsilon^{i0}\right), \qquad \lambda^i = -\frac{1}{4\omega^2}\left(4\omega\varepsilon^{i0} - \left(\varepsilon^{jj} + \frac{k^j}{\omega}\varepsilon^{j0}\right)k^i\right).$$

Grazie alle (5.109) le condizioni di gauge-fixing $k_\mu \varepsilon^{\mu\nu} = 0$ per $\nu = 0$ e $\nu = i$ danno rispettivamente

$$k_\mu \varepsilon^{\mu 0} = \omega \varepsilon^{00} + k_j \varepsilon^{j0} = \omega \varepsilon^{00} = 0 \quad \Rightarrow \quad \varepsilon^{00} = 0,$$
$$k_\mu \varepsilon^{\mu i} = \omega \varepsilon^{0i} + k_j \varepsilon^{ji} = k_j \varepsilon^{ji} = 0 \quad \Rightarrow \quad k^i \varepsilon^{ij} = 0.$$

Il tensore di polarizzazione gauge-fissato è pertanto caratterizzato dalle relazioni

$$\varepsilon^{00} = 0, \qquad \varepsilon^{0i} = 0, \qquad \varepsilon^{jj} = 0, \qquad k^i \varepsilon^{ij} = 0. \tag{5.110}$$

Se scegliamo come asse z la direzione di propagazione dell'onda abbiamo $\mathbf{k} = (0, 0, \omega)$ e in seguito alle (5.110) si annullano allora tutte le componenti di $\varepsilon^{\mu\nu}$ tranne

$$\varepsilon^{12} = \varepsilon^{21} \quad \text{e} \quad \varepsilon^{11} = -\varepsilon^{22}.$$

Il tensore di polarizzazione assume pertanto la semplice forma

$$\varepsilon^{\mu\nu} = \begin{pmatrix} 0 & 0 & 0 & 0 \\ 0 & \varepsilon^{11} & \varepsilon^{12} & 0 \\ 0 & \varepsilon^{12} & -\varepsilon^{11} & 0 \\ 0 & 0 & 0 & 0 \end{pmatrix}. \tag{5.111}$$

I due stati di polarizzazione fisici dell'onda gravitazionale (5.107) sono dunque rappresentati dalle componenti ε^{12} ed ε^{11}. In particolare le componenti ε^{12} e $\frac{1}{2}(\varepsilon^{11} - \varepsilon^{22})$ sono invarianti sotto le trasformazioni di gauge residue (5.108). Si può infine vedere, come è intuibile, che la presenza di due stati di polarizzazione fisici nelle onde gravitazionali riflette il fatto che al campo gravitazionale siano associati *due gradi di libertà*.

5.3.3 Elicità

Il concetto di *elicità* di un'onda è intimamente legato a una grandezza fisica che ricopre un ruolo fondamentale in Meccanica Quantistica: lo *spin*[7]. Più precisamente, si può vedere che lo spin delle particelle che descrivono una determinata onda elementare a livello quantistico è proporzionale all'elicità dell'onda – la costante di proporzionalità essendo la costante di Planck $\hbar$. Di seguito analizzeremo l'elicità delle onde elementari scalari, elettromagnetiche e gravitazionali

$$\varphi = \varepsilon\, e^{ik\cdot x} + c.c., \tag{5.112}$$

$$A^\mu = \varepsilon^\mu e^{ik\cdot x} + c.c., \quad k_\mu \varepsilon^\mu = 0, \quad \varepsilon^\mu \approx \varepsilon^\mu + \lambda k^\mu, \tag{5.113}$$

$$H^{\mu\nu} = \varepsilon^{\mu\nu} e^{ik\cdot x} + c.c., \quad k_\mu \varepsilon^{\mu\nu} = 0, \quad \varepsilon^{\mu\nu} \approx \varepsilon^{\mu\nu} + \lambda^\mu k^\nu + \lambda^\nu k^\mu - \eta^{\mu\nu}\lambda_\rho k^\rho. \tag{5.114}$$

Elicità e rotazioni. Il concetto di elicità è legato alle proprietà di trasformazione dei tensori di polarizzazione $\varepsilon(\mathbf{k})$, $\varepsilon^\mu(\mathbf{k})$ ed $\varepsilon^{\mu\nu}(\mathbf{k})$ sotto rotazioni spaziali. Ricordiamo che sotto una generica trasformazione di Lorentz $\Lambda^\mu{}_\nu$ questi tensori si trasformano secondo

$$\varepsilon'(\mathbf{k}') = \varepsilon(\mathbf{k}), \quad \varepsilon'^\mu(\mathbf{k}') = \Lambda^\mu{}_\nu\, \varepsilon^\nu(\mathbf{k}), \quad \varepsilon'^{\mu\nu}(\mathbf{k}') = \Lambda^\mu{}_\alpha \Lambda^\nu{}_\beta\, \varepsilon^{\alpha\beta}(\mathbf{k}), \tag{5.115}$$

dove

$$k'^\mu = \Lambda^\mu{}_\nu k^\nu.$$

Consideriamo ora un generico vettore d'onda $\mathbf{k}$, che teniamo fisso in tutta l'analisi che segue. Un'onda elementare è allora completamente caratterizzata dal tensore di polarizzazione complesso, soggetto alle rispettive condizioni di gauge-fixing indicate nelle (5.112)-(5.114). Indichiamo con V_i, con $i = 1, 2, 3$, lo spazio vettoriale lineare complesso dei tensori di polarizzazione di ciascun tipo di onda, vincolati dalle rispettive condizioni di gauge-fixing. Le dimensioni d_i di questi spazi sono

$$d_1 = 1, \qquad d_2 = 4 - 1 = 3, \qquad d_3 = 10 - 4 = 6.$$

Definiamo ora il sottogruppo G del gruppo di Lorentz costituito dalle rotazioni spaziali di un generico angolo φ attorno alla direzione di $\mathbf{k}$. Evidentemente G costituisce un gruppo di Lie abeliano a un solo parametro. Indicando un suo generico elemento con $\Lambda^\mu{}_\nu(\varphi)$ vale in particolare

$$\Lambda^\mu{}_\nu(\varphi_1)\Lambda^\nu{}_\rho(\varphi_2) = \Lambda^\mu{}_\rho(\varphi_1 + \varphi_2).$$

---

[7] Il termine *elicità* talvolta viene usato anche in fisica quantistica, nel qual caso indica la proiezione dello spin della particella lungo la direzione del moto.

Sotto una tale trasformazione il vettore **k** e il suo modulo $k^0 = |\mathbf{k}|$ restano ovviamente invarianti, sicché abbiamo

$$k'^\mu = \Lambda^\mu{}_\nu(\varphi) k^\nu = k^\mu.$$

Nelle (5.115) si trasformano dunque solo le componenti dei tensori di polarizzazione, ma non i loro argomenti. Di conseguenza le polarizzazioni trasformate continuano a soddisfare le condizioni di gauge-fixing indicate nelle (5.112)-(5.114) – con lo stesso k^μ – e appartengono dunque ancora a V_i. Concludiamo quindi che ogni spazio vettoriale V_i è sede di una rappresentazione di G, in generale *riducibile*. Secondo un noto teorema della teoria dei gruppi le rappresentazioni complesse *irriducibili* di un gruppo di Lie abeliano e compatto G sono tutte *unidimensionali*, con sede i numeri complessi $\mathbb{C}$, e in ogni rappresentazione irriducibile un elemento $\Lambda^\mu{}_\nu(\varphi) \in G$ agisce su un elemento $\mathcal{E} \in \mathbb{C}$ secondo

$$\mathcal{E} \to \mathcal{E}' = e^{in\varphi}\mathcal{E}, \tag{5.116}$$

dove n è un numero reale fissato. Deve allora essere possibile decomporre gli spazi V_i delle polarizzazioni in d_i sottospazi unidimensionali, sedi di rappresentazioni irriducibili di G del tipo (5.116). Ciascuno di questi sottospazi rappresenta allora uno stato di polarizzazione dell'onda – fisico o non fisico – a cui resta associato in modo univoco un numero reale n, che viene chiamato *elicità*. Il risultato importante menzionato all'inizio del paragrafo è che a ogni stato con elicità n a livello quantistico corrisponde una particella di *spin* $n\hbar$.

Per facilitare la decomposizione in rappresentazioni irriducibili conviene scegliere come asse z la direzione di **k**, sicché vale $k^\mu = (\omega, 0, 0, \omega)$. La matrice $\Lambda^\mu{}_\nu(\varphi)$ corrisponde allora a una rotazione di un angolo φ attorno all'asse z

$$\Lambda^\mu{}_\nu(\varphi) = \begin{pmatrix} 1 & 0 & 0 & 0 \\ 0 & \cos\varphi & sen\,\varphi & 0 \\ 0 & -sen\,\varphi & \cos\varphi & 0 \\ 0 & 0 & 0 & 1 \end{pmatrix}. \tag{5.117}$$

Per ridurre le rappresentazioni (5.115) di G in rappresentazioni unidimensionali occorre trovare opportune combinazioni lineari $\mathcal{E}$ delle componenti dei tensori di polarizzazione, tali che le trasformazioni (5.115) assumano la forma *diagonale* (5.116). Eseguiamo ora questa riduzione per i tre tipi di onde.

Onde scalari. Per le onde scalari (5.112) abbiamo $d_1 = 1$. Per un'arbitraria trasformazione di Lorentz, e quindi anche per una trasformazione $\Lambda^\mu{}_\nu(\varphi)$, vale $\varepsilon' = \varepsilon$. La rappresentazione è già unidimensionale e vale la (5.116) con $\mathcal{E} = \varepsilon$ e $n = 0$. Le onde scalari corrispondono dunque a un solo stato di polarizzazione di elicità zero.

Onde elettromagnetiche. In questo caso abbiamo $d_2 = 3$. Per via del gauge-fixing $k_\mu \varepsilon^\mu = 0$ il vettore ε^μ ha tre componenti indipendenti: le due polarizzazioni fisiche trasverse ε^1 ed ε^2 e la componente non fisica longitudinale $\varepsilon^0 = \varepsilon^3$. Esplicitando la trasformazione $\varepsilon'^\mu = \Lambda^\mu{}_\nu(\varphi)\,\varepsilon^\nu$ si ottiene

$$\begin{aligned}
\varepsilon'^0 &= \varepsilon^0, \\
\varepsilon'^1 &= cos\,\varphi\,\varepsilon^1 + sen\,\varphi\,\varepsilon^2, \\
\varepsilon'^2 &= -sen\,\varphi\,\varepsilon^1 + cos\,\varphi\,\varepsilon^2, \\
\varepsilon'^3 &= \varepsilon^3.
\end{aligned}$$

La componente longitudinale ha dunque elicità zero. Le trasformazioni rimanenti si possono diagonalizzare formando le combinazioni lineari

$$\mathcal{E}_\pm = \varepsilon^1 \mp i\varepsilon^2.$$

Vale infatti

$$\mathcal{E}'_\pm = \varepsilon'^1 \mp i\varepsilon'^2 = cos\,\varphi\,\varepsilon^1 + sen\,\varphi\,\varepsilon^2 \mp i\,(-sen\,\varphi\,\varepsilon^1 + cos\,\varphi\,\varepsilon^2) = e^{\pm i\varphi}\mathcal{E}_\pm.$$

In base alla (5.116) vediamo allora che a un'onda elettromagnetica sono associati uno stato di polarizzazione non fisico di elicità $n = 0$ e due stati di polarizzazione fisici di elicità $n = \pm 1$. Gli ultimi due corrispondono a onde elettromagnetiche polarizzate circolarmente, rispettivamente in senso orario e antiorario, si veda il Problema 5.5.

Onde gravitazionali. Nel caso delle onde gravitazionali (5.114) per via del gauge-fixing $k_\mu \varepsilon^{\mu\nu} = 0$ il tensore $\varepsilon^{\mu\nu}$ possiede $d_3 = 6$ componenti indipendenti, di cui due fisici e quattro non fisici. Per brevità in questo caso ci limitiamo ad analizzare le due componenti fisiche ε^{12} ed ε^{11}, si veda la (5.111). Per una rotazione attorno all'asse z il tensore di polarizzazione si trasforma come indicato in (5.115) e per la componente ε^{11} si ottiene

$$\begin{aligned}
\varepsilon'^{11} &= \Lambda^1{}_1(\varphi)\Lambda^1{}_1(\varphi)\varepsilon^{11} + 2\Lambda^1{}_2(\varphi)\Lambda^1{}_1(\varphi)\varepsilon^{12} + \Lambda^1{}_2(\varphi)\Lambda^1{}_2(\varphi)\varepsilon^{22} \\
&= cos^2\varphi\,\varepsilon^{11} + 2\,sen\,\varphi\,cos\,\varphi\,\varepsilon^{12} - sen^2\varphi\,\varepsilon^{11} \\
&= cos\,2\varphi\,\varepsilon^{11} + sen\,2\varphi\,\varepsilon^{12}.
\end{aligned}$$

Analogamente si trova

$$\varepsilon'^{12} = -sen\,2\varphi\,\varepsilon^{11} + cos\,2\varphi\,\varepsilon^{12}.$$

Come nel caso delle onde elettromagnetiche queste trasformazioni si diagonalizzano ponendo

$$\mathcal{E}_\pm = \varepsilon^{11} \mp i\varepsilon^{12}$$

e si ottiene

$$\mathcal{E}'_\pm = e^{\pm 2i\varphi}\mathcal{E}_\pm.$$

I due stati di polarizzazione fisici di un'onda gravitazionale hanno quindi elicità $n = \pm 2$. Le onde gravitazionali ed elettromagnetiche hanno dunque in comune la velocità di propagazione e il numero di stati fisici, ma si distinguono per l'elicità.

In base al nesso tra elicità e spin possiamo allora affermare che a livello quantistico a un campo scalare reale la cui dinamica discenda dalla lagrangiana (5.24) corrisponde una particella neutra priva di massa e di spin zero, che il campo elettromagnetico è composto da particelle prive di massa di spin $\pm\hbar$, i fotoni, e che il campo gravitazionale – supposto che esista una teoria quantistica consistente dell'interazione gravitazionale – sarà composto da particelle prive di massa di spin $\pm2\hbar$, i gravitoni.

Basi diverse di soluzioni. In questa sezione abbiamo studiato una particolare base completa di soluzioni delle equazioni di Maxwell nel vuoto – le onde piane – e ne abbiamo analizzato le proprietà più salienti. Menzioniamo un'ulteriore proprietà, non meno significativa delle altre e forse la più caratteristica: sotto trasformazioni di Lorentz ogni elemento della base va in un altro elemento della base, ovvero sotto una trasformazione di Lorentz l'onda piana (5.79) resta un'onda piana.

È tuttavia ovvio che la base delle onde piane – pur essendo di particolare rilevanza – non è l'unica base di interesse fisico. Un altro sistema completo importante di soluzioni delle equazioni di Maxwell è rappresentato dalle cosiddette *onde sferiche*, sistema che risulta molto utile nello sviluppo sistematico della radiazione in multipoli. Noi non ci occuperemo in dettaglio di questo sistema perché ci serviremo dello sviluppo in multipoli solo nel limite non relativistico, in cui è sufficiente tenere conto dei termini di dipolo e di quadrupolo. Si vedano tuttavia le Sezioni 9.6 e 9.7 del testo [4].

5.4 Problema di Cauchy per il campo di radiazione

In questa sezione affrontiamo il problema di Cauchy per il campo elettromagnetico libero. Inizieremo la trattazione partendo dalla formula risolutiva (5.76) in quanto soluzione generale delle equazioni di Maxwell nel vuoto. Nel paragrafo a seguire cogliamo l'occasione per riderivarla con un metodo diverso, che ha il pregio di essere *manifestamente* gauge-invariante.

5.4.1 Campo di radiazione e invarianza di gauge manifesta

L'introduzione del potenziale vettore è inevitabile se si vuole derivare l'Elettrodinamica da un principio variazionale, principio che costituisce a sua volta il punto di partenza indispensabile per la quantizzazione della teoria. D'altra parte gli approcci che coinvolgono esplicitamente il potenziale vettore – oltre al campo elettromagnetico – hanno il difetto di violare l'invarianza di gauge *manifesta*.

Nell'ambito dell'Elettrodinamica *classica* l'introduzione del potenziale vettore in realtà costituisce solo un fatto di *convenienza*, in quanto può rendere più agevole lo studio di certi fenomeni. Abbiamo visto, ad esempio, che l'introduzione del potenziale vettore e il successivo uso della trasformata di Fourier permettono di risolvere in modo semplice le equazioni di Maxwell nel vuoto. È comunque importante tenere presente che è possibile – in linea di principio, ma anche in pratica – analizzare l'Elettrodinamica classica in termini del solo campo elettromagnetico $F^{\mu\nu}$. I pregi evidenti di un tale approccio sono che non si introducono mai elementi *non fisici* e che l'invarianza di gauge è realizzata in modo manifesta. Per illustrare questo *framework* alternativo, di seguito risolviamo nuovamente le equazioni di Maxwell nel vuoto facendo uso del solo campo elettromagnetico.

In questa prospettiva dobbiamo risolvere il sistema

$$\partial_\mu F^{\mu\nu} = 0, \tag{5.118}$$

$$\partial_{[\mu} F_{\nu\rho]} = \frac{1}{3} \left(\partial_\mu F_{\nu\rho} + \partial_\nu F_{\rho\mu} + \partial_\rho F_{\mu\nu} \right) = 0, \tag{5.119}$$

in cui abbiamo incluso nuovamente l'identità di Bianchi. Dimostriamo innanzitutto che tutte le componenti del campo elettromagnetico devono soddisfare l'equazione delle onde. Applicando all'identità di Bianchi l'operatore ∂^μ otteniamo l'equazione

$$\frac{1}{3} \left(\Box F_{\nu\rho} + \partial_\nu \partial^\mu F_{\rho\mu} + \partial_\rho \partial^\mu F_{\mu\nu} \right) = 0.$$

Grazie alla (5.118) il secondo e il terzo termine si annullano e otteniamo effettivamente

$$\Box F^{\mu\nu} = 0. \tag{5.120}$$

Si badi che questa equazione *segue* dalle equazioni (5.118) e (5.119), ma non le implica. Siamo comunque in grado di scrivere la soluzione generale della (5.120), si veda la (5.38),

$$F^{\mu\nu} = \frac{1}{(2\pi)^2} \int \frac{d^3 k}{2\omega} \left(e^{ik \cdot x} f^{\mu\nu}(\mathbf{k}) + c.c. \right), \tag{5.121}$$

in cui $f^{\mu\nu}(\mathbf{k})$ è un arbitrario tensore complesso antisimmetrico.

Il campo (5.121) per un $f^{\mu\nu}(\mathbf{k})$ generico non soddisfa, tuttavia, le equazioni (5.118) e (5.119). Per imporle valutiamo le derivate parziali del campo portandole sotto il segno di integrale

$$\partial_\rho F^{\mu\nu} = \frac{i}{(2\pi)^2} \int \frac{d^3 k}{2\omega} \left(e^{ik \cdot x} k_\rho f^{\mu\nu}(\mathbf{k}) + c.c. \right).$$

Imponendo le equazioni (5.118) e (5.119), ed eseguendone l'antitrasformata di Fourier nella sola variabile $\mathbf{x}$, si trova che queste equazioni differenziali si mutano nelle equazioni algebriche ($k^2 = 0$)

$$k_\mu f^{\mu\nu} = 0, \tag{5.122}$$

$$k_{[\mu} f_{\nu\rho]} = 0. \tag{5.123}$$

Non è difficile convincersi che la soluzione generale della (5.123) è

$$f_{\mu\nu} = k_\mu \beta_\nu - k_\nu \beta_\mu, \tag{5.124}$$

$\beta^\mu \equiv \beta^\mu(\mathbf{k})$ essendo un arbitrario quadrivettore complesso. La (5.122) impone allora il vincolo

$$k_\mu f^{\mu\nu} = k_\mu (k^\mu \beta^\nu - k^\nu \beta^\mu) = k^2 \beta^\nu - k^\nu (k_\mu \beta^\mu) = -k^\nu (k_\mu \beta^\mu) = 0,$$

ovvero

$$k_\mu \beta^\mu = 0. \tag{5.125}$$

Tuttavia, β^μ diversi possono dare luogo alla stessa soluzione (5.121). I vettori β^μ e $\beta^\mu + \lambda k^\mu$ danno infatti luogo allo stesso tensore $f^{\mu\nu}$ e soddisfano entrambi la (5.125).

Infine è immediato verificare che il campo (5.121) – con $f^{\mu\nu}$ specificato dalle relazioni (5.124) e (5.125) – combacia perfettamente con la soluzione (5.76), previa l'identificazione

$$\beta^\mu = i\varepsilon^\mu,$$

e che l'ambiguità riguardante β^μ appena discussa riflette l'*invarianza di gauge* residua.

5.4.2 Problema di Cauchy e formule risolutive

Affrontiamo ora il problema alle condizioni iniziali per il campo elettromagnetico. Date le equazioni (5.120) e (5.121), sfruttando l'analisi del Paragrafo 5.2.2 è immediato scrivere $F^{\mu\nu}(x)$ in termini dei dati iniziali $F^{\mu\nu}(0, \mathbf{x})$ e $\partial_0 F^{\mu\nu}(0, \mathbf{x})$ e del kernel antisimmetrico $D(x)$, si veda la (5.51),

$$F^{\mu\nu}(x) = \int \left(D(t, \mathbf{x} - \mathbf{y}) \, \partial_0 F^{\mu\nu}(0, \mathbf{y}) + \partial_0 D(t, \mathbf{x} - \mathbf{y}) \, F^{\mu\nu}(0, \mathbf{y}) \right) d^3 y. \tag{5.126}$$

D'altra parte le derivate temporali $\partial_0 F^{\mu\nu}(0, \mathbf{x})$ sono legate ai valori iniziali dei campi $F^{\mu\nu}(0, \mathbf{x})$ attraverso le equazioni (5.118) e (5.119), ovvero

$$\frac{\partial \mathbf{E}}{\partial t} = \mathbf{\nabla} \times \mathbf{B}, \qquad \frac{\partial \mathbf{B}}{\partial t} = -\mathbf{\nabla} \times \mathbf{E}.$$

Valutando queste equazioni a $t = 0$ e inserendole nella (5.126) otteniamo le formule risolutive

$$\mathbf{E}(t, \mathbf{x}) = \int \big(D(t, \mathbf{x} - \mathbf{y}) \boldsymbol{\nabla} \times \mathbf{B}(0, \mathbf{y}) + \partial_0 D(t, \mathbf{x} - \mathbf{y}) \mathbf{E}(0, \mathbf{y}) \big) \, d^3 y, \qquad (5.127)$$

$$\mathbf{B}(t, \mathbf{x}) = \int \big(- D(t, \mathbf{x} - \mathbf{y}) \boldsymbol{\nabla} \times \mathbf{E}(0, \mathbf{y}) + \partial_0 D(t, \mathbf{x} - \mathbf{y}) \mathbf{B}(0, \mathbf{y}) \big) \, d^3 y, \qquad (5.128)$$

che esprimono il campo elettromagnetico a un istante generico direttamente in termini dei dati iniziali $\mathbf{E}(0, \mathbf{x})$ e $\mathbf{B}(0, \mathbf{x})$. Inoltre, sfruttando il fatto che $D(x)$ soddisfa l'equazione delle onde è immediato verificare che le espressioni (5.127) e (5.128) soddisfano effettivamente le equazioni (5.118) e (5.119) – ossia le equazioni (2.51)-(2.54) con sorgenti nulle – purché i dati iniziali soddisfino i *vincoli di fisicità*

$$\boldsymbol{\nabla} \cdot \mathbf{E}(0, \mathbf{x}) = 0 = \boldsymbol{\nabla} \cdot \mathbf{B}(0, \mathbf{x}).$$

Sappiamo infatti che la conoscenza di soltanto quattro componenti del campo elettromagnetico a $t = 0$, ad esempio $E^1(0, \mathbf{x})$, $E^2(0, \mathbf{x})$, $B^1(0, \mathbf{x})$ e $B^2(0, \mathbf{x})$, è sufficiente a determinare il campo elettromagnetico a ogni istante. Concludiamo questo paragrafo evidenziando le proprietà più salienti delle formule risolutive (5.126)-(5.128).

Covarianza a vista. In base all'analisi del Paragrafo 5.2.3 è immediato porre la (5.126) in forma covariante a vista, si veda la (5.63). Scelta un'ipersuperficie $\varGamma$ di tipo spazio – parametrizzata da $y^\mu(\lambda)$ e con vettore normale unitario $n^\rho(\lambda)$ – su cui assegniamo i valori di $F^{\mu\nu}$ e di $n_\rho \partial^\rho F^{\mu\nu}$, la versione covariante della (5.126) è

$$F^{\mu\nu}(x) = \int_\varGamma \big(D(x - y) \, \partial^\rho F^{\mu\nu}(y) + \partial^\rho D(x - y) \, F^{\mu\nu}(y) \big) \, d\varSigma_\rho, \qquad (5.129)$$

dove $d\varSigma_\rho = n_\rho \sqrt{g} \, d^3\lambda$, si veda il Paragrafo 3.2.1. Anche in questo caso si può far vedere che i valori delle derivate $n_\rho \partial^\rho F^{\mu\nu}(y)$ su $\varGamma$ sono determinati dai valori dei campi $F^{\mu\nu}(y)$ su $\varGamma$ e che di questi ultimi solo quattro sono indipendenti.

Causalità. Una caratteristica importante del kernel antisimmetrico (5.53) è rappresentata dal fatto che il suo supporto è il cono luce, vale a dire $D(t, \mathbf{x})$ è diverso da zero solo per $t = \pm |\mathbf{x}|$. Questa caratteristica assicura, infatti, che un generico campo di radiazione – e non solo un'onda elementare – si propaga con la velocità della luce. Illustriamo questa proprietà fondamentale con un esempio. Supponiamo che i campi iniziali $\mathbf{E}(0, \mathbf{x})$ e $\mathbf{B}(0, \mathbf{x})$ siano diversi da zero solo all'interno di una sfera S_L di raggio L, centrata nell'origine, sicché nelle (5.127) e (5.128) l'integrale su $\mathbf{y}$ si restringe alla regione $|\mathbf{y}| < L$. Consideriamo allora un punto P esterno a S_L con coordinata $\mathbf{x}_0$. Dato che $D(t, \mathbf{x} - \mathbf{y}) = 0$ per $|\mathbf{x} - \mathbf{y}| \neq t$, dalle (5.127) e (5.128) si vede che a un istante $t > 0$ il campo elettromagnetico in P è diverso da zero solo se esistono degli $\mathbf{y}$ tali che

$$t = |\mathbf{x}_0 - \mathbf{y}|, \quad |\mathbf{y}| < L.$$

In P il primo segnale arriva quindi all'istante $t_0 = |\mathbf{x}_0| - L$, mentre a tutti gli istanti precedenti a t_0 il campo in P è nullo. Visto che la distanza di P dalla sfera S_L è proprio $|\mathbf{x}_0| - L$ concludiamo che il campo di radiazione si propaga con la velocità della luce.

Principio di Huygens. Il kernel (5.53) è invariante per trasformazioni di Lorentz e in particolare per rotazioni spaziali

$$D(t, R\mathbf{x}) = D(t, \mathbf{x}), \quad \forall R \in SO(3).$$

Viste le formule risolutive (5.127) e (5.128) il campo elettromagnetico si propaga quindi in tutte le direzioni in modo *isotropo* – caratteristica che costituisce la base del *principio di Huygens*.

Invarianza per inversione temporale. Dalla seconda rappresentazione in (5.57) segue che il kernel $D(x)$ è una distribuzione antisimmetrica del tempo

$$D(-t, \mathbf{x}) = -D(t, \mathbf{x}), \qquad \frac{\partial}{\partial t^*} D(t^*, \mathbf{x}) \bigg|_{t^*=-t} = \frac{\partial}{\partial t} D(t, \mathbf{x}). \tag{5.130}$$

Faremo ora vedere che questa circostanza non è casuale, essendo legata strettamente all'invarianza per *inversione temporale* dell'Elettrodinamica. Tornando per un momento al caso più semplice dell'equazione delle onde del campo scalare $\Box \varphi = 0$, e alla corrispondente lagrangiana $\mathcal{L} = \frac{1}{2} \partial_\mu \varphi \partial^\mu \varphi$, notiamo che entrambe sono invarianti sotto inversione temporale. Per t che va in $t^* = -t$ il campo scalare φ si trasforma infatti secondo la legge $\varphi^*(t^*, \mathbf{x}) = \varphi(t, \mathbf{x})$, ovvero $\varphi^*(t, \mathbf{x}) = \varphi(-t, \mathbf{x})$. Conseguentemente, se $\varphi(x)$ è una soluzione dell'equazione delle onde, tale è anche $\varphi^*(x)$. Sostituendo nella formula risolutiva (5.51) t con $-t$, e sfruttando le (5.130), si vede infatti che $\varphi^*(x)$ è una soluzione dell'equazione delle onde con i corretti dati iniziali $\varphi^*(0, \mathbf{x}) = \varphi(0, \mathbf{x})$ e $\partial_0 \varphi^*(0, \mathbf{x}) = -\partial_0 \varphi(0, \mathbf{x})$.

Analogamente le equazioni dell'Elettrodinamica sono invarianti sotto inversione temporale e nel Paragrafo 2.2.2 abbiamo determinato le corrispondenti leggi di trasformazione dei campi, si vedano le (2.30). Dalle (2.31) e (2.32) sappiamo in particolare che se i campi $\mathbf{E}(t, \mathbf{x})$ e $\mathbf{B}(t, \mathbf{x})$ sono soluzioni delle equazioni di Maxwell, tali sono anche i campi $\mathbf{E}^*(t, \mathbf{x}) = \mathbf{E}(-t, \mathbf{x})$ e $\mathbf{B}^*(t, \mathbf{x}) = -\mathbf{B}(-t, \mathbf{x})$. Sostituendo nelle formule risolutive (5.127) e (5.128) t con $-t$, e sfruttando di nuovo le (5.130), si verifica in effetti che i campi $\mathbf{E}^*(x)$ e $\mathbf{B}^*(x)$ sono soluzioni delle equazioni di Maxwell con i corretti dati iniziali $\mathbf{E}^*(0, \mathbf{x}) = \mathbf{E}(0, \mathbf{x})$ e $\mathbf{B}^*(0, \mathbf{x}) = -\mathbf{B}(0, \mathbf{x})$.

In conclusione, se i campi $\mathbf{E}$ e $\mathbf{B}$ rappresentano un campo elettromagnetico libero che si osserva in natura, allora anche i campi $\mathbf{E}^*$ e $\mathbf{B}^*$ rappresentano un campo elettromagnetico libero che può esistere in natura, e viceversa. Vedremo, tuttavia, che in presenza di cariche – quando i campi non sono più *liberi* – questa corrispondenza non sussiste più: se la coppia $(\mathbf{E}, \mathbf{B})$ è un campo osservabile in natura, la coppia $(\mathbf{E}^*, \mathbf{B}^*)$ ottenuta dalla prima per inversione temporale non sarà più tale – pur soddisfacendo le equazioni di Maxwell. In Elettrodinamica l'invarianza per inversione temporale è infatti violata *spontaneamente*, si veda il Paragrafo 6.2.3.

5.5 Effetto Doppler relativistico

Nel Paragrafo 5.3.3 abbiamo visto che nel passaggio da un sistema di riferimento a un altro un'onda elementare resta un'onda elementare: nondimeno polarizzazione, direzione di propagazione e frequenza cambiano. In questo paragrafo ci occupiamo del cambiamento della frequenza.

Consideriamo una sorgente che nel sistema di riferimento in cui è a riposo emetta segnali luminosi monocromatici di frequenza *propria* $\omega_0 = 2\pi/\lambda_0$. Vogliamo determinare la frequenza del segnale in un sistema di riferimento K in cui la sorgente si trova in moto rettilineo uniforme con velocità $\mathbf{v}$. Sia K^* il sistema di riferimento in cui la sorgente è a riposo. In K^* la quadrivelocità della sorgente e il vettore d'onda sono allora dati da

$$u^{*\mu} = (1, \mathbf{0}), \qquad k^{*\mu} = (\omega_0, \mathbf{k}_0), \qquad \omega_0 = |\mathbf{k}_0|.$$

Nel sistema di riferimento K le analoghe quantità sono

$$u^\mu = \left(\frac{1}{\sqrt{1-v^2}}, \frac{\mathbf{v}}{\sqrt{1-v^2}} \right), \qquad k^\mu = (\omega, \mathbf{k}).$$

Indicando con α l'angolo tra la direzione di propagazione dell'onda e la velocità della sorgente, entrambe misurate in K, possiamo sfruttare l'invarianza relativistica dello scalare $u_\mu k^\mu$ per scrivere

$$\omega_0 = u_\mu^* k^{*\mu} = u_\mu k^\mu = \frac{\omega - \mathbf{v} \cdot \mathbf{k}}{\sqrt{1-v^2}} = \frac{\omega - \omega v \cos \alpha}{\sqrt{1-v^2}}.$$

La frequenza e la lunghezza d'onda in K sono allora date da

$$\omega = \frac{\sqrt{1-v^2}}{1 - v \cos \alpha} \, \omega_0, \qquad \lambda = \frac{1 - v \cos \alpha}{\sqrt{1-v^2}} \, \lambda_0. \tag{5.131}$$

Queste formule rappresentano *l'effetto Doppler relativistico*.

Nel caso particolare in cui la sorgente si avvicina (allontana) frontalmente abbiamo $\alpha = 0$ ($\alpha = \pi$) e, ripristinando la velocità della luce, otteniamo

$$\lambda = \frac{1 \mp v/c}{\sqrt{1 - v^2/c^2}} \, \lambda_0. \tag{5.132}$$

Questa formula può essere confrontata con la formula dell'effetto Doppler non relativistico

$$\lambda_{n.r.} = (1 \mp v/v_p) \, \lambda_0,$$

in cui v_p rappresenta la velocità di propagazione del segnale. Come si vede, se la sorgente si muove con velocità v piccola rispetto alla velocità della luce, formalmente la formula relativistica (5.132) si riduce a quella non relativistica se si pone $v_p = c$.

Redshift cosmologico ed espansione dell'universo. Concludiamo la sezione con un'applicazione importante dell'effetto Doppler relativistico, il *redshift cosmologico*. Per sorgenti che si allontanano dall'osservatore frontalmente la (5.132) dà per la variazione relativa della lunghezza d'onda

$$z \equiv \frac{\lambda - \lambda_0}{\lambda_0} = \sqrt{\frac{1 + v/c}{1 - v/c}} - 1 > 0. \qquad (5.133)$$

All'aumentare della velocità aumentano quindi le lunghezze d'onda e diminuiscono le frequenze – fenomeno noto come *redshift*, poiché le righe spettrali dello spettro visibile si spostano verso il rosso. Questo effetto riveste un ruolo importante in vari rami della fisica, in particolare in Cosmologia. Attraverso un'analisi sistematica del *redshift* della radiazione emessa da un gruppo di galassie E. Hubble nel 1929 scoprì l'espansione dell'universo. Le galassie da lui osservate avevano velocità piccole rispetto alla velocità della luce, dell'ordine di $v \sim 3.000 km/s$, e pertanto l'aumento relativo osservato delle lunghezze d'onda era relativamente piccolo. Per $v/c \ll 1$ la (5.133) si riduce infatti a

$$z = \frac{v}{c} \sim 10^{-2}.$$

D'altra parte oggi si conoscono anche galassie con valori di z molto elevati, dell'ordine dell'unità. Nella galassia 8C1435+635, ad esempio, nel 1994 si è misurato un *redshift* di $z = 4.25$, corrispondente a una velocità di allontanamento pari a $v = 0.93 \, c$.

Recentemente misure molto precise del *redshift* cosmologico nelle *supernovae* di tipo Ia hanno permesso di trarre conclusioni nuove e rivoluzionarie sullo stato del nostro universo: queste misure hanno infatti rivelato che l'universo non solo si sta espandendo, ma che la velocità di espansione sta aumentando, ovvero che l'universo sta *accelerando*. D'altronde secondo la *Relatività Generale* un universo che accelera esige necessariamente una *costante cosmologica* diversa zero e positiva – circostanza che ha arricchito la Cosmologia odierna di una serie di problematiche nuove, a tutt'oggi irrisolte.

5.6 Problemi

5.1. Eseguendo le antitrasformate di Fourier delle relazioni (5.47) e usando le definizioni (5.45) e (5.46) si dimostri che la formula risolutiva (5.50) può essere posta nella forma (5.51).

5.2. Supponendo che $A^\mu(x)$ sia un campo vettoriale, e che per una trasformazione di Lorentz si abbia $k'^\mu = \Lambda^\mu{}_\nu k^\nu$, si dimostri che anche la trasformata di Fourier

$$\widehat{A}^\mu(k) = \frac{1}{(2\pi)^2} \int e^{-ik \cdot x} A^\mu(x) \, d^4x$$

si trasforma come un campo vettoriale.

5.3. Imponendo la condizione di gauge-fixing $A^0 = 0$ si dimostri che il campo elettromagnetico corrisponde a due gradi di libertà fisici. Si proceda come segue:

a) si impongano condizioni iniziali per A^1 e A^2 e le loro derivate temporali all'istante $t = 0$;

b) si determini la forma delle trasformazioni di gauge residue;

c) imponendo l'equazione $G^0 \equiv \partial_\mu F^{\mu 0} - j^0 = 0$ a $t = 0$ e utilizzando le trasformazioni di gauge residue si fissino le condizioni iniziali per A^3 e $\partial_0 A^3$ a $t = 0$.

5.4. Si consideri la soluzione generale (5.76) delle equazioni di Maxwell nel vuoto.

a) Si derivino le espressioni generali per i campi elettrico e magnetico nel vuoto

$$\mathbf{E}(t, \mathbf{x}) = \frac{1}{2(2\pi)^2} \int \left(i e^{ik \cdot x} \left((\mathbf{n} \cdot \boldsymbol{\varepsilon}) \mathbf{n} - \boldsymbol{\varepsilon} \right) + c.c. \right) d^3 k,$$

$$\mathbf{B}(t, \mathbf{x}) = \frac{1}{2(2\pi)^2} \int \left(i e^{ik \cdot x} \left(\boldsymbol{\varepsilon} \times \mathbf{n} \right) + c.c. \right) d^3 k,$$

in cui $\boldsymbol{\varepsilon} \equiv \boldsymbol{\varepsilon}(\mathbf{k})$ è un campo vettoriale complesso.

b) Si verifichi che questi campi soddisfano le equazioni di Maxwell (2.51)-(2.54) nel vuoto, nonché le equazioni delle onde

$$\Box \mathbf{E} = 0 = \Box \mathbf{B}.$$

c) Noti i campi iniziali $\mathbf{E}(0, \mathbf{x})$ e $\mathbf{B}(0, \mathbf{x})$ si determini il campo vettoriale $\mathbf{V}(\mathbf{k}) \equiv \boldsymbol{\varepsilon} - (\mathbf{n} \cdot \boldsymbol{\varepsilon}) \mathbf{n}$ e dunque $\mathbf{E}(t, \mathbf{x})$ e $\mathbf{B}(t, \mathbf{x})$ per ogni t.
Suggerimento. Si veda il Paragrafo 5.2.2.

d) Il campo $\boldsymbol{\varepsilon}(\mathbf{k})$ è univocamente determinato?

5.5. Si consideri il potenziale vettore di un'onda elementare con vettore d'onda $k^\mu = (\omega, 0, 0, \omega)$ e vettore di polarizzazione $\varepsilon^\mu = (\varepsilon^0, \varepsilon^1, \varepsilon^2, \varepsilon^0)$ generico

$$A^\mu = \varepsilon^\mu e^{ik \cdot x} + c.c.$$

a) Si determinino i campi $\mathbf{E}$ e $\mathbf{B}$ verificando che sono gauge-invarianti, ovvero indipendenti da ε^0, e che soddisfano le condizioni di trasversalità $E^z = 0 = B^z$.

b) Si definisca il campo elettrico *complesso* $E \equiv E^x + iE^y$. Si dimostri che vale

$$E = -i\omega \left(\mathcal{E}_- e^{ik \cdot x} - \mathcal{E}_+^* e^{-ik \cdot x} \right), \tag{5.134}$$

dove i coefficienti $\mathcal{E}_\pm \equiv \varepsilon^1 \mp i\varepsilon^2$ rappresentano gli autostati di elicità.

c) Si dimostri che per $\mathcal{E}_- = 0$ ($\mathcal{E}_+ = 0$) l'onda risulta polarizzata circolarmente in senso antiorario (orario). Si confrontino le corrispondenti espressioni del campo elettrico $\mathbf{E}$ con le formule (5.93) e (5.95).

d) Si dimostri che l'onda è polarizzata linearmente se e solo se vale la relazione $\mathcal{E}_-^* = e^{i\gamma} \mathcal{E}_+$, con γ numero reale.

5.6. Si dimostri che il tensore energia-impulso dell'onda elementare (5.79) mediato su scale temporali grandi rispetto al periodo è dato da

$$\langle T_{em}^{\mu\nu} \rangle = -2k^{\mu}k^{\nu}\varepsilon^{*\alpha}\varepsilon_{\alpha}.$$

Si verifichi la disuguaglianza $\langle T_{em}^{00} \rangle \geq 0$.

5.7. Si consideri l'onda scalare *sferica*

$$\varphi(t, \mathbf{x}) = \frac{1}{r} f(t - r), \qquad r \equiv |\mathbf{x}|,$$

dove f è una funzione arbitraria.

a) Si dimostri che φ soddisfa l'equazione delle onde $\Box\,\varphi = 0$ per $r \neq 0$.
   Suggerimento. Può essere utile scrivere il laplaciano in coordinate polari

$$\nabla^2 = \frac{1}{r}\frac{\partial^2}{\partial r^2} r + \frac{1}{r^2} L^2,$$

   dove L^2 è un operatore differenziale che coinvolge solo gli angoli.
b) Si spieghi per quale motivo φ non è soluzione dell'equazione delle onde in tutto lo spazio e se ne dia un'interpretazione fisica.

5.8. Si consideri l'equazione delle onde in una dimensione spaziale

$$\left(\partial_t^2 - \partial_x^2\right)\varphi(t, x) = 0.$$

a) Utilizzando la tecnica della trasformata di Fourier si dimostri che la soluzione generale dell'equazione ha la forma

$$\varphi(t, x) = f(t - x) + g(t + x),$$

   con f e g funzioni arbitrarie.
b) Si esprima $\varphi(t, x)$ in termini dei dati iniziali $F(x) = \varphi(0, x)$ e $G(x) = \partial_t\varphi(0, x)$.

5.9. Si dimostri che il kernel antisimmetrico (5.52) può essere posto nella forma (5.53).
Suggerimento. Si esegua l'integrale in $\mathbf{k}$ passando in coordinate polari e si sfrutti l'invarianza per rotazioni di $D(t, \mathbf{x})$ per porre $\mathbf{x} = (0, 0, r)$. Si ricordi inoltre la rappresentazione (2.85) della distribuzione-δ.

6

La generazione di campi elettromagnetici

Nel Capitolo 5 abbiamo visto che un campo elettromagnetico che soddisfa le equazioni di Maxwell nel vuoto, ovverosia un campo di radiazione, è una sovrapposizione lineare di onde elettromagnetiche elementari. In questo capitolo affrontiamo un altro problema fondamentale dell'Elettrodinamica classica: la determinazione del campo elettromagnetico generato da un'arbitraria distribuzione di cariche in movimento. Risolveremo, infatti, le equazioni di Maxwell in presenza di una generica quadricorrente j^μ. Come prima applicazione della formula risolutiva deriveremo l'espressione esplicita del campo elettromagnetico prodotto da una particella in moto rettilineo uniforme, esaminando separatamente i casi di particelle massive e di particelle prive di massa. Vedremo infatti che i relativi campi hanno caratteristiche radicalmente diverse. Nel Capitolo 7 applicheremo poi la formula risolutiva per determinare il campo elettromagnetico generato da una particella in moto arbitrario.

In presenza di cariche il campo elettromagnetico deve soddisfare le equazioni

$$\partial_\mu F^{\mu\nu} = j^\nu, \qquad F^{\mu\nu} = \partial^\mu A^\nu - \partial^\nu A^\mu,$$

ovvero, in gauge di Lorenz[1],

$$\Box A^\mu = j^\mu, \qquad (6.1)$$

$$\partial_\mu A^\mu = 0. \qquad (6.2)$$

Queste equazioni sono lineari in A^μ, ma non omogenee. La soluzione generale si ottiene quindi sommando a una soluzione particolare A_{ret}^μ la soluzione generale A_{in}^μ del sistema omogeneo associato,

$$A^\mu = A_{ret}^\mu + A_{in}^\mu. \qquad (6.3)$$

---

[1] Come diventerà chiaro più avanti, in questo caso le trasformazioni di gauge residue non giocano alcun ruolo.

Lechner K.: Elettrodinamica classica
DOI 10.1007/978-88-470-5211-6_6, © Springer-Verlag Italia 2013

Il potenziale A_{in}^μ è dunque la soluzione generale del sistema

$$\Box A_{in}^\mu = 0, \qquad \partial_\mu A_{in}^\mu = 0$$

e corrisponde pertanto a un campo di radiazione, sovrapposizione lineare di onde elementari. Questo campo non possiede alcun legame con j^μ e va quindi considerato come un *campo esterno*.

Il potenziale A_{ret}^μ rappresenta invece il campo generato *causalmente* dalla corrente j^μ attraverso le equazioni (6.1) e (6.2), della cui soluzione ci occuperemo nelle prossime sezioni. I pedici *in* e *ret* significano rispettivamente *incoming* e *retarded*. Questa terminologia è legata alla convenzione secondo cui la radiazione A_{in}^μ – che si sovrappone al potenziale *ritardato* A_{ret}^μ – *entra* dall'infinito. Tale interpretazione deriva dalla violazione spontanea dell'invarianza per inversione temporale in Elettrodinamica classica, di cui ci occuperemo nel Paragrafo 6.2.3. Nel resto di questo capitolo ignoreremo il campo di radiazione e indicheremo A_{ret}^μ semplicemente con A^μ.

Una tecnica efficace per risolvere equazioni differenziali alle derivate parziali come la (6.1) viene fornita dal *metodo della funzione di Green*. Prima di applicare questo metodo alla soluzione della (6.1), nella prossima sezione lo illustriamo nel caso di un'equazione più semplice, ma fisicamente rilevante.

6.1 Metodo della funzione di Green: equazione di Poisson

Consideriamo l'*equazione di Poisson* tridimensionale nell'incognita F

$$-\nabla^2 F(\mathbf{x}) = \varphi(\mathbf{x}), \tag{6.4}$$

in cui φ è un termine noto. Per definitezza assumiamo

$$F \in \mathcal{S}'(\mathbb{R}^3), \qquad \varphi \in \mathcal{S}(\mathbb{R}^3),$$

sebbene le soluzioni che troveremo mantengano la loro validità anche se φ appartiene a un opportuno sottoinsieme di $\mathcal{S}'$.

Se interpretiamo F come il potenziale elettrico A^0 e φ come la densità di carica j^0, la (6.4) si identifica con l'equazione fondamentale dell'*Elettrostatica*. Ispirati da questa interpretazione aggiungiamo la condizione fisica che F si annulli all'infinito

$$\lim_{|\mathbf{x}| \to \infty} F(\mathbf{x}) = 0. \tag{6.5}$$

Ovviamente in generale non ha senso imporre a una *distribuzione* una condizione asintotica come la (6.5). Vedremo, tuttavia, che nel caso specifico tutte le soluzioni $F \in \mathcal{S}'$ della (6.4) sono distribuzioni *regolari*, ossia sono rappresentate da *funzioni*, sicché la (6.5) risulta ben posta. Dimostreremo, in particolare, che sotto questa condizione asintotica l'equazione di Poisson ammette soluzione *unica*. Discuteremo comunque la soluzione *generale* dell'equazione di Poisson – indipendentemente dalla validità della (6.5) – nel Paragrafo 6.1.2.

6.1.1 Soluzione particolare

Essendo l'equazione di Poisson un'equazione lineare non omogenea, la sua soluzione generale si ottiene sommando a una soluzione particolare la soluzione generale dell'omogenea associata, ovvero dell'*equazione di Laplace* $\nabla^2 F = 0$. Ovviamente la soluzione particolare non è unica, ma possiamo circoscriverla tramite delle richieste addizionali.

Partiamo dall'osservazione che l'equazione (6.4) è *congiuntamente* lineare in F e φ, nel senso che una soluzione particolare relativa a $\varphi = \varphi_1 + \varphi_2$ può essere ottenuta sommando le soluzioni F_1 e F_2 relative a φ_1 e φ_2. Lasciando per il momento da parte le proprietà di regolarità delle grandezze coinvolte possiamo allora avanzare l'ipotesi che il valore di F in $\mathbf{x}$ dipenda in modo *lineare* dai valori di φ in tutti i punti dello spazio. In altre parole, possiamo assumere che per ogni $\mathbf{x}$ fissato il numero $F(\mathbf{x})$ definisca un "funzionale lineare" $f_{\mathbf{x}}$ sullo spazio delle funzioni φ tale che

$$F(\mathbf{x}) = f_{\mathbf{x}}(\varphi).$$

Introducendo per ogni $\mathbf{x}$ fissato una funzione simbolica $f_{\mathbf{x}}(\mathbf{y}) \equiv g(\mathbf{x}, \mathbf{y})$ potremo allora scrivere

$$F(\mathbf{x}) = \int g(\mathbf{x}, \mathbf{y})\, \varphi(\mathbf{y})\, d^3 y. \tag{6.6}$$

Per vincolare la forma di $g(\mathbf{x}, \mathbf{y})$ adottiamo l'interpretazione elettrostatica dell'equazione di Poisson, richiedendo che le sue soluzioni rispettino l'invarianza sotto le *rototraslazioni*

$$\mathbf{x} \to \mathbf{x}' = R\mathbf{x} + \mathbf{a}, \quad R \in SO(3), \quad \mathbf{a} \in \mathbb{R}^3.$$

Sotto una rototraslazione il potenziale elettrico e la densità di carica sono infatti invarianti:

$$F'(\mathbf{x}') = F(\mathbf{x}), \qquad \varphi'(\mathbf{x}') = \varphi(\mathbf{x}).$$

D'altra parte in un sistema cartesiano rototraslato la (6.6) si scrive[2]

$$F'(\mathbf{x}') = \int g(\mathbf{x}', \mathbf{y}')\, \varphi'(\mathbf{y}')\, d^3 y'. \tag{6.7}$$

---

[2] La funzione $g(\cdot, \cdot)$ deve essere la stessa in tutti i sistemi cartesiani, perché in caso contrario un osservatore si accorgerebbe di essere stato rototraslato. In altre parole, deve valere $g(\mathbf{x}', \mathbf{y}') = g(\mathbf{x}, \mathbf{y})$ e non $g'(\mathbf{x}', \mathbf{y}') = g(\mathbf{x}, \mathbf{y})$.

Uguagliando questa espressione alla (6.6), e sfruttando l'identità $d^3y' = d^3y$, si conclude allora che deve valere

$$g(\mathbf{x}', \mathbf{y}') = g(\mathbf{x}, \mathbf{y}) \qquad (6.8)$$

per ogni rototraslazione e per ogni $\mathbf{x}$ e $\mathbf{y}$. Scegliendo nella (6.8) $R = 1$ e $\mathbf{a} = -\mathbf{y}$ si ottiene

$$g(\mathbf{x} - \mathbf{y}, 0) = g(\mathbf{x}, \mathbf{y}) \equiv g(\mathbf{x} - \mathbf{y}).$$

Ponendo poi nella (6.8) $\mathbf{a} = 0$ si deduce che deve essere $g(R\mathbf{x}) = g(\mathbf{x})$, $\forall R$. La funzione $g(\mathbf{x})$ può dunque dipendere da $\mathbf{x}$ solo attraverso il modulo $|\mathbf{x}|$.

In definitiva la (6.6) assume la forma

$$F(\mathbf{x}) = \int g(\mathbf{x} - \mathbf{y}) \, \varphi(\mathbf{y}) \, d^3y. \qquad (6.9)$$

Ricordando la definizione della convoluzione, si veda il Paragrafo 2.3.1, si riconosce che questo integrale equivale a

$$F = g * \varphi. \qquad (6.10)$$

Posta in questa forma possiamo affermare che F appartiene effettivamente a $\mathcal{S}'$, purché $g \in \mathcal{S}'$. Ricordiamo, in proposito, che la convoluzione tra una distribuzione e una funzione di test definisce sempre una distribuzione.

Funzione di Green. Data la rappresentazione (6.10) l'equazione di Poisson si muta ora in un'equazione per g. Inserendo la (6.10) nella (6.4), e sfruttando le proprietà (2.66) e (2.73) della convoluzione, si trova infatti

$$-\nabla^2 F = -\nabla^2 (g * \varphi) = -\nabla^2 g * \varphi = \varphi,$$

sicché per l'arbitrarietà di φ deve valere

$$-\nabla^2 g(\mathbf{x}) = \delta^3(\mathbf{x}). \qquad (6.11)$$

Alla stessa conclusione si giunge naturalmente se nella (6.9) si portano le derivate sotto il segno di integrale

$$-\nabla^2 F(\mathbf{x}) = -\int d^3y \, \nabla^2 g(\mathbf{x} - \mathbf{y}) \, \varphi(\mathbf{y}) = \varphi(\mathbf{x}) \quad \Rightarrow \quad -\nabla^2 g(\mathbf{x} - \mathbf{y}) = \delta^3(\mathbf{x} - \mathbf{y}).$$

L'equazione (6.11) identifica g come *funzione di Green* dell'operatore laplaciano, chiamata talvolta anche *propagatore* o *kernel integrale* dell'equazione differenziale.

Il *metodo della funzione di Green* consiste nel risolvere esplicitamente l'equazione del kernel (6.11) e di scrivere poi la soluzione dell'equazione di partenza nella forma integrale (6.9). L'efficacia del metodo risiede nel fatto che la soluzione dell'equazione (6.4) – che *a priori* dovrebbe essere risolta per ogni φ separatamente – viene ricondotta alla soluzione di un'unica equazione: l'equazione del kernel (6.11).

Inverso del laplaciano. Le relazioni risolutive (6.10) e (6.11) permettono di dare un'interpretazione alternativa alla funzione di Green. Come ogni kernel integrale, g induce infatti un operatore lineare $\mathcal{O}_g$ nello spazio delle funzioni, definito da

$$\mathcal{O}_g : \varphi \to \mathcal{O}_g\,\varphi \equiv g * \varphi.$$

Alla luce dell'identità

$$\left(-\nabla^2 \mathcal{O}_g\right)\varphi = -\nabla^2(g * \varphi) = -(\nabla^2 g) * \varphi = \delta^3 * \varphi = \varphi \quad \leftrightarrow \quad -\nabla^2 \mathcal{O}_g = 1,$$

l'operatore $\mathcal{O}_g$ costituisce un inverso dell'operatore $-\nabla^2$. Per questo motivo si suole dire che il kernel g costituisce un *inverso del laplaciano*, adottando a volte anche la notazione formale

$$g = \frac{1}{-\nabla^2}.$$

Funzione di Green e soluzione particolare. Abbiamo ricondotto la ricerca di una soluzione particolare dell'equazione di Poisson alla soluzione dell'equazione del kernel (6.11). Con le nostre richieste addizionali si tratta di risolvere il sistema

$$-\nabla^2 g(\mathbf{x}) = \delta^3(\mathbf{x}), \qquad g(\mathbf{x}) = g(|\mathbf{x}|), \qquad g \in \mathcal{S}'. \tag{6.12}$$

Vista la (2.105) una soluzione di questo sistema è data dalla funzione di Green[3]

$$g(\mathbf{x}) = \frac{1}{4\pi|\mathbf{x}|}. \tag{6.13}$$

Sostituendola nella (6.9) concludiamo che una soluzione particolare dell'equazione di Poisson è data da

$$F(\mathbf{x}) = \frac{1}{4\pi} \int \frac{\varphi(\mathbf{y})}{|\mathbf{x} - \mathbf{y}|}\, d^3y, \tag{6.14}$$

espressione che riproduce correttamente il potenziale elettrico creato da una densità di carica $\varphi(\mathbf{y})$. La soluzione (6.14) soddisfa anche la condizione asintotica (6.5). Per dimostrarlo valutiamo il limite

$$\lim_{|\mathbf{x}|\to\infty} |\mathbf{x}| F(\mathbf{x}) = \frac{1}{4\pi} \lim_{|\mathbf{x}|\to\infty} \int \frac{|\mathbf{x}|\varphi(\mathbf{y})}{|\mathbf{x} - \mathbf{y}|}\, d^3y = \frac{1}{4\pi} \int \varphi(\mathbf{y})\, d^3y \equiv \frac{Q}{4\pi},$$

dove Q rappresenta la *carica* totale – finita poiché φ appartiene a $\mathcal{S}$. $F(\mathbf{x})$ possiede pertanto l'andamento asintotico

$$F(\mathbf{x}) \to \frac{Q}{4\pi|\mathbf{x}|}, \quad \text{per} \quad |\mathbf{x}| \to \infty \tag{6.15}$$

e soddisfa dunque la (6.5).

---

[3] Dalla soluzione generale (6.25) dell'equazione di Laplace si desume che la soluzione generale del sistema (6.12) è data da $g(\mathbf{x}) = 1/4\pi|\mathbf{x}| + C$, con C costante.

Concludiamo il paragrafo osservando che la formula risolutiva (6.14) può restare valida anche se φ non appartiene a $\mathcal{S}$, bensì a $\mathcal{S}'$. Si consideri ad esempio una φ corrispondente alla densità di carica di un sistema di particelle puntiformi

$$\varphi(\mathbf{x}) = \sum_{r=1}^{N} e_r \, \delta^3(\mathbf{x} - \mathbf{y}_r). \qquad (6.16)$$

In questo caso l'integrale (6.14) formalmente si riduce infatti al noto potenziale coulombiano

$$F(\mathbf{x}) = \frac{1}{4\pi} \sum_r e_r \int \frac{\delta^3(\mathbf{y} - \mathbf{y}_r)}{|\mathbf{x} - \mathbf{y}|} \, d^3y = \sum_r \frac{e_r}{4\pi|\mathbf{x} - \mathbf{y}_r|},$$

che possiede ancora l'andamento asintotico (6.15)

$$F(\mathbf{x}) \to \frac{\sum_r e_r}{4\pi|\mathbf{x}|}, \quad \text{per } |\mathbf{x}| \to \infty.$$

6.1.2 Soluzione generale ed equazione di Laplace

Affrontiamo innanzitutto il problema della validità della formula risolutiva (6.10)

$$F = g * \varphi, \qquad (6.17)$$

ricordando che avevamo richiesto che $F \in \mathcal{S}'$ e $\varphi \in \mathcal{S}$. Visto che $g \in \mathcal{S}'$, se $\varphi \in \mathcal{S}$ la convoluzione (6.17) definisce effettivamente un elemento di $\mathcal{S}'$. Per di più in tal caso la convoluzione equivale proprio all'integrale (6.14). Tuttavia in diversi casi di interesse fisico φ non appartiene a $\mathcal{S}$. In Elettrostatica esempi ne sono la stessa (6.16) e certe densità di carica macroscopiche *singolari*, come quelle corrispondenti a distribuzioni di carica superficiali o filiformi. In questi casi abbiamo

$$\varphi \in \mathcal{S}', \qquad \varphi \notin \mathcal{S}$$

e la (6.17) *a priori* è priva di senso, perché la convoluzione tra due distribuzioni in generale non è definita.

Convoluzione tra distribuzioni. Per uscire dall'*impasse* manteniamo per il momento $\varphi \in \mathcal{S}$ ed eseguiamo la trasformata di Fourier della (6.17) usando la (2.87)

$$\widehat{F}(\mathbf{k}) = (2\pi)^{3/2} \widehat{g}(\mathbf{k}) \, \widehat{\varphi}(\mathbf{k}). \qquad (6.18)$$

Si noti che da $g \in \mathcal{S}'$ e $\varphi \in \mathcal{S}$ segue che $\widehat{g} \in \mathcal{S}'$ e $\widehat{\varphi} \in \mathcal{S}$, sicché anche $\widehat{F} \in \mathcal{S}'$. In particolare la trasformata $\widehat{g}$ può essere valutata analiticamente. Per determinarla in modo spedito procediamo in maniera *formale*, ovvero eseguendo la trasformata di

Fourier tramite l'integrale, di per sé divergente. Sfruttando l'invarianza per rotazioni per porre $\mathbf{k} = (0, 0, k)$ e passando in coordinate polari otteniamo

$$
\begin{aligned}
\widehat{g}(\mathbf{k}) &= \frac{1}{(2\pi)^{3/2}} \int d^3 x \, e^{-i\mathbf{k}\cdot\mathbf{x}} \frac{1}{4\pi|\mathbf{x}|} \\
&= \frac{1}{4\pi(2\pi)^{3/2}} \int_0^\infty r^2 dr \int_0^{2\pi} d\varphi \int_{-1}^1 d\cos\vartheta \, e^{-irk\cos\vartheta} \frac{1}{r} \\
&= \frac{i}{2(2\pi)^{3/2}k} \int_0^\infty dr \left(e^{-ikr} - e^{ikr} \right) = \frac{i}{2(2\pi)^{3/2}k} \int_{-\infty}^\infty dx \, e^{-ikx} \, \varepsilon(x) \\
&= \frac{i\,\widehat{\varepsilon}(k)}{2(2\pi)k},
\end{aligned}
$$

dove nell'ultimo passaggio abbiamo introdotto la trasformata di Fourier $\widehat{\varepsilon}(k)$ della funzione segno $\varepsilon(x) = H(x) - H(-x)$. Quest'ultima può essere espressa in termini della *parte principale*, si vedano le (2.78) e (2.84),

$$
\widehat{\varepsilon}(k) = -i \sqrt{\frac{2}{\pi}} \, \mathcal{P} \frac{1}{k}.
$$

Visto che k è positivo otteniamo in definitiva

$$
\widehat{g}(\mathbf{k}) = \frac{1}{(2\pi)^{3/2}|\mathbf{k}|^2}, \tag{6.19}
$$

sicché la (6.18) diventa

$$
\widehat{F}(\mathbf{k}) = \frac{\widehat{\varphi}(\mathbf{k})}{|\mathbf{k}|^2}. \tag{6.20}
$$

Si noti come le espressioni (6.19) e (6.20) soddisfino le equazioni algebriche ottenute eseguendo la trasformata di Fourier rispettivamente delle equazioni (6.11) e (6.4).

Tornando all'equazione (6.18), ossia alla (6.20), notiamo che il suo membro di destra costituisce una distribuzione anche se $\widehat{g} \in \mathcal{S}'$ e $\widehat{\varphi} \in O_M$, si veda il paragrafo che precede l'equazione (2.64). Il prodotto tra una distribuzione e una funzione di O_M definisce, infatti, sempre una distribuzione. D'altra parte in base al *teorema di Paley-Wiener* – si veda ad esempio la referenza [5] – la trasformata di Fourier di una distribuzione $\varphi \in \mathcal{S}'$ a *supporto compatto* appartiene sempre a O_M. Di conseguenza per una tale φ il membro di destra della (6.20) costituisce una distribuzione in $\mathcal{S}'$. In questo caso possiamo *definire* F come l'antitrasformata di Fourier del membro di destra della (6.20).

In conclusione, l'espressione formale (6.17) – *definita come l'antitrasformata di Fourier del membro di destra della (6.20)* – costituisce una soluzione dell'equazione di Poisson (6.4) con $F \in \mathcal{S}'$, purché φ sia una distribuzione a *supporto compatto*. Tali sono in particolare tutte le distribuzioni di carica realizzate in natura, come la (6.16).

Unicità della soluzione ed equazione di Laplace. Analizziamo infine la soluzione *generale* dell'equazione di Poisson. Per determinarla è sufficiente sommare alla soluzione particolare (6.14) la soluzione generale $F_0 \in \mathcal{S}'(\mathbb{R}^3)$ dell'equazione di Laplace

$$\nabla^2 F_0(\mathbf{x}) = 0. \tag{6.21}$$

Questa equazione ammette in effetti infinite soluzioni linearmente indipendenti, ma nessuna di esse svanisce all'infinito. Per provarlo ne eseguiamo la trasformata di Fourier

$$|\mathbf{k}|^2 \widehat{F}_0(\mathbf{k}) = 0 \tag{6.22}$$

e sfruttiamo il teorema sulle distribuzioni con supporto in un punto, si veda il Paragrafo 2.3.1. L'equazione (6.22) implica infatti che la distribuzione $\widehat{F}_0(\mathbf{k})$ ha come supporto l'origine $\mathbf{k} = 0$. $\widehat{F}_0(\mathbf{k})$ è dunque necessariamente una combinazione lineare *finita* della $\delta^3(\mathbf{k})$ e delle sue derivate, ovvero

$$\widehat{F}_0(\mathbf{k}) = \sum_{n=1}^{N} C^{i_1 \cdots i_n} \partial_{i_1} \cdots \partial_{i_n} \delta^3(\mathbf{k}), \tag{6.23}$$

dove $C^{i_1 \cdots i_n}$ sono tensori costanti completamente simmetrici. Inserendo la (6.23) nella (6.22) si trova che questi tensori devono essere a traccia nulla, si veda il problema analogo per l'equazione delle onde nella Sezione 5.2,

$$\delta_{i_1 i_2} C^{i_1 \cdots i_n} = 0. \tag{6.24}$$

Eseguendo l'antitrasformata di Fourier della (6.23) si ottiene infine

$$F_0(\mathbf{x}) = \frac{1}{(2\pi)^{3/2}} \sum_{n=1}^{N} (-i)^n C^{i_1 \cdots i_n} x^{i_1} \cdots x^{i_n}. \tag{6.25}$$

L'equazione di Laplace ammette, dunque, infinite soluzioni. Tuttavia, visto che le funzioni (6.25) sono polinomi, nessuna di esse svanisce all'infinito, esclusa la soluzione banale $F_0 = 0$. Ne segue in particolare che la (6.14) è l'*unica* soluzione dell'equazione di Poisson che svanisca all'infinito.

Metodo della funzione di Green: caso generale. Il metodo della funzione di Green si generalizza a un'equazione differenziale lineare in uno spazio D-dimensionale della forma

$$P(\partial) F = \varphi, \tag{6.26}$$

dove $P(\partial)$ è un arbitrario operatore polinomiale nelle derivate parziali. La funzione di Green g associata a questo operatore deve soddisfare l'equazione del kernel

$$P(\partial) g(x) = \delta^D(x)$$

e in tal modo una soluzione particolare dell'equazione (6.26) è data

$$F = g * \varphi.$$

Usando le proprietà della convoluzione (2.66) e (2.73) troviamo infatti

$$P(\partial)F = P(\partial)(g * \varphi) = P(\partial)g * \varphi = \delta^D * \varphi = \varphi.$$

6.2 Campo generato da una corrente generica

In presenza di una una corrente generica le equazioni di Maxwell, in gauge di Lorenz, assumono la forma

$$\Box A^\mu = j^\mu, \qquad (6.27)$$

$$\partial_\mu A^\mu = 0. \qquad (6.28)$$

Risolveremo ora questo sistema ricorrendo di nuovo al metodo della funzione di Green. Come anticipato cercheremo non la soluzione generale, bensì il campo generato causalmente dalla corrente j^μ. Per il momento per definitezza assumeremo che sia

$$A^\mu \in \mathcal{S}'(\mathbb{R}^4) \equiv \mathcal{S}', \qquad j^\mu \in \mathcal{S}(\mathbb{R}^4) \equiv \mathcal{S}. \qquad (6.29)$$

Occorre, tuttavia, tenere presente che la corrente (2.14) di un sistema di particelle in realtà non appartiene a $\mathcal{S}$, bensì a $\mathcal{S}'$. Come nel caso dell'equazione di Poisson dovremo allora affrontare il problema di come estendere le soluzioni trovate alle correnti *fisiche*.

La differenza principale tra l'equazione (6.27) e l'equazione di Poisson è che la seconda è ambientata in tre dimensioni, mentre la prima è ambientata nello spazio quadridimensionale di Minkowski: il suo gruppo di invarianza è quindi il gruppo di Poincaré in sostituzione del gruppo delle rototraslazioni. Ci occuperemo dapprima della soluzione della (6.27), imponendo poi la (6.28) alle soluzioni trovate.

Invarianza di Poincaré. Per la linearità congiunta in A^μ e j^μ dell'equazione (6.27) cerchiamo ora una soluzione della forma

$$A^\mu(x) = \int G(x, y) j^\mu(y) \, d^4y, \qquad (6.30)$$

dove la *funzione di Green* $G(x, y)$ è una funzione incognita delle coordinate quadridimensionali x^μ e y^μ. Analizziamo innanzitutto i vincoli che vengono imposti a questa funzione dalla richiesta di invarianza sotto le trasformazioni di Poincaré

$$x' = \Lambda x + a.$$

Nel nuovo sistema di riferimento la soluzione (6.30) assume la forma[4]

$$A'^{\mu}(x') = \int G(x',y')j'^{\mu}(y')\,d^4y'. \tag{6.31}$$

Viste le leggi di trasformazione

$$A'^{\mu}(x') = \Lambda^{\mu}{}_{\nu}A^{\nu}(x), \qquad j'^{\mu}(y') = \Lambda^{\mu}{}_{\nu}j^{\nu}(y), \qquad d^4y' = d^4y,$$

dalla (6.31) segue

$$A^{\mu}(x) = \int G(x',y')j^{\mu}(y)\,d^4y.$$

Confrontando questa equazione con la (6.30) si vede che G deve essere invariante per trasformazioni di Poincaré[5]

$$G(\Lambda x + a, \Lambda y + a) = G(x,y), \quad \forall\,\Lambda \in SO(1,3)_c, \quad \forall\,a \in \mathbb{R}^4.$$

Scegliendo $\Lambda = 1$ e $a = -y$ si ottiene

$$G(x - y, 0) = G(x,y) \equiv G(x - y).$$

Scegliendo poi $a = 0$ e Λ generico si trova che la funzione $G(x)$ deve essere invariante per trasformazioni di Lorentz proprie

$$G(\Lambda x) = G(x), \quad \forall\,\Lambda \in SO(1,3)_c. \tag{6.32}$$

In particolare vediamo allora che la (6.30) può essere scritta nella forma prevista dal metodo della funzione di Green

$$A^{\mu}(x) = \int G(x - y)j^{\mu}(y)\,d^4y, \tag{6.33}$$

ovvero, in notazione compatta,

$$A^{\mu} = G * j^{\mu}. \tag{6.34}$$

Sostituendo infine la (6.33) nell'equazione di Maxwell (6.27) troviamo

$$\Box A^{\mu}(x) = \int \Box\, G(x - y)j^{\mu}(y)\,d^4y = j^{\mu}(x).$$

Imponendo che questa condizione valga per qualsiasi corrente ricaviamo l'equazio-

---

[4] Come nel caso dell'equazione di Poisson, $G(x,y)$ non va considerata come un *campo* scalare in x e y, ma piuttosto come una *funzione invariante* di x e y, con una dipendenza funzionale ben definita. Questa funzione deve essere la stessa in tutti i sistemi di riferimento, altrimenti due correnti con la stessa dipendenza funzionale in due sistemi di riferimento diversi darebbero luogo a potenziali con dipendenze funzionali diverse – in contrasto con il principio di relatività einsteiniana. In altre parole, deve valere $G(x',y') = G(x,y)$ e non $G'(x',y') = G(x,y)$.

[5] Il motivo per cui ci restringiamo al gruppo di Lorentz *proprio* $SO(1,3)_c$ sarà chiaro tra breve.

ne del kernel

$$\Box\, G(x) = \delta^4(x), \tag{6.35}$$

che identifica $G(x)$ come una *funzione di Green del d'Alembertiano*. Abbiamo quindi ricondotto la soluzione dell'equazione (6.27) alla soluzione dell'equazione (6.35), compatibilmente con il vincolo (6.32).

Ordinamento temporale. Vedremo tra breve che le condizioni (6.32) e (6.35) non determinano la funzione di Green in modo univoco. Aggiungiamo a questo punto una richiesta fisica concernente la propagazione *causale* del campo elettromagnetico: richiediamo che il potenziale $A^\mu(x)$ nel punto x non possa dipendere dai valori della corrente $j^\mu(y)$ in punti y che sono temporalmente successivi a x, ossia in punti tali che $y^0 > x^0$. Vista la (6.33) ciò implica che $G(x - y)$ deve annullarsi non appena $y^0 > x^0$, ovvero deve valere

$$G(x) = 0, \quad \forall\, x^0 < 0.$$

In seguito vedremo che con questa richiesta addizionale le condizioni (6.32) e (6.35) ammettono soluzione unica. La funzione di Green risultante viene chiamata *funzione di Green ritardata* e indicata con G_{ret}, mentre il potenziale corrispondente viene chiamato *potenziale ritardato* e indicato con

$$A^\mu_{ret} = G_{ret} * j^\mu. \tag{6.36}$$

Tale terminologia deriva dal fatto che in teoria quantistica di campo per motivi tecnici si introduce anche la *funzione di Green avanzata* G_{adv}, che soddisfa le (6.32) e (6.35) e la condizione speculare

$$G(x) = 0, \quad \forall\, x^0 > 0. \tag{6.37}$$

A questa funzione di Green si associa il *potenziale avanzato*

$$A^\mu_{adv} = G_{adv} * j^\mu, \tag{6.38}$$

anch'esso soluzione delle equazioni di Maxwell. Tuttavia, non rispettando la causalità questa soluzione non giocherà alcun ruolo nella nostra trattazione.

6.2.1 Funzione di Green ritardata

La *funzione di Green ritardata* è definita dalle condizioni

$$\Box\, G(x) = \delta^4(x), \tag{6.39}$$
$$G(\Lambda x) = G(x), \quad \forall\, \Lambda \in SO(1,3)_c, \tag{6.40}$$
$$G(x) = 0, \quad \forall\, x^0 < 0. \tag{6.41}$$

In base a queste richieste in realtà $G(x)$ deve annullarsi per tutti i vettori x di tipo spazio. Per vederlo consideriamo un generico x soddisfacente la condizione $x^2 < 0$ e dirigiamo l'asse z lungo la direzione di **x**. In questo modo risulta $x^\mu = (x^0, 0, 0, x^3)$ e $|x^3| > |x^0|$. È allora immediato verificare che esiste una trasformazione di Lorentz propria – una trasformazione di Lorentz speciale lungo l'asse z – tale che per il vettore trasformato $x' = \Lambda x$ valga $x'^0 < 0$. Dalle (6.40) e (6.41) segue allora $G(x) = G(x') = 0$. Rimandiamo l'interpretazione di questo risultato al Paragrafo 6.2.2, in cui analizzeremo le proprietà di causalità di una generica funzione di Green. Prima di procedere alla soluzione del sistema (6.39)-(6.41) dimostriamo che la soluzione, se esiste, è unica.

Unicità della funzione di Green. Per dimostrare l'unicità della funzione di Green è sufficiente dimostrare che non esistono soluzioni dell'equazione omogenea associata alla (6.39), vale da dire dell'equazione delle onde

$$\Box F = 0, \qquad (6.42)$$

soddisfacenti le condizioni (6.40) e (6.41). Condurremo la dimostrazione determinando prima tutte le soluzioni della (6.42) soddisfacenti la (6.40) e facendo poi vedere che nessuna di queste soddisfa la (6.41).

Affrontiamo la soluzione della (6.42) passando in trasformata di Fourier. La condizione (6.40) $F(\Lambda x) = F(x)$ comporta allora che anche la trasformata di Fourier $\widehat{F}(k)$ sia Lorentz-invariante. Eseguendo nell'integrale che definisce $\widehat{F}(k)$ il cambiamento di variabili $x = \Lambda y$, $d^4x = d^4y$, si ottiene infatti

$$\widehat{F}(\Lambda k) = \frac{1}{(2\pi)^2} \int e^{-i\Lambda k \cdot x} F(x)\, d^4x = \frac{1}{(2\pi)^2} \int e^{-i\Lambda k \cdot \Lambda y} F(\Lambda y)\, d^4y$$

$$= \frac{1}{(2\pi)^2} \int e^{-i k \cdot y} F(y)\, d^4y = \widehat{F}(k).$$

Dobbiamo pertanto risolvere il sistema

$$k^2 \widehat{F}(k) = 0, \qquad \widehat{F}(\Lambda k) = \widehat{F}(k), \ \ \forall \Lambda \in SO(1,3)_c.$$

Sfruttiamo ora il fatto che l'equazione delle onde in trasformata di Fourier – $k^2 \widehat{F}(k) = 0$ – è stata risolta in tutta generalità nella Sezione 5.2. Avevamo trovato che le soluzioni cadono nelle due classi

$$\widehat{F}_I(k) = \delta(k^2)\, f(k), \qquad (6.43)$$

$$\widehat{F}_{II}(k) = \sum_{n=1}^{N} C^{\mu_1 \cdots \mu_n}\, \partial_{\mu_1} \cdots \partial_{\mu_n} \delta^4(k), \quad C_\nu{}^{\nu \mu_3 \cdots \mu_n} = 0, \qquad (6.44)$$

dove $C^{\mu_1 \cdots \mu_n}$ sono tensori completamente simmetrici. Si tratta allora di selezionare tra queste soluzioni quelle Lorentz-invarianti. Per quanto riguarda le soluzioni di tipo I osserviamo che per l'invarianza per rotazioni f può dipendere da k^μ solo attraverso $k^0 = \pm|\mathbf{k}|$. Tuttavia le uniche funzioni di k^0 che siano Lorentz-invarianti sul cono luce sono la costante e la funzione segno $\varepsilon(k^0)$. Tenendo conto della condizione di realtà $\widehat{F}^*(k) = \widehat{F}(-k)$, in questo modo si ottengono le due soluzioni linearmente indipendenti

$$\widehat{F}_1(k) = \delta(k^2), \qquad \widehat{F}_2(k) = i\varepsilon(k^0)\,\delta(k^2). \tag{6.45}$$

Per quanto riguarda invece le soluzioni di tipo II osserviamo che l'invarianza di Lorentz impone che $C^{\mu_1\cdots\mu_n}$ siano tensori *invarianti*, si veda il Paragrafo 1.3.1. I tensori di rango dispari devono allora essere nulli, mentre quelli di rango pari devono essere proporzionali al prodotto simmetrizzato di metriche di Minkowski. Deve dunque valere

$$C^{\mu_1\cdots\mu_n} = a_n\,\eta^{(\mu_1\mu_2}\cdots\eta^{\mu_{n-1}\mu_n)}$$

con a_n costanti. Tuttavia, in base alla (6.44) questi tensori devono essere anche a traccia nulla

$$C_\nu{}^{\nu\mu_3\cdots\mu_n} = a_n\,\frac{n+2}{n-1}\,\eta^{(\mu_3\mu_4}\cdots\eta^{\mu_{n-1}\mu_n)} = 0,$$

e di conseguenza gli a_n con $n \neq 0$ devono tutti annullarsi. Per $n = 0$ otteniamo invece la terza soluzione indipendente

$$\widehat{F}_3(k) = \delta^4(k).$$

Si noti che le tre soluzioni trovate si possono ottenere *formalmente* dalle soluzioni di tipo I (5.34) ponendovi rispettivamente $\varepsilon(\mathbf{k}) = 1,\ i,\ \omega\delta^3(\mathbf{k})$.

Per poter imporre la condizione (6.41) occorre conoscere le antitrasformate di Fourier delle soluzioni trovate[6]

$$F_1(x) = -\frac{1}{\pi}\,\mathcal{P}\frac{1}{x^2}, \qquad F_2(x) = -\varepsilon(x^0)\,\delta(x^2), \qquad F_3(x) = \frac{1}{(2\pi)^2}. \tag{6.46}$$

La *parte principale* composta $\mathcal{P}\frac{1}{x^2} = \mathcal{P}\frac{1}{(x^0)^2-|\mathbf{x}|^2}$ è riferita alla variabile x^0, si veda la (2.79). Come si vede, tutte e tre le soluzioni sono invarianti sotto $SO(1,3)_c$ – come da costruzione – ma nessuna di esse soddisfa la condizione (6.41). La funzione di Green ritardata, se esiste, è dunque unica.

Determinazione della funzione di Green ritardata. Affrontiamo ora la soluzione del sistema (6.39)-(6.41). Iniziamo con l'osservazione che la condizione (6.40) impone in particolare che la funzione di Green sia invariante sotto rotazioni spaziali

$$G(t, R\mathbf{x}) = G(t, \mathbf{x}), \quad \forall\, R \in SO(3).$$

Di conseguenza G può dipendere da $\mathbf{x}$ solo attraverso la variabile $r = |\mathbf{x}|$ e possiamo porre

$$G(t, \mathbf{x}) \equiv G(t, r).$$

---

[6] Le antitrasformate (6.46) di $\widehat{F}_1$, $\widehat{F}_2$ e $\widehat{F}_3$ si possono derivare dalle equazioni (16.54), (16.55) e (16.56) della Sezione 16.4, prendendone il limite di $M \to 0$.

Consideriamo ora la regione $\mathbf{x} \neq 0$ e t arbitrario, in cui G soddisfa l'equazione $\Box G = 0$. In questa regione è lecito usare coordinate polari e possiamo scrivere il laplaciano come nel Problema 5.7. Sfruttando il fatto che G non dipenda dagli angoli otteniamo allora

$$\Box G = \left(\frac{\partial^2}{\partial t^2} - \frac{1}{r} \frac{\partial^2}{\partial r^2} r \right) G = \frac{1}{r} \left(\frac{\partial^2}{\partial t^2} - \frac{\partial^2}{\partial r^2} \right) (rG) = 0. \tag{6.47}$$

Il prodotto rG deve dunque soddisfare l'equazione delle onde unidimensionali, dalla cui soluzione generale, si veda il Problema 5.8, si ricava che G deve avere la forma

$$G(t,r) = \frac{1}{r} \left(f(t - r) + g(t + r) \right),$$

con f e g funzioni arbitrarie. Tuttavia, visto che G deve annullarsi $\forall t < 0$ deve essere $g = 0$. Infatti, al variare di r nei reali positivi e di t nei reali negativi $t + r$ assume qualsiasi valore in $\mathbb{R}$, mentre $t - r$ assume solo valori negativi. La funzione g deve quindi annullarsi per ogni valore del suo argomento, mentre la funzione f può essere diversa da zero per argomenti positivi. Abbiamo dunque

$$G = \frac{1}{r} f(t - r). \tag{6.48}$$

Per determinare f imponiamo ora l'espressione (6.48) soddisfi l'equazione del kernel (6.39) nel senso delle distribuzioni

$$\frac{\partial^2 G}{\partial t^2} - \nabla^2 G = \delta^3(\mathbf{x}) \, \delta(t). \tag{6.49}$$

Indicando la derivata di f rispetto al suo argomento con il simbolo " $'$ " abbiamo

$$\frac{\partial^2 G}{\partial t^2} = \frac{1}{r} f''(t - r). \tag{6.50}$$

Per valutare $\nabla^2 G$ occorre invece procedere con cautela, perché il fattore $1/r$ è singolare in $r = 0$. Possiamo comunque applicare la regola di Leibnitz se supponiamo che $f(t - r)$ sia regolare in $r = 0$, proprietà che verificheremo *a posteriori*

$$\nabla^2 G = \left(\nabla^2 \frac{1}{r} \right) f(t - r) + \frac{1}{r} \nabla^2 f(t - r) + 2 \left(\nabla \frac{1}{r} \right) \cdot \nabla f(t - r). \tag{6.51}$$

Per funzioni invarianti per rotazioni e regolari in $r = 0$ possiamo usare nuovamente la formula del laplaciano utilizzata nella (6.47). Otteniamo in tal modo

$$\nabla^2 f(t - r) = \frac{1}{r} \frac{\partial^2}{\partial r^2} (r f(t - r)) = f''(t - r) - \frac{2}{r} f'(t - r).$$

Valgono inoltre le relazioni

$$\nabla \frac{1}{r} = -\frac{\mathbf{x}}{r^3}, \quad \nabla f(t-r) = -\frac{\mathbf{x}}{r} f'(t-r),$$

nonché l'identità distribuzionale, si veda la (2.105),

$$\nabla^2 \frac{1}{r} = -4\pi\delta^3(\mathbf{x}).$$

Sostituendo questi elementi nella (6.51) si vede che le derivate prime di f si cancellano e risulta

$$\nabla^2 G = -4\pi\delta^3(\mathbf{x})f(t) + \frac{1}{r}f''(t-r). \tag{6.52}$$

In base alle (6.50) e (6.52) l'equazione (6.49) si riduce pertanto a

$$\frac{\partial^2 G}{\partial t^2} - \nabla^2 G = 4\pi\delta^3(\mathbf{x})f(t) = \delta^3(\mathbf{x})\,\delta(t),$$

sicché deve essere

$$f(t) = \frac{\delta(t)}{4\pi}.$$

Vista la (6.48) la funzione di Green ritardata è dunque data da

$$G_{ret}(x) = \frac{1}{4\pi r}\delta(t-r). \tag{6.53}$$

L'espressione (6.53) soddisfa in effetti la condizione (6.41), ma di primo acchito non sembra essere Lorentz-invariante come richiesto dalla condizione (6.40). Nondimeno, usando l'identità

$$\delta(x^2) = \delta(t^2 - r^2) = \frac{1}{2r}\big(\delta(t-r) + \delta(t+r)\big)$$

e osservando che $H(t)\,\delta(t+r) = H(-r)\,\delta(t+r) = 0$, possiamo porre la (6.53) nella forma manifestamente Lorentz-invariante

$$G_{ret}(x) = \frac{1}{2\pi}H(x^0)\,\delta(x^2). \tag{6.54}$$

Sul cono luce $x^2 = 0$ il segno di x^0 è infatti invariante sotto $SO(1,3)_c$, si veda il Paragrafo 5.2.3. Si noti inoltre che vale $G_{ret}(x) = 0$ per $x^2 < 0$, come abbiamo anticipato all'inizio del paragrafo.

In modo analogo per la *funzione di Green avanzata* (6.37) si ottiene

$$G_{adv}(x) = \frac{1}{4\pi r}\delta(t+r) = \frac{1}{2\pi}H(-x^0)\,\delta(x^2). \tag{6.55}$$

In definitiva abbiamo dunque ottenuto due funzioni di Green soddisfacenti le condizioni (6.39) e (6.40), entrambe appartenenti a $\mathcal{S}'$ (si veda il Problema 6.1). In particolare vale $\Box\, G_{ret} = \delta^4(x) = \Box\, G_{adv}$. *A priori* avremmo quindi potuto scegliere come funzione di Green qualsiasi combinazione del tipo

$$G_a = a\, G_{ret} + (1-a)\, G_{adv}, \qquad \Box\, G_a = \delta^4(x), \tag{6.56}$$

con a numero reale arbitrario. La condizione di causalità (6.41) fissa invece il valore $a = 1$.

Osserviamo infine che sussiste un semplice legame tra le funzioni di Green avanzata e ritardata e il kernel antisimmetrico D (5.53). Vale infatti

$$D = G_{ret} - G_{adv}. \tag{6.57}$$

Da questa relazione discende immediatamente l'equazione caratteristica del kernel antisimmetrico

$$\Box\, D = 0, \tag{6.58}$$

che lo identifica come propagatore del campo libero, si vedano le formule risolutive (5.51), (5.127) e (5.128).

6.2.2 Potenziale vettore ritardato

D'ora in avanti con il simbolo G intenderemo sempre G_{ret}. Inserendo la funzione di Green (6.54) nella (6.33) otteniamo il *potenziale ritardato* in forma covariante a vista

$$A^\mu(x) = \frac{1}{2\pi} \int H(x^0 - y^0)\, \delta\big((x-y)^2\big) j^\mu(y)\, d^4y. \tag{6.59}$$

Usando invece l'espressione (6.53) possiamo integrare sulla coordinata y^0 ottenendo la rappresentazione alternativa

$$A^\mu(t, \mathbf{x}) = \frac{1}{4\pi} \int \left(\int \frac{1}{|\mathbf{x} - \mathbf{y}|}\, \delta(t - y^0 - |\mathbf{x} - \mathbf{y}|)\, j^\mu(y^0, \mathbf{y})\, dy^0 \right) d^3y$$

$$= \frac{1}{4\pi} \int \frac{1}{|\mathbf{x} - \mathbf{y}|}\, j^\mu(t - |\mathbf{x} - \mathbf{y}|, \mathbf{y})\, d^3y. \tag{6.60}$$

In seguito faremo uso sia della (6.59) che della (6.60). La prima rappresentazione ha il pregio di essere manifestamente Lorentz-invariante e la seconda quello di coinvolgere un'integrazione in meno.

Resta ancora da verificare che il potenziale (6.59) soddisfi la gauge di Lorenz (6.28). Per fare questo conviene ricorrere alla rappresentazione astratta (6.34) e usare la proprietà della convoluzione (2.66), ottenendo dunque

$$\partial_\mu A^\mu = \partial_\mu(G * j^\mu) = G * \partial_\mu j^\mu = 0$$

in virtù della conservazione della corrente. Si noti che il potenziale $A^\mu = G * j^\mu$ soddisfa la gauge di Lorenz indipendentemente dalla forma di G.

Funzioni di Green e causalità. Analizziamo ora brevemente la struttura causale del potenziale ritardato. Abbiamo derivato l'espressione (6.59) imponendo la condizione che la funzione di Green si annulli per tempi negativi, assicurando così che eventi futuri non possano influenzare eventi passati. D'altra parte *a priori* una richiesta di questo tipo è in palese conflitto con la Relatività Ristretta, perché in generale l'ordinamento temporale tra due eventi non viene preservato da una trasformazione di Lorentz, seppure *propria*. Per preservare l'ordinamento temporale occorre imporre la condizione ulteriore che due eventi possano influenzarsi solo se sono a distanza di *tipo tempo o nullo*. Secondo la causalità relativistica un evento y può infatti influenzare un evento x solo se sono soddisfatte le condizioni

$$(x-y)^2 \geq 0, \qquad x^0 \geq y^0.$$

Tali eventi x definiscono il *cono luce futuro* di y – un insieme invariante sotto trasformazioni di Lorentz *proprie*, si veda il Paragrafo 5.2.3. L'ordinamento temporale tra x e y è pertanto lo stesso in tutti i sistemi di riferimento. Corrispondentemente una generica funzione di Green *causale relativistica* deve soddisfare le condizioni

$$G(x) = 0, \quad \forall x^0 < 0, \tag{6.61}$$

$$G(x) = 0, \quad \forall x^2 < 0. \tag{6.62}$$

In altre parole, *il supporto della funzione di Green deve essere contenuto nel cono luce futuro.* La funzione di Green (6.54) non solo soddisfa le condizioni (6.61) e (6.62), ma ha per supporto il *bordo* del cono luce. Di conseguenza nella (6.59) il potenziale in un punto x è causalmente connesso solo con punti y della corrente che si trovano a distanze di tipo luce da x e appartengono al passato di x: nel campo elettromagnetico l'informazione si propaga quindi con la velocità della luce *dalle particelle cariche al punto di osservazione*, e non viceversa. Torneremo su questo punto nel Paragrafo 6.2.3.

Il ritardo. È istruttivo confrontare l'espressione (6.60) con la soluzione (6.14) dell'equazione di Poisson. Riportiamo quest'ultima in versione elettrostatica *accendendo* il tempo

$$A^0(t, \mathbf{x}) = \frac{1}{4\pi c} \int \frac{1}{|\mathbf{x} - \mathbf{y}|} \, j^0(t, \mathbf{y}) \, d^3y. \tag{6.63}$$

Per confrontare la (6.60) con la (6.63) riscriviamo la prima ripristinando la velocità della luce

$$A^\mu(t, \mathbf{x}) = \frac{1}{4\pi c} \int \frac{1}{|\mathbf{x} - \mathbf{y}|} \, j^\mu\!\left(t - \frac{|\mathbf{x} - \mathbf{y}|}{c}, \mathbf{y}\right) d^3y. \tag{6.64}$$

Vediamo che l'unica differenza tra le due formule è la comparsa del *ritardo* $|\mathbf{x} - \mathbf{y}|/c$ nell'argomento temporale della corrente, ritardo che uguaglia il tempo che la luce impiega per passare dal punto $\mathbf{y}$, in cui è situata la carica, al punto di osservazione $\mathbf{x}$ dove si valuta il campo. All'istante t il campo nel punto $\mathbf{x}$ dipende quindi dal valore della corrente nel punto $\mathbf{y}$ non all'istante t, bensì all'istante *ritardato* $t' = t - |\mathbf{x} - \mathbf{y}|/c$. Nel potenziale non relativistico (6.63) si suppone invece un'interazione a distanza *istantanea*, ovvero un'interazione che si propaga con velocità infinita, sicché non vi è nessun ritardo.

6.2.3 Violazione spontanea dell'invarianza per inversione temporale

L'operazione di inversione temporale è un elemento discreto $\mathcal{T}$ del gruppo di Lorentz $O(1,3)$ – non appartenente al gruppo di Lorentz proprio $SO(1,3)_c$ – rappresentato dalla matrice, si veda la (1.61),

$$\mathcal{T}^0{}_0 = -1, \qquad \mathcal{T}^i{}_j = \delta^i{}_j, \qquad \mathcal{T}^\mu{}_\nu = 0, \ \text{per } \mu \neq \nu. \tag{6.65}$$

Questa operazione manda dunque t in $-t$ e lascia le coordinate spaziali invariate. Se un sistema fisico è invariante sotto inversione temporale, un processo che sia stato ripreso da una videocamera e venga poi proiettato in senso inverso appare *realistico* come il processo originale, ovvero appare come un processo che può effettivamente avvenire in natura. Se riprendiamo, ad esempio, la collisione elastica tra due particelle e l'interazione rispetta l'invarianza per inversione temporale, proiettando la registrazione in senso inverso vediamo una collisione (in generale diversa) che può comunque avvenire in natura. Un eventuale spettatore non sarebbe quindi in grado di riconoscere se la proiezione avviene nel verso originale o in quello *invertito*. Prima di discutere la realizzazione di questa simmetria in Elettrodinamica ricordiamo brevemente il suo ruolo in Meccanica Newtoniana.

Inversione temporale in Meccanica Newtoniana. Consideriamo l'equazione di Newton in presenza di una generica forza dipendente da posizione e velocità

$$m\mathbf{a} = \mathbf{F}(\mathbf{y}, \mathbf{v}).$$

Ci domandiamo sotto quali condizioni questa equazione mantiene la stessa forma sotto l'inversione temporale $t \to t^* = -t$, ovvero sotto le trasformazioni

$$\mathbf{y}^*(t^*) = \mathbf{y}(t), \quad \mathbf{v}^*(t^*) = \frac{d\mathbf{y}^*}{dt^*} = -\mathbf{v}(t), \quad \mathbf{a}^*(t^*) = \frac{d^2\mathbf{y}^*}{dt^{*2}} = \mathbf{a}(t). \tag{6.66}$$

Sotto queste trasformazioni il membro di sinistra dell'equazione di Newton non cambia e, affinché l'equazione sia invariante, è necessario che la forza soddisfi la condizione

$$\mathbf{F}(\mathbf{y}, -\mathbf{v}) = \mathbf{F}(\mathbf{y}, \mathbf{v}). \tag{6.67}$$

Questa condizione è certamente soddisfatta se la forza è *posizionale*, ovvero se non dipende affatto dalla velocità. Tuttavia affinché sia soddisfatta la (6.67) è sufficiente che la forza dipenda solo dal modulo e dalla direzione della velocità, ma non dal suo *verso*[7]. Una conseguenza importante dell'invarianza per inversione temporale è che se la legge oraria $\mathbf{y}(t)$ soddisfa l'equazione di Newton, essa è soddisfatta anche dalla legge oraria $\mathbf{y}^*(t) = \mathbf{y}(-t)$. Le leggi orarie $\mathbf{y}(t)$ e $\mathbf{y}^*(t)$ corrispondono evidentemente alle stesse *orbite*, ma nel caso di $\mathbf{y}^*(t)$ l'orbita viene percorsa a ritroso nel tempo, con tutte le velocità invertite.

Se al contrario la forza dipende anche dal verso della velocità, l'equazione di Newton viola *esplicitamente* l'invarianza per inversione temporale. In questo caso succede che se la legge oraria $\mathbf{y}(t)$ è soluzione dell'equazione di Newton, la legge oraria $\mathbf{y}^*(t)$ in generale non lo è. Una forza che viola l'invarianza per inversione temporale è, ad esempio, a forza viscosa $\mathbf{F} = -k\mathbf{v}$. In tal caso la soluzione $\mathbf{y}(t) = e^{-kt/m}\mathbf{y}(0)$ descrive un moto con uno smorzamento esponenziale della velocità, mentre la legge oraria $\mathbf{y}^*(t)$ descrive un moto con un aumento esponenziale della velocità e *non* soddisfa l'equazione di Newton. Se, infine, la forza è posizionale e *conservativa*, $\mathbf{F} = -\nabla V(\mathbf{y})$, l'equazione di Newton può essere dedotta dalla lagrangiana $L = \frac{1}{2}mv^2 - V(\mathbf{y})$ e in tal caso anche quest'ultima è invariante sotto inversione temporale.

Traiamo ora una conclusione semplice ma – per quello che segue – importante dalle considerazioni svolte finora: se $\mathbf{F}$ è una forza invariante per inversione temporale e $\mathbf{y}(t)$ è la soluzione corrispondente ai dati iniziali $\mathbf{y}(0) = \mathbf{y}_0$ e $\mathbf{v}(0) = \mathbf{v}_0$, allora $\mathbf{y}^*(t) \equiv \mathbf{y}(-t)$ è la soluzione corrispondente ai dati iniziali $\mathbf{y}^*(0) = \mathbf{y}_0$ e $\mathbf{v}^*(0) = -\mathbf{v}_0$. In particolare $\mathbf{y}^*(t)$ descrive un moto *fisico*, ovvero un moto che può effettivamente avvenire in natura: è infatti quello associato ai dati iniziali $(\mathbf{y}_0, -\mathbf{v}_0)$, che sono arbitrari. In Meccanica Newtoniana non avviene dunque nessuna *violazione spontanea* dell'invarianza per inversione temporale, come quella che riscontreremo   di seguito.

Violazione spontanea dell'invarianza per inversione temporale in Elettrodinamica. Abbiamo visto che le equazioni fondamentali dell'Elettrodinamica (2.18)-(2.20) sono invarianti sotto inversione temporale. Ne segue che se la configurazione Σ specificata da

$$\{\mathbf{y}_r(t),\ j^0(t, \mathbf{x}),\ \mathbf{j}(t, \mathbf{x}),\ \mathbf{E}(t, \mathbf{x}),\ \mathbf{B}(t, \mathbf{x}),\ A^0(t, \mathbf{x}),\ \mathbf{A}(t, \mathbf{x})\}$$

risolve tali equazioni, esse sono soddisfatte parimenti dalla configurazione Σ^* specificata da (si vedano le leggi di trasformazione (2.28), (2.30) e (2.48))

$$\{\mathbf{y}_r(-t),\ j^0(-t, \mathbf{x}),\ -\mathbf{j}(-t, \mathbf{x}),\ \mathbf{E}(-t, \mathbf{x}),\ -\mathbf{B}(-t, \mathbf{x}),\ A^0(-t, \mathbf{x}),\ -\mathbf{A}(-t, \mathbf{x})\}.$$

In particolare i vettori di Poynting $\mathbf{S} = \mathbf{E} \times \mathbf{B}$ delle due configurazioni sono legati dalla relazione

$$\mathbf{S}^*(t, \mathbf{x}) = \mathbf{E}^*(t, \mathbf{x}) \times \mathbf{B}^*(t, \mathbf{x}) = \mathbf{E}(-t, \mathbf{x}) \times (-\mathbf{B}(-t, \mathbf{x})) = -\mathbf{S}(-t, \mathbf{x}). \quad (6.68)$$

---

[7] Esempi di forze di questo tipo sono $\mathbf{F}_1 = v^2\mathbf{b}$ e $\mathbf{F}_2 = (\mathbf{b}\cdot\mathbf{v})\,\mathbf{v}$, con $\mathbf{b}$ vettore costante.

Consideriamo ora una coppia (j^μ, A^μ) che soddisfi le equazioni fondamentali dell'Elettrodinamica e induca quindi una configurazione Σ. Il potenziale A^μ è allora dato dalla (6.59), a cui va aggiunto eventualmente il potenziale corrispondente al campo esterno. A titolo di esempio possiamo pensare che j^μ sia la corrente associata a un elettrone che compie un moto circolare, o pressoché circolare, in senso *orario*.

Possiamo allora considerare la corrispondente soluzione Σ^*, rappresentata dalla coppia $(A^{*\mu}, j^{*\mu})$, e chiederci quale sia il legame tra $A^{*\mu}$ e $j^{*\mu}$. La questione ha una rilevanza fisica concreta poiché, se j^μ è una corrente realizzabile in natura, allora è realizzabile anche la corrente $j^{*\mu}$. Nell'esempio di cui sopra $j^{*\mu}$ corrisponde, infatti, a un elettrone che compie un moto circolare in senso *antiorario*. Si potrebbe allora pensare che l'elettrone in moto antiorario generi il quadripotenziale $A^{*\mu}$, visto che la coppia $(A^{*\mu}, j^{*\mu})$ – insistiamo – soddisfa effettivamente le equazioni di Maxwell. Questa conclusione è tuttavia errata: il quadripotenziale *fisico* creato da $j^{*\mu}$ non è $A^{*\mu}$. Dobbiamo quindi prendere atto del fatto che in Elettrodinamica classica l'invarianza sotto inversione temporale sia violata in modo *spontaneo*, ovvero sia violata dalle soluzioni *fisiche*.

Per illustrare quanto appena affermato determiniamo esplicitamente il legame esistente tra $A^{*\mu}$ e $j^{*\mu}$. Visto il modo simmetrico in cui potenziali e correnti compaiono in Σ e Σ^* è sufficiente concentrarsi sul legame tra le componenti $j^{*0}(t, \mathbf{x}) = j^0(-t, \mathbf{x})$ e $A^{*0}(t, \mathbf{x}) = A^0(-t, \mathbf{x})$. Il potenziale $A^{*0}(t, \mathbf{x})$ si ottiene effettuando nella (6.59) la sostituzione $x^0 = t \to -t$

$$A^{*0}(t, \mathbf{x}) = \frac{1}{2\pi} \int H(-t - y^0)\, \delta\big((-t - y^0)^2 - |\mathbf{x} - \mathbf{y}|^2\big) j^0(y^0, \mathbf{y})\, d^4y$$

$$= \frac{1}{2\pi} \int H(-t + y^0)\, \delta\big((x - y)^2\big) j^{*0}(y^0, \mathbf{y})\, d^4y,$$

dove abbiamo eseguito il cambiamento di variabile $y^0 \to -y^0$. Ricordando la definizione del kernel avanzato (6.55) si riconosce che questa relazione può essere posta nella forma $A^{*0} = G_{adv} * j^{*0}$. Procedendo nella stessa maniera per le componenti A^{*i} si trova

$$A^{*\mu} = G_{adv} * j^{*\mu}, \tag{6.69}$$

sicché $A^{*\mu}$ rappresenta il potenziale *avanzato* (6.38) generato da $j^{*\mu}$. Scritta in questa forma la soluzione $A^{*\mu}$ risulta ora in palese conflitto con la causalità: il potenziale *fisico* creato dalla corrente $j^{*\mu}$ è infatti il potenziale *ritardato*

$$A_{ret}^{*\mu} = G_{ret} * j^{*\mu},$$

che è diverso da $A^{*\mu}$.

Da un punto di vista fisico la scelta tra i potenziali $A_{ret}^{*\mu}$ e $A^{*\mu}$ è intimamente legata a un fenomeno sperimentale di importanza fondamentale: in natura qualsiasi particella carica accelerata *emette* radiazione, invece di *assorbirne*. Per essere concreti torniamo all'esempio dell'elettrone che si muove su una circonferenza e anticipiamo un risultato generale del Capitolo 7: $A_{ret}^{*\mu}$ descrive il campo elettromagnetico generato dall'elettrone che ruota in senso antiorario *emettendo* radiazione – come si osserva in natura – mentre $A^{*\mu}$ descriverebbe il campo elettromagnetico generato dall'elettrone che ruota ancora in senso antiorario, bensì *assorbendo* radiazione – fenomeno che *non* si osserva in natura. Dalla (6.68) si vede in particolare che i vettori di Poynting associati alle configurazioni Σ e Σ^* sono uno l'opposto dell'altro: se in un caso la radiazione viene emessa, nell'altro verrebbe dunque assorbita, in contrasto con quanto avviene in natura[8].

In ultima analisi è proprio la violazione spontanea dell'invarianza per inversione temporale a essere responsabile del fenomeno dell'*irraggiamento*: se si imponesse alle soluzioni delle equazioni di Maxwell di rispettare l'invarianza per inversione temporale – scegliendo nella (6.56) il valore $a = 1/2$ e ottenendo dunque la funzione di Green $\widetilde{G} = \delta(x^2)/4\pi$, invariante per inversione temporale – verrebbe emessa una radiazione pari a quanta ne verrebbe assorbita. Analizzeremo le conseguenze drammatiche di questa violazione – insistiamo – spontanea di simmetria nel Capitolo 14.

6.2.4 Validità della soluzione e trasformata di Fourier

Affrontiamo ora il problema della validità delle formule risolutive (6.34) e (6.59) nel caso in cui j^μ è la corrente (2.14) di un sistema di particelle. Una tale corrente non appartiene a $\mathcal{S}$, bensì a $\mathcal{S}'$, e l'espressione formale

$$A^\mu = G * j^\mu, \tag{6.70}$$

essendo una convoluzione tra due distribuzioni, è dunque mal definita. Inoltre, essendo diversa da zero per ogni t, la corrente (2.14) non è a supporto compatto. Di conseguenza la trasformata di Fourier di j^μ in generale non appartiene a O_M, cosicché non possiamo applicare il teorema di Paley-Wiener per dare senso alla (6.70), come avevamo fatto per le soluzioni dell'equazione di Poisson, si veda il Paragrafo 6.1.2.

Formula risolutiva in trasformata di Fourier. Come in quel caso possiamo tuttavia cercare di dare un significato all'espressione formale (6.70) passando in trasformata di Fourier. Per determinare la trasformata della funzione di Green la riscriviamo come

$$G(x) = \frac{1}{2\pi} H(x^0)\,\delta(x^2) = \frac{1}{4\pi}\left(\delta(x^2) + \varepsilon(x^0)\,\delta(x^2)\right).$$

In questo modo possiamo infatti utilizzare le trasformate di Fourier (6.45) e (6.46) delle funzioni F_1 e F_2 del Paragrafo 6.2.1, ottenendo

$$\widehat{G}(k) = -\frac{1}{(2\pi)^2}\left(\mathcal{P}\frac{1}{k^2} + i\pi\varepsilon(k^0)\,\delta(k^2)\right). \tag{6.71}$$

---

[8] In realtà nella Sezione 6.3 vedremo che i potenziali $A^{*\mu}_{ret}$ e $A^{*\mu}$ coincidono (solamente) se la particella compie un moto rettilineo uniforme. In questo caso la particella, non essendo accelerata, non emette né assorbe radiazione, cosicché le soluzioni ritardata e avanzata vengono a coincidere.

Si noti che questa espressione soddisfa palesemente l'equazione che si ottiene eseguendo la trasformata di Fourier dell'equazione (6.39), ovvero

$$-k^2 \widehat{G}(k) = \frac{1}{(2\pi)^2}.$$

Possiamo ora eseguire la trasformata di Fourier della relazione (6.70) utilizzando la formula per la trasformata della convoluzione (2.87)

$$\widehat{A}^\mu(k) = (2\pi)^2 \widehat{G}(k)\widehat{j}^\mu(k) = -\left(\mathcal{P}\frac{1}{k^2} + i\pi\varepsilon(k^0)\,\delta(k^2)\right)\widehat{j}^\mu(k). \qquad (6.72)$$

Come anticipato sopra, per un sistema di particelle $\widehat{j}^\mu(k)$ in generale non appartiene a O_M e quindi non è garantito che il prodotto a secondo membro sia ben definito in $\mathcal{S}'$. Tuttavia, si può dimostrare che la (6.72) definisce un elemento di $\mathcal{S}'$, purché le particelle cariche siano *massive*, ovvero abbiano velocità strettamente minori della velocità della luce. In questo caso la soluzione A^μ può pertanto essere *definita* come l'antitrasformata di Fourier del secondo membro della (6.72) – in sostituzione della (6.70) – come nel caso dell'equazione di Poisson.

Illustriamo la situazione nel caso di una singola particella carica che si muove di moto rettilineo uniforme. In questo caso la linea di universo è data da $y^\mu(\lambda) = \lambda u^\mu$ e la corrente ha la semplice forma

$$j^\mu(x) = e u^\mu \int \delta^4(x - \lambda u)\,d\lambda.$$

È immediato valutare la sua trasformata di Fourier

$$\widehat{j}^\mu(k) = \frac{e u^\mu}{(2\pi)^2} \int d^4x\, e^{-ik\cdot x} \int \delta^4(x - \lambda u)\,d\lambda$$

$$= \frac{e u^\mu}{(2\pi)^2} \int e^{-i(k\cdot u)\lambda}\,d\lambda = \frac{e u^\mu}{2\pi}\,\delta(u\cdot k)$$

e come si vede essa non appartiene a O_M, bensì a $\mathcal{S}'$. Possiamo comunque scrivere il prodotto (6.72)

$$\widehat{A}^\mu(k) = -\frac{e u^\mu}{2\pi}\left(\mathcal{P}\frac{1}{k^2} + i\pi\varepsilon(k^0)\,\delta(k^2)\right)\delta(u\cdot k). \qquad (6.73)$$

Analizziamo ora separatamente i casi di particelle massive e di particelle prive di massa.

Traiettorie di tipo tempo. Una particella massiva viaggia con velocità minore della velocità della luce e segue dunque una traiettoria di tipo tempo, ovvero $u^2 = 1$. Possiamo allora porci nel suo sistema di riferimento a riposo, dove si ha $u^\mu = (1, 0, 0, 0)$ e $\delta(u\cdot k) = \delta(k^0)$. Il secondo termine del prodotto (6.73) è allora nullo in quanto (si veda la (2.68))

$$\varepsilon(k^0)\,\delta(k^2)\,\delta(u\cdot k) = \frac{1}{2|\mathbf{k}|}\left(\delta(k^0 - |\mathbf{k}|) - \delta(k^0 + |\mathbf{k}|)\right)\delta(k^0) = 0. \qquad (6.74)$$

La (6.73) si riduce pertanto a

$$\widehat{A}^\mu(k) = -\frac{eu^\mu}{2\pi}\left(\mathcal{P}\frac{1}{k^2}\right)\delta(k^0) = \frac{eu^\mu}{2\pi|\mathbf{k}|^2}\,\delta(k^0),$$

espressione che appartiene effettivamente a $\mathcal{S}'$. In questo caso l'antitrasformata di $\widehat{A}^\mu(k)$ può essere valutata esplicitamente, si vedano le equazioni (6.13) e (6.19), e risulta il noto potenziale coulombiano

$$A^\mu(x) = \frac{eu^\mu}{4\pi|\mathbf{x}|}. \qquad (6.75)$$

Traiettorie di tipo luce. Una particella priva di massa viaggia con la velocità della luce e segue dunque una traiettoria di tipo luce, ovvero $u^2 = 0$. Possiamo allora porci nel sistema di riferimento in cui $u^\mu = (1, 0, 0, 1)$ e $\delta(u\cdot k) = \delta(k^0 - k^3)$. In questo caso avremmo, al posto della (6.74),

$$\varepsilon(k^0)\,\delta(k^2)\,\delta(u\cdot k) = \varepsilon(k^0)\,\delta\big((k^1)^2 + (k^2)^2\big)\,\delta(k^0 - k^3). \qquad (6.76)$$

Inserendo questa espressione nella (6.73) otterremmo allora

$$\widehat{A}^\mu(k) = \frac{eu^\mu}{2\pi}\left(\frac{1}{(k^1)^2 + (k^2)^2} - i\pi\varepsilon(k^0)\,\delta\big((k^1)^2 + (k^2)^2\big)\right)\delta(k^0 - k^3). \qquad (6.77)$$

Tuttavia nessuno dei due termini tra parentesi è una distribuzione: il primo perché non è localmente integrabile in $k^1 = k^2 = 0$ e il secondo perché l'argomento della distribuzione-δ non possiede zeri semplici. Dobbiamo pertanto concludere che *per traiettorie di tipo luce il metodo della funzione di Green fallisce*. Nondimeno si può vedere che le equazioni di Maxwell ammettono soluzioni ben definite – nel senso delle distribuzioni – anche per particelle prive di massa [6]. Per traiettorie di tipo luce *rettilinee* le determineremo esplicitamente nel Paragrafo 6.3.2, ricorrendo a un metodo diverso.

Il prodotto (6.72) definisce dunque una distribuzione purché la particella segua una linea di universo di tipo *tempo*. In questo caso, come vedremo esplicitamente in molti esempi, anche le rappresentazioni integrali (6.59) e (6.60) sono ben definite, motivo per cui d'ora in avanti ci serviremo prevalentemente di tali rappresentazioni.

6.3 Campo di una particella in moto rettilineo uniforme

Come prima applicazione della formula risolutiva (6.59) determiniamo il campo elettromagnetico creato da una particella carica in moto rettilineo uniforme. Tratteremo separatamente i casi di particelle massive e di particelle prive di massa. In realtà nel primo caso il campo potrebbe essere calcolato anche attraverso una trasformazione di Lorentz dal sistema di riposo della particella, in cui vale

$$\mathbf{E} = \frac{e\mathbf{x}}{4\pi r^3}, \qquad \mathbf{B} = 0,$$

al sistema di riferimento del laboratorio, si veda il Problema 6.2. Questo approccio avrebbe, comunque, il difetto di rompere l'invarianza di Lorentz *manifesta*. Inoltre nel secondo caso comunque non potrebbe essere applicato, perché per una particella di massa nulla non esiste nessun sistema di riposo. Nondimeno nel Paragrafo 6.3.2 faremo vedere che il campo di una particella priva di massa può essere dedotto da quello di una particella massiva attraverso un'opportuna procedura di limite, superando in tal modo le difficoltà menzionate alla fine della sezione precedente.

6.3.1 Campo di una particella massiva

La linea di universo di una particella massiva in moto rettilineo uniforme ha la forma $y^\mu(s) = y^\mu(0) + su^\mu$, dove la quadrivelocità costante u^μ è soggetta al vincolo $u^2 = 1$ ed s è il tempo proprio. Scegliendo l'origine del sistema di riferimento di modo tale che per $t = 0$ la particella passi per l'origine otteniamo più semplicemente $y^\mu(s) = su^\mu$. La quadricorrente (2.14) si riduce pertanto a

$$j^\mu(y) = eu^\mu \int \delta^4(y - su)\, ds. \tag{6.78}$$

Potenziale ritardato. Per determinare il potenziale A^μ generato dalla particella dobbiamo sostituire la (6.78) nella formula risolutiva (6.59)

$$A^\mu(x) = \frac{eu^\mu}{2\pi} \int d^4y \int H(x^0 - y^0)\, \delta\big((x - y)^2\big)\, \delta^4(y - su)\, ds$$

$$= \frac{eu^\mu}{2\pi} \int H(x^0 - su^0)\, \delta(f(s))\, ds. \tag{6.79}$$

Abbiamo definito la funzione di s

$$f(s) = (x - su)^2 = x^2 - 2s(ux) + s^2, \qquad (ux) \equiv u^\mu x_\mu,$$

in cui sottintendiamo la dipendenza dalla coordinata x. Per valutare l'integrale (6.79) esplicitiamo la distribuzione $\delta(f(s))$ applicando la regola (2.71). Dobbiamo quindi preventivamente individuare gli zeri della funzione $f(s)$. Essendo quadratica, $f(s)$ possiede i due zeri

$$s_\pm = (ux) \mp \sqrt{(ux)^2 - x^2}, \qquad f(s_\pm) = 0, \tag{6.80}$$

entrambi reali. Il discriminante $(ux)^2 - x^2$ è, infatti, sempre maggiore o uguale a zero. Per dimostrarlo sfruttiamo il fatto che il discriminante è Lorentz-invariante, cosicché possiamo valutarlo nel sistema a riposo della particella ove vale $u^\mu = (1, 0, 0, 0)$

$$(ux)^2 - x^2 = (x^0)^2 - \left((x^0)^2 - |\mathbf{x}|^2\right) = |\mathbf{x}|^2 \geq 0. \tag{6.81}$$

La (2.71) fornisce allora

$$\delta(f(s)) = \frac{\delta(s - s_+)}{|f'(s_+)|} + \frac{\delta(s - s_-)}{|f'(s_-)|}. \tag{6.82}$$

Essendo $f'(s) = 2(s - ux)$ vale inoltre

$$|f'(s_\pm)| = 2\sqrt{(ux)^2 - x^2}.$$

Inserendo questi elementi nella (6.79) si ricava

$$A^\mu(x) = \frac{e u^\mu}{4\pi\sqrt{(ux)^2 - x^2}} \int \Big(H(x^0 - s_+ u^0)\, \delta(s - s_+) \\ + H(x^0 - s_- u^0)\, \delta(s - s_-) \Big) ds. \tag{6.83}$$

Per valutare l'integrale rimanente dobbiamo determinare i segni di $x^0 - s_\pm u^0$ e per fare questo usiamo di nuovo un argomento di covarianza. Definiamo i quadrivettori

$$V_\pm^\mu = x^\mu - s_\pm u^\mu,$$

che per costruzione appartengono al cono luce: $V_\pm^2 = 0$. I segni delle loro componenti temporali $V_\pm^0 = x^0 - s_\pm u^0$ sono allora Lorentz-invarianti e possiamo determinarli nel riferimento a riposo della particella. In questo riferimento abbiamo, si vedano le equazioni (6.80) e (6.81),

$$s_\pm = x^0 \mp |\mathbf{x}| \quad \Rightarrow \quad V_\pm^0 = x^0 - s_\pm u^0 = \pm |\mathbf{x}|.$$

Concludiamo quindi che in qualsiasi sistema di riferimento vale

$$x^0 - s_+ u^0 > 0, \qquad x^0 - s_- u^0 < 0.$$

Di conseguenza abbiamo $H(x^0 - s_+ u^0) = 1$ e $H(x^0 - s_- u^0) = 0$ e la (6.83) si riduce quindi all'espressione manifestamente Lorentz-invariante

$$A^\mu(x) = \frac{e u^\mu}{4\pi\sqrt{(ux)^2 - x^2}}. \tag{6.84}$$

Dal calcolo appena eseguito è evidente che se avessimo usato la funzione di Green *avanzata* (6.55) – sostituendo nella (6.79) $H(x^0)$ con $H(-x^0)$ – avremmo trovato ancora l'espressione (6.84). Come abbiamo anticipato nel Paragrafo 6.2.3: nel caso di una particella in moto rettilineo uniforme non avviene nessuna violazione spontanea dell'invarianza per inversione temporale. In particolare per una particella statica, per cui $u^\mu = (1, 0, 0, 0)$, la (6.84) restituisce il noto potenziale coulombiano *statico*

$$A^0 = \frac{e}{4\pi |\mathbf{x}|}, \quad A^i = 0. \tag{6.85}$$

Passiamo ora al calcolo del tensore elettromagnetico. Dalla (6.84) otteniamo

$$\partial^\mu A^\nu = \frac{e}{4\pi} \frac{x^\mu - u^\mu (ux)}{((ux)^2 - x^2)^{3/2}} u^\nu \tag{6.86}$$

e pertanto

$$F^{\mu\nu} = \partial^\mu A^\nu - \partial^\nu A^\mu = \frac{e}{4\pi} \frac{x^\mu u^\nu - x^\nu u^\mu}{((ux)^2 - x^2)^{3/2}}. \tag{6.87}$$

Contraendo invece nella (6.86) gli indici μ e ν verifichiamo che il potenziale obbedisce alla gauge di Lorenz $\partial_\mu A^\mu = 0$, come da costruzione.

Campo elettrico e campo magnetico. Dalla (6.87) otteniamo per i campi elettrico e magnetico le espressioni

$$E^i = F^{i0} = \frac{e}{4\pi} \frac{x^i u^0 - x^0 u^i}{((ux)^2 - x^2)^{3/2}} = \frac{eu^0}{4\pi} \frac{x^i - v^i t}{((ux)^2 - x^2)^{3/2}}, \tag{6.88}$$

$$B^k = -\frac{1}{2} \varepsilon^{kij} F^{ij} = -\frac{e}{8\pi} \frac{\varepsilon^{kij}(x^i u^j - x^j u^i)}{((ux)^2 - x^2)^{3/2}} = \frac{eu^0}{4\pi} \frac{\varepsilon^{kij} v^i x^j}{((ux)^2 - x^2)^{3/2}}$$

$$= \frac{eu^0}{4\pi} \frac{\varepsilon^{kij} v^i (x^j - v^j t)}{((ux)^2 - x^2)^{3/2}} = \varepsilon^{kij} v^i E^j.$$

Questi campi soddisfano quindi la relazione

$$\mathbf{B} = \frac{\mathbf{v}}{c} \times \mathbf{E}, \tag{6.89}$$

dove abbiamo ripristinato la velocità della luce. In ogni punto il campo magnetico è dunque una semplice funzione del campo elettrico ed è pertanto sufficiente analizzare le proprietà di quest'ultimo. In particolare vediamo che rispetto al campo elettrico il campo magnetico è soppresso di un fattore v/c, in accordo con il fatto che il secondo rappresenta un effetto relativistico.

Per analizzare la forma del campo elettrico introduciamo il vettore

$$\mathbf{R} = \mathbf{x} - \mathbf{v}t,$$

congiungente in ogni istante t il punto di osservazione $\mathbf{x}$ con la posizione $\mathbf{y}(t) = \mathbf{v}t$ della particella. Con passaggi algebrici elementari si trova allora

$$(ux)^2 - x^2 = \frac{R^2 + (\mathbf{v}\cdot\mathbf{R})^2 - v^2 R^2}{1 - v^2},$$

cosicché il campo (6.88) assume la forma

$$\mathbf{E} = \frac{e(1 - v^2)\mathbf{R}}{4\pi(R^2 + (\mathbf{v}\cdot\mathbf{R})^2 - v^2 R^2)^{3/2}}. \tag{6.90}$$

Introducendo infine l'angolo ϑ tra $\mathbf{v}$ e $\mathbf{R}$ possiamo porre questo campo nella forma

$$\mathbf{E} = \frac{1 - v^2}{(1 - v^2 sen^2\, \vartheta)^{3/2}}\, \mathbf{E}_{nr}, \tag{6.91}$$

dove $\mathbf{E}_{nr}$ denota il campo elettrico non relativistico coulombiano

$$\mathbf{E}_{nr} = \frac{e\mathbf{R}}{4\pi R^3}. \tag{6.92}$$

Vediamo ora quali sono le proprietà del campo (6.91). Innanzitutto vediamo che per ogni t fissato a grandi distanze $\mathbf{E}$ decade come $1/r^2$, dove $r = |\mathbf{x}|$. Il campo elettromagnetico relativistico mantiene quindi l'andamento asintotico del campo coulombiano

$$F^{\mu\nu} \sim \frac{1}{r^2}, \quad \text{per} \quad r \to \infty. \tag{6.93}$$

Inoltre $\mathbf{E}$ è ancora un campo *centrale*, ovvero è diretto lungo la retta congiungente il punto di osservazione con la posizione della particella. D'altra parte il campo (6.91) non è più a *simmetria sferica*, come il campo non relativistico (6.92), in quanto il suo modulo dipende dalla direzione. Infatti, per $\mathbf{R}$ rispettivamente ortogonale ($\vartheta = \pi/2$) e parallelo ($\vartheta = 0, \pi$) a $\mathbf{v}$, la (6.91) fornisce per i moduli del campo elettrico le espressioni

$$E_\perp = \frac{1}{\sqrt{1 - v^2}}\, E_{nr} > E_{nr}, \tag{6.94}$$

$$E_\parallel = (1 - v^2)\, E_{nr} < E_{nr}. \tag{6.95}$$

Lungo la direzione del moto l'intensità del campo risulta quindi ridotta rispetto a E_{nr}, in entrambi i versi, mentre lungo le direzioni ortogonali al moto è più grande di E_{nr}. In particolare per velocità che si approssimano alla velocità della luce, ovvero nel limite *ultrarelativistico*, il primo svanisce, mentre il secondo diverge. Difatti per velocità molto elevate il campo elettromagnetico è praticamente nullo in tutte le direzioni, tranne per valori di ϑ vicini a $\pi/2$ per cui è molto intenso.

In base alla relazione (6.89) l'intensità del campo magnetico ha caratteristiche analoghe a quella del campo elettrico. Vista la simmetria "cilindrica" di $\mathbf{E}$, da questa relazione si deduce inoltre che le linee di campo di $\mathbf{B}$ sono circonferenze ortogonali alla traiettoria della particella e concentriche con essa.

6.3.2 Campo di una particella di massa nulla

Abbiamo derivato il campo (6.87) nell'ipotesi che la velocità della particella sia costante, ma minore della velocità luce. Vogliamo ora determinare il campo elettromagnetico creato da una particella in moto rettilineo uniforme che viaggia con la velocità della luce. In base alle peculiarità del campo di una particella massiva ultra-relativistica appena riscontrate, ci aspettiamo di trovare un campo elettromagnetico con singolarità molto pronunciate, che può aver senso soltanto come distribuzione. Oltre a ciò, come abbiamo visto nel Paragrafo 6.2.4, per una particella priva di massa la formula risolutiva (6.59) non è applicabile e dovremo trovare un modo diverso per risolvere le equazioni di Maxwell.

Per una particella che si propaga con la velocità della luce il tempo proprio non è definito e dobbiamo parametrizzare la sua linea di universo $y^\mu(\lambda)$ con un parametro λ generico. Introducendo un vettore di tipo nullo n^μ poniamo

$$y^\mu(\lambda) = \lambda n^\mu, \qquad n^\mu = (1, \mathbf{n}), \qquad n^2 = 0,$$

dove il versore $\mathbf{n}$ indica la direzione di moto della particella. Abbiamo supposto nuovamente che per $t = 0$ la particella passi per l'origine, cosicché la sua legge oraria è $\mathbf{y}(t) = t\mathbf{n}$. In questo caso la quadricorrente (2.14) assume la forma

$$\mathcal{J}^\mu(x) = en^\mu \int \delta^4(x - \lambda n)\, d\lambda = en^\mu \delta^3(\mathbf{x} - t\mathbf{n}) \qquad (6.96)$$

e dobbiamo risolvere le equazioni di Maxwell

$$\partial_\mu \mathcal{F}^{\mu\nu} = \mathcal{J}^\nu, \qquad \partial_{[\mu}\mathcal{F}_{\nu\rho]} = 0. \qquad (6.97)$$

Procedura di limite. Vogliamo ora derivare la soluzione del sistema (6.97) dal campo (6.87) di una particella che si muove con velocità $v < 1$ in direzione $\mathbf{n}$, attraverso un'opportuna procedura di limite. Ponendo nella corrente (6.78) $\mathbf{v} = v\mathbf{n}$ otteniamo

$$j^\mu(x) = eu^\mu \int \delta^4(x - su)\, ds = e\,(1, v\mathbf{n})\, \delta^3(\mathbf{x} - vt\mathbf{n}). \qquad (6.98)$$

Per costruzione questa corrente e il campo $F^{\mu\nu}$ (6.87) soddisfano le equazioni di Maxwell

$$\partial_\mu F^{\mu\nu} = j^\nu, \qquad \partial_{[\mu}F_{\nu\rho]} = 0. \qquad (6.99)$$

Confrontando l'espressione (6.98) con la (6.96) vediamo innanzitutto che vale il limite in $\mathcal{S}'(\mathbb{R}^4) \equiv \mathcal{S}'$

$$\mathcal{S}' - \lim_{v \to 1} j^\mu = \mathcal{J}^\mu.$$

A questo punto possiamo provare a eseguire il limite distribuzionale per $v \to 1$ delle equazioni (6.99). *Se* esiste il limite di $F^{\mu\nu}$ per $v \to 1$ nel senso delle distribuzioni, grazie al fatto che le derivate costituiscono operazioni *continue* in $\mathcal{S}'$, il campo

$$\mathcal{F}^{\mu\nu} \equiv \mathcal{S}' - \lim_{v \to 1} F^{\mu\nu} \qquad (6.100)$$

soddisfa allora automaticamente le equazioni di Maxwell (6.97). Insistiamo sul fatto che questo metodo di soluzione ha senso soltanto se i limiti di cui sopra sono eseguiti nel senso delle distribuzioni. Si noti, in proposito, che il limite *puntuale* del tensore (6.87) per $v \to 1$ è nullo quasi ovunque, come si vede dall'espressione del campo elettrico (6.90).

Limite del potenziale. Affrontiamo la determinazione del limite (6.100) partendo non direttamente dal campo (6.87), bensì dal potenziale (6.84)

$$A^\mu(x) = \frac{eu^\mu}{4\pi\sqrt{(ux)^2 - x^2}}, \qquad u^\mu = \frac{(1, v\mathbf{n})}{\sqrt{1 - v^2}}, \qquad (6.101)$$

che appare più semplice. *Se* questo potenziale ammettesse limite nel senso delle distribuzioni potremmo infatti scrivere

$$\mathcal{S}' - \lim_{v\to 1} F^{\mu\nu} = \partial^\mu\Big(\mathcal{S}' - \lim_{v\to 1} A^\nu\Big) - \partial^\nu\Big(\mathcal{S}' - \lim_{v\to 1} A^\mu\Big),$$

di nuovo perché le derivate sono operazioni continue in $\mathcal{S}'$. Eseguendo preliminarmente il limite *puntuale* del potenziale (6.101) si ottiene in effetti l'espressione finita

$$\lim_{v\to 1} A^\mu(x) = \frac{e}{4\pi}\lim_{v\to 1}\frac{(1, v\mathbf{n})}{\sqrt{(t - v\mathbf{n}\cdot\mathbf{x})^2 - (1 - v^2)x^2}} = \frac{e(1, \mathbf{n})}{4\pi|t - \mathbf{n}\cdot\mathbf{x}|}. \qquad (6.102)$$

Tuttavia, il potenziale limite non costituisce una *distribuzione*, poiché lungo la linea $t = \mathbf{n}\cdot\mathbf{x}$ non è localmente integrabile. In realtà si può vedere che il limite del potenziale (6.101) per $v \to 1$ nel senso delle distribuzioni *non* esiste. Sorge allora naturalmente la domanda se $F^{\mu\nu}$ ammetta limite in $\mathcal{S}'$, oppure no. La risposta può essere ancora affermativa, se la parte di A^μ che diverge nel limite di $v \to 1$ nel senso delle distribuzioni, in qualche modo non contribuisce a $F^{\mu\nu}$.

Una trasformazione di gauge. A questo proposito ricordiamo che il potenziale in effetti è definito modulo una trasformazione di gauge. Affinché $F^{\mu\nu}$ ammetta un limite ben definito è allora sufficiente che la parte divergente del potenziale (6.101) possa essere eliminata con un'opportuna trasformazione di gauge. Consideriamo in proposito la trasformazione di gauge con parametro

$$\Lambda(x) = \frac{e}{4\pi}\ln\Big|(ux) - \sqrt{(ux)^2 - x^2}\Big| \in \mathcal{S}'. \qquad (6.103)$$

Con un semplice calcolo si trova allora che il potenziale trasformato – del tutto equivalente al potenziale (6.101) sebbene non più soddisfacente la gauge di Lorenz – ha la forma

$$\widetilde{A}^\mu = A^\mu + \partial^\mu\Lambda = \frac{e}{4\pi}\left(1 + \frac{(ux)}{\sqrt{(ux)^2 - x^2}}\right)\frac{x^\mu}{x^2}, \qquad F^{\mu\nu} = \partial^\mu\widetilde{A}^\nu - \partial^\nu\widetilde{A}^\mu. \quad (6.104)$$

In questa espressione con $1/x^2$ sottintendiamo la *parte principale composta* $\mathcal{P}(1/x^2)$, si veda la (6.46). A questo punto non è difficile far vedere che per $v \to 1$ il potenziale $\widetilde{A}^\mu$ ammette limite nel senso delle distribuzioni e che questo limite coincide con il suo limite puntuale. Vista l'espressione di u^μ (6.101) si ha il limite puntuale

$$\lim_{v \to 1} \frac{(ux)}{\sqrt{(ux)^2 - x^2}} = \lim_{v \to 1} \frac{t - v\mathbf{n}\cdot\mathbf{x}}{\sqrt{(t - v\mathbf{n}\cdot\mathbf{x})^2 - (1 - v^2)x^2}} = \frac{(nx)}{|(nx)|} = \varepsilon(nx),$$

dove $\varepsilon(\,\cdot\,)$ indica la distribuzione *segno* e $(nx) \equiv n^\mu x_\mu = t - \mathbf{n} \cdot \mathbf{x}$. Il potenziale (6.104) ammette quindi il limite distribuzionale

$$\mathcal{A}^\mu \equiv \mathcal{S}' - \lim_{v \to 1} \widetilde{A}^\mu = \frac{e\,x^\mu}{2\pi x^2}\, H(nx), \qquad (6.105)$$

dove con $1/x^2$ sottintendiamo di nuovo la parte principale composta $\mathcal{P}(1/x^2)$.

Campo elettromagnetico. Usando le relazioni (6.104) e (6.105) possiamo ora determinare il campo elettromagnetico (6.100)

$$\begin{aligned}
\mathcal{F}^{\mu\nu} &= \mathcal{S}' - \lim_{v \to 1} F^{\mu\nu} = \mathcal{S}' - \lim_{v \to 1} \left(\partial^\mu \widetilde{A}^\nu - \partial^\nu \widetilde{A}^\mu \right) = \partial^\mu \mathcal{A}^\nu - \partial^\nu \mathcal{A}^\mu \\
&= \frac{e\,(n^\mu x^\nu - n^\nu x^\mu)}{2\pi x^2}\, \delta(nx),
\end{aligned} \qquad (6.106)$$

dove abbiamo usato la regola (2.69). Per i campi elettrico e magnetico otteniamo infine

$$\boldsymbol{\mathcal{E}} = -\frac{e\,(\mathbf{x} - \mathbf{n}t)}{2\pi x^2}\, \delta(nx), \qquad \boldsymbol{\mathcal{B}} = \mathbf{n} \times \boldsymbol{\mathcal{E}}, \qquad \mathbf{n}\cdot\boldsymbol{\mathcal{E}} = 0. \qquad (6.107)$$

In particolare per i "moduli" vale $\mathcal{E} = \mathcal{B}$. Come si vede, in ogni istante i campi sono diversi da zero solo sul piano passante per la posizione della particella in quell'istante e perpendicolare alla sua velocità. Se la particella si muove lungo l'asse z le formule (6.107) si riducono a

$$\boldsymbol{\mathcal{E}} = \frac{e\,(x, y, 0)}{2\pi(x^2 + y^2)}\, \delta(z - t), \qquad (6.108)$$

$$\boldsymbol{\mathcal{B}} = \frac{e\,(-y, x, 0)}{2\pi(x^2 + y^2)}\, \delta(z - t). \qquad (6.109)$$

In questo caso all'istante t i campi sono non nulli solo sul piano xy situato in $z = t$, dove sono *molto intensi*, vale a dire proporzionali alla distribuzione-δ. Ricordiamo che per costruzione questi campi soddisfano le equazioni di Maxwell. Si verifica, ad esempio, facilmente che i campi (6.108) e (6.109) soddisfano le equazioni, si veda il Problema 6.3,

$$\boldsymbol{\nabla} \cdot \boldsymbol{\mathcal{E}} = j^0(x) = e\,\delta(x)\,\delta(y)\,\delta(z - t), \qquad \boldsymbol{\nabla} \cdot \boldsymbol{\mathcal{B}} = 0. \qquad (6.110)$$

Potenziale vettore in gauge di Lorenz. Resta la domanda se anche per una particella priva di massa sia possibile trovare un potenziale vettore che soddisfi la gauge di Lorenz $\partial_\mu \mathcal{A}'^\mu = 0$, ovvero una funzione di gauge Λ' tale che $\partial_\mu \mathcal{A}'^\mu = \partial_\mu(\mathcal{A}^\mu + \partial^\mu \Lambda') = 0$, dove $\mathcal{A}^\mu$ è il potenziale (6.105). La risposta è affermativa, poiché il potenziale gauge-trasformato

$$\mathcal{A}'^\mu \equiv \mathcal{A}^\mu - \partial^\mu \left(\frac{e}{4\pi} H(nx) \ln |x^2| \right) = -\frac{e}{4\pi} \ln |x^2| \, \delta(nx) \, n^\mu$$

soddisfa in effetti la condizione $\partial_\mu \mathcal{A}'^\mu = 0$. Anche per una particella di massa nulla in moto rettilineo uniforme le equazioni di Maxwell (6.97) possono, dunque, essere risolte in gauge di Lorenz, nel qual caso assumono la forma familiare $\Box \mathcal{A}'^\mu = \mathcal{J}^\mu$, $\partial_\mu \mathcal{A}'^\mu = 0$. Tuttavia, come abbiamo visto, la soluzione non può essere determinata ricorrendo al metodo della funzione di Green: le risultanti espressioni del potenziale – (6.102) nello spazio delle configurazioni e (6.77) in trasformata di Fourier – sono infatti prive di senso, si veda il Problema 6.5.

Shock waves. Campi della forma (6.107) vengono chiamati *shock waves*, in quanto in ogni istante il campo è diverso da zero solo su un piano, che nel presente caso avanza con la velocità della luce. Succede allora che una carica di prova subisca un effetto solamente nell'istante in cui questo piano la colpisce, subendo una variazione istantanea, bensì finita, della propria quantità di moto. Supponiamo, ad esempio, che il piano dell'onda generato da una particella di massa nulla in moto lungo l'asse z colpisca all'istante $t = 0$ una particella *non relativistica* di carica e^*, che in quell'istante si trova nella posizione $(x, y, 0) \equiv \mathbf{b}$ con velocità $\mathbf{v} = (v_x, v_y, v_z)$. In tal caso nell'equazione di Lorentz

$$\frac{d\mathbf{p}}{dt} = e^* (\boldsymbol{\mathcal{E}} + \mathbf{v} \times \boldsymbol{\mathcal{B}})$$

il campo magnetico è trascurabile. Inserendovi la (6.108), e integrandola tra un istante precedente e un istante successivo all'urto, si trova che alla particella viene comunicata la quantità di moto

$$\Delta \mathbf{p} = \int_{-t}^{t} \frac{d\mathbf{p}}{dt'} \, dt' \simeq e^* \int_{-t}^{t} \boldsymbol{\mathcal{E}} \, dt' = e^* \int_{-t}^{t} \frac{e\mathbf{b}}{2\pi b^2} \, \delta(z(t') - t') \, dt'$$

$$= \frac{e^* e\mathbf{b}}{2\pi b^2 (1 - v_z)} \simeq \frac{e^* e\mathbf{b}}{2\pi b^2 c},$$

dove nel risultato finale abbiamo ripristinato la velocità della luce per evidenziare che si tratta di un effetto relativistico. Abbiamo inoltre usato l'identità distribuzionale

$$\delta(z(t) - t) = \frac{\delta(t)}{1 - \dot{z}(0)} = \frac{\delta(t)}{1 - v_z},$$

derivante dalla regola (2.71) e dal fatto che per ipotesi $z(0) = 0$. L'urto provoca quindi un *kick* di allontanamento lungo il piano della *shock wave* se le cariche sono dello stesso segno e un *kick* di avvicinamento se sono di segno opposto.

In Elettrodinamica le *shock waves* rappresentano un'estrapolazione matematica, e non un fenomeno fisicamente realizzabile, perché in base alle conoscenze attuali in natura non esistono particelle *cariche* prive di massa. D'altra parte, risolvendo le *equazioni di Einstein* della Relatività Generale si trova che il *campo gravitazionale* generato da una particella che si muove con la velocità della luce è ancora di tipo *shock wave* [7]. Tuttavia in questo caso le soluzioni hanno valenza fisica, poiché una particella priva di massa – come il fotone – possiede *energia* ed è pertanto *gravitazionalmente* carica: una tale particella crea quindi un campo gravitazionale di tipo *shock wave*. In questo caso l'estrapolazione matematica descrive, dunque, un fenomeno realizzato in natura.

6.4 Problemi

6.1. Si dimostri che la funzione di Green ritardata (6.54) definisce una distribuzione in $\mathcal{S}'(\mathbb{R}^4)$.

6.2. Si consideri una particella di carica e che si muove con velocità costante v lungo l'asse z nel sistema di riferimento del laboratorio K. Si consideri che nel sistema di riferimento K' in cui la particella è a riposo nella posizione $\mathbf{x}' = 0$, il quadripotenziale ha la forma

$$A'^\mu(x') = \frac{e}{4\pi|\mathbf{x}'|}\,(1,0,0,0).$$

a) Si determini la trasformazione di Lorentz $\Lambda^\mu{}_\nu$ che connette un evento in K con il corrispondente evento in K'.
b) Si determini la forma di $A^\mu(x)$ in K sfruttando il fatto che il quadripotenziale è un quadrivettore e si confronti il risultato con l'espressione (6.84).

6.3. Si verifichi che i campi elettrico e magnetico (6.108) e (6.109) soddisfano le equazioni di Maxwell (6.110), dimostrando in particolare che in due dimensioni vale l'identità distribuzionale

$$\nabla \cdot \frac{\mathbf{x}}{r^2} = 2\pi\delta^2(\mathbf{x}),$$

dove $\mathbf{x} = (x,y)$ e $r = \sqrt{x^2+y^2}$. Si concluda che la funzione di Green del laplaciano bidimensionale è data dal *logaritmo*:

$$\nabla^2\left(\frac{1}{2\pi}\ln r\right) = \left(\partial_x^2 + \partial_y^2\right)\left(\frac{1}{2\pi}\ln\sqrt{x^2+y^2}\right) = \delta^2(\mathbf{x}).$$

6.4. In un conduttore filiforme infinito disposto lungo l'asse z all'istante $t = 0$ viene accesa una corrente costante I. La quadricorrente è pertanto data da

$$j^\mu(t,\mathbf{x}) = (0,0,0,I\delta^2(x,y))\,H(t),$$

$H(t)$ essendo la funzione di Heaviside.

a) Si dimostri che il quadripotenziale generato da j^μ è dato da

$$A^0 = A^x = A^y = 0, \quad A^z = \frac{IH(t-r)}{2\pi} \ln\left(\frac{t}{r} + \sqrt{\frac{t^2}{r^2} - 1}\right), \qquad (6.111)$$

dove $r = \sqrt{x^2 + y^2}$.

b) Si concluda che il campo elettromagnetico generato dal conduttore ha la forma

$$E^x = 0, \quad E^y = 0, \quad E^z = -\frac{1}{t} f(t,r),$$

$$B^x = -\frac{y}{r^2} f(t,r), \quad B^y = \frac{x}{r^2} f(t,r), \quad B^z = 0,$$

dove

$$f(t,r) = \frac{IH(t-r)}{2\pi\sqrt{1 - \dfrac{r^2}{t^2}}},$$

dandone un'interpretazione fisica. In particolare si individui la causa delle singolarità presenti per $r = t$.

c) Si determinino modulo e direzione del vettore di Poynting e se ne discuta il significato fisico.

d) Si studi il comportamento del campo elettromagnetico, a $\mathbf{x}$ fissato, per tempi molto grandi, ovvero nel limite di $t \to \infty$. Qual è la corrente $j^\mu_\infty(x)$ che crea il campo limite?

6.5. Si consideri la corrente (6.96) di una particella di massa nulla che si muove di moto rettilineo uniforme lungo l'asse z

$$\mathcal{J}^\mu(t, \mathbf{x}) = e\,(1, 0, 0, 1)\,\delta(x)\,\delta(y)\,\delta(z - t).$$

Si determini il quadripotenziale $A^\mu(t, \mathbf{x})$ applicando *formalmente* la formula risolutiva (6.59), basata sul metodo della funzione di Green. Le funzioni $A^\mu(t, \mathbf{x})$ ottenute costituiscono distribuzioni? Le si confrontino con le espressioni (6.102).

7

I campi di Liénard-Wiechert

Come seconda applicazione importante della formula risolutiva (6.59) determiniamo il campo elettromagnetico generato da una particella carica che percorre un'arbitraria traiettoria di tipo tempo. Questo campo riveste un ruolo fondamentale in Elettrodinamica e porta i nomi dei suoi scopritori: A.-M. Liénard (1898) [8] ed E.J. Wiechert (1900) [9].

Una particella che compie un moto arbitrario generalmente possiede un'accelerazione non nulla e genera un campo con caratteristiche profondamente diverse da quelle del campo *coulombiano* (6.87) del moto rettilineo uniforme. Le differenze più significative tra i due campi si possono riassumere come segue. Per una particella accelerata il campo (6.87) subisce una deformazione, preservando comunque il suo andamento asintotico a grandi distanze $1/r^2$. In aggiunta a questo campo compare, tuttavia, un campo nuovo – legato direttamente all'accelerazione della particella – che a grandi distanze decresce più debolmente, ovvero come $1/r$, e soppianta pertanto il campo coulombiano. Questo particolare andamento asintotico, più intenso, sta alla base del fenomeno dell'*irraggiamento*: gli artefici di questo fenomeno, di rilevanza fondamentale in Elettrodinamica, sono dunque le cariche *accelerate*.

7.1 Linee di universo e condizioni asintotiche

Iniziamo con delle considerazioni di carattere generale sulle traiettorie delle particelle che prenderemo in considerazione.

In generale le velocità delle particelle sono limitate superiormente dalla velocità della luce: $v \leq 1$. Tuttavia, dato che in natura non esistono particelle *cariche* di massa nulla, d'ora in avanti considereremo solo particelle massive, di modo tale che a ogni istante finito la velocità soddisfi la disuguaglianza stretta $v < 1$. In linea di principio può comunque succedere che per t che tende a $\pm\infty$ v tenda a 1. Ciò accade, ad esempio, per una particella che compie un moto relativistico *uniformemente accelerato*, essendo sottoposta a un campo elettrico costante e uniforme infinitamente esteso, si veda il Problema 2.7. Per un campo elettrico diretto lungo l'asse x

Lechner K.: Elettrodinamica classica
DOI 10.1007/978-88-470-5211-6_7, © Springer-Verlag Italia 2013

in questo caso la linea di universo è infatti data da

$$y^\mu(s) = \left(\frac{1}{b}\,senh(bs),\,\frac{1}{b}\,cosh(bs),\,0,\,0\right),\quad b = \frac{eE}{m}, \tag{7.1}$$

corrispondente alla legge oraria

$$\mathbf{y}(t) = \left(\frac{1}{b}\sqrt{1+b^2t^2},\,0,\,0\right),\quad \mathbf{v}(t) = \left(\frac{bt}{\sqrt{1+b^2t^2}},\,0,\,0\right),\quad \lim_{t\to\pm\infty} v(t) = 1. \tag{7.2}$$

Volendo escludere tali situazioni, non fisiche, imponiamo alle linee di universo una limitazione leggermente più forte del vincolo $v < 1$, ovvero richiediamo che esista una velocità massima v_M tale che

$$v(t) \le v_M < 1,\ \ \forall t. \tag{7.3}$$

Per definizione una tale linea di universo è di *tipo tempo*. Sotto la condizione (7.3) vale in particolare la disuguaglianza $\sqrt{1-v^2(t)} \ge \sqrt{1-v_M^2}$, cosicché il tempo proprio

$$s(t) = \int_0^t \sqrt{1-v^2(t')}\,dt' \tag{7.4}$$

soddisfa le condizioni asintotiche

$$\lim_{t\to\pm\infty} s(t) = \pm\infty. \tag{7.5}$$

Ciò assicura in particolare che i parametri s e t possano essere usati equivalentemente durante l'intera evoluzione temporale. Le traiettorie che si riscontrano sperimentalmente sono essenzialmente di due tipi – corrispondenti a *moti limitati* e *moti illimitati* – e per tali traiettorie la condizione (7.3) è sempre soddisfatta, come illustreremo di seguito.

Moti illimitati. Per un moto illimitato per definizione la quadrivelocità della particella ammette i limiti finiti per $t \to \pm\infty$

$$\lim_{t\to\pm\infty} u^\mu = u_\pm^\mu.$$

Questa assunzione è equivalente all'ipotesi che la velocità spaziale $\mathbf{v}$ ammetta i limiti $\mathbf{v}_\pm$, con $v_\pm < 1$. Da un punto di vista fisico queste condizioni sono motivate dal fatto che in natura non esistono campi di forza con un'estensione spaziale infinita. Di conseguenza nel limite di $t \to \pm\infty$ l'accelerazione tende rapidamente a zero e la velocità a un vettore costante, il cui modulo è minore della velocità della luce. In particolare esiste quindi una velocità massima $v_M < 1$. Esempi comuni di moti illimitati sono le traiettorie aperte degli esperimenti di *scattering* e la traiettoria di una particella che arriva dall'infinito e torna all'infinito, attraversando una regione limitata con un campo elettromagnetico non nullo. Al contrario, per un moto relativistico uniformemente accelerato la (7.1) dà $s(t) = arcsenh(bt)/b$ e per

$t \to \pm\infty$ si ottengono gli andamenti asintotici $s(t) \to \pm ln\,|t|/b$. In questo caso valgono dunque ancora i limiti (7.5), sebbene la legge oraria (7.2) violi la limitazione (7.3).

Moti limitati. Per definizione un moto limitato soddisfa i vincoli

$$v(t) \le v_M < 1, \qquad |\mathbf{y}(t)| \le l, \quad \forall t.$$

Questa classe di moti riguarda particelle confinate a una regione limitata dello spazio, come ad esempio gli elettroni in un'antenna o una particella carica in un *sincrotrone*, si veda il Capitolo 12. Nel primo caso le particelle sono sottoposte a una forza oscillante, ma contemporaneamente dissipano energia per effetto Joule e per irraggiamento. Il risultato è che la loro energia resta limitata e la loro velocità rimane pertanto strettamente minore di quella della luce. Analogamente nel caso del sincrotrone lungo alcuni tratti del ciclo oltre al campo magnetico sono presenti campi elettrici acceleranti – le cosiddette *cavità risonanti* – che fanno aumentare l'energia della particella. Tuttavia, a regime anche questo aumento è compensato dalla perdita di energia per irraggiamento e da altri effetti dissipativi e la velocità massima è di nuovo strettamente minore della velocità della luce, seppure spesso sia molto vicina a quest'ultima.

In seguito tutte le traiettorie considerate saranno supposte appartenere a una di queste due classi.

7.2 Quadripotenziale di Liénard-Wiechert

Determiniamo il campo elettromagnetico generato da una particella che segue un'arbitraria linea di universo $y^\mu(s)$ di tipo tempo, procedendo formalmente come nel caso di una particella in moto rettilineo uniforme. Inseriamo la corrente

$$j^\mu(y) = e \int u^\mu(s)\, \delta^4(y - y(s))\, ds$$

nella formula risolutiva (6.33):

$$
\begin{aligned}
A^\mu(x) &= \frac{e}{2\pi} \int d^4y \int u^\mu(s)\, H(x^0 - y^0)\, \delta((x - y)^2)\, \delta^4(y - y(s))\, ds \\
&= \frac{e}{2\pi} \int u^\mu(s)\, H(x^0 - y^0(s))\, \delta\left((x - y(s))^2\right) ds \\
&= \frac{e}{2\pi} \int u^\mu(s)\, H(x^0 - y^0(s))\, \delta(f(s))\, ds.
\end{aligned}
\tag{7.6}
$$

Abbiamo introdotto la funzione di s

$$f(s) = (x - y(s))^2 = (x^0 - y^0(s))^2 - |\mathbf{x} - \mathbf{y}(s)|^2, \tag{7.7}$$

in cui sottintendiamo la dipendenza dal punto di osservazione $x = (x^0, \mathbf{x})$. Come nel caso del moto rettilineo uniforme per valutare $\delta(f(s))$ dobbiamo individuare gli zeri di f. Nel Paragrafo 7.2.1 faremo vedere che – se le linee di universo corrispondono a moti limitati o illimitati come definiti nella Sezione 7.1 – anche in questo caso $f(s)$ possiede esattamente due zeri $s_\pm(x) \equiv s_\pm$, soddisfacenti le disuguaglianze

$$x^0 - y^0(s_+) > 0, \qquad x^0 - y^0(s_-) < 0. \tag{7.8}$$

Applicando nuovamente la (2.71), e notando che

$$f'(s) = -2(x^\mu - y^\mu(s))u_\mu(s) \equiv -2(x - y(s))u(s), \tag{7.9}$$

possiamo allora riscrivere l'integrando della (7.6) come

$$
\begin{aligned}
H(x^0 - y^0(s))\,\delta(f(s)) &= H(x^0 - y^0(s))\left(\frac{\delta(s - s_+)}{|f'(s_+)|} + \frac{\delta(s - s_-)}{|f'(s_-)|}\right) \\
&= H(x^0 - y^0(s_+))\frac{\delta(s - s_+)}{|f'(s_+)|} + H(x^0 - y^0(s_-))\frac{\delta(s - s_-)}{|f'(s_-)|} \\
&= \frac{\delta(s - s_+)}{|f'(s_+)|} = \frac{\delta(s - s_+)}{2(x - y(s_+))u(s_+)}.
\end{aligned}
\tag{7.10}
$$

Nell'ultima riga abbiamo sfruttato il fatto che lo scalare $(x - y(s_+))u(s_+)$ è positivo. Per mostrare questo è sufficiente valutarlo nel sistema di riferimento in cui la particella al tempo proprio s_+ è a riposo, dove vale $u^\mu(s_+) = (1, 0, 0, 0)$. In base alla (7.8) si ottiene infatti

$$(x - y(s_+))u(s_+) = x^0 - y^0(s_+) > 0.$$

Sostituendo la (7.10) nell'integrale (7.6) si ottiene il *quadripotenziale di Liénard-Wiechert*

$$A^\mu(x) = \frac{e}{4\pi}\frac{u^\mu(s)}{(x - y(s))u(s)}\bigg|_{s=s_+(x)}. \tag{7.11}$$

La funzione $s_+(x)$ è determinata in modo univoco dalle relazioni implicite

$$(x - y(s))^2 = 0, \qquad x^0 - y^0(s) > 0, \tag{7.12}$$

equivalenti all'equazione singola

$$x^0 - y^0(s) = |\mathbf{x} - \mathbf{y}(s)|. \tag{7.13}$$

Tempo ritardato. Per chiarire il significato del tempo proprio $s_+(x)$ è conveniente parametrizzare la linea di universo con il tempo

$$y^0(s) \equiv t', \qquad y^\mu(t') = (t', \mathbf{y}(t')).$$

L'equazione (7.13) si traduce allora nell'equazione per t'

$$t - t' = \frac{1}{c}\,|\mathbf{x} - \mathbf{y}(t')|, \tag{7.14}$$

in cui abbiamo ripristinato la velocità della luce. La soluzione di questa equazione definisce il *tempo ritardato* $t'(t, \mathbf{x})$. Come si vede, questo tempo è determinato in modo tale che la posizione $\mathbf{y}(t')$ della particella all'istante t' sia connessa attraverso un segnale di tipo luce *futuro* all'evento $(t, \mathbf{x})$, dove si valuta il campo.

In questa visuale alternativa il quadripotenziale (7.11) assume la forma (si veda la (2.7))

$$A^\mu(x) = \frac{e}{4\pi}\frac{\left(1, \frac{\mathbf{v}(t')}{c}\right)}{|\mathbf{x} - \mathbf{y}(t')| - (\mathbf{x} - \mathbf{y}(t'))\cdot\frac{\mathbf{v}(t')}{c}}, \tag{7.15}$$

dove nel denominatore abbiamo sfruttato la (7.14). Il potenziale nel punto $x = (t, \mathbf{x})$ non dipende dunque dai valori delle variabili cinematiche $\mathbf{y}$ e $\mathbf{v}$ all'istante t, bensì dal valore di tali variabili all'istante ritardato t'. Rispetto al quadripotenziale non relativistico

$$A^\mu(x) = \frac{e}{4\pi}\frac{(1, 0, 0, 0)}{|\mathbf{x} - \mathbf{y}(t)|},$$

il quadripotenziale (7.15) presenta quindi correzioni *relativistiche esplicite*, dovute ai fattori $\mathbf{v}(t')/c$, nonché correzioni *relativistiche implicite*, dovute alla comparsa del tempo ritardato, in quanto $t'(t, \mathbf{x}) = t + o(1/c)$. Eseguendo l'espansione non relativistica dell'equazione (7.14) si trova, più precisamente,

$$t'(t, \mathbf{x}) = t - \frac{|\mathbf{x} - \mathbf{y}(t)|}{c} - \frac{(\mathbf{x} - \mathbf{y}(t))\cdot\mathbf{v}(t)}{c^2} + o\left(\frac{1}{c^3}\right). \tag{7.16}$$

Moto relativistico uniformemente accelerato. Concludiamo questo paragrafo con il *caveat* che per traiettorie diverse da quelle contemplate nella Sezione 7.1 per certi eventi x le condizioni del ritardo (7.12) possono non ammettere soluzioni. Per tali eventi l'integrale (7.6) fornisce un quadripotenziale nullo e nella corrispondente regione spazio-temporale il campo elettromagnetico è quindi zero. Una situazione di questo tipo si presenta, ad esempio, nel caso del moto relativistico uniformemente accelerato. Per la corrispondente linea di universo (7.1) le condizioni (7.12) non ammettono, infatti, nessuna soluzione per s, se x appartiene all'insieme (si veda il Problema 7.2)

$$\Sigma = \{x^\mu \in \mathbb{R}^4 / t + x^1 < 0\}. \tag{7.17}$$

Per ogni t fissato nella regione spaziale $x^1 < -t$ il campo elettromagnetico è pertanto nullo.

7.2.1 Zeri della funzione $f(s)$

Teorema. Per ogni x^μ non appartenente alla linea di universo $y^\mu(s)$ la funzione

$$f(s) \equiv (x - y(s))^2 = (x^0 - y^0(s))^2 - |\mathbf{x} - \mathbf{y}(s)|^2 \qquad (7.18)$$

possiede esattamente due zeri reali $s_\pm$, soddisfacenti le disuguaglianze

$$x^0 - y^0(s_+) > 0, \qquad x^0 - y^0(s_-) < 0, \qquad (7.19)$$

purché i corrispondenti moti siano *limitati* o *illimitati*, come specificato nella Sezione 7.1.

Dimostrazione. Iniziamo la dimostrazione osservando che valgono i limiti

$$\lim_{s \to \pm\infty} f(s) = +\infty. \qquad (7.20)$$

Per moti limitati questi limiti sono ovvi, in quanto per $s \to \pm\infty$ si ha

$$y^0(s) = t(s) \to \pm\infty,$$

mentre la coordinata spaziale $\mathbf{y}(s)$ resta limitata. Nel caso di moti illimitati per $s \to \pm\infty$ le quadrivelocità tendono ai limiti $u_\pm^\mu$, cosicché la linea di universo ha la forma asintotica $y^\mu(s) \to s u_\pm^\mu$. Dalla (7.18) segue allora l'andamento asintotico

$$f(s) \to x^2 - 2(x_\mu u_\pm^\mu)s + s^2 \to +\infty, \quad \text{per } s \to \pm\infty.$$

Dai limiti (7.20) segue che $f(s)$ possiede almeno un estremale – in particolare almeno un minimo – e quindi la sua derivata almeno uno zero. Scegliamo un estremale $s = a$ qualsiasi. In base alla (7.9) vale allora

$$f'(a) = -2(x^\mu - y^\mu(a)) \, u_\mu(a) = 0. \qquad (7.21)$$

Ne segue che

$$f(a) < 0.$$

Per provarlo sfruttiamo il fatto che le grandezze $f(s)$ e $f'(s)$ sono scalari, cosicché possiamo calcolarle in un sistema di riferimento arbitrario. Scegliamo il sistema di riferimento in cui all'istante $s = a$ la particella è a riposo, di modo tale che $u^\mu(a) = (1, 0, 0, 0)$. Dalle (7.18) e (7.21) segue allora

$$0 = f'(a) = -2(x^0 - y^0(a)) \qquad \Rightarrow \qquad f(a) = -|\mathbf{x} - \mathbf{y}(a)|^2 < 0.$$

Tutti i minimi e massimi di $f(s)$ si trovano dunque nel semipiano inferiore. Questa informazione, insieme al fatto che per $s \to \pm\infty$ f tende a $+\infty$, ci permette di concludere che f possiede esattamente due zeri $s_\pm$, che ordiniamo scegliendo $s_+ < s_-$. Infatti, nel caso f avesse più di due zeri avrebbe almeno un estremale nel semipiano superiore. In s_+ la funzione $f(s)$ passa da valori positivi a valori negativi e in s_- passa da valori negativi a valori positivi. Di conseguenza abbiamo

$$f'(s_+) < 0, \qquad f'(s_-) > 0.$$

In base alla (7.9), valutando queste disuguaglianze nei sistemi di riferimento in cui la particella è a riposo – rispettivamente agli istanti s_+ e s_- – ricaviamo le disuguaglianze (7.19). Tuttavia, visto che $f(s_\pm) = 0$, i vettori $x^\mu - y^\mu(s_\pm)$ appartengono al cono luce e conseguentemente il segno di $x^0 - y^0(s_\pm)$ è un invariante relativistico. Le disuguaglianze (7.19) valgono pertanto in qualsiasi sistema di riferimento.   □

7.3 Campi di Liénard-Wiechert

Procediamo ora al calcolo del campo elettromagnetico $F^{\mu\nu}$. Per non appesantire la notazione di seguito denotiamo la funzione $s_+(x)$ semplicemente con il simbolo "s". Introduciamo inoltre la quadriaccelerazione $w^\mu = du^\mu/ds$ e il campo vettoriale

$$L^\mu(x) \equiv x^\mu - y^\mu(s), \tag{7.22}$$

che dipende da x anche attraverso la variabile s. Il sistema (7.12) può allora essere scritto nella forma equivalente

$$L_\alpha L^\alpha = 0, \qquad L^0 > 0. \tag{7.23}$$

In questo modo il potenziale (7.11) e il campo elettromagnetico $F^{\mu\nu} = \partial^\mu A^\nu - \partial^\nu A^\mu$ possono essere posti nella la forma

$$A^\mu = \frac{eu^\mu}{4\pi(uL)}, \quad F^{\mu\nu} = \frac{e}{4\pi(uL)}\left(\partial^\mu u^\nu - \frac{\partial^\mu(uL)u^\nu}{(uL)} - (\mu \leftrightarrow \nu)\right). \tag{7.24}$$

D'ora in avanti per il prodotto scalare tra due quadrivettori a^μ e b^μ useremo la notazione

$$(ab) \equiv a_\mu b^\mu. \tag{7.25}$$

Per valutare le derivate rimanenti dobbiamo determinare le derivate parziali di s rispetto a x^μ. Per fare questo deriviamo il vincolo (7.23) rispetto a x^μ

$$0 = L^\alpha \partial_\mu L_\alpha = L^\alpha \partial_\mu(x_\alpha - y_\alpha(s)) = L^\alpha\left(\eta_{\alpha\mu} - \frac{\partial s}{\partial x^\mu}\frac{dy_\alpha}{ds}\right) = L_\mu - (uL)\frac{\partial s}{\partial x^\mu},$$

da cui ricaviamo

$$\frac{\partial s}{\partial x^\mu} = \frac{L_\mu}{(uL)}.$$

Per le derivate che compaiono nella (7.24) otteniamo allora

$$\partial^\mu u^\nu = \frac{\partial s}{\partial x_\mu} \frac{du^\nu}{ds} = \frac{L^\mu w^\nu}{(uL)},$$

$$\partial_\mu L_\nu = \eta_{\mu\nu} - \frac{\partial s}{\partial x^\mu} \frac{dy_\nu}{ds} = \eta_{\mu\nu} - \frac{L_\mu u_\nu}{(uL)},$$

$$\partial_\mu(uL) = (\partial_\mu u^\nu)L_\nu + u^\nu \partial_\mu L_\nu = \frac{(wL)}{(uL)} L_\mu + u^\nu \left(\eta_{\mu\nu} - \frac{L_\mu u_\nu}{(uL)}\right)$$

$$= \frac{(wL) - 1}{(uL)} L_\mu + u_\mu.$$

Sostituendo queste espressioni nella (7.24) otteniamo il *campo elettromagnetico di Liénard-Wiechert* in forma covariante a vista

$$F^{\mu\nu} = \frac{e}{4\pi(uL)^3} \Big(L^\mu u^\nu + L^\mu((uL)w^\nu - (wL)u^\nu) - (\mu \leftrightarrow \nu) \Big). \qquad (7.26)$$

7.3.1 Campi di velocità e campi di accelerazione

Analizziamo ora il comportamento del campo (7.26) a grandi distanze dalla particella. A tale scopo conviene suddividere i termini che compaiono in $F^{\mu\nu}$ in due classi, in base alla loro dipendenza dalla variabile (si vedano le relazioni (7.22) e (7.23))

$$R \equiv L^0 = |\mathbf{x} - \mathbf{y}(s)|. \qquad (7.27)$$

Introduciamo inoltre il versore nullo

$$m^\mu \equiv \frac{L^\mu}{R}, \qquad m^\mu m_\mu = 0,$$

con componenti

$$m^0 = 1, \qquad \mathbf{m} = \frac{\mathbf{x} - \mathbf{y}(s)}{|\mathbf{x} - \mathbf{y}(s)|}, \qquad |\mathbf{m}| = 1.$$

Inserendo nella (7.26) la relazione $L^\mu = Rm^\mu$ possiamo allora riscrivere il campo di Liénard-Wiechert come somma di due termini, il *campo di velocità* $F_v^{\mu\nu}$ e il *campo di accelerazione* $F_a^{\mu\nu}$,

$$F^{\mu\nu} = F_v^{\mu\nu} + F_a^{\mu\nu}, \qquad (7.28)$$

$$F_v^{\mu\nu} = \frac{e}{4\pi(um)^3 R^2} (m^\mu u^\nu - m^\nu u^\mu), \qquad (7.29)$$

$$F_a^{\mu\nu} = \frac{e}{4\pi(um)^3 R} \Big(m^\mu((um)w^\nu - (wm)u^\nu)) - (\mu \leftrightarrow \nu) \Big). \qquad (7.30)$$

In $F_a^{\mu\nu}$ abbiamo incluso i termini proporzionali a $1/R$ e in $F_v^{\mu\nu}$ quelli proporzionali a $1/R^2$. Come si vede, il primo risulta proporzionale alla quadriaccelerazione, mentre il secondo ne è indipendente.

Analizziamo ora gli andamenti di questi due campi a grandi distanze dalla particella. Per fare questo supponiamo che la particella sia confinata a una regione limitata dello spazio, $|\mathbf{y}| < l$, e consideriamo il campo in un punto $\mathbf{x}$ lontano da questa regione, $|\mathbf{x}| \gg l$. Ponendo $|\mathbf{x}| \equiv r$ vale allora l'identificazione asintotica

$$\frac{1}{R} = \frac{1}{|\mathbf{x} - \mathbf{y}|} \to \frac{1}{r}, \qquad \text{per} \quad r \gg l.$$

Supponendo che i quadrivettori u^μ e w^μ siano limitati vediamo allora che a grandi distanze dalla particella il campo di accelerazione decresce come

$$F_a^{\mu\nu} \sim \frac{1}{r}, \tag{7.31}$$

mentre il campo di velocità decresce come

$$F_v^{\mu\nu} \sim \frac{1}{r^2}. \tag{7.32}$$

In particolare a grandi distanze il campo di accelerazione domina sul campo di velocità, cosicché il campo totale decresce come $F^{\mu\nu} \sim 1/r$. Si noti che questo andamento è in contrasto con l'andamento asintotico (6.93) del campo del moto rettilineo uniforme.

Analizziamo più in dettaglio il campo di velocità riscrivendolo come

$$F_v^{\mu\nu} = \frac{e}{4\pi(uL)^3} (L^\mu u^\nu - L^\nu u^\mu). \tag{7.33}$$

È facile vedere che per un moto rettilineo uniforme questo campo si riduce proprio all'espressione (6.87). Per $y^\mu(s) = su^\mu$ vale infatti $L^\mu = x^\mu - su^\mu$, cosicché in base alla (6.80) si ha

$$L^\mu u^\nu - L^\nu u^\mu = x^\mu u^\nu - x^\nu u^\mu,$$

$$(uL) = u^\mu(x_\mu - su_\mu) = (ux) - s_+(x) = \sqrt{(ux)^2 - x^2}.$$

$F_v^{\mu\nu}$ rappresenta quindi una *deformazione* del campo elettromagnetico di una particella in moto rettilineo uniforme ed eredita in particolare il suo andamento asintotico $1/r^2$. Per questo motivo $F_v^{\mu\nu}$ viene anche chiamato *campo coulombiano*. Il campo di accelerazione $F_a^{\mu\nu}$ – causato per l'appunto dall'accelerazione della particella – rappresenta invece un effetto dinamico nuovo e dà origine al fenomeno dell'*irraggiamento*, come vedremo nella Sezione 7.4.

7.3.2 Campi elettrici e campi magnetici

Esplicitiamo ora i campi elettrico e magnetico corrispondenti al tensore di Maxwell (7.26). Secondo le equazioni (7.28)-(7.30) questi campi si suddividono a loro volta in campi di velocità, indipendenti dall'accelerazione e proporzionali a $1/R^2$, e in campi di accelerazione, lineari nell'accelerazione e proporzionali a $1/R$:

$$\mathbf{E} = \mathbf{E}_v + \mathbf{E}_a, \tag{7.34}$$

$$\mathbf{B} = \mathbf{B}_v + \mathbf{B}_a. \tag{7.35}$$

Esplicitando la quadriaccelerazione in termini dell'accelerazione spaziale $\mathbf{a}$ otteniamo

$$w^\mu = \frac{du^\mu}{ds} = \frac{(\mathbf{a}\cdot\mathbf{v})\,u^\mu}{(1-v^2)^{3/2}} + \frac{(0,\mathbf{a})}{1-v^2}.$$

Quando si inserisce questa espressione nel termine $(um)w^\nu - (wm)u^\nu$ il contributo proporzionale a u^μ si cancella. Sfruttando inoltre la relazione

$$(um) = \frac{1 - \mathbf{v}\cdot\mathbf{m}}{\sqrt{1-v^2}},$$

a conti fatti dalle espressioni (7.29) e (7.30) deriviamo i campi di Liénard-Wiechert

$$\mathbf{E}_v = \frac{e}{4\pi R^2}\,\frac{\left(1 - \frac{v^2}{c^2}\right)\left(\mathbf{m} - \frac{\mathbf{v}}{c}\right)}{\left(1 - \frac{\mathbf{v}\cdot\mathbf{m}}{c}\right)^3}, \qquad \mathbf{B}_v = \mathbf{m}\times\mathbf{E}_v, \tag{7.36}$$

$$\mathbf{E}_a = \frac{e}{4\pi Rc^2}\,\frac{\mathbf{m}\times\left(\left(\mathbf{m} - \frac{\mathbf{v}}{c}\right)\times\mathbf{a}\right)}{\left(1 - \frac{\mathbf{v}\cdot\mathbf{m}}{c}\right)^3}, \qquad \mathbf{B}_a = \mathbf{m}\times\mathbf{E}_a, \tag{7.37}$$

in cui abbiamo ripristinato la velocità della luce. È importante tenere presente che in queste formule le quantità cinematiche $\mathbf{y}$, $\mathbf{v}$ e $\mathbf{a}$ sono valutate all'istante ritardato $t'(t,\mathbf{x})$, definito dalla (7.14).

Dalle equazioni (7.36) e (7.37) segue innanzitutto la relazione

$$\mathbf{B} = \mathbf{m}\times\mathbf{E}.$$

I campi elettrico e magnetico totali sono quindi in ogni punto ortogonali fra loro. Dall'espressione di $\mathbf{E}_v$ si vede inoltre che vale l'equazione

$$\mathbf{B}_v = \frac{\mathbf{v}}{c}\times\mathbf{E}_v.$$

Il campo di velocità magnetico è dunque soppresso di un fattore v/c rispetto al campo di velocità elettrico, come nel caso del moto rettilineo uniforme, si veda la (6.89). Viceversa, i campi di accelerazione elettrico e magnetico sono *uguali* in modulo, poiché si ha

$$\mathbf{m} \cdot \mathbf{E}_a = 0, \qquad \mathbf{B}_a = \mathbf{m} \times \mathbf{E}_a \qquad \Rightarrow \qquad B_a = E_a. \qquad (7.38)$$

Infine facciamo notare che rispetto al campo di velocità $\mathbf{E}_v$, i campi $\mathbf{E}_a$ e $\mathbf{B}_a$ portano un prefattore $1/c^2$: i campi di accelerazione costituiscono dunque effetti prettamente *relativistici*.

Andamenti asintotici per un sistema di particelle. Concludiamo questo paragrafo con una generalizzazione importante. Grazie al fatto che la formula risolutiva (6.59) è *lineare* nella corrente, gli andamenti asintotici dei campi di Liénard-Wiechert si estendono automaticamente ai campi creati da un sistema di particelle cariche. In questo caso il campo elettromagnetico si scrive quindi ancora come somma di due contributi, $F^{\mu\nu} = F_v^{\mu\nu} + F_a^{\mu\nu}$, che a grandi distanze decrescono come

$$F_v^{\mu\nu} \sim \frac{1}{r^2}, \qquad F_a^{\mu\nu} \sim \frac{1}{r}. \qquad (7.39)$$

Inoltre a livello *asintotico* si possono generalizzare anche le relazioni (7.38). A grandi distanze dalle particelle il versore $\mathbf{m}$ perde infatti la dipendenza dalla coordinata della singola particella,

$$\mathbf{m} = \frac{\mathbf{x} - \mathbf{y}(s)}{|\mathbf{x} - \mathbf{y}(s)|} \to \frac{\mathbf{x}}{r} \equiv \mathbf{n}, \quad \text{per} \quad r \to \infty, \qquad (7.40)$$

venendo a coincidere con il versore $\mathbf{n}$ che identifica la direzione asintotica in cui si valuta il campo. Per un sistema di particelle dalle relazioni (7.38) per linearità si ottengono allora le relazioni *asintotiche*

$$\mathbf{n} \cdot \mathbf{E}_a = 0, \qquad \mathbf{B}_a = \mathbf{n} \times \mathbf{E}_a, \qquad B_a = E_a, \qquad \text{per} \quad r \to \infty. \qquad (7.41)$$

Infine, visto che anche le correnti *macroscopiche* – come quelle corrispondenti agli elettroni in un'antenna o in un circuito elettrico – sono sovrapposizioni lineari, ovvero medie, di correnti di cariche puntiformi, le relazioni asintotiche (7.39) e (7.41) valgono anche per i campi elettromagnetici generati da tali correnti.

7.4 Emissione di radiazione da cariche accelerate

Avendo a disposizione un'espressione esplicita per il campo elettromagnetico creato da una particella carica in moto arbitrario, possiamo ora analizzare il meccanismo con cui le cariche emettono o assorbono energia – e più in generale quadrimomento – *attraverso* il loro campo. Non siamo, dunque, interessati al quadrimomento che le particelle scambiano con il campo, ma piuttosto al quadrimomento che il sistema *campo + particelle* scambia con l'*ambiente*, che è la grandezza fisica che viene rilevata sperimentalmente. Con un abuso di linguaggio – che adotteremo anche noi – di norma se ne parla comunque come del *quadrimomento emesso dalle particelle.*

Emissione di quadrimomento. Consideriamo un sistema di particelle cariche generanti un campo elettromagnetico secondo le equazioni di Maxwell. Come abbiamo visto nel Paragrafo 2.4.3, il trasporto di quadrimomento di un tale sistema è quantificato dal tensore energia-impulso del solo campo elettromagnetico

$$T_{em}^{\mu\nu} = F^\mu{}_\alpha F^{\alpha\nu} + \frac{1}{4}\eta^{\mu\nu}F^{\alpha\beta}F_{\alpha\beta}.$$

Considerando "positivo" il quadrimomento ceduto – come d'ora in avanti faremo sempre – in base all'equazione (2.133) il quadrimomento ceduto dal sistema nell'unità di tempo attraverso una superficie chiusa Γ è dato da

$$\frac{dP^\mu}{dt} = \int_\Gamma T_{em}^{\mu i}\, d\Sigma^i. \tag{7.42}$$

Tuttavia, il quadrimomento può essere considerato *emesso*, ovvero ceduto *definitivamente* dal sistema all'ambiente, solo se successivamente non viene riassorbito. Il quadrimomento in questione è quindi quello che riesce a raggiungere l'infinito[1]. Nella (7.42) dobbiamo pertanto scegliere come Γ una sfera di raggio r e far tendere r all'infinito. Scrivendo l'elemento di superficie della sfera come $d\Sigma = \mathbf{n}\, r^2 d\Omega$, dove $d\Omega$ è l'angolo solido ed $\mathbf{n}$ il versore normale uscente, per il quadrimomento *emesso* nell'unità di tempo otteniamo allora

$$\frac{dP^\mu}{dt} = r^2 \int T_{em}^{\mu i}\, n^i d\Omega \Big|_{r\to\infty}. \tag{7.43}$$

Da questa espressione possiamo infine selezionare il quadrimomento emesso nell'unità di tempo e nell'unità di angolo solido in direzione $\mathbf{n}$

$$\frac{d^2 P^\mu}{dt\, d\Omega} = r^2 \big(T_{em}^{\mu i}\, n^i\big)\big|_{r\to\infty}. \tag{7.44}$$

L'equazione (7.44) costituisce la base per l'analisi dell'energia e della quantità di moto emessi da un generico sistema carico. Come si vede, per valutare il secondo membro è sufficiente selezionare da $T_{em}^{\mu i}$ i contributi che per $r \to \infty$ decrescono come $1/r^2$, ovvero, dato che $T_{em}^{\mu\nu}$ è quadratico in $F^{\mu\nu}$, selezionare da $F^{\mu\nu}$ i contributi che decrescono come $1/r$. Visti gli andamenti asintotici (7.39) ciò significa che al secondo membro della (7.44) contribuisce solo il campo di accelerazione. Da questa analisi traiamo dunque una doppia conclusione, di carattere completamente generale: *al quadrimomento emesso da un sistema carico contribuisce solo il campo di accelerazione e per determinare il primo è sufficiente valutare il secondo a*

---

[1] A livello quantistico ciò significa che consideriamo come *emessi* solo quei fotoni che riescono a raggiungere l'infinito e non vengono successivamente riassorbiti dalle particelle cariche.

grandi distanze dalle cariche. D'ora in avanti nella (7.44) il limite per $r \to \infty$ sarà sempre sottinteso.

Formula fondamentale dell'irraggiamento. Analizziamo più in dettaglio l'emissione di energia. Per l'energia $\varepsilon \equiv P^0$ emessa nell'unità di tempo e nell'unità di angolo solido, vale a dire per la potenza $\mathcal{W} = d\varepsilon/dt$ emessa nell'unità di angolo solido, la componente $\mu = 0$ della (7.44) fornisce l'espressione (si ricordi che $T_{em}^{0i} = S^i$)

$$\frac{d\mathcal{W}}{d\Omega} = \frac{d^2\varepsilon}{dt d\Omega} = r^2(\mathbf{n} \cdot \mathbf{S}). \tag{7.45}$$

Per quanto visto sopra, nel vettore di Poynting è sufficiente considerare i campi di accelerazione,

$$\mathbf{S} = \mathbf{E} \times \mathbf{B} \quad \to \quad \mathbf{E}_a \times \mathbf{B}_a,$$

e inoltre questi ultimi devono essere valutati a grandi distanze. Possiamo allora usare le relazioni asintotiche (7.41) per derivare la semplice formula

$$\mathbf{S} = \mathbf{E}_a \times \mathbf{B}_a = \mathbf{E}_a \times (\mathbf{n} \times \mathbf{E}_a) = E_a^2 \mathbf{n}. \tag{7.46}$$

S ha dunque la stessa direzione e lo stesso verso di **n**, cosicché il flusso di energia è sempre radiale *uscente* verso l'infinito: l'energia viene quindi sempre *emessa* dalle particelle cariche, e mai *assorbita*. Si noti che se nella (6.59) al posto del kernel ritardato G_{ret} avessimo usato il kernel avanzato G_{adv} il flusso di energia sarebbe stato, invece, sempre *entrante* dall'infinito. Si intuisce facilmente che questa asimmetria è una manifestazione della violazione spontanea dell'invarianza per inversione temporale, discussa nel Paragrafo 6.2.3.

Inserendo la (7.46) nella (7.45), e ripristinando la velocità della luce, otteniamo per la distribuzione angolare della potenza emessa la semplice espressione

$$\frac{d\mathcal{W}}{d\Omega} = c r^2 E_a^2. \tag{7.47}$$

Questa equazione costituisce la *formula fondamentale dell'irraggiamento*: lega l'energia irradiata direttamente al modulo del campo elettrico di accelerazione, valutato a grandi distanze dalle cariche. Si noti in particolare che, grazie al fatto che $\mathbf{E}_a$ decresce come $1/r$, nel limite (sottinteso) per $r \to \infty$ la (7.47) fornisce sempre un risultato finito.

Campo e ritardo asintotici. Nel caso di una particella singola il campo asintotico $\mathbf{E}_a$ assume una forma relativamente semplice. Eseguendo nella (7.37) le identificazioni asintotiche $\mathbf{m} \to \mathbf{n}$ e $R \to r$ si ottiene infatti

$$\mathbf{E}_a = \frac{e}{4\pi r c^2} \frac{\mathbf{n} \times \left(\left(\mathbf{n} - \frac{\mathbf{v}}{c}\right) \times \mathbf{a}\right)}{\left(1 - \frac{\mathbf{v} \cdot \mathbf{n}}{c}\right)^3}. \tag{7.48}$$

In particolare vale (si veda il Problema 7.1)

$$\mathbf{E}_a = 0, \; \forall \mathbf{n} \quad \Leftrightarrow \quad \mathbf{a} = 0.$$

La presenza o assenza di energia emessa è quindi legata inscindibilmente allo stato di accelerazione della particella.

Per quanto semplice possa sembrare la (7.48) occorre, tuttavia, tenere presente che le variabili cinematiche che vi compaiono sono valutate al tempo ritardato $t'(t, \mathbf{x})$, determinato dall'equazione (7.14)

$$t - t' = \frac{1}{c}\, |\mathbf{x} - \mathbf{y}(t')|. \tag{7.49}$$

Nel campo asintotico (7.48) per consistenza questa equazione deve essere considerata a grandi distanze dalla particella. Supponendo che la particella sia confinata alla sfera S_l di raggio l centrata nell'origine, si tratta allora di valutare il secondo membro della (7.49) per $r = |\mathbf{x}| \gg l > |\mathbf{y}(t')|$. Ponendo $\mathbf{y} \equiv \mathbf{y}(t')$ possiamo considerare l'espansione

$$\begin{aligned}
|\mathbf{x} - \mathbf{y}| &= r\left|\mathbf{n} - \frac{\mathbf{y}}{r}\right| = r\,\sqrt{1 - 2\,\frac{\mathbf{n}\cdot\mathbf{y}}{r} + \frac{y^2}{r^2}} \\
&= r\left(1 - \frac{\mathbf{n}\cdot\mathbf{y}}{r} + o\!\left(\frac{y^2}{r^2}\right)\right) = r - \mathbf{n}\cdot\mathbf{y} + o\!\left(\frac{y^2}{r}\right),
\end{aligned} \tag{7.50}$$

in virtù della quale a livello asintotico l'equazione (7.49) si riduce a

$$t' = t - \frac{r}{c} + \frac{\mathbf{n}\cdot\mathbf{y}(t')}{c}. \tag{7.51}$$

Vediamo quindi che il tempo ritardato è composto dal termine *macroscopico* $t - r/c$, a cui si aggiunge il ritardo *microscopico* $\mathbf{n}\cdot\mathbf{y}(t')/c$. Il primo rappresenta l'istante ritardato in cui il segnale elettromagnetico deve lasciare il centro di S_l, per giungere all'istante t nella posizione di rivelazione $\mathbf{x}$. Questo istante è indipendente dal moto della particella e dalla direzione di propagazione $\mathbf{n}$. Il termine microscopico rappresenta un ritardo addizionale, dipendente da $\mathbf{n}$, che è causato dal moto $\mathbf{y}(t')$ della particella all'interno di S_l. Nel Paragrafo 8.3.1 vedremo che nel limite non relativistico questo ritardo può essere trascurato.

Campo di accelerazione come campo di radiazione. Il campo di accelerazione $F_a^{\mu\nu}$ può essere messo in relazione con i *campi di radiazione* – le soluzioni dell'equazione di Maxwell nel vuoto che abbiamo studiato nel Capitolo 5. Riferendoci nuovamente al caso di una particella singola notiamo che nel complemento della linea di universo il campo totale (7.28) soddisfa effettivamente le equazioni di un campo di radiazione

$$\partial_\mu F^{\mu\nu} = 0 = \partial_{[\mu} F_{\nu\rho]}. \tag{7.52}$$

Visto che $F^{\mu\nu} = F_v^{\mu\nu} + F_a^{\mu\nu}$ e che $F_v^{\mu\nu}$ decresce come $1/r^2$, dalle (7.52) segue che il campo $F_a^{\mu\nu}$ – che decresce come $1/r$ – soddisfa queste equazioni asintoticamente[2], ossia modulo termini di ordine $1/r^2$

$$\partial_\mu F_a^{\mu\nu} = o\left(\frac{1}{r^2}\right), \qquad \partial_{[\mu} F_{a\,\nu\rho]} = o\left(\frac{1}{r^2}\right).$$

Possiamo allora aspettarci che a grandi distanze dalla particella il campo di accelerazione si comporti come un campo di radiazione, risultando in particolare sovrapposizione di onde elementari. Se ciò è vero, dall'espressione del vettore di Poynting (7.46) – formalmente identica all'espressione (5.101) del vettore di Poynting delle onde elementari – deduciamo che le onde che compongono $F_a^{\mu\nu}$ si propagano lungo la direzione radiale uscente. Nel Capitolo 8 analizzeremo in dettaglio le proprietà asintotiche di un generico campo di accelerazione, confermando in particolare queste previsioni. Per le caratteristiche appena descritte il campo $F_a^{\mu\nu}$ viene spesso chiamato anche *campo di radiazione*.

7.4.1 Limite non relativistico e formula di Larmor

Illustriamo le formule del paragrafo precedente determinando la potenza totale

$$\mathcal{W} = \int \frac{d\mathcal{W}}{d\Omega}\, d\Omega \tag{7.53}$$

emessa da una particella non relativistica, $v/c \ll 1$, in tutte le direzioni. Vogliamo valutare la potenza (7.53) all'ordine più basso in $1/c$ che, come vedremo tra breve, equivale all'ordine $\mathcal{W} \sim 1/c^3$.

Per determinare $\mathcal{W}$ dobbiamo inserire il campo elettrico asintotico (7.48) nella formula fondamentale dell'irraggiamento (7.47). Visto il prefattore $1/c^2$ nell'espressione (7.48), all'ordine più basso in $1/c$ otteniamo

$$\mathbf{E}_a = \frac{e}{4\pi r c^2}\, \mathbf{n} \times (\mathbf{n} \times \mathbf{a}), \qquad E_a^2 = \frac{e^2 |\mathbf{n} \times \mathbf{a}|^2}{16\pi^2 r^2 c^4}. \tag{7.54}$$

In queste espressioni l'accelerazione è ancora valutata all'istante ritardato $t'(t, \mathbf{x})$, determinato in modo implicito dall'equazione (7.51). Tuttavia, come abbiamo anticipato sopra, all'ordine più basso in $1/c$ il ritardo microscopico $\mathbf{n}\cdot\mathbf{y}(t')/c$ può essere trascurato, sicché t' si riduce semplicemente a

$$t' = t - \frac{r}{c}.$$

La (7.47) fornisce pertanto

$$\frac{d\mathcal{W}}{d\Omega}(t, r, \mathbf{n}) = \frac{e^2}{16\pi^2 c^3} \left| \mathbf{n} \times \mathbf{a}\left(t - \frac{r}{c}\right) \right|^2. \tag{7.55}$$

---

[2] In realtà si può dimostrare che i campi di accelerazione e di velocità soddisfano entrambi l'identità di Bianchi: $\partial_{[\mu} F_{a\,\nu\rho]} = 0 = \partial_{[\mu} F_{v\,\nu\rho]}$.

L'interpretazione corretta di questa formula è la seguente: l'espressione a secondo membro rappresenta l'energia emessa da una particella non relativistica nell'unità di angolo solido e nell'unità di tempo, *rilevata* all'istante t a una distanza r molto grande dalla particella in direzione $\mathbf{n}$. Concordemente vi compare l'accelerazione all'istante ritardato $t - r/c$.

Formula di Larmor. Nell'equazione (7.55) l'accelerazione non dipende più dagli angoli e in tal caso la potenza totale (7.53) può essere valutata analiticamente. Scegliendo come asse z la direzione di $\mathbf{a}$, e usando le relazioni

$$|\mathbf{n} \times \mathbf{a}|^2 = a^2 sen^2 \vartheta, \qquad d\Omega = sen\vartheta \, d\vartheta \, d\varphi,$$

dalle equazioni (7.53) e (7.55) ricaviamo

$$\mathcal{W} = \frac{e^2 a^2}{16\pi^2 c^3} \int_0^{2\pi} d\varphi \int_0^\pi sen^3 \vartheta \, d\vartheta.$$

Eseguendo le integrazioni otteniamo la celebre *formula di Larmor* (1897)

$$\mathcal{W} = \frac{e^2 a^2}{6\pi c^3}, \tag{7.56}$$

che fornisce l'energia emessa nell'unità di tempo da una particella non relativistica di carica e, avente accelerazione $\mathbf{a}$. Ribadiamo che in questa formula la potenza $\mathcal{W}$ – rilevata a un istante t a una distanza r dalla particella – coinvolge a secondo membro l'accelerazione all'istante $t - r/c$. Proprio perché la radiazione si propaga con la velocità della luce, la formula di Larmor può allora essere *interpretata* dicendo che, se a un dato istante la particella ha accelerazione $\mathbf{a}$, in quell'istante emette radiazione con potenza $e^2 a^2/6\pi c^3$. Torneremo su questa interpretazione nella Sezione 10.1, dove presenteremo la generalizzazione relativistica della (7.56). Le conseguenze fisiche della formula di Larmor verranno invece analizzate nel Capitolo 8, dove la rideriveremo nell'ambito di un metodo più sistematico.

7.5 Espansione non relativistica di potenziali e campi

In seguito faremo ricorso all'espansione non relativistica dei campi di Liénard-Wiechert. Tale espansione corrisponde a uno sviluppo in serie di potenze di $1/c$ ed è giustificata se la particella si muove con velocità piccole rispetto alla velocità della luce. Dalla forma della forza di Lorentz $e(\mathbf{E} + \mathbf{v} \times \mathbf{B}/c)$ si vede che se si arresta l'espansione di $\mathbf{E}$ all'ordine $1/c^n$, l'espansione di $\mathbf{B}$ può essere arrestata all'ordine $1/c^{n-1}$. In questa sezione deriviamo le espansioni dei campi (7.34)-(7.37), arrestate all'ordine relativo a $n = 3$.

Espansione dei potenziali. Da un punto di vista tecnico l'espansione dei campi (7.36) e (7.37) è complicata dal fatto che è necessario sviluppare in serie di potenze di $1/c$ anche il tempo ritardato $t'(t, \mathbf{x})$, si veda la (7.16). Ai fini pratici conviene espandere prima i potenziali di Liénard-Wiechert (7.15) e usare successivamente le relazioni

$$\mathbf{E} = -\boldsymbol{\nabla} A^0 - \frac{1}{c}\frac{\partial \mathbf{A}}{\partial t}, \qquad \mathbf{B} = \boldsymbol{\nabla} \times \mathbf{A} \qquad (7.57)$$

per derivare le espansioni dei campi. Dobbiamo quindi espandere A^0 fino ai termini di ordine $1/c^3$ e $\mathbf{A}$ fino ai termini di ordine $1/c^2$. Invece di espandere la rappresentazione implicita (7.15) conviene espandere la rappresentazione integrale equivalente (6.64)

$$A^\mu(t, \mathbf{x}) = \frac{1}{4\pi c} \int \frac{1}{|\mathbf{x} - \mathbf{z}|} \, j^\mu\!\left(t - \frac{|\mathbf{x} - \mathbf{z}|}{c}, \mathbf{z}\right) d^3 z, \qquad (7.58)$$

in cui la corrente è data da

$$j^\mu(t, \mathbf{x}) = e V^\mu(t) \, \delta^3(\mathbf{x} - \mathbf{y}(t)), \qquad V^\mu(t) = (c, \mathbf{v}(t)). \qquad (7.59)$$

Espandendo la (7.58) in serie di potenze di $1/c$ e arrestando lo sviluppo al terzo ordine otteniamo (si tenga presente che V^μ è del primo ordine in c)

$$
\begin{aligned}
A^\mu(t, \mathbf{x}) &= \frac{1}{4\pi c} \int \left(\frac{j^\mu(t, \mathbf{z})}{|\mathbf{x} - \mathbf{z}|} - \frac{1}{c}\frac{\partial j^\mu(t, \mathbf{z})}{\partial t} \right.\\
&\qquad \left. + \frac{1}{2c^2} |\mathbf{x} - \mathbf{z}| \frac{\partial^2 j^\mu(t, \mathbf{z})}{\partial t^2} - \frac{1}{6c^3} |\mathbf{x} - \mathbf{z}|^2 \frac{\partial^3 j^\mu(t, \mathbf{z})}{\partial t^3} \right) d^3 z \\
&= \frac{1}{4\pi c} \left(\int \frac{j^\mu(t, \mathbf{z})}{|\mathbf{x} - \mathbf{z}|} d^3 z - \frac{1}{c}\frac{\partial}{\partial t} \int j^\mu(t, \mathbf{z}) \, d^3 z \right.\\
&\qquad \left. + \frac{1}{2c^2}\frac{\partial^2}{\partial t^2} \int |\mathbf{x} - \mathbf{z}| \, j^\mu(t, \mathbf{z}) \, d^3 z - \frac{1}{6c^3}\frac{\partial^3}{\partial t^3} \int |\mathbf{x} - \mathbf{z}|^2 j^\mu(t, \mathbf{z}) \, d^3 z \right) \\
&= \frac{e}{4\pi c} \left(\frac{V^\mu}{R} - \frac{1}{c}\frac{\partial V^\mu}{\partial t} + \frac{1}{2c^2}\frac{\partial^2}{\partial t^2}(R V^\mu) - \frac{1}{6c^3}\frac{\partial^3}{\partial t^3}(R^2 V^\mu) \right).
\end{aligned}
$$

$$(7.60)$$

Usiamo la notazione[3]

$$\mathbf{R} = \mathbf{x} - \mathbf{y}(t), \qquad R = |\mathbf{x} - \mathbf{y}(t)|, \qquad \widehat{\mathbf{R}} = \frac{\mathbf{R}}{R}.$$

Sostituendo l'espressione di V^μ, si veda la (7.59), nella (7.60) si ottengono le espansioni dei potenziali di Liénard-Wiechert, arrestate agli ordini richiesti,

$$A^0 = \frac{e}{4\pi} \left(\frac{1}{R} + \frac{1}{2c^2}\frac{\partial^2 R}{\partial t^2} - \frac{1}{6c^3}\frac{\partial^3 R^2}{\partial t^3} \right), \qquad (7.61)$$

$$\mathbf{A} = \frac{e}{4\pi} \left(\frac{\mathbf{v}}{cR} - \frac{\mathbf{a}}{c^2} \right). \qquad (7.62)$$

---

[3] Si noti che in questa sezione il simbolo R ha un significato diverso dalla Sezione 7.3, dove vale $R = |\mathbf{x} - \mathbf{y}(t')|$, si veda la (7.27).

Si noti che in A^0 il termine di ordine $1/c$ è assente.

Determinazione dei campi. Per determinare il campo elettrico dobbiamo calcolare le derivate parziali

$$-\boldsymbol{\nabla} A^0 = \frac{e}{4\pi}\left(\frac{\mathbf{R}}{R^3} - \frac{1}{2c^2}\frac{\partial^2 \widehat{\mathbf{R}}}{\partial t^2} - \frac{1}{3c^3}\frac{d\mathbf{a}}{dt}\right), \tag{7.63}$$

$$-\frac{1}{c}\frac{\partial \mathbf{A}}{\partial t} = -\frac{e}{4\pi}\left(\frac{1}{c^2}\frac{\partial}{\partial t}\left(\frac{\mathbf{v}}{R}\right) - \frac{1}{c^3}\frac{d\mathbf{a}}{dt}\right). \tag{7.64}$$

Sommando queste espressioni, e usando le derivate

$$\frac{\partial R}{\partial t} = -\widehat{\mathbf{R}}\cdot\mathbf{v}, \qquad \frac{\partial \widehat{\mathbf{R}}}{\partial t} = \frac{(\widehat{\mathbf{R}}\cdot\mathbf{v})\,\widehat{\mathbf{R}} - \mathbf{v}}{R}, \tag{7.65}$$

si ottiene il risultato intermedio

$$\mathbf{E} = \frac{e}{4\pi}\left(\frac{\mathbf{R}}{R^3} - \frac{1}{2c^2}\frac{\partial}{\partial t}\left(\frac{\mathbf{v} + (\widehat{\mathbf{R}}\cdot\mathbf{v})\,\widehat{\mathbf{R}}}{R}\right) + \frac{2}{3c^3}\frac{d\mathbf{a}}{dt}\right). \tag{7.66}$$

La derivata rimanente si può valutare usando nuovamente le formule (7.65). Infine, per determinare il campo magnetico è sufficiente calcolare il rotore della (7.62). Si ottengono così le espansioni

$$\mathbf{B} = \frac{e}{4\pi c}\,\mathbf{v}\times\frac{\mathbf{R}}{R^3} + o\!\left(\frac{1}{c^3}\right), \tag{7.67}$$

$$\mathbf{E} = \frac{e}{4\pi}\left(\frac{\mathbf{R}}{R^3} - \frac{1}{2c^2 R}\left(\mathbf{a} + (\widehat{\mathbf{R}}\cdot\mathbf{a})\widehat{\mathbf{R}} + \frac{(3(\widehat{\mathbf{R}}\cdot\mathbf{v})^2 - v^2)\widehat{\mathbf{R}}}{R}\right) + \frac{2}{3c^3}\frac{d\mathbf{a}}{dt}\right) + o\!\left(\frac{1}{c^4}\right). \tag{7.68}$$

Nell'espressione di $\mathbf{E}$ si riconosce all'ordine più basso il termine coulombiano. Il termine di ordine $1/c^2$ rappresenta una correzione relativistica di tipo *cinetico* al campo coulombiano, si veda il Paragrafo 14.4.5. Il termine di ordine $1/c^3$ è invece legato alla *radiazione*, come vedremo in dettaglio nella Sezione 14.4. Nell'espressione di $\mathbf{B}$ il termine di ordine $1/c^2$ è assente, poiché nella (7.62) il termine di ordine $1/c^2$ è proporzionale all'accelerazione $\mathbf{a}$, che è indipendente da $\mathbf{x}$. Dalle formule scritte si desume in particolare che tra $\mathbf{E}$ e $\mathbf{B}$ sussiste la relazione generale

$$\mathbf{B} = \frac{\mathbf{v}}{c}\times\mathbf{E} + o\!\left(\frac{1}{c^3}\right). \tag{7.69}$$

Ribadiamo che le espressioni (7.67) e (7.68) rappresentano le espansioni non relativistiche dei campi di Liénard-Wiechert (7.34)-(7.37).

Si noti infine che l'espansione in potenze di $1/c$ e l'espansione asintotica per grandi $|\mathbf{x}|$ sono operazioni che non commutano tra loro. Si confronti, ad esempio, il limite per grandi $|\mathbf{x}|$ dell'espressione (7.68) arrestata all'ordine $1/c^2$, con il campo elettrico (7.54) ottenuto eseguendo prima l'espansione per grandi $|\mathbf{x}|$ e successivamente l'espansione in potenze di $1/c$.

7.6 Problemi

7.1. Si dimostri che il campo di accelerazione asintotico (7.48) è nullo in tutte le direzioni $\mathbf{n}$, se e solo se $\mathbf{a} = 0$.

7.2. Si consideri la linea di universo (7.1) di un moto relativistico uniformemente accelerato

$$y^\mu(s) = \left(\frac{1}{b}\,senh(bs), \frac{1}{b}\,cosh(bs), 0, 0\right), \quad b > 0.$$

Si dimostri che le condizioni del ritardo (7.12) non ammettono nessuna soluzione per s, se x^μ appartiene all'insieme $\Sigma \equiv \{x^\mu \in \mathbb{R}^4 / x^0 + x^1 < 0\}$.
Suggerimento. L'equazione $(x - y(s))^2 = 0$ può essere posta nella forma

$$\left(t + x^1 - \frac{1}{b}\,e^{bs}\right)\left(t + x^1 - \frac{1}{b}\,e^{bs} - 2\left(t - \frac{1}{b}\,senh(bs)\right)\right) + \left(x^2\right)^2 + \left(x^3\right)^2 = 0.$$

Inoltre la condizione $x^0 > y^0(s)$ equivale a $t > senh(bs)/b$.

8

L'irraggiamento

Con *irraggiamento* si intende genericamente il fenomeno dell'emissione di radiazione da parte di un sistema di cariche in moto. Nel Capitolo 7 abbiamo determinato il campo elettromagnetico generato da una singola particella carica in moto arbitrario, il campo di Liénard-Wiechert. Come abbiamo visto, una particella accelerata genera un *campo di radiazione* che a grandi distanze decresce come $1/r$ e trasporta energia e quantità di moto. In particolare abbiamo riscontrato che la determinazione del quadrimomento emesso in realtà non richiede la conoscenza del campo di Liénard-Wiechert esatto, essendo sufficiente conoscere la sua forma a grandi distanze dalla carica. Sfruttando il principio di sovrapposizione abbiamo poi esteso queste caratteristiche qualitative a un sistema carico arbitrario.

In questo capitolo vogliamo eseguire un'analisi sistematica *quantitativa* della radiazione emessa da un generico sistema carico con corrente j^μ. Uno degli scopi principali è la valutazione del quadrimomento (7.44) irradiato dal sistema nell'unità di tempo e nell'unità di angolo solido

$$\frac{d^2 P^\mu}{dt\, d\Omega} = r^2 \left(T_{em}^{\mu i} n^i \right). \tag{8.1}$$

Essendo $T_{em}^{\mu\nu}$ quadratico nei campi, e visto il prefattore r^2, nel limite sottinteso di $r \to \infty$ al secondo membro di questa equazione contribuiscono solamente i campi – e quindi i potenziali – che a grandi distanze decrescono come $1/r$. Nella Sezione 8.1 eseguiremo pertanto innanzitutto un'analisi dettagliata del potenziale esatto (6.60) a grandi distanze dalle cariche, nella cosiddetta *zona delle onde*.

Decomposizione spettrale della corrente. Concludiamo questa premessa con una specificazione sulla natura delle correnti che considereremo. In primo luogo le correnti ovviamente dovranno essere conservate: $\partial_\mu j^\mu = 0$. In secondo luogo le correnti che compaiono nella realtà fisica si suddividono naturalmente in due categorie, a seconda della loro dipendenza dal tempo: *aperiodiche* e *periodiche*.

Lechner K.: Elettrodinamica classica
DOI 10.1007/978-88-470-5211-6_8, © Springer-Verlag Italia 2013

Una corrente aperiodica ammette una trasformata di Fourier nella sola variabile temporale, ovvero ammette la *decomposizione spettrale*

$$j^\mu(t, \mathbf{x}) = \frac{1}{\sqrt{2\pi}} \int_{-\infty}^{\infty} e^{i\omega t} j^\mu(\omega, \mathbf{x}) \, d\omega, \tag{8.2}$$

in cui la trasformata $j^\mu(\omega, \mathbf{x})$ rappresenta il peso *continuo* con cui la *frequenza* ω contribuisce alla corrente. Visto che la corrente è reale i pesi con frequenza ω e $-\omega$ sono legati dalla relazione

$$j^\mu(-\omega, \mathbf{x}) = j^{\mu*}(\omega, \mathbf{x}).$$

Corrispondentemente di seguito considereremo le frequenze come grandezze *positive*. Esempi di processi corrispondenti a correnti aperiodiche sono l'urto elastico tra particelle cariche e la deflessione di una particella carica passante per una zona in cui è presente un campo elettromagnetico esterno.

Per una corrente periodica di periodo T, per cui $j^\mu(t+T, \mathbf{x}) = j^\mu(t, \mathbf{x})$ per ogni t e $\mathbf{x}$, la decomposizione (8.2) è sostituita dalla serie di Fourier[1]

$$j^\mu(t, \mathbf{x}) = \sum_{N=-\infty}^{\infty} e^{iN\omega_0 t} j_N^\mu(\mathbf{x}), \qquad j_N^{\mu*}(\mathbf{x}) = j_{-N}^\mu(\mathbf{x}), \tag{8.3}$$

in cui $\omega_0 = 2\pi/T$ è la frequenza *fondamentale*. In questo caso il coefficiente di Fourier $j_N^\mu(\mathbf{x})$ rappresenta il peso *discreto* con cui la frequenza

$$\omega_N = N\omega_0$$

contribuisce alla corrente. Esempi di correnti periodiche sono la corrente macroscopica in un'antenna e la corrente corrispondente a una particella carica in un sincrotrone.

In seguito considereremo anche correnti *monocromatiche*, ovvero correnti con frequenza ω fissata della forma

$$j^\mu(t, \mathbf{x}) = e^{i\omega t} j^\mu(\omega, \mathbf{x}) + c.c. \tag{8.4}$$

Qualsiasi corrente può infatti essere pensata come sovrapposizione – discreta o continua – di correnti monocromatiche. La denominazione *frequenza* per la variabile ω deriva dal fatto che una corrente monocromatica genera un campo elettromagnetico che nella zona delle onde assume la forma di un'onda monocromatica con la *stessa* frequenza della corrente, si veda il Paragrafo 8.1.2.

---

[1] Nello spazio delle distribuzioni la decomposizione (8.3) costituisce un caso particolare della rappresentazione (8.2), ove si ponga

$$j^\mu(\omega, \mathbf{x}) = \sqrt{2\pi} \sum_{N=-\infty}^{\infty} \delta(\omega - \omega_N) j_N^\mu(\mathbf{x}).$$

8.1 Campo elettromagnetico nella zona delle onde

Consideriamo una corrente j^μ con supporto spaziale compatto, ovvero soggetta al vincolo

$$j^\mu(t, \mathbf{x}) = 0, \quad \text{per } r \equiv |\mathbf{x}| > l, \quad \forall t.$$

Corrispondentemente le cariche che compongono j^μ si muovono all'interno di una sfera S_l di raggio l. La limitazione a correnti siffatte trova la sua motivazione fisica nel fatto che le distribuzioni di carica realizzabili in natura siano necessariamente confinate a una regione limitata.

Potenziale nella zona delle onde. Dal Paragrafo 6.2.2 sappiamo che la corrente j^μ crea il quadripotenziale (6.60)

$$A^\mu(x) = \frac{1}{4\pi} \int \frac{1}{|\mathbf{x} - \mathbf{y}|} j^\mu(t - |\mathbf{x} - \mathbf{y}|, \mathbf{y}) \, d^3y. \tag{8.5}$$

Volendo analizzare questo potenziale a grandi distanze dalle cariche lo espandiamo in serie di potenze di $1/r$. Dal momento che la corrente si annulla al di fuori di S_l, nella (8.5) l'integrale in $\mathbf{y}$ si restringe alla regione $y \equiv |\mathbf{y}| < l$. Nell'integrando possiamo allora ricorrere alle espansioni (si veda la (7.50))

$$|\mathbf{x} - \mathbf{y}| = r - \mathbf{n} \cdot \mathbf{y} + o\left(\frac{y^2}{r}\right), \quad \mathbf{n} \equiv \frac{\mathbf{x}}{r}, \tag{8.6}$$

$$\frac{1}{|\mathbf{x} - \mathbf{y}|} = \frac{1}{r} + o\left(\frac{y}{r^2}\right). \tag{8.7}$$

Inserendole nella (8.5) otteniamo il *potenziale nella zona delle onde*[2]

$$A^\mu(x) = \frac{1}{4\pi r} \int j^\mu(t - r + \mathbf{n} \cdot \mathbf{y}, \mathbf{y}) \, d^3y, \tag{8.9}$$

che per definizione è il potenziale arrestato al primo ordine in $1/r$. Nell'argomento temporale della corrente ritroviamo il tempo ritardato macroscopico $t - r$, insieme al ritardo microscopico $\mathbf{n} \cdot \mathbf{y}$, si veda la Sezione 7.4.

---

[2] In letteratura a volte si definisce *zona delle onde* la regione

$$r \gg \lambda, \quad r \gg l, \quad r \gg \omega l^2, \tag{8.8}$$

dove $\lambda = 2\pi/\omega$ è la lunghezza d'onda e ω è una generica frequenza presente nelle correnti (8.2) o (8.3). La prima condizione è necessaria affinché abbia senso il concetto di lunghezza d'onda. La seconda e la terza assicurano che l'espressione (8.9) mantenga la sua validità anche per valori *finiti* di r. La seconda assicura la validità delle espansioni (8.6) e (8.7), visto che $y < l$. La terza assicura che l'espansione della corrente possa essere arrestata al termine di ordine più basso. Infatti, per derivare la (8.9) nell'argomento temporale della corrente nella (8.5) abbiamo trascurato un termine dell'ordine $o(y^2/r)$, che nell'espansione della corrente darebbe luogo a un contributo del tipo $(y^2/r) \, \partial_0 j^\mu$. Considerando la corrente monocromatica (8.4) schematicamente vale $\partial_0 j^\mu \simeq \omega j^\mu$, sicché il contributo $(y^2/r) \, \partial_0 j^\mu \approx (\omega y^2/r) j^\mu$ risulta trascurabile rispetto a j^μ, se $\omega y^2/r < \omega l^2/r \ll 1$, ovvero se vale la terza condizione in (8.8).

Relazioni delle onde. Per ricavare le proprietà principali del campo elettromagnetico derivante dal potenziale nella zona delle onde conviene ricorrere alle *relazioni delle onde* (5.82)

$$\partial_\mu A^\nu = n_\mu \dot{A}^\nu, \quad n_\mu \dot{A}^\mu = 0, \quad n^\mu n_\mu = 0, \tag{8.10}$$

relazioni che di seguito dimostreremo essere valide anche per il potenziale (8.9), modulo termini di ordine $1/r^2$.

Iniziamo la dimostrazione definendo il quadrivettore n^μ con componenti

$$n^0 = 1, \qquad \mathbf{n} = \frac{\mathbf{x}}{r}, \qquad n^\mu n_\mu = 0.$$

Il versore $\mathbf{n}$ individua la direzione di propagazione dell'*onda*, che è dunque in ogni punto la direzione radiale uscente. Per dimostrare la prima relazione in (8.10) valutiamo innanzitutto la derivata rispetto a x^i dell'integrando della (8.9)

$$j^\mu(t - r + \mathbf{n} \cdot \mathbf{y}, \mathbf{y}).$$

Tralasciando di scrivere esplicitamente gli argomenti della corrente otteniamo

$$\partial_i j^\mu = \partial_i(t - r + \mathbf{n} \cdot \mathbf{y}) \, \partial_0 j^\mu = -\frac{x^i}{r} \, \partial_0 j^\mu + o\left(\frac{1}{r}\right) = n_i \partial_0 j^\mu + o\left(\frac{1}{r}\right).$$

Modulo termini di ordine $1/r$ vale dunque la relazione

$$\partial_\nu j^\mu = n_\nu \partial_0 j^\mu.$$

Derivando la (8.9), modulo termini di ordine $1/r^2$ otteniamo allora

$$\partial_\mu A^\nu = \frac{1}{4\pi r} \int \partial_\mu j^\nu \, d^3 y = \frac{n_\mu}{4\pi r} \int \partial_0 j^\nu \, d^3 y = n_\mu \partial_0 \frac{1}{4\pi r} \int j^\nu \, d^3 y = n_\mu \partial_0 A^\nu,$$

che è la prima relazione in (8.10). La seconda discende dalla prima in quanto A^μ per costruzione soddisfa la gauge di Lorenz $\partial_\mu A^\mu = 0$. In particolare questa relazione determina $\dot{A}^0$ in termini di $\dot{\mathbf{A}}$

$$\dot{A}^0 = \mathbf{n} \cdot \dot{\mathbf{A}}. \tag{8.11}$$

Una volta appurata la validità delle (8.10) si conclude che il *campo elettromagnetico nella zona delle onde*, ovvero il campo arrestato all'ordine $1/r$, condivide con le onde elementari le semplici proprietà (5.103)-(5.105)

$$\mathbf{E} = \mathbf{n} \times (\mathbf{n} \times \dot{\mathbf{A}}) = -\dot{\mathbf{A}} + (\mathbf{n} \cdot \dot{\mathbf{A}})\mathbf{n}, \tag{8.12}$$

$$\mathbf{B} = \mathbf{n} \times \mathbf{E}, \quad \mathbf{n} \cdot \mathbf{E} = 0, \quad E = B, \tag{8.13}$$

$$T_{em}^{\mu\nu} = n^\mu n^\nu E^2. \tag{8.14}$$

In particolare confermiamo dunque che le proprietà asintotiche (7.41) del campo di una particella singola sono valide per il campo di una corrente arbitraria. Inoltre, dato che dalla (8.9) segue l'andamento asintotico $\dot{\mathbf{A}} \sim 1/r$, le relazioni (8.12) e (8.13) implicano per il campo elettromagnetico l'atteso andamento asintotico $F^{\mu\nu} \sim 1/r$.

8.1.1 Emissione di quadrimomento

Dal momento che nel membro di destra della (8.1) è sottinteso il limite di $r \to \infty$ possiamo usare le espressioni nella zona delle onde (8.9), (8.12) e (8.13). Inserendo il corrispondente tensore energia-impulso (8.14) nella (8.1) ricaviamo la formula generale

$$\frac{d^2 P^\mu}{dt d\Omega} = r^2 n^\mu E^2. \tag{8.15}$$

Indicando la potenza emessa con $\mathcal{W} = d\varepsilon/dt$, per l'energia e la quantità di moto irradiate nell'unità di tempo e nell'unità di angolo solido otteniamo allora le espressioni

$$\frac{d^2 \varepsilon}{dt d\Omega} = \frac{d\mathcal{W}}{d\Omega} = r^2 E^2 = r^2 \left|\mathbf{n} \times \dot{\mathbf{A}}\right|^2 = r^2 \dot{A}^i \dot{A}^j \left(\delta^{ij} - n^i n^j\right), \tag{8.16}$$

$$\frac{d^2 \mathbf{P}}{dt d\Omega} = \frac{d\mathcal{W}}{d\Omega}\,\mathbf{n}. \tag{8.17}$$

In base all'equazione (8.17), che esprime il flusso di quantità di moto del campo elettromagnetico in termini del corrispondente flusso di energia, la quantità di moto $\Delta\mathbf{P}$ e l'energia $\Delta\varepsilon$ relative a una piccola porzione di radiazione sono legate dalle relazioni

$$\Delta\mathbf{P} = \mathbf{n}\Delta\varepsilon, \qquad (\Delta\varepsilon)^2 - |\Delta\mathbf{P}|^2 = 0, \tag{8.18}$$

relazioni che sappiamo essere valide anche per le onde elementari, si veda la (5.44). Dal momento che a livello quantistico l'irraggiamento è realizzato da un flusso di *fotoni*, le (8.18) stanno a indicare che tali particelle sono prive di massa e che lontano dalle sorgenti cariche si propagano in direzione radiale. Torneremo su alcuni aspetti quantistici della radiazione nel Capitolo 11.

Il risultato più significativo di questo paragrafo è l'equazione (8.16) – che riassume la *formula fondamentale dell'irraggiamento* (7.47) – in quanto base per l'analisi energetica di tutti i fenomeni radiativi: essa permette infatti di determinare la potenza emessa da un generico sistema carico via radiazione, una volta valutate le sole componenti spaziali del potenziale (8.9).

8.1.2 Correnti monocromatiche e onde elementari

Come abbiamo appena visto, il campo elettromagnetico nella zona delle onde ha diverse proprietà in comune con le onde piane elementari. Questa circostanza, ovviamente, non è casuale poiché, essendo $j^\mu(t, \mathbf{x}) = 0$ per $|\mathbf{x}| > l$, al di fuori di

S_l il campo soddisfa le equazioni di Maxwell di un campo libero, ovvero le equazioni di Maxwell nel vuoto. Pur non essendo libero in tutto lo spazio, la sua forma si avvicinerà tanto più a quella di un campo libero, quanto più ci si allontana dalle sorgenti. Conseguentemente nella zona delle onde il campo risulterà con buona approssimazione una sovrapposizione di onde elementari e non stupisce, dunque, che abbia delle proprietà in comune con queste ultime. Tuttavia è altrettanto evidente che in generale tale campo non sarà costituito da una *singola* onda elementare.

Per decomporre il campo nella zona delle onde in onde elementari sfruttiamo il fatto che il potenziale (8.9) dipenda linearmente da j^μ e che le correnti ammettano le decomposizioni spettrali (8.2) e (8.3). È quindi sufficiente analizzare il potenziale generato da una corrente *monocromatica* di frequenza ω fissata. Inserendo l'espressione della corrispondente corrente (8.4) nella (8.9) otteniamo

$$A^\mu(x) = \frac{1}{4\pi r} \int e^{i\omega(t-r+\mathbf{n}\cdot\mathbf{y})} j^\mu(\omega, \mathbf{y}) \, d^3 y + c.c.$$

$$= e^{i\omega(t-r)} \frac{1}{4\pi r} \int e^{i\omega \mathbf{n}\cdot\mathbf{y}} j^\mu(\omega, \mathbf{y}) \, d^3 y + c.c.$$

$$= e^{ik\cdot x} \varepsilon^\mu + c.c. \tag{8.19}$$

Abbiamo definito il vettore d'onda k^μ con componenti

$$k^0 = \omega, \qquad \mathbf{k} = \omega \mathbf{n},$$

soddisfacente le relazioni

$$k^2 = 0, \qquad k \cdot x = k^\mu x_\mu = \omega(t - r),$$

e il vettore di polarizzazione

$$\varepsilon^\mu = \frac{1}{4\pi r} \int e^{i\omega \mathbf{n}\cdot\mathbf{y}} j^\mu(\omega, \mathbf{y}) \, d^3 y. \tag{8.20}$$

Vediamo quindi che una corrente monocromatica genera un campo che nella zona delle onde si riduce *formalmente* a un'onda elementare, con i vettori di onda e di polarizzazione indicati, propagantesi lungo la direzione radiale $\mathbf{n}$. In particolare una corrente di frequenza ω genera un'onda con la *stessa* frequenza ω.

Onde piane e onde sferiche. L'espressione (8.19) non costituisce tuttavia un'onda *piana* vera e propria, poiché sia il vettore d'onda sia il vettore di polarizzazione hanno una dipendenza residua dalla posizione $\mathbf{x} = r\mathbf{n}$, ovvero dalla direzione di propagazione $\mathbf{n}$ dell'onda e dalla distanza r dal sistema carico. In particolare il vettore di polarizzazione (8.20) decresce come $1/r$, andamento asintotico che è imposto dalla conservazione dell'energia. Per vederlo ricordiamo che il vettore di Poynting associato all'onda (8.19), mediato nel tempo, è dato da (si veda il Problema 5.6)

$$\langle \mathbf{S} \rangle = -2\omega^2 \varepsilon^{*\mu} \varepsilon_\mu \mathbf{n} = 2\omega^2 |\mathbf{n} \times \varepsilon|^2 \mathbf{n} \tag{8.21}$$

e risulta pertanto proporzionale a $1/r^2$. Nella (8.21) abbiamo sfruttato il vincolo $k_\mu \varepsilon^\mu = 0$, che fornisce $\varepsilon^0 = \mathbf{n} \cdot \boldsymbol{\varepsilon}$. Conseguentemente l'energia che attraversa la sezione di un cono di apertura angolare $d\Omega$ nell'unità di tempo

$$\langle \mathbf{S} \rangle \cdot \mathbf{n} r^2 d\Omega = 2\omega^2 r^2 |\mathbf{n} \times \boldsymbol{\varepsilon}|^2 d\Omega$$

è indipendente da r. L'energia fluisce quindi verso l'infinito *conservandosi*.

Oltre a questa dipendenza da r il vettore di polarizzazione (8.20) presenta anche una dipendenza da $\mathbf{n}$, attraverso l'esponenziale $e^{i\omega \mathbf{n} \cdot \mathbf{y}}$. Per queste particolari dipendenze da r ed $\mathbf{n}$ il potenziale (8.19) corrisponde, propriamente parlando, a una sovrapposizione di onde *sferiche*[3] piuttosto che a un'onda piana. Nondimeno in una zona spaziale con estensioni L piccole rispetto a r,

$$L \ll r,$$

i vettori $\mathbf{k}$ ed ε^μ sono praticamente costanti e il potenziale (8.19) si comporta con ottima approssimazione come un'onda piana. Per vederlo più in dettaglio osserviamo che all'interno di una tale regione le variazioni relative di r ed $\mathbf{n}$ sono limitate da

$$\frac{\Delta r}{r} < \frac{L}{r}, \qquad |\Delta \mathbf{n}| < \frac{L}{r}. \tag{8.22}$$

La variazione relativa di $\mathbf{k} = \omega \mathbf{n}$ è quindi limitata da

$$\frac{|\Delta \mathbf{k}|}{\omega} = |\Delta \mathbf{n}| < \frac{L}{r}.$$

Similmente per la variazione del vettore di polarizzazione (8.20) si ottiene

$$\Delta \varepsilon^\mu = \frac{1}{4\pi r} \int \left(-\frac{\Delta r}{r} + i\omega \Delta \mathbf{n} \cdot \mathbf{y} \right) e^{i\omega \mathbf{n} \cdot \mathbf{y}} j^\mu(\omega, \mathbf{y}) \, d^3 y. \tag{8.23}$$

Grazie alle limitazioni (8.22) e al fatto che nell'integrale (8.23) y sia limitato superiormente da l, per la variazione relativa di ε^μ otteniamo allora la maggiorazione

$$\left| -\frac{\Delta r}{r} + i\omega \Delta \mathbf{n} \cdot \mathbf{y} \right| < \frac{L}{r} + \omega l |\Delta \mathbf{n}| < (1 + \omega l)\frac{L}{r} = \left(1 + \frac{2\pi l}{\lambda} \right) \frac{L}{r}. \tag{8.24}$$

A titolo di esempio consideriamo la radiazione emessa dal Sole e osservata sulla superficie della Terra. In questo caso r equivale alla distanza Terra-Sole, $r \approx 1.5 \cdot 10^8 km$, ed L al massimo uguaglia il diametro della Terra, $L \approx 1.2 \cdot 10^4 km$. Sulla superficie terrestre il vettore d'onda è quindi soggetto a una variazione relativa massima dell'ordine di $L/r \sim 10^{-4}$. Per quanto riguarda la variazione relativa del vettore di polarizzazione consideriamo radiazione con la lunghezza d'onda media del Sole $\lambda \approx 5 \cdot 10^{-5} cm$ e stimiamo le dimensioni della zona di emissione con il raggio di Bohr (8.75), $l \approx 5 \cdot 10^{-9} cm$. Per la variazione relativa di ε^μ otteniamo

---

[3] Per maggiori dettagli sulle onde sferiche si veda ad esempio la referenza [4].

allora ancora $(1 + 2\pi l/\lambda)(L/r) \approx L/r \sim 10^{-4}$. Quando la radiazione del Sole raggiunge la Terra in pratica appare, dunque, come una sovrapposizione di onde piane.

Correnti generiche. Dal momento che il potenziale (8.9) è *lineare* nella corrente le conclusioni di cui sopra si generalizzano facilmente alle correnti generiche (8.2) e (8.3). Nel caso generale il campo nella zona delle onde è quindi sovrapposizione di onde monocromatiche (localmente) piane e le frequenze presenti nella radiazione sono un sottoinsieme delle *frequenze presenti nella corrente*. Può, infatti, succedere che per qualche ω l'integrale in (8.20) per qualche direzione $\mathbf{n}$ si annulli. In particolare, a un sistema di cariche che compiono moti periodici con lo stesso periodo $T = 2\pi/\omega_0$ corrisponde una corrente periodica del tipo (8.3). Un tale sistema emette dunque radiazione con frequenze appartenenti all'insieme discreto

$$\omega_N = N\omega_0, \quad N = 1, 2, 3, \cdots.$$

Viceversa, a un sistema di cariche che percorrono orbite aperte corrisponde una corrente aperiodica del tipo (8.2) e un tale sistema emette radiazione con uno spettro continuo di frequenze.

8.2 Radiazione dell'antenna lineare

Abbiamo visto che l'analisi della radiazione elettromagnetica emessa da un generico sistema carico richiede soltanto la determinazione delle componenti spaziali $\mathbf{A}$ del potenziale (8.9). Sfortunatamente l'integrale che compare nella (8.9) raramente può essere valutato analiticamente e in genere è necessario ricorrere a un metodo perturbativo, come ad esempio lo *sviluppo in multipoli* che presenteremo nella Sezione 8.3. Uno dei rari casi in cui tale integrale può essere calcolato esattamente è quello dell'*antenna lineare*.

Consideriamo un'antenna di lunghezza L disposta lungo l'asse z, alimentata al suo centro da un generatore di frequenza ω. Senza entrare nei dettagli diamo la forma idealizzata della relativa densità di corrente spaziale

$$\mathbf{j}(t, \mathbf{y}) = I\delta(y^1)\,\delta(y^2)\,sen\left(\omega\left(\frac{L}{2} - |y^3|\right)\right) cos(\omega t)\,\mathbf{u}, \qquad (8.25)$$

$$I = \frac{I_0}{sen\left(\frac{\omega L}{2}\right)}. \qquad (8.26)$$

È sottinteso che $\mathbf{j}(t, \mathbf{y}) = 0$ per $|y^3| \geq L/2$. Come si vede, la corrente si annulla al bordo, in $y^3 = \pm L/2$, e in ogni istante ha un massimo al *gap*, ovvero in $y^3 = 0$, che è il punto in cui viene alimentata. I_0 ha le dimensioni di una *corrente*, nel senso di carica per unità di tempo, e rappresenta l'ampiezza della corrente al gap. Infine $\mathbf{u} = (0, 0, 1)$ è il versore lungo l'asse z. Dal confronto tra le correnti (8.4) e (8.25) si vede che la seconda è una corrente *monocromatica* di frequenza ω e conseguentemente l'antenna emette solo radiazione di frequenza ω e lunghezza d'onda $\lambda = 2\pi/\omega$.

Volendo valutare il potenziale nella zona delle onde dobbiamo inserire la corrente (8.25) nella (8.9)

$$\mathbf{A} = \frac{I\mathbf{u}}{4\pi r} \int_{-L/2}^{L/2} dy^3 \int dy^1 \int dy^2 \, \delta(y^1)\, \delta(y^2)$$

$$sen\left(\omega\left(\frac{L}{2} - |y^3|\right)\right) cos(\omega(t - r + \mathbf{n}\cdot\mathbf{y})).$$

Una volta integrate le distribuzioni-δ in y^1 e y^2 possiamo sostituire $\mathbf{n}\cdot\mathbf{y} = n^1 y^1 + n^2 y^2 + n^3 y^3$ con $n^3 y^3 = cos\vartheta \, y^3$ – dove ϑ è l'angolo tra $\mathbf{n}$ e l'asse z – ottenendo

$$\mathbf{A} = \frac{I\mathbf{u}}{4\pi r} \int_{-L/2}^{L/2} dy^3 \, sen\left(\omega\left(\frac{L}{2} - |y^3|\right)\right) cos\left(\omega\left(t - r + cos\vartheta\, y^3\right)\right).$$

L'integrazione rimanente in y^3 è elementare e porta a

$$\mathbf{A} = \frac{I cos(\omega(t - r))}{2\pi r\omega \, sen^2\vartheta} \left(cos\left(\frac{\omega L}{2} cos\vartheta\right) - cos\frac{\omega L}{2}\right)\mathbf{u}. \qquad (8.27)$$

Il potenziale spaziale è quindi sempre parallelo all'asse z, come lo è la sua derivata rispetto al tempo $\dot{\mathbf{A}}$. Dalla formula (8.12) segue allora che il campo elettrico appartiene in ogni istante al piano individuato dall'asse z e dalla direzione di propagazione $\mathbf{n}$, essendo ovviamente ortogonale a $\mathbf{n}$. La radiazione emessa dall'antenna è quindi polarizzata *linearmente*.

Per determinare la distribuzione angolare della potenza emessa dobbiamo derivare la (8.27) rispetto al tempo e inserire l'espressione risultante nella formula generale (8.16). Visto che $\dot{\mathbf{A}}$ è diretto lungo l'asse z risulta

$$\frac{d\mathcal{W}}{d\Omega} = r^2 |\mathbf{n} \times \dot{\mathbf{A}}|^2 = r^2 |\dot{\mathbf{A}}|^2 sen^2\vartheta. \qquad (8.28)$$

La derivata temporale dell'espressione (8.27) equivale alla sostituzione

$$cos(\omega(t - r)) \rightarrow -\omega \, sen(\omega(t - r)).$$

Considerando la media temporale della potenza (8.28) su un tempo grande rispetto al periodo $T = 2\pi/\omega$ dobbiamo effettuare la sostituzione

$$sen^2(\omega(t - r)) \rightarrow \overline{sen^2(\omega(t - r))} = \frac{1}{2}.$$

In definitiva dalle equazioni (8.27) e (8.28) otteniamo per la distribuzione angolare della potenza media emessa[4]

$$\frac{d\overline{\mathcal{W}}}{d\Omega} = \frac{I_0^2}{8\pi^2} \left(\frac{\cos\left(\frac{\omega L}{2}\cos\vartheta\right) - \cos\frac{\omega L}{2}}{\sin\left(\frac{\omega L}{2}\right)\sin\vartheta} \right)^2 . \tag{8.29}$$

L'esistenza di direzioni in cui $d\overline{\mathcal{W}}/d\Omega$ è massima o minima dipende fortemente dal valore del rapporto

$$\frac{\omega L}{2} = \frac{\pi L}{\lambda}.$$

Invece di eseguire un'analisi sistematica della distribuzione angolare (8.29), di seguito ci limitiamo a considerare qualche caso particolare. Vediamo comunque che in generale $d\overline{\mathcal{W}}/d\Omega$ si annulla per $\vartheta = 0$, ovvero lungo la direzione dell'antenna, mentre ha un massimo per $\vartheta = \pi/2$, ovvero nel piano ortogonale all'antenna, a patto che sia $L/\lambda \neq 2n$ con n intero. Si può inoltre vedere che se $L \leq \lambda$ la (8.29) non ha altri estremali, mentre se $L > \lambda$ esistono ulteriori direzioni in cui la potenza è massima o nulla.

Qualitativamente le antenne si suddividono in due categorie: antenne *lunghe*, corrispondenti a $L \sim \lambda$, e antenne *corte*, corrispondenti a $L \ll \lambda$. Tratteremo le antenne corte in dettaglio nel Paragrafo 8.4.1, nell'ambito dell'*approssimazione di dipolo*, mentre di seguito consideriamo un tipico esempio di antenna lunga.

Antenna a mezz'onda e resistenza di radiazione. Casi particolarmente interessanti di antenne lunghe sono le antenne a *mezz'onda*, di lunghezza $L = \lambda/2$, e quelle a *onda intera*, di lunghezza $L = \lambda$. Considerando un'antenna a mezz'onda abbiamo dunque $\omega L/2 = \pi L/\lambda = \pi/2$. In questo caso la (8.29) fornisce la distribuzione angolare

$$\frac{d\overline{\mathcal{W}}}{d\Omega} = \frac{I_0^2}{8\pi^2} \frac{\cos^2\left(\frac{\pi}{2}\cos\vartheta\right)}{\sin^2\vartheta}, \tag{8.30}$$

che ha un unico massimo in $\vartheta = \pi/2$ e un unico minimo in $\vartheta = 0$, dove si annulla. Per analizzare l'*efficienza di radiazione* dell'antenna calcoliamo la potenza totale $\overline{\mathcal{W}}$ integrando l'espressione (8.30) sull'angolo solido $d\Omega = \sin\vartheta\, d\vartheta\, d\varphi$

$$\overline{\mathcal{W}} = \int \frac{d\overline{\mathcal{W}}}{d\Omega}\, d\Omega = \frac{I_0^2}{4\pi} \int_0^\pi \frac{\cos^2\left(\frac{\pi}{2}\cos\vartheta\right)}{\sin\vartheta}\, d\vartheta.$$

L'ultimo integrale può essere valutato solo numericamente e vale 1.22. Otteniamo in definitiva

$$\overline{\mathcal{W}} = 0.097\, I_0^2 \equiv \frac{1}{2} I_0^2 R_{rad}^{(1/2)}. \tag{8.31}$$

Abbiamo introdotto la *resistenza di radiazione* dell'antenna a mezz'onda

$$R_{rad}^{(1/2)} = 0.194, \tag{8.32}$$

---

[4] Per $L = n\lambda = 2\pi n/\omega$, con n intero, la normalizzazione di I (8.26) deve essere cambiata.

da non confondere con la sua *resistenza ohmica* R_{ohm}. Volendo tornare alle unità di misura del sistema MKS dobbiamo moltiplicare la (8.32) per la *resistenza del vuoto*

$$R_0 = \sqrt{\frac{\mu_0}{\varepsilon_0}} = \frac{1}{c\varepsilon_0} \approx 377 \, Ohm. \tag{8.33}$$

In queste unità di misura la resistenza di radiazione vale

$$R_{rad}^{(1/2)} = 0.194 \, R_0 \approx 73 \, Ohm. \tag{8.34}$$

Per un'antenna a *onda intera* in modo del tutto analogo si trova

$$R_{rad}^{(1)} \approx 201 \, Ohm.$$

Si può vedere che questi valori sono tipicamente molto maggiori della resistenza ohmica dell'antenna,

$$R_{rad} \gg R_{ohm},$$

sicché un'antenna lunga in generale è dotata di un'elevata efficienza di radiazione. Infatti, la maggior parte dell'energia fornita dal generatore viene irradiata sotto forma di onde elettromagnetiche e solo una piccola parte viene dissipata per effetto Joule. Nel Paragrafo 8.4.1 vedremo che un'antenna *corta*, al contrario, possiede una bassa efficienza di radiazione, in quanto in quel caso si ha $R_{rad} \lesssim R_{ohm}$.

8.3 Irraggiamento nel limite non relativistico

Nella Sezione 8.1 abbiamo ricondotto l'analisi della radiazione emessa da un generico sistema carico al calcolo del potenziale nella zona delle onde (8.9), che riportiamo ripristinando la velocità della luce

$$A^\mu(x) = \frac{1}{4\pi rc} \int j^\mu \left(t - \frac{r}{c} + \frac{\mathbf{n} \cdot \mathbf{y}}{c}, \mathbf{y} \right) d^3 y. \tag{8.35}$$

Dal momento che in generale non è possibile valutare l'integrale tridimensionale che compare in questa espressione analiticamente, è necessario ricorrere a un metodo di approssimazione. Se le cariche che costituiscono la corrente si muovono con velocità piccole rispetto alla velocità della luce, risulta appropriato un metodo perturbativo che va sotto il nome di *sviluppo in multipoli*. Vediamo in che cosa consiste.

8.3.1 Sviluppo in multipoli

Per definizione lo sviluppo in multipoli dell'integrale (8.35) consiste in un'espansione in serie di Taylor della corrente $j^\mu \left(t - r/c + \mathbf{n} \cdot \mathbf{y}/c, \mathbf{y} \right)$ attorno all'istante

$T = t - r/c$, considerando come parametro di espansione il ritardo microscopico $\mathbf{n} \cdot \mathbf{y}/c$:

$$A^\mu(x) = \frac{1}{4\pi rc} \int \left(j^\mu(T, \mathbf{y}) + \frac{\mathbf{n} \cdot \mathbf{y}}{c} \, \partial_t j^\mu(T, \mathbf{y}) + \frac{(\mathbf{n} \cdot \mathbf{y})^2}{2c^2} \, \partial_t^2 j^\mu(T, \mathbf{y}) + \cdots \right) d^3 y.$$
(8.36)

Come si vede, questa espansione equivale a una serie di potenze di $1/c$ e costituisce, dunque, uno sviluppo non relativistico. Il primo termine nella (8.36) viene chiamato *termine di dipolo*, il secondo *termine di quadrupolo*, il terzo *termine di sestupolo* e così via.

Come abbiamo anticipato, questa espansione risulta appropriata se le velocità delle particelle contenute nella corrente sono piccole rispetto alla velocità della luce. Per spiegarne il motivo supponiamo che queste particelle si muovano con velocità caratteristica v. Esse impiegano allora il tempo caratteristico l/v per attraversare la palla S_l di raggio l, entro la quale sono confinate, e conseguentemente la corrente j^μ varia sensibilmente su scale temporali dell'ordine di $t_0 = l/v$. Pertanto la funzione $j^\mu(T + \mathbf{n} \cdot \mathbf{y}/c, \mathbf{y})$ può essere sviluppata in serie di potenze di $\mathbf{n} \cdot \mathbf{y}/c$, a patto che sia

$$\left| \frac{\mathbf{n} \cdot \mathbf{y}}{c} \right| \ll t_0.$$
(8.37)

D'altra parte, visto che $|\mathbf{y}| < l$, il ritardo microscopico è limitato da

$$\left| \frac{\mathbf{n} \cdot \mathbf{y}}{c} \right| < \frac{l}{c} = \frac{v}{c} t_0,$$
(8.38)

cosicché la condizione (8.37) si traduce in

$$\frac{v}{c} t_0 \ll t_0 \quad \Leftrightarrow \quad v \ll c.$$

L'espansione (8.36) è quindi lecita, purché le cariche abbiano velocità molto minori della velocità della luce.

Un metodo alternativo per analizzare il significato dello sviluppo in multipoli (8.36) consiste nell'analizzare il potenziale *frequenza per frequenza*, vale a dire considerando la corrente monocromatica (8.4), con frequenza ω fissata,

$$j^\mu(t, \mathbf{x}) = e^{i\omega t} j^\mu(\omega, \mathbf{x}) + c.c.$$
(8.39)

In questo caso il tempo caratteristico è $t_0 = 1/\omega$ e corrispondentemente le cariche hanno la velocità caratteristica $v = l/t_0 = \omega l$. D'altra parte dalla (8.39) schematicamente otteniamo

$$\partial_t^N j^\mu \sim \omega^N j^\mu.$$

Vista la (8.38) il termine N-esimo dello sviluppo (8.36) assume pertanto la forma

$$\frac{1}{N!} \frac{(\mathbf{n} \cdot \mathbf{y})^N}{c^N} \, \partial_t^N j^\mu(T, \mathbf{y}) \simeq \frac{1}{N!} \frac{(\omega l)^N}{c^N} \, j^\mu(T, \mathbf{y}) = \frac{1}{N!} \left(\frac{v}{c} \right)^N j^\mu(T, \mathbf{y}).$$

Si vede quindi che la (8.36) equivale a uno sviluppo in serie di potenze di v/c, valido se $v/c \ll 1$.

8.4 Radiazione di dipolo

Questa sezione è dedicata a un'analisi della radiazione nell'*approssimazione di dipolo*, che consiste nel considerare nello sviluppo (8.36) solo il primo termine

$$\mathbf{A}(t, \mathbf{x}) = \frac{1}{4\pi rc} \int \mathbf{j}\Big(t - \frac{r}{c}, \mathbf{y}\Big) d^3y. \tag{8.40}$$

Il campo elettromagnetico risultante si chiama *campo di dipolo* e la radiazione a esso associata *radiazione di dipolo*. Quando le velocità delle cariche in gioco sono molto minori della velocità della luce l'approssimazione di dipolo fornisce in generale valori accurati per il quadrimomento irradiato. Se si richiede, invece, un grado di precisione più elevato oppure se il campo di dipolo è nullo, allora nella (8.36) occorre tenere conto anche del termine successivo, corrispondente al *campo di quadrupolo*. Come vedremo nella Sezione 8.5, l'energia irradiata dal campo di quadrupolo è soppressa di un fattore $(v/c)^2$ rispetto a quella irradiata dal campo di dipolo.

Momento di dipolo. L'integrale (8.40) può essere riscritto in modo più semplice se si introduce per una generica quadricorrente $j^\mu = (c\rho, \mathbf{j})$ il *momento di dipolo elettrico*

$$\mathbf{D}(t) \equiv \int \mathbf{y}\rho(t, \mathbf{y}) \, d^3y. \tag{8.41}$$

Il motivo è che la sua derivata rispetto al tempo ammonta proprio a

$$\dot{\mathbf{D}}(t) = \int \mathbf{j}(t, \mathbf{y}) \, d^3y. \tag{8.42}$$

Infatti, grazie all'equazione di continuità $\dot{\rho} = -\partial_k j^k$ si ha

$$\dot{D}^i(t) = \int y^i \dot{\rho} \, d^3y = -\int y^i \partial_k j^k \, d^3y = -\int \big(\partial_k(y^i j^k) - j^i\big) d^3y = \int j^i \, d^3y.$$

Nel penultimo integrale abbiamo applicato il teorema di Gauss, scegliendo come superficie una sfera posta all'infinito, e sfruttato che per $|\mathbf{y}| > l$ la corrente $\mathbf{j}(t, \mathbf{y})$ si annulla. Il potenziale (8.40) si scrive allora semplicemente

$$\mathbf{A}(t, \mathbf{x}) = \frac{\dot{\mathbf{D}}(t - r/c)}{4\pi rc} \tag{8.43}$$

Un aspetto peculiare di questa formula – caratteristico per l'approssimazione di dipolo – è che esprime il potenziale spaziale in termini della sola *densità di carica* ρ, senza coinvolgere esplicitamente la corrente spaziale $\mathbf{j}$.

Il potenziale A^0. Per l'analisi della radiazione è sufficiente la conoscenza del potenziale spaziale $\mathbf{A}$. Facciamo, tuttavia, notare che nello sviluppo, non relativistico, (8.36) le componenti $\mathbf{A}$ e A^0 devono essere analizzate separatamente. La componente temporale j^0 della corrente è infatti legata alla densità di carica ρ dalla relazione $j^0 = c\rho$, mentre la sua componente spaziale è indipendente da c. Si ricordi in proposito che per una particella singola si ha infatti $\mathbf{j} = \rho\mathbf{v}$. Ne segue che, se nell'espansione (8.36) di $\mathbf{A}$ ci si arresta all'ordine $1/c^N$, per consistenza nell'espansione di A^0 occorre considerare anche il termine di ordine $1/c^{N+1}$. In particolare, nel calcolo di A^0 in approssimazione di dipolo nella (8.36) occorre tenere conto anche del termine lineare in $\mathbf{n}\cdot\mathbf{y}/c$. Sottintendendo che ρ sia valutato in $(t - r/c, \mathbf{y})$ otteniamo quindi

$$A^0(t, \mathbf{x}) = \frac{1}{4\pi rc} \left(\int c\rho \, d^3y + \frac{1}{c}\,\mathbf{n}\cdot\partial_t \int \mathbf{y}\, c\rho \, d^3y \right) = \frac{1}{4\pi r}\left(Q + \frac{1}{c}\,\mathbf{n}\cdot\dot{\mathbf{D}} \right),$$
(8.44)

dove $Q = \int \rho(t, \mathbf{y})\, d^3y$ è la carica totale conservata del sistema e $\mathbf{D}$ è valutato all'istante $t - r/c$. Nel primo termine, indipendente dal tempo, si riconosce il potenziale coulombiano, mentre il secondo, dipendente dal tempo, rappresenta una correzione relativistica. Solo in questo modo il quadripotenziale specificato dalle formule (8.43) e (8.44) soddisfa la gauge di Lorenz $\partial_\mu A^\mu = \frac{1}{c}\dot{A}^0 + \boldsymbol{\nabla}\cdot\mathbf{A} = 0$ – modulo termini di ordine $1/r^2$ – nonché la relazione delle onde (8.11).

Emissione di quadrimomento. In base alle relazioni (8.12), (8.13) e (8.43) per i campi elettrico e magnetico nella zona delle onde si ottengono le semplici espressioni

$$\mathbf{E} = -\frac{1}{4\pi rc^2}\left(\ddot{\mathbf{D}} - (\mathbf{n}\cdot\ddot{\mathbf{D}})\,\mathbf{n} \right), \qquad \mathbf{B} = -\frac{\mathbf{n}\times\ddot{\mathbf{D}}}{4\pi rc^2},$$
(8.45)

dove d'ora in avanti sottintendiamo la dipendenza dall'istante $t - r/c$. In ogni istante il campo elettrico appartiene quindi al piano individuato dai vettori $\ddot{\mathbf{D}}$ e $\mathbf{n}$. Inserendo, invece, la (8.43) nella (8.16) otteniamo per la distribuzione angolare della potenza emessa da un generico sistema carico *non relativistico* le espressioni equivalenti

$$\frac{dW}{d\Omega} = \frac{1}{16\pi^2 c^3}\,\ddot{D}^i \ddot{D}^j (\delta^{ij} - n^i n^j) = \frac{\mathrm{sen}^2\vartheta\,|\ddot{\mathbf{D}}|^2}{16\pi^2 c^3} = \frac{|\mathbf{n}\times\ddot{\mathbf{D}}|^2}{16\pi^2 c^3},$$
(8.46)

dove ϑ è l'angolo tra i vettori $\ddot{\mathbf{D}}$ e $\mathbf{n}$. Vediamo pertanto che la radiazione di dipolo ha una distribuzione angolare molto semplice: è *nulla* lungo la direzione di $\ddot{\mathbf{D}}$ ed è *massima* nel piano ortogonale a $\ddot{\mathbf{D}}$.

Per determinare, infine, la potenza totale emessa dal sistema in tutte le direzioni dobbiamo integrare la (8.46) sull'angolo solido. Sfruttando gli integrali invarianti del Problema 2.6 otteniamo la semplice formula fondamentale

$$\begin{aligned} W &= \int \frac{dW}{d\Omega}\, d\Omega = \frac{1}{16\pi^2 c^3}\,\ddot{D}^i \ddot{D}^j \int (\delta^{ij} - n^i n^j)\, d\Omega \\ &= \frac{1}{16\pi^2 c^3}\,\ddot{D}^i \ddot{D}^j \left(4\pi\delta^{ij} - \frac{4\pi}{3}\,\delta^{ij} \right) = \frac{|\ddot{\mathbf{D}}|^2}{6\pi c^3}. \end{aligned}$$
(8.47)

Viceversa, la quantità di moto *totale* emessa dal sistema in tutte le direzioni è nulla. Dalla (8.17) segue infatti

$$\frac{d\mathbf{P}}{dt} = \frac{1}{c} \int \mathbf{n} \frac{dW}{d\Omega} \, d\Omega = \frac{1}{16\pi^2 c^4} \, \ddot{D}^i \ddot{D}^j \int \mathbf{n} \left(\delta^{ij} - n^i n^j \right) d\Omega = 0, \qquad (8.48)$$

dove si sono usati nuovamente gli integrali invarianti. Questo risultato, in realtà, è una semplice conseguenza dell'invarianza sotto l'inversione $\mathbf{n} \rightarrow -\mathbf{n}$ della distribuzione angolare (8.46): visto che le energie emesse nelle direzioni $\mathbf{n}$ e $-\mathbf{n}$ sono uguali, in base alla (8.17) le quantità di moto emesse nelle due direzioni sono opposte e si cancellano dunque tra di loro.

In conclusione, in *approssimazione di dipolo* un sistema carico irradia energia – con potenza istantanea data dalla (8.47) – sebbene la quantità di moto *totale* irradiata sia nulla. In questa approssimazione l'energia irradiata è proporzionale a $1/c^3$ e la quantità di moto irradiata in una data direzione è proporzionale a $1/c^4$, si veda la (8.48). La quantità di moto totale *esatta* irradiata inizia, dunque, con termini di ordine $1/c^5$.

Sistemi di particelle e bremsstrahlung. Consideriamo come caso particolare un sistema di particelle cariche non relativistiche. In questo caso la densità di carica è data da

$$\rho(t, \mathbf{y}) = \sum_r e_r \, \delta^3(\mathbf{y} - \mathbf{y}_r(t)),$$

cosicché la (8.41) fornisce il momento di dipolo

$$\mathbf{D}(t) = \int \mathbf{y} \sum_r e_r \, \delta^3(\mathbf{y} - \mathbf{y}_r(t)) \, d^3 y = \sum_r e_r \mathbf{y}_r(t), \qquad \ddot{\mathbf{D}} = \sum_r e_r \mathbf{a}_r, \qquad (8.49)$$

$\mathbf{a}_r$ essendo l'accelerazione della particella r-esima. In base alla (8.47) un tale sistema emette dunque radiazione di dipolo con potenza istantanea

$$W = \frac{1}{6\pi c^3} \left| \sum_r e_r \mathbf{a}_r \right|^2, \qquad (8.50)$$

formula che generalizza la formula di Larmor (7.56) a un sistema di particelle. Si noti, comunque, che nella (8.50) non compare la somma delle potenze individuali $\sum_r e_r^2 |\mathbf{a}_r|^2 / 6\pi c^3$. Il campo elettromagnetico soddisfa, infatti, il principio di sovrapposizione e obbedisce alle leggi dell'interferenza: se $\mathbf{E}_r$ indica il campo asintotico della particella r-esima la potenza (8.16) si scrive appunto

$$\frac{dW}{d\Omega} = c r^2 \left| \sum_r \mathbf{E}_r \right|^2, \qquad (8.51)$$

e non $dW/d\Omega = c r^2 \sum_r |\mathbf{E}_r|^2$. Nel limite non relativistico, in particolare, il campo $\mathbf{E}_r$ di ciascuna particella ha la semplice forma (8.52) e in tal caso è immediato verificare che l'integrale sull'angolo solido dell'equazione (8.51) restituisce la (8.50).

La radiazione emessa da particelle cariche a causa di un'accelerazione momentanea o prolungata nel tempo viene genericamente chiamata *bremsstrahlung*, ovvero *radiazione di frenamento*. L'equazione (8.50) quantifica l'entità di questa radiazione – sommata sugli angoli – per un arbitrario sistema di particelle non relativistiche e ne faremo ampio uso in seguito.

Particella singola. Consideriamo più in dettaglio il caso di una particella singola, per cui $\ddot{\mathbf{D}} = e\mathbf{a}$. I campi nella zona delle onde (8.45) assumono allora la semplice forma

$$\mathbf{E} = -\frac{e}{4\pi r c^2}(\mathbf{a} - (\mathbf{n}\cdot\mathbf{a})\,\mathbf{n}), \qquad \mathbf{B} = -\frac{e(\mathbf{n} \times \mathbf{a})}{4\pi r c^2}. \qquad (8.52)$$

Si noti come questi campi siano fondamentalmente diversi dai campi generati a grandi distanze da una particella in moto rettilineo uniforme, si vedano le equazioni (6.91) e (6.89) nel limite di $v \ll c$. In particolare il campo $\mathbf{E}$ non è più radiale – essendo piuttosto *ortogonale* alla direzione radiale $\mathbf{n}$ – e appartiene al piano formato dai vettori $\mathbf{n}$ e $\mathbf{a}$.

Per la distribuzione angolare della potenza la (8.46) fornisce

$$\frac{d\mathcal{W}}{d\Omega} = \frac{e^2|\mathbf{n} \times \mathbf{a}|^2}{16\pi^2 c^3}. \qquad (8.53)$$

Come si vede, la particella non emette radiazione nella direzione dell'accelerazione, mentre l'intensità della radiazione è massima nel piano *ortogonale* all'accelerazione. Anticipiamo che questa distribuzione angolare è peculiare per la radiazione emessa da particelle non relativistiche. Nella Sezione 10.3 vedremo, infatti, che la distribuzione angolare della radiazione emessa da particelle ultrarelativistiche è radicalmente diversa. Si noti, infine, come le equazioni per una particella singola (8.52) e (8.53) combacino con le equazioni (7.54) e (7.55) del Paragrafo 7.4.1, derivate a partire dai campi di Liénard-Wiechert.

Assenza della radiazione di dipolo. Menzioniamo alcuni casi importanti in cui la radiazione di dipolo è assente. Oltre al caso ovvio di un sistema di cariche in moto rettilineo uniforme – quindi molto distanti tra di loro – la radiazione di dipolo è assente per un sistema *isolato*, per cui il rapporto $e_r/m_r = \gamma$ è indipendente da r. In questo caso il momento di dipolo si scrive infatti

$$\mathbf{D} = \sum_r e_r \mathbf{y}_r = \gamma \sum_r m_r \mathbf{y}_r$$

e, dal momento che la quantità di moto totale $\sum_r m_r \mathbf{v}_r$ di un sistema isolato non relativistico è una costante del moto, ne segue

$$\ddot{\mathbf{D}} = \gamma \frac{d}{dt}\left(\sum_r m_r \mathbf{v}_r\right) = 0.$$

Concludiamo in particolare che in qualsiasi processo che coinvolga una sola specie di particelle, come ad esempio in un urto tra due particelle identiche, non vi è emissione di radiazione di dipolo.

Un altro caso importante in cui la radiazione di dipolo è assente è quello di una distribuzione *sferica* di carica. Questo segue direttamente dal *teorema di Birkhoff* – si veda il Problema 2.5 – che garantisce che una distribuzione sferica di carica nel vuoto genera un campo *statico*. E un campo statico non supporta nessuna radiazione. I risultati della nostra analisi non relativistica sono infatti in accordo con questo teorema. Per verificarlo sfruttiamo il fatto che per una distribuzione a simmetria sferica la densità di carica dipenda solo da t e da $y = |\mathbf{y}|$, $\rho(t, \mathbf{y}) \equiv \rho(t, y)$. Passando in coordinate polari, e usando gli integrali invarianti, per il momento di dipolo otteniamo allora ($\mathbf{y} = y\mathbf{n}$, $d^3 y = y^2 dy d\Omega$)

$$\mathbf{D}(t) = \int \mathbf{y}\rho(t, y)\, d^3 y = \left(\int_0^\infty y^3 \rho(t, y)\, dy \right)\left(\int \mathbf{n}\, d\Omega \right) = 0. \qquad (8.54)$$

Come abbiamo avuto modo di osservare in precedenza, nei casi in cui la radiazione di dipolo è assente diventa rilevante il termine successivo nello sviluppo (8.36), ovvero il termine di quadrupolo. Tuttavia, per sistemi a simmetria sferica la radiazione ovviamente è assente a tutti gli ordini dello sviluppo in multipoli.

Riepilogo. Concludiamo il paragrafo riassumendo le diverse formule per il quadripotenziale e la corrispondente distribuzione angolare della potenza emessa.

- Potenziale esatto:

$$A^\mu(x) = \frac{1}{4\pi c} \int \frac{1}{|\mathbf{x} - \mathbf{y}|}\, j^\mu\left(t - \frac{|\mathbf{x} - \mathbf{y}|}{c}, \mathbf{y} \right) d^3 y.$$

Potenza locale esatta:

$$\frac{dW}{d\Omega} = cr^2 \mathbf{n}\cdot(\mathbf{E} \times \mathbf{B}).$$

- Potenziale nella zona delle onde:

$$A^\mu(x) = \frac{1}{4\pi rc} \int j^\mu\left(t - \frac{r}{c} + \frac{\mathbf{n}\cdot\mathbf{y}}{c}, \mathbf{y} \right) d^3 y.$$

Potenza emessa esatta:

$$\frac{dW}{d\Omega} = \frac{r^2}{c}\, |\mathbf{n} \times \dot{\mathbf{A}}|^2.$$

- Potenziale nella zona delle onde in approssimazione di dipolo:

$$\mathbf{A}(x) = \frac{1}{4\pi rc} \int \mathbf{j}\left(t - \frac{r}{c}, \mathbf{y} \right) d^3 y = \frac{\dot{\mathbf{D}}}{4\pi rc}.$$

Potenza emessa nell'approssimazione di dipolo:

$$\frac{d\mathcal{W}}{d\Omega} = \frac{\left|\mathbf{n} \times \ddot{\mathbf{D}}\right|^2}{16\pi^2 c^3}.$$

Potenza totale emessa in approssimazione di dipolo:

$$\mathcal{W} = \frac{\left|\ddot{\mathbf{D}}\right|^2}{6\pi c^3}.$$

8.4.1 Radiazione di un'antenna lineare corta

Come prima applicazione dell'approssimazione di dipolo analizziamo la radiazione emessa da un'antenna lineare *corta*, ovvero di lunghezza L molto minore della lunghezza d'onda su cui emette,

$$L \ll \lambda \quad \leftrightarrow \quad \frac{\omega L}{c} \ll 1. \tag{8.55}$$

Nella Sezione 8.2 abbiamo analizzato in modo esatto la radiazione di un'antenna lineare di lunghezza arbitraria. L'analisi che segue ci permetterà dunque, in particolare, di discutere i limiti di validità dell'approssimazione di dipolo in un esempio concreto.

Ripartiamo dalla corrente spaziale (8.25), ripristinando la velocità della luce,

$$\mathbf{j}(t, \mathbf{y}) = I_0\, \delta(y^1)\, \delta(y^2)\, \frac{sen\left(\frac{\omega}{c}\left(\frac{L}{2} - |y^3|\right)\right)}{sen\left(\frac{\omega L}{2c}\right)}\, cos(\omega t)\, \mathbf{u}. \tag{8.56}$$

Verifichiamo innanzitutto se sotto l'ipotesi (8.55) l'approssimazione di dipolo sia lecita, ovvero se la limitazione (8.37) sia valida. Il tempo caratteristico con cui varia la corrente è il periodo $t_0 = 2\pi/\omega$ e conseguentemente la (8.37) si muta nella condizione

$$|\mathbf{n} \cdot \mathbf{y}| \le \frac{L}{2} \ll ct_0 = \frac{2\pi c}{\omega} = \lambda,$$

che equivale proprio alla (8.55).

Possiamo dunque analizzare la radiazione emessa dall'antenna ricorrendo alle formule derivate nel paragrafo precedente, che coinvolgono solo il momento di dipolo (8.41). Per valutare quest'ultimo dobbiamo conoscere la densità di carica ρ dell'antenna, che può essere determinata a sua volta sfruttando la conservazione della quadricorrente e l'espressione della corrente spaziale (8.56). Abbiamo infatti

$$\dot{\rho} = -\partial_i j^i = -\frac{\partial j^3}{\partial y^3} = \omega I_0\, \delta(y^1)\, \delta(y^2)\, \frac{cos\left(\frac{\omega}{c}\left(\frac{L}{2} - |y^3|\right)\right)}{c\, sen\left(\frac{\omega L}{2c}\right)}\, cos(\omega t)\, \varepsilon(y^3),$$

dove $\varepsilon(\,\cdot\,)$ indica la funzione *segno*. La densità di carica è quindi data da

$$\rho(t,\mathbf{y}) = I_0\,\delta(y^1)\,\delta(y^2)\,\frac{cos\big(\frac{\omega}{c}\big(\frac{L}{2} - |y^3|\big)\big)}{c\,sen\big(\frac{\omega L}{2c}\big)}\,sen(\omega t)\,\varepsilon(y^3).$$

Possiamo ora determinare il momento di dipolo:

$$\mathbf{D} = \int \mathbf{y}\rho(t,\mathbf{y})\,d^3y = I_0 sen(\omega t)\int \mathbf{y}\,\delta(y^1)\,\delta(y^2)\,\frac{cos\big(\frac{\omega}{c}\big(\frac{L}{2} - |y^3|\big)\big)}{c\,sen\big(\frac{\omega L}{2c}\big)}\,\varepsilon(y^3)\,d^3y$$

$$= 2I_0 sen(\omega t)\mathbf{u}\int_0^{\frac{L}{2}} y^3\,\frac{cos\big(\frac{\omega}{c}\big(\frac{L}{2} - y^3\big)\big)}{c\,sen\big(\frac{\omega L}{2c}\big)}\,dy^3 = \frac{2I_0 c\,sen(\omega t)\big(1 - cos\big(\frac{\omega L}{2c}\big)\big)}{\omega^2 sen\big(\frac{\omega L}{2c}\big)}\,\mathbf{u}.$$

Dal momento che per ipotesi $\omega L/c \ll 1$ questa espressione si riduce a

$$\mathbf{D} = \frac{I_0 L}{2\omega}\,sen(\omega t)\,\mathbf{u}, \qquad \ddot{\mathbf{D}} = -\frac{\omega I_0 L}{2}\,sen(\omega t)\,\mathbf{u}.$$

Per la potenza istantanea la (8.46) fornisce allora

$$\frac{d\mathcal{W}}{d\Omega} = \frac{(\omega I_0 L)^2 sen^2(\omega(t - r/c))}{64\pi^2 c^3}\,sen^2\vartheta, \qquad (8.57)$$

dove ϑ è l'angolo tra $\mathbf{n}$ e l'asse z. Mediando questa espressione su un periodo otteniamo la potenza media

$$\frac{d\overline{\mathcal{W}}}{d\Omega} = \frac{(I_0\omega L)^2}{128\pi^2 c^3}\,sen^2\vartheta, \qquad (8.58)$$

da confrontare con la potenza media esatta (8.29). In effetti è facile far vedere che per $\omega L/c \ll 1$ la (8.29) si riduce alla (8.58). Dalla (8.58) vediamo che la distribuzione angolare della radiazione emessa è molto semplice: è massima nel piano ortogonale all'antenna e nulla lungo la direzione dell'antenna. Da un confronto qualitativo più approfondito tra la (8.58) e la (8.29) emerge che fino a quando $L \leq \lambda$ la seconda ha una *forma* molto simile alla prima: un unico massimo in $\vartheta = \pi/2$ e un unico zero in $\vartheta = 0$.

Per valutare quantitativamente la differenza tra le potenze di un'antenna corta e di un'antenna lunga confrontiamo le rispettive potenze totali. Integrando la (8.58) sull'angolo solido otteniamo

$$\overline{\mathcal{W}} = \int \frac{d\overline{\mathcal{W}}}{d\Omega}\,d\Omega = \frac{(\omega L)^2}{48\pi c^3}\,I_0^2 = \frac{1}{2c}\,I_0^2 R_{rad}^c, \qquad (8.59)$$

avendo introdotto la resistenza di radiazione dell'antenna

$$R_{rad}^c = \frac{(\omega L)^2}{24\pi c^2} = \frac{\pi}{6}\left(\frac{L}{\lambda}\right)^2. \qquad (8.60)$$

Nelle unità di misura del sistema MKS questa formula si scrive

$$R_{rad}^c = \frac{\pi}{6} \left(\frac{L}{\lambda}\right)^2 R_0 = 197 \left(\frac{L}{\lambda}\right)^2 Ohm,$$

dove $R_0 = 377\, Ohm$ è il valore della *resistenza del vuoto*, si veda la (8.33). Scegliendo ad esempio, in accordo con la condizione (8.55), $L = \lambda/25$ otteniamo la resistenza di radiazione

$$R_{rad}^c = 0.32\, Ohm,$$

valore che è molto minore della resistenza di radiazione $R_{rad}^{(1/2)} = 73\, Ohm$ dell'antenna a mezz'onda, si veda la (8.34). Tuttavia, il dato più rilevante è che la resistenza *ohmica* R_{ohm}^c di un'antenna corta è dello stesso ordine di grandezza, o anche sensibilmente maggiore, della sua resistenza di radiazione:

$$R_{rad}^c \lesssim R_{ohm}^c.$$

Un'antenna corta in generale ha dunque una *bassa* efficienza di radiazione.

Infine possiamo chiederci quale valore avremmo ottenuto per la potenza emessa dall'antenna a *mezz'onda* se – sbagliando – avessimo applicato l'approssimazione di dipolo. Il risultato sarebbe stata l'equazione (8.59) con $L = \lambda/2 = \pi c/\omega$, vale a dire

$$\overline{W} = \frac{\pi I_0^2}{48c} = 0.065\, \frac{I_0^2}{c},$$

mentre il risultato esatto è dato dalla (8.31), ovvero $\overline{W} = 0.097\, I_0^2/c$. Avremmo quindi ottenuto il corretto ordine di grandezza, bensì un valore numerico errato.

8.4.2 Diffusione Thomson

La diffusione di radiazione elettromagnetica da parte di particelle cariche è un processo che nella fisica delle interazioni fondamentali riveste un ruolo centrale. Nel caso più semplice, in ambito classico, tale processo viene descritto da un'onda elementare che investe una particella carica libera e si chiama *diffusione Thomson*. In ambito quantistico lo stesso processo si riconduce, invece, a collisioni tra i fotoni dell'onda incidente e la particella carica e si chiama *effetto Compton*.

Gli aspetti salienti della diffusione Thomson si possono riassumere come segue. Una particella carica libera che viene investita da un'onda elementare è sottoposta alla forza di Lorentz associata al campo elettromagnetico dell'onda e inizia a oscillare, principalmente lungo la direzione del campo elettrico dell'onda incidente e con la sua stessa frequenza. Essendo accelerata emette a sua volta radiazione elettromagnetica in tutte le direzioni, bensí in maniera anisotropa. Se la particella è non relativistica tale radiazione *diffusa* ha la stessa frequenza dell'onda incidente e risulta polarizzata linearmente.

Onda incidente. Come onda incidente consideriamo un'onda piana di frequenza ω, polarizzata linearmente, propagantesi in direzione **u**. I campi elettrico e magnetico dell'onda hanno allora la forma

$$\mathcal{E} = \mathcal{E}_0 \, cos(\omega t - \mathbf{k}\cdot\mathbf{x}), \qquad \mathcal{B} = \mathbf{u} \times \mathcal{E}, \qquad \mathbf{u} \cdot \mathcal{E}_0 = 0, \qquad (8.61)$$

dove $\mathcal{E}_0$ – l'ampiezza del campo elettrico – è un vettore reale e $\mathbf{k} = \omega\mathbf{u}/c$. L'intensità media $\mathcal{I} = \overline{\mathcal{P}}$ dell'onda incidente, ovvero l'energia incidente che attraversa in media l'unità di superficie nell'unità di tempo, è allora data da (si veda la (5.102))

$$\mathcal{I} = c\,\overline{\mathcal{E}^2} = c\mathcal{E}_0^2 \, \overline{cos^2(\omega t - \mathbf{k}\cdot\mathbf{x})} = \frac{c\mathcal{E}_0^2}{2}. \qquad (8.62)$$

Di seguito supporremo che $\mathcal{I}$ sia sufficientemente piccola, di modo tale che le velocità delle particelle investite dall'onda restino sempre molto minori di c, si veda la (8.66). In questo modo potremo analizzare la radiazione diffusa dalle particelle ricorrendo all'approssimazione di dipolo.

Vediamo allora qual è l'effetto dell'onda quando investe una particella di massa m e carica e. Per velocità non relativistiche la particella deve soddisfare l'equazione del moto

$$m\mathbf{a} = e\Big(\mathcal{E} + \frac{\mathbf{v}}{c} \times \mathcal{B}\Big). \qquad (8.63)$$

Visto che $v \ll c$ e $\mathcal{B} = \mathcal{E}$ il campo magnetico può essere trascurato. L'equazione da risolvere si scrive allora più precisamente

$$m\ddot{\mathbf{y}}(t) = e\mathcal{E}_0 \, cos(\omega t - \mathbf{k}\cdot\mathbf{y}(t)). \qquad (8.64)$$

Supponendo che l'onda si propaghi lungo l'asse z e che $\mathcal{E}_0$ sia diretto lungo l'asse x, nel qual caso abbiamo $\mathbf{u} = (0,0,1)$, $c\mathbf{k} = (0,0,\omega)$ e $\mathcal{E}_0 = (\mathcal{E}_0,0,0)$, la (8.64) ammette la soluzione stazionaria

$$x(t) = -\frac{e\mathcal{E}_0}{m\omega^2} \, cos(\omega t), \quad y(t) = 0, \quad z(t) = 0. \qquad (8.65)$$

La particella oscilla dunque lungo la direzione del campo elettrico, con la stessa frequenza ω dell'onda incidente. In particolare la sua velocità massima è $v_M = e\mathcal{E}_0/m\omega$. La validità dell'approssimazione di dipolo richiede dunque che sia

$$v_M = \frac{e\mathcal{E}_0}{m\omega} \ll c. \qquad (8.66)$$

Corrispondentemente l'intensità (8.62) dell'onda incidente deve soddisfare la condizione $\mathcal{I} \ll m^2\omega^2 c^3/e^2$.

Radiazione diffusa. Dalla legge oraria (8.65) segue che l'accelerazione può essere posta nella semplice forma

$$\mathbf{a}(t) = \frac{e\mathcal{E}_0}{m} \, cos(\omega t). \qquad (8.67)$$

Le formule generali (8.52) e (8.53) forniscono allora per i campi di radiazione e la potenza emessa le espressioni

$$\mathbf{E} = -\frac{e^2}{4\pi mrc^2} (\boldsymbol{\mathcal{E}}_0 - (\mathbf{n} \cdot \boldsymbol{\mathcal{E}}_0)\,\mathbf{n}) cos\left(\omega\left(t - \frac{r}{c}\right)\right), \quad \mathbf{B} = \mathbf{n} \times \mathbf{E}, \quad (8.68)$$

$$\frac{d\mathcal{W}}{d\Omega} = \frac{e^4}{16\pi^2 m^2 c^3} \left(\mathcal{E}_0^2 - (\mathbf{n} \cdot \boldsymbol{\mathcal{E}}_0)^2\right) cos^2\left(\omega\left(t - \frac{r}{c}\right)\right). \quad (8.69)$$

La radiazione diffusa ha quindi la stessa frequenza dell'onda incidente, ma si propaga radialmente in tutte le direzioni. Dalla (8.69) si vede che la sua intensità è massima nel piano passante per la particella e ortogonale a $\boldsymbol{\mathcal{E}}_0$, ovvero per $\mathbf{n} \perp \boldsymbol{\mathcal{E}}_0$, mentre si annulla nella direzione di $\boldsymbol{\mathcal{E}}_0$, ovvero per $\mathbf{n} \parallel \boldsymbol{\mathcal{E}}_0$. Dalla (8.68) si vede, inoltre, che il campo elettrico appartiene al piano formato dai vettori $\boldsymbol{\mathcal{E}}_0$ ed $\mathbf{n}$ e la sua direzione è quindi costante nel tempo: la radiazione diffusa è dunque polarizzata *linearmente*.

Radiazione incidente non polarizzata. Nella maggior parte dei casi di interesse fisico – come nel caso della luce naturale – la radiazione incidente non è polarizzata, ma corrisponde a una sovrapposizione equiprobabile, ovvero a una miscela statistica, di tutte le polarizzazioni $\boldsymbol{\mathcal{E}}_0$ ortogonali a $\mathbf{k}$. In tal caso dobbiamo mediare l'espressione (8.69) su tutti i vettori $\boldsymbol{\mathcal{E}}_0$ ortogonali a $\mathbf{k}$, soggetti al vincolo $\mathcal{E}_0^2 = 2\mathcal{I}/c$. Per effettuare questa media esplicitiamo il termine della (8.69) che dipende dalla direzione di $\boldsymbol{\mathcal{E}}_0$. Scegliendo nuovamente $\mathbf{u} = (0,0,1)$ abbiamo $\mathcal{E}_{0z} = 0$ e quindi

$$(\mathbf{n} \cdot \boldsymbol{\mathcal{E}}_0)^2 = (n_x \mathcal{E}_{0x} + n_y \mathcal{E}_{0y})^2 = n_x^2 \mathcal{E}_{0x}^2 + n_y^2 \mathcal{E}_{0y}^2 + 2n_x n_y \mathcal{E}_{0x}\mathcal{E}_{0y}.$$

Per determinare la media di questa espressione sfruttiamo le relazioni

$$\overline{\mathcal{E}_{0x}^2} = \overline{\mathcal{E}_{0y}^2} = \frac{1}{2}\mathcal{E}_0^2, \qquad \overline{\mathcal{E}_{0x}\mathcal{E}_{0y}} = 0.$$

Indicando con ϑ l'angolo tra $\mathbf{n}$ e la direzione di incidenza, ovvero l'asse z, abbiamo inoltre $n_z = cos\vartheta$ e $n_x^2 + n_y^2 = sen^2\vartheta$. In tal modo otteniamo

$$\overline{\mathcal{E}_0^2 - (\mathbf{n} \cdot \boldsymbol{\mathcal{E}}_0)^2} = \mathcal{E}_0^2 - \frac{1}{2} sen^2\vartheta\, \mathcal{E}_0^2 = \frac{1}{2}\left(1 + cos^2\vartheta\right)\mathcal{E}_0^2.$$

Considerando, inoltre, la media temporale della potenza (8.69) dobbiamo effettuare la sostituzione $cos^2(\omega(t - r/c)) \to 1/2$. In definitiva, per radiazione incidente *non polarizzata* dalla (8.69) deriviamo per la distribuzione angolare della potenza media diffusa l'espressione

$$\frac{d\overline{\mathcal{W}}}{d\Omega} = \frac{e^4 \mathcal{E}_0^2}{64\pi^2 m^2 c^3}\left(1 + cos^2\vartheta\right). \quad (8.70)$$

Come si vede, la potenza diffusa risulta massima nella la direzione di propagazione della radiazione incidente – in entrambi i versi $\vartheta = 0$ e $\vartheta = \pi$ – in accordo con il fatto che per qualsiasi polarizzazione dell'onda incidente la particella oscilla nel piano ortogonale alla direzione di incidenza.

Infine, per calcolare la potenza totale integriamo la (8.70) sugli angoli. Sfruttando l'integrale

$$\int (1 + cos^2\vartheta)\, d\Omega = \int_0^{2\pi} d\varphi \int_0^{\pi} sen\vartheta\, d\vartheta\,(1 + cos^2\vartheta) = \frac{16\pi}{3} \qquad (8.71)$$

otteniamo

$$\overline{\mathcal{W}} = \int \frac{d\overline{\mathcal{W}}}{d\Omega}\, d\Omega = \frac{e^4 \mathcal{E}_0^2}{12\pi m^2 c^3}. \qquad (8.72)$$

Allo stesso risultato si arriva, ovviamente, inserendo l'accelerazione (8.67) nella formula di Larmor (7.56) e mediando il risultato sui tempi. La potenza ottenuta in tal modo è indipendente dalle polarizzazioni e la media su queste ultime è pertanto banale.

Sezione d'urto di Thomson. Da un punto di vista sperimentale le grandezze rilevanti in un processo di diffusione sono la *sezione d'urto differenziale* $d\sigma/d\Omega$ e la *sezione d'urto totale* σ. Nel caso in questione $d\sigma/d\Omega$ è definita come l'energia diffusa nell'unità di tempo e nell'unità di angolo solido in una data direzione, divisa l'energia incidente nell'unità di tempo per unità di superficie, ovvero l'intensità incidente $\mathcal{I}$. Analogamente σ è definita come l'energia diffusa nell'unità di tempo in tutte le direzioni, divisa l'intensità incidente. Per la diffusione Thomson dalle equazioni (8.62) e (8.70) ricaviamo

$$\frac{d\sigma}{d\Omega} = \frac{1}{\mathcal{I}} \frac{d\overline{\mathcal{W}}}{d\Omega} = \frac{1 + cos^2\vartheta}{2}\, r_0^2, \qquad (8.73)$$

dove abbiamo introdotto il *raggio classico della particella* r_0, che nel caso dell'elettrone vale

$$r_0 = \frac{e^2}{4\pi mc^2} = 2.8 \cdot 10^{-13}\, cm. \qquad (8.74)$$

Si noti che questo raggio è molto minore sia del *raggio di Bohr* r_B, sia della *lunghezza d'onda Compton* λ_C dell'elettrone:

$$r_B = \frac{4\pi \hbar^2}{me^2} = 5.3 \cdot 10^{-9}\, cm, \qquad \lambda_C = \frac{\hbar}{mc} = 3.8 \cdot 10^{-11}\, cm. \qquad (8.75)$$

Per calcolare la sezione d'urto totale integriamo la (8.73) sugli angoli. Usando nuovamente la (8.71) otteniamo

$$\sigma = \int \frac{d\sigma}{d\Omega}\, d\Omega = \frac{\overline{\mathcal{W}}}{\mathcal{I}} = \frac{8\pi}{3}\, r_0^2. \qquad (8.76)$$

Questa sezione d'urto si chiama *sezione d'urto di Thomson* e ha ovviamente le dimensioni di un'area. Vista la definizione, σ può essere interpretata come la superficie che l'elettrone *offre* come bersaglio all'onda incidente: è proprio il fatto che la sezione d'urto di Thomson sia proporzionale a r_0^2 a conferire a r_0 l'interpretazione di *raggio classico* dell'elettrone.

Bilancio del quadrimomento e forza di autointerazione. Concludiamo la nostra discussione della diffusione Thomson con un'analisi della conservazione del quadrimomento. Ricordiamo innanzitutto che in approssimazione di dipolo la radiazione emessa complessivamente non trasporta quantità di moto, si veda la (8.48). Di conseguenza alla radiazione diffusa, rappresentata dal campo (8.68), complessivamente non è associata nessuna quantità di moto. Inoltre in base alla (8.76) il processo di diffusione in questione può essere interpretato come segue: di tutta la radiazione incidente, concettualmente infinitamente estesa, solo la parte che colpisce la superficie σ viene *diffusa*, mentre il resto passa indisturbato e costituisce la radiazione *trasmessa*.

Consideriamo ora il bilancio del quadrimomento separatamente per la radiazione trasmessa, la radiazione diffusa e la particella. Per la radiazione trasmessa il quadrimomento iniziale e finale sono ovviamente uguali. Anche la particella conserva in media il suo quadrimomento, poiché si trova in moto stazionario. Alla radiazione diffusa per definizione prima della diffusione è associato il flusso di energia $\mathcal{I}\sigma$, mentre dopo la diffusione le è associato il flusso $\overline{\mathcal{W}}$: grazie all'uguaglianza $\overline{\mathcal{W}} = \mathcal{I}\sigma$ la sua energia resta quindi conservata. Al contrario, in base alle equazioni (5.105), (8.62) e (8.76) il suo flusso di *quantità di moto* in direzione z prima della diffusione vale

$$\frac{dP^z}{dt} = \overline{T_{em}^{zz}}\,\sigma = \overline{\mathcal{E}^2}\sigma = \frac{4\pi}{3}\,r_0^2\,\mathcal{E}_0^2,$$

mentre dopo la diffusione è zero! Se la quantità di moto totale del sistema deve conservarsi, dobbiamo concludere che il flusso di quantità di moto mancante venga assorbito alla particella. Su quest'ultima deve dunque agire una forza media *in avanti* pari a

$$\mathcal{F} = \frac{d\mathbf{P}}{dt} = \frac{4\pi}{3}\,r_0^2\,\mathcal{E}_0^2\,\mathbf{u}, \tag{8.77}$$

forza che andrebbe ad aggiungersi al membro di destra dell'equazione (8.63). Si noti che $\mathcal{F}$ è di ordine $1/c^4$, ovvero dello stesso ordine del flusso di quantità di moto associato *localmente* alla radiazione di dipolo, si veda la (8.48).

Emerge pertanto il seguente quadro. La forza $e(\mathcal{E} + \mathbf{v} \times \mathcal{B}/c)$ – l'agente primario – imprime alla particella un moto accelerato oscillatorio. Di conseguenza la particella emette radiazione elettromagnetica, che le provoca a sua volta una spinta in avanti, rappresentata dalla forza $\mathcal{F}$. Tale forza, che scaturisce dunque dall'interazione tra la particella e il campo da essa stessa creata, viene chiamata alternativamente *forza di autointerazione*, *forza di frenamento* o *reazione di radiazione*. Si noti che $\mathcal{F}$ – un effetto relativistico – non emerge affatto dalla forza di Lorentz $e\mathbf{v} \times \mathcal{B}/c$, che nella (8.63) abbiamo in effetti trascurato. Più precisamente, usando la legge oraria

(8.65) e sfruttando la relazione $\mathcal{B} = \mathcal{E}$, troviamo[5]

$$e \frac{\mathbf{v}}{c} \times \boldsymbol{\mathcal{B}} = \frac{e^2 \mathcal{E}_0^2}{m\omega c} \, sen(\omega t) cos(\omega t) \, \mathbf{u}. \qquad (8.78)$$

Questo termine correttivo è quadratico in $\mathcal{E}_0$ e di ordine $1/c$, al contrario di $\mathcal{F}$ che è quadratico in $\mathcal{E}_0$, ma di ordine $1/c^4$.

In realtà la forza $\mathcal{F}$ dovrebbe comparire automaticamente se – al posto dell'equazione *approssimata* (8.63) – si considera l'equazione di Lorentz *completa* (2.37), ovvero

$$\frac{d\mathbf{p}}{dt} = e\Big(\boldsymbol{\mathcal{E}} + \mathbf{E} + \frac{\mathbf{v}}{c} \times (\boldsymbol{\mathcal{B}} + \mathbf{B})\Big), \qquad (8.79)$$

dove $\mathbf{E}$ e $\mathbf{B}$ sono i campi di Liénard-Wiechert generati dalla particella[6]. Nell'equazione (8.79) questi campi sono valutati nella posizione della particella, cosicché il termine $e(\mathbf{E} + \mathbf{v} \times \mathbf{B}/c)$ rappresenta effettivamente una forza dovuta all'autointerazione. Un'analisi dettagliata mostra, tuttavia, che questa forza dà luogo – oltre che al termine finito $\mathcal{F}$, si veda il Problema 14.8 – anche a termini *infiniti*: come abbiamo menzionato varie volte, il campo valutato nella posizione della particella è appunto divergente. Per una trattazione sistematica dell'autointerazione – che prevede in particolare la sostituzione dell'equazione di Lorentz con l'equazione di *Lorentz-Dirac* – rimandiamo al Capitolo 14.

Aspetti quantistici. La visuale classica della *diffusione Thomson* non tiene conto degli aspetti quantistici dell'interazione tra cariche e radiazione. A livello quantistico il processo di diffusione di radiazione di frequenza ω da parte di elettroni si realizza, infatti, attraverso collisioni tra fotoni *incidenti* di energia $\hbar\omega$ ed elettroni, ovvero attraverso l'*effetto Compton*. La radiazione uscente è dunque costituita a sua volta da fotoni, che si propagano in tutte le direzioni. Fino a quando le lunghezze d'onda della radiazione incidente sono molto maggiori della lunghezza d'onda Compton della carica – $\lambda \gg \lambda_C = \hbar/mc$, e dunque $\hbar\omega \ll mc^2$ – gli effetti quantistici sono trascurabili ed è valida l'analisi della diffusione Thomson. Viceversa, quando λ è dell'ordine di λ_C il fotone incidente cede parte della sua energia all'elettrone ed emerge quindi dall'urto con una frequenza più piccola, ovvero con una lunghezza d'onda λ' maggiore di λ. Imponendo la conservazione del quadrimomento si ottiene infatti la nota formula dell'effetto Compton

$$\lambda' = \lambda + 2\pi(1 - cos\vartheta)\,\lambda_C,$$

dove l'*angolo di diffusione* ϑ è l'angolo tra il fotone entrante e quello uscente e ha lo stesso significato che ha nell'equazione classica (8.73).

Per $\lambda \gg \lambda_C$ i fotoni entranti e uscenti hanno praticamente la stessa energia $\hbar\omega$ – indipendentemente dall'angolo di diffusione – e in questo limite il numero di fotoni

---

[5] La media temporale della forza (8.78) è zero, cosicché in realtà non produce alcun effetto *netto*.

[6] Si noti che le formule (8.68) costituiscono espressioni *approssimate* dei campi di Liénard-Wiechert – valide a grandi distanze dalla particella, nonché nel limite non relativistico – sicché non sarebbe lecito usarle nell'equazione (8.79).

nelle radiazioni incidente e uscente è dato semplicemente dall'energia divisa per $\hbar\omega$. In tal caso le sezioni d'urto (8.73) e (8.76) uguagliano il numero di fotoni diffusi nell unità di tempo, diviso il numero di fotoni incidenti nell'unità di tempo per unità di superficie.

Le differenze principali tre le analisi classica e quantistica del fenomeno si possono riassumere come segue.

- A livello quantistico l'energia non viene assorbita e irradiata con continuità sotto forma di onde elettromagnetiche, come assunto nella diffusione Thomson, bensì sotto forma di *quanti* di luce, i fotoni.
- L'energia dei fotoni uscenti è minore dell'energia dei fotoni incidenti, mentre nella trattazione classica la radiazione uscente ha la stessa frequenza della radiazione entrante.
- Si può vedere che la sezione d'urto di Thomson (8.76) è soggetta a una correzione quantistica, che al primo ordine in $\hbar$ risulta nella formula modificata

$$\sigma_q = \frac{8\pi}{3} r_0^2 \left(1 - 4\pi \frac{\lambda_C}{\lambda} \right).$$

8.4.3 Bremsstrahlung dall'interazione coulombiana

In questo paragrafo analizziamo la radiazione generata nell'interazione elettromagnetica tra due cariche non relativistiche – prototipo di *bremsstrahlung* non relativistica. Saremo interessati principalmente alla determinazione dell'energia emessa. Dato che nel limite non relativistico l'interazione elettromagnetica tra due particelle è governata dalla forza di Coulomb $\mathbf{F} = e_1 e_2 \mathbf{r}/4\pi r^3$, le orbite relative sono coniche: ellissi, iperboli o parabole. Come vedremo, la conoscenza della forma esplicita delle orbite ci permetterà di determinare l'energia irradiata in modo analitico.

Consideriamo un sistema isolato costituito da due particelle cariche con masse m_1 e m_2 e cariche e_1 ed e_2. Indicando i vettori posizione rispettivamente con $\mathbf{r}_1$ e $\mathbf{r}_2$, la posizione relativa con $\mathbf{r} = \mathbf{r}_1 - \mathbf{r}_2$ e quella del centro di massa con $\mathbf{r}_{CM}$, valgono le note relazioni

$$\mathbf{r}_1 = \mathbf{r}_{CM} + \frac{m_2}{m_1 + m_2} \mathbf{r}, \qquad \mathbf{r}_2 = \mathbf{r}_{CM} - \frac{m_1}{m_1 + m_2} \mathbf{r}. \qquad (8.80)$$

Separando il moto del centro di massa si trova allora che la dinamica del sistema è governata dalle equazioni del moto

$$\mu \ddot{\mathbf{r}} = \mathbf{F} = \frac{\alpha \mathbf{r}}{r^3}, \qquad \ddot{\mathbf{r}}_{CM} = 0, \qquad (8.81)$$

dove abbiamo posto

$$\alpha = \frac{e_1 e_2}{4\pi}, \qquad \mu = \frac{m_1 m_2}{m_1 + m_2},$$

μ essendo la massa ridotta del sistema.

Cinematica delle coniche. Poiché la forza di Coulomb è centrale e a simmetria sferica, il moto relativo è piano e si conservano l'energia meccanica ε e il momento angolare **L**. Introducendo nel piano dell'orbita le coordinate polari (r, φ), le costanti del moto assumono allora la forma

$$\varepsilon = \frac{1}{2}\mu v^2 + \frac{\alpha}{r}, \qquad L = \mu r^2 \dot{\varphi}, \tag{8.82}$$

$\mathbf{v} = \dot{\mathbf{r}}$ essendo la velocità relativa.

Per la forza in questione le orbite del moto relativo sono coniche. Se l'energia è negativa, $\varepsilon < 0$, e quindi necessariamente $\alpha < 0$, l'orbita è un'*ellisse* di equazione

$$r(\varphi) = \frac{(1 - e^2)a}{1 + e\cos\varphi}, \tag{8.83}$$

dove il semiasse maggiore a e l'eccentricità $e < 1$ sono dati da

$$a = \left|\frac{\alpha}{2\varepsilon}\right|, \qquad e = \sqrt{1 + \frac{2\varepsilon L^2}{\mu\alpha^2}}. \tag{8.84}$$

Ricordiamo inoltre che il periodo ha l'espressione

$$T = 2\pi\sqrt{\frac{\mu a^3}{|\alpha|}}$$

e che il momento angolare può essere posto anche nella forma

$$L = \sqrt{\mu a|\alpha|}\sqrt{1 - e^2}.$$

Se l'energia è invece positiva, $\varepsilon > 0$, le orbite sono *iperboli* di equazione

$$r(\varphi) = \frac{(e^2 - 1)a}{\pm 1 + e\cos\varphi}, \tag{8.85}$$

dove il segno $+$ corrisponde a un potenziale *attrattivo*, $\alpha < 0$, e il segno $-$ a un potenziale *repulsivo*, $\alpha > 0$. I parametri a ed e sono ancora dati dalle espressioni (8.84), ma ora vale $e > 1$. Visto che le orbite sono aperte le costanti del moto possono essere espresse anche in termini del *parametro di impatto* b e della velocità *asintotica* v_∞

$$\varepsilon = \frac{1}{2}\mu v_\infty^2, \qquad L = \mu b v_\infty. \tag{8.86}$$

Dall'equazione (8.85) si vede poi che nel caso delle iperboli la variabile angolare è soggetta alla limitazione

$$-\varphi_\infty < \varphi < \varphi_\infty, \qquad \cos\varphi_\infty = \mp\frac{1}{e}. \tag{8.87}$$

Energia irradiata. Passiamo ora al calcolo dell'energia emessa via *bremsstrahlung*. La potenza totale emessa è espressa dall'equazione (8.47) in termini del momento di dipolo $\mathbf{D}$ del sistema:

$$W = \frac{|\ddot{\mathbf{D}}|^2}{6\pi c^3}. \tag{8.88}$$

Valutiamo $\mathbf{D}$ usando le posizioni (8.80)

$$\mathbf{D} = e_1 \mathbf{r}_1 + e_2 \mathbf{r}_2 = (e_1 + e_2)\,\mathbf{r}_{CM} + \mu\left(\frac{e_1}{m_1} - \frac{e_2}{m_2}\right)\mathbf{r}.$$

Derivando questa espressione due volte e usando l'equazione del moto relativo (8.81) ricaviamo

$$\ddot{\mathbf{D}} = \mu\left(\frac{e_1}{m_1} - \frac{e_2}{m_2}\right)\ddot{\mathbf{r}} = \left(\frac{e_1}{m_1} - \frac{e_2}{m_2}\right)\frac{\alpha \mathbf{r}}{r^3}.$$

Per la potenza istantanea otteniamo allora[7]

$$W = \frac{\alpha^2}{6\pi c^3}\left(\frac{e_1}{m_1} - \frac{e_2}{m_2}\right)^2 \frac{1}{r^4}. \tag{8.89}$$

Come si vede, la radiazione di dipolo è assente se le due particelle hanno lo stesso rapporto e/m – in particolare se sono particelle identiche – come dimostrato in generale nella Sezione 8.4.

Volendo determinare l'energia irradiata lungo un tratto dell'orbita dobbiamo integrare l'espressione (8.89) tra i corrispondenti istanti t_1 e t_2. Per valutare l'integrale risultante conviene passare dalla variabile t all'angolo polare φ, sfruttando la costanza del momento angolare (8.82). Scrivendo

$$dt = \frac{\mu r^2}{L}\,d\varphi,$$

e indicando gli angoli corrispondenti a t_1 e t_2 con φ_1 e φ_2, per l'energia irradiata lungo il tratto considerato otteniamo allora

$$\Delta\varepsilon = \int_{t_1}^{t_2} W\,dt = \frac{\mu\alpha^2}{6\pi L c^3}\left(\frac{e_1}{m_1} - \frac{e_2}{m_2}\right)^2 \int_{\varphi_1}^{\varphi_2} \frac{1}{r^2}\,d\varphi. \tag{8.90}$$

Inserendo in questa espressione le equazioni polari (8.83) e (8.85) si ottengono integrali che possono essere valutati analiticamente. Analizziamo separatamente l'energia emessa da orbite ellittiche e da orbite iperboliche.

---

[7] L'espressione (8.89) rappresenta la potenza emessa osservata all'istante t a una distanza r^* molto grande dalle particelle, se il raggio r che vi compare è valutato all'istante ritardato $t - r^*/c$. Se r è invece valutato all'istante t, la formula fornisce l'energia che viene emessa all'istante t e che *raggiunge l'infinito*. Torneremo su questo punto nel Capitolo 10.

Orbite ellittiche. Se il moto relativo è ellittico entrambe le particelle compiono moti *periodici* di periodo T. Come abbiamo visto nel Paragrafo 8.1.2 il sistema emette allora radiazione con frequenze discrete $\omega_N = 2\pi N/T$, con N intero. L'energia irradiata totale è ovviamente infinita e in tal caso è significativa la potenza media $\overline{\mathcal{W}}$. Mediando l'equazione (8.90) su un periodo, e inserendo l'espressione dell'orbita (8.83), otteniamo

$$\overline{\mathcal{W}} = \frac{1}{T}\int_0^T \mathcal{W}\,dt = \frac{\mu\alpha^2}{6\pi L T c^3}\left(\frac{e_1}{m_1} - \frac{e_2}{m_2}\right)^2 \int_0^{2\pi}\frac{1}{r^2}\,d\varphi$$

$$= \frac{\mu\alpha^2}{6\pi L T c^3}\left(\frac{e_1}{m_1} - \frac{e_2}{m_2}\right)^2 \frac{1}{a^2(1-e^2)^2}\int_0^{2\pi}(1 + e\cos\varphi)^2 d\varphi.$$

Sfruttando l'integrale elementare

$$\int_0^{2\pi}(1 + e\cos\varphi)^2 d\varphi = 2\pi\left(1 + \frac{e^2}{2}\right),$$

e sostituendo i valori cinematici di cui sopra, si ottiene in definitiva

$$\overline{\mathcal{W}} = \frac{\alpha^2}{6\pi a^4 c^3}\left(\frac{e_1}{m_1} - \frac{e_2}{m_2}\right)^2 \frac{1 + \frac{e^2}{2}}{(1-e^2)^{5/2}}. \tag{8.91}$$

Durante un ciclo la *bremsstrahlung* asporta dunque al sistema l'energia

$$\Delta\varepsilon_c = T\overline{\mathcal{W}}. \tag{8.92}$$

Se l'energia totale si deve conservare, l'energia meccanica ε del sistema data in (8.82) durante ogni ciclo deve quindi diminuire della quantità $T\overline{\mathcal{W}}$. Concludiamo pertanto che a causa della *bremsstrahlung* le orbite ellittiche non possono restare tali: si devono necessariamente aprire, entrando in un regime spiraleggiante. La responsabile ultima di questo fenomeno è di nuovo la *forza di frenamento*. Nel Paragrafo 8.4.4 quantificheremo l'espressione (8.92) in un caso storicamente importante, quello dell'atomo di idrogeno, e vedremo che in base alle leggi dell'Elettrodinamica classica la forza di frenamento farebbe precipitare l'elettrone sul nucleo in una frazione di secondo.

Orbite iperboliche. Se il moto relativo è iperbolico entrambe le particelle compiono moti *aperiodici* e il sistema emette radiazione con uno spettro continuo di frequenze. Questo processo corrisponde a una collisione tra due particelle cariche che arrivano dall'infinito, si deflettono a vicenda e poi escono di nuovo verso l'infinito. Negli istanti iniziale e finale l'accelerazione delle particelle è nulla e, come vedremo, l'energia totale irradiata durante l'intero processo è finita. Per calcolarla dobbiamo porre nella (8.90) $t_1 = -\infty$ e $t_2 = +\infty$, ovvero $\varphi_1 = -\varphi_\infty$ e $\varphi_2 = \varphi_\infty$, si vedano le (8.87). Inserendo l'orbita (8.85) nella (8.90) troviamo per l'energia irradiata durante l'intero processo l'espressione

$$\Delta\varepsilon = \int_{-\infty}^{\infty} \mathcal{W}\,dt = \frac{\mu\alpha^2}{6\pi Lc^3}\left(\frac{e_1}{m_1}-\frac{e_2}{m_2}\right)^2\frac{1}{a^2(e^2-1)^2}\int_{-\varphi_\infty}^{\varphi_\infty}(\pm 1 + e\cos\varphi)^2 d\varphi$$
$$= \frac{\mu\alpha^2}{6\pi Lc^3}\left(\frac{e_1}{m_1}-\frac{e_2}{m_2}\right)^2\frac{1}{a^2(e^2-1)^2}\left((2+e^2)\varphi_\infty \pm 3\sqrt{e^2-1}\right).$$

$$(8.93)$$

Possiamo esprimere $\Delta\varepsilon$ in termini della velocità asintotica v_∞ e del parametro di impatto b. Per fare questo è conveniente introdurre il parametro adimensionale (si vedano le relazioni cinematiche (8.84) e (8.86))

$$\gamma \equiv \frac{\mp 1}{\sqrt{e^2-1}} = \frac{\alpha}{\mu v_\infty^2 b}$$

e riscrivere la relazione tra φ_∞ ed e in (8.87) come

$$\varphi_\infty = \frac{\pi}{2} - arctg\,\gamma.$$

Per un potenziale attrattivo (repulsivo) si ha $\alpha < 0$ $(\alpha > 0)$ e dunque $\gamma < 0$ $(\gamma > 0)$. Con semplici passaggi algebrici la (8.93) si muta allora in

$$\Delta\varepsilon = \frac{\mu^3 v_\infty^5}{6\pi\alpha c^3}\left(\frac{e_1}{m_1}-\frac{e_2}{m_2}\right)^2\left[(3\gamma^2+1)\left(\frac{\pi}{2}-arctg\,\gamma\right)-3\gamma\right]\gamma^3. \qquad (8.94)$$

Per parametri di impatto b grandi, corrispondenti a valori di γ piccoli, $\Delta\varepsilon$ va rapidamente a zero. Nel limite di $\gamma \to 0$ la (8.94) si riduce infatti a

$$\Delta\varepsilon \approx \frac{\mu^3 v_\infty^5}{12\alpha c^3}\left(\frac{e_1}{m_1}-\frac{e_2}{m_2}\right)^2\gamma^3 = \frac{\alpha^2}{12 v_\infty c^3}\left(\frac{e_1}{m_1}-\frac{e_2}{m_2}\right)^2\frac{1}{b^3}, \qquad (8.95)$$

ovvero $\Delta\varepsilon \sim 1/b^3$. Ciò è ovviamente in accordo con il fatto che per grandi parametri di impatto le particelle si trovino sempre a grande distanza una dall'altra e compiano, quindi, moti pressoché rettilinei uniformi. Corrispondentemente sono soggette ad accelerazione molto piccola, e per un tempo molto ristretto, e irradiano dunque poca energia.

Parametri di impatto piccoli. L'intensità della *bremsstrahlung* dovrebbe al contrario essere massima in una collisione frontale, per cui

$$b \to 0, \quad \text{ovvero } \gamma \to \pm\infty.$$

In questo caso l'espressione (8.94) ha due andamenti diversi a seconda che il potenziale sia attrattivo o repulsivo. Nel caso attrattivo γ tende a $-\infty$ ed entrambi i termini tra parentesi quadre nella (8.94) vanno a più infinito. L'energia irradiata tende quindi a più infinito – in accordo con il fatto che l'accelerazione diverge quando le particelle collidono. Tuttavia, in questo caso anche le velocità delle particelle tendono a più infinito e l'approssimazione (non relativistica) di dipolo non è più applicabile.

Viceversa nel caso repulsivo si ha $\alpha > 0$ e le particelle si avvicinano fino alla distanza minima (si veda l'equazione (8.82) con $\varepsilon = \mu v_\infty^2/2$)

$$r_m = \frac{2\alpha}{\mu v_\infty^2}.$$

L'energia totale irradiata dovrebbe dunque essere finita. In questo caso il parametro γ tende a $+\infty$ ed, eseguendo con cura il limite dell'espressione (8.94), si trova infatti il valore finito

$$\Delta\varepsilon^* \equiv \lim_{\gamma\to+\infty} \Delta\varepsilon = \frac{2\mu^3 v_\infty^5}{45\pi\alpha c^3}\left(\frac{e_1}{m_1} - \frac{e_2}{m_2}\right)^2. \qquad (8.96)$$

Per renderci conto dell'entità dell'energia irradiata assumiamo che una delle due particelle sia molto più pesante dell'altra, $m_2 \gg m_1 \equiv m$, e che le cariche siano uguali, come accade ad esempio nella collisione tra un protone e un positrone. In queste condizioni il processo equivale all'urto della particella leggera contro la particella pesante – considerata praticamente a riposo – e abbiamo $\mu \approx m$ e $\alpha = e^2/4\pi$. In questo caso l'espressione (8.96) si riduce a

$$\Delta\varepsilon^* \approx \frac{8mv_\infty^5}{45c^3}.$$

Nello stesso limite dalle relazioni (8.86) si ricava $\varepsilon \approx mv_\infty^2/2$, cosicché la diminuzione relativa dell'energia della particella a causa della collisione vale

$$\frac{\Delta\varepsilon^*}{\varepsilon} \approx \frac{16}{45}\left(\frac{v_\infty}{c}\right)^3.$$

Nel limite non relativistico si ha $v_\infty/c \ll 1$ e di conseguenza $\Delta\varepsilon^*/\varepsilon \ll 1$. Pure per parametri di impatto piccoli la perdita di energia per irraggiamento è dunque completamente trascurabile – anche nella situazione più *favorevole* di una collisione frontale.

Nel Capitolo 10 analizzeremo il fenomeno dell'irraggiamento nel limite ultrarelativistico, $v \approx c$, giungendo a conclusioni drasticamente diverse: vedremo infatti che quando le particelle accelerate raggiungono velocità prossime alla velocità della luce, gli effetti radiativi possono causare notevoli perdite di energia, anche nelle collisioni coulombiane.

8.4.4 Radiazione dell'atomo di idrogeno classico

Di seguito illustriamo brevemente il quadro fenomenologico dell'atomo di idrogeno nel caso in cui la sua dinamica fosse governata dalle leggi della fisica classica. Concentreremo la nostra analisi sullo stato fondamentale, che classicamente corrisponde all'elettrone che compie un moto circolare uniforme di raggio r attorno al protone, con velocità $v \ll c$. Possiamo dunque sfruttare i risultati del paragrafo precedente relativi al moto ellittico, nel caso particolare di eccentricità nulla.

Visto che il protone è molto più pesante dell'elettrone abbiamo $m_2 \gg m_1 \equiv m \approx \mu$ e inoltre in questo caso si ha $\alpha = -e^2/4\pi$ e $a = r$. Uguagliando la forza centripeta alla forza di Coulomb si ha inoltre $mv^2/r = e^2/4\pi r^2$, cosicché in base alle relazioni (8.82) l'energia meccanica e la velocità angolare dell'elettrone si possono scrivere equivalentemente come

$$\varepsilon = -\frac{e^2}{8\pi r} = -\frac{1}{2}mv^2, \qquad \omega = \frac{v}{r} = \sqrt{\frac{e^2}{4\pi mr^3}} = c\sqrt{\frac{r_0}{r^3}} = \frac{me^4}{(4\pi)^2\hbar^3}. \quad (8.97)$$

Abbiamo introdotto il raggio classico dell'elettrone r_0 e identificato r con il raggio di Bohr r_B, si vedano le definizioni (8.74) e (8.75).

Frequenze di emissione. Il moto dell'elettrone è periodico con periodo $T = 2\pi/\omega$ e la sua accelerazione $\mathbf{a}(t)$ è quindi una funzione periodica *semplice*. Secondo le equazioni non relativistiche (8.52) il campo di radiazione sarebbe allora costituito da una singola onda *monocromatica* di frequenza ω. L'atomo di idrogeno classico emetterebbe dunque radiazione unicamente sulla frequenza fondamentale ω. Come vedremo nel Capitolo 12, una particella *relativistica* in moto circolare uniforme emette invece radiazione con le frequenze $\omega_N = N\omega$, con N intero arbitrario. Queste previsioni sono comunque in contrasto con la formula *quantistica* di Rydberg, che prevede le frequenze di emissione

$$\omega_{MN} = \frac{1}{2}\left(\frac{1}{N^2} - \frac{1}{M^2}\right)\frac{me^4}{(4\pi)^2\hbar^3},$$

dove N ed M sono interi positivi.

Passiamo ora all'analisi energetica della radiazione emessa dall'atomo classico e alle relative conseguenze fisiche. Ponendo nella (8.91) l'eccentricità uguale a zero, e identificando a con r, otteniamo per la potenza emessa le espressioni equivalenti

$$\mathcal{W} = \left(\frac{e^2}{4\pi}\right)^2 \frac{e^2}{6\pi m^2 r^4 c^3} = \frac{e^2 c}{6\pi}\frac{r_0^2}{r^4} = \frac{e^2(\omega^2 r)^2}{6\pi c^3}, \quad (8.98)$$

che risultano in accordo con la formula di Larmor (7.56). Dovendosi conservare l'energia totale, l'energia meccanica ε dell'atomo data in (8.97) deve dunque diminuire secondo l'equazione

$$\frac{d\varepsilon}{dt} = -\mathcal{W}.$$

Visto che $\varepsilon \propto -1/r$ la diminuzione dell'energia comporta anche una diminuzione del raggio. Dalle equazioni (8.97) e (8.98) ricaviamo infatti la variazione relativa

$$\frac{1}{r}\frac{dr}{dt} = -\frac{1}{\varepsilon}\frac{d\varepsilon}{dt} = \frac{\mathcal{W}}{\varepsilon} = -\frac{4c}{3}\frac{r_0^2}{r^3} \approx -2 \cdot 10^{10}\, s^{-1},$$

avendo sostituito i valori numerici (8.74) e (8.75). Nell'arco temporale di $10^{-10}s$ il raggio dell'orbita si ridurrebbe quindi circa a metà e l'atomo di idrogeno collasserebbe, dunque, nella frazione di un secondo. Osserviamo in particolare che in base alla seconda relazione in (8.97) la velocità dell'elettrone tenderebbe a più infinito – patologia dovuta evidentemente alla trattazione non relativistica del problema, che per raggi troppo piccoli cessa di essere valida.

È comunque interessante calcolare la diminuzione relativa dell'energia dell'atomo durante un ciclo

$$\frac{\Delta \varepsilon}{\varepsilon} = \frac{TW}{\varepsilon} = \frac{2\pi W}{\omega \varepsilon} = \frac{8\pi}{3} \left(\frac{r_0}{r}\right)^{3/2} \approx 3 \cdot 10^{-6}, \qquad (8.99)$$

che in realtà è una frazione piccola. Quello che in ultima analisi fa collassare l'atomo di idrogeno classico in pochissimo tempo è la brevità di un ciclo

$$T = \frac{2\pi r}{c} \sqrt{\frac{r}{r_0}} \approx 1.5 \cdot 10^{-16} s.$$

Per concludere notiamo che la velocità classica dell'elettrone vale

$$\frac{v}{c} = \omega r = \sqrt{\frac{r_0}{r}} \approx 0.7 \cdot 10^{-2},$$

cosicché era corretto affrontare il problema nell'approssimazione non relativistica di dipolo.

Concludiamo questo paragrafo con un *caveat* sui limiti di validità della nostra analisi. Da un punto di vista quantitativo l'analisi eseguita è infatti valida solo fino a quando il raggio dell'orbita non varia in modo apprezzabile. Se il raggio non è costante, non è costante nemmeno l'accelerazione da inserire nella formula di Larmor e conseguentemente anche la potenza emessa varia nel tempo. L'equazione del moto dell'elettrone dovrebbe dunque essere risolta tenendo conto della perdita di energia attraverso la formula di Larmor, la quale coinvolge a sua volta l'accelerazione incognita. Si intuisce allora che per affrontare il problema dell'atomo di idrogeno classico in modo rigoroso, in linea di principio occorre risolvere le equazioni di Maxwell e Lorentz come sistema *accoppiato* – problema matematico estremamente difficile, che non può essere affrontato se non con metodi numerici. Inoltre, come abbiamo accennato sopra, da un certo istante in poi non è più lecito trattare il problema nell'approssimazione non relativistica. È tuttavia evidente che le conclusioni principali della nostra analisi qualitativa restano comunque valide.

8.5 Radiazione di quadrupolo e di dipolo magnetico

Nei casi in cui la radiazione di dipolo è assente, vale a dire quando la derivata seconda del momento di dipolo si annulla,

$$\ddot{\mathbf{D}} = 0,$$

nello sviluppo non relativistico (8.36) del potenziale nella zona delle onde diventa rilevante il termine successivo, ovvero quello lineare in $\mathbf{n} \cdot \mathbf{y}/c$. Questo termine dà luogo alle cosiddette radiazioni di *quadrupolo elettrico* e di *dipolo magnetico* e di seguito determiniamo l'apporto di queste radiazioni all'energia emessa. Grazie alla formula generale (8.16) è nuovamente sufficiente determinare le componenti spaziali del quadripotenziale.

8.5.1 Potenziale all'ordine $1/c^2$

Riprendiamo lo sviluppo in multipoli (8.36) considerando ora anche il termine lineare in $\mathbf{n} \cdot \mathbf{y}/c$. Sottintendendo l'argomento $(t - r/c, \mathbf{y})$ del campo $\mathbf{j}$ otteniamo l'espansione del potenziale corretta fino ai termini di ordine $1/c^2$

$$
\begin{aligned}
A^i &= \frac{1}{4\pi rc} \int \left(j^i + \frac{1}{c}\,(n^k y^k)\,\partial_t j^i \right) d^3 y \\
&= \frac{1}{4\pi rc} \left(\dot{D}^i + \frac{1}{c}\, n^k \partial_t \int \left(\frac{1}{2}\left(y^k j^i - y^i j^k\right) + \frac{1}{2}\left(y^k j^i + y^i j^k\right) \right) d^3 y \right) \quad (8.100) \\
&= \frac{1}{4\pi rc} \left(\dot{D}^i - \frac{1}{c}\, \dot{M}^{ik} n^k + \frac{1}{2c}\, n^k \partial_t \int (y^k j^i + y^i j^k) d^3 y \right).
\end{aligned}
$$

Abbiamo definito il tensore tridimensionale antisimmetrico dipendente dal tempo

$$
M^{ik} \equiv \frac{1}{2} \int (y^i j^k - y^k j^i) d^3 y,
$$

legato al *momento di dipolo magnetico*

$$
\mathbf{M} \equiv \frac{1}{2} \int \mathbf{y} \times \mathbf{j} \; d^3 y \tag{8.101}
$$

dalle relazioni

$$
M^i = \frac{1}{2}\, \varepsilon^{ijk} M^{jk}, \qquad M^{ij} = \varepsilon^{ijk} M^k. \tag{8.102}
$$

Nel caso particolare di un sistema di particelle vale

$$
\mathbf{j}(t, \mathbf{y}) = \sum_r e_r \mathbf{v}_r(t)\, \delta^3(\mathbf{y} - \mathbf{y}_r(t))
$$

e si trova la semplice espressione

$$
\mathbf{M} = \frac{1}{2} \sum_r e_r\, \mathbf{y}_r \times \mathbf{v}_r. \tag{8.103}
$$

Per valutare l'ultimo integrale in (8.100) è conveniente introdurre il *momento di quadrupolo elettrico* D^{ij} e la sua versione *ridotta* $\mathcal{D}^{ij}$, a traccia nulla, definiti da

$$D^{ij} = \int y^i y^j \rho \, d^3y, \qquad \mathcal{D}^{ij} = D^{ij} - \frac{1}{3} \delta^{ij} D^{kk}, \qquad \mathcal{D}^{ii} = 0. \qquad (8.104)$$

L'ultimo integrale in (8.100) può infatti essere espresso in termini di D^{ij} sfruttando l'identità

$$\dot{D}^{ij} = \int \left(y^i j^j + y^j j^i \right) d^3y,$$

analoga all'identità (8.42). La si dimostra – come quest'ultima – attraverso un'integrazione per parti, usando la conservazione della quadricorrente $\dot{\rho} = -\partial_k j^k$ e sfruttando il fatto che **j** ha supporto compatto:

$$\dot{D}^{ij} = \int y^i y^j \dot{\rho} \, d^3y = -\int y^i y^j \left(\partial_k j^k \right) d^3y = \int \partial_k \left(y^i y^j \right) j^k d^3y$$

$$= \int \left(\delta^i_k y^j + y^i \delta^j_k \right) j^k d^3y = \int \left(y^i j^j + y^j j^i \right) d^3y.$$

In definitiva possiamo porre l'espansione (8.100) nella forma

$$A^i = \frac{1}{4\pi r} \left(\frac{1}{c} \dot{D}^i + \frac{1}{2c^2} \left(\ddot{D}^{ij} - 2\dot{M}^{ij} \right) n^j \right), \qquad (8.105)$$

sottintendendo che tutti i momenti di multipolo siano valutati all'istante ritardato $t - r/c$. All'ordine $1/c^2$ il potenziale **A** nella zona delle onde risulta dunque sovrapposizione di un termine di *dipolo elettrico*, uno di *dipolo magnetico* e uno di *quadrupolo elettrico*, gli ultimi due essendo soppressi di un fattore $1/c$ rispetto al primo.

Pur non essendo richiesta per il calcolo della potenza emessa riportiamo anche l'espansione fino all'ordine $1/c^2$ della componente temporale della (8.36). Ricordando che $j^0 = c\rho$, e sottintendendo che ρ sia valutato in $(t - r/c, \mathbf{y})$, otteniamo l'espansione, da confrontare con la (8.44),

$$A^0 = \frac{1}{4\pi r} \int \left(\rho + \frac{1}{c} \left(n^i y^i \right) \dot{\rho} + \frac{1}{2c^2} \left(n^i y^i \right) \left(n^j y^j \right) \ddot{\rho} \right) d^3y$$

$$= \frac{1}{4\pi r} \left(Q + \frac{1}{c} \mathbf{n} \cdot \dot{\mathbf{D}} + \frac{1}{2c^2} n^i n^j \ddot{D}^{ij} \right). \qquad (8.106)$$

Di nuovo i momenti di multipolo sono valutati all'istante $t - r/c$. Si noti come la (8.105) e la (8.106) continuino a soddisfare la relazione delle onde (8.11).

8.5.2 Potenza totale

In presenza dei termini di dipolo magnetico e di quadrupolo elettrico l'intensità della radiazione emessa (8.16) dipende in modo abbastanza complicato dalle direzioni. Il motivo è che **n** compare ora non solo nel proiettore $\Lambda^{ij} = \delta^{ij} - n^i n^j$, bensì anche nell'espressione di **A**. Ciononostante è ancora possibile derivare un'espressione abbastanza semplice per la potenza totale

$$\mathcal{W} = \frac{r^2}{c} \int \dot{A}^i \dot{A}^j \left(\delta^{ij} - n^i n^j \right) d\Omega. \tag{8.107}$$

Inserendovi l'espansione (8.105) si trova

$$\mathcal{W} = \frac{1}{16\pi^2 c^3} \int \left(\ddot{D}^i + \frac{1}{2c} \left(\dot{\ddot{D}}^{ik} - 2\ddot{M}^{ik} \right) n^k \right) \cdot$$
$$\left(\ddot{D}^j + \frac{1}{2c} \left(\dot{\ddot{D}}^{jl} - 2\ddot{M}^{jl} \right) n^l \right) \left(\delta^{ij} - n^i n^j \right) d\Omega. \tag{8.108}$$

Gli integrali sugli angoli si possono valutare – come al solito – ricorrendo agli integrali invarianti del Problema 2.6. Questi integrali producono prodotti di simboli di Kronecker δ^{ij}, che vanno a contrarre i momenti di multipolo tra di loro. I termini di ordine $1/c^3$ danno luogo alla potenza di dipolo (8.47). I termini di ordine $1/c^4$ si annullano invece, poiché coinvolgono integrali di un numero *dispari* di fattori **n**. Tra i termini di ordine $1/c^5$ le contrazioni miste tra i tensori D^{ij} e M^{kl} non contribuiscono, perché il primo è simmetrico mentre il secondo è antisimmetrico. In definitiva nell'integrale (8.108) contribuiscono solo i termini *diagonali*, sicché si ha

$$\mathcal{W} = \frac{\left| \dddot{\mathbf{D}} \right|^2}{6\pi c^3} + \frac{1}{64\pi^2 c^5} \left(\dot{\ddot{D}}^{ik} \dot{\ddot{D}}^{jl} + 4\ddot{M}^{ik} \ddot{M}^{jl} \right) \int \left(n^k n^l \delta^{ij} - n^k n^l n^i n^j \right) d\Omega$$
$$= \frac{\left| \dddot{\mathbf{D}} \right|^2}{6\pi c^3} + \frac{1}{64\pi^2 c^5} \left(\dot{\ddot{D}}^{ik} \dot{\ddot{D}}^{jl} + 4\ddot{M}^{ik} \ddot{M}^{jl} \right) \cdot$$
$$\left(\frac{4\pi}{3} \delta^{kl} \delta^{ij} - \frac{4\pi}{15} \left(\delta^{kl} \delta^{ij} + \delta^{ki} \delta^{lj} + \delta^{kj} \delta^{il} \right) \right).$$

Il calcolo delle contrazioni rimanenti è facilitato dal fatto che M^{ij} è antisimmetrico e che D^{ij} è simmetrico. Dalle relazioni (8.102) e (8.104) seguono inoltre le identità

$$\ddot{M}^{ij} \ddot{M}^{ij} = 2 \left| \ddot{\mathbf{M}} \right|^2, \qquad \dot{\ddot{D}}^{ij} \dot{\ddot{D}}^{ij} - \frac{1}{3} \dot{\ddot{D}}^{ii} \dot{\ddot{D}}^{jj} = \dot{\ddot{D}}^{ij} \dot{\ddot{D}}^{ij}. \tag{8.109}$$

A conti fatti per la potenza totale emessa si ottiene l'espressione

$$\mathcal{W} = \frac{\left| \dddot{\mathbf{D}} \right|^2}{6\pi c^3} + \frac{\left| \ddot{\mathbf{M}} \right|^2}{6\pi c^5} + \frac{\dot{\ddot{D}}^{ij} \dot{\ddot{D}}^{ij}}{80\pi c^5}. \tag{8.110}$$

La comparsa del momento di quadrupolo *ridotto* $\mathcal{D}^{ij}$ è conseguenza del teorema di Birkhoff, come spiegheremo tra breve. Come si vede, i contributi alla potenza emessa della radiazione di dipolo magnetico e di quadrupolo elettrico sono soppressi di un fattore $1/c^2$ rispetto al contributo della radiazione di dipolo elettrico. Inoltre non compaiono correzioni di ordine $1/c^4$. Si noti, tuttavia, che tali correzioni sono presenti nella distribuzione angolare $d\mathcal{W}/d\Omega$ della potenza emessa.

Radiazione di sestupolo. Aggiungiamo un commento importante sull'utilizzo corretto della formula (8.110). L'espansione non relativistica (8.36) del potenziale nella zona delle onde può essere scritta schematicamente come

$$\mathbf{A} = \frac{1}{c}\,\mathbf{A}_1 + \frac{1}{c^2}\,\mathbf{A}_2 + \frac{1}{c^3}\,\mathbf{A}_3 + \cdots, \tag{8.111}$$

dove con $\mathbf{A}_N$ intendiamo il contributo di $2N$-polo, includendo anche i corrispondenti contributi magnetici. L'equazione (8.105) rappresenta i primi due termini di questa espansione. Si noti in particolare che $\mathbf{A}_N$ contiene $N-1$ fattori **n**. Inserendo lo sviluppo (8.111) nella (8.107) si ottiene per $\mathcal{W}$ una serie di potenze di $1/c$. Tuttavia, dato che l'integrale sugli angoli di un numero *dispari* di fattori **n** è zero, sopravvivono solo i prodotti del tipo $\dot{A}_N^i \dot{A}_M^j$ con $M+N$ *pari*. La potenza totale si scrive pertanto

$$\mathcal{W} = r^2 \int \left(\frac{1}{c^3}\,\dot{A}_1^i \dot{A}_1^j + \frac{1}{c^5}\left(\dot{A}_2^i \dot{A}_2^j + 2\dot{A}_1^i \dot{A}_3^j \right) + o\left(\frac{1}{c^7} \right) \right) \left(\delta^{ij} - n^i n^j \right) d\Omega.$$

Si vede quindi che per determinare la potenza (8.107) corretta fino all'ordine $1/c^5$, alla (8.110) occorre aggiungere i termini derivanti dal prodotto $\dot{A}_1^i \dot{A}_3^j$, che coinvolgono la *radiazione di sestupolo* $\mathbf{A}_3$. Tuttavia, nel caso particolare in cui la radiazione di dipolo è *assente*,

$$\dot{\mathbf{A}}_1 = 0 \quad \Leftrightarrow \quad \ddot{\mathbf{D}} = 0,$$

il prodotto $\dot{A}_1^i \dot{A}_3^j$ si annulla e l'equazione (8.110) dà effettivamente la potenza corretta fino all'ordine $1/c^5$. Solo in questo caso la formula (8.110) è, dunque, di un'utilità concreta; in caso contrario in generale occorre tenere conto anche della radiazione di sestupolo.

Assenza della radiazione di dipolo magnetico. Vediamo ora qualche caso importante in cui i contributi di ordine $1/c^5$ nella (8.110) si annullano. Grazie alla conservazione del momento angolare di un sistema isolato, la radiazione di dipolo magnetico si annulla per un sistema isolato di particelle per cui il rapporto $e_r/m_r = \gamma$ è indipendente da r. Inserendo la relazione $e_r = \gamma m_r$ nella (8.103) si ottiene infatti

$$\mathbf{M} = \frac{\gamma}{2} \sum_r \mathbf{y}_r \times m_r \mathbf{v}_r = \frac{\gamma}{2}\,\mathbf{L},$$

dove **L** è il momento angolare totale del sistema. Ne segue che $\dot{\mathbf{M}} = 0$. La radiazione di dipolo magnetico è assente anche per un sistema isolato composto da due sole particelle – con cariche arbitrarie – se si sceglie come origine del sistema di riferimento il centro di massa. In questo caso abbiamo infatti $m_1\mathbf{r}_1 + m_2\mathbf{r}_2 = 0$ e $\mathbf{p}_1 = -\mathbf{p}_2$, cosicché

$$\mathbf{M} = \frac{1}{2}\left(e_1\,\mathbf{r}_1 \times \mathbf{v}_1 + e_2\,\mathbf{r}_2 \times \mathbf{v}_2\right) = \frac{1}{2}\left(\frac{e_1}{m_1^2} + \frac{e_2}{m_2^2}\right)\frac{m_1 m_2}{m_1 + m_2}\,\mathbf{L},$$

dove $\mathbf{L} = \mathbf{r}_1 \times \mathbf{p}_1 + \mathbf{r}_2 \times \mathbf{p}_2$ è il momento angolare totale del sistema. $\mathbf{M}$ è quindi di nuovo zero.

Teorema di Birkhoff e sistemi a simmetria sferica. Grazie al teorema di Birkhoff un sistema carico a simmetria sferica genera un campo elettromagnetico *statico*, si veda il Problema 2.5. Un tale sistema non può dunque irradiare – in nessuna direzione – e conseguentemente la potenza $\mathcal{W}$ e tutti i momenti di multipolo che compaiono nella (8.110) si devono annullare.

Per verificare tali conseguenze del teorema ricordiamo che per un sistema sferico la corrente $j^\mu(t, \mathbf{y})$ ha la forma generale $\rho = \rho(t, y)$ e $\mathbf{j} = \mathbf{y} j(t, y)/y$. In (8.54) abbiamo già dimostrato che in questo caso $\mathbf{D}$ è zero. Similmente il momento di dipolo magnetico $\mathbf{M}$ in (8.101) si annulla, poiché $\mathbf{j}$ è parallelo a $\mathbf{y}$. Per verificare, infine, che anche il momento di quadrupolo ridotto (8.104) è zero conviene passare in coordinate polari. Si trova allora

$$\mathcal{D}^{ij} = \int \left(y^i y^j - \frac{\delta^{ij}}{3}y^2\right)\rho\, d^3y = \left(\int_0^\infty y^4 \rho\, dy\right)\int \left(n^i n^j - \frac{\delta^{ij}}{3}\right) d\Omega = 0,$$
$$(8.112)$$

dove la conclusione deriva dal fatto che l'ultimo integrale sugli angoli è zero.

Si noti, tuttavia, che benché per un sistema sferico la potenza emessa si annulli e il campo sia statico, il potenziale A^μ delle equazioni (8.105) e (8.106) non si riduce affatto a un potenziale *statico*. Infatti, grazie al fatto che $M^{ij} = D^i = 0$ e che ρ dipenda solo da t e y, è immediato riconoscere che in questo caso le espansioni (8.105) e (8.106) si riducono a

$$A^0 = \frac{1}{4\pi r}\left(Q + \ddot{f}\left(t - \frac{r}{c}\right)\right), \qquad \mathbf{A} = \frac{\mathbf{n}}{4\pi r}\,\ddot{f}\left(t - \frac{r}{c}\right), \qquad (8.113)$$

dove la funzione f è definita da

$$f(t) = \frac{2\pi}{3c^2}\int_0^\infty y^4 \rho(t, y)\, dy.$$

Si noti che, essendo $\mathbf{A} \parallel \mathbf{n}$, la potenza emessa (8.16) effettivamente si annulla in tutte le direzioni. D'altra parte, essendo il campo $F^{\mu\nu}$ statico, sfruttando l'*invarianza di gauge* dovrebbe essere possibile trovare un quadripotenziale statico. In effetti è facile trovare una trasformazione di gauge che muti il quadripotenziale (8.113) in un quadripotenziale statico: è sufficiente scegliere come funzione di gauge

$$\Lambda = -\frac{c\dot{f}(t - r/c)}{4\pi r}. \tag{8.114}$$

Ricordando che $\partial^0 = (1/c)\,\partial/\partial t$ e $\partial^i = -\partial/\partial x^i$, modulo termini di ordine $1/r^2$ si trova infatti il quadripotenziale di un campo statico

$$A'^\mu = A^\mu + \partial^\mu\Lambda = \left(\frac{Q}{4\pi r}, 0, 0, 0\right). \tag{8.115}$$

Dal Problema 5.7 sappiamo inoltre che una funzione del tipo $g(t - r/c)/r$ per $r \neq 0$ soddisfa l'equazione delle onde. La funzione di gauge (8.114) soddisfa dunque l'equazione $\Box\Lambda = 0$, sicché la (8.115) costituisce una trasformazione di gauge *residua* e preserva pertanto la gauge di Lorenz. Vale quindi ancora $\partial_\mu A'^\mu = 0$.

8.6 Problemi

8.1. Radiazione di sincrotrone nel limite non relativistico. La radiazione che viene emessa da una particella carica in un moto circolare uniforme si chiama genericamente *radiazione di sincrotrone*. Si consideri una particella di carica e e massa m che in presenza di un campo magnetico B costante e uniforme compie un moto circolare uniforme di raggio R e velocità angolare, ovvero *frequenza di ciclotrone* non relativistica, $\omega = eB/mc$, tali per cui $v = \omega R \ll c$.

a) Si determini il campo elettrico generato dalla particella nella zona delle onde.
b) Per ogni istante t fissato si determinino le direzioni n in cui l'intensità della radiazione emessa è massima e minima.
c) Si dimostri che la distribuzione angolare della potenza media è data da

$$\frac{d\overline{W}}{d\Omega} = \frac{e^2\omega^4 R^2}{32\pi^2 c^3}\,(1 + cos^2\vartheta), \tag{8.116}$$

dove ϑ è l'angolo tra l'asse dell'orbita e la direzione di emissione n.
d) Supponendo che la particella sia vincolata a muoversi su un anello liscio di raggio R si determini la legge oraria con cui la sua velocità diminuisce. Si assuma che valga

$$|\dot{v}| \ll \omega^2 R,$$

di modo tale che nella formula di Larmor l'accelerazione tangenziale possa essere trascurata. Si verifichi la validità di questa ipotesi *a posteriori*.

8.2. Si consideri una particella carica leggera che compie un moto circolare uniforme attorno a una particella carica pesante, nelle stesse ipotesi di cui nel Paragrafo 8.4.4.

a) Si determinino le leggi orarie con cui variano la velocità e il periodo della particella leggera.

b) Si discutano i limiti di validità dell'analisi svolta.

8.3. Distribuzione di carica a simmetria sferica. Si consideri l'espressione (8.9) per il potenziale **A** nella zona delle onde. Si supponga che la corrente j^μ sia dotata di simmetria sferica, come specificato nel Problema 2.5. Si verifichi che una tale distribuzione di carica non irradia in nessuna direzione – come previsto dal teorema di Birkhoff – dimostrando che la potenza (8.16) si annulla per ogni **n**.

Traccia della soluzione. È sufficiente dimostrare che le componenti spaziali del potenziale (8.9) sono della forma

$$\mathbf{A}(t, \mathbf{x}) = g(t, r)\,\mathbf{n}, \tag{8.117}$$

per qualche funzione g. A questo scopo conviene sfruttare il seguente teorema sulle funzioni vettoriali tridimensionali.

Teorema. Sia data una funzione di due variabili tridimensionali $f(\mathbf{x}, \mathbf{y})$ invariante per rotazioni, ovvero soddisfacente l'uguaglianza

$$f(R\mathbf{x}, R\mathbf{y}) = f(\mathbf{x}, \mathbf{y}), \quad \forall R \in SO(3). \tag{8.118}$$

Allora la funzione vettoriale

$$\mathbf{F}(\mathbf{x}) \equiv \int \mathbf{y} f(\mathbf{x}, \mathbf{y})\, d^3 y \tag{8.119}$$

è necessariamente della forma ($r = |\mathbf{x}|$, $\mathbf{n} = \mathbf{x}/r$)

$$\mathbf{F}(\mathbf{x}) = g(r)\,\mathbf{n}, \tag{8.120}$$

per un'opportuna funzione g. Si noti che la condizione (8.118) è equivalente all'assunzione che f dipenda da $\mathbf{x}$ e $\mathbf{y}$ solo attraverso gli invarianti $|\mathbf{x}|$, $|\mathbf{y}|$ e $\mathbf{x} \cdot \mathbf{y}$.

Dimostrazione. Effettuando nell'integrale (8.119) il cambiamento di variabili $\mathbf{y} \to R\mathbf{y}$ si ricava che **F** è una funzione *covariante* sotto rotazioni, ovvero

$$\mathbf{F}(R\mathbf{x}) = R\mathbf{F}(\mathbf{x}), \quad \forall R \in SO(3).$$

$\mathbf{F}(\mathbf{x})$ è allora necessariamente della forma (8.120). $\square$

Per le correnti in questione il potenziale **A** in (8.9) per ogni t fissato è della forma (8.119) e segue dunque la (8.117). La funzione $g(t, r)$ in generale è diversa da zero e dipende dal tempo, si veda ad esempio la (8.113). Tuttavia, dalla struttura della (8.9) si vede che per una corrente sferica g è della forma particolare $g(t, r) = f(t - r)/r$ e in tal caso esiste una trasformazione di gauge residua che annulla **A**, si veda il Paragrafo 8.5.2.

8.4. Usando l'espressione covariante (7.26) del campo di Liénard-Wiechert si verifichi che il tensore energia-impulso del campo elettromagnetico di una particella singola nella zona delle onde si riduce a

$$T_{em}^{\mu\nu} = n^\mu n^\nu E^2,$$

in accordo con la formula generale (8.14).

Traccia della soluzione. Nella zona delle onde il campo (7.26) è dominato dal campo di accelerazione (7.30) che riscriviamo come (si ricordi la convenzione (7.25))

$$F^{\mu\nu} \to F_a^{\mu\nu} = \frac{e}{4\pi(um)^3 R}(m^\mu\Delta^\nu - m^\nu\Delta^\mu), \quad \Delta^\mu \equiv (um)w^\mu - (wm)u^\mu.$$

Questa scrittura è conveniente poiché valgono le identità

$$m_\mu m^\mu = 0 = m_\mu \Delta^\mu, \qquad \Delta^2 = (um)^2 w^2 + (wm)^2.$$

È allora immediato valutare il tensore energia-impulso:

$$T_{em}^{\mu\nu} = F^{\mu\rho}F_\rho{}^\nu + \frac{1}{4}\eta^{\mu\nu}F^{\rho\sigma}F_{\rho\sigma} = -\frac{e^2\Delta^2}{16\pi^2(um)^6 R^2}m^\mu m^\nu. \qquad (8.121)$$

Nella zona delle onde si hanno inoltre le identificazioni $R \to r$, $m^\mu \to n^\mu$. Con un semplice calcolo algebrico si verifica infine che il coefficiente di $m^\mu m^\nu$ in (8.121) uguaglia E_a^2, si veda la (7.48).

8.5. Bremsstrahlung non relativistica in campo coulombiano. Un elettrone non relativistico passa accanto a un nucleo di carica Ze a una distanza molto grande, di modo tale che la sua legge oraria $\mathbf{y}(t)$ si discosti poco da quella di un moto rettilineo uniforme. Si consideri il nucleo come fisso. Indicando la velocità asintotica dell'elettrone con $\mathbf{v}_\infty \equiv \mathbf{v}$ ($v \ll c$) e il parametro di impatto con b, la sua distanza dal nucleo come funzione del tempo può allora essere approssimata con

$$r(t) = |\mathbf{y}(t)| \simeq \sqrt{b^2 + v^2 t^2}. \qquad (8.122)$$

a) Considerando che l'accelerazione dell'elettrone è data da

$$\mathbf{a} = -\frac{Ze^2}{4\pi m}\frac{\mathbf{y}}{r^3}$$

si dimostri che durante il suo passaggio vicino al nucleo l'elettrone irradia l'energia

$$\Delta\varepsilon(v,b) = \frac{e^6 Z^2}{192\pi^2 m^2 v c^3 b^3}. \qquad (8.123)$$

Si confronti questo risultato con la formula esatta (8.94).

b) Si supponga ora di avere un fascio di elettroni incidenti con velocità v. Si dimostri che l'*irraggiamento efficace* – definito come la potenza irraggiata $\mathcal{W}_{rad}$ divisa il flusso j di elettroni incidenti – è dato in generale da[8]

$$\chi(v) = \int_0^\infty \Delta\varepsilon(v,b) \, 2\pi b \, db, \qquad \mathcal{W}_{rad} = \chi(v) \, j \,. \qquad (8.124)$$

Si noti che $\chi(v)$ ha le dimensioni di energia per area.

c) Nel caso in questione l'integrale (8.124) diverge per $b \to 0$. Occorre tuttavia tenere presente che il calcolo di $\Delta\varepsilon(v,b)$ eseguito sopra è valido solo per b grandi e che, inoltre, a distanze piccole non si possono trascurare gli effetti quantistici. In Meccanica Quantistica un *cut-off* naturale è fornito dal principio di indeterminazione, che suggerisce di stimare la distanza di minimo avvicinamento d attraverso $dmv \approx \hbar$, ovvero $d \approx \hbar/mv$. Si può allora dare una stima dell'irraggiamento efficace sostituendo l'estremo inferiore dell'integrale in (8.124) con $b \approx d$. Inserendovi la (8.123) in questo modo si ottiene

$$\chi(v) \approx \frac{e^6 Z^2}{96\pi m^2 v c^3} \int_{\hbar/mv}^\infty \frac{db}{b^2} = \frac{e^6 Z^2}{96\pi m \hbar c^3}\,. \qquad (8.125)$$

Questa stima riproduce in effetti il corretto ordine di grandezza dell'irraggiamento efficace, come calcolato in Meccanica Quantistica. In realtà si può vedere che per un fascio non relativistico di elettroni incidenti, ad esempio, su un solido la perdita di energia per irraggiamento (8.125) è soppressa di un fattore $(v/c)^2$ rispetto alla perdita di energia dovuta alle collisioni. Anche in questo caso il fenomeno dell'irraggiamento diventa dunque rilevante solo nel limite ultrarelativistico.

8.6. Si consideri una particella carica non relativistica in moto circolare uniforme come nel Problema 8.1.

a) Si dimostri che la radiazione di dipolo magnetico è assente.
b) Si determini la potenza emessa dovuta alla radiazione di quadrupolo elettrico e la si confronti con quella della radiazione di dipolo elettrico.
c) Si verifichi che la frequenza della radiazione di quadrupolo elettrico è 2ω.
   Suggerimento. Si analizzi la dipendenza da $t - r/c$ del secondo termine dell'espansione (8.105).

8.7. Si consideri la collisione coulombiana tra due particelle cariche non relativistiche *identiche* nel sistema di riferimento del centro di massa. Si stimi la potenza istantanea emessa durante la collisione e la si confronti con la potenza istantanea emessa nella collisione tra due particelle non relativistiche della stessa massa, ma di carica opposta.

---

[8] Con il termine *flusso incidente* si intende in generale il numero di particelle incidenti che attraversano l'unità di superficie nell'unità di tempo.

8.8. Espansione asintotica del potenziale di Liénard-Wiechert. Si dimostri che il quadripotenziale nella zona delle onde (8.9) per una particella singola si riduce a

$$A^\mu = \frac{e}{4\pi r} \cdot \frac{(1, \mathbf{v}(t')/c)}{1 - \mathbf{n}\cdot\mathbf{v}(t')/c}, \qquad (8.126)$$

t' essendo determinato dall'equazione implicita $t' = t - (r - \mathbf{n}\cdot\mathbf{y}(t'))/c$. L'espressione (8.126) è in accordo con il potenziale di Liénard-Wiechert (7.15)?

a) Si determini il campo elettrico associato al quadripotenziale (8.126), confrontandolo con il campo elettrico asintotico (7.48).
   Suggerimento. Essendo l'espressione (8.126) valida solo al primo ordine in $1/r$, nel campo elettrico per consistenza i termini di ordine $1/r^2$ devono essere trascurati.
b) Si esegua l'espansione non relativistica del quadripotenziale (8.126), derivando le espressioni

$$A^0 = \frac{e}{4\pi r}\left(1 + \frac{1}{c}\,\mathbf{n}\cdot\mathbf{v} + \frac{1}{c^2}\left((\mathbf{n}\cdot\mathbf{v})^2 + (\mathbf{n}\cdot\mathbf{y})(\mathbf{n}\cdot\mathbf{a})\right)\right) + o\left(\frac{1}{c^3}\right), \qquad (8.127)$$

$$\mathbf{A} = \frac{e\mathbf{v}}{4\pi r c} + o\left(\frac{1}{c^2}\right), \qquad (8.128)$$

in cui le variabili cinematiche $\mathbf{y}$, $\mathbf{v}$ e $\mathbf{a}$ sono valutate all'istante $t - r/c$.
c) Si determini il campo elettrico associato ai potenziali (8.127) e (8.128), confrontandolo con il campo elettrico asintotico non relativistico (7.54).

8.9. Si verifichi che per la corrente aperiodica (8.2) il potenziale nella zona delle onde (8.9) può essere posto nella forma

$$A^\mu(t, \mathbf{x}) = \frac{1}{2(2\pi)^{3/2}r} \int e^{i\omega(t-r)}\left(\int e^{i\omega\mathbf{n}\cdot\mathbf{y}}\, j^\mu(\omega, \mathbf{y})\, d^3y\right) d\omega \qquad (8.129)$$

e se ne dia un'interpretazione in termini di onde elementari.

9

La radiazione gravitazionale

Uno degli scopi del presente capitolo è un confronto tra le radiazioni elettromagneti-ca e gravitazionale. Per concretezza considereremo queste radiazioni nel limite non relativistico, ovvero supporremo che vengano generate da corpi che si muovono con velocità piccole rispetto alla velocità della luce. In questo modo risulta appropriato lo sviluppo in multipoli, cosicché avremo a disposizione formule sufficientemente esplicite da permettere un confronto concreto. Per ovvi motivi riporteremo le previsioni della *Relatività Generale* principalmente senza deduzioni, fornendo tuttavia, ove possibile, argomentazioni di tipo euristico.

Nonostante le onde gravitazionali attendano a tutt'oggi una conferma sperimentale *diretta*, esistono pochi dubbi sul fatto che qualsiasi corpo accelerato ne debba emettere – non per ultimo perché le *equazioni di Einstein* le prevedono. Resta comunque il fatto curioso che fino a poco tempo fa l'unico segnale *indiretto* della loro esistenza proveniva dalla pulsar binaria PSR B1913+16, scoperta da R.A. Hulse e J.H. Taylor nel 1974 [11], che nel 1993 valse ai suoi scopritori il premio Nobel. Solo di recente le osservazioni effettuate sulla pulsar doppia PSR J0737-3039A/B, scoperta nel 2003 [12], hanno fornito una seconda verifica indiretta indipendente dell'esistenza di queste onde.

9.1 Onde gravitazionali e onde elettromagnetiche

Le radiazioni elettromagnetica e gravitazionale condividono diverse caratteristiche fondamentali e si distinguono per altre, non meno rilevanti. Di seguito elenchiamo le principali differenze e analogie tra la due radiazioni, riassumendo in tal modo le più importanti conclusioni di questo capitolo.

- Mentre le onde elettromagnetiche costituiscono soluzioni *esatte* delle equazioni di Maxwell, le onde gravitazionali sono soluzioni delle equazioni di Einstein soltanto nel limite di *campo debole*. Questa approssimazione è più che giustificata, visto che le onde gravitazionali, se esistono, hanno sicuramente un'intensità molto bassa.

Lechner K.: Elettrodinamica classica
DOI 10.1007/978-88-470-5211-6_9, © Springer-Verlag Italia 2013

- Entrambi i tipi di onde sono onde trasverse, con due stati di polarizzazione fisici, e si propagano con la velocità della luce trasportando energia e quantità di moto.
- Mentre le onde elettromagnetiche hanno elicità ± 1, quelle gravitazionali hanno elicità ± 2. Conseguentemente, al contrario dei fotoni che hanno spin $\pm\hbar$, i *gravitoni* – se esistono – hanno spin $\pm 2\hbar$.
- Così come la sorgente del campo elettromagnetico è la quadricorrente j^μ del sistema carico, la sorgente del campo gravitazionale è il tensore energia-impulso $T^{\mu\nu}$ del sistema, e così come una carica elettrica accelerata emette onde elettromagnetiche, un generico corpo accelerato emette onde gravitazionali.
- Grazie al *teorema di Birkhoff* – valido sia in Relatività Generale che in Elettrodinamica – un sistema a simmetria sferica non emette onde né elettromagnetiche né gravitazionali.
- Nel caso gravitazionale le *radiazioni di dipolo* – elettrico e magnetico – sono assenti e conseguentemente nel limite non relativistico il contributo dominante alla radiazione è costituito dalla *radiazione di quadrupolo*. Corrispondentemente l'intensità della radiazione gravitazionale è soppressa di un fattore relativistico v^2/c^2 rispetto a quella della radiazione elettromagnetica ed è, dunque, notevolmente più bassa. Tale soppressione costituisce il motivo principale per cui le onde gravitazionali sono difficili da osservare.
- L'analogo gravitazionale dell'*invarianza di gauge* dell'Elettrodinamica – l'invarianza di gauge della Relatività Generale – è costituito dall'invarianza sotto *diffeomorfismi*, ovvero sotto le trasformazioni generali di coordinate

$$x^\mu \to x'^\mu(x), \tag{9.1}$$

che generalizzano le trasformazioni di Poincaré $x'^\mu = \Lambda^\mu{}_\nu x^\nu + a^\mu$, si veda la Nota 8 nella Sezione 3.4. L'invarianza sotto diffeomorfismi è a sua volta intimamente legata al *principio di equivalenza*, principio che in Relatività Generale gioca un ruolo centrale – alla stessa stregua dell'invarianza di gauge nelle altre tre interazioni fondamentali.

9.2 Equazioni del campo gravitazionale debole

Di seguito sfrutteremo argomenti di invarianza relativistica da una parte e la stretta analogia sussistente tra l'interazione gravitazionale e quella elettromagnetica a livello non relativistico dall'altra, per derivare in modo euristico le equazioni di propagazione di un campo gravitazionale di bassa intensità. Le equazioni che otterremo, si veda la (9.12), si identificano in effetti con le equazioni di Einstein nel *limite di campo debole*. Queste equazioni hanno una struttura analoga a quella delle equazioni di Maxwell in gauge di Lorenz e, sfruttando l'esperienza accumulata con le seconde, non avremo difficoltà a risolvere le prime.

Iniziamo con la semplice osservazione che a livello non relativistico le interazioni gravitazionale ed elettromagnetica in realtà hanno la stessa identica struttura. Le corrispondenti forze quasi-statiche tra due corpi con cariche e_1 ed e_2 e masse m_1 ed m_2 sono infatti date da

$$\mathbf{F}_{em} = \frac{e_1 e_2}{4\pi r^3}\, \mathbf{r}, \qquad (9.2)$$

$$\mathbf{F}_{gr} = -G\frac{m_1 m_2}{r^3}\, \mathbf{r}, \qquad (9.3)$$

G essendo la *costante di Newton*. Si ricordi che il segno "$-$" nell'equazione (9.3) è dovuto al fatto che la forza gravitazionale tra masse è attrattiva, mentre la forza elettrostatica tra cariche dello stesso segno è repulsiva. Corrispondentemente i potenziali scalari elettrico e gravitazionale soddisfano le equazioni di Poisson

$$-\nabla^2 \varphi_{em} = \rho_e, \qquad (9.4)$$

$$\nabla^2 \varphi_{gr} = 4\pi G \rho_m, \qquad (9.5)$$

ρ_e essendo la densità di carica elettrica e ρ_m la densità di massa.

Ovviamente le equazioni (9.4) e (9.5) non sono covarianti sotto trasformazioni di Lorentz. Nel caso elettromagnetico sappiamo, tuttavia, come dobbiamo modificare l'equazione (9.4) per renderla covariante. Innanzitutto dobbiamo covariantizzare il laplaciano sostituendolo con il d'Alembertiano, $-\nabla^2 \to -\nabla^2 + \partial_0^2 = \Box$, ottenendo

$$\Box\, \varphi_{em} = \rho_e. \qquad (9.6)$$

Come secondo passo dobbiamo assegnare un ben definito carattere tensoriale alle grandezze fisiche coinvolte. A questo proposito ricordiamo che la densità di carica è la componente temporale della quadricorrente, $\rho_e = j^0/c$, e corrispondentemente il potenziale scalare deve essere identificato con la componente temporale di un opportuno quadrivettore A^μ, ovvero $\varphi_{em} = A^0$. Imponendo l'invarianza di Lorentz in tal modo arriviamo a postulare l'equazione

$$\Box A^\mu = \frac{1}{c}\, j^\mu. \qquad (9.7)$$

La conservazione della quadricorrente $\partial_\mu j^\mu = 0$ impone infine il vincolo

$$\partial_\mu A^\mu = 0. \qquad (9.8)$$

In questo modo abbiamo effettivamente riottenuto le equazioni di Maxwell in gauge di Lorenz.

Cerchiamo ora di applicare lo stesso metodo all'equazione (9.5) per derivare un'equazione relativistica per il campo gravitazionale. Di nuovo iniziamo sostituendo l'equazione (9.5) con

$$\Box\, \varphi_{gr} = -4\pi G \rho_m. \qquad (9.9)$$

Per individuare il tensore da associare al campo φ_{gr} dobbiamo trovare un tensore che abbia come una sua componente la densità di massa. In Relatività Ristretta la massa è una forma di energia e ci dobbiamo quindi aspettare che in una teoria relativistica della gravitazione il campo gravitazionale sia generato non dalla massa, bensì dall'*energia* del sistema. Questa ipotesi viene rafforzata dall'osservazione che in un campo gravitazionale i fotoni vengono deviati. Per il *principio di azione e reazione* anche questi ultimi devono quindi creare, a loro volta, un campo gravitazionale. Ma visto che i fotoni, pur possedendo energia, non possiedono massa, dobbiamo desumere che sia la prima a generare il campo gravitazionale. Nell'equazione (9.9) dobbiamo pertanto sostituire la densità di massa con la densità di energia, che altro non è che la componente 00 del tensore energia-impulso:

$$\rho_m \to \frac{1}{c^2}\, T^{00}.$$

Per un sistema di particelle non relativistiche T^{00} si riduce, in effetti, alla densità di massa moltiplicata per c^2, si veda la (2.123). A questo punto l'invarianza di Lorentz ci induce a considerare φ_{gr} come la componente 00 di un tensore doppio *simmetrico* $H^{\mu\nu}$ – il *potenziale gravitazionale*. Convenzionalmente si pone

$$\varphi_{gr} = \frac{1}{4}\, H^{00}. \tag{9.10}$$

Si noti che con questa normalizzazione $H^{\mu\nu}$ ha la stessa dimensione di φ_{gr}, ovvero quella di una velocità al quadrato. La (9.9) si traduce allora nell'equazione

$$\Box H^{00} = -\frac{16\pi G}{c^2}\, T^{00}, \tag{9.11}$$

che si covariantizza in modo naturale postulando le dieci equazioni

$$\Box H^{\mu\nu} = -\frac{16\pi G}{c^2}\, T^{\mu\nu}. \tag{9.12}$$

La legge di conservazione $\partial_\mu T^{\mu\nu} = 0$, analoga a $\partial_\mu j^\mu = 0$, impone infine che $H^{\mu\nu}$ soddisfi la condizione di *gauge armonica*

$$\partial_\mu H^{\mu\nu} = 0. \tag{9.13}$$

Dal confronto tra le equazioni (9.7) e (9.12) si vede che, così come la sorgente del campo elettromagnetico è la quadricorrente elettrica, così la sorgente del campo gravitazionale è il *tensore energia-impulso*. A parte questo la struttura del sistema di equazioni (9.12), (9.13) è identica a quella del noto sistema (9.7), (9.8).

9.2.1 Relazione con le equazioni di Einstein

Le equazioni (9.12) costituiscono una covariantizzazione *minimale* dell'equazione non relativistica (9.5), in quanto realizzano l'invarianza di Lorentz nel modo più semplice possibile. In realtà le equazioni *corrette* del campo gravitazionale, ovvero le equazioni di Einstein come postulate dalla Relatività Generale, una volta imposta la gauge armonica (9.13) si riducono alle (9.12) solo nel limite di *campo debole*, ovvero se il potenziale gravitazionale soddisfa le relazioni

$$|H_{\mu\nu}| \ll c^2, \quad \forall\, \mu, \nu. \tag{9.14}$$

Si noti che queste condizioni sono dimensionalmente consistenti, poiché $H_{\mu\nu}$ ha le dimensioni di una velocità al quadrato.

Non-linearità delle equazioni di Einstein. Esiste un modo molto semplice per rendersi conto che le equazioni (9.12) non possono descrivere la dinamica del campo gravitazionale, se non in modo approssimato. Infatti, secondo le (9.12) il campo gravitazionale sarebbe generato unicamente dal tensore energia-impulso della *materia*, che per un sistema elettrodinamico, ad esempio, sarebbe dato da $T^{\mu\nu} = T^{\mu\nu}_{em} + T^{\mu\nu}_p$. Le equazioni (9.12) non tengono quindi conto dell'energia posseduta dal campo gravitazionale. Per descrivere la dinamica del campo gravitazionale in modo corretto il membro di destra delle equazioni (9.12) deve essere completato con l'aggiunta del tensore energia-impulso $T^{\mu\nu}_{gr}$ del *campo gravitazionale* stesso:

$$\Box H^{\mu\nu} = -\frac{16\pi G}{c^2}\, \mathbb{T}^{\mu\nu}, \quad \mathbb{T}^{\mu\nu} \equiv T^{\mu\nu} + T^{\mu\nu}_{gr}, \quad \partial_\mu \mathbb{T}^{\mu\nu} = 0. \tag{9.15}$$

Si noti che è solo il tensore energia-impulso *totale* $\mathbb{T}^{\mu\nu}$ a conservarsi, in quanto la materia scambia energia e quantità di moto con il campo gravitazionale.

Per individuare l'espressione *qualitativa* di $T^{\mu\nu}_{gr}$ ci facciamo guidare di nuovo dall'analogia con l'Elettrodinamica. Dalle equazioni (9.2)-(9.5) si vede che i potenziali scalari elettrico e gravitazionale si corrispondono secondo la relazione $\varphi_{em} \leftrightarrow \varphi_{gr}/\sqrt{4\pi G}$, sicché il ruolo di A_μ dovrebbe essere assunto dal campo $H_{\mu\nu}/\sqrt{4\pi G}$. Essendo $T^{\mu\nu}_{em}$ quadratico in ∂A, il tensore $T^{\mu\nu}_{gr}$ dovrebbe allora essere della forma

$$T^{\mu\nu}_{gr} \sim \frac{1}{4\pi G}\, \partial H \partial H. \tag{9.16}$$

Tuttavia, dato che H/c^2 è *adimensionale*, da un punto di vista dimensionale $T^{\mu\nu}_{gr}$ potrebbe avere contributi ulteriori – corrispondenti a correzioni relativistiche – in cui il termine (9.16) è moltiplicato per un numero arbitrario di potenze di H/c^2. In effetti la Relatività Generale richiede che il tensore $T^{\mu\nu}_{gr}$ sia costituito da una serie *infinita* di termini, essendo schematicamente della forma

$$T^{\mu\nu}_{gr} = \frac{1}{4\pi G} \sum_{N=0}^{\infty} \frac{1}{c^{2N}}\, \partial\partial H^{N+2}. \tag{9.17}$$

In questo modo le equazioni in (9.15) rappresentano effettivamente le equazioni di Einstein, nella gauge armonica (9.13). La forma precisa dei singoli termini della serie (9.17) viene fissata a) dall'equazione di continuità $\partial_\mu \mathbb{T}^{\mu\nu} = 0$ e b) dall'invarianza delle equazioni di Einstein sotto i diffeomorfismi (9.1).

Emerge pertanto una differenza fondamentale tra le equazioni di Maxwell e quelle di Einstein: mentre le prime sono *lineari* in A_μ, in quanto il campo elettromagnetico non è dotato di *carica elettrica*, le equazioni di Einstein sono altamente *non lineari* in $H_{\mu\nu}$, in quanto il campo gravitazionale è dotato di *quadrimomento*.

Tuttavia, se il campo gravitazionale è di intensità così bassa da non autoinfluenzare la propria propagazione, ovvero se valgono le (9.14), allora nelle equazioni (9.15) il termine $T_{gr}^{\mu\nu}$, che codifica la non linearità, può essere trascurato e la propagazione del campo è descritta con ottima approssimazione dalle equazioni lineari (9.12). In tutti gli esperimenti oggi in atto per osservare – direttamente o indirettamente – le onde gravitazionali, le condizioni di campo debole (9.14) sono ampiamente soddisfatte, cosicché l'uso delle equazioni (9.12) è più che giustificato. D'altro canto se le onde gravitazionali non fossero deboli sarebbero già state osservate.

La materia curva lo spazio-tempo. Spieghiamo brevemente in che senso in presenza di materia lo spazio-tempo si *curva* – attraverso il potenziale gravitazionale $H_{\mu\nu}(x)$. Come anticipato nel Paragrafo 5.3.2, in presenza di un campo gravitazionale l'intervallo tra due eventi assume la forma

$$ds^2 = dx^\mu dx^\nu g_{\mu\nu}(x),$$

in cui $g_{\mu\nu}(x)$ rappresenta la *metrica* dello spazio-tempo curvo. Nella loro forma originale le equazioni di Einstein (9.15) sono equazioni differenziali alle derivate parziali del secondo ordine nella matrice $g_{\mu\nu}(x)$ e nella sua inversa $g^{\mu\nu}(x)$ e in termini di tali matrici sono, in realtà, equazioni *polinomiali*.

Se si pone

$$g_{\mu\nu}(x) = \eta_{\mu\nu} + \frac{1}{c^2}\left(H_{\mu\nu}(x) - \frac{1}{2}\,\eta_{\mu\nu}\,H^\rho{}_\rho(x)\right) \tag{9.18}$$

e si impone ad $H^{\mu\nu}(x)$ la gauge armonica (9.13), nel limite di campo debole (9.14) le equazioni di Einstein si riducono in effetti alle equazioni (9.12). Queste ultime permettono di ricavare $H_{\mu\nu}(x)$ in termini della materia, ovvero di $T^{\mu\nu}(x)$ – si veda la (9.24) – cosicché le (9.18) in definitiva determinano la metrica in ogni punto dello spazio-tempo in termini della materia. Come si vede da queste relazioni, il potenziale $H_{\mu\nu}(x)$ quantifica lo scostamento della metrica $g_{\mu\nu}(x)$ dello spazio-tempo curvo dalla metrica $\eta_{\mu\nu}$ dello spazio-tempo *piatto*. Se valgono le condizioni (9.14) la metrica curva si discosta poco dalla metrica piatta e in assenza di materia, $T^{\mu\nu}(x) = 0$, e di radiazione gravitazionale si ha in particolare $H_{\mu\nu}(x) = 0$ e $g_{\mu\nu}(x) = \eta_{\mu\nu}$.

Campi gravitazionali di natura diversa. Il tensore doppio $H^{\mu\nu}$ da una parte codifica la dinamica del campo gravitazionale attraverso le (9.15) e dall'altra curva lo spazio-tempo attraverso le (9.18). Se si ignora questa sua funzione di natura più geometrica, *a priori* il campo gravitazionale potrebbe essere descritto anche da tensori di rango diverso.

Un primo tensore alternativo si ottiene considerando ρ_m come la componente temporale della *quadricorrente di massa* conservata, che per un sistema di particelle di masse m_r è data da

$$J_m^\mu = \sum_r m_r \int u_r^\mu \, \delta^4(x - y_r) \, ds_r, \qquad \partial_\mu J_m^\mu = 0. \qquad (9.19)$$

Vale infatti

$$J_m^0 = c \sum_r m_r \, \delta^3(\mathbf{x} - \mathbf{y}_r) = c\rho_m.$$

In base all'equazione (9.9) il campo φ_{gr} dovrebbe allora essere considerato come la componente temporale di un *quadrivettore* $\mathcal{A}^\mu$, ovvero $\varphi_{gr} = \mathcal{A}^0$. In tal modo si otterrebbe il sistema di equazioni

$$\Box \mathcal{A}^\mu = -\frac{4\pi G}{c} J_m^\mu, \qquad \partial_\mu \mathcal{A}^\mu = 0.$$

Questo sistema sarebbe, tuttavia, in conflitto con due fatti sperimentali fondamentali. In primo luogo in questo modo otterremmo una teoria relativistica della gravità *completamente* analoga all'Elettrodinamica, in palese contrasto con il fatto che la prima prevede solo "cariche" positive, le masse, mentre la seconda prevede cariche di entrambi i segni. In secondo luogo, vista la forma della corrente (9.19) si conserverebbe la *massa totale* del sistema – al posto dell'energia!

Un'alternativa diversa consiste nel considerare φ_{gr} come un *quadriscalare*. In questo caso si potrebbe sfruttare il fatto che nel limite non relativistico le componenti T^{ij} del tensore energia-impulso sono trascurabili rispetto alla densità di energia T^{00}, si veda la (2.123), cosicché $T^\mu{}_\mu = T^{00} - T^{ii} \approx T^{00} \approx c^2 \rho_m$. Nel limite non relativistico la densità di massa ρ_m si identifica dunque anche con la traccia di $T^{\mu\nu}$ e al posto delle (9.12) si potrebbe allora ipotizzare l'equazione Lorentz-invariante

$$\Box \varphi_{gr} = -\frac{4\pi G}{c^2} T^\mu{}_\mu.$$

Tuttavia, visto che $T_{em}{}^\mu{}_\mu = 0$, si veda la (2.131), in questo caso il campo elettromagnetico non genererebbe alcun campo gravitazionale, in contrasto con il fatto che i raggi di luce in un campo gravitazionale vengono deviati.

9.3 Irraggiamento gravitazionale

Come abbiamo osservato varie volte, le equazioni di Einstein nel limite di campo debole

$$\Box H^{\mu\nu} = -\frac{16\pi G}{c^2} T^{\mu\nu}, \qquad \partial_\mu H^{\mu\nu} = 0, \qquad \partial_\mu T^{\mu\nu} = 0 \qquad (9.20)$$

hanno la stessa struttura delle equazioni di Maxwell in gauge di Lorenz. Con gli stessi metodi con cui abbiamo risolto le seconde possiamo quindi anche risolvere le prime. Di seguito analizziamo le soluzioni più rilevanti del sistema (9.20), con particolare attenzione al fenomeno dell'*irraggiamento*.

Onde gravitazionali. Nel vuoto, ovvero per $T^{\mu\nu} = 0$, le equazioni (9.20) si riducono a

$$\Box H^{\mu\nu} = 0, \qquad \partial_\mu H^{\mu\nu} = 0. \tag{9.21}$$

La soluzione generale di questo sistema è una sovrapposizione delle *onde elementari* gravitazionali

$$H^{\mu\nu} = \varepsilon^{\mu\nu} e^{ik \cdot x} + c.c., \qquad k_\mu \varepsilon^{\mu\nu} = 0, \qquad k^2 = 0, \tag{9.22}$$

dove $\varepsilon^{\mu\nu}$ è un *tensore di polarizzazione* simmetrico. Tali onde sono piane e monocromatiche e si propagano con la velocità della luce.

Per determinare il numero di stati di polarizzazione *fisici* dovremmo conoscere la forma delle trasformazioni di gauge *residue* associate ai diffeomorfismi (9.1), come implicate dalla Relatività Generale. Nondimeno possiamo determinarle in modo euristico, sfruttando ancora l'analogia con l'Elettrodinamica, notando che il sistema (9.20) è invariante sotto le trasformazioni *residue*

$$H'^{\mu\nu} = H^{\mu\nu} + \partial^\mu \Lambda^\nu + \partial^\nu \Lambda^\mu - \eta^{\mu\nu} \partial_\rho \Lambda^\rho, \qquad \Box \Lambda^\mu = 0,$$

dove le $\Lambda^\mu(x)$ costituiscono *quattro* funzioni di gauge[1]. Valgono infatti le equazioni $\Box H'^{\mu\nu} = \Box H^{\mu\nu}$ e $\partial_\mu H'^{\mu\nu} = \partial_\mu H^{\mu\nu}$. Conseguentemente il tensore di polarizzazione è determinato modulo le trasformazioni

$$\varepsilon'^{\mu\nu} = \varepsilon^{\mu\nu} + k^\mu \lambda^\nu + k^\nu \lambda^\mu - \eta^{\mu\nu} k_\rho \lambda^\rho, \tag{9.23}$$

in cui λ^μ è un arbitrario parametro vettoriale complesso. Le soluzioni delle equazioni (9.21) rappresentate dalle relazioni (9.22) e (9.23) – derivate per la prima volta da A. Einstein nel 1916 – corrispondono esattamente alle onde elementari (5.114) analizzate nei Paragrafi 5.3.2 e 5.3.3, in cui abbiamo in particolare fatto vedere che queste onde sono caratterizzate da *due* stati di polarizzazione fisici, di elicità ± 2.

Generazione di onde e campo asintotico. In presenza di un tensore energia-impulso $T^{\mu\nu}(t, \mathbf{x})$ a supporto spaziale compatto il sistema (9.20) ammette la soluzione causale esatta, si vedano le equazioni (6.27), (6.34), (6.53) e (6.60),

$$H^{\mu\nu} = G_{ret} * \left(-\frac{16\pi G}{c^2} T^{\mu\nu} \right) = -\frac{4G}{c^2} \int \frac{1}{|\mathbf{x} - \mathbf{y}|} T^{\mu\nu} \left(t - \frac{|\mathbf{x} - \mathbf{y}|}{c}, \mathbf{y} \right) d^3 y. \tag{9.24}$$

Grazie alla proprietà (2.66) della convoluzione e all'equazione di continuità $\partial_\mu T^{\mu\nu} = 0$, l'equazione $\partial_\mu H^{\mu\nu} = 0$ è automaticamente soddisfatta.

Come in Elettrodinamica, per l'analisi dell'irraggiamento gravitazionale è sufficiente conoscere l'andamento del potenziale a grandi distanze dalla sorgente, ovvero nella *zona delle onde*. Ripetendo l'analisi asintotica per grandi r effettuata nella Sezione 8.1 si trova che modulo termini di ordine $1/r^2$ il potenziale (9.24) si riduce a

---

[1] In Relatività Generale si dimostra che i parametri $\Lambda^\mu(x)$ sono legati ai diffeomorfismi (9.1) dalla relazione $x'^\mu(x) = x^\mu - \Lambda^\mu(x)$.

$(\mathbf{n} = \mathbf{x}/r)$

$$H^{\mu\nu}(t, \mathbf{x}) = -\frac{4G}{rc^2} \int T^{\mu\nu}\left(t - \frac{r}{c} + \frac{\mathbf{n} \cdot \mathbf{y}}{c}, \mathbf{y}\right) d^3y. \tag{9.25}$$

A grandi distanze dalla sorgente $H^{\mu\nu}$ decade dunque come $1/r$ – come si conviene a un *campo di radiazione*. Ponendo $n^\mu = (1, \mathbf{n})$, come nella Sezione 8.1 si dimostra poi che modulo termini di ordine $1/r^2$ il potenziale (9.25) soddisfa le *relazioni delle onde*

$$\partial_\rho H^{\mu\nu} = \frac{1}{c}\, n_\rho \dot{H}^{\mu\nu}, \qquad n_\mu \dot{H}^{\mu\nu} = 0, \qquad n^2 = 0. \tag{9.26}$$

Infine, ripetendo l'analisi del Paragrafo 8.1.2 si trova che il potenziale asintotico (9.25) è una sovrapposizione di *onde elementari* della forma (9.22).

Emissione di energia. Per poter eseguire l'analisi energetica della radiazione emessa occorre conoscere l'espressione del tensore energia-impulso del campo gravitazionale (9.17), che viene fornita dalla Relatività Generale. Nel limite di campo debole è sufficiente considerare il termine di ordine più basso, corrispondente a $N = 0$ (si veda la (9.16)). Riportiamo l'espressione di questo termine per un campo che soddisfa le relazioni delle onde (9.26), che risulta particolarmente semplice:

$$T_{gr}^{\mu\nu} = \frac{1}{32\pi G}\left(\partial_\mu H^{\alpha\beta}\partial_\nu H_{\alpha\beta} - \frac{1}{2}\,\partial_\mu H^\alpha{}_\alpha \partial_\nu H^\beta{}_\beta\right). \tag{9.27}$$

Noto $T_{gr}^{\mu\nu}$ la distribuzione angolare della potenza emessa $dW_{gr}/d\Omega$ e la potenza totale W_{gr} si determinano in completa analogia con il caso elettromagnetico, si veda la componente $\mu = 0$ dell'equazione (7.44),

$$\frac{dW_{gr}}{d\Omega} = cr^2\left(T_{gr}^{0i}\, n^i\right), \qquad W_{gr} = \int \frac{dW_{gr}}{d\Omega}\, d\Omega, \qquad r \to \infty. \tag{9.28}$$

Nella Sezione 9.4 applicheremo le equazioni (9.25)-(9.28) a un arbitrario sistema non relativistico e troveremo che l'espressione risultante di W_{gr}, ovvero la *formula di quadrupolo* (9.50), è relativamente semplice. Nella Sezione 9.5 useremo poi quest'ultima per quantificare la perdita di energia della pulsar binaria PSR B1913+16 – causata dall'emissione di onde gravitazionali.

9.3.1 Argomento euristico per la formula di quadrupolo

Prima di passare alla valutazione esplicita delle (9.28) di seguito determiniamo W_{gr} per un generico sistema non relativistico tramite un argomento euristico, derivante nuovamente dall'analogia con l'Elettrodinamica. Questo argomento ci consentirà di determinare W_{gr} a parte un coefficiente moltiplicativo e ci permetterà, inoltre, di comprendere meglio il significato fisico del risultato.

Prima di procedere facciamo presente che in questa sezione abbiamo supposto che sia $\partial_\mu T^{\mu\nu} = 0$, equazione che è valida per un sistema *isolato*. In realtà, in base alle equazioni (9.15) e (9.27), questa equazione di continuità è violata

$$\partial_\mu T^{\mu\nu} = -\partial_\mu T_{gr}^{\mu\nu} \sim H^2 \tag{9.29}$$

proprio a causa del quadrimomento dissipato via irraggiamento. Tuttavia, essendo interessati al calcolo di $\mathcal{W}_{gr}$, che è una grandezza quadratica in H, nel calcolo di $H^{\mu\nu}$ tramite la (9.24) possiamo trascurare termini di ordine H^2 e assumere, pertanto, che sia $\partial_\mu T^{\mu\nu} = 0$. In altre parole, per il calcolo della potenza emessa è sufficiente considerare la dinamica del sistema nell'approssimazione di *ordine zero*, trascurando dunque la *forza di frenamento gravitazionale*, e in tal caso il quadrimomento del sistema si conserva.

Torniamo ora all'espressione (8.110) della potenza elettromagnetica emessa da un generico sistema carico non relativistico

$$\mathcal{W}_{em} = \frac{\left|\ddot{\mathbf{D}}\right|^2}{6\pi c^3} + \frac{\left|\ddot{\mathbf{M}}\right|^2}{6\pi c^5} + \frac{\dot{\mathcal{D}}^{ij}\dot{\mathcal{D}}^{ij}}{80\pi c^5}. \tag{9.30}$$

Supponiamo che il sistema in questione sia formato da un certo numero di particelle con cariche e_r e masse m_r. La similitudine tra le equazioni (9.2) e (9.3) suggerisce allora di stimare la potenza gravitazionale emessa dal sistema operando nella (9.30) la sostituzione

$$e_r \to \sqrt{4\pi G}\, m_r, \tag{9.31}$$

ovvero sostituendo la densità di carica ρ_e con la densità di massa ρ_m secondo

$$\rho_e \to \sqrt{4\pi G}\, \rho_m.$$

Ricordano la definizione dei momenti di multipolo (8.49), (8.103) e (8.104) queste sostituzioni portano alla stima

$$\mathcal{W}_{gr} \approx G\left(\frac{2\left|\dot{\mathbf{P}}\right|^2}{3c^3} + \frac{\left|\ddot{\mathbf{L}}\right|^2}{6c^5} + \frac{\dddot{\mathcal{P}}^{ij}\dddot{\mathcal{P}}^{ij}}{20c^5}\right), \tag{9.32}$$

dove $\mathbf{P} = \sum_r m_r \mathbf{v}_r$ è la quantità di moto totale del sistema, $\mathbf{L} = \sum_r \mathbf{y}_r \times m_r \mathbf{v}_r$ è il suo momento angolare totale e $\mathcal{P}^{ij}$ è il suo *momento di quadrupolo gravitazionale ridotto*:

$$\mathcal{P}^{ij} = P^{ij} - \frac{1}{3}\delta^{ij}P^{kk}, \qquad P^{ij} = \frac{1}{c^2}\int y^i y^j T^{00}\, d^3y. \tag{9.33}$$

Si ricordi che nel limite non relativistico la densità di energia T^{00} si identifica con $c^2 \rho_m$. Visto che il sistema è isolato la quantità di moto e il momento angolare si conservano,

$$\dot{\mathbf{P}} = 0, \qquad \dot{\mathbf{L}} = 0,$$

e di conseguenza nella (9.32) entrambi i contributi di dipolo si annullano!

In ultima analisi l'assenza delle radiazioni di dipolo gravitazionali è una conseguenza del *principio di equivalenza*, che asserisce che la *carica gravitazionale* di un corpo, ovvero la sua massa gravitazionale M_r, coincide con la sua massa inerziale m_r. Per comprenderne la ragione ricordiamo un risultato dell'Elettrodinamica, si vedano la Sezione 8.4 e il Paragrafo 8.5.2: in un sistema isolato di particelle di cariche e_r e masse inerziali m_r le radiazioni di dipolo elettrico e di dipolo magnetico sono entrambe assenti, se il rapporto e_r/m_r non dipende da r. Nel caso gravitazionale, una volta effettuata la sostituzione (9.31) delle cariche elettriche e_r con le cariche gravitazionali $\sqrt{4\pi G}M_r$, grazie al principio di equivalenza il rapporto e_r/m_r passa in

$$\frac{e_r}{m_r} \to \frac{\sqrt{4\pi G}M_r}{m_r} = \sqrt{4\pi G},$$

risultando dunque indipendente da r per qualsiasi corpo. La radiazione di dipolo gravitazionale sarebbe pertanto assente per *qualsiasi* sistema.

Secondo questo argomento la potenza emessa sarebbe quindi data solo dall'ultimo termine della (9.32). In realtà nella Sezione 9.4, valutando esplicitamente la (9.28), vedremo che la Relatività Generale conferma il risultato di questo argomento euristico – a parte un fattore moltiplicativo 4. Otterremo infatti la celebre *formula di quadrupolo* dell'irraggiamento gravitazionale

$$\mathcal{W}_{gr} = \frac{G}{5c^5}\,\dddot{\mathcal{P}}^{ij}\dddot{\mathcal{P}}^{ij}, \tag{9.34}$$

derivata per la prima volta da A. Einstein nel 1918. Tale formula costituisce a tutti gli effetti la controparte gravitazionale del risultato analogo (8.47) dell'Elettrodinamica

$$\mathcal{W}_{em} = \frac{|\ddot{\mathbf{D}}|^2}{6\pi c^3}.$$

Entrambe le formule forniscono, infatti, il termine dominante della potenza emessa causa irraggiamento da un sistema non relativistico. In particolare, previa l'identificazione $e \leftrightarrow \sqrt{4\pi G}m$, per motivi dimensionali l'intensità della radiazione gravitazionale è soppressa di un fattore v^2/c^2 rispetto alla radiazione elettromagnetica.

Teorema di Birkhoff. Facciamo infine notare che nella (9.34) la comparsa del momento di quadrupolo *ridotto* (9.33) è implicata dal *teorema di Birkhoff* (si veda il Problema 2.5) valido anche per il campo gravitazionale, per il quale in realtà originariamente è stato dimostrato. In Relatività Generale questo teorema afferma che il campo gravitazionale prodotto da un sistema sferico nel vuoto è *statico*. Un tale sistema non può dunque emettere onde gravitazionali e di conseguenza $\mathcal{W}_{gr}$ deve annullarsi a tutti gli ordini in $1/c$. La formula (9.34) verifica in effetti questo teorema. Per un sistema a simmetria sferica vale infatti $T^{00}(t,\mathbf{y}) = T^{00}(t,y)$ e l'argomento usato nella (8.112) per dimostrare l'annullamento di $\mathcal{D}^{ij}$ si applica allora pure a $\mathcal{P}^{ij}$. Ne segue che per un sistema a simmetria sferica anche $\mathcal{P}^{ij}$ si annulla e pertanto $\mathcal{W}_{gr} = 0$.

9.4 Potenza della radiazione di quadrupolo

Di seguito deriviamo la formula (9.34) a partire dalle equazioni (9.25), (9.27) e (9.28). Considereremo dapprima un sistema con velocità arbitrarie ed eseguiremo successivamente l'espansione non relativistica.

Iniziamo riscrivendo l'equazione (9.27) sfruttando le relazioni delle onde (9.26)

$$T_{gr}^{\mu\nu} = \frac{n^\mu n^\nu}{32\pi G c^2} \left(\dot{H}^{\alpha\beta} \dot{H}_{\alpha\beta} - \frac{1}{2} (\dot{H}^\alpha{}_\alpha)^2 \right). \tag{9.35}$$

Si noti l'analogia formale tra questa formula e la corrispondente espressione del tensore energia-impulso del campo elettromagnetico (5.97)

$$T_{em}^{\mu\nu} = -\frac{n^\mu n^\nu}{c^2} (\dot{A}^\alpha \dot{A}_\alpha).$$

Per la distribuzione angolare della potenza emessa la (9.28) fornisce allora

$$\frac{d\mathcal{W}_{gr}}{d\Omega} = \frac{r^2}{32\pi Gc} \left(\dot{H}^{\alpha\beta} \dot{H}_{\alpha\beta} - \frac{1}{2} (\dot{H}^\alpha{}_\alpha)^2 \right). \tag{9.36}$$

Come nel caso elettromagnetico esprimiamo innanzitutto le quantità tra parentesi in termini delle sole componenti spaziali H^{ij} del potenziale. A questo scopo riprendiamo dalle (9.26) le identità algebriche $n_\mu \dot{H}^{\nu\mu} = 0$, scrivendone separatamente le componenti $\nu = 0$ e $\nu = i$

$$\dot{H}^{00} - n^j \dot{H}^{0j} = 0,$$
$$\dot{H}^{i0} - n^j \dot{H}^{ij} = 0.$$

Sostituendo la seconda relazione nella prima si possono esprimere tutte le componenti di $\dot{H}^{\mu\nu}$ in termini delle sole $\dot{H}^{ij}$:

$$\dot{H}^{00} = n^i n^j \dot{H}^{ij}, \tag{9.37}$$
$$\dot{H}^{0i} = n^j \dot{H}^{ij}. \tag{9.38}$$

A futura memoria facciamo notare che queste relazioni, equivalenti all'identità $n_\mu \dot{H}^{\mu\nu} = 0$, sono a loro volta equivalenti all'identità $\partial_\mu H^{\mu\nu} = 0$ che è conseguenza dell'equazione di continuità $\partial_\mu T^{\mu\nu} = 0$, si veda la (9.24). In ultima analisi queste relazioni sono dunque conseguenze della conservazione del quadrimomento, così come in Elettrodinamica la relazione $\dot{A}^0 = \mathbf{n} \cdot \dot{\mathbf{A}}$ in (8.11) è conseguenza della conservazione della carica elettrica. Inserendo le relazioni (9.37) e (9.38) nella (9.36) si ottiene, si veda il Problema 9.1,

$$\frac{d\mathcal{W}_{gr}}{d\Omega} = \frac{r^2}{32\pi Gc} \dot{H}^{ij} \dot{H}^{lm} \Lambda^{ijlm}, \tag{9.39}$$

$$\Lambda^{ijlm} \equiv \delta^{il}\delta^{jm} - \frac{1}{2}\delta^{ij}\delta^{lm} - 2\delta^{il}n^j n^m + \delta^{ij}n^l n^m + \frac{1}{2}n^i n^j n^l n^m, \tag{9.40}$$

da confrontare con l'espressione analoga (8.16) della potenza elettromagnetica

$$\frac{d\mathcal{W}_{em}}{d\Omega} = \frac{r^2}{c} \dot{A}^i \dot{A}^j \Lambda^{ij}, \qquad \Lambda^{ij} \equiv \delta^{ij} - n^i n^j. \tag{9.41}$$

Approssimazione non relativistica. Se la materia che crea il campo gravitazionale è non relativistica, $v \ll c$, come nel caso elettromagnetico nella (9.25) possiamo trascurare il ritardo microscopico $\mathbf{n} \cdot \mathbf{y}/c$. Le componenti spaziali del potenziale assumono allora la semplice forma

$$H^{ij} = -\frac{4G}{rc^2} \int T^{ij}\left(t - \frac{r}{c}, \mathbf{y}\right) d^3 y. \tag{9.42}$$

In questo limite i potenziali H^{ij} sono legati in modo semplice al momento di quadrupolo (9.33), per via dell'identità

$$\int T^{ij}\, d^3 y = \frac{1}{2}\, \ddot{P}^{ij}. \tag{9.43}$$

Per dimostrarla sfruttiamo di nuovo l'equazione di continuità del tensore energia-impulso $\partial_\mu T^{\mu\nu} = 0$. Esplicitandone le componenti temporale e spaziali otteniamo

$$\frac{1}{c}\, \dot{T}^{00} = -\partial_k T^{k0}, \tag{9.44}$$

$$\frac{1}{c}\, \dot{T}^{0k} = -\partial_m T^{mk}. \tag{9.45}$$

Derivando la prima equazione rispetto al tempo e sostituendovi la seconda ricaviamo l'identità

$$\frac{1}{c^2}\, \ddot{T}^{00} = -\frac{1}{c}\, \partial_k \dot{T}^{k0} = \partial_k \partial_m T^{km}. \tag{9.46}$$

Derivando la (9.33) due volte rispetto al tempo, inserendovi la (9.46) ed eseguendo due integrazioni per parti otteniamo allora

$$\ddot{P}^{ij} = \frac{1}{c^2} \int y^i y^j \ddot{T}^{00}\, d^3 y = \int y^i y^j \partial_k \partial_m T^{km}\, d^3 y = \int \partial_m \partial_k (y^i y^j) T^{km}\, d^3 y$$

$$= \int \left(\delta_k^i \delta_m^j + \delta_k^j \delta_m^i\right) T^{km}\, d^3 y = 2 \int T^{ij}\, d^3 y,$$

ovvero l'equazione (9.43).

Concludiamo quindi che nel limite non relativistico il potenziale H^{ij} nella zona delle onde è legato al momento di quadrupolo dalla semplice relazione

$$H^{ij}(t, \mathbf{x}) = -\frac{2G}{rc^2}\, \ddot{P}^{ij}(t - r/c), \tag{9.47}$$

da confrontare con la controparte elettromagnetica (8.43). Nel limite non relativistico la radiazione gravitazionale corrisponde dunque a una *radiazione di quadrupolo*. Sostituendo la (9.47) nella (9.39) si ottiene

$$\frac{d\mathcal{W}_{gr}}{d\Omega} = \frac{G}{8\pi c^5}\, \dddot{P}^{ij} \dddot{P}^{lm} \Lambda^{ijlm}. \tag{9.48}$$

Vista la (9.40) in generale l'intensità della radiazione dipende quindi in modo abbastanza complicato dalla direzione n. Tuttavia, grazie agli integrali invarianti del Problema 2.6 per la potenza totale si ottiene una formula semplice, la *formula di quadrupolo*:

$$\mathcal{W}_{gr} = \frac{G}{8\pi c^5}\, \dot{\ddot{P}}^{ij} \dot{\ddot{P}}^{lm} \int \Lambda^{ijlm}\, d\Omega \tag{9.49}$$

$$= \frac{G}{8\pi c^5}\, \dot{\ddot{P}}^{ij} \dot{\ddot{P}}^{lm} \frac{2\pi}{15} \left(11\delta^{il}\delta^{jm} + \delta^{im}\delta^{jl} - 4\,\delta^{ij}\delta^{lm} \right)$$

$$= \frac{G}{5c^5} \left(\dot{\ddot{P}}^{ij} \dot{\ddot{P}}^{ij} - \frac{1}{3}\, \dot{\ddot{P}}^{ii} \dot{\ddot{P}}^{jj} \right)$$

$$= \frac{G}{5c^5}\, \dot{\ddot{p}}^{ij} \dot{\ddot{p}}^{ij}. \tag{9.50}$$

Nell'ultimo passaggio abbiamo usato l'identità (8.109), avendo introdotto il momento di quadrupolo ridotto (9.33).

9.4.1 Annullamento della radiazione di dipolo

Nel Paragrafo 9.3.1 abbiamo dato un argomento euristico – basato sull'analogia tra le interazioni elettromagnetica e gravitazionale nel limite non relativistico – secondo cui la radiazione di dipolo gravitazionale è assente. Dall'analisi svolta è emerso che il motivo di questa assenza è da cercarsi, oltre che nel principio di equivalenza, nella conservazione del quadrimomento totale di un sistema isolato. Vogliamo ora verificare questa ipotesi eseguendo esplicitamente l'espansione non relativistica del potenziale (9.25).

L'espansione non relativistica dell'espressione (9.25) equivale a uno sviluppo in serie di Taylor, considerando come parametro dello sviluppo il ritardo microscopico $\mathbf{n} \cdot \mathbf{y}/c$. Per tenere conto delle radiazioni di dipolo e di quadrupolo occorre espandere $H^{\mu\nu}$ fino all'ordine $1/c^2$. Tuttavia, visto che le varie componenti del tensore energia-impulso hanno andamenti relativistici diversi, ovvero schematicamente

$$T^{00} \sim Mc^2, \qquad T^{0i} \sim Mcv, \qquad T^{ij} \sim Mvv,$$

le espansioni di H^{00}, H^{0i} e H^{ij} vanno arrestate a ordini di $\mathbf{n} \cdot \mathbf{y}/c$ diversi. Modulo termini di ordine $1/c^3$ dal potenziale (9.25) si ottengono allora le espansioni

$$H^{00} = -\frac{4G}{rc^2} \int \left(T^{00} + \frac{1}{c}\, n^k y^k\, \dot{T}^{00} + \frac{1}{2c^2}\, n^k n^l y^k y^l\, \ddot{T}^{00} \right) d^3 y, \tag{9.51}$$

$$H^{0i} = -\frac{4G}{rc^2} \int \left(T^{0i} + \frac{1}{c}\, n^k y^k\, \dot{T}^{0i} \right) d^3 y, \tag{9.52}$$

$$H^{ij} = -\frac{4G}{rc^2} \int T^{ij}\, d^3 y, \tag{9.53}$$

dove è sottinteso che $T^{\mu\nu}$ è valutato nel punto $(t - r/c, \mathbf{y})$. Per riscrivere queste formule in modo più compatto introduciamo innanzitutto il quadrimomento totale *conservato* del sistema

$$P^\mu = \int T^{0\mu}\, d^3 y \equiv (Mc^2, c\mathbf{P}),$$

le cui componenti compaiono nel primo termine della (9.51) e della (9.52). M è la massa del sistema, definita come la sua energia divisa per c^2, e $\mathbf{P}$ è la sua quantità di moto. Nell'ultimo termine della (9.51) riconosciamo la derivata seconda del momento di quadrupolo P^{ij}, si veda la (9.43). Il secondo termine della (9.51) può invece essere ricondotto a $\mathbf{P}$ sfruttando la (9.44)

$$\frac{1}{c}\int y^k \dot{T}^{00}\, d^3 y = -\int y^k \partial_i T^{i0}\, d^3 y = \int (\partial_i y^k) T^{i0}\, d^3 y = \int T^{k0}\, d^3 y = cP^k.$$

Similmente il secondo termine della (9.52) può essere ricondotto a P^{ij} sfruttando la (9.45)

$$\frac{1}{c}\int y^k \dot{T}^{0i}\, d^3 y = -\int y^k \partial_j T^{ji}\, d^3 y = \int (\partial_j y^k) T^{ji}\, d^3 y = \int T^{ki}\, d^3 y = \frac{1}{2}\ddot{P}^{ki}.$$

In definitiva le equazioni (9.51)-(9.53) possono essere poste nella forma

$$H^{00} = -\frac{4G}{r}\left(M + \frac{1}{c}\, n^k P^k + \frac{1}{2c^2}\, n^k n^l \ddot{P}^{kl}\right), \tag{9.54}$$

$$H^{0i} = -\frac{4G}{r}\left(\frac{1}{c}\, P^i + \frac{1}{2c^2}\, n^k \ddot{P}^{ki}\right), \tag{9.55}$$

$$H^{ij} = -\frac{2G}{rc^2}\, \ddot{P}^{ij}, \tag{9.56}$$

dove M, $\mathbf{P}$ e P^{ij} sono grandezze di ordine zero in $1/c$.

Le equazioni (9.54)-(9.56) costituiscono le espansioni non relativistiche del potenziale gravitazionale nella zona delle onde fino all'ordine $1/c^2$, analoghe alle espansioni (8.105) e (8.106) del potenziale A^μ dell'Elettrodinamica. Come in quel caso le radiazioni di dipolo corrispondono ai termini di ordine $1/c$, che nelle (9.54)-(9.56) sono tutti proporzionali a $\mathbf{P}$. Osserviamo a questo punto che nel tensore energia-impulso (9.27) e nella potenza (9.36) non compare il *potenziale* $H^{\mu\nu}$, bensì il *campo* $\partial_\rho H^{\mu\nu} = n_\rho \dot{H}^{\mu\nu}/c$, si vedano le (9.26). Essendo $\mathbf{P}$ una costante del moto, le radiazioni di dipolo scompaiono quindi dalle equazioni (9.54)-(9.56), quando si considera il campo $\dot{H}^{\mu\nu}$. Similmente da H^{00} scompare il potenziale newtoniano $-4MG/r$, un contributo di ordine zero in $1/c$, quando si considera il campo $\dot{H}^{00}$. In conclusione, grazie alla *conservazione del quadrimomento* il campo $\dot{H}^{\mu\nu}$ contiene solo termini di ordine $1/c^2$ – proporzionali alla derivata terza di P^{ij} – e costituisce dunque una *radiazione di quadrupolo*.

Infine in base alle espressioni esplicite (9.54)-(9.56) si verifica facilmente che le identità (9.37) e (9.38) – cruciali per poter esprimere la potenza emessa in termini del solo momento di quadrupolo – valgono proprio in virtù della conservazione di P^μ.

9.5 La pulsar binaria PSR B1913+16

La formula (9.50) quantifica l'energia irradiata da un sistema non relativistico causa emissione di onde gravitazionali, in termini del suo momento di quadrupolo (9.33). Quest'ultimo coinvolge a sua volta la densità di energia T^{00} del sistema, che nel limite non relativistico è dominata dalla densità di massa moltiplicata per c^2. Se il sistema è formato da un certo numero di particelle con massa M_r e traiettorie $\mathbf{y}_r(t)$, oppure più in generale da un certo numero di corpi rigidi con moti rotazionali trascurabili, si ha dunque

$$T^{00} = \sum_r M_r \, c^2 \, \delta^3(\mathbf{y} - \mathbf{y}_r).$$

Per il momento di quadrupolo (9.33) si ottiene allora la semplice espressione

$$P^{ij} = \frac{1}{c^2} \int y^i y^j \, T^{00} \, d^3y = \sum_r M_r \int y^i y^j \, \delta^3(\mathbf{y} - \mathbf{y}_r) \, d^3y = \sum_r M_r y_r^i y_r^j. \quad (9.57)$$

Derivandola tre volte rispetto al tempo, sottraendo la traccia e inserendo l'espressione risultante nella (9.50) si determina agevolmente l'energia che il sistema emette nell'unità di tempo.

Per i motivi appena spiegati – la radiazione è di quadrupolo e non di dipolo – in circostanze generiche l'entità di energia emessa è molto piccola e quindi difficile da riscontrare. Una verifica sperimentale della formula (9.50) necessita infatti di un sistema di corpi molto *accelerati* e/o molto *massivi*, tali che la radiazione emessa sia così intensa da poter essere rilevata sperimentalmente. In particolare un sistema di corpi che si muovono di moto rettilineo uniforme, con velocità $\mathbf{v}_r$ costanti, non emette radiazione gravitazionale. In questo caso la (9.57) darebbe infatti

$$\dddot{P}^{ij} = 2 \sum_r M_r v_r^i v_r^j,$$

sicché la derivata terza di P^{ij} sarebbe zero. In linea di principio esistono due modi differenti per rilevare la presenza di onde gravitazionali.

Osservazioni dirette. Sorgenti promettenti di onde gravitazionali sono le *supernovae*, che sono causate dal collasso e dalla successiva esplosione di una stella. Se il collasso, che dovrebbe dar luogo a una *stella di neutroni* o a un *buco nero*, avviene in modo non isotropo, si può generare un singolo evento con un'emissione così intensa da essere osservabile sulla Terra. Similmente radiazione gravitazionale intensa può essere prodotta da stelle che vengono inghiottite da buchi neri di massa elevata. Altre potenziali sorgenti di onde gravitazionali sono le *pulsar isolate*, che emettono radiazione attraverso il moto di rotazione attorno a un loro asso. In tutti questi casi si ipotizza che sia possibile osservare direttamente sulla superficie terrestre gli effetti causati dai campi asintotici (9.54)-(9.56) attraverso la metrica (9.18), sebbene la durata delle accelerazioni possa essere breve, come nel caso delle *supernovae*. Le tecniche sperimentali per effettuare misure di questo tipo impiegano antenne *gravitazionali* o dispositivi *interferometrici*. Le prime rivelano piccole oscillazioni di pesanti barre risonanti a forma cilindrica sospese nel vuoto, indotte dal passaggio di onde gravitazionali, mentre i secondi sfruttano gli sfasamenti indotti nei raggi di luce dalla deformazione dello spazio-tempo causata dal passaggio di un campo gravitazionale oscillante.

Osservazioni indirette. Se un sistema fisico è soggetto ad accelerazioni piccole la radiazione gravitazionale emessa può risultare troppo poco intensa per essere osservata sulla Terra. D'altra parte, visto che l'energia totale si deve conservare, il fenomeno dell'irraggiamento gravitazionale comporta necessariamente una diminuzione dell'energia del sistema irradiante. Anche se la potenza *istantanea* è molto piccola, se il sistema irradia abbastanza a lungo – compiendo ad esempio un moto periodico – può succedere che la continua perdita di energia causi nel sistema effetti *cumulativi* così grandi da poter essere osservati sperimentalmente. Effetti di questo tipo possono essere, ad esempio, variazioni molto piccole delle velocità o della forma delle orbite del sistema, altrimenti supposte periodiche. Un sistema astronomico con queste caratteristiche è stato scoperto da R.A. Hulse e J.H. Taylor nel 1974 – la pulsar binaria PSR B1913+16.

Dati osservativi della pulsar binaria PSR B1913+16. La pulsar PSR B1913+16 e la sua compagna ruotano una attorno all'altra su orbite quasi-ellittiche di periodo $T = 7.75h$, a una distanza di $2r \approx 1.8 \cdot 10^6 km$. Il diametro di entrambe le stelle si stima di una decina di chilometri. La pulsar si trova inoltre in rotazione rapida attorno a un suo asse con *periodo di spin* $\tau \approx 59\,ms$ e in corrispondenza emette impulsi elettromagnetici intervallati dallo stesso periodo. L'osservazione di questi impulsi, in particolare l'analisi delle oscillazioni di τ dovute all'effetto Doppler causato dal moto orbitale, ha permesso di effettuare una serie di misure molto precise sulla dinamica del sistema. Una caratteristica delle pulsar *isolate* è infatti che l'intervallo τ tra due impulsi successivi resta costante nel tempo, con una precisione che rasenta spesso quella degli orologi atomici.

In questo modo è stato possibile determinare ad esempio le masse delle due stelle, l'eccentricità dell'orbita relativa e il periodo orbitale con precisione molto elevata. Se $M_\odot$ indica la massa del Sole le masse della pulsar e della sua compagna sono rispettivamente [13, 14]

$$M_1 = 1.4414(2)M_\odot, \qquad M_2 = 1.3867(2)M_\odot, \qquad (9.58)$$

l'eccentricità dell'orbita vale

$$e = 0.6171338(4) \qquad (9.59)$$

e il periodo è

$$T = 0.322997448930(4) \text{ giorni.} \qquad (9.60)$$

Tra le misure eseguite su questo sistema, che hanno permesso in particolare di verificare diverse previsioni della Relatività Generale, il dato sperimentale forse più rilevante è che il periodo orbitale del sistema diminuisce – sebbene molto lentamente – nel tempo. Osservazioni effettuate nell'arco di tre decenni [14] hanno infatti rivelato che il periodo diminuisce con un tasso temporale costante e sistematico dato da

$$\left(\frac{dT}{dt} \right)_{oss} = -(2.4056 \pm 0.0051) \cdot 10^{-12} \, s/s. \qquad (9.61)$$

Si noti che in un anno il periodo di $7.75h$ diminuisce di soli $7.6 \cdot 10^{-5} s$.

9.5.1 Diminuzione del periodo

Analizziamo ora gli effetti dell'irraggiamento gravitazionale sulla dinamica del sistema, in stretta analogia con quanto fatto per l'atomo di idrogeno classico nel Paragrafo 8.4.4. Dai dati riportati sopra si calcola che la velocità delle stelle vale circa $v/c \approx 2\pi r/cT \approx 0.7 \cdot 10^{-3} \ll 1$ e l'approssimazione non relativistica risulta pertanto appropriata. Effettueremo l'analisi nel caso semplificato di orbite circolari di raggio r e assumendo che sia $M_1 = M_2 = M$. In particolare vale allora $\mathbf{y}_1 = -\mathbf{y}_2 \equiv \mathbf{y}$ e $r = |\mathbf{y}|$.

Iniziamo il calcolo della potenza irradiata (9.50) valutando il momento di quadrupolo (9.57)

$$P^{ij} = M \left(y_1^i y_1^j + y_2^i y_2^j \right) = 2M y^i y^j. \qquad (9.62)$$

Ponendo $\mathbf{v} = d\mathbf{y}/dt$ e sfruttando la cinematica del moto circolare uniforme, ovvero $\mathbf{a} = -v^2 \mathbf{y}/r^2$, si ottiene poi

$$\ddot{P}^{ij} = -\frac{8Mv^2}{r^2} \left(y^i v^j + y^j v^i \right).$$

Dall'identità $\mathbf{y} \cdot \mathbf{v} = 0$ segue allora che la traccia $\ddot{P}^{ii}$ è zero e pertanto in questo caso abbiamo

$$\ddot{\mathcal{P}}^{ij} = \ddot{P}^{ij}.$$

La (9.50) fornisce allora per la potenza emessa l'espressione

$$\mathcal{W}_{gr} = \frac{128 G M^2 v^6}{5 r^2 c^5}. \qquad (9.63)$$

Per quantificare gli effetti dell'irraggiamento sul sistema procediamo come nel caso dell'atomo di idrogeno. Dal momento che l'energia totale si conserva deve valere

$$\mathcal{W}_{gr} = -\frac{d\varepsilon}{dt},$$

dove ε è l'energia meccanica non relativistica del sistema imperturbato. Uguagliando la forza gravitazionale alla forza centripeta otteniamo

$$\frac{Mv^2}{r} = \frac{GM^2}{(2r)^2} \quad \Rightarrow \quad v^2 = \frac{MG}{4r}, \tag{9.64}$$

sicché per l'energia meccanica del sistema ricaviamo la nota espressione

$$\varepsilon = 2\left(\frac{1}{2} Mv^2\right) - \frac{GM^2}{2r} = -\frac{GM^2}{4r}. \tag{9.65}$$

D'altra parte, visto che

$$T = \frac{2\pi r}{v} = \frac{4\pi r^{3/2}}{\sqrt{MG}}, \tag{9.66}$$

l'equazione (9.65) può essere posta equivalentemente nella forma

$$\varepsilon = -\left(\frac{\pi^2 M^5 G^2}{4}\right)^{1/3} T^{-2/3} \equiv KT^{-2/3}.$$

Una diminuzione di energia $d\varepsilon$ comporta dunque la diminuzione del periodo

$$dT = -\frac{3T}{2\varepsilon}\, d\varepsilon.$$

Conseguentemente il periodo diminuisce nel tempo secondo la legge

$$\frac{dT}{dt} = -\frac{3T}{2\varepsilon}\frac{d\varepsilon}{dt} = -\frac{48\pi}{5c^5}\left(\frac{4\pi MG}{T}\right)^{5/3}, \tag{9.67}$$

dove per $-d\varepsilon/dt$ abbiamo sostituito l'espressione (9.63) avendo eliminato r e v tramite le (9.64) e (9.66).

Infine, come è stato dimostrato in [15], la struttura ellittica delle orbite modifica il membro di destra della (9.67) per il fattore moltiplicativo, dipendente dall'eccentricità,

$$f(e) = \frac{1 + 73e^2/24 + 37e^4/96}{(1 - e^2)^{7/2}}$$

e il fatto che le stelle abbiano masse diverse comporta la sostituzione del fattore $M^{5/3}$ con $M_1 M_2 / \left(\frac{1}{2}(M_1 + M_2)\right)^{1/3}$. Nel caso reale si trova in definitiva

$$\frac{dT}{dt} = -\frac{192\pi f(e)}{5c^5}\left(\frac{2\pi G}{T}\right)^{5/3}\frac{M_1 M_2}{(M_1 + M_2)^{1/3}}. \tag{9.68}$$

Inserendo in questa formula i dati sperimentali (9.58)-(9.60) si trova per la diminuzione del periodo il valore teorico [14]

$$\left(\frac{dT}{dt}\right)_{RG} = -(2.40242 \pm 0.00002)\cdot 10^{-12}\ s/s.$$

La diminuzione del periodo osservata (9.61) è quindi perfettamente consistente con l'ipotesi dell'emissione di radiazione gravitazionale, come prevista dalla Relatività Generale. Risulta infatti

$$\frac{\left(\frac{dT}{dt}\right)_{oss}}{\left(\frac{dT}{dt}\right)_{RG}} = 1.0013 \pm 0.0021.$$

Teoria ed esperimento sono dunque in accordo con una precisione dello 0.2%.

Coalescenza. Dalla relazione (9.66) si vede che la perdita di energia e la conseguente diminuzione del periodo comportano necessariamente anche una diminuzione della distanza tra le due stelle. A lungo andare le stelle sono quindi destinate ad avvicinarsi e in definitiva a cadere l'una sull'altra. In ambito cosmologico questo fenomeno si chiama *coalescenza* e sta rivestendo sempre maggior importanza nello studio della formazione e della distruzione degli oggetti astrofisici.

9.6 Problemi

9.1. Sostituendo le equazioni (9.37) e (9.38) nella (9.36) si dimostri che il tensore Λ^{ijlm} ha la forma (9.40).

9.2. Si verifichi che l'integrale sugli angoli nella (9.49) porta alla (9.50).

9.3. Si consideri un sistema formato da due stelle identiche non relativistiche di massa M, che ruotano una attorno all'altra percorrendo orbite circolari di raggio r, come nel Paragrafo 9.5.1.

a) Si determini la frazione di energia $\Delta\varepsilon/\varepsilon$ dissipata dal sistema durante un periodo causa emissione di onde gravitazionali, confrontandola con la frazione di energia dissipata durante un ciclo nell'atomo di idrogeno classico, si veda l'equazione (8.99).

b) Si determinino le frequenze della radiazione emessa.
   Suggerimento. Si studi la dipendenza dal tempo del potenziale (9.47) alla luce dell'espressione (9.62) del momento di quadrupolo.

9.4. Si introduca il potenziale gravitazionale *ridotto* a traccia nulla

$$\mathcal{H}^{ij} \equiv H^{ij} - \frac{1}{3}\delta^{ij}H^{kk}, \qquad \mathcal{H}^{kk} = 0. \qquad (9.69)$$

a) Si dimostri che in termini di questo potenziale l'equazione (9.39) può essere posta nella forma

$$\frac{d\mathcal{W}_{gr}}{d\Omega} = \frac{r^2}{32\pi Gc}\dot{\mathcal{H}}^{ij}\dot{\mathcal{H}}^{lm}\Sigma^{ijlm}, \qquad (9.70)$$

$$\Sigma^{ijlm} \equiv \delta^{il}\delta^{jm} - 2\delta^{il}n^jn^m + \frac{1}{2}n^in^jn^ln^m. \qquad (9.71)$$

Si dia un'interpretazione di questo risultato.

b) Si verifichi che la potenza $dW_{gr}/d\Omega$ in (9.70) è positiva per qualsiasi direzione **n**.

   Suggerimento. Si sfrutti l'invarianza per rotazioni per scegliere come direzione di emissione $\mathbf{n} = (0, 0, 1)$.

c) Si dimostri che per un sistema a *simmetria sferica* la potenza $dW_{gr}/d\Omega$ in (9.70) si annulla per ogni **n**. Si tenga presente che i corpi del sistema in generale hanno velocità arbitrarie, sicché non è lecito ricorrere alle formule (9.42) e (9.47).

   Suggerimento. Per un sistema sferico le componenti spaziali del tensore energia-impulso sono della forma $T^{ij}(t, \mathbf{y}) = \delta^{ij}\, a(t, y) + y^i y^j\, b(t, y)$, dove $y = |\mathbf{y}|$. Dalla (9.25) discende allora che le componenti spaziali del potenziale nella zona delle onde sono della forma $H^{ij} = \delta^{ij} f + n^i n^j g$, per opportune funzioni f e g (si veda il Problema 8.3).

10

L'irraggiamento nel limite ultrarelativistico

La fisica sperimentale moderna ricorre frequentemente a esperimenti che coinvolgono particelle cariche con velocità molto grandi, spesso prossime alla velocità della
luce. Per portarle a velocità così elevate occorre fornire loro energia e, se le si vogliono confinare a regioni limitate, le loro traiettorie devono inoltre essere curvate.
Durante entrambi questi processi le particelle sono sottoposte ad accelerazione ed
emettono quindi radiazione elettromagnetica, dissipando parte dell'energia accumulata. In questi casi la potenza emessa non può più essere valutata tramite lo sviluppo
in multipoli, valido nel limite non relativistico, e occorrono strumenti di calcolo
che forniscano risultati esatti. Di seguito deriviamo un tale strumento – la *formula
di Larmor relativistica* – che ci permetterà in particolare di quantificare la dissipazione di energia negli acceleratori ad alte energie causa irraggiamento, si veda la
Sezione 10.2.

Nel Capitolo 8 abbiamo sviluppato le basi per l'analisi della radiazione emessa
da un generico sistema carico. In particolare abbiamo visto che per la valutazione
del quadrimomento emesso

$$\frac{d^2P^\mu}{dt d\Omega} = r^2 \big(T_{em}^{\mu i} n^i\big) = r^2 n^\mu E^2, \qquad n^\mu = (1, \mathbf{n}) \tag{10.1}$$

è sufficiente la conoscenza del campo elettrico nella zona delle onde. Di seguito ci
occuperemo principalmente della radiazione emessa da una particella singola e in
tal caso per $\mathbf{E}$ possiamo usare il campo di Liénard-Wiechert asintotico (7.48)

$$\mathbf{E} = \frac{e}{4\pi r} \frac{\mathbf{n} \times ((\mathbf{n} - \mathbf{v}) \times \mathbf{a})}{(1 - \mathbf{v} \cdot \mathbf{n})^3}, \tag{10.2}$$

in cui le variabili cinematiche sono valutate all'istante ritardato t' determinato
dall'equazione implicita

$$t = t' + r - \mathbf{n} \cdot \mathbf{y}(t'). \tag{10.3}$$

Lechner K.: Elettrodinamica classica
DOI 10.1007/978-88-470-5211-6_10, © Springer-Verlag Italia 2013

Derivando questa equazione rispetto a t', tenendo r ed $\mathbf{n}$ fissati, otteniamo la relazione

$$\frac{dt}{dt'} = 1 - \mathbf{n} \cdot \mathbf{v}(t'), \tag{10.4}$$

di cui faremo ampio uso in seguito.

Inserendo il campo (10.2) nella (10.1) si ottiene un'espressione – abbastanza complicata – per la distribuzione angolare del quadrimomento emesso. Nondimeno nella Sezione 10.1 deriveremo una formula semplice per il quadrimomento *totale* dP^μ_{rad}/ds irradiato dalla particella in tutte le direzioni nell'unità di tempo proprio – formula che costituisce la generalizzazione relativistica della formula di Larmor. Nella Sezione 10.3 eseguiremo invece un'analisi qualitativa della distribuzione angolare della radiazione emessa da una generica particella *ultrarelativistica*.

10.1 Generalizzazione relativistica della formula di Larmor

Consideriamo una particella carica in moto arbitrario. Per determinare dP^μ_{rad}/ds dovremmo inserire la (10.2) nella (10.1), integrare l'espressione risultante sull'angolo solido e moltiplicare il risultato per $u^0 = dt/ds$. Questo calcolo è istruttivo – sebbene risulti leggermente complicato – e lo eseguiremo esplicitamente nel Paragrafo 10.1.2. Nel paragrafo a seguire presenteremo invece una derivazione alternativa, più rapida, dell'espressione di dP^μ_{rad}/ds, basata su un argomento di covarianza.

10.1.1 Argomento di covarianza

Riprendiamo le formule per l'energia e la quantità di moto irradiate nell'unità di tempo da una particella *non relativistica* (8.48) e (8.50)

$$\frac{d\varepsilon}{dt} = \frac{e^2 a^2(t-r)}{6\pi}, \qquad \frac{d\mathbf{P}}{dt} = 0.$$

Ricordiamo che questo quadrimomento viene rivelato a un istante t a una distanza r dalla particella, motivo per cui l'accelerazione è valutata all'istante ritardato $t - r$. Proprio questa circostanza porta a interpretare l'espressione

$$\frac{dP^\mu_{rad}}{dt} = \frac{e^2 a^2(t)}{6\pi} (1,0,0,0) \tag{10.5}$$

come la frazione di quadrimomento che viene emessa dalla particella all'istante t e che raggiunge l'*infinito*.

Ciò premesso consideriamo ora una particella che compie un moto arbitrario. Dato che siamo in presenza di una sola particella, al posto del tempo t possiamo considerare equivalentemente il tempo proprio s e chiederci quanto valga il quadrimomento dP^μ_{rad}/ds irradiato dalla particella nell'unità di tempo proprio. Di seguito assumeremo che questa quantità sia un quadrivettore[1]. Per riallacciarci alla formula (10.5) consideriamo per ogni s fissato il sistema di riferimento K^* in cui la particella in quell'istante è a riposo, trovandosi quindi in regime non relativistico. Secondo quanto stabilito sopra, in questo sistema di riferimento vale allora

$$\frac{dP_{rad}^{*\mu}}{ds} = \frac{e^2 a^{*2}}{6\pi} u^{*\mu}, \qquad u^{*\mu} \equiv (1,0,0,0), \tag{10.6}$$

$u^{*\mu}$ essendo la quadrivelocità della particella in K^*. Abbiamo posto $dt^* = ds$ in quanto $\mathbf{v}^* = 0$. Inoltre in K^* la quadriaccelerazione nell'istante considerato ha la forma $w^{*\mu} = (0, \mathbf{a}^*)$, cosicché otteniamo

$$w^{*2} = w^{*\mu} w_\mu^* = -a^{*2}.$$

L'equazione (10.6) può pertanto essere scritta nella forma equivalente

$$\frac{dP_{rad}^{*\mu}}{ds} = -\frac{e^2 w^{*2}}{6\pi} u^{*\mu}.$$

Visto che questa equazione uguaglia un quadrivettore a un quadrivettore è valida in qualsiasi sistema di riferimento. Abbiamo dunque derivato la *formula di Larmor relativistica*

$$\frac{dP_{rad}^{\mu}}{ds} = -\frac{e^2 w^2}{6\pi} u^{\mu}. \tag{10.7}$$

Insistiamo sul fatto che questa formula non esprime il quadrimomento *complessivo* emesso dalla particella all'istante s, bensì solo la frazione che raggiunge l'infinito.

Moltiplicando la (10.7) per u^0 e usando la relazione $d/ds = u^0 d/dt$ possiamo anche porla nella forma

$$\frac{dP_{rad}^{\mu}}{dt} = -\frac{e^2 w^2}{6\pi u^0} u^{\mu} = -\frac{e^2 w^2}{6\pi} (1, \mathbf{v}). \tag{10.8}$$

Considerando le componenti spaziali di questa equazione concludiamo che la radiazione trasporta la quantità di moto

$$\frac{d\mathbf{P}_{rad}}{dt} = -\frac{e^2 w^2}{6\pi c} \mathbf{v},$$

dove abbiamo ripristinato la velocità della luce. Vista la (2.145) confermiamo quindi che la *quantità di moto* irradiata da una particella carica è una grandezza di ordine $1/c^5$, si veda l'equazione (8.48). Si noti inoltre che – in accordo con la (10.5) – per $\mathbf{v} = 0$ il tasso di emissione $d\mathbf{P}_{rad}/dt$ si annulla. D'ora in avanti porremo di nuovo $c = 1$.

---

[1] Se dP_{rad}^{μ}/ds uguagliasse la perdita *totale* di quadrimomento della particella all'istante s, questa ipotesi sarebbe certamente soddisfatta. In realtà nel Paragrafo 14.2.4 vedremo che la particella scambia *istantaneamente* un'ulteriore porzione di quadrimomento con il campo elettromagnetico – il *termine di Schott* – che tuttavia è separatamente Lorentz-covariante. La nostra ipotesi si giustifica quindi *a posteriori*.

La componente temporale dell'equazione (10.8) fornisce invece per la potenza irradiata da una particella relativistica la semplice espressione

$$W = \frac{d\varepsilon_{rad}}{dt} = -\frac{e^2 w^2}{6\pi},$$ (10.9)

che generalizza la *formula di Larmor* non relativistica (7.56)

$$W_{nr} = \frac{e^2 a^2}{6\pi}.$$

Si noti che il secondo membro della (10.9) è Lorentz-invariante, sebbene la potenza in generale non sia uno scalare relativistico. Nel caso in questione la Lorentz-invarianza di W è una conseguenza del fatto che $dP^\mu_{rad}/ds \propto u^\mu$.

***Potenza emessa per* a ∥ v *e per* a ⊥ v.** Per confrontare l'espressione (10.9) con la potenza non relativistica W_{nr} esprimiamo la prima in termini dell'accelerazione spaziale **a**, si veda la (2.145),

$$W = \frac{e^2}{6\pi} \frac{a^2 - (\mathbf{a} \times \mathbf{v})^2}{(1 - v^2)^3}.$$ (10.10)

Per velocità piccole, $v \ll 1$, W si riduce ovviamente a W_{nr}. Per velocità ultrarelativistiche, $v \approx 1$, a causa del fattore $1/(1 - v^2)^3$ a parità di accelerazione si ha invece $W \gg W_{nr}$.

Considerando più in dettaglio moti rettilinei (**a** ∥ **v**) e moti per cui l'accelerazione è sempre centripeta (**a** ⊥ **v**), la (10.10) fornisce per le rispettive potenze

$$W_\parallel = \frac{e^2 a^2}{6\pi} \frac{1}{(1 - v^2)^3}, \qquad W_\perp = \frac{e^2 a^2}{6\pi} \frac{1}{(1 - v^2)^2}.$$ (10.11)

A parità di accelerazione per particelle ultrarelativistiche vale quindi $W_\parallel \gg W_\perp$. Corrispondentemente durante un moto rettilineo verrebbe emessa molta più radiazione, che non durante un moto con pura accelerazione centripeta. Questa analisi, tuttavia, non tiene conto delle accelerazioni che sperimentalmente si possono raggiungere in un caso e nell'altro e, inoltre, non rapporta l'energia irradiata all'energia posseduta dalla particella. Negli acceleratori ad alte energie, ad esempio, la situazione risulta difatti *rovesciata*: nella Sezione 10.2 vedremo infatti che gli effetti dell'irraggiamento sono molto più incisivi negli acceleratori circolari, che non in quelli lineari.

10.1.2 Derivazione della formula di Larmor relativistica

Di seguito deriviamo la (10.7) a partire dalla relazione fondamentale (10.1). Baseremo la derivazione della grandezza dP^μ_{rad}/ds sul calcolo del quadrimomento totale ΔP^μ emesso dalla particella lungo l'intera traiettoria. Perché questa grandezza sia finita supporremo che la particella sia accelerata solo durante un intervallo temporale limitato oppure che la sua accelerazione vada a zero con sufficiente rapidità nel limite di $t \to \pm\infty$. In questo modo la particella emette radiazione solo per un tempo limitato e pertanto ΔP^μ sarà certamente finito.

Volendo eseguire il calcolo di ΔP^μ in maniera covariante consideriamo la prima espressione in (10.1) e usiamo per $T_{em}^{\mu\nu}$ la forma asintotica (8.121) (si ricordi la notazione (7.25))

$$T_{em}^{\mu\nu} = -\frac{e^2\big((un)^2 w^2 + (wn)^2\big)}{16\pi^2 (un)^6 r^2}\, n^\mu n^\nu. \qquad (10.12)$$

In tal modo otteniamo

$$\frac{d^2 P^\mu}{dt d\Omega} = -\frac{e^2\big((un)^2 w^2 + (wn)^2\big)}{16\pi^2 (un)^6}\, n^\mu. \qquad (10.13)$$

Ovviamente si ottiene lo stesso risultato se si sostituisce la (10.2) nella seconda espressione in (10.1). Per determinare ΔP^μ dobbiamo integrare l'equazione (10.13) su tutti gli angoli e su tutti i tempi

$$\Delta P^\mu = -\frac{e^2}{16\pi^2} \int d\Omega \int_{-\infty}^{\infty} dt\, n^\mu \left(\frac{w^2}{(un)^4} + \frac{(wn)^2}{(un)^6}\right). \qquad (10.14)$$

L'integrando a secondo membro dipende in modo complicato da t ed $\mathbf{n}$ in quanto le variabili cinematiche u^μ e w^μ sono valutate al tempo ritardato $t'(t, \mathbf{x})$, si veda la (10.3). Per semplificare l'integrale conviene allora passare dalla variabile di integrazione t al tempo proprio s. Per ogni $\mathbf{x}$ fissato esiste infatti una relazione biunivoca tra t e t' – la (10.3) – e una relazione biunivoca tra t' ed s – la (7.4). Sfruttando la (10.4) si trova

$$dt = \frac{dt'}{ds}\frac{dt}{dt'}\, ds = u^0(1 - \mathbf{n}\cdot\mathbf{v})\, ds = (un)\, ds,$$

cosicché la (10.14) diventa

$$\Delta P^\mu = -\frac{e^2}{16\pi^2} \int_{-\infty}^{\infty} ds \int d\Omega\, n^\mu \left(\frac{w^2}{(un)^3} + \frac{(wn)^2}{(un)^5}\right). \qquad (10.15)$$

Ora u^μ e w^μ sono valutati in s, che è una variabile di integrazione indipendente, sicché l'integrazione sugli angoli può essere eseguita analiticamente. La eseguiamo esplicitamente per illustrare alcune tecniche di calcolo che nell'ambito della fisica teorica si usano frequentemente.

Integrazione sugli angoli. Iniziamo notando che la funzione integranda in (10.15) dipende dai *parametri* u^μ e w^μ, che sono soggetti ai vincoli $u^2 = 1$ e $(uw) = 0$. La tecnica che useremo prevede di valutare l'integrale per vettori u^μ e w^μ generici, ovvero non soggetti a tali vincoli. Recupereremo l'integrale che ci interessa imponendoli nel risultato finale.

Considerando, dunque, u_μ come una variabile libera possiamo riscrivere l'integrando della (10.15) come un gradiente rispetto a u_μ

$$n^\mu \left(\frac{w^2}{(un)^3} + \frac{(wn)^2}{(un)^5} \right) = -\frac{1}{2} \frac{\partial}{\partial u_\mu} \left(\frac{w^2}{(un)^2} + \frac{1}{2} \frac{(wn)^2}{(un)^4} \right).$$

Portando la derivata rispetto a u_μ fuori dal segno di integrale sugli angoli otteniamo

$$\Delta P^\mu = \frac{e^2}{32\pi^2} \int_{-\infty}^{\infty} ds \, \frac{\partial}{\partial u_\mu} \int d\Omega \left(\frac{w^2}{(un)^2} + \frac{1}{2} \frac{(wn)^2}{(un)^4} \right).$$

Ci siamo dunque ricondotti al calcolo di un unico integrale sugli angoli. Possiamo semplificare ulteriormente l'integrando sfruttando l'identità

$$\frac{(wn)^2}{(un)^4} = w_\alpha w_\beta \frac{n^\alpha n^\beta}{(un)^4} = \frac{1}{6} w_\alpha w_\beta \frac{\partial^2}{\partial u_\alpha \partial u_\beta} \frac{1}{(un)^2}$$

e portando le derivate rispetto a u^α e u^β di nuovo fuori dal segno di integrale:

$$\Delta P^\mu = \frac{e^2}{32\pi^2} \int_{-\infty}^{\infty} ds \, \frac{\partial}{\partial u_\mu} \left(\left(w^2 + \frac{1}{12} w_\alpha w_\beta \frac{\partial^2}{\partial u_\alpha \partial u_\beta} \right) \int \frac{d\Omega}{(un)^2} \right). \qquad (10.16)$$

Abbiamo quindi ricondotto l'integrale sugli angoli alla valutazione di un unico integrale elementare e al calcolo di qualche derivata. Sfruttando l'invarianza per rotazioni spaziali possiamo porre $u^\mu = (u^0, 0, 0, u^3)$ ottenendo

$$\int \frac{d\Omega}{(un)^2} = 2\pi \int_0^\pi \frac{sen\vartheta \, d\vartheta}{(u^0 - u^3 cos\vartheta)^2} = \frac{4\pi}{(u^0)^2 - (u^3)^2} = \frac{4\pi}{u^2}.$$

L'integrale (10.16) si riduce allora a

$$\Delta P^\mu = \frac{e^2}{8\pi} \int_{-\infty}^{\infty} ds \, \frac{\partial}{\partial u_\mu} \left(\left(w^2 + \frac{1}{12} w_\alpha w_\beta \frac{\partial^2}{\partial u_\alpha \partial u_\beta} \right) \frac{1}{u^2} \right). \qquad (10.17)$$

Il calcolo delle derivate parziali rimanenti è elementare e dà

$$\frac{\partial}{\partial u_\mu} \left(\left(w^2 + \frac{1}{12} w_\alpha w_\beta \frac{\partial^2}{\partial u_\alpha \partial u_\beta} \right) \frac{1}{u^2} \right) =$$
$$\left(\frac{2}{3} - 2u^2 \right) \frac{w^2 u^\mu}{(u^2)^3} + \left(\frac{4}{3} u^2 w^\mu - 4(uw)u^\mu \right) \frac{(uw)}{(u^2)^4} = -\frac{4}{3} w^2 u^\mu,$$

dove nella penultima espressione finale – valida per qualsiasi u^μ e w^μ – abbiamo imposto i vincoli $u^2 = 1$ e $(uw) = 0$. La (10.17) si riduce allora a

$$\Delta P^\mu = -\frac{e^2}{6\pi} \int_{-\infty}^{\infty} w^2 u^\mu \, ds. \qquad (10.18)$$

Vediamo, dunque, che il quadrimomento irradiato dalla particella lungo l'intera traiettoria è composto da una "somma" di infiniti contributi individuali – ciascuno associato a un determinato istante di emissione s – dati da

$$\Delta P^{\mu}_{rad}(s) = -\frac{e^2 w^2(s)}{6\pi} u^{\mu}(s)\Delta s, \tag{10.19}$$

a conferma della (10.7).

Emissione istantanea di quadrimomento. Confrontiamo ora la relazione (10.18) con il quadrimomento dP^{μ}/ds, che viene emesso dalla particella *istantaneamente* all'istante s. La (10.18) comporta certamente l'identificazione

$$\Delta P^{\mu} = \int_{-\infty}^{\infty} \frac{dP^{\mu}}{ds}\, ds = -\frac{e^2}{6\pi}\int_{-\infty}^{\infty} w^2 u^{\mu}\, ds. \tag{10.20}$$

Tuttavia, questa equazione non permette di concludere che vale l'uguaglianza

$$\frac{dP^{\mu}}{ds} = -\frac{e^2 w^2}{6\pi} u^{\mu},$$

bensì che esiste un quadrivettore $G^{\mu}(s)$ soggetto al vincolo

$$\int_{-\infty}^{\infty} G^{\mu}(s)\, ds = 0, \tag{10.21}$$

tale che

$$\frac{dP^{\mu}}{ds} = -\frac{e^2 w^2(s)}{6\pi} u^{\mu}(s) + G^{\mu}(s). \tag{10.22}$$

Vediamo, dunque, che il quadrimomento emesso dalla particella all'istante s durante l'intervallo Δs è composto da due termini: il primo è il contributo (10.19) e *fluisce verso l'infinito* e il secondo è il contributo $G^{\mu}(s)\Delta s$. In base al vincolo (10.21) questi ultimi al variare di s vengono, in realtà, *emessi* o *assorbiti* lungo l'intera traiettoria, sommandosi a *zero*. Nel Capitolo 14 troveremo che il quadrivettore $G^{\mu}(s)$ in effetti è diverso da zero identificandosi, più precisamente, con il *termine di Schott*, si veda l'equazione (14.37). In conclusione le equazioni (10.21) e (10.22) confermano l'interpretazione che abbiamo dato alla formula di Larmor relativistica nel Paragrafo 10.1.1, si veda il commento all'equazione (10.7).

10.2 Perdita di energia negli acceleratori

Applichiamo ora la formula di Larmor relativistica (10.9) per quantificare la perdita di energia negli acceleratori ad alte energie. Negli acceleratori il moto delle particelle è determinato principalmente dai campi elettrici e magnetici presenti lungo la traiettoria. Deriveremo dapprima una formula generale per la potenza emessa – via *bremsstrahlung* – per il caso in cui l'accelerazione delle particelle sia causata da un generico campo elettromagnetico esterno $F^{\mu\nu}$. Successivamente applicheremo tale formula per analizzare la portata degli effetti radiativi negli acceleratori ultrarelativistici. Troveremo che, mentre negli acceleratori lineari questi effetti sono completamente trascurabili, negli acceleratori circolari le perdite di energia dovute alla *bremsstrahlung* possono diventare il fenomeno dinamico dominante – a un punto tale da limitare in modo sostanziale le energie massime raggiungibili.

Iniziamo osservando che la relazione

$$w^\mu = \frac{1}{m} \frac{dp^\mu}{ds}$$

permette di esprimere la potenza relativistica (10.9) in termini di dp^μ/dt:

$$\mathcal{W} = -\frac{e^2}{6\pi m^2} \frac{dp^\mu}{ds} \frac{dp_\mu}{ds} = \frac{e^2}{6\pi m^2(1 - v^2)} \left(\left|\frac{d\mathbf{p}}{dt}\right|^2 - \left(\frac{d\varepsilon}{dt}\right)^2 \right). \qquad (10.23)$$

Consideriamo ora una particella carica che si muove in presenza di un campo elettromagnetico $F^{\mu\nu}$, essendo soggetta all'equazione di Lorentz

$$\frac{dp^\mu}{ds} = eF^{\mu\nu}u_\nu. \qquad (10.24)$$

In tal caso è possibile esprimere $\mathcal{W}$ in termini dei campi e della velocità $\mathbf{v}$ della particella. Grazie all'equazione di Lorentz in notazione tridimensionale (2.35) e (2.36), la (10.23) diventa infatti

$$\mathcal{W} = \frac{e^4}{6\pi m^2} \frac{|\mathbf{E} + \mathbf{v} \times \mathbf{B}|^2 - (\mathbf{v}\cdot\mathbf{E})^2}{1 - v^2}. \qquad (10.25)$$

Questa formula fornisce la potenza in termini dei campi esterni valutati lungo la traiettoria $\mathbf{y}(t)$ della particella, per determinare la quale bisognerebbe, tuttavia, risolvere l'equazione di Lorentz stessa. L'espressione (10.25) risulta, dunque, particolarmente utile, quando l'equazione (10.24) può essere risolta esattamente, come ad esempio nel caso di campi costanti e uniformi. Occorre, tuttavia, tenere presente che procedendo in questo modo si trascura l'effetto dell'irraggiamento sulla forma della traiettoria $\mathbf{y}(t)$, ovvero l'effetto della *forza di frenamento*. Il valore ottenuto per $\mathcal{W}$ tramite la (10.25) sarà pertanto attendibile, se la perdita di energia dovuta alla stessa (10.25) è piccola rispetto all'energia posseduta dalla particella, inducendo dunque solo lievi deformazioni della traiettoria.

Particelle leggere e particelle pesanti. Concludiamo queste considerazioni introduttive con un'osservazione di carattere generale riguardante la fisica degli acceleratori, riscrivendo la formula (10.25) in termini dell'energia $\varepsilon = m/\sqrt{1 - v^2}$ della particella

$$\mathcal{W} = \frac{e^4\varepsilon^2}{6\pi m^4} \left(|\mathbf{E} + \mathbf{v} \times \mathbf{B}|^2 - (\mathbf{v}\cdot\mathbf{E})^2 \right).$$

Dalle potenze di m che compaiono a denominatore si vede che a parità di campi acceleranti e di energia raggiunta, nel caso ultrarelativistico una particella *leggera* irradia molta più energia di una particella *pesante*. La ragione fisica di ciò è essenzialmente che, in base all'equazione di Newton, a parità di forza applicata una particella leggera subisce un'accelerazione maggiore di una particella pesante.

Dal momento che la massa di un protone è circa duemila volte quella di un elettrone, dal punto di vista della dissipazione di energia per irraggiamento gli acceleratori di protoni e antiprotoni, come *LHC* (*Large Hadron Collider*) e *TEVATRON*, sono dunque molto più convenienti degli acceleratori di elettroni e positroni, come *LEP* (*Large Electron-Positron Collider*).

10.2.1 Acceleratori lineari

Analizziamo ora l'effetto dell'irraggiamento negli acceleratori lineari. In questi acceleratori le particelle sono sottoposte a un campo elettrico $\mathbf{E}$ parallelo alla loro traiettoria, che comunica loro la potenza *esterna*, si veda la (2.35),

$$\mathcal{W}_{ex} = \frac{d\varepsilon}{dt} = veE. \tag{10.26}$$

Ponendo nella (10.25) $\mathbf{B} = 0$ per la potenza dissipata otteniamo invece

$$\mathcal{W} = \frac{e^4 E^2}{6\pi m^2}. \tag{10.27}$$

A prima vista questa formula pare in conflitto con l'espressione di $\mathcal{W}_\|$ (10.11), in quanto sembrano scomparsi i fattori relativistici $1/\sqrt{1-v^2}$. La contraddizione è tuttavia solo apparente, poiché l'equazione di Lorentz per un moto unidimensionale

$$m\frac{d}{dt}\left(\frac{v}{\sqrt{1-v^2}}\right) = eE$$

può essere posta nella forma equivalente, si veda l'equazione (2.38),

$$a = \frac{dv}{dt} = \left(\sqrt{1-v^2}\right)^3 \frac{eE}{m}.$$

Le equazioni (10.11) e (10.27) danno quindi lo stesso risultato. Per valutare la rilevanza della potenza dissipata (10.27) la rapportiamo alla potenza fornita dal campo esterno (10.26), ottenendo

$$\frac{\mathcal{W}}{\mathcal{W}_{ex}} = \frac{e^3 E}{6\pi m^2 v} = \frac{2r_0}{3mv}\frac{d\varepsilon}{dx}, \tag{10.28}$$

dove

$$\frac{d\varepsilon}{dx} = \frac{1}{v}\frac{d\varepsilon}{dt} = eE \tag{10.29}$$

rappresenta l'energia fornita dal campo esterno per unità di spazio percorso ed $r_0 = e^2/4\pi m$ è il raggio classico della particella. Per particelle ultrarelativistiche, $v \approx 1$, la (10.28) si riduce a

$$\frac{\mathcal{W}}{\mathcal{W}_{ex}} = \frac{2r_0}{3m}\frac{d\varepsilon}{dx}.$$ (10.30)

La perdita di energia per irraggiamento è dunque rilevante solo in presenza di campi esterni così intensi da comunicare alla particella un'energia dell'ordine di grandezze della sua massa m, mentre percorre uno spazio dell'ordine di grandezza del suo raggio classico. Tuttavia, i campi elettrostatici che si riescono a produrre sperimentalmente sono molto più piccoli e non superano il valore di $E \approx 100\,MV/metro$, per cui la (10.29) fornisce

$$\frac{d\varepsilon}{dx} \approx 100\,\frac{MeV}{metro}.$$ (10.31)

D'altra parte, a parità di campo esterno il rapporto (10.30) è massimo per la particella carica più leggera – l'elettrone – per cui $m \approx 0.5\,MeV$ e $r_0 \approx 3 \cdot 10^{-15}\,metri$, si veda la (8.74). Con il campo massimo (10.31) in questo caso la (10.30) fornisce il rapporto molto piccolo

$$\frac{\mathcal{W}}{\mathcal{W}_{ex}} \approx 4 \cdot 10^{-13}.$$

Per il protone si otterrebbe un rapporto ancora più piccolo, dell'ordine di 10^{-19}. Concludiamo, quindi, che negli acceleratori lineari ad alte energie gli effetti dell'irraggiamento sono *completamente trascurabili*.

10.2.2 Acceleratori circolari

In un acceleratore circolare – o *sincrotrone*, si veda il Capitolo 12 – una particella carica compie un moto circolare uniforme sotto l'influenza di un campo magnetico costante e uniforme $\mathbf{B}$. In questo caso $\mathbf{E} = 0$ e l'equazione di Lorentz (2.36) si scrive

$$\frac{d\mathbf{u}}{dt} = \mathbf{u} \times \left(\frac{e}{m}\,\sqrt{1 - v^2}\,\mathbf{B}\right),$$

da cui si ricava la *frequenza di ciclotrone* relativistica

$$\omega_0 = \frac{eB}{m}\sqrt{1 - v^2} = \frac{eB}{\varepsilon}.$$ (10.32)

Si noti che ω_0 si ottiene dalla frequenza di ciclotrone non relativistica $\omega_{nr} = eB/m$, sostituendo la massa della particella con la sua energia $\varepsilon = m/\sqrt{1 - v^2}$. Per $\mathbf{E} = 0$ la (10.25) fornisce la potenza dissipata

$$\mathcal{W} = \frac{e^4}{6\pi m^2}\frac{v^2 B^2}{1 - v^2} = \frac{e^2}{6\pi}\frac{v^2 \omega_0^2}{(1 - v^2)^2},$$ (10.33)

da confrontare con la potenza di Larmor non relativistica

$$\mathcal{W}_{nr} = \frac{e^2 a^2}{6\pi}, \qquad a = \frac{veB}{m}.$$

Per analizzare gli effetti dell'irraggiamento calcoliamo l'energia $\Delta\varepsilon$ dissipata durante un ciclo, che dura un tempo $T = 2\pi/\omega_0$. Se R è il raggio dell'anello di accumulazione abbiamo $\omega_0 = v/R$ e $T = 2\pi R/v$, sicché dalla (10.33) ricaviamo

$$\Delta\varepsilon = T\mathcal{W} = \frac{e^2}{3R}\frac{v^3}{(1-v^2)^2} = \frac{e^2 v^3 \varepsilon^4}{3Rm^4}.$$

Per particelle ultrarelativistiche nel numeratore possiamo porre $v = 1$, ottenendo in tal modo l'importante *formula dell'irraggiamento* per gli acceleratori circolari ultrarelativistici

$$\Delta\varepsilon = \frac{e^2}{3R}\left(\frac{\varepsilon}{m}\right)^4. \qquad (10.34)$$

Questa formula impone, infatti, forti restrizioni sulle caratteristiche tecniche degli acceleratori circolari realizzabili in pratica. Vediamo, in particolare, che a parità di energia accumulata l'effetto dell'irraggiamento è minore se si scelgono anelli *grandi* e particelle *pesanti*.

Sincrotroni ad alte energie. Dal momento che durante ogni ciclo la particella dissipa l'energia (10.34), se in un acceleratore circolare si vogliono mantenere le particelle in orbita a energia costante, lungo l'anello di accumulazione devono essere disposti dei campi elettrici acceleranti – delle cosiddette *cavità risonanti* a radiofrequenza – che compensano tale perdita.

A titolo di esempio valutiamo l'energia dissipata nel *Sincrotrone di Cornell*, che accelerava elettroni ed era attivo dal 1968 al 1979. Questo acceleratore raggiungeva energie dell'ordine di $\varepsilon = 10\,GeV$ e aveva un raggio di $R = 100\,m$. Con tali valori la (10.34) dà per l'energia dissipata

$$\Delta\varepsilon \approx 8.9 MeV, \qquad \frac{\Delta\varepsilon}{\varepsilon} \approx 10^{-3},$$

mentre le cavità risonanti erano in grado di fornire un'energia di $10.5\,MeV$ per ciclo. A un'energia di $10\,GeV$ l'acceleratore funzionava quindi al limite delle sue possibilità.

Come secondo esempio consideriamo l'acceleratore *LEP* – attivo presso il CERN di Ginevra dal 1989 al 2000 – che accumulava elettroni e positroni. Il raggio dell'orbita era $R = 4.3\,km$ e l'energia massima raggiunta per particella era all'incirca $\varepsilon = 100\,GeV$. In questo caso la (10.34) fornisce

$$\Delta\varepsilon \approx 2\,GeV, \qquad \frac{\Delta\varepsilon}{\varepsilon} \approx 2 \cdot 10^{-2},$$

che corrisponde a una diminuzione dell'energia del 2% durante ogni ciclo. Dato che particelle che viaggiano praticamente con la velocità della luce in un secondo compiono circa 11.000 giri, in assenza di cavità risonanti tutta l'energia accumulata si sarebbe dispersa nella frazione di un secondo. Nell'anello accumulatore di *LEP* il numero di cavità risonanti presenti era infatti molto elevato – nella sua fase finale era 344 – e i limiti delle sue potenzialità erano dovute in larga misura proprio al fenomeno dell'irraggiamento.

Infine consideriamo l'acceleratore *LHC* del CERN, che a regime realizzerà collisioni tra due fasci di protoni di energia $\varepsilon = 7\,TeV$, circolanti lungo lo stesso anello di *LEP* di raggio $R = 4.3\,km$. Dato che la massa di un protone è circa duemila volte quella di un elettrone, in questo caso la (10.34) dà il valore molto piccolo

$$\Delta\varepsilon \approx 3\,keV, \qquad \frac{\Delta\varepsilon}{\varepsilon} \approx 0.5 \cdot 10^{-9}.$$

A titolo di esempio nell'arco di un'ora, in cui i protoni compiono circa $4 \cdot 10^7$ cicli, la loro l'energia diminuirebbe soltanto del 2%. Corrispondentemente nell'acceleratore *LHC* il numero di cavità risonanti presenti è molto basso – ce ne sono solo 8 per fascio.

A parte i problemi causati dall'irraggiamento, le potenzialità di un acceleratore circolare ad alte energie sono limitate in modo essenziale dai campi magnetici molto intensi necessari per curvare le traiettorie delle particelle. Ponendo nella (10.32) $\omega_0 = v/R$ si vede, infatti, che nel limite di $v \to 1$ il campo magnetico è proporzionale all'energia

$$B = \frac{\varepsilon}{eR}.$$

In particolare per *LHC* servono quindi campi magnetici 70 volte più intensi di quelli adottati per *LEP*. Essendo i campi magnetici massimi ottenibili soggetti a limiti tecnologici, volendo aumentare l'energia delle particelle non resta dunque che ricorrere ad anelli di accumulazione con raggi sempre più grandi.

10.3 Distribuzione angolare nel limite ultrarelativistico

Di seguito effettuiamo un'analisi *qualitativa* della distribuzione angolare della radiazione emessa da una particella ultrarelativistica, $v \approx 1$.

Prima di procedere ricordiamo le caratteristiche della distribuzione angolare della radiazione di una particella non relativistica, $v \ll 1$. In tal caso avevamo derivato la distribuzione angolare (8.53)

$$\frac{d\mathcal{W}}{d\Omega} = \frac{e^2 |\mathbf{n} \times \mathbf{a}|^2}{16\pi^2} = \frac{e^2}{16\pi^2} |\mathbf{a}|^2 sen^2\vartheta, \tag{10.35}$$

dove ϑ è l'angolo tra l'accelerazione $\mathbf{a}$ e la direzione di emissione $\mathbf{n}$. In questo limite la potenza emessa ha dunque una distribuzione angolare "regolare", con un massimo nel piano ortogonale all'accelerazione e uno zero nella direzione dell'accelerazione. In particolare la (10.35) risulta indipendente dalla direzione della velocità della particella. Vedremo ora che nel limite ultrarelativistico la natura della distribuzione angolare cambia drasticamente.

Riprendiamo la formula generale (8.16) della distribuzione angolare della potenza $dW/d\Omega = r^2 E^2$, inserendovi il campo elettrico asintotico (10.2). Otteniamo l'espressione, valida per velocità arbitrarie,

$$\frac{dW}{d\Omega} = \frac{e^2}{16\pi^2} \frac{|\mathbf{n} \times ((\mathbf{n} - \mathbf{v}) \times \mathbf{a})|^2}{(1 - \mathbf{v}\cdot\mathbf{n})^6}. \tag{10.36}$$

Nel limite di $v \to 0$ la (10.36) si riduce ovviamente alla (10.35). Nel limite di $v \to 1$ la dipendenza da $\mathbf{n}$ della (10.36) è invece dominata dal fattore $1/(1 - \mathbf{v} \cdot \mathbf{n})^6$. Per velocità non relativistiche questo fattore è prossimo all'unità in qualsiasi direzione, mentre per velocità $v \approx 1$ diventa molto grande nella direzione di volo $\mathbf{n} = \mathbf{v}/v$ della particella. Per $\mathbf{n} = \mathbf{v}/v$ si ha infatti $1 - \mathbf{v}\cdot\mathbf{n} = 1 - v$. Per analizzare l'effetto di questo fattore più in dettaglio riscriviamo la (10.36) come prodotto di due termini

$$\frac{dW}{d\Omega} = \frac{e^2}{16\pi^2} \left| \frac{\mathbf{n} \times ((\mathbf{n} - \mathbf{v}) \times \mathbf{a})}{1 - \mathbf{v}\cdot\mathbf{n}} \right|^2 \frac{1}{(1 - \mathbf{v}\cdot\mathbf{n})^4}, \tag{10.37}$$

distinguendo i seguenti casi.

Accelerazione generica. Consideriamo un istante in cui la velocità e l'accelerazione formano un generico angolo *diverso* da zero. Per $\mathbf{n} = \mathbf{v}/v$ si ha[2]

$$\frac{\mathbf{n} - \mathbf{v}}{1 - \mathbf{v}\cdot\mathbf{n}} = \mathbf{n} \tag{10.38}$$

e conseguentemente nella direzione di volo il primo fattore della (10.37) diventa indipendente dalla velocità. Più precisamente risulta

$$\left| \frac{\mathbf{n} \times ((\mathbf{n} - \mathbf{v}) \times \mathbf{a})}{1 - \mathbf{v}\cdot\mathbf{n}} \right|^2 = |\mathbf{n} \times \mathbf{a}|^2. \tag{10.39}$$

Viceversa il secondo fattore della (10.37) per $\mathbf{n} = \mathbf{v}/v$ vale $1/(1 - v)^4$, sicché per $v \approx 1$ diventa molto grande. Concludiamo, dunque, che una particella ultrarelativistica con accelerazione generica emette radiazione principalmente in *avanti*, ovvero nella direzione di $\mathbf{v}$.

Stimiamo l'apertura angolare α del cono con asse $\mathbf{v}$ all'interno del quale viene emessa la maggior parte della radiazione. Le direzioni $\mathbf{n}$ in questione devono essere

---

[2] Un'analisi più accurata mostra che per qualsiasi versore $\mathbf{n}$ vale

$$1 \le \left| \frac{\mathbf{n} - \mathbf{v}}{1 - \mathbf{v}\cdot\mathbf{n}} \right| \le \frac{1}{\sqrt{1 - v^2}},$$

dove – se α indica l'angolo tra $\mathbf{v}$ ed $\mathbf{n}$ – l'estremo inferiore viene assunto per $\alpha = 0$ e $\alpha = \pi$, mentre l'estremo superiore viene assunto per $sen\,\alpha = \sqrt{1 - v^2}$. Per $v \approx 1$ il modulo del vettore $(\mathbf{n} - \mathbf{v})/(1 - \mathbf{v}\cdot\mathbf{n})$ diventa quindi molto grande per $\alpha \approx \sqrt{1 - v^2}$, cosicché le (10.38), (10.39) in realtà equivalgono a una stima per *difetto*.

tali che

$$1 - \mathbf{v} \cdot \mathbf{n} \sim 1 - v, \tag{10.40}$$

di modo tale che il fattore $1/(1 - \mathbf{v} \cdot \mathbf{n})^4$ nella (10.37) si mantenga vicino al suo massimo $1/(1 - v)^4$. Indicando l'angolo tra $\mathbf{n}$ e $\mathbf{v}$ con α, e sfruttando il fatto che questo angolo è piccolo, otteniamo

$$1 - \mathbf{v} \cdot \mathbf{n} = 1 - v\cos\alpha \approx 1 - v\left(1 - \frac{\alpha^2}{2}\right) \approx 1 - v + \frac{\alpha^2}{2}.$$

La (10.40) è quindi valida per angoli dell'ordine di $\alpha \sim \sqrt{1 - v}$, ovvero, visto che $1 - v = (1 - v^2)/(1 + v) \approx (1 - v^2)/2$, per angoli dell'ordine di

$$\alpha \sim \sqrt{1 - v^2}. \tag{10.41}$$

In conclusione: una particella ultrarelativistica in moto generico irradia principalmente nella direzione di *volo* e la maggior parte della radiazione viene emessa nel *cono* con asse $\mathbf{v}$ e *apertura angolare* $\alpha \sim \sqrt{1 - v^2}$.

Segue, ad esempio, che un elettrone ultrarelativistico in un *sincrotrone* emette radiazione principalmente nel piano dell'orbita, attraverso un lampo spiraleggiante di tipo *pulsar* estremamente collimato. Si noti che tale distribuzione angolare è radicalmente diversa da quella del sincrotrone non relativistico, si veda il Problema 8.1.

Accelerazione parallela alla velocità. Se $\mathbf{a} \parallel \mathbf{v}$ la traiettoria è rettilinea – un tipo di orbita che abbiamo analizzato nel Paragrafo 10.2.1 – e la (10.37) si riduce a

$$\frac{dW}{d\Omega} = \frac{e^2}{16\pi^2} \frac{|\mathbf{n} \times \mathbf{a}|^2}{(1 - \mathbf{v} \cdot \mathbf{n})^6} = \frac{e^2}{16\pi^2} \frac{a^2 sen^2\alpha}{(1 - v\cos\alpha)^6}, \tag{10.42}$$

dove α è di nuovo l'angolo tra $\mathbf{n}$ e $\mathbf{v}$. In questo caso la particella non emette radiazione nella direzione di volo in quanto per $\alpha = 0$ si ha $dW/d\Omega = 0$. Tuttavia, studiando la funzione di α che compare nel secondo membro della (10.42) si vede che nel limite ultrarelativistico $dW/d\Omega$ ha un massimo molto pronunciato per $\alpha \sim \sqrt{1 - v^2}$, si veda il Problema 10.3. Anche in questo caso la maggior parte della radiazione viene, dunque, emessa all'interno del cono di asse $\mathbf{v}$ e apertura angolare $\alpha \sim \sqrt{1 - v^2}$.

Energia osservata ed energia emessa. Concludiamo questa sezione con un commento riguardo all'interpretazione fisica della formula generale (10.36). Come osservato varie volte, questa espressione fornisce l'energia della radiazione che a un istante fissato t attraversa la sfera di raggio r nell'unità di tempo dt in direzione $\mathbf{n}$. Questa radiazione proviene dalla posizione della particella all'istante ritardato t', tale che $t = t' + r - \mathbf{n} \cdot \mathbf{y}(t')$. L'energia *emessa* dalla particella tra gli istanti $t' = \tau_1$ e $t' = \tau_2$ è quindi data da

$$\frac{d\varepsilon}{d\Omega} = \int_{\tau_1 + r - \mathbf{ny}(\tau_1)}^{\tau_2 + r - \mathbf{ny}(\tau_2)} \frac{dW}{d\Omega} \, dt = \int_{\tau_1}^{\tau_2} \frac{dW}{d\Omega} \, (1 - \mathbf{n} \cdot \mathbf{v}) \, dt',$$

dove abbiamo usato la (10.4). L'energia $\mathcal{W}'$ emessa dalla particella nell'unità dt' del suo tempo di accelerazione è pertanto

$$\frac{d\mathcal{W}'}{d\Omega} = \frac{d^2\varepsilon}{dt'd\Omega} = (1 - \mathbf{n}\cdot\mathbf{v})\frac{d\mathcal{W}}{d\Omega}. \tag{10.43}$$

$d\mathcal{W}/d\Omega$ rappresenta l'energia rivelata da un osservatore lontano, mentre $d\mathcal{W}'/d\Omega$ rappresenta l'energia emessa dalla particella.

Infine consideriamo una terza grandezza ancora, ovvero l'energia $\mathcal{W}^0$ emessa dalla particella nell'unità di tempo proprio ds

$$\frac{d\mathcal{W}^0}{d\Omega} = \frac{dt'}{ds}\frac{d\mathcal{W}'}{d\Omega} = \frac{1}{\sqrt{1 - v^2}}\frac{d\mathcal{W}'}{d\Omega} = \frac{1 - \mathbf{n}\cdot\mathbf{v}}{\sqrt{1 - v^2}}\frac{d\mathcal{W}}{d\Omega}.$$

Vale dunque

$$\frac{d\mathcal{W}}{d\Omega} = \frac{\sqrt{1 - v^2}}{1 - \mathbf{n}\cdot\mathbf{v}}\frac{d\mathcal{W}^0}{d\Omega}.$$

In questa formula si riconosce il fattore di proporzionalità dell'effetto Doppler (5.131), che lega giustappunto l'inverso dell'intervallo di emissione – la frequenza propria $\omega_0 \equiv 1/\Delta s$ di una sorgente in moto con velocità $\mathbf{v}$ – all'inverso dell'intervallo di ricezione, ovvero la frequenza $\omega \equiv 1/\Delta t$ rivelata da un osservatore statico.

Si noti, comunque, che la presenza del fattore $(1 - \mathbf{n}\cdot\mathbf{v})$ nella (10.43) non inficia i risultati dell'analisi qualitativa della distribuzione angolare ultrarelativistica svolta sopra.

10.4 Problemi

10.1. Si dimostri che l'energia totale irradiata da una particella di carica e, massa m e velocità $\mathbf{v}$ arbitraria, passante con grande parametro di impatto b accanto a un nucleo statico di carica Ze, vale

$$\Delta\varepsilon(v, b) = \frac{e^6 Z^2 \left(1 - \frac{v^2}{4c^2}\right)}{192\pi^2 m^2 v c^3 b^3 \left(1 - \frac{v^2}{c^2}\right)},$$

dove si è ripristinata la velocità della luce. Si confronti il risultato con l'espressione (8.123) del Problema 8.5.

Suggerimento. Si usi la formula generale (10.25) sfruttando che per grandi b la particella viene deviata poco, sicché il moto è pressoché rettilineo uniforme.

10.2. Un'onda elementare con campo elettrico

$$\mathbf{E}(t, \mathbf{x}) = (E_0\, cos(\omega(t - z)),\, E_0\, sen(\omega(t - z)), 0)$$

investe una particella carica *relativistica*.

a) Si verifichi che l'onda è polarizzata circolarmente.
   Suggerimento. Si ricordino le relazioni (5.93) e (5.95).
b) Si determini il campo magnetico $\mathbf{B}(t, \mathbf{x})$ dell'onda.
c) Si verifichi che in presenza dell'onda i moti stazionari della particella sono moti
   circolari uniformi, determinandone velocità e raggio.
   Suggerimento. Per definizione un moto si dice *stazionario* se la velocità della
   particella in media è zero, $\overline{\mathbf{v}} = 0$. Tali moti dipendono, quindi, da tre parametri
   indipendenti.
d) Si determini la potenza totale irradiata dalla particella, supponendo che compia
   un moto stazionario.
   Suggerimento. Si usi l'equazione (10.25).

10.3. Si analizzi la distribuzione angolare (10.42) della radiazione emessa da una
particella ultrarelativistica in moto rettilineo. Si individuino in particolare le direzioni di emissione massima e minima. Si confrontino i risultati con la distribuzione
angolare non relativistica (10.35).

11

L'analisi spettrale

Nei capitoli precedenti abbiamo sviluppato una serie di strumenti per l'analisi energetica della radiazione emessa da un generico sistema carico. In particolare abbiamo derivato formule esplicite per l'energia emessa nell'unità di tempo e per la distribuzione angolare della radiazione. Per alcuni sistemi siamo stati anche in grado di determinare le *frequenze* presenti. Abbiamo visto che l'antenna lineare emette radiazione con un'unica frequenza, che nell'*effetto Thomson* la radiazione emessa da un elettrone non relativistico ha la stessa frequenza dell'onda incidente e che nel moto circolare uniforme la *radiazione di dipolo* possiede la frequenza *fondamentale* ω, mentre la *radiazione di quadrupolo* possiede la frequenza 2ω, si vedano il Paragrafo 8.4.4 e il Problema 8.6.

In generale la radiazione emessa da un sistema relativistico è distribuita su un'ampia banda di frequenze e per molti sistemi fisici – dalle molecole fino alle *pulsar* – lo spettro dell'emissione, ovvero l'insieme delle frequenze presenti, costituisce un *codice genetico* che li rende facilmente riconoscibili. La grandezza fisica rilevante è la quantità di *energia emessa tra le frequenze* ω *e* $\omega + \Delta\omega$, grandezza che quantifica il *peso* spettrale con cui la frequenza ω compare nella radiazione. Lo studio di questa grandezza è chiamato *analisi spettrale*, o anche *analisi in frequenza*, ed è l'argomento principale del presente capitolo.

Una caratteristica fisica della radiazione altrettanto importante è la *polarizzazione*, poiché intimamente legata al carattere *tensoriale* del campo elettromagnetico. Nella Sezione 11.2 forniremo le basi per l'analisi quantitativa di questa grandezza. L'osservazione congiunta di queste due grandezze fisiche – lo spettro e la polarizzazione – in generale fornisce importanti informazioni sulla struttura del sistema carico che genera la radiazione, permettendo a volte di identificarlo in modo univoco.

11.1 Analisi di Fourier e risultati generali

La soluzione generale delle equazioni di Maxwell nel *vuoto* è una sovrapposizione di onde elementari monocromatiche e corrispondentemente l'analisi di

Lechner K.: Elettrodinamica classica
DOI 10.1007/978-88-470-5211-6_11, © Springer-Verlag Italia 2013

Fourier temporale del campo elettromagnetico equivale a un'analisi in *frequen-za*, si veda la formula generale (5.78). Allo stesso modo il campo elettroma-gnetico generato da un generico sistema carico nella *zona delle onde* è una so-vrapposizione di onde elementari monocromatiche e l'analisi di Fourier tempo-rale del campo risultante equivale ancora a un'analisi in frequenza. In partico-lare nel Paragrafo 8.1.2 abbiamo derivato l'importante risultato che una corren-te monocromatica di frequenza ω genera un'onda elementare della stessa fre-quenza.

Più in concreto, data una generica corrente *aperiodica* (8.2) è possibile esprime-re la *trasformata di Fourier* temporale $\mathbf{E}(\omega, \mathbf{x})$ del campo elettrico nella zona delle onde in termini dei pesi spettrali $\mathbf{j}(\omega, \mathbf{x})$ della corrente. Inserendo la decomposizio-ne (8.2) nel potenziale nella zona delle onde (8.9), e usando la (8.12), si trova in-fatti,

$$\mathbf{E}(t, \mathbf{x}) = \frac{1}{\sqrt{2\pi}} \int_{-\infty}^{\infty} e^{i\omega t} \, \mathbf{E}(\omega, \mathbf{x}) \, d\omega, \qquad (11.1)$$

dove

$$\mathbf{E}(\omega, \mathbf{x}) \equiv \frac{i\omega e^{-i\omega r}}{4\pi r} \, \mathbf{n} \times \left(\mathbf{n} \times \int e^{i\omega \mathbf{n} \cdot \mathbf{y}} \, \mathbf{j}(\omega, \mathbf{y}) \, d^3 y \right), \qquad \mathbf{n} = \frac{\mathbf{x}}{r}. \qquad (11.2)$$

Se il sistema carico è invece *periodico* la corrente ammette l'espansione in serie (8.3) e in tal caso la rappresentazione (11.1) deve essere sostituita con una *serie di Fourier*.

Per un sistema carico generico l'analisi spettrale potrebbe essere basata sulla formula generale (11.2) (o sulla sua controparte periodica). Tuttavia, dal momento che in questo capitolo siamo interessati prevalentemente alla radiazione emessa da una particella singola, preferiamo procedere in modo diverso. L'analisi spettrale della radiazione generata da una corrente generica sarà comunque sviluppata nella Sezione 11.5.

Analisi di Fourier. Sia $\mathbf{E}(t, \mathbf{x})$ il campo elettrico di un generico sistema carico nella *zona delle onde*. Per non appesantire la notazione di seguito ometteremo di indicare esplicitamente la dipendenza dalla coordinata spaziale, scrivendo $\mathbf{E}(t)$ al posto di $\mathbf{E}(t, \mathbf{x})$. Adotteremo una convenzione analoga per la trasformata e la serie di Fourier temporale.

Nel caso di un sistema *aperiodico* valgono le relazioni

$$\mathbf{E}(t) = \frac{1}{\sqrt{2\pi}} \int_{-\infty}^{\infty} e^{i\omega t} \, \mathbf{E}(\omega) \, d\omega, \qquad (11.3)$$

$$\mathbf{E}(\omega) = \frac{1}{\sqrt{2\pi}} \int_{-\infty}^{\infty} e^{-i\omega t} \, \mathbf{E}(t) \, dt, \qquad (11.4)$$

$$\int_{-\infty}^{\infty} \left| \mathbf{E}(t) \right|^2 dt = \int_{-\infty}^{\infty} \left| \mathbf{E}(\omega) \right|^2 d\omega = 2 \int_{0}^{\infty} \left| \mathbf{E}(\omega) \right|^2 d\omega. \qquad (11.5)$$

In queste relazioni – e nelle relazioni analoghe a seguire – con $|\mathbf{E}(\omega)|^2$ intendiamo il prodotto scalare tra vettori complessi $\mathbf{E}^*(\omega) \cdot \mathbf{E}(\omega)$.

Se il sistema è invece *periodico* – con periodo T e frequenza *fondamentale* $\omega_0 = 2\pi/T$ – il campo $\mathbf{E}(t, \mathbf{x})$ può essere sviluppato in serie di Fourier temporale e valgono le relazioni analoghe

$$\mathbf{E}(t) = \sum_{N=-\infty}^{\infty} e^{iN\omega_0 t}\, \mathbf{E}_N, \tag{11.6}$$

$$\mathbf{E}_N = \frac{1}{T} \int_0^T e^{-iN\omega_0 t}\, \mathbf{E}(t)\, dt, \tag{11.7}$$

$$\frac{1}{T} \int_0^T |\mathbf{E}(t)|^2 dt = \sum_{N=-\infty}^{\infty} |\mathbf{E}_N|^2 = 2 \sum_{N=1}^{\infty} |\mathbf{E}_N|^2. \tag{11.8}$$

Secondo la decomposizione (11.6) il campo elettrico è una sovrapposizione lineare di infinite funzioni trigonometriche – dette *armoniche* – ciascuna corrispondente a un'onda elementare con *frequenza armonica*

$$\omega_N = N\omega_0.$$

Il termine relativo a $N = 1$ si chiama armonica *fondamentale*. Nella (11.8) abbiamo omesso il coefficiente di Fourier relativo a $N = 0$, poiché $\mathbf{E}_0 = 0$. Infatti, dalla (8.12) segue che il campo elettrico nella zona delle onde si può scrivere come

$$\mathbf{E}(t) = \frac{\partial}{\partial t}\left(\mathbf{n} \times (\mathbf{n} \times \mathbf{A}(t))\right),$$

cosicché, visto che anche $\mathbf{A}(t)$ è periodico, la (11.7) per $N = 0$ fornisce

$$\mathbf{E}_0 = \frac{1}{T} \int_0^T \mathbf{E}(t)\, dt = \frac{1}{T}\, \mathbf{n} \times (\mathbf{n} \times (\mathbf{A}(T) - A(0))) = 0.$$

Per scrivere l'ultima espressione nelle (11.5) e (11.8) abbiamo sfruttato il fatto che il campo elettrico è reale, sicché i coefficienti di Fourier soddisfano le relazioni

$$\mathbf{E}^*(\omega) = \mathbf{E}(-\omega), \qquad \mathbf{E}_N^* = \mathbf{E}_{-N}.$$

Corrispondentemente le frequenze saranno sempre considerate *positive*. Dalla relazione generale (11.2) si vede poi che per un sistema carico aperiodico i coefficienti di Fourier $\mathbf{E}(\omega) \equiv \mathbf{E}(\omega, \mathbf{x}) = \mathbf{E}(\omega, r\mathbf{n})$ dipendono da r solo attraverso il fattore $e^{-i\omega r}/r$ e risultano, dunque, essenzialmente funzioni di ω e della direzione di emissione $\mathbf{n}$. Allo stesso modo nel caso di un sistema periodico i coefficienti di Fourier $\mathbf{E}_N$ per N fissato sono essenzialmente funzioni di $\mathbf{n}$. Riprendiamo ora la formula fondamentale dell'irraggiamento (8.16)

$$\frac{d\mathcal{W}}{d\Omega} = \frac{d^2\varepsilon}{dt\,d\Omega} = r^2 |\mathbf{E}(t)|^2. \tag{11.9}$$

Sistemi aperiodici. Per una corrente aperiodica la grandezza fisica di rilievo è l'energia $d\varepsilon/d\Omega$ emessa nell'angolo solido unitario tra gli istanti $t = -\infty$ e $t = \infty$. Corrispondentemente supporremo che le cariche del sistema compiano moti *illimitati* come specificati nella Sezione 7.1, di modo tale che siano sottoposte ad accelerazione per un tempo limitato e la grandezza $d\varepsilon/d\Omega$ risulti quindi finita. Dalle equazioni (11.5) e (11.9) otteniamo allora

$$\frac{d\varepsilon}{d\Omega} = \int_{-\infty}^{\infty} \frac{dW}{d\Omega} \, dt = r^2 \int_{-\infty}^{\infty} |\mathbf{E}(t)|^2 dt = 2r^2 \int_0^{\infty} |\mathbf{E}(\omega)|^2 d\omega.$$

L'energia della radiazione emessa nell'angolo solido unitario nell'intervallo unitario di frequenze è pertanto data da

$$\frac{d^2\varepsilon}{d\omega d\Omega} = 2r^2 |\mathbf{E}(\omega)|^2 \tag{11.10}$$

e lo *spettro* in generale è un sottoinsieme *continuo* di $\mathbb{R}^+$.

Sistemi periodici. Per una corrente periodica l'energia emessa tra $t = -\infty$ e $t = \infty$ è naturalmente infinita e in questo caso la grandezza fisica di rilievo è la potenza *media*, ovvero l'energia $d\overline{W}/d\Omega$ emessa nell'angolo solido unitario durante un periodo divisa il periodo. Dalle equazioni (11.8) e (11.9) otteniamo

$$\frac{d\overline{W}}{d\Omega} = \frac{1}{T}\int_0^T \frac{dW}{d\Omega} \, dt = \frac{r^2}{T}\int_0^T |\mathbf{E}(t)|^2 dt = 2r^2 \sum_{N=1}^{\infty} |\mathbf{E}_N|^2. \tag{11.11}$$

La potenza media della radiazione emessa nell'angolo solido unitario con frequenza $\omega_N = N\omega_0$ è quindi data da

$$\frac{dW_N}{d\Omega} = 2r^2 |\mathbf{E}_N|^2, \qquad N = 1, 2, 3, \cdots. \tag{11.12}$$

Integrando le equazioni (11.11) e (11.12) sull'angolo solido si trova per la potenza totale media $\overline{W}$ la regola di somma

$$\overline{W} = \sum_{N=1}^{\infty} W_N, \qquad W_N = 2r^2 \int |\mathbf{E}_N|^2 d\Omega, \tag{11.13}$$

dove W_N denota la potenza totale media della radiazione con frequenza $N\omega_0$.

Le formule (11.10) e (11.12) forniscono i *pesi spettrali* di un generico campo di radiazione e costituiscono il punto di partenza per l'analisi spettrale di un qualsivoglia fenomeno radiativo. Insistiamo sul fatto che in tutte le espressioni riportate il simbolo $\mathbf{E}$ non denota il campo elettrico *esatto*, bensì il campo elettrico nella *zona delle onde*.

11.2 Polarizzazione

Con il termine *polarizzazione* in generale ci si riferisce alla direzione del campo elettrico – campo che nella zona delle onde giace nel piano ortogonale alla direzione di propagazione $\mathbf{n}$. Il vettore $\mathbf{E}(t) \equiv \mathbf{E}$ può dunque essere scomposto lungo due direzioni ortogonali a $\mathbf{n}$, identificate da due versori $\mathbf{e}_p$ che sono soggetti ai vincoli

$$\mathbf{n} \cdot \mathbf{e}_p = 0, \qquad \mathbf{e}_p \cdot \mathbf{e}_q = \delta_{pq}, \qquad p, q = 1, 2. \tag{11.14}$$

La scelta di $\mathbf{e}_1$ ed $\mathbf{e}_2$ in generale dipende dalla geometria del sistema che genera la radiazione.

Se sperimentalmente si osserva anche la polarizzazione della radiazione, occorre determinare teoricamente l'intensità della radiazione con polarizzazione lungo una data direzione $\mathbf{e}_p$. Per fare questo ripartiamo dalla formula base (11.9) e inseriamo una *completezza* nel modulo quadro del campo elettrico:

$$|\mathbf{E}|^2 = (\mathbf{e}_1 \cdot \mathbf{E})^2 + (\mathbf{e}_2 \cdot \mathbf{E})^2 + (\mathbf{n} \cdot \mathbf{E})^2 = (\mathbf{e}_1 \cdot \mathbf{E})^2 + (\mathbf{e}_2 \cdot \mathbf{E})^2. \tag{11.15}$$

L'equazione (11.9) si scrive allora

$$\frac{d\mathcal{W}}{d\Omega} = r^2 \left((\mathbf{e}_1 \cdot \mathbf{E})^2 + (\mathbf{e}_2 \cdot \mathbf{E})^2 \right), \tag{11.16}$$

sicché la potenza della radiazione con polarizzazione lungo $\mathbf{e}_p$ è data da

$$\frac{d\mathcal{W}^p}{d\Omega} = r^2 (\mathbf{e}_p \cdot \mathbf{E})^2. \tag{11.17}$$

Allo stesso modo dalle equazioni (11.10) e (11.12) si trova che i *pesi spettrali* della radiazione con polarizzazione lungo $\mathbf{e}_p$ sono dati rispettivamente da

$$\frac{d^2 \varepsilon^p}{d\omega d\Omega} = 2r^2 \left| \mathbf{e}_p \cdot \mathbf{E}(\omega) \right|^2, \tag{11.18}$$

$$\frac{d\mathcal{W}_N^p}{d\Omega} = 2r^2 \left| \mathbf{e}_p \cdot \mathbf{E}_N \right|^2. \tag{11.19}$$

Polarizzazione lineare. Ricordiamo che la radiazione elettromagnetica si dice polarizzata *linearmente*, se $\mathbf{E}$ ha direzione costante nel tempo, si veda la (5.94). La radiazione in una data direzione $\mathbf{n}$ è dunque polarizzata linearmente, diciamo lungo $\mathbf{e}_1$, se e solo se valgono le equazioni

$$|\mathbf{e}_1 \cdot \mathbf{E}| = |\mathbf{E}|, \qquad \mathbf{e}_2 \cdot \mathbf{E} = 0. \tag{11.20}$$

In questo caso le relazioni (11.16) e (11.17) si riducono a

$$\frac{d\mathcal{W}}{d\Omega} = \frac{d\mathcal{W}^1}{d\Omega}, \qquad \frac{d\mathcal{W}^2}{d\Omega} = 0. \tag{11.21}$$

Si noti che se la radiazione non è polarizzata linearmente, ovvero se è polarizzata *ellitticamente*, non esiste nessuna scelta dei versori e_p per cui valgano le equazioni (11.20). Può succedere, inoltre, che la radiazione sia polarizzata linearmente solo per certe frequenze. In tal caso, per un sistema periodico, le (11.20) devono essere sostituite con le condizioni $|e_1 \cdot E_N| = |E_N|$ ed $e_2 \cdot E_N = 0$, equivalenti alle equazioni

$$\frac{dW_N^1}{d\Omega} = \frac{dW_N}{d\Omega}, \qquad \frac{dW_N^2}{d\Omega} = 0. \qquad (11.22)$$

Condizioni analoghe valgono per un sistema aperiodico.

Polarizzazione circolare. Analizziamo ora il caso della polarizzazione *circolare*. Per definitezza consideriamo il campo periodico (11.6), selezionando una singola frequenza $N\omega_0$ con relativo campo elettrico

$$E = e^{iN\omega_0 t} E_N + c.c. \qquad (11.23)$$

Richiamiamo dal Paragrafo 5.3.1 che l'onda elementare (5.93) è polarizzata circolarmente, se e solo se vale la condizione (5.95), ovvero, nel caso dell'onda (11.23), se il coefficiente di Fourier E_N soddisfa la condizione

$$n \times E_N = \pm i\, E_N. \qquad (11.24)$$

Per trovare un criterio semplice per individuare una tale polarizzazione consideriamo una coppia arbitraria di versori e_1 ed e_2 e sfruttiamo il fatto che $e_2 = \pm\, n \times e_1$. Dalla (11.24) segue allora

$$|e_1 \cdot E_N| = |e_1 \cdot (n \times E_N)| = |(n \times e_1) \cdot E_N| = |e_2 \cdot E_N|. \qquad (11.25)$$

Data la regola di somma $|e_1 \cdot E_N|^2 + |e_2 \cdot E_N|^2 = |E_N|^2$, e vista l'arbitrarietà di e_1, ciò significa che nel caso di polarizzazione circolare la quantità $|e \cdot E_N|$ è indipendente da e essendo

$$|e \cdot E_N| = \frac{1}{\sqrt{2}} |E_N|, \quad \forall e. \qquad (11.26)$$

È facile dimostrare che vale anche il contrario, ovvero che le condizioni (11.26) implicano i vincoli (11.24). Radiazione con frequenza $N\omega_0$ è, dunque, polarizzata circolarmente, se e solo se valgono le (11.26). Viste le (11.19) tali condizioni sono a loro volta equivalenti all'equazione

$$\frac{dW_N^1}{d\Omega} = \frac{dW_N^2}{d\Omega} \qquad (11.27)$$

per ogni scelta di e_1 ed e_2. Risultati analoghi valgono per un campo aperiodico.

11.3 Limite non relativistico

Nel limite non relativistico i pesi spettrali (11.10) e (11.12) assumono una forma particolarmente semplice, perché il campo elettrico asintotico può essere espresso in termini del momento di dipolo (si vedano le equazioni (8.41) e (8.45))

$$\mathbf{E}(t) = \frac{1}{4\pi r}\, \mathbf{n} \times \big(\mathbf{n} \times \ddot{\mathbf{D}}(t - r)\big). \tag{11.28}$$

Trattiamo separatamente i due tipi di correnti.

Corrente aperiodica. Definendo la trasformata di Fourier di $\mathbf{D}(t)$ nel modo consueto,

$$\mathbf{D}(\omega) = \frac{1}{\sqrt{2\pi}} \int_{-\infty}^{\infty} e^{-i\omega t}\, \mathbf{D}(t)\, dt, \tag{11.29}$$

dalla (11.28) ricaviamo i coefficienti di Fourier del campo elettrico

$$\mathbf{E}(\omega) = -\frac{\omega^2 e^{-i\omega r}}{4\pi r}\, \mathbf{n} \times (\mathbf{n} \times \mathbf{D}(\omega)).$$

La (11.10) fornisce allora i pesi spettrali

$$\frac{d^2\varepsilon}{d\omega d\Omega} = \frac{\omega^4}{8\pi^2}\, \big|\mathbf{n} \times \mathbf{D}(\omega)\big|^2. \tag{11.30}$$

Integrando la (11.30) sull'angolo solido – procedendo come nelle equazioni (8.46) e (8.47) – troviamo i pesi spettrali totali

$$\frac{d\varepsilon}{d\omega} = \frac{\omega^4}{8\pi^2} \int \big|\mathbf{n} \times \mathbf{D}(\omega)\big|^2 d\Omega = \frac{\omega^4}{3\pi}\, \big|\mathbf{D}(\omega)\big|^2. \tag{11.31}$$

Integrando, infine, questa espressione su tutte le frequenze otteniamo l'energia totale irradiata

$$\Delta\varepsilon = \frac{1}{3\pi} \int_0^{\infty} \omega^4 \big|\mathbf{D}(\omega)\big|^2 d\omega.$$

Frequenze caratteristiche di una particella singola. Consideriamo ora una particella non relativistica che compie un moto $\mathbf{y}(t)$ *aperiodico*. Essendo in questo caso $\mathbf{D}(t) = e\mathbf{y}(t)$ si ha $\ddot{\mathbf{D}}(t) = e\mathbf{a}(t)$, dove $\mathbf{a}(t)$ è l'accelerazione della particella. Eseguendo la trasformata di Fourier di questa relazione si ottiene $-\omega^2 \mathbf{D}(\omega) = e\mathbf{a}(\omega)$, dove $\mathbf{a}(\omega)$ denota la trasformata di Fourier di $\mathbf{a}(t)$. L'equazione (11.31) si scrive allora semplicemente

$$\frac{d\varepsilon}{d\omega} = \frac{e^2}{3\pi}\, \big|\mathbf{a}(\omega)\big|^2. \tag{11.32}$$

Supponiamo ora che la forza $\mathbf{F}(t)$ agente sulla particella abbia come scala temporale caratteristica T, ovvero che vari sensibilmente nel corso di un tempo T. Nel caso più semplice $\mathbf{F}(t)$ è sensibilmente diversa da zero solo durante un intervallo temporale

T. Dal momento che $\mathbf{a}(t) = \mathbf{F}(t)/m$, per le proprietà della trasformata di Fourier la funzione $|\mathbf{a}(\omega)|$ è allora apprezzabilmente diversa da zero solo per valori di ω che si estendono circa fino a $1/T$.

Vale dunque il seguente *risultato generale*: se una particella non relativistica, in moto aperiodico, è soggetta a una forza che varia sensibilmente su una scala temporale dell'ordine di T, allora emette principalmente radiazione con frequenze

$$\omega \lesssim \frac{1}{T}. \tag{11.33}$$

Corrente periodica. Se la corrente è periodica anche il momento di dipolo è periodico e i suoi coefficienti di Fourier sono dati da

$$\mathbf{D}_N = \frac{1}{T} \int_0^T e^{-iN\omega_0 t}\, \mathbf{D}(t)\, dt. \tag{11.34}$$

Dalle equazioni (11.7) e (11.28) per i coefficienti di Fourier del campo elettrico discendono allora le espressioni

$$\mathbf{E}_N = -\frac{(N\omega_0)^2 e^{-iN\omega_0 r}}{4\pi r}\, \mathbf{n} \times (\mathbf{n} \times \mathbf{D}_N),$$

cosicché la (11.12) fornisce i pesi spettrali

$$\frac{d\mathcal{W}_N}{d\Omega} = \frac{(N\omega_0)^4}{8\pi^2}\, |\mathbf{n} \times \mathbf{D}_N|^2. \tag{11.35}$$

Integrandoli sull'angolo solido si trova che la potenza totale emessa con la frequenza $N\omega_0$ vale

$$\mathcal{W}_N = \frac{(N\omega_0)^4}{3\pi}\, |\mathbf{D}_N|^2. \tag{11.36}$$

Frequenze caratteristiche di una particella singola. Consideriamo ora una particella non relativistica che compie un moto $\mathbf{y}(t)$ *periodico*. Essendo $\mathbf{D}(t) = e\mathbf{y}(t)$, sviluppando in serie di Fourier ambo i membri dell'equazione $\ddot{\mathbf{D}}(t) = e\mathbf{a}(t)$ si ottengono le relazioni

$$-(N\omega_0)^2 \mathbf{D}_N = e\mathbf{a}_N,$$

dove $\mathbf{a}_N$ è il coefficiente di Fourier N-esimo dell'accelerazione. Riscriviamo questo coefficiente nella forma

$$\mathbf{a}_N = \frac{1}{T} \int_0^T e^{-iN\omega_0 t}\, \mathbf{a}(t)\, dt = \frac{\sqrt{2\pi}}{T}\, \mathcal{A}(N\omega_0),$$

dove $\mathcal{A}(\omega)$ denota la trasformata di Fourier della funzione

$$\mathcal{A}(t) \equiv \mathbf{a}(t)\, \chi_{[0,T]}(t), \tag{11.37}$$

$\chi_{[a,b]}(t)$ essendo la funzione caratteristica dell'intervallo $[a,b]$. Per $t \in [0,T]$ $\mathcal{A}(t)$ coincide quindi con $\mathbf{a}(t)$, mentre fuori da questo intervallo è zero. In questo modo i pesi spettrali (11.36) possono essere scritti come

$$\mathcal{W}_N = \frac{e^2 |\mathbf{a}_N|^2}{3\pi} = \frac{2e^2 |\mathcal{A}(N\omega_0)|^2}{3T^2}.$$

Vista la (11.37) e dato che $\mathbf{a}(t) = \mathbf{F}(t)/m$, se il tempo caratteristico della forza coincide con il periodo T, per le proprietà della trasformata di Fourier la funzione $\mathcal{A}(\omega)$ è sensibilmente diversa da zero solo se $\omega \lesssim 1/T = \omega_0/2\pi$. Di conseguenza la grandezza $\mathcal{A}(N\omega_0)$ è sensibilmente diversa da zero solo se $N\omega_0 \lesssim \omega_0/2\pi$, ovvero se N è dell'ordine dell'*unità*. Pertanto la particella emette principalmente radiazione con la frequenza fondamentale e le prime frequenze armoniche più *basse*.

Più in generale, se la forza varia più rapidamente, diciamo su una scala temporale dell'ordine di T/K con $K > 1$, allora $\mathcal{A}(N\omega_0)$ è sensibilmente diverso da zero solo se $N\omega_0 \lesssim K/T = K\omega_0/2\pi$. In questo caso la particella emette dunque principalmente radiazione con le frequenze

$$\omega_N = N\omega_0, \qquad \text{con} \quad N \lesssim K. \tag{11.38}$$

Moti armonici semplici. Consideriamo come caso particolare un sistema di particelle non relativistiche, che compiono i moti armonici *semplici*

$$\mathbf{y}_r(t) = sen\,(\omega_0 t)\,\mathbf{b}_r + cos\,(\omega_0 t)\,\mathbf{c}_r, \tag{11.39}$$

con lo stesso periodo $T = 2\pi/\omega_0$ per ogni r. Esempi di moti di questo tipo sono i moti circolari uniformi e i moti di oscillazione sinusoidale lungo una retta. Un tale sistema emette radiazione esclusivamente con la frequenza *fondamentale* ω_0. Infatti, in questo caso i coefficienti di Fourier del momento di dipolo $\mathbf{D}(t) = \sum_r e_r \mathbf{y}_r(t)$ sono dati da

$$\mathbf{D}_N = \sum_r e_r \mathbf{y}_{rN},$$

dove gli $\mathbf{y}_{rN}$ denotano i coefficienti di Fourier di $\mathbf{y}_r(t)$. Dal momento che per le leggi orarie (11.39) si ha $\mathbf{y}_{rN} = 0$ per $N \neq \pm 1$, i coefficienti $\mathbf{D}_N$ sono tutti nulli tranne $\mathbf{D}_1$ e $\mathbf{D}_{-1} = \mathbf{D}_1^*$. Dei pesi spettrali (11.36) è dunque soltanto $\mathcal{W}_1$, relativo alla frequenza ω_0, a essere diverso da zero.

Insistiamo sul fatto che i risultati qualitativi di questa sezione sono validi nel limite non relativistico.

11.3.1 Bremsstrahlung a spettro continuo e catastrofe infrarossa

Illustriamo i risultati generali di cui sopra nel caso di una particella non relativistica che attraversa una zona con un campo elettrico $\mathbf{E}$ costante e uniforme. In tal caso l'accelerazione è diversa da zero solo per un tempo limitato e la particella compie un moto *aperiodico*. Conseguentemente emette radiazione, ovvero *bremsstrahlung*, con spettro *continuo*. Di seguito vogliamo analizzare la forma dello spettro (11.32) e confrontarlo, in particolare, con la previsione generale (11.33).

Senza perdita di generalità supponiamo che la particella entri nella zona del campo elettrico all'istante $t = -T$ e che ne esca all'istante $t = T$. Durante questo intervallo la sua accelerazione vale

$$\mathbf{a} = \frac{e\mathbf{E}}{m},$$

mentre per $|t| > T$ è zero. Per determinare la distribuzione spettrale (11.32) dobbiamo calcolare la trasformata di Fourier

$$\mathbf{a}(\omega) = \frac{1}{\sqrt{2\pi}} \int_{-\infty}^{\infty} e^{-i\omega t}\, \mathbf{a}(t)\, dt = \frac{e\mathbf{E}}{m} \frac{1}{\sqrt{2\pi}} \int_{-T}^{T} e^{-i\omega t}\, dt = \sqrt{\frac{2}{\pi}}\, \frac{e\mathbf{E}\, sen(\omega T)}{m\omega},$$

ottenendo

$$\frac{d\varepsilon}{d\omega} = \frac{2e^2 a^2}{3\pi^2}\, \frac{sen^2(\omega T)}{\omega^2}. \tag{11.40}$$

Come funzione della frequenza $d\varepsilon/d\omega$ ha un massimo per $\omega = 0$ e si annulla la prima volta per $\omega = \pi/T$. Per $\omega \gtrsim 1/T$ decresce invece rapidamente, a conferma della stima generale (11.33).

Energia totale irradiata e deflessione istantanea. Calcoliamo ora l'energia totale $\Delta\varepsilon$ emessa durante l'intera fase di accelerazione. Per fare questo possiamo integrare l'equazione (11.40) su tutte le frequenze, usando l'integrale

$$\int_0^{\infty} \left(\frac{sen\, x}{x}\right)^2 dx = \frac{\pi}{2},$$

oppure applicare la formula di Larmor $\mathcal{W} = e^2 a^2/6\pi$. In entrambi i modi si ottiene

$$\Delta\varepsilon = \int_0^{\infty} \frac{d\varepsilon}{d\omega}\, d\omega = \int_{-T}^{T} \mathcal{W}\, dt = \frac{e^2 a^2 T}{3\pi} = \frac{e^2 |\Delta\mathbf{v}|^2}{12\pi T}, \tag{11.41}$$

dove $\Delta\mathbf{v}$ indica la differenza tra le velocità finale e iniziale

$$\Delta\mathbf{v} \equiv \mathbf{v}_f - \mathbf{v}_i = 2T\mathbf{a}. \tag{11.42}$$

La relazione (11.41) stabilisce un legame diretto tra l'energia irradiata e la variazione della velocità della particella – causa della radiazione.

Vediamo ora come si comporta la distribuzione spettrale (11.40) nel limite in cui la durata $2T$ del processo tende a zero, a $\Delta\mathbf{v}$ fissato. In questo limite il processo degenera in una deflessione *istantanea*. Sostituendo la (11.42) nella (11.40) deriviamo la distribuzione spettrale limite

$$\lim_{T \to 0} \frac{d\varepsilon}{d\omega} = \lim_{T \to 0} \left(\frac{e^2 |\Delta \mathbf{v}|^2}{6\pi^2} \frac{sen^2(\omega T)}{\omega^2 T^2} \right) = \frac{e^2 |\Delta \mathbf{v}|^2}{6\pi^2}. \qquad (11.43)$$

Lo spettro risultante è quindi *piatto*, nel senso che tutte le frequenze sono equiprobabili, risultato che formalmente è ancora in accordo con la stima generale (11.33). Viceversa, nel limite di $T \to 0$ l'energia totale (11.41) *diverge*. Vediamo quindi che la schematizzazione dell'urto di una particella carica come un processo *istantaneo* – a cui in *teoria dei campi* a volte si ricorre per via della sua semplicità concettuale – in realtà è fisicamente inconsistente in quanto l'energia irradiata sarebbe infinita.

Catastrofe infrarossa. Concludiamo l'analisi di questo esempio mettendo in evidenza un fenomeno di natura *quantistica* che va sotto il nome di *catastrofe infrarossa*. Ricordiamo in proposito che radiazione elettromagnetica di frequenza ω a livello quantistico è composta da fotoni di energia $\hbar\omega$. Possiamo allora domandarci quanti fotoni vengano emessi in base alla (11.40) con frequenze comprese tra ω e $\omega + d\omega$, la risposta essendo ovviamente[1]

$$\frac{dN}{d\omega} = \frac{1}{\hbar\omega} \frac{d\varepsilon}{d\omega} = \frac{2e^2 a^2}{3\pi^2 \hbar} \frac{sen^2(\omega T)}{\omega^3}.$$

Il numero di fotoni emessi con frequenze comprese tra ω_1 e ω_2 è quindi

$$N(\omega_1, \omega_2) = \int_{\omega_1}^{\omega_2} \frac{dN}{d\omega} \, d\omega = \frac{2e^2 a^2}{3\pi^2 \hbar} \int_{\omega_1}^{\omega_2} \frac{sen^2(\omega T)}{\omega^3} \, d\omega. \qquad (11.44)$$

In particolare il numero di fotoni *duri*, ovvero fotoni di alta frequenza, è finito poiché l'integrale $N(\omega_1, \infty)$ è finito per ogni $\omega_1 > 0$. Al contrario, nel limite di $\omega \to 0$ l'integrando in (11.44) si comporta come

$$\frac{sen^2(\omega T)}{\omega^3} \to \frac{T^2}{\omega},$$

cosicché il numero $N(0, \omega_2)$ *diverge* logaritmicamente per ogni $\omega_2 > 0$. Vediamo quindi che, nonostante l'energia totale irradiata (11.41) sia finita, la particella emette un numero *infinito* di fotoni *soffici*, vale a dire fotoni con frequenze tendenti a zero. Questo fenomeno viene chiamato *catastrofe infrarossa*, in quanto legato alla presenza di infiniti fotoni con lunghezze d'onda tendenti a infinito. Tuttavia solo un numero finito di tali fotoni può essere osservato sperimentalmente, poiché qualsiasi apparato di misura, avendo una *sensibilità* finita, può rivelare solamente fotoni la cui energia superi una certa soglia.

---

[1] In generale è lecito analizzare la radiazione elettromagnetica con strumenti classici, ovvero trascurando effetti quantistici, se le lunghezze d'onda coinvolte sono molto superiori alla *lunghezza d'onda Compton*, $\lambda \gg \lambda_C = \hbar/mc$, ovvero $\omega \ll mc^2/\hbar$. Dal momento che la catastrofe infrarossa riguarda frequenze tendenti a zero l'analisi classica è comunque valida.

Analisi generale. La catastrofe infrarossa è un fenomeno generale dovuto unicamente all'accelerazione della particella e risulta *indipendente* dalla forma della forza che la causa: questo fenomeno accompagna, dunque, *qualsiasi* processo d'urto che coinvolga particelle cariche.

Per vederlo consideriamo un generico processo di deflessione in cui la velocità di una particella carica subisca una variazione $\Delta \mathbf{v} = \mathbf{v}_f - \mathbf{v}_i$ non nulla. Nel limite di $\omega \to 0$ la trasformata di Fourier $\mathbf{a}(\omega)$ della sua accelerazione tende allora al valore finito diverso da zero

$$\lim_{\omega \to 0} \mathbf{a}(\omega) = \lim_{\omega \to 0} \frac{1}{\sqrt{2\pi}} \int_{-\infty}^{\infty} e^{-i\omega t} \mathbf{a}(t)\, dt = \frac{1}{\sqrt{2\pi}} \int_{-\infty}^{\infty} \mathbf{a}(t)\, dt = \frac{\Delta \mathbf{v}}{\sqrt{2\pi}}.$$

Dall'espressione generale del peso spettrale (11.32) si ricava allora che nel limite di $\omega \to 0$ il numero di fotoni emessi si comporta come

$$\frac{dN}{d\omega} = \frac{1}{\hbar \omega} \frac{d\varepsilon}{d\omega} = \frac{e^2 |\mathbf{a}(\omega)|^2}{3\pi \hbar \omega} \quad \to \quad \frac{e^2 |\Delta \mathbf{v}|^2}{6\pi^2 \hbar} \frac{1}{\omega}. \tag{11.45}$$

Il numero di fotoni soffici $N(0, \omega_2) = \int_0^{\omega_2} (dN/d\omega)\, d\omega$ diverge quindi logaritmicamente per ogni $\omega_2 > 0$.

Catastrofe infrarossa nelle interazioni fondamentali. La catastrofe infrarossa è strettamente legata al fatto che il mediatore dell'interazione elettromagnetica – il fotone – essendo di massa *nulla* possa raggiungere energie $\hbar \omega$ arbitrariamente basse. Dal momento che l'energia totale emessa è sempre finita, questo fenomeno non può dunque avvenire nelle interazioni deboli, perché i suoi mediatori – le particelle $W^{\pm}$ e Z^0 – hanno una massa diversa da zero. Al contrario la catastrofe infrarossa si presenta sia nelle interazioni gravitazionali che in quelle forti, poiché i rispettivi mediatori – i *gluoni* e i *gravitoni* – sono particelle prive di massa. Tuttavia, nelle interazioni forti a causa del fenomeno del *confinamento* i gluoni soffici irradiati dai *quark* si legano in pochissimo tempo tra di loro – formando particelle *adroniche* massive – e non si manifestano dunque come particelle *libere*.

Essendo un fenomeno di basse energie la catastrofe infrarossa, analizzata da noi a livello semiclassico, si ripresenta in *teoria quantistica di campo* dove causa una serie di problemi sia di carattere tecnico che concettuale: in particolare dà luogo ad *ampiezze di transizione* e *sezioni d'urto divergenti*. In *Elettrodinamica Quantistica* il problema di tali *divergenze infrarosse* ha trovato comunque una soluzione di carattere *pragmatico*, mentre in *Cromodinamica Quantistica* – la teoria di campo che descrive le interazioni forti – questo problema attende tuttora una soluzione. La difficoltà di questa teoria risiede nel fatto che ciascuno degli infiniti gluoni soffici emessi da un quark, possedendo carica di *colore*, emette a sua volta infiniti gluoni soffici e così via. Al contrario un fotone soffice è elettricamente *neutro* e non può a sua volta emettere fotoni. È questo il motivo per cui in Elettrodinamica Quantistica le divergenze infrarosse sono più facili da controllare che non in Cromodinamica Quantistica.

Infine, al contrario di quello che si potrebbe pensare, nelle interazioni gravitazionale ed elettromagnetica il fenomeno infrarosso si presenta in modo molto simile.

Innanzitutto, come abbiamo visto nel Capitolo 9, l'analogo gravitazionale della carica elettrica – la carica *gravitazionale* – è la massa, che in una teoria relativistica deve essere sostituita a sua volta con l'*energia*. Sempre nel Capitolo 9 abbiamo poi visto che così come una particella carica accelerata emette radiazione elettromagnetica, così una qualsiasi particella accelerata emette radiazione gravitazionale. In una teoria quantistica della gravità tale radiazione è composta da gravitoni, in particolare da infiniti gravitoni *soffici*, i quali, essendo *gravitazionalmente* carichi, ovvero possedendo energia, emettono a loro volta infiniti gravitoni soffici e così via. Tuttavia, come abbiamo osservato sopra, in una teoria relativistica della gravitazione la costante di accoppiamento gravitazionale non è la massa, bensì l'energia, e avendo un gravitone soffice un'energia che tende a zero, la probabilità di emissione di ulteriori gravitoni soffici è dunque fortemente ridotta. Per questa ragione gli unici gravitoni soffici che causano problemi infrarossi sono i gravitoni *primari*, ovvero quelli originati dalla particella accelerata. Questi ultimi sono analoghi ai fotoni soffici emessi dalle particelle cariche dell'Elettrodinamica Quantistica e possono, dunque, essere controllati alla stessa maniera, si veda la referenza [16].

11.3.2 Funzioni di Bessel e Neumann

Funzioni di Bessel di ordine intero. In seguito incontreremo di frequente le *funzioni di Bessel* di ordine intero N, definite da

$$J_N(x) = \frac{1}{2\pi} \int_0^{2\pi} e^{i(Ny - x \, seny)} \, dy = \frac{1}{\pi} \int_0^{\pi} cos(Ny - x \, seny) \, dy. \qquad (11.46)$$

In questo paragrafo elenchiamo alcune loro proprietà, rimandando per un elenco più esaustivo a un manuale di funzioni speciali, si vedano ad esempio le referenze [17, 18].

Le funzioni di Bessel soddisfano le relazioni di riflessione

$$J_N(-x) = J_{-N}(x) = (-)^N J_N(x). \qquad (11.47)$$

Valgono inoltre le formule integrali

$$\frac{1}{2\pi} \int_0^{2\pi} e^{i(Ny - x \, seny)} \, cosy \, dy = \frac{N}{x} J_N(x), \qquad (11.48)$$

$$\frac{1}{2\pi} \int_0^{2\pi} e^{i(Ny - x \, seny)} \, seny \, dy = i J_N'(x), \qquad (11.49)$$

dove il simbolo " ′ " indica la derivata rispetto a x. La proprietà (11.48) discende dall'identità

$$\int_0^{2\pi} \frac{d}{dy} e^{i(Ny - x \, seny)} \, dy = 0$$

e la (11.49) segue dalla definizione (11.46). Similmente si dimostrano le relazioni
di ricorrenza delle derivate

$$J_N'(x) = \frac{1}{2}\big(J_{N-1}(x) - J_{N+1}(x)\big).$$

Valgono inoltre gli andamenti asintotici

$$J_N(x) \approx \sqrt{\frac{2}{\pi x}}\, cos\Big(x - \frac{\pi}{4}\,(2N+1)\Big), \quad \text{per } x \to +\infty, \quad N \text{ fissato,} \tag{11.50}$$

$$J_N(x) \approx \frac{1}{N!}\Big(\frac{x}{2}\Big)^N, \quad \text{per } x \to 0, \quad N \ge 0 \text{ fissato,} \tag{11.51}$$

$$J_N(x) \approx \frac{1}{N!}\Big(\frac{x}{2}\Big)^N, \quad \text{per } N \to \infty, \quad x \text{ fissato,} \tag{11.52}$$

dove il coincidere degli andamenti (11.51) e (11.52) è da considerarsi una casualità.
Infine la funzione di Bessel J_N soddisfa l'equazione differenziale

$$x^2 J_N'' + x J_N' + \big(x^2 - N^2\big)J_N = 0. \tag{11.53}$$

Funzioni di Neumann di ordine intero. L'equazione differenziale (11.53) è un'e-
quazione differenziale del secondo ordine e come tale per ogni N fissato ammette
due soluzioni linearmente indipendenti. Una è J_N e l'altra è la *funzione di Neumann*,
detta anche *funzione di Bessel del secondo tipo*,

$$Y_N(x) = \frac{1}{\pi}\int_0^\pi sen(x\,sen y - Ny)\,dy - \frac{1}{\pi}\int_0^\infty \big(e^{Ny} + (-)^N e^{-Ny}\big)e^{-x\,sen hy}dy,$$

definita per $x > 0$. Queste funzioni hanno alcune proprietà in comune con le J_N,
come ad esempio le identità

$$Y_{-N}(x) = (-)^N Y_N(x), \qquad Y_N'(x) = \frac{1}{2}\big(Y_{N-1}(x) - Y_{N+1}(x)\big), \tag{11.54}$$

mentre si differenziano per altre. In particolare valgono gli andamenti asintotici

$$Y_N(x) \approx \sqrt{\frac{2}{\pi x}}\, sen\Big(x - \frac{\pi}{4}\,(2N+1)\Big), \quad \text{per } x \to +\infty, \quad N \text{ fissato,} \tag{11.55}$$

e gli andamenti per $x \to 0$

$$Y_N(x) \approx \begin{cases} -\dfrac{(N-1)!}{\pi}\Big(\dfrac{2}{x}\Big)^N, & \text{per } N \ge 1, \\[4mm] \dfrac{2}{\pi}\ln x, & \text{per } N = 0. \end{cases} \tag{11.56}$$

A differenza delle funzioni di Bessel le funzioni di Neumann sono, dunque, singolari in $x = 0$. Inoltre le funzioni J_N ammettono una continuazione analitica in tutto il piano complesso, mentre le Y_N, estese analiticamente, hanno un taglio lungo l'asse reale negativo. Per ulteriori proprietà delle funzioni di Neumann rimandiamo alle referenze [17, 18].

11.3.3 Bremsstrahlung a spettro discreto: un esempio

Consideriamo una particella non relativistica che compie un moto periodico di periodo T lungo un arco di circonferenza di raggio R, giacente nel piano xy. Scegliamo la legge oraria

$$\mathbf{y}(t) = (R cos\varphi(t), R sen\varphi(t), 0), \qquad \varphi(t) = \Phi\, sen(\omega_0 t), \tag{11.57}$$

dove $\omega_0 = 2\pi/T$ è la frequenza fondamentale e $\Phi < \pi/2$ è l'*elongazione* angolare. La particella oscilla dunque con legge sinusoidale attorno al punto $(R, 0, 0)$, con angolo massimo Φ. Affinché il moto sia non relativistico la velocità massima v_M deve essere molto più piccola della velocità della luce, ovvero deve valere $v_M = \Phi R\omega_0 \ll 1$.

Il moto (11.57) è periodico, sebbene non armonico *semplice*, e pertanto *a priori* la particella emette radiazione con tutte le frequenze armoniche $N\omega_0$. Tuttavia, dal momento che la scala temporale caratteristica dell'accelerazione è T, la stima generale (11.38) vale con $K = 1$ e la particella dovrebbe dunque emettere principalmente radiazione con le frequenze armoniche più basse. Di seguito eseguiamo l'analisi spettrale verificando in particolare queste previsioni.

Iniziamo calcolando la potenza totale mediata su un ciclo ricorrendo alla formula di Larmor

$$\overline{W} = \frac{e^2}{6\pi}\, \overline{a^2} = \frac{e^2}{6\pi T} \int_0^T a^2\, dt. \tag{11.58}$$

Dalle (11.57) per il quadrato dell'accelerazione otteniamo

$$a^2 = \left(R\ddot{\varphi}\right)^2 + \left(R\dot{\varphi}^2\right)^2 = R^2\omega_0^4\left(\Phi^2 sen^2(\omega_0 t) + \Phi^4 cos^4(\omega_0 t)\right),$$

cosicché, eseguendo nella (11.58) la media temporale, troviamo

$$\overline{W} = \frac{e^2 R^2 \omega_0^4}{6\pi} \left(\frac{1}{2}\, \Phi^2 + \frac{3}{8}\, \Phi^4\right). \tag{11.59}$$

Per determinare, invece, la potenza che la particella emette con la frequenza $N\omega_0$ dobbiamo calcolare i coefficienti di Fourier del momento di dipolo $\mathbf{D}(t) = e\mathbf{y}(t)$

$$\mathbf{D}_N = \frac{1}{T} \int_0^T e^{-iN\omega_0 t}\, \mathbf{D}(t)\, dt = \frac{eR}{T} \int_0^T e^{-iN\omega_0 t}(cos\varphi(t), sen\varphi(t), 0)\, dt.$$

Viste le espressioni delle funzioni di Bessel (11.46) la valutazione degli integrali è immediata e porta a

$$\mathbf{D}_N = \frac{eR}{2}\left(J_N(\Phi) + J_N(-\Phi), \frac{1}{i}\left(J_N(\Phi) - J_N(-\Phi)\right), 0\right).$$

Per la potenza totale irradiata con la frequenza $N\omega_0$ la (11.36) fornisce allora

$$\mathcal{W}_N = \frac{e^2 R^2 (N\omega_0)^4}{3\pi}\, J_N^2(\Phi), \qquad (11.60)$$

dove si sono usate le relazioni (11.47). Ricordiamo infine la regola di somma per la potenza totale (11.13)

$$\overline{\mathcal{W}} = \sum_{N=1}^{\infty} \mathcal{W}_N. \qquad (11.61)$$

Cerchiamo ora di individuare i pesi $\mathcal{W}_N$ che contribuiscono maggiormente a $\overline{\mathcal{W}}$. Dalle equazioni (11.59) e (11.60) otteniamo i pesi relativi

$$\frac{\mathcal{W}_N}{\overline{\mathcal{W}}} = \frac{N^4 J_N^2(\Phi)}{\frac{1}{4}\,\Phi^2 + \frac{3}{16}\,\Phi^4}. \qquad (11.62)$$

Sfruttando gli andamenti asintotici delle funzioni di Bessel (11.52), e ricordando la formula di Stirling $N! \sim N^N$, valida per $N \to \infty$, deriviamo l'andamento *leading* per grandi N

$$\frac{\mathcal{W}_N}{\overline{\mathcal{W}}} \sim \frac{1}{N^{2N}}.$$

Le armoniche alte sono dunque comunque fortemente soppresse.

Per quantificare il grado di soppressione analizziamo separatamente i casi di elongazioni piccole, $\Phi \ll 1$, e di elongazioni dell'ordine dell'unità, $\Phi \sim 1$. Per elongazioni piccole la legge oraria (11.57) modulo termini di ordine Φ^2 si riduce a

$$\mathbf{y}(t) = (R, R\Phi\, sen(\omega t), 0),$$

che è un moto armonico *semplice*, si veda la (11.39). Per un tale moto la potenza della frequenza fondamentale esaurisce la potenza totale: $\mathcal{W}_1 \approx \overline{\mathcal{W}}$. L'equazione (11.62) per $N = 1$ conferma in effetti questa previsione in quanto si ha

$$\frac{\mathcal{W}_1}{\overline{\mathcal{W}}} = \frac{J_1^2(\Phi)}{\frac{1}{4}\,\Phi^2 + \frac{3}{16}\,\Phi^4} = 1 - \Phi^2 + o(\Phi^4).$$

Abbiamo fatto ricorso allo sviluppo in serie di Taylor, facilmente deducibile dalla definizione (11.46),

$$J_1(x) = \frac{x}{2} - \frac{x^3}{16} + o(x^5). \qquad (11.63)$$

Tuttavia anche per elongazioni dell'ordine dell'unità la situazione resta qualitativamente la stessa. Per $\Phi = 1$, ad esempio, che corrisponde a un'elongazione di circa 60°, la (11.62) fornisce i pesi relativi

$$\frac{\mathcal{W}_N}{\overline{\mathcal{W}}} = \frac{16}{7}\, N^4 J_N^2(1).$$

Usando per $J_N(1)$ i valori numerici tabulati nei manuali si ottiene

$$\frac{\mathcal{W}_1}{\overline{\mathcal{W}}} = 0.43, \quad \frac{\mathcal{W}_1 + \mathcal{W}_2}{\overline{\mathcal{W}}} = 0.91, \quad \frac{\mathcal{W}_1 + \mathcal{W}_2 + \mathcal{W}_3}{\overline{\mathcal{W}}} = 0.98.$$

In pratica tutta l'energia viene, dunque, emessa con le prime frequenze armoniche più basse, a conferma della (11.38) con $K = 1$.

11.4 Analisi spettrale relativistica

Questa sezione è dedicata allo studio dello spettro di emissione di una generica particella *relativistica*. Nel Paragrafo 11.4.1 deriveremo per i pesi spettrali le rappresentazioni integrali *esatte* (11.72) e (11.76). Useremo queste rappresentazioni nel Paragrafo 11.4.2 per determinare le frequenze caratteristiche della radiazione di una particella *ultrarelativistica* e nella Sezione 11.5 per eseguire l'analisi spettrale della radiazione di una quadricorrente generica. Nel Capitolo 12 le sfrutteremo, infine, per eseguire l'analisi spettrale della *radiazione di sincrotrone*.

11.4.1 Spettro di una particella in moto arbitrario

Una particella con legge oraria $\mathbf{y}(t)$ generica crea un campo elettrico che nella zona delle onde è dato da, si veda la (7.48),

$$\mathbf{E}(t, \mathbf{x}) = \frac{e}{4\pi r}\, \frac{\mathbf{n} \times ((\mathbf{n} - \mathbf{v}) \times \mathbf{a})}{(1 - \mathbf{n}\cdot\mathbf{v})^3}. \tag{11.64}$$

Per determinare i pesi spettrali della radiazione dobbiamo valutare i coefficienti di Fourier (11.4) e (11.7) relativi a questo campo e applicare successivamente le formule generali (11.10) e (11.12). Eseguiamo l'analisi distinguendo le leggi orarie periodiche da quelle aperiodiche.

Moto periodico. Per un moto periodico si tratta di valutare per ogni $\mathbf{x}$ fissato il coefficiente di Fourier

$$\mathbf{E}_N = \frac{1}{T} \int_0^T e^{-iN\omega_0 t}\, \mathbf{E}(t, \mathbf{x})\, dt. \tag{11.65}$$

Prima di procedere dobbiamo ricordare che le variabili cinematiche $\mathbf{v}$ e $\mathbf{a}$ che compaiono nel campo (11.64) non sono valutate all'istante t, bensì all'istante ritardato $t'(t, \mathbf{x})$ tale che

$$t = t' + r - \mathbf{n}\cdot\mathbf{y}(t'). \tag{11.66}$$

Nell'integrale (11.65) conviene allora passare dalla variabile di integrazione t alla variabile t'. Dal momento che $\mathbf{x}$ è fisso la misura di integrazione cambia secondo la (10.4)

$$dt = (1 - \mathbf{n} \cdot \mathbf{v}(t')) \, dt'. \tag{11.67}$$

Sostituendo il campo (11.64) nell'integrale (11.65) otteniamo allora

$$\mathbf{E}_N = \frac{e}{4\pi r} \, e^{-iN\omega_0 r} \frac{1}{T} \int_0^T e^{-iN\omega_0(t'-\mathbf{n}\cdot\mathbf{y}(t'))} \frac{\mathbf{n} \times ((\mathbf{n} - \mathbf{v}(t')) \times \mathbf{a}(t'))}{(1 - \mathbf{n}\cdot\mathbf{v}(t'))^2} \, dt'. \tag{11.68}$$

Dal momento che la legge oraria $\mathbf{y}(t')$ è periodica l'equazione (11.66) implica che, se t corre lungo un periodo, anche t' corre lungo un periodo. L'integrale nella (11.68) è quindi di nuovo tra gli estremi 0 e T. D'ora in avanti denotiamo la variabile di integrazione t' di nuovo con t. Possiamo semplificare ulteriormente l'integrale (11.68) tramite un'integrazione per parti, usando le identità

$$\frac{d}{dt}\left(\frac{\mathbf{n} \times (\mathbf{n} \times \mathbf{v})}{1 - \mathbf{n}\cdot\mathbf{v}}\right) = \frac{\mathbf{n} \times ((\mathbf{n} - \mathbf{v}) \times \mathbf{a})}{(1 - \mathbf{n}\cdot\mathbf{v})^2}, \tag{11.69}$$

$$\frac{d}{dt} \, e^{-iN\omega_0(t-\mathbf{n}\cdot\mathbf{y})} = -iN\omega_0(1 - \mathbf{n}\cdot\mathbf{v}) \, e^{-iN\omega_0(t-\mathbf{n}\cdot\mathbf{y})}, \tag{11.70}$$

che si dimostrano calcolando semplicemente le derivate. In questo modo il coefficiente di Fourier (11.68) si muta nell'espressione più semplice

$$\mathbf{E}_N = \frac{ieN\omega_0}{4\pi r} \, e^{-iN\omega_0 r} \, \mathbf{n} \times \left(\mathbf{n} \times \frac{1}{T} \int_0^T e^{-iN\omega_0(t-\mathbf{n}\cdot\mathbf{y})} \, \mathbf{v} \, dt\right). \tag{11.71}$$

La (11.12) fornisce allora per la potenza emessa con frequenza $N\omega_0$ l'espressione

$$\frac{d\mathcal{W}_N}{d\Omega} = \frac{e^2(N\omega_0)^2}{8\pi^2} \left| \mathbf{n} \times \frac{1}{T} \int_0^T e^{-iN\omega_0(t-\mathbf{n}\cdot\mathbf{y})} \mathbf{v} \, dt \right|^2, \tag{11.72}$$

dove si è usata l'identità generale $|\mathbf{n} \times (\mathbf{n} \times \mathbf{V})| = |\mathbf{n}| \cdot |\mathbf{n} \times \mathbf{V}|$.

Limite non relativistico. La (11.72) fornisce i pesi spettrali della radiazione di una particella con legge oraria $\mathbf{y}(t)$ arbitraria. È immediato verificare che nel limite non relativistico questa formula si riduce alla (11.35). In questo limite il *ritardo microscopico* $\mathbf{n} \cdot \mathbf{y}$ nell'esponente della (11.72) è infatti trascurabile, cosicché un'integrazione per parti la muta in ($\mathbf{v} = d\mathbf{y}/dt$)

$$\frac{d\mathcal{W}_N}{d\Omega} \approx \frac{e^2(N\omega_0)^4}{8\pi^2} \left| \mathbf{n} \times \frac{1}{T} \int_0^T e^{-iN\omega_0 t} \, \mathbf{y} \, dt \right|^2.$$

Questa espressione coincide in effetti con la (11.35) dal momento che per una particella i coefficienti di Fourier del momento di dipolo sono dati da

$$\mathbf{D}_N = \frac{1}{T} \int_0^T e^{-iN\omega_0 t}\, \mathbf{D}(t)\, dt = \frac{e}{T} \int_0^T e^{-iN\omega_0 t}\, \mathbf{y}\, dt.$$

Moto aperiodico. Per un moto aperiodico si procede in modo del tutto analogo. Sostituendo la (11.64) nella (11.4) in questo caso si trova

$$\mathbf{E}(\omega) = \frac{e}{4\pi r}\, e^{-i\omega r}\, \frac{1}{\sqrt{2\pi}} \int_{-\infty}^{\infty} e^{-i\omega(t - \mathbf{n}\cdot\mathbf{y})}\, \frac{\mathbf{n} \times (\mathbf{n} - \mathbf{v}) \times \mathbf{a}}{(1 - \mathbf{n}\cdot\mathbf{v})^2}\, dt \qquad (11.73)$$

$$= \frac{ie\omega}{4\pi r}\, e^{-i\omega r}\, \mathbf{n} \times \left(\mathbf{n} \times \frac{1}{\sqrt{2\pi}} \int_{-\infty}^{\infty} e^{-i\omega(t - \mathbf{n}\cdot\mathbf{y})}\, \mathbf{v}\, dt \right). \qquad (11.74)$$

La (11.10) fornisce allora i pesi spettrali

$$\frac{d^2\varepsilon}{d\omega d\Omega} = \frac{e^2}{8\pi^2} \left| \frac{1}{\sqrt{2\pi}} \int_{-\infty}^{\infty} e^{-i\omega(t - \mathbf{n}\cdot\mathbf{y})}\, \frac{\mathbf{n} \times ((\mathbf{n} - \mathbf{v}) \times \mathbf{a})}{(1 - \mathbf{n}\cdot\mathbf{v})^2}\, dt \right|^2 \qquad (11.75)$$

$$= \frac{e^2\omega^2}{8\pi^2} \left| \mathbf{n} \times \frac{1}{\sqrt{2\pi}} \int_{-\infty}^{\infty} e^{-i\omega(t - \mathbf{n}\cdot\mathbf{y})}\, \mathbf{v}\, dt \right|^2. \qquad (11.76)$$

È immediato verificare che nel limite non relativistico l'espressione (11.75) restituisce i pesi spettrali (11.30).

Integrali impropri e distribuzioni. Gli integrali che compaiono nelle espressioni (11.74) e (11.76) – più semplici degli integrali che compaiono in (11.73) e (11.75) – in realtà sono integrali impropri *divergenti*. L'origine di questo problema risiede nel fatto che l'integrazione per parti basata sulle identità (11.69) e (11.70), che permette di passare dalla (11.73) alla (11.74), non può essere eseguita in modo *naif*. Il motivo è che, al contrario di quello che succede nel caso periodico, il termine al bordo dell'integrazione per parti è situato all'infinito temporale e, a causa dei fattori oscillanti $e^{-i\omega(t - \mathbf{n}\cdot\mathbf{y})}$, l'integrando non ammette limite per $t \to \pm\infty$.

Per ovviare a questa difficoltà, prima di eseguire nella (11.73) l'integrazione per parti occorre regolarizzare l'integrale introducendo un *cut-off* temporale L, effettuando la sostituzione

$$\int_{-\infty}^{\infty} dt \quad \to \quad \lim_{L \to \infty} \int_{-L}^{L} dt,$$

ed eseguire poi l'integrazione per parti a L finito. Naturalmente nel limite di $L \to \infty$ il termine al bordo ancora non ammette limite; tuttavia, esso tende a zero se questo limite viene eseguito nel *senso delle distribuzioni* nella variabile ω. Le espressioni (11.74) e (11.76) risultano, dunque, corrette, purché gli integrali impropri che vi compaiono siano considerati come valori limite nel senso delle distribuzioni, ovvero purché si sottintenda la sostituzione

$$\int_{-\infty}^{\infty} dt \quad \rightarrow \quad \mathcal{S}' - \lim_{L\to\infty} \int_{-L}^{L} dt. \tag{11.77}$$

Illustriamo il procedimento verificando che per un moto rettilineo uniforme l'integrale (11.74), se inteso in questo senso, fornisce $\mathbf{E}(\omega) = 0$, in accordo con il fatto che una particella non accelerata non emette radiazione. Si noti che in questo caso le espressioni (11.73) e (11.75) – che sono comunque ben definite – danno il risultato atteso, poiché $\mathbf{a} = 0$. Tornando alla (11.74), e sostituendovi la legge oraria del moto rettilineo uniforme $\mathbf{y}(t) = \mathbf{v}t$, si tratta dunque di valutare l'integrale

$$\int_{-\infty}^{\infty} e^{-i\omega(t-\mathbf{n}\cdot\mathbf{y})}\,\mathbf{v}\,dt = \mathbf{v} \int_{-\infty}^{\infty} e^{-i\omega t(1-\mathbf{n}\cdot\mathbf{v})}\,dt \tag{11.78}$$

$$\equiv \mathbf{v}\left(\mathcal{S}' - \lim_{L\to\infty} \int_{-L}^{L} e^{-i\omega t(1-\mathbf{n}\cdot\mathbf{v})}\,dt\right).$$

Grazie alla rappresentazione (2.86) della distribuzione-δ, che in una dimensione diventa

$$\mathcal{S}' - \lim_{L\to\infty} \int_{-L}^{L} e^{-ikx}dk = 2\pi\delta(x),$$

l'integrale (11.78) è quindi *definito* dall'espressione

$$\int_{-\infty}^{\infty} e^{-i\omega(t-\mathbf{n}\cdot\mathbf{y})}\,\mathbf{v}\,dt = 2\pi\mathbf{v}\,\delta(\omega(1-\mathbf{n}\cdot\mathbf{v})) = \frac{2\pi\mathbf{v}\,\delta(\omega)}{1-\mathbf{n}\cdot\mathbf{v}}.$$

Nella (11.74) questo integrale appare moltiplicato per ω e, grazie all'identità distribuzionale $\omega\,\delta(\omega) = 0$, si trova in definitiva $\mathbf{E}(\omega) = 0$.

Sistemi di particelle. Le formule (11.75) e (11.76) ammettono semplici generalizzazioni a processi fisici (aperiodici) coinvolgenti più di una particella carica, come ad esempio lo *scattering* tra due particelle. Per un sistema di particelle di cariche e_r e leggi orarie y_r^μ la quadricorrente assume l'espressione familiare $j^\mu = \sum_r e_r \int \delta^4(x - y_r)\,dy_r^\mu$. Per il *principio di sovrapposizione* il campo elettrico asintotico è allora dato da una somma di termini di Liénard-Wiechert del tipo (11.64), sicché la sua trasformata di Fourier $\mathbf{E}(\omega)$ è costituita da una somma di termini del tipo (11.73). In questo caso la (11.10) fornisce quindi i pesi spettrali

$$\frac{d^2\varepsilon}{d\omega d\Omega} = \frac{1}{8\pi^2}\left|\sum_r \frac{e_r}{\sqrt{2\pi}} \int_{-\infty}^{\infty} e^{-i\omega(t-\mathbf{n}\cdot\mathbf{y}_r)}\,\frac{\mathbf{n}\times((\mathbf{n}-\mathbf{v}_r)\times\mathbf{a}_r)}{(1-\mathbf{n}\cdot\mathbf{v}_r)^2}\,dt\right|^2. \tag{11.79}$$

Vedremo un'applicazione di questa formula nel Paragrafo 11.4.3.

11.4.2 Frequenze caratteristiche nel limite ultrarelativistico

Di seguito eseguiamo un'analisi *qualitativa* dello spettro emesso da una particella ultrarelativistica in moto *aperiodico*. In particolare vogliamo individuare le frequenze con cui la particella emette la maggior parte della radiazione. Ricordiamo in proposito, si veda la Sezione 11.3, che nel limite *non relativistico* le frequenze dominanti sono limitate da

$$\omega \lesssim \frac{1}{T},$$ (11.80)

dove T è la scala temporale caratteristica della forza agente sulla particella.

Supponiamo ora che una particella ultrarelativistica attraversi una zona in cui sia presente una campo elettromagnetico $(\mathbf{E}, \mathbf{B})$ e che tale campo sia sensibilmente diverso da zero in una regione spaziale limitata di dimensioni lineari L. Avendo la particella una velocità elevata, la sua orbita si discosterà allora poco da una traiettoria rettilinea. In particolare l'*angolo di scattering* χ, ovvero l'angolo tra la direzione iniziale e quella finale, è allora molto piccolo, così come è molto piccola l'apertura angolare α del cono all'interno del quale la particella emette la maggior parte della radiazione. Dalla Sezione 10.3 sappiamo, più precisamente, che vale

$$\alpha \sim \sqrt{1 - v^2}.$$ (11.81)

Angolo di scattering. Per dare una stima dell'angolo di scattering partiamo dalle equazioni di Lorentz

$$\frac{d\mathbf{p}}{dt} = e(\mathbf{E} + \mathbf{v} \times \mathbf{B}), \qquad \frac{d\varepsilon}{dt} = e\,\mathbf{v}\cdot\mathbf{E}.$$

Considerando che $v \approx 1$, la particella è esposta ai campi per un tempo dell'ordine di $T \sim L$. Per le variazioni della quantità di moto e dell'energia tra lo stato iniziale e quello finale troviamo allora

$$|\Delta\mathbf{p}| = e\left|\int_{-\infty}^{\infty} (\mathbf{E} + \mathbf{v} \times \mathbf{B})\,dt\right| \sim eCT, \qquad \Delta\varepsilon = e\int_{-\infty}^{\infty} \mathbf{v}\cdot\mathbf{E}\,dt \sim eCT,$$ (11.82)

dove con C abbiamo indicato un valore caratteristico dei campi elettrico e magnetico.

Dal momento che la particella viene deviata poco l'angolo di scattering uguaglia il modulo della differenza tra i versori iniziale e finale

$$\chi = \left|\Delta\left(\frac{\mathbf{v}}{v}\right)\right| = \left|\frac{\mathbf{v}_f}{v_f} - \frac{\mathbf{v}_i}{v_i}\right|,$$

dove $\mathbf{v}_i$ e $\mathbf{v}_f$ denotano le velocità iniziale e finale. Visto che $\mathbf{v} = \mathbf{p}/\varepsilon$ possiamo anche scrivere

$$\chi = \left|\Delta\left(\frac{\mathbf{p}}{|\mathbf{p}|}\right)\right|.$$ (11.83)

Dalla relazione cinematica $|\mathbf{p}|^2 = \varepsilon^2 - m^2$ segue $|\mathbf{p}|\,\Delta|\mathbf{p}| = \varepsilon\Delta\varepsilon$, ovvero $\Delta|\mathbf{p}| = \varepsilon\Delta\varepsilon/|\mathbf{p}| \approx \Delta\varepsilon$. Otteniamo pertanto

$$\Delta\left(\frac{\mathbf{p}}{|\mathbf{p}|}\right) \sim \frac{\Delta\mathbf{p}}{|\mathbf{p}|} - \frac{\mathbf{p}\Delta\varepsilon}{|\mathbf{p}|^2} \sim \frac{1}{|\mathbf{p}|}\left(\Delta\mathbf{p} - \mathbf{v}\Delta\varepsilon\right) \sim \frac{\sqrt{1-v^2}}{m}\left(\Delta\mathbf{p} - \mathbf{v}\Delta\varepsilon\right). \quad (11.84)$$

Dalle relazioni (11.82)-(11.84) deriviamo allora la stima

$$\chi \sim \sqrt{1-v^2}\,\frac{eCT}{m}. \quad (11.85)$$

Per il rapporto tra l'angolo di scattering e l'angolo α (11.81) otteniamo allora

$$\frac{\chi}{\alpha} \sim \frac{eCT}{m}, \quad (11.86)$$

rapporto che risulta indipendente dalla velocità. L'espressione (11.86) può essere interpretata come il rapporto tra la "frequenza di ciclotrone" non relativistica eC/m, si veda la (10.32), e la frequenza caratteristica $1/T$ di un moto aperiodico non relativistico

$$\frac{\chi}{\alpha} \sim \frac{\left(\dfrac{eC}{m}\right)}{\left(\dfrac{1}{T}\right)}. \quad (11.87)$$

Visto che per velocità ultrarelativistiche sia α che χ sono piccoli, nell'analisi spettrale occorre distinguere i regimi $\chi \ll \alpha$ e $\alpha \ll \chi$.

Frequenze caratteristiche per $\chi \ll \alpha$. Se l'angolo di scattering è molto minore di α la maggior parte della radiazione viene emessa all'interno del cono di apertura α e asse parallelo a $\mathbf{v}_i \sim \mathbf{v}_f \equiv \mathbf{v}$, asse che durante il moto resta praticamente *invariato*. È dunque sufficiente analizzare la radiazione emessa nelle immediate vicinanze della direzione $\mathbf{v}/v$, cosicché nella formula generale dei pesi spettrali (11.75) possiamo porre

$$\mathbf{n} \approx \frac{\mathbf{v}}{v}, \qquad \mathbf{n} - \mathbf{v} \approx (1-v)\,\mathbf{n}, \qquad \mathbf{y}(t) \approx \mathbf{v}t.$$

In tal modo otteniamo

$$\frac{d^2\varepsilon}{d\omega d\Omega} \approx \frac{e^2}{8\pi^2}\left|\frac{\mathbf{n}}{1-v} \times \frac{1}{\sqrt{2\pi}}\int_{-\infty}^{\infty} e^{-i\omega t(1-v)}\,\mathbf{a}(t)\,dt\right|^2$$

$$= \frac{e^2}{8\pi^2(1-v)^2}\left|\mathbf{n} \times \mathbf{a}((1-v)\omega)\right|^2, \quad (11.88)$$

dove $\mathbf{a}(\omega)$ denota la trasformata di Fourier di $\mathbf{a}(t)$. Dal momento che la particella subisce la forza esterna per un tempo caratteristico T, la funzione $\mathbf{a}(t)$ varia sensibilmente sulla scala temporale T. Conseguentemente la funzione $\mathbf{a}((1-v)\omega)$ è apprezzabilmente diversa da zero per valori di ω tali che

$$(1 - v)\omega = \frac{1 - v^2}{1 + v}\,\omega \approx \frac{1}{2}\,(1 - v^2)\,\omega \lesssim \frac{1}{T}.$$

In termini dell'energia ε della particella la maggior parte della radiazione viene dunque emessa con le frequenze

$$\omega \lesssim \frac{1}{T}\frac{1}{1 - v^2} = \frac{1}{T}\left(\frac{\varepsilon}{m}\right)^2. \tag{11.89}$$

Rispetto alle frequenze caratteristiche non relativistiche $\omega \lesssim 1/T$ lo spettro di una particella ultrarelativistica è quindi spostato molto verso le *alte* frequenze. A livello quantistico ciò significa che una carica ultrarelativistica emette fotoni molto più *duri* di una carica non relativistica[2].

Frequenze caratteristiche per $\alpha \ll \chi$. Se l'angolo di scattering è grande rispetto ad α la direzione in cui viene emessa la maggior parte della radiazione cambia sensibilmente durante il moto. In questo caso la radiazione emessa in una data direzione n proviene solo da quel piccolo arco della traiettoria lungo il quale la velocità della particella forma con n un angolo inferiore a $\alpha \sim \sqrt{1 - v^2}$. Chiamando Δx la lunghezza di questo arco, e ricordando che durante l'intero percorso di lunghezza $L \sim T$ la direzione della traiettoria cambia di un angolo χ, troviamo che lungo questo arco la direzione della velocità cambia dell'angolo

$$\frac{\Delta x}{T}\,\chi.$$

Uguagliando questo angolo ad α, per la lunghezza dell'arco in questione otteniamo allora la maggiorazione

$$\Delta x = \frac{\alpha}{\chi}\,T \ll T.$$

Dal momento che Δx è molto minore di T lungo tale arco i campi possono essere assunti praticamente costanti. Visto che questo arco è piccolo potrà inoltre essere approssimato con un arco di circonferenza e, dato che per di più vale $v \approx 1$, su questo arco il moto sarà pressoché circolare *uniforme*. Possiamo allora anticipare il risultato (12.20) del Capitolo 12, che fornisce le frequenze caratteristiche della radiazione emessa da una particella ultrarelativistica in moto circolare uniforme – in quel caso in presenza di un campo magnetico costante e uniforme B. Previa la sostituzione $B \to C$ l'equazione (12.20) fornisce allora le frequenze caratteristiche

$$\omega \lesssim \frac{eC}{m}\left(\frac{\varepsilon}{m}\right)^2. \tag{11.90}$$

Si noti che tali frequenze mostrano la stessa dipendenza dall'energia delle frequenze (11.89), sebbene il coefficiente di proporzionalità sia diverso.

---

[2] Per una velocità generica si ha $1/T \sim v/L$. A parità di L le frequenze non relativistiche (11.80) presentano quindi rispetto alle frequenze ultrarelativistiche (11.89) un ulteriore fattore di soppressione v/c.

In base alla relazione (11.87) possiamo riassumere i risultati (11.89) e (11.90) di questo paragrafo, che si riferiscono rispettivamente ai casi $\chi \ll \alpha$ e $\alpha \ll \chi$, affermando che una particella ultrarelativistica emette radiazione con frequenze caratteristiche

$$\omega \lesssim \widehat{\omega}\left(\frac{\varepsilon}{m}\right)^2,\qquad (11.91)$$

$\widehat{\omega}$ essendo la più grande tra le frequenze "fondamentali" eC/m e $1/T$.

11.4.3 Basse frequenze

In generale gli integrali che compaiono nelle formule (11.75) e (11.76) non possono essere valutati analiticamente. Tuttavia per frequenze *basse*, ovvero per frequenze molto minori delle frequenze caratteristiche (11.80) e (11.91), è possibile derivare espressioni dei pesi spettrali semplici e significative.

Consideriamo una particella che percorre un'orbita aperta e indichiamo con $\mathbf{v}_i$ e $\mathbf{v}_f$ le sue velocità iniziale e finale. Per basse frequenze nella (11.75) possiamo porre l'esponenziale $e^{-i\omega(t - \mathbf{n}\cdot\mathbf{y})}$ uguale a uno, cosicché, sfruttando l'identità (11.69), otteniamo

$$\frac{d^2\varepsilon}{d\omega d\Omega} = \frac{e^2}{16\pi^3}\left|\int_{-\infty}^{\infty}\frac{\mathbf{n}\times((\mathbf{n}-\mathbf{v})\times\mathbf{a})}{(1-\mathbf{n}\cdot\mathbf{v})^2}\,dt\right|^2 = \frac{e^2}{16\pi^3}\left|\int_{-\infty}^{\infty}\frac{d}{dt}\left(\frac{\mathbf{n}\times(\mathbf{n}\times\mathbf{v})}{1-\mathbf{n}\cdot\mathbf{v}}\right)dt\right|^2$$

$$= \frac{e^2}{16\pi^3}\left|\mathbf{n}\times\left(\frac{\mathbf{v}_f}{1-\mathbf{n}\cdot\mathbf{v}_f} - \frac{\mathbf{v}_i}{1-\mathbf{n}\cdot\mathbf{v}_i}\right)\right|^2.$$

$$(11.92)$$

Questa espressione lega la radiazione emessa direttamente alla sua causa, ovvero al cambiamento della velocità. Visti i fattori $1/(1-\mathbf{n}\cdot\mathbf{v})$, nel limite ultrarelativistico $v_i \approx v_f \approx 1$ la radiazione di basse frequenze viene quindi emessa principalmente lungo le direzioni di volo iniziale e finale[3].

Catastrofe infrarossa. L'espressione (11.92) è indipendente dalla frequenza – vale a dire $d^2\varepsilon/d\omega d\Omega$ tende a un valore finito quando $\omega \to 0$ – e conseguentemente il numero di fotoni soffici emessi è *infinito*. Più precisamente la (11.92) fornisce per il numero N di fotoni soffici irradiati

$$\frac{d^2N}{d\omega d\Omega} = \frac{e^2}{16\pi^3\hbar\omega}\left|\mathbf{n}\times\left(\frac{\mathbf{v}_f}{1-\mathbf{n}\cdot\mathbf{v}_f} - \frac{\mathbf{v}_i}{1-\mathbf{n}\cdot\mathbf{v}_i}\right)\right|^2 \equiv \frac{b}{\omega},\qquad (11.93)$$

dove b è una costante diversa da zero. L'integrale $\int_0^{\widehat{\omega}}(d^2N/d\omega d\Omega)\,d\omega$ diverge quindi di nuovo logaritmicamente. La *catastrofe infrarossa* persiste dunque anche a livello

---

[3] Chiamando ϑ l'angolo tra $\mathbf{n}$ e $\mathbf{v}$, in realtà per $\vartheta = 0$ il vettore $\mathbf{n}\times\mathbf{v}/(1-\mathbf{n}\cdot\mathbf{v})$ si annulla. Tuttavia si vede facilmente che per $v \approx 1$ per un angolo dell'ordine di $\vartheta \sim \sqrt{1-v^2}$ il modulo $|\mathbf{n}\times\mathbf{v}/(1-\mathbf{n}\cdot\mathbf{v})|$ è dell'ordine di $1/\sqrt{1-v^2}$ (si veda la Nota 2 nella Sezione 10.3).

relativistico, si veda il Paragrafo 11.3.1. Considerando, in particolare, il limite non relativistico dell'espressione (11.93), $v_i \ll 1$ e $v_f \ll 1$, e integrandola sull'angolo solido, si riottiene la distribuzione spettrale di basse frequenze (11.45).

Bremsstrahlung nel decadimento beta. Come applicazione interessante della formula (11.92) analizziamo la *bremsstrahlung* che accompagna necessariamente qualsiasi processo di produzione di particelle cariche. In questo caso la radiazione emessa talvolta si chiama *innere Bremsstrahlung* – radiazione di frenamento interna – per distinguerla dalla radiazione dovuta all'accelerazione causata da forze esterne al sistema.

Consideriamo come esempio il *decadimento beta*. In questo processo un neutrone di un atomo neutro X decade *debolmente* in un *protone*, un *elettrone* e un *antineutrino* elettronico, dando luogo a uno ione Y^+ carico positivamente di una specie atomica diversa. Schematicamente si ha dunque

$$X \to Y^+ + e^- + \bar{\nu}_e.$$

L'energia dell'elettrone prodotto *varia* – da $\varepsilon = m_e = 0.51 MeV$ fino a $\varepsilon \sim 10 MeV$ – in quanto deve condividere l'energia liberata dal nucleo con l'antineutrino.

In questo processo le particelle cariche coinvolte sono due – l'elettrone e lo ione Y^+ – sicché la formula (11.92) deve essere generalizzata a un sistema di particelle. Partendo dai pesi spettrali (11.79) relativi a un sistema di particelle, e procedendo come nella (11.92) tenendo conto che l'elettrone e lo ione hanno carica di segno opposto, otteniamo i pesi spettrali a basse frequenze

$$\frac{d^2\varepsilon}{d\omega d\Omega} = \frac{e^2}{16\pi^3} \left| \mathbf{n} \times \left(\frac{\mathbf{v}_f^Y}{1 - \mathbf{n}\cdot\mathbf{v}_f^Y} - \frac{\mathbf{v}_i^Y}{1 - \mathbf{n}\cdot\mathbf{v}_i^Y} - \frac{\mathbf{v}_f^e}{1 - \mathbf{n}\cdot\mathbf{v}_f^e} + \frac{\mathbf{v}_i^e}{1 - \mathbf{n}\cdot\mathbf{v}_i^e} \right) \right|^2,$$

(11.94)

con ovvio significato dei simboli. Schematizziamo il processo di decadimento assumendo che inizialmente l'elettrone e lo ione siano "sovrapposti" e praticamente a riposo, ovvero $\mathbf{v}_i^e \sim \mathbf{v}_i^Y \sim 0$, e che successivamente subiscano un'accelerazione quasi-istantanea. Essendo lo ione molto più pesante dell'elettrone, le sue velocità e accelerazione sono trascurabili rispetto a quelle dell'elettrone – in particolare $v_f^Y \ll v_f^e$ – cosicché domina la radiazione emessa dall'elettrone. Considerando nella (11.94) dunque soltanto il terzo termine, ponendo $\mathbf{v}_f^e \equiv \mathbf{v}$ e chiamando ϑ l'angolo tra $\mathbf{n}$ e $\mathbf{v}$, otteniamo

$$\frac{d^2\varepsilon}{d\omega d\Omega} = \frac{e^2}{16\pi^3} \left| \frac{\mathbf{n} \times \mathbf{v}}{1 - \mathbf{n}\cdot\mathbf{v}} \right|^2 = \frac{e^2 v^2 sen^2\vartheta}{16\pi^3 (1 - v cos\vartheta)^2}.$$

Integrando questa espressione sull'angolo solido troviamo per l'energia irradiata dall'elettrone nell'intervallo unitario di frequenze

$$\frac{d\varepsilon}{d\omega} = \frac{e^2 v^2}{16\pi^3} \int_0^{2\pi} d\varphi \int_0^\pi \frac{sen^2\vartheta}{(1 - v\,cos\vartheta)^2}\, sen\vartheta\, d\vartheta = \frac{e^2}{4\pi^2}\left(\frac{1}{v}\ln\frac{1+v}{1-v} - 2\right).$$
$$(11.95)$$

Ricordiamo che il risultato ottenuto è valido per basse frequenze. Per frequenze che si estendono fino alle frequenze caratteristiche (11.80) e (11.91) la formula (11.95) rappresenta una stima per *eccesso*, in quanto in tal caso la fase $e^{-i\omega(t-\mathbf{n}\cdot\mathbf{y})}$ in (11.75) crea un'interferenza distruttiva. Inoltre, tenendo conto della natura *quantistica* del fenomeno nonché della conservazione dell'energia, l'elettrone non può emettere fotoni con energie $\hbar\omega$ che superino la sua energia $\varepsilon = m_e/\sqrt{1-v^2}$. Considerando, dunque, come frequenza massima $\omega_M = \varepsilon/\hbar$ la (11.95) fornisce per l'energia totale irradiata dall'elettrone la stima

$$\Delta\varepsilon \lesssim \int_0^{\omega_M} \frac{d\varepsilon}{d\omega}\, d\omega = \frac{e^2\varepsilon}{4\pi^2\hbar}\left(\frac{1}{v}\ln\frac{1+v}{1-v} - 2\right).$$

Durante la fase di produzione l'elettrone perde quindi la frazione di energia

$$\frac{\Delta\varepsilon}{\varepsilon} \lesssim \frac{\alpha}{\pi}\left(\frac{c}{v}\ln\frac{1+v/c}{1-v/c} - 2\right),\qquad (11.96)$$

in cui abbiamo ripristinato la velocità della luce e introdotto la *costante di struttura fine*

$$\alpha = \frac{e^2}{4\pi\hbar c} \approx \frac{1}{137}.\qquad (11.97)$$

Nel limite non relativistico $v \ll c$ la (11.96) fornisce la perdita trascurabile

$$\frac{\Delta\varepsilon}{\varepsilon} \lesssim \frac{2\alpha}{3\pi}\left(\frac{v}{c}\right)^2.$$

Nel limite ultrarelativistico $v \approx c$, per cui $\varepsilon = m_e c^2/\sqrt{1-v^2/c^2} \gg m_e c^2$, si ottiene invece

$$\frac{\Delta\varepsilon}{\varepsilon} \lesssim \frac{2\alpha}{\pi}\left(\ln\left(\frac{2\varepsilon}{m_e c^2}\right) - 1\right).$$

Dal momento che nel decadimento beta gli elettroni vengono prodotti con un'energia massima dell'ordine di $\varepsilon \sim 10 MeV \approx 20 m_e c^2$, anche nel caso ultrarelativistico l'effetto dell'irraggiamento è relativamente ridotto, essendo $\Delta\varepsilon/\varepsilon \lesssim 1\%$. Nonostante ciò, la *innere bremsstrahlung* prodotta dagli elettroni ultrarelativistici viene osservata sperimentalmente e fornisce importanti informazioni sulla fisica delle interazioni nucleari.

11.5 Spettro di una corrente generica

Di seguito determiniamo la distribuzione spettrale della radiazione generata da una quadricorrente $j^\mu(x)$ generica, non composta necessariamente da particelle puntiformi. Distingueremo di nuovo quadricorrenti periodiche e quadricorrenti aperiodiche.

11.5.1 Corrente periodica

Una corrente *periodica* con periodo $T = 2\pi/\omega_0$ ammette uno sviluppo in serie di Fourier nella coordinata temporale e una rappresentazione in trasformata di Fourier nelle coordinate spaziali

$$j^\mu(x) = \frac{1}{(2\pi)^{3/2}} \sum_{N=-\infty}^{\infty} \int d^3k \, e^{i(N\omega_0 t - \mathbf{k}\cdot\mathbf{x})} J_N^\mu(\mathbf{k}). \tag{11.98}$$

Eseguendo le antitrasformate si trovano i coefficienti di Fourier

$$J_N^\mu(\mathbf{k}) = \frac{1}{(2\pi)^{3/2}T} \int_0^T dt \int d^3x \, e^{-i(N\omega_0 t - \mathbf{k}\cdot\mathbf{x})} j^\mu(x). \tag{11.99}$$

Valuteremo innanzitutto il potenziale (8.9) e il campo elettrico (8.12) nella zona delle onde, in termini dei coefficienti di Fourier $J_N^\mu(\mathbf{k})$. Successivamente determineremo i pesi spettrali tramite le formule generali (11.7) e (11.12).

Inserendo la rappresentazione (11.98) nella (8.9) otteniamo

$$\mathbf{A} = \frac{1}{(2\pi)^{3/2}4\pi r} \sum_{N=-\infty}^{\infty} \int d^3k \int d^3y \, e^{iN\omega_0(t-r+\mathbf{n}\cdot\mathbf{y})} \, e^{-i\mathbf{k}\cdot\mathbf{y}} \, \mathbf{J}_N(\mathbf{k})$$

$$= \frac{1}{(2\pi)^{3/2}4\pi r} \sum_{N=-\infty}^{\infty} \int d^3k \int d^3y \, e^{iN\omega_0(t-r)} \, e^{-i(\mathbf{k}-N\omega_0\mathbf{n})\cdot\mathbf{y}} \, \mathbf{J}_N(\mathbf{k}).$$

Secondo l'identità (2.85) l'integrale in $\mathbf{y}$ dà luogo alla distribuzione-δ tridimensionale

$$\int d^3y \, e^{-i(\mathbf{k}-N\omega_0\mathbf{n})\cdot\mathbf{y}} = (2\pi)^3 \delta^3(\mathbf{k} - N\omega_0\mathbf{n}),$$

che permette a sua volta di eseguire l'integrale in $\mathbf{k}$

$$\mathbf{A} = \frac{\sqrt{2\pi}}{2r} \sum_{N=-\infty}^{\infty} \int d^3k \, e^{iN\omega_0(t-r)} \delta^3(\mathbf{k} - N\omega_0\mathbf{n}) \, \mathbf{J}_N(\mathbf{k})$$

$$= \frac{\sqrt{2\pi}}{2r} \sum_{N=-\infty}^{\infty} e^{iN\omega_0(t-r)} \, \mathbf{J}_N. \tag{11.100}$$

Abbiamo posto

$$\mathbf{J}_N \equiv \mathbf{J}_N(\mathbf{k}), \qquad \mathbf{k} \equiv N\omega_0\mathbf{n}. \tag{11.101}$$

A partire dal potenziale (11.100) la (8.12) fornisce il campo elettrico nella zona delle onde

$$\mathbf{E}(t) = \frac{i\sqrt{2\pi}}{2r} \, \mathbf{n} \times \left(\mathbf{n} \times \sum_{N=-\infty}^{\infty} N\omega_0 \, e^{iN\omega_0(t-r)} \mathbf{J}_N \right).$$

Confrontando questa espressione con l'espansione generale (11.6) ricaviamo i coefficienti di Fourier del campo elettrico

$$\mathbf{E}_N = \frac{i\sqrt{2\pi}}{2r} \, N\omega_0 \, e^{-iN\omega_0 r} \, \mathbf{n} \times (\mathbf{n} \times \mathbf{J}_N),$$

inserendo i quali nella (11.12) troviamo i pesi spettrali

$$\frac{d\mathcal{W}_N}{d\Omega} = \pi(N\omega_0)^2 \big| \mathbf{n} \times \mathbf{J}_N \big|^2. \tag{11.102}$$

Possiamo riscriverli in modo più suggestivo sfruttando l'equazione di continuità $\partial_\mu j^\mu = 0$. Scambiando nella (11.98) le derivate con i simboli di sommatoria e di integrale otteniamo infatti $\left(J_N^0 \equiv J_N^0(\mathbf{k}) \right)$

$$\partial_\mu j^\mu(x) = \frac{i}{(2\pi)^{3/2}} \sum_{N=-\infty}^{\infty} \int d^3k \left(N\omega_0 J_N^0 - \mathbf{k}\cdot\mathbf{J}_N \right) e^{i(N\omega_0 t - \mathbf{k}\cdot\mathbf{x})} = 0,$$

da cui, ponendo $\mathbf{k} = N\omega_0 \mathbf{n}$, troviamo

$$J_N^0 = \frac{\mathbf{k}\cdot\mathbf{J}_N}{N\omega_0} = \mathbf{n}\cdot\mathbf{J}_N.$$

Vale pertanto

$$\big| \mathbf{n} \times \mathbf{J}_N \big|^2 = \big| \mathbf{J}_N \big|^2 - \big| \mathbf{n}\cdot\mathbf{J}_N \big|^2 = -J_N^{*\mu} J_{N\mu}, \tag{11.103}$$

sicché i pesi spettrali (11.102) possono essere scritti nella forma equivalente

$$\frac{d\mathcal{W}_N}{d\Omega} = -\pi(N\omega_0)^2 J_N^{*\mu} J_{N\mu}. \tag{11.104}$$

Antenna lineare. Esemplifichiamo l'uso della (11.102) riderivando la formula (8.29) della distribuzione angolare della radiazione dell'antenna lineare. Riprendiamo la corrente *periodica* (8.25) dell'antenna

$$\mathbf{j}(t,\mathbf{x}) = I\delta(x)\,\delta(y)\,sen\left(\omega\left(\frac{L}{2} - |z|\right)\right)cos(\omega t)\,\mathbf{u}. \tag{11.105}$$

Questa corrente è *monocromatica*, con frequenza fondamentale $\omega_0 \equiv \omega$ e periodo $T = 2\pi/\omega$, e pertanto i coefficienti $J_N^\mu(\mathbf{k})$ in (11.99) sono tutti nulli, tranne quelli con $N = \pm 1$. L'antenna emette quindi solo radiazione con la frequenza fondamentale e la (11.102) fornisce per l'unico peso spettrale non nullo

$$\frac{dW_1}{d\Omega} = \pi\omega^2 |\mathbf{n} \times \mathbf{J}_1|^2 = \frac{d\overline{W}}{d\Omega}. \tag{11.106}$$

Per valutare $\mathbf{J}_1$ inseriamo la (11.105) nella (11.99) ponendo $\mathbf{k} = \omega\mathbf{n}$. Troviamo

$$
\begin{aligned}
\mathbf{J}_1 &= \frac{I\mathbf{u}}{T(2\pi)^{3/2}} \int_0^T dt\, e^{-i\omega t} \cos(\omega t) \int d^3x\, e^{i\omega\mathbf{n}\cdot\mathbf{x}}\, \delta(x)\,\delta(y)\, sen\left(\omega\left(\frac{L}{2} - |z|\right)\right)\\
&= \frac{I\mathbf{u}}{2(2\pi)^{3/2}} \int_{-L/2}^{L/2} dz\, e^{i\omega z\, cos\vartheta}\, sen\left(\omega\left(\frac{L}{2} - |z|\right)\right)\\
&= \frac{I\mathbf{u}}{(2\pi)^{3/2}} \int_0^{L/2} dz\, cos\,(\omega z\, cos\vartheta)\, sen\left(\omega\left(\frac{L}{2} - z\right)\right),
\end{aligned}
$$

dove ϑ è l'angolo tra l'asse z ed $\mathbf{n}$. L'integrale in z è elementare e fornisce

$$\mathbf{J}_1 = \frac{I\mathbf{u}}{(2\pi)^{3/2}\,\omega\, sen^2\vartheta} \left(cos\left(\frac{\omega L}{2}\, cos\vartheta\right) - cos\frac{\omega L}{2}\right).$$

Sostituendo questa espressione nella (11.106), ricordando la posizione (8.26) nonché la relazione $|\mathbf{n} \times \mathbf{u}| = sen\vartheta$, riotteniamo in effetti la (8.29).

Particella singola. Nel caso di una particella singola la formula (11.102) si deve ridurre alla (11.72). Per verificarlo dobbiamo calcolare i coefficienti di Fourier (11.99) della corrente spaziale

$$\mathbf{j}(x) = e\mathbf{v}(t)\, \delta^3(\mathbf{x} - \mathbf{y}(t)). \tag{11.107}$$

Sostituendola nella (11.99) ed eseguendo l'integrale in $\mathbf{x}$ otteniamo

$$
\begin{aligned}
\mathbf{J}_N &= \frac{e}{T} \int_0^T \frac{dt}{(2\pi)^{3/2}} \int d^3x\, e^{-i(N\omega_0 t - \mathbf{k}\cdot\mathbf{x})}\, \delta^3(\mathbf{x} - \mathbf{y}(t))\, \mathbf{v}(t)\\
&= \frac{e}{(2\pi)^{3/2}\, T} \int_0^T dt\, e^{-iN\omega_0(t - \mathbf{n}\cdot\mathbf{y})}\, \mathbf{v},
\end{aligned}
$$

avendo posto $\mathbf{k} = N\omega_0\mathbf{n}$. Sostituendo questa espressione a sua volta nella (11.102) riotteniamo la (11.72).

11.5.2 Corrente aperiodica

La quadricorrente $j^\mu(x)$ di un sistema carico *aperiodico* ammette la rappresentazione in trasformata di Fourier in tutte e quattro le variabili

$$j^\mu(x) = \frac{1}{(2\pi)^2} \int d\omega \int d^3k\, e^{i(\omega t - \mathbf{k}\cdot\mathbf{x})} J^\mu(\omega, \mathbf{k}), \tag{11.108}$$

con inversa

$$J^\mu(\omega, \mathbf{k}) = \frac{1}{(2\pi)^2} \int d^4x \, e^{-i(\omega t - \mathbf{k}\cdot\mathbf{x})} j^\mu(x). \tag{11.109}$$

Procediamo come sopra inserendo la corrente (11.108) nel potenziale nella zona delle onde (8.9). In questo caso l'integrale in $\mathbf{y}$ dà luogo alla distribuzione-δ $(2\pi)^3\delta^3(\mathbf{k} - \omega\mathbf{n})$, che permette a sua volta di eseguire l'integrale in $\mathbf{k}$

$$\begin{aligned}
\mathbf{A} &= \frac{1}{(2\pi)^2 4\pi r} \int d^3y \int d\omega \int d^3k \, e^{i\omega(t-r+\mathbf{n}\cdot\mathbf{y})} \, e^{-i\mathbf{k}\cdot\mathbf{y}} \, \mathbf{J}(\omega, \mathbf{k}) \\
&= \frac{1}{2r} \int d\omega \int d^3k \, e^{i\omega(t-r)} \delta^3(\mathbf{k} - \omega\mathbf{n}) \, \mathbf{J}(\omega, \mathbf{k}) \\
&= \frac{1}{2r} \int d\omega \, e^{i\omega(t-r)} \, \mathbf{J}.
\end{aligned} \tag{11.110}$$

Abbiamo posto

$$\mathbf{J} \equiv \mathbf{J}(\omega, \mathbf{k}), \qquad \mathbf{k} \equiv \omega\mathbf{n}.$$

Con il potenziale (11.110) la (8.12) fornisce il campo elettrico nella zona delle onde

$$\mathbf{E}(t) = \frac{i}{2r} \, \mathbf{n} \times \left(\mathbf{n} \times \int d\omega \, \omega \, e^{i\omega(t-r)} \, \mathbf{J} \right).$$

Confrontando questa espressione con la (11.3) troviamo i coefficienti di Fourier

$$\mathbf{E}(\omega) = \frac{i\sqrt{2\pi}}{2r} \, \omega \, e^{-i\omega r} \, \mathbf{n} \times (\mathbf{n} \times \mathbf{J}),$$

sostituendo i quali nella (11.10) ricaviamo i pesi spettrali

$$\frac{d^2\varepsilon}{d\omega d\Omega} = \pi\omega^2 |\mathbf{n} \times \mathbf{J}|^2 = \pi\omega^2 \left(|\mathbf{J}|^2 - |\mathbf{n}\cdot\mathbf{J}|^2 \right). \tag{11.111}$$

Sfruttando nuovamente l'equazione di continuità $\partial_\mu j^\mu = 0$, dalla (11.108) deriviamo l'identità $\omega J^0 = \mathbf{k}\cdot\mathbf{J}$, che per $\mathbf{k} = \omega\mathbf{n}$ si muta in

$$J^0 = \mathbf{n}\cdot\mathbf{J}.$$

La (11.111) può pertanto essere posta nella forma alternativa, si veda la (11.103),

$$\frac{d^2\varepsilon}{d\omega d\Omega} = -\pi\omega^2 J_\mu^* J^\mu. \tag{11.112}$$

È immediato verificare che nel caso di una particella singola la (11.111) si riduce alla (11.76). Inserendo la corrente (11.107) nella (11.109), ed eseguendo gli stessi passaggi di cui sopra, risulta infatti

$$\mathbf{J} = \frac{e}{(2\pi)^2} \int_{-\infty}^{\infty} e^{-i\omega(t-\mathbf{n}\cdot\mathbf{y})} \, \mathbf{v} \, dt. \tag{11.113}$$

In questo modo la (11.111) si riduce alla (11.76).

Come abbiamo già fatto notare nel Paragrafo 11.4.1, l'integrale (11.113) in generale diverge. Nel presente contesto l'origine di questa divergenza è evidente: $\mathbf{J} = \mathbf{J}(\omega, \mathbf{k})$ rappresenta la trasformata di Fourier della distribuzione $\mathbf{j}(x)$ e come tale doveva essere eseguita nel senso delle *distribuzioni*. Come abbiamo mostrato nel Paragrafo 11.4.1, a questo problema si può ovviare *a posteriori* restringendo l'integrale in dt della (11.113) tra gli estremi $-L$ ed L ed eseguendo successivamente il limite per $L \to \infty$ nel senso delle *distribuzioni*.

11.6 Problemi

11.1. Si consideri una particella carica che passa con velocità $\mathbf{v}$ pressoché costante a grande distanza da un nucleo statico, come nel Problema 10.1.

a) Si determinino le frequenze caratteristiche emesse dalla particella nel limite non relativistico $v \ll 1$.
   Suggerimento. Il tempo caratteristico T può essere determinato sfruttando l'equazione di Newton $m\mathbf{a} = e\mathbf{E}$ e la legge oraria approssimata (8.122).

b) Si determinino le frequenze caratteristiche emesse dalla particella in una fissata direzione $\mathbf{n}$, per una velocità $\mathbf{v}$ arbitraria.
   Suggerimento. Si applichi la formula generale (11.75) eseguendo una stima analoga alla (11.88). In questo caso è ancora lecita l'approssimazione (8.122), sebbene occorra usare l'equazione di Newton *relativistica* (2.38).

12

La radiazione di sincrotrone

La radiazione emessa da una carica che compie un moto circolare uniforme si chiama *radiazione di sincrotrone*. Tale radiazione si genera in particolare ogniqualvolta una carica si trovi in presenza di un campo magnetico statico, che vari poco nello spazio. Corrispondentemente radiazione di sincrotrone viene prodotta sia negli acceleratori circolari, sia nei campi magnetici che avvolgono ad esempio la Terra e il pianeta *Giove*. Alcune delle sorgenti ultrarelativistiche più spettacolari di questo tipo di radiazione sono extraterrestri e fra queste la più nota è la *Nebulosa del Granchio*.

In questo capitolo analizziamo le principali caratteristiche della radiazione di sincrotrone, ovvero la distribuzione in frequenza, la distribuzione angolare e la polarizzazione, e vedremo che, soprattutto nel limite ultrarelativistico, essa possiede proprietà fisiche talmente peculiari da renderla facilmente riconoscibile sperimentalmente.

In un moto circolare uniforme di raggio R, velocità angolare ω_0 e velocità $v = \omega_0 R$, la particella compie un moto *periodico* di periodo $T = 2\pi/\omega_0$. Conseguentemente emette radiazione con frequenze

$$\omega_N = N\omega_0, \qquad N = 1, 2, 3, \cdots ,$$

dove ω_0 corrisponde alla frequenza *fondamentale*. Sappiamo inoltre che la particella irradia la potenza totale, si veda la (10.33),

$$\mathcal{W} = \frac{e^2 v^2 \omega_0^2}{6\pi(1 - v^2)^2}. \tag{12.1}$$

Per un moto circolare indotto da un campo magnetico di intensità B la frequenza fondamentale uguaglia la *frequenza di ciclotrone* (10.32)

$$\omega_0 = \frac{eB}{\varepsilon}, \tag{12.2}$$

$\varepsilon = m/\sqrt{1 - v^2}$ essendo l'energia della particella. Di seguito considereremo comunque un generico moto circolare uniforme, indipendentemente dalle forze che lo determinano.

Lechner K.: Elettrodinamica classica
DOI 10.1007/978-88-470-5211-6_12, © Springer-Verlag Italia 2013

12.1 Radiazione di sincrotrone non relativistica

Prima di affrontare l'analisi della radiazione di una particella con velocità arbitraria stabiliamo le caratteristiche di questa radiazione nel limite non relativistico $v \ll 1$, in modo da avere un termine di paragone. Dal momento che il moto è armonico *semplice*, dalla Sezione 11.3 sappiamo che in questo limite la particella emette solo radiazione con la frequenza fondamentale ω_0, corrispondente all'armonica di ordine $N = 1$. Dal risultato (8.116) del Problema 8.1 deduciamo allora che i pesi spettrali (11.72) sono dati da

$$\frac{dW_1}{d\Omega} = \frac{e^2 v^2 \omega_0^2}{32\pi^2}\left(1 + cos^2\vartheta\right) = \frac{dW}{d\Omega}, \qquad \frac{dW_N}{d\Omega} = 0, \quad \text{per } N \geq 2, \qquad (12.3)$$

ϑ essendo l'angolo tra la direzione di emissione $\mathbf{n}$ e l'asse dell'orbita. Per non appesantire la notazione in questo capitolo omettiamo il simbolo della media temporale, scrivendo $dW/d\Omega$ al posto di $\overline{dW}/d\Omega$.

In base alle relazioni (12.3) il rapporto tra le intensità della radiazione nel piano dell'orbita, $\vartheta = \pi/2$, e lungo il suo asse, $\vartheta = 0$, vale

$$\frac{\dfrac{dW}{d\Omega}\left(\dfrac{\pi}{2}\right)}{\dfrac{dW}{d\Omega}(0)} = \frac{1}{2}. \qquad (12.4)$$

Nel limite non relativistico la distribuzione angolare della radiazione è dunque molto *regolare*, nel senso che non vi sono direzioni di emissione particolarmente privilegiate.

Integrando la prima relazione in (12.3) sull'angolo solido otteniamo per la potenza totale

$$W = \frac{e^2 v^2 \omega_0^2}{6\pi}, \qquad (12.5)$$

in accordo con la formula esatta (12.1).

12.2 Analisi spettrale

D'ora in avanti consideriamo una particella con velocità $v < 1$ arbitraria. Iniziamo l'analisi della radiazione valutando esplicitamente i pesi spettrali (11.72)

$$\frac{dW_N}{d\Omega} = \frac{e^2 (N\omega_0)^2}{8\pi^2}\left|\mathbf{n} \times \frac{1}{T}\int_0^T e^{-iN\omega_0(t-\mathbf{n}\cdot\mathbf{y})}\,\mathbf{v}\,dt\right|^2. \qquad (12.6)$$

Considerando come asse z l'asse dell'orbita, legge oraria, velocità e accelerazione della particella sono allora date da

$$\mathbf{y}(t) = R\left(cos\varphi(t), sen\varphi(t), 0\right), \tag{12.7}$$

$$\mathbf{v}(t) = v\left(-sen\varphi(t), cos\varphi(t), 0\right), \tag{12.8}$$

$$\mathbf{a}(t) = -\omega_0^2\, \mathbf{y}(t), \tag{12.9}$$

dove

$$\varphi(t) = \omega_0 t. \tag{12.10}$$

Grazie all'invarianza per rotazioni attorno all'asse z non è restrittivo scegliere la direzione di emissione $\mathbf{n}$ nel piano yz. Poniamo dunque

$$\mathbf{n} = (0, sen\vartheta, cos\vartheta), \tag{12.11}$$

ϑ essendo di nuovo l'angolo tra $\mathbf{n}$ e l'asse z. Usando l'identità

$$\omega_0\, \mathbf{n}\cdot\mathbf{y} = v sen\vartheta sen\varphi$$

possiamo allora riscrivere l'integrale in t che compare in (12.6) come l'integrale in φ

$$\frac{1}{T}\int_0^T e^{-iN\omega_0(t-\mathbf{n}\cdot\mathbf{y})}\,\mathbf{v}\,dt = \frac{v}{2\pi}\int_0^{2\pi} e^{-iN(\varphi - v sen\vartheta sen\varphi)}(-sen\varphi, cos\varphi, 0)\,d\varphi.$$

Sfruttando le proprietà (11.48) e (11.49) delle funzioni di Bessel si trova allora

$$\frac{1}{T}\int_0^T e^{-iN\omega_0(t-\mathbf{n}\cdot\mathbf{y})}\,\mathbf{v}\,dt = v\left(iJ_N'(vN sen\vartheta), \frac{1}{v sen\vartheta}\,J_N(vN sen\vartheta), 0\right). \tag{12.12}$$

Considerando il prodotto esterno tra i vettori (12.11) e (12.12), e prendendone il quadrato, per i pesi spettrali (12.6) otteniamo in definitiva

$$\frac{dW_N}{d\Omega} = \frac{e^2(N\omega_0)^2}{8\pi^2}\left(ctg^2\vartheta J_N^2(vN sen\vartheta) + v^2 J_N'^2(vN sen\vartheta)\right). \tag{12.13}$$

Limite non relativistico. Per $v \ll 1$ gli argomenti delle funzioni di Bessel in questa formula sono piccoli e possiamo ricorrere alle espansioni a N fissato (11.51). In questo modo per i pesi spettrali (12.13) ricaviamo gli andamenti *leading* per basse velocità

$$\frac{dW_N}{d\Omega} \approx \frac{e^2(N\omega_0)^2}{8\pi^2}\left(\frac{N^N}{2^N N!}\right)^2 \left(sen^2\vartheta\right)^{N-1}(1 + cos^2\vartheta)\,v^{2N}. \tag{12.14}$$

Visto l'andamento $dW_N/d\Omega \sim v^{2N}$, nel limite non relativistico le armoniche con $N \geq 2$ sono dunque fortemente soppresse rispetto all'armonica fondamentale. Confermiamo, quindi, che nel limite non relativistico la particella emette essenzialmente radiazione con la frequenza fondamentale. D'altra parte per $N = 1$ la (12.14) si riduce proprio alla (12.3).

Radiazione lungo l'asse. Per analizzare la radiazione emessa lungo l'asse dell'orbita dobbiamo valutare le (12.13) per $\vartheta = 0$. Ricorrendo nuovamente alle espansioni (11.51) troviamo

$$\frac{d\mathcal{W}_1}{d\Omega}(0) = \frac{e^2 v^2 \omega_0^2}{16\pi^2}, \qquad \frac{d\mathcal{W}_N}{d\Omega}(0) = 0, \quad \text{per } N \geq 2. \tag{12.15}$$

Per qualsiasi v lungo l'asse viene, dunque, emessa radiazione solamente con la frequenza fondamentale. Ciò diventa evidente se si considera l'espressione generale del campo elettrico asintotico (11.64), che per $\mathbf{n} = (0, 0, 1)$ nel caso in questione assume la semplice forma (si vedano le (12.7)-(12.9) e la (11.66))

$$\mathbf{E}(t, r) = -\frac{e\mathbf{a}(t')}{4\pi r} = -\frac{e\mathbf{a}(t - r)}{4\pi r} = \frac{ev\omega_0}{4\pi r}\left(cos(\omega_0(t - r)), sen(\omega_0(t - r)), 0\right). \tag{12.16}$$

Lungo l'asse la radiazione è quindi costituita da un'onda *monocromatica* di frequenza ω_0, polarizzata *circolarmente* – si vedano le relazioni (5.93) e (5.95).

12.2.1 Spettro nel limite ultrarelativistico

Come abbiamo visto nella Sezione 10.3, la radiazione emessa da una particella ultrarelativistica è estremamente *direzionale*, essendo sensibilmente diversa da zero solo nelle immediate vicinanze della sua direzione di volo. Per analizzare lo spettro di una tale particella conviene allora considerare la radiazione totale, ovvero la radiazione sommata su tutte le direzioni. I relativi pesi spettrali si ottengono integrando l'espressione (12.13) sull'angolo solido[1]

$$\mathcal{W}_N = \int \frac{d\mathcal{W}_N}{d\Omega}\, d\Omega = \frac{e^2 N \omega_0^2}{4\pi v}\left(2v^2 J'_{2N}(2Nv) - (1 - v^2)\int_0^{2Nv} J_{2N}(y)\, dy\right). \tag{12.17}$$

Argomento qualitativo. Prima di procedere con l'analisi quantitativa dell'espressione (12.17) per $v \approx 1$, diamo un argomento qualitativo per stabilire l'ordine di grandezza delle frequenze con cui una particella ultrarelativistica emette la maggior parte della radiazione.

Ricordiamo dalla Sezione 10.3 che per $v \approx 1$ la particella emette principalmente in un cono attorno alla direzione di volo di apertura angolare $\alpha \sim \sqrt{1 - v^2}$. Di conseguenza, visto che la particella compie un moto circolare di periodo $T = 2\pi/\omega_0$, la radiazione in una data direzione di osservazione proviene solo da un piccolo arco

---

[1] Per i dettagli dei calcoli rimandiamo alla referenza [19].

dell'orbita, che viene percorso dalla particella nel tempo

$$\Delta t' \sim \frac{\alpha}{2\pi} T \sim \frac{\sqrt{1-v^2}}{\omega_0}.$$

Una tipica frequenza di emissione è dunque

$$\omega' = \frac{1}{\Delta t'} \sim \frac{\omega_0}{\sqrt{1-v^2}}.$$

D'altra parte al tempo di *emissione* $\Delta t'$ corrisponde il tempo di *osservazione*, si veda la (11.67),

$$\Delta t = (1 - \mathbf{n}\cdot\mathbf{v})\Delta t' \sim (1-v)\Delta t' \sim (1-v^2)\Delta t',$$

a cui corrisponde la frequenza osservata

$$\omega = \frac{1}{\Delta t} \sim \frac{\omega'}{1-v^2}.$$

Ci aspettiamo pertanto che una particella ultrarelativistica emetta principalmente radiazione con le frequenze

$$\omega \lesssim \frac{\omega_0}{(1-v^2)^{3/2}}. \qquad (12.18)$$

Nel caso in questione lo spettro, in realtà, è discreto e le frequenze possibili sono $\omega_N = N\omega_0$. Dalla (12.18) segue allora che la radiazione contiene principalmente armoniche fino all'ordine molto elevato

$$N \sim \frac{1}{(1-v^2)^{3/2}}. \qquad (12.19)$$

Se il moto circolare viene indotto da un campo magnetico la frequenza fondamentale è data dalla (12.2). In questo caso le frequenze dominanti (12.18) si scrivono

$$\omega \lesssim \frac{eB}{m}\left(\frac{\varepsilon}{m}\right)^2 \qquad (12.20)$$

e crescono quindi con il quadrato dell'energia della particella.

Analisi quantitativa. Torniamo ora all'espressione quantitativa (12.17). In base all'analisi appena svolta dobbiamo aspettarci che per velocità prossime alla velocità della luce risultino dominanti i pesi spettrali $\mathcal{W}_N$ con N molto grande. Si può vedere che l'andamento per grandi N della successione (12.17) dipende sensibilmente dal valore – grande anch'esso – del numero $1/\sqrt{1-v^2}$. Attraverso un'analisi asintotica delle funzioni di Bessel che compaiono nella (12.17) si trova che per $v \approx 1$, a parte fattori numerici si hanno infatti gli andamenti differenziati[2]

$$\mathcal{W}_N \approx \begin{cases} e^2 \omega_0^2 N^{1/3}, & \text{per } 1 \ll N \ll \dfrac{1}{(1-v^2)^{3/2}}, \\[3mm] e^2 \omega_0^2 \sqrt{N}\,(1-v^2)^{1/4}\, e^{-\frac{2}{3}N(1-v^2)^{3/2}}, & \text{per } N \gg \dfrac{1}{(1-v^2)^{3/2}}. \end{cases}$$

Per valori di N grandi, ma inferiori a $1/(1-v^2)^{3/2}$, i pesi spettrali crescono dunque come $N^{1/3}$, mentre per N maggiore di $1/(1-v^2)^{3/2}$ sono esponenzialmente soppressi. Nella radiazione compaiono dunque principalmente le armoniche fino all'ordine

$$N \lesssim \frac{1}{(1-v^2)^{3/2}} = \left(\frac{\varepsilon}{m}\right)^3, \qquad (12.21)$$

a conferma della (12.19).

Lunghezze d'onda caratteristiche negli acceleratori. Nel caso di un acceleratore circolare ultrarelativistico di raggio R la frequenza fondamentale si scrive $\omega_0 = v/R \approx 1/R$. Dalla (12.21) segue allora che l'acceleratore emette radiazione di sincrotrone con lunghezze d'onda caratteristiche

$$\lambda = \frac{2\pi}{N\omega_0} \gtrsim R\left(\frac{m}{\varepsilon}\right)^3.$$

Sostituendo i valori riportati nel Paragrafo 10.2.2 si trova che la radiazione emessa da *LEP* conteneva lunghezze d'onda molto corte dell'ordine di $\lambda \gtrsim 10^{-3}\,nm$, corrispondenti a *raggi* γ, e che la radiazione emessa da *LHC* è piccata su lunghezze d'onda molto più lunghe, dell'ordine di $\lambda \gtrsim 10\,nm$, corrispondenti a *raggi X molli*.

12.3 Distribuzione angolare

Al posto di analizzare la distribuzione angolare delle singole frequenze (12.13) di seguito analizziamo la distribuzione angolare della radiazione *complessiva*. A questo scopo dovremmo risommare la serie[3]

$$\frac{d\mathcal{W}}{d\Omega} = \sum_{N=1}^{N} \frac{d\mathcal{W}_N}{d\Omega},$$

---

[2] Per le derivazioni rimandiamo alle referenze [10] e [19].

[3] In conformità a quanto dichiarato all'inizio del capitolo continuiamo a omettere il simbolo della media temporale.

operazione che risulta difficile da portare a termine in modo analitico. In questo caso
è più conveniente ricorrere alla formula base (11.11)

$$\frac{d\mathcal{W}}{d\Omega} = \frac{r^2}{T} \int_0^T |\mathbf{E}|^2 dt, \tag{12.22}$$

in cui il campo elettrico asintotico $\mathbf{E}$ è dato dalla (11.64). Inserendovi le (12.7)-
(12.9) e la (12.11), per il modulo quadro di questo campo con un semplice calcolo
si trova

$$|\mathbf{E}|^2 = \frac{e^2 v^2 \omega_0^2}{16\pi^2 r^2} \cdot \frac{(1 - v^2) \cos^2\vartheta + (v - sen\vartheta \cos\varphi)^2}{(1 - vsen\vartheta \cos\varphi)^6}, \quad \varphi = \omega_0 t'(t, \mathbf{x}). \tag{12.23}$$

Nonostante la forma relativamente complicata di questa espressione l'integrale
(12.22) può essere valutato analiticamente, cosa che faremo nel Paragrafo 12.4.2.
Anticipiamo il risultato (si vedano le (12.37) e (12.38))

$$\frac{d\mathcal{W}}{d\Omega} = \frac{e^2 v^2 \omega_0^2}{32\pi^2} \cdot \frac{1 + \cos^2\vartheta - \frac{v^2}{4}(1 + 3v^2)sen^4\vartheta}{(1 - v^2 sen^2\vartheta)^{7/2}}. \tag{12.24}$$

Per velocità piccole $v \ll 1$ riotteniamo la distribuzione (12.3), che ha un massimo
in $\vartheta = 0$ e un minimo in $\vartheta = \pi/2$. Al contrario per $v \approx 1$ dalla forma del denominatore della (12.24) si vede che $d\mathcal{W}/d\Omega$ ha un massimo pronunciato nelle vicinanze
di $\vartheta = \pi/2$, ovvero nel piano dell'orbita. Vediamo quali sono le direzioni, prossime
al piano dell'orbita, in cui viene emessa la maggior parte della radiazione. In queste
direzioni il fattore $1/(1 - v^2 sen^2\vartheta)^{7/2}$ della (12.24) deve restare dello stesso ordine
di grandezza del suo massimo $1/(1 - v^2)^{7/2}$. Gli angoli ϑ corrispondenti devono
quindi essere tali che

$$1 - v^2 sen^2\vartheta \sim 1 - v^2.$$

Posto $\beta = \pi/2 - \vartheta$ questa condizione si traduce in

$$1 - v^2 \cos^2\beta \approx 1 - v^2\left(1 - \frac{\beta^2}{2}\right) \approx 1 - v^2 + \frac{\beta^2}{2} \sim 1 - v^2 \quad \Rightarrow \quad \beta \sim \sqrt{1 - v^2}.$$

La maggior parte della radiazione viene quindi emessa lungo direzioni che formano
con il piano dell'orbita angoli inferiori a

$$\beta \sim \sqrt{1 - v^2} = \frac{m}{\varepsilon},$$

conclusione che è in accordo con le previsioni generali della Sezione 10.3.
    Infine calcoliamo il rapporto tra l'intensità emessa nel piano dell'orbita, a $\vartheta =$
$\pi/2$, e quella emessa lungo il suo asse, a $\vartheta = 0$. Dalla distribuzione angolare (12.24)
troviamo

$$\frac{\frac{dW}{d\Omega}\left(\frac{\pi}{2}\right)}{\frac{dW}{d\Omega}(0)} = \frac{1}{8}\,\frac{4+3v^2}{(1-v^2)^{5/2}}.$$

Nel limite non relativistico ritroviamo la (12.4), mentre per velocità ultrarelativistiche $v \approx 1$ otteniamo il rapporto molto grande

$$\frac{\frac{dW}{d\Omega}\left(\frac{\pi}{2}\right)}{\frac{dW}{d\Omega}(0)} \approx \frac{7}{8}\left(\frac{\varepsilon}{m}\right)^5.$$

12.4 Polarizzazione

Per analizzare la polarizzazione della radiazione occorre innanzitutto fissare due direzioni ortogonali tra di loro e alla direzione di emissione. Fissata una generica direzione di emissione $\mathbf{n} = (0, sen\vartheta, cos\vartheta)$, si veda la (12.11), introduciamo i versori $\mathbf{e}_1 \equiv \mathbf{e}_\parallel$ parallelo al piano dell'orbita ed $\mathbf{e}_2 \equiv \mathbf{e}_\perp$ perpendicolare al primo, vale a dire

$$\mathbf{e}_\parallel = (1, 0, 0), \qquad \mathbf{e}_\perp = (0, cos\vartheta, -sen\vartheta), \qquad \mathbf{e}_\parallel \cdot \mathbf{n} = \mathbf{e}_\perp \cdot \mathbf{n} = \mathbf{e}_\perp \cdot \mathbf{e}_\parallel = 0.$$

Vogliamo determinare l'intensità della radiazione con polarizzazione rispettivamente lungo $\mathbf{e}_\parallel$ e $\mathbf{e}_\perp$. Dal momento che conosciamo già l'intensità totale (12.13) in linea di principio sarebbe sufficiente determinare solo una delle due.

12.4.1 Polarizzazione a frequenza fissata

Per un sistema periodico i pesi della radiazione con frequenza $N\omega_0$ e polarizzazione lungo $\mathbf{e}_p$ hanno le espressioni generali (11.19) e nel caso di una particella i coefficienti di Fourier $\mathbf{E}_N$ sono dati, a loro volta, dalle (11.71). Grazie al fatto che i versori $\mathbf{e}_p$ sono ortogonali a $\mathbf{n}$ sussiste l'identità, valida per ogni $\mathbf{V}$,

$$\mathbf{e}_p \cdot (\mathbf{n} \times (\mathbf{n} \times \mathbf{V})) = -\mathbf{e}_p \cdot \mathbf{V}.$$

Otteniamo allora

$$\frac{dW_N^p}{d\Omega} = 2r^2 \left| \mathbf{e}_p \cdot \mathbf{E}_N \right|^2 = \frac{e^2 N^2 \omega_0^2}{8\pi^2} \left| \mathbf{e}_p \cdot \frac{1}{T} \int_0^T e^{-iN\omega_0(t - \mathbf{n} \cdot \mathbf{y})}\, \mathbf{v}\, dt \right|^2.$$

L'integrale che compare in questa espressione è stato valutato in (12.12) e per le due polarizzazioni scelte si ottiene rispettivamente

$$\frac{dW_N^\perp}{d\Omega} = 2r^2 \left| \mathbf{e}_\perp \cdot \mathbf{E}_N \right|^2 = \frac{e^2 (N\omega_0)^2}{8\pi^2} \, ctg^2 \vartheta \, J_N^2(vN sen\vartheta), \qquad (12.25)$$

$$\frac{dW_N^\parallel}{d\Omega} = 2r^2 \left| \mathbf{e}_\parallel \cdot \mathbf{E}_N \right|^2 = \frac{e^2 (N\omega_0)^2}{8\pi^2} \, v^2 J_N'^2(vN sen\vartheta). \qquad (12.26)$$

Come si vede, i due termini della (12.13) corrispondono proprio alle due polarizzazioni scelte. Lungo l'asse dell'orbita, a $\vartheta = 0$, usando le (11.51) si vede di nuovo che per $N \geq 2$ i pesi (12.25) e (12.26) si annullano, mentre i pesi relativi a $N = 1$ si riducono a

$$\frac{dW_1^\perp}{d\Omega}(0) = \frac{dW_1^\parallel}{d\Omega}(0) = \frac{e^2 v^2 \omega_0^2}{32\pi^2}. \qquad (12.27)$$

Essendo soddisfatta la condizione (11.27) la radiazione lungo l'asse è quindi polarizzata *circolarmente*, come abbiamo già appurato in precedenza, si veda l'equazione (12.16).

Per la radiazione emessa nel piano dell'orbita, a $\vartheta = \pi/2$, le (12.25) e (12.26) danno invece

$$\frac{dW_N^\parallel}{d\Omega}\left(\frac{\pi}{2}\right) = \frac{e^2 (N\omega_0)^2}{8\pi^2} \, v^2 J_N'^2(vN), \qquad \frac{dW_N^\perp}{d\Omega}\left(\frac{\pi}{2}\right) = 0. \qquad (12.28)$$

Nel piano dell'orbita la radiazione è pertanto polarizzata *linearmente* lungo $\mathbf{e}_\parallel$ per tutte le frequenze, si vedano la (12.13) e le condizioni (11.22). Per un angolo intermedio, ovvero per $0 < \vartheta < \pi/2$, la radiazione è polarizzata *ellitticamente* e, per motivi di simmetria, i semiassi dell'ellisse descritto dal campo elettrico sono diretti rispettivamente lungo $\mathbf{e}_\parallel$ ed $\mathbf{e}_\perp$.

Limite non relativistico. Eseguendo il limite non relativistico dei pesi spettrali (12.25) e (12.26) si trova che dominano di nuovo i pesi relativi alla frequenza fondamentale e risultano le espressioni

$$\frac{dW^\perp}{d\Omega} \approx \frac{dW_1^\perp}{d\Omega} \approx \frac{e^2 v^2 \omega_0^2}{32\pi^2} \, cos^2\vartheta, \qquad \frac{dW^\parallel}{d\Omega} \approx \frac{dW_1^\parallel}{d\Omega} \approx \frac{e^2 v^2 \omega_0^2}{32\pi^2}, \qquad (12.29)$$

da confrontare con le (12.3). Integrando le equazioni (12.29) sull'angolo solido otteniamo per la radiazione *totale* rispettivamente con polarizzazione perpendicolare e parallela

$$\mathcal{W}^\perp = \frac{1}{4}\mathcal{W}, \qquad \mathcal{W}^\parallel = \frac{3}{4}\mathcal{W},$$

avendo rapportato le potenze parziali alla potenza totale non relativistica $\mathcal{W} = e^2 v^2 \omega_0^2 / 6\pi$. Le potenze parziali soddisfano ovviamente la regola di somma $\mathcal{W} = \mathcal{W}^\perp + \mathcal{W}^\parallel$ e il loro rapporto vale

$$\frac{\mathcal{W}^\parallel}{\mathcal{W}^\perp} = 3. \qquad (12.30)$$

Nel limite non relativistico la polarizzazione della radiazione totale è quindi lievemente sbilanciata a favore di $e_\parallel$. Tra breve vedremo che nel limite ultrarelativistico
questo effetto è ulteriormente accentuato.

12.4.2 Polarizzazione complessiva

Esaminiamo ora la polarizzazione della radiazione complessiva, indipendentemente dalla frequenza. A questo scopo possiamo sommare le espressioni (12.25) e
(12.26) su N oppure, alternativamente, eseguire la media temporale dell'espressione
generale (11.17)[4]

$$\frac{dW^p}{d\Omega} = \frac{r^2}{T} \int_0^T (\mathbf{e}_p \cdot \mathbf{E})^2 dt. \qquad (12.31)$$

Seguiamo questa seconda strada che appare più semplice.

Polarizzazione perpendicolare. Per determinare la radiazione con polarizzazione
perpendicolare dobbiamo calcolare il prodotto scalare tra il campo elettrico (11.64)
e il versore $\mathbf{e}_\perp = (0, cos\vartheta, -sen\vartheta)$. Inserendovi le (12.7)-(12.9) e la (12.11) troviamo

$$\mathbf{e}_\perp \cdot \mathbf{E} = \frac{ev\omega_0}{4\pi r} \cdot \frac{cos\vartheta \, sen\varphi}{(1 - v sen\vartheta cos\varphi)^3}, \qquad (12.32)$$

dove occorre tenere presente che $\varphi \equiv \omega_0 t'(t, \mathbf{x})$ è una funzione implicita di t.
Per questo motivo conviene cambiare variabile di integrazione passando da t a φ
e usando le relazioni (11.66) e (11.67). In particolare vale

$$dt = (1 - \mathbf{n} \cdot \mathbf{v}(t')) \, dt' = \frac{1 - v sen\vartheta cos\varphi}{\omega_0} \, d\varphi. \qquad (12.33)$$

Ricordando che $\omega_0 = 2\pi/T$, in base alle relazioni (12.31), (12.32) e (12.33)
troviamo allora

$$\frac{dW^\perp}{d\Omega} = \frac{r^2}{T} \int_0^T (\mathbf{e}_\perp \cdot \mathbf{E})^2 dt = \frac{e^2 v^2 \omega_0^2 \, cos^2\vartheta}{32\pi^3} I(\beta), \qquad (12.34)$$

avendo posto

$$I(\beta) = \beta^5 \int_0^{2\pi} \frac{sen^2\varphi \, d\varphi}{(\beta - cos\varphi)^5}, \qquad \beta = \frac{1}{v sen\vartheta}.$$

Per valutare $I(\beta)$ eseguiamo prima un'integrazione per parti

$$I(\beta) = -\frac{\beta^5}{4} \int_0^{2\pi} \frac{d}{d\varphi} \left(\frac{1}{(\beta - cos\varphi)^4} \right) sen\varphi \, d\varphi = \frac{\beta^5}{4} \int_0^{2\pi} \frac{cos\varphi \, d\varphi}{(\beta - cos\varphi)^4}.$$

---

[4] Continuiamo a omettere il simbolo della media temporale.

L'integrale ottenuto può essere riscritto a sua volta come

$$
\begin{aligned}
I(\beta) &= \frac{\beta^5}{4} \int_0^{2\pi} \left(\frac{\beta}{(\beta - cos\varphi)^4} - \frac{1}{(\beta - cos\varphi)^3} \right) d\varphi \\
&= -\frac{\beta^5}{4} \left(\frac{\beta}{6} \frac{d^3}{d\beta^3} + \frac{1}{2} \frac{d^2}{d\beta^2} \right) \int_0^{2\pi} \frac{d\varphi}{\beta - cos\varphi}.
\end{aligned}
\tag{12.35}
$$

In questo modo abbiamo ricondotto il calcolo di $I(\beta)$ al calcolo di qualche derivata e alla valutazione di un integrale elementare. Con il *metodo dei residui*, ad esempio, si trova infatti facilmente che vale

$$
\int_0^{2\pi} \frac{d\varphi}{\beta - cos\varphi} = \frac{2\pi}{\sqrt{\beta^2 - 1}}.
\tag{12.36}
$$

Valutando le derivate che compaiono nella (12.35) si trova allora

$$
I(\beta) = \pi \frac{\beta^5 \left(\beta^2 + \frac{1}{4} \right)}{(\beta^2 - 1)^{7/2}} = \pi \frac{1 + \frac{1}{4} v^2 sen^2\vartheta}{(1 - v^2 sen^2\vartheta)^{7/2}}.
$$

In questo modo la (12.34) fornisce per la radiazione complessiva con polarizzazione $\mathbf{e}_\perp$ la distribuzione angolare

$$
\frac{dW^\perp}{d\Omega} = \frac{e^2 v^2 \omega_0^2}{32\pi^2} \cdot \frac{\left(1 + \frac{1}{4} v^2 sen^2\vartheta \right) cos^2\vartheta}{(1 - v^2 sen^2\vartheta)^{7/2}}.
\tag{12.37}
$$

Polarizzazione parallela. Procedendo in modo analogo, per la radiazione con polarizzazione lungo $\mathbf{e}_\parallel = (1, 0, 0)$ si trova

$$
\frac{dW^\parallel}{d\Omega} = \frac{r^2}{T} \int_0^T (\mathbf{e}_\parallel \cdot \mathbf{E})^2 dt = \frac{e^2 v^2 \omega_0^2}{32\pi^3} H(\beta),
$$

avendo posto

$$
H(\beta) = \beta^3 \int_0^{2\pi} \frac{(\beta cos\varphi - 1)^2}{(\beta - cos\varphi)^5} d\varphi, \qquad \beta = \frac{1}{v sen\vartheta}.
$$

Questo integrale può essere valutato in modo simile a $I(\beta)$ scomponendo l'integrando in *fratti semplici*

$$
\begin{aligned}
H(\beta) &= \beta^3 \int_0^{2\pi} \left(\frac{(\beta^2 - 1)^2}{(\beta - cos\varphi)^5} - \frac{2\beta(\beta^2 - 1)}{(\beta - cos\varphi)^4} + \frac{\beta^2}{(\beta - cos\varphi)^3} \right) d\varphi \\
&= \beta^3 \left(\frac{1}{24} (\beta^2 - 1)^2 \frac{d^4}{d\beta^4} + \frac{\beta}{3} (\beta^2 - 1) \frac{d^3}{d\beta^3} + \frac{\beta^2}{2} \frac{d^2}{d\beta^2} \right) \int_0^{2\pi} \frac{d\varphi}{\beta - cos\varphi}.
\end{aligned}
$$

Ci siamo ricondotti di nuovo all'integrale (12.36) e valutando le derivate troviamo

$$H(\beta) = \pi \frac{\beta^3 \left(\beta^2 + \frac{3}{4}\right)}{(\beta^2 - 1)^{5/2}} = \pi \frac{1 + \frac{3}{4} v^2 sen^2 \vartheta}{(1 - v^2 sen^2 \vartheta)^{5/2}}.$$

Per la potenza complessiva con polarizzazione parallela otteniamo allora la distribuzione angolare

$$\frac{dW^{\parallel}}{d\Omega} = \frac{e^2 v^2 \omega_0^2}{32\pi^2} \cdot \frac{1 + \frac{3}{4} v^2 sen^2 \vartheta}{(1 - v^2 sen^2 \vartheta)^{5/2}}. \tag{12.38}$$

Sommando le espressioni (12.37) e (12.38) si ottiene il risultato (12.24) anticipato nella Sezione 12.3. Valutandole invece lungo l'asse dell'orbita e nel piano dell'orbita si ottengono i valori

$$\begin{cases} \dfrac{dW^{\perp}}{d\Omega}(0) = \dfrac{e^2 v^2 \omega_0^2}{32\pi^2}, \\[4mm] \dfrac{dW^{\perp}}{d\Omega}\left(\dfrac{\pi}{2}\right) = 0, \end{cases} \qquad \begin{cases} \dfrac{dW^{\parallel}}{d\Omega}(0) = \dfrac{e^2 v^2 \omega_0^2}{32\pi^2}, \\[4mm] \dfrac{dW^{\parallel}}{d\Omega}\left(\dfrac{\pi}{2}\right) = \dfrac{e^2 v^2 \omega_0^2}{32\pi^2} \dfrac{1 + \frac{3}{4} v^2}{(1 - v^2)^{5/2}}. \end{cases}$$

Per la radiazione complessiva si confermano quindi in particolare i risultati (12.27) e (12.28) per le frequenze individuali: lungo l'asse dell'orbita la radiazione è polarizzata circolarmente e nel piano dell'orbita è polarizzata linearmente lungo $e_{\parallel}$.

Polarizzazione della radiazione totale. Nel limite ultrarelativistico la maggior parte della radiazione viene emessa nelle immediate vicinanze del piano dell'orbita. Visto che in questo piano la radiazione è polarizzata linearmente lungo $e_{\parallel}$, ci aspettiamo che nel limite ultrarelativistico la radiazione *totale* sia polarizzata prevalentemente lungo $e_{\parallel}$.

Per verificare questa previsione, e per valutare il grado di polarizzazione della radiazione totale, integriamo le espressioni (12.37) e (12.38) sull'angolo solido $d\Omega = sen\vartheta d\vartheta d\varphi$. Ponendo $y = cos\vartheta$ per la polarizzazione perpendicolare dalla (12.37) troviamo

$$\begin{aligned} W^{\perp} &= \int \frac{dW^{\perp}}{d\Omega} \, d\Omega = \frac{e^2 v^2 \omega_0^2}{32\pi} \int_0^{\pi/2} \frac{(4 + v^2 sen^2 \vartheta) cos^2 \vartheta \, sen\vartheta}{(1 - v^2 sen^2 \vartheta)^{7/2}} \, d\vartheta \\[3mm] &= \frac{e^2 v^2 \omega_0^2}{32\pi} \int_0^1 \frac{(4 + v^2) y^2 - v^2 y^4}{(v^2 y^2 + 1 - v^2)^{7/2}} \, dy. \end{aligned}$$

L'integrale ottenuto si valuta facilmente tramite la sostituzione $y = \frac{\sqrt{1-v^2}}{v} \, tg \, x$ e il risultato è

$$W^{\perp} = \frac{e^2 v^2 \omega_0^2 (2 - v^2)}{48\pi (1 - v^2)^2} = \frac{2 - v^2}{8} \, W, \tag{12.39}$$

dove abbiamo rapportato $\mathcal{W}^\perp$ alla potenza totale (12.1). Analogamente per la radiazione con polarizzazione parallela si trova

$$
\begin{aligned}
\mathcal{W}^\| = \int \frac{d\mathcal{W}^\|}{d\Omega}\, d\Omega &= \frac{e^2 v^2 \omega_0^2}{32\pi} \int_0^{\pi/2} \frac{(4 + 3v^2 sen^2\vartheta)sen\vartheta}{(1 - v^2 sen^2\vartheta)^{5/2}}\, d\vartheta \\
&= \frac{e^2 v^2 \omega_0^2}{32\pi} \int_0^1 \frac{4 + 3v^2 - 3v^2 y^2}{(v^2 y^2 + 1 - v^2)^{5/2}}\, dy \qquad (12.40) \\
&= \frac{e^2 v^2 \omega_0^2 (6 + v^2)}{48\pi(1 - v^2)^2} = \frac{6 + v^2}{8}\, \mathcal{W}.
\end{aligned}
$$

Le potenze parziali (12.39) e (12.40) soddisfano naturalmente la regola di somma $\mathcal{W}^\perp + \mathcal{W}^\| = \mathcal{W}$ e il loro rapporto vale

$$
\frac{\mathcal{W}^\|}{\mathcal{W}^\perp} = \frac{6 + v^2}{2 - v^2}. \qquad (12.41)
$$

Nel limite non relativistico questo rapporto si riduce alla (12.30), mentre nel limite ultrarelativistico $v \to 1$ si trova

$$
\frac{\mathcal{W}^\|}{\mathcal{W}^\perp} = 7. \qquad (12.42)
$$

Una particella ultrarelativistica emette, dunque, radiazione che è polarizzata prevalentemente nel piano dell'orbita. Da un punto di vista sperimentale questa caratteristica facilita di molto l'identificazione della radiazione come *radiazione di sincrotrone*.

12.5 Luce di sincrotrone

La radiazione emessa da un *sincrotrone* ultrarelativistico – un particolare tipo di acceleratori circolari ad alte energie – viene anche chiamata *luce di sincrotrone*. Fu osservata per la prima volta in un sincrotrone di elettroni presso la *General Electric Company* di Schenectady nei pressi di New York nel 1947. Da allora le previsioni quantitative (12.13) e (12.24) sono state verificate sperimentalmente in diversi sincrotroni e le distribuzioni angolari e in frequenza misurate sono in ottimo accordo con tali formule.

Mentre negli acceleratori ad alte energie la luce di sincrotrone rappresenta un effetto *dissipativo*, nei sincrotroni dedicati essa viene prodotta ad arte e utilizzata per ricerche nei campi della materia condensata, della biologia e della medicina, che necessitano di fotoni molto energetici. Uno dei pregi di questa radiazione consiste, per l'appunto, nel fatto che il suo spettro in generale è molto ampio, si veda la (12.20), potendo coprire le regioni dello spettro visibile, dell'ultravioletto e dei *raggi X*. Con l'aiuto di particolari dispositivi sperimentali – i *wigglers* o gli *ondulatori* – è poi possibile selezionare dallo spettro la banda di frequenza richiesta per le specifiche ricerche che si intendono svolgere.

Sorgenti astrofisiche. Luce di sincrotrone viene prodotta anche in ambito astrofisi-co, ad esempio dal pianeta Giove e dalla Nebulosa del Granchio. Giove è avvolto da un campo magnetico intenso di $B \sim 1 gauss$ ed emette luce di sincrotrone che viene generata da elettroni con energie comprese tra $3MeV \lesssim \varepsilon \lesssim 50MeV$, aventi quindi velocità $v \gtrsim 0.99$. Per un valore tipico di $\varepsilon \sim 5MeV$ la (12.20) forni-sce le frequenze caratteristiche $\omega \sim 2 \cdot 10^9 Hz$, che corrispondono a *onde radio*. La (12.19) prevede inoltre che la radiazione comprenda armoniche fino all'ordine $N \sim (5MeV/0.5MeV)^3 = 1.000$. Tali previsioni sono in buon accordo con l'os-servazione. Si noti, infine, che il raggio di curvatura delle orbite di questi elettroni è dell'ordine di $R = v/\omega_0 \approx 1/\omega_0 = \varepsilon/eB \approx 200m$.

La radiazione proveniente dalla Nebulosa del Granchio viene invece emessa da elettroni che raggiungono anche energie dell'ordine di $\varepsilon \sim 10^4 GeV$, sebbene in presenza di un campo magnetico molto più debole, dell'ordine di $B \sim 10^{-4} gauss$. Il raggio di curvatura delle orbite tipiche è quindi dell'ordine di $R = \varepsilon/eB \approx 4 \cdot 10^9 km$. Secondo la (12.20) gli elettroni più energetici emettono radiazione con le frequenze caratteristiche molto elevate $\omega \sim 10^{18} Hz$, che appartengono all'estremo *ultravioletto*. In questo caso sono presenti armoniche fino all'ordine molto elevato $N \sim (10^4 GeV/0.5MeV)^3 \sim 10^{22}$. Da un punto di vista sperimentale nel ricono-scimento della radiazione emessa dalla Nebulosa del Granchio come *radiazione di sincrotrone* fu, invece, determinante il suo alto grado di *polarizzazione* parallela, si veda la (12.42).

13

L'effetto Čerenkov

Nel corso del 1934 P.A. Čerenkov condusse una serie di esperimenti sul fenomeno della *luminescenza* emessa da certe soluzioni liquide, se irradiate con raggi γ provenienti da sorgenti radioattive. Nel corso degli esperimenti, che proseguirono fino al 1938, si accorse che i raggi γ causano una radiazione molto debole, anche in solventi *puri* come l'acqua e il benzolo, dando luogo a una fioca luce blu. Da un'analisi approfondita delle caratteristiche della luce irradiata si rese tuttavia conto che l'effetto osservato non poteva essere un fenomeno di luminescenza. La *radiazione Čerenkov* veniva, infatti, emessa lungo un *cono di direzioni* che formavano un ben determinato angolo con la direzione dei raggi γ e risultava *polarizzata linearmente* – entrambe caratteristiche non possedute dalla luminescenza. La radiazione osservata aveva inoltre *carattere universale*, nel senso che tali caratteristiche erano indipendenti dalle specifiche proprietà delle soluzioni usate, come la temperatura e la particolare composizione chimica.

Nel 1937 I.E. Frank e I.M. Tamm [20] diedero l'interpretazione teorica corretta dell'*effetto Čerenkov*, ipotizzando che la radiazione emessa non fosse causata direttamente dai raggi γ, bensì da elettroni ultrarelativistici prodotti dai raggi γ attraverso l'*effetto Compton*. Mostrarono, infatti, che la radiazione Čerenkov viene generata da elettroni che si muovono di *moto rettilineo uniforme* in un mezzo dielettrico, con velocità superiore alla *velocità della luce nel mezzo*. Ricordiamo che in un mezzo con *indice di rifrazione* n la luce viaggia con velocità c/n. Per $n > 1$ quest'ultima è dunque minore di c.

In questo capitolo esponiamo la teoria dell'effetto Čerenkov, fornendo in particolare la spiegazione teorica delle caratteristiche della radiazione descritte sopra, analizzando in dettaglio il campo elettromagnetico prodotto da una particella in moto rettilineo uniforme in un mezzo dielettrico. Vedremo che particelle con velocità minori della velocità della luce nel mezzo e particelle con velocità maggiori della stessa producono campi con caratteristiche radicalmente diverse: nel primo caso si produce solo un *campo coulombiano*, mentre nel secondo si produce anche un *campo di radiazione*.

Aspetti macroscopici e microscopici. La spiegazione dell'effetto Čerenkov data da Frank e Tamm si basa sulle *equazioni di Maxwell in un mezzo*, equazioni che descrivono la dinamica del campo elettromagnetico *macroscopico* all'interno di un materiale. Come è noto, queste equazioni rappresentano un modo semplice per tenere conto delle *cariche di polarizzazione* che vengono indotte in un mezzo dalle *cariche libere*, si veda ad esempio la referenza [4]. Il campo elettromagnetico macroscopico è infatti una sovrapposizione del campo prodotto dalle particelle libere nel vuoto e del campo prodotto dalle cariche di polarizzazione. Visto che una particella in moto rettilineo uniforme nel vuoto non dà luogo a nessun campo di radiazione, a livello microscopico la radiazione Čerenkov deve, pertanto, originare dalle cariche di polarizzazione.

In effetti a livello microscopico una particella carica durante il suo passaggio deforma le molecole del mezzo, facendo loro acquistare un momento di dipolo elettrico che scompare immediatamente dopo il suo passaggio. Le cariche che compongono questi momenti di dipolo sono quindi sottoposte a un'accelerazione quasi-istantanea, diventando in tal modo sorgenti impulsive di onde elettromagnetiche, che si manifestano come radiazione Čerenkov.

Tuttavia, non è immediato determinare il campo macroscopico valutando esplicitamente la sovrapposizione coerente di queste infinite onde elementari microscopiche. Viceversa, le equazioni di Maxwell in un mezzo costituiscono uno strumento molto efficace per valutare il campo elettromagnetico *totale* prodotto a livello macroscopico dalla particella *e* dalle cariche di polarizzazione da essa indotte. Per semplicità, con un leggero abuso di linguaggio, ci riferiremo al campo totale come *campo prodotto dalla particella*, così come ci riferiremo all'energia irradiata come *energia irradiata dalla particella*.

Basandoci sulle equazioni di Maxwell in un mezzo nelle Sezioni 13.1–13.3 analizzeremo il campo prodotto da una particella in moto rettilineo uniforme con velocità v in un mezzo *non dispersivo*, ovvero in un mezzo per cui n è indipendente dalla frequenza, distinguendo i casi $v < c/n$ e $v > c/n$. L'analisi di questi campi ci permetterà di stabilire l'assenza di radiazione nel primo caso e la presenza di radiazione nel secondo. Tuttavia, l'ipotesi semplificativa di un mezzo non dispersivo comporta una divergenza del campo su una superficie conica e, corrispondentemente, un'energia emessa infinita. Per ovviare a queste singolarità – non fisiche – nella Sezione 13.4 determineremo il campo prodotto dalla particella nel caso realistico di un mezzo *dispersivo* e basandoci su tale campo, ovunque regolare, nella Sezione 13.5 deriveremo la celebre *formula di Frank e Tamm* per l'energia e il numero di fotoni emessi.

13.1 Equazioni di Maxwell in un mezzo non dispersivo

Consideriamo un mezzo omogeneo e isotropo con permeabilità magnetica relativa uguale a quella del vuoto, $\mu_r = 1$, e con costante dielettrica relativa *reale* e maggiore di uno, $\varepsilon_r > 1$. In questo modo trascureremo in particolare l'assorbimento della radiazione, ipotesi che risulta giustificata per frequenze lontane dalle frequenze di risonanza del mezzo. Assumeremo inoltre che non vi sia dispersione, ovvero che ε_r sia indipendente dalla frequenza, cosicché anche l'indice di rifrazione

$$n = \sqrt{\varepsilon_r} \tag{13.1}$$

ne è indipendente.

In un mezzo dielettrico con tali caratteristiche le equazioni di Maxwell si scrivono

$$-\frac{n^2}{c}\frac{\partial \mathbf{E}}{\partial t} + \boldsymbol{\nabla} \times \mathbf{B} = \frac{\mathbf{j}}{c}, \tag{13.2}$$

$$\frac{1}{c}\frac{\partial \mathbf{B}}{\partial t} + \boldsymbol{\nabla} \times \mathbf{E} = 0, \tag{13.3}$$

$$\boldsymbol{\nabla} \cdot \mathbf{E} = \frac{\rho}{n^2}, \tag{13.4}$$

$$\boldsymbol{\nabla} \cdot \mathbf{B} = 0, \tag{13.5}$$

dove ρ e $\mathbf{j}$ rappresentano la densità di carica e di corrente delle cariche *libere*. Queste equazioni si possono derivare dalle equazioni di Maxwell nel vuoto (2.22) e (2.23) – ove si sia ripristinata la velocità della luce – effettuandovi le sostituzioni

$$\mathbf{E} \to n\mathbf{E}, \qquad \mathbf{B} \to \mathbf{B}, \qquad c \to \frac{c}{n}, \qquad \rho \to \frac{\rho}{n}, \qquad \mathbf{j} \to \frac{\mathbf{j}}{n}. \tag{13.6}$$

Le identità di Bianchi (13.3) e (13.5) sono rimaste invariate e ammettono la familiare soluzione generale

$$\mathbf{E} = -\boldsymbol{\nabla} A^0 - \frac{1}{c}\frac{\partial \mathbf{A}}{\partial t}, \qquad \mathbf{B} = \boldsymbol{\nabla} \times \mathbf{A}, \tag{13.7}$$

i potenziali A^0 e $\mathbf{A}$ essendo definiti nuovamente modulo le trasformazioni di gauge $A^\mu \to A^\mu + \partial^\mu \Lambda$. In presenza di un mezzo conviene imporre la gauge di Lorenz *adattata*

$$\frac{n^2}{c}\frac{\partial A^0}{\partial t} + \boldsymbol{\nabla} \cdot \mathbf{A} = 0, \tag{13.8}$$

poiché in tal caso le equazioni (13.2) e (13.4) assumono la forma familiare

$$\Box_n A^\mu = \left(\frac{\rho}{n^2}, \frac{\mathbf{j}}{c}\right), \qquad \Box_n \equiv \frac{n^2}{c^2}\frac{\partial^2}{\partial t^2} - \boldsymbol{\nabla}^2, \tag{13.9}$$

la dimostrazione essendo lasciata per esercizio. Come si vede dall'espressione del *d'Alembertiano modificato* $\Box_n$, in assenza di cariche libere, ovvero per $\rho = \mathbf{j} = 0$, nel mezzo il campo elettromagnetico si propaga con velocità c/n.

13.1.1 Campo di una particella in moto rettilineo uniforme

Consideriamo una particella che si muove nel mezzo di moto rettilineo uniforme, con velocità $\mathbf{v}$ e quadrivelocità $u^\mu = (1, \mathbf{v}/c)/\sqrt{1 - v^2/c^2}$ costanti. In tal caso abbiamo, si veda la (6.78),

$$\rho = eu^0 \int \delta^4(x - us)\, ds = e\delta^3(\mathbf{x} - \mathbf{v}t), \qquad \mathbf{j} = \rho\mathbf{v}, \tag{13.10}$$

cosicché è sufficiente risolvere l'equazione (13.9) per $\mu = 0$

$$\Box_n A^0 = \frac{\rho}{n^2}. \tag{13.11}$$

Dalla forma delle equazioni (13.9) e dal fatto che $\mathbf{j}$ sia proporzionale a ρ segue, infatti, che il potenziale spaziale è legato al potenziale scalare dalla relazione lineare

$$\mathbf{A} = \frac{n^2 A^0}{c}\, \mathbf{v}. \tag{13.12}$$

Le due sezioni a seguire sono dedicate alla soluzione dell'equazione (13.11) – nei casi $v < c/n$ e $v > c/n$ – e a un'analisi dettagliata dei campi elettromagnetici risultanti.

Di seguito per semplicità sceglieremo come asse z la direzione del moto della particella, sicché la legge oraria si scrive

$$\mathbf{y}(t) = (0, 0, vt).$$

Vista la simmetria cilindrica del problema conviene introdurre il sistema di coordinate cilindriche $\{r, \varphi, z\}$, r e φ essendo coordinate polari nel piano xy ortogonale alla traiettoria. A tali coordinate è associata la terna ortonormale di versori $\{\mathbf{u}_r, \mathbf{u}_\varphi, \mathbf{u}_z\}$.

13.2 Campo per $v < c/n$

Se la velocità v della particella è minore della velocità della luce nel mezzo c/n, l'equazione (13.11) può essere risolta con il metodo adoperato nel Paragrafo 6.3.1 per risolvere l'analoga equazione nel vuoto

$$\Box A^0 = \rho. \tag{13.13}$$

In tal caso valeva $n = 1$ e $v < c$ ed era infatti soddisfatta la condizione $v < c/n$. Dal confronto tra le equazioni (13.11) e (13.13) si vede che la soluzione della prima si ottiene effettuando nella soluzione (6.84) della seconda le sostituzioni $e \to e/n^2$

e $c \to c/n$. Essendo la componente temporale della (6.84) data da

$$A^0 = \frac{e}{4\pi} \frac{u^0}{\sqrt{(ux)^2 - x^2}} = \frac{e}{4\pi} \frac{1}{\sqrt{(z-vt)^2 + \left(1 - \frac{v^2}{c^2}\right)r^2}},$$

in questo modo per la soluzione della (13.11) si trova

$$A^0 = \frac{e}{4\pi n^2} \frac{1}{\sqrt{(z-vt)^2 + \left(1 - \frac{v^2 n^2}{c^2}\right)r^2}}. \tag{13.14}$$

Dalle equazioni (13.7), (13.12) e (13.14) si deducono allora le espressioni dei campi

$$\mathbf{E} = \frac{e}{4\pi n^2} \frac{\left(1 - \frac{v^2 n^2}{c^2}\right)(\mathbf{x} - \mathbf{v}t)}{\left((z-vt)^2 + \left(1 - \frac{v^2 n^2}{c^2}\right)r^2\right)^{3/2}}, \tag{13.15}$$

$$\mathbf{B} = \frac{ev}{4\pi c} \frac{\left(1 - \frac{v^2 n^2}{c^2}\right)r\mathbf{u}_\varphi}{\left((z-vt)^2 + \left(1 - \frac{v^2 n^2}{c^2}\right)r^2\right)^{3/2}}, \tag{13.16}$$

nonché quella del vettore di Poynting

$$\mathbf{S} = c\mathbf{E} \times \mathbf{B} = \left(\frac{e}{4\pi n}\right)^2 \frac{\left(1 - \frac{v^2 n^2}{c^2}\right)^2 vr\left(r\mathbf{u}_z + (vt-z)\mathbf{u}_r\right)}{\left((z-vt)^2 + \left(1 - \frac{v^2 n^2}{c^2}\right)r^2\right)^3} = S_z \mathbf{u}_z + S_r \mathbf{u}_r. \tag{13.17}$$

In particolare la componente radiale di $\mathbf{S}$ è data da

$$S_r = \left(\frac{e}{4\pi n}\right)^2 \frac{\left(1 - \frac{v^2 n^2}{c^2}\right)^2 vr(vt-z)}{\left((z-vt)^2 + \left(1 - \frac{v^2 n^2}{c^2}\right)r^2\right)^3}. \tag{13.18}$$

Vediamo ora quali sono le proprietà dei campi ottenuti. Come nel caso dei campi nel vuoto le espressioni (13.15) e (13.16) non presentano singolarità al di fuori della traiettoria: per $v < c/n$ i loro denominatori si annullano infatti solamente se $\mathbf{x} = \mathbf{v}t$, ovvero se $z = vt$ e $r = 0$. Dall'espressione (13.18) si deduce, inoltre, che il flusso radiale *netto* di energia è zero: *dietro* la particella, per $z < vt$, il flusso è uscente ($S_r > 0$), mentre *davanti*, per $z > vt$, è entrante ($S_r < 0$) e per motivi di simmetria i due flussi si compensano tra di loro. Più in dettaglio, il flusso totale di energia attraverso un cilindro di raggio r concentrico con la traiettoria e con basi situate in z_1 e z_2 è dato da ($\Delta z = z_2 - z_1$, $u = z - vt$)

$$\Delta\varepsilon = 2\pi r \int_{z_1}^{z_2} dz \int_{-\infty}^{\infty} S_r \, dt = \frac{2\pi r \Delta z}{v} \int_{-\infty}^{\infty} S_r \, du = 0, \tag{13.19}$$

la conclusione derivando dal fatto che S_r è una funzione *antisimmetrica* della variabile u. La particella non emette, dunque, radiazione.

13.2.1 Analisi in frequenza e onde evanescenti

In vista del confronto con il caso $v > c/n$ è utile eseguire un'analisi *spettrale* del potenziale (13.14). In generale questa analisi è significativa se ci si trova in presenza di un *campo di radiazione*. In realtà i campi (13.15) e (13.16) a grandi distanze decrescono come $1/r^2$ e pertanto non costituiscono campi di radiazione. Tuttavia, come vedremo in seguito, è comunque istruttivo analizzare la trasformata di Fourier temporale $A^0(\omega, \mathbf{x}) \equiv A^0(\omega)$ del potenziale (13.14).

Ponendo $c = 1$ si ha

$$A^0(\omega) = \frac{1}{\sqrt{2\pi}} \int_{-\infty}^{\infty} e^{-i\omega t} A^0(t, \mathbf{x})\, dt = \frac{e}{\sqrt{2\pi}\, 4\pi n^2} \int_{-\infty}^{\infty} \frac{e^{-i\omega t} dt}{\sqrt{(z-vt)^2 + (1-v^2 n^2) r^2}}.$$
(13.20)

Eseguendo nell'integrale il cambiamento di variabile

$$t \to t(p) = \frac{1}{v}\left(z - rp\sqrt{1 - v^2 n^2}\right)$$

otteniamo allora

$$A^0(\omega) = \frac{e}{(2\pi)^{3/2} n^2 v}\, e^{-i\omega z/v} K\left(\frac{\sqrt{1 - v^2 n^2}}{v}\, \omega r\right),$$
(13.21)

avendo introdotto la *funzione speciale* reale[1]

$$K(x) \equiv \frac{1}{2} \int_{-\infty}^{\infty} \frac{e^{ixp}}{\sqrt{p^2 + 1}}\, dp = \int_0^{\infty} \cos(x\, senh\beta)\, d\beta.$$
(13.22)

La seconda rappresentazione si ottiene dalla prima con il cambiamento di variabile $p(\beta) = senh\beta$. Deriveremo alcune importanti proprietà di questa funzione nel Paragrafo 13.2.2.

$A^0(\omega)$ **come onda evanescente.** Tornando all'espressione (13.21) vediamo che $A^0(\omega)$ dipende dalla variabile z solo attraverso il termine di *onda piana* $e^{-i k_z z}$, con vettore d'onda $k_z = \omega/v$. Tale termine descrive un'onda propagantesi in direzione z con velocità $v_z \equiv \omega/k_z = v$, ossia con la stessa velocità della particella.

D'altra parte a grandi distanze dalla traiettoria, ovvero per grandi valori di r,

---

[1] $K(x)$ è la *funzione di Bessel modificata del secondo tipo* di ordine zero. Nei manuali di funzioni speciali solitamente viene denotata con $K_0(x)$.

dall'andamento asintotico (13.27) di $K(x)$ deriva l'andamento asintotico di $A^0(\omega)$

$$A^0(\omega) \approx \frac{a}{\sqrt{r}} \, e^{-ik_z z} \, e^{-\omega r \sqrt{1-v^2 n^2}/v}, \qquad (13.23)$$

a essendo una costante indipendente da **x**. Il prefattore $1/\sqrt{r}$ in questa espressione è caratteristico di un'onda *cilindrica*. Infatti, come vedremo nella Sezione 13.5, così come la conservazione dell'energia per le onde sferiche richiede la presenza del fattore $1/r$, così per le onde a simmetria cilindrica richiede la presenza del fattore $1/\sqrt{r}$.

Tuttavia, nella (13.23) il fattore $1/\sqrt{r}$ è soppiantato dal termine di decrescita esponenziale $e^{-\omega r \sqrt{1-v^2 n^2}/v}$, che fa sì che il quadripotenziale $A^\mu(\omega)$ rappresenti un'*onda evanescente*, si veda la (13.12). Per poter rappresentare una vera *onda* questo esponenziale dovrebbe essere sostituito da un fattore oscillante del tipo $e^{-ik_r r}$. Confermiamo, dunque, che una particella in moto rettilineo uniforme in un mezzo con velocità inferiore a c/n non genera onde elettromagnetiche.

13.2.2 La funzione $K(x)$

Rappresentazioni alternative. Per $x > 0$ la funzione K (13.22) è legata alle funzioni di Bessel e Neumann introdotte nel Paragrafo 11.3.2 – continuate analiticamente – dalle relazioni (si veda la referenza [18])

$$K(x) = \frac{i\pi}{2}\big(J_0(ix) + iY_0(ix)\big) = -\frac{i\pi}{2}\big(J_0(-ix) - iY_0(-ix)\big). \qquad (13.24)$$

Per ricavare una serie di proprietà che ci serviranno più avanti di seguito deriviamo una rappresentazione di K diversa ancora, sfruttando l'analisi complessa. Dal momento che vale $K(-x) = K(x)$ non è restrittivo supporre $x > 0$.

Consideriamo la funzione di variabile complessa

$$f(z) = \frac{e^{ixz}}{\sqrt{z^2+1}}$$

analitica nel semipiano superiore, eccetto un *taglio* che possiamo dirigere lungo la semiretta di equazione $z(u) = iu$, con $u \in [1, \infty)$. Conseguentemente si annulla l'integrale nel piano complesso

$$\oint_{\Gamma_{R,\varepsilon}} f(z)\,dz = 0, \qquad (13.25)$$

dove $\Gamma_{R,\varepsilon}$, con $\varepsilon > 0$ e $R > 1$, è una curva chiusa orientata in senso antiorario, composta dai seguenti cammini:

- l'intervallo $[-R, R]$ dell'asse reale;

- due quarti di circonferenza di raggio R centrati nell'origine e giacenti nel semipiano superiore, con aperture angolari rispettivamente $0 < \varphi < \pi/2$ e $\pi/2 < \varphi < \pi$;
- due spezzate parallele all'asse immaginario di equazione $z(u) = \pm\varepsilon + iu$ con $u \in [1, R]$;
- una semicirconferenza di raggio ε centrata nel punto $z = i$, rivolta verso il basso.

Considerando i limiti dell'identità (13.25) per $R \to \infty$ e per $\varepsilon \to 0$ gli integrali sui tre archi di circonferenza tendono a zero e sopravvivono solo gli integrali lungo l'asse reale e lungo due semirette parallele all'asse immaginario. Vista la posizione del taglio, e considerando che $\varepsilon u > 0$, lungo le semirette $z(u) = \pm\varepsilon + iu$ si ha il limite

$$\lim_{\varepsilon \to 0} \sqrt{z^2(u) + 1} = \lim_{\varepsilon \to 0} \sqrt{-(u^2 - 1) \pm 2i\varepsilon u + \varepsilon^2} = \pm i\sqrt{u^2 - 1}.$$

Tenendo conto che le semirette sono orientate in senso opposto, in questo modo si deriva l'identità

$$\int_{-\infty}^{\infty} \frac{e^{ixp}}{\sqrt{p^2 + 1}}\, dp - 2\int_{1}^{\infty} \frac{e^{-xu}}{\sqrt{u^2 - 1}}\, du = 0.$$

Ne segue che per $x > 0$ la funzione K ammette le rappresentazioni alternative

$$K(x) = \int_{1}^{\infty} \frac{e^{-xu}}{\sqrt{u^2 - 1}}\, du = \int_{0}^{\infty} e^{-x\cosh\beta}\, d\beta, \qquad (13.26)$$

dove abbiamo posto $u(\beta) = \cosh\beta$.

Andamento di $K(x)$ per $x \to \infty$. Le rappresentazioni (13.26) sono in particolar modo adatte per la determinazione dei comportamenti di $K(x)$ per argomenti grandi e piccoli. Per grandi x applichiamo il *metodo del punto sella* alla seconda rappresentazione. Per $x \to \infty$ nell'integrando sono rilevanti i valori di β per cui $\cosh\beta$ è minimo, vale a dire i valori di β vicini allo zero. Corrispondentemente sfruttando l'espansione

$$\cosh\beta = 1 + \frac{1}{2}\beta^2 + o(\beta^4)$$

troviamo

$$K(x) = e^{-x} \int_{0}^{\infty} e^{-(x\beta^2/2 + o(x\beta^4))}\, d\beta.$$

Attraverso il riscalamento $\beta \to \beta/\sqrt{x}$ otteniamo allora l'andamento asintotico

$$K(x) = \frac{e^{-x}}{\sqrt{x}} \int_{0}^{\infty} e^{-(\beta^2/2 + o(\beta^4/x))}\, d\beta = \sqrt{\frac{\pi}{2x}}\, e^{-x}\left(1 + o\left(\frac{1}{x}\right)\right). \qquad (13.27)$$

Andamento di $K(x)$ per $x \to 0$. Da una qualsiasi delle rappresentazioni date si vede che per $x \to 0$ la funzione $K(x)$ diverge. Per determinare il tipo di divergenza

consideriamo la prima rappresentazione in (13.26), isolandone la parte divergente.
Per fare questo riscaliamo la variabile d'integrazione secondo $u \to u/x$ ottenendo

$$K(x) = \int_x^\infty \frac{e^{-u}}{\sqrt{u^2 - x^2}} \, du = \int_x^1 \frac{e^{-u}}{\sqrt{u^2 - x^2}} \, du + \int_1^\infty \frac{e^{-u}}{\sqrt{u^2 - x^2}} \, du. \quad (13.28)$$

Nel limite di $x \to 0$ l'ultimo integrale converge ed è pertanto sufficiente valutare
l'integrale

$$\int_x^1 \frac{e^{-u}}{\sqrt{u^2 - x^2}} \, du = \int_x^1 \frac{1}{\sqrt{u^2 - x^2}} \, du + \int_x^1 \frac{e^{-u} - 1}{\sqrt{u^2 - x^2}} \, du.$$

Per $x \to 0$ il secondo integrale converge a sua volta – poiché la funzione $(e^{-u} - 1)/u$
è limitata nell'intervallo $[0, 1]$ – e resta da valutare l'integrale

$$\int_x^1 \frac{du}{\sqrt{u^2 - x^2}} = arccosh\left(\frac{1}{x}\right) = -\ln\left(\frac{x}{2}\right) + o(x).$$

Nel limite di $x \to 0$ la funzione $K(x)$ diverge dunque logaritmicamente, ovvero
vale l'espansione

$$K(x) = -\ln x + a + o(x), \quad (13.29)$$

a essendo una costante.

Equazione differenziale. Le funzioni speciali vengono spesso definite attraverso le
equazioni differenziali che soddisfano. L'equazione definente di $K(x)$ è

$$K'' + \frac{1}{x} K' - K = 0. \quad (13.30)$$

Per verificarla sfruttiamo la prima rappresentazione in (13.26) ottenendo

$$K'' + \frac{1}{x} K' = \int_1^\infty \left(\frac{u^2}{\sqrt{u^2 - 1}} - \frac{1}{x} \frac{u}{\sqrt{u^2 - 1}} \right) e^{-ux} \, du$$

$$= \int_1^\infty \left(\frac{u^2}{\sqrt{u^2 - 1}} - \frac{1}{x} \frac{d\sqrt{u^2 - 1}}{du} \right) e^{-ux} \, du.$$

Con un'integrazione per parti si riottiene allora $K(x)$.

La funzione $\widetilde{K}(x)$. L'equazione differenziale lineare (13.30), essendo del secondo
ordine, possiede due soluzioni linearmente indipendenti. Una è $K(x)$ e l'altra è la
funzione speciale[2]

$$\widetilde{K}(x) \equiv \int_{-1}^1 \frac{e^{xu}}{\sqrt{1 - u^2}} \, du = \int_0^\pi e^{x \cos\vartheta} \, d\vartheta. \quad (13.31)$$

---

[2] La funzione $\widetilde{K}(x)$ è legata alla *funzione di Bessel modificata del primo tipo* di ordine zero $I_0(x) = J_0(ix)$ dalla relazione $\widetilde{K}(x) = \pi I_0(x)$.

Questa funzione è *pari* e per $x > 0$ ha gli andamenti asintotici

$$\tilde{K}(x) = \sqrt{\frac{\pi}{2x}}\, e^x \left(1 + o\left(\frac{1}{x}\right)\right), \qquad \tilde{K}(x) = \pi + o(x), \qquad (13.32)$$

da confrontare con gli andamenti asintotici (13.27) e (13.29) della funzione K. Si noti in particolare che al contrario di K la funzione $\tilde{K}$, divergendo esponenzialmente per $x \to \infty$, *non* costituisce una distribuzione.

13.3 Campo per $v > c/n$

Nel caso di $v > c/n$ la soluzione dell'equazione (13.11) non può essere ottenuta con semplici sostituzioni dall'espressione (13.14) e dobbiamo ricorrere al *metodo della funzione di Green*. Di seguito poniamo $c = 1$, sicché vale $vn > 1$.

Per definizione la *funzione di Green nel mezzo* $G_n(x)$ associata all'equazione (13.9) deve soddisfare l'equazione

$$\Box_n G_n(x) = \left(n^2 \frac{\partial^2}{\partial t^2} - \nabla^2\right) G_n(x) = \delta^4(x) = \delta(t)\, \delta^3(x). \qquad (13.33)$$

Per risolverla sfruttiamo il fatto che il kernel ritardato

$$G(t, \mathbf{x}) = \frac{1}{2\pi}\, H(t)\, \delta(t^2 - |\mathbf{x}|^2)$$

soddisfa l'equazione di Green, si veda il Paragrafo 6.2.1,

$$\left(\frac{\partial^2}{\partial t^2} - \nabla^2\right) G(t, \mathbf{x}) = \delta(t)\, \delta^3(x).$$

Effettuando in quest'ultima la sostituzione $t \to t/n$, e ricordando l'identità $\delta(t/n) = n\, \delta(t)$, otteniamo

$$\left(n^2 \frac{\partial^2}{\partial t^2} - \nabla^2\right) G\left(\frac{t}{n}, \mathbf{x}\right) = n\, \delta(t)\, \delta^3(x).$$

Confrontando questa identità con l'equazione (13.33) vediamo che il kernel cercato è dato da

$$G_n(x) = \frac{1}{n}\, G\left(\frac{t}{n}, \mathbf{x}\right) = \frac{1}{2\pi n}\, H(t)\, \delta(x_n^2), \qquad x_n^2 \equiv \frac{t^2}{n^2} - |\mathbf{x}|^2. \qquad (13.34)$$

Dati due vettori a^μ e b^μ di seguito usiamo le notazioni

$$(ab)_n \equiv \frac{a^0 b^0}{n^2} - \mathbf{a} \cdot \mathbf{b}, \qquad a_n^2 \equiv \frac{(a^0)^2}{n^2} - |\mathbf{a}|^2.$$

13.3.1 Campo elettromagnetico e cono di Mach

Una volta trovata la forma di G_n è immediato scrivere la soluzione dell'equazione (13.11)

$$A_0(x) = \frac{1}{n^2}\,(G_n * \rho)(x) = \frac{1}{n^2}\int G_n(x-y)\,\rho(y)\,d^4y.$$

Sostituendo per $\rho(y)$ l'espressione (13.10), e supponendo che la forma quadratica

$$f(s) = (x - us)_n^2 = x_n^2 - 2s(ux)_n + u_n^2 s^2$$

abbia due zeri reali $s_\pm$, con passaggi familiari si trova

$$A^0(x) = \frac{eu^0}{2\pi n^3}\int H(t-u^0 s)\,\delta(f(s))\,ds = \frac{eu^0}{2\pi n^3}\left(\frac{H(t-u^0 s_+)}{|f'(s_+)|} + \frac{H(t-u^0 s_-)}{|f'(s_-)|}\right).$$
$$(13.35)$$

Nei punti x per cui $f(s)$ non ha zeri reali $A^0(x)$ è invece zero.

Il valore dell'integrale (13.35) dipende quindi a) dall'esistenza di zeri reali di $f(s)$ e b) dal segno di $t - u^0 s_\pm$. Gli zeri di $f(s)$ sono dati da

$$s_\pm = \frac{(ux)_n \pm \sqrt{(ux)_n^2 - u_n^2 x_n^2}}{u_n^2}, \qquad u_n^2 = \frac{1 - v^2 n^2}{(1-v^2)n^2} < 0, \qquad (13.36)$$

e si ha

$$|f'(s_\pm)| = 2\sqrt{(ux)_n^2 - u_n^2 x_n^2} = \frac{2u^0}{n}\sqrt{(z-vt)^2 - (v^2 n^2 - 1)r^2}. \qquad (13.37)$$

Zeri reali esistono dunque solo nella regione spazio-temporale

$$|z - vt| > r\sqrt{v^2 n^2 - 1} \qquad \leftrightarrow \qquad \frac{r^2}{(z-vt)^2 + r^2} < \frac{1}{v^2 n^2}. \qquad (13.38)$$

Questa regione corrisponde a un *doppio cono* centrato nella posizione della particella e con asse la sua traiettoria, di apertura angolare α data da

$$sen\,\alpha = \frac{1}{vn}.$$

Al di fuori di questo doppio cono il campo è pertanto comunque nullo.

Stando all'interno di questo cono studiamo ora il segno di $t - u^0 s_\pm$. Sostituendo le espressioni (13.36) di $s_\pm$, con un semplice calcolo otteniamo

$$t - u^0 s_\pm = \frac{n}{v^2 n^2 - 1}\left[vn(vt - z) \pm \sqrt{(z-vt)^2 - (v^2 n^2 - 1)r^2}\right].$$

Dal momento che $vn > 1$, per $z > vt$ la parentesi quadra è negativa per *entrambi* i segni e in questa regione il potenziale (13.35) è dunque nullo. Viceversa, nella regione

$$z < vt \tag{13.39}$$

la parentesi quadra è positiva per entrambi i segni e nella (13.35) contribuiscono quindi entrambi i termini. Ripristinando la velocità della luce, in base alle disuguaglianze (13.38) e (13.39) concludiamo pertanto che all'istante t il campo è diverso da zero solo nella regione

$$z - vt < -r\sqrt{\frac{v^2 n^2}{c^2} - 1},$$

ovvero all'interno di un cono centrato nella posizione della particella – coassiale con la traiettoria e rivolto in direzione opposta al moto – con apertura angolare

$$\alpha = arcsen\left(\frac{c}{vn}\right). \tag{13.40}$$

Vista la similitudine tra questo cono e il fronte d'onda sonoro conico che si crea quando un aereo viaggia con velocità supersonica, chiameremo questa superficie di separazione *cono di Mach*. L'equazione parametrica di questo cono è dunque, per ogni t fissato,

$$z = vt - r\sqrt{\frac{v^2 n^2}{c^2} - 1}. \tag{13.41}$$

Campo e irraggiamento singolari. Tenendo conto delle disuguaglianze (13.38) e (13.39) dalle formule (13.35) e (13.37) si ottiene il potenziale

$$A^0(t, \mathbf{x}) = \frac{e}{4\pi n^2} \frac{2H\left(vt - z - r\sqrt{\frac{v^2 n^2}{c^2} - 1}\right)}{\sqrt{(z - vt)^2 - \left(\frac{v^2 n^2}{c^2} - 1\right)r^2}}, \tag{13.42}$$

H essendo la funzione di Heaviside. Confrontandolo con il potenziale (13.14) del caso $v < c/n$ vediamo che le due espressioni hanno *formalmente* la stessa dipendenza funzionale da $\mathbf{x}$ e t, a parte un fattore 2. Nondimeno, mentre il potenziale (13.14) diverge solamente lungo la traiettoria, il potenziale (13.42) diverge su tutto il *cono di Mach* (13.41) e si annulla all'esterno dello stesso. Di conseguenza sul cono di Mach divergono anche i vettori $\mathbf{E}$, $\mathbf{B}$ ed $\mathbf{S}$. Più precisamente, visto che le espressioni (13.14) e (13.42) hanno la stessa dipendenza funzionale dalle coordinate spazio-temporali, i vettori $\mathbf{E}$ e $\mathbf{B}$ sono ancora dati dalle formule (13.15) e (13.16) – a parte un fattore 2 – e analogamente $\mathbf{S}$ è dato ancora dalla formula (13.17) – a parte un fattore 4.

In particolare si verifica facilmente che sul cono di Mach il vettore di Poynting (divergente) (13.17) è ortogonale allo stesso. Tuttavia, in questo caso la componente radiale di $\mathbf{S}$ è diversa da zero, e positiva, solo all'interno del cono di Mach, mentre al suo esterno è nulla. Al posto dell'espressione (13.18) troviamo infatti

$$S_r = 4\left(\frac{e}{4\pi n}\right)^2 \frac{\left(1 - \frac{v^2 n^2}{c^2}\right)^2 vr(vt - z)}{\left((z - vt)^2 - \left(\frac{v^2 n^2}{c^2} - 1\right)r^2\right)^3} H\left(vt - z - r\sqrt{\frac{v^2 n^2}{c^2} - 1}\right) \geq 0.$$

Conseguentemente in questo caso il flusso radiale netto di energia è diverso da zero e *positivo*. In realtà, dal momento che S_r diverge sul cono di Mach, considerando lo stesso cilindro come in (13.19) si trova che l'energia emessa per unità di spazio percorso è *infinita* (si veda il Problema 13.3)

$$\frac{\Delta\varepsilon}{\Delta z} = 2\pi r \int_{-\infty}^{\infty} S_r \, dt = 2\pi r \int_{\frac{1}{v}\left(z + r\sqrt{\frac{v^2 n^2}{c^2} - 1}\right)}^{\infty} S_r \, dt = \infty. \tag{13.43}$$

Nella Sezione 13.4 scopriremo, tuttavia, che le singolarità presenti sul cono di Mach non sono affatto *fisiche*, essendo meramente un artefatto della nostra schematizzazione poco realistica di un mezzo *non dispersivo*.

13.3.2 Angolo di Čerenkov e analisi in frequenza

Per sondare concretamente la presenza o assenza di radiazione calcoliamo la trasformata di Fourier temporale del potenziale (13.42). Ponendo nuovamente $c = 1$, e tenendo conto della funzione di Heaviside, otteniamo

$$A^0(\omega) = \frac{1}{\sqrt{2\pi}} \int_{-\infty}^{\infty} e^{-i\omega t} A^0(t, \mathbf{x}) \, dt$$

$$= \frac{e}{(2\pi)^{3/2} n^2} \int_{\frac{1}{v}\left(z + r\sqrt{v^2 n^2 - 1}\right)}^{\infty} \frac{e^{-i\omega t} \, dt}{\sqrt{(z - vt)^2 - (v^2 n^2 - 1)r^2}}.$$

Eseguendo il cambiamento di variabile

$$t \to t(u) = \frac{1}{v}\left(z + ru\sqrt{v^2 n^2 - 1}\right)$$

troviamo

$$A^0(\omega) = \frac{e}{(2\pi)^{3/2} n^2 v} e^{-i\omega z/v} L\left(\frac{\sqrt{v^2 n^2 - 1}}{v} \omega r\right), \tag{13.44}$$

avendo introdotto la funzione speciale complessa di variabile reale

$$L(x) \equiv \int_1^{\infty} \frac{e^{-ixu}}{\sqrt{u^2 - 1}} \, du = \int_0^{\infty} e^{-ix\cosh\beta} \, d\beta. \tag{13.45}$$

Le rappresentazioni (13.26) e (13.45) implicano la relazione formale

$$L(x) = K(ix), \qquad (13.46)$$

cosicché le funzioni K e L costituiscono una la continuazione analitica dell'altra. Allo stesso risultato si arriva confrontando le relazioni (13.24) e (13.47). Conseguentemente le espressioni del potenziale scalare (13.21) e (13.44) costituiscono una la continuazione analitica dell'altra – dalla regione $v < 1/n$ alla regione $v > 1/n$.

La funzione $L(x)$. Si può vedere che per $x > 0$ la funzione L è una combinazione lineare delle funzioni di Bessel e Neumann di ordine zero[3]

$$L(x) = -\frac{i\pi}{2}\left(J_0(x) - iY_0(x)\right). \qquad (13.47)$$

Le proprietà di L seguono dunque dalle proprietà delle funzioni di Bessel e Neumann, si veda il Paragrafo 11.3.2. Formalmente, sfruttando il legame (13.46), tali proprietà possono essere dedotte altresì da quelle di K.

Dalla definizione (13.45) segue innanzitutto che vale[4]

$$L^*(x) = L(-x), \qquad (13.48)$$

in accordo con il fatto che $A^0(t, \mathbf{x})$ è un campo reale. Conseguentemente è sufficiente analizzare L per $x > 0$. Dalle proprietà (11.50), (11.51), (11.55) e (11.56) si ricavano gli andamenti asintotici

$$L(x) = \sqrt{\frac{\pi}{2x}}\, e^{-i(x+\pi/4)}\left(1 + o\left(\frac{1}{x}\right)\right), \quad L(x) = -\ln x + a + o(x), \quad (13.49)$$

da confrontare con gli andamenti asintotici (13.27) e (13.29) della funzione K. Inoltre, dal momento che L è una combinazione lineare di J_0 e Y_0 e che queste ultime soddisfano l'equazione differenziale (11.53) con $N = 0$, L soddisfa l'equazione

$$L'' + \frac{1}{x}L' + L = 0, \qquad (13.50)$$

da confrontare con l'equazione (13.30) soddisfatta da K. Si noti che L ed L^* costituiscono un insieme completo di soluzioni dell'equazione (13.50).

Campo nella zona delle onde e angolo di Čerenkov. Sfruttando l'andamento asintotico (13.49) si ricava che per grandi r – ovvero nella *zona delle onde* – il potenziale

---

[3] La funzione $H_0^{(2)}(x) = J_0(x) - iY_0(x)$ è una *funzione di Hankel* di ordine zero.

[4] Si noti che le relazioni (13.47) e (13.48) non implicano affatto che Y_0 sia pari e che J_0 sia dispari, poiché il legame (13.47) vale solamente per $x > 0$. In realtà J_0 è *pari* e Y_0 sul semiasse negativo ha un *taglio*.

(13.44) modulo termini di ordine $o(1/r^{3/2})$ è dato da

$$A^0(\omega) = \frac{e}{4\pi n^2} \cdot \frac{e^{-i\pi/4}}{(v^2 n^2 - 1)^{1/4}\sqrt{v\omega r}}\, e^{-i\omega\left(z + r\sqrt{v^2 n^2 - 1}\right)/v} \qquad (13.51)$$

$$\equiv \frac{a}{\sqrt{r}}\, e^{-i(k_z z + k_r r)}, \qquad\qquad (13.52)$$

a essendo una costante indipendente da $\mathbf{x}$. Esaminiamo ora le proprietà di questo potenziale.

Innanzitutto al contrario dell'espressione (13.23) la (13.51) rappresenta per ogni frequenza ω un'onda *vera e propria*

$$A^0(\omega) = \frac{a}{\sqrt{r}}\, e^{-i\,\mathbf{k}\cdot\mathbf{x}},$$

con vettore d'onda $\mathbf{k}$ dato da (ripristinando la velocità della luce)

$$k_z = \frac{\omega}{v}, \quad k_r = \frac{\omega}{v}\sqrt{\frac{v^2 n^2}{c^2} - 1}, \quad k_\varphi = 0, \quad |\mathbf{k}| = \sqrt{k_r^2 + k_z^2} = \frac{n\omega}{c}. \qquad (13.53)$$

La velocità di fase di queste onde vale

$$\frac{\omega}{|\mathbf{k}|} = \frac{c}{n}$$

e coincide dunque con la *velocità della luce nel mezzo*.

La direzione di propagazione delle onde è individuata dall'angolo Θ_C che $\mathbf{k}$ forma con l'asse z – l'*angolo di Čerenkov* – essendo determinato dall'equazione

$$cos\Theta_C = \frac{k_z}{|\mathbf{k}|} = \frac{c}{vn}. \qquad (13.54)$$

Tale angolo è definito – e quindi tali onde esistono – fintanto che risulta soddisfatta la condizione $v > c/n$. Le direzioni di propagazione giacciono dunque su un cono *in avanti* – coassiale con la traiettoria della particella e di apertura Θ_C – che viene chiamato *cono di Čerenkov*. Nell'acqua, ad esempio, che nello spettro visibile ha un indice di rifrazione $n = 4/3$, tali onde vengono generate se $v > 3c/4$ e quando v varia tra $3c/4$ e c le loro direzioni di propagazione variano tra $\Theta_C = 0$ e $\Theta_C = arccos\,(3/4) \approx 41.4°$.

L'angolo di Čerenkov è legato all'angolo del cono di Mach (13.40) dalla relazione di complementarietà

$$\Theta_C + \alpha = \frac{\pi}{2}.$$

I coni di Mach e Čerenkov sono pertanto ortogonali tra di loro. Infine facciamo notare che il vettore d'onda $\mathbf{k}$ (13.53) è parallelo e concorde al vettore di Poynting (13.17) valutato sul cono di Mach, la verifica essendo lasciata per esercizio.

In conclusione, una particella che si muove in un mezzo dielettrico di indice di rifrazione n con velocità costante $v > c/n$ crea un campo elettromagnetico – la *radiazione Čerenkov* – che nella zona delle onde è una sovrapposizione continua di onde cilindriche con tutte le frequenze, che si propagano con velocità c/n lungo le direzioni del cono di Čerenkov. Tali direzioni formano con la traiettoria l'angolo $\Theta_C = arccos(c/vn)$. In assenza di dispersione, come supposto in questa sezione, il campo è diverso da zero solo all'interno del cono di Mach e la radiazione Čerenkov contiene *tutte* le frequenze. Rimandiamo l'analisi delle proprietà di *polarizzazione* della radiazione al Paragrafo 13.5.2.

13.4 Mezzi dispersivi

Nel Paragrafo 13.3.1 abbiamo visto che il campo generato da una particella con velocità $v > c/n$ in un mezzo non dispersivo diverge sul cono di Mach, così come diverge l'energia emessa (13.43). Faremo ora vedere che queste *anomalie* derivano proprio dall'assunzione semplificatrice di un indice di rifrazione n indipendente dalla frequenza. In realtà molti mezzi dielettrici hanno un indice di rifrazione che nello spettro visibile è praticamente costante, sebbene in generale sia una funzione $n(\omega)$ complicata della frequenza. Si dice che il mezzo è *dispersivo*.

L'andamento preciso della funzione $n(\omega)$ dipende molto dalle proprietà atomiche del mezzo e, in particolare, dalla presenza di frequenze di risonanza. Valgono comunque le proprietà generali

$$n(\omega) < 1, \quad \text{per } \omega > \omega_m, \tag{13.55}$$
$$\lim_{\omega \to \infty} n(\omega) = 1,$$

ω_m essendo un valore limite molto vicino alla frequenza di risonanza più elevata. In particolare per grandi ω si ha l'andamento asintotico $n(\omega) \approx 1 - \omega_p^2/2\omega^2$, ω_p essendo la *frequenza di plasma* del mezzo.

Dalla proprietà (13.55) traiamo l'importante conclusione che la banda di frequenze per cui $n(\omega) > 1$ è *limitata*. Vedremo che come conseguenza il campo generato sarà ovunque regolare e l'energia emessa finita. Nella trattazione che segue assumeremo inoltre che $n(\omega)$ sia *reale*, trascurando dunque nuovamente effetti di *assorbimento*. Supporremo altresì che il mezzo sia omogeneo e isotropo, di modo tale che $n(\omega)$ non dipenda né dalla posizione x, né dal campo stesso.

13.4.1 Equazioni di Maxwell in un mezzo dispersivo

In un mezzo dispersivo la dinamica del campo elettromagnetico non è governata dal sistema di equazioni *locali* (13.2)-(13.5) e per definirla occorre procedere in modo diverso. Il punto di partenza sono le antitrasformate di Fourier *temporali* di tali equazioni, con la sostituzione formale $n \to n(\omega)$,

$$-\frac{n^2(\omega)}{c}\, i\omega \mathbf{E}(\omega) + \boldsymbol{\nabla} \times \mathbf{B}(\omega) = \frac{\mathbf{j}(\omega)}{c}, \tag{13.56}$$

$$\frac{i\omega}{c}\, \mathbf{B}(\omega) + \boldsymbol{\nabla} \times \mathbf{E}(\omega) = 0, \tag{13.57}$$

$$\boldsymbol{\nabla} \cdot \mathbf{E}(\omega) = \frac{\rho(\omega)}{n^2(\omega)}, \tag{13.58}$$

$$\boldsymbol{\nabla} \cdot \mathbf{B}(\omega) = 0. \tag{13.59}$$

Come sempre con $f(\omega) \equiv f(\omega, \mathbf{x})$ indichiamo la trasformata di Fourier temporale della funzione di quattro variabili $f(t, \mathbf{x})$. Per tenere conto della presenza formale delle frequenze negative poniamo

$$n(-\omega) = n(\omega).$$

I campi $\mathbf{E}(t, \mathbf{x})$ e $\mathbf{B}(t, \mathbf{x})$ si *definiscono* allora come le antitrasformate di Fourier temporali dei campi $\mathbf{E}(\omega)$ e $\mathbf{B}(\omega)$, soggetti alle equazioni (13.56)-(13.59).

Come di consueto le identità di Bianchi (13.57) e (13.59) possono essere risolte in termini di un quadripotenziale $A^\mu(\omega, \mathbf{x}) \equiv A^\mu(\omega)$, vale a dire

$$\mathbf{E}(\omega) = -\boldsymbol{\nabla} A^0(\omega) - \frac{i\omega}{c}\, \mathbf{A}(\omega), \tag{13.60}$$

$$\mathbf{B}(\omega) = \boldsymbol{\nabla} \times \mathbf{A}(\omega), \tag{13.61}$$

i campi (13.60) e (13.61) essendo invarianti sotto le trasformazioni di gauge, si veda il Problema 13.2,

$$A^0(\omega) \to A^0(\omega) + \frac{i\omega}{c}\, \Lambda(\omega), \qquad \mathbf{A}(\omega) \to \mathbf{A}(\omega) - \boldsymbol{\nabla} \Lambda(\omega). \tag{13.62}$$

Nel caso in questione conviene imporre la gauge di Lorenz *adattata*, si veda la (13.8),

$$\frac{i\omega}{c}\, n^2(\omega) A^0(\omega) + \boldsymbol{\nabla} \cdot \mathbf{A}(\omega) = 0. \tag{13.63}$$

Con questo gauge-fixing le equazioni (13.56) e (13.58) si mutano nelle equazioni per le funzioni $A^\mu(\omega)$ (si veda il Problema 13.2)

$$-\left(\frac{n^2(\omega)}{c^2}\, \omega^2 + \nabla^2\right) A^\mu(\omega) = \left(\frac{\rho(\omega)}{n^2(\omega)}, \frac{\mathbf{j}(\omega)}{c}\right), \tag{13.64}$$

da confrontare con le equazioni analoghe (13.9) per un mezzo non dispersivo. Il potenziale vettore spazio-temporale infine è *definito* come l'antitrasformata

$$A^\mu(x) = \frac{1}{\sqrt{2\pi}} \int_{-\infty}^{\infty} e^{i\omega t} A^\mu(\omega)\, dt. \tag{13.65}$$

In base alle posizioni (13.60) e (13.61) e la definizione (13.65) i campi $\mathbf{E}(x)$ e $\mathbf{B}(x)$ sono legati ad $A^\mu(x)$ dalle relazioni consuete (13.7), sicché il tensore di Maxwell è ancora dato da $F^{\mu\nu} = \partial^\mu A^\nu - \partial^\nu A^\mu$. Si noti, tuttavia, che se $n(\omega)$ non è costante, i campi $F^{\mu\nu}$ e A^μ non soddisfano più equazioni differenziali locali come le (13.2)-(13.5) e la (13.9).

In conclusione, per determinare il campo elettromagnetico prodotto da una corrente $j^\mu(x)$ in un mezzo dispersivo occorre prima determinare la sua trasformata di Fourier temporale $j^\mu(\omega)$, risolvere poi le equazioni differenziali (13.63) e (13.64) e infine usare le relazioni (13.65) e (13.7) per determinare i campi.

13.4.2 Campo di una particella in moto rettilineo uniforme

Di seguito poniamo di nuovo $c = 1$. Per un moto rettilineo uniforme dalle (13.10) segue $\mathbf{j}(\omega) = \rho(\omega)\mathbf{v}$, cosicché le equazioni (13.64) implicano il legame

$$\mathbf{A}(\omega) = n^2(\omega)A^0(\omega)\,\mathbf{v}. \tag{13.66}$$

È pertanto sufficiente risolvere l'equazione (13.64) per $A^0(\omega)$. Innanzitutto dobbiamo allora determinare la trasformata di Fourier temporale della densità di carica (13.10). Otteniamo

$$\rho(\omega) = \frac{e}{\sqrt{2\pi}} \int_{-\infty}^{\infty} e^{-i\omega t}\,\delta(z - vt)\,\delta^2(\mathbf{r})\,dt = \frac{e}{\sqrt{2\pi}v}\,e^{-i\omega z/v}\,\delta^2(\mathbf{r}),$$

avendo posto $\delta^2(\mathbf{r}) = \delta(x)\delta(y)$. La componente temporale dell'equazione (13.64) si scrive pertanto

$$\left(n^2(\omega)\,\omega^2 + \nabla^2\right)A^0(\omega) = -\frac{e}{\sqrt{2\pi}vn^2(\omega)}\,e^{-i\omega z/v}\,\delta^2(\mathbf{r}). \tag{13.67}$$

Per affrontare la soluzione di questa equazione conviene passare in coordinate cilindriche, nel qual caso il laplaciano si scrive

$$\nabla^2 = \partial_z^2 + \widehat{\nabla}^2, \qquad \widehat{\nabla}^2 \equiv \partial_x^2 + \partial_y^2 = \partial_r^2 + \frac{1}{r}\,\partial_r + \frac{1}{r^2}\,\partial_\varphi^2.$$

Viste le simmetrie del problema cerchiamo una soluzione fattorizzata della forma

$$A^0(\omega) = \frac{e}{(2\pi)^{3/2}vn^2(\omega)}\,e^{-i\omega z/v}I(\omega, r), \tag{13.68}$$

cosicché la (13.67) si muta nell'equazione per la funzione $I(\omega, r)$

$$\left(\partial_r^2 + \frac{1}{r}\,\partial_r + \frac{\omega^2}{v^2}\left(v^2n^2(\omega) - 1\right)\right)I(\omega, r) = -2\pi\delta^2(\mathbf{r}). \tag{13.69}$$

Innanzitutto cerchiamo una soluzione particolare di questa equazione. Escludendo in un primo momento il punto $\mathbf{r} = 0$, e notando che le funzioni K ed L soddisfano rispettivamente le equazioni differenziali (13.30) e (13.50), è facile riconoscere che una soluzione della (13.69) è data da

$$
\begin{aligned}
I(\omega, r) =\, & H\big(1 - vn(\omega)\big)\, K\left(\frac{\sqrt{1 - v^2 n^2(\omega)}}{v}\, \omega r\right) \\
& + H\big(vn(\omega) - 1\big)\, L\left(\frac{\sqrt{v^2 n^2(\omega) - 1}}{v}\, \omega r\right),
\end{aligned}
\tag{13.70}
$$

H essendo la funzione di Heaviside. $I(\omega, r)$ ha quindi determinazioni diverse a seconda che per una data frequenza valga $v < 1/n(\omega)$ o $v > 1/n(\omega)$.

Per stabilire la presenza della distribuzione $\delta^2(\mathbf{r})$ nel membro di sinistra dell'equazione (13.69) ricordiamo che in $x = 0$ le funzioni $L(x)$ e $K(x)$ possiedono entrambe la singolarità logaritmica $-\ln x$, si vedano le espansioni (13.29) e (13.49). Nelle vicinanze di $r = 0$ la funzione $I(\omega, r)$ si comporta dunque come

$$
I(\omega, r) = -\ln r + a + o(r).
$$

Dato che la funzione di Green del laplaciano bidimensionale $\widehat{\nabla}^2$ è il logaritmo, vale a dire (si veda il Problema 6.4)

$$
\widehat{\nabla}^2(\ln r) = 2\pi \delta^2(\mathbf{r}),
$$

la parte singolare in $r = 0$ di $\widehat{\nabla}^2 I(\omega, r)$ è quindi data proprio da

$$
\left(\widehat{\nabla}^2 I(\omega, r)\right)_{sing} = \widehat{\nabla}^2(-\ln r) = -2\pi \delta^2(\mathbf{r}).
$$

Ne segue che il potenziale (13.68) – con $I(\omega, r)$ definito in (13.70) – soddisfa l'equazione (13.67) nel senso delle *distribuzioni*.

Visto che $\mathbf{v} = (0, 0, v)$ si verifica poi immediatamente che il quadripotenziale $A^\mu(\omega)$ specificato dalle relazioni (13.66) e (13.68) soddisfa la gauge di Lorenz adattata (13.63). Infine facciamo notare che nel caso non dispersivo la (13.68) si riduce alle soluzioni (13.21) e (13.44) trovate precedentemente.

Unicità della soluzione e causalità. Discutiamo brevemente l'unicità della soluzione trovata, facendo vedere che l'equazione differenziale (13.69) non ammette soluzioni *fisiche* diverse dalla (13.70).

Consideriamo prima le frequenze tali che $v < 1/n(\omega)$, corrispondenti alla funzione K. In tal caso per $r \neq 0$ la (13.69) si riduce all'equazione (13.30), che possiede le due soluzioni linearmente indipendenti K e $\widetilde{K}$. Visto che $\widetilde{K}$ è *regolare* in $r = 0$, si veda la (13.32), la soluzione generale della (13.69) si scrive, tralasciando gli argomenti,

$$
I = K + a\widetilde{K},
$$

a essendo una costante reale. Tuttavia, per $r \to \infty$ la funzione $\widetilde{K}$ diverge esponenzialmente e dunque *non* costituisce una distribuzione. Pertanto dobbiamo porre $a = 0$.

Consideriamo ora le frequenze tali che $v > 1/n(\omega)$, corrispondenti alla funzione L. In tal caso per $r \neq 0$ la (13.69) si riduce all'equazione (13.50) la quale, essendo reale, possiede le soluzioni linearmente indipendenti L ed L^*. Dall'andamento di L per $r \to 0$, si veda la (13.49), segue che la parte immaginaria di L è regolare in $r = 0$, cosicché la soluzione generale della (13.69) si scrive

$$I = (1-a)L + aL^*,$$

a essendo una costante reale. L'andamento di L per grandi r in (13.49) mostra, tuttavia, che L rappresenta un'onda *uscente* radialmente, mentre L^* rappresenta un'onda *entrante* radialmente dall'infinito. Volendo preservare la *causalità* dobbiamo dunque porre $a = 0$. Si noti che in assenza di dispersione tale scelta equivale a scegliere la funzione di Green ritardata (13.34), al posto di quella avanzata.

13.4.3 Assenza di singolarità, campi coulombiani e campi di radiazione

In base alle equazioni (13.65), (13.66) e (13.68) il quadripotenziale di una particella in moto rettilineo uniforme in un mezzo dispersivo è dato da

$$A^0(t, \mathbf{x}) = \frac{e}{(2\pi)^2 v} \int_{-\infty}^{\infty} e^{-i\omega(z-vt)/v} \, \frac{I(\omega, r)}{n^2(\omega)} \, d\omega, \tag{13.71}$$

$$\mathbf{A}(t, \mathbf{x}) = \frac{e\mathbf{u}_z}{(2\pi)^2} \int_{-\infty}^{\infty} e^{-i\omega(z-vt)/v} \, I(\omega, r) \, d\omega, \tag{13.72}$$

la funzione $I(\omega, r)$ essendo definita in (13.70). Dagli andamenti asintotici di K e L riportati nei Paragrafi 13.2.2 e 13.3.2 segue che per grandi r (o grandi $|\omega|$) modulo termini di ordine $o(1/r^{3/2})$ questa funzione ha gli andamenti

$$I(\omega, r) \approx \begin{cases} \left(\dfrac{\pi v}{2|\omega| r \sqrt{1 - v^2 n^2(\omega)}} \right)^{1/2} e^{-|\omega| r \sqrt{1 - v^2 n^2(\omega)}/v}, & v < 1/n(\omega), \\[4mm] \left(\dfrac{\pi v}{2|\omega| r \sqrt{v^2 n^2(\omega) - 1}} \right)^{1/2} e^{-i\pi/4} \, e^{-i\omega r \sqrt{v^2 n^2(\omega) - 1}/v}, & v > 1/n(\omega). \end{cases}$$
$$\tag{13.73}$$

Assenza di singolarità sul cono di Mach. In presenza di dispersione il quadripotenziale $A^\mu(x)$ è regolare ovunque, ad esclusione della posizione della particella, e il cono di Mach non costituisce più un fronte d'onda singolare. Per vederlo valutiamo il potenziale (13.71) su un cono di Mach (13.41) relativo a un arbitrario indice di rifrazione $n_* > 1/v$, ovvero su un cono con una generica apertura angolare

$$\alpha_* = arcsen(1/vn_*)$$

$$A^0\big|_{Mach} = \frac{e}{(2\pi)^2 v} \int_{-\infty}^{\infty} e^{i\omega r \sqrt{v^2 n_*^2 - 1}/v} \frac{I(\omega, r)}{n^2(\omega)}\, d\omega. \tag{13.74}$$

Questo integrale è convergente poiché, in base alla proprietà generale (13.55), per $\omega > \omega_m$ si ha $n(\omega) < 1$, cosicché per grandi ω si ha $v < 1/n(\omega)$. Dagli andamenti (13.73) segue allora che per grandi ω la funzione $I(\omega, r)$ decresce esponenzialmente e conseguentemente l'integrale (13.74) è finito per ogni n_*. Allo stesso modo si dimostra che anche il potenziale (13.72) è regolare su qualunque cono di Mach.

In presenza di dispersione lo stesso concetto di *cono di Mach* perde dunque di significato. Si noti comunque che in assenza di dispersione la (13.74) restituisce la nota singolarità. Ponendo, infatti, $n(\omega) = n_*$ per ogni ω e scegliendo una velocità $v > 1/n_*$, l'andamento asintotico di $I(\omega, r)$ in (13.73) è quello oscillatorio e compensa esattamente il fattore $e^{i\omega r \sqrt{v^2 n_*^2 - 1}/v}$ della (13.74). L'integrale in ω è pertanto divergente e $A^0\big|_{Mach}$ è infinito.

Campi coulombiani e campi di radiazione. Analizziamo ora il comportamento dei campi A^μ e $F^{\mu\nu}$ per grandi r. In base alla decomposizione (13.70) il quadripotenziale (13.71), (13.72) si decompone nelle due componenti

$$A^\mu = A_K^\mu + A_L^\mu, \tag{13.75}$$

A_K^μ rappresentando un *campo coulombiano* e A_L^μ un *campo di radiazione*. Questa terminologia è motivata dal fatto che per grandi r si hanno gli andamenti asintotici

$$A_K^\mu \sim \frac{1}{r}, \qquad F_K^{\mu\nu} \sim \frac{1}{r^2},$$

$$A_L^\mu \sim \frac{1}{\sqrt{r}}, \qquad F_L^{\mu\nu} \sim \frac{1}{\sqrt{r}}.$$

Deriviamo dapprima l'andamento di A_K^μ. Questo potenziale raccoglie le frequenze per cui che $v < 1/n(\omega)$, che nel caso non dispersivo davano luogo a onde evanescenti. Per tali frequenze I si identifica con K e per grandi ω – secondo le (13.73) – è essenzialmente una funzione di ωr esponenzialmente smorzata. Negli integrali (13.71) e (13.72) possiamo allora riscalare la variabile di integrazione secondo $\omega \to \omega/r$ e corrispondentemente la misura cambia secondo $d\omega \to d\omega/r$. Per via della decrescita esponenziale di I l'integrale rimanente converge e A_K^μ mantiene quindi il prefattore $1/r$ proveniente dal riscalamento della misura. Nel calcolo del campo le derivate ∂_μ producono poi un ulteriore fattore ω, che fa sì che $F_K^{\mu\nu}$ decresca come $1/r^2$ come un *campo coulombiano*.

Il potenziale A_L^μ coinvolge invece l'insieme *limitato* di frequenze per cui $v > 1/n(\omega)$. Per tali frequenze I si identifica con L e il suo andamento asintotico in (13.73) è quello oscillatorio. In tal caso non possiamo riscalare ω e conseguentemente A_L^μ decresce come $1/\sqrt{r}$, alla stessa stregua di $F_L^{\mu\nu}$. Come abbiamo osservato in precedenza, in presenza di simmetria cilindrica un campo oscillante che a grandi distanze decresce come $1/\sqrt{r}$ costituisce un *campo di radiazione* e corrispondentemente trasporta energia. Più precisamente, per un tale campo il vettore di Poynting decresce come $S \sim F(_L^{\mu\nu})^2 \sim C/r$, cosicché il flusso di energia attraverso un cilindro di raggio r e lunghezza L nel limite di $r \to \infty$ risulta costante e diverso da zero: $d\varepsilon/dt \sim S \cdot 2\pi r L \sim CL$.

13.5 Irraggiamento e formula di Frank e Tamm

Di seguito determiniamo l'energia irradiata da una particella che si muove nel mezzo con velocità v, supponendo che per un insieme non vuoto di frequenze si abbia $v > 1/n(\omega)$. Per il carattere stazionario del fenomeno è significativa l'energia emessa per unità di spazio percorso nell'intervallo unitario di frequenze

$$\frac{d^2\varepsilon}{dzd\omega}.$$

Nel Paragrafo 13.5.2 valuteremo questa grandezza a partire dai campi ricavati nella sezione precedente, derivando la *formula di Frank e Tamm* (13.88). Nel paragrafo a seguire presenteremo invece un'interessante derivazione euristica di questa formula.

13.5.1 Argomento euristico

Partiamo dalla formula generale dei pesi spettrali della radiazione emessa da una particella in moto aperiodico (11.76)

$$\frac{d^2\varepsilon}{d\omega d\Omega} = \frac{e^2\omega^2}{16\pi^3} \left| \mathbf{n} \times \int_{-\infty}^{\infty} e^{-i\omega(t-\mathbf{n}\cdot\mathbf{y})} \mathbf{v}\, dt \right|^2. \tag{13.76}$$

Ricordiamo che questa formula è valida nel vuoto – con indice di rifrazione $n = 1$ – e naturalmente deve valere $v < 1$. Se la particella non è accelerata ovviamente si ha $d^2\varepsilon/d\omega d\Omega = 0$.

L'espressione (13.76) si riferisce all'energia emessa nell'intervallo unitario di frequenze lungo tutta la traiettoria. Se un moto è illimitato e l'accelerazione ha una durata infinita la grandezza $d^2\varepsilon/d\omega d\Omega$ in generale è *infinita*. In tal caso sarà comunque finita l'energia emessa durante un tempo finito, diciamo tra gli istanti $-T$ e T. Per calcolare questa energia dobbiamo limitare l'integrale temporale nella (13.76) tra gli estremi $-T$ e T. Volendo determinare l'energia media emessa nell'unità di tempo nell'intervallo unitario di frequenze dobbiamo dividere per $2T$ e prendere poi il limite per $T \to \infty$

$$\frac{d^3\varepsilon}{dt d\omega d\Omega} = \frac{e^2\omega^2}{16\pi^3} \lim_{T\to\infty} \frac{1}{2T} \left| \mathbf{n} \times \int_{-T}^{T} e^{-i\omega(t-\mathbf{n}\cdot\mathbf{y})} \mathbf{v}\, dt \right|^2. \tag{13.77}$$

Consideriamo ora il caso particolare di una particella in moto rettilineo uniforme con legge oraria $\mathbf{y} = \mathbf{v}t$. In questo caso l'integrale in (13.77) può essere valutato analiticamente e svolgendo i calcoli si trova

$$\frac{1}{2T}\left| \mathbf{n} \times \int_{-T}^{T} e^{-i\omega(t-\mathbf{n}\cdot\mathbf{y})}\,\mathbf{v}\,dt \right|^2 = 2\left(v^2 - (\mathbf{n}\cdot\mathbf{v})^2\right)\frac{sen^2\left((1-\mathbf{n}\cdot\mathbf{v})\,\omega T\right)}{(1-\mathbf{n}\cdot\mathbf{v})^2\omega^2 T}.$$
(13.78)

Per eseguire il limite per $T \to \infty$ sfruttiamo il limite distribuzionale

$$\mathcal{S}' - \lim_{T\to\infty} \frac{sen^2(Tx)}{Tx^2} = \pi\delta(x),$$
(13.79)

limite che si verifica facilmente applicando ambo i membri a una funzione di test. Ponendo in (13.79) $x = (1-\mathbf{n}\cdot\mathbf{v})\omega$, per il limite dell'espressione (13.78) in questo modo otteniamo

$$\lim_{T\to\infty} \frac{1}{2T}\left| \mathbf{n} \times \int_{-T}^{T} e^{-i\omega(t-\mathbf{n}\cdot\mathbf{y})}\,\mathbf{v}\,dt \right|^2 = 2\pi\left(v^2 - (\mathbf{n}\cdot\mathbf{v})^2\right)\delta((1-\mathbf{n}\cdot\mathbf{v})\omega)$$

$$= \frac{2\pi}{\omega}\left(v^2 - 1\right)\delta(1 - \mathbf{n}\cdot\mathbf{v})$$

$$= \frac{2\pi}{\omega}\left(v^2 - 1\right)\delta(1 - v\,cos\vartheta),$$

avendo introdotto l'angolo ϑ tra $\mathbf{v}$ e la direzione di emissione $\mathbf{n}$. Dividendo la (13.77) per v, e ripristinando la velocità della luce, otteniamo infine un'espressione per l'energia emessa nell'intervallo unitario di frequenze nell'unità dz di spazio percorso

$$\frac{d^3\varepsilon}{dz\,d\omega\,d\Omega} = \frac{e^2\omega}{8\pi^2 vc}\left(\frac{v^2}{c^2} - 1\right)\delta\left(1 - \frac{v}{c}\,cos\vartheta\right).$$
(13.80)

Dal momento che $v < c$ l'argomento della δ non si annulla per nessun valore di ϑ e pertanto non si ha emissione di radiazione in nessuna direzione: come sappiamo, una particella che si muove di moto rettilineo uniforme nel vuoto non emette radiazione.

Continuazione analitica. La formula appena trovata, valida nel vuoto, ammette una "continuazione analitica" naturale al caso in cui la particella si muova in un mezzo: è sufficiente effettuarvi le sostituzioni (13.6) con l'identificazione $n \equiv n(\omega)$. In questo modo si trova

$$\frac{d^3\varepsilon}{dz\,d\omega\,d\Omega} = \frac{e^2\omega}{8\pi^2 vn(\omega)c}\left(\frac{v^2 n^2(\omega)}{c^2} - 1\right)\delta\left(1 - \frac{vn(\omega)}{c}\,cos\vartheta\right).$$
(13.81)

Come si vede, se $v > c/n(\omega)$ si ha emissione di radiazione lungo un cono di direzioni che formano con la velocità della particella un angolo ϑ determinato dall'equazione

$$cos\vartheta = \frac{c}{vn(\omega)}.$$

Tale angolo coincide in effetti con l'angolo di Čerenkov (13.54).

Grazie alla presenza della distribuzione-δ è immediato integrare la (13.81) sull'angolo solido. Essendo

$$\int \delta\left(1 - \frac{vn(\omega)}{c}\cos\vartheta\right) d\Omega = 2\pi \int_{-1}^{1} \delta\left(1 - \frac{vn(\omega)}{c}\cos\vartheta\right) d\cos\vartheta$$

$$= \frac{2\pi c}{vn(\omega)} H\left(v - \frac{c}{n(\omega)}\right),$$

si ottiene

$$\frac{d^2\varepsilon}{dzd\omega} = \begin{cases} \dfrac{e^2\omega}{4\pi c^2}\left(1 - \dfrac{c^2}{v^2 n^2(\omega)}\right), & \text{se } v > \dfrac{c}{n(\omega)}, \\ \\ 0, & \text{se } v < \dfrac{c}{n(\omega)}. \end{cases} \qquad (13.82)$$

Questa formula è stata derivata da Frank e Tamm nel 1937 in spiegazione dell'effetto Čerenkov [20]. Torneremo sul suo significato fisico nel paragrafo a seguire.

13.5.2 Derivazione della formula di Frank e Tamm

L'argomento euristico appena presentato può risultare più o meno convincente, ma è comunque interessante per via degli strumenti che abbiamo utilizzato. Di seguito diamo una derivazione della formula di Frank e Tamm a partire da *principi primi*, ovvero a partire dal quadripotenziale (13.71), (13.72) e dai campi $\mathbf{E}$ e $\mathbf{B}$ da esso derivanti. Di seguito poniamo di nuovo $c = 1$.

Consideriamo l'energia $\Delta\varepsilon$ emessa dalla particella durante l'intero percorso attraverso un cilindro, coassiale con la traiettoria, di raggio r e lunghezza $\Delta z = z_2 - z_1$. Dalla forma dei potenziali (13.71) e (13.72) segue che i campi dipendono da t e z solo attraverso la combinazione $z - vt$, cosicché l'integrale su z è banale. Si ottiene pertanto

$$\Delta\varepsilon = (2\pi r\Delta z)\int_{-\infty}^{\infty}(\mathbf{E}\times\mathbf{B})\cdot\mathbf{u}_r\,dt = (2\pi r\Delta z)\int_{-\infty}^{\infty}(\mathbf{E}^*(\omega)\times\mathbf{B}(\omega))\cdot\mathbf{u}_r\,d\omega,$$

dove nell'ultimo passaggio si è applicato il *teorema di Plancherel*. L'energia emessa nell'intervallo unitario di frequenze per unità di spazio è dunque data da

$$\frac{d^2\varepsilon}{dzd\omega} = 2\pi r(\mathbf{E}^*(\omega)\times\mathbf{B}(\omega))\cdot\mathbf{u}_r + c.c. \qquad (13.83)$$

nel membro di destra essendo sottinteso il limite per $r \to \infty$. Il risultato sarà quindi diverso da zero solo se per grandi r i campi $\mathbf{E}(\omega)$ e $\mathbf{B}(\omega)$ decrescono come $1/\sqrt{r}$, ovvero come onde *cilindriche*. Possiamo esprimere questi campi in termini di $A^0(\omega)$

sostituendo la (13.66) nelle (13.60) e (13.61)

$$\mathbf{E}(\omega) = -\left(\boldsymbol{\nabla} + i\omega n^2(\omega)\,\mathbf{v}\right)A^0(\omega),$$
$$\mathbf{B}(\omega) = -n^2(\omega)\,\mathbf{v} \times \boldsymbol{\nabla}A^0(\omega),$$

$A^0(\omega)$ essendo dato a sua volta dalle relazioni (13.68) e (13.70).

La valutazione del membro di destra della (13.83) nel limite di $r \to \infty$ è facilitata dai risultati della Sezione 13.4. Per le frequenze per cui $v < 1/n(\omega)$ $A^0(\omega)$ decresce esponenzialmente e corrispondentemente $d^2\varepsilon/dzd\omega$ è zero. Viceversa, per le frequenze per cui $v > 1/n(\omega)$ $A^0(\omega)$ decresce come $1/\sqrt{r}$, il suo andamento asintotico – modulo termini di ordine $o(1/r^{3/2})$ – potendosi ricavare dalle relazioni (13.68) e (13.73)

$$A^0(\omega) = \frac{e}{4\pi n^2(\omega)} \cdot \frac{e^{-i\pi/4}}{(v^2 n^2(\omega) - 1)^{1/4}\sqrt{v\omega r}}\, e^{-i\omega\left(z + r\sqrt{v^2 n^2(\omega) - 1}\right)/v}. \quad (13.84)$$

Si noti che nel caso non dispersivo questa espressione si riduce alla (13.51). Visto che in $\mathbf{E}(\omega)$ e $\mathbf{B}(\omega)$ è sufficiente considerare i termini di ordine $1/\sqrt{r}$, nel calcolo di $\boldsymbol{\nabla}A^0(\omega)$ è sufficiente derivare l'esponenziale della (13.84). Modulo termini di ordine $o(1/r^{3/2})$ si ottiene così

$$\boldsymbol{\nabla}A^0(\omega) = -\frac{i\omega}{v}\left(\mathbf{u}_z + \sqrt{v^2 n^2(\omega) - 1}\,\mathbf{u}_r\right)A^0(\omega), \quad (13.85)$$

$$\mathbf{E}(\omega) = \frac{i\omega}{v}\sqrt{v^2 n^2(\omega) - 1}\left(\mathbf{u}_r - \sqrt{v^2 n^2(\omega) - 1}\,\mathbf{u}_z\right)A^0(\omega), \quad (13.86)$$

$$\mathbf{B}(\omega) = i\omega n^2(\omega)\sqrt{v^2 n^2(\omega) - 1}\,A^0(\omega)\,\mathbf{u}_\varphi. \quad (13.87)$$

Polarizzazione lineare. Dalle equazioni (13.53), (13.86) e (13.87) segue che valgono le relazioni ovvie $\mathbf{k} \perp \mathbf{E}(\omega)$, $\mathbf{k} \perp \mathbf{B}(\omega)$ e $\mathbf{E}(\omega) \perp \mathbf{B}(\omega)$. Inoltre si riconosce che il vettore $\mathbf{E}(\omega)$ è *reale*, a parte una fase moltiplicativa. Ne segue che la radiazione Čerenkov è polarizzata *linearmente*, si veda il criterio (5.94). Più precisamente il campo elettrico appartiene al piano formato da $\mathbf{k}$ e dalla direzione del moto della particella, in accordo con le osservazioni fatte da Čerenkov.

Inserendo infine le espressioni (13.86) e (13.87) nella (13.83) si ottiene

$$\frac{d^2\varepsilon}{dzd\omega} = \frac{1}{v}\,4\pi r n^2(\omega)\,\omega^2\left(v^2 n^2(\omega) - 1\right)^{3/2}\left|A^0(\omega)\right|^2$$

e dalla (13.84) si trova

$$\left|A^0(\omega)\right|^2 = \left(\frac{e}{4\pi n^2(\omega)}\right)^2 \frac{1}{v\omega r\sqrt{v^2 n^2(\omega) - 1}}.$$

Ripristinando la velocità della luce otteniamo pertanto la *formula di Frank e Tamm*, valida per $v > c/n(\omega)$,

$$\frac{d^2\varepsilon}{dzd\omega} = \frac{e^2\omega}{4\pi c^2}\left(1 - \frac{c^2}{v^2n^2(\omega)}\right). \tag{13.88}$$

Coinvolgendo solo l'indice di rifrazione del mezzo, ed essendo indipendente dalle altre sue caratteristiche, questa formula ha carattere *universale*, alla stessa stregua della radiazione osservata da Čerenkov.

Integrando la (13.88) sulle frequenze troviamo l'energia totale emessa per unità di spazio percorso

$$\frac{d\varepsilon}{dz} = \frac{e^2}{4\pi c^2}\int\omega\left(1 - \frac{c^2}{v^2n^2(\omega)}\right)d\omega, \tag{13.89}$$

essendo sottinteso che per una fissata velocità v l'integrale si estende alle frequenze ω per cui $v > c/n(\omega)$. Dal momento che l'insieme di queste frequenze è *limitato* l'energia emessa è sempre *finita*. Si noti, comunque, che in assenza di dispersione, ovvero se $n(\omega) = n^*$ per ogni ω, e se inoltre vale $v > c/n^*$, l'integrale (13.89) si estende a tutte le frequenze e restituisce il risultato divergente (13.43).

Numero di fotoni emessi. Dividendo la (13.88) per l'energia $\hbar\omega$ di un fotone otteniamo il numero di fotoni dN che la particella emette nell'unità di spazio percorso nell'intervallo unitario di frequenze

$$\frac{d^2N}{dzd\omega} = \frac{e^2}{4\pi c^2\hbar}\left(1 - \frac{c^2}{v^2n^2(\omega)}\right).$$

Il numero totale di fotoni emessi nell'unità di spazio percorso è quindi

$$\frac{dN}{dz} = \frac{\alpha}{c}\int\left(1 - \frac{c^2}{v^2n^2(\omega)}\right)d\omega, \tag{13.90}$$

α essendo la costante di struttura fine (11.97). L'integrale si estende di nuovo all'insieme limitato di frequenze per cui $v > c/n(\omega)$, cosicché anche dN/dz è una grandezza finita.

A titolo di esempio stimiamo il numero di fotoni emessi nello spettro visibile da una particella che viaggia in acqua pura con velocità $v \approx c$. Nello spettro visibile l'acqua ha un indice di rifrazione praticamente costante $n(\omega) = 4/3$ e quindi

$$1 - \frac{c^2}{v^2n^2(\omega)} = 1 - \frac{9}{16} = \frac{7}{16}.$$

Ponendo $\lambda_1 = 800nm$ e $\lambda_2 = 400nm$ – e ricordando che $\omega = 2\pi c/\lambda$ – dalla (13.90) si ricava

$$\frac{dN}{dz} = \frac{\alpha}{c}\int_{\omega_1}^{\omega_2}\left(1 - \frac{c^2}{v^2n^2(\omega)}\right)d\omega = \frac{7\pi\alpha}{8}\left(\frac{1}{\lambda_1} - \frac{1}{\lambda_1}\right) \approx 250/cm. \tag{13.91}$$

Mentre la particella percorre un centimetro di acqua emette dunque circa 250 fotoni con frequenze nello spettro visibile. La (13.91) fornisce inoltre la stima generale

$$\frac{dN}{dz} \approx \frac{\alpha}{\lambda} = \frac{1}{137\lambda},$$

indicando che su una distanza di 137 volte la lunghezza d'onda la particella emette circa un fotone con quella lunghezza d'onda.

13.6 Rivelatori Čerenkov

Un dispositivo sperimentale che si avvale dell'effetto Čerenkov per rivelare particelle elementari viene chiamato *rivelatore Čerenkov*. In genere è costituito da un contenitore riempito da un mezzo trasparente – il cosiddetto *radiatore*, ad esempio acqua purissima – che funge da dielettrico polarizzabile. La radiazione Čerenkov provocata dal passaggio di una particella carica nel radiatore – generalmente di bassa intensità – viene raccolta e analizzata da una serie di fotorivelatori. Visto che la radiazione viene emessa su coni concentrici si risale facilmente alla direzione di volo della particella. Misurando l'angolo di emissione e il numero di fotoni emessi, dalle equazioni (13.54) e (13.91) si determina poi la velocità della particella.

Benché le potenzialità dell'effetto Čerenkov come base per un rivelatore fossero chiare sin dalla sua scoperta, è stato soltanto l'avvento dei *fotomoltiplicatori*, capaci di rivelare con un'alta efficienza e una risposta veloce anche radiazione di bassa intensità, a permettere a J.V. Jelley nel 1951 di sviluppare il primo dispositivo impiegato in un esperimento.

Kamiokande e fisica dei neutrini. Come è noto, i neutrini interagiscono solo *debolmente* con la materia. Può tuttavia succedere che un neutrino molto energetico interagisca con un atomo e trasferisca buona parte della sua energia a una particella carica – tipicamente un elettrone o un muone – la quale, attraversando un radiatore, produce luce Čerenkov. In tempi recenti rivelatori Čerenkov sono stati impiegati nelle ricerche della fisica dei neutrini effettuate dagli esperimenti *Kamiokande* e *Super-Kamiokande* nelle miniere di Kamioka in Giappone. *Super-Kamiokande* si avvale di un recipiente cilindrico di $40m$ di altezza e di diametro, contenente come radiatore 50.000 tonnellate di acqua pura, la cui superficie è disseminata di circa 11.000 fotomoltiplicatori.

Gli esperimenti di Kamioka hanno conseguito scoperte di importanza fondamentale nell'ambito della fisica delle particelle elementari. Nel 1987 *Kamiokande* rivelò per la prima volta un flusso di neutrini provenienti dall'esplosione di una supernova nella *Grande Nube di Magellano*, mentre nel 1988 effettuò la prima osservazione diretta del flusso di neutrini solari. Gli esperimenti di *Super-Kamiokande* del 1998 hanno invece fornito la prima evidenza sperimentale dell'*oscillazione dei neutrini* – prova inconfutabile del fatto che i neutrini hanno una *massa* diversa da zero.

I rivelatori Čerenkov hanno svolto un ruolo altrettanto essenziale nella scoperta dell'*antiprotone* con il Bevatrone di Berkeley nel 1955 e in quella del quark *charm* nei laboratori di Brookhaven nel 1974.

13.7 Problemi

13.1. Assumendo l'esistenza dell'etere nel 1818 A.-J. Fresnel propose per la velocità della luce in un liquido con indice di rifrazione n che scorre rispetto all'osservatore con velocità v la formula approssimata

$$c^* = \frac{c}{n} + \left(1 - \frac{1}{n^2}\right)v. \tag{13.92}$$

Si derivi l'espressione relativistica di c^* e la si confronti con la (13.92).
Suggerimento. Si determini il vettore d'onda k^μ nel mezzo risolvendo l'equazione (13.9) per $\rho = \mathbf{j} = 0$ e si esegua un'opportuna trasformazione di Lorentz. Alternativamente si applichino le leggi di trasformazione delle velocità relativistiche.

13.2. Si dimostri che i campi (13.60) e (13.61) sono invarianti sotto le trasformazioni di gauge (13.62), in cui $\Lambda(\omega)$ è un'arbitraria funzione complessa di ω e $\mathbf{x}$. Si dimostri che con il gauge-fixing (13.63) le equazioni di Maxwell (13.56) e (13.58) assumono la forma (13.64).

13.3. Si verifichi che l'integrale (13.43) diverge.
Suggerimento. Si esegua il cambiamento di variabile

$$t(w) = \frac{1}{v}\left(z + rw\sqrt{\frac{v^2 n^2}{c^2} - 1}\right).$$

13.4. Si consideri un filo conduttore infinito disposto lungo l'asse z, percorso dalla corrente (nel senso di *carica per unità di tempo*) dipendente dal tempo $I(t)$. La quadricorrente è quindi data da

$$j^\mu(t, \mathbf{x}) = (0, 0, 0, I(t)\,\delta^2(x, y)).$$

a) Si dimostri che $I(t)$ genera il quadripotenziale

$$A^0(t, \mathbf{x}) = 0, \quad \mathbf{A}(t, \mathbf{x}) = \frac{\mathbf{u}_z}{2\pi} \int_1^\infty \frac{I(t - ru)}{\sqrt{u^2 - 1}}\, du, \quad r \equiv \sqrt{x^2 + y^2}$$

e lo si confronti con l'espressione (6.111) del Problema 6.4.
b) Si dimostri che la trasformata di Fourier temporale di $\mathbf{A}(t, \mathbf{x})$ è data da

$$\mathbf{A}(\omega) = \frac{1}{2\pi} I(\omega)\, L(r\omega)\, \mathbf{u}_z,$$

$I(\omega)$ essendo la trasformata di Fourier di $I(t)$ ed $L(x)$ la funzione speciale (13.45).

c) Si concluda che il filo emette onde cilindriche e che in base alla (13.83) e all'andamento asintotico (13.49) l'energia irradiata per unità di lunghezza nell'intervallo unitario di frequenza è data da

$$\frac{d^2\varepsilon}{dzd\omega} = \frac{1}{2}\,\omega|I(\omega)|^2.$$

d) Si consideri d'ora in avanti una corrente impulsiva della forma

$$I(t) = I_0\,e^{-t^2/2T^2},$$

T essendo il tempo caratteristico dell'impulso. Si determinino le frequenze con cui la corrente emette la maggior parte della radiazione.

e) Si dimostri che l'energia totale emessa per unità di lunghezza dipende solo dalla corrente di picco I_0, essendo data da

$$\frac{d\varepsilon}{dz} = \frac{I_0^2}{2}.$$

f) Si esprima $d\varepsilon/dz$ in termini di T e della carica totale Q che attraversa la sezione del filo tra gli istanti $t = -\infty$ e $t = +\infty$. Si studi il comportamento di $d\varepsilon/dz$ nel limite di $T \to 0$ a Q fissato.

Parte III

Argomenti scelti

14

La reazione di radiazione

Un sistema di cariche accelerate emette radiazione elettromagnetica dotata di quadrimomento. Dal momento che il quadrimomento totale si deve conservare, durante il processo di accelerazione il quadrimomento complessivo delle particelle cariche non può dunque restare costante. Gli effetti causati in tal modo dalla radiazione nel sistema carico si riassumono con il termine *reazione di radiazione*. Iniziamo l'analisi di questo fenomeno partendo dal sistema carico più semplice, ovvero quello costituito da una singola particella.

La dinamica di una particella carica è governata dal sistema di equazioni

$$\partial_\mu F^{\mu\nu} = e \int \delta^4(x-y)\, dy^\nu, \qquad \partial_{[\mu} F_{\nu\rho]} = 0, \qquad (14.1)$$

$$\frac{dp^\mu}{ds} = e F^{\mu\nu}(y) u_\nu. \qquad (14.2)$$

Abbiamo affrontato la soluzione di questo sistema determinando in primo luogo la soluzione esatta delle equazioni (14.1), assumendo nota la traiettoria $y^\mu(s)$ della particella. Il campo elettromagnetico risultante è dato dalla somma del campo di Liénard-Wiechert (7.26) – che d'ora in avanti indicheremo con $\mathcal{F}^{\mu\nu}$ – e di un generico campo esterno $F_{in}^{\mu\nu}$ assunto noto

$$F^{\mu\nu} = \mathcal{F}^{\mu\nu} + F_{in}^{\mu\nu}. \qquad (14.3)$$

$F_{in}^{\mu\nu}$ poteva essere il campo elettromagnetico attivo in un acceleratore di particelle, quello associato all'onda piana che incide sull'elettrone nell'effetto Thomson, il campo coulombiano prodotto da un nucleo statico e via dicendo. Con la sostituzione della (14.3) nella (14.2) l'equazione di Lorentz si muta in

$$\frac{dp^\mu}{ds} = e \mathcal{F}^{\mu\nu}(y) u_\nu + e F_{in}^{\mu\nu}(y) u_\nu. \qquad (14.4)$$

Questa equazione in generale non può essere risolta analiticamente e difatti finora abbiamo affrontato la soluzione adottando tacitamente un procedimento *perturbativo*. Di seguito lo riassumiamo brevemente.

Lechner K.: Elettrodinamica classica
DOI 10.1007/978-88-470-5211-6_14, © Springer-Verlag Italia 2013

Procedimento perturbativo. Noto $F_{in}^{\mu\nu}$ abbiamo determinato preliminarmente la traiettoria $y^\mu(s)$ della particella, considerando nell'equazione (14.4) solo il termine $eF_{in}^{\mu\nu}(y)u_\nu$. Così facendo abbiamo, dunque, trascurato la *forza di frenamento*

$$e\mathcal{F}^{\mu\nu}(y)u_\nu. \tag{14.5}$$

Tale forza viene chiamata anche *forza di autointerazione* in quanto coinvolge l'*autocampo* $\mathcal{F}^{\mu\nu}(y)$ – che rappresenta l'azione del campo $\mathcal{F}^{\mu\nu}(x)$ generato dalla particella sulla particella stessa.

Successivamente abbiamo sostituito la traiettoria così determinata nelle espressioni generali dei campi di Liénard-Wiechert (7.36) e (7.37) e infine abbiamo valutato questi ultimi a grandi distanze dalla particella per determinare il quadrimomento irradiato. In alcuni casi siamo stati inoltre in grado di identificare – in modo indiretto – gli effetti della reazione di radiazione, sfruttando la conservazione del quadrimomento. Ricordiamo come esempi la spinta in avanti subita dall'elettrone nell'effetto Thomson, la diminuzione della velocità di una particella in un sincrotrone e il collasso dell'atomo di idrogeno classico. Alla luce di quanto detto sopra questi effetti non possono che essere causati dalla forza di frenamento, visto che il termine (14.5) è l'unico che nell'equazione (14.4) è stato trascurato.

Inconsistenza dell'Elettrodinamica classica. Arrivati a questo punto ci scontriamo tuttavia con il problema che l'autocampo $\mathcal{F}^{\mu\nu}(y)$ – il campo generato dalla particella valutato nel punto dove la stessa si trova – è sempre *infinito*. Dalle espressioni (7.29) e (7.30) si vede infatti che nelle vicinanze della traiettoria domina il campo di velocità, cosicché per $x^\mu \to y^\mu$ il campo di Liénard-Wiechert diverge come[1]

$$\mathcal{F}^{\mu\nu}(x)\big|_{x\to y} \sim \frac{1}{r^2}, \qquad r \equiv |\mathbf{x} - \mathbf{y}(t)|. \tag{14.6}$$

La forza di frenamento (14.5) è dunque sempre infinita e l'equazione di Lorentz (14.4) risulta pertanto sempre priva di senso. Dobbiamo quindi concludere che *l'Elettrodinamica classica nella sua formulazione originale è internamente inconsistente*. Questa inconsistenza è la ragione per cui abbiamo rinviato una trattazione *sistematica* della reazione di radiazione a questo capitolo.

A parte la difficoltà concettuale appena messa in luce è evidente che il procedimento perturbativo adottato finora non può che avere validità limitata. La dinamica della particella è infatti determinata sia dal campo esterno che dalla forza di frenamento e questi agenti devono essere presi in considerazione *contemporaneamente*. È quindi indispensabile stabilire un'equazione del moto della particella che tenga conto di entrambe le forze. Da questo punto di vista il risultato più drammatico di questo capitolo è la sostituzione dell'equazione di Lorentz *divergente* (14.4) con l'*equazione di Lorentz-Dirac* finita (14.14). Come vedremo, tale sostituzione rispetta i principi della Relatività Ristretta ed è compatibile con le principali leggi di conservazione dell'Elettrodinamica, in particolare con quella del quadrimomento. Tut-

---

[1] Quando x^μ si avvicina a un punto della traiettoria l'istante ritardato $t'(x)$ si identifica con t. Conseguentemente in questo limite la distanza $R = |\mathbf{x} - \mathbf{y}(t')|$ è proporzionale a $|\mathbf{x} - \mathbf{y}(t)|$.

tavia vedremo anche che questa operazione introduce nell'Elettrodinamica classica una *violazione della causalità*, che nell'ambito della stessa rimarrà insanabile.

Particelle puntiformi e divergenze ultraviolette e infrarosse. Le singolarità dell'autocampo si riflettono altresì nella definizione del quadrimomento del campo elettromagnetico. Visto l'andamento (14.6) del campo nelle vicinanze della particella, nel limite di $x^\mu \to y^\mu$ il tensore energia-impulso (2.121) del campo elettromagnetico diverge infatti come

$$T_{em}^{\mu\nu} \sim \frac{1}{r^4},$$

singolarità che in tre dimensioni spaziali non è *integrabile*. Gli integrali del quadrimomento totale $P_{em}^\mu = \int T_{em}^{0\mu}\, d^3x$ sono pertanto sempre *divergenti*. Affronteremo questo problema nel Capitolo 15. È evidente che l'origine di entrambi i problemi appena evidenziati – forza di frenamento divergente e quadrimomento del campo elettromagnetico infinito – risiede nella struttura *puntiforme* delle particelle cariche.

Nell'ambito della fisica quantistica in base al principio di indeterminazione l'analisi di regioni molto piccole richiede energie molto elevate, ovvero fotoni con frequenze molto grandi. Per questo motivo divergenze che occorrono a piccole scale spaziali vengono chiamate *divergenze ultraviolette* – anche nell'ambito della fisica classica – mentre divergenze che emergono a distanze grandi vengono chiamate *divergenze infrarosse*. Le divergenze che compaiono nella forza di frenamento e nel quadrimomento del campo corrispondono dunque a divergenze ultraviolette, poiché si manifestano a distanze molto piccole dalle particelle. Viceversa, a livello classico una particella puntiforme non dà luogo a nessuna divergenza infrarossa poiché, decrescendo il campo all'infinito come $1/|\mathbf{x}|^2$, per grandi $|\mathbf{x}|$ gli integrali $\int T_{em}^{0\mu}\, d^3x$ convergono[2]. Le divergenze infrarosse riscontrate nel Paragrafo 11.3.1 sono, al contrario, di natura *quantistica*.

Una particella con una distribuzione più regolare di carica, come ad esempio una distribuzione superficiale su una piccola sfera rigida, creerebbe un campo elettromagnetico privo di singolarità. Tuttavia una tale distribuzione sarebbe in conflitto con i principi della Relatività: il vincolo di rigidità richiederebbe forze interne *a distanza*, che violerebbero la causalità, e la compensazione della repulsione elettrostatica della distribuzione di carica richiederebbe l'introduzione di nuove forze di legame, di origine non elettromagnetica. Volendo preservare i postulati della Relatività e l'economia inerente alla formulazione minimale dell'Elettrodinamica – che non prevede altre forze all'infuori di quelle di natura elettromagnetica – preferiamo mantenere le particelle puntiformi e sostituire, invece, l'equazione di Lorentz con l'equazione di Lorentz-Dirac.

---

[2] Dall'equazione (7.14) segue che nel limite di $|\mathbf{x}| \to \infty$ il tempo ritardato tende a $t'(t, \mathbf{x}) \to -\infty$. Se l'accelerazione $\mathbf{a}(t)$ nel limite di $t \to -\infty$ si annulla con sufficiente rapidità – in particolare se dura per un tempo limitato – in base alle espressioni (7.36) e (7.37) il campo $\mathcal{F}^{\mu\nu}$ a grandi distanze decresce quindi come $1/|\mathbf{x}|^2$. In caso contrario domina il campo di accelerazione e $\mathcal{F}^{\mu\nu}$ decresce come $1/|\mathbf{x}|$. Tuttavia, una particella che è accelerata per un tempo *illimitato* non corrisponde a una situazione fisicamente realizzabile

14.1 Forze di frenamento: analisi qualitativa

Prima di iniziare l'analisi sistematica delle forze di frenamento facciamo qualche considerazione di carattere generale riguardo la loro rilevanza *concreta* nella dinamica di una particella carica. Vi sono, infatti, diverse situazioni in cui *localmente* le forze di frenamento possono essere trattate come una perturbazione ed eventualmente trascurate. Chiameremo *localmente trascurabile* una forza che influenza il moto *istantaneo* di una particella in modo marginale. Anche se localmente trascurabili, le forze di frenamento possono comunque avere effetti *cumulativi* rilevanti.

Può altresì succedere che le forze di frenamento vengano compensate da opportune forze esterne aggiuntive, come le cavità a radiofrequenza in un sincrotrone o i generatori di differenza di potenziale che mantengono gli elettroni di un'antenna in uno stato oscillatorio permanente.

Forze di frenamento localmente trascurabili. Alla luce della definizione data adottiamo il seguente criterio: le forze di frenamento sono da considerarsi localmente trascurabili, se l'energia $\Delta\varepsilon$ dissipata da una particella causa irraggiamento durante un intervallo temporale è piccola rispetto all'energia $\Delta\varepsilon_0$ comunicatale durante lo stesso intervallo dalla forza esterna. Applicheremo tale criterio nel limite non relativistico, supponendo che inizialmente la particella sia praticamente a riposo.

Indichiamo con T la scala temporale caratteristica della forza esterna e con a il valore medio dell'accelerazione durante tale intervallo. Dopo il tempo T la particella acquista allora la velocità

$$v \sim aT.$$

Per stimare l'energia irradiata durante lo stesso tempo usiamo la formula di Larmor

$$\Delta\varepsilon \sim \frac{e^2 a^2}{6\pi}\, T.$$

L'energia comunicata dalla forza esterna alla particella in questo tempo vale invece

$$\Delta\varepsilon_0 \sim \frac{1}{2}\, mv^2 \sim ma^2 T^2.$$

Ripristinando la velocità della luce otteniamo pertanto la stima

$$\frac{\Delta\varepsilon}{\Delta\varepsilon_0} \sim \frac{e^2}{6\pi mc^3}\,\frac{1}{T}.$$

La grandezza

$$\tau = \frac{e^2}{6\pi mc^3} \tag{14.7}$$

ha le dimensioni di un tempo ed è legata al raggio classico r_0 della particella dalla relazione $\tau = 2r_0/3c$. Come si vede, tale tempo è massimo per la particella carica più leggera – l'elettrone – nel qual caso vale

$$\tau = 0.6 \cdot 10^{-23}\ s.$$

Questa scala temporale, molto piccola, giocherà un ruolo fondamentale nelle sezioni a seguire. In definitiva vale

$$\frac{\Delta\varepsilon}{\Delta\varepsilon_0} \sim \frac{\tau}{T}. \tag{14.8}$$

Localmente la forza di frenamento – e con essa la reazione di radiazione – è, dunque, trascurabile, se la scala temporale T durante la quale la forza esterna varia sensibilmente è grande rispetto a τ. Al contrario la reazione di radiazione non può essere trascurata se la forza varia molto violentemente, ovvero se durante il tempo molto breve τ subisce una variazione relativa apprezzabile. Torneremo sull'effetto di forze di questo tipo nel Paragrafo 14.2.6, in connessione con il fenomeno della *preaccelerazione*.

Effetti cumulativi. L'analisi appena svolta ha validità locale. Anche se le forze esterne variano su scale temporali $T \gg \tau$, può succedere che le forze di frenamento abbiano effetti *cumulativi* apprezzabili. Un elettrone in un sincrotrone non relativistico, ad esempio, in assenza di cavità a radiofrequenza dopo un tempo sufficientemente grande si arresta, avendo irradiato tutta la sua energia. Analogamente il collasso dell'atomo di idrogeno classico è dovuto a un effetto cumulativo, nonostante l'energia (8.99) irradiata durante un ciclo risulti trascurabile, si veda il Problema 14.2. D'altra parte, come abbiamo visto nel Paragrafo 10.2.2, in un sincrotrone ultrarelativistico l'irraggiamento può avere effetti importanti anche *localmente*, potendo causare l'arresto della particella in una frazione piccolissima di un secondo. In questi casi la reazione di radiazione certamente non può essere trascurata – nemmeno localmente – e in certe situazioni la forza di frenamento può diventare addirittura dominante rispetto alle forze esterne.

14.1.1 Derivazione euristica dell'equazione di Lorentz-Dirac

Pur dovendo abbandonare l'equazione di Lorentz (14.4) – contaminata dalla forza di frenamento divergente (14.5) – nella ricerca di una dinamica alternativa assumeremo comunque che la particella soddisfi un'equazione quadrivettoriale del tipo

$$\frac{dp^{\mu}}{ds} = f^{\mu}, \tag{14.9}$$

f^{μ} essendo la *quadriforza* agente sulla particella. Questo quadrivettore tuttavia non potrà essere arbitrario, poiché il membro di sinistra dell'equazione (14.9) soddisfa l'identità $u_{\mu}dp^{\mu}/ds = mu_{\mu}w^{\mu} = 0$. La quadriforza è pertanto soggetta al vincolo

$$u_{\mu}f^{\mu} = 0. \tag{14.10}$$

Tale vincolo assicura in particolare che – in conformità con il *determinismo newtoniano* – l'equazione (14.9) corrisponda a tre equazioni differenziali funzionalmente indipendenti.

Di seguito presentiamo un argomento euristico a favore di una nuova equazione del moto – l'equazione di Lorentz-Dirac – basato sul vincolo (14.10) e su argomenti di conservazione, rimandando una "deduzione" più formale alla Sezione 14.2. L'individuazione di un'equazione del moto equivale alla ricerca di una quadriforza f^μ e dunque – in ultima analisi – alla ricerca di una ben determinata forza di frenamento *finita*.

Riprendiamo l'espressione del quadrimomento irradiato dalla particella nell'unità di tempo proprio, ovvero la formula di Larmor relativistica (10.7)

$$\frac{dP^\mu_{rad}}{ds} = - \frac{e^2}{6\pi}\, w^2 u^\mu. \tag{14.11}$$

Se il quadrimomento totale si deve conservare la particella deve necessariamente *cedere* questo quadrimomento. In presenza di un campo esterno la sua equazione del moto deve quindi avere la forma

$$\frac{dp^\mu}{ds} = \frac{e^2}{6\pi}\, w^2 u^\mu + \cdots + e F^{\mu\nu}_{in}(y) u_\nu, \tag{14.12}$$

dove abbiamo indicato la presenza di eventuali termini addizionali. Il termine di Larmor non può infatti essere l'unico termine presente, poiché in tal caso l'equazione sarebbe in conflitto con il vincolo (14.10)

$$u_\mu \left(\frac{e^2}{6\pi}\, w^2 u^\mu + e F^{\mu\nu}_{in}(y) u_\nu \right) = \frac{e^2}{6\pi}\, w^2 \neq 0.$$

Abbiamo anticipato la possibilità di termini addizionali nel quadrimomento emesso – che non raggiungono l'*infinito* – quando nel Paragrafo 10.1.2 abbiamo stabilito il significato preciso dell'equazione (14.11). L'argomento appena riportato dimostra non solo che questi termini sono necessariamente presenti, ma fornisce anche un'ipotesi sulla loro forma. Derivando l'identità $u_\mu w^\mu = 0$ rispetto a s si trova infatti

$$w_\mu w^\mu + u_\mu \frac{dw^\mu}{ds} = 0,$$

ovvero

$$u_\mu \frac{dw^\mu}{ds} = -w^2. \tag{14.13}$$

Grazie a questa identità cinematica un completamento dell'equazione (14.12) che sia consistente con il vincolo (14.10) è rappresentato dall'*equazione di Lorentz-Dirac*

$$\frac{dp^\mu}{ds} = \frac{e^2}{6\pi} \left(\frac{dw^\mu}{ds} + w^2 u^\mu \right) + e F^{\mu\nu}_{in}(y) u_\nu. \tag{14.14}$$

H.A. Lorentz ricavò la versione non relativistica (14.99) di questa equazione nel 1904, mentre P.A.M. Dirac ottenne la versione relativistica (14.14) nel 1938.

Confrontando la (14.14) con la (14.4) si vede che il termine proporzionale a e^2 rappresenta la *nuova* forza di frenamento – ora finita. Dividendo la (14.14) per m

l'equazione di Lorentz-Dirac può essere posta nella forma equivalente

$$w^\mu = \tau \left(\frac{dw^\mu}{ds} + w^2 u^\mu \right) + \frac{e}{m}\, F_{in}^{\mu\nu}(y) u_\nu, \qquad (14.15)$$

τ essendo il tempo introdotto in (14.7).

A parte il carattere euristico dell'argomento appena presentato è importante precisare che comunque l'equazione di Lorentz-Dirac non può essere *derivata* in nessun modo dall'equazione di Lorentz (14.4), semplicemente perché quest'ultima – essendo divergente – è priva di senso. In ultima analisi l'equazione di Lorentz-Dirac deve essere *postulata*.

14.2 Equazione di Lorentz-Dirac

In questa sezione "deriviamo" l'equazione di Lorentz-Dirac a partire da un'equazione di Lorentz *regolarizzata* e ne illustreremo le principali implicazioni fisiche. Per semplicità considereremo inizialmente di nuovo una particella singola, presentando la generalizzazione a un sistema di particelle alla fine del Paragrafo 14.2.2.

Prima di entrare nei dettagli della derivazione elenchiamo le proprietà generali che l'equazione del moto di una particella relativistica deve possedere:

1) invarianza sotto trasformazioni di Lorentz;
2) assenza di termini divergenti;
3) consistenza con l'identità $u_\mu dp^\mu/ds = 0$;
4) compatibilità con la conservazione del quadrimomento totale.

Di seguito ci occuperemo delle richieste 1), 2) e 3). La richiesta 4) – non meno importante delle altre – verrà affrontata nel Capitolo 15.

14.2.1 Regolarizzazione e rinormalizzazione

Riprendiamo l'espressione del campo di Liénard-Wiechert (7.26)

$$\mathcal{F}^{\mu\nu}(x) = \frac{e}{4\pi(uL)^3} \left(L^\mu u^\nu + L^\mu((uL)w^\nu - (wL)u^\nu) - (\mu \leftrightarrow \nu) \right), \quad (14.16)$$

dove il vettore L è definito da

$$L^\mu(x) = x^\mu - y^\mu(s). \qquad (14.17)$$

Ricordiamo inoltre che le variabili cinematiche $y(s)$, $u(s)$ e $w(s)$ sono valutate al tempo proprio ritardato $s(x)$, determinato dalle relazioni

$$(x - y(s))^2 = 0, \qquad x^0 > y^0(s). \qquad (14.18)$$

Il nostro procedimento per derivare un'equazione finita a partire dall'equazione divergente (14.4) si basa su un metodo usato comunemente nelle teorie di campo quantistiche relativistiche, per curare le *divergenze ultraviolette*. Tale metodo prevede due passaggi: il primo consiste in una *regolarizzazione* e il secondo in una *rinormalizzazione*.

Regolarizzazione. Il primo passo prevede l'introduzione di un regolarizzatore ε, che nel nostro caso sarà un numero reale e positivo con le dimensioni di una lunghezza. A ogni ε associamo un campo di Liénard-Wiechert *regolarizzato*

$$\mathcal{F}_\varepsilon^{\mu\nu}(x), \tag{14.19}$$

soggetto al limite *puntuale*

$$\lim_{\varepsilon\to 0} \mathcal{F}_\varepsilon^{\mu\nu}(x) = \mathcal{F}^{\mu\nu}(x), \quad \forall\, x^\mu \neq y^\mu(s).$$

Al campo regolarizzato richiediamo di essere regolare sulla traiettoria, ovvero richiediamo che l'autocampo *regolarizzato*

$$\mathcal{F}_\varepsilon^{\mu\nu}(y), \qquad y^\mu \equiv y^\mu(s), \tag{14.20}$$

sia *finito* per ogni $\varepsilon > 0$ e per ogni s. La procedura di regolarizzazione prevede inoltre la sostituzione della massa m della particella con un parametro m_ε, la cui forma verrà specificata in seguito. Non necessariamente dovrà valere, e non varrà, $\lim_{\varepsilon\to 0} m_\varepsilon = m$. A priori si potrebbe altresì introdurre una carica regolarizzata e_ε, ma nel caso in questione non è necessario.

Rinormalizzazione. Proponiamo come nuova equazione del moto

$$\lim_{\varepsilon\to 0} \left(m_\varepsilon \frac{du^\mu}{ds} - e\mathcal{F}_\varepsilon^{\mu\nu}(y)u_\nu - eF_{in}^{\mu\nu}(y)u_\nu \right) = 0, \tag{14.21}$$

purché per un'opportuna scelta di m_ε il limite in (14.21) esista per ogni s. Si noti che questa condizione è molto restrittiva, perché m_ε moltiplica un vettore particolare, ovvero la quadriaccelerazione $w^\mu = du^\mu/ds$, cosicché potranno essere assorbiti soltanto termini divergenti proporzionali a w^μ. Questo passaggio finale viene chiamato *rinormalizzazione*, nel caso in questione trattandosi di una *rinormalizzazione della massa*.

Se un tale m_ε esiste, l'equazione (14.21) soddisfa automaticamente le proprietà 2) e 3). La proprietà 3) segue dal fatto che nella (14.21) u_ν è contratto sempre con un tensore antisimmetrico. Similmente la richiesta 1) sarà automaticamente soddisfatta se la regolarizzazione (14.19) preserva l'invarianza di Lorentz. Con ciò intendiamo che sotto trasformazioni di Lorentz per ogni $\varepsilon > 0$ il campo $\mathcal{F}_\varepsilon^{\mu\nu}(x)$ si trasforma come un campo tensoriale.

Regolarizzazione Lorentz-invariante. Implementiamo il metodo illustrato scegliendo una specifica regolarizzazione che preservi l'invarianza di Lorentz. Definiamo un campo di Liénard-Wiechert regolarizzato mantenendo formalmente l'espressione (14.16), ma sostituendo la funzione $s(x)$ definita in (14.18) con la funzione $s_\varepsilon(x)$ definita da

$$(x - y(s_\varepsilon))^2 = \varepsilon^2, \qquad x^0 > y^0(s_\varepsilon). \tag{14.22}$$

Poniamo dunque

$$\mathcal{F}_\varepsilon^{\mu\nu}(x) = \mathcal{F}^{\mu\nu}(x)\Big|_{s \to s_\varepsilon}. \tag{14.23}$$

In virtù del fatto che il *cono luce futuro* è Lorentz-invariante, si veda il Paragrafo 5.2.3, la funzione $s_\varepsilon(x)$ è uno scalare di Lorentz – alla stessa stregua di $s(x)$. Di conseguenza il campo (14.23) si trasforma come un campo tensoriale e la regolarizzazione proposta preserva, dunque, l'invarianza di Lorentz.

Alla stessa conclusione si arriva notando che la regolarizzazione indotta dalle definizioni (14.22) equivale a tutti gli effetti alla sostituzione della funzione di Green ritardata $G = H(x^0)\,\delta(x^2)/2\pi$, con la funzione di Green regolarizzata e manifestamente Lorentz-invariante

$$G_\varepsilon = \frac{1}{2\pi}\, H(x^0)\, \delta(x^2 - \varepsilon^2).$$

Definendo il quadripotenziale $\mathcal{A}_\varepsilon^\mu = G_\varepsilon * j^\mu$ si dimostra infatti facilmente che il campo (14.23) equivale proprio a $\mathcal{F}_\varepsilon^{\mu\nu} = \partial^\mu \mathcal{A}_\varepsilon^\nu - \partial^\nu \mathcal{A}_\varepsilon^\mu$.

Resta da far vedere che l'autocampo regolarizzato (14.20) è finito per ogni $\varepsilon > 0$ e per ogni s – proprietà che dimostreremo essere valida in generale nel Paragrafo 14.2.3. Di seguito la verifichiamo esplicitamente nel caso particolare di una carica in moto rettilineo uniforme.

Campo regolarizzato: moto rettilineo uniforme. La linea di universo di una particella in moto rettilineo uniforme ha la forma

$$y^\mu(s) = u^\mu s, \qquad w^\mu(s) = 0, \qquad u^2 = 1,$$

nel qual caso il campo di Liénard-Wiechert regolarizzato può essere valutato analiticamente. Iniziamo determinando la funzione $s_\varepsilon(x)$ risolvendo le condizioni (14.22)

$$(x - u s_\varepsilon)^2 = \varepsilon^2 \qquad \Rightarrow \qquad s_\varepsilon(x) = (ux) - \sqrt{(ux)^2 - x^2 + \varepsilon^2}.$$

La scelta del segno "$-$" davanti alla radice è imposta dalla disuguaglianza $x^0 > y^0(s_\varepsilon)$, ovvero $x^0 > u^0 s_\varepsilon$. Secondo la prescrizione (14.23) nel campo (14.16) dobbiamo effettuare la sostituzione $s(x) \to s_\varepsilon(x)$, ovvero $L^\mu \to L_\varepsilon^\mu = x^\mu - u^\mu s_\varepsilon(x)$, sicché occorre il prodotto scalare

$$(uL_\varepsilon) = (ux) - s_\varepsilon(x) = \sqrt{(ux)^2 - x^2 + \varepsilon^2}.$$

Dato che $w^\mu = 0$, dalla (14.16) in tal modo si ottiene il campo regolarizzato

$$\mathcal{F}_\varepsilon^{\mu\nu}(x) = \frac{e}{4\pi} \frac{x^\mu u^\nu - x^\nu u^\mu}{\left((ux)^2 - x^2 + \varepsilon^2\right)^{3/2}}. \tag{14.24}$$

Il campo ottenuto è manifestamente Lorentz-covariante e nel limite puntuale di $\varepsilon \to 0$ restituisce il campo (6.87) di una particella in moto rettilineo uniforme, che sulla traiettoria diverge. Al contrario il campo regolarizzato (14.24) è ben definito anche lungo la traiettoria della particella, ovvero per $x^{\mu} = y^{\mu}(s) = u^{\mu}s$. Lungo la traiettoria il denominatore si riduce infatti a $4\pi\varepsilon^3$, mentre il numeratore si annulla. L'autocampo regolarizzato è dunque finito, valendo

$$\mathcal{F}_{\varepsilon}^{\mu\nu}(y(s)) = 0. \qquad (14.25)$$

Ciò significa che una particella che si muove di moto rettilineo uniforme, con $F_{in}^{\mu\nu} = 0$, non è soggetta a nessuna autointerazione, risultato che è naturalmente in accordo con il fatto che una particella non accelerata non emette radiazione.

14.2.2 Derivazione dell'equazione di Lorentz-Dirac

Di seguito valutiamo esplicitamente il limite (14.21) per una particella che compie un moto arbitrario. Per fare questo dobbiamo determinare l'andamento dell'auto-campo regolarizzato $\mathcal{F}_{\varepsilon}^{\mu\nu}(y)$ nel limite di ε che va zero. Nel Paragrafo 14.2.3 faremo vedere che per un moto generico il limite $\lim_{\varepsilon\to 0} \mathcal{F}_{\varepsilon}^{\mu\nu}(y)$ non esiste e che l'autocampo regolarizzato ammette piuttosto lo sviluppo in *serie di Laurent* attorno a $\varepsilon = 0$

$$\mathcal{F}_{\varepsilon}^{\mu\nu}(y) = \frac{e}{8\pi\varepsilon}\left(u^{\mu}w^{\nu} - u^{\nu}w^{\mu}\right) - \frac{e}{6\pi}\left(u^{\mu}\frac{dw^{\nu}}{ds} - u^{\nu}\frac{dw^{\mu}}{ds}\right) + o(\varepsilon). \qquad (14.26)$$

Si noti che per un moto rettilineo uniforme questa espressione si riduce alla (14.25). Utilizzando la (14.26) e l'identità (14.13) è immediato valutare la forza di frenamento regolarizzata che compare in (14.21)

$$e\mathcal{F}_{\varepsilon}^{\mu\nu}(y)u_{\nu} = \frac{e^2}{6\pi}\left(\frac{dw^{\mu}}{ds} + w^2 u^{\mu}\right) - \frac{e^2}{8\pi\varepsilon}\,w^{\mu} + o(\varepsilon).$$

Come c'era da aspettarsi, nel limite di $\varepsilon \to 0$ questa forza diverge. Tuttavia, il termine divergente risulta proporzionale a w^{μ}. Grazie a questa circostanza la (14.21) assume la forma

$$\lim_{\varepsilon\to 0}\left(\left(m_{\varepsilon} + \frac{e^2}{8\pi\varepsilon}\right)\frac{du^{\mu}}{ds} - \frac{e^2}{6\pi}\left(\frac{dw^{\mu}}{ds} + w^2 u^{\mu}\right) - eF_{in}^{\mu\nu}(y)u_{\nu} + o(\varepsilon)\right) = 0.$$
$$(14.27)$$

Come si vede, il termine divergente può essere eliminato scegliendo per m_{ε} l'espressione tendente a $-\infty$

$$m_{\varepsilon} = m - \frac{e^2}{8\pi\varepsilon},$$

m essendo la massa fisica finita della particella. Dopo tale *rinormalizzazione della massa* il limite (14.27) esiste e l'equazione che ne deriva è effettivamente l'equazione di Lorentz-Dirac (14.14).

Adottando il linguaggio delle teorie quantistiche di campo possiamo riassumere la nostra procedura dicendo che "la parte divergente della forza di frenamento è stata eliminata attraverso una rinormalizzazione della massa".

Equazioni di Lorentz-Dirac per un sistema di particelle. Per generalizzare la (14.14) a un sistema di N particelle cariche è sufficiente tenere conto nell'equazione del moto di ciascuna particella dei campi di Liénard-Wiechert $\mathcal{F}_s^{\mu\nu}(x)$ generati dalle altre particelle. L'equazione di Lorentz-Dirac per la particella r-esima che ne deriva è

$$\frac{dp_r^\mu}{ds_r} = \frac{e_r^2}{6\pi}\left(\frac{dw_r^\mu}{ds_r} + w_r^2 u_r^\mu\right) + e_r F_r^{\mu\nu}(y_r)u_{r\nu}, \qquad r = 1,\cdots, N, \qquad (14.28)$$

il campo esterno totale agente su essa essendo dato da

$$F_r^{\mu\nu}(x) \equiv F_{in}^{\mu\nu}(x) + \sum_{s\neq r}\mathcal{F}_s^{\mu\nu}(x). \qquad (14.29)$$

È evidente che il campo $F_r^{\mu\nu}(x)$ non presenta nessuna singolarità in $x = y_r$, cosicché le (14.28) costituiscono un ben definito sistema di $4N$ equazioni differenziali accoppiate, di cui $3N$ funzionalmente indipendenti.

14.2.3 Espansione dell'autocampo regolarizzato

Per derivare l'espansione (14.26) dell'autocampo regolarizzato $\mathcal{F}_\varepsilon^{\mu\nu}(y) \equiv \mathcal{F}_\varepsilon^{\mu\nu}(y(s))$ attorno a $\varepsilon = 0$ dobbiamo determinare preliminarmente per ogni s fissato il parametro s_ε, tale che (si vedano le (14.22))

$$(y(s) - y(s_\varepsilon))^2 = \varepsilon^2, \qquad (14.30)$$

$$y^0(s) > y^0(s_\varepsilon) \quad \Leftrightarrow \quad s_\varepsilon < s. \qquad (14.31)$$

In base alle posizioni (14.16) e (14.23) l'autocampo regolarizzato si scrive allora

$$\mathcal{F}_\varepsilon^{\mu\nu}(y(s)) = \frac{e}{4\pi(u_\varepsilon L_\varepsilon)^3}\left(L_\varepsilon^\mu u_\varepsilon^\nu + L_\varepsilon^\mu L_{\varepsilon\gamma}\left(u_\varepsilon^\gamma w_\varepsilon^\nu - w_\varepsilon^\gamma u_\varepsilon^\nu\right) - (\mu \leftrightarrow \nu)\right), \quad (14.32)$$

dove si è posto

$$u_\varepsilon^\mu = u^\mu(s_\varepsilon), \qquad w_\varepsilon^\mu = w^\mu(s_\varepsilon), \qquad L_\varepsilon^\mu = y^\mu(s) - y^\mu(s_\varepsilon). \qquad (14.33)$$

Per poter espandere il campo (14.32) attorno a $\varepsilon = 0$ dobbiamo espandere prima s_ε in potenze di ε risolvendo la (14.30). Dato che per ε che tende a zero s_ε tende a s è conveniente introdurre il parametro

$$\Delta \equiv s - s_\varepsilon > 0, \qquad \lim_{\varepsilon \to 0} \Delta = 0. \tag{14.34}$$

Per risolvere perturbativamente l'equazione del ritardo (14.30) eseguiamo l'espansione in potenze di Δ

$$y^\mu(s) - y^\mu(s_\varepsilon) = y^\mu(s) - y^\mu(s - \Delta) = \Delta u^\mu(s) - \frac{1}{2}\,\Delta^2 w^\mu(s) + o(\Delta^3),$$

cosicché tale equazione si riduca a

$$(y(s) - y(s_\varepsilon))^2 = \left(\Delta u(s) - \frac{1}{2}\,\Delta^2 w(s) + o(\Delta^3)\right)^2 = \Delta^2 + o(\Delta^4) = \varepsilon^2.$$

Ricaviamo dunque la semplice relazione

$$\Delta = \varepsilon\big(1 + o(\varepsilon^2)\big). \tag{14.35}$$

Espansione in potenze di Δ. Invece di espandere il campo (14.32) in potenze di ε conviene espanderlo in potenze di Δ e usare successivamente la (14.35). Dal momento che nella (14.32) a denominatore compare il fattore $(u_\varepsilon L_\varepsilon)^3$, ed L_ε^μ è di ordine Δ, è necessario espandere il numeratore fino all'ordine Δ^3. Ponendo $u^\mu \equiv u^\mu(s)$ e $w^\mu \equiv w^\mu(s)$, e usando le espansioni

$$L_\varepsilon^\mu = \Delta u^\mu - \frac{1}{2}\,\Delta^2 w^\mu + \frac{1}{6}\,\Delta^3 \frac{dw^\mu}{ds} + o(\Delta^4),$$

$$u_\varepsilon^\mu = u^\mu - \Delta w^\mu + \frac{1}{2}\,\Delta^2 \frac{dw^\mu}{ds} + o(\Delta^3),$$

$$w_\varepsilon^\mu = w^\mu - \Delta \frac{dw^\mu}{ds} + o(\Delta^2),$$

per i vari termini presenti in (14.32) otteniamo allora

$$(u_\varepsilon L_\varepsilon) = \Delta + o(\Delta^3),$$

$$L_\varepsilon^\mu u_\varepsilon^\nu - L_\varepsilon^\nu u_\varepsilon^\mu = -\frac{1}{2}\,\Delta^2 (u^\mu w^\nu - u^\nu w^\mu) + \frac{1}{3}\,\Delta^3 \left(u^\mu \frac{dw^\nu}{ds} - u^\nu \frac{dw^\mu}{ds}\right) + o(\Delta^4),$$

$$u_\varepsilon^\gamma w_\varepsilon^\nu - w_\varepsilon^\gamma u_\varepsilon^\nu = u^\gamma w^\nu - u^\nu w^\gamma - \Delta\left(u^\gamma \frac{dw^\nu}{ds} - u^\nu \frac{dw^\gamma}{ds}\right) + o(\Delta^2),$$

$$L_\varepsilon^\mu L_{\varepsilon\gamma}(u_\varepsilon^\gamma w_\varepsilon^\nu - w_\varepsilon^\gamma u_\varepsilon^\nu) - (\mu \leftrightarrow \nu) = \Delta^2 u^\mu w^\nu - \Delta^3 u^\mu \frac{dw^\nu}{ds} - (\mu \leftrightarrow \nu) + o(\Delta^4).$$

Inserendo queste espansioni nella (14.32) otteniamo infine

$$\mathcal{F}_\varepsilon^{\mu\nu}(y(s)) = \frac{e}{8\pi\Delta}\,(u^\mu w^\nu - u^\nu w^\mu) - \frac{e}{6\pi}\left(u^\mu \frac{dw^\nu}{ds} - u^\nu \frac{dw^\mu}{ds}\right) + o(\Delta). \tag{14.36}$$

Dal momento che in base alla (14.35) Δ differisce da ε per termini di ordine ε^3, in questa espansione Δ può essere sostituito con ε. Il risultato è pertanto la (14.26).

14.2.4 Caratteristiche dell'equazione

Ruolo dell'equazione. Ribadiamo che l'equazione di Lorentz-Dirac non può essere *derivata* dalle equazioni fondamentali dell'Elettrodinamica (14.1) e (14.2). Corrispondentemente la "deduzione" che abbiamo presentato nel Paragrafo 14.2.2 non costituisce che un *argomento* a suo favore. Ciò nondimeno promuoviamo l'equazione di Lorentz-Dirac a un'equazione *fondamentale* dell'Elettrodinamica, poiché – come vedremo nel Capitolo 15 – essa è imposta dalla *conservazione del quadrimomento* totale. Non per niente Dirac basò la sua derivazione dell'equazione su argomenti di conservazione. Resta il fatto che – dal punto di vista dei fondamenti – l'equazione di Lorentz-Dirac deve essere considerata come un nuovo *postulato* dell'Elettrodinamica classica.

Finora abbiamo affrontato la dinamica di un sistema carico considerando in prima istanza le forze esterne e le forze di mutua interazione, trattando la reazione di radiazione come una perturbazione. Ora che abbiamo a disposizione equazioni del moto (finite) che tengono conto della reazione di radiazione, l'analisi della dinamica del sistema deve essere basata sul corrispondente sistema di equazioni (14.28). Di seguito ci occupiamo in dettaglio dell'equazione di una particella singola in presenza di un campo esterno.

Termine di Schott e quadriforza di frenamento. Riprendiamo l'equazione di Lorentz-Dirac per una particella singola (14.14) scrivendola nella forma

$$\frac{dp^\mu}{ds} = \Gamma^\mu + eF_{in}^{\mu\nu}(y)u_\nu, \qquad \Gamma^\mu \equiv \frac{e^2}{6\pi}\left(\frac{dw^\mu}{ds} + w^2 u^\mu\right), \tag{14.37}$$

dove abbiamo introdotto la *quadriforza di frenamento* Γ^μ, altrimenti detta *forza di autointerazione*. Questa forza è composta da due termini. Il secondo è il *termine di Larmor* legato strettamente alla conservazione del quadrimomento. Il primo – detto *termine di Schott* – è invece necessario per rendere la forza di frenamento compatibile con il vincolo $u_\mu dp^\mu/ds = 0$. In base all'identità (14.13) vale infatti identicamente

$$u_\mu \Gamma^\mu = 0.$$

Γ^μ costituisce una correzione *relativistica* all'equazione di Lorentz e inizia in effetti con termini di ordine $1/c^3$. Il modo più semplice per vederlo consiste nello scrivere l'equazione (14.37) nella forma equivalente (14.15) e nel notare che il tempo τ in (14.7) è di ordine $1/c^3$. Come vedremo nella Sezione 14.4, il fatto che la forza di frenamento inizi con termini di ordine $1/c^3$ è strettamente legato al fatto che nel limite non relativistico – ovvero in approssimazione di dipolo – l'energia irradiata dalla particella sia di questo stesso ordine.

Bilancio del quadrimomento. Il termine di Schott non origina da una legge di conservazione, bensì da una richiesta di consistenza algebrica. Corrispondentemente questo termine non dovrebbe contribuire al bilancio del quadrimomento totale – come abbiamo implicitamente assunto in tutte le analisi svolte. Per verificarlo consideriamo un campo esterno confinato a una regione limitata e integriamo l'equazione (14.37) tra un istante iniziale in cui la particella non sia ancora penetrata nella regione del campo e un istante finale in cui ne sia già uscita

$$\Delta p^\mu = e \int_i^f F_{in}^{\mu\nu}(y) u_\nu \, ds + \frac{e^2}{6\pi} \int_i^f w^2 u^\mu \, ds + \frac{e^2}{6\pi}(w_f^\mu - w_i^\mu). \qquad (14.38)$$

In assenza di campo la particella si muove di moto rettilineo uniforme e quindi $w_f^\mu = 0 = w_i^\mu$. Conseguentemente nella (14.38) il contributo dovuto al termine di Schott è zero. Identica conclusione si trae se la particella compie un moto quasi-periodico, poiché in quel caso si ha $w_f^\mu \approx w_i^\mu$. La variazione totale di quadrimomento (14.38) è quindi determinata esclusivamente dal termine di Larmor e, ovviamente, dal campo esterno $F_{in}^{\mu\nu}$, ovvero, in presenza di più particelle, dal campo $F_r^{\mu\nu}$ (14.29).

Conflitto con il determinismo e condizioni supplementari. Pur non contribuendo al bilancio del quadrimomento il termine di Schott ha effetti *locali* sul moto della particella tutt'altro che trascurabili. Questo termine contiene, infatti, la derivata *terza* rispetto al tempo di $\mathbf{y}(t)$. Ciò porta alla drammatica conclusione che, una volta fissate $\mathbf{y}(0)$ e $\mathbf{v}(0)$, l'equazione di Lorentz-Dirac non ammetta soluzione unica, come richiederebbe invece il determinismo newtoniano: assegnate tali condizioni iniziali sarebbero possibili infiniti moti diversi a seconda del valore dell'accelerazione iniziale $\mathbf{a}(0)$. Questa circostanza, oltre a essere in palese contrasto con l'osservazione, svuota l'equazione del suo potere predittivo.

Non volendo rinunciare al determinismo newtoniano siamo portati a concludere che non tutte le soluzioni dell'equazione di Lorentz-Dirac corrispondano a moti realizzati in *natura*. Dovremmo allora individuare un criterio che selezioni i moti fisicamente ammessi – senza compromettere l'invarianza di Lorentz. Se supponiamo che i campi esterni si annullino all'infinito spaziale con sufficiente rapidità, allora esistono delle *condizioni supplementari* che si offrono in modo naturale. In questo caso la particella è infatti sottoposta al campo esterno solo per un tempo "limitato", sicché è naturale assumere che per tempi grandi la sua accelerazione tenda a zero e la sua velocità a un valore limite diverso dalla velocità della luce. Corrispondentemente imponiamo le condizioni supplementari – compatibili con l'invarianza di Lorentz[3]

$$\lim_{s \to +\infty} w^\mu(s) = 0, \qquad \lim_{s \to +\infty} u^\mu(s) = u_\infty^\mu. \qquad (14.39)$$

Non imponiamo condizioni analoghe per $s \to -\infty$ per un motivo che verrà chiarito tra breve. Si noti che nel linguaggio tridimensionale le condizioni (14.39)

---

[3] In realtà le condizioni (14.39) e (14.40) sono valide anche per moti confinati a una regione limitata. Infatti, per motivi fisici una particella confinata a una regione limitata può essere alimentata da un campo esterno solo per un tempo finito cosicché, irraggiando, perde energia fino a quando non raggiunge una velocità costante o nulla.

equivalgono a

$$\lim_{t\to+\infty} \mathbf{a}(t) = 0, \qquad \lim_{t\to+\infty} \mathbf{v}(t) = \mathbf{v}_\infty, \qquad |\mathbf{v}_\infty| < 1. \qquad (14.40)$$

Sotto opportune condizioni di regolarità la richiesta dell'annullamento asintotico dell'accelerazione implica la costanza asintotica della velocità; conseguentemente le seconde condizioni in (14.39) e (14.40) risultano, in realtà, ridondanti. Esploreremo le conseguenze fisiche di queste condizioni quando risolveremo l'equazione di Lorentz-Dirac in casi concreti, si vedano i Paragrafi 14.2.5 e 14.2.6.

Determinismo alternativo del terzo ordine. Una strategia alternativa all'imposizione delle (14.39) – più pragmatica, sebbene più rinunciataria – potrebbe essere la seguente. Supponiamo di misurare all'istante iniziale non solo la posizione e la velocità, ma anche l'accelerazione della particella. Con questi tre dati iniziali l'equazione di Lorentz-Dirac determina il moto della particella in modo univoco e in tal modo si potrebbe predire la sua posizione a ogni istante successivo. Tuttavia, oltre a essere in conflitto con il determinismo newtoniano, questo *determinismo del terzo ordine* fallisce per motivi sperimentali.

Illustriamo il problema nel caso della particella libera. Per accertare se la particella si muove di moto rettilineo uniforme, ovvero se la sua accelerazione è nulla, l'osservatore misura la velocità della particella in vari istanti e, data l'inevitabilità degli errori sperimentali, alla fine troverà per l'accelerazione un valore *diverso* da zero, seppure molto piccolo. D'altra parte dalla soluzione generale (14.50) dell'equazione di Lorentz-Dirac per la particella libera si vede che per una qualsiasi accelerazione iniziale diversa da zero la quadriaccelerazione aumenta in modo talmente violento, che la velocità della particella tende a quella della luce. Ripetendo la misura a un istante successivo, e trovando nel limiti sperimentali la stessa velocità dell'istante iniziale, l'osservatore concluderebbe quindi che teoria ed esperimento sono in massimo disaccordo. Viceversa, se l'accelerazione iniziale è strettamente zero, secondo la soluzione generale (14.50) l'accelerazione rimane zero a ogni istante. L'unico modo per mettere d'accordo teoria ed esperimento consisterebbe, dunque, nell'eseguire misure con errori *nulli*, ottenendo per l'accelerazione il valore zero; ma ciò non è possibile.

Violazione esplicita dell'invarianza per inversione temporale. Dal Paragrafo 2.2.2 sappiamo che le equazioni fondamentali dell'Elettrodinamica (2.18)-(2.20) sono invarianti sotto inversione temporale. Nel caso di una particella singola questa invarianza assicura che, se la configurazione

$$\Sigma = \{\mathbf{y}(t), \mathbf{E}(t,\mathbf{x}), \mathbf{B}(t,\mathbf{x})\}$$

è una soluzione di tali equazioni, allora è soluzione anche la configurazione

$$\Sigma^* = \{\mathbf{y}(-t), \mathbf{E}(-t,\mathbf{x}), -\mathbf{B}(-t,\mathbf{x})\}.$$

E e **B** denotano qui i campi totali, dati dalla somma dei campi di Liénard-Wiechert e del campo esterno. Successivamente nel Paragrafo 6.2.3 abbiamo riscontrato che questa invarianza subisce una violazione *spontanea*, nel senso che solo una delle configurazioni Σ e Σ^* è realizzata in natura, ovvero quella che propaga la radiazione dalla carica verso l'infinito.

Ora che abbiamo sostituito l'equazione di Lorentz con l'equazione di Lorentz-Dirac – eliminando in particolare il campo di Liénard-Wiechert – la situazione cambia di nuovo drasticamente: contenendo termini lineari in una derivata di ordine *dispari* di $\mathbf{y}(t)$ – nella fattispecie una derivata terza – l'equazione di Lorentz-Dirac rompe *esplicitamente* l'invarianza per inversione temporale. In particolare, mentre dp^μ/ds e $F_{in}^{\mu\nu}(y)u_\nu$ sono *vettori* sotto inversione temporale, la forza di frenamento Γ^μ in (14.37) è uno *pseudovettore* sotto tale trasformazione, si veda il Paragrafo 2.2.2. Pertanto, intendendo ora con **E** e **B** il solo campo esterno $F_{in}^{\mu\nu}$, se la configurazione Σ è una soluzione dell'equazione (14.37), la configurazione Σ^* in generale *non* lo è.

La circostanza anomala appena descritta sussiste anche se i campi esterni sono nulli. Nel Paragrafo 14.2.5 vedremo in particolare che una conseguenza importante della violazione esplicita dell'invarianza per inversione temporale è che gli andamenti asintotici della velocità nei limiti di $t \to +\infty$ e $t \to -\infty$ sono fondamentalmente diversi – anche in assenza di campi esterni. È questo il motivo per cui le condizioni supplementari (14.39) e (14.40) devono essere imposte solo per tempi molto grandi *positivi*[4]. Nei Paragrafi 14.2.5 e 14.2.6 illustreremo queste caratteristiche generali con esempi concreti.

Equazione di Lorentz-Dirac e principio variazionale. Una volta sostituita l'equazione di Lorentz – che sappiamo discendere attraverso il principio variazionale dall'azione (4.9) – con l'equazione di Lorentz-Dirac, sorge la domanda se anche quest'ultima possa essere dedotta da un'azione. La questione è rilevante perché l'esistenza di un'azione garantirebbe, grazie al teorema di Nöther, la validità delle principali leggi di conservazione. In realtà è facile vedere che, a causa della comparsa della derivata terza delle coordinate, *non* esiste nessun'azione locale da cui l'equazione di Lorentz-Dirac possa essere derivata.

Illustriamo il problema nel caso di una particella singola che si trovi in presenza di un campo esterno $F_{in}^{\mu\nu} = \partial^\mu A_{in}^\nu - \partial^\nu A_{in}^\mu$, nel qual caso si tratta di trovare un'azione che dia luogo all'equazione (14.37). Sappiamo che in assenza della forza di frenamento l'azione sarebbe data dalla (4.9), previa la sostituzione $A^\mu \to A_{in}^\mu$. Per riprodurre la forza di frenamento Γ^μ, contenente un termine lineare nella derivata terza di y^μ, dovremmo aggiungere a questa azione termini quadratici nelle

---

[4] L'equazione di Lorentz-Dirac è stata derivata dall'equazione di Lorentz regolarizzata (14.21), in cui $\mathcal{F}^{\mu\nu}$ è il campo di Liénard-Wiechert *ritardato*. Se al posto di questo campo avessimo usato il campo di Liénard-Wiechert *avanzato* – si veda la (6.38) – che propaga la radiazione dall'infinito verso la particella, l'equazione di Lorentz-Dirac risultante sarebbe stata la (14.37) con la sostituzione $\Gamma^\mu \to -\Gamma^\mu$. In questo caso la particella assorbirebbe quadrimomento, invece di emetterlo, e le condizioni (14.40) dovrebbero essere imposte per tempi molto grandi *negativi*. È dunque evidente che la violazione esplicita dell'invarianza per inversione temporale dell'Elettrodinamica classica – come teoria fondata sull'equazione di Lorentz-Dirac – è strettamente legata alla freccia temporale preferenziale introdotta dalla radiazione.

y^μ con complessivamente tre derivate. Imponendo l'invarianza relativistica e l'invarianza per riparametrizzazione della linea d'universo l'azione completa dovrebbe allora avere la forma generale

$$I = -m \int ds - e \int A_{in}^\mu dy_\mu + e^2 \int \left(a \, \frac{dy^\mu}{ds} \frac{d^2 y_\mu}{ds^2} + b \, y^\mu \frac{d^3 y_\mu}{ds^3} \right) ds, \qquad (14.41)$$

a e b essendo costanti adimensionali. In realtà il terzo termine non è niente altro che $e^2 \int a u^\mu w_\mu ds$ ed è quindi identicamente nullo. Similmente il quarto può essere ricondotto al terzo attraverso un'integrazione per parti

$$y^\mu \frac{d^3 y_\mu}{ds^3} = \frac{d}{ds} \left(y^\mu \frac{d^2 y_\mu}{ds^2} \right) - \frac{dy^\mu}{ds} \frac{d^2 y_\mu}{ds^2} = \frac{d}{ds} \left(y^\mu \frac{d^2 y_\mu}{ds^2} \right).$$

L'ultimo integrale in (14.41) si riduce dunque a un termine al bordo, che come tale non contribuisce all'equazione del moto. L'azione (14.41) fornisce pertanto l'equazione del moto $dp^\mu/ds = eF_{in}^{\mu\nu} u_\nu$ – al posto dell'equazione (14.37).

Una conseguenza negativa del fatto che l'equazione di Lorentz-Dirac non possa essere derivata da un'azione è che le principali leggi di conservazione, e in particolare la forma del tensore energia-impulso, debbano essere stabilite *a mano* (si veda il Capitolo 15).

14.2.5 Particella libera

In alcune situazioni semplici l'equazione di Lorentz-Dirac può essere risolta esattamente, un esempio istruttivo essendo la particella carica libera. In questo caso si tratta di risolvere l'equazione (14.37) per $F_{in}^{\mu\nu} = 0$, ovvero in presenza della sola quadriforza di frenamento,

$$\frac{dp^\mu}{ds} = \frac{e^2}{6\pi} \left(\frac{dw^\mu}{ds} + w^2 u^\mu \right). \qquad (14.42)$$

Limite non relativistico e soluzioni runaway. Prima di presentare la soluzione generale della (14.42) affrontiamo la sua soluzione nel limite non relativistico. Per determinare la forma che l'equazione assume in questo limite dobbiamo ripristinare la velocità della luce e sviluppare il suo secondo membro in serie di potenze di $1/c$, arrestandoci al primo ordine non banale. Lasciamo questa operazione come esercizio al lettore e riportiamo semplicemente il risultato. Scrivendo separatamente le componenti temporale e spaziali della (14.42) si ottiene

$$\frac{d\varepsilon}{dt} = \frac{e^2}{6\pi c^3} \, \mathbf{v} \cdot \frac{d\mathbf{a}}{dt} + o\left(\frac{1}{c^5}\right), \tag{14.43}$$

$$\frac{d\mathbf{p}}{dt} = \frac{e^2}{6\pi c^3} \frac{d\mathbf{a}}{dt} + o\left(\frac{1}{c^5}\right). \tag{14.44}$$

Si noti che i secondi membri di queste equazioni, rappresentando la quadriforza di frenamento, iniziano con termini di ordine $1/c^3$, si veda il Paragrafo 14.2.4. Eseguendo esplicitamente l'espansione della (14.42) si vede che nell'equazione (14.43) all'ordine $1/c^3$ contribuiscono sia il termine di Larmor che quello di Schott, mentre nell'equazione (14.44) all'ordine $1/c^3$ contribuisce solamente il termine di Schott. Dal momento che la relazione $\varepsilon^2 = c^2\mathbf{p}^2 + m^2c^4$ comporta l'identità

$$\varepsilon\frac{d\varepsilon}{dt} = c^2\mathbf{p} \cdot \frac{d\mathbf{p}}{dt}, \quad \text{ovvero} \quad \frac{d\varepsilon}{dt} = \mathbf{v} \cdot \frac{d\mathbf{p}}{dt}, \tag{14.45}$$

l'equazione (14.43) è in realtà implicata dalla (14.44). Ciò segue ovviamente dal fatto che l'equazione di Lorentz-Dirac ha solo tre componenti funzionalmente indipendenti.

Tenendo conto che nel limite non relativistico vale inoltre $\mathbf{p} = m\mathbf{v}$, in questo limite la (14.44) si riduce in definitiva alla semplice equazione

$$m\mathbf{a} = \frac{e^2}{6\pi c^3} \frac{d\mathbf{a}}{dt} \quad \leftrightarrow \quad \mathbf{a} = \tau \frac{d\mathbf{a}}{dt}, \tag{14.46}$$

il parametro τ essendo definito in (14.7). Notiamo innanzitutto che la violazione esplicita dell'invarianza per inversione temporale dell'equazione di Lorentz-Dirac sopravvive anche nel limite non relativistico. Infatti, sotto la sostituzione $t \to -t$ l'equazione (14.46) non è invariante, mutandosi piuttosto in $\mathbf{a} = -\tau \, d\mathbf{a}/dt$. Conseguentemente, se $\mathbf{v}(t)$ è una soluzione della (14.46), il moto ottenuto per inversione temporale, ovvero $\mathbf{v}^*(t) = -\mathbf{v}(-t)$, in genere non è una soluzione. Più concretamente la (14.46) ammette la soluzione generale

$$\mathbf{a}(t) = e^{t/\tau}\mathbf{a}(0), \qquad \mathbf{v}(t) = \tau\left(e^{t/\tau} - 1\right)\mathbf{a}(0) + \mathbf{v}(0), \tag{14.47}$$

ma la legge oraria

$$\mathbf{v}^*(t) = -\mathbf{v}(-t) = -\tau\left(e^{-t/\tau} - 1\right)\mathbf{a}(0) - \mathbf{v}(0)$$

per $\mathbf{a}(0) \neq 0$ non soddisfa la (14.46).

Al di là di questa violazione si riscontra un altro fenomeno molto anomalo: pur trovandosi in assenza di forze esterne la particella accelera spontaneamente e per $t \to +\infty$ la sua velocità cresce esponenzialmente, a meno che l'accelerazione iniziale $\mathbf{a}(0)$ non sia nulla. Viceversa non si riscontra nessuna anomalia per $t \to -\infty$. Le soluzioni (14.47) – chiamate *runaway solutions* – non sono dunque fisicamente accettabili. Il ruolo delle condizioni supplementari è proprio quello di eliminare queste soluzioni non fisiche. Imponendo infatti alla (14.47) le condizioni (14.40) si vede che occorre scegliere $\mathbf{a}(0) = 0$. In tal modo la (14.47) si riduce a

$$\mathbf{v}(t) = \mathbf{v}(0),$$

corrispondente a un moto rettilineo uniforme, moto appropriato per una particella *libera*.

Soluzione esatta. In approssimazione non relativistica la soluzione generale dell'equazione di Lorentz-Dirac per la particella libera (14.47) corrisponde a moti per cui la velocità tende a infinito; in realtà un tale andamento invalida l'approssimazione stessa. Procediamo dunque alla soluzione esatta della (14.42) ponendola nella forma

$$w^\mu = \tau \left(\frac{dw^\mu}{ds} + w^2 u^\mu \right). \tag{14.48}$$

Di seguito poniamo di nuovo $c = 1$. È conveniente eseguire il cambiamento di variabile

$$s \to \lambda(s) = e^{s/\tau}, \qquad \frac{d}{ds} = \frac{\lambda}{\tau} \frac{d}{d\lambda}.$$

Indicando la derivata $d/d\lambda$ con il simbolo " $'$ " si ha allora

$$w^\mu = \frac{\lambda}{\tau} u'^\mu, \qquad \frac{dw^\mu}{ds} = \frac{\lambda}{\tau^2} (\lambda u''^\mu + u'^\mu),$$

cosicché la (14.48) si riduce a

$$u''_\mu + (u'u')u_\mu = 0, \qquad (u'u') \equiv u'_\nu u'^\nu. \tag{14.49}$$

Dal momento che l'identità $u^2 = 1$ comporta che $(uu') = 0$, contraendo la (14.49) con u'^μ ricaviamo la relazione

$$(u'u'') = \frac{1}{2} (u'u')' = 0 \quad \Rightarrow \quad (u'u') = -K^2,$$

K essendo una costante positiva o nulla. In questo modo la (14.49) si muta nell'equazione del repulsore armonico con soluzione generale

$$u^\mu(s) = A^\mu e^{K\lambda} + B^\mu e^{-K\lambda}, \qquad w^\mu(s) = \frac{\lambda K}{\tau} \left(A^\mu e^{K\lambda} - B^\mu e^{-K\lambda} \right), \tag{14.50}$$

A^μ e B^μ essendo vettori costanti. Visto che deve valere $u^2 = 1$ questi vettori devono soddisfare i vincoli

$$A^\mu A_\mu = 0 = B^\mu B_\mu, \qquad A^\mu B_\mu = \frac{1}{2}. \tag{14.51}$$

In particolare vale quindi $A^0 = |\mathbf{A}|$ e $B^0 = |\mathbf{B}|$.

Le soluzioni (14.50) esibiscono di nuovo un comportamento di tipo *runaway*. Infatti, nel limite di $s \to +\infty$, corrispondente a $\lambda \to +\infty$, tutte le componenti della quadrivelocità e della quadriaccelerazione divergono. L'energia ad esempio cresce come l'esponenziale di un esponenziale

$$\varepsilon(s) = mu^0(s) \approx m|\mathbf{A}| \, e^{Ke^{s/\tau}}.$$

Corrispondentemente la velocità della particella tende alla velocità della luce, la velocità asintotica essendo data da

$$\mathbf{v}_+ = \lim_{s \to +\infty} \mathbf{v} = \lim_{s \to +\infty} \frac{\mathbf{u}}{u^0} = \frac{\mathbf{A}}{|\mathbf{A}|}, \qquad |\mathbf{v}_+| = 1.$$

Al contrario, nel limite di $s \to -\infty$, corrispondente a $\lambda \to 0$, la quadrivelocità ammette il limite finito

$$\lim_{s \to -\infty} u^\mu(s) = A^\mu + B^\mu,$$

cosicché la velocità tende a un vettore costante con modulo minore della velocità della luce

$$\mathbf{v}_- = \lim_{s \to -\infty} \frac{\mathbf{u}}{u^0} = \frac{\mathbf{A} + \mathbf{B}}{|\mathbf{A}| + |\mathbf{B}|}, \qquad |\mathbf{v}_-| < 1.$$

Si noti che le scelte $\mathbf{A} = 0$ e/o $\mathbf{B} = 0$ sono proibite dalle (14.51).

Imponiamo ora le condizioni supplementari (14.39). Visto che il limite $s \to +\infty$ equivale a $\lambda \to +\infty$, dalla (14.50) vediamo che $w^\mu(s) \to 0$ nel limite di $s \to +\infty$ solamente se $K = 0$, nel qual caso la soluzione diventa

$$w^\mu(s) = 0, \qquad u^\mu(s) = A^\mu + B^\mu = \text{costante}.$$

Concludiamo pertanto che nel caso della particella libera le uniche soluzioni dell'equazione di Lorentz-Dirac che siano compatibili con le (14.39) corrispondono a moti rettilinei uniformi – in accordo con l'osservazione.

La situazione riscontrata in questo paragrafo è prototipica: la soluzione generale dell'equazione di Lorentz-Dirac in generale ha un comportamento di tipo *runaway* e il ruolo delle condizioni supplementari è proprio quello di eliminare queste soluzioni non fisiche. Nel paragrafo a seguire vedremo, tuttavia, che in presenza di *forze esterne* le soluzioni dell'equazione di Lorentz-Dirac soddisfacenti le condizioni (14.39), pur non presentando un comportamento anomalo di tipo *runaway*, in generale violano la *causalità*.

14.2.6 Moto unidimensionale: preaccelerazione

Analizziamo ora il moto di una particella soggetta a un campo elettrico statico e unidirezionale. Considereremo solo moti che avvengono lungo la stessa direzione del campo. Per quanto semplice, questo esempio incorpora tutti gli aspetti problematici inerenti all'equazione di Lorentz-Dirac in presenza di forze esterne.

Nel caso in questione il campo esterno $F_{in}^{\mu\nu}$ consiste di un campo elettrico che possiamo considerare parallelo all'asse z, $\mathbf{E} = (0, 0, E)$, e di un campo magnetico nullo, $\mathbf{B} = 0$. Per il momento non facciamo nessuna ipotesi sulla dipendenza di $E \equiv E(z)$ da z, a parte la condizione asintotica

$$\lim_{|z| \to \infty} E(z) = 0.$$

Dal momento che il moto avviene lungo l'asse z è sufficiente risolvere la componente z dell'equazione (14.15). Ponendo

$$u \equiv u^3,$$

e indicando la derivata d/ds con il simbolo " $'$ ", si ha

$$u^\mu = (u^0, 0, 0, u), \qquad (u^0)^2 - u^2 = 1, \qquad w^\mu = (u^{0\prime}, 0, 0, u'),$$

cosicché la quadriforza esterna assume la forma

$$eF_{in}^{\mu\nu} u_\nu = \left(eEu, 0, 0, eEu^0 \right).$$

Dalla relazione $u^0 = \sqrt{1 + u^2}$ si ricava poi

$$u^{0\prime} = \frac{d}{ds}\sqrt{1 + u^2} = \frac{uu'}{\sqrt{1 + u^2}}$$

da cui segue

$$w^2 = (u^{0\prime})^2 - u'^2 = -\frac{u'^2}{1 + u^2}. \tag{14.52}$$

Considerando come incognita la funzione $u(s)$ la componente z della (14.15) si scrive allora

$$u' = \tau\left(u'' - \frac{u'^2 u}{1 + u^2} \right) + \frac{F}{m} u^0, \qquad F \equiv eE, \tag{14.53}$$

F essendo la forza esterna tridimensionale. Introducendo la nuova incognita $V(s)$ al posto di $u(s)$ tramite le posizioni

$$u = \sinh V, \qquad u^0 = \cosh V, \tag{14.54}$$

dopo semplici passaggi l'equazione (14.53) si muta in

$$V' = \tau V'' + \frac{F}{m}. \tag{14.55}$$

In seguito sfrutteremo che V' può essere scritto come

$$V' = \frac{dV}{du} u' = \frac{u'}{u_0} = \frac{du}{dt}. \tag{14.56}$$

Andamenti asintotici. Consideriamo ora una generica soluzione dell'equazione differenziale (14.55). Visto che all'infinito spaziale il campo esterno si annulla, nei limiti di $s \to \pm\infty$ l'equazione si riduce a[5]

$$V' \approx \tau V'', \quad \text{con soluzione generale } V(s) \approx Ke^{s/\tau} + D, \tag{14.57}$$

K e D essendo costanti. Benché la forza esterna all'infinito spaziale si annulli, nel limite di $s \to +\infty$ la quadrivelocità $u(s) = \sinh V(s)$ diverge quindi di nuovo violentemente, a meno che K non sia zero. In particolare se $E = 0$ in tutto lo spazio, la (14.57) corrisponde a una soluzione esatta (14.50) della particella libera, si veda il Problema 14.6. Le condizioni (14.39) forzano quindi di nuovo la scelta $K = 0$.

Campo esterno uniforme. Analizziamo ora le caratteristiche *locali* delle soluzioni della (14.55) soddisfacenti le condizioni (14.39). Per fare un esempio concreto supponiamo che il campo elettrico sia diverso da zero solo in un intervallo limitato dell'asse z e che sia ivi costante. La forza esterna assume allora la forma

$$F = eE = eE_0 \chi_{[a,b]}(s), \tag{14.58}$$

$\chi_{[a,b]}(s)$ essendo la funzione caratteristica dell'intervallo $[a, b]$ ed E_0 l'intensità del campo elettrico.

Per una forza siffatta è facile trovare la soluzione generale, o meglio un *integrale primo*, della (14.55). Si trova infatti, si veda il Problema 14.3,

$$V'(s) = \frac{F}{m} + \frac{eE_0}{m} \left(H(a - s) e^{(s-a)/\tau} - H(b - s) e^{(s-b)/\tau} \right) + \frac{K}{\tau} e^{s/\tau}, \tag{14.59}$$

K essendo una costante arbitraria. Per $s \to +\infty$ si conferma l'andamento asintotico (14.57), poiché per $s > b$ entrambe le funzioni di Heaviside sono zero. Per selezionare le soluzioni fisiche imponiamo di nuovo le condizioni (14.39), condizioni che nel caso in questione si riducono a

$$\lim_{s \to +\infty} u' = 0, \qquad \lim_{s \to +\infty} u = u_\infty.$$

In base alle relazioni (14.54) e (14.56) deve quindi valere la condizione

$$\lim_{s \to +\infty} V'(s) = 0.$$

---

[5] Stiamo assumendo che la particella non si trovi in uno stato *legato* e che compia piuttosto un moto illimitato. In tal caso nei limiti di $s \to \pm\infty$ tende a una delle due posizioni asintotiche $z = \pm\infty$.

Pertanto nella soluzione (14.59) dobbiamo porre nuovamente $K = 0$.

Introducendo la quantità di moto relativistica $p = mu$, e ricordando che grazie alla (14.56) vale $V' = du/dt$, possiamo porre la (14.59) nella forma

$$\frac{dp}{dt} = F + F_{fr}, \tag{14.60}$$

avendo introdotto la *forza di frenamento*

$$F_{fr} = eE_0\left(H(a - s)\,e^{(s-a)/\tau} - H(b - s)\,e^{(s-b)/\tau}\right). \tag{14.61}$$

Per dimostrare che questa è in effetti la corretta interpretazione di F_{fr} esplicitiamo la componente z dell'equazione di Lorentz-Dirac (14.37), di cui la (14.60) costituisce un *integrale primo* esatto. Nel caso in questione la componente z della (14.37) si scrive

$$\frac{dp}{dt} = F + \frac{\Gamma^3}{u^0}, \tag{14.62}$$

Γ^3 essendo la componente z della quadriforza di frenamento Γ^μ. Dal confronto tra le (14.60) e (14.62) si vede che F_{fr} uguaglia proprio la componente z della forza di frenamento tridimensionale[6]: $F_{fr} = \Gamma^3/u^0$.

Preaccelerazione e violazione della causalità. L'equazione differenziale del secondo ordine (14.60) è da considerarsi a tutti gli effetti come l'equazione relativistica di Newton, tenente conto della *reazione di radiazione*: oltre alla forza esterna (14.58) vi compare infatti la forza di frenamento (14.61). Tuttavia, mentre la prima è diversa da zero solo nell'intervallo $a \le s \le b$, la seconda è diversa da zero per ogni $s \le b$. Conseguentemente la particella subisce una *preaccelerazione* lungo l'intero semiasse temporale $s \le a$, durante il quale la forza esterna è *nulla*. Un fenomeno di questo tipo è in palese conflitto con la causalità, poiché l'*effetto*, ovvero l'accelerazione, precede la *causa*, ovvero la forza esterna. D'altra parte, grazie agli esponenziali presenti nella (14.61), la forza di frenamento – responsabile della preaccelerazione – è sensibilmente diversa da zero solo negli intervalli $a - \tau \lesssim s \lesssim a$ e $b - \tau \lesssim s \lesssim b$. Tale forza distorce quindi in modo apprezzabile il profilo della forza esterna solo se $b - a$ è dell'ordine di τ, ovvero se il campo esterno varia apprezzabilmente su scale temporali – piccolissime – dell'ordine di τ.

L'inevitabile riduzione dell'equazione di Lorentz-Dirac dal terzo al secondo ordine, attraverso l'imposizione delle condizioni supplementari (14.39), ha dunque comportato una *violazione della causalità*, nella veste di una preaccelerazione su una scala temporale dell'ordine di τ. Nella prossima sezione vedremo che questa conclusione ha carattere del tutto generale e discuteremo la possibilità di osservare questa violazione della causalità sperimentalmente.

Irraggiamento e moto relativistico uniformemente accelerato. Moltiplicando l'equazione del moto (14.60) per la velocità $v = u/u_0 = p/\varepsilon$ otteniamo la legge della

---

[6] La quadriforza f^μ è definita dall'equazione $dp^\mu/ds = f^\mu$ e la forza tridimensionale $\mathbf{F}$ dall'equazione $d\mathbf{p}/dt = \mathbf{F}$. Vale dunque $\mathbf{F} = \mathbf{f}/u^0$.

potenza

$$\frac{d\varepsilon}{dt} = \mathcal{W}_{ext} + \mathcal{W}_{rad}, \qquad \mathcal{W}_{ext} = evE, \qquad \mathcal{W}_{rad} = vF_{fr}. \qquad (14.63)$$

La potenza $\mathcal{W}_{ext}$ fornita dalla forza esterna è diversa da zero solo nell'intervallo $a \leq s \leq b$, mentre la potenza irradiata $\mathcal{W}_{rad}$ è sensibilmente diversa da zero solo nei piccoli intervalli $a - \tau \lesssim s \lesssim a$ e $b - \tau \lesssim s \lesssim b$. Ciò significa che la particella irraggia in modo apprezzabile solo nelle vicinanze delle zone in cui il campo esterno varia, mentre nei tratti in cui E è costante praticamente non irradia.

È interessante analizzare il caso limite in cui il campo elettrico si estende in modo uniforme su tutto lo spazio, corrispondente ai limiti $a \to -\infty$ e $b \to \infty$. In tal caso la forza di frenamento (14.61), e conseguentemente la potenza irradiata $\mathcal{W}_{rad}$, si annullano e la (14.60) si riduce all'equazione del moto relativistico *uniformemente accelerato*

$$\frac{dp}{dt} = eE_0, \qquad \text{con soluzione } v(t) = \frac{eE_0 t}{\sqrt{m^2 + (eE_0 t)^2}},$$

si veda la Sezione 7.1. Vediamo quindi che una particella che si trova in presenza di un campo elettrico costante infinitamente esteso, e che obbedisce all'equazione di Lorentz-Dirac soggetta alle condizioni (14.39), *non* irradia e *non* esercita nessuna *autointerazione*. Tuttavia, un campo elettrico infinitamente esteso non è realizzabile in natura, in quanto al di fuori di una certa regione il campo deve necessariamente annullarsi. Ma come abbiamo visto sopra, proprio nella zona in cui il campo transita al valore nullo la particella emette radiazione e percepisce una forza di frenamento non nulla. Per una stima dell'energia emessa rimandiamo al Problema 14.7.

14.3 Equazione integro-differenziale di Rohrlich

Vogliamo ora analizzare le caratteristiche di una generica soluzione dell'equazione di Lorentz-Dirac soggetta alle condizioni supplementari (14.39), queste ultime essendo necessarie – ricordiamo – per rendere l'equazione di Lorentz-Dirac compatibile con il determinismo newtoniano, nonché per eliminare le soluzioni *runaway*. Come abbiamo esemplificato nei Paragrafi 14.2.5 e 14.2.6, se la forza esterna è sufficientemente regolare, sotto le condizioni

$$y^\mu(0) = y_0^\mu, \qquad u^\mu(0) = u_0^\mu, \qquad \lim_{s \to +\infty} w^\mu(s) = 0 \qquad (14.64)$$

l'equazione di Lorentz-Dirac ammette infatti una soluzione $y^\mu(s)$ unica.

Per poter analizzare in concreto le proprietà delle soluzioni in questione serve un metodo operativo per imporre la terza condizione in (14.64). Un metodo standard per imporre una condizione iniziale su un'equazione differenziale di ordine n consiste nel trasformare l'equazione differenziale in un'equazione integro-differenziale di ordine $n - 1$, che inglobi automaticamente la condizione iniziale. In generale esistono diversi modi per operare questa riduzione e noi seguiremo il metodo di F. Rohrlich [21], avente il particolare pregio di preservare l'invarianza di Lorentz in modo manifesto. Secondo tale metodo si riscrive l'equazione di Lorentz-Dirac nella forma

$$m\left(w^\mu - \tau \frac{dw^\mu}{ds}\right) = \frac{e^2}{6\pi}\, w^2 u^\mu + eF_{in}^{\mu\nu}u_\nu \equiv \mathcal{F}^\mu. \tag{14.65}$$

Dal momento che $eF_{in}^{\mu\nu}u_\nu$ è la quadriforza esterna e il termine di Larmor $e^2 w^2 u^\mu/6\pi$ rappresenta il quadrimomento emesso nell'unità di tempo proprio raggiungente l'infinito, interpretiamo $\mathcal{F}^\mu$ come la quadriforza *effettiva*.

Argomento qualitativo. Prima di procedere diamo un argomento qualitativo per l'inevitabile presenza di effetti di preaccelerazione in una generica soluzione dell'equazione (14.65). Visto che τ è piccolo, trascurando termini di ordine τ^2 possiamo infatti riscrivere la (14.65) come

$$mw^\mu(s - \tau) \approx \mathcal{F}^\mu(s),$$

equazione che è equivalente a

$$mw^\mu(s) \approx \mathcal{F}^\mu(s + \tau). \tag{14.66}$$

L'accelerazione all'istante s è quindi determinata non dal valore della forza effettiva all'istante s, bensì dal suo valore all'istante avanzato $s' \sim s + \tau$. La particella subisce, dunque, una pre-accelerazione. Evidentemente l'effetto è osservabile soltanto se su una scala temporale dell'ordine di τ la forza effettiva varia in modo apprezzabile.

Riduciamo ora l'equazione differenziale del terzo ordine (14.65) a un'equazione integro-differenziale del secondo ordine, imponendo la condizione asintotica su w^μ indicata in (14.64). Iniziamo moltiplicando l'equazione per $e^{-s/\tau}$ e scrivendola nella forma

$$-m\tau \frac{d}{ds}\left(e^{-s/\tau}w^\mu(s)\right) = e^{-s/\tau}\mathcal{F}^\mu(s).$$

Integrando questa equazione tra un generico istante s e un istante finale b otteniamo

$$m\left(e^{-s/\tau}w^\mu(s) - e^{-b/\tau}w^\mu(b)\right) = \frac{1}{\tau}\int_s^b e^{-\lambda/\tau}\mathcal{F}^\mu(\lambda)\, d\lambda.$$

Eseguendo in questa equazione il limite di $b \to +\infty$, e imponendo la condizione asintotica di cui sopra

$$\lim_{b\to+\infty} w^\mu(b) = 0,$$

troviamo[7]

$$me^{-s/\tau}w^\mu(s) = \frac{1}{\tau}\int_s^\infty e^{-\lambda/\tau}\mathcal{F}^\mu(\lambda)\,d\lambda.$$

Con il cambiamento di variabile $\lambda(\alpha) = \alpha\tau + s$ otteniamo infine l'*equazione integro-differenziale di Rohrlich*

$$mw^\mu(s) = \int_0^\infty e^{-\alpha}\mathcal{F}^\mu(s+\tau\alpha)\,d\alpha. \qquad (14.67)$$

L'equazione (14.67) è un'equazione del *secondo* ordine nelle derivate di y^μ – altamente non lineare in quanto $\mathcal{F}^\mu$ in generale è una funzione complicata di y^μ, u^μ e della stessa w^μ – che per campi esterni $F_{in}^{\mu\nu}$ sufficientemente regolari ammette soluzione $y^\mu(s)$ unica, note le condizioni iniziali y_0^μ e u_0^μ. L'equazione presuppone implicitamente l'esistenza dell'integrale a secondo membro. Abbiamo già anticipato che il pregio principale di questa equazione è la sua Lorentz-invarianza manifesta. Uno dei suoi difetti maggiori è che difficilmente può essere usata per analizzare gli effetti della forza di frenamento in modo concreto. Nel caso più semplice della particella libera, ad esempio, la forza effettiva si riduce a $\mathcal{F}^\mu = e^2 w^2 u^\mu / 6\pi$, ma nemmeno in tal caso è immediato risolvere la (14.67) in modo analitico. Nondimeno si verifica facilmente che le soluzioni generali (14.50) soddisfano la (14.67) – con $F_{in}^{\mu\nu} = 0$ – se e solo se si pone $K = 0$.

14.3.1 Preaccelerazione e violazione della causalità

Vediamo ora quali sono le caratteristiche delle soluzioni della (14.67). Innanzitutto osserviamo che l'accelerazione w^μ all'istante s non dipende solo dal valore della forza effettiva $\mathcal{F}^\mu$ all'istante s, bensì dai suoi valori a tutti gli istanti successivi $s' = s + \tau\alpha$. Di nuovo riscontriamo dunque una violazione della causalità sotto forma di una preaccelerazione. Tuttavia, grazie alla presenza del fattore di smorzamento $e^{-\alpha}$, che sopprime i contributi dell'integrale provenienti dai valori di $\alpha \gg 1$, gli istanti che contribuiscono maggiormente all'accelerazione in s sono dell'ordine $s' \sim s+\tau$, in accordo con quanto abbiamo riscontrato in precedenza, si veda la (14.66).

Per quantificare l'effetto della violazione della causalità riscriviamo la (14.67)

---

[7] Si noti che per una soluzione generica dell'equazione di Lorentz-Dirac il prodotto $e^{-b/\tau}w^\mu(b)$ *diverge* nel limite di $b \to +\infty$, nonostante la presenza del fattore di smorzamento $e^{-b/\tau}$. La quadriaccelerazione $w^\mu(b)$ diverge infatti più violentemente dell'esponenziale. Si veda in proposito la soluzione della particella libera (14.50), che comporta l'andamento asintotico

$$w^\mu(b) \sim e^{b/\tau}\cdot e^{Ke^{b/\tau}}, \quad b \to +\infty.$$

nella forma equivalente

$$mw^\mu(s) = \mathcal{F}^\mu(s) + \Delta\mathcal{F}^\mu(s), \tag{14.68}$$

$$\Delta\mathcal{F}^\mu(s) \equiv \int_0^\infty e^{-\alpha}\big(\mathcal{F}^\mu(s+\tau\alpha) - \mathcal{F}^\mu(s)\big)\,d\alpha. \tag{14.69}$$

Abbiamo suddiviso la forza complessiva in due contributi: il primo, $\mathcal{F}^\mu(s)$, rappresenta la forza *nominale* e dipende solo dall'istante s. Il secondo, $\Delta\mathcal{F}^\mu(s)$, codifica invece la violazione della causalità. Dal confronto tra le equazioni (14.68) e (14.65) vediamo che quest'ultimo uguaglia proprio il termine di Schott

$$\Delta\mathcal{F}^\mu(s) = m\tau\frac{dw^\mu}{ds}.$$

La violazione della causalità sarà pertanto riscontrabile sperimentalmente se $\Delta\mathcal{F}^\mu$ è dello stesso ordine di $\mathcal{F}^\mu$. Per stimare $\Delta\mathcal{F}^\mu$ sfruttiamo il fatto che nell'integrale (14.69) i valori di α dominanti sono dell'ordine dell'unità. Possiamo quindi porre $\mathcal{F}^\mu(s+\tau\alpha) \sim \mathcal{F}^\mu(s+\tau)$, ottenendo la stima

$$\Delta\mathcal{F}^\mu(s) \approx \int_0^\infty e^{-\alpha}\big(\mathcal{F}^\mu(s+\tau) - \mathcal{F}^\mu(s)\big)\,d\alpha = \mathcal{F}^\mu(s+\tau) - \mathcal{F}^\mu(s). \tag{14.70}$$

$\Delta\mathcal{F}^\mu$ uguaglia dunque la variazione di $\mathcal{F}^\mu$ su una scala temporale dell'ordine di τ. Se questa variazione è dello stesso ordine di $\mathcal{F}^\mu$ la violazione della causalità è osservabile. Traiamo pertanto la seguente conclusione generale: *il fenomeno della preaccelerazione è osservabile sperimentalmente solamente in presenza di campi esterni* $F_{in}^{\mu\nu}$, *che durante il piccolo tempo* τ *variano in modo apprezzabile*. Si noti che in questo tempo la luce percorre lo spazio $r_0 \sim c\tau$, pari al raggio classico della particella.

Violazione della causalità e Meccanica Quantistica. Analizziamo ora gli effetti causati da campi variabili in modo così rapido a livello quantistico[8]. Per campi variabili su una scala temporale generica ΔT il principio di Heisenberg predice un'indeterminazione in energia dell'ordine di $\Delta\varepsilon \sim \hbar/\Delta T$. La scala energetica alla quale si innesca la produzione di coppie virtuali particella/antiparticella è invece $\Delta\varepsilon \sim 2m$. Per raggiungere tale soglia i campi devono dunque variare su una scala temporale dell'ordine di

$$\Delta T \sim \frac{\hbar}{2m} \sim \frac{4\pi\hbar}{e^2}\frac{e^2}{6\pi m} = \frac{\tau}{\alpha} = 137\,\tau,$$

dove abbiamo introdotto la costante di struttura fine (11.97). D'altra parte per poter osservare in Elettrodinamica classica una violazione della causalità servirebbero campi che variano su una scala temporale dell'ordine di τ – scala che è di un fat-

---

[8] L'analisi che segue va pensata svolta nel sistema di riferimento in cui la particella è istantaneamente a riposo, dove valgono le leggi della Meccanica Quantistica non relativistica. In particolare il tempo proprio s si identifica allora con il tempo t.

tore 137 più piccola di ΔT. Campi siffatti si trovano dunque già in forte regime quantistico e danno luogo al fenomeno della produzione di coppie. La violazione classica della causalità è quindi *schermata da effetti quantistici*: nel regime in cui questa violazione si manifesterebbe, l'Elettrodinamica classica non è più valida e la violazione della causalità pertanto inosservabile.

A una conclusione analoga si perviene considerando una particella non relativistica muoventesi sotto l'effetto di una forza esterna che le imprime una frequenza ω, nel qual caso emette principalmente radiazione con la stessa frequenza (si veda la Sezione 11.3). Per una forza siffatta dalla (14.70) si deriva la stima

$$\Delta \mathcal{F}^{\mu}(s) \sim \tau \frac{d\mathcal{F}^{\mu}(s)}{ds} \sim \tau \omega \mathcal{F}^{\mu}(s).$$

$\Delta \mathcal{F}^{\mu}(s)$ è quindi dello stesso ordine di $\mathcal{F}^{\mu}(s)$ se la frequenza è molto grande, $\omega \sim 1/\tau$, ovvero se la lunghezza d'onda è molto piccola, $\lambda = 2\pi/\omega \sim r_0$, si veda la (8.74). D'altra parte l'ordine di grandezza delle lunghezze d'onda al di sotto delle quali l'Elettrodinamica classica cessa di valere è rappresentato dalla lunghezza d'onda Compton

$$\lambda_C = \frac{\hbar}{m} \sim \frac{r_0}{\alpha} = 137 \, r_0.$$

Per lunghezze d'onda $\lambda \lesssim \lambda_C$ inizia, infatti, a manifestarsi la natura quantistica del campo elettromagnetico, ovvero la sua composizione in termini di fotoni. Per poter osservare la violazione della causalità servirebbero invece lunghezze d'onda dell'ordine di $\lambda \sim r_0$, che sono di un fattore 137 più piccole di λ_C. Per lunghezze d'onda così corte il campo elettromagnetico si trova già in pieno regime quantistico ed eventuali effetti acausali sono di nuovo inosservabili.

Riassumendo possiamo affermare che l'equazione di Lorentz-Dirac – ovvero la sua versione integro-differenziale di Rohrlich – dà luogo a una violazione della causalità, che rende l'Elettrodinamica classica logicamente inconsistente. Tuttavia, da un punto di vista fenomenologico questa violazione avviene su scale di distanze, energie e tempi per cui l'Elettrodinamica classica non è più valida, dovendo essere sostituita con l'*Elettrodinamica Quantistica*. Tale violazione risulta pertanto inosservabile sperimentalmente.

14.4 Problema a due corpi relativistico

In questa sezione investighiamo il bilancio del quadrimomento nel problema relativistico a due corpi, nella fattispecie due particelle cariche, soggetti esclusivamente all'interazione elettromagnetica reciproca. In ambito newtoniano questo sistema costituisce un sistema *isolato*, ma in ambito relativistico non può essere considerato tale. La ragione di ciò è che in fisica relativistica all'*azione a distanza* subentra il campo elettromagnetico, cosicché 1) la terza legge di Newton – il principio di azione e reazione – cessa di valere e 2) le forze di mutua interazione, tecnicamente parlando, non sono più conservative. In un certo senso a livello relativistico il sistema a *due* corpi si muta in un sistema isolato a *tre* corpi, il terzo "corpo" essendo rappresentato dal campo elettromagnetico, che acquista una vita propria indipendente.

Focalizzeremo la nostra attenzione sul processo di *scattering*, nel qual caso le particelle incidono dall'infinito, si deflettono a vicenda e si allontanano di nuovo verso l'infinito, percorrendo dunque orbite aperte. Nel limite non relativistico tali orbite sono naturalmente iperboli.

Leggi di conservazione e proprietà asintotiche. In presenza di due particelle la legge di conservazione del quadrimomento si scrive

$$\frac{d}{dt}\left(p_1^\mu + p_2^\mu + P_{em}^\mu\right) = 0, \qquad (14.71)$$

p_1^μ e p_2^μ essendo i quadrimomenti delle particelle e $P_{em}^\mu = \int T_{em}^{0\mu}\, d^3x$ quello del campo elettromagnetico (si veda il Paragrafo 2.4.3). Come vedremo nel Paragrafo 14.4.1, a livello non relativistico la quantità di moto $\mathbf{P}_{em}$ del campo è zero e la sua energia $\varepsilon_{em} = P_{em}^0$ si riduce semplicemente all'energia potenziale, $\varepsilon_{em} = e_1 e_2 / 4\pi |\mathbf{y}_1 - \mathbf{y}_2|$. Viceversa a livello relativistico, a causa della radiazione, nel bilancio del quadrimomento il campo elettromagnetico gioca un ruolo fondamentale. Tuttavia in generale non è possibile valutare gli integrali $\int T_{em}^{0\mu}\, d^3x$ analiticamente, sicché è difficile derivare espressioni esplicite per P_{em}^μ.

In questa sezione seguiremo dunque una strada diversa: sfrutteremo le equazioni di Lorentz-Dirac delle due particelle nonché l'equazione (14.71) per determinare la forma di P_{em}^μ e analizzarne la composizione. Essendo le equazioni di Lorentz-Dirac altamente non lineari ci serviremo di un'espansione non relativistica in potenze di $1/c$. In questo modo potremo in particolare confrontare i risultati di questa sezione con l'analisi non relativistica della radiazione effettuata nella Sezione 8.3, basata sullo sviluppo in multipoli.

La validità dell'equazione (14.71) in realtà è inficiata dal fatto che gli integrali $\int T_{em}^{0\mu} d^3x$ siano *divergenti*, come abbiamo osservato all'inizio del capitolo. Nondimeno nel Capitolo 15 faremo vedere che è possibile costruire un quadrimomento P_{em}^μ che sia *finito*, soddisfi l'equazione (14.71) e, per di più, si annulli all'infinito passato

$$\lim_{t \to -\infty} P_{em}^\mu = 0. \qquad (14.72)$$

Per chiarire il significato fisico di questa proprietà asintotica anticipiamo dal Capitolo 15 che il quadrimomento del campo di una particella *libera* è zero. Nel limite di $t \to -\infty$ le due particelle si trovano a una distanza infinita l'una dall'altra e le loro accelerazioni tendono quindi a zero. I campi di entrambe le particelle tendono dunque asintoticamente a quello di una particella libera e conseguentemente il quadrimomento di ciascun campo tende a zero. D'altronde anche il quadrimomento dovuto all'interferenza tra i due campi svanisce, sempre perché nel limite di $t \to -\infty$ le particelle si trovano a una distanza relativa infinita. Segue pertanto il limite (14.72), limite che sfrutteremo, congiuntamente alla (14.71), per determinare la forma di P_{em}^μ.

Per quanto riguarda, invece, il limite $t \to +\infty$, a causa della *bremsstrahlung* prodotta durante il processo di scattering risulta $\lim_{t \to +\infty} P^{\mu}_{em} \neq 0$.

14.4.1 Scattering relativistico e non relativistico

Scattering non relativistico. Prima di affrontare lo scattering relativistico ricordiamo brevemente le caratteristiche principali del problema a due corpi nel limite non relativistico, ovvero all'ordine zero in $1/c$. Indicando le leggi orarie delle particelle con $\mathbf{y}_i \equiv \mathbf{y}_i(t)$, $i = 1, 2$, le equazioni di Newton e le leggi della potenza non relativistiche si scrivono

$$\frac{d\mathbf{p}_1}{dt} = e_1 \mathbf{E}_2(\mathbf{y}_1), \qquad \frac{d\varepsilon_1}{dt} = e_1 \mathbf{v}_1 \cdot \mathbf{E}_2(\mathbf{y}_1), \qquad (14.73)$$

$$\frac{d\mathbf{p}_2}{dt} = e_2 \mathbf{E}_1(\mathbf{y}_2), \qquad \frac{d\varepsilon_2}{dt} = e_2 \mathbf{v}_2 \cdot \mathbf{E}_1(\mathbf{y}_2), \qquad (14.74)$$

i campi elettrici non relativistici (di Liénard-Wiechert) essendo dati da

$$\mathbf{E}_1(\mathbf{x}) = \frac{e_1}{4\pi} \frac{\mathbf{x} - \mathbf{y}_1}{|\mathbf{x} - \mathbf{y}_1|^3}, \qquad \mathbf{E}_2(\mathbf{x}) = \frac{e_2}{4\pi} \frac{\mathbf{x} - \mathbf{y}_2}{|\mathbf{x} - \mathbf{y}_2|^3}.$$

Sommando le equazioni di Newton, grazie al *principio di azione e reazione* $e_1 \mathbf{E}_2(\mathbf{y}_1) + e_2 \mathbf{E}_1(\mathbf{y}_2) = 0$, si trova che la quantità di moto totale delle particelle è costante

$$\frac{d}{dt}(\mathbf{p}_1 + \mathbf{p}_2) = 0.$$

In base alla (14.71) $\mathbf{P}_{em}$ si conserva dunque separatamente e la (14.72) implica allora $\mathbf{P}_{em} = 0$.

Per quanto riguarda invece l'energia, sommando le leggi della potenza otteniamo

$$\frac{d(\varepsilon_1 + \varepsilon_2)}{dt} = \frac{e_1 e_2}{4\pi} \frac{(\mathbf{v}_1 - \mathbf{v}_2) \cdot (\mathbf{y}_1 - \mathbf{y}_2)}{|\mathbf{y}_1 - \mathbf{y}_2|^3} = -\frac{d\varepsilon_p}{dt}, \qquad \varepsilon_p \equiv \frac{e_1 e_2}{4\pi |\mathbf{y}_1 - \mathbf{y}_2|}.$$

Si conserva dunque l'energia *meccanica* nella forma $\varepsilon_1 + \varepsilon_2 + \varepsilon_p$ e dalle relazioni (14.71) e (14.72) segue allora che l'energia del campo elettromagnetico uguaglia semplicemente l'energia potenziale: $\varepsilon_{em} = \varepsilon_p$.

D'altronde per grandi distanze relative ε_p si annulla e conseguentemente tra gli istanti asintotici $t = -\infty$ e $t = +\infty$ si conserva l'energia delle sole particelle $\varepsilon_1 + \varepsilon_2$. Indicando la variazione tra tali istanti con il simbolo Δ vale quindi

$$\Delta(p_1^{\mu} + p_2^{\mu}) = -\Delta P^{\mu}_{em} = 0. \qquad (14.75)$$

A livello non relativistico nel bilancio del quadrimomento totale delle particelle tra gli stati asintotici il campo elettromagnetico non gioca, dunque, alcun ruolo.

Scattering relativistico. Consideriamo ora lo stesso processo a livello relativistico. In questo caso le equazioni (14.73) e (14.74) sono sostituite dalle equazioni di Lorentz-Dirac (14.28)

$$\frac{dp_1^{\mu}}{ds_1} = \frac{e_1^2}{6\pi}\left(\frac{dw_1^{\mu}}{ds_1} + w_1^2 u_1^{\mu}\right) + e_1 \mathcal{F}_2^{\mu\nu}(y_1)u_{1\nu}, \tag{14.76}$$

$$\frac{dp_2^{\mu}}{ds_2} = \frac{e_2^2}{6\pi}\left(\frac{dw_2^{\mu}}{ds_2} + w_2^2 u_2^{\mu}\right) + e_2 \mathcal{F}_1^{\mu\nu}(y_2)u_{2\nu}, \tag{14.77}$$

$\mathcal{F}_1^{\mu\nu}(x)$ e $\mathcal{F}_2^{\mu\nu}(x)$ essendo i campi di Liénard-Wiechert generati dalle due particelle. Conformemente all'analisi del Paragrafo 14.2.4 consideriamo solamente le soluzioni di queste equazioni che soddisfano le condizioni supplementari (14.39), ovvero le soluzioni *fisiche*. Per entrambe le particelle vale pertanto

$$\lim_{s\to\pm\infty} w^{\mu}(s) = 0, \qquad \lim_{s\to\pm\infty} u^{\mu}(s) = u_{\pm}^{\mu}. \tag{14.78}$$

Abbiamo incluso i limiti per $s \to -\infty$, poiché a grandi distanze le forze di mutua interazione, ovvero i campi di Liénard-Wiechert, comunque svaniscono.

A livello relativistico l'equazione (14.75) è violata per via del quadrimomento della radiazione e di seguito vogliamo derivare la sua generalizzazione relativistica. Per velocità arbitrarie le particelle non compiono più orbite iperboliche, seppure in vista delle (14.78) le loro quadriaccelerazioni asintotiche siano zero. Di conseguenza, se integriamo le equazioni (14.76) e (14.77) tra gli istanti $s = -\infty$ e $s = +\infty$, i termini di Schott non contribuiscono, cosicché per la variazione dei quadrimomenti delle particelle otteniamo

$$\Delta p_1^{\mu} = \frac{e_1^2}{6\pi}\int w_1^2 u_1^{\mu}\, ds_1 + e_1 \int \mathcal{F}_2^{\mu\nu}(y_1)\, u_{1\nu}\, ds_1, \tag{14.79}$$

$$\Delta p_2^{\mu} = \frac{e_2^2}{6\pi}\int w_2^2 u_2^{\mu}\, ds_2 + e_2 \int \mathcal{F}_1^{\mu\nu}(y_2)\, u_{2\nu}\, ds_2. \tag{14.80}$$

Sommando queste equazioni, e usando per i quadripotenziali di Liénard-Wiechert l'espressione (7.6), si ottiene infine

$$\Delta(p_1^{\mu} + p_2^{\mu}) = -\Delta P_{em}^{\mu} = \frac{e_1^2}{6\pi}\int w_1^2 u_1^{\mu}\, ds_1 + \frac{e_2^2}{6\pi}\int w_2^2 u_2^{\mu}\, ds_2 +$$
$$\frac{e_1 e_2}{\pi}\int ds_1 \int ds_2 (y_1^{\mu} - y_2^{\mu})(u_2 u_1)(H(y_1^0 - y_2^0) - H(y_2^0 - y_1^0))\,\delta'((y_1 - y_2)^2), \tag{14.81}$$

la verifica essendo lasciata per esercizio. L'equazione ottenuta costituisce la generalizzazione relativistica della (14.75). Nella prima riga compaiono i termini di Larmor, che rappresentano il quadrimomento della radiazione emessa da ciascuna particella *singolarmente*. Il termine proporzionale a $e_1 e_2$ rappresenta invece il quadrimomento dovuto all'*interferenza* tra tali radiazioni.

Per analizzare la natura delle varie correzioni relativistiche contenute nella (14.81) è più conveniente tornare alle equazioni (14.76) e (14.77), eseguirne un'espansione non relativistica, sommarle e infine integrarle tra $t = -\infty$ e $t = +\infty$. Nei paragrafi a seguire adotteremo questo procedimento alternativo.

14.4.2 Espansione in potenze di $1/c$

Dal momento che le forze di frenamento sono di ordine $1/c^3$, di seguito eseguiamo un'espansione non relativistica in potenze di $1/c$ delle equazioni (14.76) e (14.77) fino a tale ordine. Anche i termini che coinvolgono i campi di Liénard-Wiechert devono dunque essere espansi fino allo stesso ordine.

Dall'espansione (14.44) dell'equazione di Lorentz-Dirac della particella libera segue che fino ai termini di ordine $1/c^3$ le componenti spaziali delle equazioni (14.76) e (14.77) si scrivono

$$\frac{d\mathbf{p}_1}{dt} = \frac{e_1^2}{6\pi c^3} \frac{d\mathbf{a}_1}{dt} + \mathbf{F}_{21}, \qquad (14.82)$$

$$\frac{d\mathbf{p}_2}{dt} = \frac{e_2^2}{6\pi c^3} \frac{d\mathbf{a}_2}{dt} + \mathbf{F}_{12}, \qquad (14.83)$$

dove le forze di interazione reciproca, non ancora espanse, sono date da

$$\mathbf{F}_{21} = e_1\left(\mathbf{E}_2(y_1) + \frac{\mathbf{v}_1}{c} \times \mathbf{B}_2(y_1)\right), \quad \mathbf{F}_{12} = e_2\left(\mathbf{E}_1(y_2) + \frac{\mathbf{v}_2}{c} \times \mathbf{B}_1(y_2)\right), \qquad (14.84)$$

$(\mathbf{E}_1, \mathbf{B}_1)$ ed $(\mathbf{E}_2, \mathbf{B}_2)$ essendo i campi di Liénard-Wiechert delle due particelle[9]. Analogamente, visto che $e_1\mathbf{v}_1 \cdot \mathbf{E}_2(y_1) = \mathbf{v}_1 \cdot \mathbf{F}_{21}$ ed $e_2\mathbf{v}_2 \cdot \mathbf{E}_1(y_2) = \mathbf{v}_2 \cdot \mathbf{F}_{12}$, in base alla (14.43) le componenti temporali delle equazioni (14.76) e (14.77), espanse fino all'ordine $1/c^3$, si scrivono

$$\frac{d\varepsilon_1}{dt} = \frac{e_1^2}{6\pi c^3} \mathbf{v}_1 \cdot \frac{d\mathbf{a}_1}{dt} + \mathbf{v}_1 \cdot \mathbf{F}_{21}, \qquad (14.85)$$

$$\frac{d\varepsilon_2}{dt} = \frac{e_2^2}{6\pi c^3} \mathbf{v}_2 \cdot \frac{d\mathbf{a}_2}{dt} + \mathbf{v}_2 \cdot \mathbf{F}_{12}. \qquad (14.86)$$

Come sempre, le leggi della potenza (14.85) e (14.86) sono conseguenze delle equazioni di Newton (14.82) e (14.83), si veda la relazione (14.45).

---

[9] In linea con l'approssimazione considerata anche le quantità di moto relativistiche che compaiono nei primi membri delle equazioni (14.82) e (14.83) devono essere espanse fino all'ordine $1/c^3$, ovvero $\mathbf{p} = m\mathbf{v}/\sqrt{1 - v^2/c^2} = m\mathbf{v}\left(1 + v^2/2c^2\right) + o(1/c^4)$. Allo stesso modo occorre espandere le energie relativistiche ε_1 e ε_2 nelle equazioni (14.85) e (14.86).

Espansione non relativistica di F_{12} *e* F_{21}. Dalle formule scritte si vede che è necessario espandere i campi elettrici fino all'ordine $1/c^3$ e i campi magnetici fino all'ordine $1/c^2$. Possiamo allora servirci delle espansioni dei campi di Liénard-Wiechert (7.67) e (7.68)

$$
\mathbf{B} = \frac{e}{4\pi c}\,\mathbf{v}\times\frac{\mathbf{R}}{R^3}+o\!\left(\frac{1}{c^3}\right),
$$

$$
\mathbf{E} = \frac{e}{4\pi}\left(\frac{\mathbf{R}}{R^3}-\frac{1}{2c^2R}\left(\mathbf{a}+(\widehat{\mathbf{R}}\cdot\mathbf{a})\widehat{\mathbf{R}}+\frac{(3(\widehat{\mathbf{R}}\cdot\mathbf{v})^2-v^2)\widehat{\mathbf{R}}}{R}\right)\right.
$$
$$
\left.+\frac{2}{3c^3}\frac{d\mathbf{a}}{dt}\right)+o\!\left(\frac{1}{c^4}\right),
$$

avendo posto $\mathbf{R}=\mathbf{x}-\mathbf{y}$ e $\widehat{\mathbf{R}}=\mathbf{R}/R$. Con $\mathbf{y}$, $\mathbf{v}$ e $\mathbf{a}$ intendiamo le variabili cinematiche della particella che crea il campo valutate all'istante t. Volendo calcolare, ad esempio, $\mathbf{E}_1(y_2)$ o $\mathbf{B}_1(y_2)$ in queste formule dobbiamo porre: $e=e_1$, $\mathbf{x}=\mathbf{y}_2$, $\mathbf{y}=\mathbf{y}_1$, $\mathbf{v}=\mathbf{v}_1$, $\mathbf{a}=\mathbf{a}_1$. Inserendo le espressioni ottenute in tal modo nelle (14.84) otteniamo le espansioni, corrette fino all'ordine $1/c^3$,

$$
\mathbf{F}_{12}=\frac{e_1e_2}{4\pi}\left(\frac{\mathbf{r}}{r^3}+\frac{1}{2c^2r^2}\left(\left[v_1^2-2(\mathbf{v}_1\cdot\mathbf{v}_2)-3(\widehat{\mathbf{r}}\cdot\mathbf{v}_1)^2\right]\widehat{\mathbf{r}}+2(\mathbf{v}_2\cdot\widehat{\mathbf{r}})\,\mathbf{v}_1\right)\right.
$$
$$
\left.-\frac{1}{2c^2r}\left(\mathbf{a}_1+(\widehat{\mathbf{r}}\cdot\mathbf{a}_1)\,\widehat{\mathbf{r}}\right)+\frac{2}{3c^3}\frac{d\mathbf{a}_1}{dt}\right),
$$

$$(14.87)$$

$$
\mathbf{F}_{21}=\frac{e_1e_2}{4\pi}\left(-\frac{\mathbf{r}}{r^3}-\frac{1}{2c^2r^2}\left(\left[v_2^2-2(\mathbf{v}_1\cdot\mathbf{v}_2)-3(\widehat{\mathbf{r}}\cdot\mathbf{v}_2)^2\right]\widehat{\mathbf{r}}+2(\mathbf{v}_1\cdot\widehat{\mathbf{r}})\,\mathbf{v}_2\right)\right.
$$
$$
\left.-\frac{1}{2c^2r}\left(\mathbf{a}_2+(\widehat{\mathbf{r}}\cdot\mathbf{a}_2)\,\widehat{\mathbf{r}}\right)+\frac{2}{3c^3}\frac{d\mathbf{a}_2}{dt}\right),
$$

$$(14.88)$$

avendo introdotto la posizione relativa $\mathbf{r}$ e il versore associato $\widehat{\mathbf{r}}$

$$
\mathbf{r}=\mathbf{y}_2-\mathbf{y}_1,\qquad \widehat{\mathbf{r}}=\frac{\mathbf{r}}{r}.
$$

Sostituendo queste espansioni nelle equazioni (14.82), (14.83), (14.85) e (14.86) si ottengono le generalizzazioni relativistiche delle equazioni (14.73) e (14.74), corrette fino all'ordine $1/c^3$.

14.4.3 Bilancio della quantità di moto

Sommando le equazioni di Newton (14.82) e (14.83) otteniamo

$$
\frac{d}{dt}\,(\mathbf{p}_1+\mathbf{p}_2)=\frac{1}{6\pi c^3}\frac{d}{dt}\left(e_1^2\,\mathbf{a}_1+e_2^2\,\mathbf{a}_2\right)+\mathbf{F}_{12}+\mathbf{F}_{21}.
$$

$$(14.89)$$

In $\mathbf{F}_{12} + \mathbf{F}_{21}$ il contributo di ordine zero in $1/c$ – corrispondente al campo coulombiano – si cancella e sopravvivono solo i contributi di ordine $1/c^2$ e $1/c^3$. Con un semplice conto si verifica che la somma delle due forze può essere scritta come la derivata totale

$$\mathbf{F}_{12} + \mathbf{F}_{21} = \frac{e_1 e_2}{4\pi} \frac{d}{dt} \left(-\frac{1}{2rc^2} (\mathbf{v}_1 + \mathbf{v}_2 + [\hat{\mathbf{r}} \cdot (\mathbf{v}_1 + \mathbf{v}_2)]\hat{\mathbf{r}}) + \frac{2}{3c^3}(\mathbf{a}_1 + \mathbf{a}_2) \right).$$
$$(14.90)$$

Sostituendo questa espressione nella (14.89), e confrontando l'equazione risultante con la (14.71), ovvero

$$\frac{d}{dt} (\mathbf{p}_1 + \mathbf{p}_2 + \mathbf{P}_{em}) = 0, \qquad (14.91)$$

troviamo per la quantità di moto del campo elettromagnetico all'istante t l'espressione

$$\mathbf{P}_{em} = \frac{e_1 e_2}{8\pi c^2 r} (\mathbf{v}_1 + \mathbf{v}_2 + [\hat{\mathbf{r}} \cdot (\mathbf{v}_1 + \mathbf{v}_2)]\hat{\mathbf{r}}) - \frac{e_1 + e_2}{6\pi c^3}(e_1 \mathbf{a}_1 + e_2 \mathbf{a}_2). \quad (14.92)$$

In realtà la (14.91) determina $\mathbf{P}_{em}$ solo a meno di un vettore costante, la scelta (14.92) essendo imposta dalla condizione asintotica (14.72). Si noti in proposito che nei limiti $t \to \pm\infty$ si annullano sia $\mathbf{a}_1$ e $\mathbf{a}_2$ che $1/r$. Il fatto che $\mathbf{P}_{em}$ sia una grandezza non nulla, variabile nel tempo, segnala che durante il processo di scattering le particelle scambiano continuamente quantità di moto con il campo.

Analizziamo allora i diversi contributi dell'espressione (14.92). Come si vede, $\mathbf{P}_{em}$ non contiene termini di ordine $1/c$. In realtà questo segue direttamente dalla definizione $\mathbf{P}_{em} = \frac{1}{c} \int (\mathbf{E} \times \mathbf{B}) \, d^3x$ e dal fatto che $\mathbf{B}$ sia di ordine $1/c$. I termini di ordine $1/c^2$ nella (14.92) dipendono dalle velocità e rappresentano contributi *cinematici* alla quantità di moto. I termini di ordine $1/c^3$ rappresentano invece la radiazione *istantanea*, che scompare non appena le particelle non sono più accelerate. In particolare, grazie alla (14.91) e al fatto che nei limiti di $t \to \pm\infty$ $\mathbf{P}_{em}$ si annulli, la quantità di moto totale delle particelle negli stati asintotici è la stessa:

$$\Delta(\mathbf{p}_1 + \mathbf{p}_2) = -\Delta\mathbf{P}_{em} = -\left(\mathbf{P}_{em}^\infty - \mathbf{P}_{em}^{-\infty} \right) = 0. \qquad (14.93)$$

Questo risultato non è affatto inatteso. Dalla Sezione 8.4 sappiamo infatti che la quantità di moto irradiata da un sistema carico in realtà è di ordine $1/c^5$, in quanto in approssimazione di dipolo la radiazione complessiva non trasporta quantità di moto. Corrispondentemente il membro di destra della componente spaziale dell'equazione (14.81) – di cui la (14.93) ne è l'espansione fino all'ordine $1/c^3$ – è di ordine $1/c^5$.

14.4.4 Bilancio dell'energia

Sommando la (14.85) e la (14.86) otteniamo

$$\frac{d}{dt}\left(\varepsilon_1 + \varepsilon_2\right) = \frac{1}{6\pi c^3}\left(e_1^2\,\mathbf{v}_1\cdot\frac{d\mathbf{a}_1}{dt} + e_2^2\,\mathbf{v}_2\cdot\frac{d\mathbf{a}_2}{dt}\right) + \mathbf{v}_1\cdot\mathbf{F}_{21} + \mathbf{v}_2\cdot\mathbf{F}_{12}. \quad (14.94)$$

In base alle formule (14.87) e (14.88) è facile verificare che la somma delle *potenze relative* può essere posta nella forma, si veda il Problema 14.4,

$$\mathbf{v}_1\cdot\mathbf{F}_{21} + \mathbf{v}_2\cdot\mathbf{F}_{12} = -\frac{d\varepsilon_p}{dt} + \frac{e_1 e_2}{6\pi c^3}\left(\mathbf{v}_1\cdot\frac{d\mathbf{a}_2}{dt} + \mathbf{v}_2\cdot\frac{d\mathbf{a}_1}{dt}\right), \quad (14.95)$$

dove si è definita l'energia potenziale *relativistica*

$$\varepsilon_p = \frac{e_1 e_2}{4\pi r}\left(1 + \frac{1}{2c^2}\left(\mathbf{v}_1\cdot\mathbf{v}_2 + (\hat{\mathbf{r}}\cdot\mathbf{v}_1)(\hat{\mathbf{r}}\cdot\mathbf{v}_2)\right)\right).$$

Sostituendo l'espressione (14.95) nella (14.94) otteniamo l'equazione del bilancio energetico

$$\frac{d}{dt}\left(\varepsilon_1 + \varepsilon_2 + \varepsilon_p\right) = \frac{1}{6\pi c^3}\left(e_1\mathbf{v}_1 + e_2\mathbf{v}_2\right)\cdot\frac{d}{dt}\left(e_1\mathbf{a}_1 + e_2\mathbf{a}_2\right)$$

$$= \frac{1}{6\pi c^3}\frac{d}{dt}\Big(\left(e_1\mathbf{v}_1 + e_2\mathbf{v}_2\right)\cdot\left(e_1\mathbf{a}_1 + e_2\mathbf{a}_2\right)\Big) - \frac{1}{6\pi c^3}\left|e_1\mathbf{a}_1 + e_2\mathbf{a}_2\right|^2.$$

Confrontandola con la componente temporale dell'equazione (14.71), ovvero

$$\frac{d}{dt}\left(\varepsilon_1 + \varepsilon_2 + \varepsilon_{em}\right) = 0, \quad (14.96)$$

troviamo per l'energia del campo elettromagnetico all'istante t l'espressione

$$\varepsilon_{em} = \varepsilon_p - \frac{1}{6\pi c^3}\left(e_1\mathbf{v}_1 + e_2\mathbf{v}_2\right)\cdot\left(e_1\mathbf{a}_1 + e_2\mathbf{a}_2\right) + \frac{1}{6\pi c^3}\int_{-\infty}^{t}\left|e_1\mathbf{a}_1 + e_2\mathbf{a}_2\right|^2 dt.$$

$$(14.97)$$

Come nel caso di $\mathbf{P}_{em}$ la (14.96) determina ε_{em} solo modulo una costante additiva, costante che abbiamo fissato imponendo la condizione asintotica (14.72), ovvero $\lim_{t\to-\infty}\varepsilon_{em} = 0$.

Nella (14.97) il primo termine è l'energia potenziale relativistica e il secondo rappresenta l'energia della radiazione istantanea, che scompare non appena le particelle non sono più accelerate. Entrambi questi termini si annullano per $t \to \pm\infty$. Il terzo termine rappresenta invece la radiazione vera e propria e coinvolge l'intero passato delle particelle tra $t = -\infty$ e l'istante considerato. Questo termine comprende le energie delle radiazioni emesse da ciascuna particella singolarmente, proporzionali rispettivamente a e_1^2 ed e_2^2, e l'energia associata all'interferenza tra queste radiazioni, proporzionale a $e_1 e_2$. Nel limite di $t \to -\infty$ questo termine si annulla, in accordo con il fatto che all'istante iniziale – prima che le particelle vengano deviate a causa dell'interazione reciproca – non vi è radiazione.

Valutando la (14.97) agli istanti $t = -\infty$ e $t = +\infty$, in base alla (14.96) per la diminuzione dell'energia totale delle particelle durante il processo di scattering otteniamo

$$\Delta(\varepsilon_1 + \varepsilon_2) = -\Delta\varepsilon_{em} = -(\varepsilon_{em}^{\infty} - \varepsilon_{em}^{-\infty}) = -\frac{1}{6\pi c^3} \int_{-\infty}^{\infty} |e_1\mathbf{a}_1 + e_2\mathbf{a}_2|^2 dt. \quad (14.98)$$

Secondo la teoria dell'irraggiamento, Sezione 8.1, questa diminuzione, cambiata di segno, dovrebbe uguagliare il flusso totale di energia del campo elettromagnetico a grandi distanze dalle cariche. All'ordine $1/c^3$, ovvero nell'approssimazione di dipolo, questo flusso è dato dall'integrale temporale della potenza di Larmor (8.50)

$$\mathcal{W} = \frac{1}{6\pi c^3} |e_1\mathbf{a}_1 + e_2\mathbf{a}_2|^2$$

tra gli istanti $t = -\infty$ e $t = +\infty$, sicché il risultato è in accordo con la (14.98).

Si badi, tuttavia, che non sarebbe corretto determinare l'energia ε_{em} del campo elettromagnetico forzando l'identificazione $\mathcal{W} = d\varepsilon_{em}/dt$, che comporterebbe l'espressione $\varepsilon_{em} = \frac{1}{6\pi c^3} \int_{-\infty}^{t} |e_1\mathbf{a}_1 + e_2\mathbf{a}_2|^2 dt$. Quest'ultima rappresenta, infatti, l'energia del campo elettromagnetico che raggiunge l'*infinito*, mentre la (14.97) rappresenta la sua energia *istantanea*.

Confrontando infine la (14.98) con la componente $\mu = 0$ dell'equazione (14.81) si vede che i termini di Larmor diagonali, proporzionali a e_1^2 e e_2^2, nel limite non relativistico vengono riprodotti correttamente. Se ne deduce inoltre che la componente $\mu = 0$ del termine (di interferenza) nella seconda riga della (14.81) all'ordine $1/c^3$ si riduce a

$$-\frac{e_1 e_2}{3\pi c^3} \int_{-\infty}^{\infty} (\mathbf{a}_1 \cdot \mathbf{a}_2) \, dt.$$

14.4.5 Lagrangiana all'ordine $1/c^2$

A meno di termini di ordine $1/c^4$ la dinamica delle particelle è governata dalle equazioni di Newton (14.82) e (14.83), le forze $\mathbf{F}_{12}$ ed $\mathbf{F}_{21}$ essendo date dalle (14.87) e (14.88). Abbiamo derivato tali equazioni *eliminando* i campi di Liénard-Wiechert – di autointerazione e di interazione reciproca – dalle equazioni di Lorentz. Si pone allora la domanda se il sistema di equazioni accoppiate (14.82) e (14.83) possa essere derivato da una lagrangiana. La risposta è affermativa soltanto per quanto concerne le correzioni relativistiche di ordine $1/c^2$.

Più precisamente, trascurando i termini di ordine $1/c^3$ le equazioni (14.82) e (14.83) possono essere derivate dalla lagrangiana

$$L = \frac{1}{2}\, m_1 v_1^2 + \frac{1}{2}\, m_2 v_2^2 + \frac{1}{8}\, m_1 \frac{v_1^4}{c^2} + \frac{1}{8} m_2 \frac{v_2^4}{c^2}$$
$$- \frac{e_1 e_2}{4\pi r} \left(1 - \frac{1}{2c^2} (\mathbf{v}_1 \cdot \mathbf{v}_2 + (\hat{\mathbf{r}} \cdot \mathbf{v}_1)(\hat{\mathbf{r}} \cdot \mathbf{v}_2)) \right),$$

la verifica essendo lasciata per esercizio. Ci limitiamo a notare che i termini del tipo v^4/c^2 provengono dallo sviluppo dell'azione della particella libera $-mc \int ds$ fino all'ordine $1/c^2$

$$-mc \int ds = -mc^2 \int \sqrt{1 - \frac{v^2}{c^2}}\, dt = \int \left(-mc^2 + \frac{1}{2}\, mv^2 + \frac{1}{8}\, m \frac{v^4}{c^2} \right) dt + o\!\left(\frac{1}{c^4}\right).$$

Corrispondentemente i termini di L di ordine v^4/c^2 riproducono nelle (14.82) e (14.83) i termini provenienti dall'espansione in potenze di $1/c$ delle quantità di moto relativistiche, che compaiono nei primi membri di queste equazioni. Vale infatti

$$\mathbf{p} = \frac{m\mathbf{v}}{\sqrt{1 - \frac{v^2}{c^2}}} = m\mathbf{v} + \frac{mv^2}{2c^2}\, \mathbf{v} + o\!\left(\frac{1}{c^4}\right).$$

I termini di L proporzionali a $e_1 e_2/c^2$ riproducono invece i contributi di ordine $1/c^2$ delle forze $\mathbf{F}_{12}$ e $\mathbf{F}_{21}$.

Viceversa i termini di ordine $1/c^3$ delle equazioni (14.82) e (14.83) non possono essere derivati da una lagrangiana, essendo tali termini lineari nelle derivate *terze* delle coordinate. Considerando una delle due particelle l'equazione del moto da riprodurre avrebbe infatti la struttura

$$m\mathbf{a} = \frac{e^2}{6\pi c^3} \frac{d\mathbf{a}}{dt} + \cdots.$$

Il termine a secondo membro, essendo lineare in $d\mathbf{a}/dt = d^3\mathbf{y}/dt^3$, potrebbe discendere solo da una lagrangiana quadratica in $\mathbf{y}$, che coinvolga complessivamente tre derivate. La lagrangiana dovrebbe dunque essere della forma

$$L_0 = \frac{1}{2}\, mv^2 + \frac{e^2}{6\pi c^3} \left(k_1\, \mathbf{v} \cdot \mathbf{a} + k_2\, \mathbf{y} \cdot \frac{d\mathbf{a}}{dt} \right),$$

k_1 e k_2 essendo costanti adimensionali. Tuttavia, i termini tra parentesi corrispondono alla derivata totale

$$k_1\, \mathbf{v} \cdot \mathbf{a} + k_2\, \mathbf{y} \cdot \frac{d\mathbf{a}}{dt} = \frac{d}{dt}\left(k_2\, \mathbf{y} \cdot \mathbf{a} + \frac{k_1 - k_2}{2}\, v^2 \right)$$

e di conseguenza L_0 dà luogo all'equazione del moto della particella libera. Confermiamo, dunque, che l'equazione di Lorentz-Dirac non può essere ottenuta tramite un principio variazionale, si veda il Paragrafo 14.2.4.

14.5 Problemi

14.1. Equazione di Lorentz-Dirac nel limite non relativistico. Si verifichi che nel limite non relativistico – al primo ordine in v/c e nel parametro τ (14.7) – l'equazione di Lorentz-Dirac (14.14) e la sua versione integro-differenziale (14.67) si riducono rispettivamente a

$$m\mathbf{a} = m\tau \frac{d\mathbf{a}}{dt} + \mathbf{f}, \tag{14.99}$$

$$m\mathbf{a}(t) = \int_0^{\infty} e^{-\alpha}\, \mathbf{f}(t + \tau\alpha)\, d\alpha, \tag{14.100}$$

dove $\mathbf{f} = e(\mathbf{E} + \mathbf{v} \times \mathbf{B}/c)$ rappresenta la forza esterna.
Suggerimento. Si vedano le equazioni (14.43) e (14.44).

a) Si verifichi che la (14.100) rappresenta un integrale primo dell'equazione (14.99).
b) In base all'equazione del moto (14.100) si stabiliscano le condizioni per cui nel limite non relativistico la reazione di radiazione sia localmente trascurabile. Si confronti la risposta con la stima generale (14.8).
c) Si supponga che sia $\mathbf{B} = 0$ e che $\mathbf{E}$ sia diverso da zero solo in una regione limitata dello spazio e che sia ivi costante e uniforme. Si determini esplicitamente il secondo membro della (14.100), discutendo la violazione della causalità dell'equazione che ne deriva. Si confronti l'equazione ottenuta con l'equazione (14.59) per $K = 0$.
d) Si supponga che i campi esterni varino poco sulla scala temporale τ. Si dimostri che in tal caso l'equazione (14.100) può approssimarsi con

$$m\mathbf{a} = \mathbf{f} + \tau \frac{d\mathbf{f}}{dt} \equiv \mathbf{f}_{\text{eff}}. \tag{14.101}$$

e) Si verifichi che al primo ordine nei parametri τ e $1/c$ e nel loro prodotto la forza effettiva si scrive

$$\mathbf{f}_{\text{eff}} = e\left(\mathbf{E} + \frac{\mathbf{v}}{c} \times \mathbf{B}\right) + e\tau\left(\dot{\mathbf{E}} + \frac{\mathbf{v}}{c} \times \dot{\mathbf{B}} + \frac{e}{mc}\mathbf{E} \times \mathbf{B}\right). \tag{14.102}$$

Tale approssimazione è lecita in quanto termini di ordine τ^2 sono di ordine $1/c^6$, mentre termini di ordine $1/c^2 \sim (v/c)^2$ sono trascurabili per particelle non relativistiche.
Suggerimento. All'ordine zero in τ e $1/c$ si può sostituire $\dot{\mathbf{v}}$ con $e\mathbf{E}/m$.

14.2. Si verifichi che la diminuzione relativa (8.99) dell'energia dell'atomo di idrogeno durante un ciclo rispetta la stima generale (14.8).

14.3. Si verifichi che la (14.59), con F data in (14.58), costituisce un integrale primo dell'equazione (14.55).

14.4. Si dimostri l'identità (14.95) a partire dalle (14.87) e (14.88). Alternativamente si sfrutti l'identità

$$\mathbf{v}_1 \cdot \mathbf{F}_{21} + \mathbf{v}_2 \cdot \mathbf{F}_{12} = e_1 \mathbf{v}_1 \cdot \mathbf{E}_2(y_1) + e_2 \mathbf{v}_2 \cdot \mathbf{E}_1(y_2)$$

insieme alla formula intermedia (7.66).

14.5. Una particella carica si trova in presenza di un campo esterno $F_{in}^{\mu\nu}$ costituito da un campo elettrico *statico* $\mathbf{E}$ e da un campo magnetico nullo. Si pensi, ad esempio, al campo elettrico presente tra le piastre di un condensatore di estensione finita.

a) Si verifichi che $F_{in}^{\mu\nu}$ non può essere considerato come un campo *libero* in senso stretto, poiché

$$\partial_\mu F_{in}^{\mu\nu} \equiv K^\nu \neq 0,$$

dove $K^0 = \boldsymbol{\nabla} \cdot \mathbf{E}$ e $\mathbf{K} = 0$. Qual è l'interpretazione fisica di K^μ?

b) Considerando che il campo elettromagnetico totale è dato dalla (14.3) si verifichi che in questo caso il tensore energia-impulso totale $T^{\mu\nu} = T_{em}^{\mu\nu} + T_p^{\mu\nu}$ non è conservato, in quanto

$$\partial_\mu T^{\mu\nu} = K_\mu F^{\mu\nu}.$$

Si proceda in modo formale usando la (14.4) e ignorando la presenza delle divergenze ultraviolette.

c) Si concluda che l'energia totale del sistema $\varepsilon = \int T^{00} d^3 x$ formalmente è comunque conservata.

14.6. Una particella soggetta all'equazione di Lorentz-Dirac compie un moto unidirezionale in assenza di campi esterni, $\mathbf{E} = 0 = \mathbf{B}$. Si consideri la corrispondente soluzione esatta (14.57)

$$V(s) = K e^{s/\tau} + D. \tag{14.103}$$

Si verifichi che la (14.103) corrisponde a una soluzione esatta (14.50) della particella libera, per opportuni quadrivettori A^μ e B^μ soggetti ai vincoli (14.51).

14.7. Si consideri una particella che si muove lungo l'asse z in presenza di un campo elettrico costante e uniforme confinato a una regione limitata, come nel Paragrafo 14.2.6. In questo caso l'equazione di Lorentz-Dirac – una volta imposte le condizioni supplementari (14.39) – si muta nell'equazione (14.59) con $K = 0$

$$V' = \frac{F}{m} + \frac{eE_0}{m} \left(H(a-s) e^{(s-a)/\tau} - H(b-s) e^{(s-b)/\tau} \right). \tag{14.104}$$

Sia v_0 la velocità della particella per $z \to -\infty$, ovvero per $s \to -\infty$.

a) Si verifichi che con questa condizione iniziale la soluzione della (14.104) è

$$V(s) = AH(b - s)\left(s - b + \tau\left(1 - e^{(s-b)/\tau}\right)\right)$$
$$- AH(a - s)\left(s - a + \tau\left(1 - e^{(s-a)/\tau}\right)\right) + V_0 + A(b - a),$$

(14.105)

dove $A \equiv eE_0/m$ è l'accelerazione *non relativistica* e $\sinh V_0 = v_0/\sqrt{1 - v_0^2}$, si vedano le posizioni (14.54).

b) Si dimostri che quando la particella passa da $z = -\infty$ a $z = +\infty$ la sua energia aumenta di

$$\Delta\varepsilon = m\left(\cosh(V_0 + A(b - a)) - \cosh V_0\right).$$

(14.106)

Suggerimento. L'energia della particella all'istante s è data da $\varepsilon(s) = mu^0(s) = m\cosh V(s)$.

c) Si indichi con $\Delta z = z(b) - z(a)$ la larghezza della regione in cui il campo elettrico è diverso da zero. Si dimostri che *al primo ordine in* τ si ha

$$\Delta z = \frac{1}{A}\left(\cosh(V_0 + A(b - a)) - \cosh V_0\right)$$
$$+ \tau\left(\sinh(V_0 + A(b - a)) - \sinh V_0\right).$$

(14.107)

Suggerimento. Si usi la relazione $\Delta z = \int_a^b u(s)\,ds = \int_a^b \sinh V(s)\,ds$, trascurando nella (14.105) gli esponenziali.

d) Dall'equazione (14.63) si ricava che l'energia irradiata è data da

$$\varepsilon_{rad} = -\int_{-\infty}^{\infty} W_{rad}\,dt = -\int_{-\infty}^{\infty} vF_{fr}\,dt = -\int_{-\infty}^{\infty} uF_{fr}\,ds,$$

(14.108)

la forza di frenamento F_{fr} essendo data dalla (14.61). Usando la stessa approssimazione di cui al quesito c), e ricordando che $\tau = e^2/6\pi m$, si dimostri che vale

$$\varepsilon_{rad} = \frac{e^2 A}{6\pi}\left(\sinh(V_0 + A(b - a)) - \sinh V_0\right).$$

(14.109)

Suggerimento. Integrando la (14.63) tra gli istanti $t = -\infty$ e $t = +\infty$ si ottiene

$$\Delta\varepsilon = eE_0\Delta z - \varepsilon_{rad}.$$

Si valuti ε_{rad} usando questa relazione e ricorrendo alle formule (14.106) e (14.107). Alternativamente si inserisca nell'ultimo integrale della (14.108) l'espressione (14.61) della forza di frenamento e si usi la relazione $u(s) = \sinh V(s)$.

e) Essendo il campo esterno $F_{in}^{\mu\nu}$ dato da $\mathbf{E}_{in} = (0, 0, E)$ e $\mathbf{B}_{in} = 0$ la componente $\mu = 0$ dell'equazione di Lorentz–Dirac (14.37) si scrive

$$\frac{d\varepsilon}{dt} = evE + \frac{e^2}{6\pi}\left(\frac{dw^0}{dt} + w^2\right).$$

(14.110)

Confrontando questa equazione con la (14.63) si vede che la forza di frenamento può essere posta nella forma

$$F_{fr} = \frac{e^2}{6\pi v} \left(\frac{dw^0}{dt} + w^2 \right).$$

In base alle relazioni (14.108) l'energia irradiata può dunque essere scritta come

$$\varepsilon_{rad} = -\frac{e^2}{6\pi} \left(\int_{-\infty}^{\infty} w^2 dt + w^0(\infty) - w^0(-\infty) \right)$$

$$= -\frac{e^2}{6\pi} \int_{-\infty}^{\infty} w^2 dt = -\frac{e^2}{6\pi} \int_{-\infty}^{\infty} w^2 u^0 ds, \qquad (14.111)$$

in accordo con la formula di Larmor relativistica (10.9). Si valuti l'integrale (14.111) usando la stessa approssimazione di cui al quesito c) e si confronti il risultato con l'espressione (14.109).

Suggerimento. Dalle formule (14.52) e (14.56) segue che $w^2 = -V'^2$. Si ricordi inoltre che $u^0(s) = \cosh V(s)$.

f) Si esegua il limite non relativistico dell'espressione (14.109) interpretando il risultato ottenuto.

g) Si esegua il limite ultrarelativistico dell'espressione (14.109) confrontando il risultato con l'analisi del Paragrafo 10.2.1, in particolare con la formula della potenza emessa (10.27).

Suggerimento. Nel limite ultrarelativistico si ha $v_0 \to 1$ e $V_0 \to \infty$, cosicché $\cosh(V_0 + k) \approx \sinh(V_0 + k) \approx e^{V_0 + k}/2$. Dalle equazioni (14.107) e (14.109) si deduce allora che al primo ordine in τ vale la relazione $\varepsilon_{rad} = e^2 A^2 \Delta z/6\pi$. Nel limite ultrarelativistico si ha inoltre $\Delta z \approx \Delta t$.

h) Si determini nel limite ultrarelativistico il rapporto tra l'energia irradiata e l'energia fornita dalla forza esterna $\varepsilon_{rad}/eE_0\Delta z$ e lo si confronti con il rapporto (10.28).

Suggerimento. Si usino le equazioni (14.106) e (14.109) sfruttando il fatto che all'ordine zero in τ vale $\Delta\varepsilon \approx eE_0\Delta z$. Nel limite ultrarelativistico si ha inoltre $V_0 \to \infty$.

14.8. Reazione di radiazione nella diffusione Thomson. Si applichino le equazioni non relativistiche (14.101) e (14.102) – valide se i campi variano poco sulla scala temporale τ – alla *diffusione Thomson*, si veda il Paragrafo 8.4.2. In tal caso i campi esterni $\mathcal{E}$ e $\mathcal{B}$ corrispondono dall'onda piana (8.61) di frequenza ω, cosicché l'approssimazione è valida se $1/\omega \gg \tau$, ovvero se $\lambda \gg r_0 = e^2/4\pi mc^2$. Si considerino come soluzione dell'equazione (14.101) di ordine *zero* in $1/c$ e τ le leggi orarie (8.65)

$$v_x = \frac{e\mathcal{E}_0}{m\omega} \, sen(\omega t), \quad v_y = 0, \quad v_z = 0.$$

a) Sostituendo nella forza effettiva (14.102) le leggi orarie di ordine zero si derivino le leggi orarie corrette al primo ordine in $1/c$ e τ

$$
\begin{aligned}
v_x &= \frac{e\mathcal{E}_0}{m\omega}\left(sen(\omega t) + \omega\tau\, cos(\omega t)\right),\\
v_y &= 0, \\
v_z &= \frac{1}{2c}\left(\frac{e\mathcal{E}_0}{m\omega}\right)^2 sen^2(\omega t).
\end{aligned}
\tag{14.112}
$$

b) Utilizzando tali leggi orarie si verifichi che la forza effettiva corretta al primo ordine nei parametri $1/c$ e τ e nel loro prodotto è data da

$$
\begin{aligned}
\mathbf{f}_{\mathrm{eff}} = {}&e\mathcal{E}_0(cos(\omega t) - \omega\tau sen(\omega t))\mathbf{u}_x\\
&+\frac{e^2\mathcal{E}_0^2}{2mc\omega}\left(sen(2\omega t) + \omega\tau(3cos(2\omega t) + 1)\right)\mathbf{u}_z.
\end{aligned}
$$

c) Si determini la media temporale di questa espressione su un periodo

$$
\overline{\mathbf{f}}_{\mathrm{eff}} = \frac{e^2\mathcal{E}_0^2\tau}{2mc}\,\mathbf{u}_z = \frac{4\pi}{3}\,r_0^2\,\mathcal{E}_0^2\,\mathbf{u}_z.
\tag{14.113}
$$

In questo modo si conferma la previsione (8.77) del Paragrafo 8.4.2 – basata su argomenti di conservazione – secondo cui nell'effetto Thomson la particella subisce una *reazione di radiazione* nella direzione dell'onda incidente.

Nota. Il risultato (14.113) può essere derivato più semplicemente dall'equazione (14.101), sfruttando il fatto che la media di $\tau(d\mathbf{f}/dt)$ su un periodo sia zero. Usando la (14.112) e il campo $\mathcal{B}_y = \mathcal{E}_0\, cos(\omega t)$ si trova infatti

$$
\overline{\mathbf{f}}_{\mathrm{eff}} = \overline{\mathbf{f}} = \overline{e\left(\boldsymbol{\mathcal{E}} + \frac{\mathbf{v}}{c}\times\boldsymbol{\mathcal{B}}\right)} = \frac{e}{c}\,\overline{\mathbf{v}\times\boldsymbol{\mathcal{B}}} = \frac{e}{c}\,\overline{v_x\mathcal{B}_y}\,\mathbf{u}_z = \frac{e^2\mathcal{E}_0^2\tau}{2mc}\,\mathbf{u}_z.
$$

15

Un tensore energia-impulso privo di singolarità

Nelle vicinanze della posizione $\mathbf{y}(t)$ di una particella carica il campo elettromagnetico diverge come $F^{\mu\nu} \sim 1/r^2$, dove $r = |\mathbf{x} - \mathbf{y}(t)|$. Corrispondentemente il tensore energia-impulso del campo

$$T_{em}^{\mu\nu} = F^{\mu\alpha}F_\alpha{}^\nu + \frac{1}{4}\eta^{\mu\nu}F^{\alpha\beta}F_{\alpha\beta} \qquad (15.1)$$

diverge come

$$T_{em}^{\mu\nu} \sim \frac{1}{r^4}. \qquad (15.2)$$

In particolare per il campo elettromagnetico di una particella statica posta nell'origine si ha $(\mathbf{y}(t) = 0, r = |\mathbf{x}|)$

$$\mathbf{E} = \frac{e\mathbf{x}}{4\pi r^3}, \qquad \mathbf{B} = 0, \qquad (15.3)$$

nel qual caso le espressioni (2.127)-(2.129) forniscono le componenti

$$T_{em}^{00} = \frac{1}{2}E^2 = \frac{1}{2}\left(\frac{e}{4\pi}\right)^2 \frac{1}{r^4}, \qquad (15.4)$$

$$T_{em}^{0i} = 0, \qquad (15.5)$$

$$T_{em}^{ij} = \frac{1}{2}E^2\delta^{ij} - E^i E^j = \frac{1}{2}\left(\frac{e}{4\pi}\right)^2 \frac{1}{r^4}\left(\delta^{ij} - 2\frac{x^i x^j}{r^2}\right). \qquad (15.6)$$

L'andamento singolare (15.2) dà origine a due difficoltà concettuali – legate tra loro – che invalidano la stessa legge di *conservazione del quadrimomento*. Vediamo in che cosa consistono.

15.1 Singolarità del tensore energia-impulso

Quadrimomento totale divergente. La prima difficoltà è stata menzionata diverse volte e consiste nel fatto che gli integrali del quadrimomento totale $P_{em}^\mu =$

Lechner K.: Elettrodinamica classica
DOI 10.1007/978-88-470-5211-6_15, © Springer-Verlag Italia 2013

$\int T_{em}^{0\mu} \, d^3x$ in generale siano divergenti. Nel caso della particella statica si ha

$$\varepsilon_{em} = \int T_{em}^{00} \, d^3x = \frac{1}{2} \left(\frac{e}{4\pi} \right)^2 \int \frac{1}{r^4} \, d^3x = \infty, \qquad P_{em}^i = \int T_{em}^{0i} \, d^3x = 0$$

(15.7)

e diverge soltanto l'energia, mentre per una particella in moto arbitrario diverge altresì la quantità di moto. Più precisamente, visto che $T_{em}^{\mu\nu}$ è singolare solo nei punti in cui si trovano le particelle, in generale diverge il quadrimomento in qualsiasi volume *contenente almeno una particella*, mentre risulta finito il quadrimomento in qualsiasi volume che non ne contenga.

Nelle analisi del contenuto energetico della radiazione del Capitolo 8 il problema dell'energia infinita non è mai intervenuto direttamente, poiché la potenza irradiata coinvolge il campo elettromagnetico a grandi distanze dalle particelle. Inoltre la potenza irradiata si riferisce a *differenze* di valori di energia e nelle differenze le divergenze si possono cancellare. Tuttavia, se si vuole dare un significato preciso all'affermazione "il quadrimomento si conserva", è necessario che a ogni istante il quadrimomento sia una grandezza *finita*.

Il tensore energia-impulso non è una distribuzione. La seconda difficoltà consiste nel fatto che le componenti del tensore $T_{em}^{\mu\nu}$ non sono distribuzioni, ovvero elementi di $\mathcal{S}' \equiv \mathcal{S}'(\mathbb{R}^4)$, poiché l'andamento (15.2) rappresenta una singolarità *non integrabile* in $\mathbb{R}^4$. $T_{em}^{\mu\nu}$ è infatti dato da una somma di *prodotti* delle distribuzioni $F^{\mu\nu}$ e prodotti di distribuzioni in generale non sono distribuzioni. Non essendo $T_{em}^{\mu\nu}$ una distribuzione non ammette derivate parziali e la quadridivergenza $\partial_\mu T_{em}^{\mu\nu}$ è, dunque, mal definita. Dobbiamo pertanto concludere che la dimostrazione dell'equazione di continuità del tensore energia-impulso totale $T^{\mu\nu} = T_{em}^{\mu\nu} + T_p^{\mu\nu}$ del Paragrafo 2.4.3 ha validità puramente *formale*.

Il problema in questione è tutt'altro che una sottigliezza *matematica*. Al contrario, l'espressione ottenuta in (2.124) per la quadridivergenza di $T_{em}^{\mu\nu}$

$$\partial_\nu T_{em}^{\nu\mu} = - \sum_r e_r \int F^{\mu\nu}(y_r) u_{r\nu} \, \delta^4(x - y_r) \, ds_r$$

(15.8)

è priva di senso in quanto il secondo membro è *divergente*. Infatti, il campo totale

$$F^{\mu\nu}(x) = F_{in}^{\mu\nu}(x) + \sum_s \mathcal{F}_s^{\mu\nu}(x)$$

(15.9)

comprende il campo di Liénard-Wiechert della particella r-esima $\mathcal{F}_r^{\mu\nu}(x)$ e di conseguenza $F^{\mu\nu}(y_r)$ comprende l'autocampo divergente $\mathcal{F}_r^{\mu\nu}(y_r)$, si veda la (14.6). A parte ciò la dimostrazione della conservazione di $T^{\mu\nu}$ basata sull'equazione (2.126) era fondata sull'equazione di Lorentz, equazione che ora sappiamo essere pure divergente.

Scopo del presente capitolo è la costruzione di un nuovo tensore energia-impulso totale $T^{\mu\nu}$ che:

a) sia Lorentz covariante;

b) costituisca una distribuzione;

c) ammetta integrali di quadrimomento finiti;

d) soddisfi l'equazione di continuità $\partial_\mu T^{\mu\nu} = 0$.

Vedremo in particolare che la richiesta d) – equivalente alla conservazione locale del quadrimomento – impone che le particelle soddisfino come equazione del moto l'*equazione di Lorentz-Dirac*. Il metodo su cui baseremo la costruzione di $T^{\mu\nu}$ è relativamente semplice, sebbene la dimostrazione che il tensore così costruito possegga le proprietà a)–d) sia lievemente complicata. Per questo motivo la riporteremo in modo dettagliato solo nel caso della particella libera, ovvero per una particella in moto rettilineo uniforme.

Nella Sezione 15.2 presenteremo il metodo nella sua veste generale, implementandolo – in modo euristico – per una particella in moto arbitrario. Nella Sezione 15.3 lo implementeremo in modo rigoroso per una particella libera e nella Sezione 15.4 presenteremo la sua generalizzazione a un sistema di particelle in moto arbitrario.

15.2 Costruzione rigorosa: rinormalizzazione e regolarizzazione

Consideriamo una particella che si trovi in presenza di un campo esterno $F_{in}^{\mu\nu}$. Il campo elettromagnetico totale è allora dato da $F^{\mu\nu} = F_{in}^{\mu\nu} + \mathcal{F}^{\mu\nu}$, $\mathcal{F}^{\mu\nu}$ essendo il campo di Liénard-Wiechert (14.16). Per costruire un tensore energia-impulso con le proprietà richieste seguiremo una strategia analoga a quella del Capitolo 14, consistente in una regolarizzazione seguita da una rinormalizzazione.

Regolarizzazione. Supponendo che $F_{in}^{\mu\nu}$ sia un campo regolare le singolarità del tensore $T_{em}^{\mu\nu}$ (15.1) sono localizzate nei punti dove si trova la particella. Ciò suggerisce di adottare nuovamente la regolarizzazione Lorentz-invariante introdotta nel Paragrafo 14.2.1.

Ricorrendo dunque al campo di Liénard-Wiechert regolarizzato $\mathcal{F}_\varepsilon^{\mu\nu}$ (14.23) introduciamo il campo totale regolarizzato

$$F_\varepsilon^{\mu\nu} = F_{in}^{\mu\nu} + \mathcal{F}_\varepsilon^{\mu\nu}, \tag{15.10}$$

che costituisce una distribuzione *regolare*. Più precisamente, le sei componenti del tensore $F_\varepsilon^{\mu\nu}$ sono per ogni $\varepsilon > 0$ *funzioni limitate di classe* $C^\infty \equiv C^\infty(\mathbb{R}^4)$.

Illustriamo quanto affermato nel caso di una particella statica posta nell'origine e con $F_{in}^{\mu\nu} = 0$. In tal caso il campo $F_\varepsilon^{\mu\nu}$ si ottiene ponendo nell'espressione generale (14.24) $u^\mu = (1, 0, 0, 0)$. In questo modo si ottengono i campi regolarizzati

$$\mathbf{E}_\varepsilon = \frac{e}{4\pi} \frac{\mathbf{x}}{(r^2 + \varepsilon^2)^{3/2}}, \qquad \mathbf{B}_\varepsilon = 0, \tag{15.11}$$

da confrontare con i campi singolari (15.3). I campi (15.11) sono infatti limitati e di classe C^∞ e come tali sono regolari in tutto lo spazio, compreso il punto

$\mathbf{x} = 0$ dove si trova la particella. Corrispondentemente l'energia totale del campo elettromagnetico regolarizzato è finita. Al posto della (15.7) troviamo infatti

$$\widetilde{\varepsilon}_{em} = \frac{1}{2} \int E_\varepsilon^2 \, d^3x = \frac{1}{2} \left(\frac{e}{4\pi}\right)^2 \int \frac{r^2 d^3x}{(r^2 + \varepsilon^2)^3} = \left(\frac{e}{4\pi}\right)^2 \frac{3\pi^2}{8\varepsilon}. \qquad (15.12)$$

Per valutare l'integrale abbiamo eseguito il cambiamento di variabili $\mathbf{x} \to \varepsilon \mathbf{x}$ e sfruttato l'integrale elementare

$$\int \frac{r^2 d^3x}{(r^2 + 1)^3} = \frac{3\pi^2}{4}.$$

Si noti che nel limite di $\varepsilon \to 0$ l'energia regolarizzata (15.12) diverge come $1/\varepsilon$.

Tornando a una linea di universo $y^\mu(s)$ arbitraria notiamo che, essendo le componenti di $F_\varepsilon^{\mu\nu}$ distribuzioni rappresentate da funzioni limitate di classe C^∞, sono tali anche i loro prodotti. Conseguentemente il *tensore energia-impulso regolarizzato*

$$T_\varepsilon^{\mu\nu} \equiv F_\varepsilon^{\mu\alpha} F_{\varepsilon\,\alpha}^{\ \ \nu} + \frac{1}{4} \eta^{\mu\nu} F_\varepsilon^{\alpha\beta} F_{\varepsilon\,\alpha\beta} \qquad (15.13)$$

costituisce per ogni $\varepsilon > 0$ una distribuzione. Ovviamente per ogni $x^\mu \neq y^\mu(s)$ vale il limite *puntuale*

$$\lim_{\varepsilon \to 0} T_\varepsilon^{\mu\nu}(x) = T_{em}^{\mu\nu}(x).$$

Tuttavia, a causa delle singolarità presenti per $x^\mu = y^\mu(s)$ tale limite *non* esiste se eseguito nella topologia di $\mathcal{S}'$. E infatti $T_{em}^{\mu\nu} \notin \mathcal{S}'$.

Illustriamo il problema nuovamente per la particella statica. In tal caso la densità di energia regolarizzata è data dall'espressione

$$T_\varepsilon^{00}(x) = \frac{1}{2} E_\varepsilon^2 = \frac{1}{2} \left(\frac{e}{4\pi}\right)^2 \frac{r^2}{(r^2 + \varepsilon^2)^3},$$

la quale per ogni $\mathbf{x} \neq 0$ ammette il limite puntuale (si veda la (15.4))

$$\lim_{\varepsilon \to 0} T_\varepsilon^{00}(x) = \frac{1}{2} \left(\frac{e}{4\pi}\right)^2 \frac{1}{r^4} = T_{em}^{00}(x).$$

Ma $T_{em}^{00}(x)$, per l'appunto, non è una distribuzione.

Rinormalizzazione. Prima di poter eseguire il limite per $\varepsilon \to 0$ nella topologia di $\mathcal{S}'$ occorre individuare – e sottrarre – la *parte divergente* di $T_\varepsilon^{\mu\nu}$, che denotiamo con il simbolo $\widehat{T}_\varepsilon^{\mu\nu}$. La *rinormalizzazione* consiste in questo procedimento di sottrazione e $\widehat{T}_\varepsilon^{\mu\nu}$ viene chiamato *controtermine*. Al controtermine richiediamo che goda delle seguenti proprietà:

1) deve essere un *tensore* sotto trasformazioni di Poincaré;

2) il suo *supporto* deve essere la traiettoria della particella, ovvero

$$\widehat{T}_\varepsilon^{\mu\nu}(x) = 0, \quad \text{per } x^\mu \neq y^\mu(s);$$

3) deve essere simmetrico e a traccia nulla

$$\widehat{T}_\varepsilon^{\mu\nu} = \widehat{T}_\varepsilon^{\nu\mu}, \quad \widehat{T}_\varepsilon^{\mu\nu}\eta_{\mu\nu} = 0;$$

4) deve essere tale che esista il tensore limite

$$\mathbb{T}_{em}^{\mu\nu} \equiv \mathcal{S}' - \lim_{\varepsilon \to 0}\left(T_\varepsilon^{\mu\nu} - \widehat{T}_\varepsilon^{\mu\nu}\right), \tag{15.14}$$

$\mathcal{S}'$ – lim denotando il limite nel senso delle distribuzioni;
5) deve essere tale che il tensore energia-impulso totale sia conservato, ovvero posto

$$T^{\mu\nu} \equiv \mathbb{T}_{em}^{\mu\nu} + T_p^{\mu\nu}, \quad T_p^{\mu\nu} = m\int u^\mu u^\nu \delta^4(x - y)\,ds,$$

se la particella soddisfa un'opportuna equazione del moto deve valere

$$\partial_\mu T^{\mu\nu} = 0,$$

la quadridivergenza essendo intesa nel senso delle distribuzioni.

Il tensore $\mathbb{T}_{em}^{\mu\nu}$ definito in (15.14) rappresenta il *tensore energia-impulso rinorma- lizzato* del campo elettromagnetico e sostituisce a tutti gli effetti il tensore originale mal definito $T_{em}^{\mu\nu}$.

La proprietà 1) assicura che $\mathbb{T}_{em}^{\mu\nu}$ sia un tensore sotto trasformazioni di Poincaré, visto che anche $T_\varepsilon^{\mu\nu}$ lo è. La proprietà 2) è motivata dai seguenti due fatti. Primo, nel complemento della traiettoria il tensore energia-impulso originale $T_{em}^{\mu\nu}$ è regolare e conservato. Secondo, la forma di $T_{em}^{\mu\nu}$ nel complemento della traiettoria è ben testata dal punto di vista fenomenologico, come abbiamo visto ad esempio dalla compo- nente $T_{em}^{0i} = S^i = (\mathbf{E} \times \mathbf{B})^i$, responsabile dell'irraggiamento. La rinormalizzazione non deve dunque cambiare il valore di $T_{em}^{\mu\nu}$ nel complemento della traiettoria e con- seguentemente $\widehat{T}_\varepsilon^{\mu\nu}$ può essere diverso da zero solo lungo la stessa. La proprietà 3) segue dal fatto che, essendo $T_\varepsilon^{\mu\nu}$ un tensore simmetrico a traccia nulla, anche la sua parte divergente deve essere tale. La proprietà 4) assicura che $\mathbb{T}_{em}^{\mu\nu}$ definisca una distribuzione, garantendo in particolare che le derivate distribuzionali $\partial_\mu \mathbb{T}_{em}^{\mu\nu}$ siano ben definite. Il significato della richiesta 5) è evidente e vedremo che riusci- remo a soddisfarla solo se la particella obbedisce all'equazione di Lorentz-Dirac (14.14). Infine si può dimostrare che le richieste 1)–5) fissano $\widehat{T}_\varepsilon^{\mu\nu}$ univocamente, modulo termini di ordine $o(\varepsilon)$ nella topologia di $\mathcal{S}'$. Conseguentemente tali richieste determinano il tensore $\mathbb{T}_{em}^{\mu\nu}$ in modo univoco.

15.2.1 Costruzione euristica di $\mathbb{T}_{em}^{\mu\nu}$

Di seguito determiniamo la forma di $\widehat{T}_\varepsilon^{\mu\nu}$ per una particella in moto arbitrario in maniera euristica, imponendo le richieste 1)–5).

Per la proprietà 2) questo tensore deve essere proporzionale alla distribuzione $\delta^3(\mathbf{x} - \mathbf{y}(t))$, o meglio – per la proprietà 1) – alla grandezza Lorentz-invariante

$$\int \delta^4(x - y)\, ds = \sqrt{1 - v^2(t)}\, \delta^3(\mathbf{x} - \mathbf{y}(t)).$$

In base alla richiesta 4) il controtermine deve cancellare la parte divergente di $T_\varepsilon^{\mu\nu}$ e di conseguenza nel limite di $\varepsilon \to 0$ deve divergere. Dal momento che l'energia regolarizzata (15.12) diverge come $1/\varepsilon$ dobbiamo aspettarci che $\widehat{T}_\varepsilon^{\mu\nu}$ diverga allo stesso modo. Visto che l'espressione (15.12) è altresì proporzionale a e^2 il controtermine deve avere la forma

$$\widehat{T}_\varepsilon^{\mu\nu} = \frac{1}{\varepsilon}\left(\frac{e}{4\pi}\right)^2 \int H^{\mu\nu} \delta^4(x - y)\, ds, \tag{15.15}$$

dove in base alla proprietà 3) $H^{\mu\nu}$ deve essere un tensore simmetrico e a traccia nulla.

Essendo definito lungo la linea di universo $H^{\mu\nu}$ deve dipendere dalle variabili cinematiche y^μ, u^μ e w^μ ed eventualmente dalle loro derivate. Inoltre, visto che $\widehat{T}_\varepsilon^{\mu\nu}$ deve avere le dimensioni di una densità di energia ed ε ha le dimensioni di una lunghezza, $H^{\mu\nu}$ deve essere adimensionale. Dal momento che l'unica variabile cinematica adimensionale è u^μ, $H^{\mu\nu}$ deve essere della forma $H^{\mu\nu} = a u^\mu u^\nu + b \eta^{\mu\nu}$, a e b essendo costanti adimensionali. Il vincolo $H^{\mu\nu}\eta_{\mu\nu} = 0$ pone infine $b = -a/4$, sicché si ha

$$H^{\mu\nu} = a\left(u^\mu u^\nu - \frac{1}{4}\eta^{\mu\nu}\right). \tag{15.16}$$

Si noti che contributi ad $H^{\mu\nu}$ del tipo $y^\mu w^\nu + y^\nu w^\mu - \frac{1}{2}\eta^{\mu\nu} y^\rho w_\rho$ oppure $y^\mu \partial^\nu + y^\nu \partial^\mu - \frac{1}{2}\eta^{\mu\nu} y^\rho \partial_\rho$ – che sono pure adimensionali, simmetrici e a traccia nulla – sono esclusi poiché non invarianti sotto le traslazioni $y^\mu \to y^\mu + a^\mu$, si veda la richiesta 1).

In base alle equazioni (15.15) e (15.16) il tensore energia-impulso rinormalizzato (15.14) assume la forma

$$\mathbb{T}_{em}^{\mu\nu} = \mathcal{S}' - \lim_{\varepsilon \to 0}\left(T_\varepsilon^{\mu\nu} - \frac{a}{\varepsilon}\left(\frac{e}{4\pi}\right)^2 \int \left(u^\mu u^\nu - \frac{1}{4}\eta^{\mu\nu}\right)\delta^4(x - y)\, ds\right), \tag{15.17}$$

l'unico elemento indeterminato essendo la costante a. Quest'ultima dovrebbe essere determinata imponendo le richieste 4) e 5), ovvero dimostrando che per un'opportuna scelta di a il limite (15.17) esiste e che il tensore energia-impulso totale risultante è conservato. In effetti si può dimostrare che il limite (15.17) esiste solamente se si sceglie

$$a = \frac{\pi^2}{2}$$

e che il tensore energia-impulso totale risultante è conservato a patto che la particella soddisfi l'equazione di Lorentz-Dirac [22]. Nella prossima sezione riportiamo la dimostrazione di questi risultati nel caso della particella libera.

15.3 Costruzione di $\mathbb{T}^{\mu\nu}_{em}$ per la particella libera

Una particella libera si muove di moto rettilineo uniforme in assenza di campi esterni, $F^{\mu\nu}_{in} = 0$. Grazie alla Lorentz-invarianza del nostro metodo, se riusciamo a dimostrare che l'espressione (15.17) soddisfa le proprietà 4) e 5) in un dato sistema di riferimento, tali proprietà saranno automaticamente valide in qualsiasi sistema di riferimento. Per una particella libera è dunque sufficiente dimostrarle nel sistema di riferimento in cui la particella è a *riposo*. In pratica si tratta allora di dimostrare l'esistenza del limite (15.17) nel caso relativamente semplice di una particella *statica* e – visto che il tensore energia-impulso di una particella libera è conservato

$$\partial_\mu T^{\mu\nu}_p = \int \frac{dp^\nu}{ds} \, \delta^4(x - y) \, ds = 0 \qquad (15.18)$$

– di verificare che il tensore energia-impulso (15.17) soddisfi separatamente l'equazione di continuità $\partial_\mu \mathbb{T}^{\mu\nu}_{em} = 0$.

In assenza di campo esterno il campo regolarizzato (15.10) si riduce a

$$F^{\mu\nu}_\varepsilon = \mathcal{F}^{\mu\nu}_\varepsilon$$

e per una particella statica posta nell'origine il campo di Liénard-Wiechert regolarizzato $\mathcal{F}^{\mu\nu}_\varepsilon$ è dato in (15.11). Per determinare le componenti del tensore energia-impulso regolarizzato (15.13) è dunque sufficiente effettuare nelle espressioni (15.4)-(15.6) la sostituzione $\mathbf{E} \rightarrow \mathbf{E}_\varepsilon$

$$T^{00}_\varepsilon = \frac{1}{2} \left(\frac{e}{4\pi} \right)^2 \frac{r^2}{(r^2 + \varepsilon^2)^3}, \qquad (15.19)$$

$$T^{0i}_\varepsilon = 0, \qquad (15.20)$$

$$T^{ij}_\varepsilon = \frac{1}{2} \left(\frac{e}{4\pi} \right)^2 \frac{\delta^{ij} r^2 - 2x^i x^j}{(r^2 + \varepsilon^2)^3}. \qquad (15.21)$$

Si noti che vale $\eta_{\mu\nu} T^{\mu\nu}_\varepsilon = 0$.

È altrettanto immediato valutare le componenti del controtermine in (15.17), poiché nel caso in questione si ha $u^\mu = (1, 0, 0, 0)$ e $\int \delta^4(x - y(s)) \, ds = \delta^3(\mathbf{x})$. Sostituendo le componenti (15.19)-(15.21) nella (15.17) si trova che dobbiamo stabilire l'esistenza dei limiti distribuzionali

$$\mathbb{T}_{em}^{00} = \frac{1}{2}\left(\frac{e}{4\pi}\right)^2 \mathcal{S}' - \lim_{\varepsilon \to 0}\left(\frac{r^2}{(r^2 + \varepsilon^2)^3} - \frac{3a}{2\varepsilon}\delta^3(\mathbf{x})\right), \tag{15.22}$$

$$\mathbb{T}_{em}^{0i} = 0, \tag{15.23}$$

$$\mathbb{T}_{em}^{ij} = \frac{1}{2}\left(\frac{e}{4\pi}\right)^2 \mathcal{S}' - \lim_{\varepsilon \to 0}\left(\frac{\delta^{ij}r^2 - 2x^i x^j}{(r^2 + \varepsilon^2)^3} - \frac{a}{2\varepsilon}\delta^{ij}\delta^3(\mathbf{x})\right), \tag{15.24}$$

per un'opportuna costante a.

15.3.1 Esistenza di $\mathbb{T}_{em}^{\mu\nu}$

Nella valutazione dei limiti che seguono sarà di frequente necessario portare il limite sotto il segno di integrale, operazione non sempre lecita. A questo proposito è utile ricordare il seguente teorema, che enunciamo senza dimostrazione.

Teorema della convergenza dominata. Sia data una successione di funzioni $\{f_n\} \in L^1 \equiv L^1(\mathbb{R}^D)$ tali che:

a) esista il limite puntuale (quasi ovunque rispetto alla misura di Lebesgue)

$$\lim_{n \to \infty} f_n(x) = f(x); \tag{15.25}$$

b) esista una funzione positiva $g \in L^1$ tale che (quasi ovunque rispetto alla misura di Lebesgue)

$$|f_n(x)| \le g(x), \quad \forall n.$$

Allora $f \in L^1$ e la successione $\{f_n\}$ converge a f nella topologia di L^1:

$$L^1 - \lim_{n \to \infty} f_n = f.$$

Corollario. Sotto le ipotesi del teorema della convergenza dominata si può scambiare il limite con il segno di integrale, ovvero

$$\lim_{n \to \infty} \int f_n \, d^D x = \int \lim_{n \to \infty} f_n \, d^D x.$$

Dimostrazione del corollario. Vale la maggiorazione

$$\left|\int f_n \, d^D x - \int f \, d^D x\right| = \left|\int (f_n - f) \, d^D x\right| \le \int |f_n - f| \, d^D x = \|f_n - f\|_{L^1}.$$

Per il teorema della convergenza dominata la successione $\{f_n\}$ converge a f nella topologia di L^1. Pertanto nel limite di $n \to \infty$ l'ultimo membro della maggiorazione converge a zero e di conseguenza converge a zero anche il primo. In base alla (15.25) vale allora

$$0 = \lim_{n \to \infty} \int f_n \, d^D x - \int f \, d^D x = \lim_{n \to \infty} \int f_n \, d^D x - \int \lim_{n \to \infty} f_n \, d^D x. \qquad \square$$

In seguito il ruolo dell'indice discreto n sarà giocato dall'indice *continuo* ε. Nei casi che dovremo affrontare il limite puntuale (15.25) esisterà sempre banalmente e conseguentemente per poter portare il limite sotto il segno di integrale sarà sufficiente trovare una maggiorante $g \in L^1$ indipendente da ε.

Esistenza di $\mathbb{T}_{em}^{00}$. Iniziamo la dimostrazione della proprietà 4) dimostrando l'esistenza del limite (15.22), che riguarda la densità di energia. Secondo la definizione del limite nel senso delle distribuzioni – si veda la (2.61) – dobbiamo dimostrare che, per un'opportuna costante a, esiste il limite ordinario[1]

$$\mathbb{T}_{em}^{00}(\varphi) = \frac{1}{2} \left(\frac{e}{4\pi} \right)^2 \lim_{\varepsilon \to 0} \left(\int \frac{r^2 \varphi(\mathbf{x})}{(r^2 + \varepsilon^2)^3} \, d^3 x - \frac{3a}{2\varepsilon} \, \varphi(0) \right) \qquad (15.26)$$

per ogni funzione di test $\varphi \in \mathcal{S} \equiv \mathcal{S}(\mathbb{R}^3)$.

Iniziamo la dimostrazione sottraendo e aggiungendo nel numeratore dell'integrando in (15.26) la costante $\varphi(0)$. Usando l'integrale

$$\int \frac{r^2 d^3 x}{(r^2 + \varepsilon^2)^3} = \frac{3\pi^2}{4\varepsilon} \qquad (15.27)$$

il limite (15.26) può allora essere posto nella forma equivalente

$$\mathbb{T}_{em}^{00}(\varphi) = \frac{1}{2} \left(\frac{e}{4\pi} \right)^2 \lim_{\varepsilon \to 0} \left(\int \frac{r^2 (\varphi(\mathbf{x}) - \varphi(0))}{(r^2 + \varepsilon^2)^3} \, d^3 x + \frac{3}{2\varepsilon} \left(\frac{\pi^2}{2} - a \right) \varphi(0) \right). \qquad (15.28)$$

Il limite per $\varepsilon \to 0$ dell'integrale esiste ora per ogni φ. Per dimostrarlo separiamo nell'integrando gli r piccoli da quelli grandi scrivendo

$$\int \frac{r^2 (\varphi(\mathbf{x}) - \varphi(0))}{(r^2 + \varepsilon^2)^3} \, d^3 x = \int f_\varepsilon(\mathbf{x}) \, d^3 x, \qquad (15.29)$$

la funzione $f_\varepsilon(\mathbf{x})$ avendo espressioni diverse a seconda che sia $r < 1$ o $r > 1$

$$f_\varepsilon(\mathbf{x}) = \frac{r^2 (\varphi(\mathbf{x}) - \varphi(0) - x^i \partial_i \varphi(0))}{(r^2 + \varepsilon^2)^3} \, H(1 - r) + \frac{r^2 (\varphi(\mathbf{x}) - \varphi(0))}{(r^2 + \varepsilon^2)^3} \, H(r - 1).$$

Per $r < 1$ abbiamo sottratto un termine proporzionale a $x^i \partial_i \varphi(0)$, che non contribuisce all'integrale (15.29) perché l'integrale sugli angoli $\int x^i d\Omega = r \int n^i d\Omega$ è

---

[1] Lo spazio preposto delle funzioni di test è ovviamente $\mathcal{S}(\mathbb{R}^4)$. Tuttavia nel caso statico la dipendenza dal tempo è banale e può essere omessa.

zero. Nel secondo membro della (15.29) possiamo ora portare il limite sotto il segno di integrale, applicando il *corollario* del teorema della convergenza dominata. Vale infatti la maggiorazione uniforme in ε

$$|f_\varepsilon(\mathbf{x})| \leq \frac{|\varphi(\mathbf{x}) - \varphi(0) - x^i \partial_i \varphi(0)|}{r^4} H(1-r) + \frac{2\|\varphi\|}{r^4} H(r-1) \equiv g(\mathbf{x}) \in L^1,$$

dove $\|\varphi\|$ indica l'estremo superiore di $|\varphi(\mathbf{x})|$ in $\mathbb{R}^3$. La funzione g appartiene a $L^1(\mathbb{R}^3)$, perché per $r \to 0$ la funzione $\varphi(\mathbf{x}) - \varphi(0) - x^i \partial_i \varphi(0)$ si annulla come r^2 e quindi g si annulla come $1/r^2$, mentre per $r \to \infty$ g si annulla come $1/r^4$. Conseguentemente g è integrabile in $\mathbb{R}^3$.

Portando dunque nella (15.29) il limite sotto il segno di integrale otteniamo l'espressione finita per ogni φ

$$\lim_{\varepsilon \to 0} \int \frac{r^2(\varphi(\mathbf{x}) - \varphi(0))}{(r^2 + \varepsilon^2)^3} \, d^3x = \int_{r<1} \frac{\varphi(\mathbf{x}) - \varphi(0) - x^i \partial_i \varphi(0)}{r^4} \, d^3x$$
$$+ \int_{r>1} \frac{\varphi(\mathbf{x}) - \varphi(0)}{r^4} \, d^3x. \tag{15.30}$$

Ne segue che il limite (15.28) esiste se e solo se vale $a = \pi^2/2$.

Se nel primo integrale in (15.30) facciamo precedere l'integrazione su r dall'integrazione sugli angoli, il termine $x^i \partial_i \varphi(0)$ non contribuisce e possiamo scrivere la somma dei due integrali come un integrale unico su tutto $\mathbb{R}^3$. Sottintendendo, dunque, che l'integrazione sugli angoli preceda quella su r – si dice che l'integrale converge *condizionatamente* – in definitiva la *densità di energia rinormalizzata* (15.28) si scrive

$$\mathbb{T}^{00}_{em}(\varphi) = \frac{1}{2} \left(\frac{e}{4\pi}\right)^2 \int \frac{\varphi(\mathbf{x}) - \varphi(0)}{r^4} \, d^3x. \tag{15.31}$$

Esistenza di $\mathbb{T}^{ij}_{em}$. In modo del tutto analogo si dimostra che – per lo stesso valore di a – esiste il limite (15.24) e che vale, si veda il Problema 15.1,

$$\mathbb{T}^{ij}_{em}(\varphi) = \frac{1}{2} \left(\frac{e}{4\pi}\right)^2 \int \frac{\varphi(\mathbf{x}) - \varphi(0)}{r^4} \left(\delta^{ij} - 2\frac{x^i x^j}{r^2}\right) d^3x, \tag{15.32}$$

dove l'integrale converge condizionatamente come sopra. Abbiamo pertanto dimostrato che nel caso della particella libera il tensore energia-impulso (15.17) definisce una distribuzione, conformemente alla richiesta 4).

15.3.2 Equazione di continuità per $\mathbb{T}^{\mu\nu}_{em}$

Secondo la richiesta 5) il tensore energia-impulso totale si deve conservare. Alla luce della (15.18) nel caso di una particella libera si tratta dunque di dimostrare che il tensore (15.22)-(15.24) soddisfa l'equazione di continuità

$$\partial_\mu \mathbb{T}^{\mu\nu}_{em} = 0. \tag{15.33}$$

La componente $\nu = 0$ di questa equazione è soddisfatta identicamente, poiché $\mathbb{T}^{i0}_{em} = 0$ e $\mathbb{T}^{00}_{em}$ non dipende dal tempo. Resta quindi da verificare la componente $\nu = j$, che si riduce alla condizione non ovvia

$$\partial_i \mathbb{T}^{ij}_{em} = 0. \tag{15.34}$$

Per dimostrare che T^{ij}_{em} soddisfa questa condizione conviene usare la rappresentazione (15.24) – al posto della (15.32) – e sfruttare il fatto che le derivate siano operazioni *continue* in $\mathcal{S}'$, proprietà che ci permette di scambiare le derivate con i limiti. Prendendo la divergenza della (15.24) e ponendo $a = \pi^2/2$ otteniamo allora

$$\partial_i \mathbb{T}^{ij}_{em} = \frac{1}{2}\left(\frac{e}{4\pi}\right)^2 \mathcal{S}' - \lim_{\varepsilon \to 0}\left(\partial_i\left(\frac{\delta^{ij}r^2 - 2x^i x^j}{(r^2 + \varepsilon^2)^3}\right) - \frac{\pi^2}{4\varepsilon}\,\partial_j \delta^3(\mathbf{x})\right). \tag{15.35}$$

Il primo termine è una distribuzione regolare e di conseguenza le sue derivate possono essere calcolate nel senso delle funzioni

$$\partial_i\left(\frac{\delta^{ij}r^2 - 2x^i x^j}{(r^2 + \varepsilon^2)^3}\right) = -\frac{6\varepsilon^2 x^j}{(r^2 + \varepsilon^2)^4} = \partial_j\left(\frac{\varepsilon^2}{(r^2 + \varepsilon^2)^3}\right).$$

La (15.35) può pertanto essere posta nella forma

$$\partial_i \mathbb{T}^{ij}_{em} = \frac{1}{2}\left(\frac{e}{4\pi}\right)^2 \partial_j\left(\mathcal{S}' - \lim_{\varepsilon \to 0}\left(\frac{\varepsilon^2}{(r^2 + \varepsilon^2)^3} - \frac{\pi^2}{4\varepsilon}\,\delta^3(\mathbf{x})\right)\right),$$

in cui abbiamo nuovamente scambiato le derivate con il limite. Quest'ultimo passaggio è lecito, purché il limite della distribuzione tra parentesi esista. Come faremo vedere di seguito questo limite non solo esiste, ma vale zero.

Per dimostrare quanto appena affermato occorre far vedere che per ogni $\varphi \in \mathcal{S}$ è zero il limite per $\varepsilon \to 0$ dell'espressione

$$\int \frac{\varepsilon^2 \varphi(\mathbf{x})}{(r^2 + \varepsilon^2)^3}\,d^3x - \frac{\pi^2}{4\varepsilon}\,\varphi(0) = \int \frac{\varepsilon^2(\varphi(\mathbf{x}) - \varphi(0))}{(r^2 + \varepsilon^2)^3}\,d^3x = \int h_\varepsilon(\mathbf{x})\,d^3x, \tag{15.36}$$

dove abbiamo usato l'integrale

$$\int \frac{d^3x}{(r^2 + \varepsilon^2)^3} = \frac{\pi^2}{4\varepsilon^3}$$

e posto

$$h_\varepsilon(\mathbf{x}) = \frac{\varphi(\varepsilon\mathbf{x}) - \varphi(0)}{\varepsilon(r^2 + 1)^3}.$$

Nella (15.36) possiamo ora portare il limite sotto il segno di integrale, ricorrendo nuovamente al *corollario* del teorema della convergenza dominata. In questo caso la successione h_ε può essere maggiorata usando la stima

$$\varphi(\varepsilon\mathbf{x}) - \varphi(0) = \varepsilon \int_0^1 \mathbf{x}\cdot\boldsymbol{\nabla}\varphi(\lambda\varepsilon\mathbf{x})\,d\lambda \quad \Rightarrow \quad |\varphi(\varepsilon\mathbf{x}) - \varphi(0)| \leq \varepsilon r||\boldsymbol{\nabla}\varphi||,$$

dove $||\boldsymbol{\nabla}\varphi||$ indica l'estremo superiore di $|\boldsymbol{\nabla}\varphi(\mathbf{x})|$ in $\mathbb{R}^3$. Ricaviamo allora la maggiorazione uniforme in ε

$$|h_\varepsilon(\mathbf{x})| \leq \frac{r||\boldsymbol{\nabla}\varphi||}{(r^2+1)^3} \equiv g(\mathbf{x}) \in L^1.$$

D'altra parte la successione h_ε ammette il limite puntuale

$$\lim_{\varepsilon\to 0} h_\varepsilon(\mathbf{x}) = \frac{x^i \partial_i \varphi(0)}{(r^2+1)^3} \equiv f(\mathbf{x}).$$

Portando nella (15.36) il limite sotto il segno di integrale otteniamo in definitiva

$$\lim_{\varepsilon\to 0}\left(\int \frac{\varepsilon^2\varphi(\mathbf{x})}{(r^2+\varepsilon^2)^3}\,d^3x - \frac{\pi^2}{4\varepsilon}\,\varphi(0) \right) = \int \lim_{\varepsilon\to 0} h_\varepsilon(\mathbf{x})\,d^3x = \int \frac{x^i\partial_i\varphi(0)}{(r^2+1)^3}\,d^3x = 0,$$

la conclusione derivando dal fatto che l'integrale sugli angoli $\int x^i d\Omega = r\int n^i d\Omega$ è zero. Segue dunque la (15.34).

15.3.3 Energia finita del campo elettromagnetico

La costruzione del Paragrafo 15.3.1 ha condotto a una definizione *operativa* della densità di energia rinormalizzata $\mathbb{T}_{em}^{00}$, si veda la (15.31). Indicando la funzione caratteristica del volume V con $\chi_V(\mathbf{x})$ questa formula permette, infatti, di esprimere l'energia elettromagnetica contenuta in V come[2]

$$em(V) = \int_V \mathbb{T}_{em}^{00}\,d^3x = \int \mathbb{T}_{em}^{00}\chi_V\,d^3x = \mathbb{T}_{em}^{00}(\chi_V)$$

$$= \frac{1}{2}\left(\frac{e}{4\pi}\right)^2 \int \frac{\chi_V(\mathbf{x}) - \chi_V(0)}{r^4}\,d^3x. \tag{15.37}$$

L'energia definita in tal modo possiede le corrette proprietà fisiche per essere interpretata come tale. Le elenchiamo di seguito.

---

[2] La funzione caratteristica χ_V, non essendo continua, non appartiene a $\mathcal{S}(\mathbb{R}^3)$ e corrispondentemente la grandezza $\mathbb{T}_{em}^{00}(\chi_V)$ *a priori* non è definita. A questo problema si può rimediare in modo rigoroso approssimando χ_V con una successione di funzioni $\chi_V^n \in \mathcal{S}(\mathbb{R}^3)$, ovvero tali che puntualmente (quasi ovunque) valga $\lim_{n\to\infty}\chi_V^n = \chi_V$, e *definendo* poi $\mathbb{T}_{em}^{00}(\chi_V) \equiv \lim_{n\to\infty}\mathbb{T}_{em}^{00}(\chi_V^n)$.

- L'energia (15.37) è finita per qualsiasi volume V il cui *bordo* non contenga la particella, ovvero l'origine. Infatti, la funzione $\chi_V(\mathbf{x}) - \chi_V(0)$ si annulla in un intorno di $\mathbf{x} = 0$, rendendo quindi la divergenza di $1/r^4$ in $\mathbf{x} = 0$ innocua.
- Se V non contiene la particella $\chi_V(0)$ è zero e la (15.37) si riduce a

$$\varepsilon_{em}(V) = \frac{1}{2}\left(\frac{e}{4\pi}\right)^2 \int_V \frac{1}{r^4}\, d^3x = \int_V T_{em}^{00}\, d^3x,$$

T_{em}^{00} essendo la densità di energia non rinormalizzata (15.4). Ristretto a volumi che non contengono la particella il tensore $\mathbb{T}_{em}^{00}$ è dunque equivalente a T_{em}^{00}.
- Se V_R è una palla di raggio R centrata nell'origine vale

$$\chi_{V_R}(\mathbf{x}) - \chi_{V_R}(0) = H(R - r) - 1 = -H(r - R),$$

cosicché la (15.37) dà il valore finito

$$\varepsilon_{em}(V_R) = -\frac{1}{2}\left(\frac{e}{4\pi}\right)^2 \int_{r>R} \frac{1}{r^4}\, d^3x = -\frac{e^2}{8\pi R}. \tag{15.38}$$

Si noti che questa espressione, pur essendo negativa, è una funzione *crescente* di R.
- Se nella (15.38) prendiamo il limite per $R \to \infty$ troviamo che l'energia totale del campo elettromagnetico è zero

$$\varepsilon_{em}(\mathbb{R}^3) = 0. \tag{15.39}$$

Si noti il netto contrasto tra questo risultato e la previsione (15.7) del tensore energia-impulso non rinormalizzato. Alla luce della (15.23) la (15.39) implica che il quadrimomento totale del campo elettromagnetico di una particella statica è zero

$$P_{em}^\mu \equiv \int \mathbb{T}_{em}^{0\mu}\, d^3x = 0. \tag{15.40}$$

- A livello non relativistico l'energia elettrostatica infinita (15.7) in genere viene sottratta *a mano*, per rendere l'energia potenziale di un sistema di particelle finita, si veda il Problema 2.8. È facile vedere che l'equazione (15.39) equivale esattamente a questa sottrazione.

Moto rettilineo uniforme generico. Grazie alla Lorentz-invarianza del metodo adottato i risultati derivati per una particella statica si estendono automaticamente a una generica particella libera, ovvero una particella in moto rettilineo uniforme. In particolare il tensore energia-impulso (15.17), con $a = \pi^2/2$, nel caso di una particella libera continua a definire una distribuzione. Dalla (15.33) segue poi che questo tensore è ancora conservato

$$\partial_\mu \mathbb{T}_{em}^{\mu\nu} = 0.$$

Dal momento che $\mathbb{T}_{em}^{\mu\nu}$ è una distribuzione, anche per una particella libera gli integrali

$$P_{em}^{\mu}(V) = \int_V \mathbb{T}_{em}^{\mu 0} \, d^3x = \int \mathbb{T}_{em}^{\mu 0} \, \chi_V \, d^3x = \mathbb{T}_{em}^{\mu 0}(\chi_V)$$

esistono finiti per ogni V e forniscono il quadrimomento del campo contenuto in V. Inoltre, se a un dato istante la particella non è contenuta in V, $P_{em}^{\mu}(V)$ coincide con il quadrimomento del tensore energia-impulso originale

$$P_{em}^{\mu}(V) = \int_V T_{em}^{\mu 0} \, d^3x.$$

Infine dalla (15.40) segue che anche il quadrimomento totale del campo di una particella libera è zero

$$P_{em}^{\mu} = \int \mathbb{T}_{em}^{\mu 0} \, d^3x = 0,$$

risultato che abbiamo sfruttato nella Sezione 14.4, si veda la (14.72).

15.4 Costruzione generale ed equazione di Lorentz-Dirac

Di seguito generalizziamo i risultati della sezione precedente a un generico sistema di particelle cariche, rimandando per le dimostrazioni alla referenza [22]. In particolare presenteremo la costruzione esplicita di un tensore energia-impulso totale $T^{\mu\nu}$ con le proprietà a)–d) auspicate nella Sezione 15.1.

Consideriamo un sistema di N particelle cariche in presenza di un campo esterno $F_{in}^{\mu\nu}$. Ciascuna particella genera un campo di Liénard-Wiechert che denotiamo con $\mathcal{F}_r^{\mu\nu}$, $r = 1, \cdots, N$. Il campo elettromagnetico totale è allora dato da

$$F^{\mu\nu} = F_{in}^{\mu\nu} + \sum_r \mathcal{F}_r^{\mu\nu}. \tag{15.41}$$

Regolarizziamo ciascun campo di Liénard-Wiechert secondo la prescrizione (14.23), indicando il corrispondente campo regolarizzato con $\mathcal{F}_{r\,\varepsilon}^{\mu\nu}$. Introduciamo allora il campo elettromagnetico totale regolarizzato

$$F_{\varepsilon}^{\mu\nu} = F_{in}^{\mu\nu} + \sum_r \mathcal{F}_{r\,\varepsilon}^{\mu\nu}$$

e il corrispondente tensore energia-impulso regolarizzato

$$T_{\varepsilon}^{\mu\nu} = F_{\varepsilon}^{\mu\alpha} F_{\varepsilon\,\alpha}{}^{\nu} + \frac{1}{4} \eta^{\mu\nu} F_{\varepsilon}^{\alpha\beta} F_{\varepsilon\,\alpha\beta}. \tag{15.42}$$

Il tensore energia-impulso *rinormalizzato* si ottiene allora attraverso una naturale generalizzazione della prescrizione (15.17)

$$\mathbb{T}_{em}^{\mu\nu} = \mathcal{S}' - \lim_{\varepsilon \to 0} \left(T_{\varepsilon}^{\mu\nu} - \frac{\pi^2}{2\varepsilon} \sum_r \left(\frac{e_r}{4\pi} \right)^2 \int \left(u_r^\mu u_r^\nu - \frac{1}{4}\,\eta^{\mu\nu} \right) \delta^4(x - y_r)\, ds_r \right).$$

$$(15.43)$$

Come si vede, il controtermine è dato semplicemente dalla somma dei controtermini delle singole particelle. Ciò è conseguenza del fatto che nella (15.42) i prodotti tra campi di Liénard-Wiechert di particelle *differenti* nel limite di $\varepsilon \to 0$ diano luogo a singolarità integrabili di tipo $1/r^2$ – ben definite nel senso delle distribuzioni. Si dimostrano allora i seguenti teoremi.

Teorema 1. Il limite distribuzionale (15.43) esiste per arbitrarie traiettorie y_r^μ delle particelle.

Teorema 2. Il quadrimomento del campo contenuto in un qualsiasi volume limitato V

$$P_{em}^\mu(V) = \int_V \mathbb{T}_{em}^{\mu 0}\, d^3x \equiv \mathbb{T}_{em}^{\mu 0}(\chi_V) \qquad (15.44)$$

è finito. È altresì finito il quadrimomento totale del campo

$$P_{em}^\mu = \int \mathbb{T}_{em}^{\mu 0}\, d^3x \equiv \mathbb{T}_{em}^{\mu 0}(1), \qquad (15.45)$$

purché nel limite di $t \to -\infty$ le accelerazioni delle particelle si annullino con sufficiente rapidità. Per la definizione delle grandezze $\mathbb{T}_{em}^{\mu 0}(\chi_V)$ e $\mathbb{T}_{em}^{\mu 0}(1)$ rimandiamo alla Nota 2 nel Paragrafo 15.3.3 e per il significato della condizione sulle accelerazioni alla Nota 2 nella sezione introduttiva del Capitolo 14.

Teorema 3. Per traiettorie y_r^μ arbitrarie delle particelle la quadridivergenza distribuzionale del tensore (15.43) si calcola essere

$$\partial_\nu \mathbb{T}_{em}^{\nu\mu} = - \sum_r \int \left(\frac{e_r^2}{6\pi} \left(\frac{dw_r^\mu}{ds_r} + w_r^2 u_r^\mu \right) + e_r F_r^{\mu\nu}(y_r) u_{r\nu} \right) \delta^4(x - y_r)\, ds_r,$$

$$(15.46)$$

dove si è posto

$$F_r^{\mu\nu} = F_{in}^{\mu\nu} + \sum_{s \neq r} \mathcal{F}_s^{\mu\nu}.$$

L'identità fondamentale (15.46) è la controparte – ben definita – della relazione formale (15.8). Dal confronto tra le due si vede che *è come se* nella (15.8) la forza di frenamento divergente $e_r \mathcal{F}_r^{\mu\nu}(y_r) u_{r\nu}$ fosse stata sostituita con la forza di frenamento finita

$$\frac{e_r^2}{6\pi} \left(\frac{dw_r^\mu}{ds_r} + w_r^2 u_r^\mu \right).$$

Per una particella singola in moto rettilineo uniforme, con $F_{in}^{\mu\nu} = 0$, la (15.46) si riduce come caso particolare all'equazione (15.33), dimostrata precedentemente.

Conservazione del tensore energia-impulso totale. Mantenendo per il tensore energia-impulso delle particelle l'espressione usuale

$$T_p^{\mu\nu} = \sum_r m_r \int u_r^\mu u_r^\nu \, \delta^4(x - y_r) \, ds_r \qquad (15.47)$$

vale ancora l'equazione (2.125)

$$\partial_\nu T_p^{\nu\mu} = \sum_r \int \frac{dp_r^\mu}{ds_r} \delta^4(x - y_r) \, ds_r.$$

In base al Teorema 3 il tensore energia-impulso totale del sistema

$$T^{\mu\nu} = \mathbb{T}_{em}^{\mu\nu} + T_p^{\mu\nu} \qquad (15.48)$$

soddisfa allora l'identità

$$\partial_\nu T^{\nu\mu} = \sum_r \int \left(\frac{dp_r^\mu}{ds_r} - \frac{e_r^2}{6\pi} \left(\frac{dw_r^\mu}{ds_r} + w_r^2 u_r^\mu \right) - e_r F_r^{\mu\nu}(y_r) u_{r\nu} \right) \delta^4(x - y_r) \, ds_r.$$

Richiedendo che il quadrimomento totale sia localmente conservato, $\partial_\nu T^{\nu\mu} = 0$, deduciamo dunque che le particelle devono soddisfare le *equazioni di Lorentz-Dirac* (14.28)

$$\frac{dp_r^\mu}{ds_r} = \frac{e_r^2}{6\pi} \left(\frac{dw_r^\mu}{ds_r} + w_r^2 u_r^\mu \right) + e_r F_r^{\mu\nu}(y_r) u_{r\nu}.$$

Infine dalle equazioni (15.45), (15.47) e (15.48) vediamo che il quadrimomento totale *conservato* e *finito* ha la forma attesa

$$P^\mu = \int T^{\mu 0} \, d^3x = \int (\mathbb{T}_{em}^{\mu 0} + T_p^{\mu 0}) \, d^3x = P_{em}^\mu + \sum_r p_r^\mu,$$

espressione che abbiamo utilizzato nella Sezione 14.4, si veda la (14.71).

In ultima analisi è dunque *la conservazione locale del quadrimomento* a richiedere in maniera irrevocabile che le particelle soddisfino le equazioni di Lorentz-Dirac. Questa legge di conservazione – irrinunciabile – va pertanto considerata come la *vera* causa delle conseguenze problematiche di tali equazioni.

15.5 Problemi

15.1. Si dimostri che per $a = \pi^2/2$ il limite distribuzionale (15.24) esiste e uguaglia la (15.32), procedendo come segue.

a) Si verifichi che applicando la (15.24) a una generica funzione di test si ottiene

$$\mathbb{T}_{em}^{ij}(\varphi) = \frac{1}{2}\left(\frac{e}{4\pi}\right)^2 \lim_{\varepsilon \to 0}\left(\int \frac{\left(\delta^{ij}r^2 - 2x^ix^j\right)\left(\varphi(\mathbf{x}) - \varphi(0)\right)}{(r^2 + \varepsilon^2)^3}\, d^3x \right.$$
$$\left. + \frac{1}{2\varepsilon}\left(\frac{\pi^2}{2} - a\right)\delta^{ij}\varphi(0)\right). \qquad (15.49)$$

Suggerimento. Si scriva $x^ix^j = n^in^jr^2$ e si sfrutti l'integrale sugli angoli $\int n^in^j\, d\Omega = 4\pi\delta^{ij}/3$, nonché l'integrale (15.27).

b) Nella (15.49) si porti il limite sotto il segno di integrale procedendo come nella (15.29), ovvero applicando il corollario del teorema della convergenza dominata del Paragrafo 15.3.1.

16

I campi vettoriali massivi

In base alle equazioni di Maxwell (6.27) e alle equazioni di Einstein linearizza-te (9.12) – formalmente identiche – un generico sistema carico accelerato emette sia onde elettromagnetiche che onde gravitazionali, onde che si propagano con la velocità della luce. In corrispondenza a tali equazioni classiche, a livello quantisti-co la radiazione elettromagnetica è composta da fotoni e quella gravitazionale da gravitoni, entrambi particelle di massa nulla. In modo simile la dinamica del campo gluonico – mediatore delle interazione forti – a livello linearizzato è descritta da una lagrangiana analoga a quella del campo elettromagnetico, si veda il Paragrafo 3.2.4, e corrispondentemente i gluoni sono altresì privi di massa e si propagano con la velocità della luce. Tuttavia, essendo soggetti al fenomeno del *confinamento*, i me-diatori delle interazioni forti non possono propagarsi liberamente e di conseguenza in natura non esistono onde *gluoniche*.

Interazioni deboli. Tra le interazioni fondamentali le interazioni deboli giocano un ruolo particolare in quanto mediate da bosoni vettori *massivi*: le particelle $W^{\pm}$ e Z^0, con masse $m_W = 80.40 \pm 0.02 GeV$ e $m_Z = 91.188 \pm 0.002 GeV$. In questo capitolo vogliamo investigare alcune importanti proprietà di questi mediatori – de-scritti a livello lagrangiano da *campi vettoriali massivi* – analizzandoli nell'ambito della teoria *classica* di campo.

Premettiamo che un'analisi classica ovviamente non potrà mettere in luce tutte le caratteristiche fondamentali di queste particelle, una teoria consistente e fenomeno-logicamente soddisfacente delle interazioni deboli non potendo essere formulata, se non nell'ambito delle *teorie quantistiche di campo*. In particolare la teoria classica non può rendere conto della *vita media* finita di queste particelle, che è dell'ordine di $10^{-25} s$. Similmente la nostra trattazione semplificata non terrà conto dell'interazio-ne *reciproca* tra questi mediatori, fenomeno che li accomuna ai gluoni e ai gravitoni e li distingue, invece, dai fotoni.

Di seguito riassumiamo le proprietà distintive di un'interazione mediata da bo-soni vettori di massa m, rispetto all'interazione elettromagnetica mediata da bosoni vettori di massa zero, i fotoni.

- Una particella statica di carica Q crea il potenziale con decrescita *esponenziale*

$$A^0 = \frac{Q\,e^{-mr/\hbar}}{4\pi r},$$

in sostituzione del potenziale elettrostatico $A^0 = Q/4\pi r$. L'interazione risultante è dunque di *corto range*, il raggio d'azione essendo dato da $\hbar/m$.

- Un bosone vettore massivo è dotato di *tre* gradi di libertà – e non di due come il fotone – in quanto compare uno stato *longitudinale* fisico di elicità *zero*.
- L'invarianza di gauge *locale* (2.44) è violata, pur continuando a conservarsi la quadricorrente. Questa circostanza non è in conflitto con il teorema di Nöther, poiché le leggi di conservazione sono legate a invarianze *globali*[1].
- Particelle cariche accelerate emettono radiazione con una frequenza *minima* data da $\omega_0 = m/\hbar$. Se m è molto grande la radiazione non può quindi prodursi in natura, se non in acceleratori ad alte energie.
- Al contrario dei fotoni i bosoni vettori massivi non sono soggetti alla *catastrofe infrarossa*. Essendo l'energia emessa comunque finita ed essendo l'energia minima di un bosone vettore m, il numero di particelle emesse è infatti sempre *finito*.
- A differenza dei fotoni i bosoni vettori massivi delle interazioni elettrodeboli sono particelle *instabili* e pertanto non danno luogo al fenomeno dell'*irraggiamento*.

I risultati di questo capitolo sono altresì interessanti di per sé, poiché illustrano le modifiche che subirebbe l'Elettrodinamica qualora il fotone avesse anche solo una piccolissima massa. Considereremo, infatti, un semplice modello *universale* in cui un generico campo vettoriale massivo è accoppiato in modo *minimale* – ovvero attraverso un termine nella lagrangiana del tipo $A^\mu j_\mu$ – a una corrente conservata.

16.1 Lagrangiana e dinamica

Un *campo vettoriale massivo* è un campo vettoriale A^μ la cui dinamica – in presenza di una corrente esterna j^μ – è descritta dalla lagrangiana

$$\mathcal{L} = -\frac{1}{4}\,F^{\mu\nu}F_{\mu\nu} + \frac{1}{2}\,M^2 A^\mu A_\mu - j^\mu A_\mu, \tag{16.1}$$

il tensore di Maxwell essendo dato come di consueto da $F^{\mu\nu} = \partial^\mu A^\nu - \partial^\nu A^\mu$. Rispetto alla lagrangiana (3.31) dell'equazione di Maxwell nella (16.1) compare un termine quadratico in A^μ – si veda la (3.37) – in cui per motivi dimensionali M è un parametro con le dimensioni dell'inverso di una lunghezza. Di seguito useremo

---

[1] Le trasformazioni (2.44) si chiamano *locali* in quanto il parametro di gauge $\Lambda(x)$ dipende dalla posizione x. La corrente (2.14) delle cariche puntiformi si conserva *identicamente* e non è legata a nessuna invarianza. Viceversa, se le particelle cariche sono descritte da *campi*, l'esistenza di una corrente conservata è legata a un'invarianza di gauge *globale* con Λ costante, si veda il Problema 3.10.

anche la costante con le dimensioni di una lunghezza

$$L = \frac{1}{M}.\tag{16.2}$$

Anticipiamo che M è legato alla massa m del bosone vettore dalla relazione

$$m = \hbar M.$$

Alla corrente richiediamo, come di consueto, di essere indipendente da A^μ e di soddisfare l'equazione di continuità

$$\partial_\mu j^\mu = 0.\tag{16.3}$$

Come abbiamo anticipato, la lagrangiana (16.1) non è invariante sotto le trasformazioni di gauge locali $A^\mu \to A^\mu + \partial^\mu \Lambda$, per via del termine proporzionale a M^2.

16.1.1 Equazioni del moto e gradi di libertà

Iniziamo lo studio della dinamica di A^μ derivando le equazioni di Eulero-Lagrange associate a $\mathcal{L}$. Ricordando la (3.32) otteniamo

$$\Pi^{\mu\nu} = \frac{\partial\mathcal{L}}{\partial(\partial_\mu A_\nu)} = -F^{\mu\nu}, \qquad \frac{\partial\mathcal{L}}{\partial A^\nu} = M^2 A^\nu - j^\nu\tag{16.4}$$

e dunque

$$\partial_\mu \frac{\partial\mathcal{L}}{\partial(\partial_\mu A_\nu)} - \frac{\partial\mathcal{L}}{\partial A^\nu} = -\partial_\mu F^{\mu\nu} - M^2 A^\nu + j^\nu.$$

Il campo A^μ deve quindi soddisfare l'equazione del moto

$$\partial_\mu F^{\mu\nu} + M^2 A^\nu = j^\nu.\tag{16.5}$$

Applicando ad ambo i membri di questa equazione l'operatore ∂_ν, e sfruttando l'equazione di continuità (16.3), troviamo $M^2 \partial_\nu A^\nu = 0$. Le quattro componenti di A^μ sono quindi soggette al vincolo

$$\partial_\mu A^\mu = 0.\tag{16.6}$$

Tale vincolo coincide *formalmente* con la gauge di Lorenz, sebbene nel presente contesto emerga dinamicamente e non come conseguenza di una simmetria. Tenendo conto della (16.6) otteniamo

$$\partial_\mu F^{\mu\nu} = \Box A^\nu - \partial^\nu(\partial_\mu A^\mu) = \Box A^\nu,$$

cosicché l'equazione del moto (16.5) in definitiva si muta nel sistema equivalente

$$(\Box + M^2)A^\mu = j^\mu, \tag{16.7}$$

$$\partial_\mu A^\mu = 0. \tag{16.8}$$

L'equazione (16.7) assegna a ciascuna delle quattro componenti di A^μ un grado di libertà, ma il vincolo (16.8) determina una di queste componenti in termini delle altre. Concludiamo, pertanto, che un campo vettoriale la cui dinamica sia governata dalla lagrangiana (16.1) corrisponde a *tre* gradi di libertà fisici.

16.1.2 Tensore energia-impulso

Per poter analizzare il bilancio del quadrimomento di un sistema fisico in modo consistente è necessario che il sistema sia *isolato*. Consideriamo dunque un campo vettoriale massivo *libero*, ponendo $j^\mu = 0$. Il tensore energia-impulso può allora essere ricavato dalle formule generali della Sezione 3.3. Dalla prescrizione (3.60), tenendo conto delle (16.4), discende il tensore energia-impulso *canonico*

$$\widetilde{T}^{\mu\nu} = \Pi^{\mu\alpha}\partial^\nu A_\alpha - \eta^{\mu\nu}\mathcal{L} = -F^{\mu\alpha}\partial^\nu A_\alpha + \eta^{\mu\nu}\left(\frac{1}{4}F^{\alpha\beta}F_{\alpha\beta} - \frac{1}{2}M^2 A^\alpha A_\alpha\right).$$

Per ricavare l'espressione del tensore energia-impulso *simmetrico* ricorriamo alla procedura di simmetrizzazione della Sezione 3.4. Dal momento che i termini derivativi nelle lagrangiane (3.65) e (16.1) sono gli stessi, i tensori $V^{\rho\mu\nu}$ e $\phi^{\rho\mu\nu}$ definiti in (3.69) e (3.72) rimangono gli stessi del campo elettromagnetico libero. Continua dunque a valere la (3.79)

$$\phi^{\rho\mu\nu} = -F^{\rho\mu}A^\nu.$$

Tuttavia, usando l'equazione del moto (16.5) con $j^\mu = 0$, in questo caso per la divergenza di $\phi^{\rho\mu\nu}$ otteniamo il risultato differente

$$\partial_\rho\phi^{\rho\mu\nu} = -\partial_\rho F^{\rho\mu}A^\nu - F^{\rho\mu}\partial_\rho A^\nu = M^2 A^\mu A^\nu + F^{\mu\alpha}\partial_\alpha A^\nu.$$

Conseguentemente il tensore energia-impulso simmetrico assume la forma

$$T^{\mu\nu} = \widetilde{T}^{\mu\nu} + \partial_\rho\phi^{\rho\mu\nu} = F^{\mu\alpha}F_\alpha{}^\nu + \frac{1}{4}\eta^{\mu\nu}F^{\alpha\beta}F_{\alpha\beta} + M^2\left(A^\mu A^\nu - \frac{1}{2}\eta^{\mu\nu}A^\alpha A_\alpha\right). \tag{16.9}$$

Si noti che questo tensore differisce da $T_{em}^{\mu\nu}$ per termini proporzionali a M^2.

16.2 Soluzioni di onda piana

Affrontiamo ora la soluzione generale del sistema di equazioni (16.7) e (16.8) nel vuoto, nel qual caso si riduce a

$$(\Box + M^2)A^\mu = 0, \qquad \partial_\mu A^\mu = 0. \tag{16.10}$$

Conviene ricorrere nuovamente alla trasformata di Fourier e risolvere il sistema equivalente

$$(k^2 - M^2)\widehat{A}^\mu = 0, \qquad k_\mu \widehat{A}^\mu = 0, \tag{16.11}$$

in cui come di consueto $\widehat{A}^\mu(k)$ denota la trasformata di Fourier quadridimensionale di $A^\mu(x)$. La prima equazione ammette una soluzione generale analoga alla (5.72)

$$\widehat{A}^\mu(k) = \delta(k^2 - M^2) f^\mu(k),$$

$f^\mu(k)$ essendo un'arbitraria funzione vettoriale di k^μ soggetta al vincolo $f^{\mu*}(k) = f^\mu(-k)$. Visto che $k^2 = (k^0)^2 - |\mathbf{k}|^2$ otteniamo

$$\delta(k^2 - M^2) = \delta((k^0)^2 - \omega^2) = \frac{1}{2\omega}\left(\delta(k^0 - \omega) + \delta(k^0 + \omega)\right), \tag{16.12}$$

avendo introdotto la *frequenza*

$$\omega(\mathbf{k}) = \sqrt{|\mathbf{k}|^2 + M^2}. \tag{16.13}$$

Otteniamo allora

$$\widehat{A}^\mu(k) = \frac{1}{2\omega}\left(\delta(k^0 - \omega)\,\varepsilon^\mu(\mathbf{k}) + \delta(k^0 + \omega)\,\varepsilon^{\mu*}(-\mathbf{k})\right), \tag{16.14}$$

il *vettore di polarizzazione* essendo definito da

$$\varepsilon^\mu(\mathbf{k}) = f^\mu(\omega, \mathbf{k}). \tag{16.15}$$

Si noti che l'espressione (16.14) coincide formalmente con la (5.72), con la differenza sostanziale che ora la frequenza è data dalla (16.13).

La seconda equazione in (16.11) impone infine al vettore di polarizzazione il vincolo

$$k_\mu \varepsilon^\mu = 0, \qquad k^0 = \omega. \tag{16.16}$$

Eseguendo l'antitrasformata di Fourier del quadripotenziale (16.14) otteniamo la soluzione generale del sistema (16.10)

$$A^\mu(x) = \frac{1}{(2\pi)^2} \int \frac{d^3k}{2\omega}\left(e^{ik\cdot x}\varepsilon^\mu(\mathbf{k}) + c.c.\right), \tag{16.17}$$

da confrontare con la soluzione (5.75).

16.2.1 Onde elementari e pacchetti d'onda

Come nel caso del campo elettromagnetico la soluzione (16.17) risulta sovrapposizione delle onde elementari

$$A^\mu_{el} = \varepsilon^\mu e^{ik\cdot x} + c.c., \qquad k_\mu \varepsilon^\mu = 0, \qquad k^0 = \omega, \qquad k^2 = M^2. \qquad (16.18)$$

Rispetto al caso elettromagnetico le onde associate a un campo massivo mostrano, tuttavia, sostanziali differenze. Analizziamole in dettaglio.

Dispersione e velocità di gruppo. Dalla forma della fase

$$k\cdot x = \omega t - \mathbf{k}\cdot\mathbf{x}$$

segue che per ogni $\mathbf{k}$ fissato le onde elementari (16.18) sono ancora onde *piane* e *monocromatiche*, che si muovono in direzione $\mathbf{k}$ con la *velocità di fase* $\omega/|\mathbf{k}|$. Tuttavia in questo caso la frequenza e il numero d'onda non sono più legati da una relazione di linearità, $\omega \propto |\mathbf{k}|$, come nel caso elettromagnetico: le onde in questione sono infatti *dispersive*. Conseguentemente la velocità che ha significato fisico non è la velocità di fase, bensì la *velocità di gruppo* $\mathbf{V} = \partial\omega/\partial\mathbf{k}$, in quanto velocità di propagazione di un *pacchetto d'onda* piccato intorno al vettore d'onda $\mathbf{k}$. Dalla (16.13) otteniamo

$$V^i = \frac{\partial \omega}{\partial k^i} = \frac{k^i}{\sqrt{|\mathbf{k}|^2 + M^2}}, \qquad \text{ovvero} \ \ \mathbf{V} = \frac{\mathbf{k}}{\omega}. \qquad (16.19)$$

Si noti che vale sempre $V < 1$.

Stati di polarizzazione, elicità, spin. Per ogni $\mathbf{k}$ fissato il vettore di polarizzazione $\varepsilon^\mu = (\varepsilon^0, \boldsymbol{\varepsilon})$ è vincolato dall'equazione (16.16)

$$k_\mu \varepsilon^\mu = \omega \varepsilon^0 - \mathbf{k}\cdot\boldsymbol{\varepsilon} = 0 \qquad \leftrightarrow \qquad \varepsilon^0 = \mathbf{V}\cdot\boldsymbol{\varepsilon}. \qquad (16.20)$$

Pertanto solo le componenti spaziali $\boldsymbol{\varepsilon}$ possono essere scelte in modo arbitrario e conseguentemente gli stati di polarizzazione fisici indipendenti sono *tre*.

Fissato $\mathbf{k}$ il vettore tridimensionale $\boldsymbol{\varepsilon}$ può essere decomposto in una componente (longitudinale) parallela a $\mathbf{k}$ e in una componente (trasversa) ortogonale a $\mathbf{k}$

$$\boldsymbol{\varepsilon} = \boldsymbol{\varepsilon}_\| + \boldsymbol{\varepsilon}_\perp. \qquad (16.21)$$

Il vettore $\boldsymbol{\varepsilon}_\perp$ può essere decomposto a sua volta lungo due direzioni ortogonali a $\mathbf{k}$. Sotto una rotazione tridimensionale attorno a $\mathbf{k}$ il vettore $\boldsymbol{\varepsilon}_\perp$ si comporta evidentemente come un *vettore*, mentre $\boldsymbol{\varepsilon}_\|$ resta invariante. Ricordando il concetto di *elicità* introdotto nel Paragrafo 5.3.3 è allora evidente che le due componenti trasverse di $\boldsymbol{\varepsilon}$ hanno elicità ± 1, mentre la componente longitudinale ha elicità 0. La differenza fondamentale rispetto alle onde elettromagnetiche è dunque rappresentata dalla comparsa di una componente *longitudinale* fisica di elicità *zero*.

Vista la corrispondenza che sussiste tra elicità e spin concludiamo che le particelle associate alle onde (16.18) a livello quantistico hanno uno spin che può assumere gli autovalori $-\hbar, 0, +\hbar$. Si suole dire che i bosoni vettori massivi – come quelli delle interazioni deboli – esistono in stati di *tripletto*.

Contenuto energetico. Per analizzare il contenuto energetico dell'onda elementare (16.18) dobbiamo inserirla nel tensore energia-impulso (16.9). Prima di eseguire il calcolo è utile notare le *relazioni delle onde* (per brevità di seguito poniamo $A^\mu_{el} \equiv A^\mu$)

$$\partial_\mu A^\nu = k_\mu \widehat{A}^\nu, \qquad k_\mu \widehat{A}^\mu = 0, \qquad k^2 = M^2, \qquad (16.22)$$

dove abbiamo posto

$$\widehat{A}^\mu = i\varepsilon^\mu e^{ik\cdot x} + c.c. \qquad (16.23)$$

La (16.9) fornisce allora, si veda il Problema 16.1,

$$T^{\mu\nu} = -k^\mu k^\nu \widehat{A}^2 + M^2 \big(A^\mu A^\nu - \widehat{A}^\mu \widehat{A}^\nu\big) + \frac{1}{2} M^2 \eta^{\mu\nu}\big(\widehat{A}^2 - A^2\big). \qquad (16.24)$$

Considerando la media $\langle \cdot \rangle$ di questa espressione su un volume grande rispetto alla lunghezza d'onda $\lambda = 2\pi/|\mathbf{k}|$, e notando che $\langle A^\mu A^\nu \rangle = \langle \widehat{A}^\mu \widehat{A}^\nu \rangle = \varepsilon^{\mu*}\varepsilon^\nu + \varepsilon^{\nu*}\varepsilon^\mu$, troviamo il semplice risultato

$$\langle T^{\mu\nu} \rangle = -2k^\mu k^\nu \big(\varepsilon^{\alpha*}\varepsilon_\alpha\big). \qquad (16.25)$$

Il quadrimomento contenuto in un volume $\mathcal{V}$ è quindi dato da[2]

$$P^\mu = \langle T^{\mu 0} \rangle \mathcal{V} = -2\omega k^\mu \mathcal{V}\big(\varepsilon^{\alpha*}\varepsilon_\alpha\big). \qquad (16.26)$$

Dal momento che vale $\mathbf{P}/P^0 = \mathbf{k}/\omega = \mathbf{V}$, la velocità di propagazione del "pacchetto" contenuto in $\mathcal{V}$ coincide con la velocità di gruppo (16.19).

Massa e lunghezza d'onda Compton. Per quanto abbiamo appena visto un'onda elementare di vettore d'onda $\mathbf{k}$ a livello quantistico è composta da particelle che si propagano con velocità $\mathbf{V} = \mathbf{k}/\omega$. Per risalire alla massa di queste particelle dobbiamo ricorrere alle relazioni di De Broglie e assumere che a un'onda di quadrivettore d'onda k^μ sia associata una particella di quadrimomento $p^\mu = \hbar k^\mu$. La relazione $k^2 = M^2$ fornisce allora la massa

$$m^2 = p^2 = \hbar^2 M^2, \qquad \text{ovvero} \quad m = \hbar M.$$

Siamo ora in grado di dare un'interpretazione fisica alla lunghezza $L = 1/M$, che abbiamo dovuto introdurre nella lagrangiana (16.1) per motivi dimensionali: essa uguaglia la *lunghezza d'onda Compton* della particella

$$L = \frac{\hbar}{m}.$$

---

[2] Tra breve vedremo che il prodotto scalare $\varepsilon^{\alpha*}\varepsilon_\alpha$ è semidefinito negativo, sicché vale sempre $P^0 \geq 0$.

Si noti infine che la formula della velocità di gruppo è altresì consistente con le relazioni di De Broglie, poiché vale $\mathbf{p}/p^0 = \mathbf{k}/\omega = \mathbf{V}$.

Disaccoppiamento dello stato longitudinale. Sfruttando il vincolo (16.20) possiamo porre il tensore energia-impulso (16.25) nella forma

$$\langle T^{\mu\nu} \rangle = 2k^\mu k^\nu \left(|\boldsymbol{\varepsilon}|^2 - |\mathbf{V}\cdot\boldsymbol{\varepsilon}|^2 \right) \tag{16.27}$$

e in base alla decomposizione (16.21) possiamo allora mettere in evidenza i contributi degli stati trasversali e longitudinale

$$\langle T^{\mu\nu} \rangle = 2k^\mu k^\nu \left(|\boldsymbol{\varepsilon}_\perp|^2 + \left(1 - V^2 \right) |\boldsymbol{\varepsilon}_\parallel|^2 \right).$$

Come si vede, il contributo dello stato longitudinale è soppresso dal fattore relativistico $(1 - V^2)$. Ciò significa che all'aumentare della frequenza, ovvero all'avvicinarsi di V a 1 – si veda la (16.19) – la componente longitudinale si *disaccoppia* in quanto contribuisce sempre meno al quadrimomento. Questo risultato è in accordo con il fatto che da un punto di vista energetico la massa di una particella ultrarelativistica è trascurabile. Una particella vettoriale ultrarelativistica si comporta quindi come una particella vettoriale di massa *nulla* e come tale non possiede, infatti, uno stato longitudinale.

16.3 Generazione di campi

Per determinare il campo generato da una generica sorgente j^μ dobbiamo risolvere il sistema non omogeneo (16.7), (16.8)

$$(\Box + M^2)A^\mu = j^\mu, \qquad \partial_\mu A^\mu = 0. \tag{16.28}$$

Come nel caso delle equazioni di Maxwell affrontiamo la soluzione ricorrendo al metodo della funzione di Green. Scriviamo la soluzione nella forma

$$A^\mu(x) = \int G_M(x - y) j^\mu(y) \, d^4y \tag{16.29}$$

e la inseriamo nella prima equazione in (16.28)

$$(\Box + M^2)A^\mu(x) = \int (\Box + M^2) G_M(x - y) j^\mu(y) \, d^4y = j^\mu(x).$$

La *funzione di Green ritardata* $G_M(x)$ di un campo vettoriale massivo deve pertanto soddisfare l'equazione

$$(\Box + M^2) G_M = \delta^4(x). \tag{16.30}$$

Volendo preservare l'invarianza di Lorentz, nonché la causalità, cerchiamo una funzione di Green *ritardata* che soddisfi condizioni analoghe alle (6.39)-(6.41)

$$(\Box + M^2) G_M(x) = \delta^4(x), \tag{16.31}$$

$$G_M(\Lambda x) = G_M(x), \quad \forall \Lambda \in SO(1,3)_c, \tag{16.32}$$

$$G_M(x) = 0, \quad \forall t < 0. \tag{16.33}$$

Data la formula risolutiva (16.29), grazie alla conservazione della corrente l'equazione $\partial_\mu A^\mu = 0$ è soddisfatta automaticamente per qualsiasi $G_M(x)$.

Di nuovo abbiamo dunque ricondotto il problema della determinazione del campo alla ricerca di una funzione di Green. Prima di procedere ricordiamo che le condizioni (16.32) e (16.33) implicano che $G_M(x)$ svanisce all'esterno del cono luce, ovvero per $x^2 = t^2 - |\mathbf{x}|^2 < 0$, come abbiamo dimostrato in tutta generalità nel Paragrafo 6.2.1. Pertanto $G_M(x)$ può essere diverso da zero solo nella regione $t \geq |\mathbf{x}|$.

16.3.1 Sorgente statica e potenziale di Yukawa

Nella Sezione 16.4 dimostreremo che il sistema (16.31)-(16.33) ammette una soluzione unica e daremo varie rappresentazioni equivalenti di $G_M(x)$, si vedano le (16.43)-(16.51). Anticipiamo la rappresentazione (16.51)

$$\begin{aligned} G_M(x) = \frac{1}{2(2\pi)^2 r} \int_\infty^\infty e^{i\omega t} \Big(&H(\omega^2 - M^2)\, e^{-i\omega r\sqrt{1-M^2/\omega^2}} \\ &+ H(M^2 - \omega^2)\, e^{-r\sqrt{M^2-\omega^2}} \Big) d\omega \end{aligned} \tag{16.34}$$

in cui $r = |\mathbf{x}|$ e H è la funzione di Heaviside.

Sfrutteremo ora la (16.34) per analizzare le proprietà del potenziale (16.29) nel caso di una generica sorgente statica a supporto compatto

$$j^0(t,\mathbf{x}) = \rho(\mathbf{x}), \qquad \rho(\mathbf{x}) = 0 \ \text{ per } \ |\mathbf{x}| > l, \qquad \mathbf{j}(t,\mathbf{x}) = 0.$$

Per una sorgente statica nella (16.29) conviene eseguire il cambiamento di variabile $y^0 \to T = x^0 - y^0$, cosicché ne derivano i potenziali statici

$$A^0(\mathbf{x}) = \int d^3y \int dT\, G_M(T, \mathbf{x} - \mathbf{y})\, \rho(\mathbf{y}), \qquad \mathbf{A}(\mathbf{x}) = 0. \tag{16.35}$$

In questa espressione interviene la funzione (16.34) integrata sulla variabile temporale. Tenendo conto delle relazioni $\int e^{i\omega T} dT = 2\pi\delta(\omega)$, $H(-M^2) = 0$ e

$H(M^2) = 1$ si trova semplicemente

$$\int dT\, G_M(T, \mathbf{x}) = \frac{1}{2(2\pi)^2 r} \int_\infty^\infty 2\pi\, \delta(\omega) \left(H\left(\omega^2 - M^2\right) e^{-i\omega r \sqrt{1 - M^2/\omega^2}} \right.$$
$$\left. + H\left(M^2 - \omega^2\right) e^{-r\sqrt{M^2 - \omega^2}} \right) d\omega = \frac{e^{-Mr}}{4\pi r}.$$

La (16.35) fornisce allora il potenziale scalare

$$A^0(\mathbf{x}) = \frac{1}{4\pi} \int \frac{e^{-M|\mathbf{x}-\mathbf{y}|}}{|\mathbf{x} - \mathbf{y}|} \rho(\mathbf{y})\, d^3y, \qquad (16.36)$$

che rappresenta la generalizzazione del potenziale elettrostatico (6.14) al caso di un campo vettoriale massivo.

Per una particella statica posta nell'origine – per cui $\rho(\mathbf{x}) = Q\,\delta^3(\mathbf{x})$ – ne discende il *potenziale di Yukawa*

$$A^0(\mathbf{x}) = \frac{Q e^{-Mr}}{4\pi r}, \qquad (16.37)$$

generalizzazione del *potenziale di Coulomb* $A^0(\mathbf{x}) = Q/4\pi r$ a un campo vettoriale massivo.

Volendo infine analizzare l'andamento di $A^0(\mathbf{x})$ a grandi distanze per una generica sorgente a supporto compatto, effettuiamo le consuete espansioni

$$|\mathbf{x} - \mathbf{y}| \to r - \mathbf{n}{\cdot}\mathbf{y}, \qquad \frac{1}{|\mathbf{x} - \mathbf{y}|} \to \frac{1}{r}, \qquad \mathbf{n} = \frac{\mathbf{x}}{r}.$$

Dalla (16.36) otteniamo allora

$$A^0(\mathbf{x}) = \frac{e^{-Mr}}{4\pi r}\, f(\mathbf{n}) + o\left(\frac{e^{-Mr}}{r^2}\right), \quad \text{dove } f(\mathbf{n}) \equiv \int e^{M(\mathbf{n}{\cdot}\mathbf{y})} \rho(\mathbf{y})\, d^3y.$$

A grandi distanze $A^0(\mathbf{x})$ ha quindi lo stesso andamento del potenziale di Yukawa (16.37), a parte un fattore modulante dipendente dalle direzioni.

Raggio d'azione e interazioni deboli. Il potenziale (16.37) contiene, oltre al termine coulombiano $Q/4\pi r$, il fattore di smorzamento esponenziale $e^{-Mr} = e^{-r/L}$. Vediamo quindi che l'interazione mediata da un campo vettoriale massivo è di *corto range*, in quanto il potenziale, e con esso il campo e la forza, sono essenzialmente nulli per distanze r molto maggiori del *raggio d'azione* $L = 1/M$. L'interazione elettromagnetica, al contrario, costituisce un'interazione con raggio d'azione *infinito*. Dal Paragrafo 16.2.1 sappiamo inoltre che L uguaglia la lunghezza d'onda Compton della particella che rappresenta il campo a livello quantistico: $L = \hbar/m$. Per le interazioni deboli, mediate dalle particelle $W^\pm$ e Z^0, otteniamo allora un raggio d'azione molto piccolo dell'ordine di

$$L_d = \frac{\hbar}{m_W} \approx \frac{\hbar}{m_Z} \approx 10^{-16} cm.$$

Interazioni nucleari e pioni. Oltre ai mediatori massivi *elementari* delle interazioni deboli, nell'ambito della fisica nucleare vi è una classe di mediatori massivi *composti*: i pioni $\pi^{\pm}$ e π^{0}. Queste particelle – composte da quark – hanno spin *zero* e costituiscono i bosoni intermedi *effettivi* delle interazioni nucleari tra neutroni e protoni. A livello lagrangiano sono dunque descritte da campi *scalari* massivi, si vedano i Paragrafi 5.2.1 e 5.3.3, nonché i Problemi 3.1 e 3.2[3].

Si intuisce che per quanto riguarda l'andamento del potenziale statico la natura *vettoriale* del bosone intermedio è inessenziale, cosicché anche a un campo scalare massivo resta associato un potenziale di tipo Yukawa. Essendo le masse dei pioni dell'ordine di $m_{\pi^{\pm}} \approx 140 MeV$ e $m_{\pi^{0}} \approx 135 MeV$, se ne deduce che il raggio d'azione delle interazioni nucleari

$$L_n = \frac{\hbar}{m_\pi} \approx 1.4 \cdot 10^{-13} cm = 1.4 fm \tag{16.38}$$

è di circa un fattore mille più grande di quello delle interazioni deboli. In effetti nel 1935 il fisico giapponese H. Yukawa predisse l'esistenza di bosoni intermedi con una massa dell'ordine di m_π, sapendo che le dimensioni dei nuclei sono dell'ordine di $1 fm$ [23].

Un'analisi dettagliata mostra che i nucleoni generano effettivamente un potenziale effettivo della forma (16.37) in cui, tuttavia, proprio a causa della natura *scalare* dei bosoni intermedi, occorre effettuare la sostituzione $Q \rightarrow -Q$. L'energia potenziale di interazione tra due particelle della *stessa* carica è quindi data da $U = QA^0 = -Q^2 e^{-Mr}/4\pi r$, risultando *negativa*. Ne segue che il potenziale di Yukawa nucleare genera una forza tra nucleoni $\mathbf{F} = -\nabla U$ che è sempre *attrattiva*[4]. Si intuisce facilmente che questa forza – contrapponendosi alla repulsione elettrostatica – gioca un ruolo fondamentale nel meccanismo che stabilizza i nuclei.

16.4 Funzione di Green ritardata

16.4.1 Unicità

Prima di affrontare la soluzione del sistema (16.31)-(16.33) dimostriamo che la soluzione, se esiste, è unica. Per fare questo occorre dimostrare che il sistema omogeneo associato

$$(\Box + M^2)F = 0, \quad F(\Lambda x) = F(x), \quad \forall \Lambda \in SO(1,3)_c, \quad F(x) = 0 \ \forall t < 0$$

---

[3] I pioni, più precisamente, sono particelle *pseudo*-scalari e corrispondentemente devono essere descritti da campi *pseudo*-scalari, ovvero campi che sotto *parità* cambiano di segno, si veda il Paragrafo 1.4.3.

[4] La natura attrattiva della forza tra nucleoni – mediata da un potenziale scalare – ha la stessa origine della natura attrattiva dell'interazione gravitazionale – mediata da un potenziale tensoriale con due indici, si veda la Sezione 9.2. Si può infatti vedere che un potenziale tensoriale con un numero pari (dispari) di indici descrive un bosone intermedio di spin pari (dispari) e genera tra particelle della stessa carica una forza attrattiva (repulsiva). Questa caratteristica generale sta alla base del fatto che le masse si attraggono, mentre cariche elettriche dello stesso segno si respingono. Il potenziale vettore elettromagnetico A^μ ha, infatti, un solo indice.

non ammette soluzioni. Conviene passare in trasformata di Fourier, $F(x) \leftrightarrow \widehat{F}(k)$, cosicché la prima equazione si muta in

$$(k^2 - M^2)\widehat{F}(k) = 0.$$

La distribuzione $\widehat{F}(k)$ deve pertanto essere della forma

$$\widehat{F}(k) = \delta(k^2 - M^2)f(k)$$

dove, visto che $F(x)$ deve essere reale, $f(k)$ è una funzione complessa soggetta al vincolo

$$f^*(k) = f(-k). \tag{16.39}$$

Inoltre, dovendo $\widehat{F}(k)$ essere invariante sotto $SO(1,3)_c$, $f(k)$ deve essere Lorentz-invariante sull'iperboloide $k^2 = M^2$. La funzione $f(k)$ è allora necessariamente della forma $f(k) = a + ib\varepsilon(k^0)$, a e b essendo costanti reali. Si ricordi, in proposito, che il *segno* della componente temporale di un vettore di tipo tempo è Lorentz-invariante. Risultano quindi le due soluzioni linearmente indipendenti

$$\widehat{F}_1 = \delta(k^2 - M^2), \qquad \widehat{F}_2 = i\varepsilon(k^0)\,\delta(k^2 - M^2), \tag{16.40}$$

da confrontare con le soluzioni analoghe (6.45) della funzione di Green elettromagnetica. Si noti che in questo caso non esiste nessuna soluzione che generalizzi la soluzione $\widehat{F}_3 = \delta^4(k)$. Eseguendo l'antitrasformata di Fourier delle soluzioni trovate – integrando su k^0 sfruttando la (16.12) – si ottiene

$$F_1 = \frac{1}{(2\pi)^2}\int \frac{d^3k}{\omega}\,cos(\omega t - \mathbf{k}\cdot\mathbf{x}), \qquad F_2 = -\frac{1}{(2\pi)^2}\int \frac{d^3k}{\omega}\,sen(\omega t - \mathbf{k}\cdot\mathbf{x}), \tag{16.41}$$

dove $\omega = \sqrt{|\mathbf{k}|^2 + M^2}$. Dal momento che nel limite di $M \to 0$ queste funzioni si riducono alle espressioni (6.46), si conclude che nessuna loro combinazione lineare si annulla per $t < 0$. La funzione di Green ritardata è pertanto unica.

16.4.2 Rappresentazioni della funzione di Green

Al contrario della funzione di Green del campo elettromagnetico

$$G = \frac{1}{2\pi}\,H(t)\,\delta(x^2) = \frac{\delta(t - r)}{4\pi r}, \tag{16.42}$$

la funzione di Green di un campo vettoriale massivo non può essere espressa in termini di funzioni elementari, pur ammettendo diverse rappresentazioni esplicite. Di seguito diamo una serie di rappresentazioni che possono risultare più o meno convenienti, a seconda dell'uso che se ne deve fare.

$$G_M = -\frac{1}{(2\pi)^4}\, \mathcal{S}' - \lim_{\gamma \to 0^+} \int e^{ik \cdot x} \frac{1}{k^2 - M^2 - i\gamma\varepsilon(k^0)}\, d^4k \tag{16.43}$$

$$= -\frac{1}{(2\pi)^4} \int e^{ik \cdot x} \left(\mathcal{P}\frac{1}{k^2 - M^2} + i\pi\varepsilon(k^0)\,\delta(k^2 - M^2) \right) d^4k \tag{16.44}$$

$$= -\frac{iH(t)}{(2\pi)^3} \int e^{ik \cdot x}\, \varepsilon(k^0)\,\delta(k^2 - M^2)\, d^4k \tag{16.45}$$

$$= -\frac{2H(t)}{(2\pi)^4} \int e^{ik \cdot x}\, \mathcal{P}\frac{1}{k^2 - M^2}\, d^4k \tag{16.46}$$

$$= \frac{H(t)}{(2\pi)^3} \int \frac{d^3k}{\omega}\, sen(\omega t - \mathbf{k} \cdot \mathbf{x}) \tag{16.47}$$

$$= \frac{H(t)}{2(2\pi)^2 r} \int_{-\infty}^{\infty} e^{i\omega t} H(\omega^2 - M^2)\left(e^{-i\omega r\sqrt{1 - M^2/\omega^2}} - e^{i\omega r\sqrt{1 - M^2/\omega^2}} \right) d\omega \tag{16.48}$$

$$= \frac{H(t)}{2\pi}\left(\delta(x^2) - \frac{MH(x^2)}{2\sqrt{x^2}}\, J_1\left(M\sqrt{x^2} \right) \right) \tag{16.49}$$

$$= \frac{1}{4\pi}\left(\frac{1}{r}\delta(t - r) - \frac{MH(t - r)}{\sqrt{t^2 - r^2}}\, J_1\left(M\sqrt{t^2 - r^2} \right) \right) \tag{16.50}$$

$$= \frac{1}{2(2\pi)^2 r} \int_{\infty}^{\infty} e^{i\omega t}\left(H(\omega^2 - M^2)\, e^{-i\omega r\sqrt{1 - M^2/\omega^2}} \right.$$
$$\left. + H(M^2 - \omega^2)\, e^{-r\sqrt{M^2 - \omega^2}} \right) d\omega. \tag{16.51}$$

Ricordiamo che $\mathcal{S}'-\lim$ denota il limite nel senso delle distribuzioni, H la funzione di Heaviside, ε la funzione *segno* e J_1 la funzione di Bessel di ordine 1, si veda il Paragrafo 11.3.2. Inoltre abbiamo posto $r = |\mathbf{x}|$ e introdotto la *parte principale* composta, si veda la (2.79),

$$\mathcal{P}\frac{1}{k^2 - M^2} = \mathcal{P}\frac{1}{(k^0)^2 - \omega^2} \equiv \frac{1}{2\omega}\left(\mathcal{P}\frac{1}{k^0 - \omega} - \mathcal{P}\frac{1}{k^0 + \omega} \right), \tag{16.52}$$

essendo $\omega = \sqrt{|\mathbf{k}|^2 + M^2}$.

Si noti che gli integrali nelle formule (16.43)-(16.51) sono formalmente divergenti avendo senso solo se interpretati nel senso delle distribuzioni, come spiegato nel Paragrafo 11.4.1. Nel limite di $M \to 0$ tutte queste espressioni forniscono rappresentazioni equivalenti del propagatore del campo elettromagnetico (16.42). Ciascuna formula mette in evidenza certe proprietà della funzione di Green e ne nasconde altre. Le (16.44)-(16.46), ad esempio, sono manifestamente Lorentz-invarianti, mentre dalle (16.49) e (16.50) è evidente che nel limite di $M \to 0$ si ha $G_M \to G$, proprietà che risultano più oscure nelle altre rappresentazioni.

Dalle (16.49) e (16.50) si vede in particolare che G_M è diverso da zero solo per gli x^μ per cui $t \geq r$. Una differenza sostanziale tra G e G_M è infatti che il supporto della prima è il *bordo* del cono luce futuro, mentre il supporto della seconda è l'*intero* cono luce futuro. Questa differenza è intimamente legata al fatto che il mediatore del campo elettromagnetico si propaghi con la velocità della luce, mentre il mediatore di un campo massivo ha sempre una velocità subliminale.

Infine la trasformata di Fourier di G_M si legge direttamente dalla (16.44),

$$\widehat{G}_M(k) = -\frac{1}{(2\pi)^2}\left(\mathcal{P}\frac{1}{k^2 - M^2} + i\pi\varepsilon(k^0)\,\delta(k^2 - M^2)\right),\qquad(16.53)$$

espressione che nel limite di $M \to 0$ restituisce la (6.71).

16.4.3 Derivazione delle rappresentazioni

Di seguito diamo alcuni dettagli delle derivazioni delle formule (16.43)-(16.51), servendoci in particolare del teorema di unicità del Paragrafo 16.4.1. Per dimostrare che un'espressione rappresenta G_M è quindi sufficiente dimostrare che soddisfa il sistema (16.31)-(16.33).

Derivazione delle (16.43) e (16.44). In base ai noti limiti distribuzionali

$$\mathcal{S}' - \lim_{\gamma \to 0^\pm} \frac{1}{x \pm i\gamma} = \mathcal{P}\frac{1}{x} \mp i\pi\delta(x)$$

le espressioni (16.43) e (16.44) rappresentano la stessa funzione. Per dimostrare che queste funzioni soddisfano l'equazione (16.31) notiamo che quest'ultima in trasformata di Fourier si scrive

$$(-k^2 + M^2)\,\widehat{G}_M(k) = \frac{1}{(2\pi)^2},$$

equazione banalmente soddisfatta dall'espressione (16.53), che a sua volta è equivalente alla (16.44). La (16.32) è ovvia, data la forma manifestamente Lorentz-invariante della (16.44).

Per dimostrare infine che la (16.44) soddisfa la condizione (16.33) eseguiamo in entrambi i termini della (16.44) l'integrazione su k^0. L'integrale del secondo termine può essere ottenuto direttamente dalle (16.40) e (16.41)

$$-\frac{1}{(2\pi)^4}\int e^{ik\cdot x}i\pi\varepsilon(k^0)\,\delta(k^2 - M^2)\,d^4k = \frac{1}{(2\pi)^3}\int \frac{d^3k}{2\omega}\,sen(\omega t - \mathbf{k}\cdot\mathbf{x}),\quad(16.54)$$

dove $\omega = \sqrt{|\mathbf{k}|^2 + M^2}$. Per eseguire l'integrale su k^0 del primo termine della (16.44) ricordiamo la definizione della parte principale composta (16.52), nonché la trasformata di Fourier della parte principale semplice (2.84)

$$\int e^{ik^0 t}\,\mathcal{P}\frac{1}{k^2 - M^2}\,dk^0 = \frac{1}{2\omega}\int e^{ik^0 t}\left(\mathcal{P}\frac{1}{k^0 - \omega} - \mathcal{P}\frac{1}{k^0 + \omega}\right)dk^0$$

$$= \frac{1}{2\omega}\int e^{ik^0 t}\left(e^{i\omega t}\,\mathcal{P}\frac{1}{k^0} - e^{-i\omega t}\,\mathcal{P}\frac{1}{k^0}\right)dk^0 = \frac{i\pi}{2\omega}\,\varepsilon(t)\left(e^{i\omega t} - e^{-i\omega t}\right).$$

Moltiplicando questa espressione per $e^{-i\mathbf{k}\cdot\mathbf{x}}$ e integrandola su $\mathbf{k}$ otteniamo

$$-\frac{1}{(2\pi)^4} \int e^{i\mathbf{k}\cdot x}\, \mathcal{P}\frac{1}{k^2 - M^2}\, d^4k = \frac{\varepsilon(t)}{(2\pi)^3} \int \frac{d^3k}{2\omega}\, sen(\omega t - \mathbf{k}\cdot\mathbf{x}). \qquad (16.55)$$

Sommando le equazioni (16.54) e (16.55), per la (16.44) troviamo l'espressione alternativa

$$G_M = \frac{H(t)}{(2\pi)^3} \int \frac{d^3k}{\omega}\, sen(\omega t - \mathbf{k}\cdot\mathbf{x}), \qquad (16.56)$$

che soddisfa la condizione (16.33) in modo manifesto.

Derivazione delle (16.45)-(16.47). La derivazione di queste formule è ora immediata. La (16.47) è stata appena derivata. Le (16.45) e (16.46) si ottengono moltiplicando rispettivamente la (16.54) e la (16.55) per $2H(t)$ e sfruttando la (16.47).

Derivazione della (16.48). Questa rappresentazione si ottiene eseguendo nella (16.47) l'integrale sull'angolo solido relativo a $\mathbf{k}$. Vale $d^3k = k^2 dk\, d\varphi\, sen\vartheta\, d\vartheta$ e possiamo sfruttare l'invarianza per rotazioni per porre $\mathbf{x} = (0, 0, r)$. Vale allora $\mathbf{k}\cdot\mathbf{x} = kr cos\vartheta$. La (16.47) diventa quindi

$$G_M = \frac{H(t)}{(2\pi)^3} \int_0^\infty \frac{k^2 dk}{\omega} \int_0^{2\pi} d\varphi \int_0^\pi sen\vartheta\, d\vartheta\, sen(\omega t - kr\, cos\vartheta)$$

$$= \frac{H(t)}{(2\pi)^2 r} \int_0^\infty \frac{k dk}{\omega}\, (cos(\omega t - kr) - cos(\omega t + kr)).$$

Per ottenere la (16.48) è ora sufficiente passare dalla variabile di integrazione k alla variabile $\omega = \sqrt{k^2 + M^2}$ ed estendere successivamente quest'ultima a tutto l'asse reale, introducendo la funzione di Heaviside $H(\omega^2 - M^2)$. Nel fare questo occorre tenere presente che vale $\omega\sqrt{1 - M^2/\omega^2} = \varepsilon(\omega)\sqrt{\omega^2 - M^2}$.

Derivazione delle (16.49) e (16.50). Queste due formule sono la riscrittura l'una dell'altra. Dalla (16.49) risultano evidenti le proprietà (16.32) e (16.33). È allora sufficiente dimostrare che la (16.50) soddisfa l'equazione del kernel (16.31). Di seguito affrontiamo la soluzione di questa equazione con una tecnica simile a quella adottata nel Paragrafo 6.2.1 per determinare il kernel elettromagnetico (16.42).

Visto che il kernel elettromagnetico soddisfa l'equazione $\Box G = \delta^4(x)$ e che nel limite di $M \to 0$ il kernel G_M si riduce a G, conviene porre

$$G_M = G + B \qquad (16.57)$$

considerando come funzione incognita B. Sostituendo la (16.57) nella (16.31) troviamo che B deve soddisfare l'equazione

$$(\Box + M^2)B = -M^2 G. \qquad (16.58)$$

Visto che G è proporzionale a $\delta(t-r)$, per $t \neq r$ B deve risolvere l'equazione

$$(\Box + M^2)B = 0. \tag{16.59}$$

Inoltre dalla Lorentz-invarianza di G_M segue quella di B. Conseguentemente B può dipendere da x^μ solo attraverso la combinazione $x^\mu x_\mu = t^2 - r^2$. Non è allora restrittivo porre

$$B = \frac{1}{u}f(u), \qquad u = M\sqrt{t^2 - r^2}. \tag{16.60}$$

Ricordiamo, infatti, che G_M è diverso da zero solo per $t \geq r$. Dal momento che B dipende da $\mathbf{x}$ solo attraverso r, nell'equazione (16.59) possiamo sostituire il d'Alembertiano con

$$\Box \rightarrow \frac{\partial^2}{\partial t^2} - \frac{1}{r}\frac{\partial^2}{\partial r^2}r. \tag{16.61}$$

Sostituendo la (16.60) nella (16.59) e svolgendo le derivate si trova che $f(u)$ deve soddisfare l'equazione differenziale del secondo ordine

$$u^2 f'' + u f' + (u^2 - 1)f = 0, \tag{16.62}$$

dove il simbolo "$'$" indica la derivata rispetto a u.

Considerando le proprietà delle funzioni speciali riportate nel Paragrafo 11.3.2 – si veda in particolare la (11.53) – si riconosce che $f(u)$ è necessariamente una combinazione lineare delle funzioni di Bessel e Neumann di ordine $N = 1$, ovvero $J_1(u)$ e $Y_1(u)$. Dal momento che B può essere diverso da zero solo per $t \geq r$ deve quindi valere

$$B = H(t-r)\frac{1}{u}\big(aJ_1(u) + bY_1(u)\big) \equiv B_J + B_Y, \tag{16.63}$$

a e b essendo costanti reali che devono essere determinate richiedendo che l'equazione (16.58) sia soddisfatta nel senso delle distribuzioni.

A questo scopo ricordiamo gli andamenti delle funzioni speciali (11.51) e (11.56) per $u \rightarrow 0$

$$J_1(u) = \frac{u}{2} + o(u^3), \qquad Y_1(u) = -\frac{2}{\pi u} + o(u). \tag{16.64}$$

Di conseguenza per $t \rightarrow r$, corrispondente a $u \rightarrow 0$, B_Y possiede l'andamento non integrabile in $\mathbb{R}^4$

$$B_Y \rightarrow -\frac{2bH(t-r)}{\pi M^2(t^2 - r^2)}$$

e pertanto non è una distribuzione. Dobbiamo quindi porre $b = 0$. Viceversa B_J, comportandosi come

$$B_J = \frac{a}{2}H(t-r)\big(1 + o(t^2 - r^2)\big), \tag{16.65}$$

definisce una distribuzione. Inserendo l'espressione (16.63) con $b = 0$ nel membro di sinistra dell'equazione (16.58) troviamo allora

$$(\Box + M^2)B = a(\Box + M^2)\left(H(t-r)\frac{J_1}{u}\right) = aH(t-r)(\Box + M^2)\left(\frac{J_1}{u}\right)$$

$$+ 2a\, \partial_\mu H(t-r)\, \partial^\mu\left(\frac{J_1}{u}\right) + \frac{aJ_1}{u}\,\Box H(t-r).$$

$$(16.66)$$

Il primo termine del membro di destra si annulla per costruzione, poiché $J_1(u)/u$ in base alle (16.64) è una funzione regolare. Per valutare il secondo calcoliamo le derivate

$$\partial_\mu H(t-r) = \left(1, -\frac{\mathbf{x}}{r}\right)\delta(t-r) = \frac{x_\mu}{r}\,\delta(t-r),$$

$$\partial^\mu\left(\frac{J_1}{u}\right) = \frac{Mx^\mu}{\sqrt{x^2}}\,\frac{d}{du}\left(\frac{J_1}{u}\right).$$

Otteniamo allora

$$\partial_\mu H(t-r)\, \partial^\mu\left(\frac{J_1}{u}\right) = \frac{M}{r}\sqrt{t^2 - r^2}\,\delta(t-r)\frac{d}{du}\left(\frac{J_1}{u}\right) = 0,$$

avendo usato l'identità distribuzionale (2.68) e sfruttato che la funzione $(d/du)(J_1/u)$ – essendo di ordine $o(u) = o(\sqrt{t^2 - r^2})$ – è regolare in $t = r$. Per valutare l'ultimo termine della (16.66) ricorriamo di nuovo alla (16.61)

$$\Box H(t-r) = \left(\frac{\partial^2}{\partial t^2} - \frac{\partial^2}{\partial r^2} - \frac{2}{r}\frac{\partial}{\partial r}\right)H(t-r) = -\frac{2}{r}\frac{\partial}{\partial r}H(t-r) = \frac{2}{r}\delta(t-r).$$

Visto che nel limite di $u \to 0$ la funzione $J_1(u)/u$ tende a $1/2$, l'equazione (16.66) in definitiva si riduce a

$$(\Box + M^2)B = \frac{a}{r}\,\delta(t-r) = 4\pi aG,$$

dove abbiamo introdotto la funzione di Green (16.42). Perché B soddisfi l'equazione (16.58) dobbiamo quindi porre

$$a = -\frac{M^2}{4\pi}.$$

La (16.63) fornisce allora

$$B = -\frac{MH(t-r)}{4\pi\sqrt{t^2 - r^2}}\,J_1\big(M\sqrt{t^2 - r^2}\big),$$

con il che la (16.57) si riduce alla (16.50).

Derivazione della (16.51). Per derivare la (16.51) è conveniente introdurre la trasformata di Fourier temporale $\widetilde{G}_M(\omega, \mathbf{x})$ della funzione di Green,

$$G_M(t, \mathbf{x}) = \frac{1}{\sqrt{2\pi}} \int e^{i\omega t} \, \widetilde{G}_M(\omega, \mathbf{x}) \, d\omega, \qquad (16.67)$$

e considerare la trasformata di Fourier temporale dell'equazione (16.30)

$$(\nabla^2 + \omega^2 - M^2)\widetilde{G}_M(\omega, \mathbf{x}) = -\frac{1}{\sqrt{2\pi}} \delta^3(\mathbf{x}). \qquad (16.68)$$

Risolviamo questa equazione preliminarmente nella regione $r = |\mathbf{x}| \neq 0$. Essendo $\widetilde{G}_M(\omega, \mathbf{x})$ invariante per rotazioni possiamo sostituire il laplaciano con

$$\nabla^2 \to \frac{1}{r} \frac{\partial^2}{\partial r^2} r.$$

Si vede allora che la (16.68) ha soluzioni oscillanti o esponenzialmente decrescenti a seconda che sia $\omega^2 > M^2$ o $\omega^2 < M^2$

$$\widetilde{G}_M(\omega, \mathbf{x}) = \frac{1}{r} H(\omega^2 - M^2)\left(a_1 \, e^{-i\omega r\sqrt{1-M^2/\omega^2}} + a_2 \, e^{i\omega r\sqrt{1-M^2/\omega^2}}\right)$$
$$+ \frac{1}{r} H(M^2 - \omega^2)\left(b_1 \, e^{-r\sqrt{M^2-\omega^2}} + b_2 \, e^{r\sqrt{M^2-\omega^2}}\right).$$
$$(16.69)$$

Si noti che abbiamo scritto gli esponenti della prima riga come $\omega\sqrt{1 - M^2/\omega^2}$, e non come $\sqrt{\omega^2 - M^2}$, per ottenere una funzione $G_M(t, \mathbf{x})$ reale: deve infatti valere $\widetilde{G}_M^*(\omega, \mathbf{x}) = \widetilde{G}_M(-\omega, \mathbf{x})$.

I coefficienti a_i e b_i devono essere fissati di modo tale che l'equazione (16.68) sia soddisfatta nel senso delle distribuzioni. Il coefficiente b_2 deve comunque annullarsi perché $e^{r\sqrt{M^2-\omega^2}}$ non è una distribuzione. Inserendo l'espressione (16.69) nel membro di sinistra della (16.68), e ricordando l'identità distribuzionale $\nabla^2(1/r) = -4\pi\delta^3(\mathbf{x})$, si ottiene

$$(\nabla^2 + \omega^2 - M^2)\,\widetilde{G}_M(\omega, \mathbf{x}) =$$
$$-4\pi\big((a_1 + a_2)H(\omega^2 - M^2) + b_1 H(M^2 - \omega^2)\big)\delta^3(\mathbf{x}).$$

Affinché sia soddisfatta la (16.68) dobbiamo dunque porre

$$a_1 + a_2 = \frac{1}{2(2\pi)^{3/2}}, \qquad b_1 = \frac{1}{2(2\pi)^{3/2}}.$$

Imponendo infine che $G_M(t, \mathbf{x})$ si annulli per $t < 0$ si trova che a_2 deve annullarsi. Il modo più semplice per convincersene consiste nell'osservare che nel limite di $M \to 0$ la (16.69) deve ridursi alla trasformata di Fourier temporale $\widetilde{G}(\omega, \mathbf{x})$ della funzione $G(t, \mathbf{x})$ (16.42) (che pure si annulla per $t < 0$)

$$\widetilde{G}(\omega, \mathbf{x}) = \frac{1}{\sqrt{2\pi}} \int e^{-i\omega t}\, G(t, \mathbf{x})\, dt = \frac{e^{-i\omega r}}{2(2\pi)^{3/2} r}.$$

Con $a_1 = b_1 = 1/2(2\pi)^{3/2}$ troviamo in definitiva

$$\widetilde{G}_M(\omega, \mathbf{x}) = \frac{1}{2(2\pi)^{3/2} r} \left(H(\omega^2 - M^2)\, e^{-i\omega r \sqrt{1 - M^2/\omega^2}} \right.$$
$$\left. + H(M^2 - \omega^2)\, e^{-r\sqrt{M^2 - \omega^2}} \right). \tag{16.70}$$

Inserendo questa espressione nella (16.67) otteniamo la (16.51).

16.5 Irraggiamento

Di seguito analizziamo la radiazione generata da una sorgente carica in base alla formula risolutiva (16.29). Come nel caso elettromagnetico consideriamo una corrente j^μ a supporto spaziale compatto e studiamo le proprietà del campo a grandi distanze dalla sorgente.

16.5.1 Campo nella zona delle onde

Nel caso di un campo vettoriale massivo conviene affrontare il problema della radiazione *frequenza per frequenza*, ovvero eseguendone direttamente l'*analisi spettrale*. Corrispondentemente decomponiamo la corrente nei suoi contributi a frequenza fissata

$$j^\mu(t, \mathbf{x}) = \frac{1}{\sqrt{2\pi}} \int e^{i\omega t} \widetilde{j}^\mu(\omega, \mathbf{x})\, d\omega. \tag{16.71}$$

Per G_M conviene usare la rappresentazione (16.51), ovvero la (16.67) con $\widetilde{G}_M(\omega, \mathbf{x})$ data in (16.70). La soluzione (16.29) si scrive allora

$$A^\mu(x) = \int dy^0\, d^3y\, G_M(t - y^0, \mathbf{x} - \mathbf{y})\, j^\mu(y^0, \mathbf{y})$$
$$= \frac{1}{2\pi} \int dy^0\, d^3y \int e^{i\omega(t - y^0)}\, \widetilde{G}_M(\omega, \mathbf{x} - \mathbf{y})\, d\omega \int e^{i\omega' y^0}\, \widetilde{j}^\mu(\omega', \mathbf{y})\, d\omega'$$
$$= \int d\omega\, e^{i\omega t} \int d^3y\, \widetilde{G}_M(\omega, \mathbf{x} - \mathbf{y})\, \widetilde{j}^\mu(\omega, \mathbf{y}),$$

$$\tag{16.72}$$

dove per eseguire l'integrale su y^0 abbiamo fatto ricorso alla formula simbolica (2.85)

$$\int e^{-i(\omega - \omega') y^0} dy^0 = 2\pi \delta(\omega - \omega').$$

Inserendo nella (16.72) la (16.70) otteniamo

$$A^\mu(x) = \frac{1}{2(2\pi)^{3/2}} \int d\omega\, e^{i\omega t} \int \frac{d^3y}{|\mathbf{x}-\mathbf{y}|} \left(H(\omega^2-M^2)\, e^{-i\omega|\mathbf{x}-\mathbf{y}|\sqrt{1-M^2/\omega^2}} + \right.$$
$$\left. H(M^2-\omega^2)\, e^{-|\mathbf{x}-\mathbf{y}|\sqrt{M^2-\omega^2}} \right) \widetilde{j}^\mu(\omega,\mathbf{y}).$$

Per analizzare l'andamento di $A^\mu(x)$ nella *zona delle onde*, ovvero per $r = |\mathbf{x}| \to \infty$, utilizziamo le espansioni standard

$$|\mathbf{x}-\mathbf{y}| \to r - \mathbf{n}\cdot\mathbf{y}, \qquad \frac{1}{|\mathbf{x}-\mathbf{y}|} \to \frac{1}{r}, \qquad \mathbf{n} = \frac{\mathbf{x}}{r}.$$

In tal modo otteniamo

$$A^\mu(x) = \frac{1}{2(2\pi)^{3/2}r} \int d\omega\, e^{i\omega t} \int d^3y \left(H(\omega^2-M^2)\, e^{-i\omega(r-\mathbf{n}\cdot\mathbf{y})\sqrt{1-M^2/\omega^2}} \right.$$
$$\left. + H(M^2-\omega^2)\, e^{-(r-\mathbf{n}\cdot\mathbf{y})\sqrt{M^2-\omega^2}} \right) \widetilde{j}^\mu(\omega,\mathbf{y}).$$
$$(16.73)$$

Finora abbiamo proceduto in analogia con il caso elettromagnetico e in particolare abbiamo riottenuto il familiare andamento asintotico $1/r$. Confrontando la (16.73) con la formula analoga del potenziale elettromagnetico (8.129) notiamo comunque la presenza di un termine nuovo – quello nella seconda riga in (16.73) – che per $M = 0$ si annulla infatti grazie alla funzione di Heaviside $H(M^2-\omega^2)$. Tuttavia, per $M \neq 0$ nel limite di grandi r questo termine svanisce comunque esponenzialmente e pertanto *non* contribuisce al campo nella zona delle onde. Il potenziale vettore nella zona delle onde è quindi dato semplicemente da

$$A^\mu(x) = \frac{1}{2(2\pi)^{3/2}r} \int_{|\omega|\geq M} d\omega\, e^{i\omega\left(t-r\sqrt{1-M^2/\omega^2}\right)} \int d^3y\, e^{i\omega\mathbf{n}\cdot\mathbf{y}\sqrt{1-M^2/\omega^2}}\, \widetilde{j}^\mu(\omega,\mathbf{y}).$$
$$(16.74)$$

Nel limite di $M \to 0$ questa formula si riduce ora alla corrispondente espressione (8.129) del potenziale elettromagnetico.

Decomposizione in onde piane. Nella regione in cui la corrente si annulla il potenziale soddisfa l'equazione *libera* $(\Box + M^2)A^\mu = 0$ e conseguentemente a grandi distanze dalle sorgenti il campo dovrebbe ridursi a un *campo di radiazione*, sovrapposizione di onde piane. Per verificare questa ipotesi conviene introdurre la trasformata di Fourier temporale $\widetilde{A}^\mu(\omega,\mathbf{x})$ di $A^\mu(x)$

$$A^\mu(x) = \frac{1}{\sqrt{2\pi}} \int e^{i\omega t}\, \widetilde{A}^\mu(\omega,\mathbf{x})\, d\omega.$$
$$(16.75)$$

Dal confronto con la (16.74) vediamo allora che nella zona delle onde il potenziale risulta effettivamente una sovrapposizione di onde piane (16.18), date da

$$
e^{i\omega t}\,\widetilde{A}^\mu(\omega, \mathbf{x}) = \begin{cases} \varepsilon^\mu e^{ik\cdot x}, & \text{per } |\omega| \geq M, \\[2mm] 0, & \text{per } |\omega| < M, \end{cases} \tag{16.76}
$$

dove i vettori di onda e di polarizzazione sono dati da (si veda il Problema 16.2)

$$
k^\mu = \left(\omega, \mathbf{n}\omega\sqrt{1 - M^2/\omega^2}\right), \qquad k^2 = M^2, \tag{16.77}
$$

$$
\varepsilon^\mu = \frac{1}{4\pi r}\int e^{i\omega \mathbf{n}\cdot\mathbf{y}\sqrt{1-M^2/\omega^2}}\,\widetilde{\jmath}^\mu(\omega, \mathbf{y})\,d^3 y, \qquad k_\mu \varepsilon^\mu = 0. \tag{16.78}
$$

In seguito sfrutteremo anche l'identità

$$
k_\mu \widetilde{A}^\mu(\omega, \mathbf{x}) = 0, \tag{16.79}
$$

conseguenza della (16.78), ovverosia del vincolo $\partial_\mu A^\mu = 0$.

Come nel caso elettromagnetico una corrente di frequenza ω genera, dunque, un'onda elementare con la stessa frequenza. Tuttavia, dalle (16.76) si vede che la radiazione contiene solo frequenze *maggiori* di M. Conseguentemente una corrente contenente solo frequenze *minori* di M non genera alcun campo di radiazione. Discuteremo le importanti conseguenze fisiche di questi risultati nel Paragrafo 16.6.2.

16.6 Analisi spettrale

Per effettuare l'analisi spettrale della radiazione dobbiamo rifarci alle formule fondamentali della Sezione 7.4, in quanto le espressioni (11.10) e (11.12) del Capitolo 11 sono specifiche per il campo elettromagnetico. Naturalmente nel limite di $M \to 0$ dobbiamo riottenere tali espressioni.

Ripartiamo dall'espressione generale del quadrimomento emesso (7.44)

$$
\frac{d^2 P^\mu}{dt\,d\Omega} = r^2\left(T^{\mu i} n^i\right), \tag{16.80}
$$

in cui è sottinteso il limite per $r \to \infty$ e $T^{\mu\nu}$ è ora dato in (16.9). Supponendo per definitezza di avere a che fare con un moto *aperiodico*, integrando questa espressione su tutti i tempi otteniamo

$$
\frac{dP^\mu}{d\Omega} = r^2 n^i \int_{-\infty}^{\infty} T^{\mu i}\,dt. \tag{16.81}
$$

Viste le espressioni (16.9) di $T^{\mu\nu}$ e (16.75) di A^μ, sfruttando il *teorema di Plancherel* l'integrale (16.81) può essere trasformato in un integrale sulle frequenze. A questo scopo notiamo che dalle formule (16.75)-(16.78) discendono le relazioni, valide a meno di termini di ordine $1/r^2$,

$$\partial^\mu A^\nu = \frac{i}{\sqrt{2\pi}} \int e^{i\omega t} k^\mu \widetilde{A}^\nu \, d\omega.$$

Per l'integrale di un generico prodotto di due fattori di questo tipo il teorema di Plancherel fornisce allora

$$\int_{-\infty}^{\infty} \partial^\mu A^\nu \partial^\alpha A^\beta \, dt = \int k^\mu k^\alpha \widetilde{A}^{\nu*} \widetilde{A}^\beta \, d\omega. \tag{16.82}$$

Grazie ai vincoli (16.79) e $k^2 = M^2$ l'integrale del tensore energia-impulso (16.9) si riduce allora a (si veda il Problema 16.3)

$$\int_{-\infty}^{\infty} T^{\mu\nu} \, dt = -\int k^\mu k^\nu \widetilde{A}_\alpha^* \widetilde{A}^\alpha \, d\omega. \tag{16.83}$$

Di conseguenza la (16.81) diventa

$$\frac{dP^\mu}{d\Omega} = -r^2 n^i \int k^i k^\mu \widetilde{A}_\alpha^* \widetilde{A}^\alpha \, d\omega.$$

In base alle relazioni (16.76)-(16.78) per il quadrimomento emesso nell'unità di frequenza otteniamo pertanto

$$\frac{d^2 P^\mu}{d\omega d\Omega} = -2r^2 n^i k^i k^\mu \widetilde{A}^{\alpha*} \widetilde{A}_\alpha = -2r^2 V \omega k^\mu \left(\varepsilon_\alpha^* \, \varepsilon^\alpha \right). \tag{16.84}$$

In questa formula le frequenze sono considerate positive – e maggiori di M – e **V** denota la velocità dell'onda

$$\mathbf{V} = \mathbf{n}\sqrt{1 - \frac{M^2}{\omega^2}} = \mathbf{n}V. \tag{16.85}$$

Come nel caso di un'onda piana – si vedano le (16.25) e (16.26) – è sufficiente analizzare l'energia emessa $d\varepsilon = dP^0$, in quanto in base alle (16.77) e (16.84) la quantità di moto è legata all'energia da $d\mathbf{P} = d\varepsilon \mathbf{V}$.

Possiamo rendere la formula (16.84) più trasparente, riconoscendo che ε^μ è legato in modo semplice alla trasformata di Fourier quadridimensionale $J^\mu(k)$ della corrente. Dalla (16.71) troviamo infatti

$$J^\mu(k) = \frac{1}{(2\pi)^2} \int e^{-ik\cdot x} j^\mu(x) \, d^4x = \frac{1}{(2\pi)^{3/2}} \int e^{i\mathbf{k}\cdot\mathbf{x}} \widetilde{j}^\mu(k^0, \mathbf{x}) \, d^3x. \tag{16.86}$$

Dal confronto con la (16.78) vediamo quindi che il vettore di polarizzazione può essere espresso come

$$\varepsilon^{\mu} = \frac{1}{r}\sqrt{\frac{\pi}{2}}\, J^{\mu}(k), \tag{16.87}$$

k^{μ} essendo dato nella (16.77). La componente $\mu = 0$ della (16.84) fornisce allora i pesi spettrali

$$\frac{d^2\varepsilon}{d\omega d\Omega} = -\pi\omega^2 V J_{\mu}^* J^{\mu}. \tag{16.88}$$

Sfruttando la conservazione della corrente $\partial_\mu j^\mu = 0$, equivalente alla condizione $k_\mu J^\mu = 0$, ovvero $J^0 = \mathbf{V}\cdot\mathbf{J}$, i pesi spettrali in definitiva assumono la forma

$$\frac{d^2\varepsilon}{d\omega d\Omega} = \pi\omega^2 V\left(|\mathbf{J}|^2 - |\mathbf{V}\cdot\mathbf{J}|^2\right). \tag{16.89}$$

Dal momento che non esiste radiazione con frequenze minori di M è sottinteso che

$$\frac{d^2\varepsilon}{d\omega d\Omega} = 0, \quad \text{per} \quad \omega < M.$$

Campi massivi e campi di massa nulla. L'equazione (16.89) rappresenta la generalizzazione a un campo vettoriale massivo dell'analoga formula (11.111) per la radiazione elettromagnetica. A parte la somiglianza *formale* notiamo comunque le seguenti differenze fondamentali. Innanzitutto nella (16.89) $\mathbf{J}(k)$ è valutato per un vettore d'onda che soddisfa $k^2 = M^2$ e non $k^2 = 0$. Inoltre, mentre la radiazione elettromagnetica contiene frequenze arbitrariamente basse, per un campo massivo lo spettro di emissione è limitato a frequenze maggiori di M. Un'altra differenza tra la (11.111) e la (16.89) è rappresentata dalla presenza del prefattore V nella seconda. Questo fattore fa sì che per un campo massivo non viene emessa radiazione in *soglia*, ovvero radiazione di frequenza $\omega = M$, perché in tal caso la (16.85) dà $V = 0$. Viceversa per frequenze molto elevate, $\omega \gg M$, dalle (16.77) e (16.85) si vede che il vettore d'onda e la velocità dell'onda si riducono alle rispettive espressioni del campo elettromagnetico

$$k^{\mu} \to (\omega, \mathbf{n}\omega), \qquad \mathbf{V} \to \mathbf{n}.$$

In questo limite i pesi spettrali (16.89) si identificano quindi con i pesi spettrali (11.111) della radiazione elettromagnetica. Questa conclusione non è inattesa in quanto, come osservato in precedenza, una particella molto energetica – con energia molto superiore alla sua massa – si comporta come una particella con massa trascurabile.

Polarizzazione trasversa e longitudinale. Dal momento che $\mathbf{J}$ è parallelo a ε, si veda la (16.87), è immediato estrarre dalla (16.89) le intensità delle radiazioni con polarizzazione trasversa e longitudinale, ovvero le intensità delle radiazioni per cui ε è rispettivamente ortogonale e parallelo alla direzione di propagazione $\mathbf{n} = \mathbf{V}/V$. Definendo $J^{\|} = \mathbf{n}\cdot\mathbf{J}$ e $\mathbf{J}^{\perp} = \mathbf{J} - J^{\|}\mathbf{n}$, e usando la decomposizione

$$|\mathbf{J}|^2 - |\mathbf{V}\cdot\mathbf{J}|^2 = |J^{\perp}|^2 + \left(1 - V^2\right)|J^{\|}|^2,$$

si ottengono infatti i pesi spettrali

$$\frac{d^2\varepsilon^\perp}{d\omega\, d\Omega} = \pi\omega^2 V |J^\perp|^2,$$

$$\frac{d^2\varepsilon^\|}{d\omega\, d\Omega} = \pi\omega^2 V (1 - V^2)|J^\||^2 = \pi M^2 V |J^\||^2.$$

Per frequenze basse, $\omega \approx M$, corrispondenti a $V \ll 1$, le radiazioni con polarizzazione longitudinale e trasversa compaiono quindi con pesi paragonabili, mentre per frequenze elevate, $\omega \gg M$, corrispondenti a $V \to 1$, la radiazione con polarizzazione longitudinale è trascurabile e risulta dominante la radiazione con polarizzazione trasversa. Si noti in particolare che nel limite elettromagnetico, $M \to 0$, la radiazione con polarizzazione longitudinale scompare per ogni ω.

Sistemi periodici. Per una corrente periodica di periodo T e frequenza fondamentale $\omega_0 = 2\pi/T$ restano definiti i coefficienti di Fourier

$$J_N^\mu(\mathbf{k}) = \frac{1}{T}\int_0^T dt\, \frac{1}{(2\pi)^{3/2}}\int d^3x\, e^{-i(N\omega_0 t - \mathbf{k}\cdot\mathbf{x})} j^\mu(x). \tag{16.90}$$

Procedendo come sopra si trova che la distribuzione angolare della potenza della radiazione con frequenza $\omega_N = N\omega_0$ è data da (si veda il Problema 16.5)

$$\frac{d\mathcal{W}_N}{d\Omega} = \pi(N\omega_0)^2 V (|\mathbf{J}_N|^2 - |\mathbf{V}\cdot\mathbf{J}_N|^2), \tag{16.91}$$

dove abbiamo posto

$$\mathbf{J}_N \equiv \mathbf{J}_N(N\omega_0\mathbf{V}), \qquad \mathbf{V} = \mathbf{n}\sqrt{1 - \frac{M^2}{(N\omega_0)^2}}.$$

Viene emessa solamente radiazione con frequenze $\omega_N = N\omega_0 \geq M$. L'armonica di ordine più basso presente è quindi quella relativa all'intero

$$N^* = \left[\frac{M}{\omega_0}\right] + 1,$$

dove $[\cdot]$ indica la parte intera di un numero reale.

16.6.1 Spettro di una particella singola

Nel caso di una particella singola con legge oraria $\mathbf{y}(t)$ la corrente spaziale è data da

$$\mathbf{j} = e\mathbf{v}(t)\delta^3(\mathbf{x} - \mathbf{y}(t)).$$

Di seguito ci limitiamo a considerare moti aperiodici e ci interessa quindi la trasformata di Fourier quadridimensionale (16.86) di $\mathbf{j}$

$$\mathbf{J} = \frac{e}{(2\pi)^2} \int_{-\infty}^{\infty} e^{-i(\omega t - \mathbf{k} \cdot \mathbf{y}(t))} \, \mathbf{v}(t) \, dt = \frac{e}{(2\pi)^2} \int_{-\infty}^{\infty} e^{-i\omega(t - \mathbf{V} \cdot \mathbf{y}(t))} \, \mathbf{v}(t) \, dt.$$
(16.92)

Si noti che questa espressione differisce dalla (11.113) unicamente per la sostituzione

$$\mathbf{n} \to \mathbf{V} = \mathbf{n}\sqrt{1 - \frac{M^2}{\omega^2}}.$$

Inserendo la (16.92) nella (16.89) si ottiene la formula che generalizza i pesi spettrali (11.76).

Per analizzare gli andamenti di $\mathbf{J}$ come funzione di $\mathbf{n}$ e ω è conveniente riscrivere l'esponente della (16.92) come

$$t - \mathbf{V} \cdot \mathbf{y}(t) = -\mathbf{V} \cdot \mathbf{y}(0) + \int_0^t (1 - \mathbf{V} \cdot \mathbf{v}(t')) \, dt'.$$
(16.93)

Il termine $-\mathbf{V} \cdot \mathbf{y}(0)$ modifica soltanto la fase di $\mathbf{J}$, che nella (16.89) è irrilevante. Studiamo ora separatamente i limiti non relativistici e ultrarelativistici.

Limite non relativistico. Visto che $V < 1$, nel limite di $v \ll 1$ possiamo porre

$$1 - \mathbf{V} \cdot \mathbf{v}(t') \approx 1.$$

A parte una fase irrilevante la (16.92) fornisce allora

$$\mathbf{J} = \frac{e}{(2\pi)^2} \int_{-\infty}^{\infty} e^{-i\omega t} \, \mathbf{v}(t) \, dt = \frac{e\mathbf{v}(\omega)}{(2\pi)^{3/2}} = -\frac{ie\mathbf{a}(\omega)}{(2\pi)^{3/2}\omega},$$

dove $\mathbf{v}(\omega)$ e $\mathbf{a}(\omega)$ denotano rispettivamente la trasformata di Fourier della velocità e dell'accelerazione. La (16.89) fornisce allora i pesi spettrali

$$\frac{d^2\varepsilon}{d\omega d\Omega} = \frac{e^2 V}{8\pi^2} \left(|\mathbf{a}(\omega)|^2 - V^2 |\mathbf{n} \cdot \mathbf{a}(\omega)|^2 \right).$$
(16.94)

L'intensità della radiazione è dunque massima nelle direzioni ortogonali all'accelerazione, $\mathbf{n} \perp \mathbf{a}$, esattamente come nel caso elettromagnetico. Fanno eccezione le frequenze basse $\omega \approx M$, corrispondenti a $V \ll 1$, per le quali la radiazione è *isotropa*, seppure poco intensa.

Integrando la (16.94) sugli angoli si ottiene per l'energia totale emessa nell'intervallo unitario di frequenza (si veda il Problema 16.4)

$$\frac{d\varepsilon}{d\omega} = V(3 - V^2) \frac{e^2 |\mathbf{a}(\omega)|^2}{6\pi} = \sqrt{1 - \frac{M^2}{\omega^2}} \left(1 + \frac{M^2}{2\omega^2} \right) \frac{e^2 |\mathbf{a}(\omega)|^2}{3\pi},$$
(16.95)

equazione che generalizza la *formula di Larmor* (11.32) ai campi massivi.

Supponiamo ora che la particella sia sottoposta a una forza con una durata tipica T, nel qual caso la funzione $\mathbf{a}(\omega)$ è sensibilmente diversa da zero soltanto per frequenze che si estendono fino a circa $1/T$. Come nel caso elettromagnetico vediamo allora che nel limite non relativistico la particella emette radiazione con frequenze caratteristiche $\omega \lesssim 1/T$. Tuttavia, visto che la frequenza minima è M, se $1/T \lesssim M$ l'intensità della radiazione totale risulta fortemente *soppressa*. Viceversa, se $1/T \gg M$ le frequenze dominanti si trovano nella regione $\omega \gg M$ e per tali frequenze la (16.95) si riduce all'espressione

$$\frac{d\varepsilon}{d\omega} \approx \frac{e^2 |\mathbf{a}(\omega)|^2}{3\pi},$$

che restituisce l'intensità elettromagnetica (11.32).

Assenza di divergenze infrarosse. Integrando la (16.95) su tutte le frequenze troviamo per l'energia totale emessa il valore finito

$$\varepsilon = \frac{e^2}{3\pi} \int_M^\infty \sqrt{1 - \frac{M^2}{\omega^2}} \left(1 + \frac{M^2}{2\omega^2}\right) |\mathbf{a}(\omega)|^2 \, d\omega.$$

Per grandi ω l'integrale converge, infatti, poiché nel limite di $\omega \to \infty$ la distribuzione spettrale (16.95) si riduce a quella elettromagnetica e vale $\int |\mathbf{a}(\omega)|^2 \, d\omega = \int |\mathbf{a}(t)|^2 \, dt < \infty$.

Considerando che a livello quantistico la radiazione è composta da particelle di energia $\hbar\omega$, e visto che la frequenza minima è M, indicando il numero totale di particelle emesse con n_T vale

$$\varepsilon \geq n_T \hbar M.$$

Otteniamo pertanto la stima $n_T \leq \varepsilon/\hbar M$, che implica in particolare che il numero totale di particelle emesse è sempre *finito*. Per un campo vettoriale massivo non si verifica quindi mai la *catastrofe infrarossa*, fenomeno che accompagna invece inevitabilmente la radiazione elettromagnetica (si veda il Paragrafo 11.3.1). La ragione fisica di questa circostanza è evidente: essendo l'energia totale finita e avendo le particelle emesse una massa diversa da zero, il loro numero è necessariamente finito.

Limite ultrarelativistico. Per analizzare lo spettro di emissione di una particella ultrarelativistica, $v \approx 1$, conviene riscrivere l'esponenziale della (16.92) nella forma

$$e^{-i\omega(t - \mathbf{V}\cdot\mathbf{y}(t))} = \frac{i}{\omega(1 - \mathbf{V}\cdot\mathbf{v}(t))} \frac{d}{dt} e^{-i\omega(t - \mathbf{V}\cdot\mathbf{y}(t))}.$$

Attraverso un'integrazione per parti la (16.92) diventa allora

$$\mathbf{J} = \frac{-ie}{(2\pi)^2 \omega} \int_{-\infty}^\infty e^{-i\omega(t - \mathbf{V}\cdot\mathbf{y})} \frac{(1 - \mathbf{V}\cdot\mathbf{v})\,\mathbf{a} + (\mathbf{V}\cdot\mathbf{a})\mathbf{v}}{(1 - \mathbf{V}\cdot\mathbf{v})^2} \, dt, \qquad (16.96)$$

dove è sottinteso che le grandezze cinematiche **y**, **v** e **a** sono valutate all'istante t.

Assumendo che la traiettoria della particella ultrarelativistica si discosti poco da una retta possiamo approssimare la sua velocità con un vettore costante **v**. In base alla (16.93), a parte una fase irrilevante la (16.96) si muta allora in

$$\mathbf{J} = \frac{-ie}{(2\pi)^{3/2}\omega} \frac{(1 - \mathbf{V}\cdot\mathbf{v})\mathcal{A} + (\mathbf{V}\cdot\mathcal{A})\mathbf{v}}{(1 - \mathbf{V}\cdot\mathbf{v})^2}, \tag{16.97}$$

dove abbiamo posto

$$\mathcal{A} = \mathbf{a}\big((1 - \mathbf{V}\cdot\mathbf{v})\omega\big), \tag{16.98}$$

$\mathbf{a}(\omega)$ essendo la trasformata di Fourier dell'accelerazione. Sostituendo la (16.97) nella (16.89) otteniamo i pesi spettrali

$$\frac{d^2\varepsilon}{d\omega d\Omega} = \frac{e^2 V}{8\pi^2(1 - \mathbf{V}\cdot\mathbf{v})^4}\Big((1 - \mathbf{V}\cdot\mathbf{v})^2|\mathcal{A}|^2 - (1 - v^2)|\mathcal{A}\cdot\mathbf{V}|^2$$

$$+ (1 - \mathbf{V}\cdot\mathbf{v})\big((\mathbf{v}\cdot\mathcal{A})(\mathbf{V}\cdot\mathcal{A}^*) + (\mathbf{v}\cdot\mathcal{A}^*)(\mathbf{V}\cdot\mathcal{A})\big)\Big). \tag{16.99}$$

Vista la forma del prefattore $1/(1 - \mathbf{V}\cdot\mathbf{v})^4 = 1/(1 - V\mathbf{n}\cdot\mathbf{v})^4$, l'emissione di radiazione sarà predominante nelle direzioni in cui questo fattore è massimo, ovvero lungo la direzione di volo

$$\mathbf{n} = \frac{\mathbf{v}}{v}.$$

Limitandoci, dunque, ad analizzare la distribuzione spettrale nella direzione di volo, nella (16.99) dobbiamo porre $v = 1$ e $\mathbf{V} = V\mathbf{v}$, ottenendo

$$\frac{d^2\varepsilon}{d\omega d\Omega} = \frac{e^2 V}{8\pi^2} \frac{(1 - V)|\mathcal{A}|^2 + 2V|\mathbf{v}\cdot\mathcal{A}|^2}{(1 - vV)^3}, \tag{16.100}$$

dove d'ora in avanti sottintendiamo

$$\mathcal{A} = \mathbf{a}\big((1 - vV)\omega\big). \tag{16.101}$$

Nel denominatore della (16.100) e nella definizione di $\mathcal{A}$ abbiamo mantenuto $v < 1$, perché per $v = 1$ per frequenze elevate, corrispondenti a $V \to 1$, il fattore $(1 - vV)$ tende a zero.

Dal momento che $0 < V < 1$, l'andamento dei pesi spettrali (16.100) come funzione di ω è determinato in prima linea dal comportamento della funzione $\mathcal{A}$ e in seconda dal fattore $1/(1 - vV)^3$. Se la forza agente, e quindi l'accelerazione, hanno una durata tipica T, in base alle proprietà della trasformata di Fourier $\mathcal{A}$ è sensibilmente diverso da zero fino a frequenze ω che soddisfano la relazione

$$(1 - vV)\omega \sim \frac{1}{T}. \tag{16.102}$$

Tenendo conto che $V = \sqrt{1 - M^2/\omega^2}$ questa relazione può essere risolta per ω e comporta le frequenze caratteristiche[5]

$$\omega_\pm = \frac{1 \pm v\sqrt{1 - (1 - v^2)(MT)^2}}{(1 - v^2)T}, \qquad (16.103)$$

entrambe maggiori di M. Tuttavia, per via della radice, tali frequenze sono accessibili solo se le frequenze *eccitanti* $1/T$ sono sufficientemente elevate, ovvero se

$$\frac{1}{T} \geq M\sqrt{1 - v^2}. \qquad (16.104)$$

Se vale, invece, $1/T < M\sqrt{1 - v^2}$ la relazione (16.102) non ammette soluzioni e la radiazione è fortemente *soppressa*. Per $v \approx 1$ le frequenze (16.103) si riducono a

$$\omega_+ \approx \frac{1}{(1 - v)T}, \qquad \omega_- \approx \frac{1}{2T}\left(1 + M^2T^2\right).$$

Consideriamo ora il fattore $1/(1 - vV)^3$ nella (16.100). Valutandolo per le frequenze $\omega_\pm$, usando la (16.102) troviamo

$$\frac{1}{(1 - vV_\pm)^3} \sim T^3\omega_\pm^3. \qquad (16.105)$$

Dato che vale $\omega_+ > \omega_-$, tra le due espressioni in (16.105) domina quella corrispondente alla frequenza ω_+. Concludiamo quindi che una particella ultrarelativistica emette le frequenze caratteristiche

$$\omega_+ \sim \frac{1}{(1 - v^2)T}. \qquad (16.106)$$

Vista la limitazione (16.104), dalla (16.85) si trova allora che le velocità di emissione dominanti sono quelle prossime alla velocità della luce, $V_+ \approx 1$.

Nel caso della radiazione elettromagnetica eravamo giunti alla conclusione analoga (11.89) – formalmente identica alla (16.106) – sebbene in quel caso l'emissione di una quantità rilevante di radiazione non fosse soggetta al vincolo (16.104). Per $M = 0$ questo vincolo si banalizza, infatti.

16.6.2 Effetti quantistici

Come abbiamo visto, una particella carica soggetta a un'interazione mediata da un campo vettoriale massivo genera radiazione con frequenze $\omega = \sqrt{|\mathbf{k}|^2 + M^2} \geq$

---

[5] Più precisamente ω_+ è soluzione della (16.102) se vale la condizione (16.104), mentre ω_- è soluzione se vale la condizione più restrittiva $M \geq 1/T \geq M\sqrt{1 - v^2}$.

$M = m/\hbar$. Conseguentemente, in base alle relazioni di De Broglie, a livello quantistico tale radiazione è composta da particelle di energia $\varepsilon = \hbar\omega = \sqrt{|\mathbf{p}|^2 + m^2} > m$. Dovendosi conservare l'energia, per poter emettere radiazione la particella deve dunque possedere un'energia sufficientemente elevata e a ogni modo superiore a m.

I mediatori delle interazioni deboli hanno una massa dell'ordine di $m \approx 90 GeV$ e le particelle *cariche* stabili più pesanti sono i protoni – e i neutroni nei nuclei – con masse dell'ordine di $1 GeV$. Dal momento che la materia ordinaria è non relativistica, nell'esperienza quotidiana non si può dunque produrre radiazione *debole*. Per lo stesso motivo non si genera radiazione di pioni nelle reazioni nucleari che avvengono in natura in modo *spontaneo*.

Bremsstrahlung di pioni. I mediatori delle interazioni deboli sono troppo pesanti per dar luogo al fenomeno dell'irraggiamento anche negli acceleratori ad alte energie. Viceversa, la massa dei pioni vale solo circa un decimo della massa dei nucleoni e corrispondentemente nelle collisioni ultrarelativistiche di ioni pesanti tali particelle vengono effettivamente prodotte – dando luogo a *bremsstrahlung di pioni* [24,25]. Tale fenomeno costituisce la controparte nucleare della bremsstrahlung elettromagnetica, causata questa volta dall'accelerazione o decelerazione dei nuclei durante l'urto. Il numero di pioni prodotti è relativamente basso e conseguentemente un'analisi realistica del fenomeno richiede l'uso della teoria quantistica. In particolare l'espressione dei pesi spettrali (16.89) deve essere adattata alle interazioni nucleari, in quanto tale formula è valida per bosoni intermedi *vettoriali* – di spin uno – mentre i pioni sono bosoni intermedi *scalari* – di spin zero. Tuttavia si può vedere che i pesi spettrali quantistici della bremsstrahlung di pioni hanno un'espressione simile alla (16.89), coinvolgendo in particolare la funzione $\mathbf{J}$ data in (16.96), si vedano le referenze [26,27].

Al di là di queste considerazioni di carattere qualitativo occorre, tuttavia, tenere presente che i mediatori delle interazioni deboli e nucleari comunque non possono dar luogo a una vera e propria *radiazione*, perché al contrario dei fotoni non sono particelle *stabili*. La loro vita media $\mathcal{T}$ è infatti finita valendo

$$\mathcal{T} \approx \begin{cases} 3 \cdot 10^{-25} s, & \text{per} \quad W^\pm \text{ e } Z^0, \\ 2.6 \cdot 10^{-8} s, & \text{per} \quad \pi^\pm, \\ 8 \cdot 10^{-17} s, & \text{per} \quad \pi^0. \end{cases} \tag{16.107}$$

16.7 Problemi

16.1. Si dimostri l'equazione (16.24) inserendo le relazioni delle onde (16.22) nella (16.9).

16.2. Sfruttando la conservazione della quadricorrente si verifichi che il vettore di polarizzazione dato nella (16.78) soddisfa il vincolo $k_\mu \varepsilon^\mu = 0$.

16.3. Si dimostri l'equazione (16.83) sfruttando le relazioni (16.77), (16.79) e (16.82).

16.4. Si derivi la formula (16.95) integrando i pesi spettrali (16.94) sugli angoli, sfruttando gli integrali invarianti del Problema 2.6.

16.5. Notando che in base alla (16.90) una corrente periodica ammette lo sviluppo

$$j^\mu(x) = \frac{1}{(2\pi)^{3/2}} \sum_{N=-\infty}^{\infty} \int e^{i(N\omega_0 t - \mathbf{k}\cdot\mathbf{x})} J_N^\mu(\mathbf{k}) \, d^3k$$

si completino i passaggi che portano dalla (16.80) alla (16.91).

L'Elettrodinamica delle p-brane

Da un punto di vista teorico l'Elettrodinamica ammette diverse generalizzazioni concettualmente consistenti. Ne abbiamo considerata una importante nel Capitolo 16, relativa alla possibilità di sostituire il mediatore dell'interazione, il fotone, con una particella massiva. Altre generalizzazioni di interesse fisico sono le seguenti:

- l'identità di Bianchi può essere modificata per tenere conto della presenza di cariche *magnetiche*;
- le equazioni di Maxwell possono essere formulate in uno spazio-tempo di dimensione *arbitraria*;
- le cariche puntiformi possono essere sostituite con oggetti carichi *estesi* in volumi p-dimensionali: le *p-brane*.

La prima generalizzazione, riguardante la questione fondamentale della compatibilità dei principi dell'Elettrodinamica con l'esistenza di monopoli magnetici in natura, è di marcata rilevanza fenomenologica e verrà trattata in dettaglio nei Capitoli 18 e 19.

La seconda e la terza generalizzazione, di carattere più speculativo, giocano un ruolo fondamentale nelle più recenti *teorie di superstringa* e in *teoria-M* – teorie candidate a unificare le quattro interazioni fondamentali e in particolare a risolvere il problema della *gravità quantistica* – ambientate rispettivamente in dieci e undici dimensioni spazio-temporali. Scopo del presente capitolo è fornire un'introduzione elementare all'Elettrodinamica classica delle p-brane cariche, propagantisi in uno spazio-tempo di dimensione arbitraria. Secondo la terminologia in uso una 0-brana è nient'altro che una *particella* puntiforme, una 1-brana corrisponde a una *stringa*, una 2-brana a una *membrana* e via dicendo.

Tutte e tre le generalizzazioni nominate sopra emergono in modo alquanto naturale, se si traducono le equazioni di Maxwell nel linguaggio delle *forme differenziali*. Questo linguaggio matematico, proveniente dalla *Geometria Differenziale*, ha vaste applicazioni sia in matematica che in fisica teorica. Nell'ambito della *Topologia Algebrica*, ad esempio, sta alla base della cosiddetta *coomologia di De Rham* – strumento di importanza fondamentale per la classificazione topologica degli spazi astratti. In ambito fisico il formalismo delle forme differenziali permette di rappresentare molte equazioni fondamentali in una notazione *intrinse-ca*, non facente uso esplicito di indici, conferendo in particolare un'interpretazione geometrico-topologica alle leggi di conservazione locali.

Nella Sezione 17.1 forniamo un'introduzione *pragmatica* al formalismo delle forme differenziali – atta alle generalizzazioni di cui sopra – senza addentrarci nel significato più profondo inerente a questo formalismo nell'ambito della matematica pura. Nel Paragrafo 17.1.2 riscriveremo in particolare le consuete equazioni di Maxwell quadridimensionali in questo nuovo formalismo. Traendo spunto dalla forma universale che tali equazioni assumono nel linguaggio delle forme differenziali, nelle Sezioni 17.2 e 17.3 formuleremo le equazioni di Maxwell e Lorentz *generalizzate* che governano l'Elettrodinamica di una p-brana immersa in uno spazio-tempo generico. Lo strumento più efficace per la costruzione di una dinamica consistente si rivelerà essere, ancora una volta, il metodo variazionale.

17.1 Introduzione operativa alle forme differenziali

In questa sezione esponiamo in modo sintetico il formalismo delle forme differenziali, essendo interessati principalmente alle sue proprietà *operative* piuttosto che al suo significato matematico intrinseco[1]. Per definitezza presenteremo il formalismo in uno spazio-tempo D-dimensionale dotato di metrica di Minkowski $\eta^{\mu\nu}$, e inversa $\eta_{\mu\nu}$, con

$$diag(\eta^{\mu\nu}) = (1, -1, \cdots, -1) = diag(\eta_{\mu\nu}),$$

dove gli indici greci $\mu, \nu, \rho, \ldots$ assumono i valori $0, 1, \cdots, D-1$. Tale spazio ha dunque *una* dimensione temporale e $D-1$ dimensioni spaziali. Continueremo a usare la notazione $x^\mu = (x^0, x^i)$, dove gli indici latini $i, j, k, \ldots$ assumono i valori $i = 1, \cdots, D-1$, e indicheremo le coordinate spaziali collettivamente con il consueto simbolo $\mathbf{x} \equiv \{x^i\}$.

Componenti di una forma differenziale. Una p-forma differenziale, o più semplicemente una p-forma, corrisponde a un campo tensoriale di rango p *completamente antisimmetrico*. Le sue *componenti* sono quindi identificate da un tensore $\Phi_{\mu_1\cdots\mu_p}(x)$ tale che

$$\Phi_{\mu_1\mu_2\cdots\mu_p} = -\Phi_{\mu_2\mu_1\cdots\mu_p} \quad \text{ecc.} \tag{17.1}$$

Per il momento assumeremo che tali componenti siano funzioni su $\mathbb{R}^D$ di classe C^∞. L'intero p si chiama anche *grado* della forma. Una 0-forma equivale dunque a un campo scalare, una 1-forma a un campo vettoriale, una 2-forma a un tensore doppio antisimmetrico e via dicendo.

Visto che per via della (17.1) le componenti $\Phi_{\mu_1\cdots\mu_p}$ si annullano non appena due indici sono uguali, in uno spazio-tempo D-dimensionale il grado massimo di

---

[1] Un testo di *Geometria Differenziale* che dedica particolare attenzione al linguaggio delle forme differenziali e alle sue applicazioni in fisica è la referenza [28].

una forma è D. Abbiamo quindi la limitazione

$$0 \le p \le D.$$

Dalla (17.1) segue inoltre che il numero di componenti indipendenti di una p-forma è dato dal coefficiente binomiale

$$\binom{D}{p} = \frac{D!}{p!(D-p)!}.$$

A fissato x le p-forme formano quindi uno spazio vettoriale lineare di dimensione $\binom{D}{p}$.

Base canonica. Nello spazio delle p-forme si introduce una base *canonica* i cui elementi vengono denotati con

$$\{dx^{\mu_p} \wedge dx^{\mu_{p-1}} \wedge \cdots \wedge dx^{\mu_1}\} \tag{17.2}$$

e, per definizione, sono soggetti alle identificazioni algebriche

$$dx^{\mu_p} \wedge dx^{\mu_{p-1}} \wedge \cdots \wedge dx^{\mu_1} = -dx^{\mu_{p-1}} \wedge dx^{\mu_p} \wedge \cdots \wedge dx^{\mu_1} \quad \text{ecc.} \tag{17.3}$$

Con un'opportuna convenzione sulla normalizzazione in notazione *intrinseca* una p-forma si scrive allora

$$\Phi_p = \frac{1}{p!} dx^{\mu_p} \wedge \cdots \wedge dx^{\mu_1} \, \Phi_{\mu_1 \cdots \mu_p}. \tag{17.4}$$

Si noti che grazie alle identificazioni (17.3) gli elementi linearmente indipendenti della base (17.2) sono $\binom{D}{p}$ in numero, tanti quante sono le componenti indipendenti di $\Phi_{\mu_1 \cdots \mu_p}$.

Prodotto esterno tra forme. Il prodotto esterno $A_p \wedge B_q$ tra una p-forma A_p e una q-forma B_q è definito come la $(p+q)$-forma

$$A_p \wedge B_q = \left(\frac{1}{p!} dx^{\mu_p} \wedge \cdots \wedge dx^{\mu_1} A_{\mu_1 \cdots \mu_p}\right) \wedge \left(\frac{1}{q!} dx^{\nu_q} \wedge \cdots \wedge dx^{\nu_1} B_{\nu_1 \cdots \nu_q}\right)$$

$$\equiv \frac{1}{p!} \frac{1}{q!} dx^{\mu_p} \wedge \cdots \wedge dx^{\mu_1} \wedge dx^{\nu_q} \wedge \cdots \wedge dx^{\nu_1} A_{[\mu_1 \cdots \mu_p} B_{\nu_1 \cdots \nu_q]}.$$

Per $p + q > D$ si pone $A_p \wedge B_q = 0$. In termini di componenti il prodotto esterno tra forme differenziali corrisponde dunque al prodotto *completamente antisimmetrizzato* delle componenti. Dalla definizione discende inoltre che questo prodotto è *associativo*. Usando la (17.3) si verifica poi che vale la proprietà di commutazione

$$A_p \wedge B_q = (-)^{pq} B_q \wedge A_p. \tag{17.5}$$

Ne segue che il quadrato di una forma di grado *dispari* Φ_{2p+1} è identicamente nullo

$$\Phi_{2p+1} \wedge \Phi_{2p+1} = 0.$$

Si usa il simbolo "$\wedge$" per indicare il prodotto esterno – in inglese *wedge product* – poiché in tre dimensioni spaziali il prodotto esterno tra le 1-forme $A = dx^i a_i$ e $B = dx^i b_i$ ($i = 1, 2, 3$) equivale al prodotto vettoriale $\mathbf{a} \wedge \mathbf{b}$ dei vettori associati

$$A \wedge B = dx^i \wedge dx^j \, a_{[i} \, b_{j]} = \frac{1}{2} \, dx^i \wedge dx^j (a_i b_j - a_j b_i) = \frac{1}{2} \, dx^i \wedge dx^j \varepsilon_{ijk} (\mathbf{a} \wedge \mathbf{b})^k .$$

Una volta introdotto il prodotto esterno tra forme differenziali gli elementi della base (17.2) possono essere interpretati come prodotti esterni *multipli* degli elementi di base dx^μ delle 1-forme. Le identificazioni (17.3) discendono infatti dalla proprietà di anticommutazione

$$dx^\mu \wedge dx^\nu = -dx^\nu \wedge dx^\mu, \tag{17.6}$$

conseguenza della (17.5) per $A_1 = dx^\mu$ e $B_1 = dx^\nu$.

Dualità di Hodge. Dall'identità binomiale

$$\binom{D}{p} = \binom{D}{D-p}$$

segue che gli spazi vettoriali lineari delle p-forme e delle $(D-p)$-forme hanno la stessa dimensione. Il *duale di Hodge* – denotato con il simbolo "$*$" – è una mappa che realizza un isomorfismo tra questi due spazi associando alla p-forma Φ (17.4) la $(D-p)$-forma *duale*

$$*\Phi \equiv \frac{1}{(D-p)!} \, dx^{\mu_{D-p}} \wedge \cdots \wedge dx^{\mu_1} \, \widetilde{\Phi}_{\mu_1 \cdots \mu_{D-p}}, \tag{17.7}$$

le cui componenti sono definite da

$$\widetilde{\Phi}_{\mu_1 \cdots \mu_{D-p}} \equiv \frac{1}{p!} \, \varepsilon_{\mu_1 \cdots \mu_{D-p} \nu_1 \cdots \nu_p} \, \Phi^{\nu_1 \cdots \nu_p}. \tag{17.8}$$

Abbiamo introdotto il tensore di Levi-Civita in D dimensioni

$$\varepsilon^{\mu_1 \cdots \mu_D} = \begin{cases} 1, & \text{se } \mu_1 \cdots \mu_D \text{ è una permutazione pari di } 0, 1, \cdots, D-1, \\ -1, & \text{se } \mu_1 \cdots \mu_D \text{ è una permutazione dispari di } 0, 1, \cdots, D-1, \\ 0, & \text{se almeno due indici sono uguali.} \end{cases}$$

$$\tag{17.9}$$

La dualità di Hodge può essere iterata e, per via dell'identità $D - (D-p) = p$, eseguita due volte associa a una p-forma di nuovo una p-forma. Grazie all'invarianza di Lorentz vale allora necessariamente

$$*^2 \Phi \propto \Phi,$$

ovvero il quadrato dell'operatore $*$ è proporzionale all'operatore identità. Con la normalizzazione scelta in (17.8) si trova che l'operatore $*^2$, in effetti, si riduce a ± 1. Più precisamente quando opera su una p-forma risulta, si veda il Problema 17.3,

$$*^2 = (-)^{(D+1)(p+1)}. \tag{17.10}$$

Per verificare questa identità conviene usare la formula per le contrazioni multiple tra due tensori di Levi-Civita

$$\varepsilon_{\mu_1 \cdots \mu_p \alpha_1 \cdots \alpha_{D-p}} \, \varepsilon^{\nu_1 \cdots \nu_p \alpha_1 \cdots \alpha_{D-p}} = (-)^{D+1} p! \, (D-p)! \, \delta^{\nu_1}_{[\mu_1} \cdots \delta^{\nu_p}_{\mu_p]}, \tag{17.11}$$

che generalizza le identità (1.36) e (1.37). Dal momento che vale $*^2 = \pm 1$ l'operatore $*$ ammette sempre *inverso*, coincidente con $\pm *$.

Forme autoduali. In uno spazio-tempo di dimensione pari $D = 2N$ il duale di Hodge di una N-forma è di nuovo una N-forma. Ha quindi senso chiedersi se esistano N-forme Φ_N *(anti)autoduali*, ovvero N-forme soddisfacenti

$$*\Phi_N = \pm \Phi_N. \tag{17.12}$$

Una condizione necessaria per l'esistenza di forme con questa caratteristica si deriva applicando l'operatore $*$ alla (17.12) e usando di nuovo la (17.12)

$$*^2 \Phi_N = \pm * \Phi_N = \Phi_N. \tag{17.13}$$

L'identità (17.10) per $D = 2N$ e $p = N$ pone inoltre

$$*^2 = (-)^{N+1}. \tag{17.14}$$

Dal confronto tra le (17.13) e (17.14) si vede che una condizione necessaria per l'esistenza di N-forme (anti)autoduali in uno spazio-tempo di Minkowski $2N$-dimensionale è che N sia *dispari*. È poi facile convincersi che questa condizione è altresì *sufficiente*. Concludiamo pertanto che forme (anti)autoduali esistono soltanto in uno spazio-tempo di dimensione

$$D = 2, 6, 10, 14, \cdots \tag{17.15}$$

In particolare tali forme *non* esistono per $D = 4$. Come faremo vedere nel Paragrafo 18.2.1, solo in uno spazio-tempo in cui esistono forme (anti)autoduali le cariche elettriche e le cariche magnetiche possono essere identificate. Tale identificazione non può dunque avvenire in quattro dimensioni, dove queste cariche restano necessariamente distinte.

17.1.1 Differenziale esterno e lemma di Poincaré

Il *differenziale esterno* d, o più semplicemente il *differenziale*, è l'operatore che mappa una p-forma Φ nella $(p + 1)$-forma $d\Phi$ definita da

$$d\Phi = d\left(\frac{1}{p!}\, dx^{\mu_p}\wedge\cdots\wedge dx^{\mu_1}\Phi_{\mu_1\cdots\mu_p}\right) \equiv \frac{1}{p!}\, dx^{\mu_p}\wedge\cdots\wedge dx^{\mu_1}\wedge dx^{\mu}\partial_{[\mu}\Phi_{\mu_1\cdots\mu_p]}.$$
$$(17.16)$$

Formalmente si ha dunque $d = dx^{\mu}\partial_{\mu}$. Il differenziale gode della proprietà distributiva *graduata*

$$d\,(A_p \wedge B_q) = A_p \wedge dB_q + (-)^q dA_p \wedge B_q, \qquad (17.17)$$

la dimostrazione essendo lasciata per esercizio. Una proprietà fondamentale del differenziale è quella di essere un operatore *nihilpotente* di grado due, ovvero di soddisfare l'identità

$$d^2 = 0.$$

Dalla (17.16) si ottiene infatti

$$dd\Phi = \frac{1}{p!}\, dx^{\mu_p}\wedge\cdots\wedge dx^{\mu_1}\wedge dx^{\mu}\wedge dx^{\nu}\partial_{[\nu}\partial_{\mu}\Phi_{\mu_1\cdots\mu_p]} = 0,$$

la conclusione derivando dal fatto che le derivate parziali su funzioni di classe C^{∞} commutano.

Forme chiuse e forme esatte. Una forma Φ_p si dice *chiusa* se

$$d\Phi_p = 0 \qquad (17.18)$$

e si dice *esatta* se esiste una $(p-1)$-forma Φ_{p-1} tale che

$$\Phi_p = d\Phi_{p-1}. \qquad (17.19)$$

Si noti che la forma Φ_{p-1} è definita, a sua volta, modulo l'addizione di un'arbitraria $(p-1)$-forma chiusa. Grazie al fatto che $d^2 = 0$ *ogni forma esatta è chiusa*, ma non tutte le forme chiuse sono esatte, come viene segnalato dal fondamentale *lemma di Poincaré*. Prima di poterlo enunciare è necessario ricordare cosa si intende per *insieme contraibile*.

Insiemi contraibili. Un sottoinsieme $\mathcal{C}$ di uno spazio topologico si dice *contraibile* a un punto $y \in \mathcal{C}$, se esiste una mappa continua F dallo spazio prodotto $[0,1] \times \mathcal{C}$ in $\mathcal{C}$,

$$F : (\lambda, x) \to F(\lambda, x) \in \mathcal{C}, \quad \text{con} \quad 0 \le \lambda \le 1, \quad x \in \mathcal{C},$$

tale che

$$F(0, x) = x, \quad \forall\, x \in \mathcal{C}$$
$$F(1, x) = y, \quad \forall\, x \in \mathcal{C}.$$

La mappa *iniziale* $F(0, \cdot)$ è quindi la mappa identica su $\mathcal{C}$, mentre la mappa *finale* $F(1, \cdot)$ è la mappa costante su $\mathcal{C}$ che manda qualsiasi punto x in y. Si noti che F deve essere *continua* rispetto a entrambi gli spazi del prodotto $[0,1] \times \mathcal{C}$.

Qualitativamente un insieme $\mathcal{C}$ risulta contraibile se può essere deformato con continuità fino a *contrarsi* al suo punto y, senza incontrare ostacoli. Così in $\mathbb{R}^2$ una circonferenza e una corona circolare non sono contraibili (a nessuno dei loro punti), mentre un disco può essere contratto al suo centro o a uno qualsiasi dei suoi punti. Analogamente in $\mathbb{R}^3$ la sfera S^2 non è contraibile, mentre la palla tridimensionale lo è. Un altro esempio di un insieme non contraibile in $\mathbb{R}^3$ è l'insieme $\mathbb{R}^3 \setminus P$ con P un arbitrario punto di $\mathbb{R}^3$, esempio che verrà ripreso nella Sezione 19.3. In generale risultano contraibili tutti gli insiemi privi di *complicazioni topologiche* e di *difetti*.

Lemma di Poincaré. *Una forma differenziale chiusa in un aperto contraibile di $\mathbb{R}^D$ è ivi esatta.*

In particolare, se una forma è chiusa in tutto $\mathbb{R}^D$ è esatta, poiché $\mathbb{R}^D$ è contraibile. Spesso il lemma di Poincaré viene enunciato nella forma "ogni forma chiusa è localmente esatta", intendendo con ciò che se ci si limita a una regione sufficientemente piccola da risultare contraibile, ristretta a tale regione la forma è esatta.

La classificazione sistematica delle forme chiuse ma non esatte in un determinato spazio è l'obiettivo principale della *coomologia di De Rham*, menzionata nell'introduzione a questo capitolo. Dagli esempi di insiemi non contraibili elencati sopra si intuisce che l'analisi delle forme chiuse ma non esatte in un dato spazio è intimamente legata alle proprietà topologiche dello spazio stesso. Forme chiuse ma non esatte esistono, infatti, solo in spazi topologicamente non banali. Nell'ambito della *Geometria Differenziale* questo importante legame viene concretizzato du una mappa che si chiama *duale di Poincaré*.

Menzioniamo infine che il lemma di Poincaré costituisce una generalizzazione di un noto teorema dell'*Analisi Matematica*, secondo cui la *forma*

$$\Phi_1 = dx f(x, y) + dy\, g(x, y) \tag{17.20}$$

è chiusa in un aperto semplicemente connesso di $\mathbb{R}^2$, se e solo se è ivi esatta, si veda il Problema 17.8. Dal momento che in uno spazio topologico ogni aperto contraibile è semplicemente connesso, l'ipotesi di questo teorema è leggermente più debole di quella del lemma di Poincaré.

Forme differenziali a valori nelle distribuzioni. Lo spazio vettoriale delle *p-forme differenziali a valori nelle distribuzioni*, chiamate talvolta anche *p-correnti*, amplia lo spazio delle p-forme differenziali. Per definizione le componenti $\Phi_{\mu_1 \cdots \mu_p}$ di una p-forma a valori nelle distribuzioni appartengono a $\mathcal{S}'(\mathbb{R}^D)$. Si continua comunque a usare la notazione formale

$$\Phi_p = \frac{1}{p!}\, dx^{\mu_p} \wedge \cdots \wedge dx^{\mu_1}\, \Phi_{\mu_1 \cdots \mu_p}.$$

In questo spazio più ampio valgono ancora le proprietà algebriche *lineari* introdotte sopra, ma in generale non è più definito il prodotto esterno $A_p \wedge B_q$ tra due forme generiche. Rimane invece ben definito il differenziale d – poiché le distribuzioni ammettono sempre derivate parziali – e questo operatore è ancora nihilpotente,

$$d^2 = 0,$$

poiché le derivate parziali nel senso delle distribuzioni *commutano*.

Le forme chiuse ed esatte si definiscono esattamente come nel caso delle forme regolari, si vedano le (17.18) e (17.19), e grazie alla nihilpotenza dell'operatore d ogni forma esatta è chiusa. Per loro natura le distribuzioni sono "definite in tutto $\mathbb{R}^D$" e non deve allora meravigliare che valga il seguente fondamentale lemma, che *identifica* le forme chiuse con le forme esatte.

Lemma di Poincaré nello spazio delle distribuzionali. *Una forma differenziale a valori nelle distribuzioni è chiusa se e solo se è esatta.*

Il punto di forza di questo lemma sta nel fatto che le forme differenziali in questione, non dovendo essere derivabili nel senso delle funzioni e potendo avere anche singolarità molto pronunciate, in generale possono essere anche oggetti molto *patologici*. Possono, ad esempio, avere discontinuità finite o del tipo distribuzione-δ, oppure divergere lungo intere linee o superfici, purché in modo integrabile.

17.1.2 Equazioni di Maxwell nel formalismo delle forme differenziali

Di seguito traduciamo le equazioni di Maxwell nel linguaggio delle forme differenziali. Per quanto detto in precedenza sulla natura distribuzionale di queste equazioni, più precisamente le ambienteremo nello spazio delle forme differenziali a valori nelle distribuzioni. In questo nuovo ambito rianalizzeremo in particolare la soluzione generale dell'identità di Bianchi e la conservazione della corrente.

Nel formalismo delle forme differenziali al tensore antisimmetrico $F^{\mu\nu}$ si associa la 2-forma

$$F = \frac{1}{2} \, dx^\nu \wedge dx^\mu F_{\mu\nu} \qquad (17.21)$$

e alla quadricorrente j^μ la 1-forma

$$j = dx^\mu j_\mu. \qquad (17.22)$$

Faremo ora vedere che in termini di queste forme le equazioni (2.19) e (2.20) si scrivono rispettivamente

$$dF = 0, \qquad (17.23)$$
$$d*F = *j. \qquad (17.24)$$

Identità di Bianchi e invarianza di gauge. Verifichiamo prima di tutto che la (17.23) è equivalente all'identità di Bianchi (2.19). Per fare questo sfruttiamo il fatto che quest'ultima a sua volta è equivalente all'equazione $\partial_{[\rho} F_{\mu\nu]} = 0$, si vedano le

(2.39)-(2.41). Per verificare l'equivalenza è allora sufficiente esplicitare la 3-forma

$$dF = d\left(\frac{1}{2}\, dx^\nu \wedge dx^\mu F_{\mu\nu}\right) = \frac{1}{2}\, dx^\nu \wedge dx^\mu \wedge dx^\rho \partial_{[\rho} F_{\mu\nu]}.$$

Ne segue

$$dF = 0 \quad \Leftrightarrow \quad \partial_{[\rho} F_{\mu\nu]} = 0,$$

come volevamo dimostrare.

Affrontiamo ora il problema delle soluzioni dell'equazione (17.23), richiedente che F sia una 2-forma *chiusa*. Grazie al lemma di Poincaré per le forme a valori nelle distribuzioni F è dunque *esatta*. Esiste pertanto una 1-forma $A = dx^\nu A_\nu$ a valori nelle distribuzioni – un potenziale vettore – tale che

$$F = dA. \tag{17.25}$$

Esplicitando il differenziale otteniamo

$$F = \frac{1}{2}\, dx^\nu \wedge dx^\mu F_{\mu\nu} = d(dx^\nu A_\nu) = dx^\nu \wedge dx^\mu \partial_{[\mu} A_{\nu]},$$

ovvero

$$F_{\mu\nu} = 2\partial_{[\mu} A_{\nu]} = \partial_\mu A_\nu - \partial_\nu A_\mu, \tag{17.26}$$

in accordo con la (2.42). D'altra parte è immediato rendersi conto che esistono infinite 1-forme A tali che $F = dA$. Presi due arbitrari potenziali vettore A e A' vale infatti

$$F = dA = dA' \quad \Rightarrow \quad d(A' - A) = 0.$$

La 1-forma $A' - A$ è dunque chiusa e quindi, per il lemma di Poincaré, esatta. Esiste allora una 0-forma, ovvero un campo scalare, Λ tale che $A' - A = d\Lambda$, vale a dire

$$A' = A + d\Lambda. \tag{17.27}$$

Esplicitando il differenziale troviamo

$$dx^\mu A'_\mu = dx^\mu A_\mu + dx^\mu \partial_\mu \Lambda \quad \Leftrightarrow \quad A'_\mu = A_\mu + \partial_\mu \Lambda.$$

Vediamo quindi che due soluzioni A' e A dell'identità di Bianchi (17.23) differiscono per una *trasformazione di gauge*. Viceversa è ovvio che se A soddisfa la (17.25), anche la 1-forma $A + d\Lambda$ la soddisfa. Abbiamo pertanto ritrovato i risultati del Paragrafo 2.2.4. In particolare, nel formalismo delle forme differenziali le relazioni (2.45) si scrivono semplicemente

$$dF = 0 \quad \Leftrightarrow \quad F = dA, \quad \text{con} \quad A \approx A + d\Lambda. \tag{17.28}$$

Equazione di Maxwell. Dimostriamo ora l'equivalenza tra le equazioni (2.20) e (17.24). Iniziamo facendo notare che la (17.24) è un'equazione tra 3-forme. $*j$ – il duale di una 1-forma – è una 3-forma. Inoltre $*F$ – il duale di una 2-forma – è ancora una 2-forma, cosicché $d*F$ è altresì una 3-forma. Possiamo allora sfruttare il duale di Hodge – una mappa invertibile – per riscrivere la (17.24) come un'equazione tra 1-forme. Applicando l'operatore $*$ ad ambo i membri, e notando che la (17.10) per $D = 4$ e $p = 1$ fornisce $*^2 = 1$, otteniamo allora l'equazione equivalente tra 1-forme

$$*d*F = *^2 j = j. \tag{17.29}$$

Esplicitiamo ora il primo membro di questa equazione usando gli strumenti introdotti nel paragrafo precedente

$$
\begin{aligned}
*d*F &= *d\left(\frac{1}{2}\,dx^\nu \wedge dx^\mu \widetilde{F}_{\mu\nu}\right) = *\left(\frac{1}{2}\,dx^\nu \wedge dx^\mu \wedge dx^\rho \partial_{[\rho}\widetilde{F}_{\mu\nu]}\right) \\
&= *\left(\frac{1}{3!}\,dx^\nu \wedge dx^\mu \wedge dx^\rho\left(3\partial_{[\rho}\widetilde{F}_{\mu\nu]}\right)\right) = dx^\mu\left(\frac{1}{3!}\,\varepsilon_{\mu\nu_1\nu_2\nu_3}\left(3\partial^{\nu_1}\widetilde{F}^{\nu_2\nu_3}\right)\right) \\
&= dx^\mu\left(\frac{1}{3!}\,\varepsilon_{\mu\nu_1\nu_2\nu_3}\,3\partial^{\nu_1}\frac{1}{2!}\,\varepsilon^{\nu_2\nu_3\alpha_1\alpha_2}F_{\alpha_1\alpha_2}\right) \\
&= dx^\mu\left(\frac{1}{4}\,\varepsilon_{\mu\nu_1\nu_2\nu_3}\,\varepsilon^{\nu_2\nu_3\alpha_1\alpha_2}\,\partial^{\nu_1}F_{\alpha_1\alpha_2}\right) \\
&= dx^\mu\left(\frac{1}{4}\,(-)2!\,2!\,\delta_\mu^{\alpha_1}\delta_{\nu_1}^{\alpha_2}\,\partial^{\nu_1}F_{\alpha_1\alpha_2}\right) = dx^\mu(\partial^\nu F_{\nu\mu}).
\end{aligned}
\tag{17.30}
$$

Nella seconda riga abbiamo usato l'identità (1.33) e nella quarta la (17.11) con $D = 4$ e $p = 2$. L'equazione (17.29) diventa pertanto

$$dx^\mu(\partial^\nu F_{\nu\mu}) = dx^\mu j_\mu,$$

che è equivalente all'equazione di Maxwell.

Conservazione della corrente. Il primo membro dell'equazione (17.24) è una forma chiusa. Per consistenza anche il secondo membro $*j$ deve allora essere tale

$$d*j = 0. \tag{17.31}$$

Per analizzare il contenuto di questo vincolo – che impone l'annullamento di una 4-forma – conviene considerare nuovamente l'equazione duale consistente nell'annullamento della 0-forma $*d*j$. Con passaggi analoghi a quelli eseguiti poc'anzi troviamo

$$* d* j = * d \left(\frac{1}{3!} \, dx^\rho \wedge dx^\nu \wedge dx^\mu \widetilde{j}_{\mu\nu\rho} \right) = * \left(\frac{1}{3!} \, dx^\rho \wedge dx^\nu \wedge dx^\mu \wedge dx^\sigma \partial_{[\sigma} \widetilde{j}_{\mu\nu\rho]} \right)$$

$$= * \left(\frac{1}{4!} \, dx^\rho \wedge dx^\nu \wedge dx^\mu \wedge dx^\sigma \left(4 \partial_{[\sigma} \widetilde{j}_{\mu\nu\rho]} \right) \right) = \frac{1}{4!} \, \varepsilon_{\nu_1\nu_2\nu_3\nu_4} \left(4 \partial^{\nu_1} \widetilde{j}^{\nu_2\nu_3\nu_4} \right)$$

$$= \frac{1}{4!} \, \varepsilon_{\nu_1\nu_2\nu_3\nu_4} \, 4 \partial^{\nu_1} \varepsilon^{\nu_2\nu_3\nu_4\alpha} j_\alpha = \frac{1}{3!} \, \varepsilon_{\nu_1\nu_2\nu_3\nu_4} \, \varepsilon^{\nu_2\nu_3\nu_4\alpha} \, \partial^{\nu_1} j_\alpha$$

$$= \frac{1}{3!} \, 1! \, 3! \, \delta^\alpha_{\nu_1} \partial^{\nu_1} j_\alpha = \partial_\alpha j^\alpha.$$

$$(17.32)$$

Applicando a questa identità nuovamente l'operatore $*$, e sfruttando che la (17.10) per $D = 4$ e $p = 4$ fornisce $*^2 = -1$, troviamo

$$d* j = - \frac{1}{4!} \, dx^{\mu_1} \wedge dx^{\mu_2} \wedge dx^{\mu_3} \wedge dx^{\mu_4} \, \varepsilon_{\mu_4\mu_3\mu_2\mu_1} \partial_\mu j^\mu.$$

L'equazione (17.31) è quindi equivalente alla conservazione della quadricorrente

$$d* j = 0 \quad \Leftrightarrow \quad \partial_\mu j^\mu = 0.$$

Dagli esempi riportati si evince che da una parte il formalismo delle forme differenziali è *vantaggioso*, in quanto permette di scrivere le equazioni senza esplicitare gli indici, e dall'altra – se ambientato nello spazio delle distribuzioni – permette di definire le componenti delle p-forme *globalmente* in tutto $\mathbb{R}^4$, anche in presenza di singolarità. Inoltre in questo ambito allargato il lemma di Poincaré identifica le forme chiuse con le forme esatte, proprietà che semplificherà notevolmente l'analisi di campi elettromagnetici con singolarità estese su linee o superfici (si veda la Sezione 19.4). Il difetto principale del formalismo è invece che non si applica a tensori che non siano completamente antisimmetrici, come ad esempio la *metrica* $g_{\mu\nu}(x)$ della Relatività Generale.

17.2 Equazioni di Maxwell per p-brane

La più semplice carica estesa è una 1-brana, ovverosia una *stringa*, corrispondente a una distribuzione filiforme di carica. Mentre una particella durante la sua evoluzione temporale descrive una linea di universo priva di bordo, una stringa, chiusa su se stessa, muoventesi nello spazio descrive una superficie bidimensionale – anch'essa priva di bordo se si considera l'intervallo temporale $-\infty < t < \infty$. Analogamente una 2-brana è una superficie bidimensionale che durante la sua evoluzione temporale descrive un volume di universo tridimensionale e via dicendo.

Nella nostra trattazione ci limiteremo a considerare p-brane *chiuse* – che tracceranno dunque volumi di universo $(p + 1)$-dimensionali privi di bordo – ambientandole in uno spazio-tempo di Minkowski di dimensione D arbitraria. In questo modo l'intero p potrà assumere anche valori superiori a due, essendo soggetto solamente al vincolo $0 \leq p \leq D - 1$. Prima di affrontare le p-brane, come caso intermedio generalizziamo l'Elettrodinamica di una particella a uno spazio-tempo di dimensione arbitraria.

17.2.1 Elettrodinamica di una particella in D dimensioni

In analogia con il caso quadridimensionale dotiamo lo spazio-tempo $\mathbb{R}^D$ della metrica di Minkowski D-dimensionale $\eta^{\mu\nu}$ (per le notazioni si veda la Sezione 17.1). Postuliamo che le leggi della fisica siano invarianti sotto il gruppo di Lorentz D-dimensionale

$$O(1, D - 1) \equiv \{\Lambda, \text{ matrici reali } D \times D / \Lambda^T \eta \Lambda = \eta \}.$$

Le matrici di Lorentz Λ continuano dunque a soddisfare la relazione $\Lambda^\alpha{}_\mu \Lambda^\beta{}_\nu \eta_{\alpha\beta} = \eta_{\mu\nu}$. Corrispondentemente assumiamo che sotto una trasformazione di Poincaré le coordinate si trasformino ancora secondo $x^\mu \to x'^\mu = \Lambda^\mu{}_\nu x^\nu + a^\mu$ e che i tensori si trasformino formalmente come nel caso quadridimensionale.

In un tale spazio-tempo il tensore di Maxwell è ancora un tensore doppio antisimmetrico $F^{\mu\nu}$ e l'identità di Bianchi e l'equazione di Maxwell sono ancora date da

$$\partial_{[\mu} F_{\nu\rho]} = 0, \qquad \partial_\mu F^{\mu\nu} = j^\nu. \tag{17.33}$$

In uno spazio-tempo di dimensione $D > 4$ il campo elettrico è ancora un campo vettoriale spaziale, $E^i \equiv F^{i0}$, mentre il campo magnetico è rappresentato dal tensore spaziale antisimmetrico $B^{ij} \equiv F^{ij}$ e non è più equivalente a un campo vettoriale spaziale.

Un'altra differenza rispetto al caso quadridimensionale, per altro ovvia, appare nell'espressione della D-corrente j^μ. Indicando la linea di universo della particella con $y^\mu(\lambda) = (y^0(\lambda), \mathbf{y}(\lambda))$ e la sua velocità con $\mathbf{v}(t) = d\mathbf{y}(t)/dt$, l'invarianza di Lorentz e l'invarianza per riparametrizzazione impongono infatti l'espressione

$$j^\mu(x) = e \int \frac{dy^\mu}{d\lambda} \, \delta^D(x - y(\lambda)) \, d\lambda = e\,(1, \mathbf{v}(t))\, \delta^{D-1}(\mathbf{x} - \mathbf{y}(t)), \tag{17.34}$$

soddisfacente ancora l'equazione di continuità $\partial_\mu j^\mu = 0$.

Introducendo rispettivamente la 2-forma e la 1-forma

$$F = \frac{1}{2}\, dx^\nu \wedge dx^\mu F_{\mu\nu}, \qquad j = dx^\mu j_\mu,$$

con passaggi analoghi a quelli del Paragrafo 17.1.2 si ricava che nel formalismo delle forme differenziali le equazioni (17.33) hanno ancora la forma (17.23) e (17.24), a parte un segno meno – assente se D è pari:

$$dF = 0, \qquad d*F = (-)^D *j \,. \tag{17.35}$$

La soluzione generale dell'identità di Bianchi $dF = 0$ è ancora $F = dA$, ovverosia $F_{\mu\nu} = \partial_\mu A_\nu - \partial_\nu A_\mu$.

Infine l'equazione di Lorentz continua a essere

$$\frac{dp^\mu}{ds} = eF^{\mu\nu}u_\nu, \qquad u^\mu = \frac{dy^\mu}{ds}, \qquad p^\mu = mu^\mu, \tag{17.36}$$

il tempo proprio D-dimensionale essendo dato da

$$ds = \sqrt{\frac{dy^\mu}{d\lambda}\frac{dy^\nu}{d\lambda}\eta_{\mu\nu}}\, d\lambda = \sqrt{1 - v^2}\, dt.$$

Esplicitando le componenti spazio-temporali della (17.36) si trova ($\varepsilon = p^0$)

$$\frac{dp^i}{dt} = e\big(E^i - B^{ij}v^j\big), \qquad \frac{d\varepsilon}{dt} = e\mathbf{v}\cdot\mathbf{E}.$$

17.2.2 Volume di universo e riparametrizzazioni

In questo paragrafo presentiamo la *cinematica relativistica* di una p-brana. Come nel caso della particella le invarianze da realizzare sono l'*invarianza di Lorentz* – di facile implementazione se si usa il formalismo tensoriale – e l'*invarianza per riparametrizzazione*.

Una particella puntiforme non ha estensione spaziale e in uno spazio-tempo D-dimensionale la sua configurazione a un dato istante è descritta dalla posizione spaziale y^i, $i = 1, \cdots, D-1$. Analogamente il *profilo* di un oggetto p-esteso a un dato istante è descritto dalle $D-1$ funzioni dei p parametri $(\lambda^1, \cdots, \lambda^p) \equiv \lambda$

$$y^i(\lambda) \equiv (y^1(\lambda), \cdots, y^{D-1}(\lambda)). \tag{17.37}$$

La sfera come 2-brana. A titolo di esempio consideriamo il profilo di una sfera bidimensionale di raggio unitario immersa in uno spazio-tempo di dimensione $D = 4$, costituente una 2-brana. In questo caso possiamo considerare come parametri gli angoli polari $\lambda^1 = \vartheta$ e $\lambda^2 = \varphi$, cosicché l'equazione parametrica (17.37) assume la nota forma

$$y^1(\lambda) = sen\lambda^1 \cos\lambda^2, \tag{17.38}$$
$$y^2(\lambda) = sen\lambda^1 \, sen\lambda^2, \tag{17.39}$$
$$y^3(\lambda) = cos\lambda^1. \tag{17.40}$$

È tuttavia ovvio che il profilo della sfera può essere rappresentato in infiniti modi diversi a seconda della scelta dei parametri. Usando, ad esempio, come parametri le coordinate cartesiane del piano xy, ovvero $\lambda'^1 = x$ e $\lambda'^2 = y$, si ottiene la rappresentazione alternativa

$$y'^1(\lambda') = \lambda'^1, \tag{17.41}$$

$$y'^2(\lambda') = \lambda'^2, \tag{17.42}$$

$$y'^3(\lambda') = \sqrt{1 - (\lambda'^1)^2 - (\lambda'^2)^2}. \tag{17.43}$$

Dovendo valere $y'^i(\lambda') = y^i(\lambda)$ le due rappresentazioni sono legate da una trasformazione localmente invertibile dei parametri, ovvero dalla *riparametrizzazione*

$$\lambda'^1(\lambda) = sen\lambda^1 \, cos\lambda^2, \qquad \lambda'^2(\lambda) = sen\lambda^1 \, sen\lambda^2. \tag{17.44}$$

Tornando a una p-brana generica due rappresentazioni $y^i(\lambda)$ e $y'^i(\lambda')$ descrivono lo stesso profilo, se esistono p funzioni invertibili $\lambda'(\lambda)$ dei p parametri λ, tali che

$$y'^i(\lambda') = y'^i(\lambda'(\lambda)) = y^i(\lambda). \tag{17.45}$$

Ci riferiamo all'identificazione (17.45) dicendo che il profilo $y^i(\lambda)$ di una brana è *invariante per riparametrizzazione*.

Dal momento che le *osservabili fisiche* relative a una p-brana non possono risentire del particolare modo in cui si parametrizza il suo profilo, esse dovranno essere invarianti sotto riparametrizzazioni. L'invarianza per riparametrizzazione sarà pertanto uno dei principi guida nella generalizzazione delle equazioni di Maxwell alle p-brane.

Brane dinamiche e volume di universo. Specificata la configurazione di una p-brana a un dato istante consideriamo ora una p-brana in movimento. A ogni istante t la brana avrà un profilo diverso e la sua dinamica sarà quindi descritta dalle $D-1$ funzioni di $p+1$ variabili

$$y_t^i(\lambda) \equiv y^i(t, \lambda). \tag{17.46}$$

Queste funzioni generalizzano la legge oraria $y^i(t)$ di una particella puntiforme. Come in quel caso – si veda la Sezione 2.1 – per conferire alla legge oraria una veste manifestamente Lorentz-invariante è conveniente descrivere l'evoluzione temporale non attraverso il tempo t, bensì attraverso un parametro $\lambda^0(t)$ arbitrario. Più in generale, visto che $\lambda^0(t)$ può essere scelto per ogni punto λ della brana in modo diverso, conviene introdurre un parametro di evoluzione della forma

$$\lambda^0(t, \lambda) \quad \leftrightarrow \quad t(\lambda^0, \lambda). \tag{17.47}$$

In questo modo l'evoluzione temporale (17.46) può essere presentata nella forma equivalente

$$y^i(\lambda^0, \lambda). \tag{17.48}$$

Infine il profilo può essere reso Lorentz-covariante introducendo la componente temporale $t(\lambda^0, \lambda) \equiv y^0(\lambda^0, \lambda)$, ottenendo in tal modo il profilo *spazio-temporale*

$$y^\mu(\lambda) = (y^0(\lambda), y^i(\lambda)), \qquad \lambda \equiv (\lambda^0, \lambda). \tag{17.49}$$

In definitiva l'evoluzione temporale della brana è rappresentata in modo manifestamente Lorentz-invariante dalle D funzioni $y^\mu(\lambda)$ dei $p+1$ parametri λ. Tali parametri descrivono il *volume di universo* $(p+1)$-dimensionale tracciato dalla brana, che generalizza la linea di universo di una particella puntiforme. Supporremo che le funzioni $y^\mu(\lambda)$ siano regolari e in particolare derivabili due volte rispetto a tutte le λ.

Come anticipato in (17.49) indichiamo i $p+1$ parametri λ e λ^0 collettivamente con il simbolo λ. Inoltre useremo gli indici latini $a, b, c, \dots$ assumenti i valori $0, 1, \cdots, p$ per indicare i singoli parametri $\{\lambda^a\} \equiv \lambda$. In seguito indicheremo la *dimensione* del volume di universo con

$$n = p + 1.$$

Nonostante la notazione, nello spazio *interno* n-dimensionale della brana non introduciamo nessuna metrica di Minkowski, pur mantenendo la convenzione della somma sugli indici ripetuti. Gli indici $a, b, c, \dots$ non verranno infatti mai alzati o abbassati.

Per costruzione il volume di universo descritto dalle funzioni (17.49) è soggetto all'invarianza per riparametrizzazione di *tutti* gli n parametri λ: due volumi di universo $y^\mu(\lambda)$ e $y'^\mu(\lambda')$ ottenibili l'uno dall'altro attraverso una trasformazione invertibile e regolare degli n parametri $\lambda \to \lambda'(\lambda)$, ovvero tale che

$$y'^\mu(\lambda') = y^\mu(\lambda), \tag{17.50}$$

sono infatti fisicamente indistinguibili.

Infine è immediato riderivare l'evoluzione temporale (17.46) del profilo *spaziale* a partire dalla parametrizzazione covariante (17.49). È sufficiente invertire la componente temporale $y^0(\lambda)$ per esprimere λ^0 in funzione del tempo,

$$y^0(\lambda^0, \lambda) = t \quad \to \quad \lambda^0(t, \lambda), \tag{17.51}$$

e inserire quest'ultima nelle componenti spaziali del volume di universo

$$y^i(\lambda^0, \lambda) \quad \to \quad y^i(\lambda^0(t, \lambda), \lambda) \equiv y^i(t, \lambda). \tag{17.52}$$

17.2.3 Corrente conservata

Per accoppiare una p-brana a un campo elettromagnetico è innanzitutto necessario associarle una corrente, opportuna generalizzazione della corrente di particella

$$j^\mu(x) = e \int \frac{dy^\mu}{d\lambda} \, \delta^D(x - y(\lambda)) \, d\lambda. \tag{17.53}$$

Questa espressione non ammette, tuttavia, una generalizzazione *naturale*, poiché il ruolo di $dy^\mu/d\lambda$ è ora assunto dalle *velocità generalizzate*, ovverosia dai *vettori tangenti*

$$U_a^\mu \equiv \frac{\partial y^\mu}{\partial \lambda^a}. \tag{17.54}$$

Il problema è che la corrente, dovendo essere *invariante* per riparametrizzazione, non può avere un indice *interno* a.

Per individuare la forma della corrente imponiamo le seguenti condizioni, di significato ovvio:

1) la corrente deve essere un campo tensoriale $j^{\mu\nu\cdots}(x)$;
2) $j^{\mu\nu\cdots}(x)$ deve essere diverso da zero solo nel volume di universo della brana;
3) $j^{\mu\nu\cdots}(x)$ deve essere invariante per riparametrizzazione;
4) la corrente deve soddisfare identicamente l'equazione di continuità

$$\partial_\mu j^{\mu\nu\cdots} = 0. \tag{17.55}$$

La proprietà 2) e la richiesta di Lorentz-covarianza, sottintesa in 1), impongono che la corrente coinvolga la distribuzione $\delta^D(x - y(\lambda))$. Corrispondentemente la misura $d\lambda$ in (17.53) deve essere sostituita con la misura del volume di universo $d^n\lambda$. Sempre in analogia con la (17.53) l'integrando dovrà poi dipendere dalle velocità generalizzate U_a^μ. La condizione 3) impone allora che queste velocità compaiano nell'integrando attraverso una funzione *omogenea* $\mathcal{P}(U)$ di grado n, come vedremo tra un momento. In definitiva la corrente deve quindi avere la forma

$$\int \mathcal{P}(U)\, \delta^D(x - y(\lambda))\, d^n\lambda. \tag{17.56}$$

Per far vedere che $\mathcal{P}(U)$ deve essere una funzione omogenea di grado n imponiamo che l'integrale (17.56) sia invariante sotto la riparametrizzazione particolare che riscala tutti i parametri di una costante positiva k: $\lambda^a \to \lambda'^a = \lambda^a/k$. In tal caso si ha

$$d^n\lambda' = \frac{1}{k^n}\, d^n\lambda, \qquad U_a'^\mu = \frac{\partial y^\mu}{\partial \lambda'^a} = k\frac{\partial y^\mu}{\partial \lambda^a} = kU_a^\mu.$$

Dal momento che $y'(\lambda') = y(\lambda)$ dalla condizione

$$\int \mathcal{P}(U)\, \delta^D(x - y(\lambda))\, d^n\lambda = \int \mathcal{P}(U')\, \delta^D(x - y'(\lambda'))\, d^n\lambda'$$

$$= \frac{1}{k^n} \int \mathcal{P}(U')\, \delta^D(x - y(\lambda))\, d^n\lambda$$

segue che deve valere

$$\mathcal{P}(U') = \mathcal{P}(kU) = k^n\, \mathcal{P}(U),$$

come volevamo dimostrare.

Tuttavia per una generica funzione omogenea $\mathcal{P}(U)$ di grado n l'integrale (17.56) non è invariante sotto una riparametrizzazione *arbitraria*. L'unica funzione omogenea di grado n che assicura questa invarianza è quella corrispondente alla corrente tensoriale di rango n completamente antisimmetrica

$$j^{\mu_1\cdots\mu_n}(x) = e\int U^{\mu_1}_{a_1}\cdots U^{\mu_n}_{a_n}\varepsilon^{a_1\cdots a_n}\,\delta^D(x-y(\lambda))\,d^n\lambda \qquad (17.57)$$

$$= e\,n!\int U^{[\mu_1}_0\cdots U^{\mu_n]}_p\,\delta^D(x-y(\lambda))\,d^n\lambda, \qquad (17.58)$$

$\varepsilon^{a_1\cdots a_n}$ essendo il tensore di Levita-Civita (si veda la (17.9)). La variante (17.58) si ottiene dalla (17.57) usando l'identità

$$U^{\mu_1}_{a_1}\cdots U^{\mu_n}_{a_n}\varepsilon^{a_1\cdots a_n} = U^{[\mu_1}_{a_1}\cdots U^{\mu_n]}_{a_n}\varepsilon^{a_1\cdots a_n}.$$

Per $n=1$ la corrente (17.57) si riduce alla (17.53). Per $n>1$ la costante e rappresenta, tuttavia, la *carica per unità di volume* della brana. Come nel caso della particella la (17.57) costituisce non una *funzione*, bensì una *distribuzione* appartenente a $\mathcal{S}'(\mathbb{R}^D)$.

Invarianza per riparametrizzazione. Per costruzione l'espressione (17.57) soddisfa le condizioni 1) e 2). Resta quindi da far vedere che soddisfa anche le richieste 3) e 4). Per verificare la 3) eseguiamo nella (17.57) una generica riparametrizzazione $\lambda \to \lambda'(\lambda)$ ottenendo la corrente trasformata

$$j'^{\mu_1\cdots\mu_n}(x) = e\int U'^{\mu_1}_{a_1}\cdots U'^{\mu_n}_{a_n}\varepsilon^{a_1\cdots a_n}\,\delta^D(x-y'(\lambda'))\,d^n\lambda', \qquad (17.59)$$

dove $U'^{\mu}_a = \partial y'^{\mu}(\lambda')/\partial\lambda'^a$. Introducendo la matrice jacobiana $K_a{}^b = \partial\lambda^b/\partial\lambda'^a$ risultano le leggi di trasformazione[2]

$$y'^{\mu}(\lambda') = y^{\mu}(\lambda), \quad U'^{\mu}_a = \frac{\partial\lambda^b}{\partial\lambda'^a}\frac{\partial y^{\mu}(\lambda)}{\partial\lambda^b} = K_a{}^b U^{\mu}_b, \quad d^n\lambda' = \frac{d^n\lambda}{det K}. \quad (17.60)$$

Inserendole nella (17.59) si ottiene

$$j'^{\mu_1\cdots\mu_n}(x) = e\int\frac{1}{det K}\,U^{\mu_1}_{b_1}\cdots U^{\mu_n}_{b_n}K_{a_1}{}^{b_1}\cdots K_{a_n}{}^{b_n}\varepsilon^{a_1\cdots a_n}\,\delta^D(x-y(\lambda))\,d^n\lambda. \qquad (17.61)$$

Grazie all'*identità del determinante* – valida per un'arbitraria matrice quadrata K –

$$K_{a_1}{}^{b_1}\cdots K_{a_n}{}^{b_n}\varepsilon^{a_1\cdots a_n} = (det K)\,\varepsilon^{b_1\cdots b_n}, \qquad (17.62)$$

la (17.61) si riduce a $j'^{\mu_1\cdots\mu_n}(x) = j^{\mu_1\cdots\mu_n}(x)$, come volevamo dimostrare. Da questa dimostrazione si evince altresì che il polinomio $\mathcal{P}(U)$ corrispondente alla scelta (17.57) è l'unico ad assicurare l'invarianza per riparametrizzazione della corrente.

---

[2] Stiamo supponendo che la riparametrizzazione $\lambda \to \lambda'(\lambda)$ preservi *l'orientamento* della brana, nel qual caso per definizione vale $det K > 0$. In generale si avrebbe invece $d^n\lambda' = d^n\lambda/|det K|$.

Conservazione. Per verificare la condizione 4) occorre valutare la divergenza spazio-temporale della (17.57) nel senso delle distribuzioni. Procediamo in completa analogia con le (2.89) e (2.91), applicando la divergenza della corrente a una generica funzione di test $\varphi(x) \in \mathcal{S}(\mathbb{R}^D)$. Visto che

$$j^{\mu_1\cdots\mu_n}(\varphi) = e \int U_{a_1}^{\mu_1} \cdots U_{a_n}^{\mu_n} \varepsilon^{a_1\cdots a_n} \, \varphi(y(\lambda)) \, d^n\lambda,$$

otteniamo

$$(\partial_{\mu_1} j^{\mu_1\cdots\mu_n})(\varphi) = -j^{\mu_1\cdots\mu_n}(\partial_{\mu_1}\varphi) = -e \int U_{a_1}^{\mu_1} \cdots U_{a_n}^{\mu_n} \varepsilon^{a_1\cdots a_n} \partial_{\mu_1}\varphi(y(\lambda)) \, d^n\lambda$$

$$= -e \int U_{a_2}^{\mu_2} \cdots U_{a_n}^{\mu_n} \varepsilon^{a_1\cdots a_n} \frac{\partial\varphi(y(\lambda))}{\partial\lambda^{a_1}} \, d^n\lambda,$$

$$(17.63)$$

dove per $U_{a_1}^{\mu_1}$ abbiamo utilizzato la definizione (17.54). Eseguendo un'integrazione per parti troviamo allora

$$\partial_{\mu_1} j^{\mu_1\cdots\mu_n}(\varphi) = -e \int \frac{\partial}{\partial\lambda^{a_1}} \left[U_{a_2}^{\mu_2} \cdots U_{a_n}^{\mu_n} \varepsilon^{a_1\cdots a_n} \, \varphi(y(\lambda)) \right] d^n\lambda$$

$$+ e \int \left(\frac{\partial U_{a_2}^{\mu_2}}{\partial\lambda^{a_1}} \cdots U_{a_n}^{\mu_n} + \cdots + U_{a_2}^{\mu_2} \cdots \frac{\partial U_{a_n}^{\mu_n}}{\partial\lambda^{a_1}} \right) \varepsilon^{a_1\cdots a_n} \, \varphi(y(\lambda)) \, d^n\lambda.$$

I termini nella seconda riga sono tutti nulli perché i fattori

$$\frac{\partial U_a^\mu}{\partial\lambda^b} = \frac{\partial^2 y^\mu}{\partial\lambda^a \partial\lambda^b} \tag{17.64}$$

sono simmetrici in a e b, mentre il tensore di Levi-Civita con cui sono contratti è antisimmetrico. Inoltre, visto che l'integrando della prima riga è una n-divergenza, grazie al teorema di Gauss n-dimensionale anche questo termine è nullo: da un lato il volume *spaziale* di universo parametrizzato da λ è privo di bordo e dall'altro lungo la coordinata non compatta λ^0 la funzione di test $\varphi(y(\lambda)) = \varphi(y^0(\lambda), \mathbf{y}(\lambda))$ va a zero per $\lambda^0 \to \pm\infty$. Infatti per $\lambda^0 \to \pm\infty$ si ha $y^0(\lambda) \to \pm\infty$. Dal momento che $(\partial_{\mu_1} j^{\mu_1\cdots\mu_n})(\varphi) = 0$ per ogni $\varphi \in \mathcal{S}(\mathbb{R}^D)$, vale $\partial_{\mu_1} j^{\mu_1\cdots\mu_n} = 0$ in $\mathcal{S}'(\mathbb{R}^D)$.

17.2.4 Equazioni di Maxwell generalizzate

Nota la corrente vogliamo ora determinare il campo elettromagnetico da essa generato e per fare questo dobbiamo individuare le equazioni che legano il campo alla corrente. In altre parole vogliamo stabilire le *equazioni di Maxwell generalizzate* per una p-brana. Come vedremo, nell'ambito del formalismo delle forme differenziali la generalizzazione cercata emergerà in modo molto naturale.

Iniziamo generalizzando la 1-forma di corrente (17.22) di una particella. Dal momento che la (17.57) è un tensore completamente antisimmetrico è naturale introdurre la n-forma

$$j_n = \frac{1}{n!}\, dx^{\mu_n} \wedge \cdots \wedge dx^{\mu_1}\, j_{\mu_1 \cdots \mu_n}. \qquad (17.65)$$

Con gli stessi passaggi che hanno condotto alla (17.32) si verifica allora facilmente che l'equazione di continuità può essere posta nella forma equivalente

$$\partial_{\mu_1} j^{\mu_1 \cdots \mu_n} = 0 \quad \Leftrightarrow \quad d*j_n = 0. \qquad (17.66)$$

Il duale di Hodge di j_n è, dunque, una forma chiusa. In realtà non è necessario fare questa verifica esplicitamente, in quanto l'equivalenza (17.66) segue essenzialmente dall'invarianza di Lorentz. Grazie alla (17.10) vale infatti la doppia implicazione

$$d*j_n = 0 \quad \Leftrightarrow \quad *d*j_n = 0.$$

D'altra parte $*d*j_n$ è una $(n-1)$-forma, ovvero un tensore di rango $n-1$ completamente antisimmetrico, proporzionale a $\partial_\alpha j^{\mu_1 \cdots \mu_n}$. Tale tensore è quindi necessariamente proporzionale a $\partial_{\mu_1} j^{\mu_1 \cdots \mu_n}$ e segue la (17.66).

Tensore di Maxwell generalizzato. Una volta stabilito che $*j_n$ è una $(D-n)$-forma chiusa, e volendo preservare la struttura delle equazioni (17.23) e (17.24), vediamo che il campo elettromagnetico generato da una p-brana deve essere rappresentato da un tensore *completamente antisimmetrico* di rango $n+1 = p+2$

$$F_{\mu_1 \cdots \mu_{n+1}}. \qquad (17.67)$$

A questo campo possiamo infatti associare la $(n+1)$-forma

$$F_{n+1} = \frac{1}{(n+1)!}\, dx^{\mu_{n+1}} \wedge \cdots \wedge dx^{\mu_1}\, F_{\mu_1 \cdots \mu_{n+1}} \qquad (17.68)$$

e postulare quindi le *equazioni di Maxwell generalizzate*[3]

$$dF_{n+1} = 0, \qquad (17.69)$$
$$d*F_{n+1} = (-)^{D+p}\, *j_n. \qquad (17.70)$$

Si noti che $*F_{n+1}$ è una $(D-n-1)$-forma, cosicché $d*F_{n+1}$ è una $(D-n)$-forma, al pari di $*j_n$. Inoltre, grazie all'identità (17.66), la (17.70) uguaglia una forma chiusa a una forma chiusa.

Conformemente a quanto abbiamo fatto per la particella ambientiamo anche le equazioni (17.69) e (17.70) nello spazio delle *distribuzioni* $S'(\mathbb{R}^D)$. Infine queste ultime possono essere tradotte facilmente nella consueta notazione tensoriale (si

---

[3] La scelta del segno davanti a $*j_n$ nella (17.70) è puramente convenzionale. La scelta fatta da noi ha il pregio di comportare la semplice equazione (17.72).

veda il Problema 17.2)

$$\partial_{[\mu_1} F_{\mu_2\cdots\mu_{n+2}]} = 0, \tag{17.71}$$

$$\partial_\mu F^{\mu\mu_1\cdots\mu_n} = j^{\mu_1\cdots\mu_n}. \tag{17.72}$$

Queste equazioni generalizzano rispettivamente l'identità di Bianchi (2.40) e l'equazione di Maxwell (2.20) della particella, alle quali si riducono per $n = 1$.

Campi elettrici e campi magnetici. Il campo elettromagnetico (17.67) è un tensore completamente antisimmetrico di rango $n+1$ in D dimensioni e come tale possiede $\binom{D}{n+1}$ componenti indipendenti. Le sue componenti spazio-temporali indipendenti sono

$$F^{i_1\cdots i_n 0} \equiv E^{i_1\cdots i_n}, \tag{17.73}$$

$$F^{i_1\cdots i_{n+1}} \equiv B^{i_1\cdots i_{n+1}}, \tag{17.74}$$

dove l'indice i assume i valori spaziali $1, \cdots, D-1$. Le (17.73) e (17.74) definiscono rispettivamente il *campo elettrico* e il *campo magnetico* generalizzati generati da una p-brana. Per $n > 1$ entrambi i campi sono dunque tensori spaziali completamente antisimmetrici. Il campo elettrico è di rango n e ha $\binom{D-1}{n}$ componenti indipendenti e il campo magnetico è di rango $n+1$ e ha $\binom{D-1}{n+1}$ componenti indipendenti. Ricordiamo in proposito l'identità binomiale $\binom{D-1}{n} + \binom{D-1}{n+1} = \binom{D}{n+1}$.

Forma di potenziale e invarianza di gauge. Affrontiamo ora il problema della soluzione generale dell'identità di Bianchi generalizzata (17.69). Questa equazione stabilisce che F_{n+1} è una forma chiusa in $\mathcal{S}'(\mathbb{R}^D)$ e il lemma di Poincaré assicura allora che è esatta. Pertanto esiste una *n-forma* di potenziale

$$A_n = \frac{1}{n!}\, dx^{\mu_n} \wedge \cdots \wedge dx^{\mu_1} A_{\mu_1\cdots\mu_n} \tag{17.75}$$

tale che

$$F_{n+1} = dA_n. \tag{17.76}$$

Una p-brana genera dunque non un potenziale *vettore*, bensì un potenziale *tensore* completamente antisimmetrico di rango $n = p + 1$.

Date due n-forme di potenziale A'_n e A_n abbiamo

$$F_{n+1} = dA_n = dA'_n \quad \Rightarrow \quad d(A'_n - A_n) = 0.$$

Esiste pertanto una $(n-1)$-forma di *gauge*

$$\Lambda_{n-1} = \frac{1}{(n-1)!}\, dx^{\mu_{n-1}} \wedge \cdots \wedge dx^{\mu_1} \Lambda_{\mu_1\cdots\mu_{n-1}}$$

tale che $A'_n - A_n = d\Lambda_{n-1}$, ossia

$$A'_n = A_n + d\Lambda_{n-1}. \tag{17.77}$$

La relazione (17.77) esprime il fatto che il potenziale A_n è determinato modulo *trasformazioni di gauge*, mentre il campo elettromagnetico F_{n+1} è gauge-invariante. La soluzione generale dell'identità di Bianchi generalizzata è dunque schematizzata dalle relazioni

$$dF_{n+1} = 0 \quad \Leftrightarrow \quad F_{n+1} = dA_n, \quad \text{con} \quad A_n \approx A_n + d\Lambda_{n-1}, \tag{17.78}$$

formalmente identiche alle (17.28).

Per riscriverle in notazione tensoriale occorre inserire l'espressione (17.75) nell'equazione (17.76) e confrontarla con la (17.68). In questo modo si trova che campo elettromagnetico e potenziale sono legati dalla relazione

$$F_{\mu_1 \cdots \mu_{n+1}} = (n+1)\partial_{[\mu_1} A_{\mu_2 \cdots \mu_{n+1}]}, \tag{17.79}$$

che generalizza la (17.26). La trasformazione di gauge (17.77) nel linguaggio tensoriale si scrive

$$A'_{\mu_1 \cdots \mu_n} = A_{\mu_1 \cdots \mu_n} + n\partial_{[\mu_1} \Lambda_{\mu_2 \cdots \mu_n]} \tag{17.80}$$

e si vede immediatamente che sotto questa trasformazione il campo elettromagnetico (17.79) è invariante.

Esemplifichiamo le relazioni ottenute nel caso di una *stringa* per cui $n = 2$. In tal caso il potenziale è un tensore antisimmetrico $A_{\mu\nu}$ e il tensore di Maxwell (17.79) diventa

$$F_{\mu\nu\rho} = 3\,\partial_{[\mu} A_{\nu\rho]} = \partial_\mu A_{\nu\rho} + \partial_\nu A_{\rho\mu} + \partial_\rho A_{\mu\nu}.$$

Questo tensore è invariante sotto la trasformazione di gauge (17.80)

$$A'_{\mu\nu} = A_{\mu\nu} + \partial_\mu \Lambda_\nu - \partial_\nu \Lambda_\mu,$$

ovvero $F'_{\mu\nu\rho} = 3\,\partial_{[\mu} A'_{\nu\rho]} = 3\,\partial_{[\mu} A_{\nu\rho]} = F_{\mu\nu\rho}$.

17.3 Equazione di Lorentz e metodo variazionale

Il problema dell'invarianza per riparametrizzazione. Per completare la dinamica del sistema accoppiato *p-brana + campo elettromagnetico* resta da stabilire l'equazione che governa la dinamica della *p*-brana, ovvero la sua *equazione di Lorentz*. Quest'ultima deve costituire un'opportuna generalizzazione dell'equazione di Lorentz della particella (2.33). Tentativi ingenui di generalizzare tale equazione falliscono, tuttavia, a causa delle difficoltà legate all'implementazione dell'invarianza per riparametrizzazione.

Per illustrare il problema ripartiamo dalla particella libera con equazione di Lorentz

$$m\frac{d^2 y^\mu}{ds^2} = 0,$$

in cui compare la derivata invariante sotto trasformazioni di Lorentz e riparametrizzazioni (si veda la (2.5))

$$\frac{d}{ds} = \left(\frac{dy^\nu}{d\lambda}\frac{dy_\nu}{d\lambda}\right)^{-1/2}\frac{d}{d\lambda}, \qquad y^\nu \equiv y^\nu(\lambda).$$

Nel caso di una p-brana il ruolo della derivata $d/d\lambda$ è assunto dalle n derivate parziali $\partial/\partial\lambda^a$. Una generalizzazione naturale della derivata d/ds – invariante sotto la riparametrizzazione particolare $\lambda^a \to \lambda'^a = \lambda^a/k$ – potrebbe allora essere

$$\frac{d}{ds} \to \frac{\partial}{\partial s^a} \equiv \left(\frac{\partial y^\nu}{\partial\lambda^b}\frac{\partial y_\nu}{\partial\lambda^b}\right)^{-1/2}\frac{\partial}{\partial\lambda^a},$$

cosicché l'equazione della brana libera assumerebbe la forma

$$m\frac{\partial}{\partial s^a}\frac{\partial}{\partial s^a}y^\mu = 0. \qquad (17.81)$$

In queste formule si sottintendono le sommatorie sugli indici ripetuti a e b da 0 a p. Tuttavia è facile verificare che la derivata $\partial/\partial s^a$ non è invariante sotto riparametrizzazioni generali e pertanto l'equazione (17.81), violando tale l'invarianza, non è fisicamente accettabile.

Per risolvere il problema conviene ricorrere ancora una volta al *metodo variazionale*. Vedremo, infatti, che la costruzione di un'azione invariante per riparametrizzazione è alquanto più semplice della ricerca di un'equazione compatibile con questa simmetria.

17.3.1 Azione del campo elettromagnetico

Come prototipo di un'azione per una p-brana interagente con il campo elettromagnetico consideriamo l'azione dell'Elettrodinamica di particelle puntiformi (4.7). La struttura di questa azione suggerisce per l'azione descrivente la propagazione del campo elettromagnetico e la sua interazione con la p-brana il funzionale di $A_{\mu_1\cdots\mu_n}(x)$ e $y^\mu(\lambda)$

$$I_1 + I_2 = \frac{(-)^n}{n!}\int\left(\frac{1}{2(n+1)}F^{\mu_1\cdots\mu_{n+1}}F_{\mu_1\cdots\mu_{n+1}} + A_{\mu_1\cdots\mu_n}j^{\mu_1\cdots\mu_n}\right)d^D x. \qquad (17.82)$$

Il coefficiente relativo tra i due termini è stato scelto in modo tale che $I_1 + I_2$ dia luogo alle equazione del moto (17.72), mentre il coefficiente globale $1/n!$ è convenzionale. Il segno globale $(-)^n$ è invece richiesto dalla positività dell'energia, come vedremo nel Paragrafo 17.3.4. Nell'azione I_1 è sottinteso che il tensore di Maxwell sia espresso in termini di $A_{\mu_1\cdots\mu_n}$ tramite la (17.79).

L'azione (17.82) è manifestamente invariante sotto trasformazioni di Lorentz e sotto riparametrizzazioni e risulta altresì invariante sotto trasformazioni di gauge. Infatti, I_1 sotto la trasformazione (17.80) non varia poiché il campo (17.79) è gauge invariante, mentre la variazione di I_2 si scrive

$$I_2' - I_2 = \frac{(-)^n}{n!} \int (A'_{\mu_1\cdots\mu_n} - A_{\mu_1\cdots\mu_n}) j^{\mu_1\cdots\mu_n} d^D x$$

$$= \frac{(-)^n}{(n-1)!} \int \partial_{\mu_1} \Lambda_{\mu_2\cdots\mu_n} j^{\mu_1\cdots\mu_n} d^D x$$

$$= \frac{(-)^n}{(n-1)!} \int \Big(\partial_{\mu_1} (\Lambda_{\mu_2\cdots\mu_n} j^{\mu_1\cdots\mu_n}) - \Lambda_{\mu_2\cdots\mu_n} \partial_{\mu_1} j^{\mu_1\cdots\mu_n} \Big) d^D x.$$

Il primo termine, essendo una D-divergenza, è irrilevante e il secondo si annulla poiché la corrente è conservata. L'azione (17.82) è dunque gauge-invariante.

Infine verifichiamo che l'azione (17.82) dia luogo all'equazione di Maxwell (17.72). Per fare questo dobbiamo considerare una variazione infinitesima $\delta A_{\mu_1\cdots\mu_n}$, nulla ai bordi del volume di integrazione, ovvero agli estremi $t = t_1$ e $t = t_2$ che nell'integrale (17.82) sono sottintesi, e calcolare la corrispondente variazione dell'azione. Per la variazione di I_2 si ottiene semplicemente

$$\delta I_2 = \frac{(-)^n}{n!} \int \delta A_{\mu_1\cdots\mu_n} j^{\mu_1\cdots\mu_n} d^D x,$$

mentre per quella di I_1 in base alla (17.79) si trova

$$\delta I_1 = \frac{(-)^n}{(n+1)!} \int F^{\mu_1\cdots\mu_{n+1}} \delta F_{\mu_1\cdots\mu_{n+1}} d^D x$$

$$= \frac{(-)^n}{n!} \int F^{\mu_1\cdots\mu_{n+1}} \partial_{\mu_1} \delta A_{\mu_2\cdots\mu_{n+1}} d^D x$$

$$= \frac{(-)^n}{n!} \int \Big(\partial_{\mu_1} (F^{\mu_1\cdots\mu_{n+1}} \delta A_{\mu_2\cdots\mu_{n+1}}) - \partial_{\mu_1} F^{\mu_1\cdots\mu_{n+1}} \delta A_{\mu_2\cdots\mu_{n+1}} \Big) d^D x.$$

Il primo termine, essendo una D-divergenza, dà contributo nullo all'integrale. Infatti, all'infinito spaziale svanisce il campo elettromagnetico e ai bordi temporali si annullano le variazioni $\delta A_{\mu_1\cdots\mu_n}$. Risulta pertanto

$$\delta (I_1 + I_2) = \frac{(-)^n}{n!} \int \Big(j^{\mu_2\cdots\mu_{n+1}} - \partial_{\mu_1} F^{\mu_1\cdots\mu_{n+1}} \Big) \delta A_{\mu_2\cdots\mu_{n+1}} d^D x.$$

Imponendo che questa espressione si annulli per arbitrarie variazioni $\delta A_{\mu_2\cdots\mu_{n+1}}$ si ricava la (17.72).

Alla stessa conclusione si arriva ovviamente esplicitando le equazioni di Eulero-Lagrange

$$\partial_\mu \frac{\partial \mathcal{L}}{\partial(\partial_\mu A_{\mu_1\cdots\mu_n})} - \frac{\partial \mathcal{L}}{\partial A_{\mu_1\cdots\mu_n}} = 0$$

relative alla lagrangiana

$$\mathcal{L} = \frac{(-)^n}{n!} \left(\frac{1}{2(n+1)} F^{\mu_1\cdots\mu_{n+1}} F_{\mu_1\cdots\mu_{n+1}} + A_{\mu_1\cdots\mu_n} j^{\mu_1\cdots\mu_n} \right).$$

17.3.2 Azione della p-brana libera

Metrica indotta. Per completare la formulazione dell'Elettrodinamica di una p-brana non resta che trovare la generalizzazione dell'azione della particella libera $-m\int ds$. Da un punto di vista geometrico l'integrale $\int ds$ rappresenta la lunghezza della linea di universo della particella. È dunque naturale assumere che nel caso di una brana l'integrale $\int ds$ debba essere sostituita con il *volume* n-dimensionale $\int dV$ tracciato dalla brana durante la sua evoluzione temporale. Questa scelta è anche supportata dal fatto che questo volume – per definizione – è invariante per riparametrizzazione.

Come vedremo, nella definizione dell'elemento di volume infinitesimo dV un ruolo cruciale verrà giocato dalla *metrica indotta*

$$g_{ab}(\lambda) \equiv U_a^\mu(\lambda) U_b^\nu(\lambda) \eta_{\mu\nu}, \tag{17.83}$$

coinvolgente i vettori tangenti (17.54). La (17.83) definisce una matrice $n \times n$ *Lorentz-invariante* e *simmetrica*. Supporremo che questa matrice sia invertibile e indicheremo la sua inversa, anch'essa Lorentz-invariante e simmetrica, con g^{ab}

$$g^{ab} g_{bc} = \delta_c^a. \tag{17.84}$$

Elemento di volume in uno spazio euclideo. Prima di dare l'espressione di dV per una brana in uno spazio-tempo di Minkowski, esemplifichiamo la costruzione nel caso di una regione n-dimensionale $\mathcal{B}$ immersa nello spazio *euclideo* $\mathbb{R}^D$. Se $\mathcal{B}$ è sufficientemente regolare, nel linguaggio della *Geometria Differenziale* una tale regione rappresenta una *sottovarietà* di $\mathbb{R}^D$ di dimensione n, si veda la referenza [28].

Se parametrizziamo $\mathcal{B}$ ancora con $y^\mu(\lambda)$ – con $\lambda \equiv (\lambda^1, \cdots, \lambda^n)$ – in questo caso la metrica indotta è definita da

$$g_{ab}(\lambda) \equiv U_a^\mu(\lambda) U_b^\nu(\lambda) \delta_{\mu\nu} = U_a^\mu(\lambda) U_b^\mu(\lambda), \tag{17.85}$$

la metrica $\eta_{\mu\nu}$ essendo stata sostituita con il simbolo di Kronecker $\delta_{\mu\nu}$. La metrica (17.85) è definita *positiva*, si veda il Problema 17.7. Secondo un noto risultato della geometria euclidea l'elemento di volume di $\mathcal{B}$ si esprime allora in termini del determinante della metrica indotta come

$$dV = \sqrt{g}\, d^n \lambda, \qquad g = \det g_{ab} > 0. \tag{17.86}$$

Conseguentemente il volume occupato da $\mathcal{B}$ è dato da

$$V_{\mathcal{B}} = \int_{\mathcal{B}} \sqrt{g}\, d^n\lambda.$$

Elemento di superficie della sfera. A titolo di esempio determiniamo l'elemento di volume, o meglio di superficie, dS della sfera immersa in $\mathbb{R}^3$, parametrizzata dalle (17.38)-(17.40). In questo caso abbiamo $n = 2$ e i due vettori tangenti sono

$$\mathbf{U}_1 = \frac{\partial \mathbf{y}}{\partial \lambda^1} = \left(cos\lambda^1\, cos\lambda^2, cos\lambda^1\, sen\lambda^2, -sen\lambda^1\right),$$

$$\mathbf{U}_2 = \frac{\partial \mathbf{y}}{\partial \lambda^2} = \left(-sen\lambda^1\, sen\lambda^2, sen\lambda^1\, cos\lambda^2, 0\right),$$

cosicché la metrica indotta (17.85) diventa

$$g_{ab} = \begin{pmatrix} \mathbf{U}_1 \cdot \mathbf{U}_1 & \mathbf{U}_1 \cdot \mathbf{U}_2 \\ \mathbf{U}_2 \cdot \mathbf{U}_1 & \mathbf{U}_2 \cdot \mathbf{U}_2 \end{pmatrix} = \begin{pmatrix} 1 & 0 \\ 0 & sen^2\lambda^1 \end{pmatrix}, \qquad \sqrt{g} = sen\lambda^1. \qquad (17.87)$$

In base alle identificazioni $\lambda^1 = \vartheta$ e $\lambda^2 = \varphi$ la (17.86) riproduce allora il familiare elemento di superficie della sfera unitaria[4]

$$dS = \sqrt{g}\, d\lambda^1 d\lambda^2 = sen\vartheta\, d\vartheta\, d\varphi,$$

con area totale

$$S = \int dS = \int_0^{2\pi} d\varphi \int_0^\pi sen\vartheta\, d\vartheta = 4\pi.$$

Usando la parametrizzazione alternativa (17.41)-(17.43) si ottiene invece la metrica indotta

$$g'_{ab} = \frac{1}{1 - (\lambda'^1)^2 - (\lambda'^2)^2} \begin{pmatrix} 1 - (\lambda'^2)^2 & \lambda'^1\lambda'^2 \\ \lambda'^1\lambda'^2 & 1 - (\lambda'^1)^2 \end{pmatrix}, \qquad \sqrt{g'} = \frac{1}{\sqrt{1 - (\lambda'^1)^2 - (\lambda'^2)^2}},$$

con il corrispondente elemento di superficie

$$dS' = \sqrt{g'}\, d\lambda'^1 d\lambda'^2 = \frac{d\lambda'^1 d\lambda'^2}{\sqrt{1 - (\lambda'^1)^2 - (\lambda'^2)^2}}.$$

I due elementi di superficie devono ovviamente coincidere. Usando le regole di trasformazione (17.44) si verifica infatti facilmente che vale l'identità

$$dS' = dS,$$

esprimente il fatto che l'elemento di superficie è *invariante* per riparametrizzazione.

---

[4] Si ricordi che le coordinate polari sono *singolari* in $\vartheta = 0$ e $\vartheta = \pi$ e conseguentemente in tali punti la metrica indotta è singolare e $g = 0$.

Invarianza per riparametrizzazione di dV. In effetti non è difficile dimostrare che l'elemento di volume (17.86) è invariante sotto un'arbitraria riparametrizzazione $\lambda \to \lambda'(\lambda)$. Dalle trasformazioni (17.60) si trova infatti

$$g'_{ab} = U'^{\mu}_a U'^{\nu}_b \delta_{\mu\nu} = K_a{}^c U^{\mu}_c K_b{}^d U^{\nu}_d \delta_{\mu\nu} = K_a{}^c K_b{}^d g_{cd}. \tag{17.88}$$

Indicando la matrice associata a g_{ab} con $\mathcal{G}$, in notazione matriciale questa relazione si scrive

$$\mathcal{G}' = K\mathcal{G}K^T.$$

Prendendo il determinante di ambo i membri si trova allora

$$g' = (detK)g(detK^T) = (detK)^2 g \quad \Rightarrow \quad \sqrt{g'} = |detK|\sqrt{g}. \tag{17.89}$$

Dal momento che la misura si trasforma secondo $d^n\lambda' = d^n\lambda/|detK|$ segue pertanto

$$\sqrt{g'}\, d^n\lambda' = \sqrt{g}\, d^n\lambda,$$

come volevamo dimostrare.

Elemento di volume in uno spazio-tempo di Minkowski. In uno spazio-tempo con metrica di Minkowski l'elemento di volume di universo di una p-brana è definito da

$$dV = \sqrt{g}\, d^n\lambda, \qquad g = (-)^p det\, g_{ab}, \qquad g_{ab} = U^{\mu}_a U^{\nu}_b \eta_{\mu\nu}, \tag{17.90}$$

ed è manifestamente invariante sotto trasformazioni di Lorentz. La sua invarianza per riparametrizzazione si dimostra come nel caso euclideo. È sufficiente sostituire nella (17.88) la metrica euclidea $\delta_{\mu\nu}$ con la metrica di Minkowski $\eta_{\mu\nu}$ e moltiplicare ambo i membri della (17.89) per il segno $(-)^p$ prima di estrarre la radice.

Il segno $(-)^p = (-)^{n+1}$ nella definizione di g è necessario per rendere questo radicando semidefinito positivo – qualora la brana esegua un generico moto *causale*. Di seguito esemplifichiamo questa importante proprietà nel caso di una brana statica e piatta – configurazione che in un certo senso generalizza quella della particella statica.

Causalità. Brana statica e piatta. Una brana si dice *statica* se le coordinate spaziali $y^i(t,\lambda)$ – una volta eliminato λ^0 a favore di t seconde le (17.51) e (17.52) – non dipendono da t. In questo modo il profilo spaziale della brana non varia nel tempo, ovvero è *statico*. Una brana si dice invece *piatta* se la metrica indotta uguaglia la metrica di Minkowski $(p+1)$-dimensionale: $g_{ab} = \eta_{ab}$, con $diag\,(\eta_{ab}) = (1, -1, \cdots, -1)$. Si noti che questi concetti non sono assoluti in quanto riferiti a opportuni sistemi di riferimento $\{x^{\mu}\}$ e scelte dei parametri $\{\lambda^a\}$.

Un modo canonico per rappresentare una brana di questo tipo consiste nel disporla lungo le prime p coordinate spaziali. Suddividendo le coordinate spazio-temporali nei due gruppi

$$\{x^{\mu}\} \leftrightarrow \{x^a\}, \{x^I\}, \quad a = (0, \cdots, p), \quad I = (p+1, \cdots, D-1), \tag{17.91}$$

il volume di universo assume allora la semplice forma

$$y^\mu(\lambda) \to \begin{cases} y^a(\lambda) = \lambda^a, \\ y^I(\lambda) = 0. \end{cases} \tag{17.92}$$

Le $\{x^a\}$ sono dunque coordinate *parallele* alla brana e le $\{x^I\}$ sono coordinate *ortogonali*. Si noti in particolare che la regione spaziale p-dimensionale occupata dalla brana è descritta dalle $(D-1) - p$ equazioni $x^I = 0$.

Per la p-brana (17.92) i vettori tangenti sono costanti,

$$U_b^\mu = \frac{\partial y^\mu}{\partial \lambda^b} \to \begin{cases} U_b^a = \delta_b^a, \\ U_b^I = 0, \end{cases} \tag{17.93}$$

e la metrica indotta si riduce effettivamente alla metrica di Minkowski n-dimensionale

$$g_{ab} = U_a^\mu U_b^\nu \eta_{\mu\nu} = \delta_a^c \delta_b^d \eta_{cd} = \eta_{ab}.$$

Di conseguenza

$$det\, g_{ab} = det\, \eta_{ab} = (-)^p,$$

cosicché la (17.90) dà il radicando *positivo* $g = 1$.

In realtà si può dimostrare che se una generica p-brana compie un moto *causale*, allora $det\, g_{ab} \geq 0$ se p è pari e $det\, g_{ab} \leq 0$ se p è dispari[5]. Per un moto causale il radicando (17.90) soddisfa pertanto sempre la condizione

$$g \geq 0. \tag{17.94}$$

Una brana statica e piatta, non compiendo alcun moto, rispetta certamente il vincolo di causalità.

Nel caso particolare della particella, $p = 0$, le relazioni (17.90) danno

$$g = det\, g_{ab} = \frac{\partial y^\mu}{d\lambda} \frac{\partial y^\nu}{d\lambda} \eta_{\mu\nu} = (1 - v^2)\left(\frac{dt}{d\lambda}\right)^2 \quad \Rightarrow \quad dV = \sqrt{g}\, d\lambda = \sqrt{1 - v^2}\, dt.$$

Risulta dunque $dV = ds$ e la condizione $g \geq 0$ si riduce al consueto vincolo di causalità $v \leq 1$.

Azione ed equazione del moto della brana libera. Come azione per la brana libera scegliamo il funzionale invariante delle sole $y^\mu(\lambda)$

$$I_3 = -m \int dV = -m \int \sqrt{g}\, d^n\lambda,$$

che generalizza l'azione $-m \int ds$ della particella libera e si riduce a essa per $p = 0$. Il parametro m si identifica con la *massa per unità di volume* della brana, si veda

---

[5] Per la dimostrazione nel caso della stringa, e per una definizione precisa di cosa si intenda con *moto causale* di una brana, si veda il Problema 17.6.

il Paragrafo 17.3.4. Per determinare l'equazione del moto derivante da I_3 dobbiamo valutare la risposta di I_3 a variazioni $\delta y^\mu(\lambda)$ arbitrarie, purché nulle al bordo del volume di integrazione. Iniziamo determinando la variazione del determinante di una generica matrice M sotto una variazione infinitesima δM dei suoi elementi

$$\delta\,detM = det(M + \delta M) - detM = det\big(M\big(1 + M^{-1}\delta M\big)\big) - detM$$
$$= detM\,det\big(1 + M^{-1}\delta M\big) - detM \approx detM\,tr\big(M^{-1}\,\delta M\big).$$

Ponendo $M_{ab} = g_{ab}$, e ricordando la definizione della metrica indotta (17.90) e della sua inversa (17.84), otteniamo allora

$$\delta\sqrt{g} = \frac{\delta g}{2\sqrt{g}} = \frac{(-)^p}{2\sqrt{g}}\,\delta\,det\,g_{ab} = \frac{(-)^p}{2\sqrt{g}}\,det\,g_{ab}\big(g^{cd}\delta g_{cd}\big) = \frac{1}{2}\sqrt{g}g^{cd}\delta g_{cd}$$

$$= \frac{1}{2}\sqrt{g}g^{cd}\delta(U_c^\mu U_d^\nu \eta_{\mu\nu}) = \sqrt{g}g^{cd}U_c^\mu\delta U_{\mu d} = \sqrt{g}g^{cd}\frac{\partial y^\mu}{\partial\lambda^c}\frac{\partial\delta y_\mu}{\partial\lambda^d}.$$

Di conseguenza

$$\delta I_3 = -m\int \delta\sqrt{g}\,d^n\lambda = -m\int \sqrt{g}g^{ab}\frac{\partial y^\mu}{\partial\lambda^a}\frac{\partial\delta y_\mu}{\partial\lambda^b}\,d^n\lambda$$

$$= -m\int\left(\frac{\partial}{\partial\lambda^b}\left(\sqrt{g}g^{ab}\frac{\partial y^\mu}{\partial\lambda^a}\,\delta y_\mu\right) - \frac{\partial}{\partial\lambda^b}\left(\sqrt{g}g^{ab}\frac{\partial y^\mu}{\partial\lambda^a}\right)\delta y_\mu\right)d^n\lambda$$

$$= m\int\frac{\partial}{\partial\lambda^b}\left(\sqrt{g}g^{ab}\frac{\partial y^\mu}{\partial\lambda^a}\right)\delta y_\mu\,d^n\lambda. \tag{17.95}$$

Il primo termine nella seconda riga è un integrale di una n-divergenza, nullo perché al bordo del volume di integrazione le δy^μ si annullano. Imponendo che δI_3 si annulli per variazioni δy^μ altrimenti arbitrarie, otteniamo allora l'*equazione del moto della brana libera*

$$m\frac{\partial}{\partial\lambda^b}\left(\sqrt{g}g^{ab}\frac{\partial y^\mu}{\partial\lambda^a}\right) = 0. \tag{17.96}$$

Dal momento che questa equazione discende da un'azione invariante per riparametrizzazione, è automaticamente invariante per riparametrizzazione. Si confronti la (17.96) con l'equazione (17.81) – che al contrario viola questa simmetria.

17.3.3 Equazione di Lorentz

In completa analogia con il caso della particella l'azione totale dell'Elettrodinamica di una p-brana si scrive infine

$$I[A, y] = \frac{(-)^n}{n!} \int \left(\frac{1}{2(n+1)} F^{\mu_1 \cdots \mu_{n+1}} F_{\mu_1 \cdots \mu_{n+1}} + A_{\mu_1 \cdots \mu_n} j^{\mu_1 \cdots \mu_n} \right) d^D x$$

$$- m \int \sqrt{g} \, d^n \lambda \equiv I_1 + I_2 + I_3. \tag{17.97}$$

I è invariante per trasformazioni di Lorentz, per riparametrizzazione e per trasformazioni di gauge – esattamente come l'azione (4.7) dell'Elettrodinamica delle particelle. Come abbiamo visto, imponendo che I sia stazionaria sotto variazioni di $A_{\mu_1 \cdots \mu_n}$ si ottiene l'equazione di Maxwell (17.72).

L'equazione del moto della brana si ricava come di consueto richiedendo che I sia stazionaria per variazioni arbitrarie di y^μ. I_1 per variazioni di y^μ non cambia e la variazione di I_3 è stata calcolata in (17.95). Resta dunque da valutare la variazione dell'azione I_2. A questo scopo conviene riscrivere I_2 nella forma equivalente, si veda la (17.57),

$$I_2 = \frac{(-)^n}{n!} \int A_{\mu_1 \cdots \mu_n}(x) j^{\mu_1 \cdots \mu_n}(x) \, d^D x$$

$$= (-)^n \frac{e}{n!} \int A_{\mu_1 \cdots \mu_n}(x) \left(\int U_{a_1}^{\mu_1} \cdots U_{a_n}^{\mu_n} \varepsilon^{a_1 \cdots a_n} \delta^D(x - y(\lambda)) \, d^n \lambda \right) d^D x$$

$$= (-)^n \frac{e}{n!} \int A_{\mu_1 \cdots \mu_n}(y(\lambda)) U_{a_1}^{\mu_1} \cdots U_{a_n}^{\mu_n} \varepsilon^{a_1 \cdots a_n} \, d^n \lambda$$

$$\equiv (-)^n \frac{e}{n!} \int \mathcal{O} \, d^n \lambda. \tag{17.98}$$

Nel calcolo di δI_2 dobbiamo variare sia le y^μ che compaiono in $A_{\mu_1 \cdots \mu_n}(y(\lambda))$ sia le y^μ che compaiono nei vettori tangenti $U_a^\mu = \partial y^\mu / \partial \lambda^a$. Variando l'integrando della (17.98) troviamo

$$\delta \mathcal{O} = \varepsilon^{a_1 \cdots a_n} \left(\delta y^\alpha \partial_\alpha A_{\mu_1 \cdots \mu_n} U_{a_1}^{\mu_1} \cdots U_{a_n}^{\mu_n} + n A_{\mu_1 \cdots \mu_n} \frac{\partial \delta y^{\mu_1}}{\partial \lambda^{a_1}} U_{a_2}^{\mu_2} \cdots U_{a_n}^{\mu_n} \right)$$

$$= \varepsilon^{a_1 \cdots a_n} \left(\delta y^\alpha \partial_\alpha A_{\mu_1 \cdots \mu_n} U_{a_1}^{\mu_1} \cdots U_{a_n}^{\mu_n} - n \frac{\partial A_{\mu_1 \cdots \mu_n}}{\partial \lambda^{a_1}} \delta y^{\mu_1} U_{a_2}^{\mu_2} \cdots U_{a_n}^{\mu_n} \right) + \frac{\partial \mathcal{H}^{a_1}}{\partial \lambda^{a_1}},$$

avendo posto

$$\mathcal{H}^{a_1} = n \varepsilon^{a_1 \cdots a_n} A_{\mu_1 \cdots \mu_n} \delta y^{\mu_1} U_{a_2}^{\mu_2} \cdots U_{a_n}^{\mu_n}.$$

Abbiamo applicato la regola di Leibnitz e sfruttato il fatto che i tensori (17.64) sono simmetrici in a e b, mentre il tensore di Levi-Civita è antisimmetrico. Visto che

$$\frac{\partial A_{\mu_1 \cdots \mu_n}}{\partial \lambda^{a_1}} = \frac{\partial y^\alpha}{\partial \lambda^{a_1}} \, \partial_\alpha A_{\mu_1 \cdots \mu_n} = U^\alpha_{a_1} \, \partial_\alpha A_{\mu_1 \cdots \mu_n},$$

scambiando nel secondo termine di $\delta\mathcal{O}$ i nomi degli indici α e μ_1 otteniamo

$$\delta\mathcal{O} = \varepsilon^{a_1 \cdots a_n} (\partial_\alpha A_{\mu_1 \cdots \mu_n} - n\partial_{\mu_1} A_{\alpha \mu_2 \cdots \mu_n}) U^{\mu_1}_{a_1} \cdots U^{\mu_n}_{a_n} \delta y^\alpha + \frac{\partial \mathcal{H}^a}{\partial \lambda^a}$$

$$= \varepsilon^{a_1 \cdots a_n} (n+1) \, \partial_{[\alpha} A_{\mu_1 \cdots \mu_n]} U^{\mu_1}_{a_1} \cdots U^{\mu_n}_{a_n} \delta y^\alpha + \frac{\partial \mathcal{H}^a}{\partial \lambda^a}$$

$$= \varepsilon^{a_1 \cdots a_n} F_{\alpha \mu_1 \cdots \mu_n} U^{\mu_1}_{a_1} \cdots U^{\mu_n}_{a_n} \delta y^\alpha + \frac{\partial \mathcal{H}^a}{\partial \lambda^a}.$$

Sostituendo questa espressione nella variazione dell'integrale (17.98) la n-divergenza $\partial\mathcal{H}^a/\partial\lambda^a$ non contribuisce, perché al bordo le δy^μ si annullano. Tenendo conto della variazione (17.95) troviamo in definitiva

$$\delta I_2 + \delta I_3 = \int \left(m \frac{\partial}{\partial \lambda^b} \left(\sqrt{g} g^{ab} \frac{\partial y^\mu}{\partial \lambda^a} \right) \right.$$

$$\left. + (-)^n \frac{e}{n!} \, F^{\mu \mu_1 \cdots \mu_n} U_{\mu_1 a_1} \cdots U_{\mu_n a_n} \varepsilon^{a_1 \cdots a_n} \right) \delta y_\mu \, d^n \lambda.$$

Imponendo che questa espressione si annulli per arbitrarie variazioni δy^μ otteniamo *l'equazione di Lorentz della brana*

$$m \frac{\partial}{\partial \lambda^b} \left(\sqrt{g} g^{ab} \frac{\partial y^\mu}{\partial \lambda^a} \right) = (-)^p \frac{e}{n!} \, F^{\mu \mu_1 \cdots \mu_n} U_{\mu_1 a_1} \cdots U_{\mu_n a_n} \varepsilon^{a_1 \cdots a_n}$$

$$= (-)^p e \, F^{\mu \mu_1 \cdots \mu_n} U_{\mu_1 0} \cdots U_{\mu_n n-1}. \tag{17.99}$$

Essendo l'azione (17.97) gauge-invariante anche le equazioni del moto devono esserlo. Ciò spiega la comparsa nella (17.99) del campo di Maxwell gauge-invariante F_{n+1}, al posto del potenziale A_n. Nel caso della particella la (17.99) restituisce la nota equazione di Lorentz.

17.3.4 *Tensore energia-impulso*

Una volta individuata un'azione Poincaré-invariante da cui discendano le equazioni del moto, anche in D dimensioni il teorema di Nöther fornisce un tensore energia-impulso canonico conservato. E come in quattro dimensioni questo tensore può sempre essere simmetrizzato, si veda la Sezione 3.4. Senza ripetere esplicitamente il procedimento svolto per la particella nella Sezione 4.3, ci limitiamo a dare l'espressione del tensore energia-impulso simmetrico che ne deriva.

Come nel caso della particella il tensore energia-impulso totale è composto da due termini

$$T^{\mu\nu} = T_{em}^{\mu\nu} + T_p^{\mu\nu}. \qquad (17.100)$$

Il contributo del campo elettromagnetico è

$$T_{em}^{\mu\nu} = \frac{(-)^n}{n!} \left(F^{\mu\alpha_1\cdots\alpha_n} F^\nu{}_{\alpha_1\cdots\alpha_n} - \frac{1}{2(n+1)}\, \eta^{\mu\nu} F^{\alpha_1\cdots\alpha_{n+1}} F_{\alpha_1\cdots\alpha_{n+1}} \right) \qquad (17.101)$$

e quello della p-brana è

$$T_p^{\mu\nu}(x) = m \int \sqrt{g}\, g^{ab} U_a^\mu U_b^\nu\, \delta^D(x - y(\lambda))\, d^n\lambda, \qquad (17.102)$$

espressioni che generalizzano i tensori (2.121) e (2.122) relativi alle particelle. Si noti che $T_{em}^{\mu\nu}$ è gauge-invariante, così come $T_p^{\mu\nu}$ è invariante per riparametrizzazione. Il tensore energia-impulso (17.100) è conservato, $\partial_\mu T^{\mu\nu} = 0$, purché le coordinate della brana soddisfino l'equazione di Lorentz (17.99) e il campo elettromagnetico le equazioni di Maxwell (17.71) e (17.72), si veda il Problema 17.4.

Nella (17.101) il segno globale e i coefficienti relativi sono fissati dall'azione (17.97). In particolare, grazie al segno $(-)^n$ presente nella (17.97), la densità di energia del campo elettromagnetico risulta definita *positiva*. Vale infatti, si vedano le definizioni (17.73) e (17.74) e il Problema 17.5,

$$T_{em}^{00} = \frac{1}{2n!} \left(E^{i_1\cdots i_n} E^{i_1\cdots i_n} + \frac{1}{n+1} B^{i_1\cdots i_{n+1}} B^{i_1\cdots i_{n+1}} \right) \geq 0, \qquad (17.103)$$

in quanto somma di termini positivi. Si noti come la (17.103) generalizzi la (2.117).

Per esemplificare il significato del tensore (17.102) consideriamo nuovamente la brana piatta e statica (17.92). Essendo $g^{ab} = \eta^{ab}$ e $g = 1$, ed essendo i vettori tangenti (17.93) costanti, la (17.102) si riduce a

$$T_p^{\mu\nu} = m\eta^{ab} U_a^\mu U_b^\nu \int \delta^D(x - y(\lambda))\, d^n\lambda. \qquad (17.104)$$

Per effettuare l'integrale sulla distribuzione-δ indichiamo le coordinate parallele alla brana collettivamente con $\{x^a\} = x^\parallel$ e quelle ortogonali con $\{x^I\} = x^\perp$. Sostituendo le coordinate della brana (17.92) nella (17.104) troviamo allora

$$T_p^{\mu\nu} = m\eta^{ab} U_a^\mu U_b^\nu \int \delta^{D-n}(x^\perp)\, \delta^n(x^\parallel - \lambda)\, d^n\lambda = m\eta^{cd} U_c^\mu U_d^\nu\, \delta^{D-n}(x^\perp).$$

$T_p^{\mu\nu}$ è quindi diverso da zero solo per $x^I = 0$, ovvero nella regione dello spazio occupata dalla brana.

Energia e massa. In base ai vettori tangenti (17.93) le componenti di $T_p^{\mu\nu}$ sono

$$T_p^{ab} = m\eta^{ab}\delta^{D-n}(x^\perp), \qquad T_p^{aI} = 0, \qquad T_p^{IJ} = 0.$$

In particolare vale $T_p^{0i} = 0$, sicché la quantità di moto $P_V^i = \int_V T_p^{i0} d^{D-1}x$ contenuta in un arbitrario volume V è nulla, come deve essere per una brana statica. Viceversa la densità di energia è diversa da zero

$$T_p^{00} = m\delta^{D-n}(x^\perp). \tag{17.105}$$

Integrandola su un volume V infinitamente esteso nelle direzioni ortogonali alla brana e limitato a un ipercubo spaziale di lato L lungo le direzioni parallele – posizionato nell'intervallo $0 \le x^a \le L$, con $a = 1, \cdots, p$ – otteniamo l'energia

$$\varepsilon_V = \int_V T_p^{00} \, d^{D-1}x = m \prod_{a=1}^p \left(\int_0^L dx^a \right) \!\!\int \delta^{D-n}(x^\perp) \, d^{D-n}x^\perp = mL^p.$$

Dal momento che nel caso statico la densità di energia coincide con la densità di massa, ed essendo L^p il volume della porzione di brana racchiusa in V, vediamo che il parametro m ha il significato di *massa per unità di volume* della brana, come anticipato nel Paragrafo 17.3.2.

Riepilogo. Concludiamo questa breve introduzione alla teoria delle brane classiche riepilogando il sistema di equazioni fondamentali che governano l'Elettrodinamica di una p-brana, generalizzando le equazioni (2.18)-(2.20).

- Equazione di Lorentz:

$$m\frac{\partial}{\partial\lambda^b} \left(\sqrt{g}g^{ab} \frac{\partial y^\mu}{\partial\lambda^a} \right) = (-)^p \frac{e}{n!} F^{\mu\nu_1\cdots\nu_n} U_{\nu_1 a_1} \cdots U_{\nu_n a_n} \varepsilon^{a_1\cdots a_n}. \tag{17.106}$$

- Identità di Bianchi:

$$\partial_{[\mu_1} F_{\mu_2\cdots\mu_{n+2}]} = 0. \tag{17.107}$$

- Equazione di Maxwell:

$$\partial_\mu F^{\mu\mu_1\cdots\mu_n} = j^{\mu_1\cdots\mu_n}. \tag{17.108}$$

Corrente, vettori tangenti e metrica indotta sono dati rispettivamente da

$$j^{\mu_1\cdots\mu_n} = e\int U_{a_1}^{\mu_1} \cdots U_{a_n}^{\mu_n} \varepsilon^{a_1\cdots a_n} \, \delta^D(x - y(\lambda)) \, d^n\lambda, \qquad U_a^\mu = \frac{\partial y^\mu}{\partial\lambda^a},$$

$g_{ab} \equiv U_a^\mu U_b^\nu \eta_{\mu\nu}$, $g = (-)^p det\, g_{ab}$. La generalizzazione di queste equazioni a un sistema di p-brane è immediata.

Le p-brane in teorie di unificazione. Come abbiamo osservato nell'introduzione a questo capitolo, le p-brane, pur non avendo ancora trovato un riscontro diretto nello spazio-tempo quadridimensionale, costituiscono le eccitazioni elementari delle teorie di superstringa e della teoria-M, candidate a unificare le interazioni fondamentali[6]. In particolare le eccitazioni elementari della teoria-M, ambientata in uno spazio-tempo di dimensione $D = 11$, sono le 2-brane e le 5-brane, mentre nelle teorie di superstringa, ambientate in uno spazio-tempo di dimensione $D = 10$, compaiono *tutte* le p-brane con $p = 0, 1, \cdots, 9$. Un aspetto sorprendente è che entrambe le teorie prevedono che per ogni p-brana esista un potenziale tensore A_n di grado $n = p + 1$ e che il corrispondente tensore di Maxwell $F_{n+1} = dA_n$ interagisca con la brana proprio secondo le equazioni (17.106)-(17.108), ovvero, equivalentemente, secondo l'azione (17.97).

Rimarchiamo che in questo capitolo abbiamo derivato la dinamica (17.106)-(17.108) delle brane cariche in modo *indipendente* – ovvero senza invocare esigenze di unificazione – usando piuttosto principi molto generali: l'*invarianza di Lorentz*, l'*invarianza di gauge*, l'*invarianza per riparametrizzazione*, la *conservazione della corrente* e – non per ultimo – il *principio variazionale*. Quest'ultimo assicura a sua volta la conservazione dell'energia, della quantità di moto e del momento angolare. Le teorie di superstringa e la teoria-M confermano dunque, al di là della loro valenza fenomenologica tuttora sotto esame, che tali principi hanno validità *universale* – che va ben oltre l'Elettrodinamica delle particelle cariche in quattro dimensioni.

17.4 Problemi

17.1. Si dimostri la regola di Leibnitz *graduata* (17.17).

17.2. Si verifichi che le equazioni (17.69) e (17.70) sono equivalenti alle (17.71) e (17.72).
Suggerimento. Conviene eseguire il duale di Hodge della (17.70) – scrivendola nella forma equivalente $*d*F_{n+1} = (-)^{nD}j_n$ – e ripetere poi il procedimento che ha condotto alla (17.30).

17.3. Si dimostri la (17.10) a partire dalle definizioni (17.7) e (17.8), usando le identità (1.33) e (17.11).

17.4. Si verifichi che il tensore energia-impulso (17.100) è conservato se le coordinate della p-brana e il campo elettromagnetico soddisfano le equazioni di Maxwell e Lorentz (17.106)-(17.108). Si dimostri in particolare che valgono le relazioni

$$\partial_\mu T_{em}^{\mu\nu} = \frac{(-)^n}{n!} F^{\nu\mu_1\cdots\mu_n} j_{\mu_1\cdots\mu_n},$$

$$\partial_\mu T_p^{\mu\nu} = \frac{(-)^{n+1} e}{n!} \varepsilon^{a_1\cdots a_n} \int F^{\nu\mu_1\cdots\mu_n} U_{\mu_1 a_1} \cdots U_{\mu_n a_n} \, \delta^D(x - y(\lambda)) \, d^n\lambda.$$

---

[6] Le dimensioni degli spazi in cui queste teorie vivono sono determinate da condizioni di consistenza interna. In realtà nel caso delle stringhe vi sono diverse teorie possibili, $D = 10$ essendo la dimensione massima. La struttura della teoria-M, che dovrebbe unificare le diverse teorie di stringa tra di loro in uno spazio-tempo con una dimensione spaziale in più, non è ancora stata stabilita in maniera definitiva.

17.5. Si verifichi che la componente 00 del tensore energia-impulso (17.101) ha la forma (17.103).

17.6. *Moti causali della stringa.* Si consideri una stringa immersa in uno spazio-tempo D-dimensionale con generica superficie di universo $y^\mu(t,\sigma)$, dove $t \equiv \lambda^0$, $\sigma \equiv \lambda^1$ e $y^0(t,\sigma) = t$.

a) Si verifichi che la metrica indotta (17.83) è data da

$$g_{ab} = \begin{pmatrix} 1 - v^2 & -\mathbf{v}\cdot\mathbf{w} \\ -\mathbf{v}\cdot\mathbf{w} & -w^2 \end{pmatrix}, \quad v^i = \frac{\partial y^i}{\partial t}, \quad w^i = \frac{\partial y^i}{\partial \sigma}, \quad i = 1, \cdots, D-1.$$

b) Si dimostri che il vincolo di causalità (17.94) assume la forma

$$g = (-1)^p \det g_{ab} = w^2 - v^2 w^2 + (\mathbf{v}\cdot\mathbf{w})^2 \geq 0 \qquad (17.109)$$

e se ne discuta il significato fisico. È corretto interpretare $\mathbf{v}$ come la velocità di un punto della stringa?
Suggerimento. Si riscriva la disuguaglianza (17.109) in termini del versore $\mathbf{n} = \mathbf{w}/w$.

17.7. Si dimostri che la metrica g_{ab} (17.85) è definita positiva.
Suggerimento. Si considerino gli elementi di matrice $W^a g_{ab} W^b$.

17.8. Si dimostri che il differenziale della 1-forma (17.20) è dato da

$$d\Phi_1 = dx \wedge dy \left(\frac{\partial f}{\partial y} - \frac{\partial g}{\partial x} \right).$$

Si verifichi che se Φ_1 è esatta è anche chiusa.

I monopoli magnetici in Elettrodinamica classica

Nella descrizione dei fenomeni elettromagnetici il campo elettrico e il campo magnetico giocano sotto alcuni punti di vista ruoli analoghi o speculari, mentre sotto altri hanno ruoli sostanzialmente differenti. Il rapporto di specularietà tra questi campi è, ad esempio, evidente nelle equazioni di Maxwell nel vuoto. Infatti, in assenza di sorgenti, $\rho = \mathbf{j} = 0$, le equazioni (2.51)-(2.54) per $\mathbf{E}$ e $\mathbf{B}$ sono identiche, a parte un segno *meno*. Similmente questi campi contribuiscono nella stessa identica maniera alla densità di energia elettromagnetica (2.117).

Al contrario nell'equazione di Lorentz

$$\frac{d\mathbf{p}}{dt} = e\left(\mathbf{E} + \frac{\mathbf{v}}{c} \times \mathbf{B}\right)$$

i campi $\mathbf{E}$ e $\mathbf{B}$ giocano ruoli completamente diversi e in particolare il campo magnetico è soppresso di un fattore relativistico v/c rispetto al campo elettrico. Tuttavia, la distinzione più significativa dei ruoli dei due campi emerge in presenza di sorgenti. In tal caso valgono in particolare le equazioni

$$\boldsymbol{\nabla} \cdot \mathbf{E} = \rho, \qquad \boldsymbol{\nabla} \cdot \mathbf{B} = 0,$$

facenti sì che una carica *statica* generi un campo elettrico, ma nessun campo magnetico. In altre parole, l'Elettrodinamica convenzionale prevede cariche *elettriche*, ma non cariche *magnetiche*.

In questo capitolo esploriamo la possibilità di inserire nell'impalcatura teorica dell'Elettrodinamica classica particelle dotate di carica magnetica – *monopoli magnetici* – e, più in generale, particelle dotate sia di carica elettrica che di carica magnetica, chiamate *dioni*. A priori una tale impresa sembra avere scarse possibilità di successo in quanto la struttura teorica dell'Elettrodinamica appare molto rigida, essendo sorretta da diversi requisiti di consistenza in delicato equilibrio tra loro: l'invarianza relativistica, l'invarianza di gauge, la conservazione della carica elettrica, del quadrimomento e del momento angolare e, non per ultimo, il principio variazionale. Qualsiasi modifica *ad hoc* delle equazioni di Maxwell e dell'equazione di Lorentz rischia, dunque, di compromettere la consistenza interna della teoria.

Lechner K.: Elettrodinamica classica
DOI 10.1007/978-88-470-5211-6_18, © Springer-Verlag Italia 2013

Alla luce di tali prospettive il risultato principale del presente capitolo – che l'*Elettrodinamica classica in presenza di monopoli magnetici resta perfettamente consistente* – deve considerarsi un risultato altamente non banale, sebbene l'ipotesi dell'esistenza di monopoli magnetici in natura sia stata presa in considerazione già all'inizio del secolo scorso da H. Poincaré [29] e J.J. Thomson [30, 31] e riesaminata a livello quantistico da P.A.M. Dirac [32] pochissimi anni dopo l'avvento della Meccanica Quantistica.

Quantizzazione della carica. Una volta accertato che i monopoli magnetici siano compatibili con la struttura teorica dell'Elettrodinamica classica, l'ipotesi di questo nuovo tipo di particelle assume una rilevanza concreta anche da un punto di vista sperimentale. Il dato sperimentale in questione è la *quantizzazione della carica elettrica*, ovvero l'osservazione che tutte le cariche elettriche presenti in natura siano multiple intere di una carica fondamentale – fenomeno che attende tuttora una spiegazione teorica. Ebbene, come fu dimostrato da Dirac nel suo lavoro del 1931, se in natura esiste anche un solo monopolo magnetico la consistenza interna dell'*Elettrodinamica Quantistica* comporta inevitabilmente la quantizzazione della carica elettrica. Presenteremo una deduzione *semiclassica* di questa *condizione di quantizzazione di Dirac* nella Sezione 18.4 e la rideriveremo nell'ambito della *Meccanica Quantistica* nel Capitolo 19.

18.1 Dualità elettromagnetica

Riprendiamo le equazioni di Maxwell nel vuoto

$$-\frac{\partial \mathbf{E}}{\partial t} + \mathbf{\nabla} \times \mathbf{B} = 0, \tag{18.1}$$

$$\mathbf{\nabla} \cdot \mathbf{E} = 0, \tag{18.2}$$

$$\frac{\partial \mathbf{B}}{\partial t} + \mathbf{\nabla} \times \mathbf{E} = 0, \tag{18.3}$$

$$\mathbf{\nabla} \cdot \mathbf{B} = 0. \tag{18.4}$$

Questo sistema di equazioni resta invariato se si effettuano le sostituzioni

$$\mathbf{E} \to \mathbf{B}, \qquad \mathbf{B} \to -\mathbf{E}. \tag{18.5}$$

Le trasformazioni (18.5) costituiscono dunque una *simmetria discreta* delle equazioni di Maxwell nel vuoto, che prende il nome di *dualità elettromagnetica*. In presenza di cariche elettriche questa simmetria è evidentemente violata – a causa della presenza di sorgenti nelle *sole* equazioni (18.1) e (18.2).

Per conferire alla dualità elettromagnetica valenza relativistica introduciamo il *duale elettromagnetico* $\widetilde{F}^{\mu\nu}$ del tensore di Maxwell $F^{\mu\nu}$, anch'esso un tensore antisimmetrico di rango due,

$$\widetilde{F}^{\mu\nu} \equiv \frac{1}{2}\, \varepsilon^{\mu\nu\rho\sigma} F_{\rho\sigma}. \tag{18.6}$$

Eseguendo l'operazione di dualità due volte, e ricordando l'identità (17.11)

$$\varepsilon^{\alpha\beta\gamma\delta} \varepsilon_{\alpha\beta\mu\nu} = -4\delta^{\gamma}_{[\mu} \delta^{\delta}_{\nu]},$$

troviamo

$$\widetilde{\widetilde{F}}^{\mu\nu} = \frac{1}{2}\, \varepsilon^{\mu\nu\rho\sigma} \widetilde{F}_{\rho\sigma} = -F^{\mu\nu}. \tag{18.7}$$

In termini del tensore di Maxwell le trasformazioni (18.5) corrispondono alle sostituzioni Lorentz-covarianti

$$F^{\mu\nu} \rightarrow \widetilde{F}^{\mu\nu}, \tag{18.8}$$

$$\widetilde{F}^{\mu\nu} \rightarrow -F^{\mu\nu}, \tag{18.9}$$

la (18.9) essendo conseguenza della (18.8) per via dell'identità (18.7). Per verificare che la (18.8) sia equivalente alle sostituzioni (18.5) occorre determinare i campi elettrico e magnetico duali, definiti tramite la (18.6). Troviamo

$$\widetilde{E}^i = \widetilde{F}^{i\,0} = \frac{1}{2}\, \varepsilon^{i0jk} F_{jk} = -\frac{1}{2}\, \varepsilon^{ijk} F^{jk} = B^i, \tag{18.10}$$

$$\widetilde{B}^i = -\frac{1}{2}\, \varepsilon^{ijk} \widetilde{F}^{jk} = -\frac{1}{2}\, \varepsilon^{ijk} \varepsilon^{jkl0} F_{l0} = -\frac{1}{2}\, \varepsilon^{ijk} \varepsilon^{ljk} E^l = -E^i, \tag{18.11}$$

come volevamo dimostrare.

Dualità elettromagnetica e dualità di Hodge. La dualità elettromagnetica ammette una semplice interpretazione geometrica nel linguaggio delle *forme differenziali*, si veda il Capitolo 17. Nel Paragrafo 17.1.2 avevamo infatti introdotto la 2-forma F e il suo duale di Hodge $*F$, si vedano le (17.7) e (17.8),

$$F = \frac{1}{2}\, dx^\nu \wedge dx^\mu F_{\mu\nu}, \qquad *F = \frac{1}{2}\, dx^\nu \wedge dx^\mu \widetilde{F}_{\mu\nu}. \tag{18.12}$$

Le sostituzioni (18.8) e (18.9) si traducono allora semplicemente in

$$F \rightarrow *F, \qquad *F \rightarrow -F.$$

Nel formalismo delle forme differenziali la *dualità elettromagnetica* si identifica, dunque, con la *dualità di Hodge*. In particolare secondo questo formalismo il segno "−" nella (18.9) è conseguenza dell'identità (17.10), che per $p = 2$ e $D = 4$ pone appunto

$$*^2 = -1. \tag{18.13}$$

Infine è palese che in termini di $F_{\mu\nu}$ e $\widetilde{F}_{\mu\nu}$ in presenza di sorgenti elettriche le equazioni di Maxwell (2.19) e (2.20) si possono scrivere nella forma equivalente

$$\partial_\mu F^{\mu\nu} = j_e^\nu, \tag{18.14}$$

$$\partial_\mu \widetilde{F}^{\mu\nu} = 0, \tag{18.15}$$

dove a j^ν abbiamo aggiunto il pedice "e" per segnalare che si tratta della quadricorrente *elettrica*. È allora evidente che, se si vogliono mantenere le equazioni di Maxwell invarianti sotto le trasformazioni di dualità (18.8) e (18.9) in presenza di *sorgenti*, è necessario introdurre nel secondo membro dell'identità di Bianchi (18.15) una quadricorrente *magnetica*

Il problema dell'azione. L'introduzione di una quadricorrente magnetica nell'identità di Bianchi comporta – *a priori* – vari aspetti problematici riguardanti la consistenza interna dell'Elettrodinamica. Di seguito esponiamo l'aspetto che risulta il più problematico di tutti.

Supponiamo pure di introdurre una *quadri*corrente magnetica nella (18.15) e di preservare in questo modo l'invarianza di Poincaré delle equazioni del moto. Sussistendo tale invarianza sappiamo che è garantita la conservazione del quadrimomento e del momento angolare totali, *purché* esista un'azione invariante sotto trasformazioni di Poincaré, da cui queste equazioni discendano.

D'altra parte abbiamo visto che per poter scrivere un'azione è necessario introdurre un potenziale vettore A^μ. Se la corrente magnetica è nulla la stessa identità di Bianchi (18.15) è equivalente all'esistenza di un potenziale vettore, ma in presenza di una tale corrente questa identità è violata e non vi è nessun modo naturale per introdurlo. Di conseguenza in presenza di sorgenti magnetiche non esiste nessuna azione *canonica* da cui discendano le equazioni fondamentali dell'Elettrodinamica, sicché la validità delle leggi di conservazione non è garantita *a priori*[1].

Nonostante ciò nella prossima sezione faremo vedere che esiste una modifica consistente delle equazioni di Maxwell e delle equazioni di Lorentz in presenza di sorgenti magnetiche che preserva l'invarianza di Poincaré e mantiene tutte le leggi di conservazione dell'Elettrodinamica di sole cariche.

18.2 Elettrodinamica di dioni

In questa sezione introduciamo le equazioni governanti l'Elettrodinamica di un sistema di N particelle dotate sia di cariche elettriche e_r che di cariche magnetiche g_r, che generalizzano le equazioni fondamentali (2.18)-(2.20) relative a un sistema

---

[1] Per scrivere un'azione occorre rinunciare ad almeno una delle proprietà fondamentali che si richiedono comunemente a un'azione, ad esempio la *località* oppure l'invarianza di Lorentz *manifesta*. Ciononostante le equazioni del moto che ne derivano sono locali e Lorentz-invarianti. L'assenza di un'azione manifestamente Lorentz-invariante crea, tuttavia, gravi problemi qualora si cerchi di quantizzare la teoria. Questa difficoltà ha ritardato di molto la dimostrazione della consistenza della *teoria di campo quantistica* dei monopoli magnetici, avvenuta soltanto nel 1979 [33].

di sole cariche elettriche. Se per una particella vale $e_r \neq 0$ e $g_r \neq 0$ la si chiama *dione*, se $e_r \neq 0$ e $g_r = 0$ la si chiama *carica* (elettrica) e se $e_r = 0$ e $g_r \neq 0$ la si chiama *monopolo* (magnetico).

Nel paragrafo a seguire presentiamo le modifiche da apportare alle equazioni di Maxwell per un generico sistema di dioni e nel Paragrafo 18.2.3 deriveremo le nuove equazioni di Lorentz imponendo che il quadrimomento totale continui a conservarsi – nonostante le modifiche apportate alle equazioni di Maxwell.

18.2.1 Equazioni di Maxwell generalizzate

Indicando le linee di universo delle particelle come al solito con $y_r^\mu(s_r)$, con $r = 1, \cdots, N$, al sistema di dioni possiamo associare le quadricorrenti elettrica e magnetica

$$j_e^\mu = \sum_r e_r \int \delta^4(x - y_r)\, dy_r^\mu, \tag{18.16}$$

$$j_m^\mu = \sum_r g_r \int \delta^4(x - y_r)\, dy_r^\mu. \tag{18.17}$$

Allo stesso modo con cui nel Paragrafo 2.3.2 si è dimostrato che la corrente elettrica è conservata, si dimostra che si conserva altresì quella magnetica. Vale dunque

$$\partial_\mu j_e^\mu = 0, \qquad \partial_\mu j_m^\mu = 0, \tag{18.18}$$

qualsiasi siano le cariche e_r e g_r. In particolare la carica magnetica totale $G = \int j_m^0 \, d^3x$ è una costante del moto.

Proponiamo allora le *equazioni di Maxwell generalizzate*

$$\partial_\mu \widetilde{F}^{\mu\nu} = j_m^\nu, \tag{18.19}$$

$$\partial_\mu F^{\mu\nu} = j_e^\nu. \tag{18.20}$$

Notiamo innanzitutto che tali equazioni sono consistenti con la conservazione delle correnti (18.18), in quanto sia $F^{\mu\nu}$ che $\widetilde{F}^{\mu\nu}$ sono tensori antisimmetrici. Lasciamo poi come esercizio la verifica che anche in presenza di dioni l'identità di Bianchi modificata (18.19) può essere scritta nei tre modi equivalenti, si vedano le (2.39)-(2.41),

$$-\frac{1}{2}\, \varepsilon^{\nu\alpha\beta\gamma} \partial_\alpha F_{\beta\gamma} = \partial_\mu \widetilde{F}^{\mu\nu} = j_m^\nu, \tag{18.21}$$

$$\partial_\mu F_{\nu\rho} + \partial_\nu F_{\rho\mu} + \partial_\rho F_{\mu\nu} = -\varepsilon_{\mu\nu\rho\alpha} j_m^\alpha, \tag{18.22}$$

$$\partial_{[\mu} F_{\nu\rho]} = -\frac{1}{3}\, \varepsilon_{\mu\nu\rho\alpha} j_m^\alpha. \tag{18.23}$$

Le equazioni nel formalismo delle forme differenziali. Alcune proprietà delle equazioni di Maxwell generalizzate risultano più trasparenti se le si riscrivono nel linguaggio delle forme differenziali. Manteniamo la definizione delle 2-forme F e $*F$ ricordate in (18.12) e definiamo le 1-forme di corrente

$$j_e = dx^\mu j_{e\mu}, \qquad j_m = dx^\mu j_{m\mu}.$$

Alla luce della (18.23) è allora immediato riconoscere che in questo formalismo le equazioni (18.19) e (18.20) assumono la forma

$$dF = -*j_m, \tag{18.24}$$

$$d*F = *j_e, \tag{18.25}$$

in generalizzazione delle (17.23) e (17.24). Analogamente le equazioni di continuità (18.18) si mutano nelle identità $d*j_e = 0 = d*j_m$, che garantiscono a loro volta la consistenza *geometrica* delle equazioni (18.24) e (18.25), in quanto uguagliano forme chiuse a forme chiuse.

Cariche elettriche e magnetiche possono essere identificate? Dalla struttura delle equazioni di Maxwell generalizzate si desume che cariche elettriche e cariche magnetiche hanno la stessa unità di misura, al pari di F e $*F$. Un'identificazione sistematica dei due tipi di carica equivarrebbe a imporre alternativamente uno dei due vincoli

$$*F = \pm F, \tag{18.26}$$

ovvero a richiedere che F sia una 2-forma *(anti)autoduale*, si veda la (17.12). In tal caso le equazioni (18.24) e (18.25) comporterebbero, infatti, le identificazioni $j_e^\mu = \pm j_m^\mu$. Tuttavia, come abbiamo fatto vedere in (17.12)-(17.14), in quattro dimensioni non esistono 2-forme (anti)autoduali, cosicché le equazioni (18.26) ammettono come unica soluzione $F = 0$.

Alla stessa conclusione si arriva, ovviamente, riscrivendo le (18.26) in notazione tridimensionale. Scegliendo ad esempio il segno "+", in base alle (18.10) e (18.11) il vincolo $*F = F$ si traduce in

$$\mathbf{B} = \mathbf{E}, \qquad -\mathbf{E} = \mathbf{B},$$

ovvero $\mathbf{E} = \mathbf{B} = 0$. Concludiamo, pertanto, che in quattro dimensioni *non* sussiste la possibilità di identificare le cariche elettriche con le cariche magnetiche.

Brane elettriche e magnetiche possono essere identificate? Per confronto analizziamo brevemente il problema appena discusso in uno spazio-tempo di dimensione *pari* generica $D = 2N$. In uno spazio-tempo di dimensione $D \neq 4$ si incontra il primo ostacolo che il *duale* di una particella carica non è una *particella* magnetica, bensì una $(D - 4)$-*brana* magnetica[2]. La ragione di ciò è che in uno spazio-tempo

---

[2] Sostituendo nei secondi membri delle equazioni (18.24) e (18.25) le 1-forme di corrente, relative a particelle, con generiche k-forme di corrente relative a brane – si vedano le (17.65) e (17.57) – è facile vedere che in uno spazio-tempo di dimensione D il duale di una p-brana è una $(D - p - 4)$-brana.

di dimensione D il duale di Hodge $*F$ di una 2-forma F non è una 2-forma, bensì una $(D-2)$-forma. In tal caso l'equazione (18.25) sarebbe ancora consistente, ma l'equazione (18.24) – uguagliando una 3-forma a una $(D-1)$-forma – sarebbe priva di senso.

Per poter imporre in $2N$ dimensioni un vincolo del tipo (18.26) è necessario che F sia una N-forma, poiché allora $*F$ è ancora una N-forma. D'altro canto, come abbiamo visto nel Paragrafo 17.2.4, la sorgente di un campo elettromagnetico che è una N-forma è una *(N-2)-brana*. In altri termini, mentre in quattro dimensioni il duale di una particella è una particella, in $2N$ dimensioni è il duale di una $(N-2)$-brana a essere ancora una $(N-2)$-brana. In $2N$ dimensioni *a priori* sussiste dunque la possibilità di identificare una $(N-2)$-brana elettrica con una $(N-2)$-brana magnetica. Brane di questo tipo si chiamano brane *(anti)autoduali*.

L'identificazione tra una brana elettrica e una brana magnetica richiede ancora l'imposizione del vincolo $*F = \pm F$. Tuttavia, sempre dalle relazioni (17.12)-(17.14) sappiamo che N-forme (anti)autoduali in $2N$ dimensioni esistono solo se N è *dispari*. Ne segue che la possibilità di identificare cariche elettriche con cariche magnetiche sussiste solo in spazi di dimensione

$$D = 2, 6, 10, 14, \cdots$$

In tali spazi esistono dunque $(N-2)$-brane autoduali ed $(N-2)$-brane antiautoduali. In particolare in uno spazio-tempo di dimensione $D = 6$ esistono *stringhe* autoduali e antiautoduali e in uno spazio-tempo di dimensione $D = 10$ esistono *3-brane* autoduali e antiautoduali.

Infine, esplicitando il vincolo (18.26) in termini dei campi elettrici e magnetici generalizzati (17.73) e (17.74) si ottiene il legame

$$B^{i_1 \cdots i_N} = \pm \frac{1}{(N-1)!} \, \varepsilon^{i_1 \cdots i_N j_1 \cdots j_{N-1}} E^{j_1 \cdots j_{N-1}}.$$

Una $(N-2)$-brana (anti)autoduale è dunque contraddistinta dal fatto di generare campi elettrici e magnetici che sono *linearmente* dipendenti, essendo uno $\pm$ il duale spaziale di Hodge dell'altro.

Equazioni di Maxwell generalizzate e dualità elettromagnetica. Le equazioni di Maxwell generalizzate (18.19) e (18.20) risultano ora invarianti sotto dualità elettromagnetica, purché si accompagnino le trasformazioni dei campi (18.8) e (18.9) – equivalenti alle (18.5) – con le trasformazioni delle correnti

$$j_e^\mu \to j_m^\mu, \qquad j_m^\mu \to -j_e^\mu. \tag{18.27}$$

Corrispondentemente le cariche devono trasformarsi secondo

$$e_r \to g_r, \qquad g_r \to -e_r. \tag{18.28}$$

Nel linguaggio delle forme differenziali le trasformazioni di dualità diventano allora

$$F \to *F, \qquad *F \to -F, \qquad j_e \to j_m, \qquad j_m \to -j_e. \qquad (18.29)$$

In ultima analisi la forma dell'identità di Bianchi modificata (18.24) è dettata dall'invarianza per dualità: questa equazione segue infatti dall'equazione (18.25), se vi si effettuano le sostituzioni (18.29). In altri termini, sotto dualità l'identità di Bianchi modificata e l'equazione di Maxwell (18.25) – propriamente detta – si scambiano tra di loro.

In notazione tridimensionale le equazioni (18.19) e (18.20) assumono la forma

$$\nabla \cdot \mathbf{E} = j_e^0, \qquad (18.30)$$

$$\nabla \times \mathbf{B} - \frac{\partial \mathbf{E}}{\partial t} = \mathbf{j}_e, \qquad (18.31)$$

$$\nabla \cdot \mathbf{B} = j_m^0, \qquad (18.32)$$

$$-\nabla \times \mathbf{E} - \frac{\partial \mathbf{B}}{\partial t} = \mathbf{j}_m, \qquad (18.33)$$

l'invarianza per dualità essendo ancora *manifesta*. In particolare, il campo magnetico è ora generato non solo da cariche elettriche in moto, ma anche da *monopoli magnetici statici*, così come il campo elettrico è generato non solo da cariche elettriche statiche, ma anche da *monopoli magnetici in moto*.

18.2.2 Dualità $SO(2)$ e dualità Z_4

L'insieme delle trasformazioni lineari che lasciano le equazioni (18.30)-(18.33) invarianti è, in realtà, più ampio della semplice mappa discreta rappresentata dalle (18.5) e (18.27). Queste equazioni sono infatti invarianti sotto l'intera famiglia a un parametro $\varphi \in [0, 2\pi]$ di trasformazioni (esercizio)

$$\mathbf{E}' = \cos\varphi\, \mathbf{E} + \sin\varphi\, \mathbf{B}, \qquad (18.34)$$

$$\mathbf{B}' = -\sin\varphi\, \mathbf{E} + \cos\varphi\, \mathbf{B}, \qquad (18.35)$$

$$j_e'^{\mu} = \cos\varphi\, j_e^{\mu} + \sin\varphi\, j_m^{\mu}, \qquad (18.36)$$

$$j_m'^{\mu} = -\sin\varphi\, j_e^{\mu} + \cos\varphi\, j_m^{\mu}. \qquad (18.37)$$

Con ciò intendiamo che se la configurazione $\{\mathbf{E}, \mathbf{B}, j_e^{\mu}, j_m^{\mu}\}$ soddisfa il sistema (18.30)-(18.33), allora tale sistema è soddisfatto anche dalla configurazione $\{\mathbf{E}', \mathbf{B}', j_e'^{\mu}, j_m'^{\mu}\}$. Per $\varphi = \pi/2$ le trasformazioni (18.34)-(18.37) si riducono alla dualità elettromagnetica originaria. Alle trasformazioni (18.34) e (18.35) si può conferire una valenza relativistica notando che possono essere poste nella forma equivalente

$$F'^{\mu\nu} = \cos\varphi\, F^{\mu\nu} + \sin\varphi\, \widetilde{F}^{\mu\nu}, \qquad (18.38)$$

$$\widetilde{F}'^{\mu\nu} = -\sin\varphi\, F^{\mu\nu} + \cos\varphi\, \widetilde{F}^{\mu\nu}. \qquad (18.39)$$

Si noti che queste leggi di trasformazione sono compatibili tra di loro in quanto il duale di Hodge della (18.38) equivale alla (18.39).

L'invarianza sotto le trasformazioni (18.34)-(18.39) delle equazioni di Maxwell generalizzate diventa *manifesta* se si adotta una notazione vettoriale bidimensionale, introducendo i vettori a due componenti

$$\mathcal{F}^{\mu\nu} = \begin{pmatrix} F^{\mu\nu} \\ \widetilde{F}^{\mu\nu} \end{pmatrix}, \qquad J^\mu = \begin{pmatrix} j_e^\mu \\ j_m^\mu \end{pmatrix}, \qquad Q_r = \begin{pmatrix} e_r \\ g_r \end{pmatrix}. \tag{18.40}$$

Con questa notazione le equazioni (18.19) e (18.20) si scrivono infatti semplicemente

$$\partial_\mu \mathcal{F}^{\mu\nu} = J^\nu. \tag{18.41}$$

Inoltre, introducendo la matrice

$$\mathcal{R}(\varphi) = \begin{pmatrix} cos\varphi & sen\varphi \\ -sen\varphi & cos\varphi \end{pmatrix},$$

le trasformazioni (18.36)-(18.39) si mutano in

$$\mathcal{F}'^{\mu\nu} = \mathcal{R}(\varphi)\mathcal{F}^{\mu\nu}, \qquad J^\mu = \mathcal{R}(\varphi)J^\mu, \qquad Q_r' = \mathcal{R}(\varphi)Q_r, \tag{18.42}$$

rendendo dunque l'equazione (18.41) invariante in modo manifesto.

La matrice $\mathcal{R}(\varphi)$ corrisponde a una rotazione bidimensionale di un angolo φ e l'insieme di queste matrici costituisce il gruppo continuo $SO(2)$. Concludiamo quindi che le equazioni di Maxwell in presenza di dioni sono invarianti sotto il *gruppo di dualità continuo $SO(2)$*. Come abbiamo osservato sopra, la dualità elettromagnetica originale (18.29) è rappresentata dalla matrice di $SO(2)$ relativa all'angolo $\varphi = \pi/2$

$$\mathcal{R}\left(\frac{\pi}{2}\right) = \begin{pmatrix} 0 & 1 \\ -1 & 0 \end{pmatrix}. \tag{18.43}$$

Dal momento che vale $\mathcal{R}(\frac{\pi}{2})\mathcal{R}(\frac{\pi}{2}) = -1$, questa matrice genera un sottogruppo discreto di $SO(2)$ – formato dai quattro elementi $\{1, -1, \mathcal{R}(\frac{\pi}{2}), -\mathcal{R}(\frac{\pi}{2})\}$ – che è isomorfo al gruppo discreto Z_4. La dualità elettromagnetica originale corrisponde quindi al *gruppo di dualità discreto Z_4*.

In conclusione, le equazioni di Maxwell in presenza di dioni sono invarianti sotto il gruppo di dualità $SO(2)$, che generalizza il sottogruppo di invarianza originale Z_4. Al contrario, come vedremo a fine capitolo, in teoria *quantistica* di campo la dinamica dei dioni può essere formulata in due modi fisicamente *inequivalenti*, a seconda che si realizzi il gruppo di dualità $SO(2)$ o solo il suo sottogruppo Z_4. Torneremo su questo argomento nel Paragrafo 18.4.2.

18.2.3 Equazione di Lorentz generalizzata e leggi di conservazione

Affinché le equazioni di Maxwell generalizzate (18.19) e (18.20) possano essere prese in considerazione come equazioni *fondamentali*, è necessario che anche in presenza di cariche magnetiche esista un tensore energia-impulso totale $T^{\mu\nu}$ conservato. Non avendo a disposizione un'azione, e non potendoci dunque servire del teorema di Nöther, per individuare un tale tensore procediamo in modo euristico, facendoci guidare in particolare dal principio di dualità.

Notiamo innanzitutto che il contributo delle particelle $T_p^{\mu\nu}$ (2.122), non dipendendo né dalle cariche né dai campi, è banalmente invariante per dualità. Analogamente il tensore $T_{em}^{\mu\nu}$ è altresì invariante sotto l'intero gruppo di dualità $SO(2)$. Il modo più semplice per vederlo consiste nell'effettuare nelle espressioni esplicite (2.127)-(2.129) le sostituzioni (18.34) e (18.35), verificando che rimangono invariate. Manteniamo dunque sia per $T_{em}^{\mu\nu}$ che per $T_p^{\mu\nu}$ le espressioni dell'Elettrodinamica di sole cariche

$$T_{em}^{\mu\nu} = F^{\mu\alpha}F_\alpha{}^\nu + \frac{1}{4}\,\eta^{\mu\nu}F^{\alpha\beta}F_{\alpha\beta}, \quad T_p^{\mu\nu} = \sum_r m_r \int u_r^\mu\, u_r^\nu\, \delta^4(x-y_r)\, ds_r$$

e poniamo $T^{\mu\nu} = T_{em}^{\mu\nu} + T_p^{\mu\nu}$.

Per verificare sotto quali condizioni il tensore energia-impulso totale si conserva valutiamo separatamente la quadridivergenza dei due tensori che lo compongono. Iniziamo con il contributo elettromagnetico[3]

$$\begin{aligned}
\partial_\mu T_{em}^{\mu\nu} &= j_e^\alpha F_\alpha{}^\nu + F^{\mu\alpha}\partial_\mu F_\alpha{}^\nu + \frac{1}{2}\,F^{\alpha\beta}\partial^\nu F_{\alpha\beta} \\
&= -F^{\nu\alpha}j_{e\alpha} + \frac{1}{2}\,F_{\alpha\beta}\big(\partial^\alpha F^{\beta\nu} + \partial^\beta F^{\nu\alpha} + \partial^\nu F^{\alpha\beta}\big) \\
&= -F^{\nu\alpha}j_{e\alpha} - \frac{1}{2}\,F_{\alpha\beta}\,\varepsilon^{\alpha\beta\nu\mu}j_{m\mu} \\
&= -F^{\nu\alpha}j_{e\alpha} - \widetilde{F}^{\nu\alpha}j_{m\alpha} \\
&= -\sum_r \int \big(e_r F^{\nu\alpha} + g_r \widetilde{F}^{\nu\alpha}\big)u_{r\alpha}\,\delta^4(x-y_r)\, ds_r.
\end{aligned}$$

Nella prima riga al posto di $\partial_\mu F^{\mu\alpha}$ abbiamo sostituito j_e^α usando l'equazione di Maxwell (18.20). La seconda contiene rimaneggiamenti elementari degli indici. Nella terza abbiamo sfruttato l'identità di Bianchi modificata nella forma (18.22). Nella quarta abbiamo usato la definizione di $\widetilde{F}^{\mu\nu}$ e nell'ultima la definizione delle correnti (18.16) e (18.17). La divergenza del tensore energia-impulso delle particelle è stata calcolata in (2.125)

$$\partial_\mu T_p^{\mu\nu} = \sum_r \int \frac{dp_r^\nu}{ds_r}\, \delta^4(x-y_r)\, ds_r.$$

---

[3] Per semplicità trascuriamo il problema delle singolarità causate dall'autointerazione, risolubile comunque con il metodo illustrato nel Capitolo 15.

Sommando i due contributi si ottiene

$$\partial_\mu T^{\mu\nu} = \sum_r \int \left(\frac{dp_r^\nu}{ds_r} - \left(e_r F^{\nu\alpha} + g_r \widetilde{F}^{\nu\alpha} \right) u_{r\alpha} \right) \delta^4(x - y_r)\, ds_r.$$

Per mantenere il tensore energia-impulso totale conservato dobbiamo quindi – inevitabilmente – modificare l'equazione di Lorentz sostituendola con l'*equazione di Lorentz generalizzata*

$$\frac{dp_r^\nu}{ds_r} = \left(e_r F^{\nu\alpha} + g_r \widetilde{F}^{\nu\alpha} \right) u_{r\alpha}. \tag{18.44}$$

Questa equazione è manifestamente invariante sotto dualità $SO(2)$, in quanto il tensore che vi compare a secondo membro può essere scritto come il prodotto scalare bidimensionale, si vedano le (18.40) e (18.42),

$$e_r F^{\nu\alpha} + g_r \widetilde{F}^{\nu\alpha} = Q_r \cdot \mathcal{F}^{\nu\alpha}.$$

Le equazioni (18.19), (18.20) e (18.44) costituiscono le *equazioni fondamentali dell'Elettrodinamica di dioni*.

Usando le espressioni (18.10) e (18.11) è immediato scrivere le equazioni (18.44) in notazione tridimensionale. Ripristinando la velocità della luce si ottiene

$$\frac{d\mathbf{p}_r}{dt} = e_r \left(\mathbf{E} + \frac{\mathbf{v}_r}{c} \times \mathbf{B} \right) + g_r \left(\mathbf{B} - \frac{\mathbf{v}_r}{c} \times \mathbf{E} \right), \tag{18.45}$$

$$\frac{d\varepsilon_r}{dt} = \mathbf{v}_r \cdot (e_r \mathbf{E} + g_r \mathbf{B}). \tag{18.46}$$

Rispetto all'Elettrodinamica di sole cariche un dione di carica elettrica e_r e carica magnetica g_r è dunque soggetto alla forza di Lorentz aggiuntiva $g_r(\mathbf{B} - \mathbf{v}_r \times \mathbf{E}/c)$. Dalle equazioni (18.30)-(18.33), (18.45) e (18.46) si trae un'altra conseguenza importante dell'invarianza per dualità: la dinamica di un sistema di soli monopoli ($e_r = 0, \forall r$) è completamente *equivalente* alla dinamica di un sistema di sole cariche ($g_r = 0, \forall r$), ovvero all'Elettrodinamica usuale.

Essendo il tensore energia-impulso totale conservato e simmetrico si conserva automaticamente anche la densità di momento angolare

$$M^{\mu\alpha\beta} = x^\alpha T^{\mu\beta} - x^\beta T^{\mu\alpha}, \qquad \partial_\mu M^{\mu\alpha\beta} = 0. \tag{18.47}$$

Dal momento che sia $T^{\mu\nu}$ che $M^{\mu\alpha\beta}$ hanno la forma dell'Elettrodinamica di sole cariche, le grandezze conservate mantengono le espressioni derivate nella Sezione 2.4. Ricordiamo in particolare l'espressione del momento angolare spaziale totale (2.142)

$$\mathbf{L} = \sum_r (\mathbf{y}_r \times \mathbf{p}_r) + \frac{1}{c} \int \mathbf{x} \times (\mathbf{E} \times \mathbf{B})\, d^3x \equiv \mathbf{L}_p + \mathbf{L}_{em}. \tag{18.48}$$

Si noti che per un sistema *statico* di sole cariche o soli monopoli si ha $\mathbf{L}_{em} = 0$, poiché nel primo caso si annulla $\mathbf{B}$ e nel secondo si annulla $\mathbf{E}$. Nella prossima sezione vedremo che per un sistema statico costituito, al contrario, da cariche e monopoli, $\mathbf{L}_{em}$ sarà invece diverso da zero.

Autointerazione ed equazione di Lorentz-Dirac. Come nell'Elettrodinamica di sole cariche il secondo membro dell'equazione (18.44), coinvolgendo il campo creato dal dione r-esimo, è divergente. Come in quel caso questa divergenza può essere riassorbita attraverso una rinormalizzazione (infinita) della massa del dione. La forma dell'equazione di Lorentz-Dirac che ne deriva è determinata essenzialmente dall'invarianza sotto dualità $SO(2)$

$$\frac{dp_r^\nu}{ds_r} = \frac{e_r^2 + g_r^2}{6\pi} \left(\frac{dw_r^\nu}{ds_r} + w_r^2 u_r^\nu\right) + \left(e_r F_r^{\nu\alpha} + g_r \widetilde{F}_r^{\nu\alpha}\right) u_{r\alpha}, \qquad (18.49)$$

$F_r^{\mu\nu}$ essendo il campo totale esterno agente sulla particella r-esima. Si noti che l'intensità della forza di autointerazione – proporzionale a $e_r^2 + g_r^2 = Q_r \cdot Q_r$ – è invariante sotto $SO(2)$, si vedano le (18.40) e (18.42). Infine anche nel caso dei dioni si può dimostrare che l'equazione (18.49) è imposta, in ultima analisi, dalla conservazione del tensore energia-impulso totale rinormalizzato del sistema [34].

18.3 Problema a due corpi

Dall'analisi svolta finora è evidente che fenomeni fisici nuovi possono emergere solo in sistemi che comprendano sia cariche che monopoli. Il sistema più semplice da prendere in considerazione è dunque composto da una carica e da un monopolo oppure, se vogliamo preservare la dualità in maniera manifesta, da due dioni.

La differenza principale che riscontreremo nell'interazione tra due dioni rispetto all'interazione tra due cariche consiste nella comparsa di una forza di mutua interazione del *primo* ordine in $1/c$ – la cosiddetta *forza dionica*. Ricordiamo, in proposito, che nelle forze di mutua interazione tra due cariche (14.87) e (14.88) non vi sono correzioni di ordine $1/c$, le correzioni relativistiche dominanti essendo di ordine $1/c^2$.

La forza dionica affiora nell'equazione di Lorentz generalizzata (18.45) perché, in base alle equazioni di Maxwell generalizzate (18.30)-(18.33), il campo magnetico acquista contributi "coulombiani" di ordine zero in $1/c$ e il campo elettrico contributi "magnetici" del primo ordine in $1/c$ – contributi che sono entrambi assenti nelle espansioni non relativistiche (7.67) e (7.68).

Questa sezione è dedicata principalmente a uno studio degli effetti di questa nuova forza di ordine $1/c$ nella dinamica di un sistema di due dioni e corrispondentemente trascureremo tutti i contributi di ordine $1/c^2$ e superiori.

18.3.1 Moto relativo e forza dionica

Scriviamo innanzitutto il campo elettrico $\mathcal{E}$ e il campo magnetico $\mathcal{B}$ generati da un dione con cariche (e, g), arrestandoci all'ordine $1/c$. Questi campi si derivano facilmente usando 1) le espansioni (7.67) e (7.68), 2) le regole della dualità e 3) la linearità delle equazioni di Maxwell generalizzate (18.30)-(18.33). Si ottiene

$$\mathcal{E} = \frac{e\mathbf{R}}{4\pi R^3} - \frac{g}{4\pi}\frac{\mathbf{V}}{c} \times \frac{\mathbf{R}}{R^3}, \tag{18.50}$$

$$\mathcal{B} = \frac{g\mathbf{R}}{4\pi R^3} + \frac{e}{4\pi}\frac{\mathbf{V}}{c} \times \frac{\mathbf{R}}{R^3}, \tag{18.51}$$

dove $\mathbf{R} = \mathbf{x} - \mathbf{y}(t)$, $\mathbf{y}(t)$ essendo la legge oraria del dione e $\mathbf{V}(t)$ la sua velocità.

Consideriamo ora due dioni – uno con cariche (e_1, g_1) e massa m_1 e l'altro con cariche (e_2, g_2) e massa m_2 – e indichiamo le loro posizioni, velocità e accelerazioni come di consueto con $\mathbf{y}_i$, $\mathbf{v}_i$ e $\mathbf{a}_i$, $i = 1, 2$. Con l'aiuto delle (18.50) e (18.51) per i campi totali prodotti dai dioni otteniamo allora

$$\mathbf{E} = \mathbf{E}_1 + \mathbf{E}_2 = \left(\frac{e_1\mathbf{r}_1}{4\pi r_1^3} - \frac{g_1}{4\pi}\frac{\mathbf{v}_1}{c} \times \frac{\mathbf{r}_1}{r_1^3}\right) + \left(\frac{e_2\mathbf{r}_2}{4\pi r_2^3} - \frac{g_2}{4\pi}\frac{\mathbf{v}_2}{c} \times \frac{\mathbf{r}_2}{r_2^3}\right), \tag{18.52}$$

$$\mathbf{B} = \mathbf{B}_1 + \mathbf{B}_2 = \left(\frac{g_1\mathbf{r}_1}{4\pi r_1^3} + \frac{e_1}{4\pi}\frac{\mathbf{v}_1}{c} \times \frac{\mathbf{r}_1}{r_1^3}\right) + \left(\frac{g_2\mathbf{r}_2}{4\pi r_2^3} + \frac{e_2}{4\pi}\frac{\mathbf{v}_2}{c} \times \frac{\mathbf{r}_2}{r_2^3}\right), \tag{18.53}$$

avendo posto

$$\mathbf{r}_i = \mathbf{x} - \mathbf{y}_i.$$

Di seguito usiamo questi campi per esplicitare le equazioni del moto (18.45) delle due particelle. Per derivare l'equazione della particella 2 dobbiamo porre nella (18.45) $\mathbf{E} = \mathbf{E}_1$ e $\mathbf{B} = \mathbf{B}_1$ e valutare questi campi in $\mathbf{x} = \mathbf{y}_2$. Non includiamo i contributi (divergenti) dovuti a $\mathbf{E}_2$ e $\mathbf{B}_2$ in quanto questi devono essere sostituiti con la *forza di autointerazione* indicata nell'equazione di Lorentz-Dirac (18.49). Dal Paragrafo 14.2.5 sappiamo infatti che questa forza è di ordine $1/c^3$ e pertanto all'ordine considerato è irrilevante. In questo modo, introducendo la coordinata relativa

$$\mathbf{r} = \mathbf{y}_2 - \mathbf{y}_1$$

e tenendo conto che al primo ordine in $1/c$ vale $\mathbf{p}_i = m\mathbf{v}_i$, l'equazione (18.45) per la particella 2 diventa

$$m_2\mathbf{a}_2 = e_2\left(\mathbf{E}_1(\mathbf{y}_2) + \frac{\mathbf{v}_2}{c} \times \mathbf{B}_1(\mathbf{y}_2)\right) + g_2\left(\mathbf{B}_1(\mathbf{y}_2) - \frac{\mathbf{v}_2}{c} \times \mathbf{E}_1(\mathbf{y}_2)\right)$$

$$= e_2\left(\left(\frac{e_1\mathbf{r}}{4\pi r^3} - \frac{g_1}{4\pi}\frac{\mathbf{v}_1}{c} \times \frac{\mathbf{r}}{r^3}\right) + \frac{\mathbf{v}_2}{c} \times \frac{g_1\mathbf{r}}{4\pi r^3}\right)$$

$$+ g_2\left(\left(\frac{g_1\mathbf{r}}{4\pi r^3} + \frac{e_1}{4\pi}\frac{\mathbf{v}_1}{c} \times \frac{\mathbf{r}}{r^3}\right) - \frac{\mathbf{v}_2}{c} \times \frac{e_1\mathbf{r}}{4\pi r^3}\right),$$

dove abbiamo tenuto solo i termini fino all'ordine $1/c$. Allo stesso modo si determina l'equazione della particella 1. Introducendo la velocità relativa

$$\mathbf{v} = \frac{d\mathbf{r}}{dt} = \mathbf{v}_2 - \mathbf{v}_1$$

le equazioni del moto dei due dioni in definitiva si scrivono

$$m_1\mathbf{a}_1 = -\frac{e_1e_2 + g_1g_2}{4\pi}\frac{\mathbf{r}}{r^3} - \frac{e_2g_1 - e_1g_2}{4\pi}\frac{\mathbf{v}}{c} \times \frac{\mathbf{r}}{r^3} \equiv \mathbf{F}_{12}, \qquad (18.54)$$

$$m_2\mathbf{a}_2 = \frac{e_1e_2 + g_1g_2}{4\pi}\frac{\mathbf{r}}{r^3} + \frac{e_2g_1 - e_1g_2}{4\pi}\frac{\mathbf{v}}{c} \times \frac{\mathbf{r}}{r^3} \equiv \mathbf{F}_{21}. \qquad (18.55)$$

Al primo ordine in $1/c$ il sistema soddisfa il principio di azione e reazione $\mathbf{F}_{12} = -\mathbf{F}_{21}$, cosicché il suo centro di massa $\mathbf{r}_{CM} = (m_1\mathbf{y}_1 + m_2\mathbf{y}_2)/(m_1 + m_2)$ si muove di moto rettilineo uniforme

$$\mathbf{a}_{CM} = \frac{m_1\mathbf{a}_1 + m_2\mathbf{a}_2}{m_1 + m_2} = 0. \qquad (18.56)$$

Dividendo poi, al solito modo, la (18.54) per m_1 e la (18.55) per m_2 e sottraendo le equazioni risultanti membro a membro, si ottiene l'*equazione del dione relativo*

$$m\frac{d\mathbf{v}}{dt} = \frac{e_1e_2 + g_1g_2}{4\pi}\frac{\mathbf{r}}{r^3} + \frac{e_2g_1 - e_1g_2}{4\pi}\frac{\mathbf{v}}{c} \times \frac{\mathbf{r}}{r^3}, \qquad (18.57)$$

in cui m indica la massa ridotta

$$m = \frac{m_1 m_2}{m_1 + m_2}.$$

Forza dionica. L'equazione (18.57) è il risultato principale di questo paragrafo. Rispetto a un sistema non relativistico di due *cariche* la forza coulombiana ha subito una modifica della sua intensità – in quanto il prodotto e_1e_2 è stato sostituito con $e_1e_2 + g_1g_2$ – continuando comunque a essere una forza *centrale* a simmetria *sferica*. Oltre a ciò è tuttavia emersa una forza nuova di ordine $1/c$, la *forza dionica*

$$\mathbf{F}_d = \frac{e_2g_1 - e_1g_2}{4\pi}\frac{\mathbf{v}}{c} \times \frac{\mathbf{r}}{r^3}, \qquad (18.58)$$

con un'intensità proporzionale a $e_2g_1 - e_1g_2$. Essendo della forma $\mathbf{F}_d = \mathbf{v} \times \mathbf{b}$ questa forza è una forza di tipo *magnetico* e conserva quindi l'energia meccanica, si veda il Paragrafo 18.3.2. Tuttavia, non essendo una forza centrale *torce* la traiettoria del dione relativo, che conseguentemente non sarà più piana, si veda la Sezione 18.4

Infine facciamo notare che le costanti di accoppiamento $e_1e_2 + g_1g_2$ ed $e_2g_1 - e_1g_2$ che compaiono nella (18.57) sono entrambe invarianti per dualità $SO(2)$. Nella notazione bidimensionale del Paragrafo 18.2.2 la prima corrisponde al prodotto scalare $Q_1 \cdot Q_2$ tra i vettori di carica $Q_1 = \binom{e_1}{g_1}$ e $Q_2 = \binom{e_2}{g_2}$ e la seconda al loro prodotto esterno $Q_2 \times Q_1$, entrambi invarianti per rotazioni in due dimensioni.

18.3.2 Leggi di conservazione

Nel Paragrafo 18.2.3 abbiamo visto che le equazioni fondamentali dell'Elettrodinamica dei dioni assicurano ancora le principali leggi di conservazione. In questo paragrafo esploriamo il modo in cui tali leggi si realizzano nel sistema a due dioni, arrestando l'analisi all'ordine $1/c$. Per ognuna delle grandezze conservate determineremo separatamente il contributo dei dioni e quello del campo elettromagnetico. Per quest'ultimo potremo allora usare le espressioni (18.52) e (18.53), corrette fino all'ordine $1/c$.

Energia. Moltiplicando la (18.57) scalarmente per v la forza dionica non contribuisce e si ottiene

$$\frac{d}{dt}\left(\frac{1}{2}mv^2\right) = \frac{e_1 e_2 + g_1 g_2}{4\pi}\,\frac{\mathbf{v}\cdot\mathbf{r}}{r^3} = -\frac{d}{dt}\left(\frac{e_1 e_2 + g_1 g_2}{4\pi r}\right).$$

Dal momento che all'ordine $1/c$ l'energia dei dioni è data da

$$\varepsilon_1 + \varepsilon_2 = m_1 c^2 + \frac{1}{2}m_1 v_1^2 + m_2 c^2 + \frac{1}{2}m_2 v_2^2$$

$$= m_1 c^2 + m_2 c^2 + \frac{1}{2}mv^2 + \frac{1}{2}(m_1 + m_2)v_{CM}^2,$$

e visto che la velocità del centro di massa $\mathbf{v}_{CM}$ è costante, si ricava

$$\frac{d}{dt}\left(\varepsilon_1 + \varepsilon_2 + \frac{e_1 e_2 + g_1 g_2}{4\pi r}\right) = 0.$$

Se ne desume che l'energia del campo elettromagnetico è data semplicemente da

$$\varepsilon_{em} = \frac{e_1 e_2 + g_1 g_2}{4\pi r} \tag{18.59}$$

e pertanto non ha correzioni di ordine $1/c$.

Per verificare questa conclusione ripartiamo dalla definizione generale

$$\varepsilon_{em} = \frac{1}{2}\int \left(E^2 + B^2\right) d^3 x. \tag{18.60}$$

Consideriamo prima il contributo del campo elettrico. Dalla (18.52) otteniamo

$$E^2 = \left(\frac{e_1 \mathbf{r}_1}{4\pi r_1^3} + \frac{e_2 \mathbf{r}_2}{4\pi r_2^3}\right)^2 + \frac{e_1 g_2 \mathbf{v}_2 - e_2 g_1 \mathbf{v}_1}{(4\pi)^2 c}\cdot\frac{\mathbf{r}_1 \times \mathbf{r}_2}{r_1^3\,r_2^3} + o\left(\frac{1}{c^2}\right), \tag{18.61}$$

avendo sfruttato la proprietà ciclica del triplo prodotto misto tra vettori. Secondo quanto concluso sopra, quando questa espressione viene inserita nell'integrale (18.60) i contributi di ordine $1/c$ dovrebbero cancellarsi. Per verificare questo è sufficiente dimostrare che si annulla l'integrale

$$\int \frac{\mathbf{r}_1 \times \mathbf{r}_2}{r_1^3 \, r_2^3} \, d^3x = \int \frac{\mathbf{x} \times (\mathbf{x} - \mathbf{r})}{|\mathbf{x}|^3 |\mathbf{x} - \mathbf{r}|^3} \, d^3x = \mathbf{r} \times \int \frac{\mathbf{x}}{|\mathbf{x}|^3 |\mathbf{x} - \mathbf{r}|^3} \, d^3x = 0, \quad (18.62)$$

dove abbiamo effettuato il cambiamento di variabile $\mathbf{x} \to \mathbf{x} + \mathbf{y}_1$. L'ultima espressione si annulla poiché l'integrale (invariante)

$$\int \frac{\mathbf{x}}{|\mathbf{x}|^3 |\mathbf{x} - \mathbf{r}|^3} \, d^3x$$

è proporzionale al vettore $\mathbf{r}$.

Dell'espressione (18.61) contribuisce quindi soltanto il termine di ordine zero in $1/c$, corrispondente alla densità di energia di due *cariche* non relativistiche. Un argomento standard dell'Elettrodinamica usuale fornisce allora (si veda il Problema 2.8)

$$\frac{1}{2} \int E^2 \, d^3x = \frac{1}{2} \int \left(\frac{e_1 \mathbf{r}_1}{4\pi r_1^3} + \frac{e_2 \mathbf{r}_2}{4\pi r_2^3} \right)^2 d^3x + o\left(\frac{1}{c^2}\right) \to \frac{e_1 e_2}{4\pi r} + o\left(\frac{1}{c^2}\right).$$

Ricordiamo che questo *argomento* coinvolge in particolare la sottrazione dell'energia infinita di autointerazione, operazione prevista peraltro dal metodo generale presentato nel Capitolo 15. Per dualità si ottiene poi

$$\frac{1}{2} \int B^2 \, d^3x = \frac{g_1 g_2}{4\pi r} + o\left(\frac{1}{c^2}\right),$$

cosicché la (18.60) restituisce la (18.59).

Quantità di moto. Modulo termini di ordine $1/c^2$ la quantità di moto dei dioni è data da $\mathbf{p} = m_1 \mathbf{v}_1 + m_2 \mathbf{v}_2$ e grazie alla (18.56) è conservata. La quantità di moto del campo elettromagnetico

$$\mathbf{P}_{em} = \frac{1}{c} \int \mathbf{E} \times \mathbf{B} \, d^3x \qquad (18.63)$$

dovrebbe allora altresì conservarsi separatamente, modulo termini di ordine $1/c^2$. In realtà $\mathbf{P}_{em}$ è di ordine $1/c^2$ e di conseguenza non contribuisce al bilancio della quantità di moto all'ordine $1/c$. Per farlo vedere calcoliamo – in base alle (18.52) e (18.53) – il prodotto esterno

$$\mathbf{E} \times \mathbf{B} = \frac{e_1 g_2 - e_2 g_1}{(4\pi)^2} \frac{\mathbf{r}_1 \times \mathbf{r}_2}{r_1^3 \, r_2^3} + o\left(\frac{1}{c}\right). \qquad (18.64)$$

Grazie all'identità (18.62) l'integrale su tutto lo spazio del primo termine a secondo membro si annulla e $\mathbf{P}_{em}$ è, dunque, effettivamente di ordine $1/c^2$.

Momento angolare. Modulo termini di ordine $1/c^2$ il momento angolare dei dioni può essere scritto come

$$\mathbf{L}_p = \mathbf{y}_1 \times m_1\mathbf{v}_1 + \mathbf{y}_2 \times m_2\mathbf{v}_2 = \mathbf{r} \times m\mathbf{v} + \mathbf{r}_{CM} \times (m_1 + m_2)\,\mathbf{v}_{CM}.$$

Dal momento che il momento angolare del centro di massa si conserva, usando l'equazione del moto relativo (18.57) si ottiene

$$\frac{d\mathbf{L}_p}{dt} = \mathbf{r} \times m\frac{d\mathbf{v}}{dt} = \frac{e_2 g_1 - e_1 g_2}{4\pi c}\left(\frac{\mathbf{v}}{r} - \frac{(\mathbf{v}\cdot\mathbf{r})\,\mathbf{r}}{r^3}\right). \tag{18.65}$$

La forza dionica fa dunque sì che il momento angolare dei dioni non si conservi. Di conseguenza nemmeno il momento angolare del campo elettromagnetico può conservarsi e in particolare deve essere diverso da zero. Per determinarlo sostituiamo la (18.64) nella (18.48) arrestandoci all'ordine $1/c$

$$\begin{aligned}
\mathbf{L}_{em} &= \frac{1}{c}\int \mathbf{x} \times (\mathbf{E}\times\mathbf{B})\,d^3x = \frac{e_1 g_2 - e_2 g_1}{(4\pi)^2 c}\int \mathbf{x}\times\left(\frac{\mathbf{r}_1\times\mathbf{r}_2}{r_1^3\,r_2^3}\right)d^3x \\
&= \frac{e_1 g_2 - e_2 g_1}{(4\pi)^2 c}\int \mathbf{r}_1\times\left(\frac{\mathbf{r}_1\times\mathbf{r}_2}{r_1^3\,r_2^3}\right)d^3x \\
&= \frac{e_1 g_2 - e_2 g_1}{(4\pi)^2 c}\int(\mathbf{x}+\mathbf{r})\times\left(\frac{(\mathbf{x}+\mathbf{r})\times\mathbf{x}}{|\mathbf{x}+\mathbf{r}|^3\,|\mathbf{x}|^3}\right)d^3x.
\end{aligned} \tag{18.66}$$

La seconda riga differisce dalla prima per un termine proporzionale all'integrale nullo (18.62) (si ricordi che $\mathbf{r}_i = \mathbf{x}-\mathbf{y}_i$ e che le $\mathbf{y}_i$ sono indipendenti dalla variabile di integrazione $\mathbf{x}$). Per ottenere l'ultima riga abbiamo effettuato il cambiamento di variabile $\mathbf{x} \to \mathbf{x}+\mathbf{y}_2$. Per valutare l'integrale (18.66) riscriviamo l'integrando svolgendo il triplo prodotto vettore

$$\begin{aligned}
(\mathbf{x}+\mathbf{r})\times\left(\frac{(\mathbf{x}+\mathbf{r})\times\mathbf{x}}{|\mathbf{x}+\mathbf{r}|^3\,|\mathbf{x}|^3}\right) &= \frac{[(\mathbf{x}+\mathbf{r})\cdot\mathbf{x}](\mathbf{x}+\mathbf{r})}{|\mathbf{x}+\mathbf{r}|^3\,|\mathbf{x}|^3} - \frac{\mathbf{x}}{|\mathbf{x}+\mathbf{r}|\,|\mathbf{x}|^3} \\
&= -\frac{x^i}{|\mathbf{x}|^3}\,\partial_i\left(\frac{\mathbf{x}+\mathbf{r}}{|\mathbf{x}+\mathbf{r}|}\right).
\end{aligned}$$

Passando nell'integrale (18.66) in coordinate polari, con $|\mathbf{x}| = R$ e $d^3x = R^2 dR d\Omega$, l'integrando si scrive

$$(\mathbf{x}+\mathbf{r})\times\left(\frac{(\mathbf{x}+\mathbf{r})\times\mathbf{x}}{|\mathbf{x}+\mathbf{r}|^3\,|\mathbf{x}|^3}\right) = -\frac{1}{R^2}\frac{\partial}{\partial R}\left(\frac{\mathbf{x}+\mathbf{r}}{|\mathbf{x}+\mathbf{r}|}\right).$$

L'integrale (18.66) si riduce allora a un'espressione molto semplice ($\mathbf{n} = \mathbf{x}/R$)

$$\begin{aligned}
\mathbf{L}_{em} &= -\frac{e_1 g_2 - e_2 g_1}{(4\pi)^2 c}\int\left(\int_0^\infty \frac{1}{R^2}\frac{\partial}{\partial R}\left(\frac{\mathbf{x}+\mathbf{r}}{|\mathbf{x}+\mathbf{r}|}\right)R^2 dR\right)d\Omega \\
&= -\frac{e_1 g_2 - e_2 g_1}{(4\pi)^2 c}\int\left(\mathbf{n}-\frac{\mathbf{r}}{r}\right)d\Omega = \frac{e_1 g_2 - e_2 g_1}{4\pi c}\frac{\mathbf{r}}{r},
\end{aligned}$$

dove abbiamo sfruttato che $\int \mathbf{n}\,d\Omega = 0$. Si noti che l'espressione ottenuta è invariante per dualità $SO(2)$, nonché simmetrica sotto lo scambio dei dioni $1 \leftrightarrow 2$, $\mathbf{r} \leftrightarrow -\mathbf{r}$. È immediato verificare che $\mathbf{L}_{em}$ non si conserva

$$\frac{d\mathbf{L}_{em}}{dt} = \frac{e_1 g_2 - e_2 g_1}{4\pi c} \frac{d}{dt}\left(\frac{\mathbf{r}}{r}\right) = \frac{e_1 g_2 - e_2 g_1}{4\pi c}\left(\frac{\mathbf{v}}{r} - \frac{(\mathbf{v}\cdot\mathbf{r})\,\mathbf{r}}{r^3}\right).$$

Tuttavia, grazie all'equazione (18.65) il momento angolare totale

$$\mathbf{L} = \mathbf{L}_p + \mathbf{L}_{em} = \mathbf{y}_1 \times m_1 \mathbf{v}_1 + \mathbf{y}_2 \times m_2 \mathbf{v}_2 + \frac{e_1 g_2 - e_2 g_1}{4\pi c}\frac{\mathbf{r}}{r} \qquad (18.67)$$

è effettivamente una costante del moto.

18.4 Condizione di quantizzazione di Dirac: argomento semiclassico

Abbiamo visto che l'Elettrodinamica classica di un sistema di dioni – basata sulle equazioni (18.19), (18.20) e (18.44) – è perfettamente consistente qualsiasi siano i valori delle cariche e_r e g_r. Di seguito presentiamo un argomento semiclassico che suggerisce che la dinamica *quantistica* di un tale sistema esige, invece, che queste cariche siano opportunamente vincolate tra di loro – dalla *condizione di quantizzazione di Dirac*. Nel Capitolo 19 faremo poi vedere che questa condizione è in effetti *necessaria e sufficiente* per poter formulare la *Meccanica Quantistica* non relativistica di un sistema di dioni in modo autoconsistente.

18.4.1 Scattering asintotico tra due dioni

L'argomento si basa sul sistema di due dioni considerato nella Sezione 18.3, in particolare sulle proprietà del suo momento angolare. Il fatto che il momento angolare dei dioni non si conservi ha infatti due conseguenze importanti. La prima è che il moto relativo non è *piano*, come succede invece per due corpi che interagiscono attraverso una forza centrale. La seconda è che in un esperimento di *scattering asintotico*, in cui la distanza minima tra i dioni e il parametro di impatto b tendono a *infinito*, il loro momento angolare cambia comunque di una quantità *finita* – sottraendola al campo elettromagnetico.

La variazione del momento angolare dei dioni $\Delta\mathbf{L}_p$ tra lo stato iniziale e lo stato finale può infatti essere dedotta dall'equazione (18.67), sfruttando che il momento angolare totale $\mathbf{L}$ è conservato:

$$\Delta\mathbf{L}_p = -\Delta\mathbf{L}_{em} = -\frac{e_1 g_2 - e_2 g_1}{4\pi c}\left(\frac{\mathbf{r}}{r}\bigg|_f - \frac{\mathbf{r}}{r}\bigg|_i\right).$$

Passando a una distanza molto grande l'una dall'altra le particelle compiono moti pressoché rettilinei uniformi, poiché a grandi distanze la forza di mutua interazione decresce come $1/r^2$, si vedano le (18.54) e (18.55). Conseguentemente la particella relativa compie altresì un moto pressoché rettilineo uniforme. Indicando con $\widehat{\mathbf{z}}$ il versore della velocità relativa a più e meno infinito – che è dunque la stessa – abbiamo quindi

$$\left.\frac{\mathbf{r}}{r}\right|_i = -\widehat{\mathbf{z}}, \qquad \left.\frac{\mathbf{r}}{r}\right|_f = \widehat{\mathbf{z}},$$

cosicché la variazione del momento angolare diventa

$$\Delta\mathbf{L}_p = \frac{e_2 g_1 - e_1 g_2}{2\pi c}\,\widehat{\mathbf{z}}. \tag{18.68}$$

Calcolo esplicito di $\Delta\mathbf{L}_p$. Per capire meglio il meccanismo che produce nel limite di $b \to \infty$ una variazione non nulla del momento angolare, mentre nello stesso limite le velocità relative iniziale e finale coincidono, effettuiamo un calcolo esplicito di $\Delta\mathbf{L}_p$.

Iniziamo determinando la variazione della velocità relativa $\Delta\mathbf{v}$ durante il processo di scattering, come funzione di b. In base a quanto osservato sopra ci aspettiamo che nel limite di $b \to \infty$ si abbia $\Delta\mathbf{v} \to 0$. È quindi sufficiente determinare $\Delta\mathbf{v}$ attraverso un calcolo perturbativo attorno alla traiettoria rettilinea imperturbata, con parametro di espansione $1/b$. Supponendo che la traiettoria imperturbata giaccia nel piano xz e che sia diretta lungo l'asse z, per la cinematica imperturbata abbiamo

$$\mathbf{r}(t) = b\widehat{\mathbf{x}} + vt\widehat{\mathbf{z}}, \qquad r^2(t) = b^2 + v^2 t^2, \qquad \mathbf{v}(t) = v\widehat{\mathbf{z}}. \tag{18.69}$$

Determiniamo $\Delta\mathbf{v}$ integrando l'equazione (18.57) lungo questa traiettoria

$$
\begin{aligned}
\Delta\mathbf{v} &= \frac{e_1 e_2 + g_1 g_2}{4\pi m}\int_{-\infty}^{\infty}\frac{b\widehat{\mathbf{x}} + vt\widehat{\mathbf{z}}}{(b^2 + v^2 t^2)^{3/2}}\,dt + \frac{e_2 g_1 - e_1 g_2}{4\pi m c}\int_{-\infty}^{\infty}\frac{v\widehat{\mathbf{z}}\times(b\widehat{\mathbf{x}} + vt\widehat{\mathbf{z}})}{(b^2 + v^2 t^2)^{3/2}}\,dt \\
&= \frac{b}{4\pi m}\left((e_1 e_2 + g_1 g_2)\widehat{\mathbf{x}} + \frac{v}{c}(e_2 g_1 - e_1 g_2)\widehat{\mathbf{y}}\right)\int_{-\infty}^{\infty}\frac{dt}{(b^2 + v^2 t^2)^{3/2}} \\
&= \frac{1}{2\pi m v b}\left((e_1 e_2 + g_1 g_2)\widehat{\mathbf{x}} + \frac{v}{c}(e_2 g_1 - e_1 g_2)\widehat{\mathbf{y}}\right) \equiv \Delta v_x\widehat{\mathbf{x}} + \Delta v_y\widehat{\mathbf{y}}.
\end{aligned}
\tag{18.70}
$$

Abbiamo sfruttato il fatto che – per integrazione simmetrica – i termini vt nei numeratori degli integrandi non contribuiscono e che

$$\int_{-\infty}^{\infty}\frac{dt}{(b^2 + v^2 t^2)^{3/2}} = \frac{2}{vb^2}.$$

Come si vede, la velocità acquista due componenti ortogonali alla direzione di incidenza. La componente Δv_x giace nel piano di incidenza xz e origina dalla consueta deflessione iperbolica in un campo coulombiano, dando luogo all'*angolo di scattering*

$$\varphi \approx \frac{\Delta v_x}{v} = \frac{e_1 e_2 + g_1 g_2}{2\pi m b v^2}. \tag{18.71}$$

Ricordiamo, in proposito, che una carica unitaria non relativistica nel potenziale coulombiano $V(r) = \alpha/r$ subisce l'angolo di scattering esatto

$$\varphi = 2\,arctg\left(\frac{\alpha}{mbv^2}\right).$$

Per $\alpha = (e_1 e_2 + g_1 g_2)/4\pi$, nel limite di $b \to \infty$ questa formula restituisce in effetti la (18.71).

La componente Δv_y della velocità finale è invece causata dalla forza dionica ed è *ortogonale* al piano di incidenza xz

$$\Delta v_y = \frac{e_2 g_1 - e_1 g_2}{2\pi m b c}.$$

Per valutare $\Delta \mathbf{L}_p$ nel limite di $b \to \infty$ conviene integrare l'identità

$$\frac{d\mathbf{L}_p}{dt} = \mathbf{r} \times m\,\frac{d\mathbf{v}}{dt}$$

tra gli istanti $t = -\infty$ e $t = \infty$. Usando per $\mathbf{r}$ la traiettoria imperturbata (18.69) e sfruttando la (18.70) otteniamo

$$\Delta \mathbf{L}_p = \int_{-\infty}^{\infty} \mathbf{r} \times m d\mathbf{v} = m \int_{-\infty}^{\infty} (b\widehat{\mathbf{x}} + vt\widehat{\mathbf{z}}) \times d\mathbf{v} = mb\widehat{\mathbf{x}} \times \int_{-\infty}^{\infty} d\mathbf{v}$$

$$= mb\widehat{\mathbf{x}} \times \Delta\mathbf{v} = mb\Delta v_y\widehat{\mathbf{z}} = \frac{e_2 g_1 - e_1 g_2}{2\pi c}\,\widehat{\mathbf{z}}$$

a conferma della (18.68). Abbiamo trascurato il termine proporzionale a vt poiché nel limite di $b \to \infty$ non dà contributo. Come si vede, la variazione Δv_x – causata dalla forza coulombiana – non contribuisce a $\Delta \mathbf{L}_p$. Viceversa, nel contributo dovuto alla variazione Δv_y – causata dalla forza dionica – il braccio b si compensa con il fattore $1/b$ presente in Δv_y.

18.4.2 Quantizzazione delle cariche e implicazioni fisiche

Interpretiamo ora il risultato di questo esperimento nel contesto della *Meccanica Quantistica*. Dal momento che abbiamo considerato il limite di $b \to \infty$, sia nello stato iniziale che in quello finale i dioni possono essere considerati come particelle muoventisi di moto rettilineo uniforme lungo la stessa direzione z. Grazie alle regole di commutazione

$$[L_p^i, p^j] = i\hbar\,\varepsilon^{ijk} p^k$$

le componenti z della velocità e del momento angolare sono variabili *compatibili*,

$$[L_p^z, p^z] = 0,$$

cosicché possiamo misurare l'osservabile L_p^z sia nello stato iniziale che in quello finale, senza modificare il moto lungo z. Secondo il paradigma della misura della Meccanica Quantistica i valori che otteniamo per L_p^z nei due stati appartengono necessariamente allo spettro del corrispondente operatore quantistico, ovvero sono multipli interi o semiinteri di $\hbar$. Pertanto la loro differenza è quantizzata secondo la regola

$$\Delta L_p^z = n\hbar,$$

n essendo un *intero* positivo o negativo. Dalla (18.68) segue allora la *condizione di quantizzazione di Dirac*[4]

$$e_2 g_1 - e_1 g_2 = 2\pi n\hbar c, \qquad n = 0, \pm 1, \pm 2, \ldots \qquad (18.72)$$

Concludiamo che – a livello semiclassico e non relativistico – una condizione *necessaria* per la coesistenza quantistica di monopoli e cariche, e più in generale di dioni, è che qualsiasi coppia di particelle soddisfi la condizione di quantizzazione di Dirac. Solo di recente è stato dimostrato che la validità della (18.72), o meglio – come spiegheremo tra breve – di una sua variante leggermente più restrittiva, è anche *sufficiente* per la costruzione di una teoria *quantistica* e *relativistica* di dioni autoconsistente [33].

Nonostante questi risultati teorici confortanti la ricerca sperimentale di monopoli magnetici – tuttora in atto – ha dato finora esiti negativi. Per l'interesse sia teorico che sperimentale che queste particelle continuano tuttavia a suscitare, di seguito elenchiamo alcune conseguenze importanti che deriverebbero dall'esistenza di monopoli magnetici in natura.

Quantizzazione della carica elettrica. Supponiamo che in natura esista anche un solo dione – o un solo monopolo – con carica magnetica g_0. In tal caso in base alla (18.72) la carica elettrica e_r di una qualsiasi particella carica a noi nota, non possedendo carica magnetica, dovrebbe soddisfare la relazione $e_r g_0 = 2\pi n_r \hbar c$, ovvero

$$e_r = n_r e_0, \qquad e_0 \equiv \frac{2\pi\hbar c}{g_0}, \qquad n_r \in \mathbb{Z}.$$

Si concluderebbe quindi che tutte le cariche elettriche presenti in natura sono necessariamente multiple intere di una carica fondamentale e_0 – fenomeno che va sotto il nome di *quantizzazione della carica elettrica* ed è confermato dagli esperimenti con estrema precisione. Sperimentalmente la differenza relativa tra i moduli delle cariche dell'elettrone e del protone è, infatti, minore di 10^{-20}. L'esistenza di monopoli magnetici fornirebbe così una spiegazione teorica di questo dato sperimentale, che

---

[4] Nel suo lavoro del 1931 P.A.M. Dirac considera un sistema formato da una carica e da un monopolo, derivando la condizione di quantizzazione $eg = 2\pi n\hbar c$ [32]. La generalizzazione (18.72) al caso di due dioni fu stabilita da J. Schwinger nel 1968 [35].

attualmente appare come una pura *coincidenza*. Scambiando nell'argomento appena presentato il ruoli di cariche e monopoli si conclude poi che anche le cariche magnetiche devono essere quantizzate.

Infine facciamo notare che l'ipotesi dell'esistenza di monopoli magnetici resta compatibile con le osservazioni, anche se tra le particelle *fondamentali* si annoverano i quark deconfinati, con cariche elettriche $\pm e/3$ e $\pm 2e/3$, e essendo la carica dell'elettrone. In tal caso è sufficiente scegliere come carica fondamentale $e_0 = e/3$.

Dualità di accoppiamento debole/forte. Consideriamo un sistema formato da una carica con carica elettrica e e da un monopolo con carica magnetica g. La condizione di Dirac

$$eg = 2\pi n \hbar c \qquad (18.73)$$

stabilisce allora anche una relazione tra le *costanti di struttura fine* elettrica e magnetica

$$\alpha_e \equiv \frac{e^2}{4\pi\hbar c}, \qquad \alpha_m \equiv \frac{g^2}{4\pi\hbar c},$$

che in teoria quantistica di campo rappresentano le intensità adimensionali dell'accoppiamento. La (18.73) pone infatti

$$\alpha_e \alpha_m = \frac{n^2}{4}.$$

Assumendo che n sia dell'ordine dell'unità, se $\alpha_e \ll 1$ si ha $\alpha_m \gg 1$ e viceversa. In una teoria in cui le cariche elettriche sono accoppiate debolmente, le cariche magnetiche sono dunque accoppiate fortemente e viceversa.

Visto che la dualità scambia cariche elettriche con cariche magnetiche si intuisce che una simmetria di questo tipo può risultare molto utile per studiare una teoria in un regime in cui la costante di accoppiamento è grande, nel qual caso lo sviluppo perturbativo fallirebbe, in termini di una *teoria duale* – debolmente accoppiata – che può invece essere analizzata con metodi perturbativi. La dualità elettromagnetica si annovera infatti tra le cosiddette *dualità di accoppiamento debole/forte*, che costituiscono una classe di dualità più ampia [39, 40].

Monopoli in teorie di grande unificazione. Lo studio dei monopoli – introdotti da noi *ad hoc* nell'ambito dell'Elettrodinamica classica – è motivato anche dal fatto che nelle *teorie di grande unificazione*, come ad esempio quella basata sul gruppo di gauge $SU(5)$, la presenza di monopoli è una previsione *inevitabile* delle teorie stesse. Il fatto che queste particelle non abbiano ancora trovato un riscontro sperimentalmente non contraddice affatto queste teorie, poiché le masse previste dei monopoli sono troppo elevate per poterli produrre negli acceleratori oggi a disposizione.

Dioni in teoria quantistica relativistica di campo. La condizione (18.72) è stata ottenuta come una condizione *necessaria* per l'esistenza di dioni con un argomento *semiclassico* e *non relativistico*. Tuttavia, la piena consistenza della dinamica dei dioni può essere realizzata solo nell'ambito delle *teorie quantistiche relativistiche* *di campo*. Esistono due teorie *inequivalenti* di questo tipo, caratterizzate da gruppi di dualità distinti, ovvero $SO(2)$ o Z_4 [33].

Teorie-SO(2). Dato un sistema di dioni con cariche (e_r, g_r) si può formulare una teoria di campo quantistica relativistica consistente se le cariche soddisfano le *condizioni di quantizzazione di Schwinger* [35]

$$e_r g_s - e_s g_r = 4\pi n_{rs}\hbar c, \quad \forall r, \ \forall s, \tag{18.74}$$

gli n_{rs} essendo interi positivi o negativi. Questa teoria è invariante sotto il gruppo di dualità continua $SO(2)$, come lo sono le condizioni di Schwinger. Come si vede, nessuna condizione di quantizzazione è richiesta tra le cariche e_r e g_r dello stesso dione. Si noti che la (18.74) differisce dalla (18.72) per un fattore 2.

Teorie-Z_4. Si può formulare una teoria di campo quantistica relativistica consistente anche se le cariche dei dioni soddisfano le condizioni

$$e_r g_s = 2\pi n_{rs}\hbar c, \quad \forall r, \ \forall s, \tag{18.75}$$

gli n_{rs} essendo interi positivi o negativi. La teoria corrispondente è invariante solo sotto il gruppo di dualità discreto Z_4. Sotto l'azione del generatore (18.43) di Z_4 il prodotto $e_r g_s$ in (18.75) non è invariante, ma il suo trasformato $-g_r e_s$ continua a essere un multiplo intero di $2\pi\hbar c$. Si può vedere che questa proprietà è sufficiente per garantire l'invarianza della teoria quantistica sotto la dualità Z_4. Si noti che sia le (18.74) che le (18.75) implicano le condizioni non relativistiche (18.72): la comparsa di queste condizioni più restrittive in teoria di campo quantistica relativistica è dunque da interpretarsi come un effetto *relativistico*.

Trasmutazione spin-statistica. Una differenza fondamentale tra le condizioni (18.74) e (18.75) è rappresentata dal fatto che la seconda impone anche un vincolo tra le cariche e_r e g_r dello stesso dione

$$e_r g_r = 2\pi n_{rr}\hbar c. \tag{18.76}$$

Questa relazione segnala la presenza di un'*autointerazione* non banale del dione r-esimo nella teoria-Z_4, che è invece assente nella teoria-$SO(2)$. Una conseguenza interessante di questa autointerazione è un fenomeno peculiare che si chiama *trasmutazione spin-statistica*. Spieghiamo brevemente in cosa consiste.

Supponiamo di privare tutti i dioni di entrambe le loro cariche trasformandoli in dioni neutri, operazione che equivale allo spegnimento del campo elettromagnetico da essi creato. I dioni risultanti sono allora particelle libere, prive di interazione, che si muovono di moto rettilineo uniforme. Il *teorema spin-statistica* impone allora che ciascun dione neutro è o un *bosone* (con spin intero e statistica di commutazione, ovvero con funzione d'onda simmetrica) oppure un *fermione* (con spin semiintero e statistica di anticommutazione, ovvero con funzione d'onda antisimmetrica).

Riaccendendo le cariche si dimostra allora che nella teoria-Z_4 lo spin S_r del dione carico r-esimo è legato allo spin S_r^0 del corrispondente dione neutro dalla relazione

$$S_r = S_r^0 + \frac{e_r g_r}{4\pi c}, \quad \text{mod } \hbar\mathbb{Z}. \tag{18.77}$$

Si noti che, grazie al fatto che il numero n_{rr} che compare nella (18.76) è intero, visto che S_r^0 è un multiplo intero o semiintero di $\hbar$, tale è anche S_r. Se n_{rr} è *pari* vale quindi

$$S_r = S_r^0, \quad \text{mod } \hbar\mathbb{Z},$$

mentre se n_{rr} è *dispari* vale

$$S_r = S_r^0 + \frac{\hbar}{2}, \quad \text{mod } \hbar\mathbb{Z}.$$

In corrispondenza si dimostra che se il dione r-esimo neutro obbedisce alla statistica di commutazione (anticommutazione) e n_{rr} è *pari*, allora anche quello carico obbedisce alla statistica di commutazione (anticommutazione). Viceversa, se il dione r-esimo neutro obbedisce alla statistica di commutazione (anticommutazione) e n_{rr} è *dispari*, allora quello carico obbedisce invece alla statistica di anticommutazione (commutazione) [36]. In conclusione, nella teoria-Z_4 l'autointerazione fa sì che un dione con cariche e e g subisca la trasmutazione di spin e statistica – diventando un bosone se era un fermione e viceversa – se $eg/2\pi\hbar c$ è dispari, mentre se $eg/2\pi\hbar c$ è pari non subisce nessuna trasmutazione. Nessuna trasmutazione avviene invece nella teoria-$SO(2)$.

Nella fisica delle particelle elementari la trasmutazione spin-statistica rappresenta un fenomeno peculiare in quanto *cambia le carte in tavola*. Vediamo in che senso. In teoria di campo qualsiasi particella – carica o neutra – viene descritta da un campo con un carattere tensoriale ben definito. Esempi ne sono i campi scalari, i campi vettoriali, i tensori doppi e i campi *spinoriali* (si veda in proposito un testo base quale [37]). In una teoria quantistica relativistica lo spin e la statistica della particella associata al campo sono legati in modo univoco al carattere tensoriale del campo. Così i campi scalari, i campi vettoriali e i tensori doppi simmetrici descrivono *bosoni*, con spin rispettivamente 0, $\pm\hbar$ e $\pm 2\hbar$ (si veda il Paragrafo 5.3.3), mentre i campi spinoriali descrivono *fermioni*, con spin $\pm\hbar/2$ o $\pm 3\hbar/2$. Ebbene, se un dione con $eg/2\pi\hbar c$ dispari viene descritto, ad esempio, da un campo scalare, allora a seguito della trasmutazione spin-statistica la particella corrispondente non è un bosone, bensì un fermione.

Concludiamo osservando che in una e due dimensioni spaziali la trasmutazione spin-statistica è un fenomeno piuttosto comune. In queste dimensioni in particolare lo spin non è quantizzato in multipli interi o semiinteri di $\hbar$ e può assumere qualsiasi valore reale. Al contrario in tre dimensioni spaziali sono noti solo due modi in cui può avvenire la trasmutazione spin-statistica: quello relativo ai dioni appena illustrato e quello legato agli *skyrmioni* [38].

19

I monopoli magnetici in Meccanica Quantistica

In questo capitolo esaminiamo la dinamica del sistema a due dioni nell'ambito della *Meccanica Quantistica* non relativistica. In Meccanica Quantistica la descrizione di un sistema fisico richiede l'introduzione di uno *spazio di Hilbert* $\mathcal{H}$, i cui elementi rappresentano gli *stati* del sistema, e di un *operatore hamiltoniano* autoaggiunto H, che ne determina l'evoluzione temporale. L'operatore H si costruisce a partire dall'hamiltoniana classica attraverso il paradigma della *quantizzazione canonica* e l'hamiltoniana classica si determina, a sua volta, a partire dalla lagrangiana attraverso la *trasformata di Legendre*. La lagrangiana, infine, è determinata in modo univoco – modulo derivate totali – dalle equazioni del moto classiche.

Una particella carica non relativistica in presenza di un campo elettromagnetico esterno $F^{\mu\nu}$ è soggetta all'equazione del moto classica

$$m\mathbf{a} = e\left(\mathbf{E} + \frac{\mathbf{v}}{c} \times \mathbf{B}\right). \tag{19.1}$$

Se $F^{\mu\nu}$ soddisfa l'identità di Bianchi $\partial_{[\mu}F_{\nu\rho]} = 0$ si può introdurre un potenziale vettore $A^{\mu} = (A^0, \mathbf{A})$ e l'equazione (19.1) discende allora dalla lagrangiana (19.4). In tal caso la quantizzazione canonica procede senza incontrare ostacoli, si veda la Sezione 19.1.

La dinamica classica di un sistema formato da due dioni, una volta disaccoppiato il moto del centro di massa, è governata dall'equazione del moto relativo (18.57)

$$m\mathbf{a} = \frac{e_1 e_2 + g_1 g_2}{4\pi} \frac{\mathbf{x}}{r^3} + \frac{e_2 g_1 - e_1 g_2}{4\pi} \frac{\mathbf{v}}{c} \times \frac{\mathbf{x}}{r^3}, \tag{19.2}$$

in cui $\mathbf{x}$ denota la coordinata relativa e $r = |\mathbf{x}|$. L'equazione (19.2) ha esattamente la forma (19.1), il campo elettromagnetico essendo statico con $\mathbf{E} \propto \mathbf{x}/r^3$ e $\mathbf{B} \propto \mathbf{x}/r^3$. Tuttavia, in questo caso la quantizzazione canonica incontra l'ostacolo – apparentemente insormontabile – di un campo magnetico non solenoidale: $\boldsymbol{\nabla} \cdot \mathbf{B} \neq 0$. In presenza di dioni il tensore $F^{\mu\nu}$ viola, per l'appunto, l'identità di Bianchi. Conseguentemente non è possibile introdurre un potenziale vettore e l'equazione (19.2) non può dunque essere derivata da una lagrangiana. Per superare questa difficoltà ci

Lechner K.: Elettrodinamica classica
DOI 10.1007/978-88-470-5211-6_19, © Springer-Verlag Italia 2013

serviremo di due digressioni matematiche: la prima riguarda la costruzione di uno spazio Hilbert *generalizzato* (Sezione 19.2) e la seconda la possibilità di introdurre un potenziale vettore per un campo magnetico non solenoidale (Sezione 19.3).

Nella costruzione di una dinamica quantistica consistente di dioni un ruolo fondamentale verrà giocato dall'*invarianza di gauge*. Inizieremo dunque il capitolo spiegando come l'invarianza di gauge si implementa in generale in Meccanica Quantistica.

In molti testi al posto di un sistema di due dioni si considera una particella di carica e muoventesi nel campo di un monopolo statico di carica g. Tale configurazione si può ricavare come caso particolare da un sistema di due dioni dinamici ponendo $e_1 = 0$, $g_1 = g$, $e_2 = e$, $g_2 = 0$ e considerando il limite di $m_1 \to \infty$, cosicché $m = m_1 m_2/(m_1 + m_2) \to m_2$ e $\mathbf{y}_1 \to \mathbf{r}_{CM}$.

19.1 Invarianza di gauge in Meccanica Quantistica

Consideriamo una particella carica non relativistica in presenza di un campo elettromagnetico $F^{\mu\nu}$, soggetta all'equazione del moto (19.1). Supponendo che $F^{\mu\nu}$ soddisfi l'identità di Bianchi $\partial_{[\mu} F_{\nu\rho]} = 0$ esiste un quadripotenziale A^μ tale che

$$\mathbf{E} = -\mathbf{\nabla} A^0 - \frac{1}{c}\frac{\partial \mathbf{A}}{\partial t}, \qquad \mathbf{B} = \mathbf{\nabla} \times \mathbf{A}. \qquad (19.3)$$

Dalla Sezione 4.2, si veda in particolare il Problema 4.2, sappiamo allora che l'equazione (19.1) discende dalla lagrangiana

$$L = \frac{1}{2} m v^2 - e A^0 + \frac{e}{c}\mathbf{v}\cdot\mathbf{A}. \qquad (19.4)$$

Eseguendone la trasformata di Legendre troviamo la nota hamiltoniana classica dell'*accoppiamento minimale*

$$\mathbf{P} \equiv \frac{\partial L}{\partial \mathbf{v}} = m\mathbf{v} + \frac{e}{c}\mathbf{A} \quad \to \quad H = \mathbf{P}\cdot\mathbf{v} - L = \frac{1}{2m}\left(\mathbf{P} - \frac{e}{c}\mathbf{A}\right)^2 + eA^0.$$

Secondo il paradigma della quantizzazione canonica l'hamiltoniana *quantistica* si ottiene effettuando in questa espressione la sostituzione $\mathbf{P} \to -i\hbar\mathbf{\nabla}$. Ne deriva l'hamiltoniana

$$H = -\frac{\hbar^2}{2m}\left(\mathbf{\nabla} - \frac{ie}{\hbar c}\mathbf{A}\right)^2 + eA^0. \qquad (19.5)$$

Analogamente l'impulso $\mathbf{p} = m\mathbf{v} = \mathbf{P} - e\mathbf{A}/c$ e il momento angolare $\mathbf{L} = \mathbf{x} \times m\mathbf{v}$ in presenza di un campo elettromagnetico sono rappresentati dagli operatori

$$\mathbf{p} = \frac{\hbar}{i}\mathbf{\nabla} - \frac{e}{c}\mathbf{A}, \qquad \mathbf{L} = \mathbf{x} \times \left(\frac{\hbar}{i}\mathbf{\nabla} - \frac{e}{c}\mathbf{A}\right). \qquad (19.6)$$

Infine l'evoluzione temporale di una funzione d'onda $\psi(t, \mathbf{x})$ appartenente allo spazio di Hilbert $\mathcal{H} = L^2(\mathbb{R}^3)$ è governata dall'*equazione di Schrödinger*

$$i\hbar \frac{\partial \psi}{\partial t} = H\psi. \tag{19.7}$$

19.1.1 Trasformazioni di gauge e simmetrie fisiche

Le osservabili quantistiche H, $\mathbf{p}$ ed $\mathbf{L}$ introdotte sopra dipendono esplicitamente dal potenziale vettore, potenziale che sappiamo essere definito solo modulo le trasformazioni di gauge[1]

$$A'^0 = A^0 - \frac{1}{c}\frac{\partial \Lambda}{\partial t}, \qquad \mathbf{A}' = \mathbf{A} + \nabla \Lambda. \tag{19.8}$$

Potenziali diversi danno luogo a osservabili diverse e grandezze misurabili – come i valori medi dell'energia – verrebbero quindi a dipendere dalla scelta della gauge.

Affrontiamo il problema nel caso di un campo esterno $F^{\mu\nu}(\mathbf{x})$ *statico*, di modo tale che il corrispondente sistema quantistico sia *conservativo*. In tal caso possiamo infatti scegliere un quadripotenziale $A^\mu(\mathbf{x})$ indipendente dal tempo, cosicché l'hamiltoniana (19.5) ne risulta altresì indipendente. Volendo preservare il carattere conservativo del sistema le trasformazioni di gauge permesse sono allora quelle con parametri Λ indipendenti da t[2]. Le trasformazioni (19.8) si riducono allora a

$$A'^0 = A^0, \qquad \mathbf{A}' = \mathbf{A} + \nabla \Lambda, \qquad \Lambda \equiv \Lambda(\mathbf{x}). \tag{19.9}$$

Si noti che sotto queste trasformazioni le osservabili H, $\mathbf{p}$ ed $\mathbf{L}$ comunque *non* sono invarianti.

Simmetrie fisiche. Come è noto in Meccanica Quantistica la corrispondenza tra stati fisici e vettori dello spazio Hilbert, da una parte, e tra osservabili e operatori au-

---

[1] Rispetto alla notazione dei capitoli precedenti abbiamo cambiato di segno a Λ.

[2] Per un campo elettromagnetico *non* statico – soddisfacente $\partial_{[\mu} F_{\nu\rho]} = 0$ – il potenziale vettore è soggetto alle trasformazioni di gauge (19.8) con Λ funzione arbitraria di t e $\mathbf{x}$. In tal caso l'hamiltoniana (19.5), dipendendo esplicitamente dal tempo, non è un'osservabile conservata e, inoltre, i suoi valori di aspettazione dipendono dalla scelta della gauge. Ponendo $\psi' = U\psi$ con $U = e^{ie\Lambda/\hbar c}$ si ha infatti

$$H' = -\frac{\hbar^2}{2m}\left(\nabla - \frac{ie}{\hbar c}\mathbf{A}'\right)^2 + eA'^0 = UHU^\dagger - \frac{e}{c}\frac{\partial \Lambda}{\partial t},$$

da cui

$$(\psi', H'\psi') = (\psi, H\psi) - \frac{e}{c}\left(\psi, \frac{\partial \Lambda}{\partial t}\psi\right) \neq (\psi, H\psi).$$

I valori di aspettazione di $\mathbf{p}$ ed $\mathbf{L}$ continuano, invece, a essere gauge invarianti. Allo stesso modo l'equazione di Schrödinger resta covariante sotto trasformazioni di gauge. Vale infatti l'identità

$$i\hbar \frac{\partial \psi'}{\partial t} - H'\psi' = U\left(i\hbar \frac{\partial \psi}{\partial t} - H\psi\right).$$

toaggiunti, dall'altra, non è univocamente determinata: corrispondenze diverse sono fisicamente equivalenti se sono collegate da *simmetrie fisiche*, ovvero da operatori U unitari[3]

$$U^\dagger U = U U^\dagger = 1.$$

Una corrispondenza in cui stati e osservabili sono descritti dai vettori ψ e dagli operatori O e un'altra in cui sono descritti dai vettori ψ' e dagli operatori O' danno, infatti, luogo alle stesse grandezze misurabili, purché valga

$$\psi' = U\psi, \qquad O' = UOU^\dagger.$$

In particolare risultano invarianti i valori di aspettazione delle osservabili

$$(\psi, O\psi) = (\psi', O'\psi').$$

Per risolvere il problema di cui sopra è allora sufficiente notare che l'hamiltoniana gauge-trasformata

$$H' = -\frac{\hbar^2}{2m}\left(\boldsymbol{\nabla} - \frac{ie}{\hbar c}\,\mathbf{A}'\right)^2 + eA^0 \qquad (19.10)$$

è legata all'hamiltoniana H (19.5) attraverso una trasformazione unitaria. Scegliendo per U la trasformazione – palesemente unitaria – che consiste nella moltiplicazione per la *fase* dipendente da **x**

$$U = e^{ie\Lambda/\hbar c},$$

e notando le identità operatoriali

$$U\,\boldsymbol{\nabla} U^\dagger = \boldsymbol{\nabla} - \frac{ie}{\hbar c}\,\boldsymbol{\nabla}\Lambda, \qquad U\left(\boldsymbol{\nabla} - \frac{ie}{\hbar c}\,\mathbf{A}\right)U^\dagger = \boldsymbol{\nabla} - \frac{ie}{\hbar c}\,\mathbf{A}', \qquad (19.11)$$

è infatti immediato verificare che vale

$$H' = UHU^\dagger. \qquad (19.12)$$

Similmente dalle (19.6), (19.9) e (19.11) seguono le relazioni

$$\mathbf{p}' = U\mathbf{p}U^\dagger, \qquad \mathbf{L}' = U\mathbf{L}U^\dagger.$$

Affiancando agli operatori H', $\mathbf{p}'$ e $\mathbf{L}'$ gli stati gauge-trasformati

$$\psi' = U\psi = e^{ie\Lambda/\hbar c}\psi,$$

concludiamo allora che in Meccanica Quantistica una trasformazione di gauge costituisce una *simmetria fisica*. Ne segue in particolare che tutte le grandezze osservabili sono gauge invarianti.

---

[3] Nel contesto attuale gli operatori *anti*unitari non giocano alcun ruolo.

19.2 Spazio di Hilbert generalizzato

Per una particella priva di spin la scelta canonica dello spazio di Hilbert è $L^2(\mathbb{R}^3)$, ovvero l'insieme delle funzioni $\psi : \mathbb{R}^3 \to \mathbb{C}$ modulo quadro integrabili

$$\int |\psi(\mathbf{x})|^2 \, d^3x < \infty.$$

Per una particella carica che si trovi in presenza di un monopolo magnetico, o più in generale di un dione, non sarà più possibile introdurre una *singola* funzione d'onda, valida in tutto $\mathbb{R}^3$, e sarà necessario ricorrere a uno spazio di Hilbert più generale. Questa sezione è dedicata alla costruzione di un tale spazio.

Siano dati due aperti V_1 e V_2 di $\mathbb{R}^3$ con le proprietà

$$V_1 \cup V_2 = \mathbb{R}^3, \qquad V_1 \cap V_2 \equiv V_0 \neq \emptyset. \tag{19.13}$$

In corrispondenza definiamo uno spazio vettoriale lineare $\mathcal{H}$ i cui elementi sono costituiti da coppie di funzioni $\psi = \{\psi_1, \psi_2\}$ tali che

$$\psi_1 \in L^2(V_1), \quad \psi_2 \in L^2(V_2). \tag{19.14}$$

Le ψ_i sono quindi funzioni da V_i in $\mathbb{C}$ modulo quadro integrabili in V_i, $i = 1, 2$. La necessità di introdurre due funzioni d'onda, ciascuna definita solo in un aperto di $\mathbb{R}^3$, deriverà dal fatto che nessuna delle due funzioni può essere *continuata* su tutto $\mathbb{R}^3$. È immediato verificare che l'insieme delle coppie così definite costituisce naturalmente uno spazio vettoriale lineare, la somma essendo definita da

$$\{\psi_1, \psi_2\} + \{\phi_1, \phi_2\} = \{\psi_1 + \phi_1, \psi_2 + \phi_2\} \tag{19.15}$$

e la moltiplicazione per una costante $k \in \mathbb{C}$ da

$$k\{\psi_1, \psi_2\} = \{k\psi_1, k\psi_2\}. \tag{19.16}$$

19.2.1 Funzione di transizione e prodotto scalare

Per ottenere uno spazio (pre)hilbertiano occorre dotare $\mathcal{H}$ di un *prodotto scalare*. Nel caso in questione la definizione standard $(\psi, \phi) = \int \psi^* \phi \, d^3x$ è in conflitto con il fatto che nella regione V_0 restano definite due funzioni d'onda diverse, sicché il prodotto scalare non sarebbe univocamente determinato.

A questa ambiguità matematica corrisponde la contraddizione fisica che la probabilità di trovare la particella in un punto $\mathbf{x} \in V_0$ avrebbe due determinazioni diverse, a seconda che si consideri $|\psi_1(\mathbf{x})|^2$ o $|\psi_2(\mathbf{x})|^2$. Volendo mantenere l'interpretazione probabilistica della funzione d'onda dobbiamo quindi richiedere che valga

$$|\psi_1(\mathbf{x})| = |\psi_2(\mathbf{x})|, \quad \forall \mathbf{x} \in V_0. \tag{19.17}$$

Questa condizione equivale all'esistenza di una funzione *reale* $D(\mathbf{x})$ – definita in V_0 – tale che

$$\psi_2(\mathbf{x}) = e^{iD(\mathbf{x})}\psi_1(\mathbf{x}), \quad \forall \mathbf{x} \in V_0. \tag{19.18}$$

Si noti che questa relazione non esprime il semplice fatto che le funzioni d'onda siano definite modulo uno fase, poiché D è una funzione di $\mathbf{x}$. Preso un altro elemento $\phi = \{\phi_1, \phi_2\} \in \mathcal{H}$ analogamente dovrà valere $\phi_2(\mathbf{x}) = e^{iE(\mathbf{x})}\phi_1(\mathbf{x}), \forall \mathbf{x} \in V_0$, dove *a priori* E potrebbe essere una funzione reale diversa da D. Tuttavia, le operazioni (19.15) e (19.16) devono preservare la proprietà (19.17), ovvero in V_0 per ogni $a, b \in \mathbb{C}$ deve essere

$$|a\psi_1 + b\phi_1| = |a\psi_2 + b\phi_2| = |ae^{iD}\psi_1 + be^{iE}\phi_1| = |a\psi_1 + be^{i(E-D)}\phi_1|,$$

sicché deve valere

$$E(\mathbf{x}) - D(\mathbf{x}) = 2n\pi, \quad n \in \mathbb{Z}.$$

La funzione $e^{iD(\mathbf{x})}$ – chiamata *funzione di transizione* – deve essere quindi la stessa per ogni coppia $\{\psi_1, \psi_2\}$ e caratterizza lo spazio di Hilbert che stiamo costruendo.

In base alla (19.18) possiamo allora definire il prodotto scalare – ben definito – tra due elementi $\psi = \{\psi_1, \psi_2\}$ e $\phi = \{\phi_1, \phi_2\}$ appartenenti ad $\mathcal{H}$ come

$$(\psi, \phi) \equiv \int_{V_1} \psi_1^* \phi_1 \, d^3x + \int_{V_2 \setminus V_0} \psi_2^* \phi_2 \, d^3x = \int_{V_1 \setminus V_0} \psi_1^* \phi_1 \, d^3x + \int_{V_2} \psi_2^* \phi_2 \, d^3x.$$

$$\tag{19.19}$$

Con questo prodotto scalare l'insieme delle coppie $\{\psi_1, \psi_2\}$ – soddisfacenti le (19.14) e (19.18) – costituisce uno spazio prehilbertiano $\mathcal{H}$, contrassegnato dalla funzione di transizione $e^{iD(\mathbf{x})}$. Infine è immediato rendersi conto che con questo prodotto scalare $\mathcal{H}$ risulta altresì *completo*, sicché è uno *spazio di Hilbert*. In seguito ci riferiremo ad $\mathcal{H}$ come *spazio di Hilbert generalizzato*.

Continuità della funzione di transizione. Occorre fare una specificazione importante sulle funzioni di transizione $e^{iD(\mathbf{x})}$ permesse, in particolare sulle loro proprietà di regolarità. Ricordiamo in proposito che le funzioni di $L^2(\mathbb{R}^3)$ in generale non posseggono nessuna particolare proprietà di regolarità, a parte quella di essere modulo quadro integrabili.

Nel caso convenzionale di una particella priva di spin un'osservabile quantistica è rappresentata da un operatore *autoaggiunto* nello spazio di Hilbert $\mathcal{H}_0 \equiv L^2(\mathbb{R}^3)$. Le osservabili fondamentali come l'impulso, il momento angolare e la stessa hamiltoniana sono rappresentate in particolare da operatori autoaggiunti *illimitati*, che come tali non hanno come *dominio* l'intero spazio di Hilbert, bensì un suo sottospazio *denso*. Queste osservabili coinvolgono l'operazione di *derivazione* e corrispondentemente i loro domini sono formati da funzioni sufficientemente regolari e in genere *continue*[4].

---

[4] In realtà le *autofunzioni* delle osservabili fondamentali della Meccanica Quantistica in genere sono più regolari delle generiche funzioni dei loro domini, ovvero di classe C^∞.

A titolo di esempio consideriamo in $\mathcal{H}_0$ l'hamiltoniana $-\nabla^2$ della particella libera, il cui *dominio di autoaggiuntezza* è

$$\mathcal{D} = \{\psi \in \mathcal{H}_0 / |\mathbf{k}|^2 \widehat{\psi}(\mathbf{k}) \in \mathcal{H}_0\},$$

$\widehat{\psi}$ essendo la trasformata di Fourier di ψ. Visto che $\widehat{\psi}$ appartiene comunque a $\mathcal{H}_0$, se $\psi \in \mathcal{D}$ la funzione $\widehat{\psi}$ può essere scritta come prodotto di due funzioni appartenenti a $L^2(\mathbb{R}^3)$

$$\widehat{\psi}(\mathbf{k}) = \left(\widehat{\psi}(\mathbf{k}) + |\mathbf{k}|^2 \widehat{\psi}(\mathbf{k})\right) \cdot \frac{1}{1 + |\mathbf{k}|^2}.$$

Di conseguenza $\widehat{\psi} \in L^1(\mathbb{R}^3)$ e in base al *lemma di Riemann-Lebesgue* ψ è allora una funzione continua[5]. Qualsiasi funzione $\psi \in \mathcal{D}$ è pertanto *continua*.

Tornando allo spazio di Hilbert generalizzato consideriamo un generico elemento $\{\psi_1, \psi_2\}$ appartenente al dominio di un'osservabile fondamentale e assumiamo, dunque, che entrambe le funzioni ψ_1 e ψ_2 siano continue. Visto che i domini delle osservabili sono *densi* nello spazio di Hilbert, la relazione (19.18) comporta allora l'importante restrizione che la funzione di transizione $e^{iD(\mathbf{x})}$ deve essere essa stessa continua in tutta la regione V_0 in cui è definita[6]. La continuità della funzione di transizione giocherà un ruolo fondamentale nella derivazione della condizione di quantizzazione di Dirac, si veda il Paragrafo 19.5.1.

Operatori nello spazio di Hilbert generalizzato. In seguito per definitezza consideriamo solo operatori costruiti con $\mathbf{x}$ e $\mathbf{p} = -i\hbar\nabla$. Possiamo definire un operatore lineare O nello spazio $\mathcal{H}$ a partire da due operatori lineari O_1 e O_2 definiti rispettivamente in $L^2(V_1)$ e $L^2(V_2)$ (ovvero in opportuni domini di tali spazi)

$$\psi_i \in L^2(V_i) \quad \Rightarrow \quad O_i\psi_i \in L^2(V_i).$$

Definiamo l'operatore O in $\mathcal{H}$ attraverso

$$\psi = \{\psi_1, \psi_2\} \in \mathcal{H} \quad \rightarrow \quad O\psi \equiv \{O_1\psi_1, O_2\psi_2\}.$$

Questa definizione è ben posta purché la coppia $\{O_1\psi_1, O_2\psi_2\}$ appartenga ancora ad $\mathcal{H}$, ovvero soddisfi la relazione (19.18)

$$O_2\psi_2 = e^{iD}O_1\psi_1, \quad \forall \mathbf{x} \in V_0.$$

Visto che in V_0 vale $\psi_2 = e^{iD}\psi_1$ ne discende il vincolo

$$O_2 = e^{iD}O_1 e^{-iD}, \quad \forall \mathbf{x} \in V_0. \tag{19.20}$$

Gli operatori O_1 e O_2 non possono quindi essere scelti in modo arbitrario, in quanto in base a questa relazione in V_0 sono legati dall'operatore unitario $U = e^{iD}$ – lo

---

[5] Il lemma di Riemann-Lebesgue asserisce che la trasformata di Fourier di una funzione $f \in L^1(\mathbb{R}^D)$ è continua e si annulla all'infinito.

[6] Si noti che ciò non implica necessariamente che sia $D(\mathbf{x})$ a essere continua.

stesso che lega tra di loro gli stati secondo la (19.18). Grazie a ciò gli elementi di matrice $(\phi, O\psi)$ – definiti in base al prodotto scalare (19.19) – sono determinati in modo *univoco*.

19.3 Un potenziale vettore per il monopolo magnetico

In questa sezione affrontiamo il problema dell'esistenza di un potenziale vettore per il campo magnetico di un monopolo statico, con carica magnetica $\mathcal{G}$. Il campo magnetico di un monopolo che si trova nell'origine è ($r = |\mathbf{x}|$)

$$\mathbf{B} = \frac{\mathcal{G}\mathbf{x}}{4\pi r^3} \tag{19.21}$$

e soddisfa l'equazione

$$\boldsymbol{\nabla}\cdot\mathbf{B} = \mathcal{G}\delta^3(\mathbf{x}). \tag{19.22}$$

Dal momento che il secondo membro di questa equazione è diverso da zero non esiste nessun potenziale vettore $\mathbf{A}$ tale che $\mathbf{B} = \boldsymbol{\nabla} \times \mathbf{A}$.

19.3.1 Potenziale e stringa di Dirac

Lemma di Poincaré e stringa di Dirac. Per affrontare il problema è conveniente tradurre la (19.22) nel linguaggio delle forme differenziali e servirsi poi del *lemma di Poincaré*, si veda la Sezione 17.1. Ricordiamo che una forma Φ si dice chiusa se $d\Phi = 0$ e che si dice esatta se esiste una forma Ψ, tale che $\Phi = d\Psi$. Grazie al fatto che $d^2 = 0$ ogni forma esatta è chiusa. Il lemma di Poincaré asserisce allora che una forma chiusa in un aperto *contraibile* è ivi esatta. Un insieme si dice contraibile, in parole povere, se può essere deformato con continuità a un punto.
   Come primo passo associamo a $\mathbf{B}$ la 2-forma

$$B = \frac{1}{2}\,dx^j \wedge dx^i \varepsilon^{ijk}B^k = \frac{\mathcal{G}}{8\pi}\,dx^j \wedge dx^i \varepsilon^{ijk}\frac{x^k}{r^3} \tag{19.23}$$

e alla densità di carica magnetica $j_m^0 = \mathcal{G}\delta^3(\mathbf{x})$ la 3-forma

$$J \equiv \frac{\mathcal{G}}{6}\,dx^k \wedge dx^j \wedge dx^i \varepsilon^{ijk}\delta^3(\mathbf{x}). \tag{19.24}$$

L'equazione scalare (19.22) può allora essere scritta in modo equivalente come l'equazione tra 3-forme, si veda il Problema 19.1,

$$dB = J. \tag{19.25}$$

Questa equazione può essere derivata anche direttamente dalla (18.24) ponendovi $\mathbf{E} = 0$, $\partial_0 \mathbf{B} = 0$, $\mathbf{j}_m = 0$ e $j_m^0 = \mathcal{G}\delta^3(\mathbf{x})$, nel qual caso si ha $F = \frac{1}{2} dx^\mu \wedge dx^\nu F_{\nu\mu} = \frac{1}{2} dx^j \wedge dx^i F_{ij} = -B$ e $*j_m = J$.

Vista l'espressione di J (19.24) dalla (19.25) si conclude che la 2-forma B è chiusa nell'aperto $\mathbb{R}^3 \setminus \{0\}$. Potremmo allora tentare di applicare il lemma di Poincaré in tale aperto e cercare una 1-forma

$$A = dx^i A^i$$

tale che in $\mathbb{R}^3 \setminus \{0\}$ si abbia $B = dA$, relazione che equivale a $\mathbf{B} = \nabla \times \mathbf{A}$ (si veda il Problema 19.1). Tuttavia, questa strategia fallisce perché l'insieme $\mathbb{R}^3 \setminus \{0\}$ non è *contraibile*, come viene invece richiesto dal lemma di Poincaré.

Per procedere lungo questa strada occorre dunque ridurre l'aperto $\mathbb{R}^3 \setminus \{0\}$ con lo scopo di renderlo contraibile. Una maniera *minimale* per fare questo consiste nello scegliere una curva γ – una *stringa di Dirac* – che ha come un estremo l'origine $(0, 0, 0)$ e si estende fino all'infinito. L'aperto $V \equiv \mathbb{R}^3 \setminus \gamma$ risulta in effetti contraibile e il lemma di Poincaré assicura allora che in V la 2-forma B è esatta. Esiste dunque una 1-forma A definita in V tale che

$$B = dA, \qquad \text{ovvero} \quad \mathbf{B} = \nabla \times \mathbf{A}, \quad \text{per} \quad \mathbf{x} \in V. \qquad (19.26)$$

Tale 1-forma è determinata soltanto modulo 1-forme chiuse, ovvero, dato che V è contraibile, modulo 1-forme esatte: $A \approx A + df$, con f un'arbitraria funzione definita in V.

Potenziale di Dirac. Esiste tuttavia un potenziale vettore A *canonico* – il *potenziale di Dirac* – che si esprime in termini di un integrale di linea lungo la stringa di Dirac. Parametrizzando γ con $\mathbf{y}(\lambda)$, dove $0 \le \lambda < \infty$ e $\mathbf{y}(0) = (0, 0, 0)$, il potenziale di Dirac è definito da

$$A^i(\mathbf{x}) = \frac{\mathcal{G}}{4\pi} \, \varepsilon^{ijk} \int_\gamma \frac{x^j - y^j}{|\mathbf{x} - \mathbf{y}|^3} \, dy^k. \qquad (19.27)$$

Verifichiamo che questo potenziale soddisfa la (19.26), calcolando il rotore di $\mathbf{A}(\mathbf{x})$ per $\mathbf{x} \in V$

$$(\nabla \times \mathbf{A})^l = \varepsilon^{lmn} \partial_m A^n = \frac{\mathcal{G}}{4\pi} \, \varepsilon^{lmn} \, \partial_m \, \varepsilon^{nij} \int_\gamma \frac{x^i - y^i}{|\mathbf{x} - \mathbf{y}|^3} \, dy^j$$

$$= \frac{\mathcal{G}}{4\pi} \left(\delta^{li} \delta^{mj} - \delta^{lj} \delta^{mi} \right) \int_\gamma \partial_m \frac{x^i - y^i}{|\mathbf{x} - \mathbf{y}|^3} \, dy^j$$

$$= \frac{\mathcal{G}}{4\pi} \int_\gamma \partial_j \frac{x^l - y^l}{|\mathbf{x} - \mathbf{y}|^3} \, dy^j - \frac{\mathcal{G}}{4\pi} \int_\gamma \partial_i \frac{x^i - y^i}{|\mathbf{x} - \mathbf{y}|^3} \, dy^l \qquad (19.28)$$

$$= -\frac{\mathcal{G}}{4\pi} \int_\gamma d\left(\frac{x^l - y^l}{|\mathbf{x} - \mathbf{y}|^3} \right) = \frac{g x^l}{4\pi r^3} = B^l. \qquad (19.29)$$

Abbiamo sfruttato che per $\mathbf{x} \notin \gamma$ si ha $\boldsymbol{\nabla} \cdot (\mathbf{x} - \mathbf{y}/|\mathbf{x} - \mathbf{y}|^3) = 0$, cosicché il secondo termine in (19.28) si annulla.

A causa del fattore $1/|\mathbf{x} - \mathbf{y}|^3$ il potenziale (19.27) è singolare per $\mathbf{x} \in \gamma$ ed è regolare per $\mathbf{x} \in V$. Per rendere questa proprietà più evidente valutiamo l'integrale (19.27) nel caso in cui la stringa di Dirac sia la semiretta $\mathbf{y}(\lambda) = \lambda \mathbf{n}$ con $|\mathbf{n}| = 1$ (si veda il Problema 19.2)

$$A^i = \frac{\mathcal{G}\varepsilon^{ijk}}{4\pi} \int_0^\infty \frac{x^j - n^j \lambda}{|\mathbf{x} - \mathbf{n}\lambda|^3} \, n^k d\lambda = \frac{\mathcal{G}\varepsilon^{ijk} x^j n^k}{4\pi} \int_0^\infty \frac{d\lambda}{|\mathbf{x} - \mathbf{n}\lambda|^3} = \frac{\mathcal{G}\varepsilon^{ijk} x^j n^k}{4\pi r(r - \mathbf{n} \cdot \mathbf{x})}.$$
$$(19.30)$$

Per una stringa di Dirac rettilinea il potenziale di Dirac assume dunque la semplice espressione

$$\mathbf{A} = \frac{\mathcal{G}}{4\pi} \frac{\mathbf{x} \times \mathbf{n}}{r \, (r - \mathbf{n} \cdot \mathbf{x})}. \qquad (19.31)$$

Come si vede, questa espressione è regolare per ogni $\mathbf{x} \in \mathbb{R}^3$, esclusa la stringa di Dirac $\mathbf{x} = \lambda \mathbf{n}$. Il potenziale vettore introdotto originariamente da Dirac corrisponde alla scelta $\mathbf{n} = (0, 0, 1)$, equivalente a prendere come stringa di Dirac l'asse delle z positive.

In conclusione, il campo magnetico creato da un monopolo ammette *localmente* un potenziale vettore, che ha come luogo *minimale* di singolarità una stringa connettente il monopolo all'infinito. D'altronde la posizione della stringa non può avere nessuna rilevanza fisica – non può essere *osservabile* – cosicché sorge naturalmente la domanda di cosa succeda se si sceglie una stringa diversa.

19.3.2 Cambiamento della stringa di Dirac

Scegliamo due stringhe di Dirac diverse γ_1 e γ_2 intersecantesi soltanto nell'origine, parametrizzate da $\mathbf{y}_1(\lambda)$ e $\mathbf{y}_2(\lambda)$. Introduciamo i rispettivi potenziali di Dirac A_1 e A_2 come in (19.27), definiti rispettivamente nelle regioni $V_1 = \mathbb{R}^3 \setminus \gamma_1$ e $V_2 = \mathbb{R}^3 \setminus \gamma_2$. Questi potenziali hanno come dominio comune l'aperto $V_0 \equiv V_1 \cap V_2 = \mathbb{R}^3 \setminus \Gamma$, dove $\Gamma = \gamma_1 \cup \gamma_2$ è una curva che si estende da meno infinito a più infinito passando per il monopolo. La possiamo parametrizzare come

$$\Gamma = \gamma_1 \cup \gamma_2 \quad \leftrightarrow \quad \mathbf{y}(\lambda) = \begin{cases} \mathbf{y}_1(-\lambda), & \text{per } -\infty < \lambda \le 0, \\ \mathbf{y}_2(\lambda), & \text{per } 0 \le \lambda < \infty. \end{cases} \qquad (19.32)$$

Dal momento che A_1 e A_2 soddisfano l'equazione (19.26) rispettivamente in V_1 e V_2, in V_0 vale

$$dA_1 = B = dA_2 \quad \Rightarrow \quad d(A_2 - A_1) = 0.$$

In V_0 la 1-forma $A_2 - A_1$ è dunque chiusa. Tuttavia, l'aperto V_0 – che corrisponde a $\mathbb{R}^3$ privato di una curva infinitamente estesa – non è contraibile. Non possiamo pertanto affermare che $A_2 - A_1$ sia una forma esatta in V_0.

Occorre quindi restringere l'aperto V_0 per renderlo contraibile. Una maniera minimale per farlo consiste nell'introdurre una superficie bidimensionale infinitamente estesa Σ, il cui bordo sia Γ

$$\partial \Sigma = \Gamma,$$

superficie che ovviamente non è unica. Possiamo parametrizzare Σ con una funzione vettoriale di due variabili λ e u

$$\mathbf{y}(\lambda, u), \qquad -\infty < \lambda < \infty, \qquad 0 \le u < \infty, \tag{19.33}$$

soggetta alla condizione al bordo

$$\mathbf{y}(\lambda, 0) = \mathbf{y}(\lambda), \tag{19.34}$$

dove $\mathbf{y}(\lambda)$ è la curva (19.32). Da un punto di vista topologico Σ equivale a un semipiano infinito e di conseguenza l'aperto $W \equiv \mathbb{R}^3 \setminus \Sigma$ è contraibile. Grazie al lemma di Poincaré in W la 1-forma $A_2 - A_1$ è pertanto esatta. Esiste quindi una funzione scalare Λ definita in W – chiamata *funzione di gauge* – tale che

$$A_2 - A_1 = d\Lambda, \quad \text{ovvero} \quad \mathbf{A}_2 - \mathbf{A}_1 = \boldsymbol{\nabla}\Lambda, \quad \text{per} \quad \mathbf{x} \in W. \tag{19.35}$$

In W i potenziali $\mathbf{A}_2$ e $\mathbf{A}_1$ differiscono dunque per una *trasformazione di gauge*, motivo per cui si suole dire che *un cambiamento della stringa di Dirac equivale a una trasformazione di gauge*. Questa affermazione va considerata con cautela in quanto, mentre i potenziali $\mathbf{A}_1$ e $\mathbf{A}_2$ sono regolari in V_0 – ivi compreso Σ – la funzione di gauge Λ è *discontinua* su Σ, come vedremo tra breve. La trasformazione di gauge che effettua lo spostamento della stringa di Dirac è dunque *singolare*. Nel prossimo paragrafo deriveremo una rappresentazione integrale di Λ che ci permetterà di studiarne le proprietà.

19.3.3 La funzione di gauge

Usando per A_1 e A_2 le rappresentazioni (19.27) troviamo

$$A_2^i - A_1^i = \frac{\mathcal{G}}{4\pi} \int_\Gamma Q^{ik} dy^k, \qquad Q^{ik} = \varepsilon^{ijk} \frac{x^j - y^j}{|\mathbf{x} - \mathbf{y}|^3}, \tag{19.36}$$

Γ essendo la curva (19.32). Di seguito vogliamo applicare all'integrale (19.36) il teorema di Stokes, che permette di trasformare un integrale di linea lungo una curva chiusa in un integrale di superficie. Per fare questo riscriviamo l'integrale (19.36) come limite per $L \to \infty$ di un integrale lungo una curva chiusa α_L, che sarà composta da due curve: $\alpha_L = \Gamma_L \cup \beta_L$. Γ_L è il segmento finito della curva Γ delimitato da $|\lambda| \leq L$. Per β_L scegliamo una curva a forma di "semicerchio" di raggio L giacente sulla superficie Σ, i cui due estremi coincidono con gli estremi di Γ_L. Per costruzione la curva chiusa α_L appartiene a Σ ed esiste dunque una superficie $\Sigma_L \subset \Sigma$ tale che il bordo di Σ_L sia α_L, $\partial \Sigma_L = \alpha_L$.

Nel limite di $L \to \infty$ si ha che $\Sigma_L \to \Sigma$ e contemporaneamente la curva β_L si sposta all'infinito. Di conseguenza nel limite di $L \to \infty$ l'integrale

$$\int_{\beta_L} Q^{ik} dy^k$$

tende a zero, poiché nel limite di $|\mathbf{y}| \to \infty$ la funzione Q^{ik} svanisce come $1/|\mathbf{y}|^2$. In definitiva, applicando il teorema di Stokes, l'integrale (19.36) può essere scritto come

$$A_2^i - A_1^i = \frac{\mathcal{G}}{4\pi} \lim_{L \to \infty} \int_{\Gamma_L} Q^{ik} dy^k = \frac{\mathcal{G}}{4\pi} \lim_{L \to \infty} \left(\int_{\Gamma_L} Q^{ik} dy^k + \int_{\beta_L} Q^{ik} dy^k \right)$$

$$= \frac{\mathcal{G}}{4\pi} \lim_{L \to \infty} \int_{\alpha_L = \partial \Sigma_L} Q^{ik} dy^k = \frac{\mathcal{G}}{4\pi} \lim_{L \to \infty} \int_{\Sigma_L} \varepsilon^{kmn} \frac{\partial Q^{in}}{\partial y^m} d\Sigma^k$$

$$= \frac{\mathcal{G}}{4\pi} \int_{\Sigma} \varepsilon^{kmn} \frac{\partial Q^{in}}{\partial y^m} d\Sigma^k, \tag{19.37}$$

$d\Sigma^k$ essendo l'elemento di area della superficie Σ (19.33)

$$d\Sigma^k = \varepsilon^{krs} \frac{\partial y^r}{\partial \lambda} \frac{\partial y^s}{\partial u} d\lambda \, du. \tag{19.38}$$

Dal momento che Q^{ik} dipende solo dalla differenza $\mathbf{x} - \mathbf{y}$, la derivata $\partial/\partial y^m$ in (19.37) può essere sostituita con $-\partial/\partial x^m \equiv -\partial_m$ e portata fuori dal segno di integrale. Inserendo l'espressione di Q^{ik} (19.36), e sfruttando l'identità $\varepsilon^{kmn} \varepsilon^{ijn} = \delta^{ki}\delta^{mj} - \delta^{kj}\delta^{mi}$, si ottiene allora

$$A_2^i - A_1^i = -\frac{\mathcal{G}}{4\pi} \partial_m \int_{\Sigma} \varepsilon^{kmn} Q^{in} d\Sigma^k$$

$$= \frac{\mathcal{G}}{4\pi} \partial_i \int_{\Sigma} \frac{x^k - y^k}{|\mathbf{x} - \mathbf{y}|^3} d\Sigma^k - \frac{\mathcal{G}}{4\pi} \partial_k \int_{\Sigma} \frac{x^k - y^k}{|\mathbf{x} - \mathbf{y}|^3} d\Sigma^i, \tag{19.39}$$

essendo sottintesa l'identificazione $\mathbf{y} \equiv \mathbf{y}(\lambda, u)$. Infine, visto che per $\mathbf{x} \notin \Sigma$ si ha $\nabla \cdot (\mathbf{x} - \mathbf{y}/|\mathbf{x} - \mathbf{y}|^3) = 0$, il secondo termine in (19.39) è zero. Confrontando la relazione trovata con la (19.35) si vede che la funzione di gauge è data dall'integrale su Σ

$$\Lambda(\mathbf{x}) = \frac{\mathcal{G}}{4\pi} \int_{\Sigma} \frac{x^k - y^k}{|\mathbf{x} - \mathbf{y}|^3} d\Sigma^k = \frac{\mathcal{G}}{4\pi} \varepsilon^{ijk} \int_{\Sigma} \frac{\partial y^i}{\partial \lambda} \frac{\partial y^j}{\partial u} \frac{x^k - y^k}{|\mathbf{x} - \mathbf{y}|^3} d\lambda \, du. \tag{19.40}$$

Questa funzione è regolare per $\mathbf{x} \in W = \mathbb{R}^3 \setminus \Sigma$ ed è singolare per $\mathbf{x} \in \Sigma$. Tuttavia non è difficile rendersi conto che per $\mathbf{x}$ che tende a un punto di Σ l'integrale (19.40) fornisce comunque un valore *finito* per Λ – valore che dipende però dal lato dal quale ci si avvicina a Σ. In altre parole, la funzione $\Lambda(\mathbf{x})$ ha una *discontinuità* finita su Σ.

Discontinuità della funzione di gauge. Per determinare la discontinuità di Λ in un generico punto $\mathbf{x} \in \Sigma$ introduciamo un'arbitraria curva chiusa G passante per $\mathbf{x}$ e intersecante Σ solo in $\mathbf{x}$, che circonda quindi necessariamente la curva Γ. La discontinuità di Λ attraverso Σ in $\mathbf{x}$ può allora essere calcolata tramite l'integrale di linea

$$\Delta\Lambda(\mathbf{x}) = \int_G d\Lambda = \int_G \boldsymbol{\nabla}\Lambda \cdot d\mathbf{x} = \int_G (\mathbf{A}_2 - \mathbf{A}_1) \cdot d\mathbf{x}, \qquad (19.41)$$

in cui è sottinteso che gli estremi della curva G sono due punti $\mathbf{x} \pm \varepsilon$ trovantisi da lati opposti di Σ e che si prende il limite per $\varepsilon \to 0$.

Dato che i potenziali $\mathbf{A}_1$ e $\mathbf{A}_2$ sono ben definiti in $\mathbb{R}^3 \setminus \Gamma$, gli integrali nell'ultima espressione in (19.41) possono essere considerati semplicemente come integrali lungo l'intera curva chiusa G – integrali che si possono valutare usando nuovamente il teorema di Stokes. Tuttavia, mentre $\mathbf{A}_1$ e $\mathbf{A}_2$ sono entrambi ben definiti su G, dal momento che G circonda Γ non esiste nessuna superficie S soddisfacente $\partial S = G$, tale che su S siano definiti sia $\mathbf{A}_1$ che $\mathbf{A}_2$. Infatti, una tale S interseca necessariamente Γ e quindi interseca almeno una delle curve γ_1 e γ_2. Esistono, tuttavia, due superfici distinte S_1 e S_2, con $\partial S_1 = G = \partial S_2$, tali che $S_1 \subset V_1 = \mathbb{R}^3 \setminus \gamma_1$ e $S_2 \subset V_2 = \mathbb{R}^3 \setminus \gamma_2$. Di conseguenza su S_1 è ben definito A_1 e su S_2 è ben definito A_2. Inoltre la superficie $S_1 \cup S_2$ è chiusa e contiene l'origine, ovvero il monopolo. Applicando il teorema di Stokes a queste due superficie, opportunamente orientate, dalla (19.41) otteniamo allora

$$\Delta\Lambda(\mathbf{x}) = \int_G \mathbf{A}_2 \cdot d\mathbf{x} - \int_G \mathbf{A}_1 \cdot d\mathbf{x} = \int_{S_2} \boldsymbol{\nabla}\times\mathbf{A}_2 \cdot d\boldsymbol{\Sigma} - \int_{S_1} \boldsymbol{\nabla}\times\mathbf{A}_1 \cdot d\boldsymbol{\Sigma}$$

$$= \int_{S_2} \mathbf{B} \cdot d\boldsymbol{\Sigma} - \int_{S_1} \mathbf{B} \cdot d\boldsymbol{\Sigma} = \int_{S_1 \cup S_2} \mathbf{B} \cdot d\boldsymbol{\Sigma} = \mathcal{G},$$

dove nell'ultimo passaggio abbiamo usato il teorema di Gauss e l'identità (19.21). Concludiamo pertanto che la discontinuità di Λ attraverso Σ è indipendente dal punto $\mathbf{x} \in \Sigma$ e vale

$$\Delta\Lambda = \mathcal{G}. \qquad (19.42)$$

Questo risultato giocherà un ruolo cruciale nelle derivazioni della condizione di quantizzazione di Dirac nelle Sezioni 19.5 e 19.6.

Interpretazione geometrica della funzione di gauge. La formula (19.40) ammette una semplice interpretazione geometrica. Consideriamo un elemento infinitesimo di superficie $d\Sigma$ situato in un punto $\mathbf{y}$ e fissiamo un generico punto $\mathbf{x} \neq \mathbf{y}$. Il versore della congiungente e la distanza tra i due punti sono allora dati rispettivamente da

$$\mathbf{u} = \frac{\mathbf{x} - \mathbf{y}}{|\mathbf{x} - \mathbf{y}|}, \qquad R = |\mathbf{x} - \mathbf{y}|.$$

Un *osservatore* in $\mathbf{x}$ vede della superficie $d\Sigma$ l'area $\mathbf{u}d\Sigma$ e, trovandosi a una distanza R, vede questa superficie sotto l'angolo solido

$$d\Omega(\mathbf{x}) = \frac{\mathbf{u} \cdot d\Sigma}{R^2} = \frac{\mathbf{x} - \mathbf{y}}{|\mathbf{x} - \mathbf{y}|^3} \cdot d\Sigma.$$

Corrispondentemente l'angolo solido $\Omega_\Sigma(\mathbf{x})$ sotto cui una generica superficie finita Σ è vista da un punto $\mathbf{x}$ è dato dall'integrale su Σ

$$\Omega_\Sigma(\mathbf{x}) = \int_\Sigma \frac{\mathbf{x} - \mathbf{y}}{|\mathbf{x} - \mathbf{y}|^3} \cdot d\Sigma.$$

Si riconosce allora che l'integrale (19.40) può essere scritto come

$$\Lambda(\mathbf{x}) = \frac{\mathcal{G}}{4\pi} \, \Omega_\Sigma(\mathbf{x}).$$

Visto il significato geometrico di $\Omega_\Sigma(\mathbf{x})$ da questa formula si riderivata immediatamente la discontinuità (19.42).

19.3.4 Un esempio

Esemplifichiamo la procedura generale delineata sopra scegliendo per γ_1 e γ_2 due stringhe di Dirac rettilinee $\mathbf{y}_1(\lambda) = \lambda \mathbf{n}_1$ e $\mathbf{y}_2(\lambda) = \lambda \mathbf{n}_2$. I corrispondenti potenziali di Dirac sono allora dati dalla (19.31). Per $\mathbf{A}_2$ scegliamo come stringa di Dirac il semiasse delle z positive, ovvero $\mathbf{n}_2 = (0, 0, 1)$, e per $\mathbf{A}_1$ il semiasse delle z negative, ovvero $\mathbf{n}_1 = (0, 0, -1)$. La (19.31) fornisce allora le espressioni

$$\mathbf{A}_1 = \frac{\mathcal{G}(-y, x, 0)}{4\pi r(r + z)}, \quad \mathbf{A}_2 = \frac{\mathcal{G}(y, -x, 0)}{4\pi r(r - z)}, \quad \mathbf{A}_2 - \mathbf{A}_1 = \frac{\mathcal{G}(y, -x, 0)}{2\pi (x^2 + y^2)}. \quad (19.43)$$

In questo caso la curva $\Gamma = \gamma_1 \cup \gamma_2$ coincide con l'asse z, essendo parametrizzata da $\mathbf{y}(\lambda) = (0, 0, \lambda)$.

Per determinare $\Lambda(\mathbf{x})$ dobbiamo introdurre una superficie Σ il cui bordo sia Γ, ovvero l'asse z. Scegliamo come Σ il semipiano xz, $x > 0$, parametrizzandolo secondo

$$\mathbf{y}(\lambda, u) = (u, 0, \lambda), \quad -\infty < \lambda < \infty, \quad 0 \leq u < \infty.$$

Per valutare l'integrale (19.40) ci servono i vettori

$$\frac{\partial \mathbf{y}}{\partial \lambda} = (0, 0, 1), \quad \frac{\partial \mathbf{y}}{\partial u} = (1, 0, 0), \quad \mathbf{x} - \mathbf{y} = (x - u, y, z - \lambda).$$

Traslando nell'integrale (19.40) le variabili di integrazione secondo $\lambda \to \lambda + z$ e $u \to u + x$ si trova allora

$$\Lambda(\mathbf{x}) = \frac{\mathcal{G}y}{4\pi} \int_{-x}^{\infty} du \int_{-\infty}^{\infty} \frac{d\lambda}{(u^2 + \lambda^2 + y^2)^{3/2}} = \frac{\mathcal{G}y}{2\pi} \int_{-x}^{\infty} \frac{du}{u^2 + y^2}.$$

Per valutare l'integrale rimasto occorre effettuare il riscalamento $u \to |y|u$

$$\int_{-x}^{\infty} \frac{du}{u^2 + y^2} = \frac{1}{|y|} \left(\frac{\pi}{2} + arctg\left(\frac{x}{|y|} \right) \right).$$

Si ottiene in definitiva

$$\Lambda(\mathbf{x}) = \frac{\mathcal{G}}{2\pi} \left(\frac{\pi}{2}\, \varepsilon(y) + arctg\left(\frac{x}{y} \right) \right), \tag{19.44}$$

$\varepsilon(\,\cdot\,)$ essendo la funzione *segno*.

La funzione (19.44) è continua nel semipiano xz, $x < 0$, in quanto per $x < 0$ si hanno i limiti $\lim_{y\to 0^{\pm}} \Lambda(\mathbf{x}) = 0$. Nel semipiano xz, $x > 0$ – ovvero sulla superficie Σ – $\Lambda(\mathbf{x})$ è invece *discontinua*. Valgono infatti i limiti differenziati

$$\lim_{y\to 0^{\pm}} \Lambda(\mathbf{x}) = \pm \frac{\mathcal{G}}{2},$$

cosicché su Σ la funzione (19.44) possiede l'attesa discontinuità $\Delta\Lambda = \mathcal{G}$. Tali proprietà diventano evidenti se si nota che la (19.44) può essere scritta anche come

$$\Lambda(\mathbf{x}) = \frac{\mathcal{G}}{2\pi}\, \varphi, \tag{19.45}$$

φ essendo l'angolo polare del piano xy, con la convenzione che $\varphi = 0$ corrisponda all'asse delle x negative e che $\varphi \in (-\pi, \pi)$. Infine è immediato verificare che per $\mathbf{x} \notin \Sigma$ le espressioni (19.43) e (19.44) soddisfano la relazione $\nabla\Lambda = \mathbf{A}_2 - \mathbf{A}_1$.

Riepilogo. Concludiamo questa sezione riassumendo i risultati principali che verranno utilizzati nelle Sezioni 19.5 e 19.6.

• B è una 2-forma chiusa nel complemento dell'origine

$$dB = 0, \quad \text{per} \quad \mathbf{x} \in \mathbb{R}^3 \setminus \{0\}.$$

• B è esatta nel complemento di una stringa di Dirac γ

$$B = dA, \quad \text{per} \quad \mathbf{x} \in V = \mathbb{R}^3 \setminus \gamma.$$

• Un cambiamento della stringa di Dirac corrisponde a una trasformazione di gauge

$$A_2 - A_1 = d\Lambda, \quad \text{per} \quad \mathbf{x} \in \mathbb{R}^3 \setminus \Sigma, \quad \text{dove } \partial\Sigma = \Gamma = \gamma_1 \cup \gamma_2.$$

- La discontinuità della funzione di gauge Λ attraverso Σ uguaglia la carica magnetica

$$\Delta \Lambda = \mathcal{G}.$$

19.4 Potenziale di Dirac nello spazio delle distribuzioni

L'analisi della Sezione 19.3 può essere svolta in maniera alternativa ambientando le forme differenziali che rappresentano campi e potenziali nello spazio delle distribuzioni, si veda in particolare il Paragrafo 17.1.1. Ricordiamo in proposito che le equazioni di Maxwell in ultima analisi sono ben poste solo nello spazio delle distribuzioni – anche in presenza di monopoli magnetici.

In questa ottica alternativa l'analisi è semplificata in particolar modo dal fatto che nello spazio delle distribuzioni il lemma di Poincaré valga in senso *forte*, garantendo infatti che *ogni forma chiusa sia esatta*. Un ulteriore pregio dell'approccio distribuzionale è rappresentato dal fatto che esso sia in grado di *quantificare* le singolarità dei campi. Per questi motivi, e altri di natura più geometrica che emergeranno nel corso della trattazione, di seguito riaffrontiamo il problema dell'esistenza di un potenziale vettore per il monopolo magnetico nello spazio delle distribuzioni. Dal momento che consideriamo un monopolo *statico* lo spazio appropriato è $\mathcal{S}'(\mathbb{R}^3)$.

19.4.1 Differenziale distribuzionale del potenziale di Dirac

Ripartiamo dall'identità (19.25)

$$dB = J \tag{19.46}$$

in cui B e J sono le forme a valori nelle distribuzioni definite in (19.23) e (19.24). Per introdurre un potenziale vettore partiamo di nuovo da una stringa di Dirac γ e consideriamo il potenziale di Dirac associato $A = dx^i A^i$, definito come nella (19.27). Non è difficile rendersi conto che tale potenziale – nonostante sia singolare lungo γ – costituisca una *distribuzione* in $\mathcal{S}'(\mathbb{R}^3)$, si veda il Problema 19.3. È allora altresì ben definita la 2-forma dA – il differenziale questa volta essendo calcolato nel senso delle distribuzioni – e possiamo definire la 2-forma

$$C \equiv B - dA. \tag{19.47}$$

Questa forma gode delle proprietà:

- $dC = J$;
- il supporto di C è γ.

La prima proprietà segue dalle equazioni (19.46) e (19.47) e dalla nihilpotenza del differenziale, $d^2 = 0$. La seconda si basa sul fatto che in $\mathbb{R}^3 \setminus \gamma$ la 1-forma A è regolare, cosicché in questo aperto il suo differenziale può essere calcolato nel senso delle *funzioni*. Nella (19.29) abbiamo inoltre fatto vedere che in $\mathbb{R}^3 \setminus \gamma$ la 2-forma dA uguaglia proprio B. Il supporto di $B - dA$ deve pertanto essere (un sottoinsieme di) γ. È allora intuibile che C debba essere proporzionale a una distribuzione-δ con supporto la curva γ.

Forma esplicita di C. Per determinare C dobbiamo valutare esplicitamente la 2-forma dA, ovvero $\nabla \times \mathbf{A}$, nel senso delle distribuzioni. In realtà non è necessario eseguire questo calcolo *ex novo*, perché l'abbiamo già affrontato nel Paragrafo 19.3.1. In effetti è sufficiente riprendere il risultato intermedio (19.28) e ricordare l'identità distribuzionale (2.102)

$$\partial_i \left(\frac{x^i - y^i}{|\mathbf{x} - \mathbf{y}|^3} \right) = 4\pi \delta^3(\mathbf{x} - \mathbf{y}). \tag{19.48}$$

Corrispondentemente il secondo termine nella (19.28) dà ora un contributo non nullo e al posto della (19.29) risulta l'identità, valida nel senso delle distribuzioni,

$$\mathbf{B} = \nabla \times \mathbf{A} + \mathbf{C}, \quad \text{dove} \quad \mathbf{C} \equiv \mathcal{G} \int_\gamma \delta^3(\mathbf{x} - \mathbf{y}) \, d\mathbf{y}. \tag{19.49}$$

Tradotta nel linguaggio delle forme differenziali questa identità si scrive

$$B = dA + C, \qquad C \equiv \frac{\mathcal{G}}{2} \, dx^j \wedge dx^i \varepsilon^{ijk} \int_\gamma \delta^3(\mathbf{x} - \mathbf{y}) \, dy^k. \tag{19.50}$$

Come si vede, C è una distribuzione-δ avente come supporto la stringa di Dirac γ.

La relazione (19.50) ammette la seguente interpretazione. Il membro di sinistra B è una 2-forma regolare in tutto lo spazio, esclusa l'origine. La 1-forma A è una distribuzione regolare in tutto lo spazio, esclusa la curva γ, e di conseguenza il differenziale dA contiene un contributo singolare proporzionale a una distribuzione-δ con supporto γ. La 2-forma C cancella esattamente questo contributo, cosicché la somma $dA + C$ è regolare su γ – alla stessa stregua di B.

Flusso del campo magnetico. La decomposizione (19.49) del campo magnetico deve essere consistente con il fatto che il flusso di $\mathbf{B}$ attraverso un'arbitraria superficie S chiusa (non) contenente il monopolo sia uguale a (zero) $\mathcal{G}$. Il flusso di $\nabla \times \mathbf{A}$ – essendo un rotore distribuzionale – è zero attraverso qualsiasi superficie chiusa. Resta allora da analizzare il flusso di $\mathbf{C}$

$$\Phi_C = \int_S \mathbf{C} \cdot d\mathbf{\Sigma} = \mathcal{G} \int_{S \times \gamma} \delta^3(\mathbf{x} - \mathbf{y}) \, d\mathbf{y} \cdot d\mathbf{\Sigma} = \mathcal{G} \int_{S \times \gamma} \delta^3(\mathbf{x} - \mathbf{y}) \, dV, \tag{19.51}$$

dV essendo l'elemento di volume tridimensionale opportunamente orientato. Nell'argomento della distribuzione-δ $\mathbf{x}$ è un punto su S e $\mathbf{y}$ è un punto su γ. L'integrale (19.51) può pertanto essere diverso da zero solo se γ interseca S. Ogni volta che γ interseca S uscendo dalla superficie l'integrale riceve un contributo $+\mathcal{G}$, mentre ogni volta che γ la interseca entrando riceve un contributo $-\mathcal{G}$. Se S non contiene il monopolo γ entra ed esce lo stesso numero di volte da S e $\Phi_C = 0$. Viceversa, se S

contiene il monopolo γ esce $2n + 1$ volte ed entra $2n$ volte, cosicché si ha $\Phi_C = \mathcal{G}$. Vale pertanto l'uguaglianza

$$\int_S \mathbf{B} \cdot d\mathbf{\Sigma} = \int_S \mathbf{C} \cdot d\mathbf{\Sigma}$$

qualsiasi sia la superficie S. In qualche modo è come se $\mathbf{C}$ concentrasse tutte le linee del campo magnetico lungo la stringa di Dirac, mentre $\mathbf{B}$ le distribuisce in modo isotropo in tutte le direzioni.

Dualità di Poincaré. Per costruzione le forme differenziali J e C soddisfano l'identità

$$J = dC. \tag{19.52}$$

Possiamo darne un'interpretazione geometrica osservando che l'operatore d associa a una distribuzione-δ con supporto γ, ovvero alla 2-forma C, una distribuzione-δ supportata nell'origine O, ovvero la 3-forma J. D'altra parte l'origine è nient'altro che il bordo di γ

$$O = \partial\gamma. \tag{19.53}$$

L'operatore d associa quindi a una forma che è una distribuzione-δ avente come supporto un sottoinsieme di $\mathbb{R}^3$, una forma che è una distribuzione-δ avente come supporto il bordo del sottoinsieme. In particolare le relazioni (19.52) e (19.53) vanno una nell'altra se si operano le sostituzioni

$$d \leftrightarrow \partial, \qquad J \leftrightarrow O, \qquad C \leftrightarrow \gamma. \tag{19.54}$$

Inoltre l'operatore d è *nihilpotente* nello spazio delle forme, $d^2 = 0$, così come lo è l'operatore ∂ nello spazio delle *sottovarietà* di $\mathbb{R}^3$, $\partial^2 = 0$[7]. Il bordo di una sottovarietà è, infatti, privo di bordo.

La corrispondenza tra gli operatori d e ∂ appena riscontrata ha validità molto generale e costituisce un tratto fondamentale di un'importante mappa di carattere geometrico: la *dualità di Poincaré*. Tale mappa associa a ogni sottovarietà n-dimensionale M_n di $\mathbb{R}^D$ una $(D - n)$-forma differenziale C_{D-n} proporzionale a una distribuzione-δ con supporto M_n. Corrispondentemente associa al bordo di M_n – una sottovarietà $(n - 1)$-dimensionale – una $(D - n + 1)$-forma differenziale J_{D-n+1} proporzionale a una distribuzione-δ con supporto ∂M_n. Si dimostra poi che tali forme differenziali sono legate dalla relazione[8]

$$J_{D-n+1} = dC_{D-n}.$$

Nell'ambito della Geometria Differenziale la dualità di Poincaré – quale mappa biunivoca tra forme differenziali e sottovarietà – riveste un ruolo fondamentale nella classificazione topologica delle *varietà differenziabili*. Per approfondimenti su questo argomento rimandiamo al testo [41] di G. de Rham.

---

[7] Per una definizione rigorosa del concetto di *sottovarietà* si veda ad esempio la referenza [28].

[8] Secondo la normalizzazione standard i "duali di Poincaré" di un generico punto e di una generica curva γ sono dati rispettivamente dalle forme differenziali (19.24) e (19.50) ove si sia posto $\mathcal{G} = 1$.

19.4.2 Cambiamento della stringa di Dirac

Scegliendo due stringe di Dirac γ_1 e γ_2 diverse e introducendo i relativi potenziali A_1 e A_2 e le relative 2-forme C_1 e C_2 valgono le relazioni

$$dA_1 + C_1 = B = dA_2 + C_2.$$

Ne segue

$$C_2 - C_1 = d(A_1 - A_2) \quad \Rightarrow \quad d(C_2 - C_1) = 0. \tag{19.55}$$

La 2-forma $C_2 - C_1$ è dunque chiusa e pertanto esatta. Esiste quindi una 1-forma M tale che

$$C_2 - C_1 = dM. \tag{19.56}$$

Confrontando le relazioni (19.55) e (19.56) otteniamo

$$d(A_2 - A_1 + M) = 0.$$

Concludiamo pertanto che esiste una funzione scalare $\widetilde{\Lambda}$ tale che

$$A_2 - A_1 = d\widetilde{\Lambda} - M. \tag{19.57}$$

Forma esplicita di M e $\widetilde{\Lambda}$. Le forme M e $\widetilde{\Lambda}$ ovviamente non sono determinate univocamente. Un modo canonico per costruirle consiste nell'introdurre – di nuovo – una superficie Σ tale $\partial\Sigma = \Gamma = \gamma_1 \cup \gamma_2$. Possiamo allora ricorrere ai risultati del Paragrafo 19.3.3 e in particolare all'equazione intermedia (19.39). Per via dell'identità (19.48) nella (19.39) contribuisce ora anche l'ultimo termine e al posto di $\mathbf{A}_2 - \mathbf{A}_1 = \boldsymbol{\nabla}\Lambda$ otteniamo

$$\mathbf{A}_2 - \mathbf{A}_1 = \boldsymbol{\nabla}\Lambda - \mathcal{G}\int_{\Sigma} \delta^3(\mathbf{x} - \mathbf{y})\, d\boldsymbol{\Sigma}. \tag{19.58}$$

Confrontando questa identità con la (19.57) ricaviamo le identificazioni (si veda la (19.38))

$$M = \mathcal{G}\, dx^i \int_{\Sigma} \delta^3(\mathbf{x} - \mathbf{y})\, d\Sigma^i = \mathcal{G}\, dx^i \varepsilon^{ijk} \int_{\Sigma} \delta^3(\mathbf{x} - \mathbf{y}) \frac{\partial y^j}{\partial\lambda} \frac{\partial y^k}{\partial u}\, d\lambda\, du, \tag{19.59}$$

$$\widetilde{\Lambda} = \Lambda. \tag{19.60}$$

Come si vede, M è una distribuzione-δ avente come supporto la superficie Σ e $\widetilde{\Lambda}$ coincide con la funzione di gauge (19.40). L'equazione (19.57) ammette ora una lettura simile alla (19.50). La differenza $A_2 - A_1$ è regolare nel complemento della curva Γ, mentre Λ è discontinua su Σ. Corrispondentemente il differenziale $d\Lambda$ contiene una distribuzione-δ con supporto Σ, che viene cancellata esattamente da M. La forma $d\Lambda - M$ è quindi regolare su Σ – alla stessa stregua di $A_2 - A_1$.

L'equazione (19.56) può essere interpretata di nuovo in termini della dualità di Poincaré: la forma $C_2 - C_1$ è una distribuzione-δ con supporto la curva Γ ed M è una distribuzione-δ con supporto la superficie Σ. La (19.56) esprime quindi nient'altro che la relazione $\Gamma = \partial \Sigma$.

Un esempio. Esemplifichiamo le forme differenziali introdotte sopra nel caso di due stringhe di Dirac γ_1 e γ_2 dirette lungo i semiassi delle z positive e negative, come nel Paragrafo 19.3.4. Come Σ consideriamo di nuovo il semipiano xz, $x > 0$. Risultano allora le espressioni, si veda il Problema 19.4,

$$J = \mathcal{G}\, dz \wedge dy \wedge dx\, \delta(x)\, \delta(y)\, \delta(z), \tag{19.61}$$

$$C_2 = \mathcal{G}\, dy \wedge dx\, H(z)\, \delta(x)\, \delta(y), \tag{19.62}$$

$$C_1 = -\mathcal{G}\, dy \wedge dx\, H(-z)\, \delta(x)\, \delta(y), \tag{19.63}$$

$$C_2 - C_1 = \mathcal{G}\, dy \wedge dx\, \delta(x)\, \delta(y), \tag{19.64}$$

$$M = \mathcal{G}\, dy\, H(x)\, \delta(y), \tag{19.65}$$

H essendo la funzione di Heaviside.

Riepilogo. Concludiamo questa sezione riassumendo i risultati principali che useremo nella Sezione 19.6.

- La 2-forma B soddisfa l'identità di Bianchi modificata

$$dB = J.$$

- La soluzione di questa equazione è data in termini di un potenziale A relativo a una stringa di Dirac γ

$$B = dA + C,$$

la 2-forma C essendo una distribuzione-δ con supporto γ.
- Sotto un cambiamento della stringa di Dirac $\gamma_1 \to \gamma_2$ il potenziale cambia secondo

$$A_2 - A_1 = d\Lambda - M, \tag{19.66}$$

la 1-forma M essendo una distribuzione-δ con supporto Σ e $\partial \Sigma = \gamma_1 \cup \gamma_2$.
- Valgono le identità, esprimenti la dualità di Poincaré,

$$dC_1 = J = dC_2, \qquad C_2 - C_1 = dM. \tag{19.67}$$

19.5 Hamiltoniana dei dioni nello spazio di Hilbert generalizzato

Riprendiamo il sistema di due dioni analizzato nella Sezione 18.3 a livello classico. Dal momento che il centro di massa si muove di moto rettilineo uniforme è sufficiente considerare il moto del dione relativo, che obbedisce all'equazione del moto

(19.2). Possiamo porre quest'ultima nella forma

$$m\mathbf{a} = \mathbf{E} + \frac{\mathbf{v}}{c} \times \mathbf{B}, \quad \text{con} \quad \mathbf{E} = \frac{\mathcal{E}\mathbf{x}}{4\pi r^3}, \quad \mathbf{B} = \frac{\mathcal{G}\mathbf{x}}{4\pi r^3}, \quad (19.68)$$

avendo introdotto le costanti

$$\mathcal{E} \equiv e_1 e_2 + g_1 g_2, \quad \mathcal{G} \equiv e_2 g_1 - e_1 g_2. \quad (19.69)$$

L'equazione (19.68) può essere interpretata come l'equazione del moto di una particella di carica elettrica *unitaria* e carica magnetica *nulla*, che si trova in presenza del campo elettromagnetico di un dione, posto nell'origine, con carica elettrica $\mathcal{E}$ e carica magnetica $\mathcal{G}$.

Il campo elettrico ammette il potenziale

$$A^0 = \frac{\mathcal{E}}{4\pi r}, \quad \mathbf{E} = -\boldsymbol{\nabla} A^0. \quad (19.70)$$

Dalla Sezione 19.3 sappiamo inoltre che se escludiamo da $\mathbb{R}^3$ una stringa di Dirac γ, il campo magnetico ammette il potenziale vettore $\mathbf{A}$ (19.27), in cui si sia posto $\mathcal{G} = e_2 g_1 - e_1 g_2$. Vale dunque $\mathbf{B} = \boldsymbol{\nabla} \times \mathbf{A}$ per $\mathbf{x} \in \mathbb{R}^3 \setminus \gamma$. Visto che ristretto alla regione $\mathbb{R}^3 \setminus \gamma$ il campo elettromagnetico ammette il quadripotenziale $(A^0, \mathbf{A})$, ristretta a tale regione l'equazione (19.68) può essere derivata dalla lagrangiana (19.4) in cui si sia posto $e = 1$

$$L = \frac{1}{2} m v^2 - A_0 + \frac{1}{c} \mathbf{v} \cdot \mathbf{A}. \quad (19.71)$$

Corrispondentemente la dinamica quantistica del dione relativo è descritta – sempre nella regione $\mathbb{R}^3 \setminus \gamma$ – dall'hamiltoniana (19.5)

$$H = -\frac{\hbar^2}{2m} \left(\boldsymbol{\nabla} - \frac{i}{\hbar c} \mathbf{A} \right)^2 + A^0. \quad (19.72)$$

Costruzione dello spazio di Hilbert generalizzato. Dal momento che il potenziale (19.27) è definito solo nel complemento della stringa di Dirac, l'hamiltoniana (19.72) non è valida in tutto lo spazio ed è quindi necessario ricorrere a uno spazio di Hilbert generalizzato, come proposto originariamente da T.T. Wu e C.N. Yang [42].

Secondo il procedimento descritto nella Sezione 19.2 dobbiamo definire innanzitutto due aperti V_1 e V_2 con le proprietà (19.13). Per fare questo introduciamo due stringhe di Dirac non intersecantesi γ_1 e γ_2 e definiamo questi aperti come nel Paragrafo 19.3.2

$$V_1 = \mathbb{R}^3 \setminus \gamma_1, \quad V_2 = \mathbb{R}^3 \setminus \gamma_2.$$

In questo modo sono in effetti soddisfatte le proprietà (19.13) in quanto

$$V_1 \cup V_2 = \mathbb{R}^3, \quad V_0 = V_1 \cap V_2 = \mathbb{R}^3 \setminus \Gamma, \quad \Gamma = \gamma_1 \cup \gamma_2.$$

Lo spazio di Hilbert generalizzato $\mathcal{H}$ è allora formato dalle coppie $\psi = \{\psi_1, \psi_2\}$ con $\psi_i \in L^2(V_i)$, $i = 1, 2$. Ricordiamo che le funzioni ψ_i e gli operatori O_i definiti in V_i devono essere legati in V_0 dalle relazioni (19.18) e (19.20)

$$\psi_2 = e^{iD}\psi_1, \qquad O_2 = e^{iD}O_1 e^{-iD}, \tag{19.73}$$

per un'opportuna funzione di transizione e^{iD} da determinare.

19.5.1 Funzione di transizione e quantizzazione di Dirac

Per determinare la funzione di transizione partiamo dalle hamiltoniane H_i definite in termini dei potenziali di Dirac A_i associati alle stringhe γ_i, ben definite rispettivamente nelle regioni V_1 e V_2[9],

$$H_1 = -\frac{\hbar^2}{2m}\left(\boldsymbol{\nabla} - \frac{i}{\hbar c}\mathbf{A}_1\right)^2 + A^0, \qquad H_2 = -\frac{\hbar^2}{2m}\left(\boldsymbol{\nabla} - \frac{i}{\hbar c}\mathbf{A}_2\right)^2 + A^0.$$

Secondo la costruzione delineata queste definizioni sono compatibili, purché si riesca a trovare una funzione di transizione tale che in V_0 si abbia

$$H_2 = e^{iD}H_1 e^{-iD}, \tag{19.74}$$

come previsto dalle (19.73). Dalla Sezione 19.3 sappiamo, in proposito, che i potenziali di Dirac sono legati dalla trasformazione di gauge

$$\mathbf{A}_2 = \mathbf{A}_1 + \boldsymbol{\nabla}\Lambda \tag{19.75}$$

con Λ dato in (19.40). Dai risultati del Paragrafo 19.1.1, riguardanti l'implementazione dell'invarianza di gauge in Meccanica Quantistica, sappiamo allora che vale la relazione (si vedano le (19.10)-(19.12))

$$H_2 = e^{i\Lambda/\hbar c}H_1 e^{-i\Lambda/\hbar c}.$$

Le hamiltoniane soddisfano quindi effettivamente la relazione (19.74), purché si scelga la funzione di transizione

$$e^{iD} = e^{i\Lambda/\hbar c}.$$

Dalla Sezione 19.2 sappiamo, tuttavia, che per consistenza la funzione di transizione deve essere *continua* in $V_0 = \mathbb{R}^3 \setminus \Gamma$. D'altra parte nel Paragrafo 19.3.3 abbiamo visto che Λ è continua solamente in $\mathbb{R}^3 \setminus \Sigma - \Sigma$ essendo una superficie con bordo

---

[9] Viste le singolarità dei potenziali $\mathbf{A}_i$ lungo le curve γ_i, affinché gli operatori H_i siano ben definiti gli insiemi V_i andrebbero ristretti escludendo da $\mathbb{R}^3$ piccoli intorni tubolari delle curve γ_i che nell'origine si stringono a coni. Non indichiamo esplicitamente queste deformazioni degli aperti V_i – perfettamente compatibili con la nostra costruzione generale – per non complicare inutilmente la notazione.

Γ – la discontinuità di Λ attraverso Σ essendo $\Delta\Lambda = \mathcal{G}$. Per la discontinuità della funzione di transizione attraverso Σ troviamo allora

$$\Delta\left(e^{i\Lambda/\hbar c}\right) = e^{i(\Lambda+\mathcal{G})/\hbar c} - e^{i\Lambda/\hbar c} = e^{i\Lambda/\hbar c}\left(e^{i\mathcal{G}/\hbar c} - 1\right).$$

Se vogliamo che la funzione di transizione sia continua in tutto V_0 dobbiamo, dunque, imporre che $\mathcal{G}/\hbar c$ sia un multiplo intero di 2π. Una condizione necessaria per la consistenza della Meccanica Quantistica non relativistica di un sistema di dioni è pertanto che per ogni coppia di dioni valga

$$\frac{\mathcal{G}}{\hbar c} = \frac{e_1 g_2 - e_2 g_1}{\hbar c} \in 2\pi\mathbb{Z}. \tag{19.76}$$

Abbiamo dunque riottenuto la *condizione di quantizzazione di Dirac* (18.72), ricavata precedentemente con un argomento semiclassico. Per il modo in cui l'abbiamo appena derivata si dice spesso che la condizione di quantizzazione di Dirac è necessaria per rendere la stringa di Dirac *invisibile*. Con ciò si intende che la funzione $e^{i\Lambda/\hbar c}$ – che sposta la stringa di Dirac da una posizione all'altra rendendola, dunque, inosservabile – è regolare, e pertanto ammessa, solo se è soddisfatta la (19.76).

Infine facciamo notare che la relazione (19.73) tra gli operatori O_1 e O_2 deve valere per tutte le osservabili dello spazio di Hilbert generalizzato. Per osservabili che non coinvolgono derivate, ovvero per operatori che corrispondono alla moltiplicazione per una funzione reale $W(\mathbf{x})$, come il potenziale scalare A^0, questa condizione è banale in quanto comporta semplicemente $W_2 = e^{iD}W_1 e^{-iD} = W_1$. Al contrario, osservabili che coinvolgono derivate sono rappresentate in V_1 e V_2 da operatori diversi. Esempi ne sono le osservabili *impulso* e *momento angolare* orbitale, che nel caso in questione sono rappresentate rispettivamente dagli operatori (si vedano le (19.6))

$$\mathbf{p}_i = \frac{\hbar}{i}\,\mathbf{\nabla} - \frac{1}{c}\,\mathbf{A}_i, \qquad \mathbf{L}_i = \mathbf{x} \times \left(\frac{\hbar}{i}\,\mathbf{\nabla} - \frac{1}{c}\,\mathbf{A}_i\right), \qquad i = 1, 2.$$

In base alla (19.75) valgono infatti le relazioni non banali

$$\mathbf{p}_2 = e^{iD}\mathbf{p}_1 e^{-iD} \neq \mathbf{p}_1, \qquad \mathbf{L}_2 = e^{iD}\mathbf{L}_1 e^{-iD} \neq \mathbf{L}_1.$$

19.6 Dioni nella quantizzazione di Feynman

Il paradigma della *quantizzazione canonica* è uno strumento efficace per la formulazione della dinamica quantistica di un qualsivoglia sistema fisico. Un metodo di quantizzazione alternativo, sebbene fisicamente equivalente alla quantizzazione canonica, è rappresentato da un approccio – dovuto a R.P. Feynman – che si fonda su uno strumento matematico chiamato *integrale sui cammini*, terminologia derivante dall'inglese *path integral*.

Il pregio principale di questo approccio è che si basa direttamente sulla *lagrangiana* classica e non necessita *a priori* di un'hamiltoniana quantistica. Il suo difetto principale consiste invece nel fatto che sia difficile rappresentare l'integrale sui cammini in modo esplicito e matematicamente rigoroso. In questa sezione conclusiva illustriamo brevemente come si trattano i dioni in questa formulazione alternativa, sebbene – insistiamo – equivalente alla Meccanica Quantistica, senza entrare nei dettagli tecnici della matematica coinvolta. Per un'esposizione approfondita dell'approccio dell'integrale sui cammini rimandiamo al testo fondamentale [43] di R.P. Feynman e A.R. Hibbs.

19.6.1 Propagatore di Feynman

In Meccanica Quantistica la dinamica di una particella è governata dall'equazione di Schrödinger

$$i\hbar \frac{\partial \psi}{\partial t} = H\psi,$$

che ammette soluzione unica nota la funzione d'onda iniziale $\psi(0, \mathbf{x})$. Considerata la linearità dell'equazione si può cercare di risolverla attraverso l'*ansatz*

$$\psi(t, \mathbf{x}) = \int K(t, \mathbf{y}, \mathbf{x})\, \psi(0, \mathbf{y})\, d^3 y, \qquad (19.77)$$

in cui $K(t, \mathbf{y}, \mathbf{x})$ è una funzione complessa di sette variabili che viene chiamata *propagatore di Feynman*. Sostituendo la (19.77) nell'equazione di Schrödinger, e tenendo conto della condizione iniziale, si trova che il propagatore deve soddisfare le condizioni

$$i\hbar \frac{\partial K(t, \mathbf{y}, \mathbf{x})}{\partial t} = HK(t, \mathbf{y}, \mathbf{x}), \qquad K(0, \mathbf{y}, \mathbf{x}) = \delta^3(\mathbf{y} - \mathbf{x}), \qquad (19.78)$$

essendo sottinteso che l'hamiltoniana H operi sulla coordinata $\mathbf{x}$ di $K(t, \mathbf{y}, \mathbf{x})$. Per ragioni di *unicità* la (19.77) costituisce una rappresentazione integrale della nota formula risolutiva dell'equazione di Schrödinger

$$\psi(t) = e^{-itH/\hbar}\psi(0). \qquad (19.79)$$

Senza entrare nei dettagli riportiamo la formula, dovuta a Feynman, che esprime il propagatore – soluzione delle condizioni (19.78) – in termini di un integrale sui cammini

$$K(T, \mathbf{y}, \mathbf{x}) = \int_{\mathbf{y}}^{\mathbf{x}} \{Dx(t)\}\, e^{\frac{i}{\hbar} \int_0^T L(\mathbf{x}(t), \mathbf{v}(t))\, dt}. \qquad (19.80)$$

In questa espressione il simbolo $\{Dx(t)\}$ indica un'opportuna *misura funzionale* sullo spazio di tutti i *cammini* $\mathbf{x}(t)$ soddisfacenti le condizioni al bordo

$$\mathbf{x}(0) = \mathbf{y}, \quad \mathbf{x}(T) = \mathbf{x}. \qquad (19.81)$$

Per quello che ci riguarda l'aspetto rilevante dell'espressione (19.80) è che nell'esponente dell'integrando compare l'azione

$$I = \int_0^T L(\mathbf{x}(t), \mathbf{v}(t)) \, dt,$$

coinvolgente la lagrangiana classica L della particella – al posto dell'hamiltoniana.

Volendo descrivere la dinamica quantistica del dione relativo dobbiamo inserire nella (19.80) la lagrangiana (19.71)

$$L = \frac{1}{2} m v^2 - A_0 + \frac{1}{c} \mathbf{v} \cdot \mathbf{A}. \qquad (19.82)$$

In questa espressione $\mathbf{A}$ è il potenziale di Dirac (19.27) associato a una stringa di Dirac γ fissata, relativo a un monopolo magnetico con carica magnetica $\mathcal{G} = e_2 g_1 - e_1 g_2$.

Nell'ottica dell'approccio di Feynman le funzioni d'onda $\psi(\mathbf{x})$ appartengono allo spazio di Hilbert canonico $L^2(\mathbb{R}^3)$ e il propagatore di Feynman (19.80) le fa evolvere secondo la formula risolutiva (19.77). Tuttavia, visto che $\mathbf{A}$ dipende dalla stringa di Dirac, anche il propagatore di Feynman vi dipende e osservatori che usano stringhe di Dirac diverse riscontrerebbero quindi evoluzioni temporali diverse. In altre parole, la stringa di Dirac risulterebbe *osservabile*[10]. Come è intuibile, per quello che abbiamo visto nel Paragrafo 19.1.1 il problema può essere risolto se riusciamo a dimostrare che un cambiamento della stringa di Dirac corrisponde a una *simmetria fisica*, nella fattispecie a una *trasformazione di gauge*. Nel paragrafo a seguire faremo vedere che questo è esattamente ciò succede – a patto che le cariche soddisfino la condizione di quantizzazione di Dirac.

---

[10] Vista la lagrangiana (19.82), nell'esponente del propagatore (19.80) compare il potenziale (19.27) integrato lungo un arbitrario cammino $\mathbf{x}(t)$, $\int \mathbf{A} \cdot d\mathbf{x}$. Dal momento che $\mathbf{A}$ è singolare lungo la stringa di Dirac γ questo integrale diverge se il cammino $\mathbf{x}(t)$ la interseca. Tuttavia si può vedere che i cammini che intersecano γ hanno misura nulla rispetto alla misura di Feynman $\{D\mathbf{x}(t)\}$ e pertanto sono irrilevanti.

19.6.2 Cambiamento della stringa di Dirac nel propagatore di Feynman

Un osservatore che adotta una stringa di Dirac γ' le associa un potenziale di Dirac $\mathbf{A}'$ e costruisce il propagatore

$$K'(T, \mathbf{y}, \mathbf{x}) = \int_{\mathbf{y}}^{\mathbf{x}} \{D x(t)\}\, e^{\frac{i}{\hbar} \int_0^T L'(\mathbf{x}(t), \mathbf{v}(t))\, dt}, \qquad (19.83)$$

ottenuto dal propagatore (19.80) con la sostituzione $L \to L'$, ovvero $\mathbf{A} \to \mathbf{A}'$. Introducendo una funzione d'onda ψ' scriverà allora la formula risolutiva (19.77) nella forma

$$\psi'(t, \mathbf{x}) = \int K'(t, \mathbf{y}, \mathbf{x})\, \psi'(0, \mathbf{y})\, d^3 y. \qquad (19.84)$$

Per collegare K' a K ricordiamo dalla Sezione 19.3 che i potenziali $\mathbf{A}'$ e $\mathbf{A}$ differiscono per la trasformazione di gauge

$$\mathbf{A}' = \mathbf{A} + \boldsymbol{\nabla}\Lambda,$$

la funzione $\Lambda(\mathbf{x})$ possedendo la discontinuità $\Delta\Lambda = \mathcal{G}$ sulla solita superficie Σ tale che $\partial\Sigma = \gamma \cup \gamma'$. Le lagrangiane che compaiono nella (19.80) e nella (19.83) differiscono allora di

$$\begin{aligned} L' - L &= \frac{1}{2}\, mv^2 - A_0 + \frac{1}{c}\, \mathbf{v}\cdot\mathbf{A}' - \left(\frac{1}{2}\, mv^2 - A_0 + \frac{1}{c}\, \mathbf{v}\cdot\mathbf{A} \right) \\ &= \frac{1}{c}\, \mathbf{v}\cdot(\mathbf{A}' - \mathbf{A}) = \frac{1}{c}\, \mathbf{v}\cdot\boldsymbol{\nabla}\Lambda = \frac{1}{c}\, \frac{d\Lambda}{dt}. \end{aligned} \qquad (19.85)$$

Occorre, tuttavia, tenere presente che questa espressione è valida fintanto che il cammino $\mathbf{x}(t)$ non interseca Σ, poiché su Σ la funzione Λ è discontinua.

Cammini $\mathbf{x}(t)$ *che non intersecano* Σ. In base alla (19.85) per cammini che non intersecano Σ le azioni negli esponenti della (19.80) e della (19.83) differiscono di (si vedano le (19.81))

$$\int_0^T L'\, dt - \int_0^T L\, dt = \frac{1}{c}\, (\Lambda(\mathbf{x}(T)) - \Lambda(\mathbf{x}(0))) = \frac{1}{c}\, (\Lambda(\mathbf{x}) - \Lambda(\mathbf{y})). \qquad (19.86)$$

Essendo indipendente da $\mathbf{x}(t)$ questa differenza può essere portata fuori dall'integrale sui cammini. Dalla (19.83) si trova allora che i propagatori sono legati dalla relazione

$$K'(T, \mathbf{y}, \mathbf{x}) = e^{i(\Lambda(\mathbf{x}) - \Lambda(\mathbf{y}))/\hbar c} K(T, \mathbf{y}, \mathbf{x}), \qquad (19.87)$$

cosicché la formula risolutiva (19.84) può essere posta nella forma

$$e^{-i\Lambda(\mathbf{x})/\hbar c}\psi'(t, \mathbf{x}) = \int K(t, \mathbf{y}, \mathbf{x})\, e^{-i\Lambda(\mathbf{y})/\hbar c}\psi'(0, \mathbf{y})\, d^3 y.$$

Come si vede, questa equazione di evoluzione coincide con la (19.77) purché le funzioni d'onda siano legate dalla relazione

$$\psi'(\mathbf{x}) = e^{i\Lambda(\mathbf{x})/\hbar c}\psi(\mathbf{x}) \equiv U\psi(\mathbf{x}).$$

Concludiamo quindi che per quanto riguarda i cammini che non intersecano Σ un cambiamento della stringa di Dirac corrisponde effettivamente a una *simmetria fisica*, in quanto l'operatore U – una fase – costituisce una *trasformazione unitaria*. Si noti che U è un operatore unitario nello spazio di Hilbert $L^2(\mathbb{R}^3)$, indipendentemente dalle proprietà di regolarità della funzione $\Lambda(\mathbf{x})$.

Cammini $\mathbf{x}(t)$ che intersecano Σ. Consideriamo ora un cammino $\mathbf{x}(t)$ che interse- chi la superficie Σ un certo numero di volte. In questo caso la relazione (19.85) può essere usata lungo ogni tratto di $\mathbf{x}(t)$ che non interseca Σ, mentre per ogni punto in cui $\mathbf{x}(t)$ attraversa Σ la discontinuità di Λ produce nella differenza tra le azioni (19.86) un contributo addizionale $\pm\mathcal{G}/c$, a seconda del verso di attraversamento. Si ha dunque

$$\int_0^T L'\,dt - \int_0^T L\,dt = \frac{1}{c}\left(\Lambda(\mathbf{x}) - \Lambda(\mathbf{y}) - N\mathcal{G}\right), \qquad (19.88)$$

N essendo il numero *algebrico* di volte che $\mathbf{x}(t)$ interseca Σ. Usando questa equazione nella (19.83) otteniamo

$$K'(T,\mathbf{y},\mathbf{x}) = e^{i(\Lambda(\mathbf{x})-\Lambda(\mathbf{y}))/\hbar c} \int_{\mathbf{y}}^{\mathbf{x}} \{Dx(t)\}\, e^{-iN\mathcal{G}/\hbar c}\, e^{\frac{i}{\hbar}\int_0^T L(\mathbf{x}(t),\mathbf{v}(t))\,dt}. \qquad (19.89)$$

Questa formula ha validità generale in quanto per cammini che non intersecano Σ si ha $N = 0$. Si noti che la fase $e^{-iN\mathcal{G}/\hbar c}$ è una funzione di $\mathbf{x}(t)$ e come tale non può essere portata fuori dall'integrale sui cammini. Se vogliamo che K' sia legato a K ancora dalla trasformazione (19.87) – condizione necessaria affinché il cambiamento della stringa di Dirac corrisponda a una simmetria fisica – deve essere $e^{-iN\mathcal{G}/\hbar c} = 1$ per ogni N, ovvero deve valere la condizione di quantizzazione di Dirac

$$\frac{\mathcal{G}}{\hbar c} = \frac{e_2 g_1 - e_1 g_2}{\hbar c} \in 2\pi\mathbb{Z}.$$

L'equazione (19.88) e la teoria delle distribuzioni. Per illustrare l'efficacia del for- malismo delle forme differenziali ambientate nello spazio delle distribuzioni rideri- viamo la (19.88) ricorrendo a questo approccio alternativo. Ripartiamo dalla (19.85) scrivendola nella forma

$$\int_0^T L'\,dt - \int_0^T L\,dt = \frac{1}{c}\int_0^T \mathbf{v}\cdot(\mathbf{A}' - \mathbf{A})\,dt = \frac{1}{c}\int_0^T (A' - A), \qquad (19.90)$$

dove l'ultima espressione rappresenta l'integrale di linea della 1-forma $A' - A$ lungo il cammino $\mathbf{x}(t)$. Ricorrendo alla relazione distribuzionale (19.66) – con $\gamma_1 = \gamma$ e

$\gamma_2 = \gamma'$ – possiamo riscrivere la (19.90) come

$$\int_0^T L' \, dt - \int_0^T L \, dt = \frac{1}{c} \int_0^T (d\Lambda - M). \qquad (19.91)$$

Ricordiamo che la 1-forma M è una distribuzione-δ con supporto Σ, si veda la (19.59). Sfruttiamo ora il fatto che per gli integrali *definiti* delle distribuzioni vale il *teorema fondamentale del calcolo*[11]. Il primo termine del secondo membro della (19.91) diventa allora

$$\int_0^T d\Lambda = \Lambda(\mathbf{x}) - \Lambda(\mathbf{y}).$$

Per valutare il secondo usiamo per M l'espressione esplicita (19.59)

$$\int_0^T M = \mathcal{G} \int_0^T dx^i \int_\Sigma \delta^3(\mathbf{x} - \mathbf{y}) \, d\Sigma^i = \mathcal{G} \int_{\Sigma \times \mathbf{x}(t)} \delta^3(\mathbf{x} - \mathbf{y}) \, d\mathbf{x} \cdot d\mathbf{\Sigma}$$

$$= \mathcal{G} \int_{\Sigma \times \mathbf{x}(t)} \delta^3(\mathbf{x} - \mathbf{y}) \, dV,$$

dove $\mathbf{y} \in \Sigma$ e dV è l'elemento di volume tridimensionale. L'espressione ottenuta è formalmente identica all'integrale (19.51) e vale

$$\int_0^T M = N\mathcal{G},$$

N essendo il numero algebrico di volte che il cammino $\mathbf{x}(t)$ interseca la superficie Σ. La (19.91) si riduce pertanto a

$$\int_0^T L' \, dt - \int_0^T L \, dt = \frac{1}{c} \left(\Lambda(\mathbf{x}) - \Lambda(\mathbf{y}) - N\mathcal{G} \right),$$

in accordo con la (19.88). Si notino le modalità diverse con cui il termine $N\mathcal{G}$ emerge nelle due derivazioni.

19.7 Problemi

19.1. Si verifichi che nel linguaggio delle forme differenziali la (19.22) si traduce nella (19.25) e che la relazione $\mathbf{B} = \nabla \times \mathbf{A}$ si scrive $B = dA$.

19.2. Si completi la dimostrazione dell'equazione (19.30).

---

[11] La validità di questo teorema richiede che la distribuzione integranda non sia "singolare" sul *bordo* del dominio di integrazione.

Suggerimento. Si sfrutti l'integrale

$$\int_x^\infty \frac{dt}{(1+t^2)^{3/2}} = 1 - \frac{x}{\sqrt{1+x^2}}.$$

19.3. Si dimostri che il potenziale di Dirac (19.31) appartiene a $\mathcal{S}'(\mathbb{R}^3)$.
Suggerimento. Si sfrutti l'invarianza per rotazioni per ricondurre la (19.31) a una delle forme date in (19.43).

19.4. Si derivino le espressioni delle forme differenziali J, C_1, C_2 ed M date in (19.61)-(19.65), valutando le rappresentazioni integrali (19.50) e (19.59) per stringhe di Dirac dirette lungo i semiassi delle z positive e negative. Si verifichi che tali forme differenziali soddisfano le identità (19.67).

19.5. Si dimostri che il differenziale *distribuzionale* della funzione di gauge (19.44) vale

$$d\Lambda = \frac{\mathcal{G}}{2\pi} \frac{y dx - x dy}{x^2 + y^2} + \mathcal{G} dy H(x)\, \delta(y). \tag{19.92}$$

In che modo questa equazione si lega alla relazione generale (19.66)?
Suggerimento. Si tenga presente che Λ può essere posta nella forma (19.45).

Riferimenti bibliografici

1. E.G.P. Rowe: Structure of the energy tensor in the classical electrodynamics of point particles. Phys. Rev. **D18**, 3639 (1978).
2. T.-P. Cheng, L.-F. Li: Gauge theory of elementary particle physics. Clarendon Press, Oxford (1984).
3. M.E. Peskin, D.V. Schroeder: An introduction to quantum field theory. Perseus Books Publishing, Reading MA (1995).
4. J.D. Jackson: Classical electrodynamics. 3^a edizione, Wiley & Sons, New York (1998).
5. M. Reed, B. Simon: Methods of modern mathematical physics – I Functional Analysis. Academic Press, New York (1980).
6. F. Azzurli, K. Lechner: The Liénard-Wiechert field of accelerated massless charges. Phys. Lett. **A377**, 1025 (2013).
7. P.C. Aichelburg, R.U. Sexl: On the gravitational field of a massless particle. Gen. Rel. Grav. **2**, 303 (1971).
8. A.-M. Liénard: Champ électrique et magnétique produit par une charge électrique concentrée en un point et animée d'un mouvement quelconque. L'Éclairage Électrique **16**, 5, 53, 106 (1898).
9. E.J. Wiechert: Elektrodynamische Elementargesetze. Annalen der Physik **309**, 667 (1901).
10. L.D. Landau, E.M. Lifsits: Teoria dei campi. Editori Riuniti, Roma (1976).
11. R.A. Hulse, J.H. Taylor: Discovery of a pulsar in a binary system. Astrophys. J. Lett. **195**, L51 (1975).
12. M. Kramer et. al.: Tests of general relativity from timing the double pulsar. Science **314**, 97 (2006).
13. J.M. Weisberg, J.H. Taylor: Observations of post-newtonian timing effects in the binary pulsar PSR 1913+16. Phys. Rev. Lett. **52**, 1348 (1984).
14. J.M. Weisberg, J.H. Taylor: Relativistic binary pulsar B1913+16: thirty years of observations and analysis. ASP Conf. Ser. **328**, 25 (2005).
15. P.C. Peters, J. Mathews: Gravitational radiation from point masses in a keplerian orbit. Phys. Rev. **131**, 435 (1963).
16. S. Weinberg: Infrared photons and gravitons. Phys. Rev. **140**, B516 (1965).
17. I.S. Gradshteyn, I.M. Rhyzik: Table of integrals, series, and products. 7^a edizione, editori A. Jeffrey, D. Zwillinger, Academic Press, San Diego (2007).
18. M. Abramowitz, I.A. Stegun: Handbook of mathematical functions with formulas, graphs, and mathematical tables. U.S. Government Printing Office, Washington DC (1964).
19. J. Schwinger, L.L. DeRaad, K.A. Milton, W. Tsai: Classical electrodynamics. Perseus Books Publishing, Reading MA (1998).
20. I.M. Frank, I.E. Tamm: Coherent visible radiation of fast electrons passing through matter. Compt. Rend. Acad. Sci. USSR **14**, 109 (1937).
21. F. Rohrlich: Classical charged particles. Addison-Wesley, Reading (1965).

22. K. Lechner, P.A. Marchetti: Variational principle and energy-momentum tensor for relativistic electrodynamics of point charges. Ann. Phys. **322**, 1162 (2007).
23. H. Yukawa: On the interaction of elementary particles. Proc. Phys. Math. Soc. Japan **17**, 48 (1935).
24. W. Heisenberg: Über die Entstehung von Mesonen in Vielfachprozessen. Z. Physik **126**, 569 (1949).
25. T. Stahl, M. Uhlig, B. Müller, W. Greiner, D. Vasak: Pion and photon bremsstrahlung in a heavy ion reaction model with friction. Z. Phys. **A327**, 311 (1987).
26. D. Vasak, H. Stöcker, B. Müller, W. Greiner: Pion bremsstrahlung and critical phenomena in relativistic nuclear collisions. Phys. Lett. **B93**, 243 (1980).
27. D. Vasak, B. Müller, W. Greiner: Pion radiation from fast heavy ions. Phys. Scripta **22**, 25 (1980).
28. Y. Choquet-Bruhat, C. DeWitt-Morette, M. Dillard-Bleick: Analysis, manifolds and physics. North-Holland, Amsterdam (1982).
29. H. Poincaré: Remarques sur une expérience de M. Birkeland. Compt. Rendus **123**, 530 (1896).
30. J.J. Thomson: Electricity and matter. Charles Scribner's Sons, New York (1904).
31. J.J. Thomson: Elements of the mathematical theory of electricity and magnetism. 3^a edizione, Cambridge University, London (1904).
32. P.A.M. Dirac: Quantized singularities in the electromagnetic field. Proc. Roy. Soc. London **A133**, 60 (1931).
33. R.A. Brandt, F. Neri, D. Zwanziger: Lorentz invariance from classical particle paths in quantum field theory of electric and magnetic charge. Phys. Rev. **D19**, 1153 (1979).
34. K. Lechner: Radiation reaction and four-momentum conservation for point-like dyons. J. Phys. **A39**, 11647 (2006).
35. J. Schwinger: Sources and magnetic charge. Phys. Rev. **173**, 1536 (1968).
36. K. Lechner, P.A. Marchetti: Spin-statistics transmutation in relativistic quantum field theory of dyons. JHEP **0012**, 028 (2000).
37. P. Ramond: Field theory: a modern primer. Addison-Wesley, Reading (1989).
38. T. Skyrme: A unified field theory of mesons and baryons. Nucl. Phys. **31**, 556 (1962).
39. C. Montonen, D. Olive: Magnetic monopoles as gauge particles? Phys. Lett. **B72**, 117 (1977).
40. N. Seiberg: Electric-magnetic duality in supersymmetric non-abelian gauge theories. Nucl. Phys. **B435**, 129 (1995).
41. G. de Rham: Differentiable manifolds: forms, currents, harmonic forms. Springer, Berlin (1984).
42. T.T. Wu, C.N. Yang: Concept of nonintegrable phase factors and global formulation of gauge fields. Phys. Rev. **D12**, 3845 (1975).
43. R.P. Feynman, A.R. Hibbs: Quantum mechanics and path integrals. McGraw-Hill, New York (1965).

Indice analitico

UNITEXT – Collana di Fisica e Astronomia

a cura di:

Michele Cini
Stefano Forte
Massimo Inguscio
Guida Montagna
Oreste Nicrosini
Luca Peliti
Alberto Rotondi

Editor in Springer:
Marina Forlizzi
marina.forlizzi@springer.com

Atomi, Molecole e Solidi
Esercizi Risolti
Adalberto Balzarotti, Michele Cini, Massimo Fanfoni
2004, VIII, 304 pp, ISBN 978-88-470-0270-8

Elaborazione dei dati sperimentali
Maurizio Dapor, Monica Ropele
2005, X, 170 pp., ISBN 978-88470-0271-5

An Introduction to Relativistic Processes and the Standard Model of Electroweak Interactions
Carlo M. Becchi, Giovanni Ridolfi
2006, VIII, 139 pp., ISBN 978-88-470-0420-7

Elementi di Fisica Teorica
Michele Cini
2005, ristampa corretta 2006, XIV, 260 pp., ISBN 978-88-470-0424-5

Esercizi di Fisica: Meccanica e Termodinamica
Giuseppe Dalba, Paolo Fornasini
2006, ristampa 2011, X, 361 pp., ISBN 978-88-470-0404-7

Structure of Matter
An Introductory Corse with Problems and Solutions
Attilio Rigamonti, Pietro Carretta
2nd ed. 2009, XVII, 490 pp., ISBN 978-88-470-1128-1

Introduction to the Basic Concepts of Modern Physics
Special Relativity, Quantum and Statistical Physics
Carlo M. Becchi, Massimo D'Elia
2007, 2nd ed. 2010, X, 190 pp., ISBN 978-88-470-1615-6

Introduzione alla Teoria della elasticità
Meccanica dei solidi continui in regime lineare elastico
Luciano Colombo, Stefano Giordano
2007, XII, 292 pp., ISBN 978-88-470-0697-3

Fisica Solare
Egidio Landi Degl'Innocenti
2008, X, 294 pp., ISBN 978-88-470-0677-5

Meccanica quantistica: problemi scelti
100 problemi risolti di meccanica quantistica
Leonardo Angelini
2008, X, 134 pp., ISBN 978-88-470-0744-4

Problemi di Fisica
Michelangelo Fazio
2008, XII, 212 pp., ISBN 978-88-470-0795-6

Metodi matematici della Fisica
Giampaolo Cicogna
2008, ristampa 2009, X, 242 pp., ISBN 978-88-470-0833-5

Spettroscopia atomica e processi radiativi
Egidio Landi Degl'Innocenti
2009, XII, 496 pp., ISBN 978-88-470-1158-8

I capricci del caso
Introduzione alla statistica, al calcolo della probabilità e alla teoria degli errori
Roberto Piazza
2009, XII, 254 pp., ISBN 978-88-470-1115-1

Relatività Generale e Teoria della Gravitazione
Maurizio Gasperini
2010, XVIII, 294 pp., ISBN 978-88-470-1420-6

Manuale di Relatività Ristretta
Maurizio Gasperini
2010, XVI, 158 pp., ISBN 978-88-470-1604-0

Metodi matematici per la teoria dell'evoluzione
Armando Bazzani, Marcello Buiatti, Paolo Freguglia
2011, X, 192 pp., ISBN 978-88-470-0857-1

Esercizi di metodi matematici della fisica
Con complementi di teoria
G. G. N. Angilella
2011, XII, 294 pp., ISBN 978-88-470-1952-2

umore elettrico
lla fisica alla progettazione
ovanni Vittorio Pallottino
11, XII, 148 pp., ISBN 978-88-470-1985-0

te di fisica statistica
on qualche accordo)
berto Piazza
11, XII, 306 pp., ISBN 978-88-470-1964-5

elle, galassie e universo
ndamenti di astrofisica
tilio Ferrari
11, XVIII, 558 pp., ISBN 978-88-470-1832-7

troduzione ai frattali in fisica
rgio Peppino Ratti
11, XIV, 306 pp., ISBN 978-88-470-1961-4

om Special Relativity to Feynman Diagrams
Course of Theoretical Particle Physics for Beginners
ccardo D'Auria, Mario Trigiante
11, X, 562 pp., ISBN 978-88-470-1503-6

oblems in Quantum Mechanics with solutions
nilio d'Emilio, Luigi E. Picasso
11, X, 354 pp., ISBN 978-88-470-2305-5

sica del Plasma
ndamenti e applicazioni astrofisiche
audio Chiuderi, Marco Velli
11, X, 222 pp., ISBN 978-88-470-1847-1

lved Problems in Quantum and Statistical Mechanics
chele Cini, Francesco Fucito, Mauro Sbragaglia
12, VIII, 396 pp., ISBN 978-88-470-2314-7

zioni di Cosmologia Teorica
aurizio Gasperini
12, XIV, 250 pp., ISBN 978-88-470-2483-0

obabilità in Fisica
'introduzione
ido Boffetta, Angelo Vulpiani
12, XII, 232 pp., ISBN 978-88-470-2429-8

Particelle e interazioni fondamentali
Il mondo delle particelle
Sylvie Braibant, Giorgio Giacomelli, Maurizio Spurio
2009, ristampa 2010, XIV, 504 pp., ISBN 978-88-470-1160-1

Fenomeni radioattivi
Dai nuclei alle stelle
Giorgio Bendiscioli
2008, XVI, 464 pp., ISBN 978-88-470-0803-8

Elettrodinamica classica
Kurt Lechner
2014, 592 pp., ISBN 978-88-470-5210-9

Printed in the United States
By Bookmasters